中文版 AutoCAD 2014 入门与提高

李勇 韩霜 编著

人民邮电出版社
北京

图书在版编目（CIP）数据

中文版AutoCAD 2014入门与提高 / 李勇，韩霜编著
. -- 北京 : 人民邮电出版社，2014.1（2022.9重印）
ISBN 978-7-115-33689-7

Ⅰ. ①中… Ⅱ. ①李… ②韩… Ⅲ. ①AutoCAD软件
Ⅳ. ①TP391.72

中国版本图书馆CIP数据核字(2013)第274750号

内容提要

这是一本全面介绍中文版AutoCAD 2014基本功能及实际运用的书。本书完全针对零基础读者而开发，是入门级读者快速而全面掌握AutoCAD 2014的必备参考书。

本书共12章，从AutoCAD 2014的基本操作入手，结合大量的可操作性实例，全面而深入地阐述了AutoCAD 2014的二维绘图、三维绘图、图层、文字、表格、图案填充与渐变色、尺寸标注、图块、组和轴测图等方面的技术。

本书讲解模式新颖，非常符合读者学习新知识的思维习惯。本书附带1张教学光盘，内容包括本书所有实例的素材文件与实例文件。

本书非常适合作为初、中级读者学习AutoCAD 2014的入门及提高参考书，尤其是零基础读者，同时也可作为相关院校和培训机构的培训教材。另外，本书所有内容均采用中文版AutoCAD 2014进行编写，请读者注意。

◆ 编　　著　李　勇　韩　霜
　责任编辑　孟飞飞
　责任印制　方　航
◆ 人民邮电出版社出版发行　　北京市丰台区成寿寺路 11 号
　邮编　100164　　电子邮件　315@ptpress.com.cn
　网址　http://www.ptpress.com.cn
　北京天宇星印刷厂印刷
◆ 开本：787×1092　1/16
　印张：23.75　　　　　　2014 年 1 月第 1 版
　字数：859 千字　　　　　2022 年 9 月北京第 16 次印刷

定价：39.80 元（附光盘）

读者服务热线：(010)81055410　印装质量热线：(010)81055316
反盗版热线：(010)81055315
广告经营许可证：京东市监广登字 20170147 号

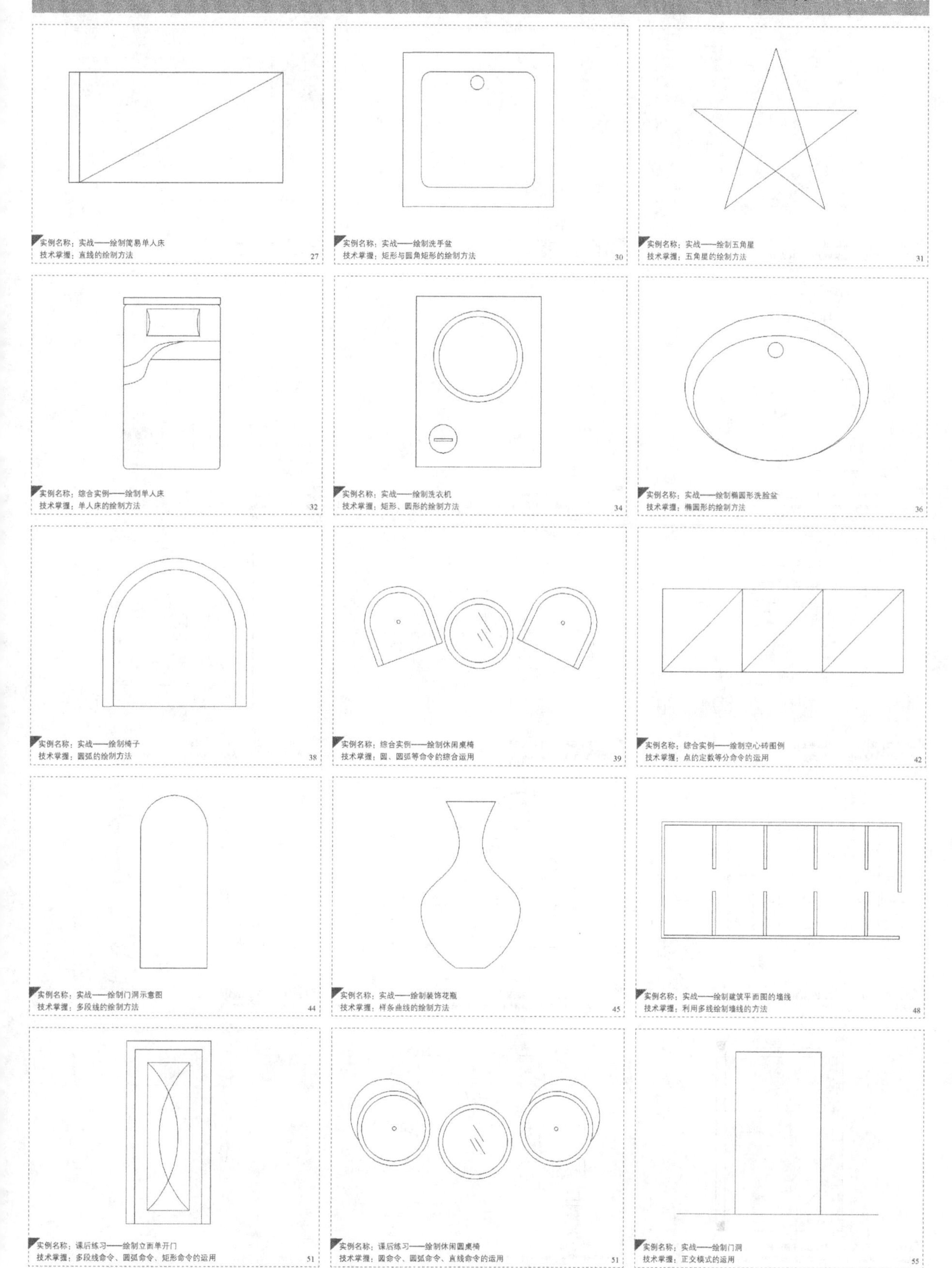
实例名称：实战——绘制简易单人床
技术掌握：直线的绘制方法
27
实例名称：实战——绘制洗手盆
技术掌握：矩形与圆角矩形的绘制方法
30
实例名称：实战——绘制五角星
技术掌握：五角星的绘制方法
31
实例名称：综合实例——绘制单人床
技术掌握：单人床的绘制方法
32
实例名称：实战——绘制洗衣机
技术掌握：矩形、圆形的绘制方法
34
实例名称：实战——绘制椭圆形洗脸盆
技术掌握：椭圆形的绘制方法
36
实例名称：实战——绘制椅子
技术掌握：圆弧的绘制方法
38
实例名称：综合实例——绘制休闲桌椅
技术掌握：圆、圆弧等命令的综合运用
39
实例名称：综合实例——绘制空心砖图例
技术掌握：点的定数等分命令的运用
42
实例名称：实战——绘制门洞示意图
技术掌握：多段线的绘制方法
44
实例名称：实战——绘制装饰花瓶
技术掌握：样条曲线的绘制方法
45
实例名称：实战——绘制建筑平面图的墙线
技术掌握：利用多线绘制墙线的方法
48
实例名称：课后练习——绘制立面单开门
技术掌握：多段线命令、圆弧命令、矩形命令的运用
51
实例名称：课后练习——绘制休闲圆桌椅
技术掌握：圆命令、圆弧命令、直线命令的运用
51
实例名称：实战——绘制门洞
技术掌握：正交模式的运用
55

本书精彩实例

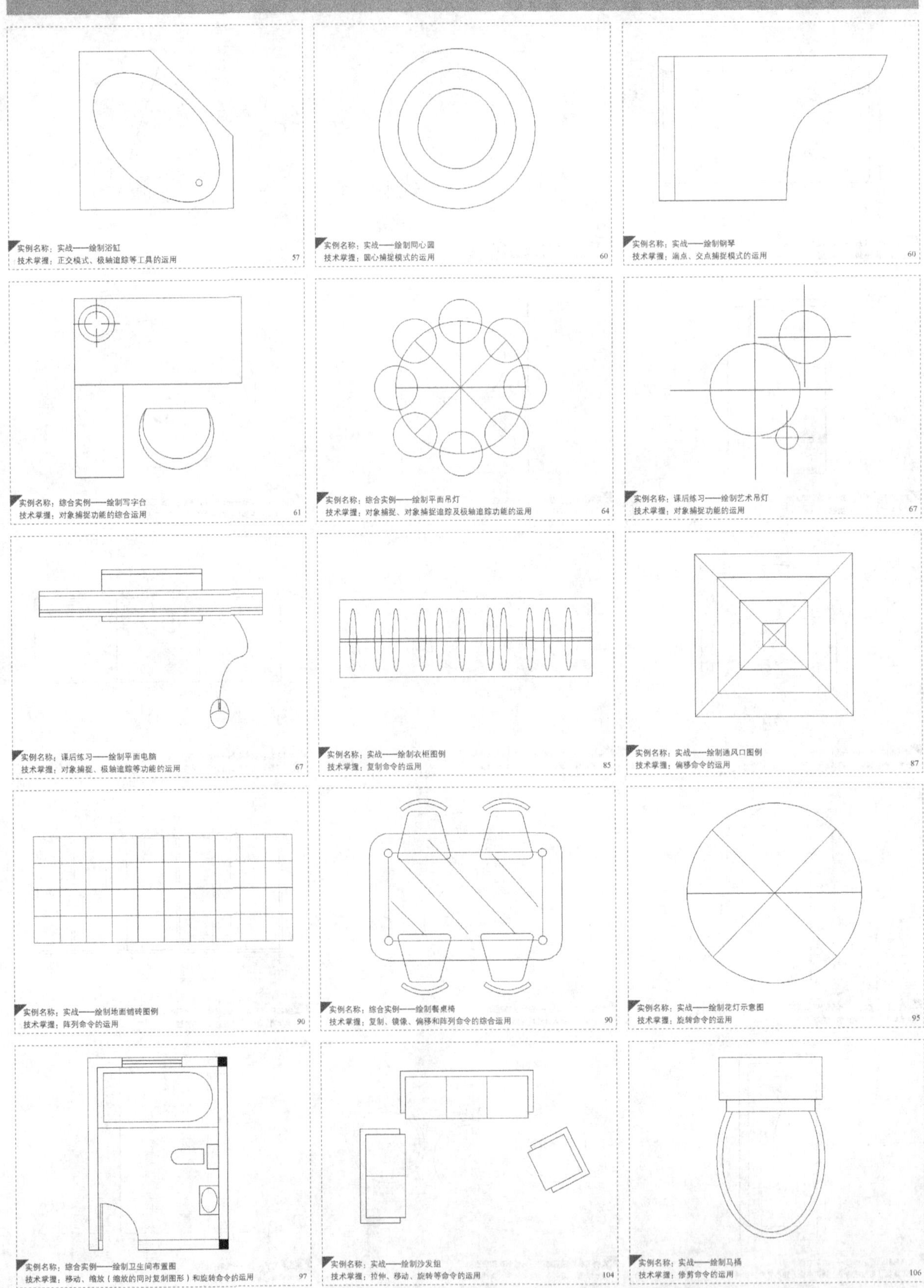

实例名称：实战——绘制浴缸
技术掌握：正交模式、极轴追踪等工具的运用 57

实例名称：实战——绘制同心圆
技术掌握：圆心捕捉模式的运用 60

实例名称：实战——绘制钢琴
技术掌握：端点、交点捕捉模式的运用 60

实例名称：综合实例——绘制写字台
技术掌握：对象捕捉功能的综合运用 61

实例名称：综合实例——绘制平面吊灯
技术掌握：对象捕捉、对象捕捉追踪及极轴追踪功能的运用 64

实例名称：课后练习——绘制艺术吊灯
技术掌握：对象捕捉功能的运用 67

实例名称：课后练习——绘制平面电脑
技术掌握：对象捕捉、极轴追踪等功能的运用 67

实例名称：实战——绘制衣柜图例
技术掌握：复制命令的运用 85

实例名称：实战——绘制通风口图例
技术掌握：偏移命令的运用 87

实例名称：实战——绘制地面铺砖图例
技术掌握：阵列命令的运用 90

实例名称：综合实例——绘制餐桌椅
技术掌握：复制、镜像、偏移和阵列命令的综合运用 90

实例名称：实战——绘制花灯示意图
技术掌握：旋转命令的运用 95

实例名称：综合实例——绘制卫生间布置图
技术掌握：移动、缩放（缩放的同时复制图形）和旋转命令的运用 97

实例名称：实战——绘制沙发组
技术掌握：拉伸、移动、旋转等命令的运用 104

实例名称：实战——绘制马桶
技术掌握：修剪命令的运用 106

本书精彩实例

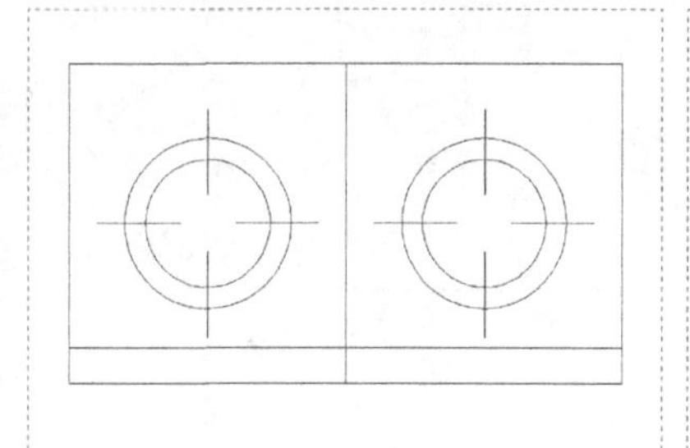
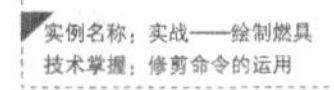
实例名称：实战——绘制燃具
技术掌握：修剪命令的运用 107

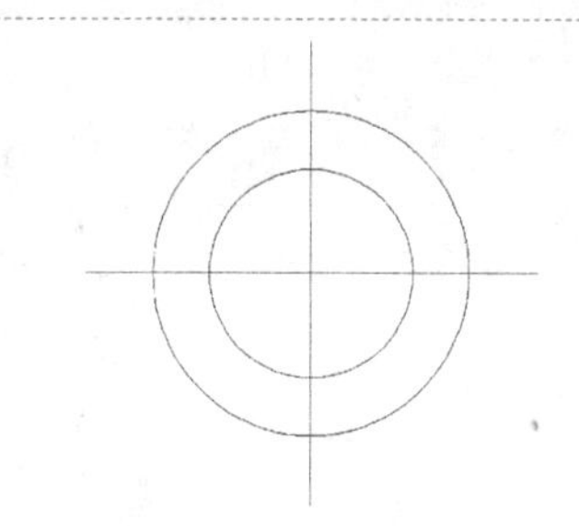
实例名称：实战——绘制筒灯
技术掌握：延伸命令的运用 111

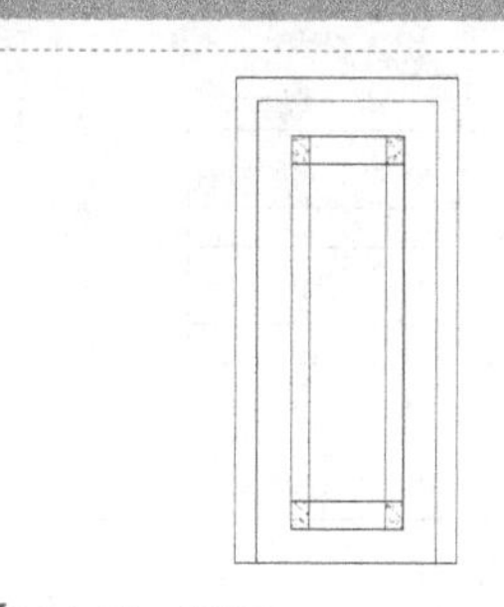
实例名称：实战——绘制单开门
技术掌握：合并、分解、偏移等命令的运用 113

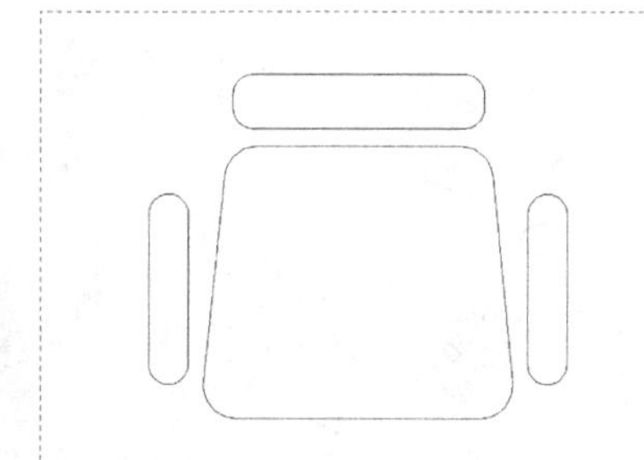
实例名称：实战——绘制休闲椅
技术掌握：圆角命令的运用 117

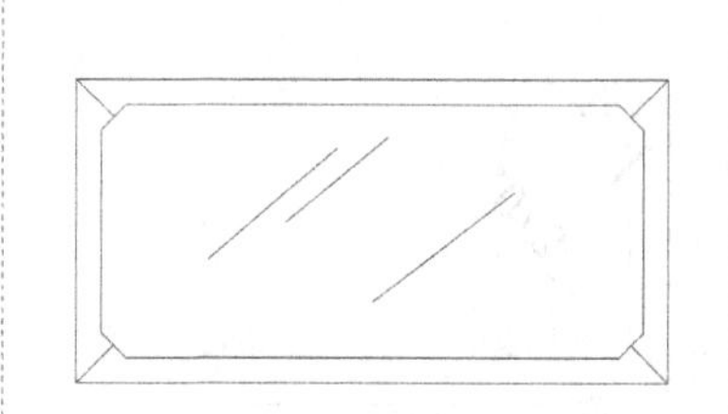
实例名称：实战——绘制茶几
技术掌握：倒角命令的运用 119

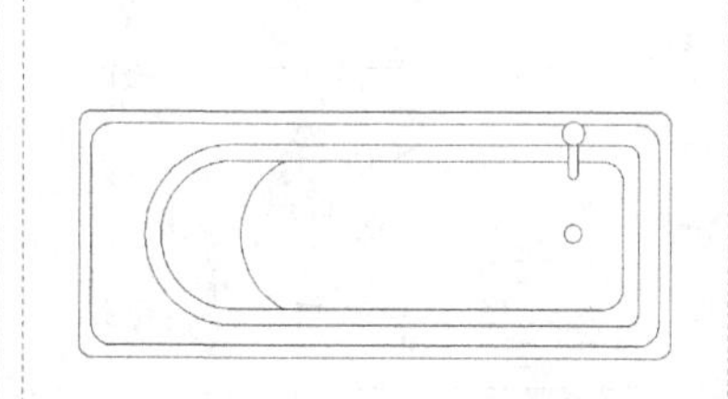
实例名称：综合实例——绘制浴缸
技术掌握：偏移、修剪、延伸、合并、圆角等命令的综合运用 120

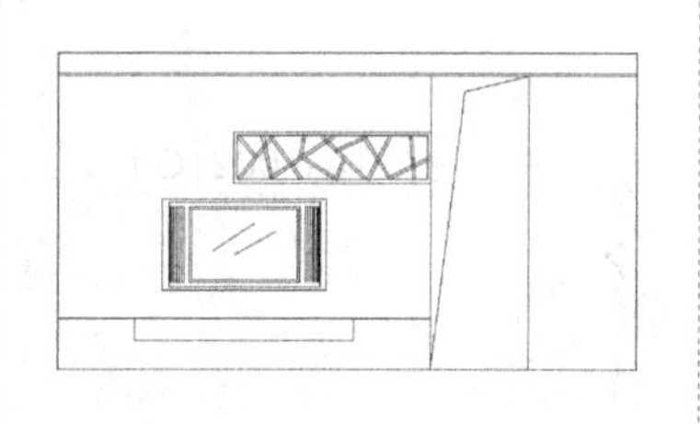
实例名称：综合实例——绘制电视背景墙
技术掌握：镜像、偏移、修剪等命令的运用 123

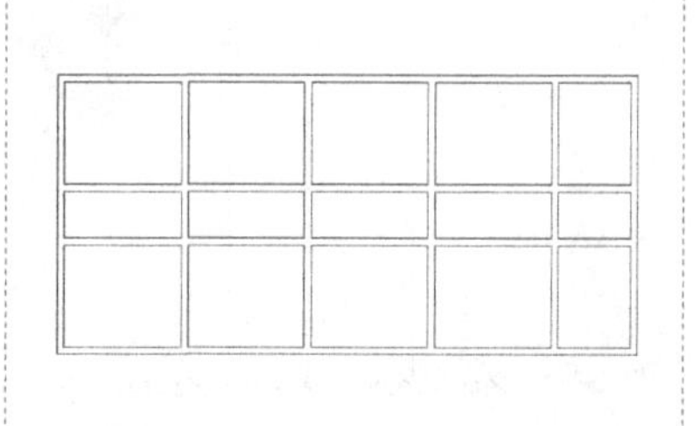
实例名称：实战——绘制墙线
技术掌握：利用多线命令绘制墙线的方法 133

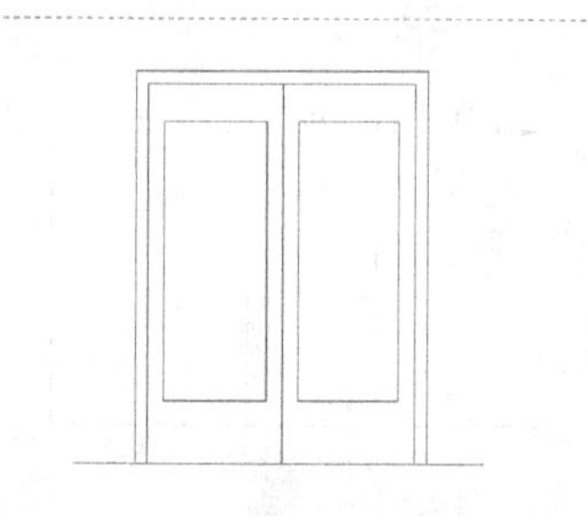
实例名称：课后练习——绘制双开门图例
技术掌握：多线绘图工具（或偏移命令）、镜像命令的运用 145

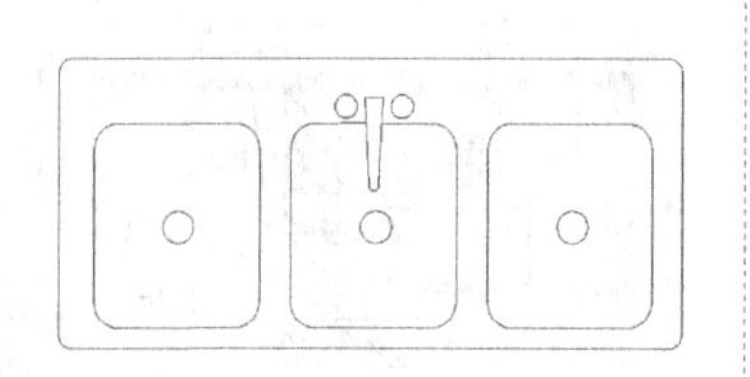
实例名称：课后练习——绘制厨房洗碗池
技术掌握：圆角、阵列、分解、修剪等命令的运用 145

工程名称			图　号	
子项名称			比　例	
设计单位	监理单位		设　计	
建设单位	制　图		负责人	
施工单位	审　核		日　期	

实例名称：实战——绘制建筑图纸的标题栏
技术掌握：表格与文字的设置方法 164

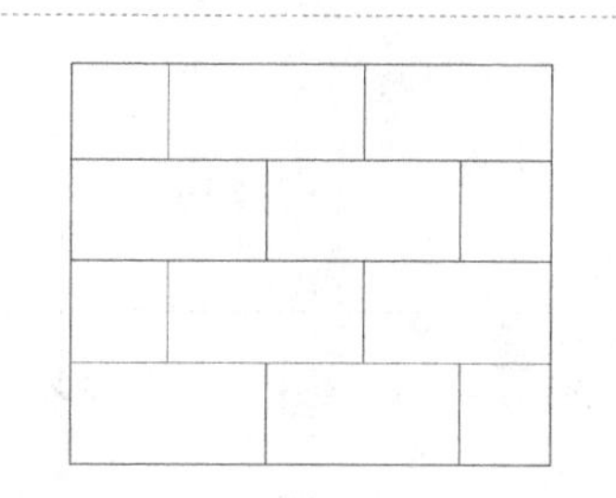
实例名称：实战——绘制砖形图例
技术掌握：图案填充的运用 173

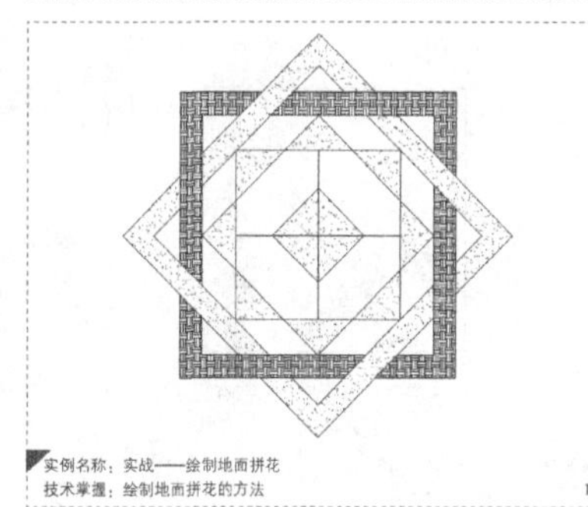
实例名称：实战——绘制地面拼花
技术掌握：绘制地面拼花的方法 174

实例名称：综合实例——为电视背景墙填充图案
技术掌握：图案填充命令的运用 179

PPR管外径与公称直径对照表

公称直径	DN15	DN20	DN25
外径×壁厚	φ20×2.3	φ25×2.3	φ32×3.0
公称直径	DN32	DN40	DN50
外径×壁厚	φ40×3.7	φ50×3.6	φ63×5.8
公称直径	DN70	DN80	DN100
外径×壁厚	φ75×6.9	φ90×8.2	φ110×10.0

实例名称：课后练习——绘制PPR管外径与公称直径对照表
技术掌握：创建表格和输入文字的方法 181

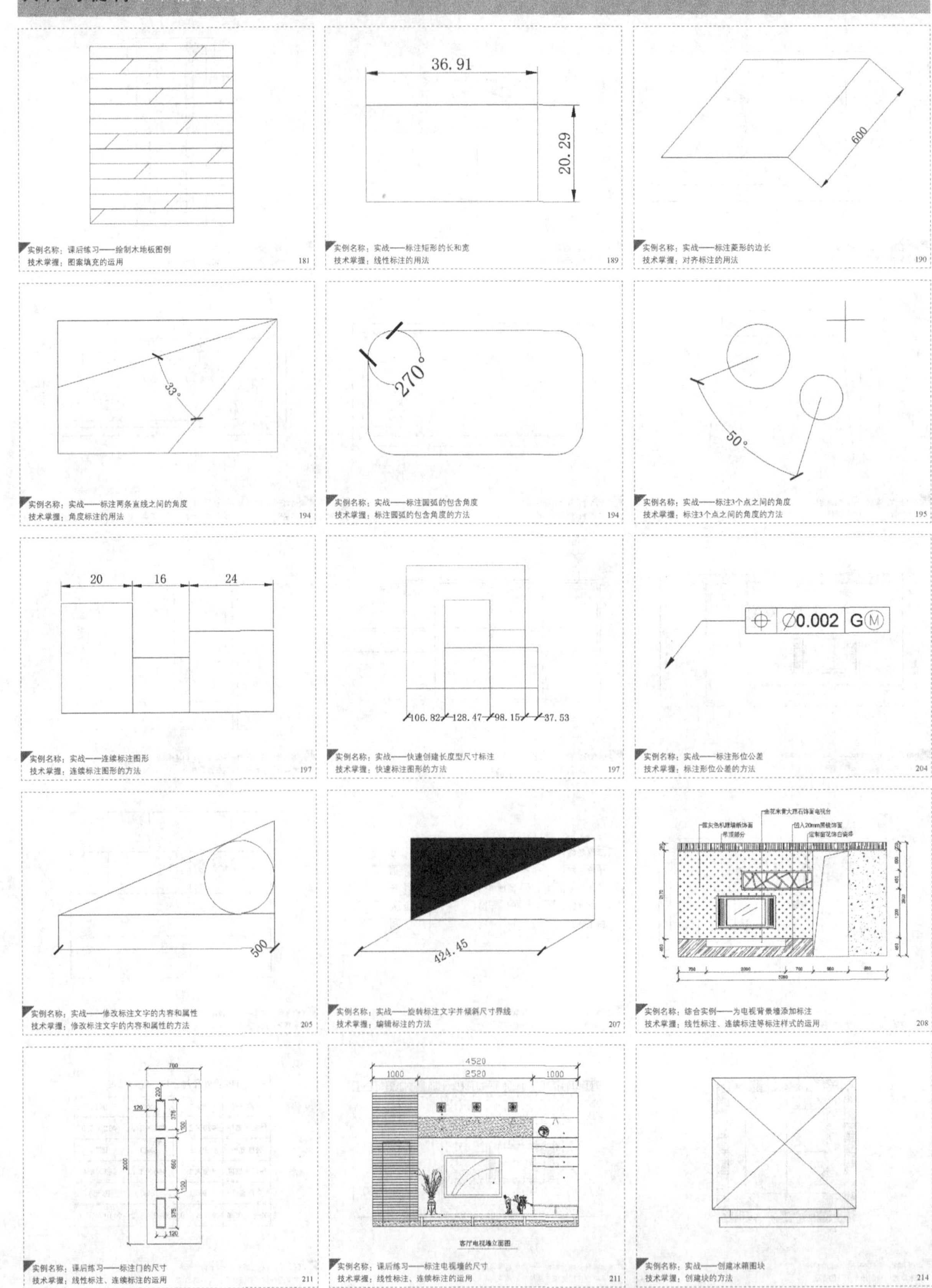

实例名称：课后练习——绘制木地板图例
技术掌握：图案填充的运用 181

实例名称：实战——标注矩形的长和宽
技术掌握：线性标注的用法 189

实例名称：实战——标注菱形的边长
技术掌握：对齐标注的用法 190

实例名称：实战——标注两条直线之间的角度
技术掌握：角度标注的用法 194

实例名称：实战——标注圆弧的包含角度
技术掌握：标注圆弧的包含角度的方法 194

实例名称：实战——标注3个点之间的角度
技术掌握：标注3个点之间的角度的方法 195

实例名称：实战——连续标注图形
技术掌握：连续标注图形的方法 197

实例名称：实战——快速创建长度型尺寸标注
技术掌握：快速标注图形的方法 197

实例名称：实战——标注形位公差
技术掌握：标注形位公差的方法 204

实例名称：实战——修改标注文字的内容和属性
技术掌握：修改标注文字的内容和属性的方法 205

实例名称：实战——旋转标注文字并倾斜尺寸界线
技术掌握：编辑标注的方法 207

实例名称：综合实例——为电视背景墙添加标注
技术掌握：线性标注、连续标注等标注样式的运用 208

实例名称：课后练习——标注门的尺寸
技术掌握：线性标注、连续标注的运用 211

实例名称：课后练习——标注电视墙的尺寸
技术掌握：线性标注、连续标注的运用 211

实例名称：实战——创建冰箱图块
技术掌握：创建块的方法 214

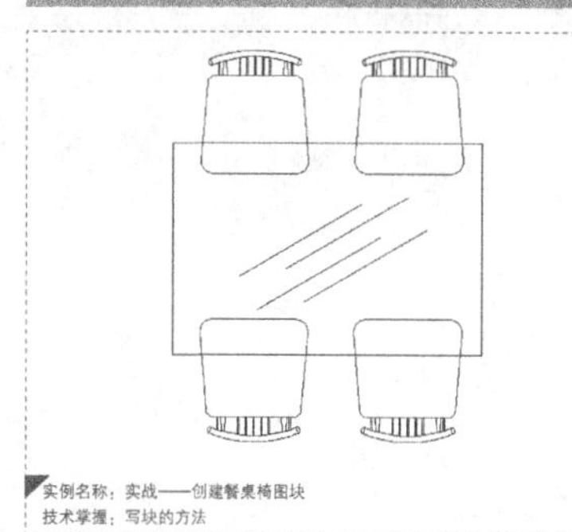

实例名称：实战——创建餐桌椅图块
技术掌握：写块的方法 216

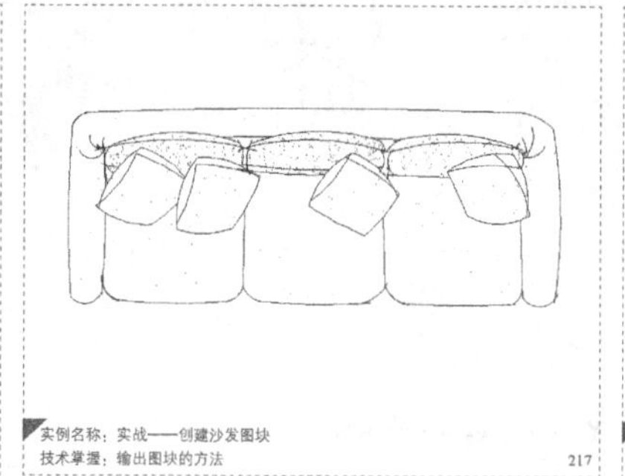

实例名称：实战——创建沙发图块
技术掌握：输出图块的方法 217

实例名称：综合实例——制作并插入标高符号图块
技术掌握：定义图块属性、创建外部图块和插入外部图块的方法 219

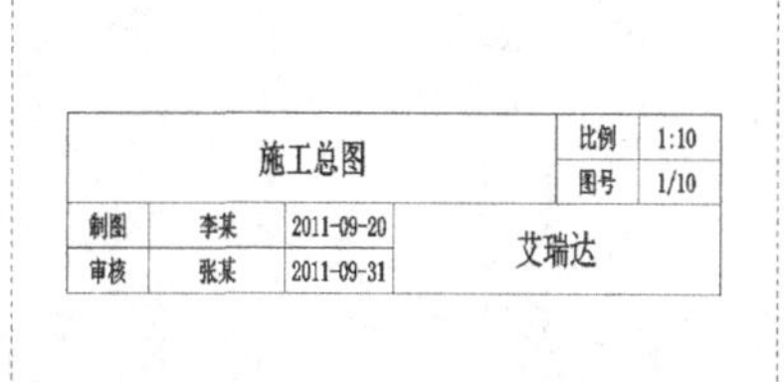

施工总图			比例	1:10
			图号	1/10
制图	李某	2011-09-20	艾瑞达	
审核	张某	2011-09-31		

实例名称：实战——定义标题栏的属性
技术掌握：定义标题栏属性的方法 230

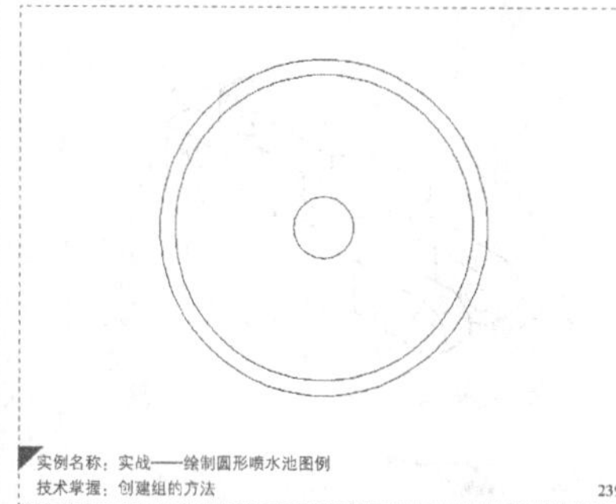

实例名称：实战——绘制圆形喷水池图例
技术掌握：创建组的方法 239

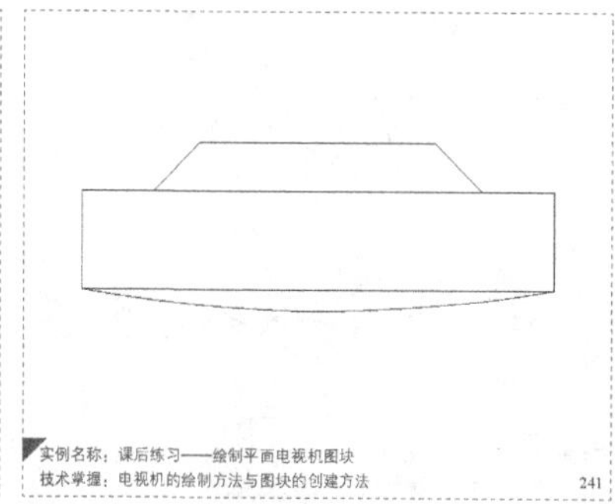

实例名称：课后练习——绘制平面电视机图块
技术掌握：电视机的绘制方法与图块的创建方法 241

实例名称：课后练习——绘制台灯图例
技术掌握：台灯的绘制方法与组的创建与添加方法 241

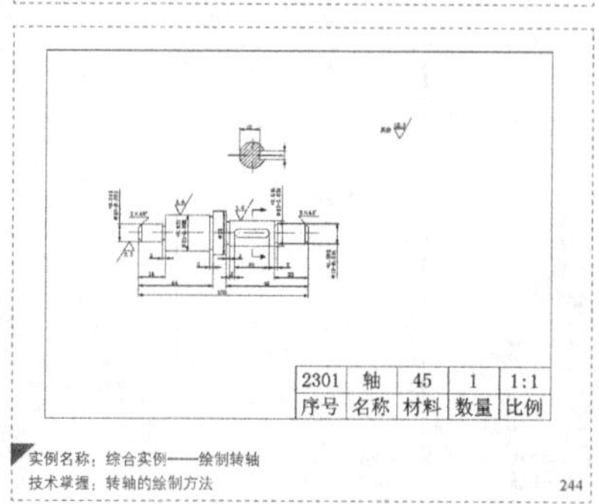

实例名称：综合实例——绘制转轴
技术掌握：转轴的绘制方法 244

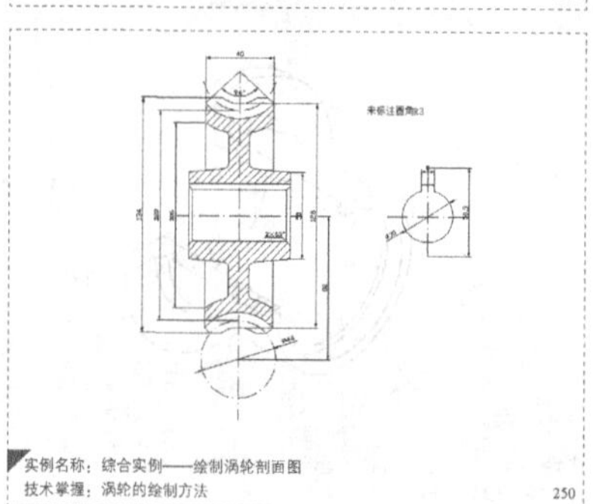

实例名称：综合实例——绘制涡轮剖面图
技术掌握：涡轮的绘制方法 250

实例名称：综合实例——绘制轴承剖面图
技术掌握：轴承剖面图的绘制方法 256

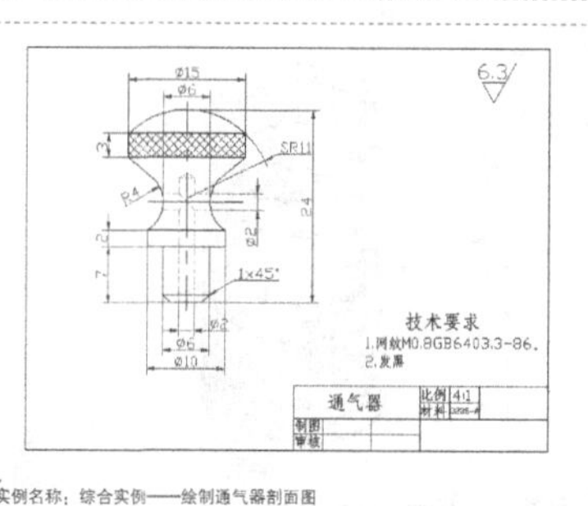

实例名称：综合实例——绘制通气器剖面图
技术掌握：通气器剖面图的绘制方法 260

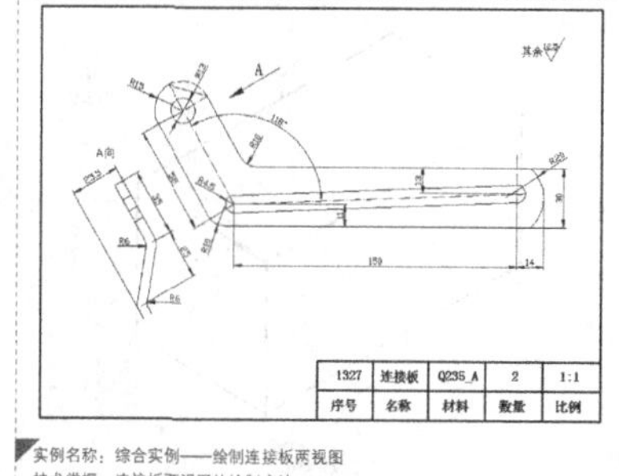

实例名称：综合实例——绘制连接板两视图
技术掌握：连接板两视图的绘制方法 265

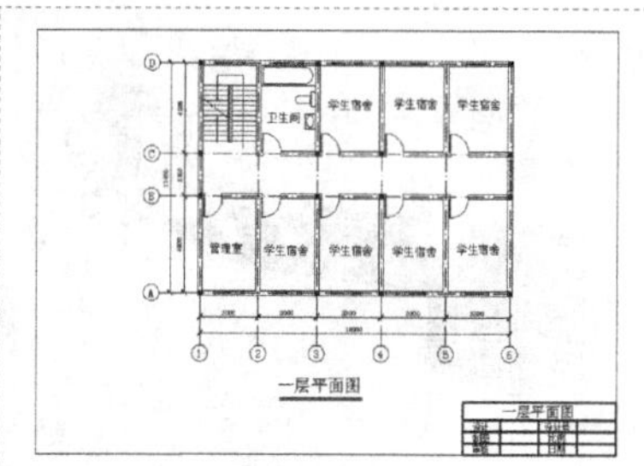

实例名称：综合实例——绘制建筑一层平面图
技术掌握：建筑平面图轴线的定位方法以及建筑平面图的绘制方法 273

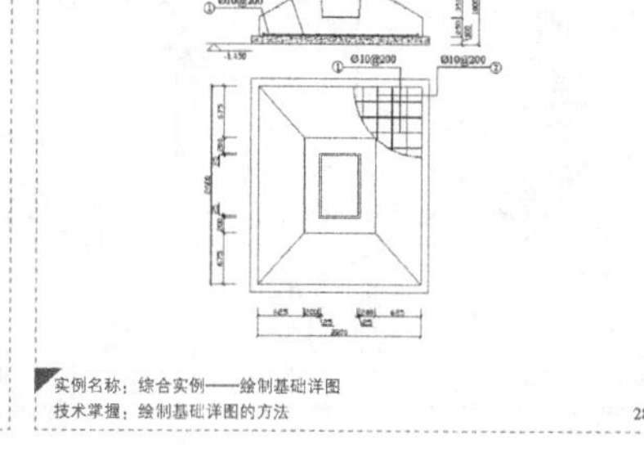

实例名称：综合实例——绘制基础详图
技术掌握：绘制基础详图的方法 282

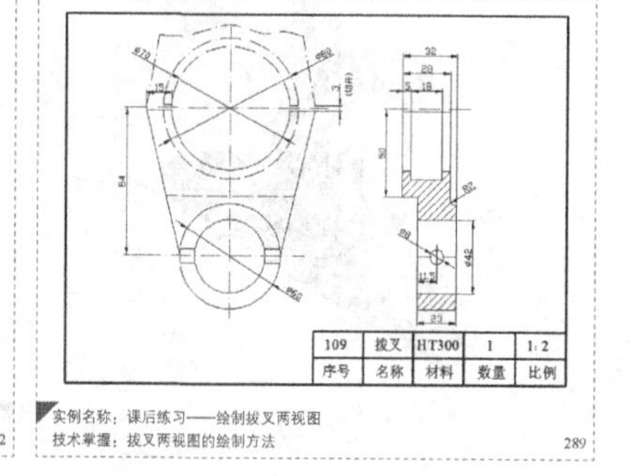

实例名称：课后练习——绘制拨叉两视图
技术掌握：拨叉两视图的绘制方法 289

中文版 AutoCAD 2014 入门与提高 本书精彩实例

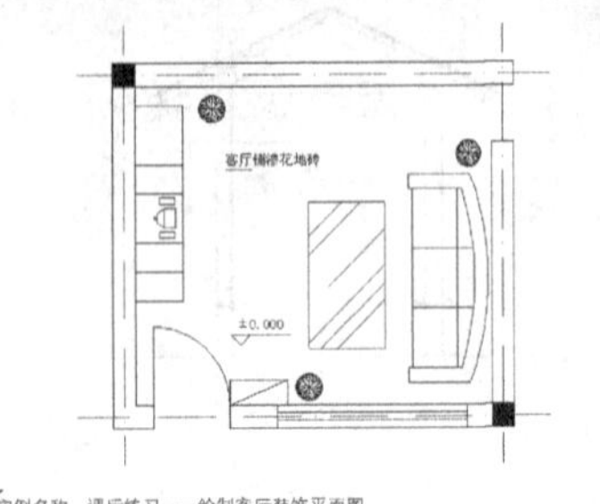
实例名称：课后练习——绘制客厅装饰平面图
技术掌握：装饰平面图的绘制方法 289

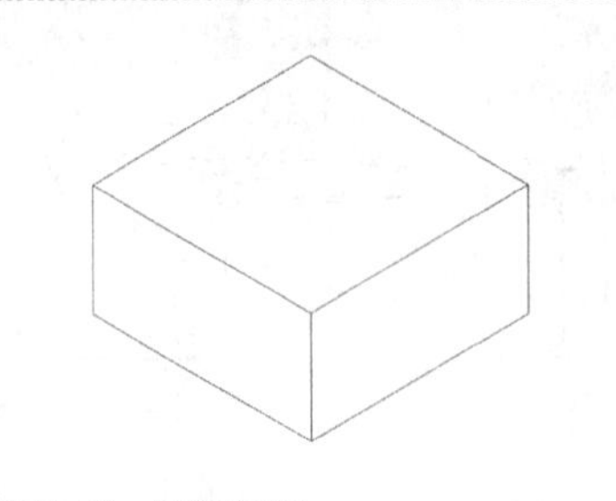
实例名称：实战——绘制长方体轴测图
技术掌握：长方体轴测图的绘制方法 291

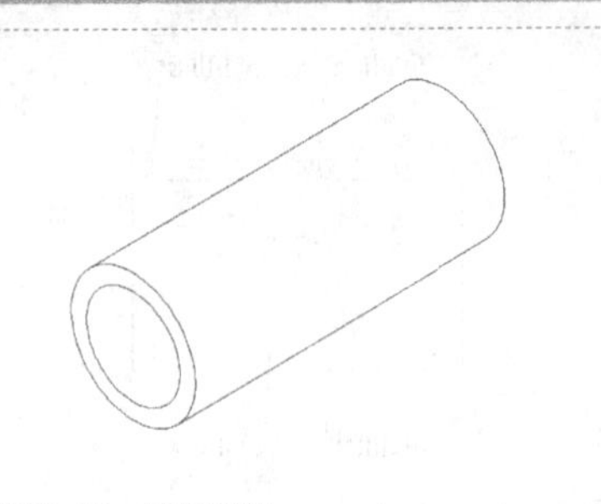
实例名称：实战——绘制滚筒轴测图
技术掌握：滚筒轴测图的绘制方法 292

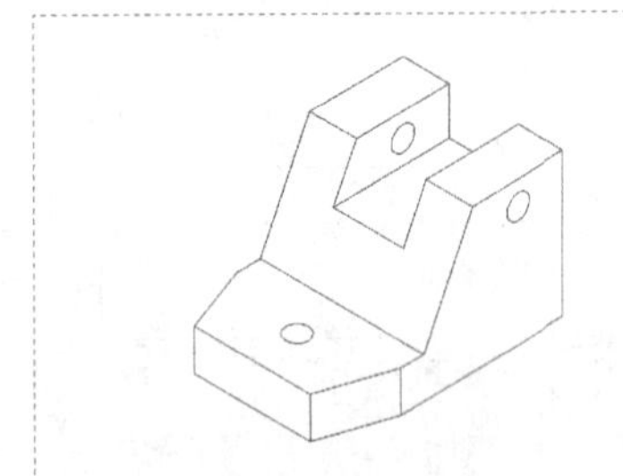
实例名称：综合实例——绘制机座轴测图
技术掌握：机座轴测图的绘制方法 294

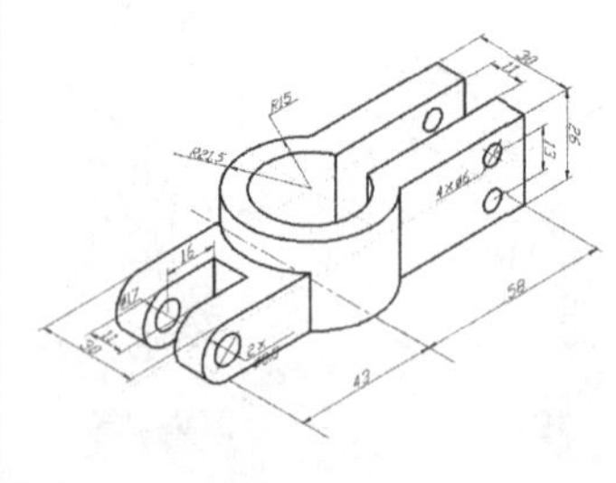
实例名称：综合实例——绘制零件轴测图
技术掌握：零件轴测图的绘制与标注方法 299

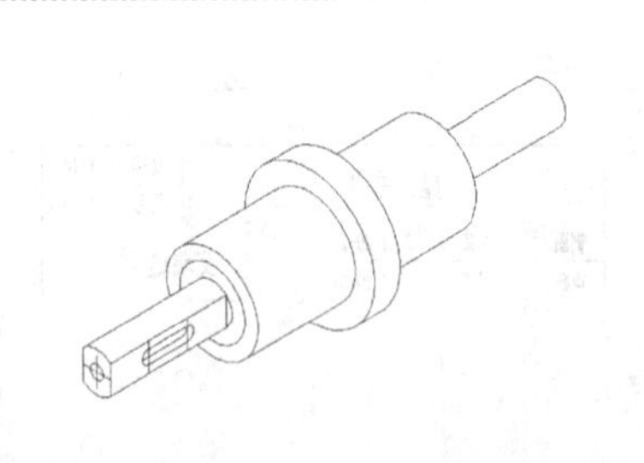
实例名称：课后练习——绘制旋转轴轴测图
技术掌握：旋转轴轴测图的绘制方法 307

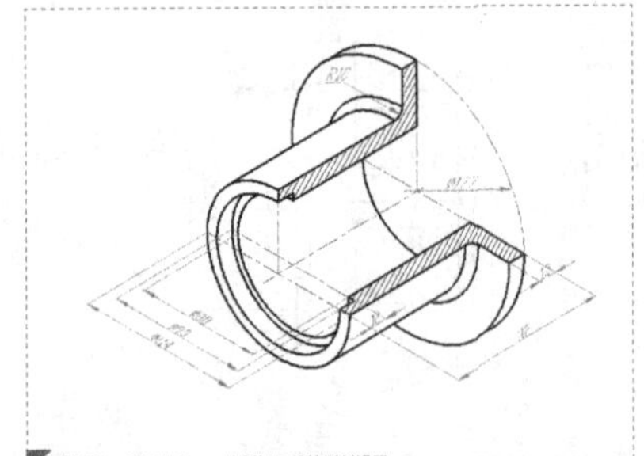
实例名称：课后练习——绘制机阀盖轴测剖视图
技术掌握：机阀盖轴测剖视图的绘制及标注方法 307

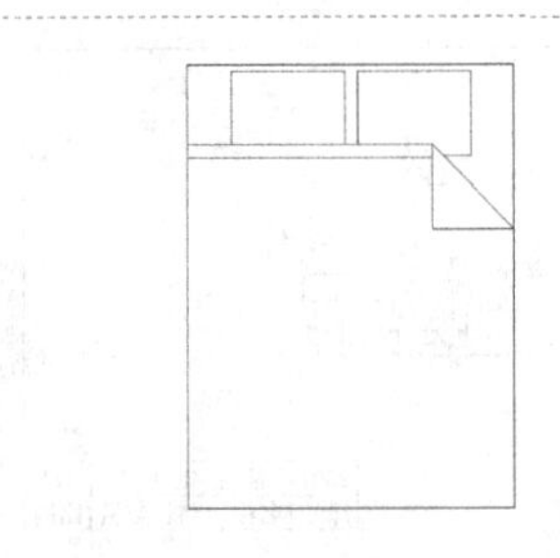
实例名称：实战——通过设计中心插入图块
技术掌握：通过设计中心插入图块的方法 311

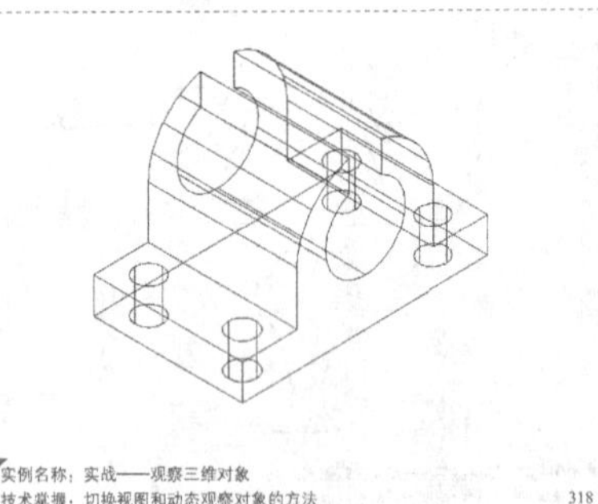
实例名称：实战——观察三维对象
技术掌握：切换视图和动态观察对象的方法 318

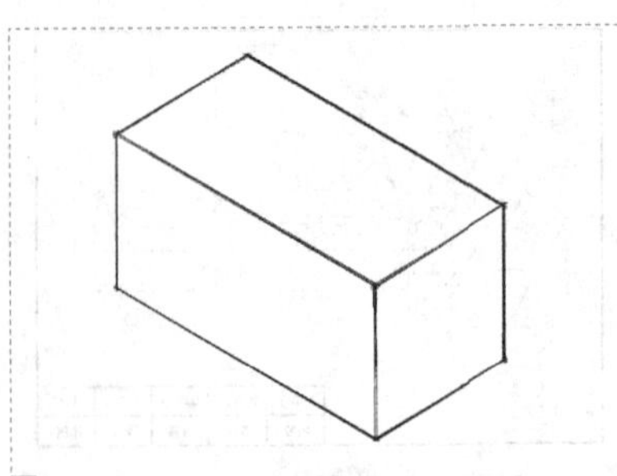
实例名称：实战——创建长方体并设置视觉样式
技术掌握：视觉样式的调整方法 323

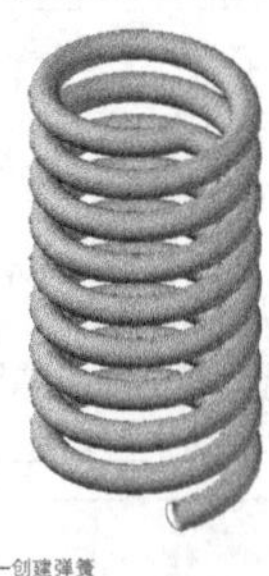
实例名称：综合实例——创建弹簧
技术掌握：三维视图与UCS的调整方法、螺旋与扫掠命令的使用方法 355

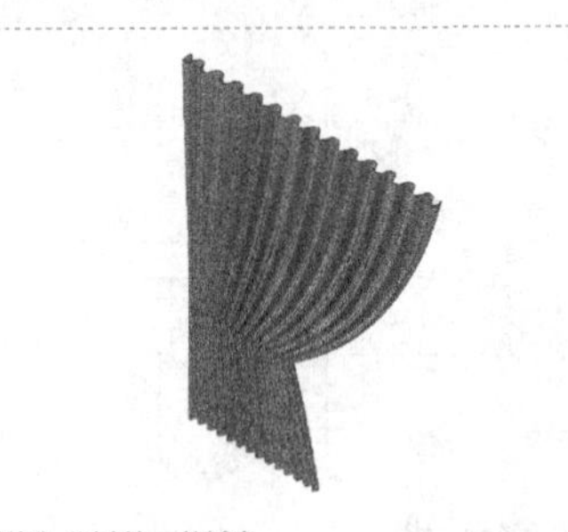
实例名称：综合实例——创建窗帘
技术掌握：创建边界网格和调整网格密度的方法 363

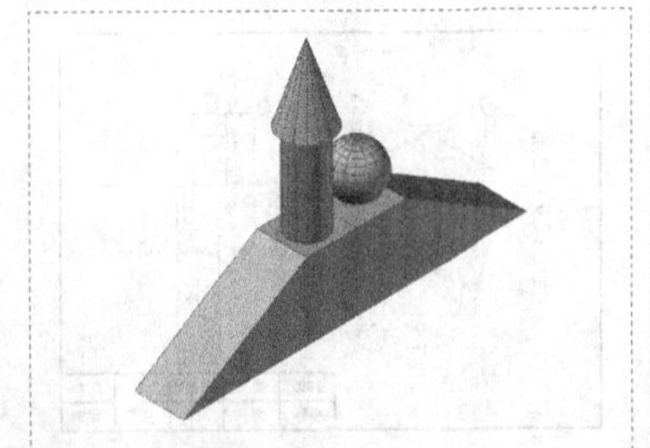
实例名称：综合实例——创建积木组合
技术掌握：各种标准三维实体模型的创建方法 369

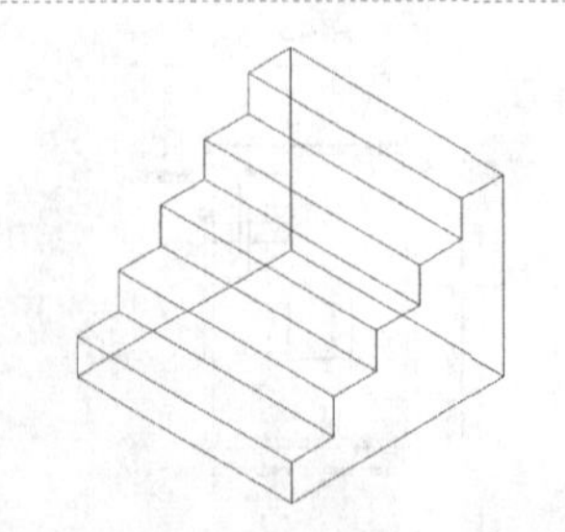
实例名称：课后练习——创建台阶
技术掌握：三维多段线以及平移网格命令的使用方法 380

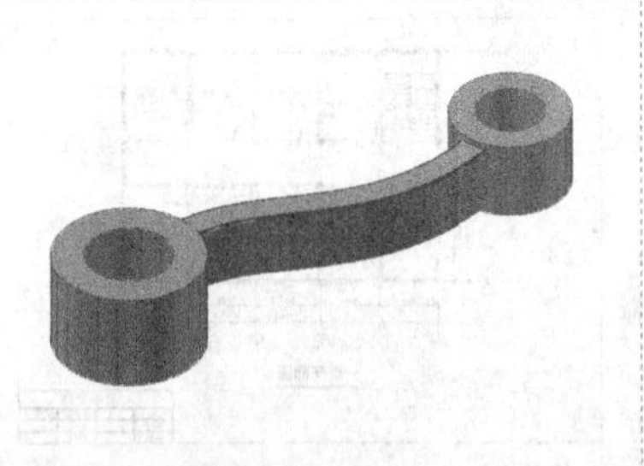
实例名称：课后练习——创建曲杆
技术掌握：常用三维模型创建命令以及编辑命令的使用方法 380

前言

AutoCAD是Autodesk公司旗下的一款旗舰产品，是全球应用最为广泛的桌面绘图软件，主要应用于建筑、机械、工程、设计等诸多领域的计算机辅助绘图。因为其通用性强，且操作简单，易学易用，所以它的用户群体非常广，稳坐全球计算机辅助设计软件的头把交椅。

本书共12章，分别介绍如下。

第1章为“进入AutoCAD 2014的世界”。本章主要介绍了AutoCAD 2014的基础知识，包括AutoCAD 2014的基本概念与操作界面的讲解、坐标与坐标系的概念、文件的管理、命令的执行方式和绘图环境的设置等，这些内容是使用AutoCAD 2014进行绘图的前提。

第2章为“二维绘图”。本章结合大量实例介绍了各种二维图形的绘制方法及设置技巧，包括点、直线、圆、矩形、多边形、圆弧和椭圆等基本图形。

第3章为“精确绘图”。本章结合实例介绍了辅助绘图功能的运用，这些功能包括推断约束、捕捉模式、栅格显示、正交模式、极轴追踪、对象捕捉和对象捕捉追踪等。

第4章为“图层”。本章结合实例介绍了图层特性管理器的运用，包括创建图层和设置线型、线宽、颜色等方法，同时还介绍了图层状态、保存和恢复图层状态的设置方法。

第5章为“编辑对象”。本章结合大量实例介绍了图形的编辑命令，包括复制类命令、改变位置类命令、改变几何特性类命令，同时还介绍了复杂对象的编辑方法和高级编辑工具的运用。

第6章为“文字与表格、图案填充与渐变色”。本章结合实例介绍了文字样式的设置方法、文字的创建与编辑方法、图案填充的执行与编辑方法、表格样式的设置方法以及表格的创建与编辑方法等。

第7章为“尺寸标注”。本章结合实例介绍了尺寸标注的运用，包括尺寸标注概述和标注样式管理器，以及各种标注样式的创建与编辑方法。

第8章为“图块与组”。本章结合实例介绍了图块与组的运用，包括内部图块和外部图块的创建与插入方法，以及组的创建方法等。

第9章为“二维绘图综合实例”。本章结合多个综合实例进一步介绍了AutoCAD强大的绘图功能和操作技巧，通过这些综合实例将快速掌握机械和建筑制图的相关知识和技术要点。

第10章为“轴测图”。本章结合实例介绍了轴测投影图的概念，机械零件轴测图的绘制方法和技巧。

第11章为“辅助功能”。本章结合少量实例介绍了前面内容中没有介绍到的辅助功能，包括设计中心和工具选项板的运用、视图的操作方法、获取图形信息的操作方法、AutoCAD中其余常见问题解析以及打印出图的操作方法。

第12章为“三维建模”。本章结合实例介绍了三维建模的相关知识，包括三维曲面、三维网格以及三维实体的创建、编辑与修改方法与技巧。

本书附带1张教学光盘，内容包含本书所有实例的源文件和场景文件。在学习技术的过程中会碰到一些难解的问题，我们衷心地希望能够为广大读者提供力所能及的服务，尽可能地帮大家解决一些实际问题，如果大家在学习过程中需要我们的支持，请通过以下方式与我们取得联系，我们将尽力解答。

客服/投稿QQ：996671731

客服邮箱：iTimes@126.com

祝您在学习的道路上百尺竿头，更上一层楼！

时代印象

2013年11月

目 录

第7章 尺寸标注......182

第8章 图块与组......212

第12章 三维建模

第1章 进入AutoCAD 2014的世界

本章导读

本章主要介绍了AutoCAD 2014的基础知识，包括AutoCAD 2014的基本概念与操作界面的讲解、坐标与坐标系的概念、文件的管理、命令的执行方式和绘图环境的设置等，这些内容是使用AutoCAD 2014进行绘图的前提。通过本章的学习，可以对AutoCAD 2014有一个大体的、全方位的了解。

Learning Objectives

了解AutoCAD 2014的操作界面

了解如何自定义工作环境

了解坐标系与坐标的知识

掌握如何管理文件

掌握命令的执行方式

掌握绘图环境的设置

1.1 AutoCAD 2014简介

AutoCAD是Autodesk公司旗下的一款旗舰产品，是全球应用最为广泛的桌面绘图软件，主要应用于建筑、机械、工程、设计等诸多领域的计算机辅助绘图。

AutoCAD通用性比较强，而且操作简单，易学易用，所以它的用户群体非常广大，稳坐全球计算机辅助设计软件的头把交椅。

既然AutoCAD功能这么强大，那么读者掌握AutoCAD之后可以做什么呢？

通俗地说，熟练掌握AutoCAD最起码可以做一名称职的绘图员，比如绘制建筑施工图。不过大家的理想肯定不仅仅是想做一名绘图员，而是要把AutoCAD作为自己手中的利器，为自己的职业生涯创造更多的机会。

俗话说得好，技多不压身，掌握AutoCAD技术不仅不会压身，更有如虎添翼之效。如果从事建筑设计、室内设计、园艺设计、机械设计、工业产品设计等与设计相关的职业，那么AutoCAD将是必备武器，因为AutoCAD是计算机辅助设计的基础，绝大部分的施工方案都需要用AutoCAD来绘制。

AutoCAD不会在意用户的学历，因为它具有易学易用的功能，不管用户是博士还是高中生，只要花足够的功夫就可以熟练掌握AutoCAD绘图技术。

AutoCAD 2014是当前AutoCAD软件的最新版本，它扩展了AutoCAD以前版本的优势和特点，并且在工作界面、性能、操作、图形管理等方面得到了进一步的加强，为用户提供了更高效、更直观的设计环境，使得设计人员能够更加得心应手地应用此软件，如图1-1所示是AutoCAD 2014的开启画面。

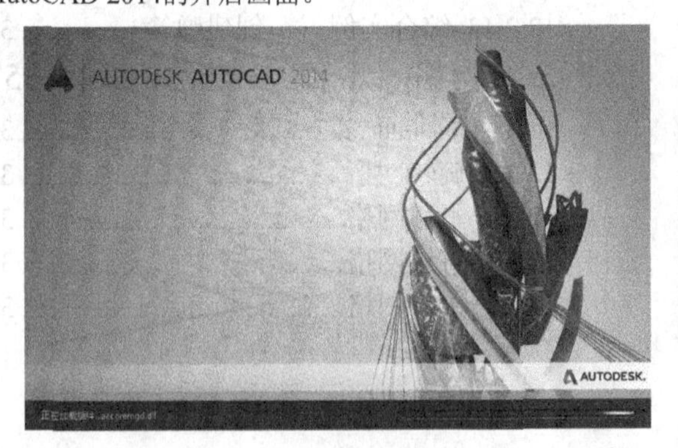

图1-1

1.2 AutoCAD 2014的操作界面

AutoCAD 2014的默认工作界面比较复杂，很多老用户都认为这个界面过于花哨且不实用，笔者也有这种感觉，所以本书依然采用AutoCAD经典界面进行教学，以便提高学习效率。

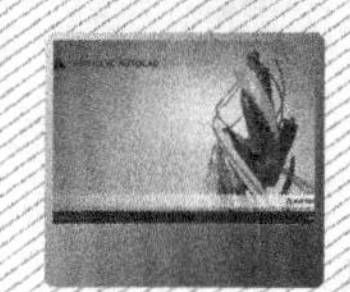
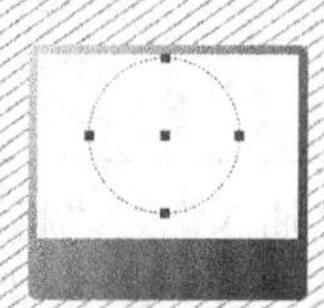
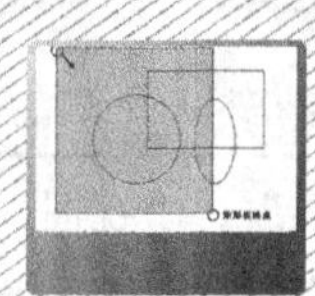
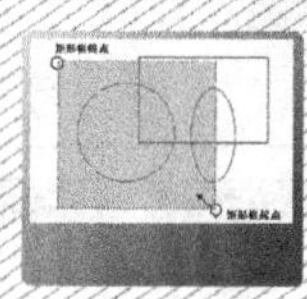
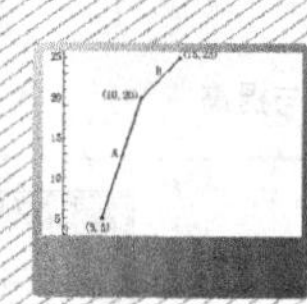

1.2.1 AutoCAD 2014的界面构成

如图1-2所示，这是AutoCAD 2014经典工作界面，笔者以图示的形式对工作界面的各个部分作了标示，大家可以通过相应的名称来想象一下各部分的基本功能。在深入学习各部分功能之前，请大家多熟悉一下这个界面。

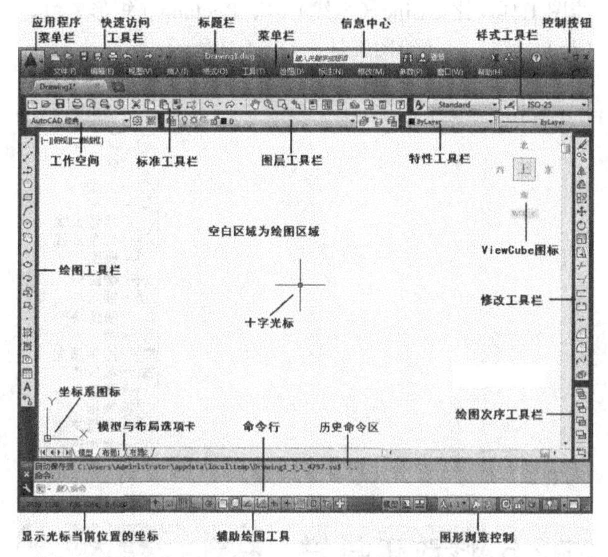

图1-2

1.2.2 工作空间

AutoCAD 2014的默认界面为“二维草图与注释”，如图1-3所示。这个界面看起来比较漂亮，但是常用工具和菜单的调用不是很方便，多了一些中间环节。

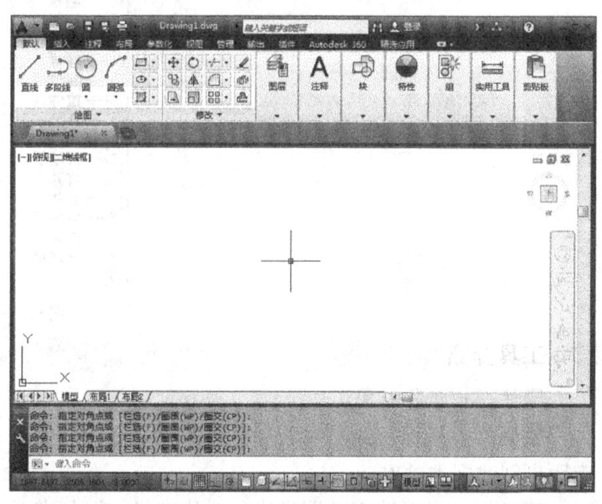

图1-3

而“AutoCAD经典”为AutoCAD 2014的经典界面，如图1-4所示。仔细观察这个界面，上面有菜单栏，左右两侧分别有“绘图”工具栏和“修改”工具栏，由此可见经典界面的实用性更强一些，所以本书也采用经典界面进行编写。

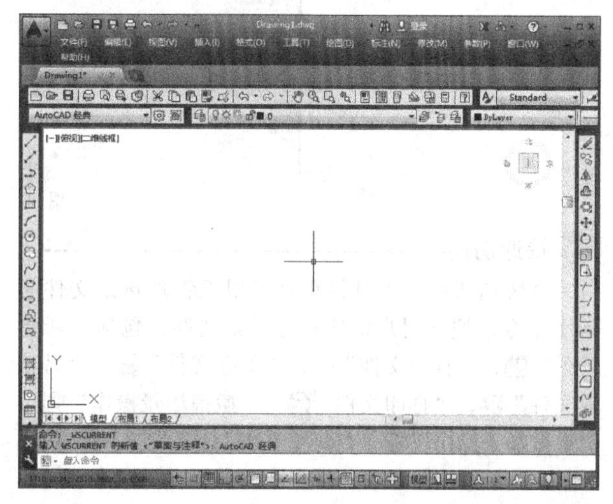

图1-4

除了默认工作界面与经典界面，AutoCAD 2014同时还提供了“三维基础”、“三维建模”，如图1-5所示，但笔者认为经典工作界面最为好用。

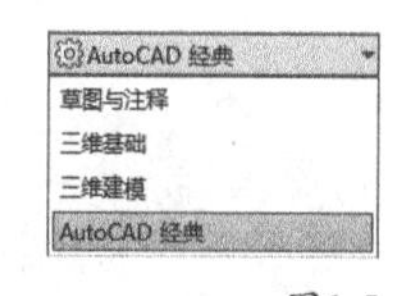

图1-5

1.2.3 标题栏

AutoCAD 2014的标题栏位于界面的最顶部，主要由“应用程序”按钮、“快速访问”工具栏、“版本信息和文件名称”、“信息中心”和“控制按钮”组成，如图1-6所示。

图1-6

应用程序

用鼠标左键单击▲按钮打开应用程序菜单栏，其集成了AutoCAD 2014所有的工作菜单，如图1-7所示，如果是AutoCAD 2014默认工作界面，则用户需要打开菜单浏览器才能调用菜单命令；如果是经典工作界面，则此项功能的意义不大，因为菜单栏已经显示在工作界面的顶部区域了（参看图1-7所示的菜单栏）。

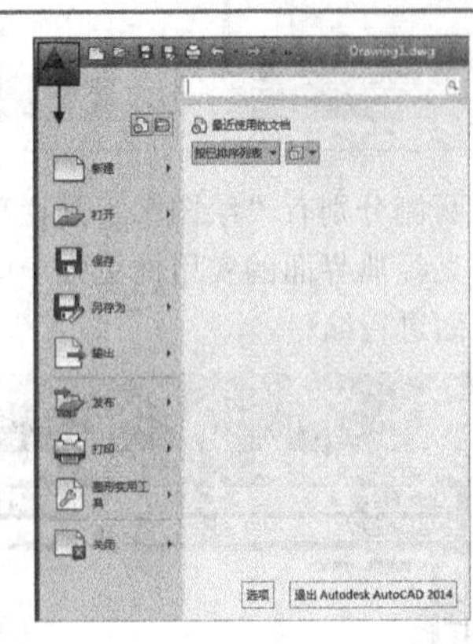

图1-7

快速访问

“快速访问”工具栏集合了用于管理场景文件的常用命令，便于用户快速管理场景文件，包括“新建场景”、“打开文件”、“保存文件”、“另存为文件”、“打印文件”、“撤销场景操作”、“重做场景操作”、“设置项目文件夹”，如图1-8所示。另外，用户也可以根据个人喜好对“快速访问工具栏”进行自定义设置。

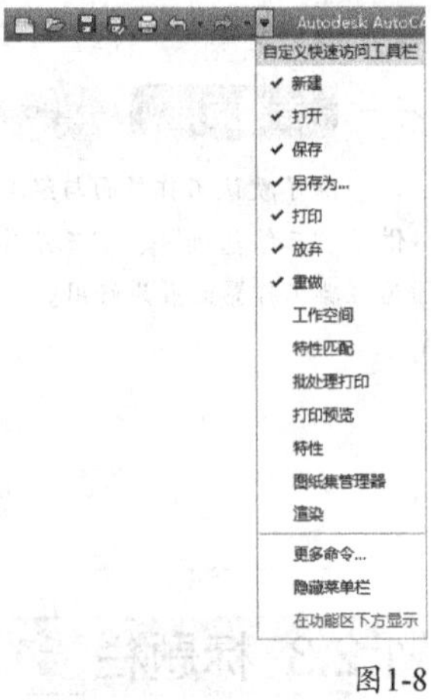

图1-8

版本信息和文件名称

“版本信息和文件名称”用于显示当前AutoCAD的版本编码（比如：AutoCAD 2014）以及当前打开文件的名称。

信息中心

“信息中心”用于访问有关AutoCAD和其他Autodesk产品的信息。

控制按钮

用于控制AutoCAD工作界面的最小化（）和恢复窗口大小（），以及关闭程序（）。

1.2.4 菜单栏

菜单栏位于工作界面的顶端，包含“文件”、“编辑”、“视图”、“插入”、“格式”、“工具”、“绘图”、“标注”、“修改”、“参数”、“窗口”和“帮助”12个主菜单，如图1-9所示。

图1-9

1.2.5 绘图工具栏

“绘图”工具栏集成了AutoCAD 2014的20种常用绘图工具，比如Line（直线）、Rectang（矩形）、Circle（圆）等绘图工具，如图1-10所示。

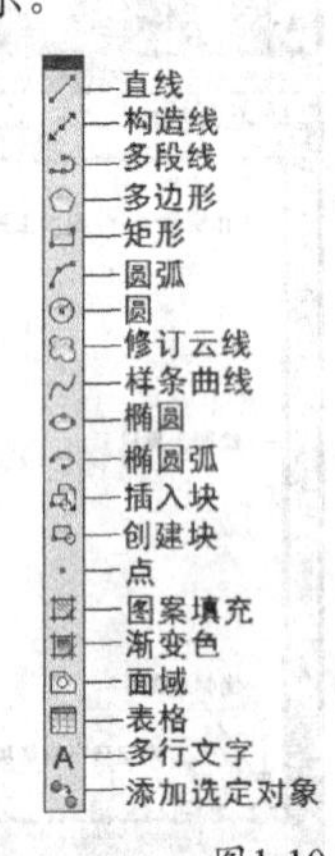

图1-10

1.2.6 修改工具栏

“修改”工具栏集成了AutoCAD 2014的18种常用修改工具，比如Move（移动）、Rotate（旋转）、Scale（缩放）等修改工具，如图1-11所示。

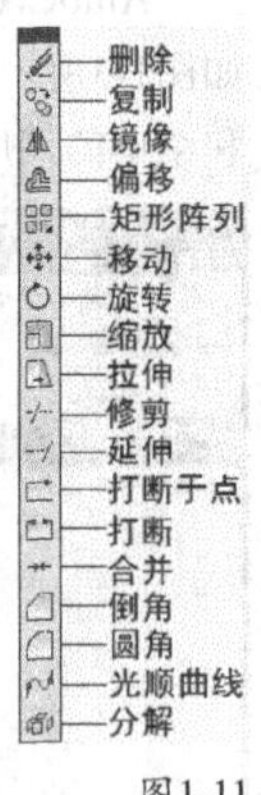

图1-11

工具介绍

删除：删除对象。

复制：指保留原对象的同时按照指定方向上的指定距离创建副本对象。

镜像：指对选定的图像进行对称变换，以便在对称的方向上生成一个反向的图形。

偏移：指通过指定距离或指定点在选择对象的一

侧生成新的对象，偏移可以是等距离复制图形。

阵列：包含矩形阵列、路径阵列和环形阵列等三种方式，指对选定的图形进行有规律的多重复制，从而建立相对应的阵列。

移动/**旋转**/**缩放**/**拉伸**：指对选定对象进行移动/旋转/缩放/拉伸等操作。

修剪：指用指定的切割边去裁剪所选定的图形，切割边和被裁剪的图形可以是直线、多边形、圆弧、圆、多段线、构造线和样条曲线等。被选中的图形既可以作为切割边也可以作为被裁剪的对象。

延伸：指把选定的直线、圆弧和没有闭合的多段线延长到指定的边界上，有效的边界线可以是直线、圆和圆弧、多段线、样条曲线、构造线、文本以及射线等。

打断于点/**打断**：指将一个整体的图形分割为两部分，可以从中间打断，也可以从中间取走一段。

合并：指使多个单独的图形形成一个完整的图像，包括直线、多段线、圆弧和样条曲线等都可以作为合并的图形。

倒角：指在指定的两条直线或者多段线段之间产生斜边。

圆角：指用确定半径的圆弧来光滑地连接两个图形，可以在指定的两条直线、圆弧、多段线、构造线和样条曲线等之间建立圆角。

光顺曲线：指两条开放曲线的端点之间创建相切或平滑的样条曲线，有效对象包括直线、圆弧、椭圆弧、螺线、开放的多段线和开放的样条曲线。

分解：指将一个整体的图形分解为多个图形。

鼠标左键单击相应的图标按钮即可执行“绘图”工具栏和“修改”工具栏中的命令，比如要执行Line（直线）命令，则鼠标左键单击“直线”按钮就可以将该命令激活。

1.2.7 绘图次序工具栏

“绘图次序”工具栏主要用于对AutoCAD的图层属性进行设置，如图1-12所示，这是AutoCAD的一项非常重要的功能，本书将会有专门的章节来介绍这项功能。

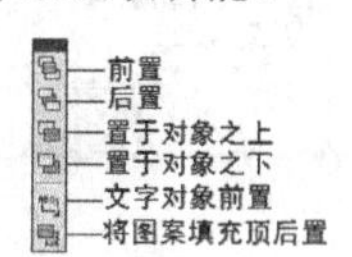

图1-12

1.2.8 模型与布局选项卡

AutoCAD提供了两种工作空间，一个是模型空间，另一个是图纸空间。在绘图区域的左下角有一个“模型”选项卡和若干个“布局”选项卡（布局就代表图纸空间），用户可以单击选项卡在两个空间来回切换，如图1-13所示。

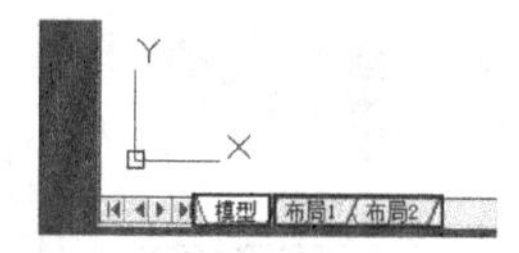

图1-13

模型空间：这是系统默认的工作空间，启动AutoCAD之后系统直接进入模型空间。在模型空间中，用户可以按任意比例绘制图形，并确定图形的测量单位。模型空间是一个三维环境，大部分的设计和绘图工作都是在模型空间的三维环境中进行的，即使对于二维图形也是如此。

图纸空间：图纸空间是一个二维环境，主要用于安排在模型空间绘制的图形的各种视图，以及添加诸如边框、标题栏、尺寸标注和注释等内容，然后打印输出图形。

1.2.9 命令行与历史命令区

命令行与历史命令区是用户借助键盘输入AutoCAD命令和显示系统反馈信息的地方。

命令行显示有命令提示符“命令：”，表示AutoCAD已处于准备接收命令的状态；而历史命令区则显示已经被执行完毕的命令，如图1-14所示。

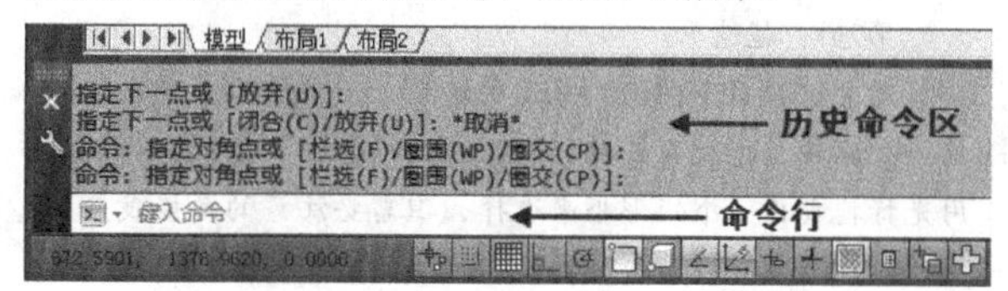

图1-14

AutoCAD最大的特点就是根据命令提示绘图，所有的操作在AutoCAD的命令行都有相对应的提示。AutoCAD是一款精确绘图软件，因为用户可以在命令提示行输入精确的数值来控制图形，大家将会通过后面的章节来充分了解AutoCAD的这个特性。

1.2.10 辅助绘图工具栏

辅助绘图工具栏主要用于设置一些辅助绘图功能，比如设置点的捕捉方式、设置正交绘图模式、控制栅格显示等，如图1-15所示，虽然这些功能并不参与绘图，但是它们的作用更甚于绘图命令，因为它们的功能可以使绘图工作更加流畅和方便，详细内容将在后面章节进行讲解。

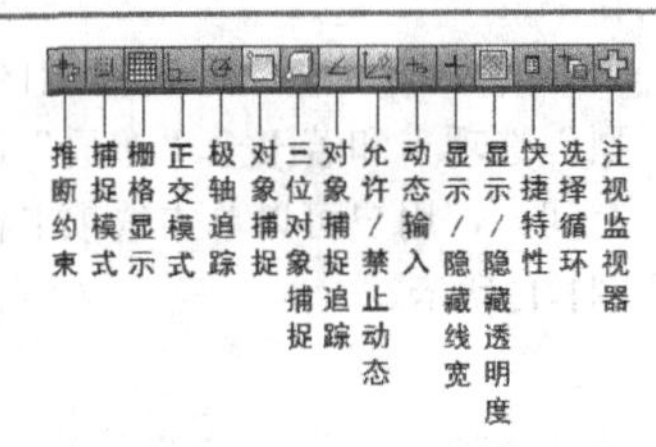

图1-15

简单介绍一下选择和删除对象的方法。

AutoCAD没有为选择对象提供专门的工具或命令，但可以通过鼠标左键直接进行选择，并且提供了多种选择方式。

第1种：单选

将鼠标光标移动到一个图形对象上，该图形会亮显，此时如果单击鼠标左键，将选中这个图形，如图1-16所示。

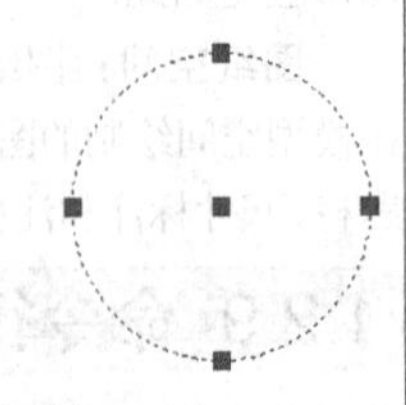

图1-16

选中的图形为虚线，并且图形上会出现多个蓝色的小方框，这是图形的夹点，一般只有图形的关键点的位置上才会出现夹点。如果要选择多个图形，可以连续在不同的图形上单击鼠标左键。

第2种：框选

对于选择多个图形对象这种情况，如果依次去单击选择就会很麻烦，也没有必要，这里介绍“框选”方式，也就是用光标拖曳出一个矩形框来选择，但需要注意的是拖曳分为两种形式。

①从左上往右下拖曳，此时矩形框呈蓝色显示，如图1-17所示，只有完全位于框内的图形才能被选中，如图1-18所示，只有大圆被选中。

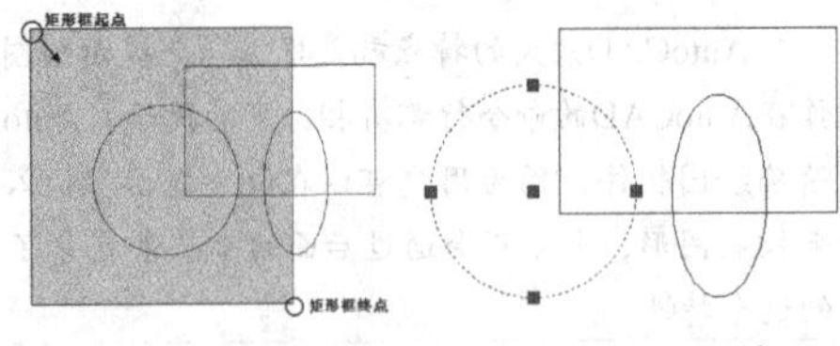

图1-17　　图1-18

②从右下往左上拖曳，此时矩形框呈绿色显示，如图1-19所示，只要图形有一部分被框中即可被选中，如图1-20所示，矩形和椭圆形同时被选中。

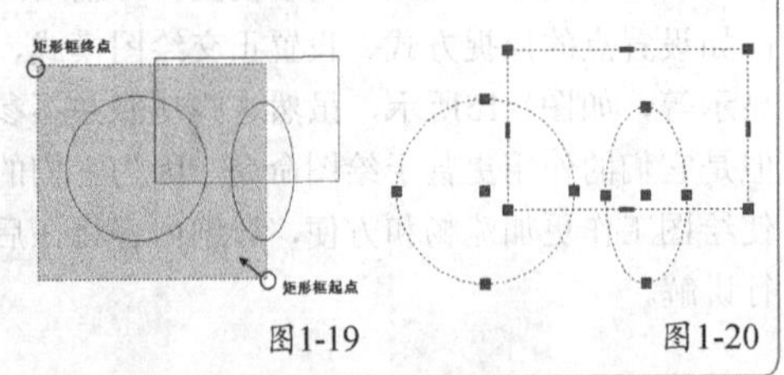

图1-19　　图1-20

第3种：减选

用框选的方式选择图形时容易选中多余的图形，此时就需要取消对这些多余图形的选择。如图1-20所示，三个图形对象都被选中了，如果要取消对矩形的选择，可以按住Shift键的同时用鼠标左键单击矩形，如图1-21所示。

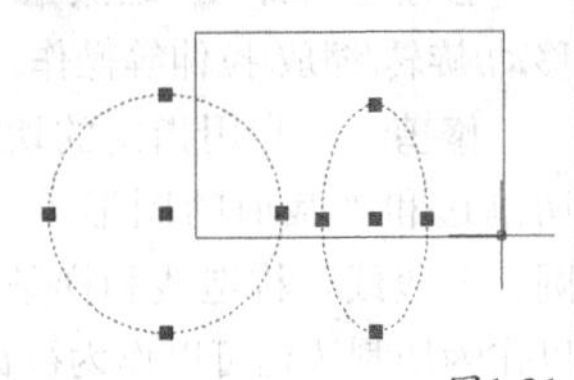

图1-21

在AutoCAD中删除对象可以使用Erase（删除）命令，该命令有两种用法，一种是先选择再删除；另一种是先执行命令，然后选择对象，接着按回车键确认。

1.3 自定义工作环境

软件的工作界面就相当于现实中的办公场地，一款称心的工作界面不仅可以增加工作的欲望，还可以提高工作的效率。

1.3.1 自定义用户界面

执行“工具>自定义>界面”菜单命令，打开“自定义用户界面”对话框，如图1-22所示，在这里用户可以根据自己的需要来设置。

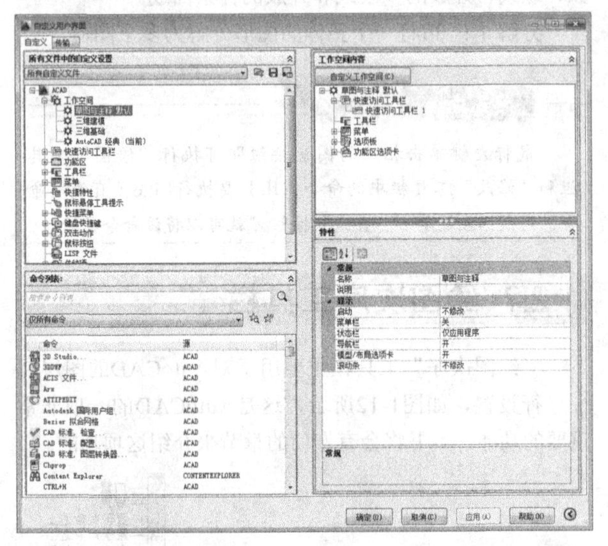

图1-22

1.3.2 自定义光标大小

执行“工具>选项”菜单命令，打开“选项”对话框，在“显示”选项卡下可以设置十字光标的大小，如图1-23所示。

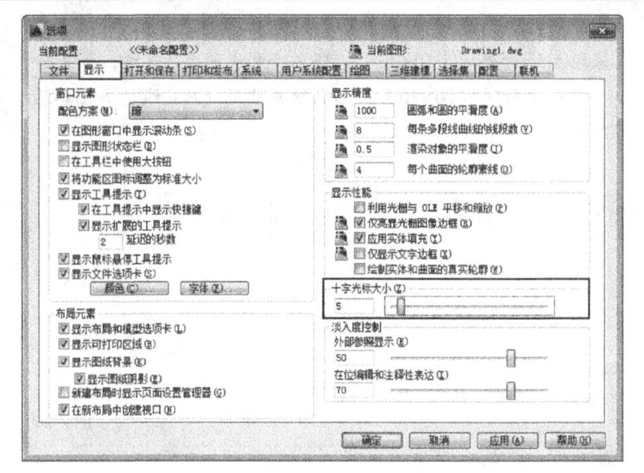

图1-23

1.3.3 设置背景颜色

执行“工具>选项”菜单命令，打开“选项”对话框，并在“显示”选项卡下单击“颜色” 颜色(C)... 按钮，打开“图形窗口颜色”对话框，在这个对话框中用户可以根据自己的喜好和需要来设置，如图1-24所示，在这里编者将背景的“颜色”设置为白色，以便后面的讲解。

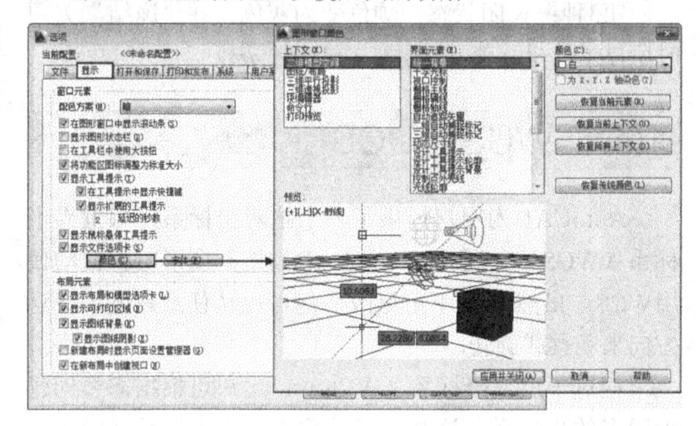

图1-24

1.4 坐标系与坐标

要利用AutoCAD来绘制图形，首先要了解坐标的概念，了解图形对象所处的环境。本节将深入阐述AutoCAD的坐标系，并通过示意图来帮助大家加深理解。

1.4.1 了解坐标系统

观察如图1-25所示的两种用户坐标系（UCS）图标，其中左侧的UCS图标是默认的用于二维绘图的坐标系；右侧的包括z轴的坐标系是用于三维建模的。这里重点讨论二维坐标系统。

图1-25

在二维坐标系统中，x轴的箭头指向x轴的正方向。也就是说顺着箭头方向前进则x轴坐标值增加。y轴的箭头指向y轴的正方向。

利用二维坐标系统，屏幕上的每一个二维点都可以使用x和y坐标值来指定，我们称之为笛卡尔坐标系。通用的表示方法是先写出x轴坐标值，然后是逗号（没有空格），接着是y轴坐标值。在默认情况下，x轴和y轴交点的坐标是（0,0）。位于x轴左侧和y轴下方的点的坐标值为负。

那么坐标值的测量单位是什么呢？在AutoCAD 2014中绘图时，默认使用的单位是“毫米（mm）”，例如从（3,0）这个点到（6,0）这个点之间的直线的长度是3mm。绘图时可以任意指定这些单位，可以是1毫米、1厘米、1米、1英寸、1英尺或者1英里。

在对一张图纸进行设置的时候，就需要指定显示的单位，例如，在表示非整数的时候是使用小数点还是分数。不过在实际的应用中，只有在用打印机和绘图仪出图的时候才需要指定每个单位表示的具体长度。

为确保准确，应该使用全尺寸进行绘制。例如，要绘制一间长度为12m的工厂平面图，那么在绘制的时候就可以直接画一条这么长的直线。此后在需要查看具体细节的时候可以将视图放大，如果要查看整个平面图则缩小视图就可以了。只有在实际的纸张上打印12m长的直线时，才需要指定以多大的比例打印图形。

1.4.2 笛卡尔坐标系

笛卡尔坐标系又称为直角坐标系，由一个原点（坐标为0,0）和两条通过原点的、相互垂直的坐标轴构成，其中，水平方向的坐标轴为x轴，以向右为其正方向；垂直方向的坐标轴为y轴，以向上为其正方向。平面上任何一点p都可以由x轴和y轴的坐标来定义，即用一对坐标值（x,y）来定义一个点，例如某点的直角坐标为（3,2），如图1-26所示。

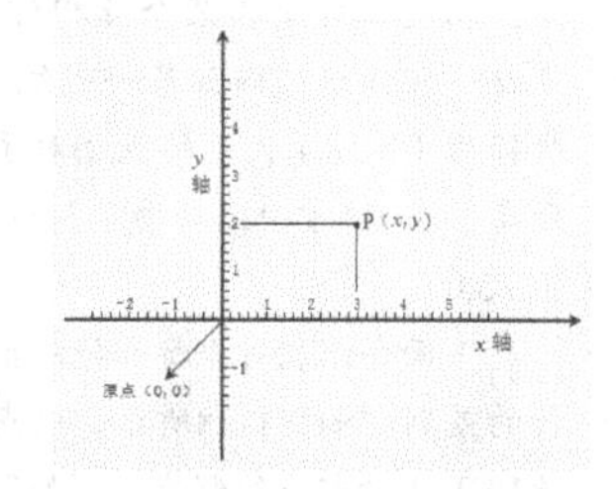

图1-26

专家点拨

AutoCAD只能识别英文标点符号，所以在输入坐标的时候，中间的逗号必须使用英文标点，其他涉及标点符号的输入也是如此。

1.4.3 极坐标系

极坐标系是由一个极点和一根极轴构成，极轴的方向为水平向右，如图1-27所示。平面上任何一点P都可以由该点到极点的连线长度L（>0）和连线与极轴的夹角a（极角，逆时针方向为正）来定义，即用一对坐标值（L<a）来定义一个点，其中“<”表示角度。

例如，某点的极坐标为（5<30），表示该点距离极点的长度为5，与极轴的夹角为30°。

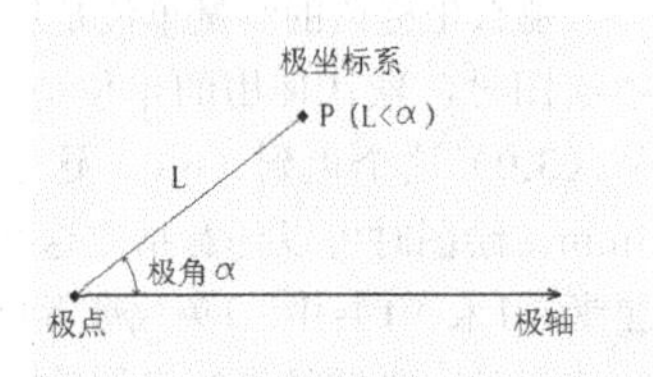

图1-27

1.4.4 相对坐标

在某些情况下，用户需要直接通过点与点之间的相对位移来绘制图形，而不是指定每个点的绝对坐标，因此AutoCAD提供了相对坐标输入法。

所谓相对坐标，就是某点与相对点的相对位移值。在AutoCAD中，相对坐标用“@”来标识。在使用相对坐标的时候，用户可以采用笛卡尔坐标，也可以采用极坐标，可根据具体情况而定。

例如，某一直线的起点坐标为（5,5）、终点坐标为（10,5），则终点相对于起点的相对坐标为（@5,0），用相对极坐标表示应为（@5<0）。

绝对坐标是指点在x轴和y轴方向上的绝对位移，例如，在“笛卡尔坐标系”小节中讲的点P（3,2），以及在“极坐标系”小节中举的例子，这些都是绝对坐标。

相对坐标是指某个点相对于上一点的绝对位移值，用“@”来标识。例如某一直线的起点坐标为（5,5）、终点坐标为（8,10），则终点相对于起点在x轴方向上移动了3个距离、在y轴方向上移动了5个距离，此时终点的相对坐标为（@5,0）。

下面介绍相对坐标和绝对坐标的差别。如图1-28所示，以点（10,20）为起点绘制直线，如果输入绝对坐标（5,5），那么绘制出的是A直线；如果输入相对坐标（@5,5），那么绘制出的是B直线。

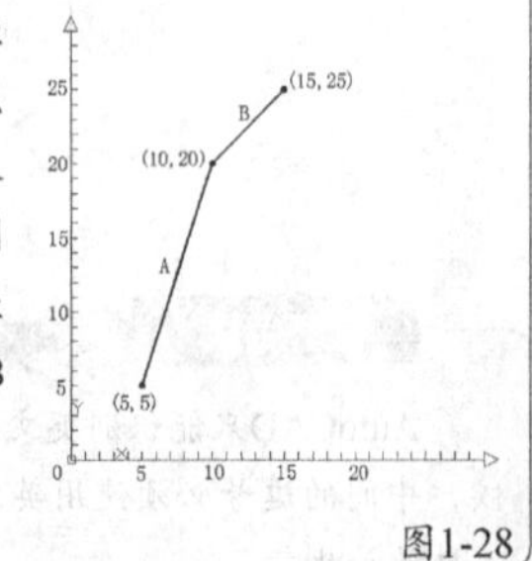

图1-28

再观察极坐标，同样以点（10,20）为起点绘制直线，如果输入绝对坐标（10<30），那么绘制出的是A直线；如果输入相对坐标（@10<30），那么绘制出的是B直线，如图1-29所示。

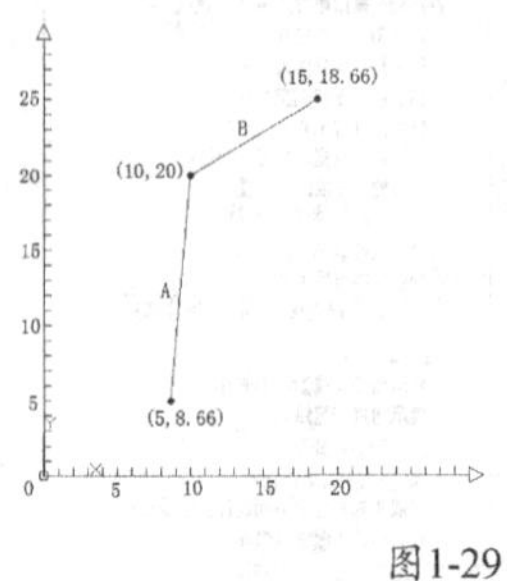

图1-29

1.4.5 坐标值的显示

AutoCAD工作界面底部的状态栏左侧区域将显示当前光标所处位置的坐标值，该坐标值有3种显示状态。

第1种：绝对坐标状态，显示光标所在位置的坐标（1891.8748, 697.3324, 0.0000）。

第2种：相对极坐标状态，在相对于前一点来指定第二点时可使用此状态（32.1741<345, 0.0000）。

第3种：关闭状态，颜色变为灰色，并“冻结”关闭时所显示的坐标值（ ）。

1.4.6 WCS和UCS

AutoCAD为用户提供了一个绝对坐标系，即世界坐标系（WCS）。通常，AutoCAD构造新图形时将自动使用WCS。虽然WCS不可更改，但可以从任意角度、任意方向来观察或旋转。

相对于世界坐标系（WCS），用户可根据需要创建无限多的坐标系，这些坐标系称为用户坐标系（UCS，User Coordinate System）。用户使用Ucs命令来对用户坐标系（UCS）进行定义、保存、恢复和移动等一系列操作。如果在用户坐标系（UCS）下想要参照世界坐标系（WCS）来指定点，那么就要在坐标值前加星号*。

1.5 文件管理

文件管理是软件操作的基础，包括文件的新建、打开和保存。尽管几乎所有软件的文件操作方法都一致，但是这里还是有必要介绍一下。

1.5.1 新建文件

新建AutoCAD工作文件的方式有两种，一种是软件启动之后自动新建一个文件，且新建文件的默认名称为

"Drawing1.dwg"；第二种是启动软件之后重新创建一个文件，下面以实际操作的方式介绍一下第二种方法，

执行"文件>新建"菜单命令或者按快捷键Ctrl+N，如图1-30所示，打开"选择样板"对话框，接着在"名称"列表框中选择一个合适的样板，然后单击"打开"按钮，即可新建一个工作文件，如图1-31所示。

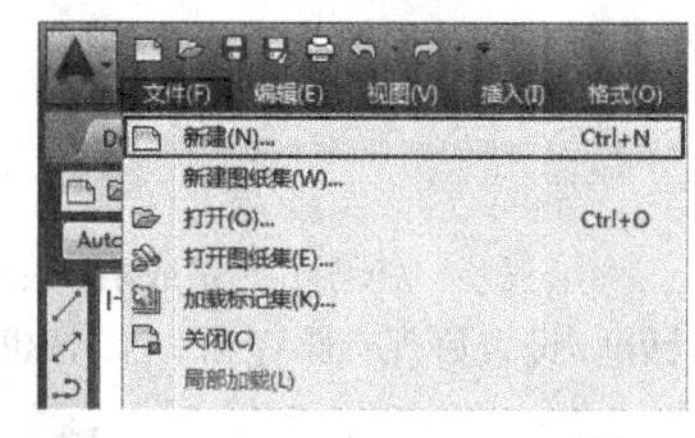

图1-30

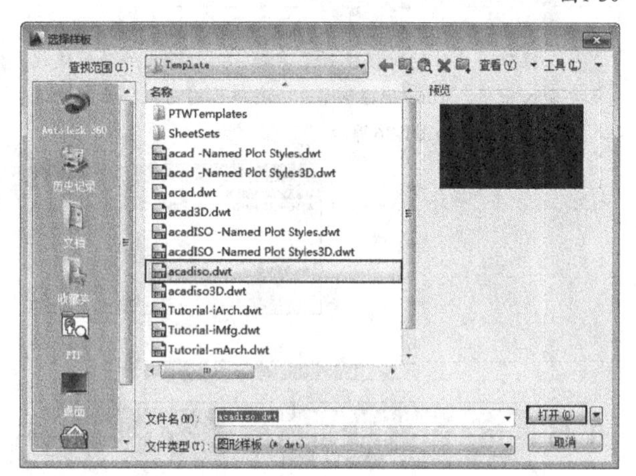

图1-31

专家点拨

单击快速访问工具栏中的"新建"按钮也可以创建一个新的工作文件。

1.5.2 打开文件

AutoCAD文件的打开方式主要有3种，现在分别介绍如下。

第1种：双击鼠标左键dwg文件打开。在磁盘中找到要打开的文件，然后鼠标左键双击文件即可打开。

第2种：单击鼠标右键打开文件。在磁盘中找到要打开的文件，然后鼠标右键单击文件，接着在弹出菜单中选择"打开方式>AutoCAD DWG Launcher"程序。

第3种：直接从AutoCAD中打开。首先启动AutoCAD 2014，接着执行"文件>打开"菜单命令或者按快捷键Ctrl+O打开"选择文件"对话框，接着在"选择文件"对话框的"查找范围"下拉列表中查找待打开文件的路径，然后选中待打开的文件，最后单击"打开"按钮，如图1-32所示。

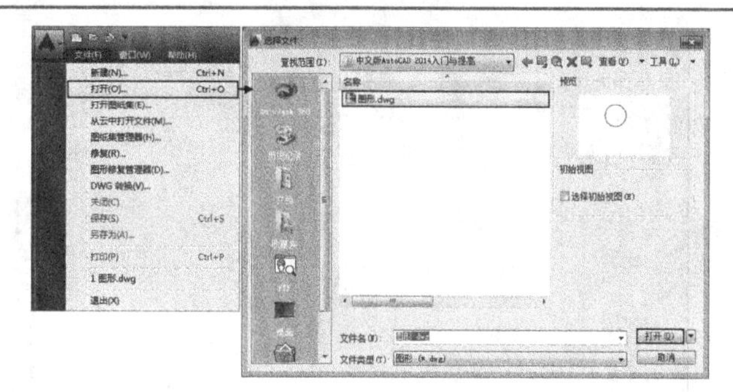

图1-32

专家点拨

单击工具栏中的"打开"按钮也可以打开一个已经存在的图形文件。

1.5.3 保存文件

AutoCAD文件的保存方式主要有两种，分别是"保存"和"另存为"。

保存

这种保存方式主要针对第一次保存的文件，或者针对已经存在但被修改后的文件（原来存在的文件将被修改后的文件所替代）。

执行"文件>保存"菜单命令或者按快捷键Ctrl+S打开"图形另存为"对话框，接着设置文件的保存路径和名称，最后单击"保存"按钮。

另存为

这种保存方式可以将文件另设路径进行保存，比如把原来存在的文件进行修改之后，但是又不想覆盖原来的文件，那么就可以把修改后的文件另存一份，这样原来的文件也将继续保留。

执行"文件>另存为"菜单命令或者按快捷键Ctrl+Shift+S，打开"图形另存为"对话框，在其中重新设置保存路径并保存文件。

专家点拨

针对上面这种保存方式，单击工具栏中的"保存"按钮和"另存为"按钮也可以实现相同的操作目的。

1.5.4 输出文件

如果想将文件保存为其他格式，例如PDF格式或者BMP格式，可以使用"输出"命令来进行保存。

执行"文件>输出"菜单命令打开"输出数据"对话框，在"输出数据"对话框中用户可以对输出文件的类型进行选择，如图1-33所示。

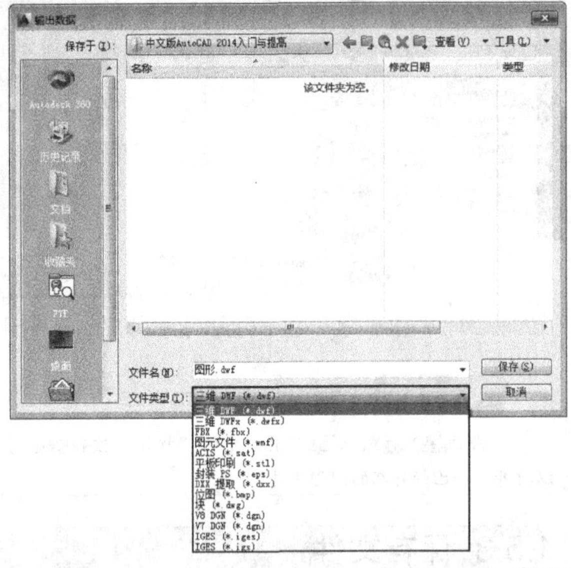

图1-33

1.5.5 加密文件

在工作中，如果图形文件非常重要，为了防止泄密，用户还可以对图形进行加密保存，具体方法如下。

第一步：按快捷键Ctrl+S打开“图形另存为”对话框，接着单击右上角的“工具”按钮，并在弹出的下拉菜单中单击“安全选项”命令，然后打开“安全选项”对话框，并在其中的文本框中输入想要设置的密码，然后单击“确定”按钮，如图1-34所示。

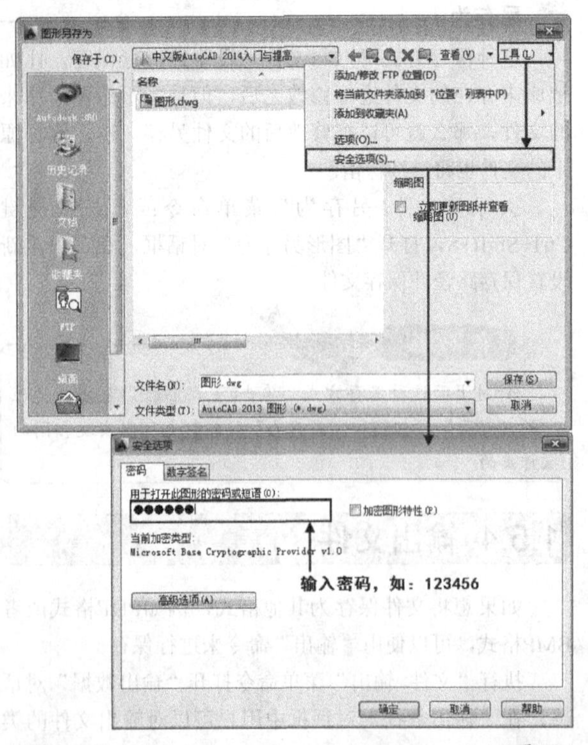

图1-34

第二步：系统弹出“确认密码”对话框，提示用户再次确认上一步设置的密码，此时要输入与上一步完全相同的密码，如图1-35所示。

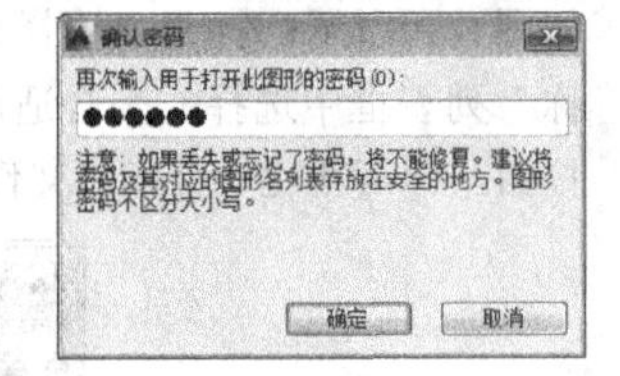

图1-35

第三步：密码设置完成后，系统回到“图形另存为”对话框，设置好保存路径和文件名称即可保存文件。

如果保存文件的时候设置了密码，则打开文件的时候就需要输入密码，AutoCAD会通过“密码”对话框提示用户输入正确的密码，如图1-36所示。

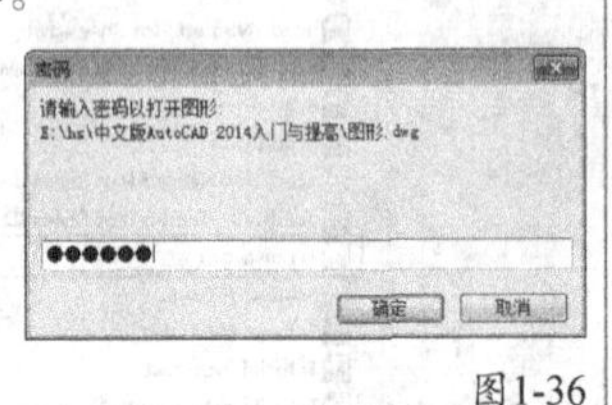

图1-36

1.6 命令的执行方式

软件与用户之间的互动通常被称为人机对话，也就是说用户向软件下达指令，然后软件根据用户的指令执行相关操作。就AutoCAD而言，最基本的人机对话工作就是用户向软件下达绘图命令，下面就来介绍如何向AutoCAD下达绘图命令。

1.6.1 通过菜单栏执行命令

这种方式是最基本的命令执行方式，只要用户选择并执行菜单中的绘图命令就可以让AutoCAD执行相应的绘图操作，以获得用户需要的图形结果。

下面以举例的形式来介绍菜单命令的执行方式，例如要绘制一个矩形。执行“绘图>矩形”菜单命令，便可以在绘图区域绘制矩形，如图1-37所示。

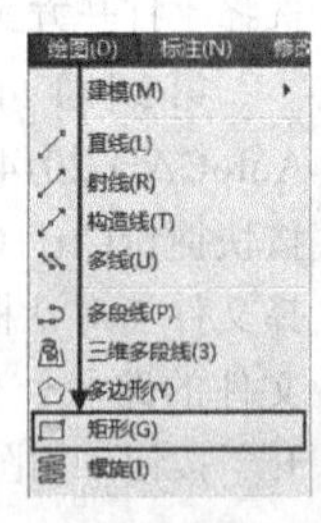

图1-37

1.6.2 通过工具栏执行命令

这种方式比较简单，鼠标左键单击工具栏中的按钮就可以执行相应的命令，如图1-38所示。

图1-38

1.6.3 通过命令行执行命令

这种方法就是通过键盘输入绘图命令，用户在命令行中输入相关命令，然后按一下回车键或空格键（本书以↙表示回车键或者空格键，请读者注意）执行命令，每确认一次提示操作都要按回车键或空格键，如图1-39所示。如输入REC并按下回车键或空格键，便可以执行“矩形”绘图命令。

图1-39

1.6.4 重复执行命令

AutoCAD执行完某个命令后，如果要立即重复执行该命令，则只需在命令提示符出现后按一下回车键或者空格键即可。

例如，用Line（直线）命令绘制一条直线后还需立即再绘制一条，则只需按一下回车键或空格键就可以重复执行Line（直线）命令。

1.7 设置绘图环境

绘图环境指的是绘图的单位、图纸的幅面等，设置好绘图环境等于是为一张图纸打好了基础，无论是在建筑制图还是机械制图中，设计人员首先应该做的都是根据图纸要求设定好绘图环境，然后再进行绘图操作。

1.7.1 设置图形单位

图形单位本身是无量纲的，但用户在绘图时是可以将图形单位视为被绘制对象的实际单位，如毫米（mm）、厘米（cm）、米（m）、千米（km）等，工程制图最常用的单位是毫米（mm）。

执行“格式>单位”菜单命令打开“图形单位”对话框，在该对话框中除了可以对绘图单位进行设置，还可以设置类型和精度等，如图1-40所示。

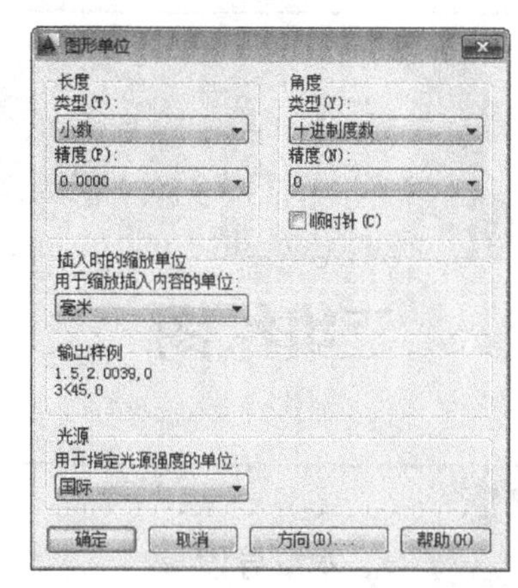

图1-40

1.7.2 设置图形界限

“图形界限”是指AutoCAD的图纸幅面，相当于手工绘图时选择适当大小的图纸。

执行“格式>图形界限”菜单命令，激活Limits（图形界限）命令后，根据命令提示需要用户制定一个矩形的对角来确定范围。

设置好的图像界限用肉眼是看不到的，大家可能也会怀疑是否设置好了，如果为图像界限添加一个相同大小的矩形框，就可以看见了，例如设置“图形界限”为A3（420mm×297mm）大小，如图1-41所示。

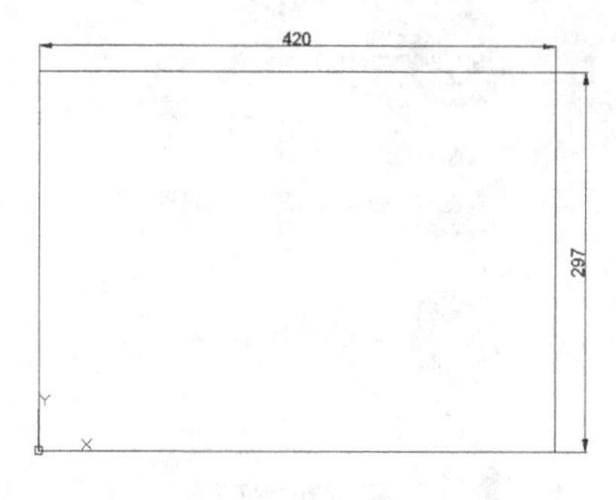

图1-41

1.8 本章小结

本章主要讲解了AutoCAD 2014的基础知识，包括AutoCAD 2014的基本概念与操作界面的讲解、坐标与坐标系的概念、文件的管理、命令的执行方式、绘图环境的设置等，掌握好这些内容，才能更顺利地学习后面的知识。

第2章 二维绘图

本章导读

在AutoCAD中，二维绘图指的是绘制平面图形，而平面图形是由点、直线、圆、矩形、多边形、圆弧和椭圆等基本的图形单元构成的，简称为图元，这些图元是构成复杂图形的基本要素。本章将学习各种二维图形的绘制方法及设置技巧，希望读者在学习的过程中，能够举一反三。

Learning Objectives

二维图形的概念

直线类绘图命令的运用

平面图形绘图命令的运用

圆类绘图命令的运用

点命令的运用

多段线命令的运用

样条曲线命令的运用

多线命令的运用

2.1 AutoCAD的二维图形元素概念

在AutoCAD中，二维图形元素主要是指最常用的基本图形单元（简称图元），包括点、直线、圆、矩形、圆弧、多边形和椭圆等，如图2-1所示。这些图形的绘制难度较小，操作步骤简单，只要稍微学习一下就可以轻松掌握。

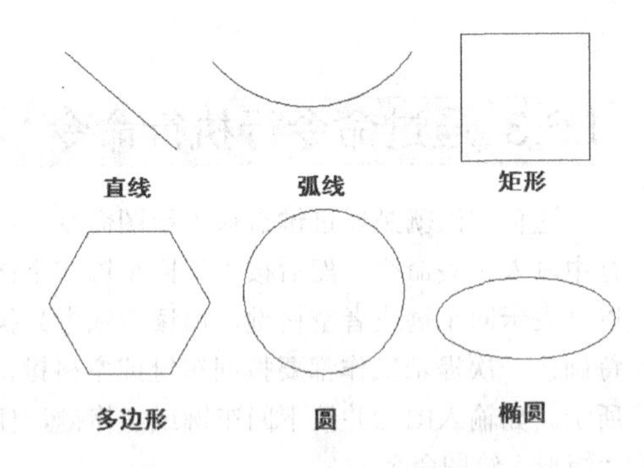

图2-1

2.2 直线类

2.2.1 直线

直线是最常用的基本图形元素之一，任何二维线框图都可以用直线段近似构成。使用Line（直线）命令可以绘制直线，这是最为常用的AutoCAD绘图命令。

在AutoCAD中，执行Line（直线）命令的方式有如下3种。

第1种：执行“绘图>直线”菜单命令，如图2-2所示。

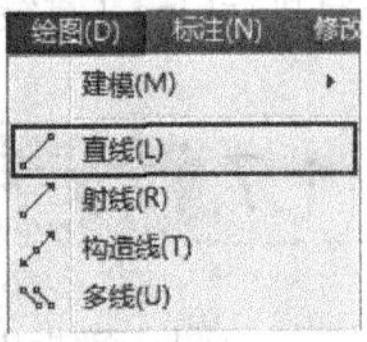

绘图(D) 标注(N) 修改
建模(M)
直线(L)
射线(R)
构造线(T)
多线(U)

图2-2

第2种：单击“绘图”工具栏中的“直线”按钮，如图2-3所示。

图2-3

第3种：在命令行中输入Line（简化命令为L）并按下回车键。

在讲述绘图命令的时候，笔者同时向大家介绍了绘图命令的简写形式，这是AutoCAD为提高绘图效率而设置的，比如Line（直线）命令的简写形式为L，也就是说在命令行输入L并回车就可以执行直线绘图命令，其他同理。

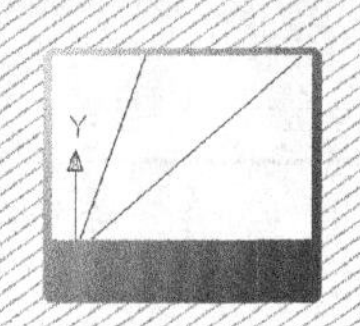
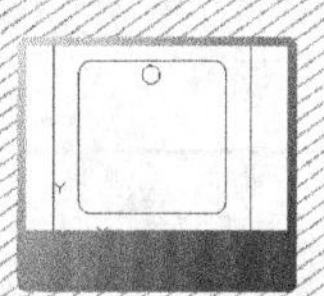

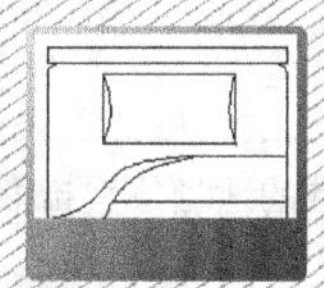
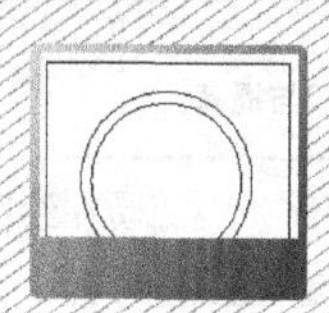
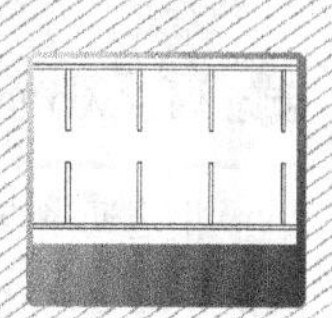

2.2.2 实战——绘制简易单人床

素材位置　无
实例位置　第2章>实例文件>2.2.2.dwg
技术掌握　直线的绘制方法

本例绘制的简易单人床效果如图2-4所示。

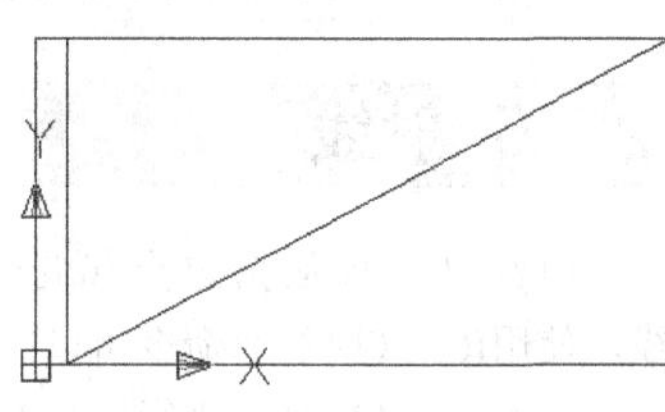

图2-4

01 执行“绘图>直线”菜单命令，绘制一个由4条直线段构成的矩形，如图2-5所示，相关命令提示如下。

命令: _line 指定第一点: 0,0 ↙　　//输入坐标（0,0）并回车
指定下一点或 [放弃(U)]: 2000,0 ↙　　//输入第2点坐标并回车
指定下一点或 [放弃(U)]: 2000,1000 ↙　　//输入第3点坐标并回车
指定下一点或 [闭合(C)/放弃(U)]: 0,1000 ↙　　//输入第4点坐标并回车
指定下一点或 [闭合(C)/放弃(U)]: c ↙　　//输入选项C并回车，表示绘制闭合曲线

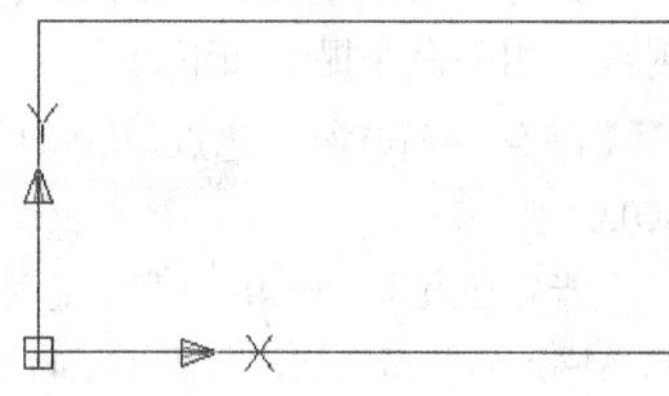

图2-5

02 单击“绘图”工具栏中的“直线”按钮，在矩形左边线的右侧绘制一条垂直直线，如图2-6所示，相关命令提示如下。

命令: _line 指定第一点: 100,0 ↙　　//输入直线起点坐标
指定下一点或 [放弃(U)]: @0,1000 ↙　　//输入下一点的相对坐标
指定下一点或 [放弃(U)]: ↙　　//回车结束绘制

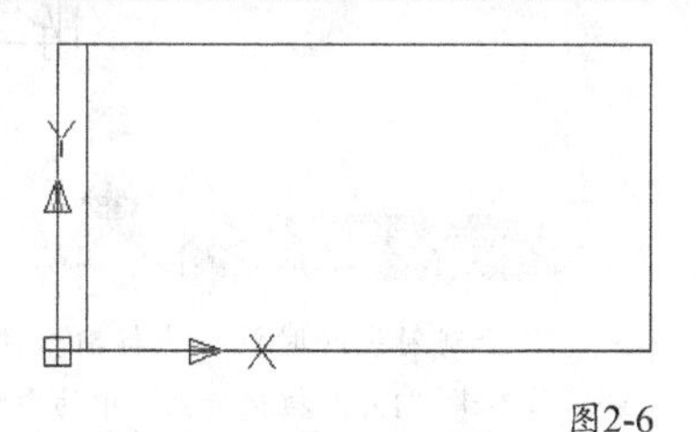

图2-6

03 按空格键继续执行Line（直线）命令，绘制一条斜线，如图2-7所示。

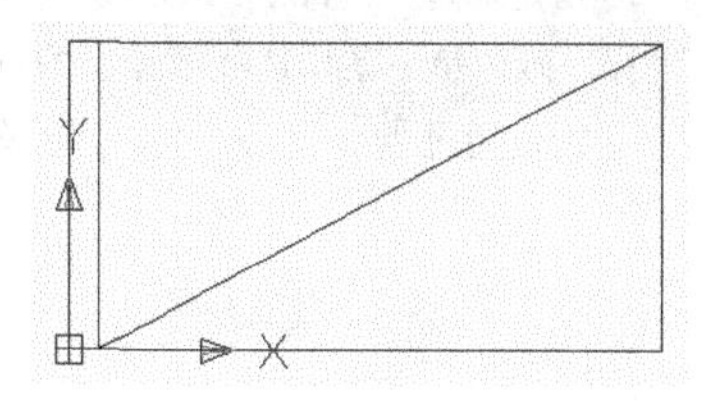

图2-7

专家点拨

通过上面这个小例子的学习，大家可以知道 Line（直线）命令既可以绘制一条单独的直线，也可以绘制一系列连续的直线，并且每条直线都是分别独立的对象。

2.2.3 构造线

构造线是一种无限长的直线，它可以从指定点开始向两个方向无限延伸。在AutoCAD中，构造线主要被当作辅助线来使用，使用Xline（构造线）命令可以绘制构造线。

在AutoCAD中，执行Xline（构造线）命令的方式有如下3种。

第1种：执行“绘图>构造线”菜单命令，如图2-8所示。

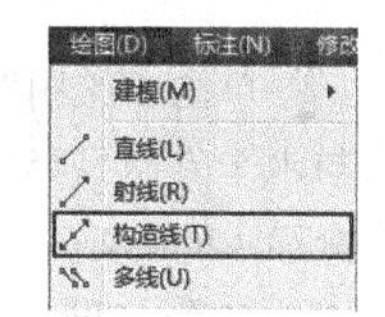

图2-8

第2种：单击“绘图”工具栏中的“构造线”按钮，如图2-9所示。

图2-9

第3种：在命令行输入Xline（简化命令为Xl）并回车。

2.2.4 实战——绘制水平和倾斜的构造线

素材位置　无
实例位置　第2章>实例文件>2.2.4.dwg
技术掌握　构造线的绘制方法

01 执行“绘图>构造线”菜单命令，绘制3条水平方向上的构造线，构造线的间距为20mm，如图2-10所示，相关命令提示如下。

命令: _xline 指定点或 [水平(H)/垂直(V)/角度(A)/二等分(B)/偏移(O)]: h ↙　　//输入选项H，表示绘制水平方向上的构造线

指定通过点:　　　　　　　//在绘图区域的适当位置拾取一点，确定第一条构造线经过的点

指定通过点: @0,20 ↙　　　　//输入垂直方向上的相对坐标，确定第二条构造线要经过的点

指定通过点: @0,20 ↙　　　　//输入垂直方向上的相对坐标，确定第三条构造线要经过的点

指定通过点: ↙　　　　　　//回车结束命令

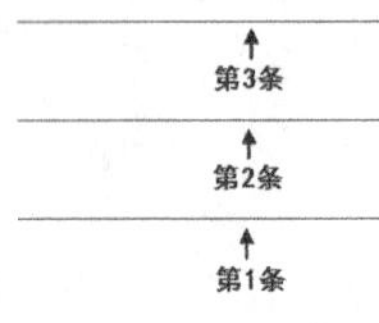

图2-10

在命令提示“指定点或 [水平(H)/垂直(V)/角度(A)/二等分(B)/偏移(O)]:”的后面输入选项V表示绘制垂直的构造线（如图2-11所示），输入选项A表示绘制与水平方向呈其他角度的构造线。

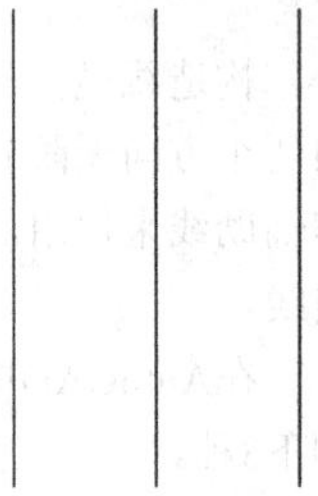

图2-11

02 单击“绘图”工具栏中的“构造线”按钮，绘制与水平方向呈45°角的构造线，如图2-12所示，相关命令提示如下。

命令: _xline 指定点或 [水平(H)/垂直(V)/角度(A)/二等分(B)/偏移(O)]: a ↙　//输入选项A表示绘制与水平方向呈其他角度的构造线

输入构造线的角度 (0) 或 [参照(R)]: 45 ↙　　//输入角度值45表示构造线与水平方向呈45°

指定通过点:　　　　　　　//在绘图区域的适当位置拾取一点

指定通过点: @20,0 ↙　　　　//输入第二条构造线要经过的点

指定通过点: @20,0 ↙　　　　//输入第三条构造线要经过的点

指定通过点: ↙　　　　　　//回车结束命令

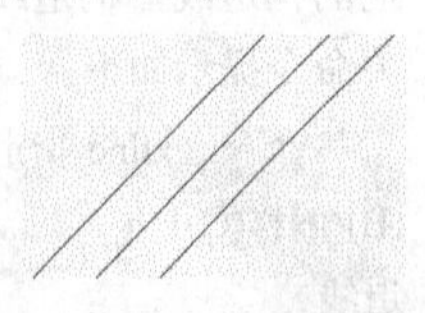

图2-12

专家点拨

AutoCAD的“根据命令提示绘图”模式是该软件的最大特点，而且它的命令提示里面经常会包含很多选项，这些不同的选项代表了不同的方法。本书讲解这些方法的时候，笔者不可能做到面面俱到，很多时候只能挑选一些常用方法作阐述，其余的都要靠读者自己去摸索。

2.2.5 射线

射线是一种从指定点起向一个方向无限延长的直线，使用Ray（射线）命令可以绘制射线。

在AutoCAD中，执行Ray（射线）命令的方式有如下两种。

第1种：执行“绘图>射线”菜单命令，如图2-13所示。

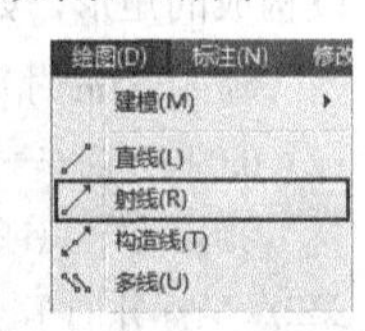

图2-13

第2种：在命令行输入Ray并回车。

2.2.6 实战——绘制两条与水平方向呈40°和70°的射线

素材位置　无

实例位置　第2章>实例文件>2.2.6.dwg

技术掌握　射线的绘制方法

执行“绘图>射线”菜单命令，绘制如图2-14所示的射线，相关命令提示如下。

命令: _ray 指定起点: 0,0 ↙ //输入射线的起点坐标（0,0）

指定通过点: 20<40 ↙　　//输入（20<40）表示该点距坐标系原点的距离为20，与水平正向的夹角为40°

指定通过点: 20<70 ↙　　//输入（20<70）表示该点距坐标系原点的距离为20，与水平正向的夹角为70°

指定通过点: ↙　　　//回车结束绘制工作

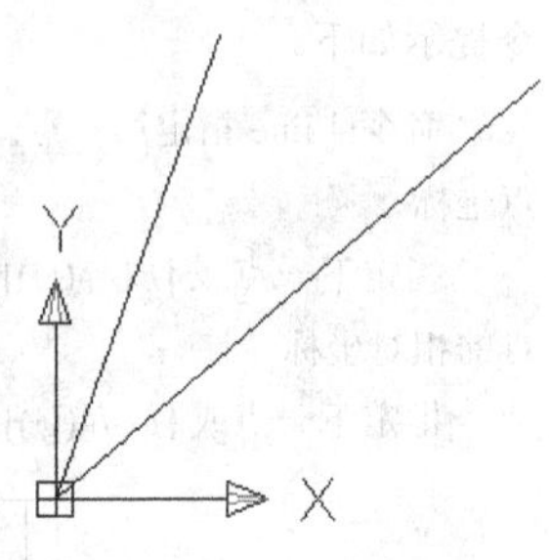

图2-14

在绘制射线的时候，坐标输入法采用的是极坐标输入法，请参考“1.4.2 极坐标系”中的内容。

2.3 平面图形

2.3.1 矩形

矩形也是很常用的基本图形元素之一。使用Rectang（矩形）命令可以绘制矩形，包括长方形和正方形。

在AutoCAD中，执行Rectang（矩形）命令的方式有如下3种。

第1种：执行“绘图>矩形”菜单命令，如图2-15所示。

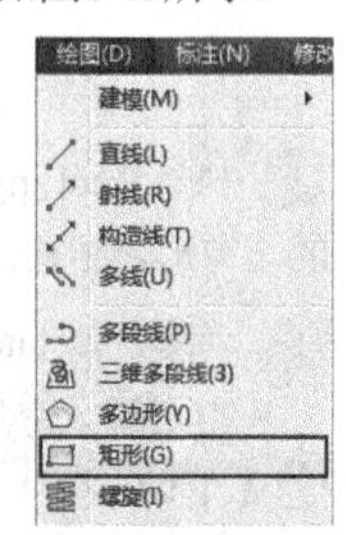

图2-15

第2种：单击“绘图”工具栏中的“矩形”按钮，如图2-16所示。

图2-16

第3种：在命令行输入Rectang（简化命令为Rec）并回车。

采用Rectang（矩形）命令可以绘制多种类型的矩形，下面分别进行介绍。

绘制一个正方形

使用Rectang（矩形）命令绘制正方形比较简单，只需要将长宽设置一样就可以，如图2-17所示。

图2-17

绘制倒角矩形

绘制一个100mm×80mm的倒角矩形，倒角距离为10mm，如图2-18所示，相关命令提示如下。

命令: _rectang

指定第一个角点或 [倒角(C)/标高(E)/圆角(F)/厚度(T)/宽度(W)]: c ↙ //输入倒角选项C并回车

指定矩形的第一个倒角距离 <0.0000>: 10 ↙ //输入倒角距离

指定矩形的第二个倒角距离 <10.0000>: 10 ↙ //输入倒角距离

指定第一个角点或 [倒角(C)/标高(E)/圆角(F)/厚度(T)/宽度(W)]: //任意拾取一点作为矩形的第一个角点

指定另一个角点或 [面积(A)/尺寸(D)/旋转(R)]: @100,80 ↙ //输入相对坐标并回车

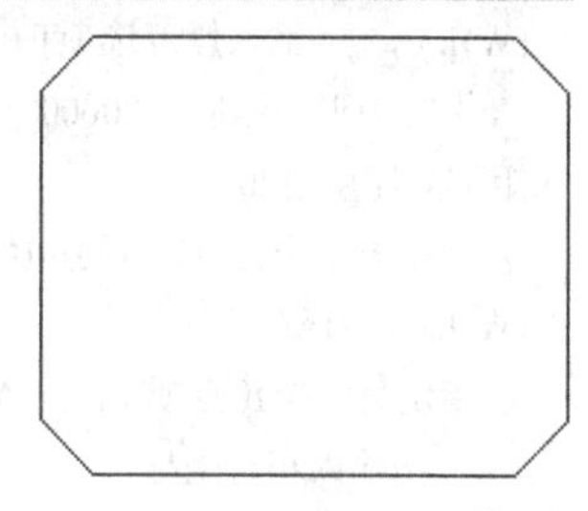

图2-18

绘制具有指定线宽的圆角矩形

绘制一个100mm×60mm的圆角矩形，指定线宽为3mm，圆角半径为5mm，如图2-19所示，相关命令提示如下。

命令: _rectang

当前矩形模式: 倒角=10.0000×10.0000

指定第一个角点或 [倒角(C)/标高(E)/圆角(F)/厚度(T)/宽度(W)]: w ↙ //输入宽度选项W并回车

指定矩形的线宽 <1.0000>: 3 ↙ //输入矩形的线宽值3

指定第一个角点或 [倒角(C)/标高(E)/圆角(F)/厚度(T)/宽度(W)]: f ↙ //输入圆角选项F并回车

指定矩形的圆角半径 <10.0000>: 5 ↙ //输入圆角的半径值5

指定第一个角点或 [倒角(C)/标高(E)/圆角(F)/厚度(T)/宽度(W)]: //任意拾取一点

指定另一个角点或 [面积(A)/尺寸(D)/旋转(R)]: @100,60 ↙ //输入相对坐标

图2-19

绘制具有一定厚度和宽度的矩形

01 采用任意方式执行Rectang（矩形）命令，绘制一个100mm×50mm的矩形，设置矩形的线宽为5mm、厚度为20mm，相关命令提示如下，绘制结果如图2-20所示。

命令: _rectang

指定第一个角点或 [倒角(C)/标高(E)/圆角(F)/厚度(T)/宽度(W)]: w ↙ //输入宽度选项W并回车

指定矩形的线宽 <0.0000>: 5 ↙ //输入矩形的宽度值5

指定第一个角点或 [倒角(C)/标高(E)/圆角(F)/厚度(T)/宽度(W)]: t ↙ //输入厚度选项T并回车

指定矩形的厚度 <0.0000>: 20 ↙ //输入矩形的厚度值20

指定第一个角点或 [倒角(C)/标高(E)/圆角(F)/厚度(T)/宽度(W)]: //任意拾取一点

指定另一个角点或 [面积(A)/尺寸(D)/旋转(R)]: @100,50 ↙ //输入相对坐标

图2-20

专家点拨

在图2-20中，我们不能观察到矩形的厚度，主要是视角的问题。系统默认的视图是俯视图，而在俯视图中是不能体现矩形的厚度，所以需要转换视图角度。

02 执行“视图>三维视图>西南等轴测”菜单命令，把视图调整为西南等轴测视图，如图2-21所示。这时就可以观察到矩形的厚度了，矩形呈立体效果。

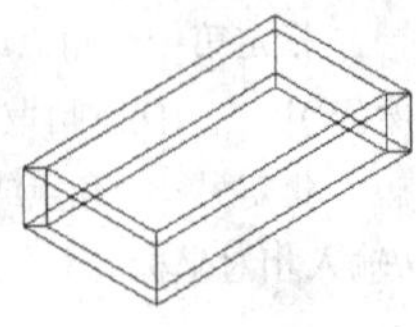

图2-21

03 上图表现的是矩形的线框效果，单击“视图>消隐”菜单命令，让矩形以实体形式显示，如图2-22所示，这样就可以形象地表现出矩形的宽度和厚度。

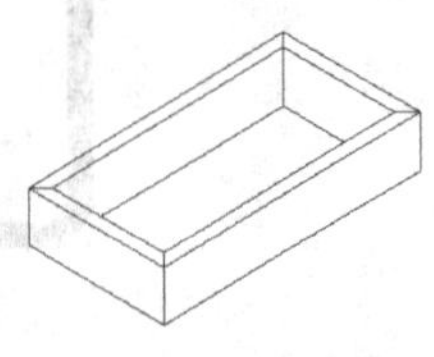

图2-22

专家点拨

前面介绍了几种矩形的绘制方法，其核心思路就是通过Rectang（矩形）命令的各项功能来组合完成，大家也可以尝试其他的组合思路，绘制更多样式的矩形。

2.3.2 实战——绘制洗手盆

素材位置 无
实例位置 第2章>实例文件>2.3.2.dwg
技术掌握 矩形与圆角矩形的绘制方法

本例绘制的洗手盆效果如图2-23所示。

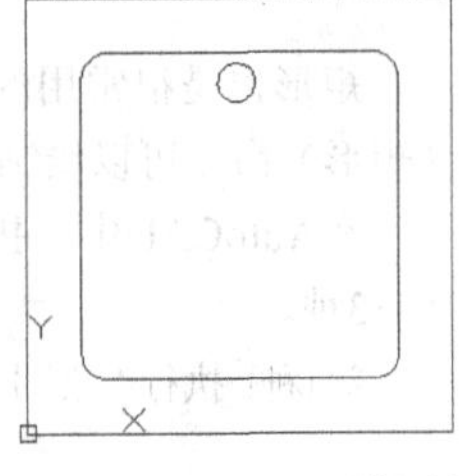

图2-23

01 执行Rectang（矩形）命令，绘制一个800mm×800mm的正方形，如图2-24所示，相关命令提示如下。

命令: _rectang ↙

指定第一个角点或 [倒角(C)/标高(E)/圆角(F)/厚度(T)/宽度(W)]: 0,0 ↙ //输入第1个角点坐标

指定另一个角点或 [面积(A)/尺寸(D)/旋转(R)]: 800,800 ↙ //输入第2个角点绝对坐标

图2-24

02 按下空格键继续上一个Rectang（矩形）命令，在正方形中间绘制一个700mm×700mm的圆角正方形，如图2-25所示，相关命令提示如下。

命令: _rectang ↙

指定第一个角点或 [倒角(C)/标高(E)/圆角(F)/厚度(T)/宽度(W)]: f ↙ //输入f表示绘制圆角矩形

指定矩形的圆角半径 <1370.0000>: 50 ↙ //输入圆角半径

指定第一个角点或 [倒角(C)/标高(E)/圆角(F)/厚度(T)/宽度(W)]: 100,100 ↙ //输入第一个角点坐标

指定另一个角点或 [面积(A)/尺寸(D)/旋转(R)]: 700,700 ↙ //输入第2个角点坐标

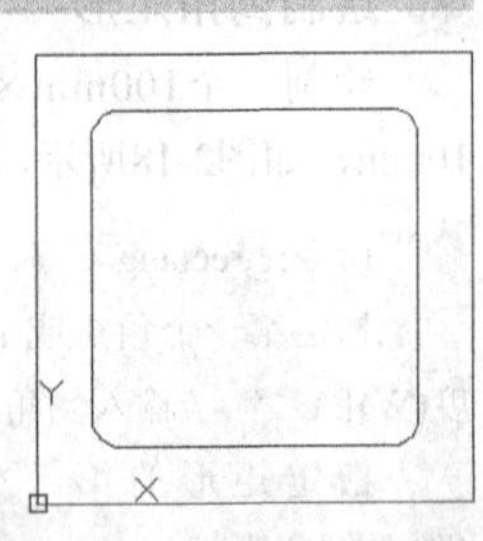

图2-25

03 执行_circle（圆）命令，在合适的位置绘制一个圆，如图2-26所示，相关命令提示如下。

命令: _circle ↙

指定圆的圆心或 [三点(3P)/两点(2P)/切点、切点、半径(T)]: ↙ //在绘图区域的适当位置拾取一点作为圆心

指定圆的半径或 [直径(D)] <36.0555>: ↙ //在绘图区域确定圆的半径

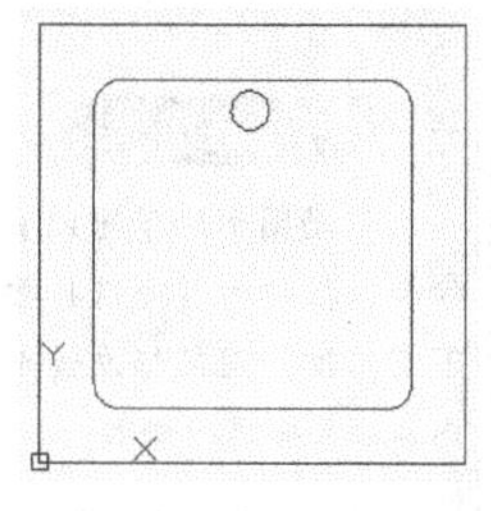

图2-26

2.3.3 正多边形

使用Polygon（正多边形）命令可以绘制正多边形，正多边形的边数可在3～1024之间选取。使用Polygon（正多边形）命令绘制正多边形时，可以指定一条边的长度和边数来定义一个正多边形；也可以指定一个圆和边数来定义一个正多边形，正多边形可以内接于圆或外切于圆。

在AutoCAD中，执行Polygon（正多边形）命令的方式有如下3种。

第1种：执行“绘图>多边形”菜单命令，如图2-27所示。

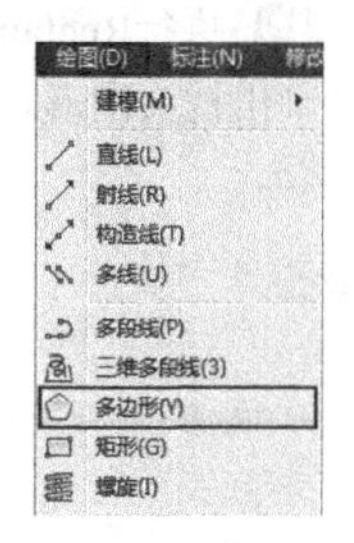

图2-27

第2种：单击“绘图”工具栏中的“正多边形”按钮，如图2-28所示。

图2-28

第3种：在命令行输入Polygon（简化命令为Pol）并回车。

2.3.4 实战——绘制五角星

素材位置 无

实例位置 第2章>实例文件>2.3.4.dwg

技术掌握 五角星的绘制方法

本例绘制的五角星效果如图2-29所示。

图2-29

01 开启“正交模式”，然后执行“绘图>正多边形”菜单命令，绘制一个正五边形，如图2-30所示，相关命令提示如下。

命令: _polygon 输入边的数目 <4>: 5 ↙ //输入5表示绘制正五边形

指定正多边形的中心点或 [边(E)]: e ↙ //输入选项E表示通过定义边长来绘制多边形

指定边的第一个端点: //在绘图区域拾取一点作为边的第一个端点

指定边的第二个端点: //水平向左拾取一点作为边的第二个端点

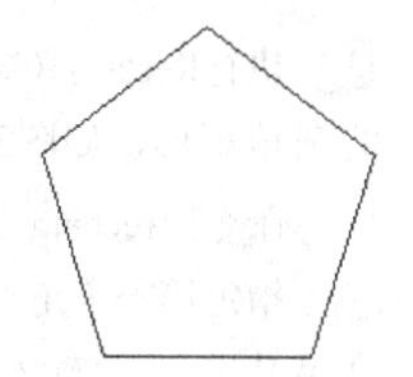

图2-30

02 关闭“正交模式”，然后绘制如图2-31所示的直线。

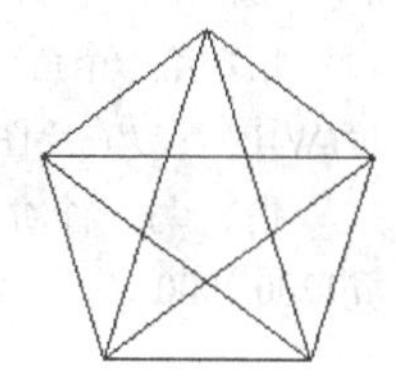

图2-31

03 选中正五边形，按Delete键将其删除，完成五角星的绘制，如图2-32所示。

图2-32

专家点拨

在绘制正多边形的时候，如果采用定义圆和边数来进行绘制，则命令提示如下。

命令: _polygon 输入边的数目 <5>: //输入边数

指定正多边形的中心点或 [边(E)]: //确定圆的圆心

输入选项 [内接于圆(I)/外切于圆(C)] <I>: //设置正多边形内接或者外切于指定的圆

指定圆的半径:　　　　　　//输入圆的半径

在命令提示“输入选项 [内接于圆(I)/外切于圆(C)] <I>:”后面输入选项C表示以“外切于圆”方式绘制正多边形，输入I就表示以“内接于圆”方式绘制正多边形。

2.3.5 综合实例——绘制单人床

素材位置　无
实例位置　第2章>实例文件>2.3.5.dwg
技术掌握　单人床的绘制方法

本例绘制的单人床效果如图2-33所示。

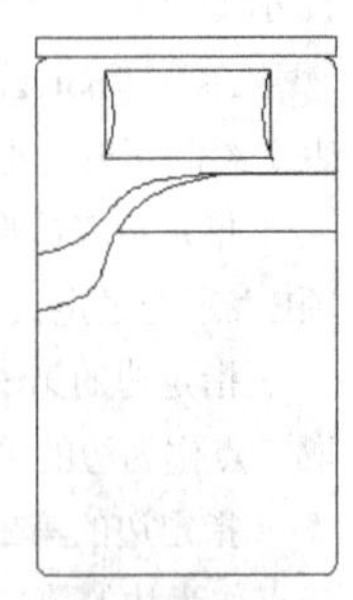

图2-33

01 执行Rectang（矩形）命令，绘制一个1200mm×2000mm的圆角矩形，如图2-34所示，相关命令提示如下。

命令: _rectang

指定第一个角点或 [倒角(C)/标高(E)/圆角(F)/厚度(T)/宽度(W)]: f ↙　//输入命令F选择圆角选项

指定矩形的圆角半径 <50.0000>: 50 ↙　//输入圆角的半径

指定第一个角点或 [倒角(C)/标高(E)/圆角(F)/厚度(T)/宽度(W)]:　//在绘图区域指定第一个角点

指定另一个角点或 [面积(A)/尺寸(D)/旋转(R)]: @1200,2000 ↙　//输入另一个角点的绝对坐标

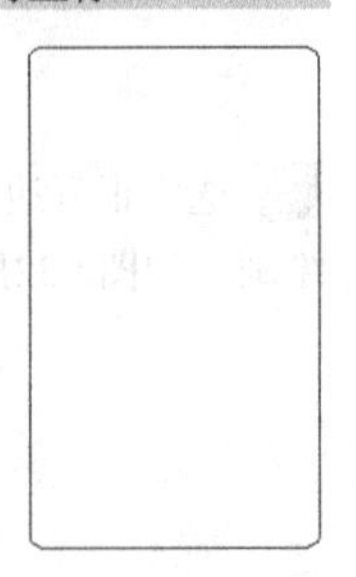

图2-34

02 在圆角矩形上方绘制一个1200mm×80mm的矩形，并用“移动”工具调整好位置，如图2-35所示，相关命令提示如下。

命令: _rectang

指定第一个角点或 [倒角(C)/标高(E)/圆角(F)/厚度(T)/宽度(W)]:　//在绘图区域指定第一个角点

指定另一个角点或 [面积(A)/尺寸(D)/旋转(R)]: @1200,80 ↙　//输入另一个角点的绝对坐标

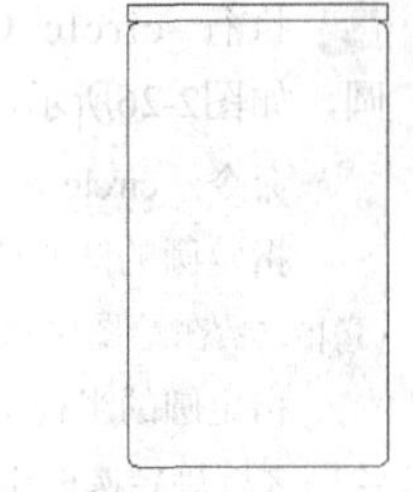

图2-35

移动图形除了可以直接用工具，还可以在命令行输入命令，操作为首先选择要移动的对象，接着按M键，然后按下空格键，用鼠标左键单击对象便可以实现移动操作，具体内容后面将进行讲解。

03 利用Line（直线）命令和Spline（样条曲线）绘制如下部分，如图2-36所示。

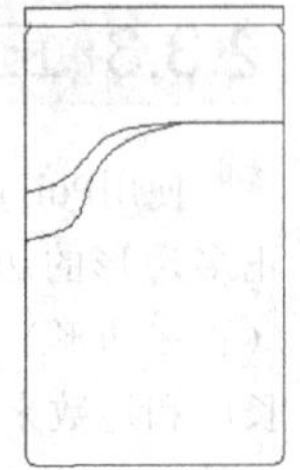

图2-36

Spline（样条曲线）命令可以绘制出较随意的线条，可以用于绘制不规则流线形图案，如布帘。

04 执行Rectang（矩形）命令在如图2-37所示的位置绘制出枕头图形。

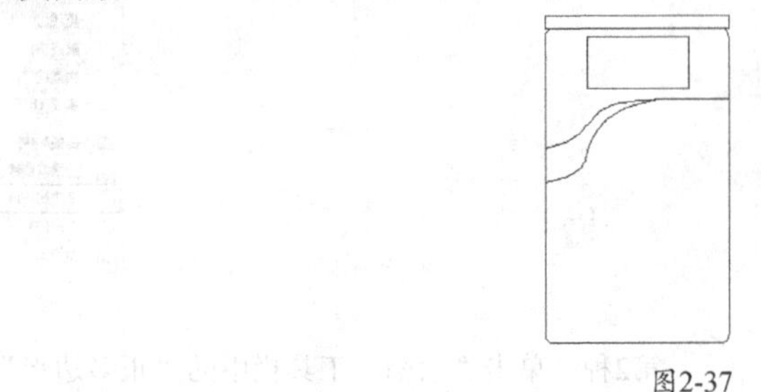

图2-37

05 利用“弧线”和“直线”工具进行完善，使图案看起来更加美观，最终效果如图2-38所示。

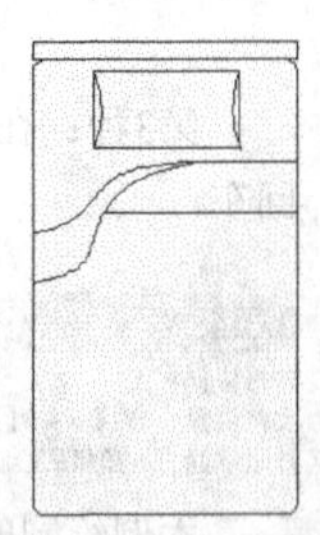

图2-38

2.4 圆类

2.4.1 圆

圆也是最常用最基本的图形元素之一，AutoCAD提供了6种绘制圆的方式，这些方式都可以通过“绘图”菜单来执行，用户可以根据不同的已知条件来选择不同的绘制方式。

在AutoCAD中，执行Circle（圆）命令的方式有如下3种。

第1种：执行“绘图>圆>圆心、半径（或圆心、直径，两点，三点等）”菜单命令，如图2-39所示。

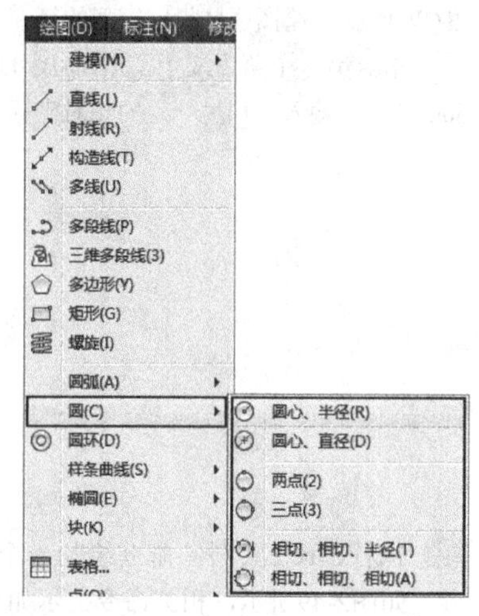

图2-39

第2种：单击“绘图”工具栏中的“圆”按钮，如图2-40所示。

图2-40

第3种：在命令行输入Circle（简化命令为C）并回车。

下面分别介绍AutoCAD提供的6种绘制圆的方式。

圆心、半径

基于圆心和半径绘制圆，先指定圆心，然后确定半径，完成圆的绘制，如图2-41所示。

命令：_circle 指定圆的圆心或 [三点(3P)/两点(2P)/相切、相切、半径(T)]： //从键盘输入圆心坐标或者用鼠标在绘图区域拾取点

指定圆的半径或 [直径(D)]： //输入圆的半径或者捕捉点来确定

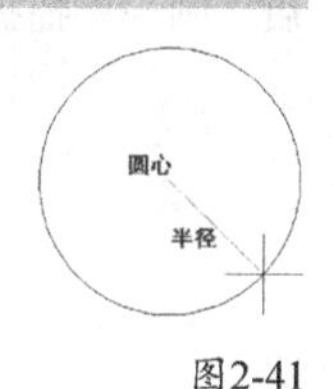

图2-41

圆心、直径

基于圆心和直径绘制圆，先指定圆心，然后确定直径，完成圆的绘制，如图2-42所示的绘制流程。

命令：_circle 指定圆的圆心或 [三点(3P)/两点(2P)/相切、相切、半径(T)]： //从键盘输入圆心坐标或者用鼠标在绘图区域拾取点

指定圆的半径或 [直径(D)] <194.0401>：_d 指定圆的直径 <388.0802>： //输入圆的直径或者捕捉点来确定

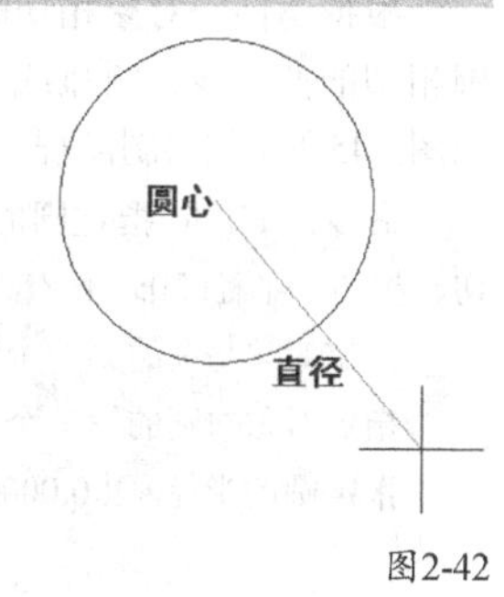

图2-42

两点

基于圆直径上的两个端点绘制圆，即输入两个端点坐标值就可以完成圆的绘制，如图2-43所示。

命令：_circle 指定圆的圆心或 [三点(3P)/两点(2P)/相切、相切、半径(T)]：_2p ↙

指定圆直径的第一个端点： //确定第一个端点的坐标

指定圆直径的第二个端点： //确定第二个端点的坐标

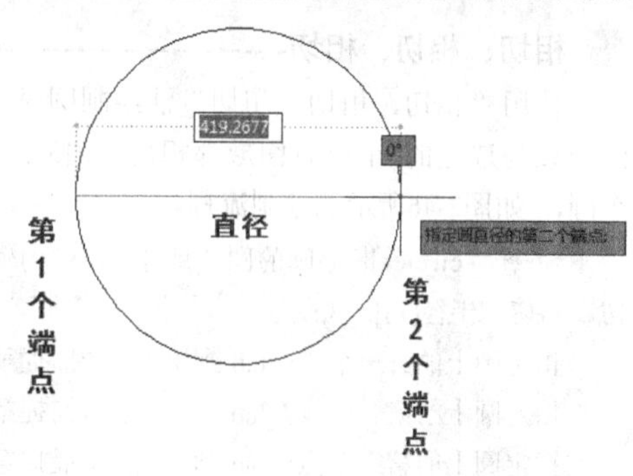

图2-43

三点

基于圆周上的3个点来绘制圆。使用“三点”法绘制圆时，输入的3个点将作为圆周上的任意三点，由这三点构成一个圆，如图2-44所示的绘制流程。

命令：_circle 指定圆的圆心或 [三点(3P)/两点(2P)/相切、相切、半径(T)]：_3p↙

指定圆上的第一个点： //确定第一个点的坐标

指定圆上的第二个点： //确定第二个点的坐标

指定圆上的第三个点： //确定第三个点的坐标

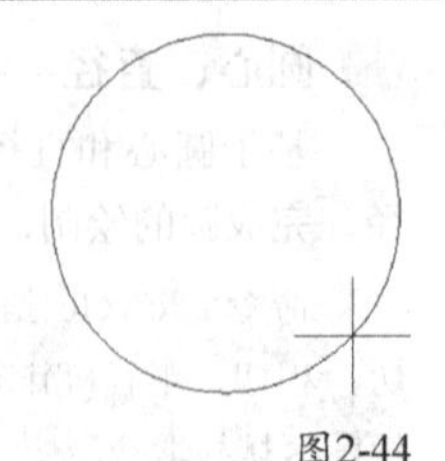
图2-44

相切、相切、半径

根据与两个对象相切的指定半径绘制圆，即选择与圆相切的两直线、圆弧或者圆，然后指定半径来画圆，如图2-45所示的绘制流程。

命令: _circle 指定圆的圆心或 [三点(3P)/两点(2P)/相切、相切、半径(T)]: _ttr↙
指定对象与圆的第一个切点: //捕捉第一个切点
指定对象与圆的第二个切点: //捕捉第二个切点
指定圆的半径 <200.0000>: //确定圆的半径

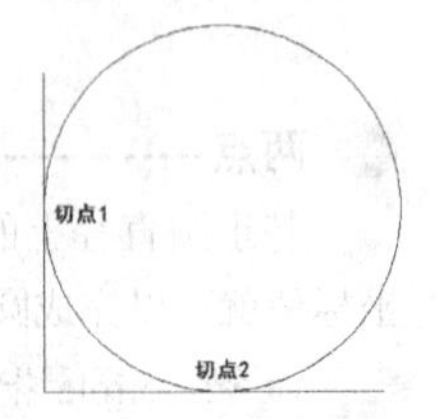

图2-45

专家点拨

采用此方法有时可能画不出所要求的圆，这是因为给出的条件不能确定一个圆。

相切、相切、相切

使用“相切、相切、相切”法绘制圆时，所绘制的圆应该与选定的3个已有图形都相切，由3个切点构成一个圆， 如图2-46所示的绘制流程。

命令: _circle 指定圆的圆心或 [三点(3P)/两点(2P)/相切、相切、半径(T)]: _3p↙
指定圆上的第一个点: _tan 到 //捕捉第一个切点
指定圆上的第二个点: _tan 到 //捕捉第一个切点
指定圆上的第三个点: _tan 到 //捕捉第一个切点

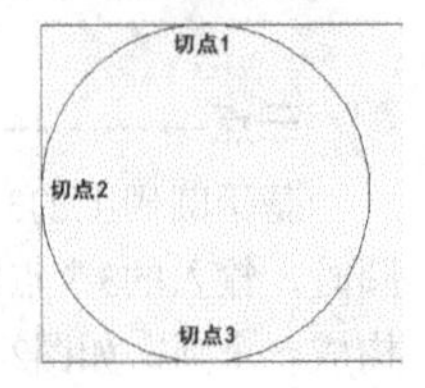

图2-46

2.4.2 实战——绘制洗衣机

素材位置 无
实例位置 第2章>实例文件>2.4.2.dwg
技术掌握 矩形、圆形的绘制方法

本例绘制的洗衣机如图2-47所示。

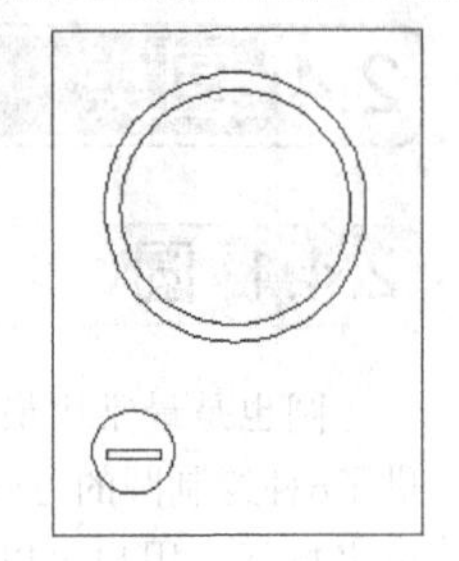
图2-47

01 执行Rectang（矩形）命令绘制一个450mm×600mm的矩形，如图2-48所示，相关命令提示如下。

命令: _rectang
指定第一个角点或 [倒角(C)/标高(E)/圆角(F)/厚度(T)/宽度(W)]: //在绘图区域指定矩形的第一个点
指定另一个角点或 [面积(A)/尺寸(D)/旋转(R)]: @450,-600 ↙ //输入矩形另一点的相对坐标

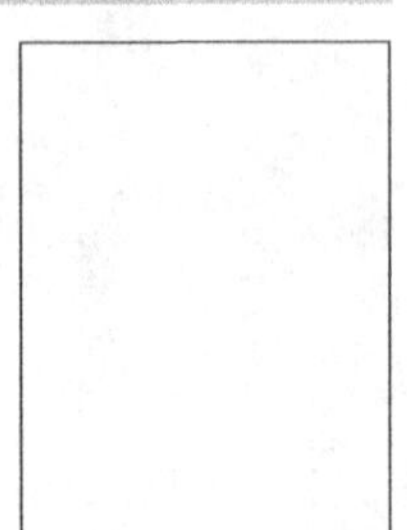
图2-48

02 执行Circle（圆）命令绘制一个半径为160mm的圆形，如图2-49所示，相关命令提示如下。

命令: _circle
指定圆的圆心或 [三点(3P)/两点(2P)/切点、切点、半径(T)]: //在绘图区域指定圆的圆心
指定圆的半径或 [直径(D)]: 160 ↙ //输入圆的半径

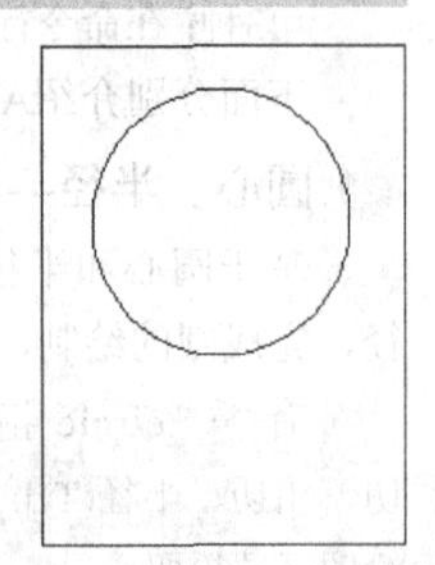
图2-49

03 在“草图设置”对话框的“对象捕捉”选项卡下开启“圆心”捕捉模式，如图2-50所示。

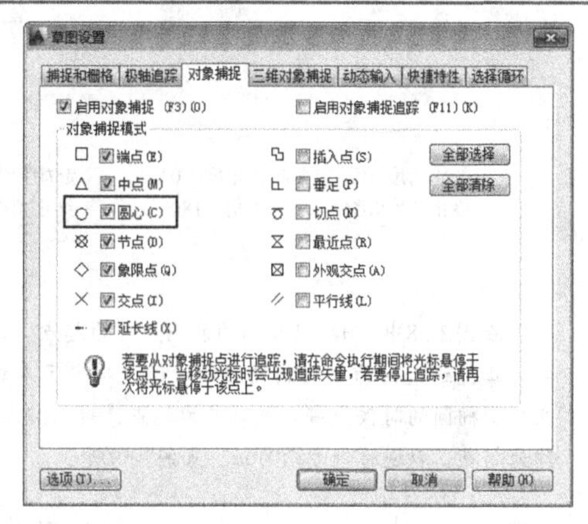

图2-50

04 继续执行Circle（圆）命令，接着绘制一个半径为140mm的同心圆，如图2-51所示，相关命令提示如下。

命令: _circle

指定圆的圆心或 [三点(3P)/两点(2P)/切点、切点、半径(T)]:　//在绘图区域指定圆的圆心

指定圆的半径或 [直径(D)] <160.0000>: 140 ↙　//输入圆的半径

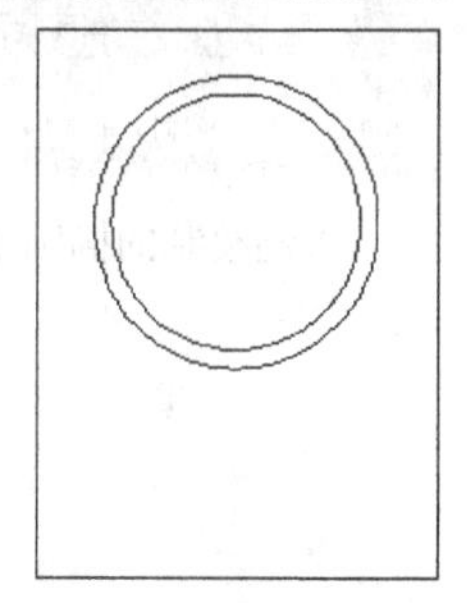

图2-51

05 继续执行Circle（圆）命令，绘制一个半径为50mm的圆，如图2-52所示，相关命令提示如下。

命令: _circle

指定圆的圆心或 [三点(3P)/两点(2P)/切点、切点、半径(T)]:　//在绘图区域指定圆的圆心

指定圆的半径或 [直径(D)] <140.0000>: 50 ↙　//输入圆的半径

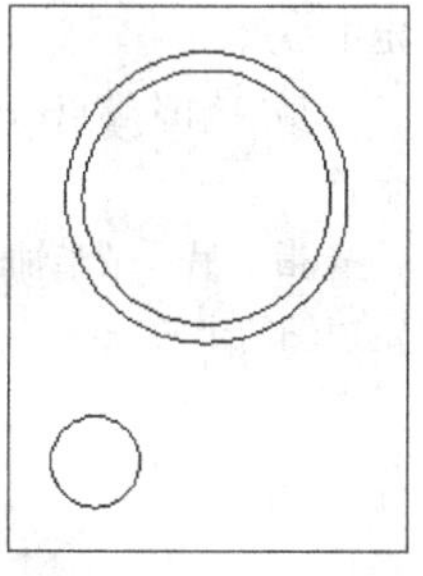

图2-52

06 在圆中绘制一个矩形，完成绘制如图2-53所示。

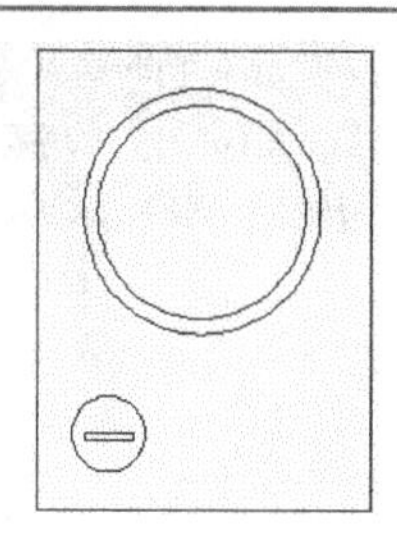

图2-53

2.4.3 椭圆

椭圆实际上是一种特殊的圆，就是两根轴不等长的圆。在AutoCAD中，椭圆的默认画法是指定一根轴的两个端点和另一根轴的半轴长度。使用Ellipse（椭圆）命令可以绘制椭圆。

在AutoCAD中，执行Ellipse（椭圆）命令的方式有如下3种。

第1种：执行“绘图>椭圆>圆心（或轴、端点，圆弧）”菜单命令，如图2-54所示。

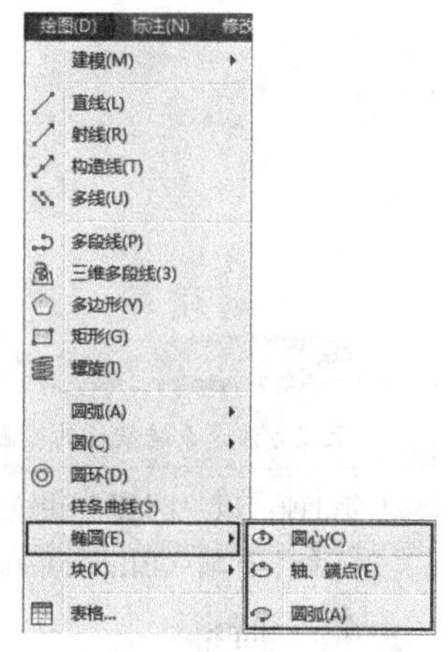

图2-54

第2种：单击“绘图”工具栏中的“椭圆”按钮，如图2-55所示。

图2-55

第3种：在命令行输入Ellipse（简化命令为El）并回车。

下面以实际操作的方式介绍一下绘制长轴200mm、短轴100mm的椭圆，有3种方式。

第1种：以“中心点”法绘制椭圆。

单击“绘图”工具栏中的“椭圆”按钮，根据命令提示绘制椭圆，如图2-56所示，相关命令提示如下。

命令: _ellipse

指定椭圆的轴端点或 [圆弧(A)/中心点(C)]: c ↙　//输入选项C表示以“中心点”法绘制椭圆

指定椭圆的中心点:　//在绘图区域拾取一点作为中心点

指定轴的端点: @100,0 ↙ //确定长轴的半长

指定另一条半轴长度或 [旋转(R)]: @0,50 ↙ //确定短轴的半长

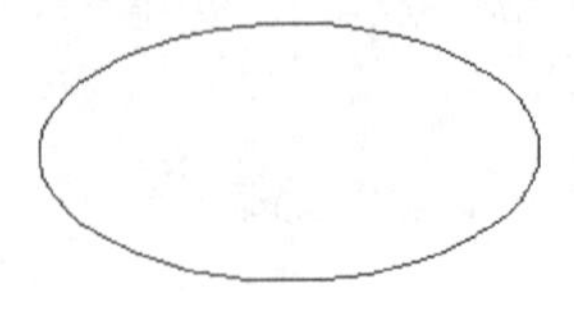

图2-56

第2种：以"轴、端点"法绘制椭圆。

执行"绘图>椭圆>轴、端点"菜单命令，绘制椭圆，如图2-57所示，相关命令提示如下。

命令: _ellipse

指定椭圆的轴端点或 [圆弧(A)/中心点(C)]: //鼠标左键在绘图区域单击拾取一点作为端点

指定轴的另一个端点: @200,0 ↙ //输入长轴的长度坐标值

指定另一条半轴长度或 [旋转(R)]: @0,50 ↙ //输入短轴的半长坐标值

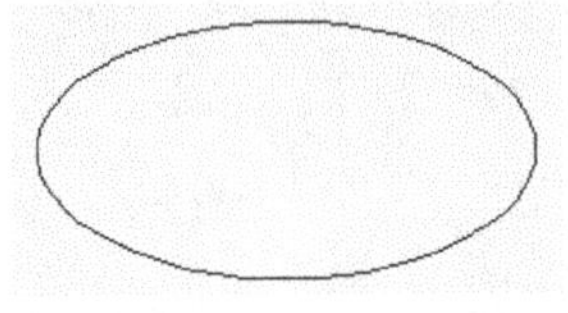

图2-57

上述方法是系统默认的椭圆绘制方式。

第3种：以"圆弧"法绘制椭圆。

在命令行输入Ellipse并回车，相关命令提示如下。

命令: ellipse ↙

指定椭圆的轴端点或 [圆弧(A)/中心点(C)]: a ↙ //输入选项A并回车表示采用"圆弧"法

指定椭圆弧的轴端点或 [中心点(C)]: //鼠标左键在绘图区域单击拾取一点作为端点

指定轴的另一个端点: @200,0 ↙

指定另一条半轴长度或 [旋转(R)]: @0,50 ↙

指定起始角度或 [参数(P)]: 0 ↙ //设定圆弧起始角度为0°

指定终止角度或 [参数(P)/包含角度(I)]: 0 ↙ //设定圆弧终止角度也为0°

在上述命令提示中，笔者设置"起始角度"与"终止角度"均为0°，这表示绘制一个完整的椭圆。采用这种画法还可以绘制一段椭圆弧，主要通过控制"起始角度"与"终止角度"来实现，如图2-58所示。

起始角度 0°
终止角度90°

起始角度 0°
终止角度180°

起始角度 0°
终止角度270°

图2-58

在图2-58中，0°以长轴的左端点作为起点，以逆时针方向为正，这是因为在绘制椭圆的时候先确定了左端点；如果在绘制椭圆的时候先确定长轴的右端点，那么0°将以右端点作为起点，以逆时针方向为正，如图2-59所示。

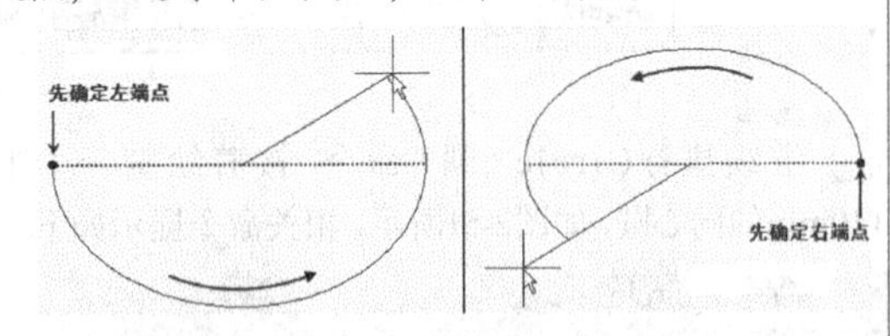

图2-59

关于椭圆弧的绘制，AutoCAD在"绘图"工具栏中还提供了一个"椭圆弧"按钮，单击该按钮也可以绘制椭圆弧。

2.4.4 实战——绘制椭圆形洗脸盆

素材位置 无

实例位置 第2章>实例文件>2.4.4.dwg

技术掌握 椭圆形的绘制方法

本例绘制的椭圆形洗脸盆效果如图2-60所示。

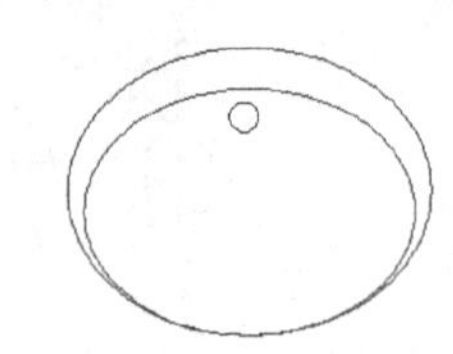

图2-60

01 执行ellipse（椭圆）命令，绘制一个长轴半径为300mm，短轴半径为230mm的椭圆形，如图2-61所示，相关命令提示如下。

命令: _ellipse

指定椭圆的轴端点或 [圆弧(A)/中心点(C)]: c ↙ //输入选项C表示以"中心点"法绘制椭圆

指定椭圆的中心点: //在绘图区域指定中心点

指定轴的端点: @300,0 ↙ //确定长轴的半长

指定另一条半轴长度或 [旋转(R)]: @0,230 ↙ //确定短轴的半长

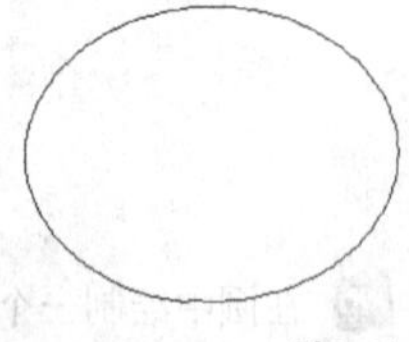

图2-61

02 首先开启“垂足”捕捉模式，接着在之前绘制的椭圆下方的边上捕捉垂点，确定短轴的端点，然后关闭对象捕捉模式在合适的位置确定长轴的宽度，如图2-62所示，相关命令提示如下。

> 命令: _ellipse
> 指定椭圆的轴端点或 [圆弧(A)/中心点(C)]: //在绘图区指定短轴的一个端点
> 指定轴的另一个端点: //确定短轴的另一个端点
> 指定另一条半轴长度或 [旋转(R)]: //确定长轴的长度

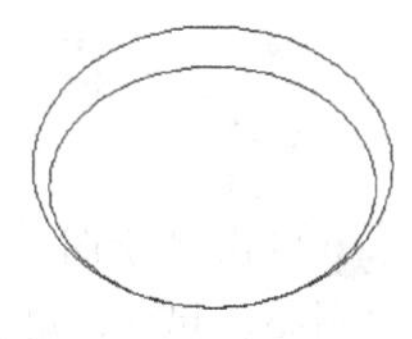

图2-62

03 在合适的位置绘制一个较小的圆形，最终完成图形如图2-63所示。

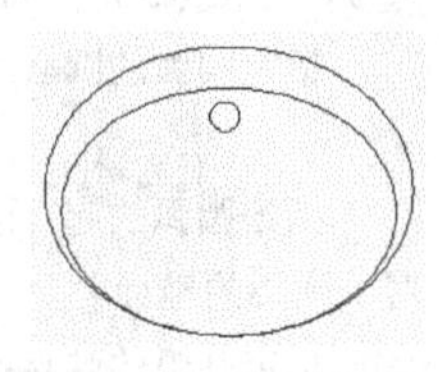

图2-63

2.4.5 圆弧

圆弧是圆的一部分，也是最常用的基本图形元素之一。使用Arc（圆弧）命令可以绘制圆弧。

AutoCAD提供了11种绘制圆弧的方式，这些方式都可以通过“绘图”菜单来执行，用户可以根据不同的已知条件来选择不同的绘制方式。

在AutoCAD中，执行Arc（圆弧）命令的方式有如下3种。

第1种：执行“绘图>圆弧>三点（或起点、圆心、端点，起点、圆心、角度等）”菜单命令，如图2-64所示。

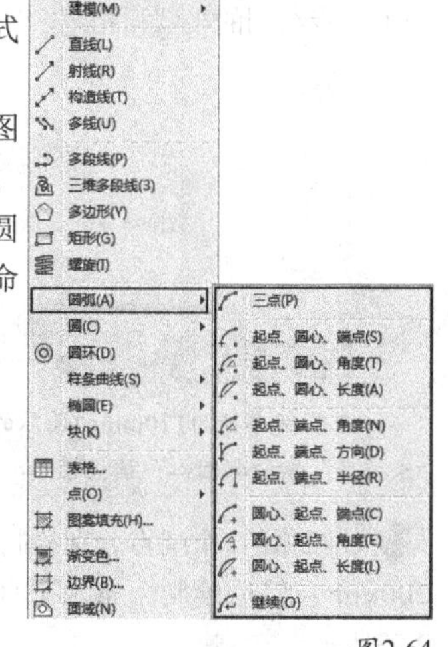

图2-64

第2种：单击“绘图”工具栏中的“圆弧”按钮，如图2-65所示。

图2-65

第3种：在命令行输入Arc（简化命令为A）并回车。

下面分别介绍一下绘制圆弧的各种方法，由于AutoCAD提供的方法比较多，笔者在这里只是重点举例，不作全面介绍。由于这些方法都是相通的，所以学习起来也比较容易。

三点

这种方法最常用，就是通过3个点来确定一段圆弧。采用“三点”法绘制圆弧时，系统要求用户输入圆弧的起点、第二点和端点（第三点），绘制方向可以按顺时针，也可以按逆时针。

执行“绘图>圆弧>三点”菜单命令，然后过三点绘制一段圆弧，如图2-66所示（图中的两条直线是用来作为辅助直线，以便读者明白“三点”的含义），相关命令提示如下。

> 命令: _arc 指定圆弧的起点或 [圆心(C)]: //确定第一个点
> 指定圆弧的第二个点或 [圆心(C)/端点(E)]: //确定第二个点
> 指定圆弧的端点: //确定第三个点

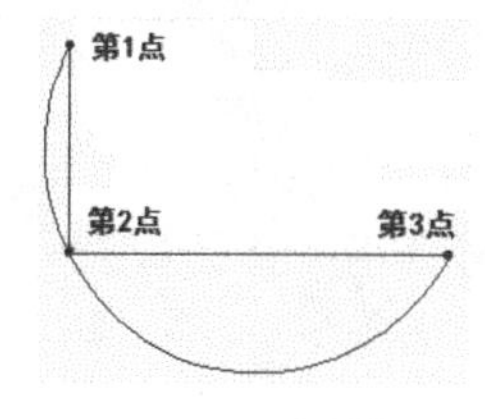

图2-66

起点、圆心、端点

如果知道圆弧的起点、圆心和端点，就可以采用“起点、圆心、端点”法绘制圆弧。给出圆弧的起点和圆心后，圆弧半径实际上就已经确定了，圆弧的端点只决定弧长。

执行“绘图>圆弧>起点、圆心、端点”菜单命令，绘制一段圆弧（圆弧的起点坐标为（100，0），圆心坐标为（0，0），圆弧包含角为90°），如图2-67所示，相关命令提示如下。

> 命令: _arc 指定圆弧的起点或 [圆心(C)]: 100,0 ↙ //输入圆弧的起点坐标
> 指定圆弧的第二个点或 [圆心(C)/端点(E)]: _c 指定圆弧的圆心: 0,0 ↙ //输入圆弧的圆心坐标
> 指定圆弧的端点或 [角度(A)/弦长(L)]: a ↙ //输入选项A表示以角度来确定端点，当然这里也可以直接在绘图区域拾取一点

指定包含角: 90 ↙ //输入包含角度，以便确定圆弧的端点

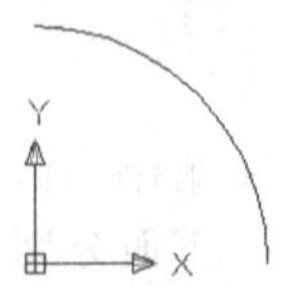

图2-67

起点、端点、角度

通过指定起点、端点和角度来绘制圆弧，输入正的角度值按逆时针方向绘制圆弧，而输入负的角度值则按顺时针方向绘制圆弧（均从起点开始）。

执行“绘图>圆弧>起点、端点、角度”菜单命令，绘制一段圆弧（圆弧的起点坐标为（0，0），端点坐标为（100，100），圆弧包含角为90°），如图2-68所示，相关命令提示如下。

命令: _arc 指定圆弧的起点或 [圆心(C)]: 0,0 ↙ //输入圆弧起点坐标
指定圆弧的第二个点或 [圆心(C)/端点(E)]: _e
指定圆弧的端点: 100,100 ↙ //输入圆弧端点坐标
指定圆弧的圆心或 [角度(A)/方向(D)/半径(R)]: _a 指定包含角: 90 ↙ //输入包含角度

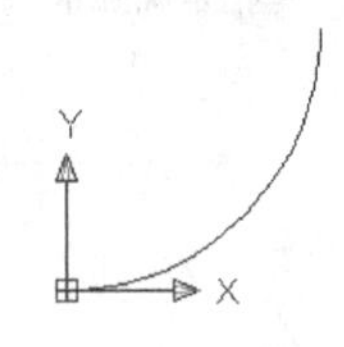

图2-68

圆心、起点、端点

通过指定圆心、起点和端点绘制圆弧。

执行“绘图>圆弧>圆心、起点、端点”菜单命令，绘制一段圆弧（圆弧的圆心坐标为（0，0），起点坐标为（100,0），端点坐标为（-50，50）），如图2-69所示，相关命令提示如下。

命令: _arc 指定圆弧的起点或 [圆心(C)]: _c 指定圆弧的圆心: 0,0 ↙ //输入圆心坐标
指定圆弧的起点: 100,0 ↙ //输入圆弧起点坐标
指定圆弧的端点或 [角度(A)/弦长(L)]: -50,50 ↙ //输入圆弧端点坐标

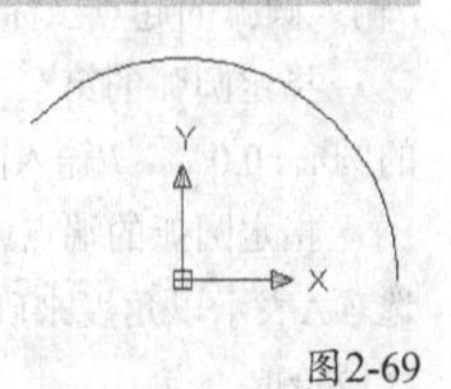

图2-69

其他的方法请读者自己去尝试和练习，这里就不再多讲。

2.4.6 实战——绘制椅子

素材位置 无
实例位置 第2章>实例文件>2.4.6.dwg
技术掌握 圆弧的绘制方法

本例绘制的椅子效果如图2-70所示。

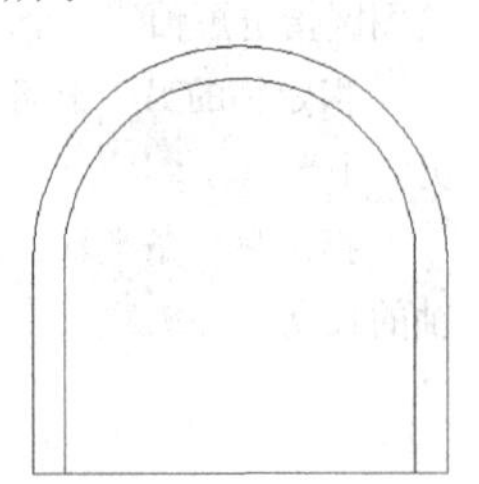

图2-70

01 单击“绘图”工具栏中的“圆弧”按钮，采用“圆心、起点、角度”法绘制一段半径为200mm的半圆弧，如图2-71所示，相关命令提示如下。

命令: _arc 指定圆弧的起点或 [圆心(C)]: c ↙ //输入选项C表示要确定圆弧的圆心
指定圆弧的圆心: //在绘图区域拾取一点
指定圆弧的起点: @200,0 ↙ //输入起点相对于圆心的坐标
指定圆弧的端点或 [角度(A)/弦长(L)]: a ↙ //输入选项A表示要确定圆弧包含的角度
指定包含角: 180 ↙ //设置包含角度为180°

图2-71

02 继续绘制一个半径为170mm的半圆弧，其圆心位置与上一步绘制的半圆弧相同，如图2-72所示。

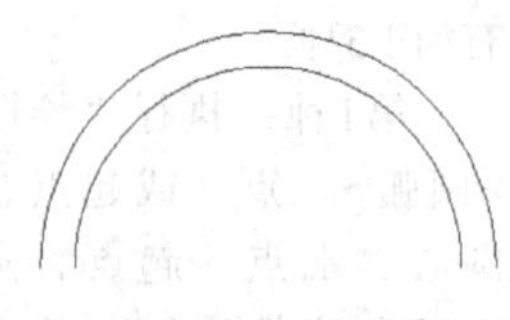

图2-72

在绘制半径为170mm的圆弧的时候，请确认开启了“对象捕捉”中的“圆心”捕捉模式。

03 过圆弧的4个端点分别绘制4条垂直直线，长度均为200mm，然后绘制一条水平直线连接垂直直线，如图2-73所示。

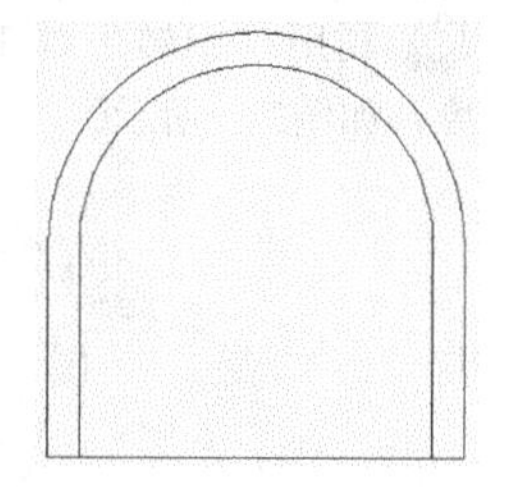

图2-73

2.4.7 圆环

圆环其实也是一种多段线，使用Donut（圆环）命令可以绘制圆环。圆环可以有任意的内径与外径，如果内径与外径相等，则圆环就是一个普通的圆；如果内径为0，则圆环为一个实心圆，如图2-74所示。

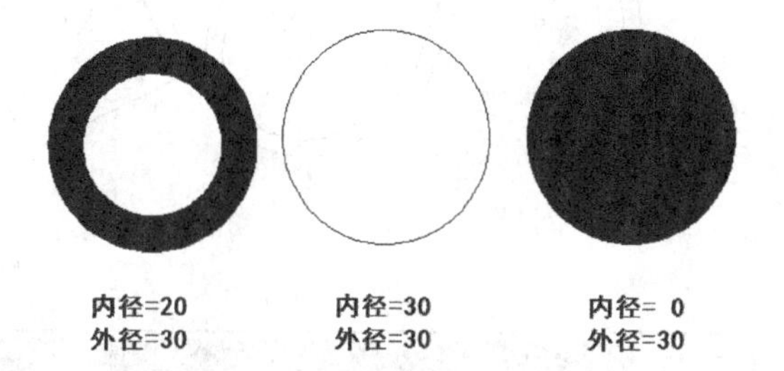

图2-74

圆环通常在工程制图中用于表示孔、接线片或者基座等。

在AutoCAD中，执行Donut（圆环）命令的方式有如下两种。

第1种：执行“绘图>圆环”菜单命令，如图2-75所示。

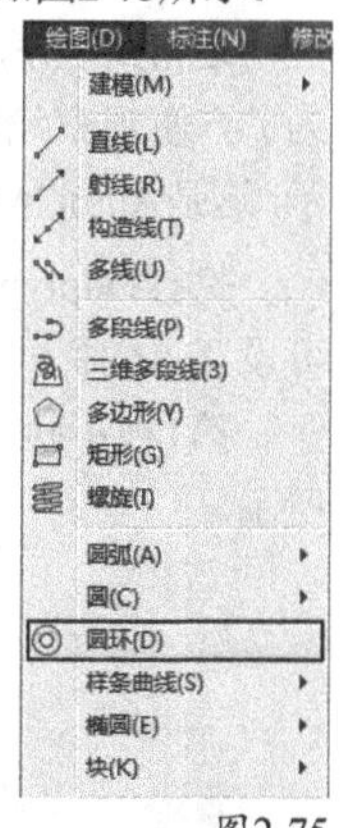

图2-75

第2种：在命令行输入Donut（简化命令为Do）并回车。

下面举例说明Donut（圆环）命令的使用方法，假设绘制一个内径为10mm，外径为40mm的圆环，它的中心可以随意确定。

执行“绘图>圆环”菜单命令，绘制一个如图2-76所示的圆环，相关命令提示如下。

命令: _donut

指定圆环的内径 <0.0000>: 10 ↙ //输入圆环的内径

指定圆环的外径 <30.0000>: 40 ↙ //输入圆环的外径

指定圆环的中心点或 <退出>: //拾取一点作为圆环的中心

指定圆环的中心点或 <退出>: ↙

图2-76

2.4.8 综合实例——绘制休闲桌椅

素材位置 无
实例位置 第2章>实例文件>2.4.8.dwg
技术掌握 圆、圆弧等命令的综合运用

本例绘制的休闲桌椅效果如图2-77所示。

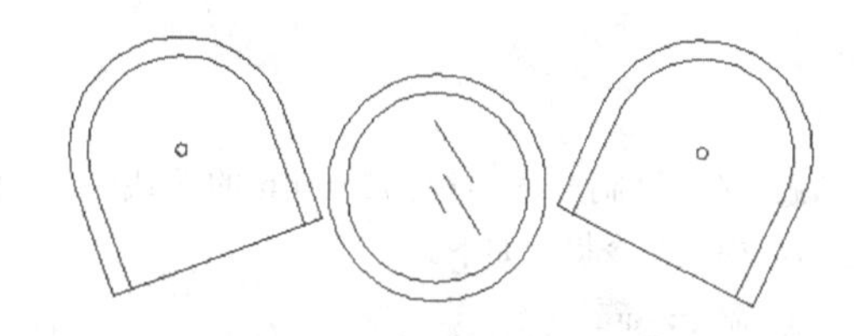

图2-77

01 首先开启“圆心”捕捉模式，然后执行“绘图>圆>圆心、半径”菜单命令，绘制一个半径为300mm和半径为250mm的圆，如图2-78所示，相关命令提示如下。

命令: _circle

指定圆的圆心或 [三点(3P)/两点(2P)/切点、切点、半径(T)]: //在绘图区域指定圆心

指定圆的半径或 [直径(D)]: 300 ↙ //在命令行输入圆的半径为300mm

命令: CIRCLE //按下空格键重复“圆”命令，绘制第2个圆

指定圆的圆心或 [三点(3P)/两点(2P)/切点、切点、半径(T)]: //在绘图区域捕捉圆心

指定圆的半径或 [直径(D)] <300.0000>: 250 ↙ //输入圆的半径

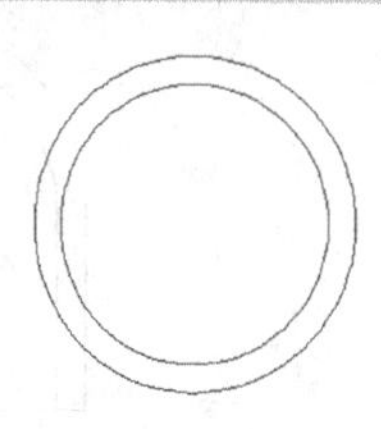

图2-78

02 在圆的内圈中绘制3条直线，如图2-79所示为圆桌图形。

图2-79

03 在圆桌的左边绘制一条半径为300mm的半圆弧，如图2-80所示，相关命令提示如下。

命令: _arc

指定圆弧的起点或 [圆心(C)]: c ↙ 指定圆弧的圆心: //输入选项C指定圆心

指定圆弧的起点: @300,0 ↙ //输入圆弧起点的绝对坐标

指定圆弧的端点或 [角度(A)/弦长(L)]: a 指定包含角: 180 ↙ //输入选项A指定圆弧的角度

图2-80

04 继续绘制一条半径为250mm的弧线，如图2-81所示，相关命令提示如下。

命令: _arc

指定圆弧的起点或 [圆心(C)]: c ↙ 指定圆弧的圆心: //输入选项C回车，接着在绘图区制定圆弧的圆心

指定圆弧的起点: @250,0 ↙ //输入圆弧起点的绝对坐标

指定圆弧的端点或 [角度(A)/弦长(L)]: a 指定包含角: 180 ↙ //输入选项A指定圆弧的角度

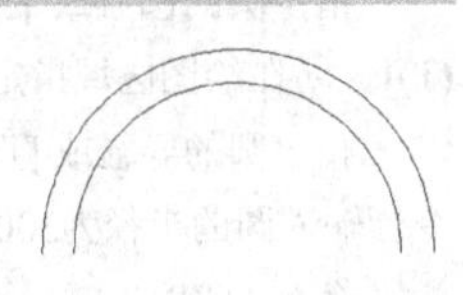

图2-81

05 过圆弧的4个端点分别绘制4条垂直直线，长度均为300mm，然后绘制一条水平直线连接垂直直线，如图2-82所示，在中心位置绘制一个半径为15mm的圆，如图2-83所示。

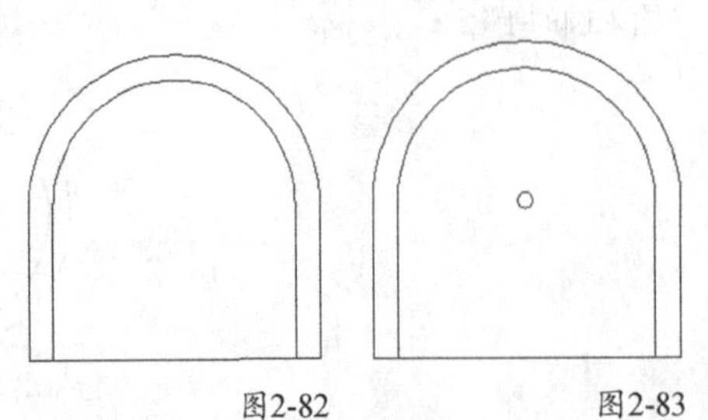

图2-82　图2-83

06 利用“旋转”工具将椅子图形旋转到合适的角度，如图2-84所示。

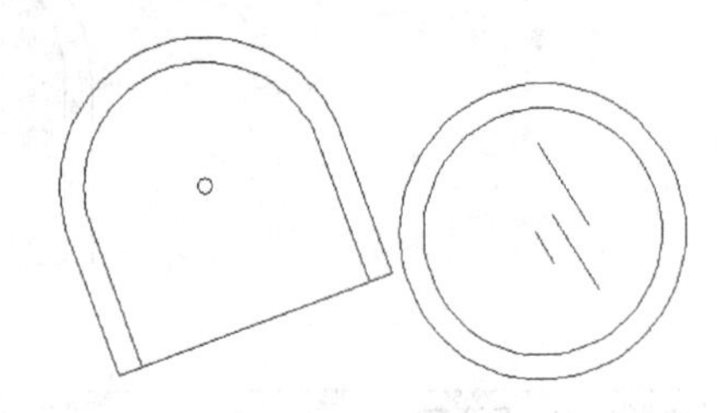

图2-84

07 利用“镜像”工具，将椅子图形镜像复制一个到右边，调整好位置，最终效果如图2-85所示。

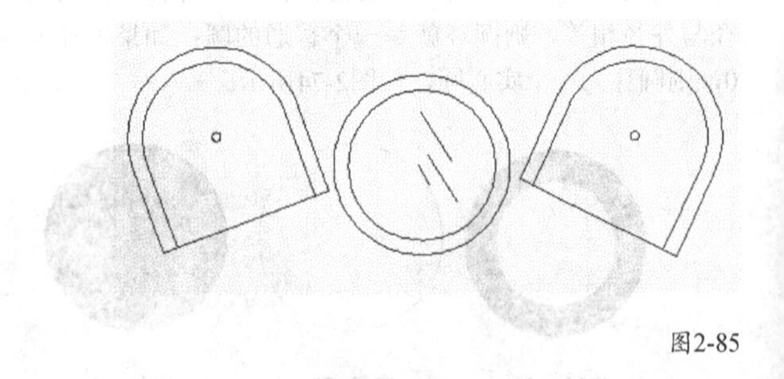

图2-85

2.5 点

点是最基本的二维图形元素，也是组成图形的最小单位。在AutoCAD中，通过设置不同的点样式，用户可以绘制出形式多样的点图形。

2.5.1 设置点样式

通常情况下，点是非常小的图形单元，不太容易辨识。为了方便观察绘制的点，可以设置点的样式，如图2-86所示，这是AutoCAD为用户提供的可供使用的点样式。

执行Ddptype（点样式）命令打开“点样式”对话框可设置点的样式，其命令执行方式有如下两种。

第1种：执行“格式>点样式”菜单命令，如图2-87所示。

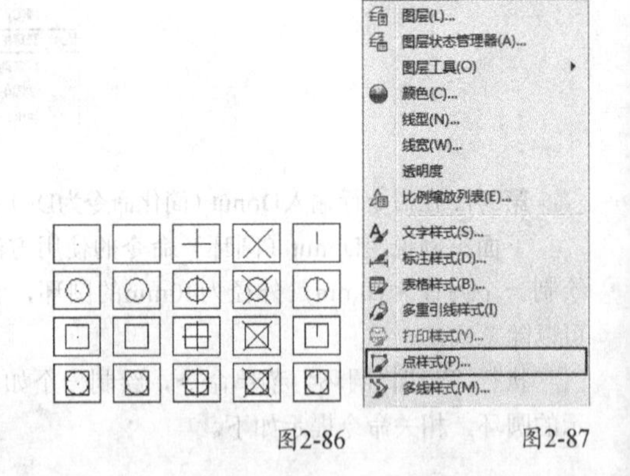

图2-86　图2-87

第2种：在命令行输入Ddptype并回车。

采用上述两种方式执行Ddptype（点样式）命令均会打开“点样式”对话框，如图2-88所示。

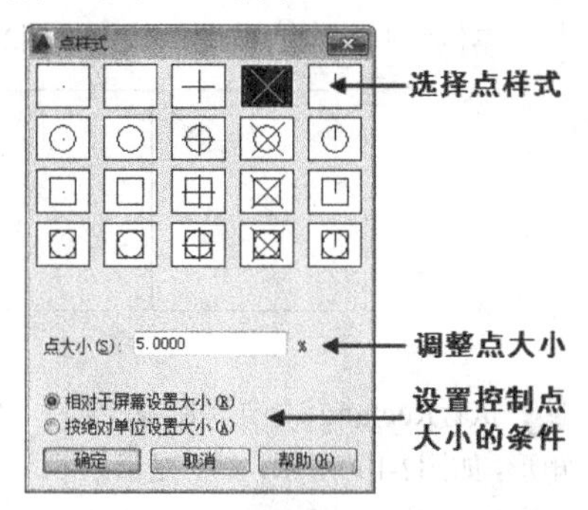

图2-88

2.5.2 绘制点

使用Point（点）命令可以绘制点，执行该命令的方式有以下3种。

第1种：执行“绘图>点>单点（或多点、定数等分、定距等分）”菜单命令，如图2-89所示。

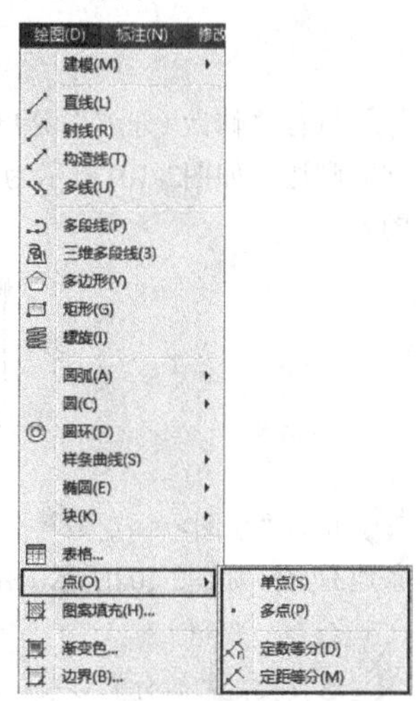

图2-89

第2种：单击“绘图”工具栏中的“点”按钮，如图2-90所示。

图2-90

第3种：在命令行输入Point（简化命令为Po）并回车。

在绘制点的菜单命令中，AutoCAD提供了4种绘制点的方式，分别为单点、多点、定数等分和定距等分。如果执行“绘图>点>单点”菜单命令，则与方法三等效，只能绘制一个点；如果执行“绘图>点>多点”菜单命令，则与方法二等效，可以绘制多个点。

2.5.3 实战——用定距等分绘制6个点

素材位置 第2章>素材文件>2.5.3.dwg
实例位置 第2章>实例文件>2.5.3.dwg
技术掌握 点的定距等分命令的运用

这种方法是从另一个角度来绘制点，就是通过等分其他的图形（比如直线、圆弧等）来确定点，这个点也被称为节点，本例利用“定距等分”命令绘制的点效果如图2-91所示。

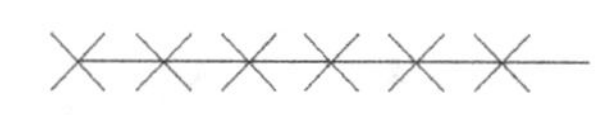

图2-91

AutoCAD的“节点”捕捉模式要捕捉的节点就是这种节点。

01 按快捷键Ctrl+O，打开光盘中的“第2章>素材文件>2.5.3.dwg”文件，这是一条长度为120mm的直线。接着执行“绘图>点>定距等分”菜单命令，然后选中直线，并根据命令提示输入距离，如图2-92所示，相关命令提示如下。

```
命令: _measure
选择要定距等分的对象:                    //选择直线
指定线段长度或 [块(B)]: 20 ↙              //输入定距的长度并回车，表示将直线分成6段，每段长20mm
```

图2-92

在上图中，我们并没有看到绘制的点，这主要是因为点的样式问题，系统默认的点样式就是一个很小的点，所以这里看不见，下面来调整点的样式就可以解决这个问题。

02 执行“格式>点样式”菜单命令，打开“点样式”对话框，接着在“点样式”对话框选择╳，然后单击“确定”按钮完成设置，如图2-93所示，此时，点变成修改之后的样式，在直线上出现了6个╳，如图2-94所示。

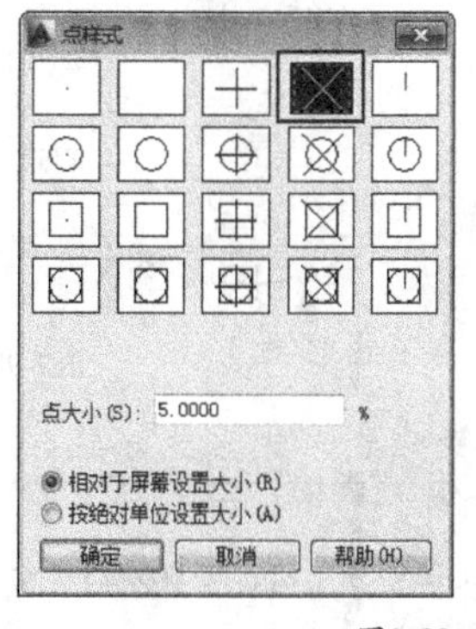

图2-93

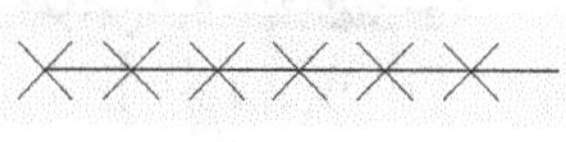

图2-94

将直线划分为6段只需要5个点就够了，但是图2-94却显示了6个点，这是AutoCAD软件的问题。“多余的那个点”要么显示在直线的最左端，要么显示在直线的最右端（如图2-95所示），由软件随机处理。

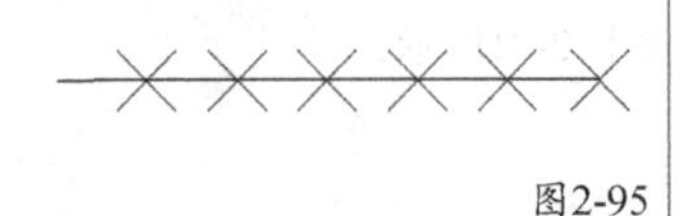

图2-95

2.5.4 实战——用定数等分绘制5个点

素材位置　第2章>素材文件>2.5.4.dwg
实例位置　第2章>实例文件>2.5.4.dwg
技术掌握　点的定数等分命令的运用

本例利用点的“定点等分”命令绘制的点效果如图2-96所示。

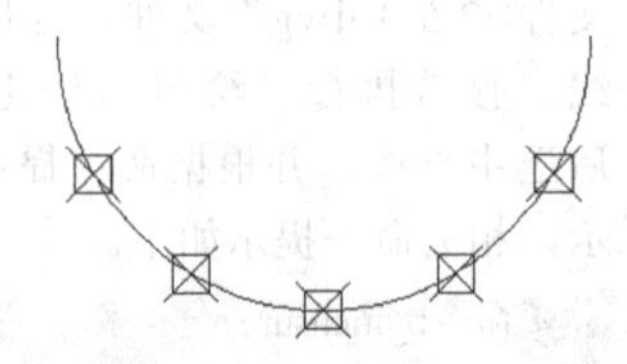

图2-96

01 打开光盘中的“第2章>素材文件>2.5.4.dwg”文件，如图2-97所示。

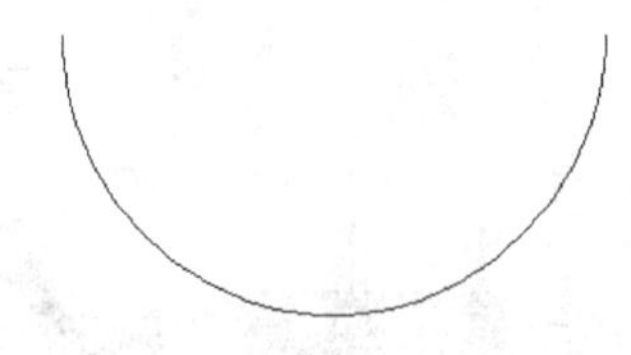

图2-97

02 执行“绘图>点>定数等分”菜单命令，然后选中圆弧，接着根据命令提示输入6并回车，如图2-98所示，相关命令提示如下。

命令: _divide
选择要定数等分的对象:　　　　　//选择圆弧
输入线段数目或 [块(B)]: 6 ↙　　　　//输入6表示将圆弧分成6段

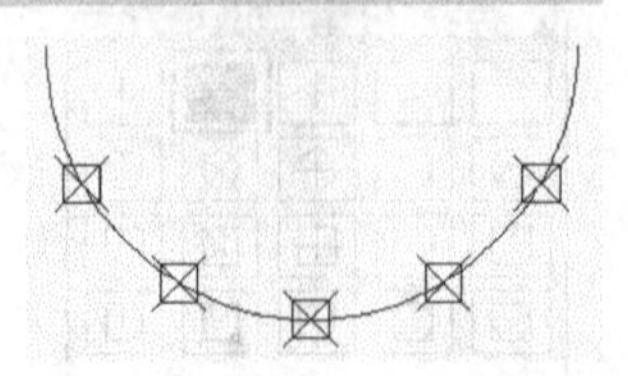

图2-98

采用“定数等分”法和“定距等分”法，可以分别在命令行输入Divide和Measure命令来完成。

2.5.5 综合实例——绘制空心砖图例

素材位置　无
实例位置　第2章>实例文件>2.5.5.dwg
技术掌握　点的定数等分命令的运用

本例绘制的空心砖图例效果如图2-99所示。

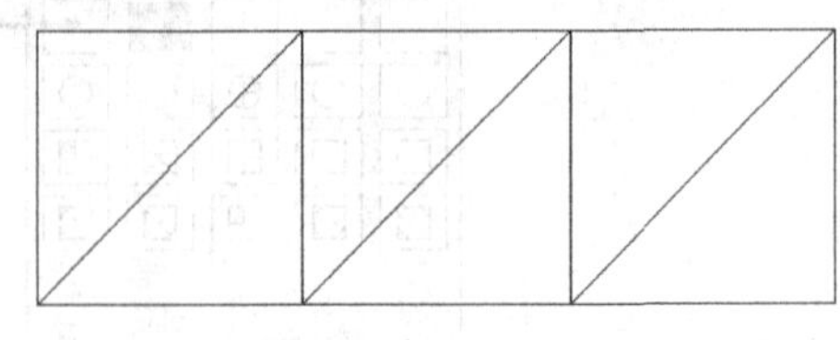

图2-99

01 执行Rectang（矩形）命令，绘制一个150mm×50mm的矩形，如图2-100所示，命令提示如下。

命令: rectang↙
指定第一个角点或 [倒角(C)/标高(E)/圆角(F)/厚度(T)/宽度(W)]:　//在绘图区域选取一点
指定另一个角点或 [面积(A)/尺寸(D)/旋转(R)]: @150,50↙　//输入对角点坐标并回车

图2-100

02 执行“修改>分解”菜单命令，将矩形分解成4条独立的侧边，如图2-101所示为分解后单独选择上下两条边的效果。

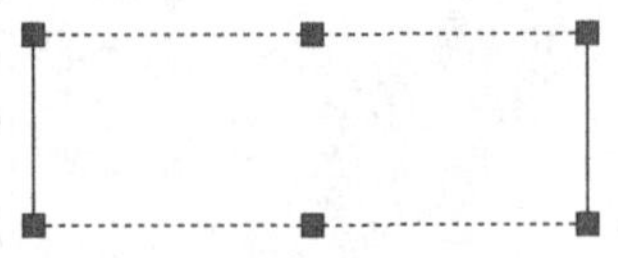

图2-101

03 执行“绘图>点>定数等分”菜单命令，将矩形的上下两条边3等分，如图2-102所示，相关命令提示如下。

命令: _divide
选择要定数等分的对象:　//选中上侧边
输入线段数目或 [块(B)]: 3↙　//输入需要等分的数目并回车
命令: ↙　//回车重复执行命令
DIVIDE
选择要定数等分的对象:　//选择下侧边
输入线段数目或 [块(B)]: 3↙　//输入需要等分的数目并回车

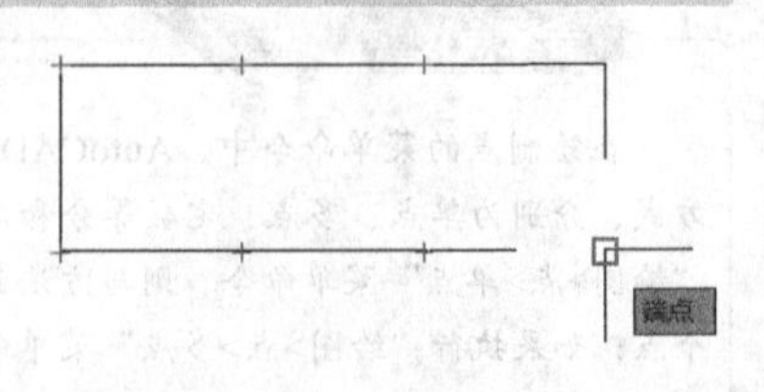

图2-102

04 执行“格式>点样式”菜单命令，弹出如图2-103所示的“点样式”对话框，在对话框中设置点的样式为×，效果如图2-104所示。

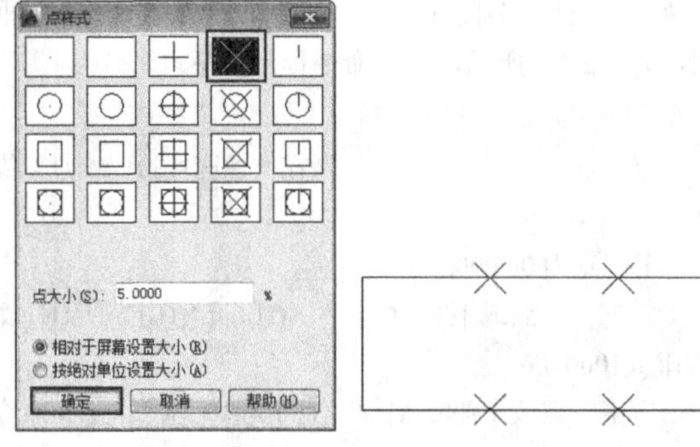

图2-103　　图2-104

05 执行“工具>绘图设置”菜单命令打开“草图设置”对话框，并在“草图设置”对话框中的“对象捕捉”选项卡下开启“节点”捕捉模式，如图2-105所示。

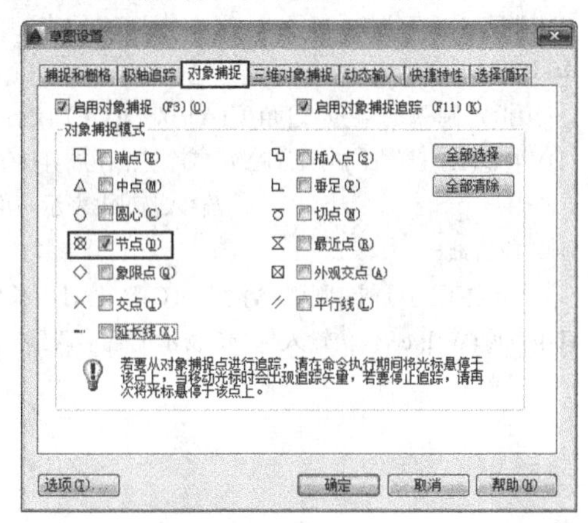

图2-105

06 使用Line（直线）命令绘制连接等分点的垂直线段，如图2-106所示。

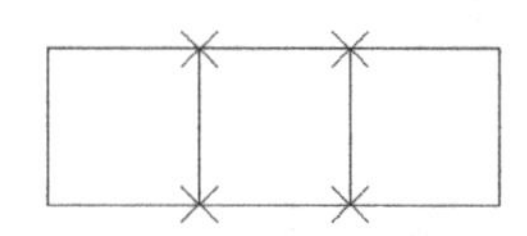

图2-106

07 使用Line（直线）命令绘制如图2-107所示的斜线。

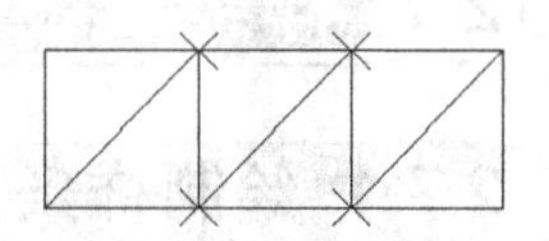

图2-107

在捕捉端点时需要开启“端点”捕捉模式，如图2-108所示，相关操作参照前面步骤。

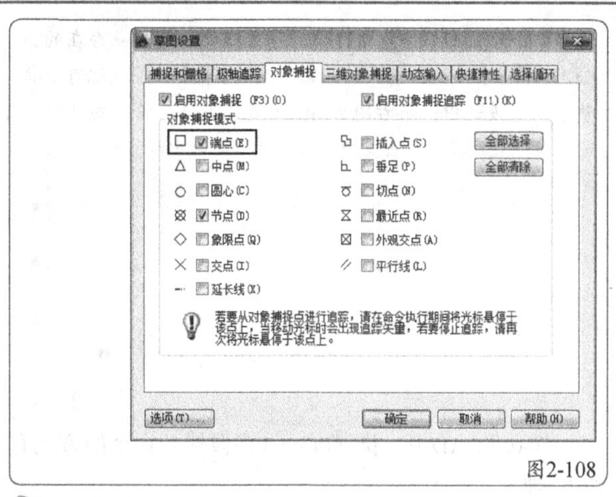

图2-108

08 选中等分点，使其出现蓝色夹点，如图2-109和图2-110所示。

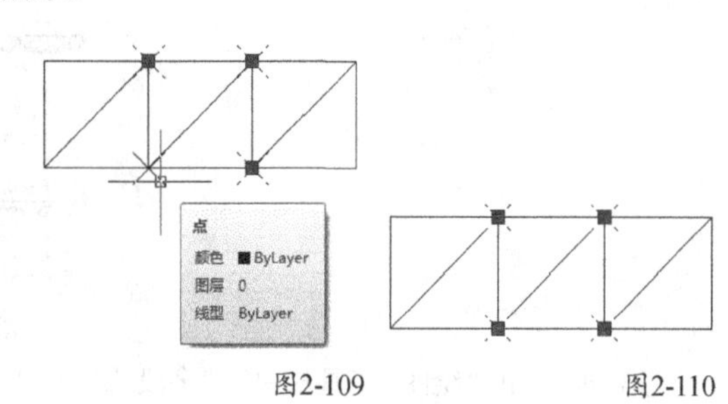

图2-109　　图2-110

09 执行“修改>删除”菜单命令，将等分点删除，最终效果如图2-111所示。

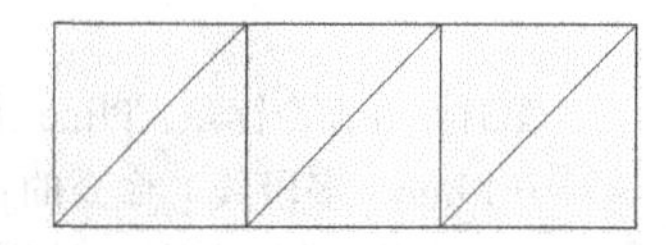

图2-111

选中对象后直接按Delete键也可以删除。

2.6 多段线

2.6.1 绘制多段线

多段线是由可变宽度的直线段和圆弧段相互连接而形成的复杂图形对象，多段线可直可曲、可宽可窄，因此在画多段轮廓线时很有用，使用Pline（多段线）命令可以绘制多段线。

下面介绍多段线与线段的区别。

多段线与用Line（直线）命令绘制的彼此相连的多个直线段不同，多段线是作为一个整体而存在的，而用Line（直线）命令绘制的多个直线段中的每条线段都是独立存在的，如图2-112所示，左图中的多线段中任意单击一条线就可以将整个多线段选中；而右图为Line（直线）命令绘制的彼此相连的多个直线段，单击其中一段，就只能选中那一段。

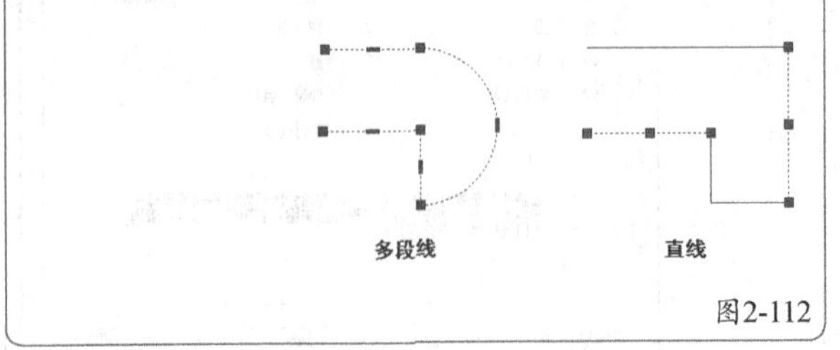

图2-112

在AutoCAD中，执行Pline（多段线）命令的方式有如下3种。

第1种：执行“绘图>多段线”菜单命令，如图2-113所示。

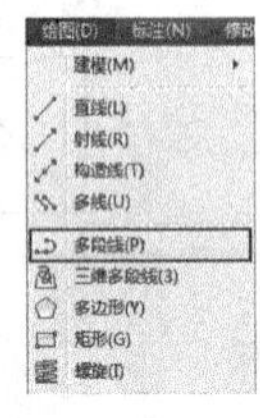

图2-113

第2种：单击“绘图”工具栏中的“多段线”按钮，如图2-114所示。

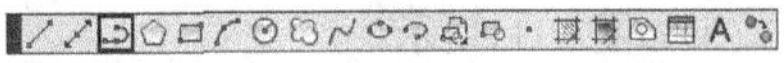

图2-114

第3种：在命令行输入Pline（简化命令为Pl）并回车。

在Pline（多段线）命令的各级命令提示中有很多选项，现在分别介绍一下这些选项的含义。

命令介绍

命令: _pline
指定起点:
当前线宽为 0.0000
指定下一个点或 [圆弧(A)/半宽(H)/长度(L)/放弃(U)/宽度(W)]:
指定下一点或 [圆弧(A)/闭合(C)/半宽(H)/长度(L)/放弃(U)/宽度(W)]:

圆弧：将Pline（多段线）命令设置为画圆弧的模式。

闭合：从当前位置画一条直线到多段线的起点，形成一条封闭的多段线，并结束Pline（多段线）命令。

半宽：指定下一段多段线的半宽度，即从多段线的中线到多段线边界的宽度。

长度：将Pline（多段线）命令设置为画直线的模式。

放弃：将最后一步操作绘制的线段或圆弧删除。例如，连续绘制3段多段线之后，输入选项U并回车，则倒数第一段多段线就会被取消。

宽度：指定下一段多段线的宽度。

2.6.2 实战——绘制门洞示意图

素材位置 无
实例位置 第2章>实例文件>2.6.2.dwg
技术掌握 多段线的绘制方法

执行“绘图>多段线”菜单命令，然后绘制一个门框造型，如图2-115所示，相关命令提示如下。

命令: _pline
指定起点: //在绘图区域拾取一点作为起点
当前线宽为 0.0000
指定下一个点或 [圆弧(A)/半宽(H)/长度(L)/放弃(U)/宽度(W)]: @1000,0 ↙
指定下一点或 [圆弧(A)/闭合(C)/半宽(H)/长度(L)/放弃(U)/宽度(W)]: @0,2000 ↙
指定下一点或 [圆弧(A)/闭合(C)/半宽(H)/长度(L)/放弃(U)/宽度(W)]: a ↙ //输入选项A表示下面要绘制一段圆弧
指定圆弧的端点或[角度(A)/圆心(CE)/闭合(CL)/方向(D)/半宽(H)/直线(L)/半径(R)/第二个点(S)/放弃(U)/宽度(W)]: @-1000,0 ↙
指定圆弧的端点或[角度(A)/圆心(CE)/闭合(CL)/方向(D)/半宽(H)/直线(L)/半径(R)/第二个点(S)/放弃(U)/宽度(W)]: l ↙ //输入选项L表示下面要继续绘制一段直线
指定下一点或 [圆弧(A)/闭合(C)/半宽(H)/长度(L)/放弃(U)/宽度(W)]: c ↙ //输入选项C表示闭合多段线

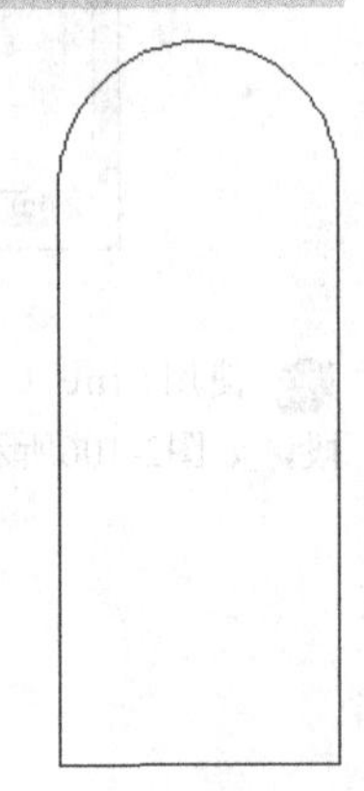

图2-115

2.7 样条曲线

2.7.1 绘制样条曲线

前面介绍的圆、圆弧、椭圆等都属于标准曲线的范围，因为它们都可以用各自相应的标准数学方程式来加以描述。但在工程应用中还有一类曲线，它们不能用标准的数学方程式来加以描述，它们只有一些已测得的数据点，用通过拟合数据点的办法来绘制相应的曲线，这种曲线被称为样条曲线。

样条曲线使用拟合点或控制点进行定义。默认情况下，拟合点与样条曲线重合，而控制点定义控制框。控制框提供了一种便捷的方法，用来设置样条曲线的形状，如图2-116所示。

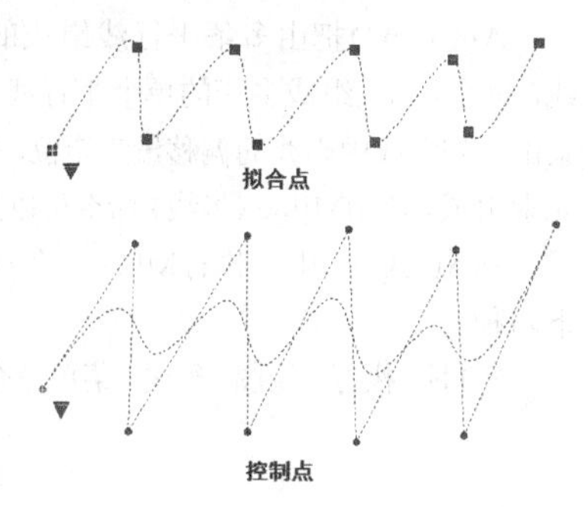

图2-116

样条曲线包括很多种类型，本书讲述如何使用Spline（样条曲线）命令绘制非均匀有理B样条曲线，如图2-117所示。

图2-117

专家点拨

在一般的工程制图中，Spline（样条曲线）命令的使用几率并不高，属于不常用的命令。

在AutoCAD中，执行Spline（样条曲线）命令的方式有如下3种。

第1种：执行“绘图>样条曲线>拟合点（或控制点）”菜单命令，如图2-118所示。

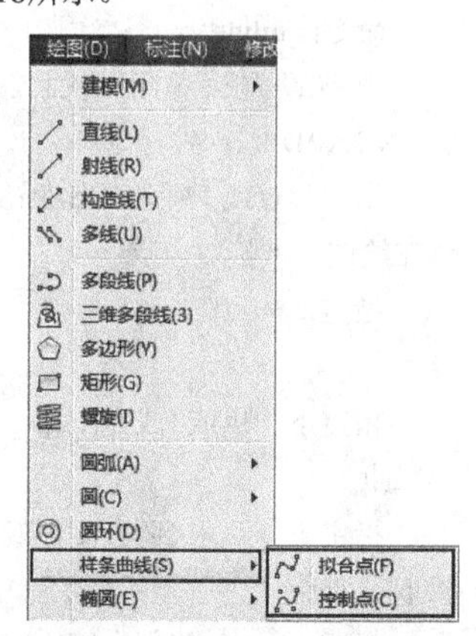

图2-118

第2种：单击“绘图”工具栏中的“样条曲线”按钮，如图2-119所示。

图2-119

第3种：在命令行输入Spline并回车。

2.7.2 实战——绘制装饰花瓶

素材位置 无
实例位置 第2章>实例文件>2.7.2.dwg
技术掌握 样条曲线的绘制方法

本例利用“样条曲线”绘制的花瓶效果如图2-120所示。

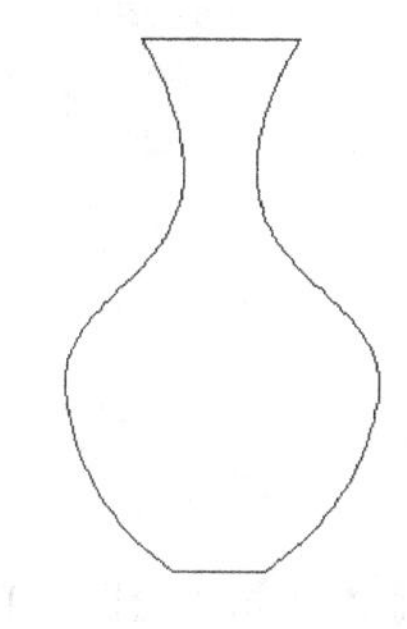

图2-120

01 执行“绘图>样条曲线”菜单命令，绘制一条如图2-121所示的曲线，相关命令提示如下。

命令: _spline
当前设置: 方式=拟合 节点=弦
指定第一个点或 [方式(M)/节点(K)/对象(O)]: //在绘图区拾取一点作为曲线的起点
输入下一个点或 [起点切向(T)/公差(L)]: //鼠标左键拾取合适的点
输入下一个点或 [端点相切(T)/公差(L)/放弃(U)]: //鼠标左键拾取合适的点
输入下一个点或 [端点相切(T)/公差(L)/放弃(U)/闭合(C)]: //鼠标左键拾取合适的点
输入下一个点或 [端点相切(T)/公差(L)/放弃(U)/闭合(C)]: ↙ //鼠标左键拾取合适的点，并指定切向，再回车

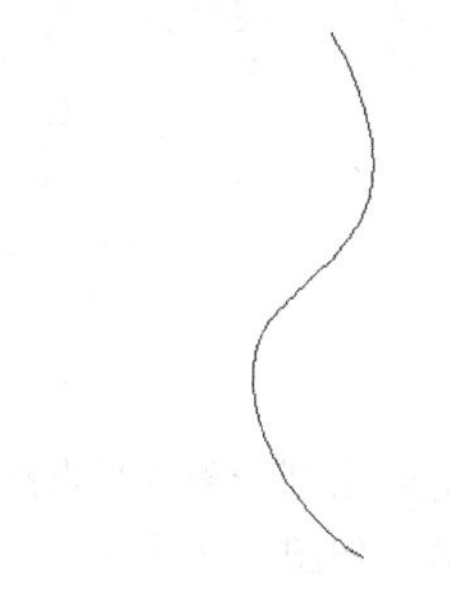

图2-121

专家点拨

在Spline（样条曲线）的命令提示中有两个比较重要的选项，现在分别介绍一下。

闭合（C）：表示让曲线的起点和终点重合，并共用相同的顶点和切线，以形成闭合的样条曲线。

公差（L）：控制样条曲线与数据点的逼近程度，也就是设置曲线与数据点之间的拟合公差。公差值越小，曲线越接近数据点。如果公差值等于0，则样条曲线精确通过数据点；如果公差值大于0，则样条曲线在指定的公差内逼近数据点。

02 启用"正交模式"，然后过曲线的上端点绘制一条长度为150mm的水平直线，如图2-122所示。

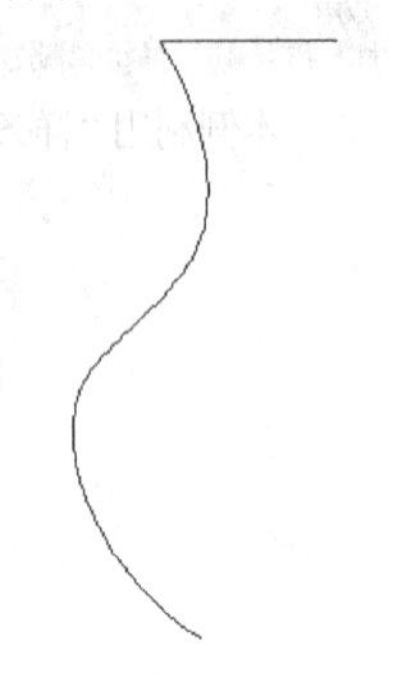

图2-122

03 单击"绘图"工具栏中的"镜像"按钮，对称复制曲线，如图2-123所示，相关命令提示如下。

命令: _mirror
选择对象: 找到 1 个　　//选择第一步绘制的样条曲线
选择对象: ↙　　//按回车键确认选中
指定镜像线的第一点:　　//捕捉水平直线的中点
指定镜像线的第二点:　　//在垂直方向任意拾取一点
要删除源对象吗? [是(Y)/否(N)] <N>: ↙　　//直接按回车键完成复制

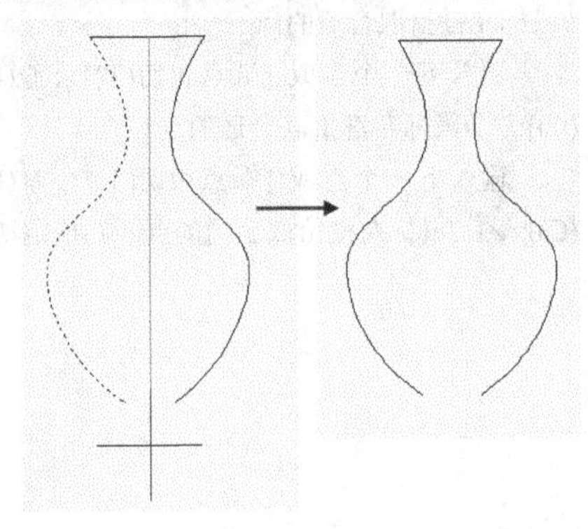

图2-123

04 绘制一条水平直线，连接曲线的两个下端点，最终效果如图2-124所示。

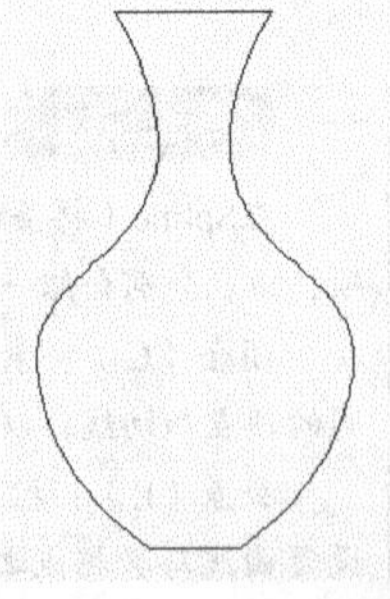

图2-124

2.8 多线

2.8.1 绘制多线

AutoCAD把由多条平行线组成的图形对象称为多重线，简称多线。组成多线的单个平行线被称为元素，每个元素由其到多线中心线的偏移量来定位，多线最多可以由16个元素组成。使用Mline（多线）命令可以绘制多线。

在AutoCAD中，执行Mline（多线）命令的方式有如下两种。

第1种：执行"绘图>多线"菜单命令，如图2-125所示。

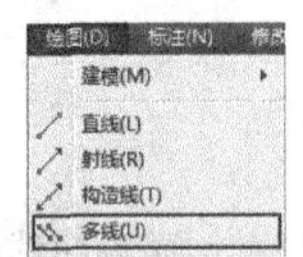

图2-125

第2种：在命令行输入Mline（简化命令为Ml）并回车。

如何绘制多线

下面根据系统默认的多线属性设置来绘制一条多线，以便大家熟悉Mline（多线）命令的用法。

执行"绘图>多线"菜单命令，随意绘制一条多线，如图2-126所示，相关命令提示如下。

图2-126

命令介绍

命令: _mline
当前设置: 对正 = 上，比例 = 20.00，样式 = STANDARD
指定起点或 [对正(J)/比例(S)/样式(ST)]:　　//鼠标左键在绘图区域拾取一点
指定下一点:　　//垂直向下拾取第二点
指定下一点或 [放弃(U)]:　　//水平向右拾取第三点
指定下一点或 [闭合(C)/放弃(U)]:　　//垂直向上拾取第四点
指定下一点或 [闭合(C)/放弃(U)]: ↙

对正：确定多线的元素与指定点之间的对齐方式。当输入选项J并回车之后，绘图命令继续提示用户"输入对正类型 [上(T)/无(Z)/下(B)] <上>:"，这表示需要确定多线的元素之间的对齐方式，AutoCAD提供3种对齐方式。

指定起点或 [对正(J)/比例(S)/样式(ST)]: j↙
输入对正类型 [上(T)/无(Z)/下(B)] <上>:

上：使元素相对于选定点所确定的基线以最大的偏移画出，从基线的起点向终点看，该多线的所有其他元素均在指定基线的右侧，如图2-127所示。

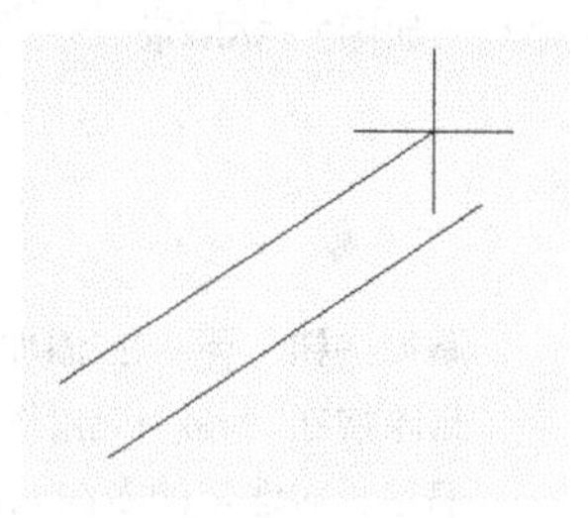

图2-127

无：使选定点所确定的基线为该多线的中线，从基线的起点向终点看，具有正偏移量的元素均在指定基线的右侧，具有负偏移量的元素均在指定基线的左侧，如图2-128所示。

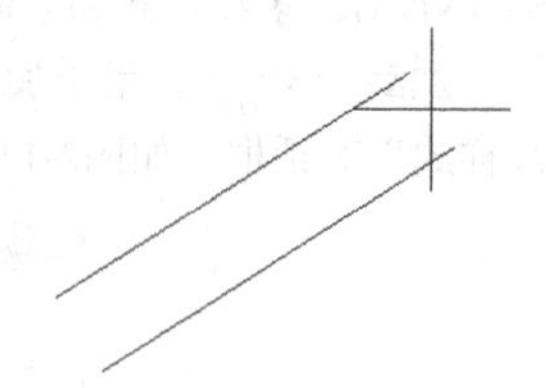

图2-128

下：使元素相对于选定点所确定的基线以最大的偏移画出，从基线的起点向终点看，该多线的所有其他元素均在指定基线的左侧，如图2-129所示。

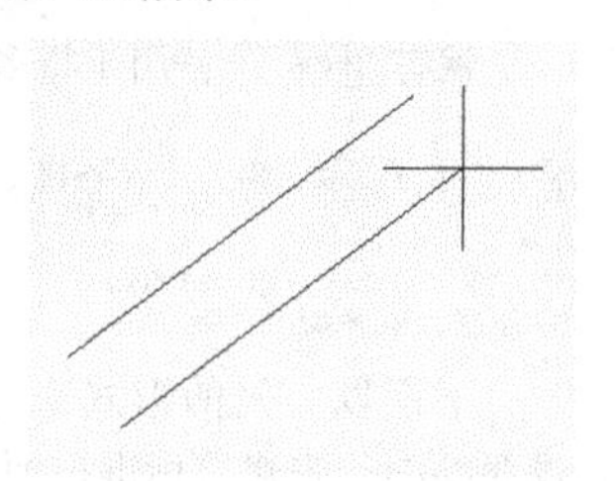

图2-129

比例：控制多线元素偏移量的放大系数，即多线在屏幕上的显示比例。如果“比例”的值为负数，那么在样式中所设定的偏移量的值将改变符号；如果“比例”的值为0，那么多线只画一条直线，如图2-130所示。

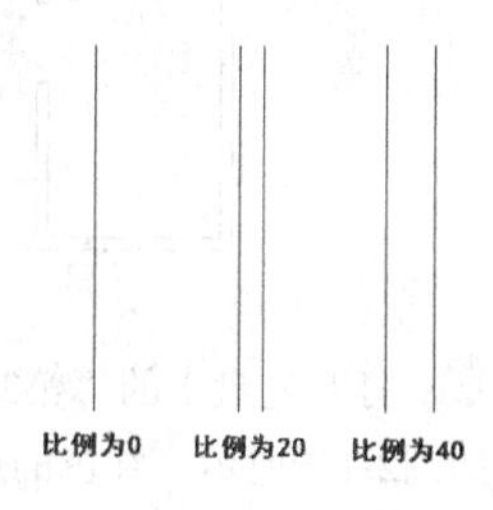

图2-130

样式：用于在多线样式库中选择当前多线的样式。

当输入选项ST并回车之后，绘图命令继续提示用户“输入多线样式名或 [?]:”，这表示需要用户指定当前所绘制的多线样式。

如果在命令提示后面输入选项?并回车，则系统将打开“AutoCAD文本窗口”，其中将显示当前已加载的多线样式及说明信息，如图2-131所示。

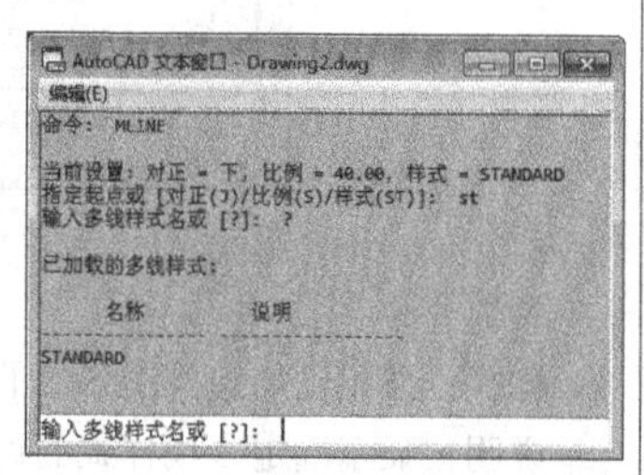

图2-131

如果在命令提示后面直接按回车键，则系统将选择默认的多线样式STANDARD。

如果在命令提示后面输入“/”并回车，则系统将打开“从文件加载多线样式”对话框，用户可以通过该对话框加载所需的多线样式，如图2-132所示。

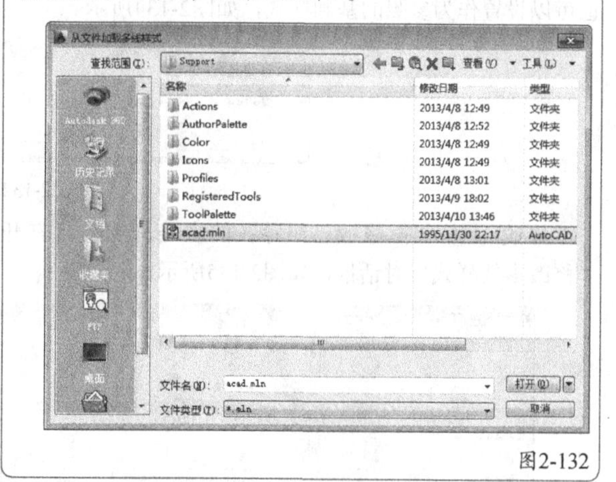

图2-132

设置多线样式

多线在工程制图中的运用比较广泛，尤其是建筑制图。比如在绘制建筑平面图的时候，绘图员常用Mline（多线）命令来绘制墙线。

绘制多线的第一步是设置多线样式。要创建多线样式，首先执行“格式>多线样式”菜单命令，打开如图2-133所示的“多线样式”对话框。

在“多线样式”对话框中可以创建、修改、保存和加载多线样式，默认的多线样式为STANDARD，它定义两线之间的距离为1个单位。多线样式有两个部分：图元的特性和多线特性。图元特性定义了每条单独的线图元，而多线特性则是作用于整个多线。

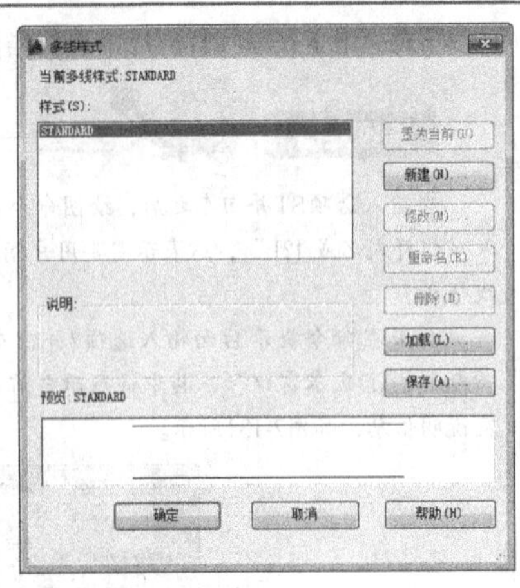
图2-133

参数介绍

样式：显示已加载到图形中的多线样式列表。

说明：显示选定多线样式的说明。

预览：显示选定多线样式的名称和图像。

置为当前：用于将选定的多线样式设置为当前使用的样式。

新建：新建一个多线样式，将打开“创建新的多线样式”对话框，在该对话框中可以命名新样式，也可以设置作为参照的基础样式，如图2-134所示。

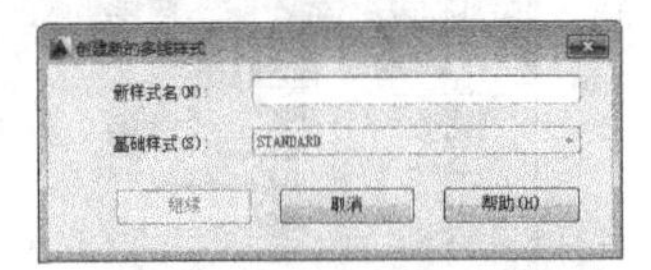
图2-134

修改：修改已经存在的多线样式，将打开“修改多线样式”对话框，如图2-135所示。

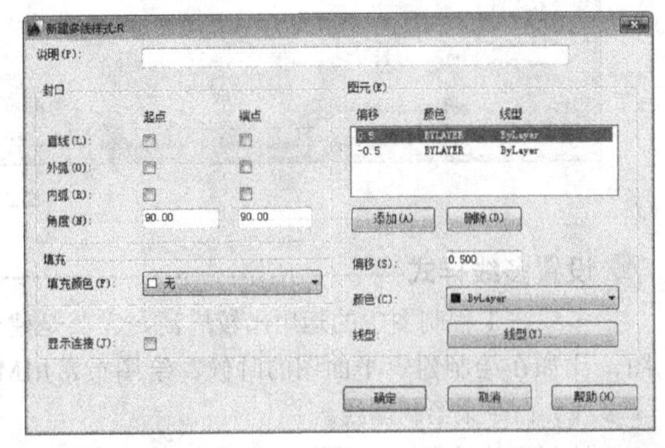
图2-135

说明：为多线样式添加说明。

封口：控制多线起点和端点处的封口样式，包括“直线”、“外弧”、“内弧”3种样式。“直线”是以直线封口；“外弧”是以圆弧对多线最外端的元素封口；“内弧”是当多线的元素为奇数时，将不封口，当多线的元素为偶数且大于2个元素时，将以圆弧对多线内部的元素封口；“角度”是指定起点和端点封口的角度。

填充：设置多线的背景填充颜色。

显示连接：勾选后将连接多线的顶点。

图元：设置多线元素的特性，例如偏移、颜色和线型，也可以添加或者删除多线元素。元素列表框用于显示当前多线样式中的所有元素及其特性，按偏移值降序排列，如图2-136所示。

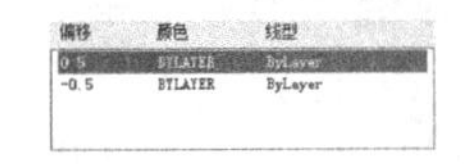
图2-136

添加按钮：添加多线元素。

删除按钮：删除多线元素。

偏移：对选定的多线元素指定偏移值。

颜色：对选定的多线元素指定颜色。

线型：对选定的多线元素指定线型。

重命名：重命名当前选定的多线样式，不能重命名STANDARD多线样式。

删除：删除选定的多线样式，不能删除STANDARD多线样式和当前正在使用的多线样式。

加载：用于加载多线样式，将打开“加载多线样式”对话框，如图2-137所示。

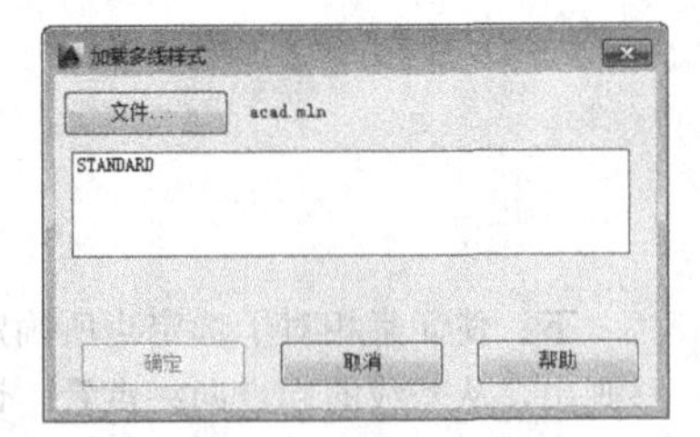
图2-137

保存：用于将多线样式保存为外部文件。

2.8.2 实战——绘制建筑平面图的墙线

素材位置　第2章>素材文件>2.8.2.dwg
实例位置　第2章>实例文件>2.8.2.dwg
技术掌握　利用多线绘制墙线的方法

下面以实例的形式来介绍如何设置多线样式，假设要绘制一张建筑标准层面图，需要设置多线的样式来绘制墙线。本例利用“多线”命令绘制的墙线效果如图2-138所示。

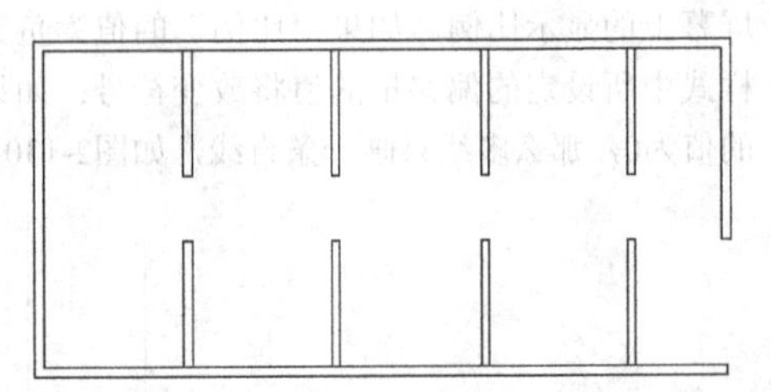
图2-138

01 打开光盘中的“第2章>素材文件>2.8.2.dwg”文件，如图2-139所示，红色的虚线是墙线的轴线。

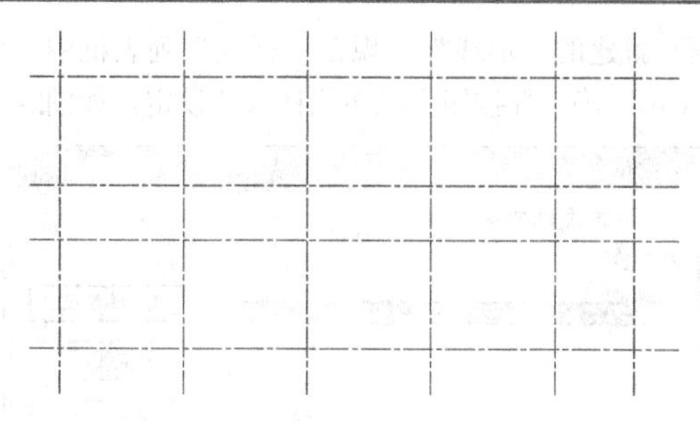

图2-139

02 执行“格式>多线样式”菜单命令，或在命令行输入Mlstyle（多线样式）命令并回车，打开“多线样式”对话框，接着单击“多线样式”对话框中的新建(N)...按钮，打开“创建新的多线样式”对话框，然后设置“新样式名”为“墙线”，最后单击继续按钮，如图2-140所示。

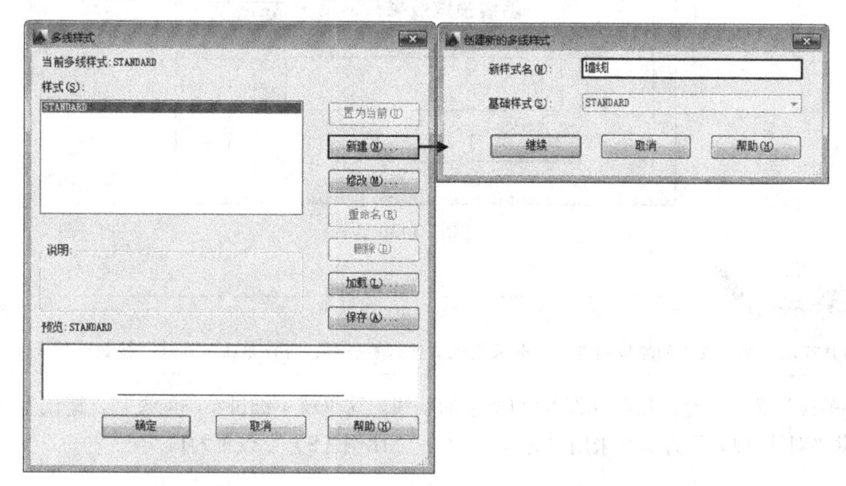

图2-140

03 打开“新建多线样式：墙线”对话框，在“封口”选项组中勾选“直线”的“起点”和“端点”选项，这表示绘制的多线的两端将是封闭的，接着在“图元”选项组下的元素列表框中选择偏移量为正的元素，然后在“偏移”文本框中输入新的偏移量120，如图2-141所示；采用相同的方法设置偏移量为负的元素的偏移量为-120，如图2-142所示，最后单击“确定”按钮完成设置。

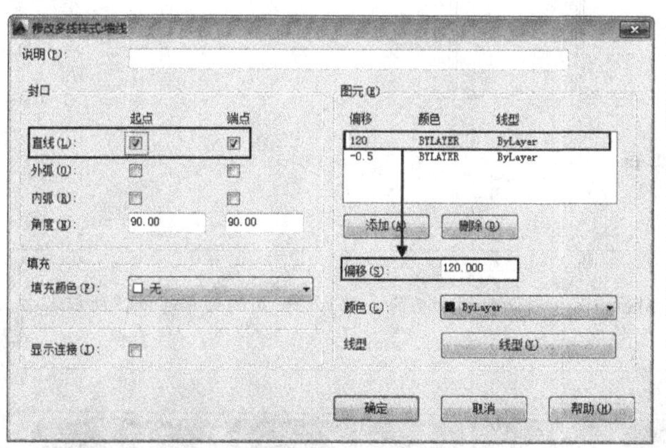

图2-141

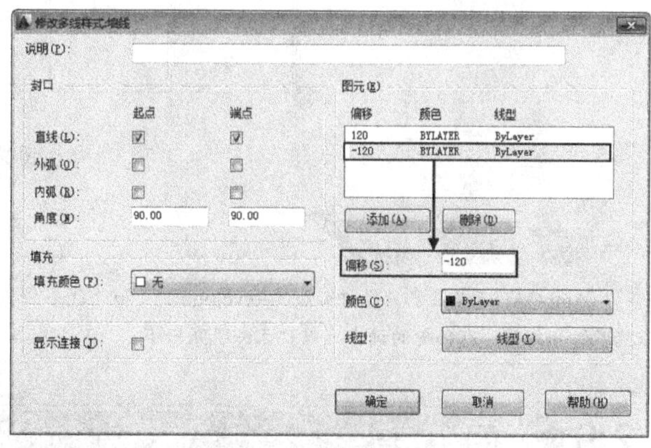

图2-142

这里设置多线的正负偏移量分别为120mm，合起来就是多线的宽度240mm，这恰好是建筑墙体中的“二四墙”，另外还有“一八墙”等。

04 系统返回“多线样式”对话框，新建的“墙线”出现在“样式”列表框中，将其选中并单击置为当前(U)按钮，把“墙线”设为当前多线样式，最后单击“确定”按钮完成多线样式的设定，如图2-143所示。

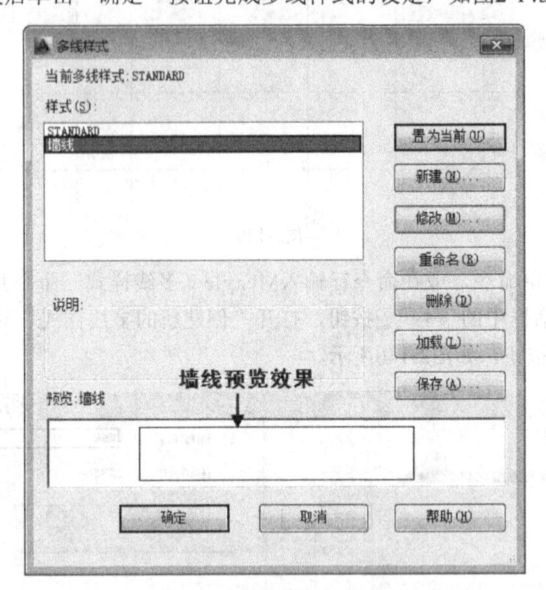

图2-143

在上图中，用户可以预览刚设置的墙线的效果，如果发现有什么不合适，可以单击“修改”按钮进行修改。

05 执行“绘图>多线”菜单命令，绘制如图2-144所示的墙线。这里就不细讲绘制的过程，请读者参考前面介绍的方法进行绘制，注意“对正（J）”方式要采用“无（Z）”，“比例（S）”设置为1。

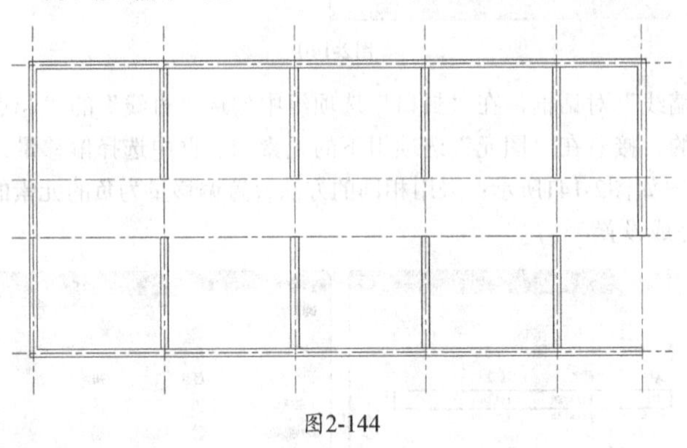

图2-144

AutoCAD还提供了“修订云线（Revcloud）”和“徒手线（Sketch）”这两种图形功能，但其被使用的频率超低，所以本书就不做介绍了，有兴趣的读者可以自己去研究一下。

2.9 本章小结

本章结合简单实例详细介绍了二维图形命令的概念及使用方法，包括点、直线、圆、矩形、多边形、圆弧和椭圆等基本的图形。本章内容较简单，只需稍加练习就可以掌握，这是学习后面复杂图形绘制的基础。

2.10 课后练习

2.10.1 课后练习——绘制立面单开门

素材位置 无
实例位置 第2章>实例文件>2.10.1.dwg
技术掌握 多段线命令、圆弧命令、矩形命令的运用

本练习利用“多段线”命令、“圆弧”命令等绘制的立面单开门效果如图2-145所示。

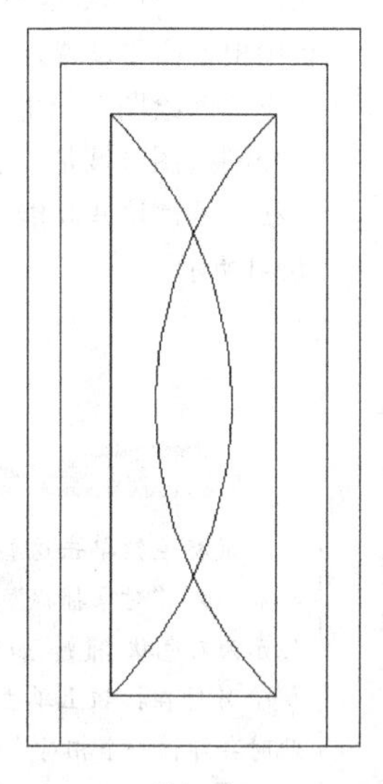

图2-145

2.10.2 课后练习——绘制休闲圆桌椅

素材位置 无
实例位置 第2章>实例文件>2.10.2.dwg
技术掌握 圆命令、圆弧命令、直线命令的运用

本练习利用“圆”命令、“直线”命令等绘制的休闲圆桌椅效果如图2-146所示。

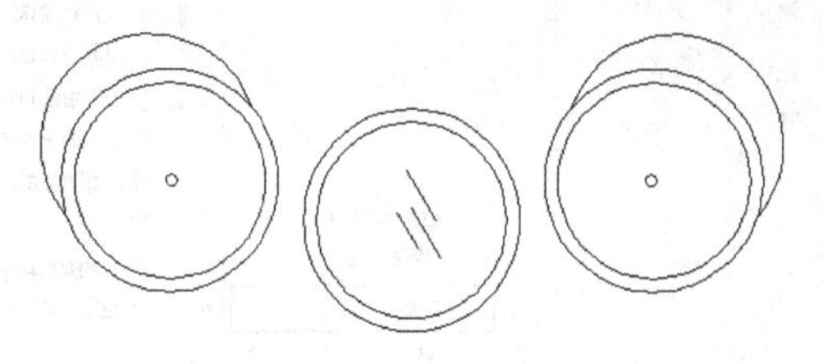

图2-146

第3章

精确绘图

本章导读

在AutoCAD中绘制图形时，还需要借助一些辅助的绘图功能，如捕捉模式、正交模式等，这是整个CAD绘图过程中必不可少的功能，可以帮助用户更精确的绘制图形。本章主要介绍如何借助辅助绘图功能进行精确绘图，这些工具包括推断约束、捕捉模式、栅格显示、正交模式、极轴追踪、对象捕捉和对象捕捉追踪等。

Learning Objectives

辅助绘图功能概述

推断约束功能的运用

捕捉模式功能的运用

栅格显示功能的运用

正交模式功能的运用

极轴追踪功能的运用

对象捕捉功能的运用

三维对象捕捉功能的运用

对象捕捉追踪功能的运用

3.1 辅助绘图功能概述

辅助绘图功能是AutoCAD为方便用户绘图而提供的一系列辅助工具，用户可以在绘图之前设置相关的辅助功能，也可以在绘图过程中根据需要设置。

辅助绘图功能主要包括对象捕捉（用于精确定位）、栅格显示（控制绘图区域是否显示栅格）、正交模式（规定绘制垂直或水平直线）等，这些功能（按钮）位于工作界面最底部的状态栏中，如图3-1所示。

图3-1

专家点拨

鼠标左键单击这些辅助绘图工具的按钮就可以打开或者关闭相应的功能。以“对象捕捉”功能为例，如果该功能能处于关闭状态，则按钮显示为灰色状态▢；如果该功能处于启用状态，则按钮显示为亮色▢；

另外在按钮上单击鼠标右键在弹出的命令栏中单击“设置”选项，此时会弹出一个相对应的对话框，如图3-2所示。

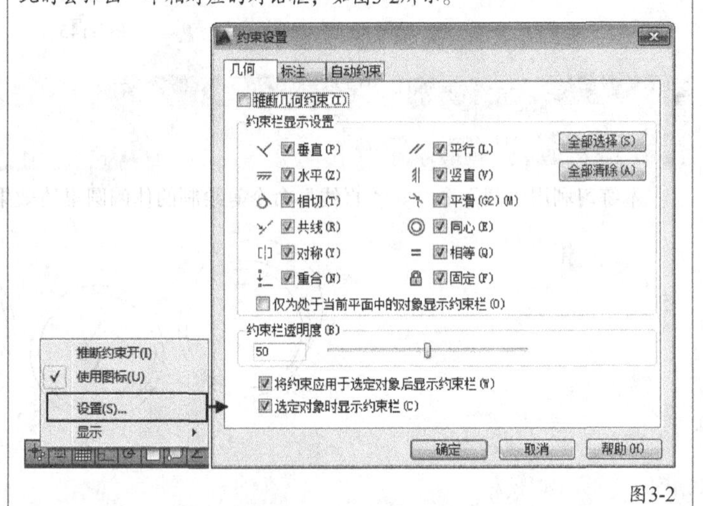

图3-2

3.2 推断约束

3.2.1 约束概述

由于传统的CAD系统是面向具体的几何形状，属于交互式绘图，要想改变图形大小的尺寸，可能需要对原有的整个图形进行修改或重建，这就增加了设计人员的工作负担，大大降低了工作效率。

而使用参数化的图形，要绘制与该图结构相同，但是尺寸大小不同的图形时，只需根据需要更改对象的尺寸，整个图形将自动随尺寸参数而变化，但形状不变。参数化技术适合应用于绘制结构相

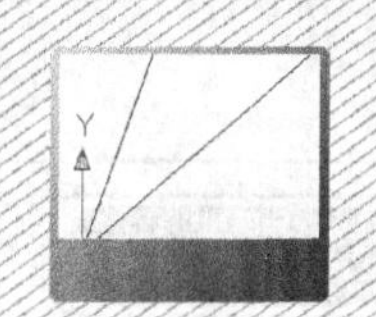
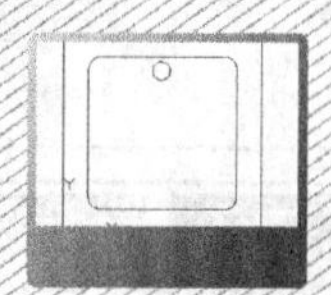

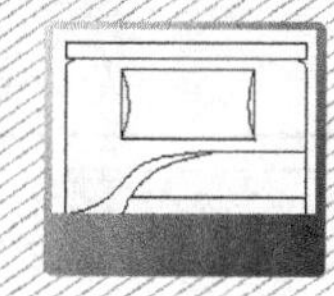

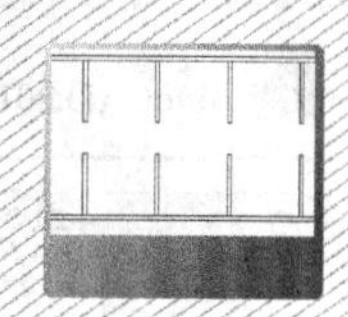

似的图形。而要绘制参数化图形，“约束”是不可少的要素，约束是应用于二维几何图形的一种关联和限制方法。

常用的约束类型有两种：几何约束和标注约束。其中，几何约束用于它控制的是对象彼此之间的关系，比如相切、平行、垂直、共线等。标注约束控制的是对象的具体尺寸，比如距离、长度、半径值等。

这些约束命令在“参数”菜单栏中可以找到，如图3-3所示，也可以在辅助绘图工具栏中调出命令，如图3-4所示。

图3-3　　图3-4

一般情况下，建议大家先使用“几何约束”确定图形的形状，再使用标注约束，确定图形的尺寸。

3.2.2 几何约束

“几何约束”用于在对象或关键点之间建立关联。传统的对象捕捉是暂时性的，而现在，约束被永久保存在对象中以帮助用户精确实现设计意图。例如，可以使两条线段始终保持垂直状态，或使一个弧形和一个圆形始终保持同心状态。

执行“参数>几何约束”菜单命令，便可以添加和控制几何约束，如图3-5所示。

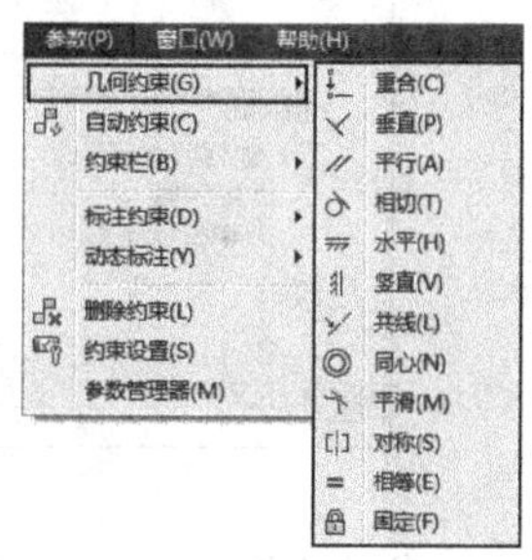

图3-5

工具介绍

重合：确保两个对象在一个特定点上重合。此特定点也可以位于经过延长的对象之上。

共线：使第二个对象和第一个对象位于同一个直线上。

同心：使两个弧形、圆形或椭圆形（或三者中的任意两个）保持同心关系。

固定：将对象上的一点固定在世界坐标系的某一坐标上。

平行：使两条线段或多段线段保持平行关系。

垂直：使两条线段或多段线段保持垂直关系。

水平：使一条线段或一个对象上的两个点保持水平（平行于*x*轴）。

竖直：使一条线段或一个对象上的两个点保持竖直（平行于*y*轴）。

相切：使两个对象（例如一个弧形和一条直线）保持正切关系。

平滑：将一条样条线连接到另一条直线、弧线、多线段或样条线上，同时保持G2连续性。

对称：相当于一个镜像命令，若干对象在此项操作后始终保持对称关系。

相等：一种实时的保存工具，因为能够使任意两条直线始终保持等长，或使两个圆形具有相等的半径。修改其中一个对象后，另一个对象将自动更新，此处还包含一个强大的多功能选项。

要添加约束命令，仅需选择一个几何约束工具（例如“平行”），然后选择两个需要保持平行关系的对象，如图3-6所示。所选的第一个对象非常重要，因为第二个对象将根据第一个对象的位置进行平行调整。所有的几何约束都遵循上述规则。

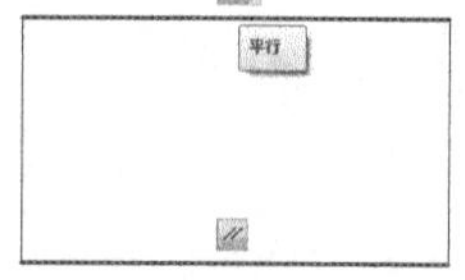

图3-6

对象上的几何图标表示所附加的约束。可以将这些约束栏拖动到屏幕的任意位置，也可以通过选择ribbon界面上的“隐藏全部”或“显示全部”功能将其隐藏或恢复。“显示”选项能够选择希望显示约束栏的对象。用户可以利用“约束设置”对话框对多个约束栏选项进行管理，如图3-7所示。

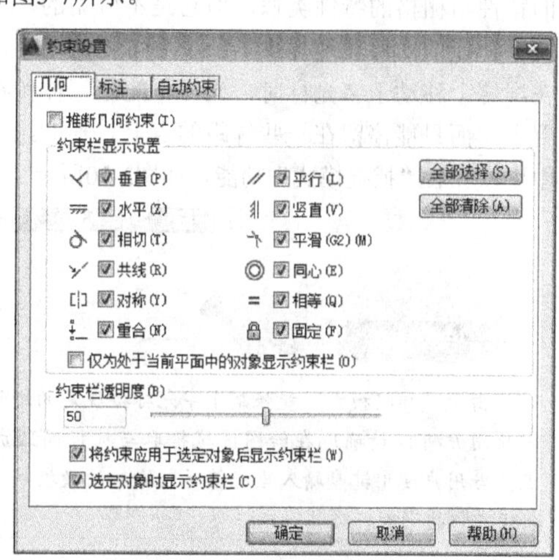

图3-7

3.2.3 标注约束

“标注约束”可以将AutoCAD中的几何体和标注参数之间始终保持一种驱动的关系。例如，绘制一条长度适当的线段，然后修改它的标注参数。当改变标注参数值时，几何体将自动进行相应更新。在“参数”菜单栏中可以找到，如图3-8所示。

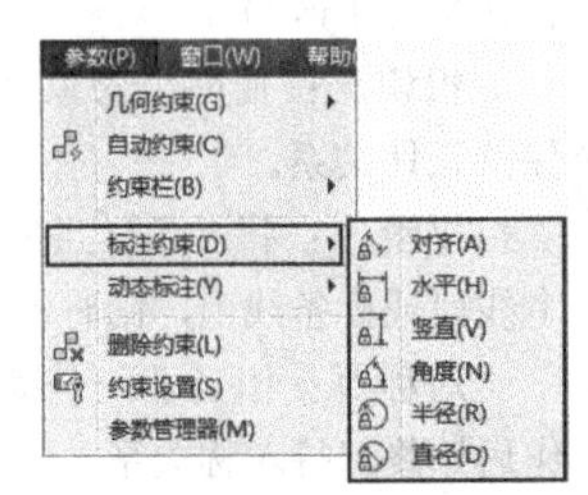

图3-8

3.2.4 自动约束

在选定一组之前绘制的对象后，AutoCAD将自动根据您的需求对其进行约束，“自动约束”在“参数”菜单栏下，如图3-9所示。

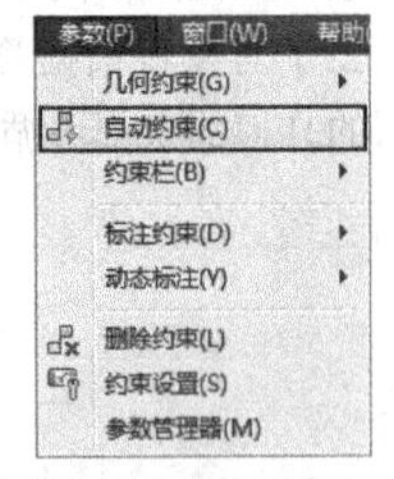

图3-9

3.3 捕捉模式

捕捉（Snap）能够控制光标移动的间距，该功能的特性与栅格的特性类似，但它是不可见的。“捕捉模式”功能的实质就是提供了一个不可见的栅格，当用户在屏幕上移动十字光标时，光标不能随意停留在任何位置上，而只能停留在一些等距的点上。辅助绘图工具栏中可以开启“捕捉模式”功能，如图3-10所示。

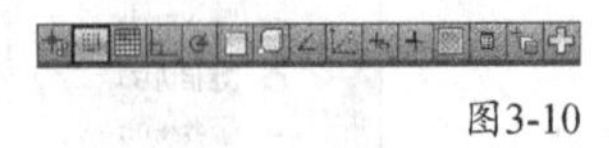

图3-10

由于“捕捉模式”能强制十字光标按规定的增量移动，因此用户可以精确地在绘图区域拾取与捕捉间距成倍数的点。当用户使用键盘输入坐标值时，输入的数据将不受“捕捉模式”的影响。

3.4 栅格显示

栅格（Grid）用于在绘图区域设置栅格。所谓栅格，就是在绘图区域显示的一些在指定位置上的小方格，以便帮助用户定位。在辅助绘图工具栏中开启“栅格显示”，如图3-11所示，栅格线将布满整个图形界限，并且这些栅格均匀分布，如图3-12所示。

图3-11

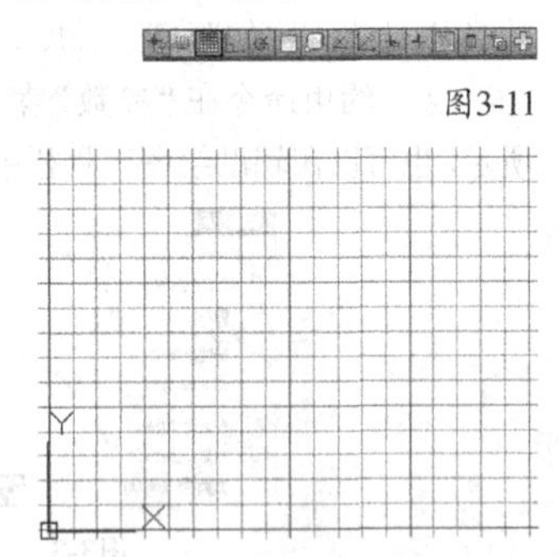

图3-12

要设置“栅格显示”功能，可以执行“工具>草图设置”菜单命令，或者在辅助绘图工具栏上的“栅格显示”按钮上单击鼠标右键，并在弹出的菜单中选择“设置”选项。这时会打开如图3-13所示的“草图设置”对话框。

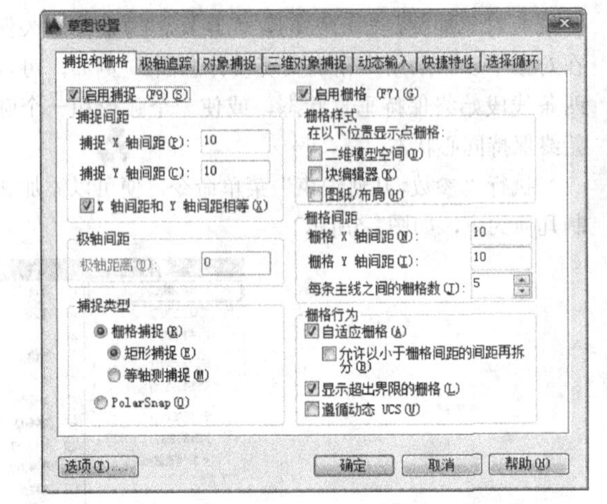

图3-13

参数介绍

捕捉间距：勾选“启用捕捉”选项后，将开启捕捉模式，此时在绘图区域内指定一个点时，光标将自动捕捉离得最近的栅格点，无论是否开启了栅格显示模式。在“捕捉间距”区域内可以通过设置“捕捉x轴间距”和“捕捉y轴间距”参数来指定需要捕捉的点之间的距离。如果想让x轴和y轴的间距相同，只需将“x轴间距和y轴间距相等”选项选中，那么只需指定x轴的间距就可以了，y轴的间距会自动变为与x轴的间距相同，只有在输入不同的y轴间距值时两者才会有所不同。

栅格样式：勾选“启用栅格”选项后，在绘图区域内将显示栅格线，如图3-14左图所示。如果想要显示栅格点，可以通过“栅格样式”区域内的选项设置栅格点所显示的位置，例如显示在“二维模型空间”中，如图3-15所示。

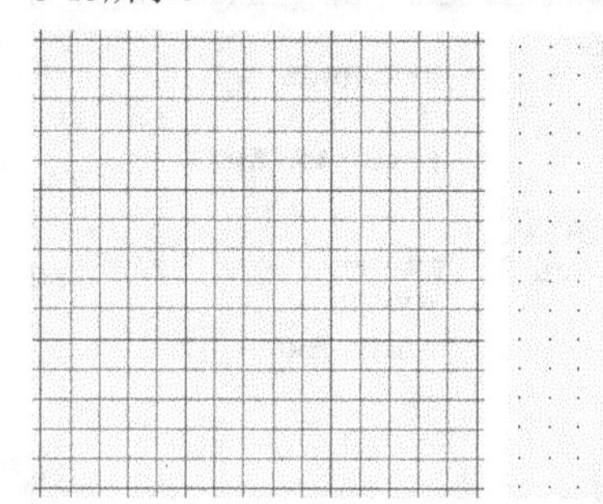

图3-14　　图3-15

栅格间距：如果要设置x轴或y轴上每条栅格线的间距，可以通过“栅格x轴间距”和“栅格y轴间距”参数来指定。同时，在“栅格间距”区域内还可以指定每条主线之间的栅格数。

专家点拨

在世界坐标系中，栅格将布满整个图形界限。栅格仅仅是一种视觉辅助工具，并不是图形的一部分，所以绘图输出时并不输出栅格。

3.5 正交模式

3.5.1 正交模式功能详解

位于0°、90°、180°和270°的4条线，称为正交线。在“正交模式”功能下，不管光标移到什么位置，屏幕上都只能绘制出平行于x轴或平行于y轴的直线，如图3-16所示。

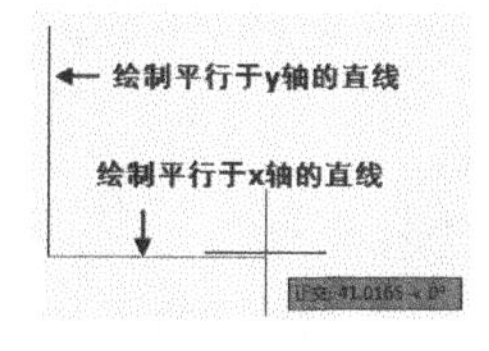

图3-16

正交（Ortho）用于打开或关闭“正交模式”，单击辅助绘图工具栏上的“正交模式”按钮或者按F8键也可以开启和关闭“正交模式”，如图3-17所示，但是“正交模式”不能与“极轴追踪”同时开启。

图3-17

例如，当“正交模式”开启时，只能在垂直或者水平方向上移动对象，再配合以“对象捕捉”，就会令绘图工作变得更加简单高效。“正交模式”也非常适合于直接输入距离。

专家点拨

“正交模式”仅在用鼠标在屏幕上直接选取某点时起作用，但是无法限制在动态输入工具栏提示或者命令行当中输入相对或绝对坐标值。例如，如果在命令行中输入一个极轴坐标5<45，即使此时已经打开了正交模式，也可以得到一条呈45°角的直线。

3.5.2 实战——绘制门洞

素材位置　无
实例位置　第3章>实例文件>3.5.2.dwg
技术掌握　正交模式的运用

本例绘制的门洞效果如图3-18所示。

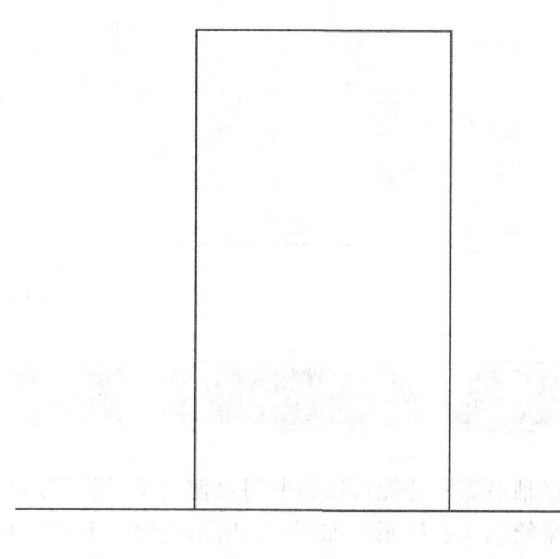

图3-18

01 单击辅助绘图工具栏上的“正交模式”按钮或者按F8键也可以开启正交模式，如图3-19所示。

图3-19

02 使用Pline（多段线）命令绘制出如下所示的多段线，如图3-20和图3-21所示，相关命令提示如下。

命令: _pline
指定起点:　　//在绘图区域任意选取一点
当前线宽为 0.0000
指定下一个点或 [圆弧(A)/半宽(H)/长度(L)/放弃(U)/宽度(W)]: 200 ↙　　//绘制左面的边
指定下一点或 [圆弧(A)/闭合(C)/半宽(H)/长度(L)/放弃(U)/宽度(W)]: 110 ↙　　//绘制上面的边
指定下一点或 [圆弧(A)/闭合(C)/半宽(H)/长度(L)/放弃(U)/宽度(W)]: 200 ↙　　//绘制右面的边
指定下一点或 [圆弧(A)/闭合(C)/半宽(H)/长度(L)/放弃(U)/宽度(W)]: ↙　　//按回车键结束绘制

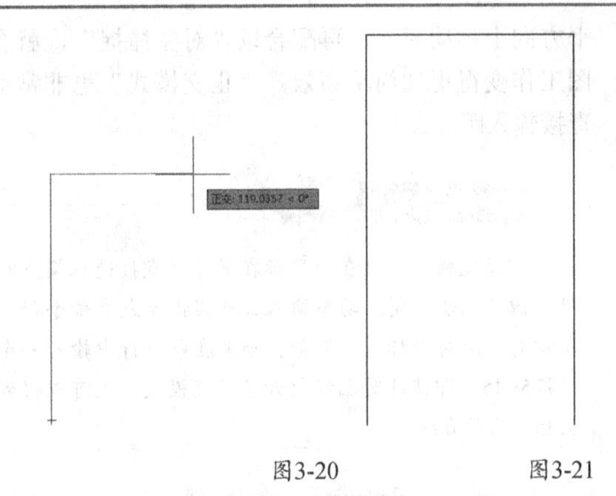

图3-20　　图3-21

03 使用Line（直线）命令在矩形的底部绘制一条水平直线，如图3-22所示。

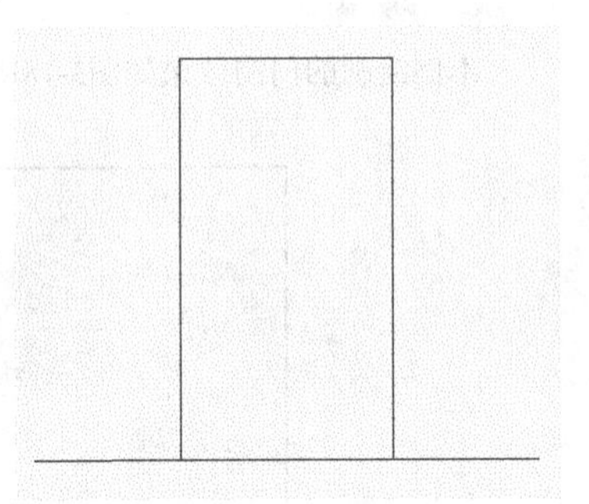

图3-22

3.6 极轴追踪

“极轴追踪”功能可以帮助用户使用工具栏提示和矢量线来绘制（或编辑）如图3-23所示的这种非正交角线段，也可以在正交角中使用极轴追踪。如果打开动态输入功能，请注意“极轴”这个词，以区分动态输入工具栏提示和极轴追踪工具栏提示。

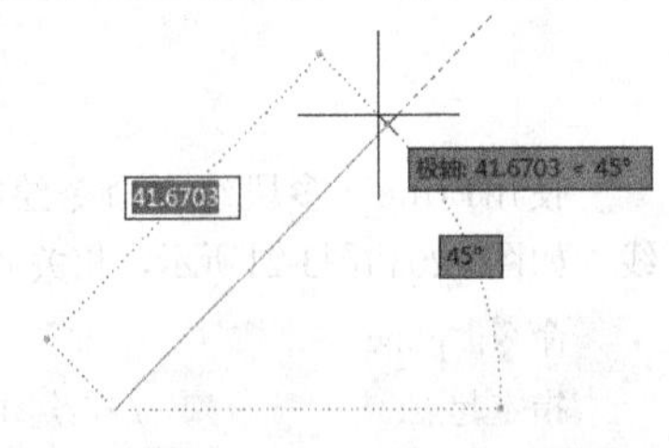

图3-23

对于很多角度来说，“极轴追踪”功能让使用直接输入距离法来指定距离十分容易。要使用该模式，首先需要设定一个角度。

3.6.1 设置极轴角

要想设置极轴角，需要执行“工具>草图设置”菜单命令；或者在辅助绘图工具栏的“极轴追踪”按钮上单击鼠标右键，并在弹出的菜单中选择“设置”选项。这样就可以打开“草图设置”对话框，在该对话框内单击切换到“极轴追踪”选项卡中，如图3-24所示。

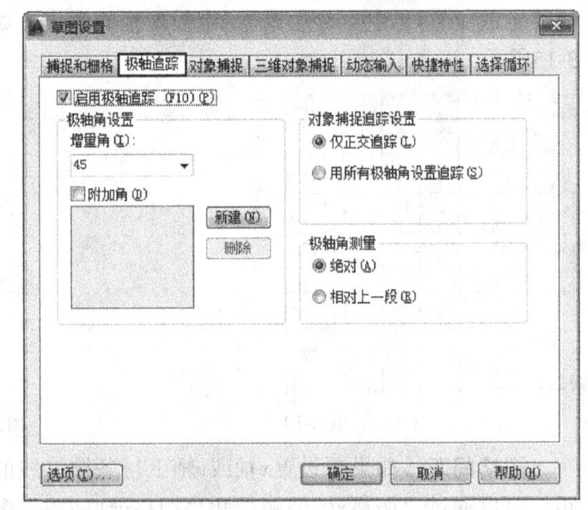

图3-24

要设置“极轴追踪”，可以定义两种类型的极轴角。

01 增量角。单击“增量角”参数下面的下拉箭头对其进行设置，可以在90°到5°的范围内选择角度。还可以在文本框中输入增量角度，如图3-25所示。极轴追踪随即会应用该角度及其整数倍的角度。

图3-25

02 附加角。如果需要使用其他角度，可以在选中“附加角”选项后单击“新建”按钮，然后输入新的角度，如图3-26所示。最多只能添加10个附加角。

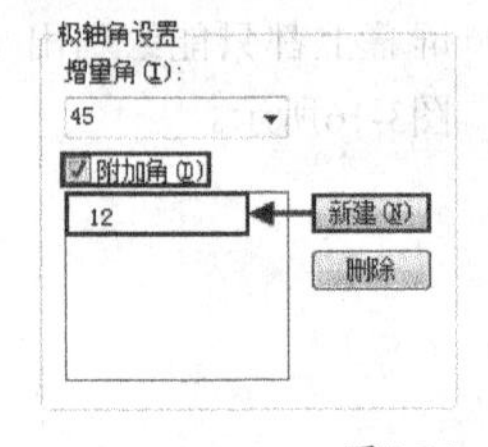

图3-26

注意，添加的附加角不是增量角，如果在其中输入35°，那么就只有35°被标记，而70°以及35°的其他整数倍角则不会被标记。要删除附加角，先选中所需的角度再单击“删除”按钮即可。

在“极轴追踪”选项卡面板的右半部分，可以对“极轴追踪”使用“对象捕捉追踪”的方式进行选择；

还可以将极轴角的测量方式设置为绝对或者相对于上一次绘制的线段，默认情况下使用绝对角度。

要想启用“极轴追踪”功能，需要在“草图设置”对话框的“极轴追踪”选项卡中将“启用极轴追踪”选项选中。如果尚未打开“草图设置”对话框，也可以按F10键或单击辅助绘图工具栏上的“极轴追踪”按钮来打开此功能，如图3-27所示。

图3-27

如果要自定义“极轴追踪”的工作方式，可以单击“草图设置”对话框中的“选项”按钮，打开“选项”对话框，然后在“草图”选项卡下的“AutoTrack设置”选项组中进行设置，如图3-28所示。

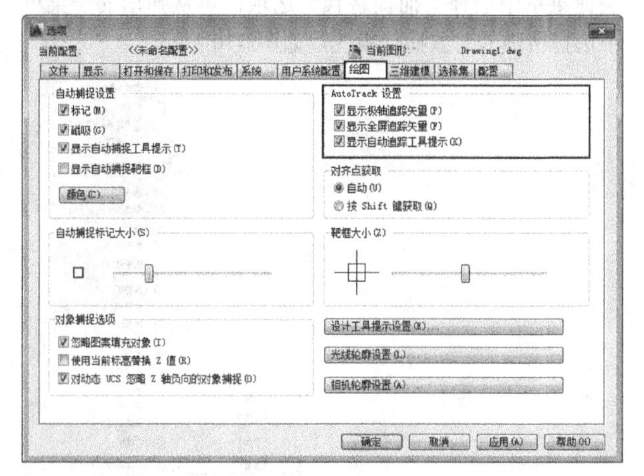

图3-28

参数介绍

显示极轴追踪矢量：该选项可以打开或关闭极轴追踪矢量，将其打开后，进行极轴追踪绘制时将沿指定角度显示一个矢量。

显示全屏追踪矢量：追踪矢量是辅助用户按特定角度或按与其他对象的特定关系绘制对象的线。如果选择此选项，对齐矢量将显示为无限延长的线。

显示自动追踪工具提示：该选项可以开启或关闭显示距离和角度的工具栏提示。

3.6.2 使用极轴追踪

使用“极轴追踪”，需要将光标移动到一个欲绘制的角度上，当看到极轴追踪矢量和工具栏提示之后，让鼠标停在该处并手动输入直线的长度，最后按回车键确认，即可绘制一条特定角度及长度的直线。

3.6.3 实战——绘制浴缸

素材位置　无

实例位置　第3章>实例文件>3.6.3.dwg

技术掌握　正交模式、极轴追踪等工具的运用

本例绘制的浴缸效果如图3-29所示。

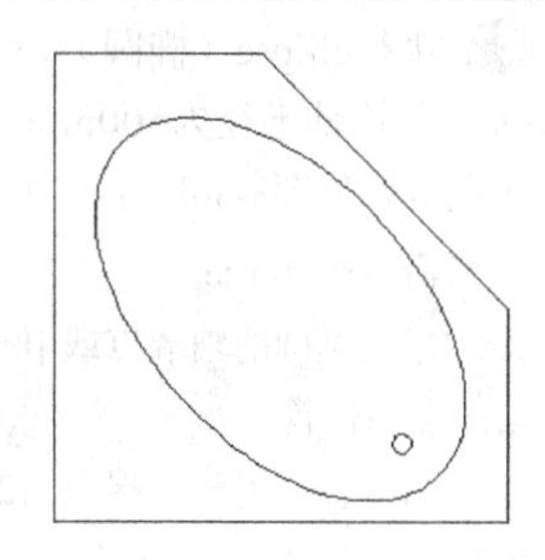

图3-29

01 单击辅助绘图工具栏中开启“正交模式”，如图3-30所示。

图3-30

02 执行line（直线）命令，绘制浴缸外框的前三条线，如图3-31所示，相关命令提示如下。

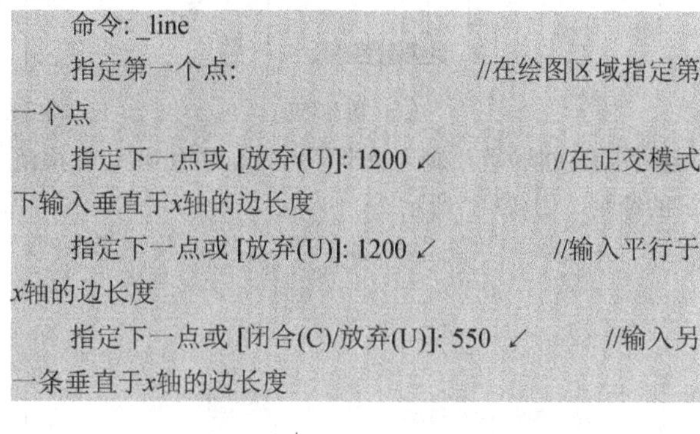

命令: _line

指定第一个点: //在绘图区域指定第一个点

指定下一点或 [放弃(U)]: 1200 ↙ //在正交模式下输入垂直于x轴的边长度

指定下一点或 [放弃(U)]: 1200 ↙ //输入平行于x轴的边长度

指定下一点或 [闭合(C)/放弃(U)]: 550 ↙ //输入另一条垂直于x轴的边长度

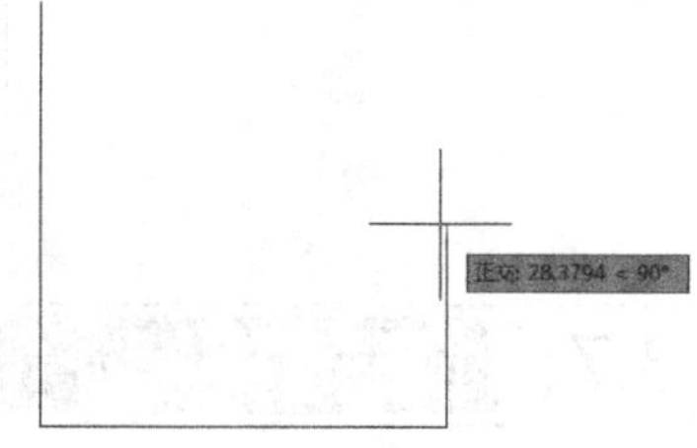

图3-31

03 单击辅助绘图工具栏上的“极轴追踪”按钮，启用“极轴追踪”模式，此时“正交模式”将自动关闭，并确定“对象捕捉”和“对象捕捉追踪”模式已开启，如图3-32所示，然后捕捉到图形起点的临时追踪线与极轴追踪线的交点，如图3-33所示，最后闭合图形，如图3-34所示。

图3-32

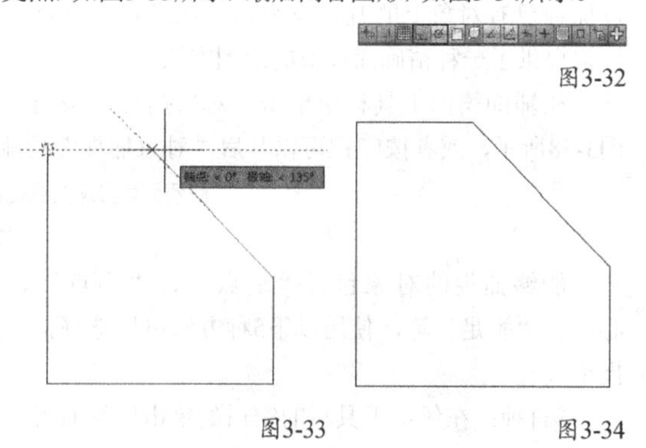

图3-33　图3-34

04 执行ellipse（椭圆）命令，在上一步绘制的图形内绘制一个长轴半径为500mm，短轴半径为350mm的椭圆，如图3-35和图3-36所示，相关命令提示如下。

命令: _ellipse
指定椭圆的轴端点或 [圆弧(A)/中心点(C)]: //指定第一点的位置
指定轴的另一个端点: 1200 ↙ //在“极轴追踪”模式下输入长轴直径
指定另一条半轴长度或 [旋转(R)]: 350 ↙ //输入短轴半径

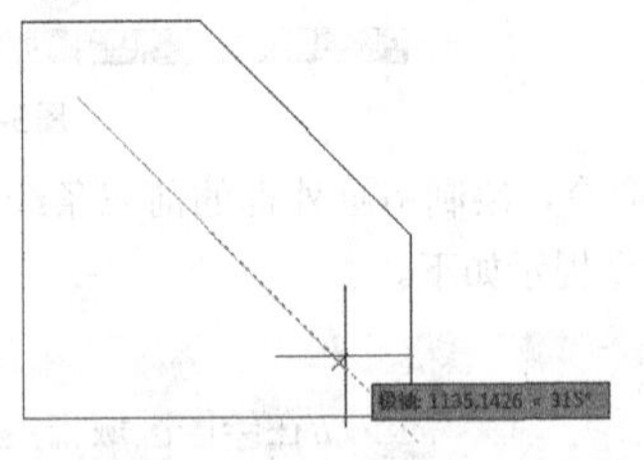
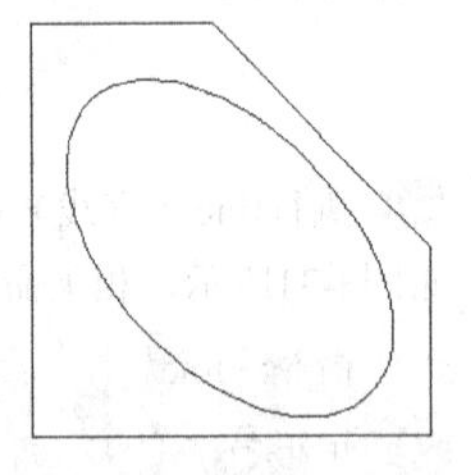

图3-35　图3-36

05 在合适的位置绘制一个半径为25mm的小圆，完成浴缸的绘制，如图3-37所示。

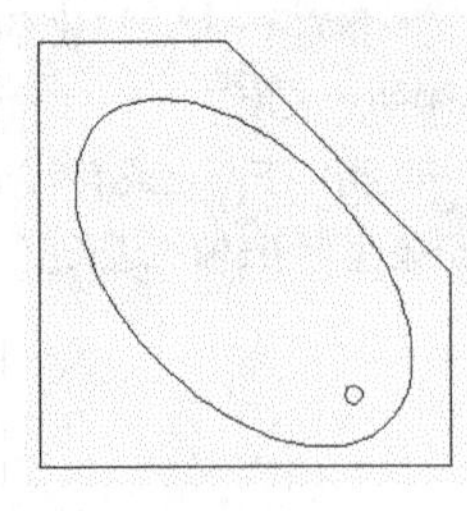

图3-37

3.7 对象捕捉

3.7.1 对象捕捉功能概述

在绘图的过程中，经常需要根据已有对象的位置来绘图。例如，可能需要以某条现有直线的端点或中点为起点来绘制一条新的直线。对象捕捉功能可以使用户通过捕捉已有对象上的几何点来精确地指定一个点。对象捕捉提供了一种精确而高效的绘图方法。

在辅助绘图工具栏中单击“对象捕捉”按钮，如图3-38所示，或者按F3键可以开启“对象捕捉”功能。

图3-38

能够捕捉的对象包含“端点”、“中点”、“圆心”、“垂足”等，使用以下5种方法可以选择需要的捕捉模式。

第1种：在任意工具栏的空白处单击鼠标右键，然后在弹出的菜单中选择“对象捕捉”选项，打开“对象捕捉”工具栏，如图3-39所示。在该工具栏中可以自行选择所需的对象捕捉模式。

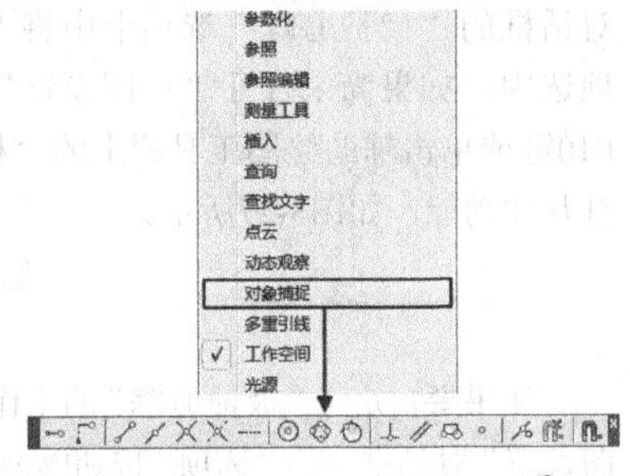

图3-39

第2种：在执行命令的过程中单击鼠标右键，然后从快捷菜单中选择“捕捉替代”选项，再从弹出的子菜单中选择所需的对象捕捉模式，如图3-40所示。

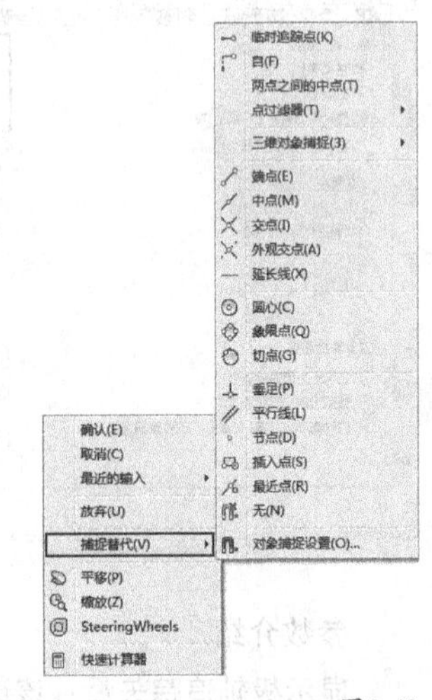

图3-40

第3种：在没有执行命令的情况下，按住Shift键的同时单击鼠标右键，打开对象捕捉快捷菜单，从中选择所需的对象捕捉模式，如图3-41所示。

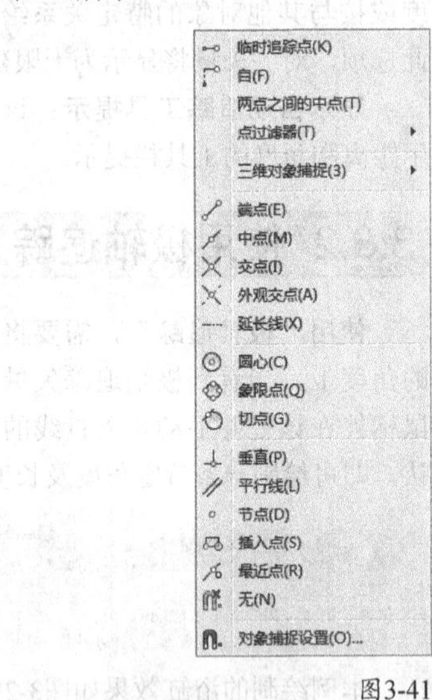

图3-41

第4种：在“对象捕捉”按钮□上单击鼠标右键，然后从弹出的菜单中选择所需的对象捕捉模式，如图3-42所示。

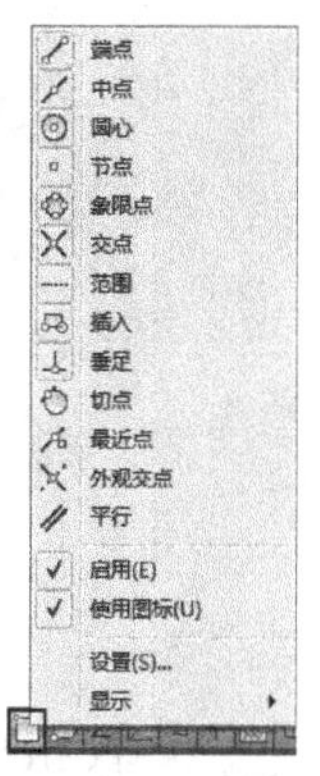

图3-42

第5种：在“草图设置”对话框的“对象捕捉”选项卡中勾选需要的对象捕捉模式，如图3-43所示。

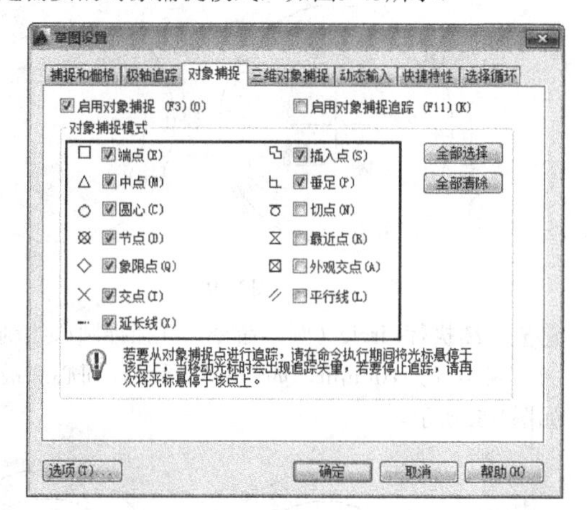

图3-43

指定了对象捕捉模式之后，命令行里就会显示出与之相关的提示。例如，如果选择“中点”捕捉模式，那么此时就会看到命令行中显示“_mid于”。但在动态输入工具栏提示中不会显示该提示。

同时打开“动态输入”和“对象捕捉”的时候，系统会分别交替显示它们两者的工具提示，或者单独显示它们的工具提示。如果希望它们同时显示出来，将TOOLTIPMERGE系统变量的值设为1即可。

3.7.2 对象捕捉模式详解

在上述这些辅助绘图工具中，对象捕捉应该是最常用的一项功能，因为它经常贯穿于整个绘图过程中，使用频率极高，所以这里重点介绍一下对象捕捉。

观察图3-44所示的对话框，AutoCAD提供了很多种对象捕捉模式，比如端点捕捉、中点捕捉和圆心捕捉等，下面对这些捕捉方式做详细介绍。

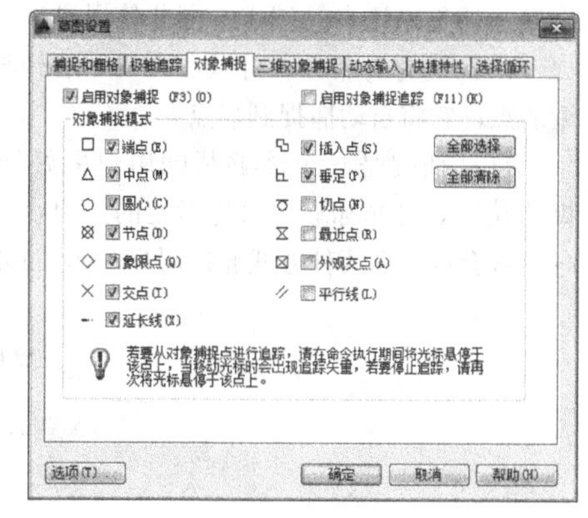

图3-44

参数介绍

端点：捕捉直线、圆弧、多段线、椭圆弧、射线、样条曲线等图形对象的一个离拾取点最近的端点。

中点：捕捉线段（包括直线和弧线）的中点。

圆心：捕捉圆、圆弧、椭圆、椭圆弧的中心点。

节点：捕捉由Point（点）命令绘制的点对象。

象限点：捕捉圆、圆弧、椭圆、椭圆弧上的象限点，即位于弧上0°、90°、180°和270°处的点。

交点：捕捉两个对象（如直线、圆弧、多段线、圆等）的交点。

外观交点：捕捉两个未相交对象的延长线交点。

延长线：捕捉直线、弧线等对象端点同方向延长线上的一点。选择该对象捕捉模式后，将光标放置在直线或弧线的端点位置，直到看到一个小加号。然后沿着延长线路径移动光标，此时会显示出一条临时延长线，帮助用户在其上完成绘制。

插入点：捕捉一个块、文本对象或外部引用等的插入点。

垂足：捕捉从预定点到与所选择对象所作垂线的垂足。

切点：捕捉与圆、圆弧、椭圆、椭圆弧及样条曲线相切的切点。

最近点：捕捉在直线、圆、圆弧、多段线、椭圆、椭圆弧、射线、样条曲线等图形对象上离光标最近的点。

平行线：绘制与现有直线或其他直线段平行的直线或多段线。选择该对象捕捉后，将光标放置在欲与之平行的直线上，直到看到两条平行线组成的平行标志。然后移动光标指向与该对象平行的方向，此时会显示出一条临时平行线来帮助用户创建平行线段。

想要开启某一种对象捕捉方式，只需要勾选它即可；反之则取消勾选。

在绘制一条直线的时候，通常会认为它有一个起点和一个终点。但是在完成绘制之后，就可以将这两点视为对象捕捉术语中的端点。因此使用对象捕捉功能来捕捉一条直线的端点时，可以在直线上选择与所需端点接近的点，它将自动捕捉到端点。

自动捕捉是一个能够帮助用户更好地使用对象捕捉的功能。当光标靠近事先指定的几何点（例如端点）时，就会以下面两种方式通知用户，如图3-45所示。

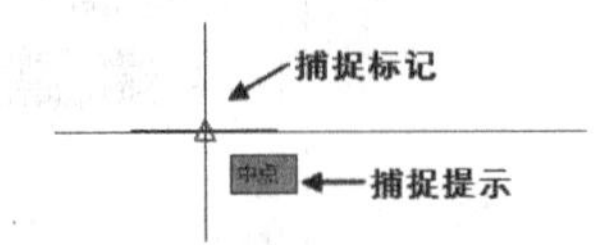

图3-45

第1种：捕捉标记，此时会出现对象捕捉标记。每种对象捕捉方式的标记外形都是不一样的，例如端点的捕捉标记是矩形，中点的捕捉标记是三角形等。

第2种：捕捉提示，显示对象捕捉名称的标签。

3.7.3 实战——绘制同心圆

素材位置 无
实例位置 第3章>实例文件>3.7.3.dwg
技术掌握 圆心捕捉模式的运用

本例绘制的同心圆效果如图3-46所示。

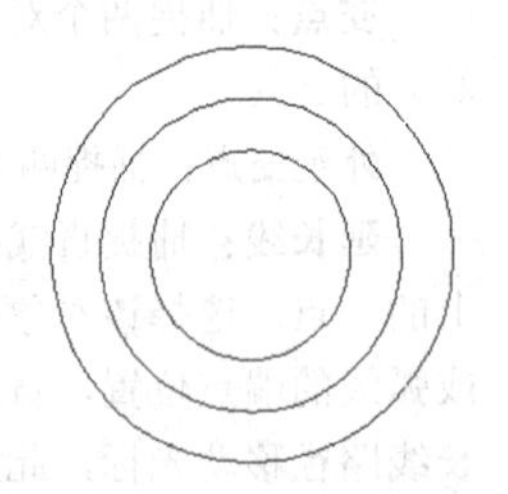

图3-46

01 执行Circle（圆）命令绘制一个半径为200mm的圆，如图3-47所示，相关命令提示如下。

```
命令: _circle
指定圆的圆心或 [三点(3P)/两点(2P)/切点、切点、半径(T)]:
指定圆的半径或 [直径(D)]: 200
```

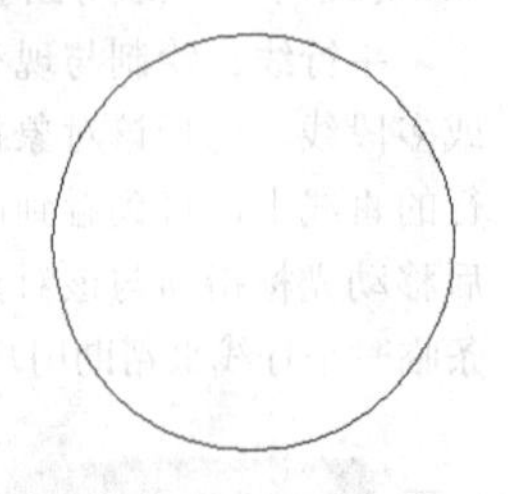

图3-47

02 开启“对象捕捉”模式并用鼠标右键单击“对象捕捉”按钮，在弹出的命令栏中开启“圆心”捕捉模式，如图3-48所示。

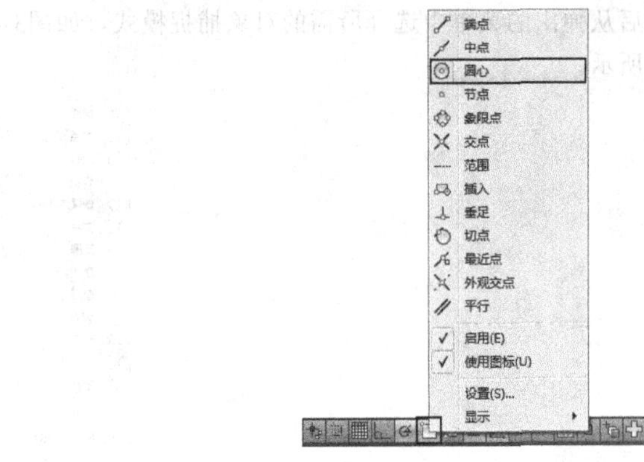

图3-48

03 执行Circle（圆）命令，接着在前面绘制的圆形中捕捉其圆心，如图3-49所示，绘制一个半径为150mm的圆，如图3-50所示。

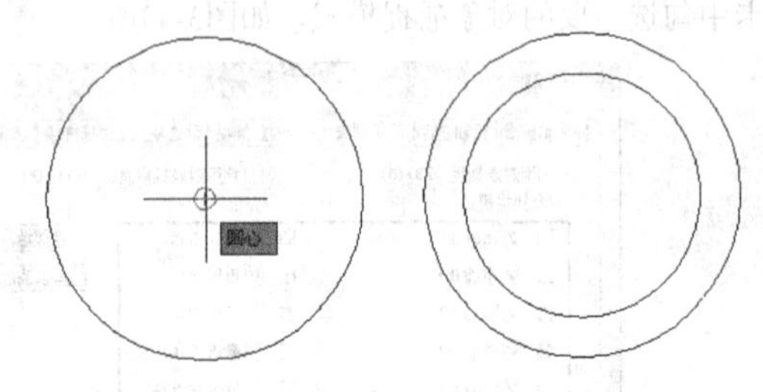

图3-49 图3-50

04 继续执行Circle（圆）命令，并捕捉圆心绘制第三个圆，其半径为100mm，如图3-51所示，同心圆最终效果如图3-52所示。

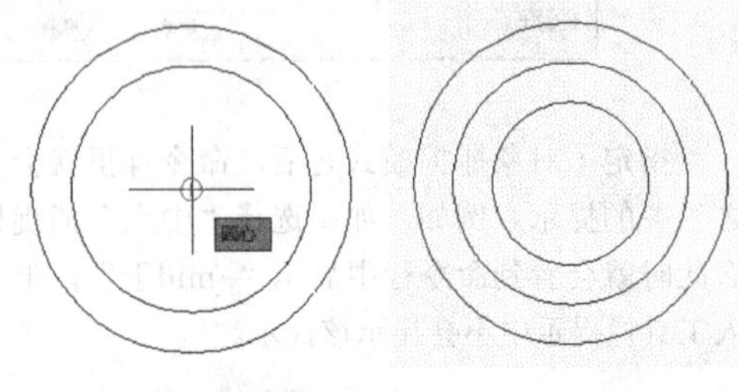

图3-51 图3-52

3.7.4 实战——绘制钢琴

素材位置 无
实例位置 第3章>实例文件>3.7.4.dwg
技术掌握 端点、交点捕捉模式的运用

本例绘制的钢琴图例效果如图3-53所示。

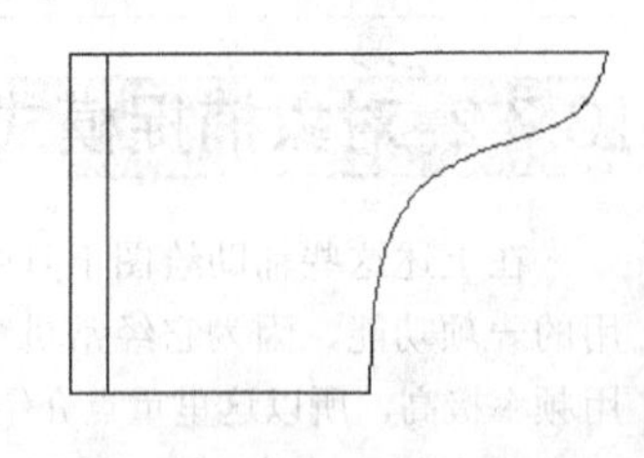

图3-53

01 使用Rectang（矩形）命令绘制一个1800mm×1100mm的矩形，如图3-54所示。

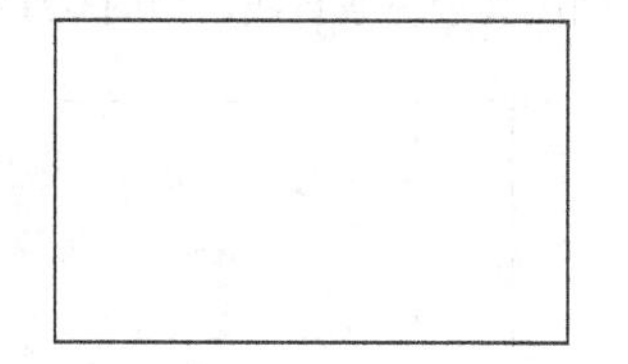

图3-54

02 使用Explode（分解）命令将矩形分解成4条独立的侧边，然后将矩形的右侧边删除，效果如图3-55所示。

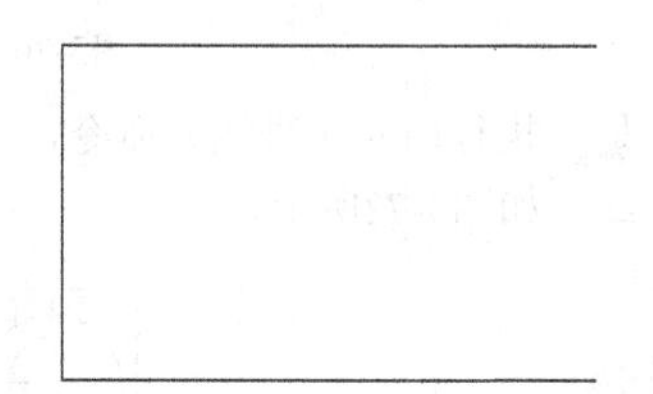

图3-55

03 选择底边，单击右边蓝色的夹点，如图3-56所示，接着鼠标向左边水平方向移动，同时在命令行输入800，使夹点向左移动800mm，此时底边边线的总长度为1000mm，效果如图3-57所示。

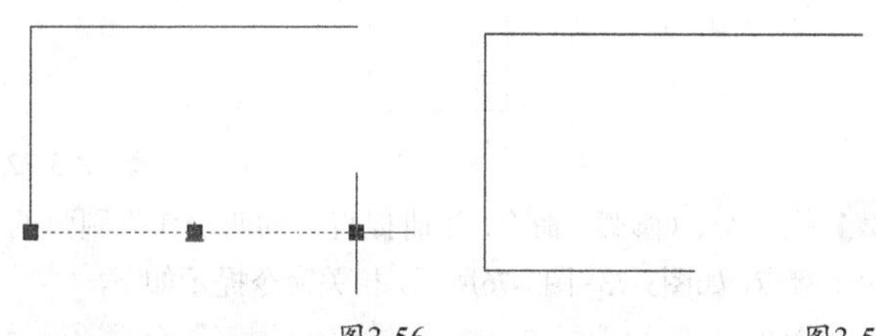

图3-56　　图3-57

04 开启“对象捕捉”按钮，并确认开启了“端点”捕捉模式，接着在图形中捕捉上下两条边右边的端点，如图3-58和图3-59所示，使用Spline（样条曲线）命令绘制如图3-60所示的样条曲线。

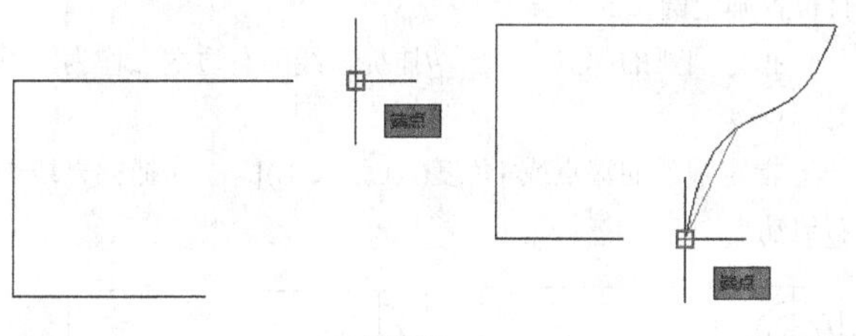

图3-58　　图3-59

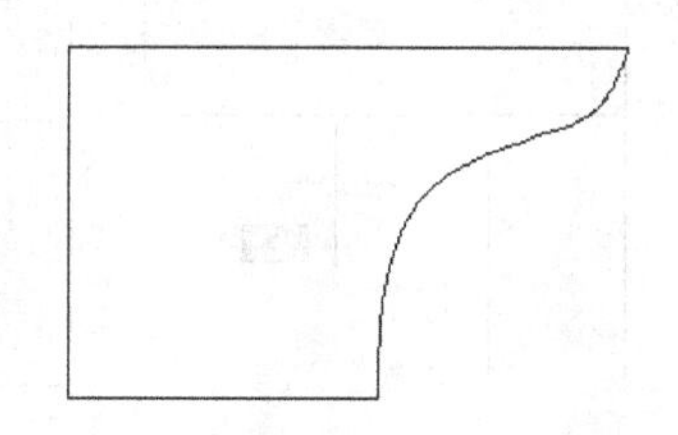

图3-60

专家点拨

绘制完成后还可以移动曲线上的点来调整弧度和位置。

05 确认开启了“对象捕捉”中的“交点”捕捉模式，并开启“极轴追踪”按钮，接着执行Line（直线）命令并在图形顶面的边上捕捉一个点作为直线的第一个端点，如图3-61所示，然后在图形下面的边上捕捉一个交点作为直线的另一个端点，如图3-62所示，最终效果如图3-63所示。

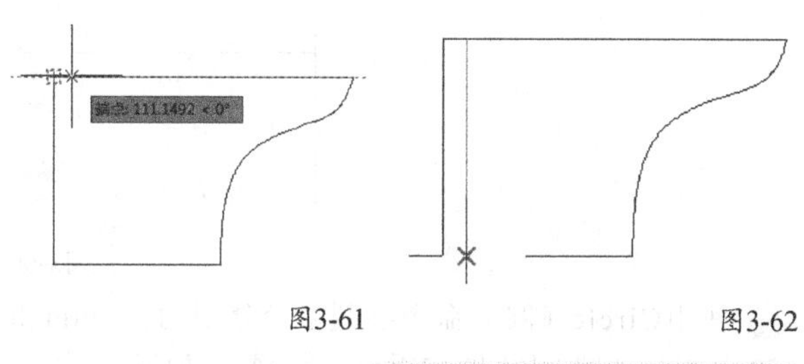

图3-61　　图3-62

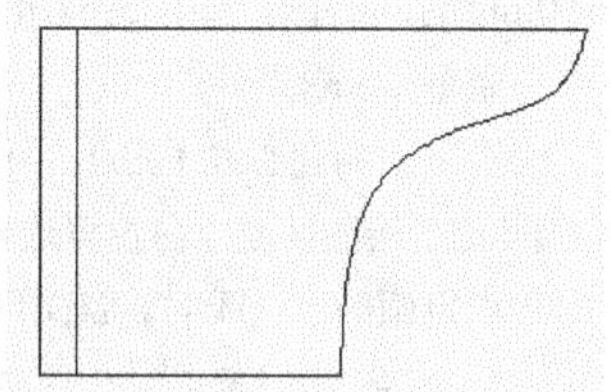

图3-63

3.7.5 综合实例——绘制写字台

素材位置　无
实例位置　第3章>实例文件>3.7.5.dwg
技术掌握　对象捕捉功能的综合运用

本例绘制的写字台效果如图3-64所示。

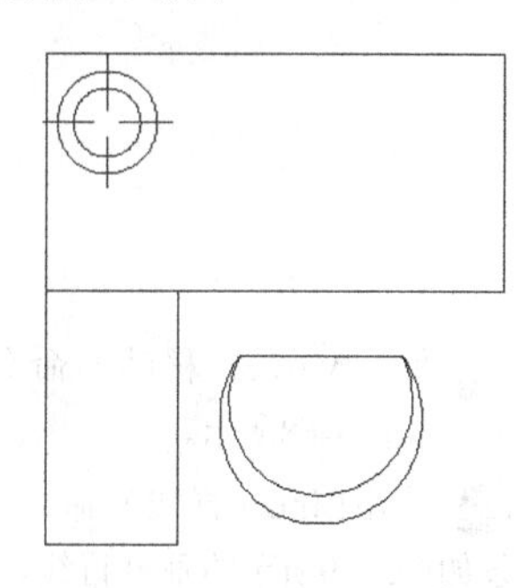

图3-64

01 使用Rectang（矩形）命令绘制一个400mm×750mm的矩形，如图3-65所示。

图3-65

02 重复执行Rectang（矩形）命令，再绘制一个1400mm×700mm的矩形，如图3-66所示，命令提示如下。

命令: _rectang

指定第一个角点或 [倒角(C)/标高(E)/圆角(F)/厚度(T)/宽度(W)]: //捕捉上一步绘制的矩形的左上角端点

指定另一个角点或 [面积(A)/尺寸(D)/旋转(R)]: @1400,700↙

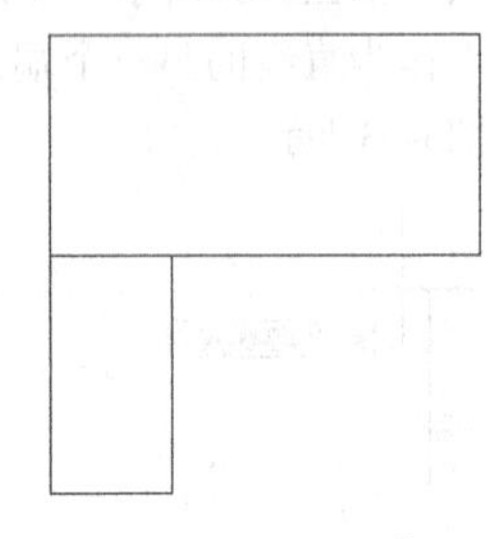

图3-66

03 使用Circle（圆）命令绘制半径分别为100mm和150mm的同心圆，如图3-67所示，命令提示如下。

命令: _circle

指定圆的圆心或 [三点(3P)/两点(2P)/切点、切点、半径(T)]: //在绘图区域空白位置选取一点

指定圆的半径或 [直径(D)] <700.0000>: 100↙

命令: ↙ //回车重复执行命令

CIRCLE

指定圆的圆心或 [三点(3P)/两点(2P)/切点、切点、半径(T)]: //捕捉圆心

指定圆的半径或 [直径(D)] <100.0000>: 150↙

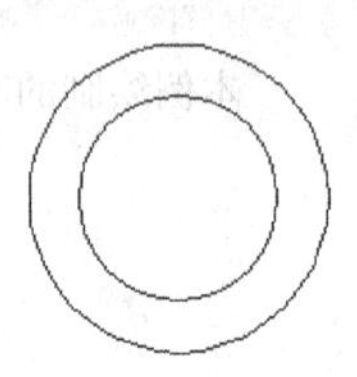

图3-67

04 使用Move（移动）命令将绘制的同心圆移到桌面上，如图3-68所示。

05 使用Line（直线）命令以圆心为起点，向上绘制一条如图3-69所示的垂直直线。

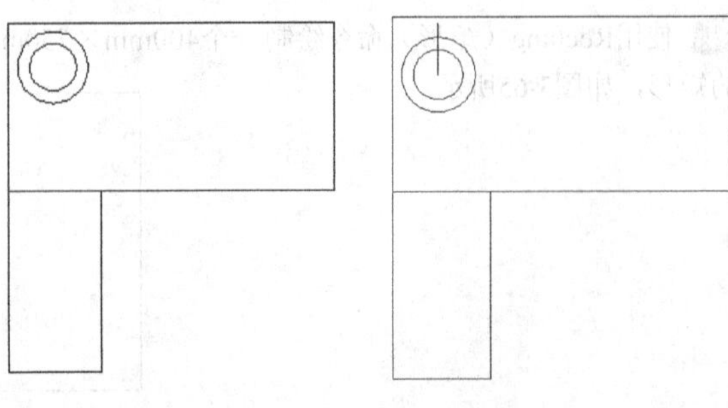

图3-68　图3-69

06 选中上一步绘制的直线，将其下侧夹点垂直向上移动至合适位置，如图3-70所示，然后使用相同的方法绘制出其余三条直线，如图3-71所示。

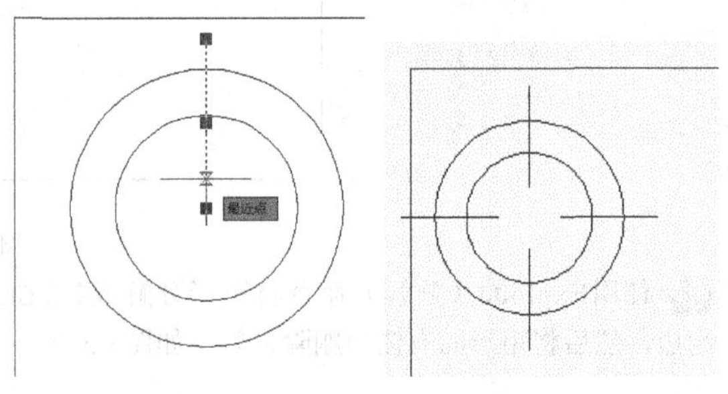

图3-70　图3-71

07 执行Line（直线）命令，绘制一条长为500mm的直线，如图3-72所示。

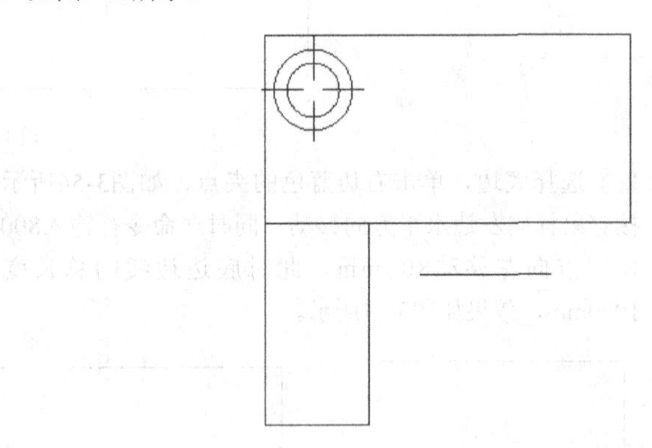

图3-72

08 执行Arc（圆弧）命令，并捕捉直线的两端作为圆弧的两个端点，如图3-73~图3-76所示，相关命令提示如下。

命令: _arc

圆弧创建方向: 逆时针(按住 Ctrl 键可切换方向)。

指定圆弧的起点或 [圆心(C)]: c ↙ //捕捉直线的中点，并在下方垂直位置确定圆弧的圆心

指定圆弧的圆心: //捕捉直线的中点，并在下方垂直位置确定圆弧的圆心

指定圆弧的起点: //捕捉直线的左边端点作为圆弧的起点

指定圆弧的端点或 [角度(A)/弦长(L)]: //捕捉直线的右边端点

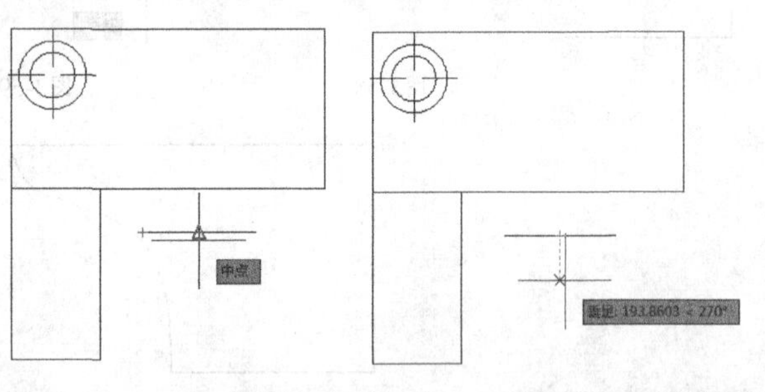

图3-73　图3-74

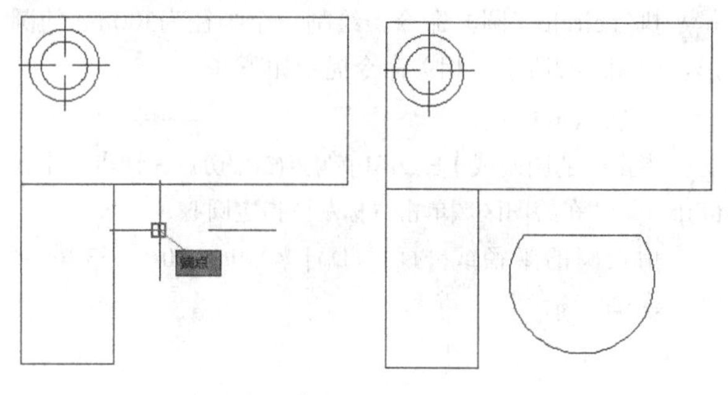

图3-75　　图3-76

09 继续执行Arc（圆弧）命令，操作方法与上一步基本一致，如图3-77所示，完成后的效果如图3-78所示，相关命令提示如下。

```
命令: _arc
圆弧创建方向: 逆时针(按住 Ctrl 键可切换方向)。
指定圆弧的起点或 [圆心(C)]: c ↙
指定圆弧的圆心:          //捕捉上一步绘制的圆弧圆心上面一点
指定圆弧的起点:
指定圆弧的端点或 [角度(A)/弦长(L)]:
```

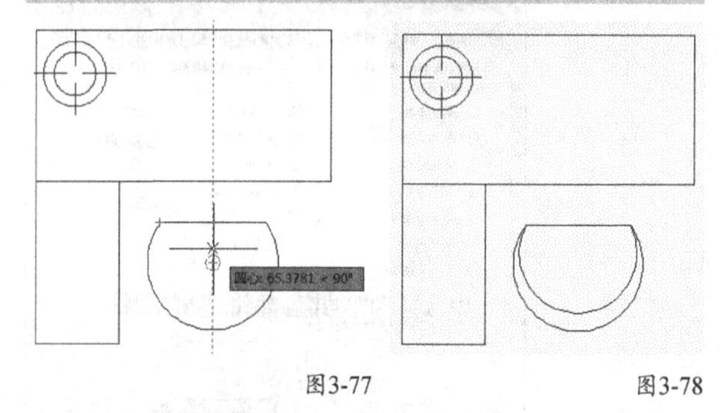

图3-77　　图3-78

3.8 三维对象捕捉

三维中的对象捕捉与它们在二维中工作的方式类似，不同之处在于在三维中可以投影对象捕捉（可选）。按F4键或单击辅助工具绘图状态栏中的“三维对象捕捉”按钮，可以打开或关闭“三维对象捕捉”功能，如图3-79所示。

图3-79

3.9 对象捕捉追踪

3.9.1 对象捕捉追踪详解

在“对象捕捉追踪”模式下，用户可以沿着基于对象捕捉点的对齐路径进行追踪。已获取的点将显示一个小加号“+”，一次最多可以获取7个追踪点。获取点之后，当在绘图路径上移动光标时，将显示相对于获取点的水平、垂直或极轴对齐路径。例如，可以基于对象端点、中点或者交点，沿着某个路径选择一点。

“对象捕捉追踪”的目的是使用户在对现有图形对象进行捕捉的基础上指定某个点。使用该功能会从指定点开始绘制临时追踪线，以便更容易地指定所需要的点。单击辅助绘图工具栏上的“对象捕捉追踪”按钮可以打开或关闭“对象捕捉追踪”功能，如图3-80所示。

图3-80

“对象捕捉追踪”功能可以轻易处理以下3种任务。

第1种：在绘制直线时，当指定了起点后，需要直线的终点与现有直线的端点相垂直。

第2种：在矩形内绘制一个圆（可能是一个中间镂空的金属片的草图）时，需要圆心位于矩形的中心点位置，也就是矩形两个边中点连线的交点上。

第3种：需要从已有的两条直线的延长线的交点处开始绘制直线。

要使用“对象捕捉追踪”功能，至少要激活一个对象捕捉模式，同时还需要开启“对象捕捉追踪”功能。可以按照如下4个步骤进行操作。

第1步：执行一个需要指定点的命令，例如Line（直线）命令。

第2步：任意绘制一条直线。

第3步：将光标移动至直线的端点上，当出现“端点”提示后，停留1秒左右，以暂时捕获该点。被捕获的点上将出现一个小加号（+），用作确认捕获的标志，可以捕获多个点，如图3-81所示。

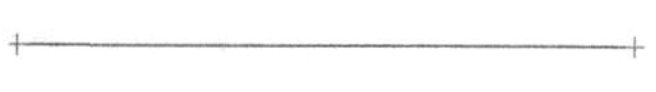

图3-81

第4步：将光标从端点处向上移动，此时将出现一条临时追踪线（以虚线显示），并且光标附近会出现一个小的×符号，如图3-82所示。此时可以通过单击拾取一点继续进行绘制或者在该点结束命令。

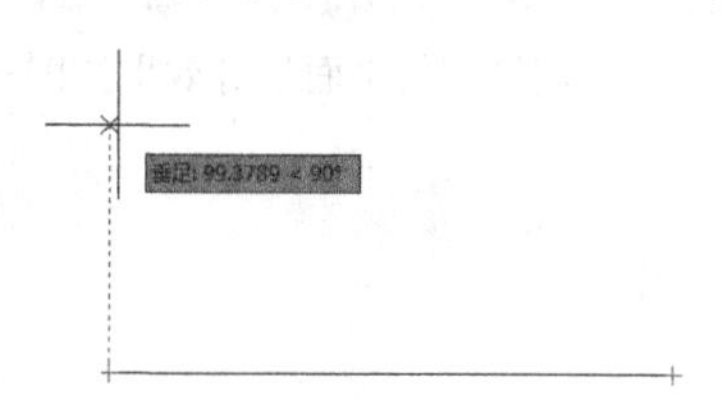

图3-82

捕获一个点后，每当光标经过可进行追踪的点时，屏幕上都会显示出临时追踪线。对于捕获到的点，可以通过以下3种方式来取消捕获。

第1种：将鼠标指针再移回该点的加号处。

第2种：关闭对象捕捉追踪功能。

第3种：执行任意一个新的命令。

3.9.2 实战——绘制平行线

素材位置 无
实例位置 第3章>实例文件>3.9.2.dwg
技术掌握 对象捕捉追踪功能的运用

01 使用Line（直线）命令绘制一条长度为100mm的水平直线，如图3-83所示，相关命令提示如下。

命令: _line
指定第一个点:
指定下一点或 [放弃(U)]: @100,0↙
指定下一点或 [放弃(U)]: ↙

图3-83

02 开启“对象捕捉”功能中的“端点”对象捕捉模式，然后按F11键开启“对象捕捉追踪”功能，接着再次使用Line（直线）命令绘制一条长度同样为100mm的平行线，如图3-84所示，最终效果如图3-85所示，相关命令提示如下。

命令: _line
指定第一个点: //将光标指向上一步绘制的直线的左端点，停留1秒左右，然后将光标向上移动，当出现临时追踪线后，通过单击鼠标左键在追踪线上任意拾取一点
指定下一点或 [放弃(U)]: @100,0↙
指定下一点或 [放弃(U)]: ↙

图3-84

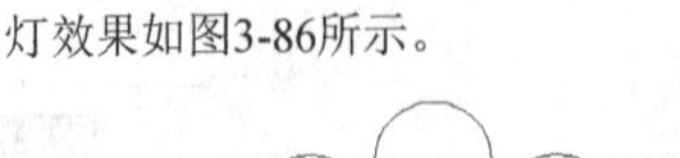

图3-85

3.9.3 综合实例——绘制平面吊灯

素材位置 无
实例位置 第3章>实例文件>3.9.3.dwg
技术掌握 对象捕捉、对象捕捉追踪及极轴追踪功能的运用

本例绘制的平面吊灯效果如图3-86所示。

图3-86

01 执行circle（圆）命令，绘制一个半径为300mm的圆形，如图3-87所示，相关命令提示如下。

命令: _circle
指定圆的圆心或 [三点(3P)/两点(2P)/切点、切点、半径(T)]: //在绘图区域单击鼠标左键指定圆心
指定圆的半径或 [直径(D)] <100.0000>: 300 ↙ //输入圆的半径

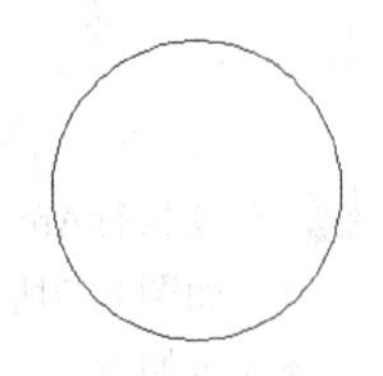

图3-87

02 在辅助绘图工具栏中单击鼠标右键，在弹出的命令栏中单击“设置”命令，打开“草图设置”对话框，在“对象捕捉”选项卡下的“对象捕捉模式”选项组下，开启“启用对象捕捉”和“启用对象捕捉追踪”选项，并开启“圆心”、“交点”、“切点”、“垂足”捕捉模式，如图3-88所示。

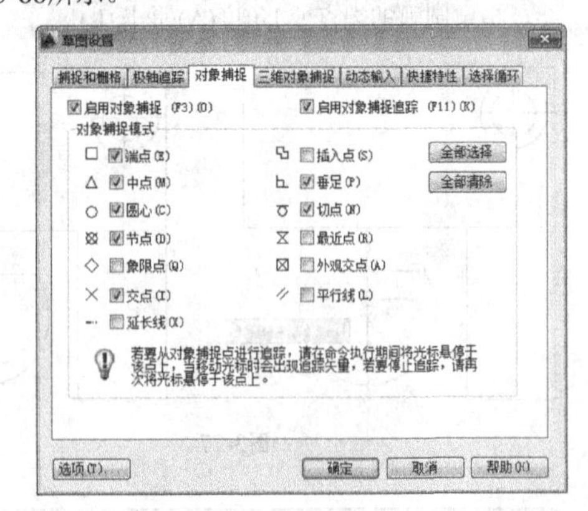

图3-88

在绘图过程中，读者可以根据实际绘图需要随时启用或关闭某种捕捉模式。

03 执行Line（直线）命令，捕捉圆的中心点，并将鼠标向圆的边上移动，在出现的临时追踪线上可以捕捉到与圆的垂足点，如图3-89所示，以此点为直线的起点，过圆心到圆的另一个垂足点绘制一条直线，如图3-90所示。

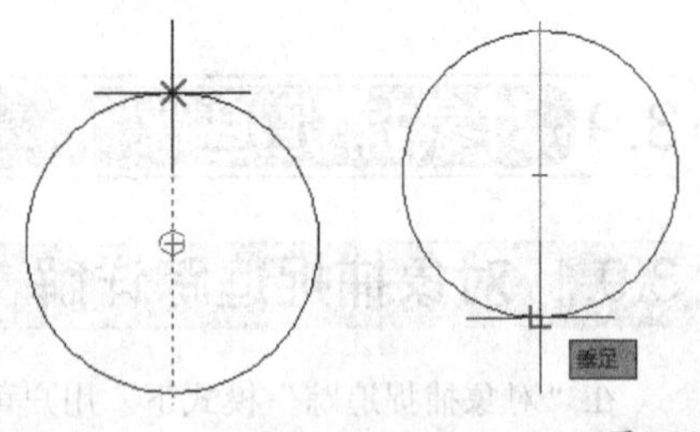

图3-89 图3-90

04 继续上一步的操作，绘制一条过圆心并与圆相交的水平直线，如图3-91所示。

05 确定开启了“极轴追踪”模式，并设置其“增量角”为45°，如图3-92所示。

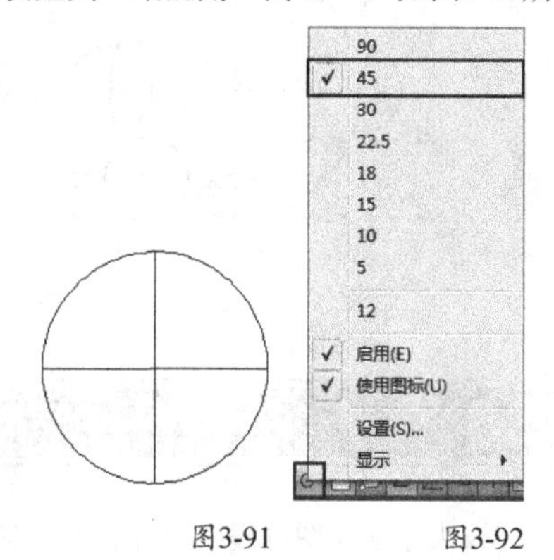

图3-91　　图3-92

06 执行Line（直线）命令，将圆心作为第一点，接着在圆上捕捉第二点，如图3-93所示，绘制的直线效果如图3-94所示。

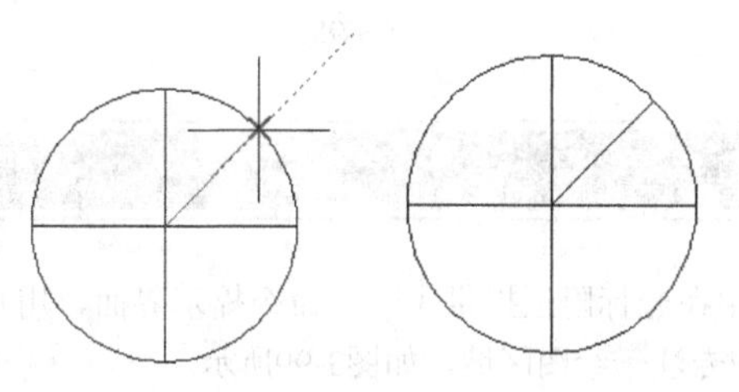

图3-93　　图3-94

07 继续上一部的操作方式，绘制出其他的直线，如图3-95所示。

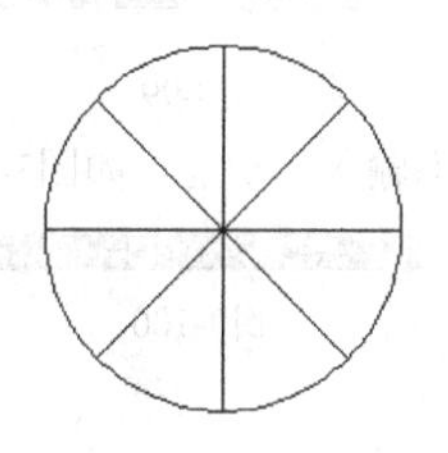

图3-95

08 执行circle（圆）命令，绘制一个半径为100mm的小圆，接着捕捉大圆与任意一条直线的交点作为小圆的圆心，如图3-96所示，相关命令提示如下。

```
命令: _circle
指定圆的圆心或 [三点(3P)/两点(2P)/切点、切点、半径(T)]: //捕捉大圆与任意一条直线的交点作为圆心
指定圆的半径或 [直径(D)] <300.0000>: 100 ↙              //输入圆的半径
```

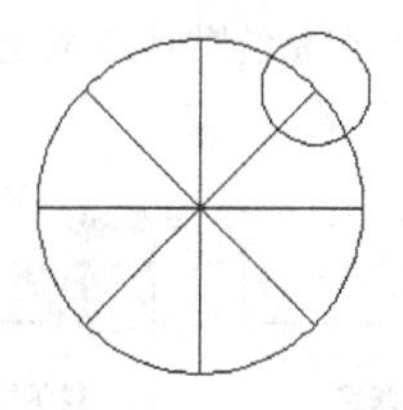

图3-96

09 继续上一步的操作方式，绘制完其他的圆，完成效果如图3-97所示。

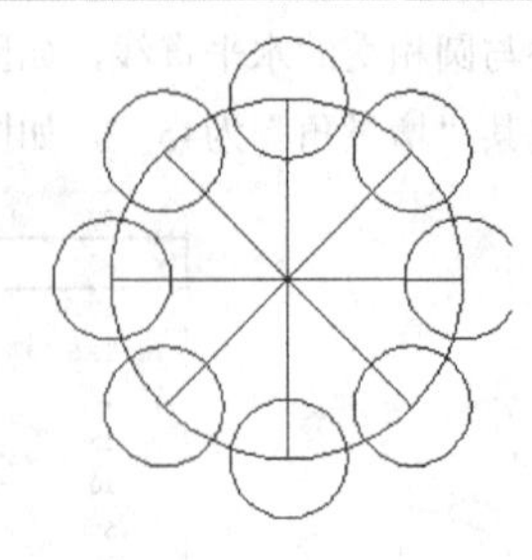

图3-97

3.10 允许/禁止动态UCS

启用或者禁止UCS（用户坐标系），建议大家在绘图过程中一直启用，在辅助绘图工具栏中可以开启或关闭“允许/禁止动态UCS”功能，如图3-98所示。

图3-98

3.11 动态输入

动态输入模式就是在绘图过程中在光标附近提供了一个命令提示界面，用户可以在这里完成相关命令操作（与命令行中的操作一样），以帮助用户专注于绘图区域，如图3-99所示。

图3-99

在辅助绘图工具栏中可以开启或关闭“动态输入”功能，如图3-100所示。

图3-100

读者可以根据自己的习惯来选择是否开启动态输入模式。笔者一般是关闭此项功能的，因为感觉这项功能影响自己观察绘图区域的图形。

3.12 显示/隐藏线宽

该功能用于控制绘图区域是否显示线宽。在绘图过程中，假设用户设置了一定宽度的线条（比如0.30毫米），如果系统处于“隐藏线宽”状态，则线条的显示宽度和系统默认线宽是一样的；如果系统处于“显示线宽”状态，则线条就会显示出相应的宽度，如图3-101所示的对比效果。

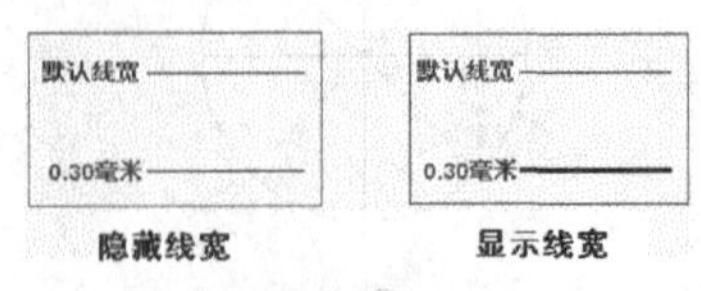

图3-101

单击“显示/隐藏线宽”按钮就可以在显示和隐藏两种状态之间切换。

3.13 本章小结

本章详细讲解了借助辅助绘图工具进行精确绘图的方法，这些工具包括推断约束、捕捉模式、栅格显示、正交模式、极轴追踪、对象捕捉和对象捕捉追踪等。本章介绍的内容在整个CAD制图的过程中使用率相当高，在本书其他的章节中也会进行频繁地练习。

3.14 课后练习

3.14.1 课后练习——绘制艺术吊灯

素材位置 无
实例位置 第3章>实例文件>3.14.1.dwg
技术掌握 对象捕捉功能的运用

本练习绘制的平面吊灯图例效果如图3-102所示。

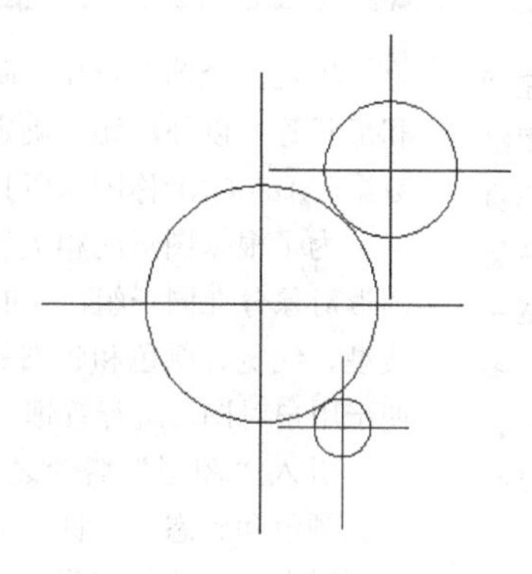

图3-102

3.14.2 课后练习——绘制平面电脑

素材位置 无
实例位置 第3章>实例文件>3.14.2.dwg
技术掌握 对象捕捉、极轴追踪等功能的运用

本练习绘制的平面电脑图例效果如图3-103所示。

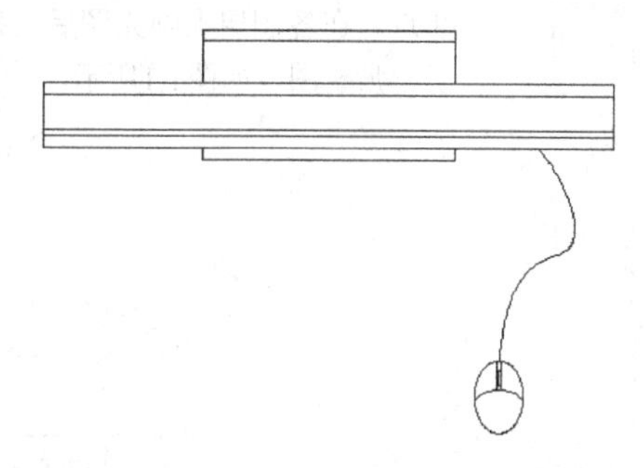

图3-103

第4章

图层

本章导读

在AutoCAD中，图层相当于在图纸绘图中使用的重叠图纸，这些图纸都是透明的，每张图纸上的图形都具备自己的特性。运用图层便于用户管理与修改AutoCAD图形文件。本章主要介绍了利用图层特性管理器创建图层和设置线型、线宽、颜色等方法，同时介绍了图层状态、保存和恢复图层状态的设置方法。

Learning Objectives

图层概述

图层特性管理器的编辑方法

图层工具的运用

保存和恢复图层状态的方法

过滤图层列表的方法

清理图层和线性的方法

4.1 了解图层

利用颜色、线宽和线型组织图形的最好方法就是使用图层。图层能够提供区分图形中各种各样不同成分的强大功能。例如，在建筑图中，常见的图层有墙、门、窗户、管道、电路、固定装置、建筑元素、注解（文字）和标注等。机械图可能使用中心线、隐藏线、填充图案、对象以及标题块等图层。每一个学科都有它自己的惯例，而用户可能需要根据自己的工作使用具体的惯例。

4.1.1 图层概述

确定一个图形对象，除了必须给出它的几何数据（如确定位置和形状等）以外，还要确定它的线型、线宽、颜色和状态等非几何数据，AutoCAD称图形所具有的这些非几何信息为图形的属性。

为了根据图形的相关属性对图形进行分类，使具有相同属性的图形对象分在同一组，AutoCAD引入了“图层”的概念，也就是把线型、线宽、颜色和状态等属性相同的图形对象放进同一个图层，便于用户对图形进行管理。

引入“图层”概念之后，只要事先指定每一图层的线型、线宽、颜色和状态等属性，使凡具有与之相同属性的图形对象都放到该图层上。在绘制图形时，只需要指定每个图形对象的几何数据和其所在的图层就可以了。这样既可简化绘图过程，又便于对图形的管理。

每个图层都可以被假想为一张没有厚度的透明片，在图层上画图就相当于在这些透明片上画图。各个图层相互之间完全对齐，即一个图层上的某一基准点准确无误地对齐于其他各图层上的同一基准点。在各图层上画完图后，把这些图层对齐重叠在一起，就构成了一张整图，如图4-1所示。

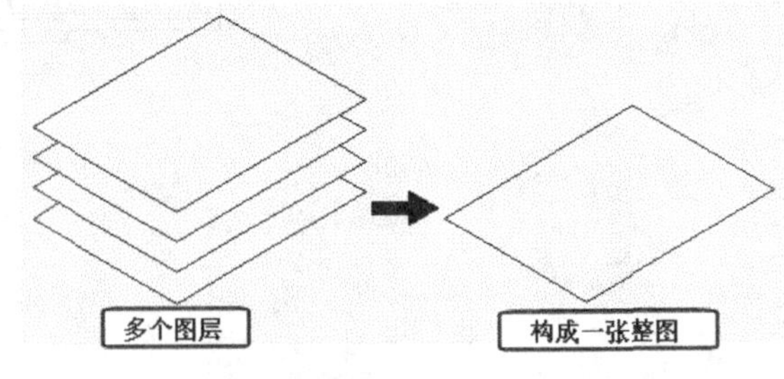

图4-1

图层的应用使用户在组织图形时拥有极大的灵活性和可控性。组织图形时，最重要的一步就是要规划好图层的结构。例如，图形的哪些部分放置在哪一个图层，总共需设置多少个图层，每个图层的命名、线型、线宽与颜色等属性如何设置。图层能够提供的组织图形的方法如下所述。

给绘图仪中不同的画笔指定不同的颜色，从而以各种各样的颜色和线宽输出图形。

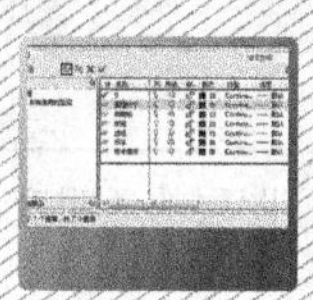
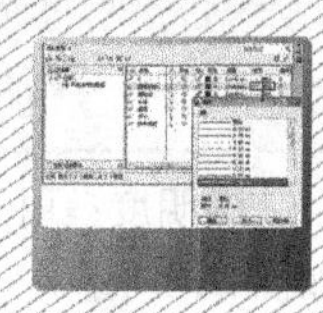
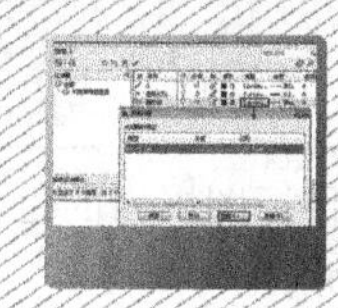

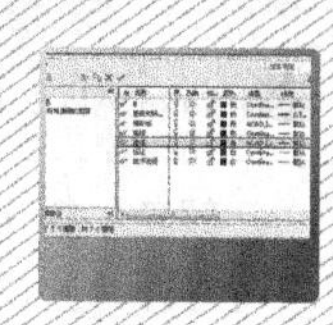

控制图层的可见性。使某个图层不可见可以将注意力集中在需要绘制或编辑的对象上。

控制打印哪些对象。

锁定某个图层，以便使处于该图层上的对象不能被编辑。

4.1.2 图层工具栏

在任意工具栏的空白处单击右键，并在弹出的命令栏中选择“图层”命令，可以将“图层”工具栏调出，如图4-2所示。在这里可以快速选择、设置相应图层。

图4-2

4.1.3 图层特性管理器

“图层特性管理器”对话框主要用于添加、删除和重命名图层，以及设置或者更改图层的特性。执行Layer（图层）命令可以打开“图层特性管理器”对话框。

执行Layer（图层）命令有如下3种方式。

第1种：执行“格式>图层”菜单命令，如图4-3所示。

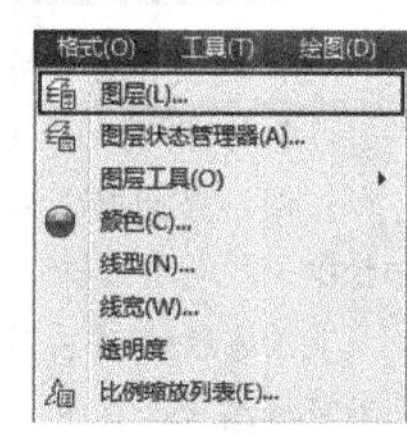

图4-3

第2种：在“图层”工具栏中单击“图层特性管理器”按钮，如图4-4所示。

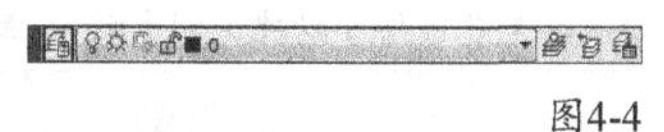

图4-4

第3种：在命令行输入Layer并回车。

“图层特性管理器”对话框如图4-5所示。

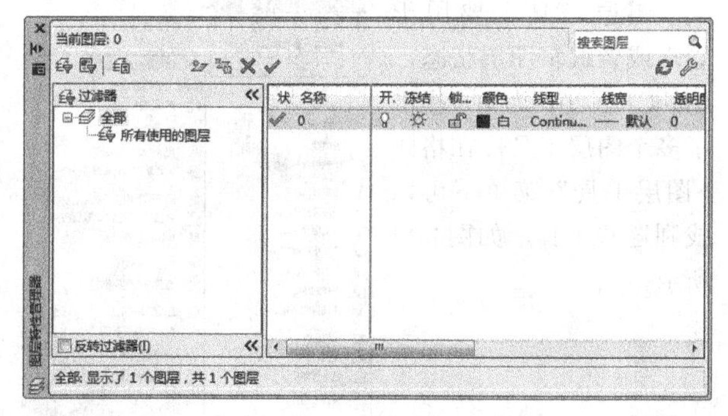

图4-5

参数介绍

新建特性过滤器：单击该按钮可以打开“图层过滤器特性”对话框，从中可以根据图层的一个或多个特性创建图层过滤器，如图4-6所示。

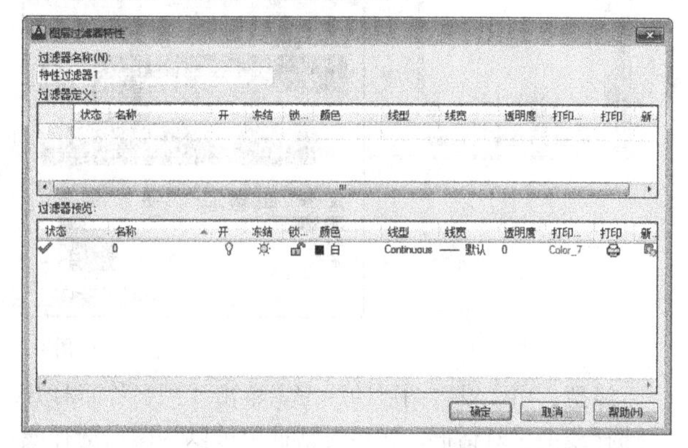

图4-6

新建组过滤器：单击该按钮将创建图层过滤器，其中包含选择并添加到该过滤器的图层。

新建图层：单击该按钮将在当前选择的图层下面创建一个新图层，新图层会自动继承所选择图层的所有特性。创建时可以对图层进行命名，如果没有命名，那么图层将以“图层1”、“图层2”……的顺序命名排列。

在所有视口中都被冻结的新图层视口：单击该按钮将创建一个新图层，但会在所有现有的布局视口中被冻结。

删除图层：用于删除当前选择的图层，只能删除未被参照的图层（参照的图层包括0图层、DEFPOINTS图层、包含对象（包括块定义中的对象）的图层、当前图层以及依赖外部参照的图层）。

置为当前：将选择的图层设置为当前图层，用户所绘制的图形都位于当前图层上。

状态：显示图层的状态，如果是当前图层，将显示✔标记；如果图层中包含有对象，将显示▱标记；未包含任何对象的图层将显示▱标记。

名称：显示图层的名称。

开：打开或关闭图层的可见性，打开时按钮呈显示，此时图层中包含的对象在绘图区域内显示，并且可以被打印；关闭时按钮呈显示，此时图层中包含的对象在绘图区域内隐藏，并且无法被打印。

冻结：用于在所有视口中冻结或解冻图层，冻结时按钮呈显示，此时图层中包含的对象无法显示、打印、消隐、渲染或重生成；解冻时按钮呈显示。

锁定：用于锁定或解锁图层，锁定图层中的对象将无法进行修改，锁定时按钮呈显示，解锁后按钮呈显示。

颜色：用于设置图层的颜色，单击目标图层内的色块将打开“选择颜色”对话框，如图4-7所示。

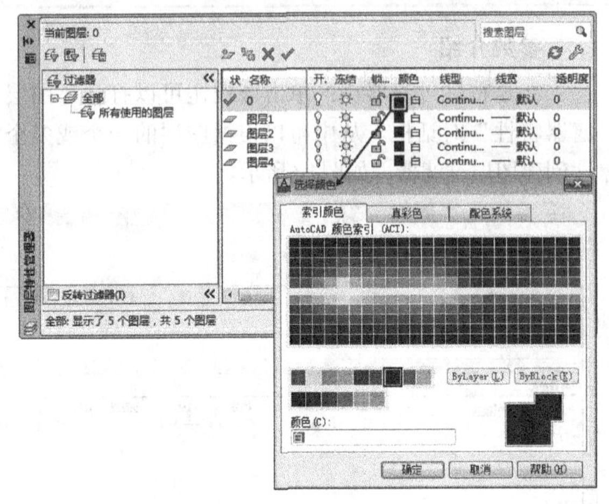

图4-7

线型：用于设置图层的线型，单击线型名称将打开“选择线型”对话框，在该对话框中可以为图层选择线型，如果没有需要的线型，可以通过单击“加载”按钮 加载(L)... 加载其他的线型，如图4-8所示。

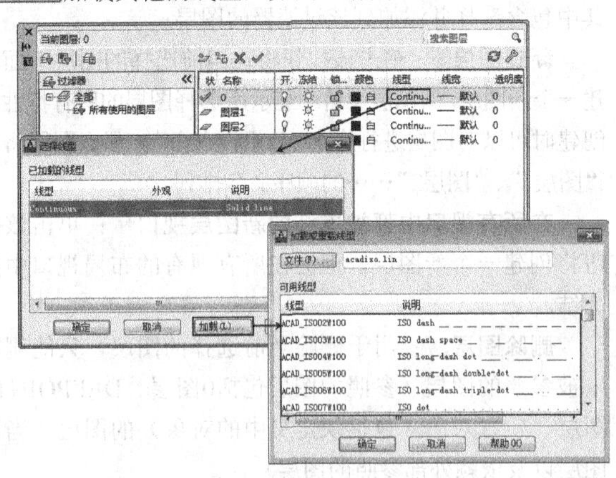

图4-8

线宽：用于设置线型的宽度，单击线宽名称将打开“线宽”对话框，如图4-9示。

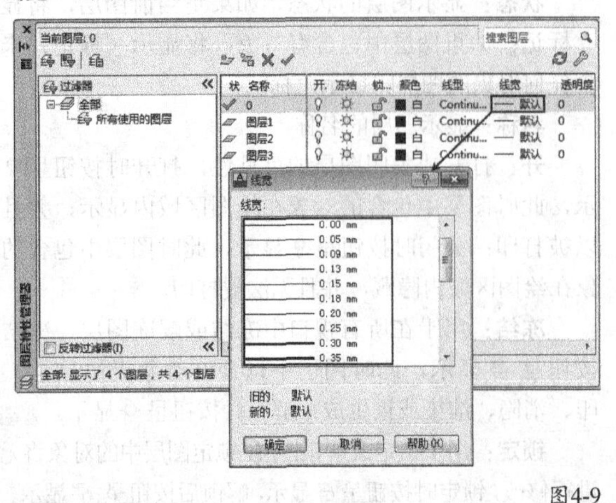

图4-9

透明度：用于设置图层的透明度，取值范围为0~90，如图4-10所示。

图4-10

在AutoCAD 2014中也可以为单个对象设置透明度，如果同时为图层和图层中的单个对象设置了不同的透明度，那么对象的透明度设置会替代图层的透明度设置。

打印：控制是否打印图层中的对象，允许打印时按钮呈🖨显示，禁止打印时按钮呈🖨显示。

在设置与编辑图层时，需要注意以下4点。

1.打开/关闭：图层打开时，可显示和编辑图层上的内容；图层关闭时，图层上的内容全部隐藏，且不可被编辑或打印。

2.冻结/解冻：冻结图层时，图层上的内容全部隐藏，且不可被编辑或打印，从而减少复杂图形的重生成时间。

3.加锁/解锁：锁定图层时，图层上的内容仍然可见，并且能够捕捉或添加新对象，但不能被编辑。默认情况下，图层是解锁的。

4.当前层可以被关闭和锁定,但不能被冻结。

4.1.4 图层工具

图层工具主要用于管理或者编辑图层状态，AutoCAD 2014为用户提供了多个图层工具，在格式>图层工具”菜单下可以找到这些工具，如图4-11所示。

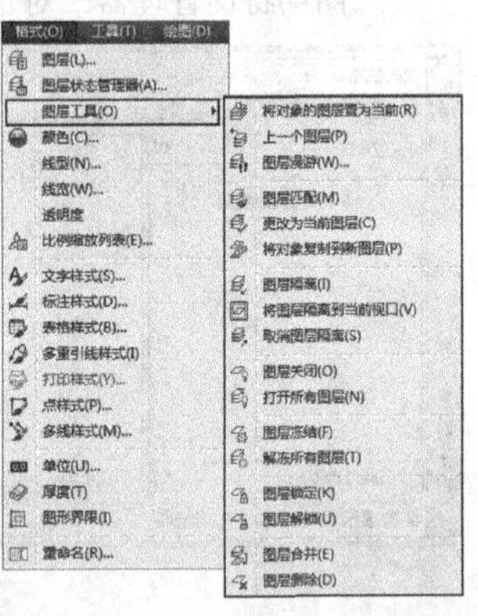

图4-11

命令介绍

将对象的图层置为当前：选定一个对象后，如果执行该命令，那么对象所在的图层将被置为当前图层。

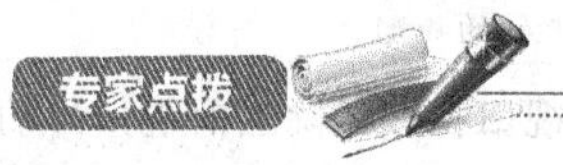

"将对象的图层置为当前"命令用于将选定对象的图层切换为当前工作图层，如果想要在不选择任何对象的情况下切换当前工作图层，可以通过以下3种方法来完成。

第1种：在"图层特性管理器"对话框中双击目标图层。

第2种：在"图层特性管理器"对话框中的需要置为当前的图层上单击鼠标右键，然后选择"置为当前"命令，如图4-12所示。

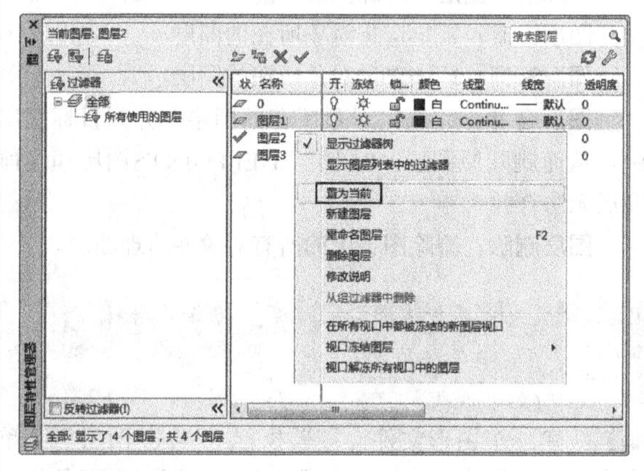

图4-12

第3种：打开"图层"面板或者"图层"工具栏的下拉列表，然后单击需要切换的图层即可，如图4-13和图4-14所示。

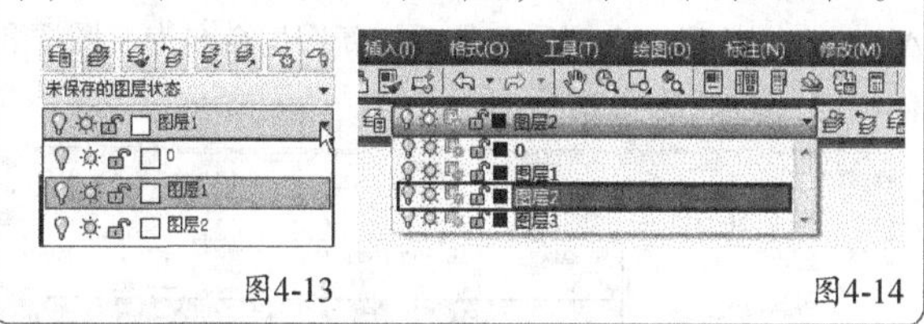

图4-13　　图4-14

上一个图层：放弃对图层设置的上一个或者上一组更改，类似于撤销上一步。

图层漫游：执行该命令将打开"图层漫游"对话框，如图4-15所示，该对话框中列出了所有已经存在的图层，选择某个图层，那么在绘图区域中将只显示该图层内的对象，其余图层内的对象将被隐藏。

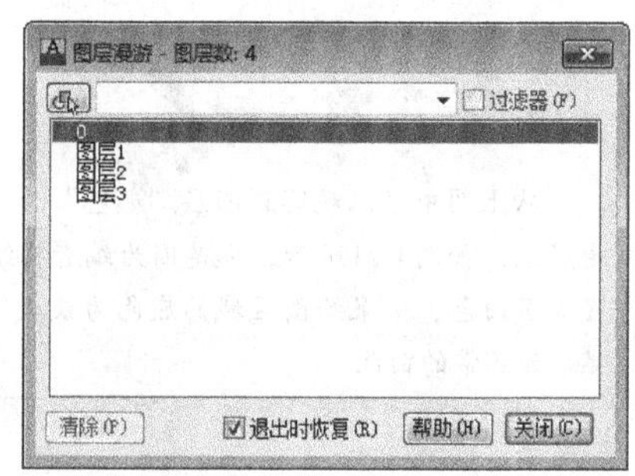

图4-15

图层匹配：用于选定对象所在的图层更改到目标对象所在的图层上。见图4-16，圆形位于"图层1"内，其线宽为默认宽度，矩形位于"图层2"内，其线宽为0.30mm，现在如果要将圆形更改到"图层2"中，可以通过"图层匹配"命令来更改，相关命令提示如下，效果如图4-17所示。

```
命令: _laymch
选择要更改的对象:
选择对象: 找到 1 个        //选择圆形
选择对象:↙              //确认选择对象
选择目标图层上的对象或 [名称(N)]:     //选择矩形
一个对象已更改到图层"图层2"上 (当前图层)
```

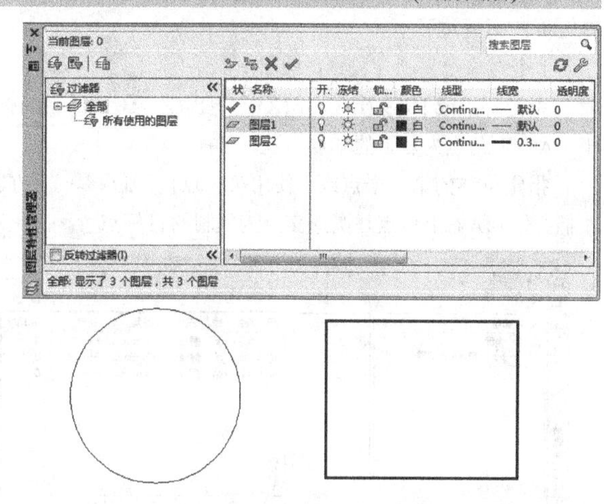

图4-16

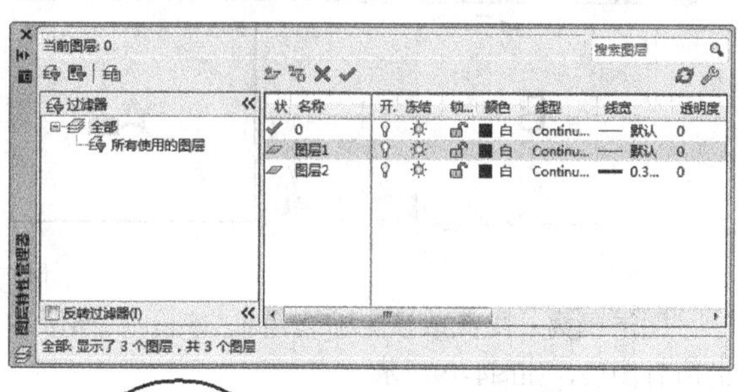

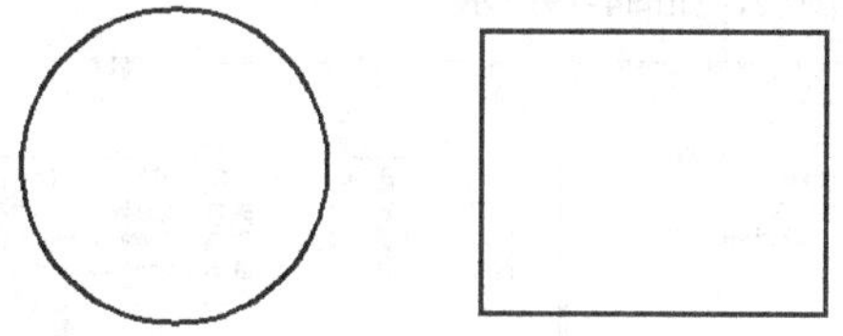

图4-17

在默认设置下，AutoCAD统一以默认的细线显示图形线宽，想要显示图形不同的线宽需要激活界面底部左侧"辅助绘图工具"的"显示/关闭线宽"按钮。此外更改对象所在的图层，还有一个比较简便的方法，就是选中对象后，直接在"图层"面板或者"图层"工具栏的下拉列表中单击需要更改的图层即可。

更改为当前图层：该命令类似于“图层匹配”命令，用于将选定对象所在的图层更改为当前图层，例如当前图层为2，选择对象所在的图层为1，执行该命令后，选择对象所在的图层将变为2。

将对象复制到新图层：用于将选定对象复制到其他图层，复制对象所在的图层与目标对象所在的图层相同，如图4-18所示利用位于“图层2”线宽为0.3的矩形复制位于“图层1”且线宽为默认的矩形，相关命令提示如下。

```
命令: _copytolayer
选择要复制的对象: 找到 1 个        //选择矩形A
选择要复制的对象: ↙
选择目标图层上的对象或 [名称(N)] <名称(N)>:        //选择矩形或正五边形
1 个对象已复制并放置在图层“图层1”上
指定基点或 [位移(D)/退出(X)] <退出(X)>:        //捕捉矩形A右上角点为复制的基点
指定位移的第二个点或 <使用第一点作为位移>:        //向左捕捉矩形A右上角点与圆形交点为复制的目标点
```

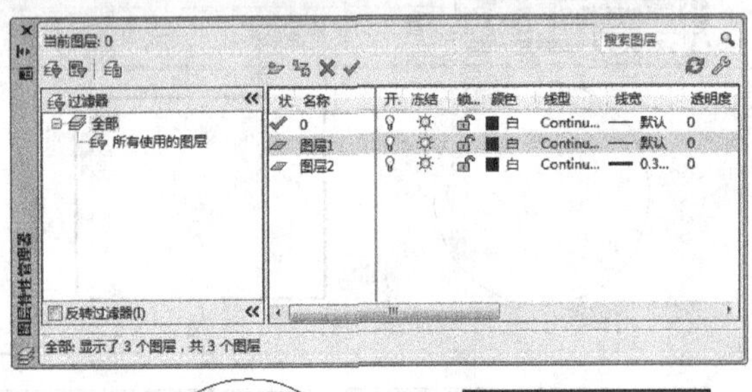

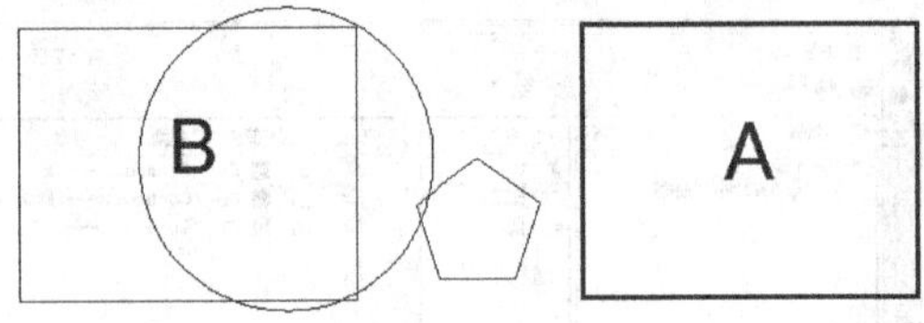

图4-18

图层隔离：隐藏或锁定除选择对象所在的图层之外的所有图层，如图4-19所示。

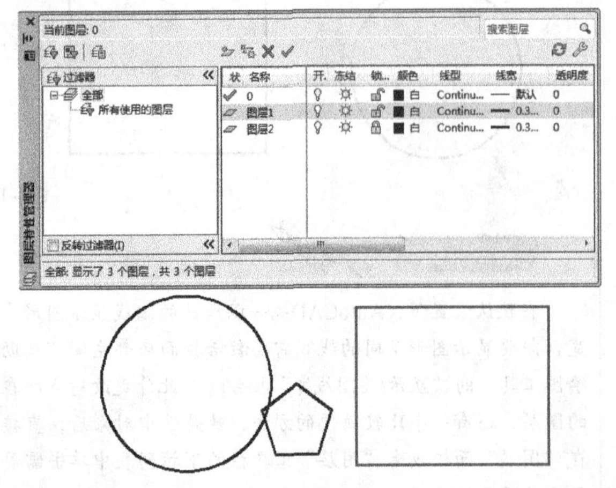

图4-19

专家点拨

锁定的图层对象无论之前以何种颜色显示，锁定后都将以灰色显示，比如图4-19中的的矩形。

将图层隔离到当前视口：冻结除当前视口外的其他所有布局视口中的选定图层。

取消图层隔离：恢复使用“图层隔离”命令隐藏或锁定的所有图层。

图层关闭：关闭选定对象所在的图层。

打开所有图层：打开图形中的所有图层。

图层冻结：冻结选定对象所在的图层。

解冻所有图层：解冻图形中的所有图层。

图层锁定：锁定选定对象所在的图层。

图层解锁：解锁选定对象所在的图层。

图层合并：将选定对象所在的图层合并到目标图层中，从而删除原图层。0图层、DEFPOINTS图层和当前图层无法合并。

图层删除：删除图层中的所有对象并清理图层。

4.1.5 实战——建立图层并设置相关属性

素材位置　无
实例位置　第4章>实例文件>4.1.5.dwg
技术掌握　建立图层并设置相关属性的方法

01 新建一个图形文件，接着执行“格式>图层”菜单命令（快捷键为Alt+O+L）或者单击“图层”工具栏中的“图层特性管理器”按钮，打开“图层特性管理器”对话框，然后单击“新建图层”按钮（快捷键为Alt+N），新建一个图层，最后把新图层命名为“图框和标题栏”，如图4-20所示。

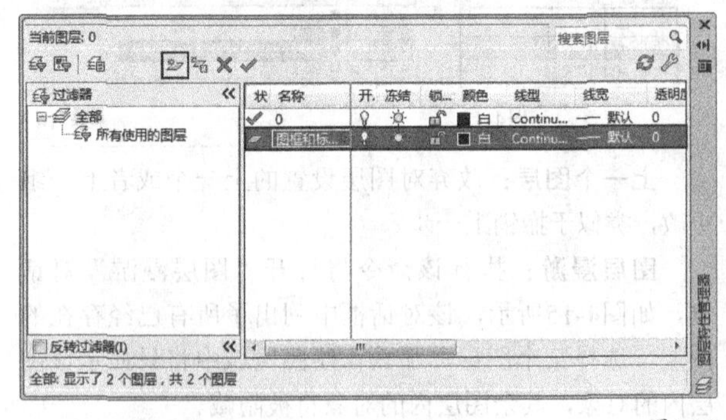

图4-20

专家点拨

从上图中可以观察到图层“颜色”为“白”，但显示却是黑色，如图4-21所示，那是因为编者将绘图区域的底色设置成了白色，如果绘图区域的底色为默认的黑色，这里就会显示为正常的白色。

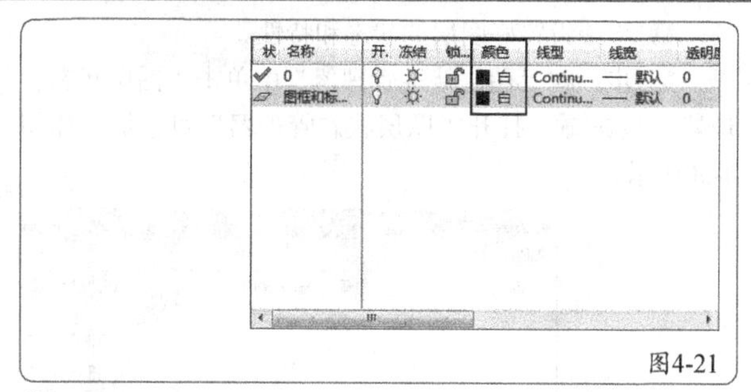

图4-21

02 采用相同的方法建立“辅助线”、“实线”、“虚线”、“标注”和“技术说明”图层，如图4-22所示。

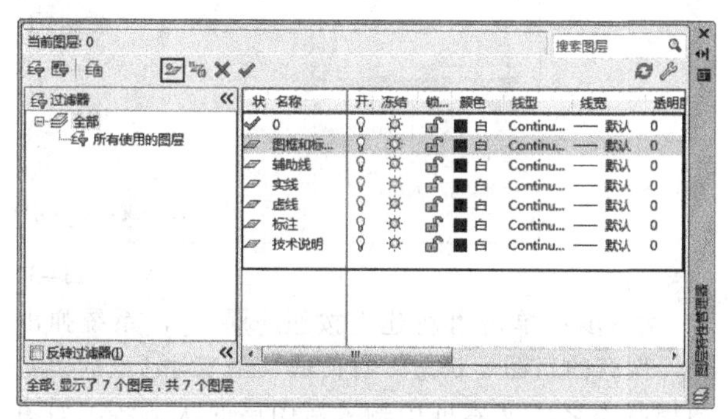

图4-22

03 设置“图框和标题栏”图层的线宽。单击“线宽”属性栏下的文字“默认”（位于“图框和标题栏”图层上），打开“线宽”对话框，然后从中选择0.30mm线宽，最后单击“确定”按钮 确定 ，如图4-23所示。

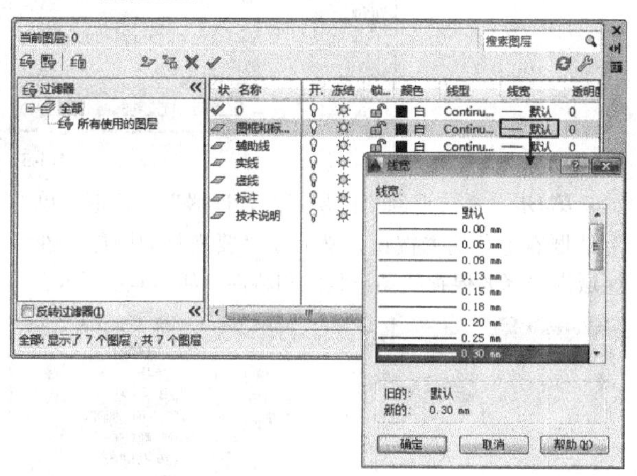

图4-23

04 设置“辅助线”图层的线型。单击“线型”属性栏下的文字Continuous（位于“辅助线”图层上），打开“选择线型”对话框，此时该对话框中没有需要的线型，于是单击“加载”按钮 加载(L)... ，如图4-24所示。

05 系统打开“加载或重载线型”对话框，从中选择ACAD_ISO10W100线型（点划线），然后单击“确定”按钮 确定 关闭该对话框，如图4-25所示。

06 返回“选择线型”对话框，此时已经出现了ACAD_ISO10W100线型，选中该线型，然后单击“确定”按钮 确定 完成线型的加载，如图4-26所示。

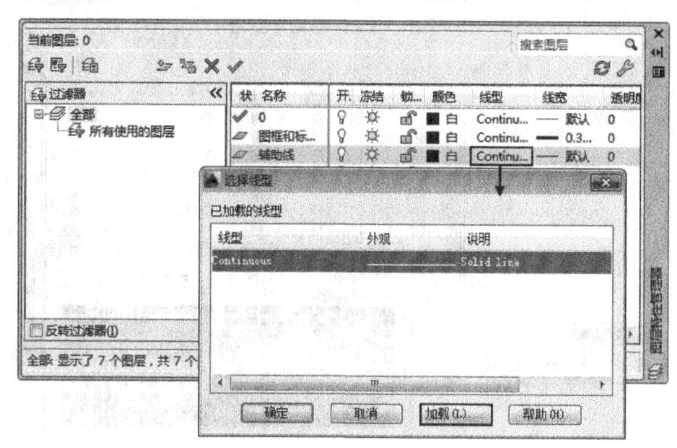

图4-24

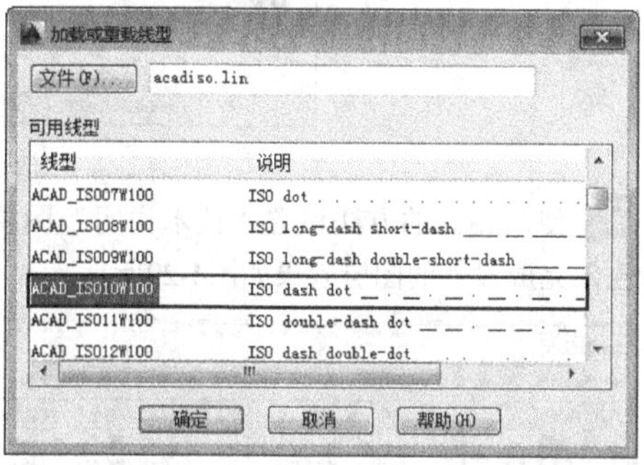

图4-25

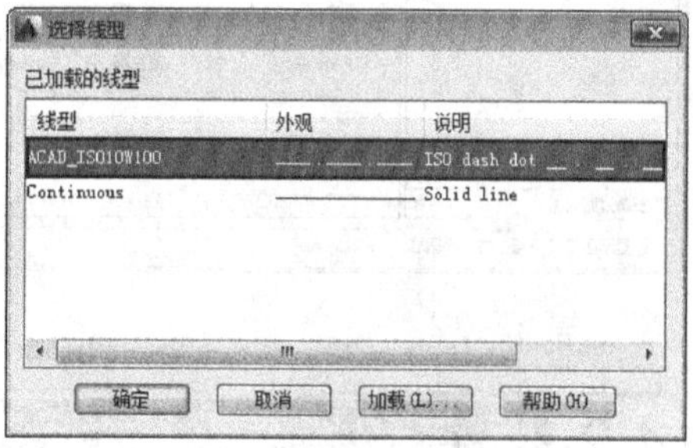

图4-26

07 使用相同的方法为“虚线”图层加载ACAD_ISO02W100线型，如图4-27所示。

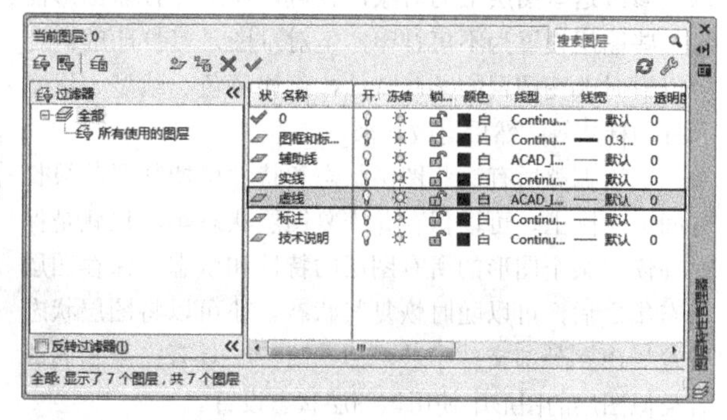

图4-27

08 设置“标注”图层的颜色。单击“颜色”属性栏下的文字“白”，打开“选择颜色”对话框，在其中的“索引颜色”选项卡中选择红色，最后单击“确定”按钮确定，如图4-28所示。

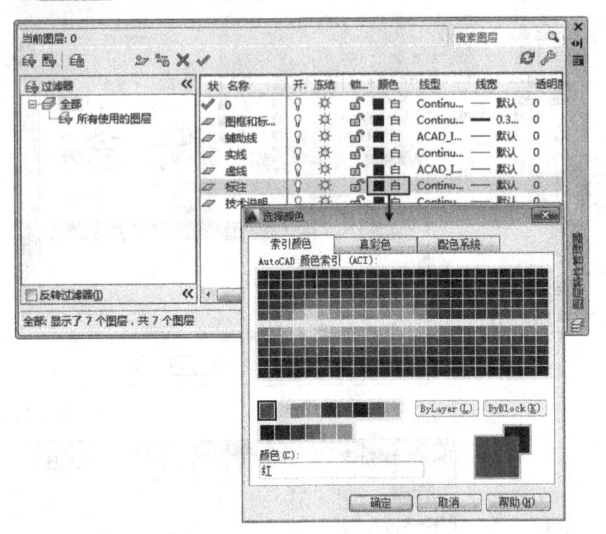

图4-28

09 使用相同的方法设置“技术说明”图层的颜色为蓝色，完成设置的图层效果如图4-29所示。

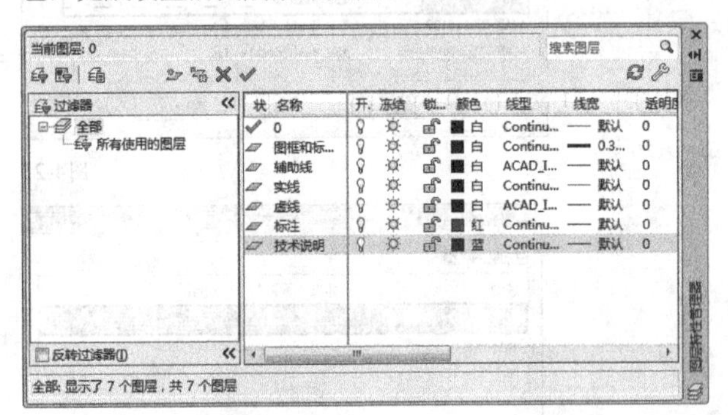

图4-29

4.2 保存和恢复图层状态

通常在编辑部分对象的过程中，可以锁定其他图层以免修改这些图层上的对象；也可以在最终打印图形前将某些图层设置为不可打印，但对草图是可打印的；还可以暂时改变图层的某些特性，例如颜色、线型、线宽和打印样式等，然后再改回来。

每次调整所有这些图层状态和特性可能都要花很长时间。实际上，可以保存并恢复图层状态集，也就是保存并恢复某个图形的所有图层的特性和状态，保存图层状态集之后，可以随时恢复其状态。还可以将图层状态设置导出到外部文件中，然后在另一个具有完全相同或者类似图层的图形中使用该图层状态设置。

4.2.1 保存图层状态

要保存图层状态，可以按照下面的步骤进行操作。

第1步：设置好图层的状态和特性。

第2步：在“图层特性管理器”中单击“图层状态管理器”按钮，打开“图层状态管理器”对话框，如图4-30所示。

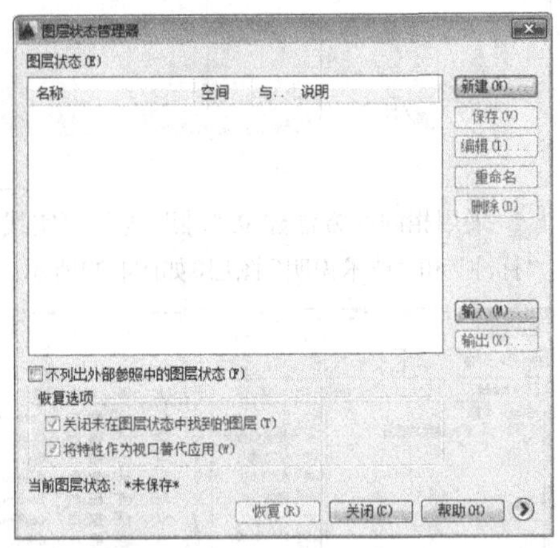

图4-30

第3步：单击“新建”按钮新建(N)...，系统弹出“要保存的新图层状态”对话框，在该对话框的“新图层状态名”文本框中输入新图层的状态名，如图4-31所示。如果愿意，也可以输入说明文字，最后单击“确定”按钮确定。

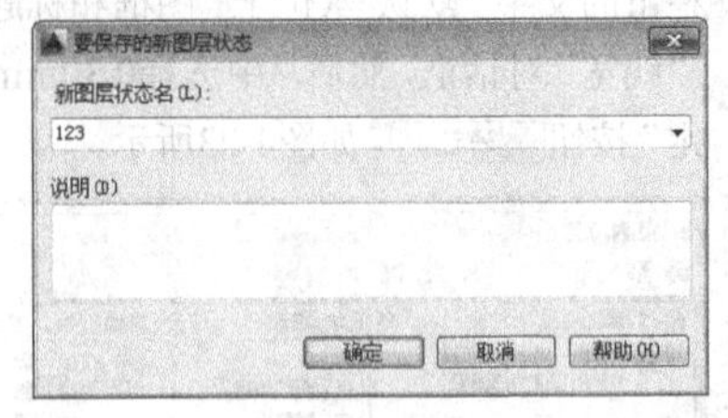

图4-31

第4步：系统返回“图层状态管理器”对话框，单击对话框右下角的按钮，然后在“要恢复的图层特性”区域内选择要保存的图层状态和特性，如图4-32所示。

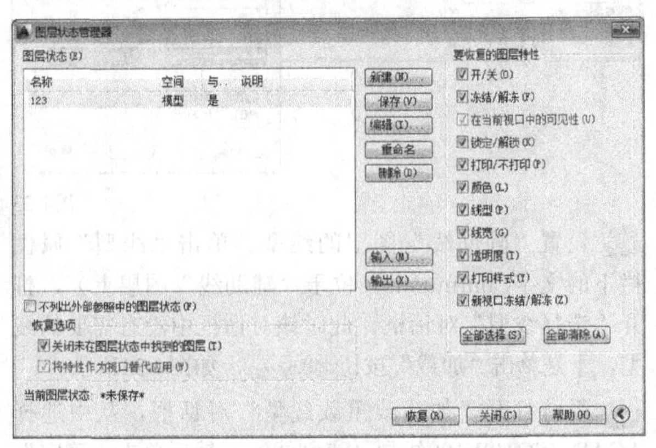

图4-32

专家点拨

没有保存的图层状态和特性在恢复图层状态时不起作

用。例如，如果仅保存图层的开/关状态，然后修改该图层的开/关状态和颜色，恢复图层状态时，仅仅开/关状态还原，而颜色仍为修改后的新颜色。

如果要使图形与保存图层状态时完全一样（就图层来说），可以选择“关闭未在图层状态中未找到的图层”选项。这样，在恢复图层状态时，在保存图层状态之后新建的所有图层将会被关闭。

4.2.2 恢复图层状态

要恢复图层状态，同样先打开“图层状态管理器”对话框，然后选择图层状态并单击“恢复”按钮 恢复(R) 即可。

利用“图层状态管理器”可以在以下几个方面管理图层状态。

恢复：恢复保存的图层状态。

删除：删除某图层状态。

输入：输入之前作为.las文件输出的图层状态。输入图层状态使得可以访问其他人保存的图层状态。

输出：以.las文件形式保存某图层状态的设置。输出图层状态使得其他人可以访问用户的图层状态设置。

4.3 过滤图层列表

一些复杂的图形中可能有几十个图层。面对这种情况时，要在“图层特性管理器”对话框中找到要修改的图层将会很困难。此时，可以对图层列表进行过滤，以便只让所需要的图层出现。

在“图层特性管理器”对话框的左侧有一个“过滤器”面板，该面板中只显示了“所有使用的图层”过滤器，可以创建自己的过滤器。过滤器的类型有如下两种。

特性过滤器：使用图层特性定义过滤器。例如，可以创建一个只显示绿色图层或以A字母开头的图层的过滤器。

组过滤器：通过选择进入过滤器的图层定义过滤器。组过滤器为过滤图层提供了非常灵活的手段。例如，可以创建包含所有文字、注释和标注图层的组过滤器。

4.3.1 创建特性过滤器

要创建特性过滤器，可以在“图层特性管理器”对话框中单击“新建特性过滤器”按钮，打开“图层过滤器特性”对话框，如图4-33所示。

在“过滤器名称”文本框中命名过滤器，然后在“过滤器定义”区域内单击选择一个特性，例如单击“颜色”或“线宽”特性下面的方框。不同的特性会出现不同的选择，有如下3种。

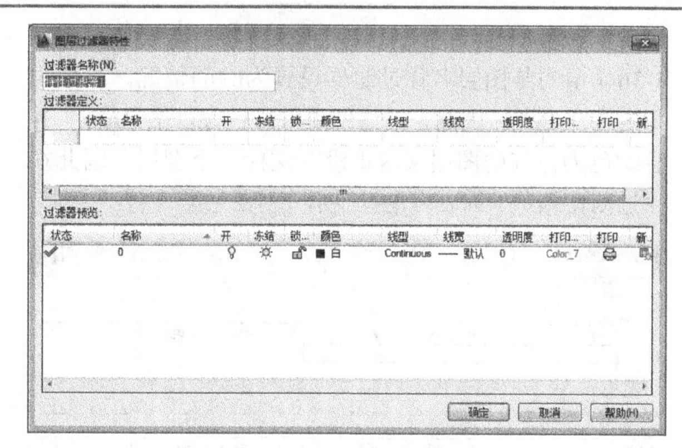

图4-33

第1种：如果出现一个下拉箭头，单击该箭头，然后从下拉列表中选择一个选项（要移去一个特性，可选择下拉列表顶部的空白行），如图4-34所示。

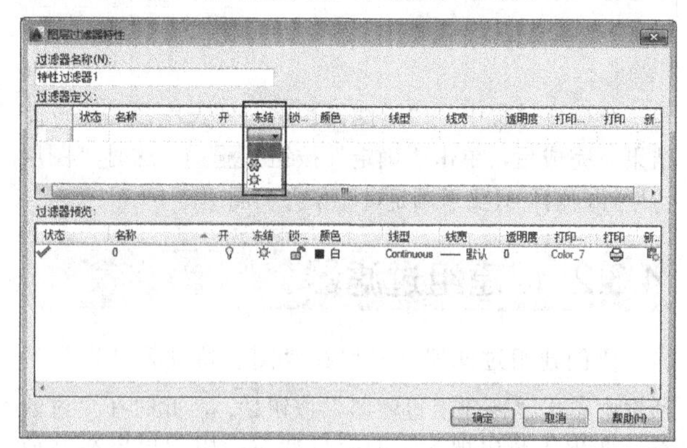

图4-34

第2种：如果出现一个省略号按钮，单击该按钮并从打开的对话框中选择一个特性。例如，可以从“选择颜色”对话框中选择一种图层颜色（要移除某个特性，选择文字，按Delete键，然后单击列外的任意地方），如图4-35所示。

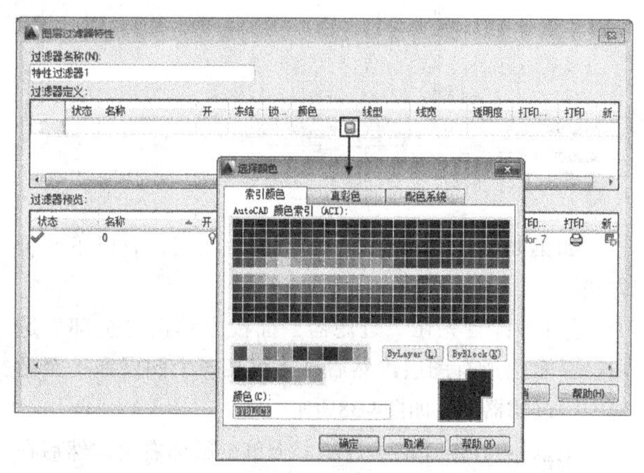

图4-35

第3种：要为命名的特性指定过滤器，如图层的名称或线型，可以使用通配符。两个最常用的通配符是星号（*）和问号（？）。星号（*）可以用来代替任意数目的字符，问号（？）可以用来代替任意一个字符。图4-36显示的是图层名称过滤器设置为h*的情况，颜色也指定为洋红色。因此，过滤结果将只包含以字母h开头并且颜色为洋红的图层（这里没有这样一个图层，因此在“过滤器预览”列表内没有显示任何图层）。

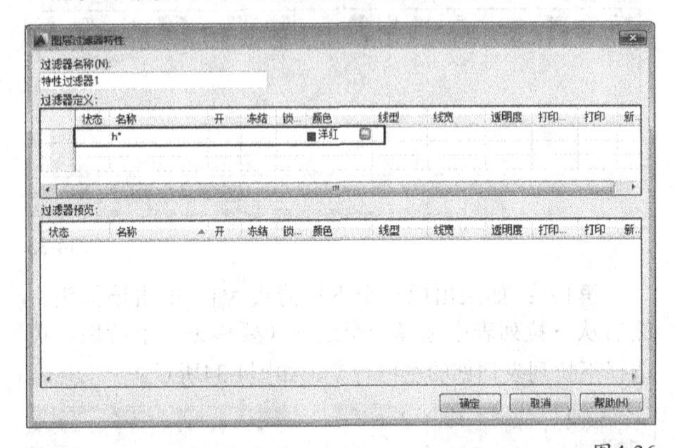

图4-36

在操作过程中，“过滤器预览”列表内会显示过滤结果。完成后，单击“确定”按钮。这时“图层特性管理器”只显示满足过滤条件的图层。

4.3.2 创建组过滤器

要创建组过滤器，需要在“图层特性管理器”对话框中单击“新建组过滤器”按钮，此时在“过滤器”面板中将出现新建的组过滤器，用户可以对其命名，如图4-37所示。

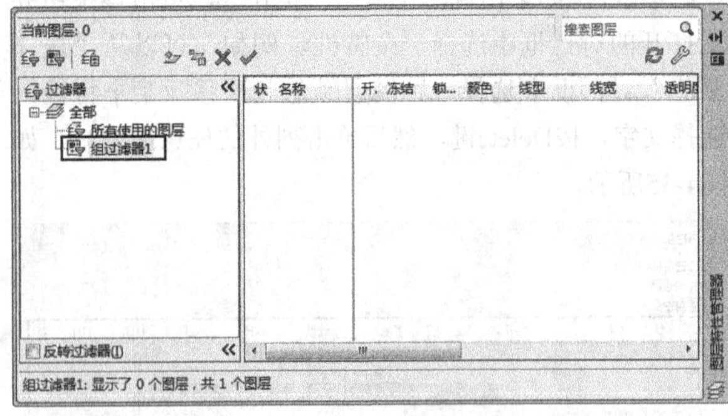

图4-37

如果要在新建的组过滤器中添加图层，有以下两种方法。

第1种：首先在“过滤器”面板中单击“全部”选项，显示出所有图层，然后直接将某一个图层拖曳至新建的组过滤器中，如图4-38所示。

第2种：在新建的组过滤器上单击鼠标右键，然后在弹出的菜单中选择“选择图层>添加”命令，此时可以在绘图区中通过选择对象将该对象所在的图层添加进组过滤器中，如图4-39所示，命令提示如下所示。

```
将选定对象的图层添加到过滤器中...:
```

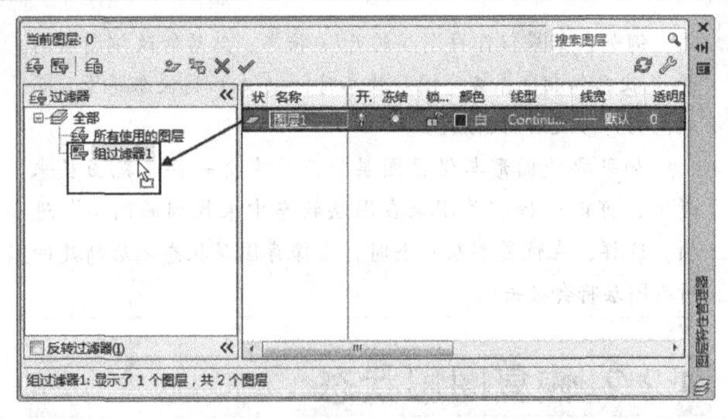

图4-38

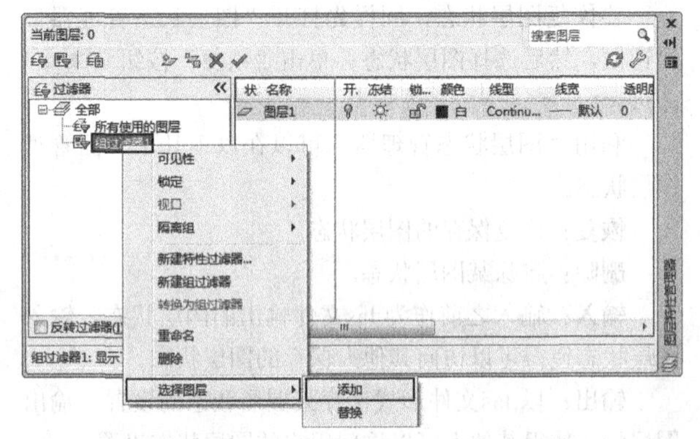

图4-39

4.4 清理图层和线型

由于图层和线型的定义都要保存在图形数据库中，所以它们会增加图形的大小。因此，清除图形中不再使用的图层和线型非常有价值。当然，可以删除它们，但有时很难确定哪个图层中没有对象。使用Purge（清理）命令可以删除多种不再使用的定义，包括图层和线型。

要清理图层和线型，执行“文件>图形实用工具>清理”菜单命令，打开如图4-40所示的“清理”对话框。

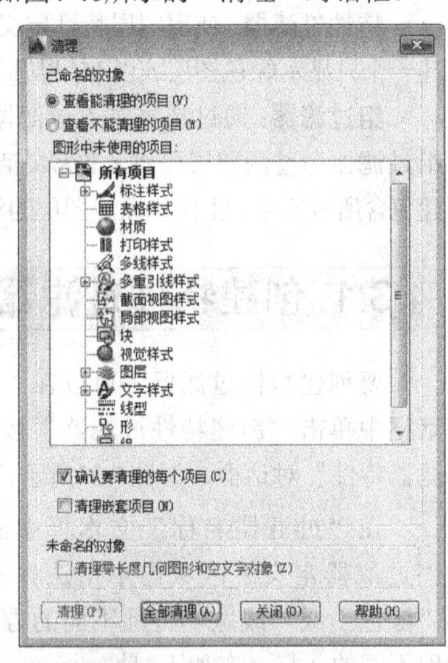

图4-40

在“清理”对话框的顶部，可以选择查看能清理的对象或不能清理的对象。为什么要查看不能清理的对象呢？因为有时候很难确定为什么不能清理某些对象，而该对话框提供了一个极便捷的功能，就是可以选择一个对象，查看它不能被清理的可能原因。

要开始进行清理操作，选择“查看能清理的项目”选项。每种对象类型前的+号表示它包含可清理的对象。要清除个别项目，只需选择该项然后单击“清理”按钮 清理(P) ，如图4-41所示也可以对所有项目进行清理，清理的过程中将弹出类似图4-42所示的对话框，提示用户是否清理该项目。

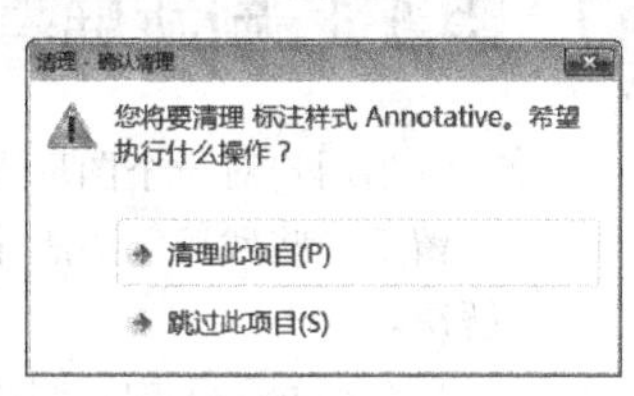

图4-41

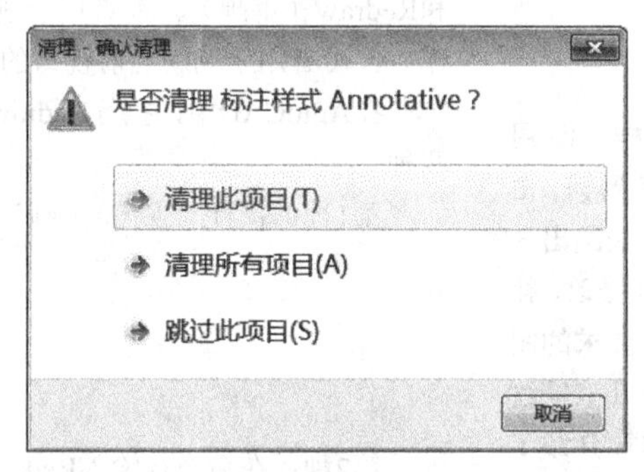

图4-42

4.5 本章小结

本章介绍了利用图层特性管理器创建图层，以及设置线型、线宽和颜色等方法，同时介绍了图层状态的设置方法以及保存和恢复图层状态的方法。

第5章

编辑对象

本章导读

同传统的手工绘图一样，使用AutoCAD绘图也是一个由简到繁，由粗到精的过程。用户总是要先勾画出一个简单的草图，然后反复进行修改、补充和细化，直到最终完成符合要求的图形。因此，对图形进行编辑加工，是绘图过程中必不可少的工作。本章介绍了AutoCAD提供的与之相对应的一系列命令，用户可以使用这些命令来对图形进行编辑加工。

Learning Objectives

选择和删除对象的方法

复制类命令的运用

改变位置类命令的运用

改变几何特性类命令的运用

复杂对象的编辑方法

高级编辑工具的运用

5.1 编辑图形之前的准备工作

5.1.1 刷新屏幕

当用户对一个图形进行了较长时间的编辑之后，可能会在屏幕上留下一些残迹。要清除这些残迹，可以用刷新屏幕显示的方式来解决。

在AutoCAD中，刷新屏幕显示的命令有Redrawall（重画所有）和Redraw（重画），前者用于刷新所有视口的显示（针对多视口操作），后者用于刷新当前视口的显示。

在AutoCAD中，执行Redrawall（重画所有）命令的方式有如下两种。

第1种：执行“视图>重画”菜单命令，如图5-1所示。

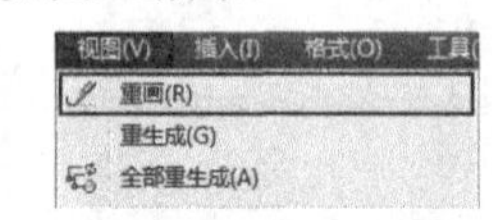

图5-1

第2种：在命令行输入Redrawall并回车。

Redraw（重画）命令只能通过命令行来执行。

5.1.2 优化图形显示

笔者使用AutoCAD绘图经常碰到这样的情况：绘制一个半径很小的圆，将其放大显示，圆看起来就像正多边形。这是为什么呢？这其实就是图形显示的问题，不是图形错误，要解决这个问题就要优化图形显示，如图5-2所示。

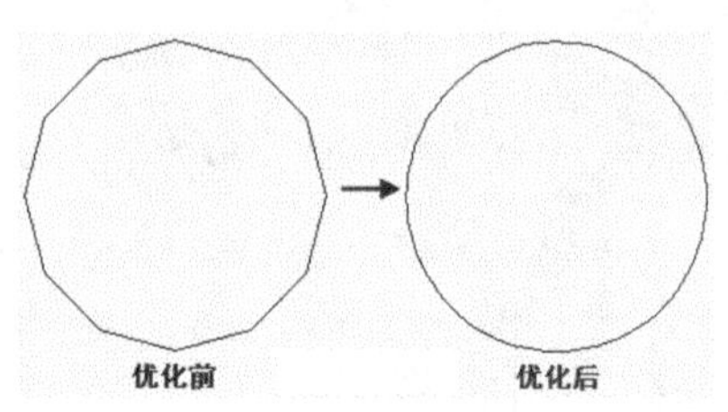

图5-2

使用Regen（重生成）命令可以优化当前视口的图形显示；使用Regenall（全部重生成）命令可以优化所有视口的图形显示。

在AutoCAD中，执行Regen（重生成）命令的方式有如下两种。

第1种：执行“视图>重生成”菜单命令，如图5-3所示。

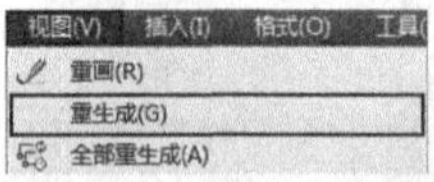

视图(V) 插入(I) 格式(O)
重画(R)
重生成(G)
全部重生成(A)

图5-3

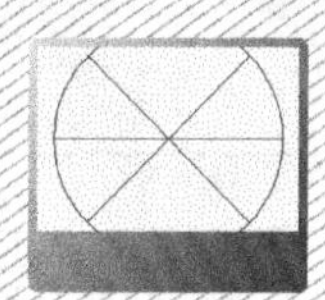

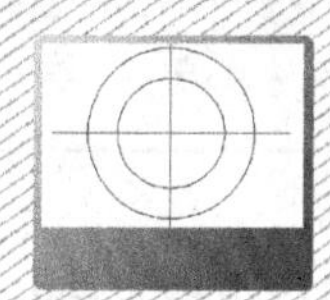
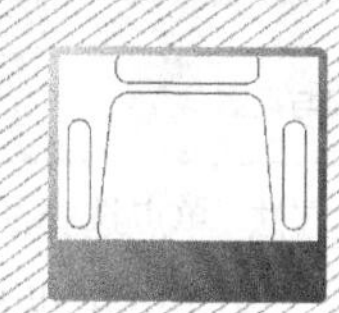
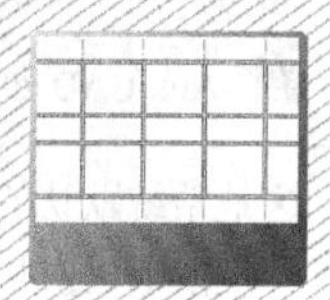

第2种：在命令行输入Regen并回车。

Regenall（全部重生成）命令的执行方式与Regen（重生成）命令一致，可以通过菜单和命令行来执行。

5.1.3 调整图形的显示层次

如果当前工作文件中的图形元素很多，而且不同的图形重重叠叠，非常不利于操作。比如要选择某一个图形，但是这个图形被其他的图形遮住了，这时候该怎么办呢？很简单，通过控制图形的显示层次来解决，把挡在前面的图形后置，让被遮住的图形显示在最前面。

AutoCAD提供了一个名为“绘图次序”的工具栏，位于“修改”工具栏的下方，如图5-4所示；同时，AutoCAD还提供了与之相对应的菜单命令，如图5-5所示。

图5-4

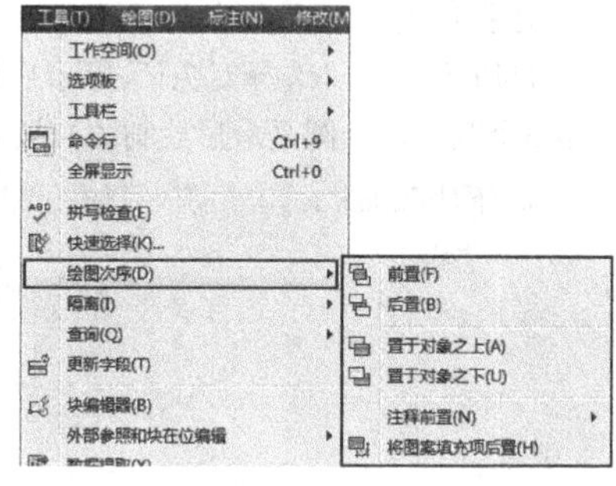

图5-5

命令介绍

前置：把选择的图形显示在所有图形的前面。

后置：把选择的图形显示在所有图形的后面。

置于对象之上：使选定的图形显示在指定的参考对象前面。

置于对象之下：使选定的图形显示在指定的参考对象后面。

下面举例说明调整图形显示层次的方法。

第1步：打开一个图形文件，可以观察到此时矩形显示在最下层，圆显示在中间，三角形显示在最前面，如图5-6所示。

图5-6

第2步：单击“前置”按钮，然后单击矩形将其选中，接着按回车键确认选中，将矩形显示在最前面，如图5-7所示。

图5-7

第3步：单击“置于对象之上”按钮，把圆置于三角形和矩形中间，如图5-8所示，相关命令提示如下。

命令:
选择对象: 找到 1 个　　　　//选择圆（要置于参考对象之上的图形）
选择对象: ↙　　　　//回车确认选中
选择参照对象: 找到 1 个　　　　//选择三角形（参考对象）
选择参照对象: ↙　　　　//回车确认选中

图5-8

5.2 选择和删除对象

对图形进行编辑时，首先要做的就是确定编辑对象，这就要涉及对象的选择。试想，如果不选择要修改的图形对象，那么系统如何知道用户想修改什么呢？

5.2.1 选择图形的各种方式

执行编辑命令之后，AutoCAD通常会提示用户——“选择对象:”，要求用户选择需要编辑的图形。此时，十字光标会变成一个拾取框（□），移动拾取框并单击要选择的图形，就可以选中一个图形。每完成一个选择，“选择对象:”提示便会重复出现，直至以回车键或者空格键来结束选择，这是系统默认的选择方法（单点选择法）。

除此之外，用户也可以指定选择图形的方法，AutoCAD提供了多种选择图形的方式。

在第一章中介绍了选择图形的基本方法，这里将继续对图形选择技法进行更深入的讲解。

窗口

窗口（Window）选择法通过对角线的两个端点来定义矩形区域（窗口），凡是完全落在矩形窗口内的图形都会被选中，如图5-9所示。

在命令行中输入W并按回车键，系统将提示用户指定矩形窗口。

```
选择对象: w ↙
指定第一个角点:                    //指定窗口对角线的第一点
指定对角点:                        //指定窗口对角线的第二点
```

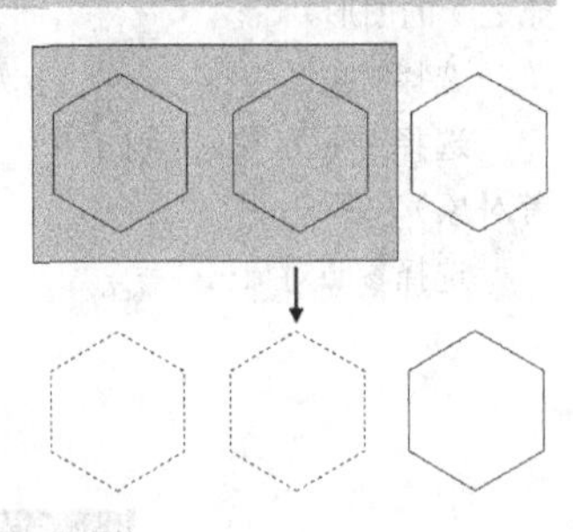

图5-9

交叉

交叉（Crossing）选择法通过对角线的两个端点来定义矩形区域（窗口），凡是完全落在矩形窗口内以及与矩形窗口相交的图形都会被选中，如图5-10所示。

在“选择对象:”提示后输入C并按回车键，系统将提示用户指定矩形窗口，相关命令提示如下。

```
选择对象: c ↙
指定第一个角:          //指定窗口对角线的第一点
指定对角点:            //指定窗口对角线的第二点
```

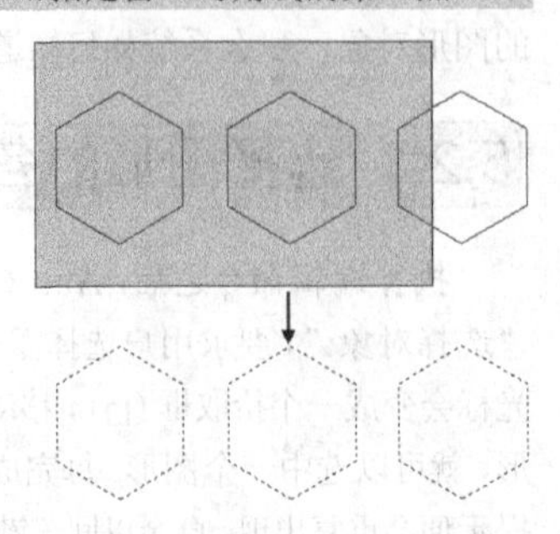

图5-10

矩形窗口

矩形窗口（Box）选择法同样是通过对角线的两个端点来定义一个矩形窗口，选择完全落在该窗口内以及与窗口相交的图形。

需要注意的是，指定对角线的两个端点的顺序不同将会对图形的选择有所影响，如果对角线的两个端点是从左向右指定的，则该方法等价于窗口（Window）选择法；如果对角线的两个端点是从右向左指定的，则该方法等价于交叉（Crossing）选择法。

专家点拨

矩形窗口（Box）也是一种默认选择方法，用户可以在“选择对象:”提示符后直接使用鼠标从左下到右上（左上到右下）或从右下到左上（右上到左下）定义窗口，便可以实现以上选择，也就是说不输入box选项也能直接使用上述方法选择图形。

窗口选择法、矩形选择法和交叉选择法在这里只是作为了解，目的是为了让大家增加知识面，在实际的操作中，不建议以这两种方式进行选择。

最后一个

选择所有可见对象中最后一个创建的图形对象。如图5-11所示，在“选择对象:”提示后输入Last并回车，则第3个圆（这个圆是最后绘制的）被选中。

```
选择对象: last ↙
```

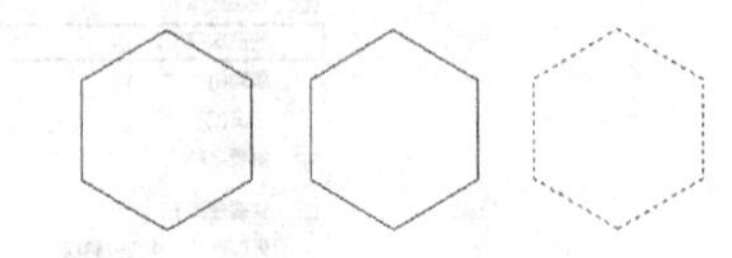

图5-11

全部

选择屏幕上显示的所有图形。在“选择对象:”提示后输入All并回车，则全部图形被选中，如图5-12所示。

```
选择对象: all ↙
```

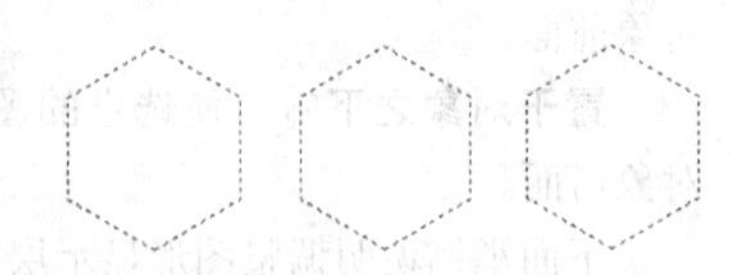

图5-12

使用全部（All）选择法时，位于冻结图层上的图形不能被选中。

栏选线

选择所有与栏选线相交的对象。在“选择对象:”提示后输入F并回车，相关命令提示如下。

选择对象: f↙
指定第一个栏选点: //指定栏选线的第一点
指定下一个栏选点或 [放弃(U)]: //指定栏选线的第二点
指定下一个栏选点或 [放弃(U)]: //指定栏选线的第三点
指定下一个栏选点或 [放弃(U)]: ↙ //回车结束栏选线的定义
找到 3 个
选择对象: ↙ //回车确认图形选择工作结束

如图5-13所示，虚线就是定义的栏选线，与该栏选线相交的3个圆都会被选中。

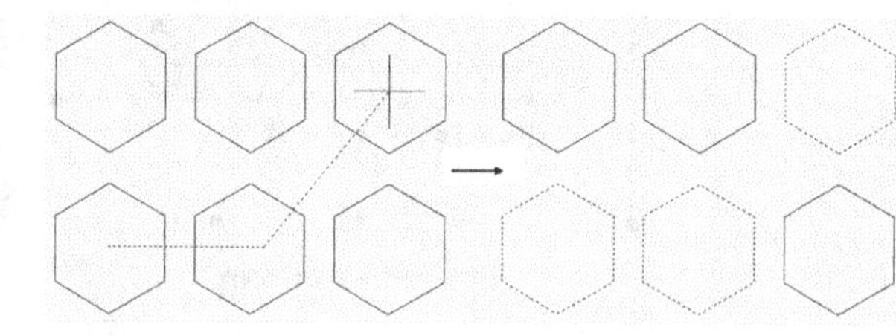

图5-13

窗口多边形

选择所有落在窗口多边形内的图形。窗口多边形（Wpolygon）方法定义了一个多边形窗口，而窗口（Window）方法则定义一个矩形窗口。

在“选择对象:”提示后输入Wp并回车，相关命令提示如下。

选择对象: wp↙
第一圈围点: //指定多边形的第一个顶点
指定直线的端点或[放弃（U）]: //继续指定多边形的下一个顶点，或输入选线U删除刚才指定的顶点
……
指定直线的端点或[放弃（U）]: //回车结束多边形的定义
选择对象: ↙ //回车确认图形选择工作结束

如图5-14所示，通过鼠标拾取6个点来确定一个多边形窗口，完全落在窗口内的3个三角形就会被选中。

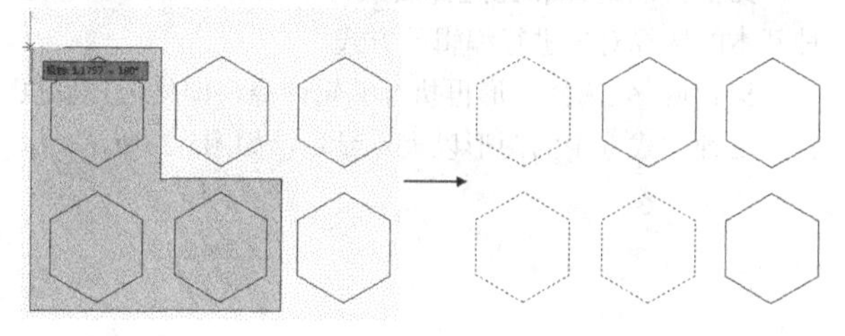

图5-14

专家点拨

在定义多边形窗口的时候，多边形自身不能相交。与多边形相交的图形不能被选中，只能选中完全落在多边形内的图形。

交叉多边形

选择所有落在多边形内以及与多边形相交的图形对象。如图5-15所示，与定义的多边形相交的两个三角形和完全落在其中的那个三角形被选中，其操作方法同窗口多边形（Wpolygon）一致。

在“选择对象:”提示后输入Cp并按回车键，相关命令提示如下。

选择对象: cp↙
第一圈围点: //指定多边形的第一个顶点
指定直线的端点或[放弃（U）]: //继续指定多边形的下一个顶点，或输入选线U删除刚才指定的顶点
……
指定直线的端点或[放弃（U）]: //回车结束多边形的定义
选择对象: ↙ //回车确认图形选择工作结束

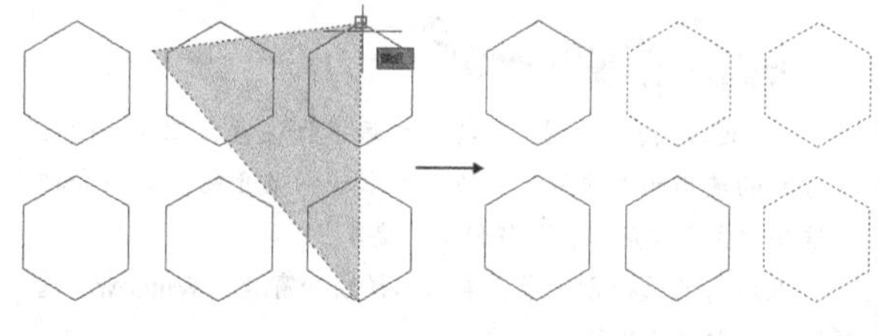

图5-15

删除

切换到删除模式，从选择集中取消对指定图形的选择，相关命令提示如下。

选择对象: r↙
删除对象: //指定要删除的图形

下面举例说明这种方法的操作流程。

第1步：随意绘制如图5-16所示的3个矩形。

图5-16

第2步：单击“修改”工具栏中的“移动”按钮，激活Move（移动）命令，如图5-17和图5-18所示，相关命令提示如下，完成移动之后的效果如图5-19所示。

命令: _move
选择对象: 指定对角点: 找到 3 个 //框选3个矩形
选择对象: r↙ //输入R并回车

删除对象: 找到 1 个，删除 1 个，总计 2 个　　//将拾取框置于中间的矩形上并单击

删除对象: ↙　　//回车确认从选择集中删除该矩形

指定基点或 [位移(D)] <位移>:　　//捕捉矩形的任意一个端点

指定第二个点或<使用第一个点作为位移>:　　//垂直向下拾取第二点，也就是目标位置点

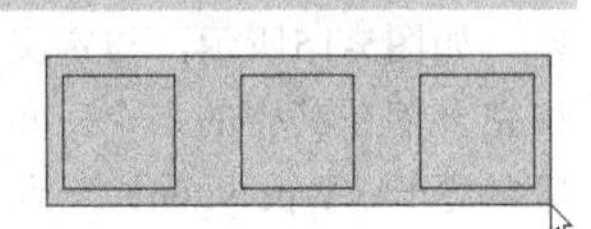

图5-17

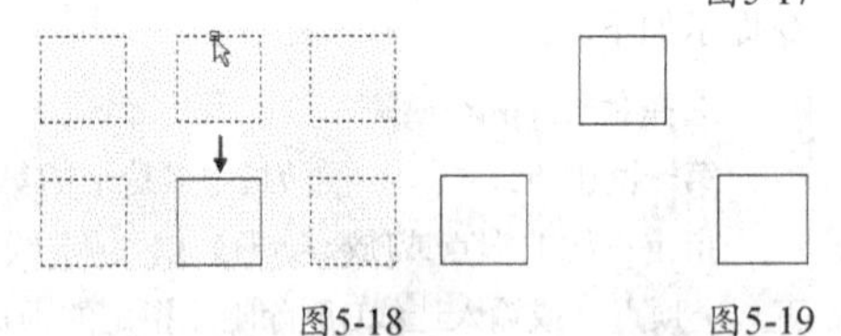

图5-18　　图5-19

添加

把未被选择的图形添加到选择集中。这种方法与删除（Remove）恰好相反，添加（Add）是把未被选中的图形补选上，而删除（Remove）则是把被选中的图形取消选择。

专家点拨

AutoCAD提供的图形选择方式远不止这些，但其他的选择方式的使用频率非常低，所以本书就不做介绍，本书介绍的这些方式已经足够应付任何工作要求了。

在所有的选择方式中，单点选择法和窗口（Window）选择法是最常用的两种。

5.2.2 设置选择集

AutoCAD 2014为了方便用户绘图，提供了多种选择设置，用户可以通过执行“工具>选项”菜单命令或者在命令行输入Ddselect并回车，打开“选项”对话框，然后在“选择集”选项卡中进行这些设置，如图5-20所示。

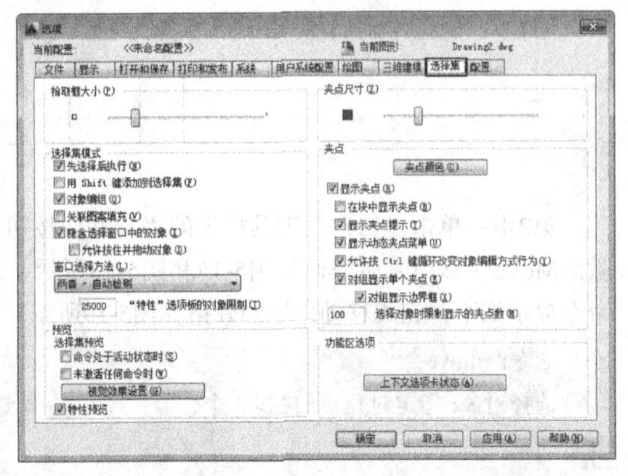

图5-20

在“选项”对话框的“选择集”选项卡中，用户可以进行如下设置。

设置拾取框的大小

“拾取框大小”参数用于设置拾取框的大小，向左或向右移动滑块，即可让拾取框缩小或放大。如图5-21所示，左边的拾取框为系统默认大小设置，右边是设置为最大的拾取框。

图5-21

设置夹点大小

当选中某一个图形对象时，图形将以虚线显示，并且在关键位置会显示一些矩形色块，这些色块就是夹点，如图5-22所示。

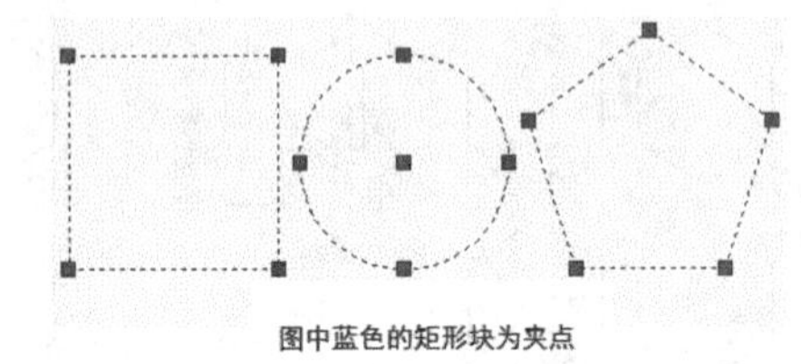

图5-22

和拾取框一样，夹点的大小也是可以调整的。另外，用户还可以自定义夹点的颜色，如图5-23所示。

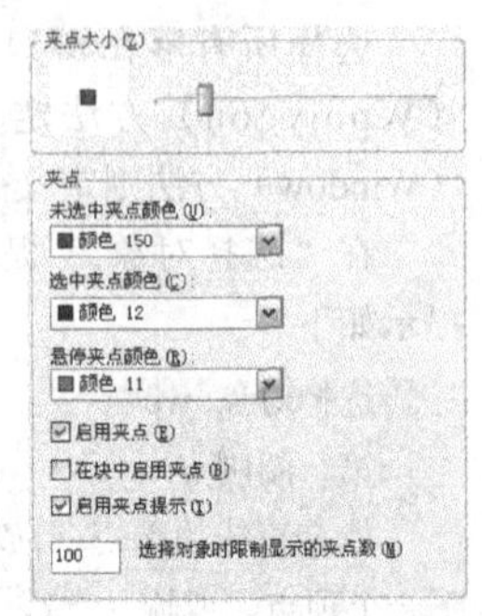

图5-23

专家点拨

关于夹点的知识，将在本章后面的内容中进行详细介绍。

设置选择模式

先执行后选择和先选择后执行：AutoCAD提供了两种基本的选择对象进行编辑的方式。

第1种：先选择图形再执行编辑命令，即先选择后执行，这种方式选中的图形以夹点显示，如图5-24所示。

图5-24

第2种：先执行命令再根据命令提示选择图形，即先执行后选择，这种方式选中的图形以虚线显示，如图5-25所示。

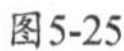

图5-25

除了显示的区别外，这两种方法在命令提示上也有很多不同。

在先选择图形再执行命令这种方法中，如果是点选图形，那么在“命令：”提示符后不会出现任何提示；如果是框选图形，在指定选框的第一点后，将出现如下提示。

命令：指定对角点或 [栏选(F)/圈围(WP)/圈交(CP)]:
//指定选框的对角点或者输入其他选择方式的选项

而在先执行命令再选择图形这种方法中，执行编辑命令之后，在命令行会出现“选择对象:”提示符，提示用户选择对象，此时十字光标会变成一个方框，命令提示如下。

选择对象:

专家点拨

“先执行后选择”模式在任何时候都可以使用，而“先选择后执行”模式仅当“先选择后执行”复选项被选中时才可以使用。

用Shift 键添加到选择集：控制如何添加图形到选择集中。该选项被选中时，向选择集中添加更多的图形时必须按住Shift键来拾取，否则选中的只是最后拾取的那一个图形，或者是最后用矩形框选的图形。

专家点拨

在没有勾选“用Shift 键添加到选择集”的时候，鼠标左键连续单击多个图形可以将它们都选中；如果勾选了“用Shift 键添加到选择集”复选项，则要按住Shift键不放同时用鼠标左键连续单击多个图形才能将它们都选中。

按住并拖动：该选项被勾选后，按住鼠标左键（不要松开）确定一个角点并移动鼠标到与之相对应的另一个角点，然后松开鼠标，就在这两个对角点之间建立了一个窗口，如图5-26所示。

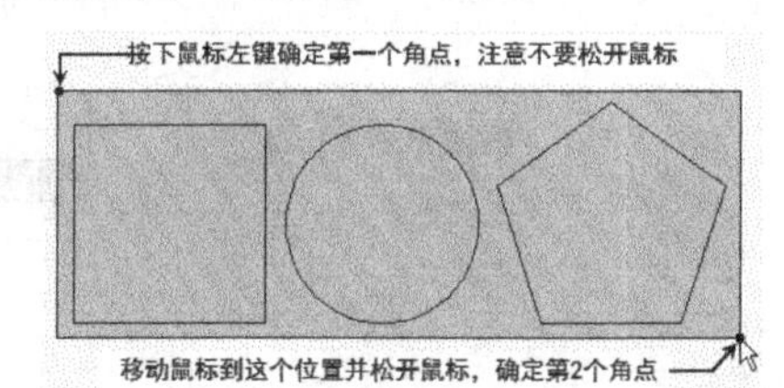

图5-26

专家点拨

上述方法其实就是框选图形，只是因为勾选了“按住并拖动”复选项，所以在操作上有些变化。如果没有勾选这个选项，则按照如图5-27所示的方法框选图形。笔者建议大家不要勾选这个复选项。

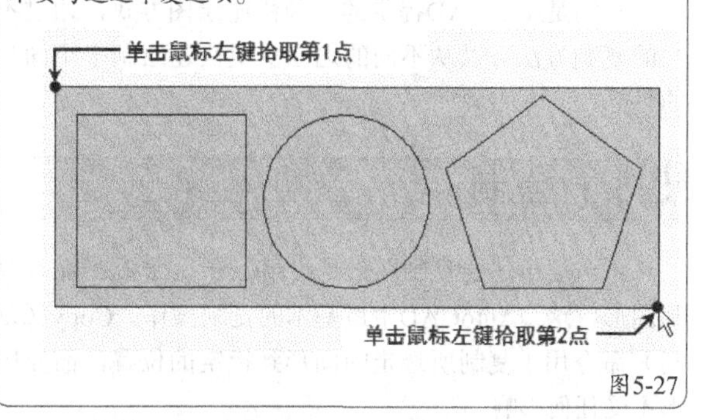

图5-27

隐含窗口：该选项被选中时（此为默认设置），从左向右定义选择窗口，可使完全位于选择窗口内的所有图形被选中；而从右向左定义选择窗口，则完全位于选择窗口内以及与窗口相交的所有图形会被选中。该选项未选中时，必须用窗口（Window）或交叉（Crossing）选项生成选择窗口。

对象编组：打开或者关闭自动组选择。打开时，选择组中的任意一个对象就相当于选择了整个组。

关联填充：当选择相关的剖面线时，控制是否同时选择边界对象。如果不勾选这个选项，选择剖面线时不能同时选择其边界对象；如果勾选了这个选项，选择剖面线时能同时选择其边界对象，如图5-28所示。

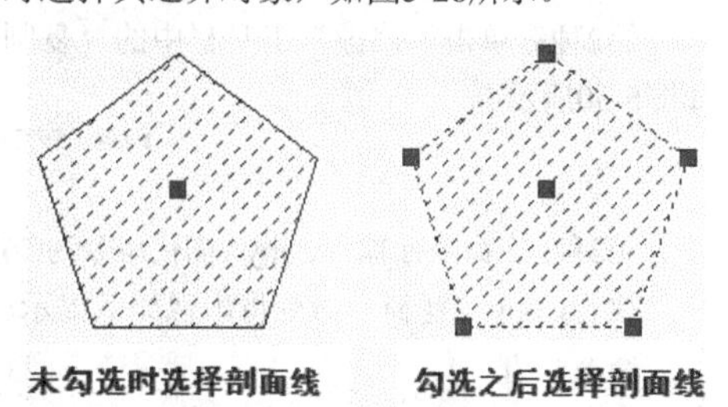

图5-28

5.2.3 删除对象

与选择对象相比，删除对象的过程要简单得多，在AutoCAD中删除对象有以下两种方式。

第1种：在没有执行命令的情况下选中需要删除的对象，然后按键盘上的Delete键或单击“修改”工具栏中的“删除”按钮。

第2种：在没有选中任何对象的情况下单击“修改”工具栏中的“删除”按钮，然后根据命令提示选择需要删除的对象，接着按回车键确认删除，相关命令提示如下。

命令: _erase
选择对象:

5.3 复制类命令

复制是AutoCAD提供的一种快速绘图方式，通过不同的复制方法可以从不同的途径实现快速绘制多个图形的目标。

5.3.1 复制

本节要讲述的复制图形是指用Copy（复制）命令复制图形，这是AutoCAD中最基本的复制操作。Copy（复制）命令用于复制所选定的图形到指定的位置，而原图形不受任何影响。

在AutoCAD中，执行Copy（复制）命令的方式有如下3种。

第1种：执行“修改>复制”菜单命令，如图5-29所示。

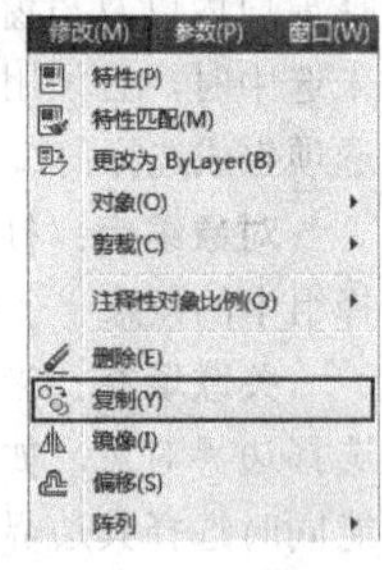

图5-29

第2种：单击“修改”工具栏中的“复制”按钮，如图5-30所示。

图5-30

第3种：在命令行输入Copy（简化命令为Co）并回车。

执行Copy（复制）命令将出现如下提示。

命令介绍
命令: COPY↙
选择对象: 找到 1 个 //选择需要复制的对象
选择对象: ↙
当前设置: 复制模式 = 多个
指定基点或 [位移(D)/模式(O)] <位移>: //拾取复制基点
指定第二个点或 [阵列(A)] <使用第一个点作为位移>: //拾取复制的第二点
指定第二个点或 [阵列(A)/退出(E)/放弃(U)] <退出>: //拾取复制的下一点或按回车键退出命令

位移：通过坐标指定移动的距离和方向，如图5-31~图5-33所示，相关命令提示如下。

指定基点或 [位移(D)/模式(O)] <位移>:↙ //直接回车表示将相对于x、y、z轴进行位移
指定位移 <0.0000, 0.0000, 0.0000>: 120,0,0↙ //输入位移坐标，该坐标表示在x轴正方向上移动120mm

图5-31

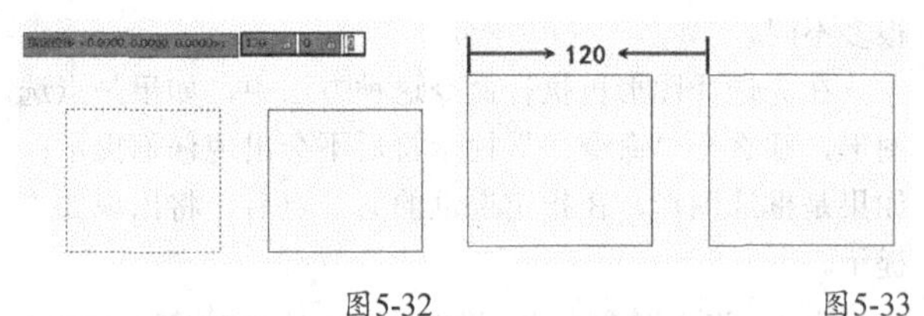

图5-32 图5-33

模式：用于设置复制模式，相关命令提示如下。

指定基点或 [位移(D)/模式(O)] <位移>: o↙
输入复制模式选项 [单个(S)/多个(M)] <多个>:

单个：创建选定对象的单个副本，完成创建后自动结束命令。

多个：创建选定对象的多个副本，也就是Copy（复制）命令会自动重复，用户可以不停地复制对象，直到按回车键或者Esc键退出命令，该模式是默认模式。

阵列：用于指定在线性阵列中排列的副本数量，如图5-34~图5-39所示，相关命令提示如下。

指定基点或 [位移(D)/模式(O)] <位移>: //任意拾取一点
指定第二个点或 [阵列(A)] <使用第一个点作为位移>: a↙
输入要进行阵列的项目数: 5↙ //设置阵列项目数为5（该数值包含原始的复制对象）
指定第二个点或 [布满(F)]: @0,40↙
指定第二个点或 [阵列(A)/退出(E)/放弃(U)] <退出>: ↙

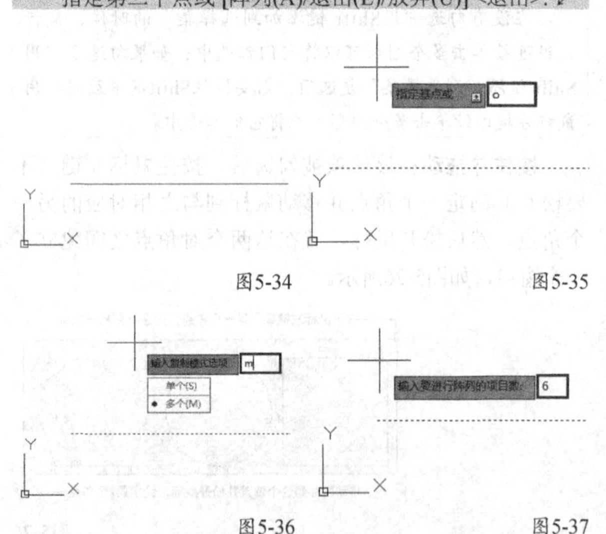

图5-34 图5-35

图5-36 图5-37

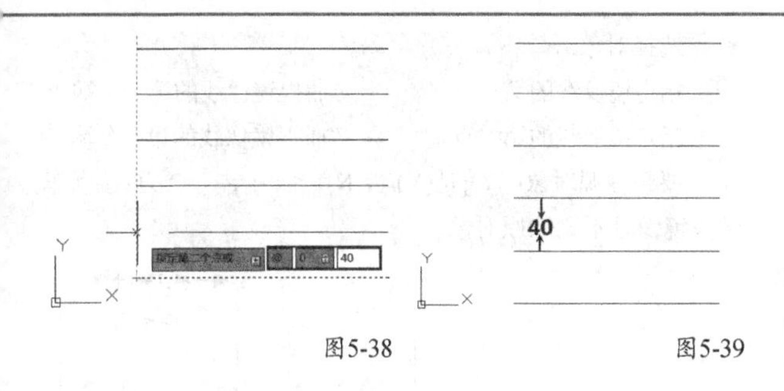

图5-38　　图5-39

5.3.2 实战——绘制衣柜图例

素材位置　无
实例位置　第5章>实例文件>5.3.2.dwg
技术掌握　复制命令的运用

本例绘制的衣柜平面效果如图5-40所示。

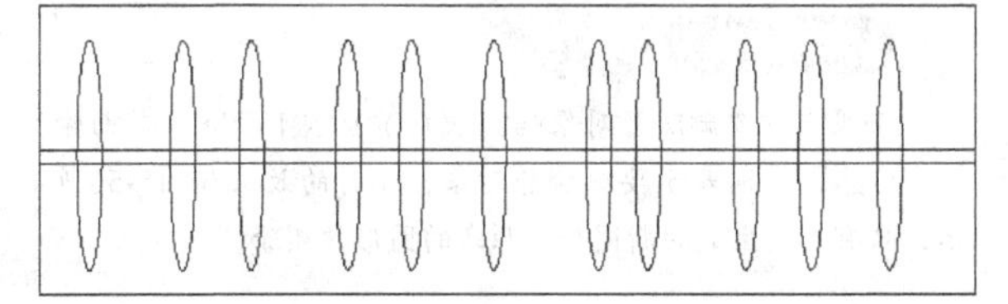

图5-40

01 利用Rectang（矩形）命令和Line（直线）命令绘制一个长为1500mm，宽为450mm的外框，如图5-41所示，相关命令提示如下。

命令: _rectang

指定第一个角点或 [倒角(C)/标高(E)/圆角(F)/厚度(T)/宽度(W)]:　//在绘图区域指定矩形的一个角点

指定另一个角点或 [面积(A)/尺寸(D)/旋转(R)]: @1500,450 ↙　//输入另一个角点的相对坐标

图5-41

02 执行Ellipse（椭圆）命令，在矩形框内绘制一个长半轴为180mm，短半轴为40mm的椭圆，如图5-42所示，相关命令提示如下。

命令: _ellipse

指定椭圆的轴端点或 [圆弧(A)/中心点(C)]: //在直线上捕捉一点作为椭圆的圆心

指定轴的另一个端点: 40 ↙　//指定短轴半径

指定另一条半轴长度或 [旋转(R)]: 180 ↙　//指定长轴半径

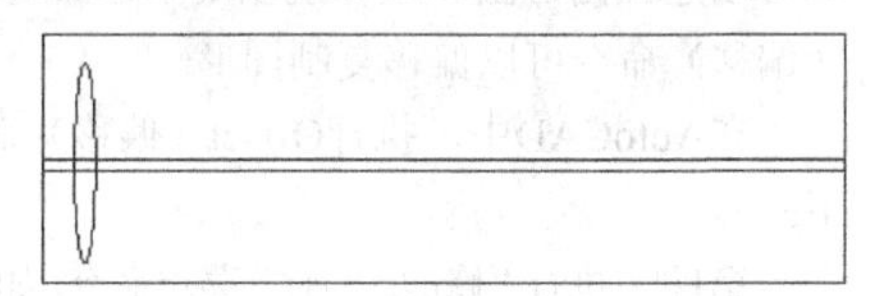

图5-42

03 开启“对象捕捉”模式，首先单击选中椭圆，然后执行Copy（复制）命令，捕捉到椭圆与直线的一个交点，如图5-43所示，将绘制好的椭圆延直线复制10个，如图5-44所示，按Esc键结束复制完成衣柜的绘制，如图5-45所示。

命令: _copy 找到 1 个

指定基点或 [位移(D)/模式(O)] <位移>: <打开对象捕捉> //捕捉椭圆与直线的一个交点作为复制基点

指定第二个点或 [阵列(A)] <使用第一个点作为位移>: //沿直线复制椭圆

指定第二个点或 [阵列(A)/退出(E)/放弃(U)] <退出>: //继续复制10个椭圆

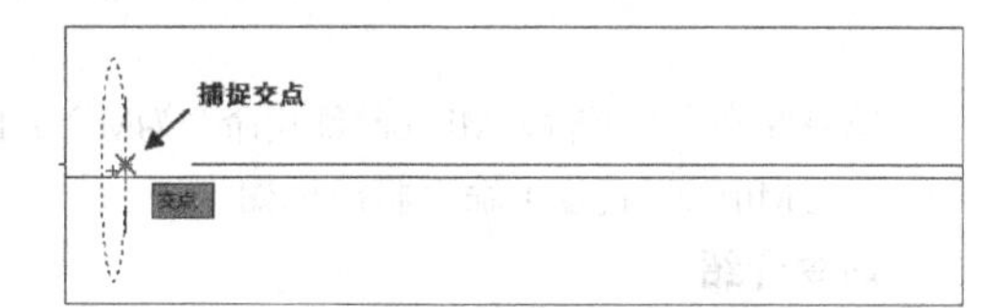

图5-43

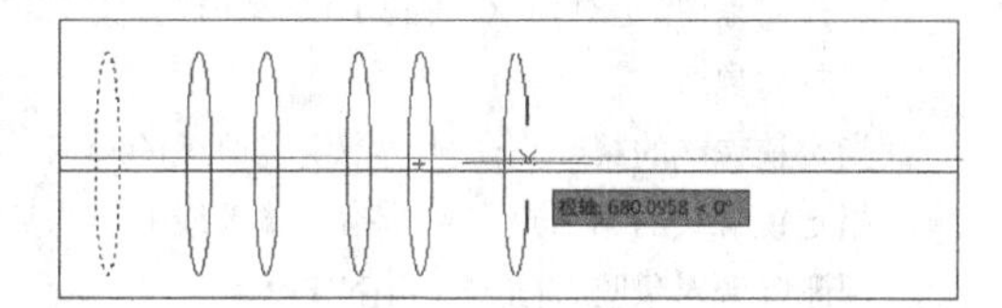

图5-44

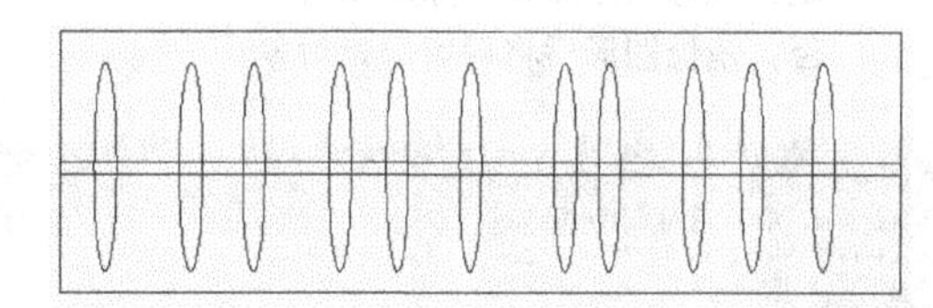

图5-45

专家点拨

在复制的过程中，首先要确定复制的基点，然后通过指定目标点位置与基点位置的距离来复制图形。使用Copy（复制）命令可以将同一个图形连续复制多份，按Esc键可以中止复制操作。

5.3.3 镜像复制

使用Mirror（镜像）命令可以镜像复制图形，该功能用于对选定的图形进行对称（镜像）变换，以便在对称的方向上生成一个反向的图形。形象地说，这个功能的原理跟照镜子是一样的。

在AutoCAD中，执行Mirror（镜像）命令的方式有如下3种。

第1种：执行“修改>镜像”菜单命令，如图5-46所示。

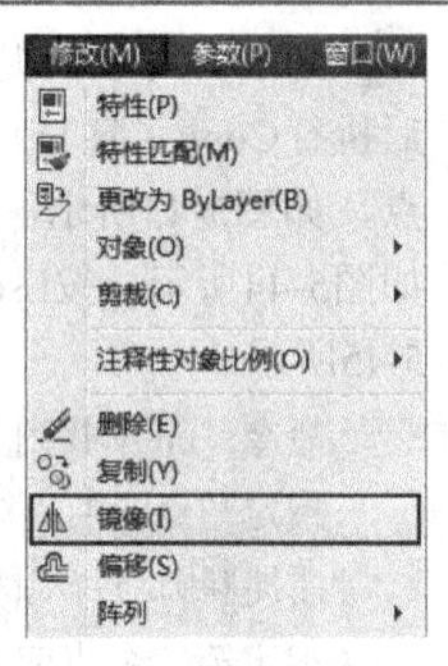

图5-46

第2种：单击“修改”工具栏中的“镜像”按钮，如图5-47所示。

图5-47

第3种：在命令行输入Mirror（简化命令为Mi）并回车。

执行Mirror（镜像）命令将出现如下提示。

命令介绍

命令: _mirror
选择对象: 指定对角点: 找到 1个　　//选择镜像对象
选择对象: ↙
指定镜像线的第一点:　　//指定镜像线的起点
指定镜像线的第二点:　　//指定镜像线的第二点
要删除源对象吗？[是(Y)/否(N)] <N>:

是：镜像图形后将删除原始对象。

否：镜像图形后将保留原始对象。

5.3.4 实战——镜像图形和文字

素材位置　第5章>素材文件>5.3.4.dwg
实例位置　第5章>实例文件>5.3.4.dwg
技术掌握　镜像命令的运用

01 打开光盘中的“第5章>素材文件>5.3.4.dwg”文件，如图5-48所示。

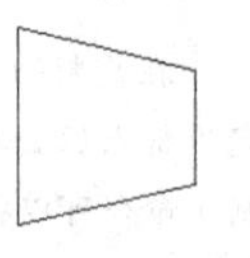

CAD

图5-48

02 单击“修改”工具栏中的“镜像”按钮，将梯形以右边的垂直线为镜像线对称复制一份，如图5-49所示，相关命令提示如下。

命令: _mirror
选择对象: 找到 1 个　　//鼠标单击选中镜像线左边待复制的梯形
选择对象: ↙
指定镜像线的第一点:　　//捕捉镜像线的第一个端点
指定镜像线的第二点:　　//捕捉镜像线的第二个端点
要删除源对象吗？[是(Y)/否(N)] <N>: ↙　　//直接回车结束镜像且不删除原对象

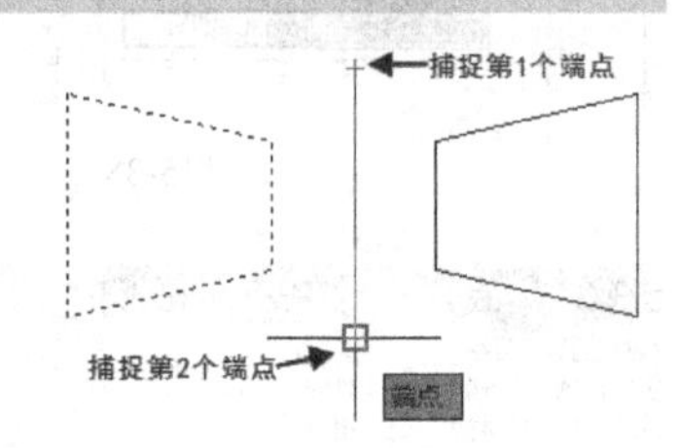

图5-49

如果在“要删除源对象吗？[是(Y)/否(N)] <N>:”后面输入“y↙”，则表示要删除原对象，此时的效果如图5-50所示，只有复制生成的新图形，原来的图形被删除。

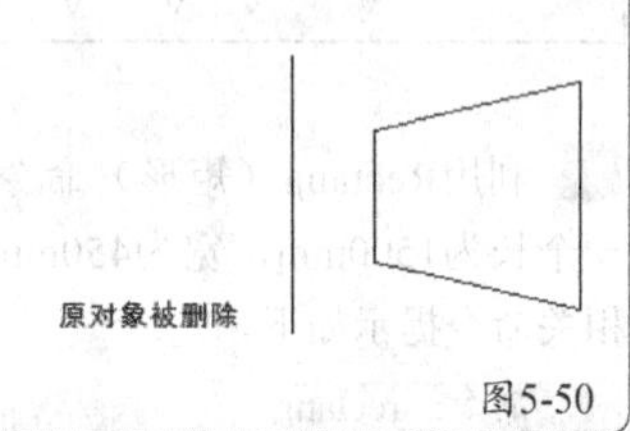

图5-50

03 执行“修改>镜像”菜单命令，以右侧的垂直线作为镜像线，将上面的文字CAD复制一份，如图5-51所示。

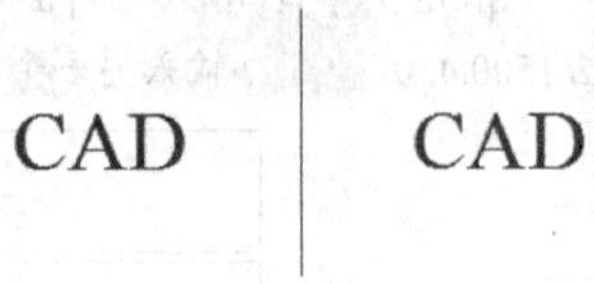

CAD　CAD

图5-51

在做镜像复制时，如果选定的对象中包含文本，那么这些文本同样要进行对称复制，如果按照图形镜像的原理，文字应该也对称反向，但CAD 2014可以自动将这些文字调整为正常状态。

5.3.5 偏移复制

偏移复制功能用于从指定的图形并通过指定的点来建立等距偏移（有时可能是放大或缩小）的新图形，例如可以建立同心圆、平行线以及平行曲线等。使用Offset（偏移）命令可以偏移复制图形。

在AutoCAD中，执行Offset（偏移）命令的方式有如下3种。

第1种：执行“修改>偏移”菜单命令，如图5-52所示。

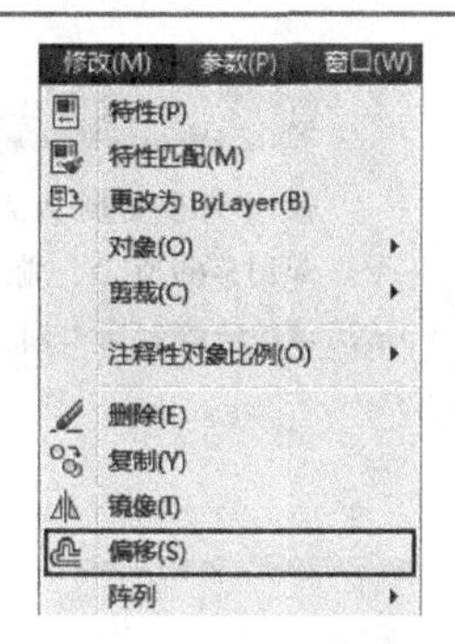

图5-52

第2种：单击“修改”工具栏中的“偏移”按钮，如图5-53所示。

图5-53

第3种：在命令行输入Offset（简化命令为O）并回车。

执行Offset（偏移）命令将出现如下提示。

命令介绍

命令: _offset

当前设置: 删除源=否 图层=源 OFFSETGAPTYPE=0

指定偏移距离或 [通过(T)/删除(E)/图层(L)] <通过>:

偏移距离：指定副本对象与源对象的距离，如图5-54~图5-56所示，相关命令提示如下。

指定偏移距离或 [通过(T)/删除(E)/图层(L)] <0.0000>: 30↙

选择要偏移的对象，或 [退出(E)/放弃(U)] <退出>: //选择矩形

指定要偏移的那一侧上的点，或 [退出(E)/多个(M)/放弃(U)] <退出>: 　　//在矩形的内部单击鼠标左键

选择要偏移的对象，或 [退出(E)/放弃(U)] <退出>:↙

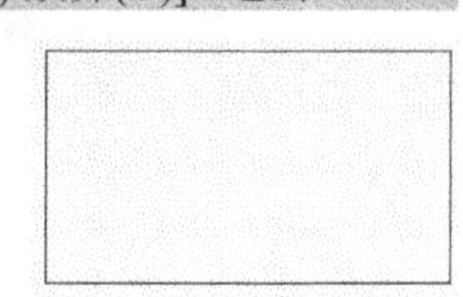

图5-54

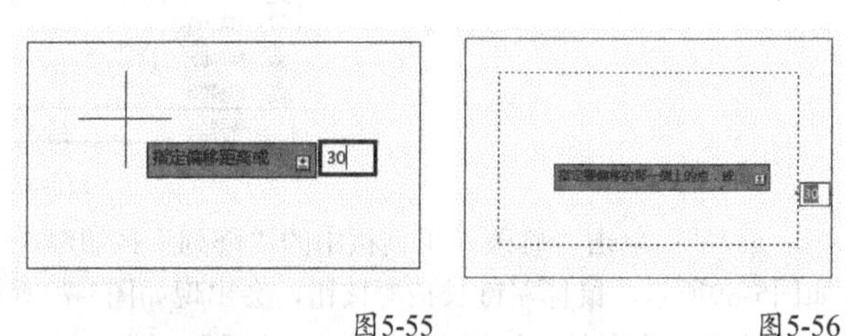

图5-55　　图5-56

在图5-56中，虚线表示偏移得到的矩形，由于此时光标在原有矩形内部，因此偏移的图形向内，如果将光标置于原有矩形外部则偏移的图形则向外。

通过：创建通过指定点的对象，如图5-57~图5-59所示，相关命令提示如下。

指定偏移距离或 [通过(T)/删除(E)/图层(L)] <30.0000>: t↙

选择要偏移的对象，或 [退出(E)/放弃(U)] <退出>: //选择直线A

指定通过点或 [退出(E)/多个(M)/放弃(U)] <退出>: //捕捉上方线段下部端点

选择要偏移的对象，或 [退出(E)/放弃(U)] <退出>:↙

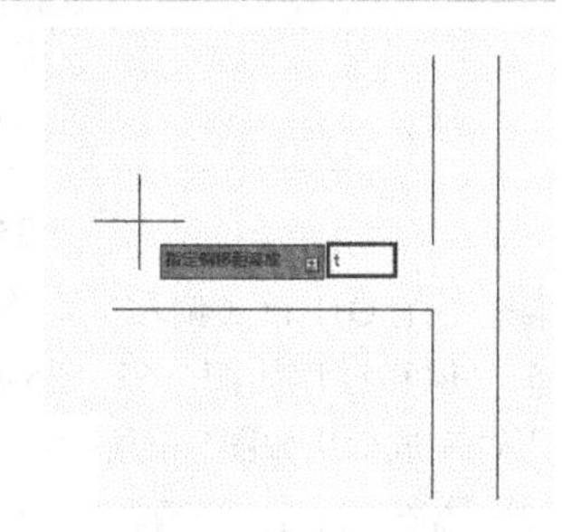

图5-57

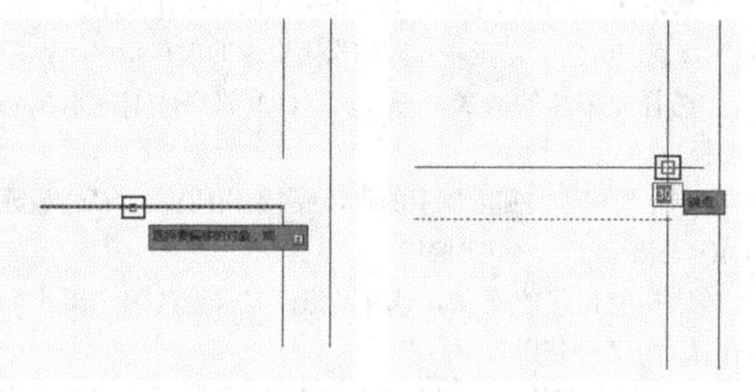

图5-58　　图5-59

删除：定义是否在偏移后删除源对象，相关命令提示如下。

指定偏移距离或 [通过(T)/删除(E)/图层(L)] <通过>: e↙

要在偏移后删除源对象吗？[是(Y)/否(N)] <否>:

图层：定义将偏移生成的副本对象创建在当前图层上还是源对象所在的图层上，相关命令提示如下。

指定偏移距离或 [通过(T)/删除(E)/图层(L)] <通过>: l↙

输入偏移对象的图层选项 [当前(C)/源(S)] <源>:

5.3.6 实战——绘制通风口图例

素材位置　无

实例位置　第5章>实例文件>5.3.6.dwg

技术掌握　偏移命令的运用

本例绘制的通风口图例效果如图5-60所示。

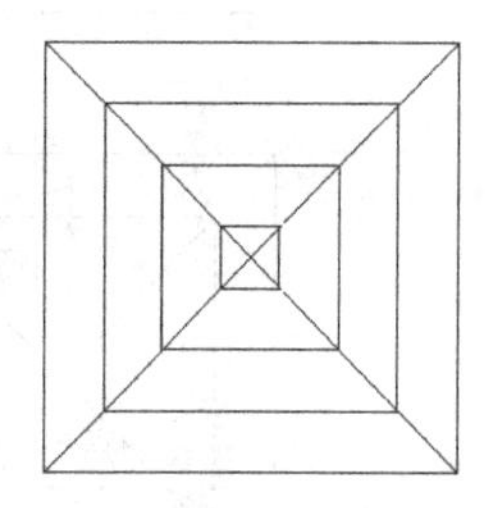

图5-60

01 执行Rectang（矩形）命令，绘制一个边长为

280mm×280mm的矩形，如图5-61所示。

02 执行Line（直线）命令，绘制出矩形的对角线，如图5-62所示。

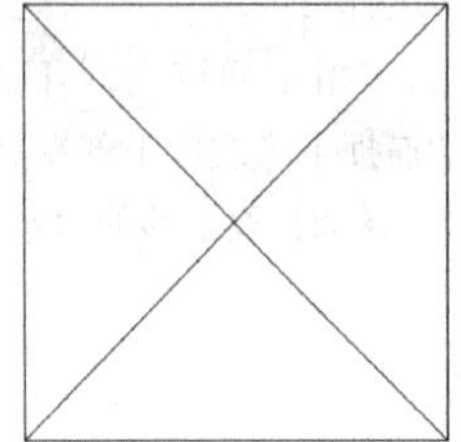

图5-61　　图5-62

03 执行Offset（偏移）命令，将矩形向内偏移复制3个，偏移过程如图5-63~图5-65所示，相关命令提示如下，完成效果如图5-66所示。

命令: _offset

指定偏移距离或 [通过(T)/删除(E)/图层(L)] <通过>: 指定第二点: 40↙　　//延垂直方向指定矩形的偏移距离

选择要偏移的对象，或 [退出(E)/放弃(U)] <退出>: //选择矩形

指定要偏移的那一侧上的点，或 [退出(E)/多个(M)/放弃(U)] <退出>:　　//指定偏移方向

选择要偏移的对象，或 [退出(E)/放弃(U)] <退出>: //选择上一步偏移出来的矩形

指定要偏移的那一侧上的点，或 [退出(E)/多个(M)/放弃(U)] <退出>:　　//继续向内偏移

选择要偏移的对象，或 [退出(E)/放弃(U)] <退出>: //选择上一步偏移出来的矩形

指定要偏移的那一侧上的点，或 [退出(E)/多个(M)/放弃(U)] <退出>:　　//继续向内偏移

选择要偏移的对象，或 [退出(E)/放弃(U)] <退出>: ↙ //按回车完成绘制

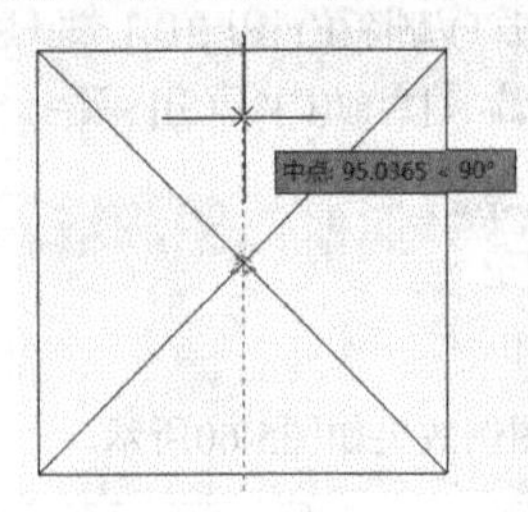

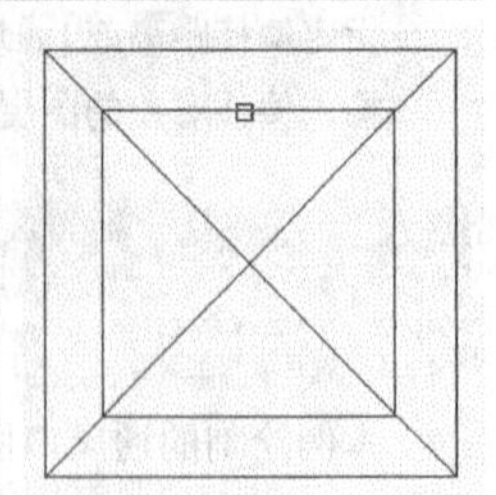

图5-63　　图5-64

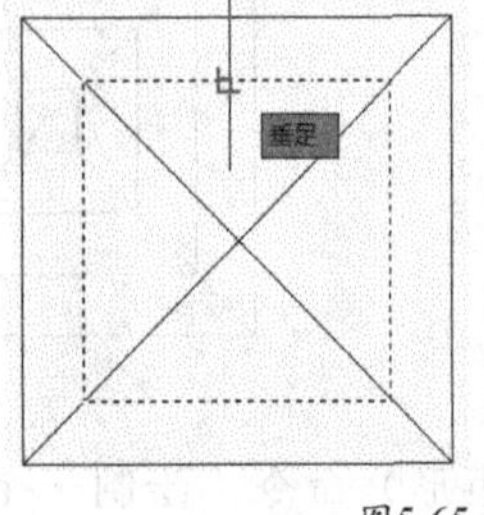

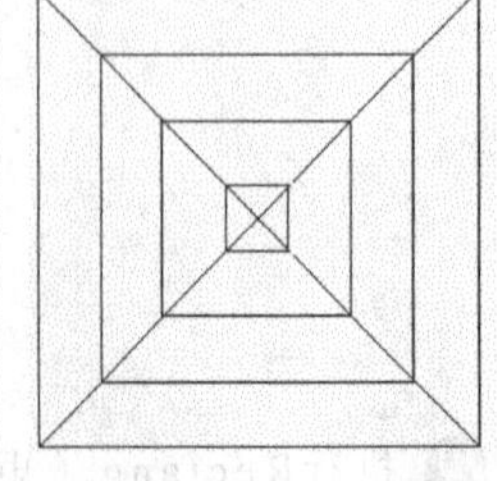

图5-65　　图5-66

使用偏移复制功能还可以绘制平行线、同心圆、圆弧等。如图5-67所示，前者是采用该功能绘制平行线，后者是采用该功能绘制同心圆。

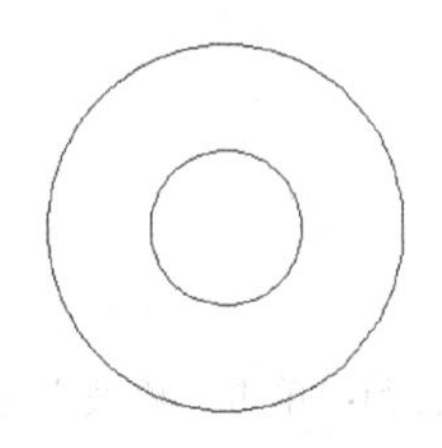

图5-67

5.3.7 阵列复制

在AutoCAD中，使用Array（阵列）命令可以阵列复制图形。所谓“阵列”就是对选定的图形作有规律的多重复制，从而可以建立一个“矩形”或者“环形”阵列。矩形阵列是指按行与列整齐排列的多个相同对象组成的纵横对称图案，环形阵列是指围绕中心点的多个相同对象组成的径向对称图案。

在AutoCAD中，执行Array（阵列）命令的方式有如下3种。

第1种：执行“修改>阵列”菜单命令，如图5-68所示。

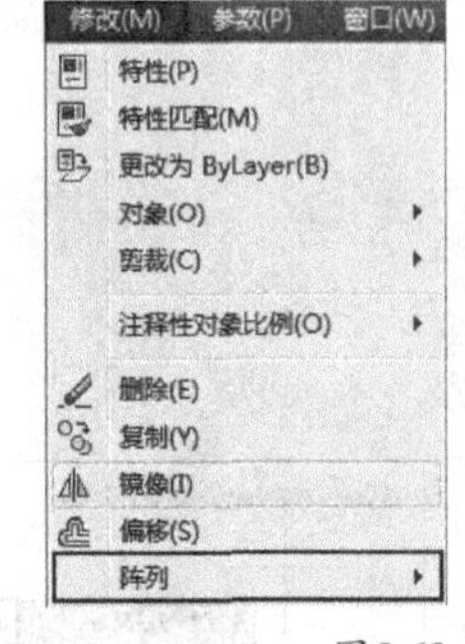

图5-68

第2种：单击“修改”工具栏中的“阵列”按钮，如图5-69所示，鼠标左键长按按钮，会出现如图5-70所示的按钮，分别是“矩形阵列”、“路径阵列”、“环形阵列”。

图5-69　图5-70

第3种：在命令行输入Array（简化命令为Ar）并回车。

执行Array（阵列）命令将出现如下提示。

命令介绍

命令: AR↙

ARRAY

选择对象: 找到 1 个　　　　//选择阵列对象

选择对象: ↙

输入阵列类型 [矩形(R)/路径(PA)/极轴(PO)] <矩形>:

矩形：按行与列整齐排列的多个相同对象副本组成的纵横对称图案，如图5-71~图5-76所示，相关命令提示如下。

命令: ARRAYRECT

选择对象: 找到 1 个　　　　//选择矩形

选择对象: ↙

类型 = 矩形　关联 = 是

为项目数指定对角点或 [基点(B)/角度(A)/计数(C)] <计数>:↙　//直接回车表示进行项目计数

输入列数或 [表达式(E)] <4>: 4↙　　//指定矩形阵列的行数或者输入数学表达式

输入行数或 [表达式(E)] <4>: 3↙　　//指定矩形阵列的列数或者输入数学表达式

指定对角点以间隔项目或 [间距(S)] <间距>:↙　//直接回车表示定义间距

指定行之间的距离或 [表达式(E)] <1>: 5↙　　//指定行间距为5

按 Enter 键接受或 [关联(AS)/基点(B)/行(R)/列(C)/层(L)/退出(X)] <退出>:↙　//回车结束绘制

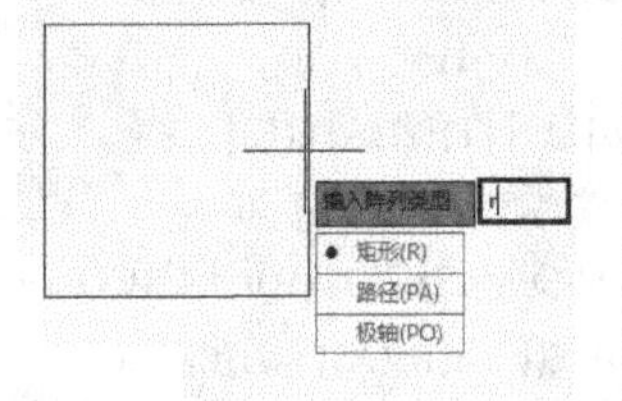

图5-71

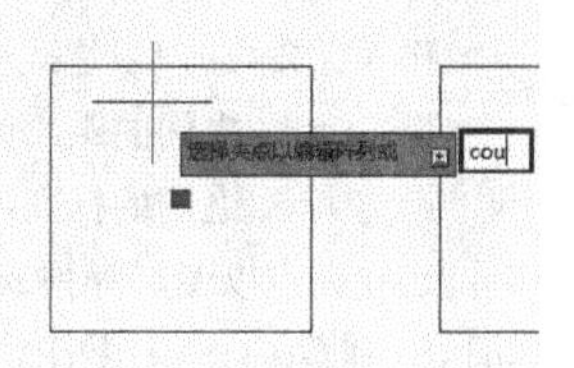

图5-72

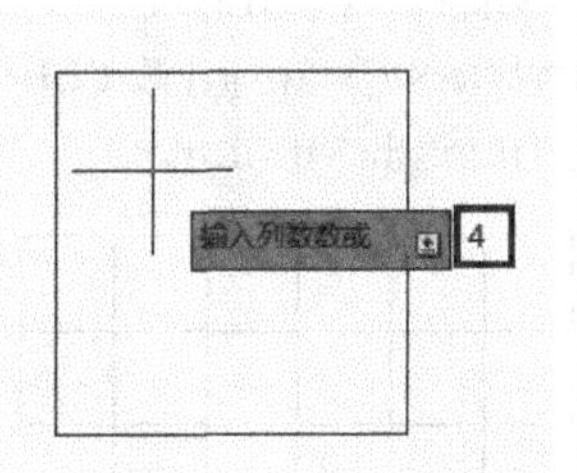

图5-73

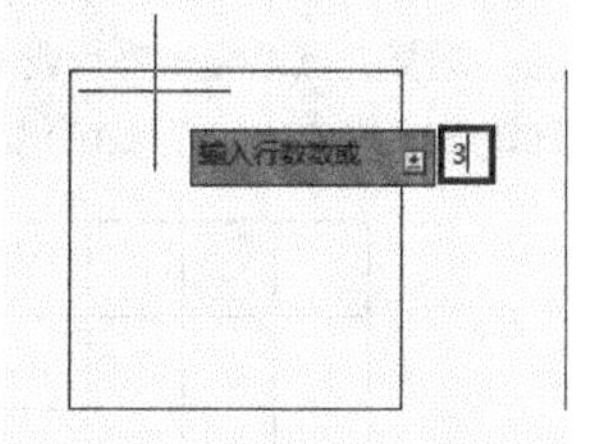

图5-74

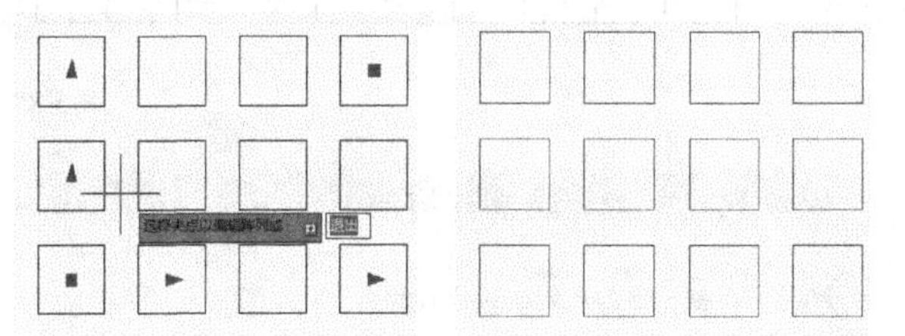

图5-75　　图5-76

专家点拨

在输入行数或列数时，阵列图形内会出现如图5-77所示的▲与►夹点，其中左上方的▲夹点控制行数目，如图5-78所示，其下端的▲夹点控制行间距离，如图5-79所示，右下的两个►夹点分别控制列数目与列间距离。

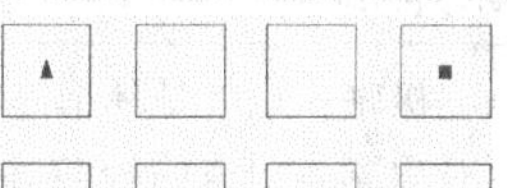

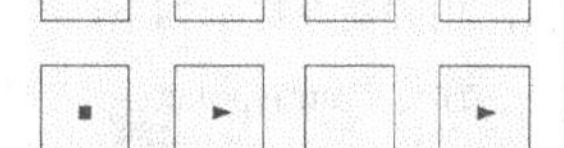

图5-77

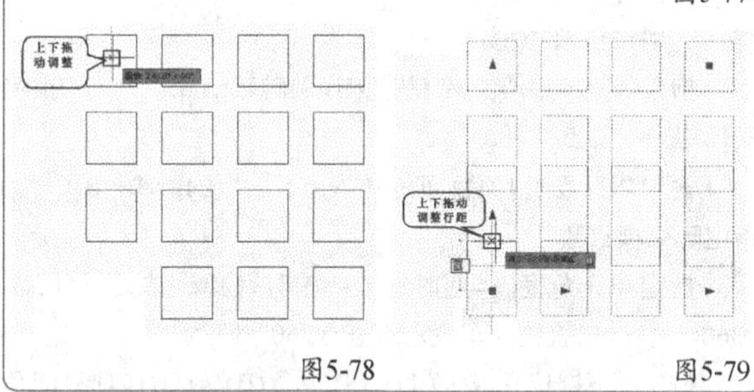

图5-78　　图5-79

路径：沿指定路径均匀分布对象副本，如图5-80~图5-82所示，相关命令提示如下。

命令: _arraypath

选择对象: 找到 1 个　　　　//选择直线

选择对象: ↙

类型 = 路径　关联 = 是

选择路径曲线:　　　　//任意选择曲线作为阵列的路径

输入沿路径的项数或 [方向(O)/表达式(E)] <方向>: 50↙　//输入阵列的项目数

指定沿路径的项目之间的距离或 [定数等分(D)/总距离(T)/表达式(E)] <沿路径平均定数等分(D)>: ↙　//直接回车表示沿路径按照指定的项目数等分间距，这里也可以输入数值指定

按 Enter 键接受或 [关联(AS)/基点(B)/项目(I)/行(R)/层(L)/对齐项目(A)/Z 方向(Z)/退出(X)] <退出>:↙

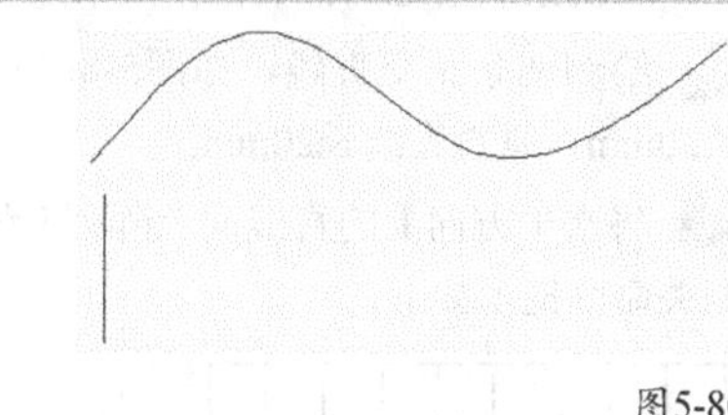

图5-80

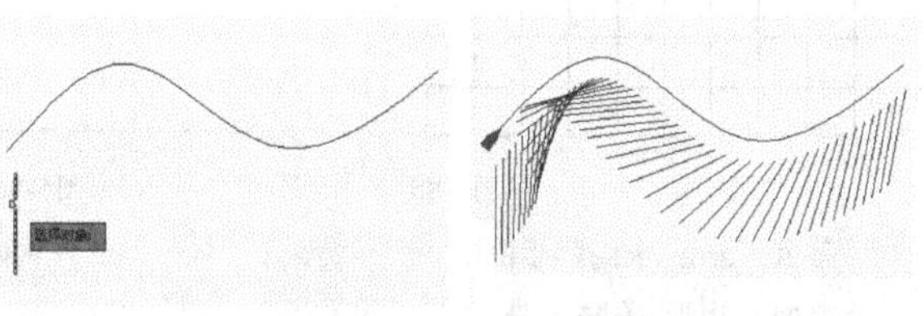

图5-81　　图5-82

专家点拨

路径阵列也可以首先输入Array命令，然后在输入阵列类型 [矩形(R)/路径(PA)/极轴(PO)] <矩形>选项后输入PA执行。下面将要讲解的极轴阵列同样有类似的执行方法，对应输入命令PO即可。

极轴：也就是环形阵列，是指围绕中心点的多个相同对象副本组成的径向对称图案，如图5-83和图5-84所示，相关命令提示如下。

命令: _arraypolar
选择对象: 找到 1 个　　//选择正五边形
选择对象: ↙
类型 = 极轴 关联 = 是
指定阵列的中心点或 [基点(B)/旋转轴(A)]:　　//指定极轴阵列中心点
输入项目数或 [项目间角度(A)/表达式(E)] <4>: 6↙　　//指定阵列项目数
指定填充角度(+=逆时针、-=顺时针)或 [表达式(EX)] <360>:↙　　//直接回车表示将进行360°阵列
按 Enter 键接受或 [关联(AS)/基点(B)/项目(I)/项目间角度(A)/填充角度(F)/行(ROW)/层(L)/旋转项目(ROT)/退出(X)] <退出>:↙

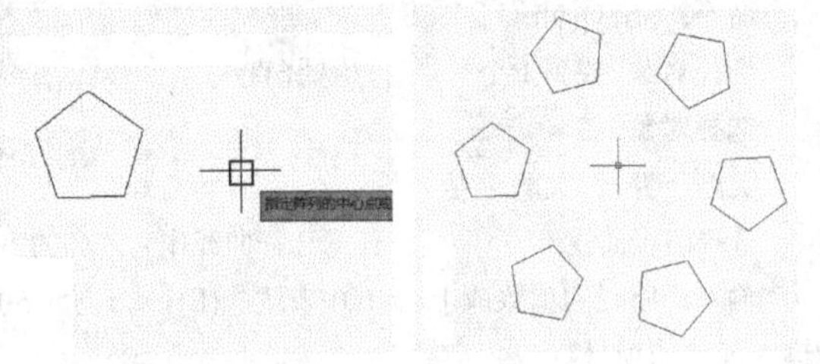

图5-83　　图5-84

5.3.8 实战——绘制地面铺砖图例

素材位置　无
实例位置　第5章>实例文件>5.3.8.dwg
技术掌握　阵列命令的运用

本例绘制的地面铺砖图例效果如图5-85所示。

01 绘制两条正交直线，如图5-86所示，其中水平直线长50mm，垂直直线长20mm。

02 将水平方向上的直线向上阵列5条，如图5-87所示，相关命令提示如下。

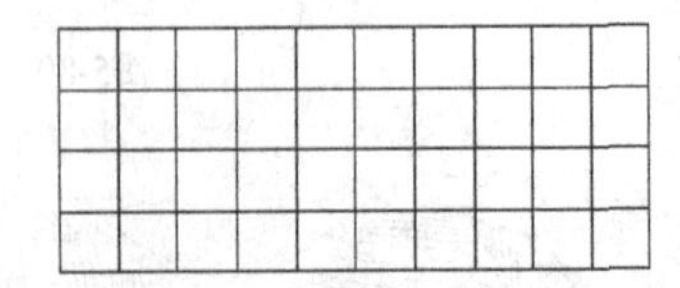

图5-85 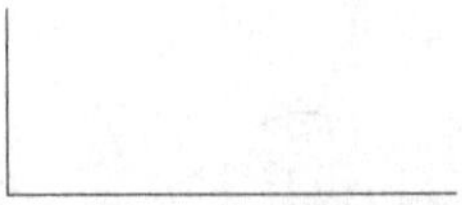　　图5-86

命令: _arrayrect 找到 1 个
类型 = 矩形 关联 = 是
选择夹点以编辑阵列或 [关联(AS)/基点(B)/计数(COU)/间距(S)/列数(COL)/行数(R)/层数(L)/退出(X)] <退出>: col↙
输入列数数或 [表达式(E)] <4>: 1↙
指定 列数 之间的距离或 [总计(T)/表达式(E)] <75>:↙
选择夹点以编辑阵列或 [关联(AS)/基点(B)/计数(COU)/间距(S)/列数(COL)/行数(R)/层数(L)/退出(X)] <退出>: r↙
输入行数数或 [表达式(E)] <3>: 5↙
指定 行数 之间的距离或 [总计(T)/表达式(E)] <1>: 5↙
指定 行数 之间的标高增量或 [表达式(E)] <0>:↙
选择夹点以编辑阵列或 [关联(AS)/基点(B)/计数(COU)/间距(S)/列数(COL)/行数(R)/层数(L)/退出(X)] <退出>:↙

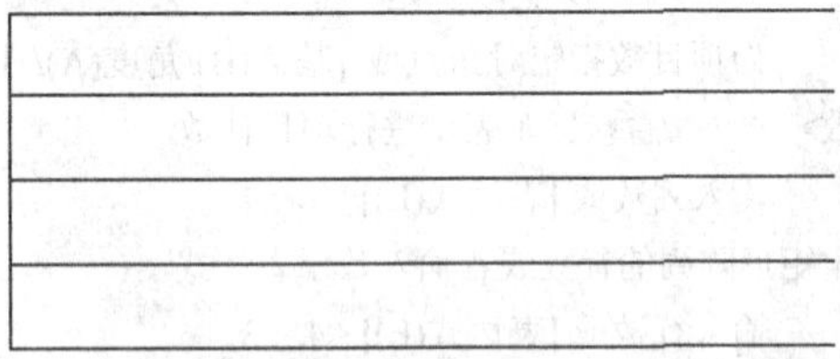

图5-87

03 将竖直方向上的直线向右阵列11条，如图5-88所示，相关命令提示如下。

命令: _arrayrect 找到 1 个
类型 = 矩形 关联 = 是
选择夹点以编辑阵列或 [关联(AS)/基点(B)/计数(COU)/间距(S)/列数(COL)/行数(R)/层数(L)/退出(X)] <退出>: r↙
输入行数数或 [表达式(E)] <3>: 1↙
指定 行数 之间的距离或 [总计(T)/表达式(E)] <30>:↙
指定 行数 之间的标高增量或 [表达式(E)] <0>:↙
选择夹点以编辑阵列或 [关联(AS)/基点(B)/计数(COU)/间距(S)/列数(COL)/行数(R)/层数(L)/退出(X)] <退出>: col↙
输入列数数或 [表达式(E)] <4>: 11↙
指定 列数 之间的距离或 [总计(T)/表达式(E)] <1>: 5↙
选择夹点以编辑阵列或 [关联(AS)/基点(B)/计数(COU)/间距(S)/列数(COL)/行数(R)/层数(L)/退出(X)] <退出>:↙

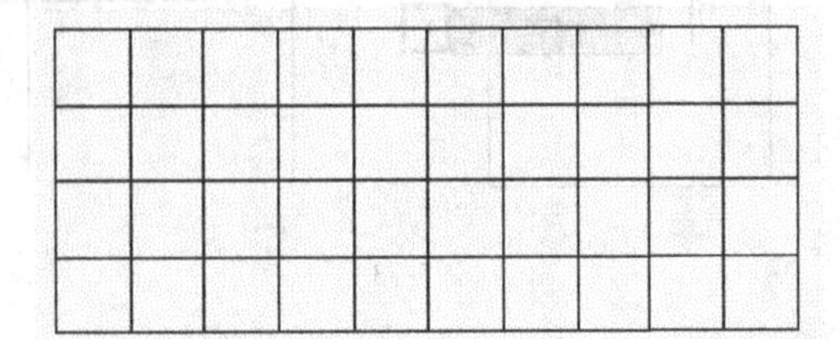

图5-88

5.3.9 综合实例——绘制餐桌椅

素材位置　无
实例位置　第5章>实例文件>5.3.9.dwg
技术掌握　复制、镜像、偏移和阵列命令的综合运用

本例绘制的餐桌椅效果如图5-89所示。

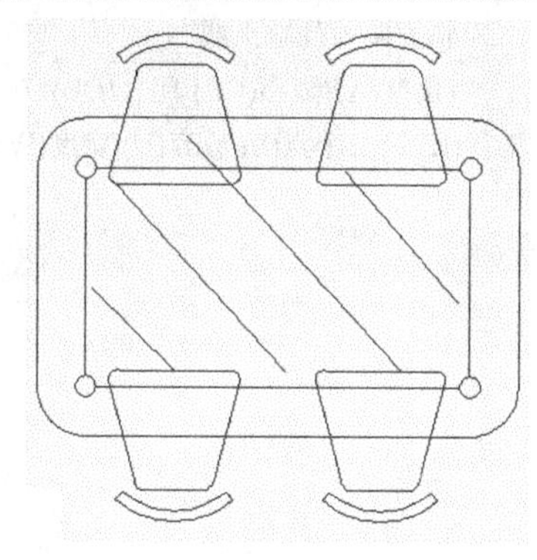

图5-89

01 使用Rectang（矩形）命令绘制一个大小为1400mm×900mm、圆角半径为140mm的圆角矩形，如图5-90所示，相关命令提示如下。

命令: _rectang

指定第一个角点或 [倒角(C)/标高(E)/圆角(F)/厚度(T)/宽度(W)]: f↙

指定矩形的圆角半径 <0.0000>: 140↙

指定第一个角点或 [倒角(C)/标高(E)/圆角(F)/厚度(T)/宽度(W)]:　　//任意拾取一点

指定另一个角点或 [面积(A)/尺寸(D)/旋转(R)]: @1400,900↙

图5-90

02 使用Line（直线）命令在矩形内绘制几条倾斜的直线，表示桌面是玻璃材质的，如图5-91所示。

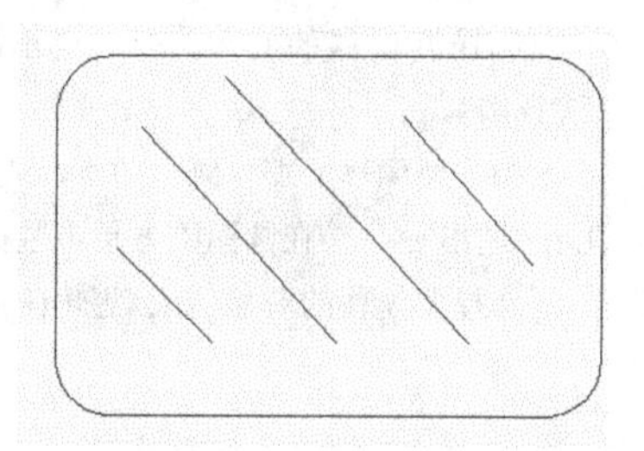

图5-91

03 单击“绘图”工具栏中的“圆”按钮，然后根据命令提示绘制一个半径为30mm的圆，如图5-92所示，相关命令提示如下。

命令: _circle 指定圆的圆心或 [三点(3P)/两点(2P)/切点、切点、半径(T)]: //捕捉圆角矩形左上角的圆心

指定圆的半径或 [直径(D)]: 30↙

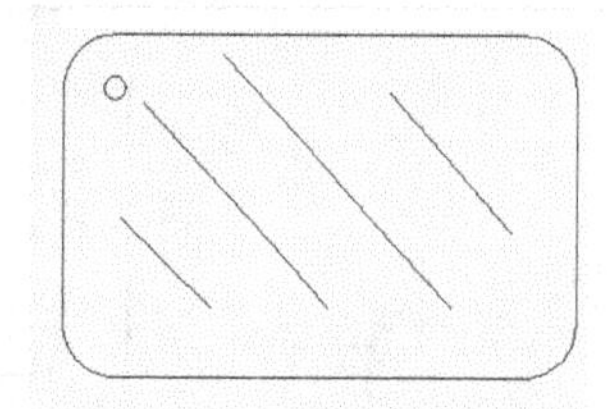

图5-92

04 执行“修改>镜像”菜单命令，然后根据命令提示镜像复制上一步绘制的小圆，如图5-93所示，相关命令提示如下。

命令: _mirror

选择对象: 找到 1 个　　　//选择小圆

选择对象: ↙

指定镜像线的第一点:　　　//拾取圆角矩形上边线的中点

指定镜像线的第二点:　　　//拾取圆角矩形下边线的中点

要删除源对象吗？[是(Y)/否(N)] <N>:↙　　//直接回车表示不删除源对象

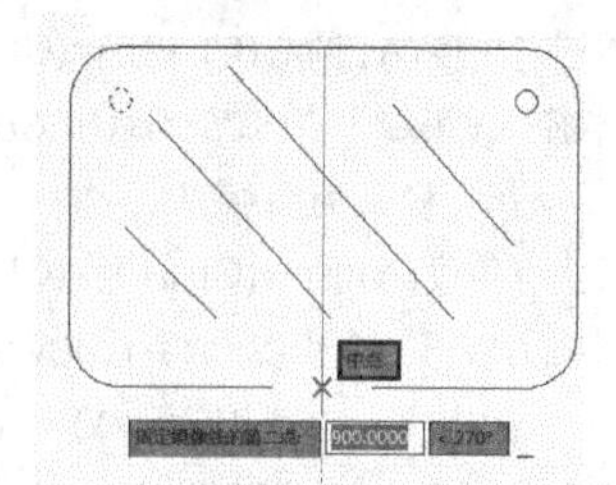

图5-93

05 单击“修改”工具栏中的“复制”按钮，将两个小圆复制一份到下方，如图5-94所示，相关命令提示如下。

命令: _copy

选择对象: 找到 1 个

选择对象: 找到 1 个，总计 2 个　　　//依次选择两个小圆

选择对象: ↙

当前设置: 复制模式 = 多个

指定基点或 [位移(D)/模式(O)] <位移>:　　//捕捉右侧小圆的圆心

指定第二个点或 [阵列(A)] <使用第一个点作为位移>: //捕捉圆角矩形右下角的圆心

指定第二个点或 [阵列(A)/退出(E)/放弃(U)] <退出>:↙

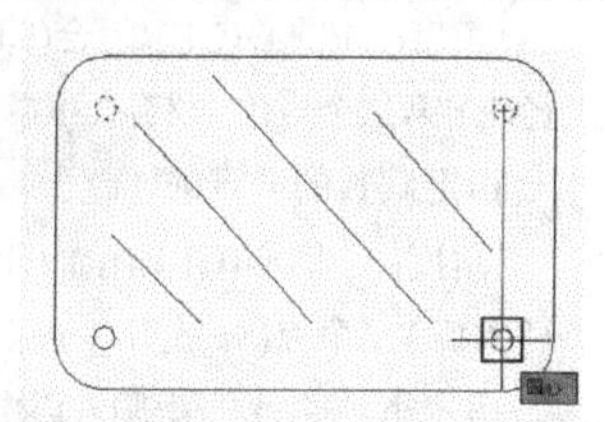

图5-94

06 开启“象限点”捕捉模式，然后使用Line（直线）命令捕捉象限点绘制连接4个小圆的直线，如图5-95所示。

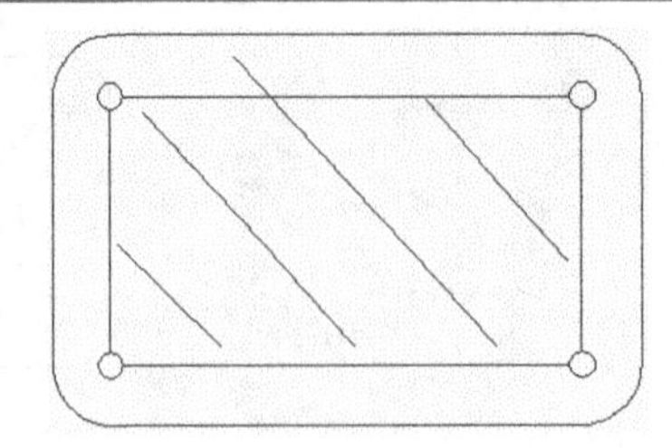

图5-95

07 使用Pline（多段线）命令绘制椅子图形，如图5-96所示，相关命令提示如下。

命令: _pline
指定起点: //任意拾取一点
当前线宽为 0.0000
指定下一个点或 [圆弧(A)/半宽(H)/长度(L)/放弃(U)/宽度(W)]: @320,0↙
指定下一点或 [圆弧(A)/闭合(C)/半宽(H)/长度(L)/放弃(U)/宽度(W)]: a↙
指定圆弧的端点或
[角度(A)/圆心(CE)/闭合(CL)/方向(D)/半宽(H)/直线(L)/半径(R)/第二个点(S)/放弃(U)/宽度(W)]: @30,30↙
指定圆弧的端点或
[角度(A)/圆心(CE)/闭合(CL)/方向(D)/半宽(H)/直线(L)/半径(R)/第二个点(S)/放弃(U)/宽度(W)]: l↙
指定下一点或 [圆弧(A)/闭合(C)/半宽(H)/长度(L)/放弃(U)/宽度(W)]: @-75,280↙
指定下一点或 [圆弧(A)/闭合(C)/半宽(H)/长度(L)/放弃(U)/宽度(W)]: a↙
指定圆弧的端点或
[角度(A)/圆心(CE)/闭合(CL)/方向(D)/半宽(H)/直线(L)/半径(R)/第二个点(S)/放弃(U)/宽度(W)]: @-30,30↙
指定圆弧的端点或
[角度(A)/圆心(CE)/闭合(CL)/方向(D)/半宽(H)/直线(L)/半径(R)/第二个点(S)/放弃(U)/宽度(W)]: l↙
指定下一点或 [圆弧(A)/闭合(C)/半宽(H)/长度(L)/放弃(U)/宽度(W)]: @-170,0↙
指定下一点或 [圆弧(A)/闭合(C)/半宽(H)/长度(L)/放弃(U)/宽度(W)]: a↙
指定圆弧的端点或
[角度(A)/圆心(CE)/闭合(CL)/方向(D)/半宽(H)/直线(L)/半径(R)/第二个点(S)/放弃(U)/宽度(W)]: @-30,-30↙
指定圆弧的端点或
[角度(A)/圆心(CE)/闭合(CL)/方向(D)/半宽(H)/直线(L)/半径(R)/第二个点(S)/放弃(U)/宽度(W)]: l↙
指定下一点或 [圆弧(A)/闭合(C)/半宽(H)/长度(L)/放弃(U)/宽度(W)]: @-75,-280↙
指定下一点或 [圆弧(A)/闭合(C)/半宽(H)/长度(L)/放弃(U)/宽度(W)]: a↙
指定圆弧的端点或
[角度(A)/圆心(CE)/闭合(CL)/方向(D)/半宽(H)/直线(L)/半径(R)/第二个点(S)/放弃(U)/宽度(W)]: cl↙

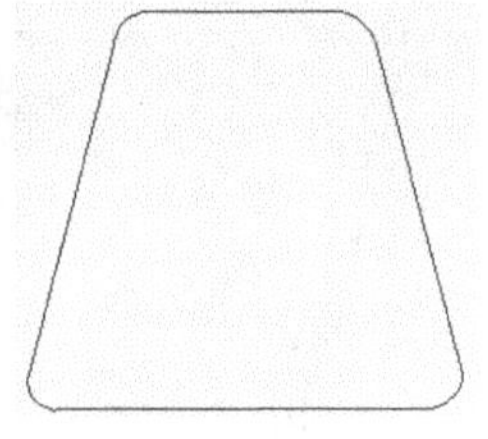

图5-96

08 在命令行输入Arc并回车，绘制一段作为椅子靠背的圆弧，如图5-97所示，相关命令提示如下。

命令: arc↙
指定圆弧的起点或 [圆心(C)]: //任意拾取一点
指定圆弧的第二个点或 [圆心(C)/端点(E)]: @170,60↙
指定圆弧的端点: @170,-60↙

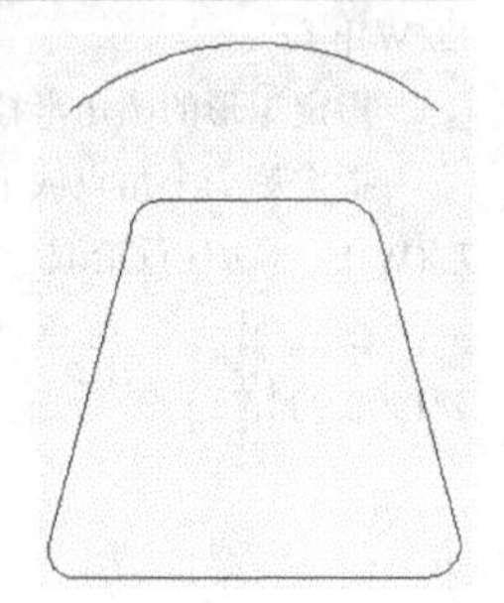

图5-97

09 单击“修改”工具栏中的“偏移”按钮，然后将上一步绘制的圆弧向下偏移复制30mm，如图5-98所示，相关命令提示如下。

命令: _offset
当前设置: 删除源=否 图层=源 OFFSETGAPTYPE=0
指定偏移距离或 [通过(T)/删除(E)/图层(L)] <通过>: 30↙
选择要偏移的对象，或 [退出(E)/放弃(U)] <退出>: //选择圆弧
指定要偏移的那一侧上的点，或 [退出(E)/多个(M)/放弃(U)] <退出>: //在圆弧下方单击鼠标左键
选择要偏移的对象，或 [退出(E)/放弃(U)] <退出>:↙

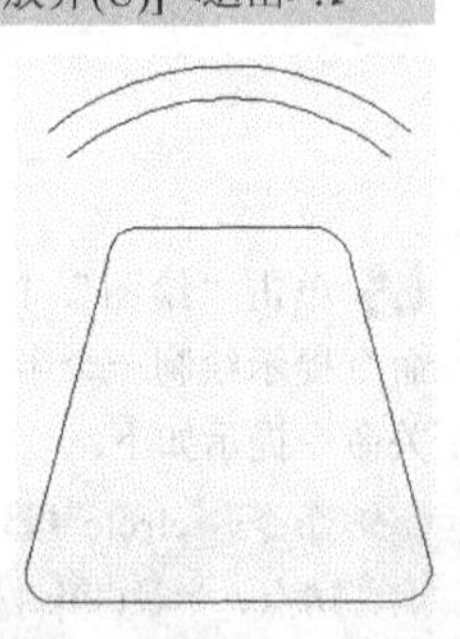

图5-98

10 使用Line（直线）命令绘制两段连接圆弧端点的直线，然后将椅子的靠背图形移动至椅子图形上方，如图5-99所示。

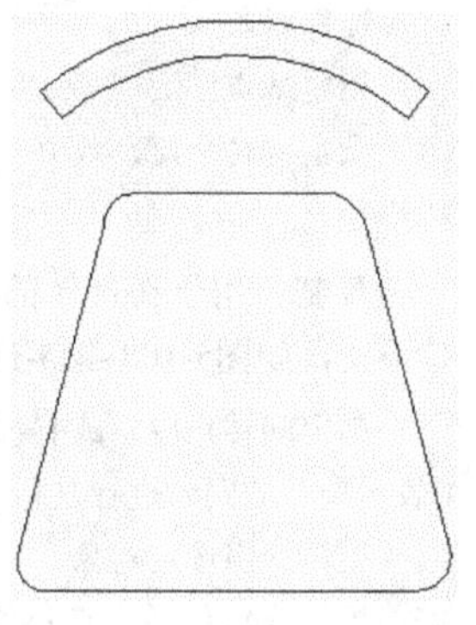

图5-99

11 使用Move（移动）命令将椅子图例移动到餐桌的适当位置，如图5-100所示。

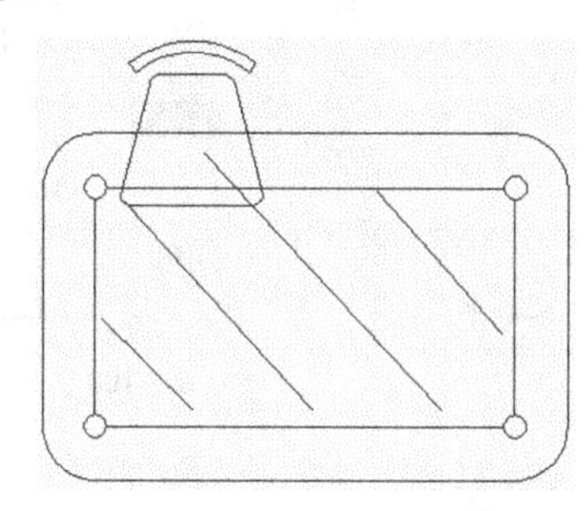

图5-100

12 执行“修改>阵列>矩形阵列”菜单命令，将椅子图例阵列复制一份，如图5-101所示，相关命令提示如下。

```
命令: _arrayrect
选择对象: 指定对角点: 找到 5 个　　//框选椅子图例
选择对象: ↙
类型 = 矩形 关联 = 是
为项目数指定对角点或 [基点(B)/角度(A)/计数(C)] <计数>:↙
输入行数或 [表达式(E)] <4>: 1↙
输入列数或 [表达式(E)] <4>: 2↙
指定对角点以间隔项目或 [间距(S)] <间距>: 600↙
按 Enter 键接受或 [关联(AS)/基点(B)/行(R)/列(C)/层(L)/退出(X)] <退出>:↙
```

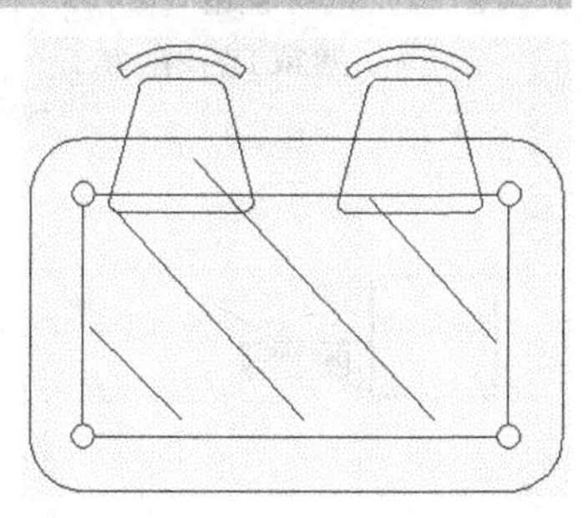

图5-101

13 在命令行输入Mirror并回车，然后根据命令提示将两个椅子图形镜像复制一份到下方，如图5-102所示，相关命令提示如下。

```
命令: MIRROR
选择对象: 指定对角点: 找到 1 个　　//框选椅子图形
选择对象: ↙
指定镜像线的第一点:　　//捕捉圆角矩形左侧边线的中点
指定镜像线的第二点:　　//捕捉圆角矩形右侧边线的中点
要删除源对象吗？[是(Y)/否(N)] <N>:↙
```

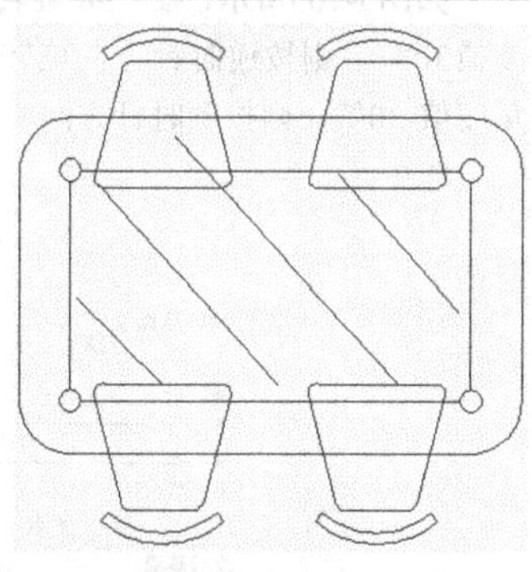

图5-102

5.4 改变位置类命令

本节就图形的移动、旋转、缩放等编辑技法进行介绍，这些都是最简单最基础的编辑操作，只有完全掌握这些方法和技巧，才能进行更深入的学习。

5.4.1 移动

所谓移动图形就是把一个图形从现在的位置移动到一个指定的新位置，图形大小和方向不发生改变。使用Move（移动）命令可以移动图形。

在AutoCAD中，执行Move（移动）命令的方式有如下3种。

第1种：执行“修改>移动”菜单命令，如图5-103所示。

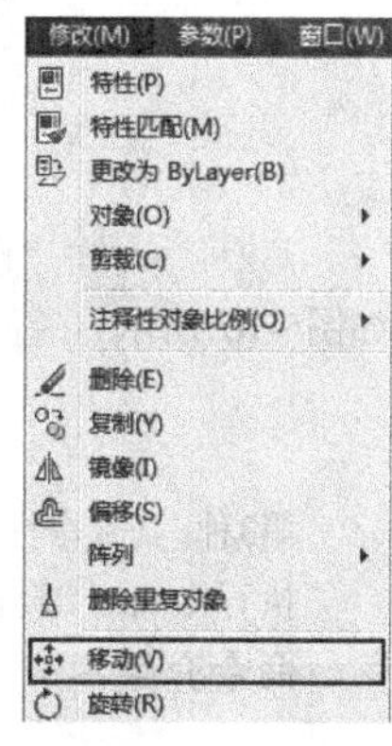

图5-103

第2种：单击“修改”工具栏中的“移动”按钮，如图5-104所示。

图5-104

第3种：在命令行输入Move（简化命令为M）并回车。

5.4.2 旋转

旋转图形就是将选定的图形围绕一个指定的基点进行旋转，正的角度按逆时针方向旋转，负的角度按顺时针方向旋转。使用Rotate（旋转）命令可以旋转图形。

如图5-105所示，如果要旋转水平直线，输入正的角度值30°，则按逆时针方向旋转到虚线位置；输入负的角度值-30°，则按顺时针方向旋转到虚线位置。

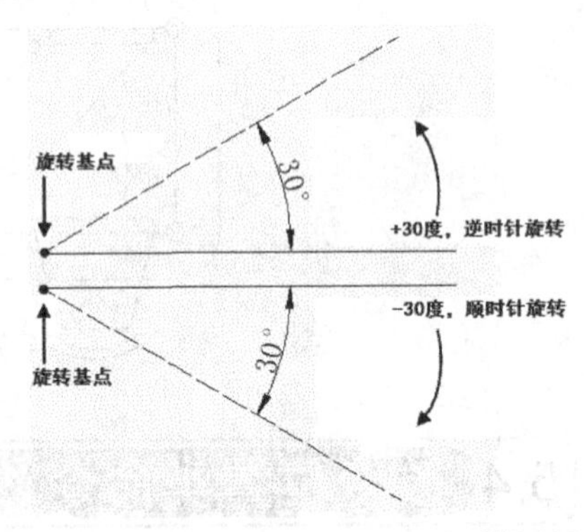

图5-105

在AutoCAD中，执行Rotate（旋转）命令的方式有如下3种。

第1种：执行“修改>旋转”菜单命令，如图5-106所示。

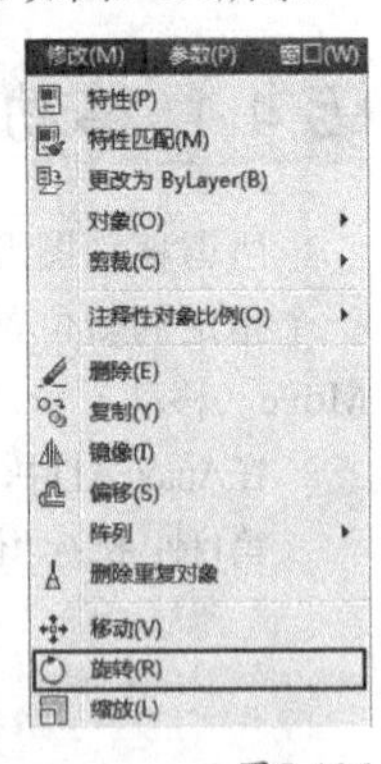

图5-106

第2种：单击“修改”工具栏中的“旋转”按钮，如图5-107所示。

图5-107

第3种：在命令行输入Rotate（简化命令为Ro）并回车。

执行Rotate（旋转）命令将出现如下提示。

命令介绍

命令: _rotate

UCS 当前的正角方向: ANGDIR=逆时针 ANGBASE=0

选择对象: 找到 1 个　　　//选择需要旋转的对象

选择对象: ↙　　　//完成选择

指定基点:　　　//捕捉旋转基点

指定旋转角度，或 [复制(C)/参照(R)] <0>:　　　//输入旋转角度

复制：用于在旋转的同时复制源对象，源对象将保持不变，如图5-108~图5-110所示，相关命令提示如下。

指定旋转角度，或 [复制(C)/参照(R)] <30>: c↙　　//输入C表示旋转的同时进行复制

旋转一组选定对象。

指定旋转角度，或 [复制(C)/参照(R)] <30>: 30↙　　//输入旋转角度

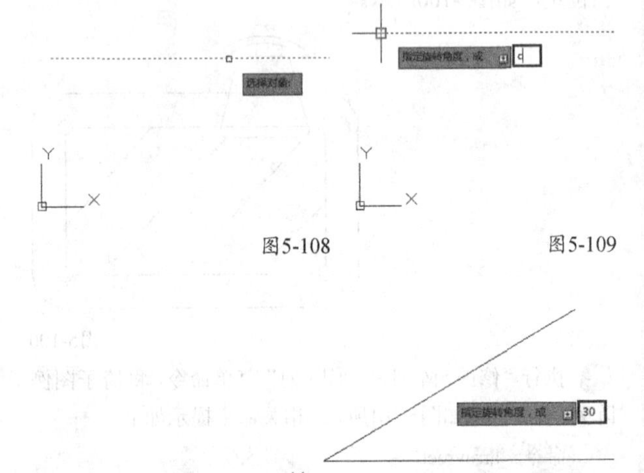

图5-108　　图5-109

图5-110

参照：按照参照角度旋转图形，如图5-111~图5-116所示，相关命令提示如下。

指定旋转角度，或 [复制(C)/参照(R)] <30>: r↙　　//输入R表示通过指定参照角旋转图形

指定参照角 <90>:　　　//捕捉矩形的右下角点

指定第二点:　　　//捕捉矩形的右上角点（注意，这里的顺序不能错）

指定新角度或 [点(P)] <0>:　　//在斜线上拾取一点

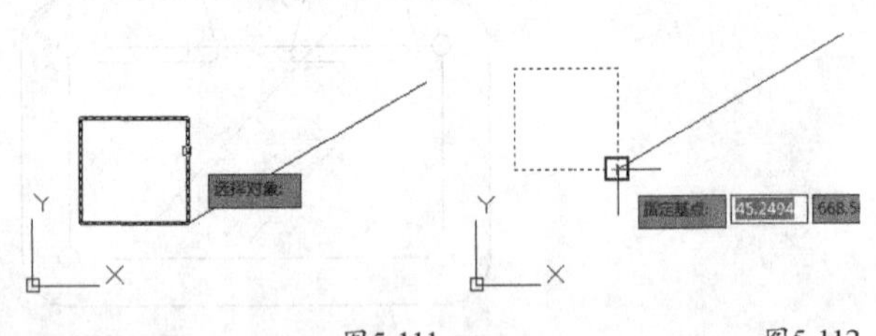

图5-111　　图5-112

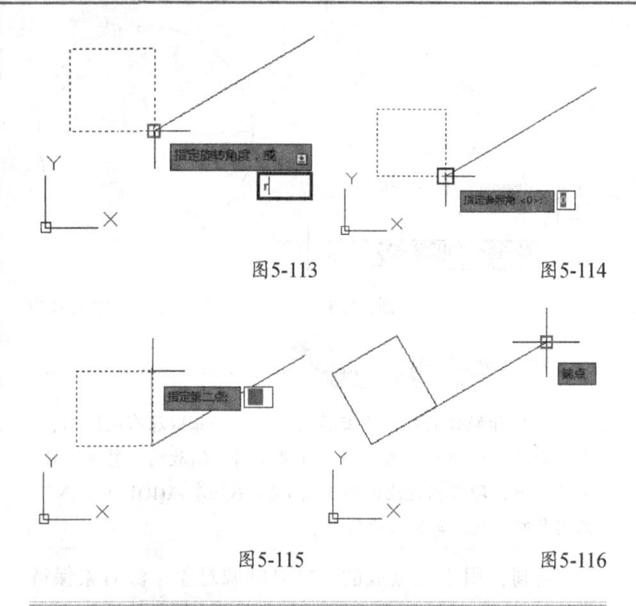

图5-113　　图5-114

图5-115　　图5-116

5.4.3 实战——绘制花灯示意图

素材位置　无
实例位置　第5章>实例文件>5.4.3.dwg
技术掌握　旋转命令的运用

本例绘制的花灯示意图如图5-117所示。

01 绘制一个半径为20mm的圆，然后绘制两条正交的直径，如图5-118所示。

02 执行"修改>旋转"菜单命令，把水平直径按逆时针方向旋转45°，如图5-119所示，相关命令提示如下。

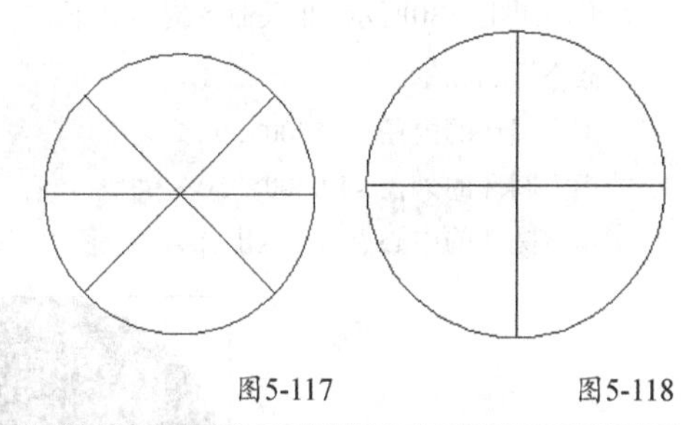

图5-117　　图5-118

命令: _rotate
UCS 当前的正角方向: ANGDIR=逆时针 ANGBASE=0
选择对象: 找到 1 个　　//选择水平方向的直径
选择对象: ↙　　//回车确认选中直径
指定基点:　　//捕捉两条直径的交点
指定旋转角度，或 [复制(C)/参照(R)] <0>: 45 ↙　　//输入45表示按逆时针方向旋转45°

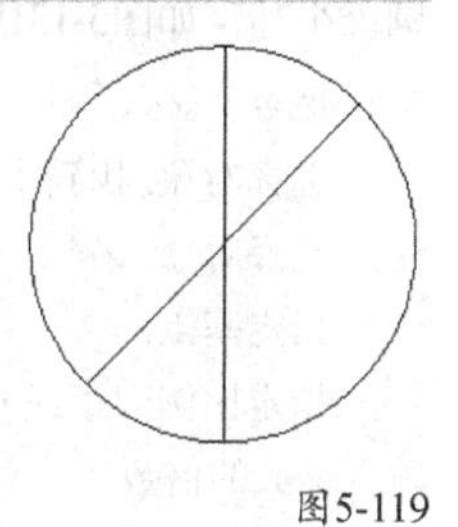

图5-119

03 单击"修改"工具栏中的"旋转"按钮，把垂直直径按顺时针方向旋转135°，如图5-120所示，相关命令提示如下。

命令: _rotate
UCS 当前的正角方向: ANGDIR=逆时针 ANGBASE=0
选择对象: 找到 1 个　　//选择垂直直径
选择对象: ↙
指定基点:　　//捕捉两条直径的交点
指定旋转角度，或 [复制(C)/参照(R)] <45>: -135 ↙　　//输入-135表示按顺时针方向旋转135°

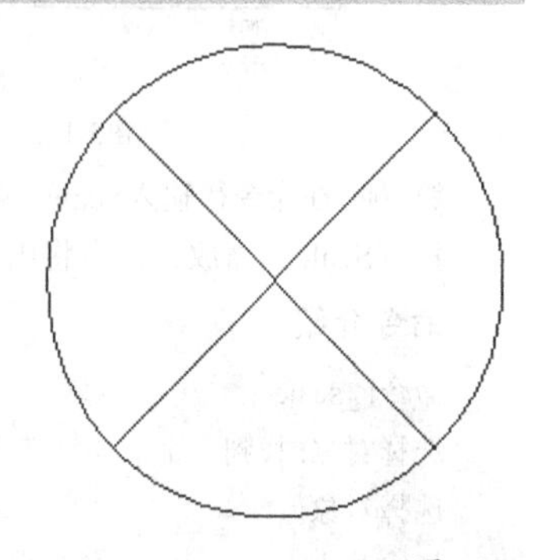

图5-120

04 再次绘制一条水平直径，完成绘制工作，如图5-121所示。

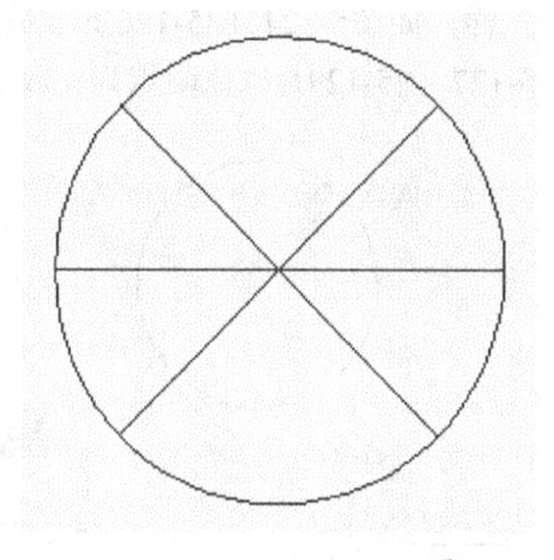

图5-121

5.4.4 缩放

缩放图形就是将选定的图形在x轴和y轴方向上按相同的比例系数放大或缩小，比例系数不能取负值。使用Scale（缩放）命令可以缩放图形。

在AutoCAD中，执行Scale（缩放）命令的方式有如下3种。

第1种：执行"修改>缩放"菜单命令，如图5-122所示。

第2种：单击"修改"工具栏中的"缩放"按钮，如图5-123所示。

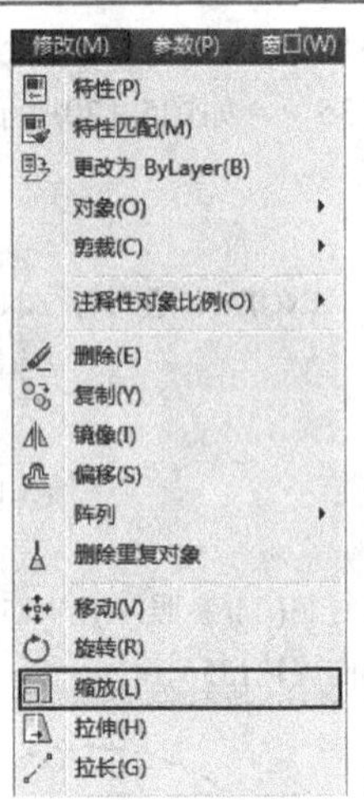

图5-122　　图5-123

第3种：在命令行输入Scale（简化命令为Sc）并回车。

执行Scale（缩放）命令将出现如下提示。

命令介绍

命令: _scale

选择对象: 找到 1 个　　//选择对象

选择对象: ↙

指定基点:　　//捕捉缩放基点

指定比例因子或 [复制(C)/参照(R)]:　　//输入缩放比例

基点：缩放基点的位置不同，图形缩放的起点也不一样，如图5-124~图5-126所示是以圆心为缩放基点，图5-127~图5-129是以象限点为缩放基点。

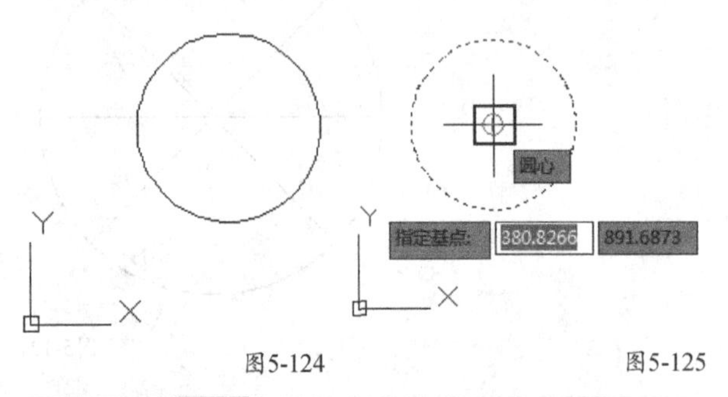

图5-124　　图5-125

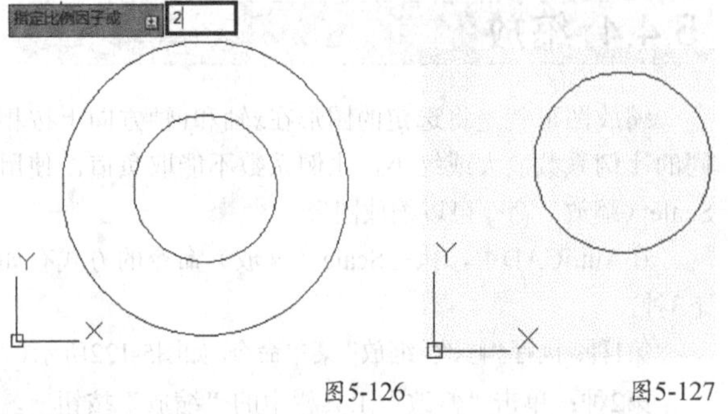

图5-126　　图5-127

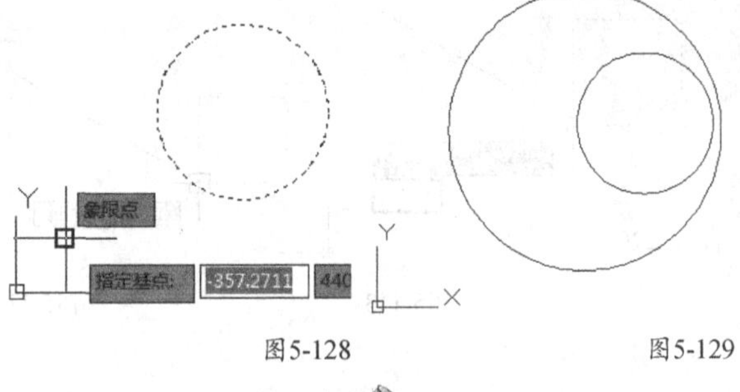

图5-128　　图5-129

专家点拨

在实际操作的过程中直接缩放并不会保留原有的图形，在上面的操作中为了展示对比效果使用了缩放的“复制”命令子选项，即在指定比例因子或 [复制(C)/参照(R)]: 时输入C启用复制，然后再输入比例因子。

复制：用于在缩放的同时复制源对象，源对象保持不变。

参照：按参照长度和指定的新长度缩放所选对象。

5.4.5 实战——缩放图形

素材位置　无

实例位置　第5章>实例文件>5.4.5.dwg

技术掌握　缩放命令的运用

01 在命令行输入Donut（圆环）命令，绘制一个内径为0、外径为50mm的圆环，并在圆环外绘制一个边长为100mm的正方形，如图5-130所示，相关命令提示如下。

命令: Donut ↙

指定圆环的内径 <0.5000>: 0 ↙

指定圆环的外径 <1.0000>: 50 ↙

指定圆环的中心点或 <退出>: ↙

图5-130

02 单击“修改”工具栏中的“缩放”按钮，把这个实心圆缩小2倍，如图5-131所示，相关命令提示如下。

命令: _scale

选择对象: 找到 1 个　　//单击选中实心圆

选择对象: ↙　　//回车确认选中实心圆

指定基点:　　//捕捉圆心作为缩放的基点

指定比例因子或 [复制(C)/参照(R)] <1.0000>: 0.5 ↙　　//输入缩放的倍数

图5-131

5.4.6 综合实例——绘制卫生间布置图

素材位置　第5章>素材文件>5.4.6.dwg
实例位置　第5章>实例文件> 5.4.6.dwg
技术掌握　移动、缩放（缩放的同时复制图形）和旋转命令的运用

本例绘制的卫生间布置图效果如图5-132所示。

01 打开光盘中的“素材文件>第5章>5.4.6.dwg”文件，如图5-133所示。

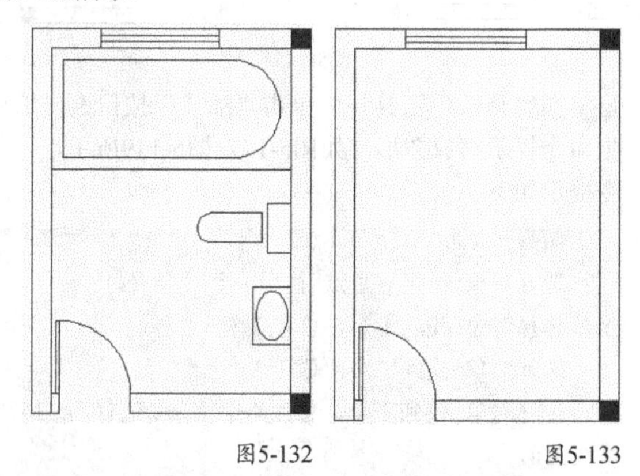

图5-132　　图5-133

02 使用Rectang（矩形）命令在绘图区域内的空白处绘制一个3060mm×1500mm的矩形，如图5-134所示，相关命令提示如下。

命令: _rectang
指定第一个角点或 [倒角(C)/标高(E)/圆角(F)/厚度(T)/宽度(W)]:　//任意拾取一点
指定另一个角点或 [面积(A)/尺寸(D)/旋转(R)]: @3060,1500↙

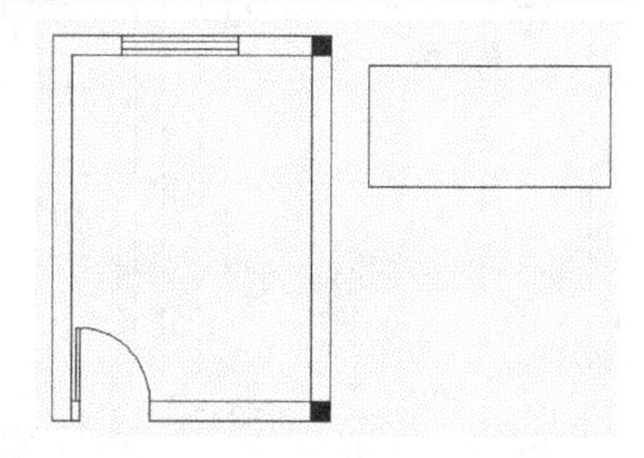

图5-134

03 使用Line（直线）命令绘制如图5-135所示的3条直线，相关命令提示如下。

命令: _line 指定第一点:　//任意拾取一点
指定下一点或 [放弃(U)]: @-2160,0↙
指定下一点或 [放弃(U)]: @0,1200↙
指定下一点或 [闭合(C)/放弃(U)]: @2160,0↙
指定下一点或 [闭合(C)/放弃(U)]: ↙

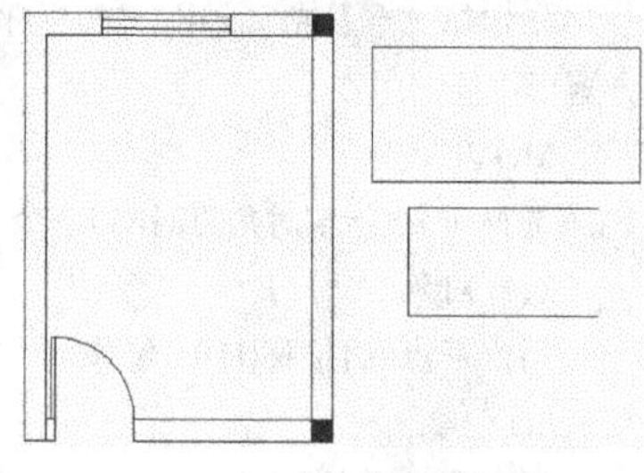

图5-135

04 使用Arc（圆弧）命令绘制一段半径为600mm的圆弧，如图5-136所示，相关命令提示如下。

命令: _arc 指定圆弧的起点或 [圆心(C)]:　//捕捉下面一条直线的右端点
指定圆弧的第二个点或 [圆心(C)/端点(E)]: e↙
指定圆弧的端点:　//捕捉上面一条直线的右端点
指定圆弧的圆心或 [角度(A)/方向(D)/半径(R)]: r↙
指定圆弧的半径: 600↙

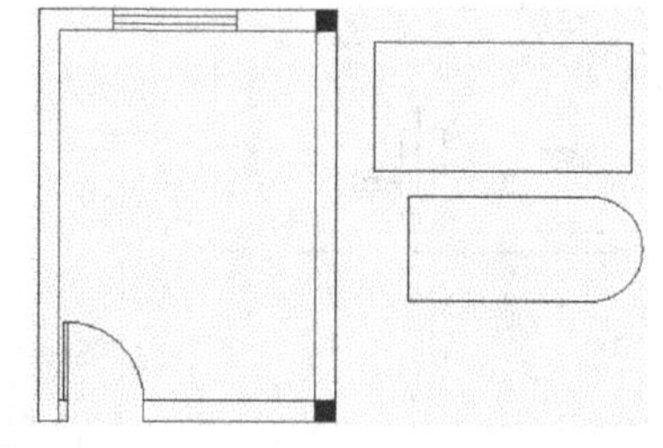

图5-136

05 开启“中点”捕捉模式，然后使用Line（直线）命令绘制如图5-137所示的两条中线。

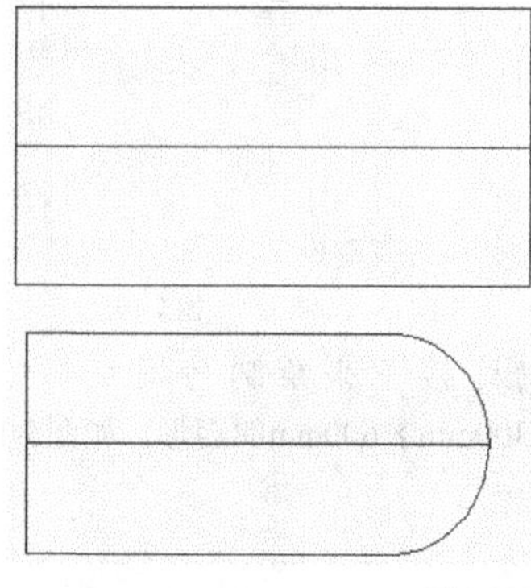

图5-137

06 单击“修改”工具栏中的“移动”按钮，首先绘制好浴缸图例，然后将浴缸图例整体移动并旋转好位置，如图5-138~图5-143所示，相关命令提示如下。

命令: _move

选择对象: 指定对角点: 找到 5 个

选择对象: ↙

指定基点或 [位移(D)] <位移>: //捕捉虚线中间线的中点

指定第二个点或 <使用第一个点作为位移>: //捕捉上方矩形中线的中点

MOVE↙

选择对象: 指定对角点: 找到 7 个 //框选虚线图形

选择对象: ↙

指定基点或 [位移(D)] <位移>: //捕捉浴缸图形的左上角点

指定第二个点或 <使用第一个点作为位移>: //捕捉墙体左上角的端点完成对齐

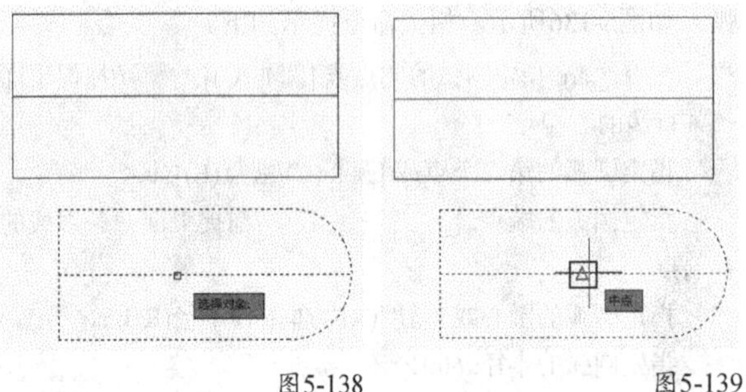

图5-138 图5-139

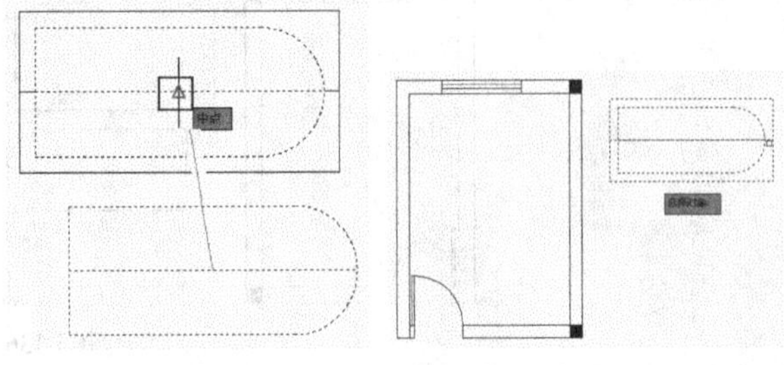

图5-140 图5-141

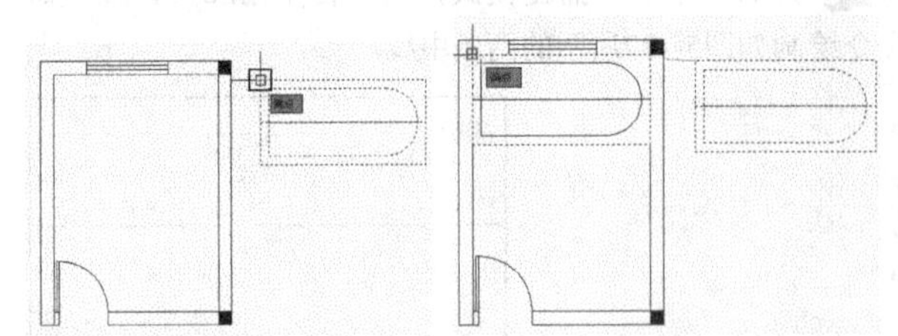

图5-142 图5-143

07 接下来绘制马桶及抽水箱。首先绘制一个300mm×600mm的矩形，如图5-144所示。

图5-144

08 将上一步绘制的矩形移动到相应的位置，如图5-145和图5-146所示，相关命令提示如下。

命令: _move

选择对象: 指定对角点: 找到 1 个 //选择矩形

选择对象: ↙

指定基点或 [位移(D)] <位移>: //捉矩形右侧边线的中点

指定第二个点或 <使用第一个点作为位移>: //捕捉墙线中点

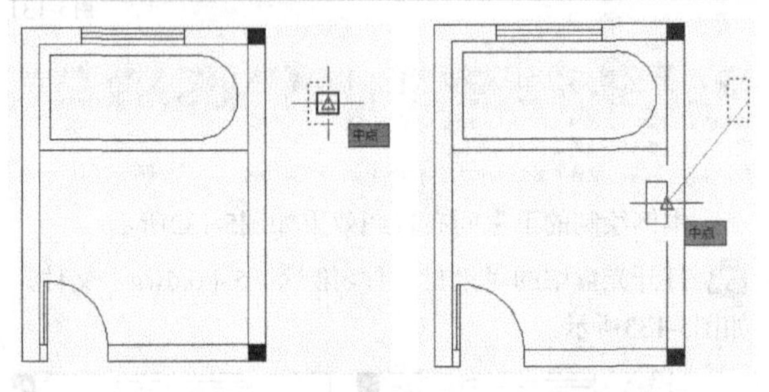

图5-145 图5-146

09 在“修改”工具栏中单击“缩放”按钮，然后根据命令提示缩放图形，如图5-147~图5-149所示，相关命令提示如下。

命令: _scale

选择对象: 指定对角点: 找到 1 个

选择对象: 找到 1 个，总计 2 个

选择对象: 找到 1 个，总计 3 个

选择对象: 找到 1 个，总计 4 个 //选择图5-147中的虚线图形

选择对象: ↙

指定基点: //捕捉中线的中点

指定比例因子或 [复制(C)/参照(R)]: c↙ //输入选项C表示在缩放的同时复制图形，如图5-148所示

缩放一组选定对象。

指定比例因子或 [复制(C)/参照(R)]: 0.3↙ //输入缩放比例0.3，如图5-149所示

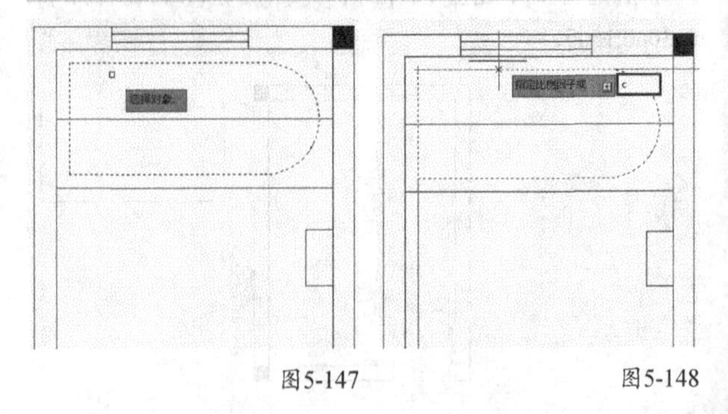

图5-147 图5-148

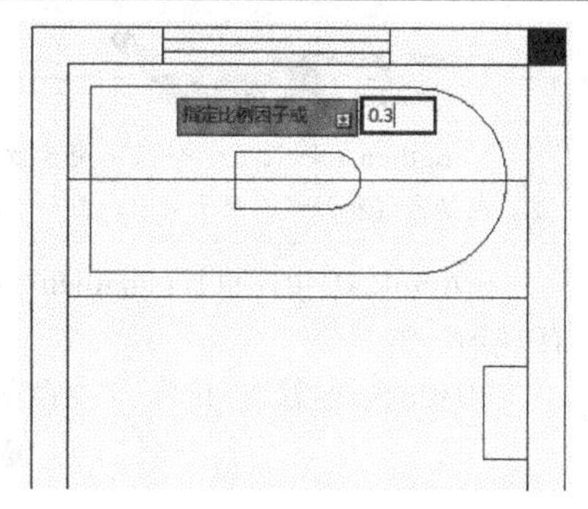

图5-149

10 执行“修改>旋转”菜单命令，将上一步缩放生成的图形旋转180°，如图5-150~图5-152所示，相关命令提示如下。

命令: _rotate
UCS 当前的正角方向: ANGDIR=逆时针 ANGBASE=0
选择对象: 指定对角点: 找到 4 个　　//从左上往右下框选图5-150中的虚线图形
选择对象: ↙
指定基点:　　//捕捉中线的中点，如图5-151所示
指定旋转角度，或 [复制(C)/参照(R)] <0>: 180↙　　//输入旋转角度180，图5-152所示

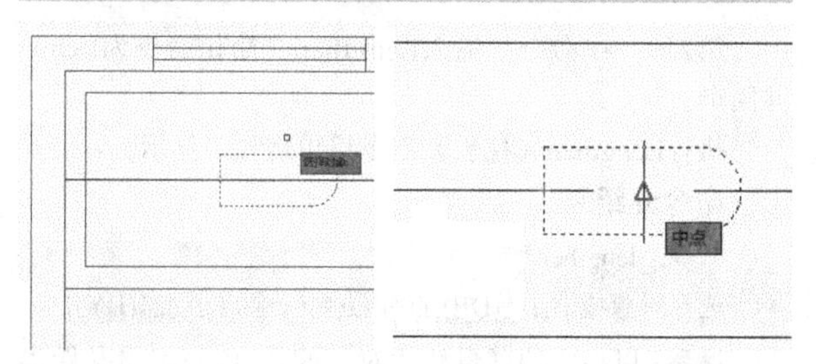

图5-150　　图5-151

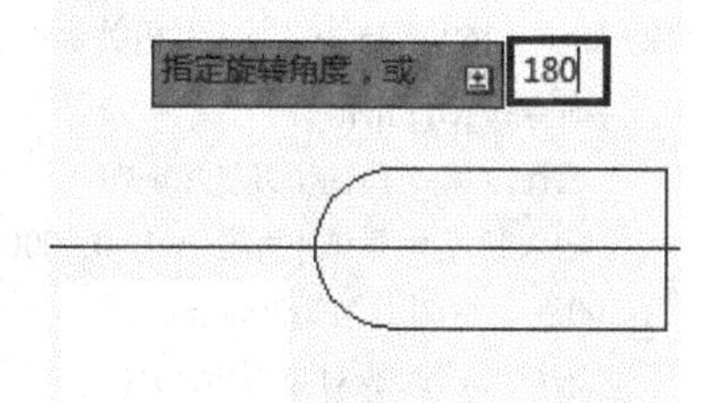

图5-152

11 删除两条中线，然后将旋转后的图形移动到相应的位置，如图5-153~图5-155所示，相关命令提示如下。

命令: _move
选择对象: 指定对角点: 找到 4 个　　//框选图形
选择对象: ↙
指定基点或 [位移(D)] <位移>:　　//任意拾取一点
指定第二个点或 <使用第一个点作为位移>:@736,-1500↙
命令: ↙
MOVE
选择对象: 指定对角点: 找到 4 个　　//框选图形
选择对象: ↙
指定基点或 [位移(D)] <位移>:　　//任意拾取一点
指定第二个点或 <使用第一个点作为位移>: @-80,0

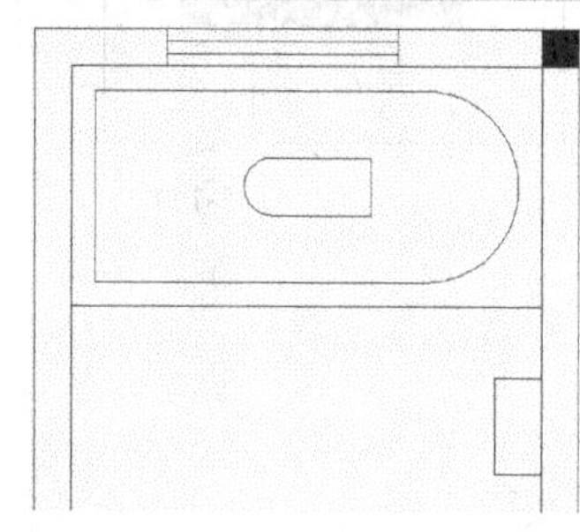

图5-153

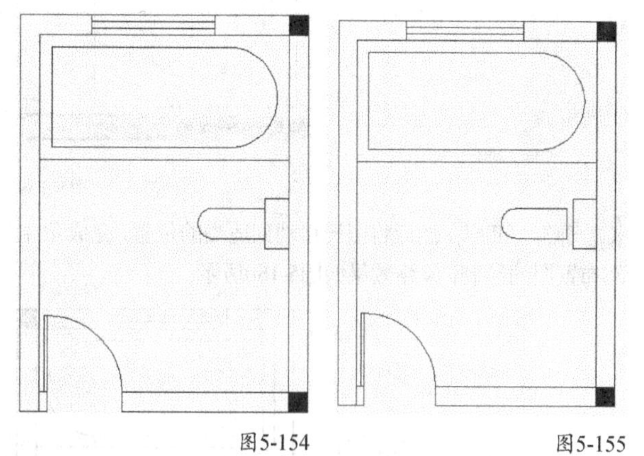

图5-154　　图5-155

12 绘制一个500mm×700mm的矩形，然后过矩形边线的中点绘制一条辅助线，如图5-156所示。

图5-156

13 使用Ellipse（椭圆）命令绘制一个椭圆，如图5-157~图5-159所示，相关命令提示如下。

命令: _ellipse
指定椭圆的轴端点或 [圆弧(A)/中心点(C)]: c↙
指定椭圆的中心点:　　//拾取辅助线的中点
指定轴的端点: @200,0↙
指定另一条半轴长度或 [旋转(R)]: @0,-300↙

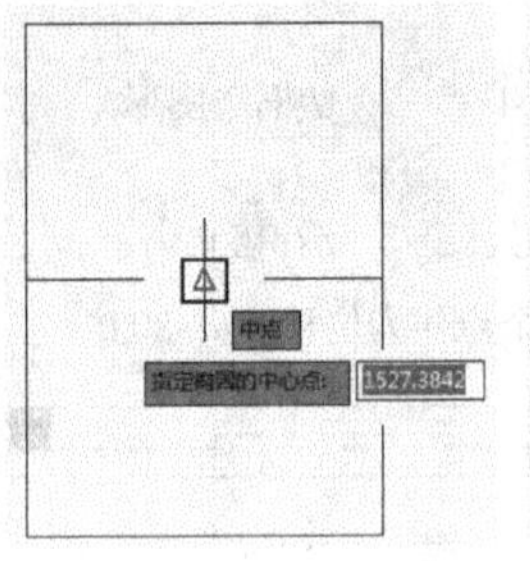

图5-157

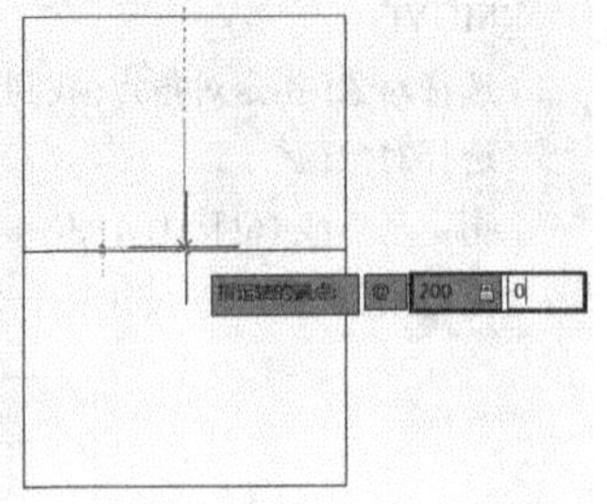

图5-158

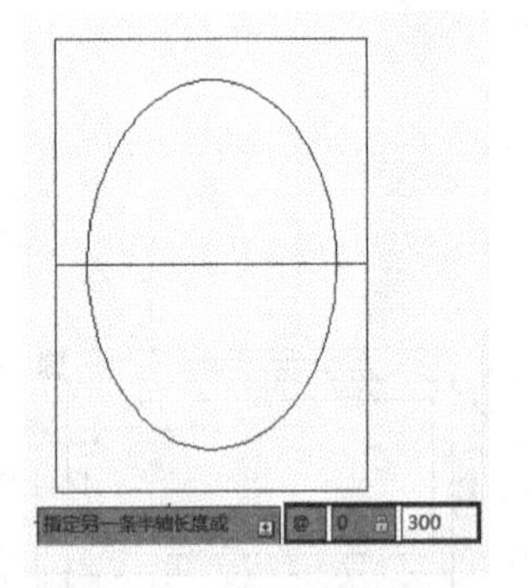

图5-159

14 删除辅助线，然后将图形移动到适当的位置，完成卫生间布置图的绘制，最终效果如图5-160所示。

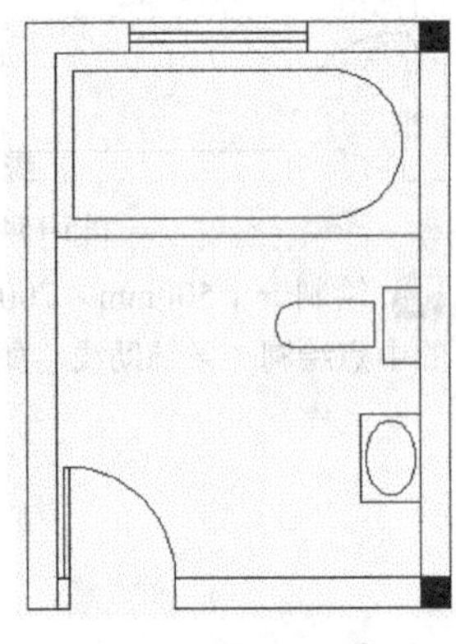

图5-160

5.5 改变几何特性类命令

5.5.1 拉长

拉长图形就是改变原图形的长度，可以把原图形变长，也可以将其缩短（虽然该功能名为"拉长"，但实际上是可以把图形的长度缩短）。使用Lengthen（拉长）命令可以拉长图形。

用户可以通过指定一个长度增量、角度增量（对于圆弧）、总长度或者相对于原长的百分比增量来改变原图形的长度，也可以通过动态拖动的方式来直观地改变原图形的长度。

专家点拨

Lengthen（拉长）命令只能用于改变非封闭图形的长度，包括直线和弧线，对于封闭的图形（比如矩形）无效。

在AutoCAD中，执行Lengthen（拉长）命令的方式有如下两种。

第1种：执行"修改>拉长"菜单命令，如图5-161示。

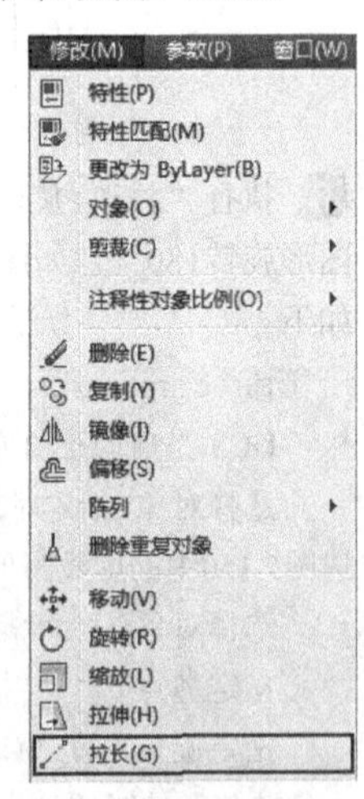

图5-161

第2种：在命令行输入Lengthen（简化命令为Len）并回车。

执行Lengthen（拉长）命令将出现如下提示。

命令介绍

命令: _lengthen
选择对象或 [增量(DE)/百分数(P)/全部(T)/动态(DY)]:

增量：以指定的增量修改对象的长度，该增量从距离选择点最近的端点处开始测量，正值扩展对象，负值修剪对象，如图5-162~图5-164所示，相关命令提示如下。

命令: _lengthen
选择对象或 [增量(DE)/百分数(P)/全部(T)/动态(DY)]: de ↙
输入长度增量或 [角度(A)] <0.0000>: -200 ↙ //输入-200表示将图形缩短200mm
选择要修改的对象或 [放弃(U)]: //鼠标左键单击直线的左端
选择要修改的对象或 [放弃(U)]: ↙ //回车结束命令

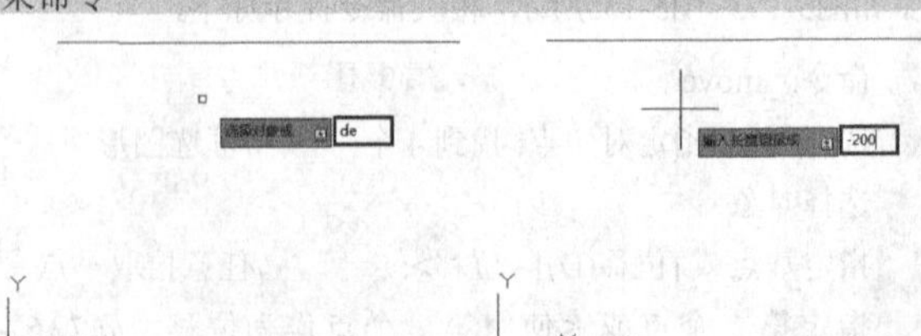

图5-162　　图5-163

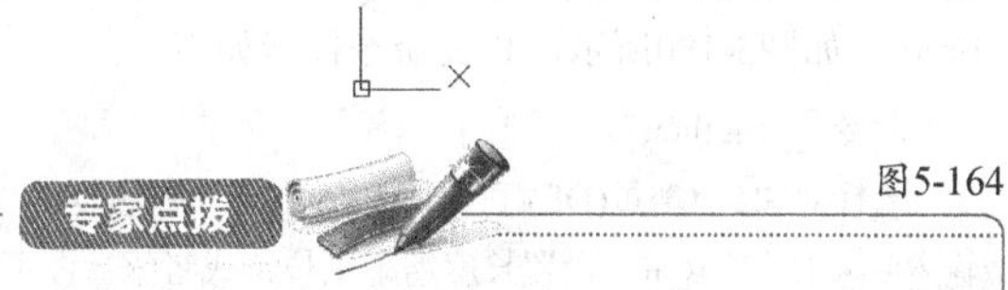

图5-164

专家点拨

当命令提示“选择要修改的对象或 [放弃(U)]”时，选择对象要注意选择的位置。在上述的操作过程中，如果鼠标左键单击直线的右端，则将保留左侧部分，如图5-165~图5-167所示。同样在下面的角度和百分数等子选项中，鼠标方向的选择也会产生类似的效果。

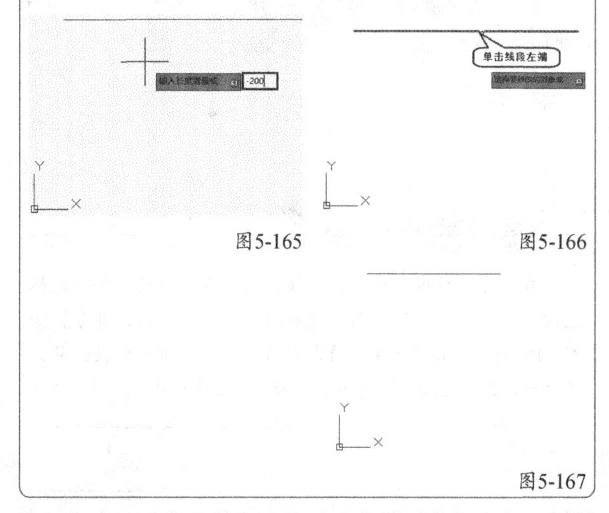

图5-165　图5-166

图5-167

角度：以指定的角度修改选定圆弧的包含角，如图5-168~图5-170所示，相关命令提示如下。

命令: _lengthen
选择对象或 [增量(DE)/百分数(P)/全部(T)/动态(DY)]: de↙
输入长度增量或 [角度(A)] <0.0000>: a↙
输入角度增量 <0>: 90↙　　　　//输入90表示将为圆弧的包含角增加90°
选择要修改的对象或 [放弃(U)]:　　　　//单击圆弧的右端
选择要修改的对象或 [放弃(U)]: ↙

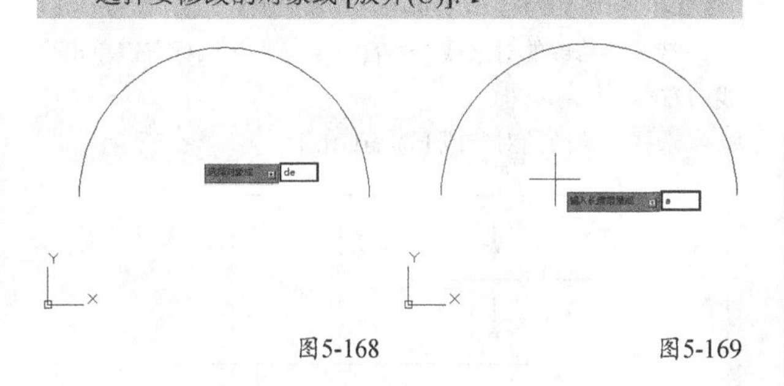

图5-168　图5-169

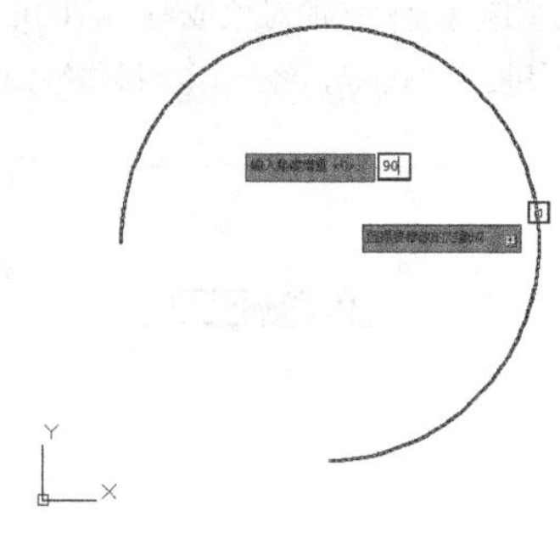

图5-170

百分数：通过指定对象总长度的百分数来修改对象长度，如图5-171~图5-173所示，相关命令提示如下。

命令: LEN ↙
LENGTHEN
选择对象或 [增量(DE)/百分数(P)/全部(T)/动态(DY)]: p↙
输入长度百分数 <100.0000>: 50↙　　　//输入50表示将直线的长度变为原来的50%，也就是0.5倍
选择要修改的对象或 [放弃(U)]:　　　//鼠标左键单击直线的右端
选择要修改的对象或 [放弃(U)]: ↙

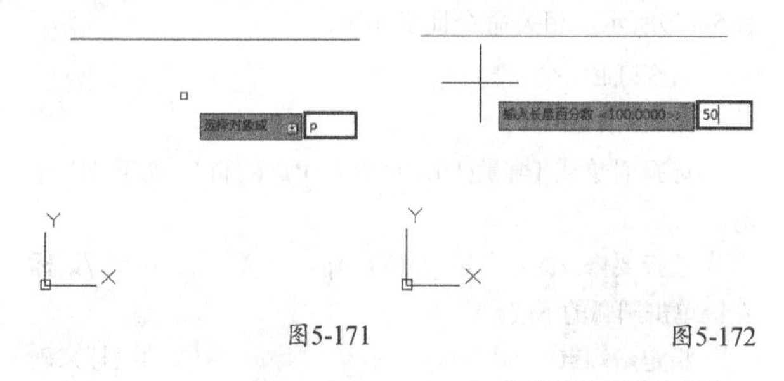

图5-171　图5-172

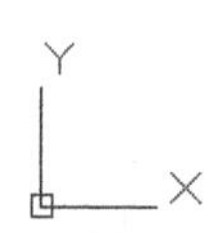

图5-173

全部：通过设置总长度来控制选定对象的长度，如图5-174~图5-176所示，相关命令提示如下。

命令: LEN ↙
LENGTHEN
选择对象或 [增量(DE)/百分数(P)/全部(T)/动态(DY)]: t ↙
指定总长度或 [角度(A)] <1.0000)>: 300↙　　　//设置总长度为300mm
选择要修改的对象或 [放弃(U)]:　　　//鼠标左键单击直线的右端

选择要修改的对象或 [放弃(U)]: ↙ //原有线段长为500mm，经过以上操作缩短为300mm

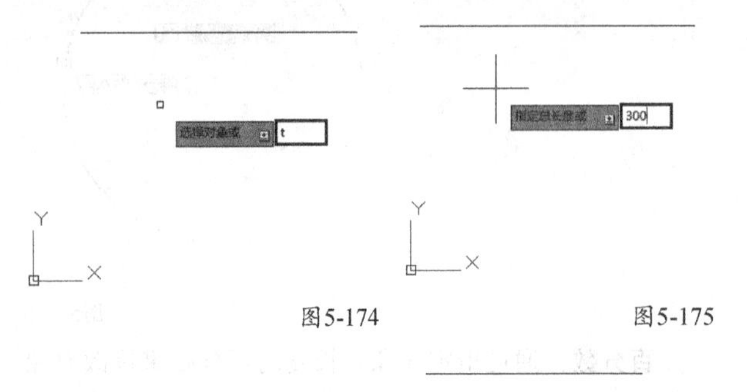

图5-174 图5-175

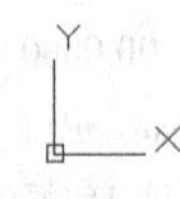

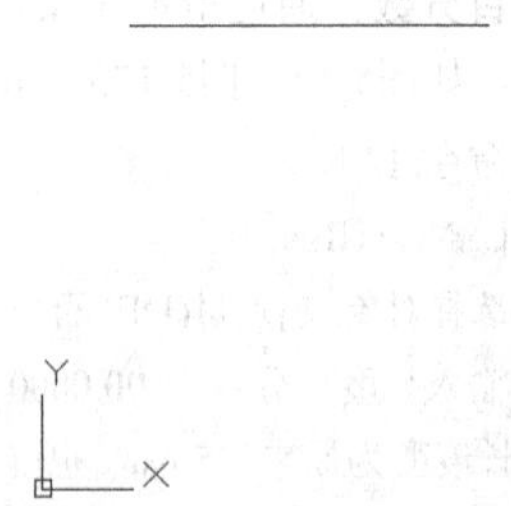

图5-176

动态：打开动态拖动模式，通过拖动选定对象的端点之一来更改其长度，其他端点保持不变，如图5-177~图5-179所示，相关命令提示如下。

命令: LEN↙
LENGTHEN
选择对象或 [增量(DE)/百分数(P)/全部(T)/动态(DY)]: dy↙
选择要修改的对象或 [放弃(U)]: //鼠标左键单击圆弧的下端
指定新端点: //拖动鼠标来确定圆弧的新端点
选择要修改的对象或 [放弃(U)]: ↙

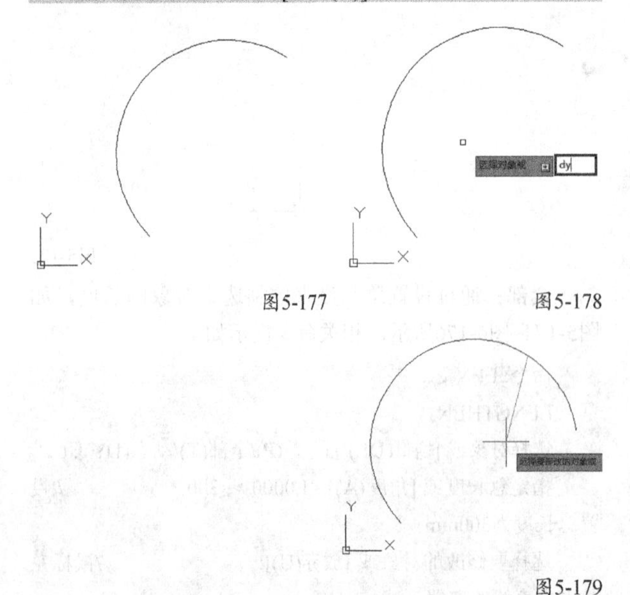

图5-177 图5-178

图5-179

5.5.2 实战——拉长或缩短直线

素材位置 无
实例位置 无
技术掌握 拉长或缩短直线的方法

01 执行Line（直线）命令，绘制一条长度为100mm的直线。

02 执行“修改>拉长”菜单命令，将该直线的长度变成50mm，如图5-180所示，相关命令提示如下。

命令: _lengthen
选择对象或 [增量(DE)/百分数(P)/全部(T)/动态(DY)]: de ↙ //输入选项DE表示通过设置长度增量来拉长或者缩短图形
输入长度增量或 [角度(A)] <10.0000>: -50 ↙ //输入-50表示将图形缩短50mm
选择要修改的对象或 [放弃(U)]: //鼠标左键单击直线的右端
选择要修改的对象或 [放弃(U)]: ↙ //回车结束命令

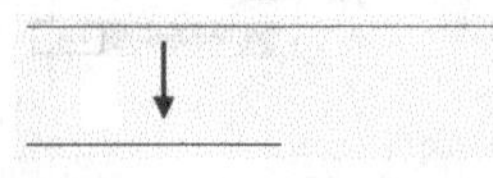

图5-180

专家点拨

在上述操作过程中，在选择修改对象的时候，如果鼠标左键单击直线的左端，则缩短后的直线将保留右侧部分，如图5-181所示。由此可见，在拉长或者缩短图形的时候，鼠标选择的是哪个方向，则哪个方向的图形发生变化。

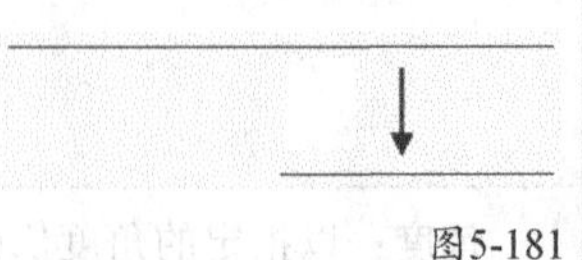

图5-181

03 在命令行输入Len并回车，将缩短后的直线的长度变为150mm，如图5-182所示，相关命令提示如下。

命令: len ↙
LENGTHEN
选择对象或 [增量(DE)/百分数(P)/全部(T)/动态(DY)]: p ↙ //输入选项P表示通过设置百分比来修改长度
输入长度百分数 <-50.0000>: 300 ↙ //输入300表示将直线的长度变为原来的300%，也就是3倍
选择要修改的对象或 [放弃(U)]: //鼠标左键单击直线的右端
选择要修改的对象或 [放弃(U)]: ↙

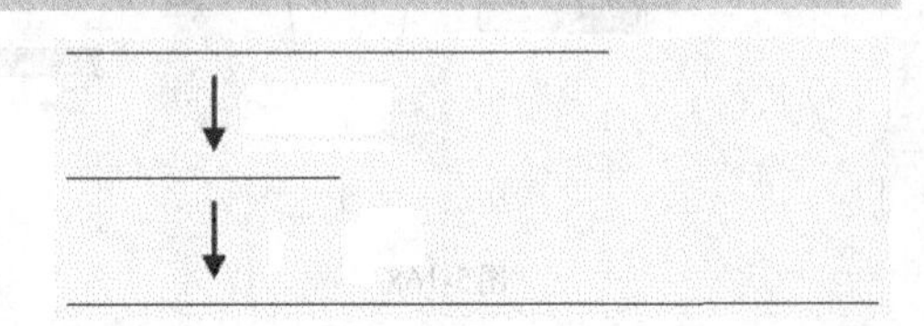

图5-182

04 在上一步操作中，如果输入选项T，则表示通过设置总长度来控制直线的长度，其结果是一样的，命令提示如下。

命令: len ↙
LENGTHEN
选择对象或 [增量(DE)/百分数(P)/全部(T)/动态(DY)]: t ↙ //输入选项T
指定总长度或 [角度(A)] <1.0000>: 150 ↙ //设置总长度为150mm
选择要修改的对象或 [放弃(U)]: //鼠标左键单击直线的右端
选择要修改的对象或 [放弃(U)]: ↙

5.5.3 实战——拉长或缩短圆弧

素材位置　无
实例位置　无
技术掌握　拉长或缩短圆弧的方法

01 执行Arc（圆弧）命令，随意绘制一段圆弧，如图5-183所示。

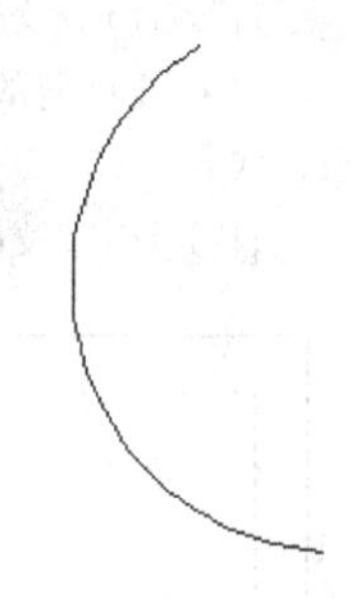

图5-183

02 在命令行输入Len并回车，然后通过鼠标拖动的方式来拉长圆弧，如图5-184所示，相关命令提示如下。

命令: len ↙
LENGTHEN
选择对象或 [增量(DE)/百分数(P)/全部(T)/动态(DY)]: dy ↙
选择要修改的对象或 [放弃(U)]: //鼠标左键单击圆弧的右下端
指定新端点: //拖动鼠标来确定圆弧的新端点
选择要修改的对象或 [放弃(U)]: ↙

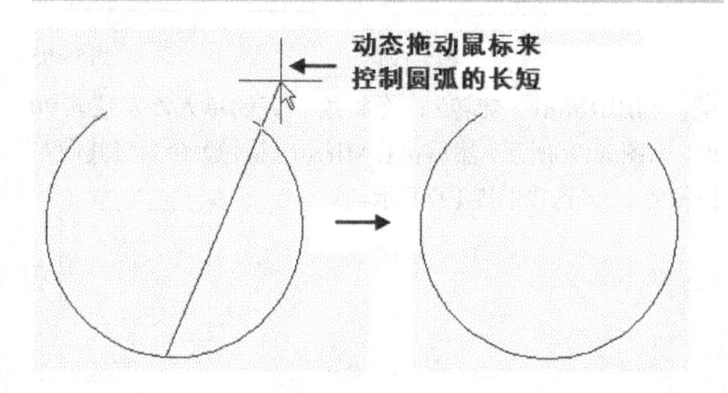

图5-184

专家点拨

与直线一样，通过其他选项的设置也可以控制圆弧的长度，比如通过设置百分数。

5.5.4 拉伸

拉伸图形就是通过拉伸被选中的图形部分使整个图形发生形状上的变化。在拉伸图形的时候，选中的图形被移动，但同时保持与原图形中的不动部分相连，如图5-185所示。使用Stretch（拉伸）命令可以拉伸图形。

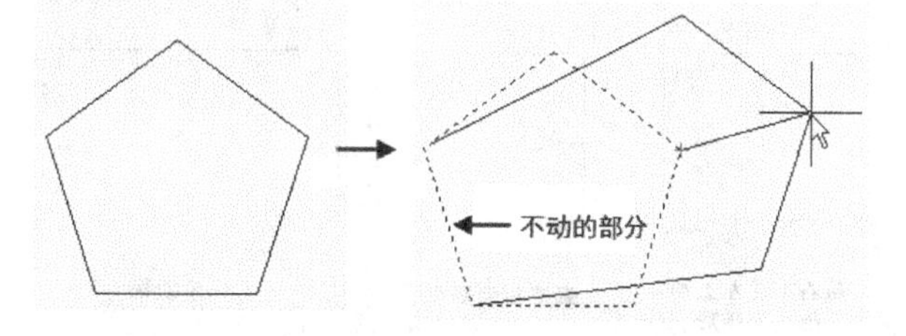

图5-185

在AutoCAD中，执行Stretch（拉伸）命令的方式有如下3种。

第1种：执行“修改>拉伸”菜单命令，如图5-186所示。

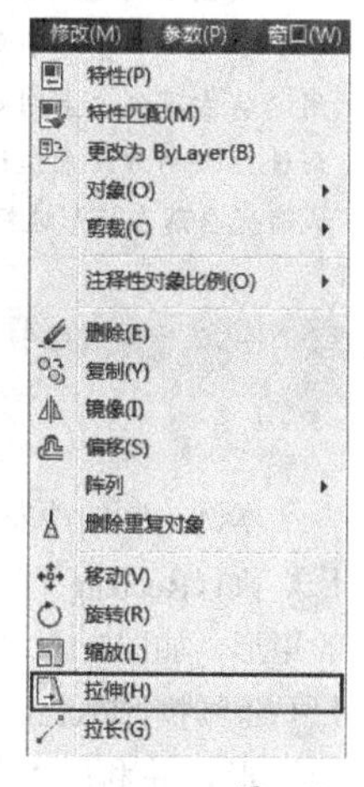

图5-186

第2种：单击“修改”工具栏中的“拉伸”按钮，如图5-187所示。

图5-187

第3种：在命令行输入Stretch（简化命令为S）并回车。

下面通过实际操作的形式来讲述Stretch（拉伸）命令的使用方法。首先绘制一个50mm×50mm的矩形，然后把这个矩形拉伸为一个90mm×50mm的矩形。

第1步：执行Rectang（矩形）菜单命令，绘制一个50mm×50mm的矩形。

第2步：单击“修改”工具栏中的“拉伸”按钮，

把矩形沿水平方向拉伸40mm，如图5-188所示，相关命令提示如下。

命令: _stretch

以交叉窗口或交叉多边形选择要拉伸的对象...

选择对象: 指定对角点: 找到 1 个　　//从右下到左上划矩形选框，选择矩形的3条边

选择对象: ↙　　//回车确认选中要拉伸的图形

指定基点或 [位移(D)] <位移>:　　//捕捉矩形的右下顶点作为基点

指定第二个点或 <使用第一个点作为位移>: @40,0 ↙　　//输入确定拉伸长度的相对坐标

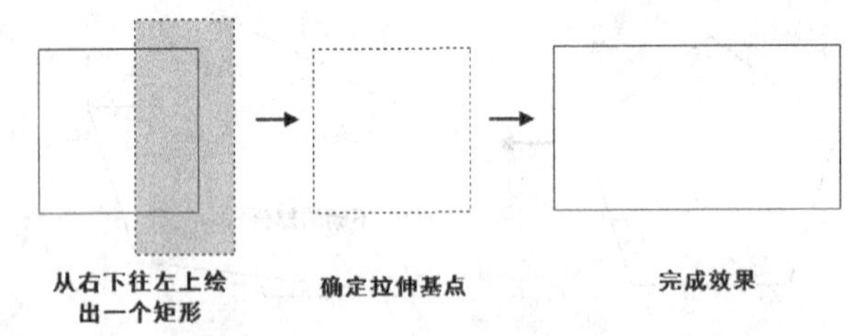

图5-188

使用Stretch（拉伸）命令最关键的操作就是"选择对象"，一旦命令提示要求用户选择拉伸对象，则用户必须采用"从右下到左上划矩形选框"或者从"从右上到左下划矩形选框"的方法来框选要拉伸的图形，凡是与矩形选框相交或者完全落在矩形选框内的图形都会被选中。

5.5.5 实战——绘制沙发组

素材位置　无
实例位置　第5章>实例文件>5.5.5.dwg
技术掌握　拉伸、移动、旋转等命令的运用

本例绘制的沙发组效果如图5-189所示。

01 执行Rectang（矩形）命令绘制一个1000mm×800mm的矩形，如图5-190所示。

02 继续执行Rectang（矩形）命令绘制一个800mm×800mm的矩形，并利用"中点"对象捕捉功能将其放在如图5-191所示的位置。

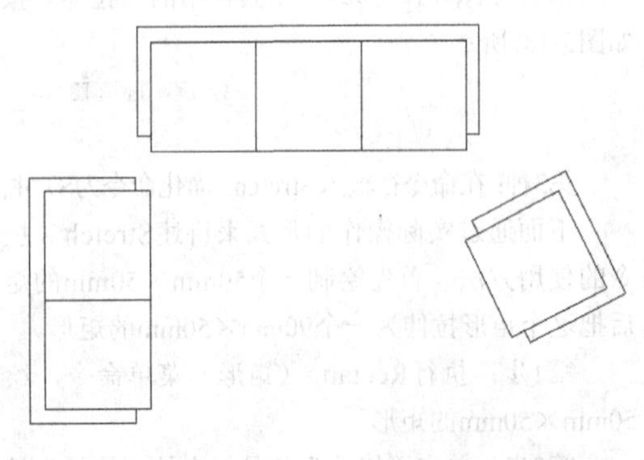

图5-189

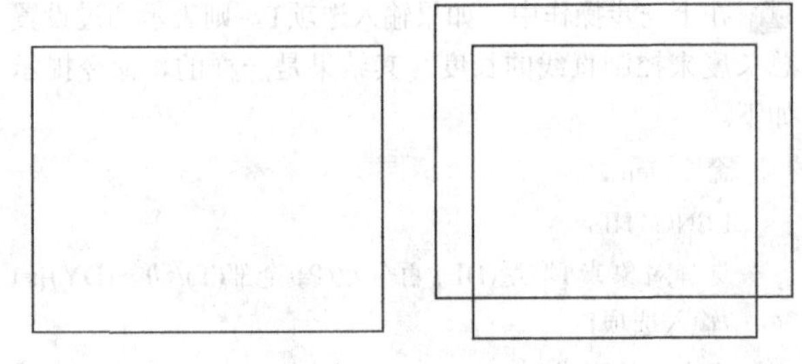

图5-190　　图5-191

03 执行Trim（修剪）命令将两个矩形的重合部分删除，如图5-192～图5-195所示，相关命令提示如下。

命令: _trim

当前设置:投影=UCS，边=无

选择剪切边...

选择对象或 <全部选择>: 找到 1 个

选择对象: ↙

选择要修剪的对象，或按住 Shift 键选择要延伸的对象，或

[栏选(F)/窗交(C)/投影(P)/边(E)/删除(R)/放弃(U)]:

选择要修剪的对象，或按住 Shift 键选择要延伸的对象，或

[栏选(F)/窗交(C)/投影(P)/边(E)/删除(R)/放弃(U)]: ↙

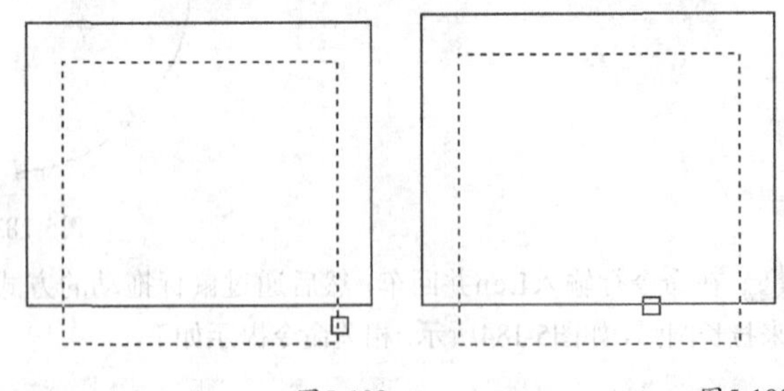

图5-192　　图5-193

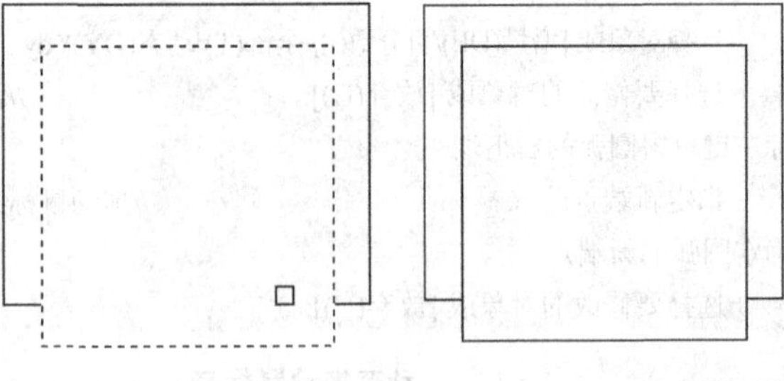

图5-194　　图5-195

04 利用Rotate（旋转）命令将绘制好的单人沙发旋转90度，如图5-196所示，然后执行Mirror（镜像）命令将其向左镜像复制一个，如图5-197所示。

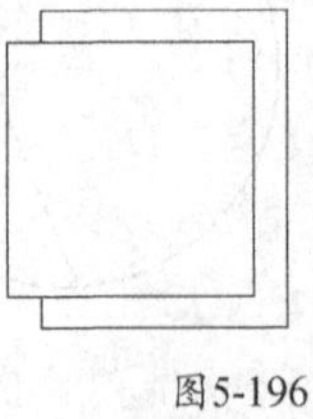

图5-196

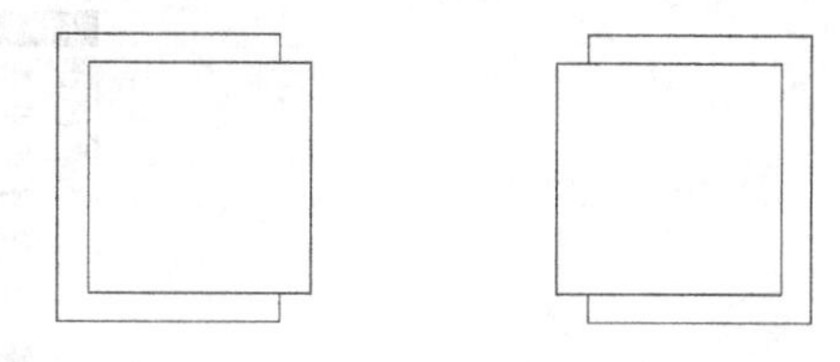

图5-197

05 下面将左边的沙发调整为双人沙发，执行Stretch（拉伸）命令，如图5-198~图5-202所示，相关命令提示如下。

```
命令: _stretch
以交叉窗口或交叉多边形选择要拉伸的对象...
选择对象: 指定对角点: 找到 2 个
选择对象: ↙
指定基点或 [位移(D)] <位移>:
指定第二个点或 <使用第一个点作为位移>: 800 ↙
```

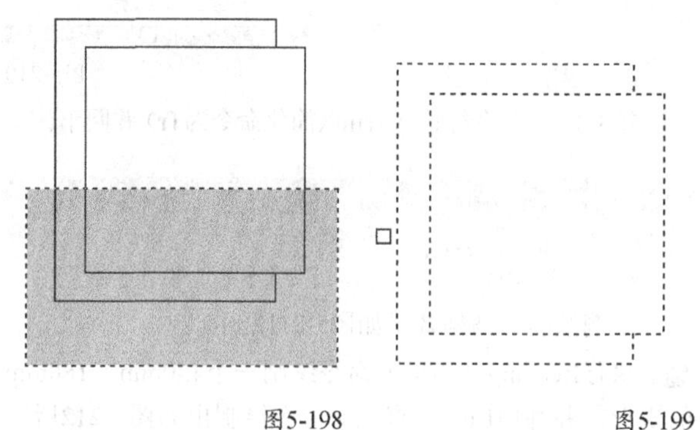

图5-198　　图5-199

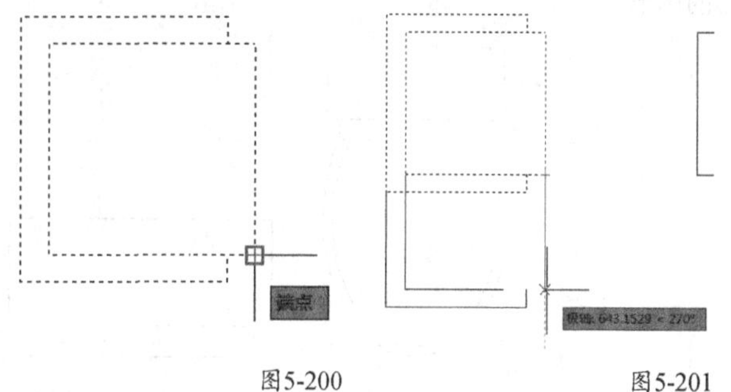

图5-200　　图5-201

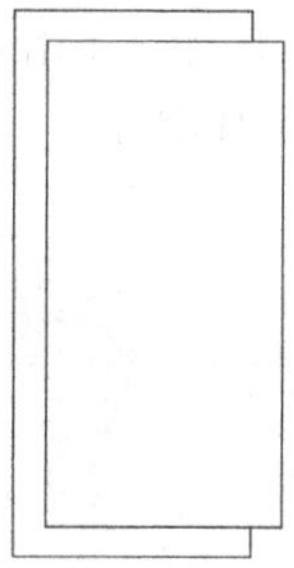

图5-202

06 利用Line（直线）命令，在矩形中绘制一条直线，如图5-203所示。

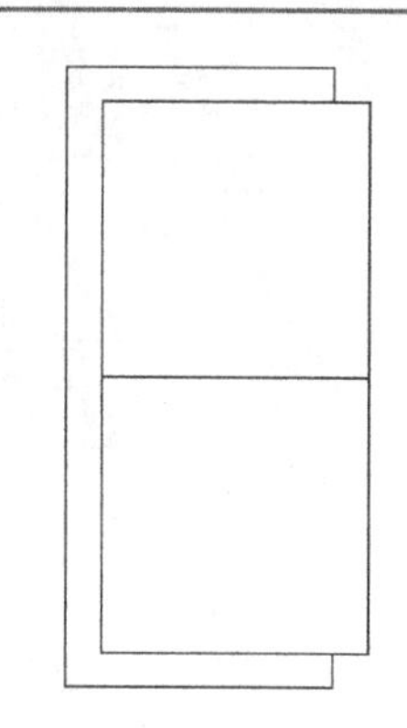

图5-203

07 利用Copy（复制）命令将双人沙发进行复制，如图5-204所示。

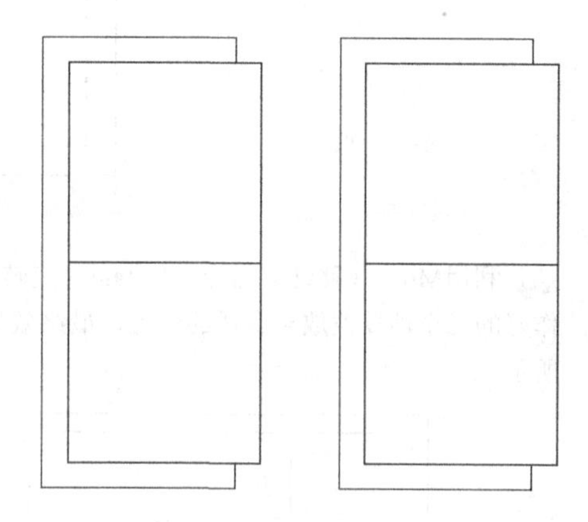

图5-204

08 采用相同的方法将上一步复制出来的双人沙发利用Stretch（拉伸）命令进行拉伸操作，如图5-205~图5-207所示，相关命令提示如下。

```
命令: _stretch
以交叉窗口或交叉多边形选择要拉伸的对象...
选择对象: 指定对角点: 找到 2 个
选择对象: ↙
指定基点或 [位移(D)] <位移>:
指定第二个点或 <使用第一个点作为位移>: 800 ↙
```

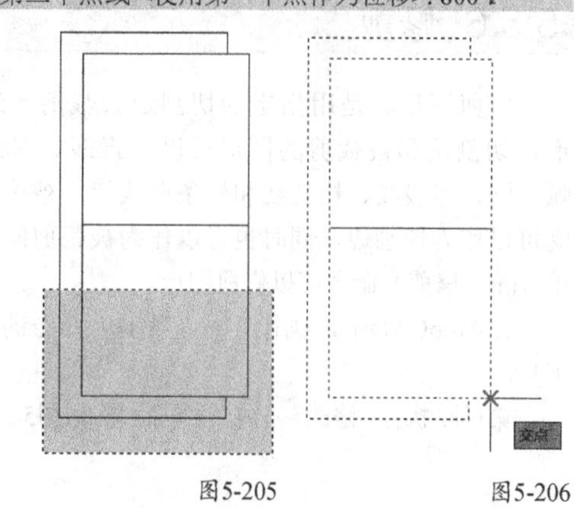

图5-205　　图5-206

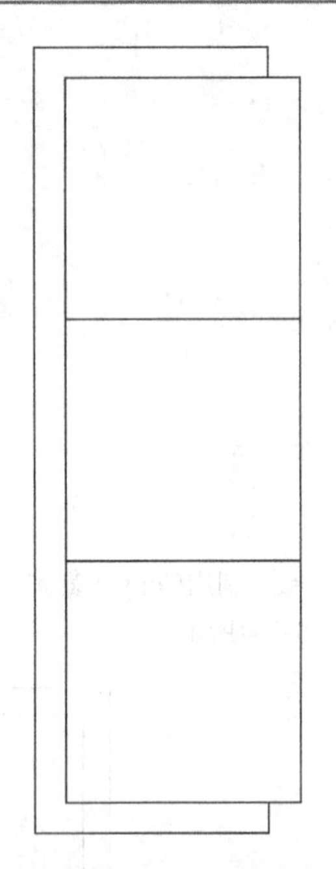

图5-207

09 利用Move（移动）命令、Rotate（旋转）命令将制作好的三个沙发摆放至合适的位置，最终效果如图5-208所示。

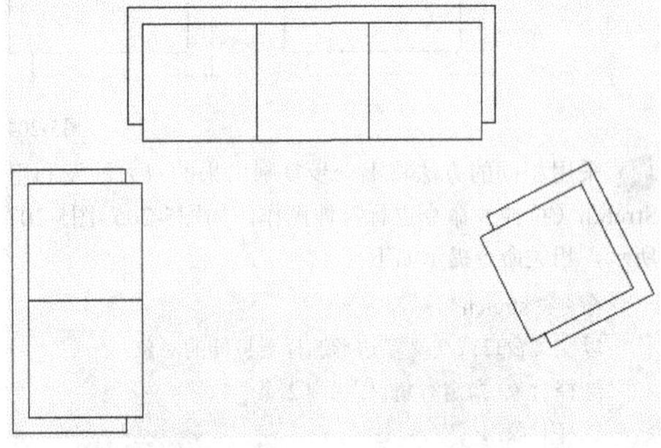

图5-208

5.5.6 修剪

修剪图形就是用指定的切割边去裁剪所选定的图形，切割边和被裁剪的图形可以是直线、多边形、圆弧、圆、多段线、构造线和样条曲线等。被选中的图形既可以作为切割边，同时也可以作为被裁剪的图形。使用Trim（修剪）命令可以修剪图形。

在AutoCAD中，执行Trim（修剪）命令的方式有如下3种。

第1种：执行“修改>修剪”菜单命令，如图5-209所示。

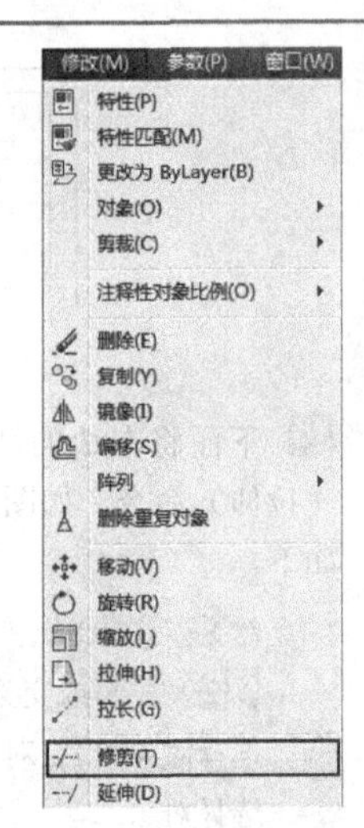

图5-209

第2种：单击“修改”工具栏中的“修剪”按钮，如图5-210所示。

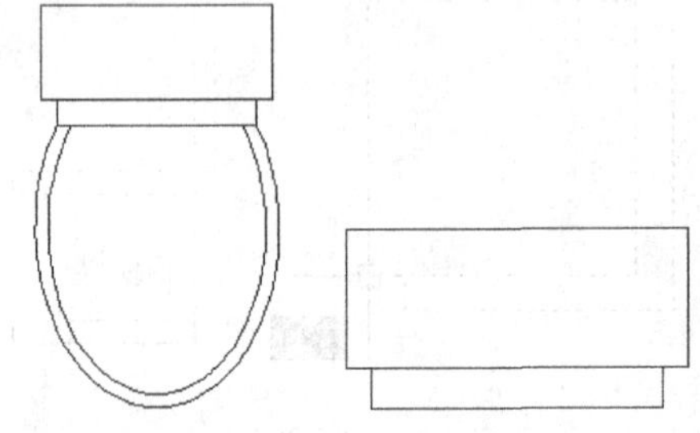

图5-210

第3种：在命令行输入Trim（简化命令为Tr）并回车。

5.5.7 实战——绘制马桶

素材位置　无
实例位置　第5章>实例文件>5.5.7.dwg
技术掌握　修剪命令的运用

本例绘制的马桶效果如图5-211所示。

01 执行Rectang（矩形）命令绘制一个450mm×180mm的矩形，并利用Line（直线）命令绘制出如图5-212所示的图形。

图5-211　图5-212

02 执行Ellipse（椭圆）命令绘制一个椭圆形，如图5-213所示。

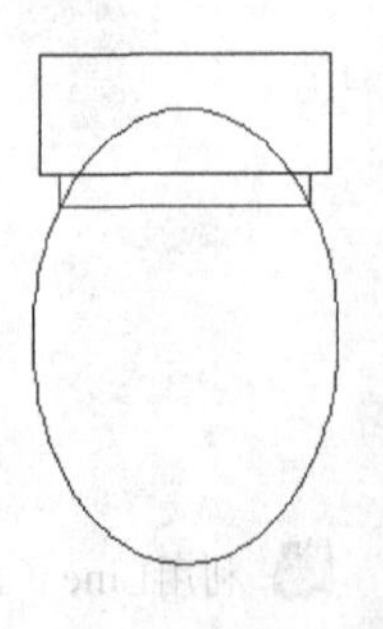

图5-213

03 执行Offset（偏移）命令，将椭圆向内偏移复制25mm，如图5-214所示，相关命令提示如下。

命令: _offset
当前设置: 删除源=否 图层=源 OFFSETGAPTYPE=0
指定偏移距离或 [通过(T)/删除(E)/图层(L)] <25.0000>: 指定第二点: 25
选择要偏移的对象，或 [退出(E)/放弃(U)] <退出>:
指定要偏移的那一侧上的点，或 [退出(E)/多个(M)/放弃(U)] <退出>:
选择要偏移的对象，或 [退出(E)/放弃(U)] <退出>:

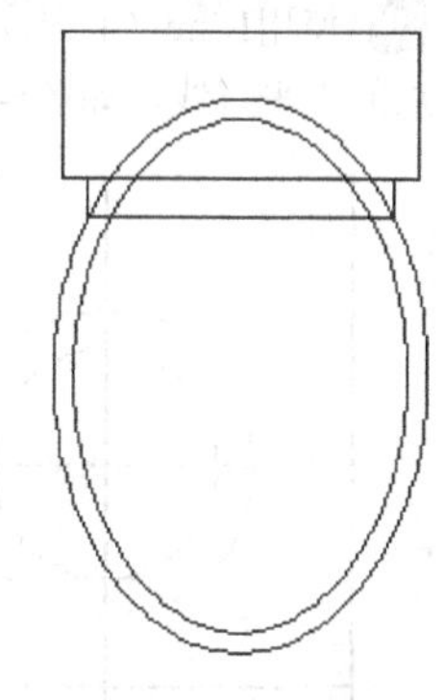

图5-214

04 执行Trim（修剪）命令，将图形进行修剪，如图5-215所示，相关命令提示如下。

命令: _trim
当前设置:投影=UCS，边=无
选择剪切边...
选择对象或 <全部选择>: 指定对角点: 找到 3 个 //选择切割边
选择对象: ↙
选择要修剪的对象，或按住 Shift 键选择要延伸的对象，或
[栏选(F)/窗交(C)/投影(P)/边(E)/删除(R)/放弃(U)]: 指定对角点:
选择要修剪的对象，或按住 Shift 键选择要延伸的对象，或
[栏选(F)/窗交(C)/投影(P)/边(E)/删除(R)/放弃(U)]: //选择需要被裁剪的对象，完成修剪

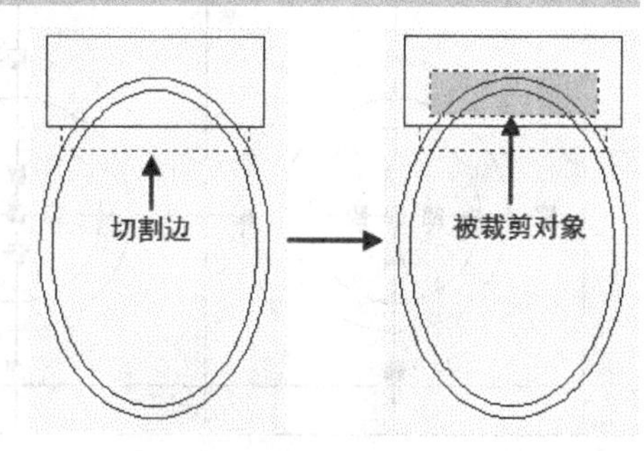

图5-215

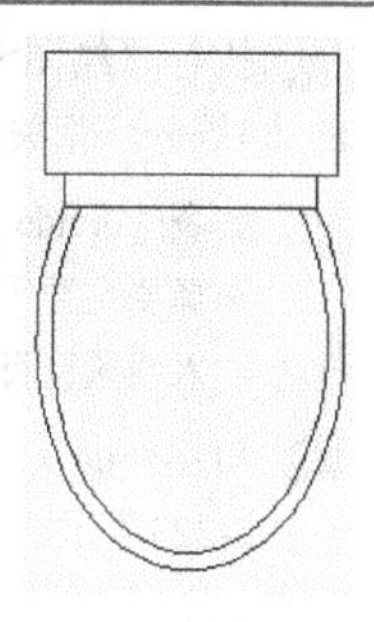

图5-216

5.5.8 实战——绘制燃具

素材位置　无
实例位置　第5章>实例文件>5.5.8.dwg
技术掌握　修剪命令的运用

本例绘制的燃具图例效果如图5-217所示。

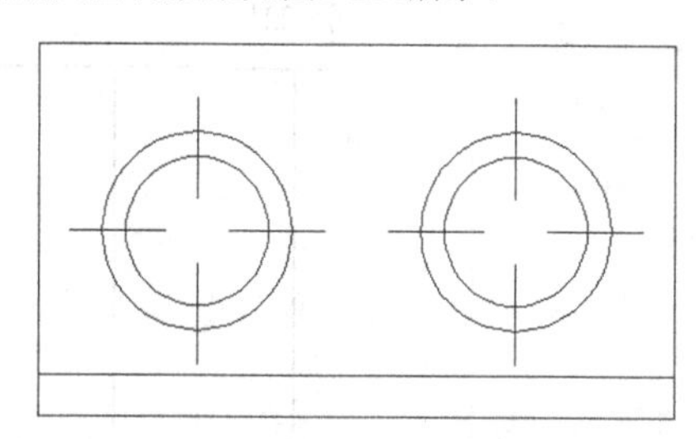

图5-217

01 使用Rectang（矩形）命令绘制一个800mm×450mm的矩形，如图5-218所示。

02 使用Explode（分解）命令将上一步绘制的矩形分解成4条独立的侧边，如图5-219所示。

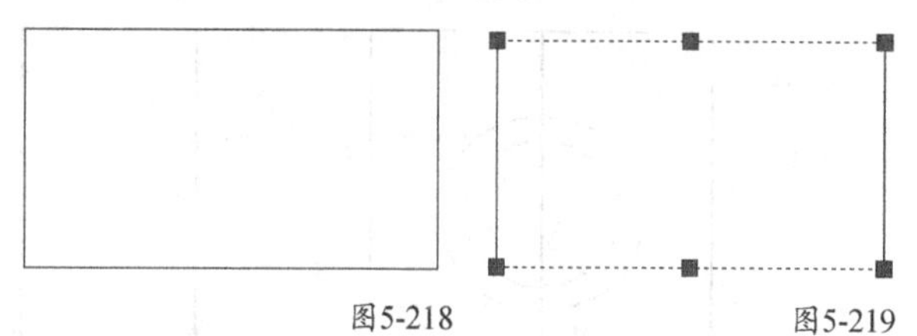

图5-218　图5-219

03 使用Offset（偏移）命令将底部的边线向上偏移50mm，如图5-220所示。

命令: _offset
当前设置: 删除源=否 图层=源 OFFSETGAPTYPE=0
指定偏移距离或 [通过(T)/删除(E)/图层(L)] <通过>: 50
选择要偏移的对象，或 [退出(E)/放弃(U)] <退出>:
指定要偏移的那一侧上的点，或 [退出(E)/多个(M)/放弃(U)] <退出>:
选择要偏移的对象，或 [退出(E)/放弃(U)] <退出>:

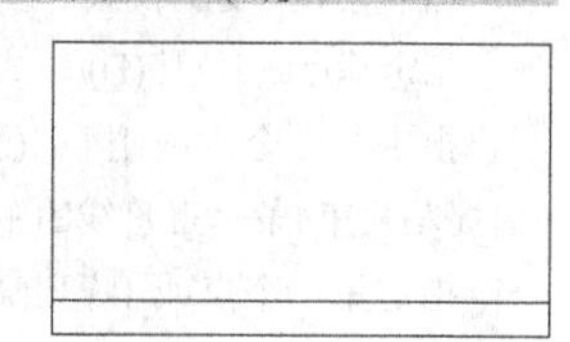

图5-220

04 执行“绘图>点>定数等分”菜单命令，将矩形顶部的边4等分，相关命令提示如下。

```
命令: _divide
选择要定数等分的对象:        //选择矩形顶部的边
输入线段数目或 [块(B)]: 4 ↙        //将边分为4等分
```

05 启用Line（直线）命令，捕捉等分点绘制如图5-221～图5-223所示的垂直直线。

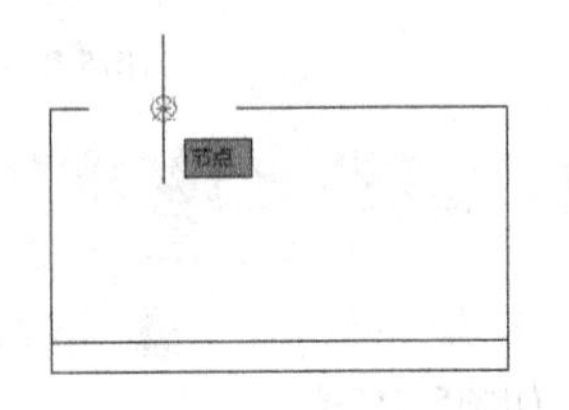

图5-221

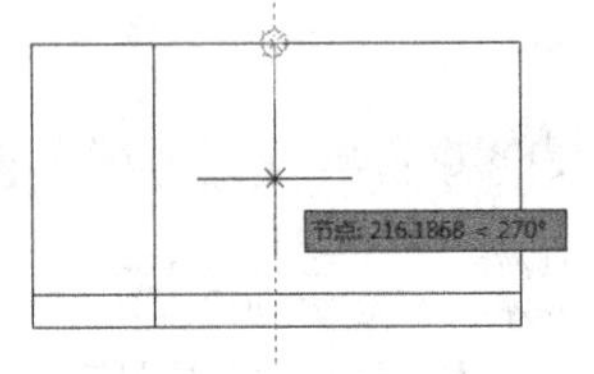

图5-222

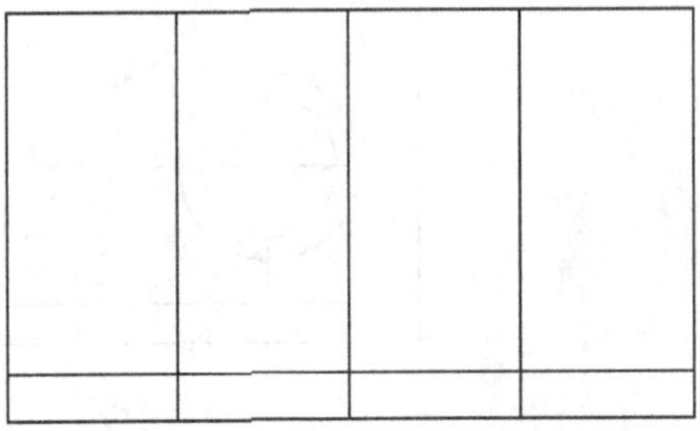

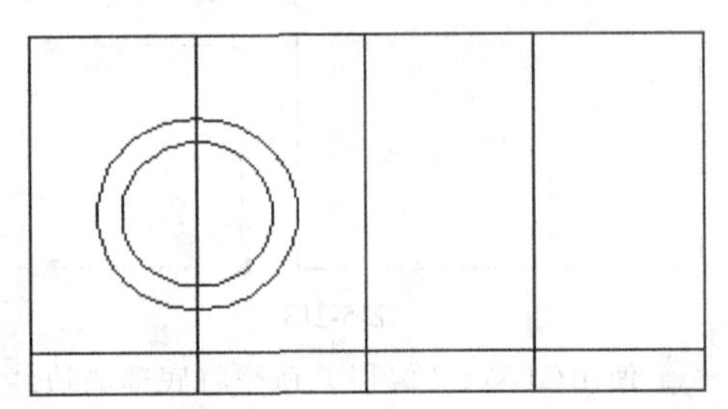
图5-223

06 确认开启了“中点”捕捉模式，然后使用Circle（圆）命令绘制半径分别为90mm和120mm的两个同心圆（圆心为直线的中点），如图5-224所示，命令提示如下。

图5-224

07 使用Copy（复制）命令复制同心圆，如图5-225所示，命令提示如下。

```
命令: _copy
选择对象: 指定对角点:  //框选上一步绘制的同心圆
找到 2 个
选择对象: ↙
当前设置: 复制模式 = 多个
指定基点或 [位移(D)/模式(O)] <位移>:  //捕捉同心圆圆心
指定第二个点或 [阵列(A)] <使用第一个点作为位移>:
//捕捉左数第4条垂直直线的中点
指定第二个点或 [阵列(A)/退出(E)/放弃(U)] <退出>:↙
//回车退出命令
```

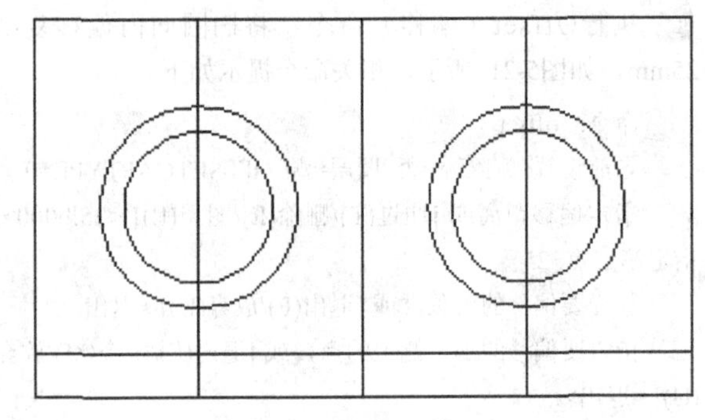
图5-225

08 使用Line（直线）命令绘制连接矩形左右两条边中点的水平直线，如图5-226所示。

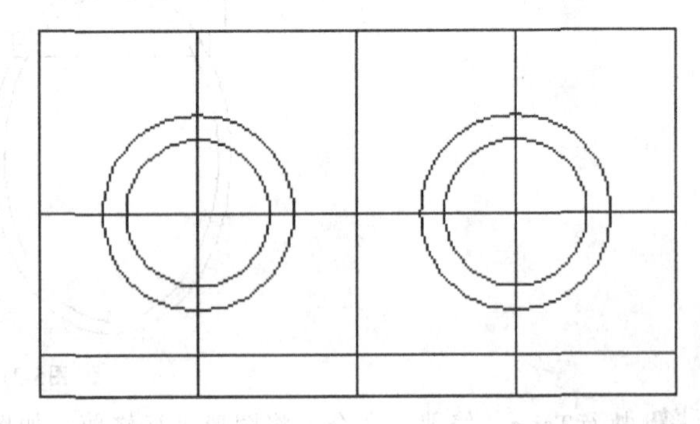
图5-226

09 下面对图形进行修剪，要达到较精确的效果，这里就需要绘制一些辅助图形，如图5-227所示再绘制半径分别为40mm和160mm的两个同心圆，接着对图形右边部分进行相同操作，如图5-228所示。

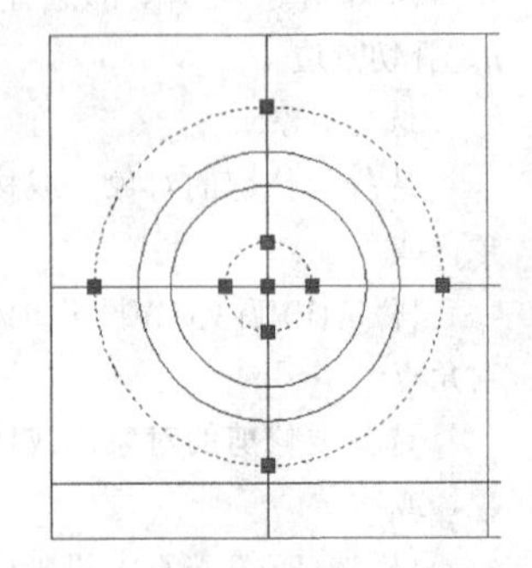
图5-227

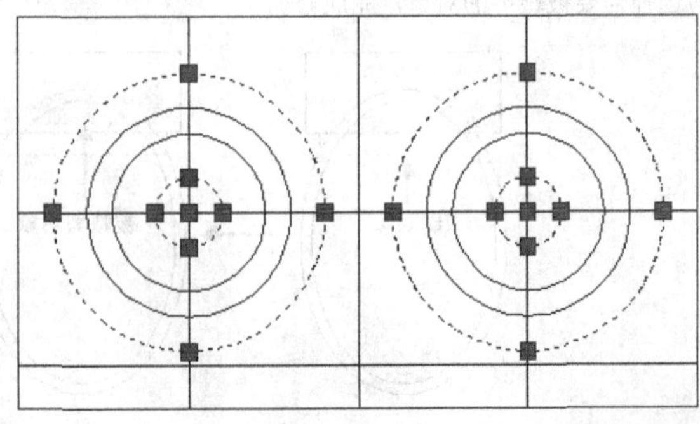
图5-228

10 执行Trim（修剪）命令，选择如上所示的圆进行修剪操作，如图5-229~图5-232所示。

命令: _trim
当前设置:投影=UCS，边=无
选择剪切边...
选择对象或 <全部选择>: 找到 1 个
选择对象: 找到 1 个，总计 2 个
选择对象: 找到 1 个，总计 3 个
选择对象: 找到 1 个，总计 4 个　　//选择上一步创建的4个辅助圆
选择对象: ↙
选择要修剪的对象，或按住 Shift 键选择要延伸的对象，或
[栏选(F)/窗交(C)/投影(P)/边(E)/删除(R)/放弃(U)]: 指定对角点:　//框选左边小圆以内的直线
选择要修剪的对象，或按住 Shift 键选择要延伸的对象，或
[栏选(F)/窗交(C)/投影(P)/边(E)/删除(R)/放弃(U)]: 指定对角点:　//框选右边小圆以内的直线
选择要修剪的对象，或按住 Shift 键选择要延伸的对象，或
[栏选(F)/窗交(C)/投影(P)/边(E)/删除(R)/放弃(U)]: //选择两个大圆以外且与圆相交的直线
...
选择要修剪的对象，或按住 Shift 键选择要延伸的对象，或
[栏选(F)/窗交(C)/投影(P)/边(E)/删除(R)/放弃(U)]:

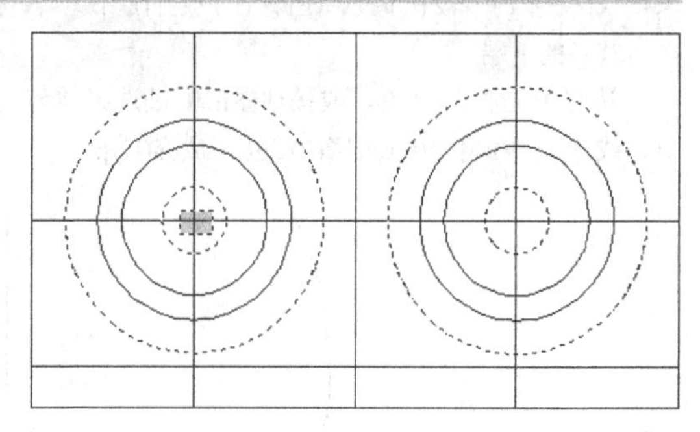

图5-229

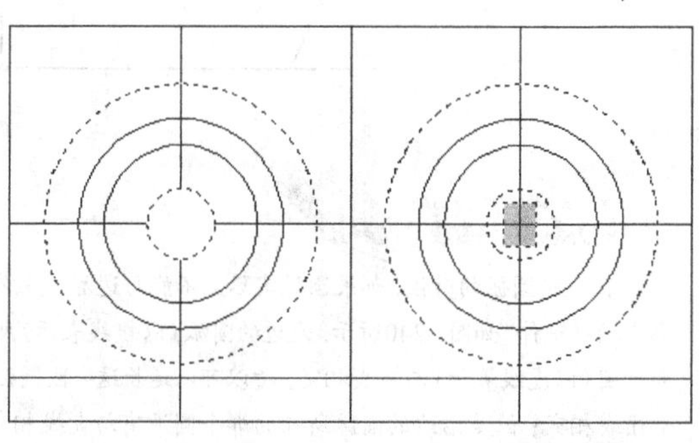

图5-230

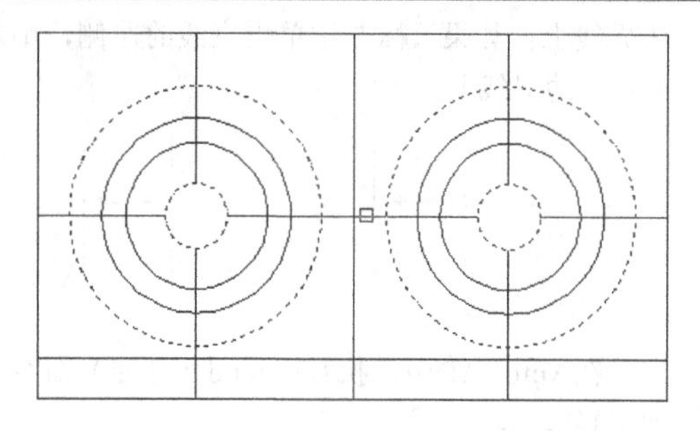

图5-231

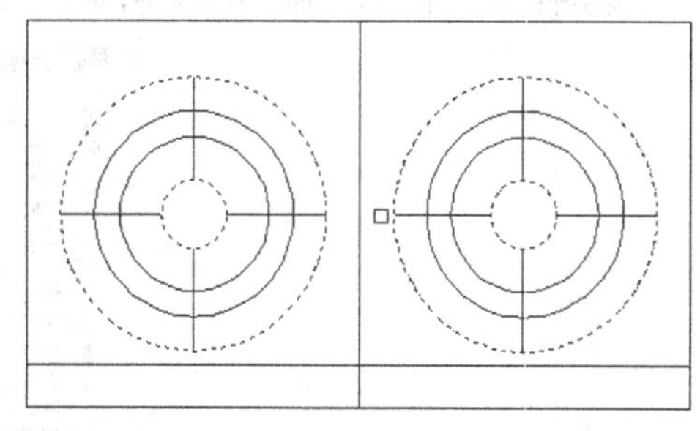

图5-232

11 删除多余圆和直线，完成图形的绘制，最终效果如图5-233所示。

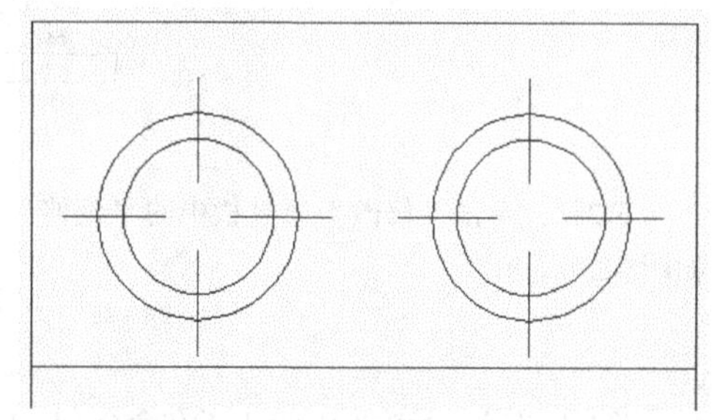

图5-233

专家点拨

这里可以先绘制辅助线，然后再修剪图形，也可以直接对直线进行打断操作。

Trim（修剪）命令在AutoCAD的制图中运用相当广泛，希望读者通过以上两个实战练习可以掌握其精髓。

5.5.9 延伸

延伸图形就是把选定的直线、圆弧和开多段线（也就是没有闭合的多段线）延长到指定的边界上，有效的边界线可以是直线、圆和圆弧、椭圆和椭圆弧、多段线、样条曲线、构造线、文本以及射线等。

使用Extend（延伸）命令可以延伸图形。在执行延伸操作的时候，待延伸图形上的拾取点决定图形要延伸的部分，这一点与Lengthen（拉长）命令类似。如图5-234所示，水平线为要延伸的图形，两条垂直线为边界，如果鼠标左键单击直线的右侧，则右端延长到指定

边界线上；如果鼠标左键单击直线的左侧，则左端延长到指定边界线上。

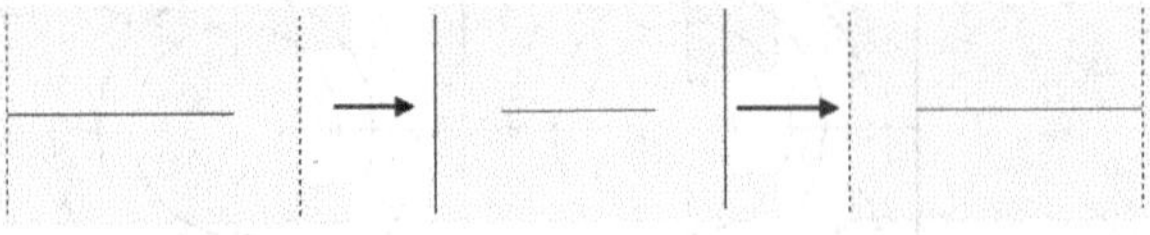

图5-234

在AutoCAD中，执行Extend（延伸）命令的方式有如下3种。

第1种：执行“修改>延伸”菜单命令，如图5-235所示。

图5-235

第2种：单击“修改”工具栏中的“延伸”按钮，如图5-236所示。

图5-236

第3种：在命令行输入Extend（简化命令为Ex）并回车。

下面以实际操作的形式介绍一下Extend（延伸）命令的使用方法。

第1步：随意绘制一条圆弧和两条直线，如图5-237所示。

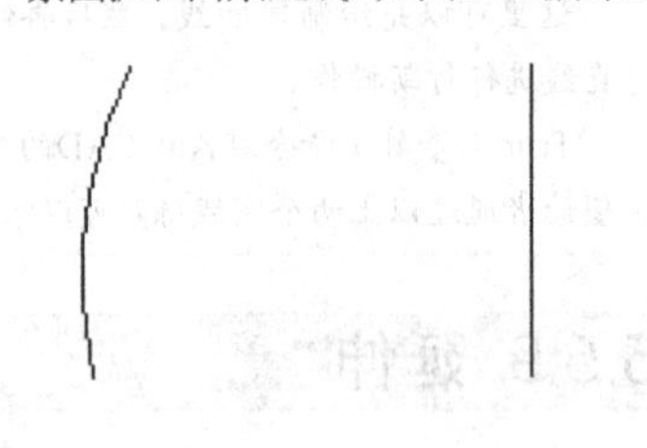

图5-237

第2步：执行“修改>延伸”菜单命令，把垂直直线延伸至与水平直线相交，如图5-238所示，相关命令提示如下。

命令: _extend

当前设置:投影=UCS，边=无

选择边界的边...

选择对象或 <全部选择>: 找到 1 个　　//选择水平直线作为边界线

选择对象: ↙　　//回车确认选中了边界线

选择要延伸的对象，或按住 Shift 键选择要修剪的对象，或[栏选(F)/窗交(C)/投影(P)/边(E)/放弃(U)]: //鼠标左键单击垂直直线的下端，表示从这一端延伸至边界线上

选择要延伸的对象，或按住 Shift 键选择要修剪的对象，或[栏选(F)/窗交(C)/投影(P)/边(E)/放弃(U)]: ↙

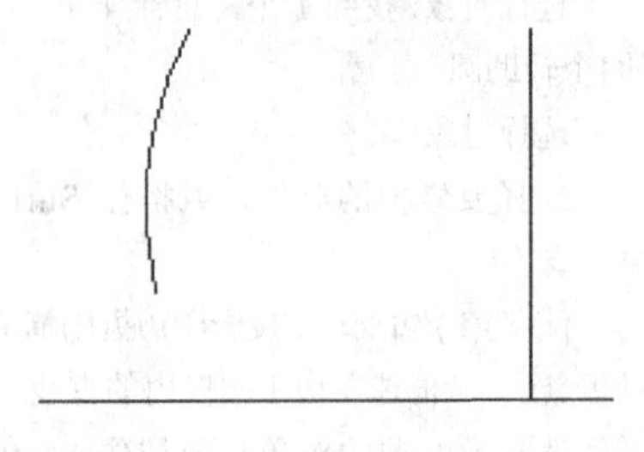

图5-238

第3步：按空格键继续执行Extend（延伸）命令，将圆弧延伸至与水平直线相交，如图5-239所示，相关命令提示如下。

命令:

EXTEND

当前设置:投影=UCS，边=无

选择边界的边...

选择对象或 <全部选择>: 找到 1 个　　//选择水平直线作为边界线

选择对象: ↙　　//回车确认选中了边界线

选择要延伸的对象，或按住 Shift 键选择要修剪的对象，或[栏选(F)/窗交(C)/投影(P)/边(E)/放弃(U)]: //鼠标左键单击圆弧的下端

选择要延伸的对象，或按住 Shift 键选择要修剪的对象，或[栏选(F)/窗交(C)/投影(P)/边(E)/放弃(U)]: ↙

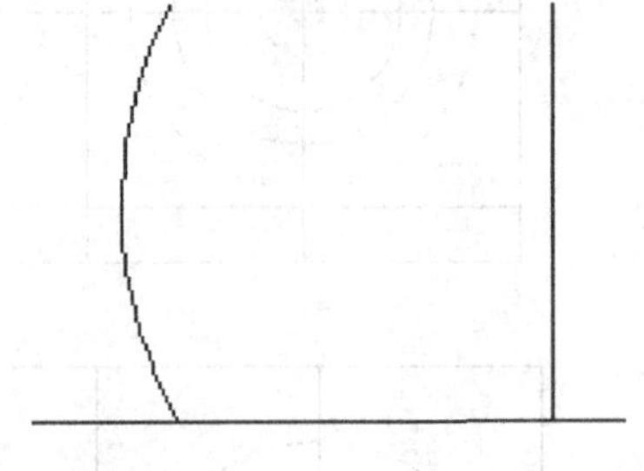

图5-239

在延伸圆弧的时候，如果圆弧实际上不能与边界线相交，则无法进行延伸。如图5-240所示，左边的圆弧（以粗线表示）所在的那个圆（以虚线表示）与直线相交，所以可以延长这一段圆弧与水平直线相交；但是右边的圆弧所在的那个圆没有与直线相交，所以这一段圆弧就无法延伸至与水平直线相交。

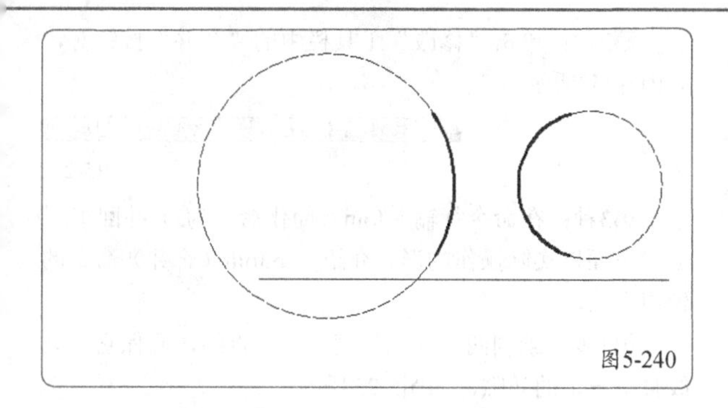
图5-240

5.5.10 实战——绘制筒灯

素材位置 无
实例位置 第5章>实例文件>5.5.10.dwg
技术掌握 延伸命令的运用

本例绘制的筒灯图例效果如图5-241所示。

01 首先确认开启了“圆心”对象捕捉模式，然后执行Circle（圆）命令绘制半径分别为70mm和45mm的两个同心圆，如图5-242所示。

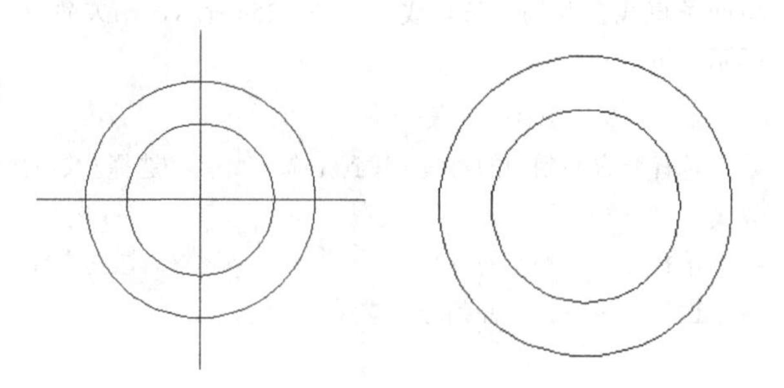
图5-241 图5-242

02 开启“极轴追踪”模式，然后执行Line（直线）命令，过圆心绘制两条交叉线，如图5-243所示。

03 执行Circle（圆）命令，再绘制一个半径为100mm的同心圆，如图5-244所示。

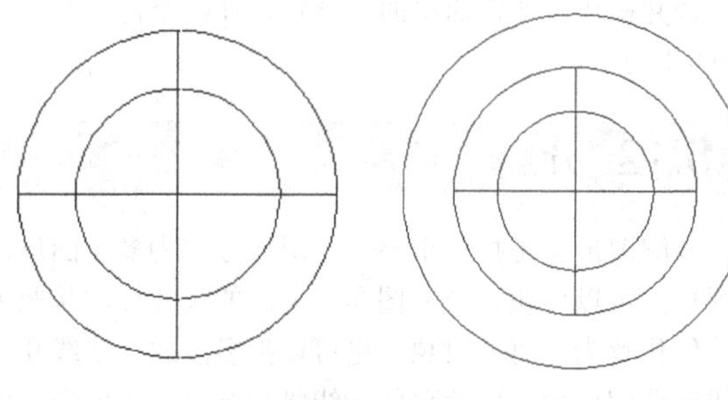
图5-243 图5-244

04 执行Extend（延伸）命令将两条直线进行延伸操作，如图5-245~图5-247所示，相关命令提示如下。

命令: _extend
当前设置:投影=UCS，边=无
选择边界的边... //选择最外围的圆形
选择对象或 <全部选择>: 找到 1 个
选择对象: ↙
选择要延伸的对象，或按住 Shift 键选择要修剪的对象，或
[栏选(F)/窗交(C)/投影(P)/边(E)/放弃(U)]: //选择要延伸的直线一端
选择要延伸的对象，或按住 Shift 键选择要修剪的对象，或
[栏选(F)/窗交(C)/投影(P)/边(E)/放弃(U)]:
选择要延伸的对象，或按住 Shift 键选择要修剪的对象，或
[栏选(F)/窗交(C)/投影(P)/边(E)/放弃(U)]:
选择要延伸的对象，或按住 Shift 键选择要修剪的对象，或
[栏选(F)/窗交(C)/投影(P)/边(E)/放弃(U)]:
选择要延伸的对象，或按住 Shift 键选择要修剪的对象，或
[栏选(F)/窗交(C)/投影(P)/边(E)/放弃(U)]:

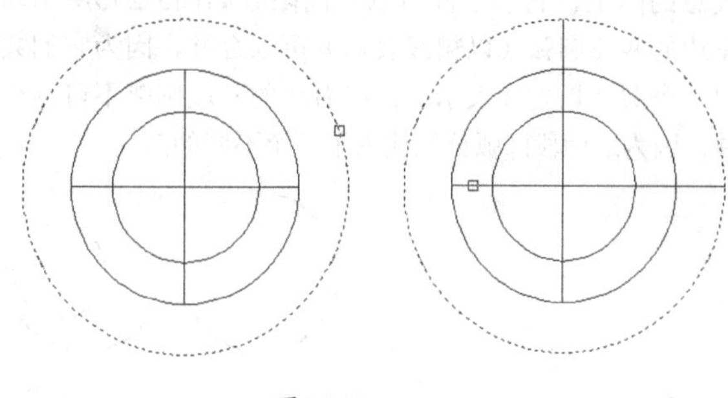
图5-245 图5-246

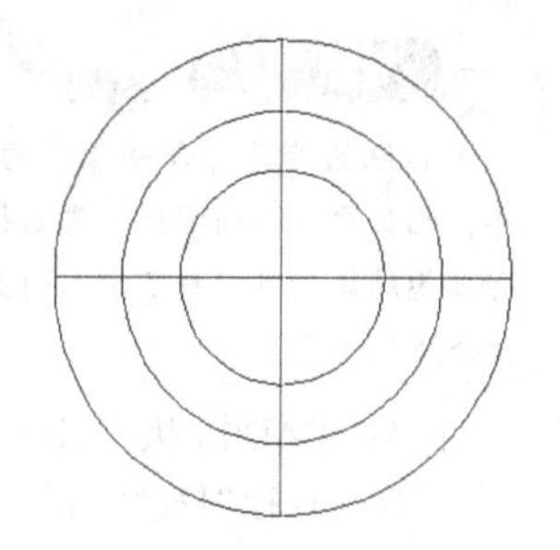
图5-247

05 删除多余的圆，完成筒灯的绘制，最终效果如图5-248所示。

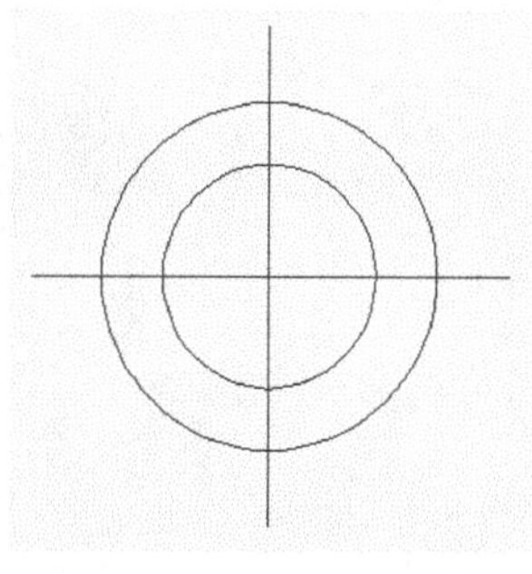
图5-248

5.5.11 合并

合并图形就是把单个图形合并以形成一个完整的图形，AutoCAD中可以合并的图形包括直线、多段线、圆弧、椭圆弧和样条曲线等。使用Join（合并）命令可以合并图形。

当然，合并图形不是说任意条件下的图形都可以合并，每一种能够合并的图形都会有一些条件限制。

如果要合并直线，那么待合并的直线必须共线（位于同一无限长的直线上），它们之间可以有间隙。如图5-249所示，左边的两条平行线不能被合并；但右边的两条直线可以被合并，因为它们共线。

图5-249

如果要合并圆弧，那么待合并的圆弧必须位于同一假想的圆上，它们之间可以有间隙。如图5-250所示，左边的两段圆弧（以粗线表示）可以合并，因为它们共用一个圆（以虚线表示）；但右边的两段圆弧不可以合并，因为这两段圆弧分别代表了两个不同的圆。

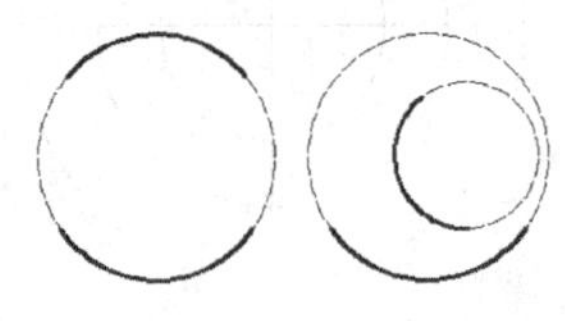

图5-250

专家点拨

其他的能进行合并操作的图形的合并条件大致都是这样，比如要合并椭圆弧，那么椭圆弧必须位于同一椭圆上。有兴趣的读者可以自己深入研究一下，因为篇幅问题，本书就介绍到这里。

在AutoCAD中，执行Join（合并）命令的方式有如下3种。

第1种：执行“修改>合并”菜单命令，如图5-251所示。

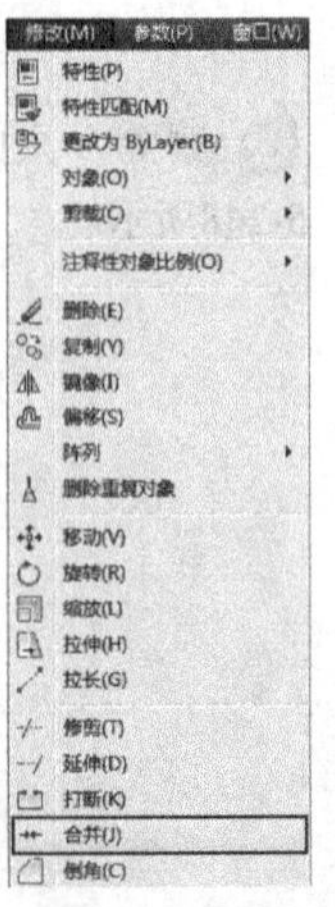

图5-251

第2种：单击“修改”工具栏中的“合并”按钮，如图5-252所示。

图5-252

第3种：在命令行输入Join（简化命令为J）并回车。

下面以实际操作的形式介绍一下Join（合并）命令的使用方法。

第1步：绘制两条任意长度的水平直线，确保它们共线且有一定的间隙，如图5-253所示。

图5-253

第2步：单击“修改”工具栏中的“合并”按钮，将两条直线合并为一条直线，如图5-254所示，相关命令提示如下。

```
命令: _join 选择源对象:
选择要合并到源的直线: 找到 1 个          //选择左边的直线
选择要合并到源的直线:                    //选择右边的直线
已将 1 条直线合并到源
```

图5-254

合并操作是非常简单的，分别选择两个待合并的图形就可以了。

5.5.12 分解

分解图形就是把一个整体的图形分解为多个图形，这项功能可以使块、填充图案和关联的尺寸标注从原来的整体化解为分离的对象，也可以把多段线、多线和草图线等分解成独立的简单的直线段和圆弧，比如把一个矩形分解为4条分别独立的直线。使用Explode（分解）命令可以分解图形。

在AutoCAD中，执行Explode（分解）命令的方式有如下3种。

第1种：执行“修改>分解”菜单命令，如图5-255所示。

第2种：单击“修改”工具栏中的“分解”按钮，如图5-256所示。

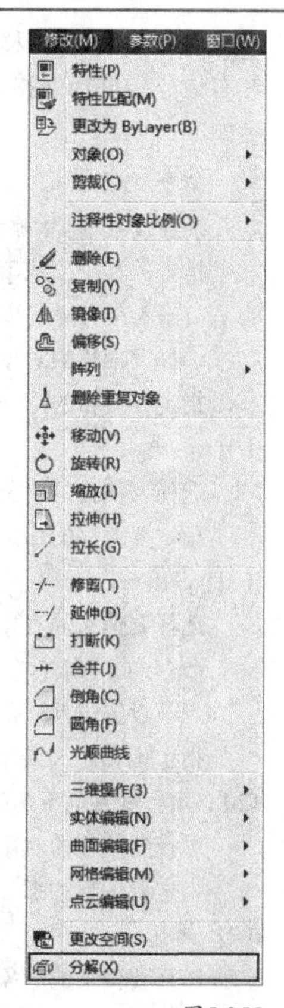

图5-255

图5-256

第3种：在命令行输入Explode并回车。

执行Explode（分解）命令，相关命令提示如下。

命令: _explode
选择对象: 找到 1 个　　　　　　//选择要分解的图形对象
选择对象: ↙　　　　　　　　　//回车确认分解

分解图形的操作非常简单，这里就不再多讲了。

5.5.13 实战——绘制单开门

素材位置　无
实例位置　第5章>实例文件>5.5.13.dwg
技术掌握　合并、分解、偏移等命令的运用

本例绘制的单开门图例如图5-257所示。

01 执行Rectang（矩形）命令绘制一个1000mm×2100mm的矩形，如图5-258所示。

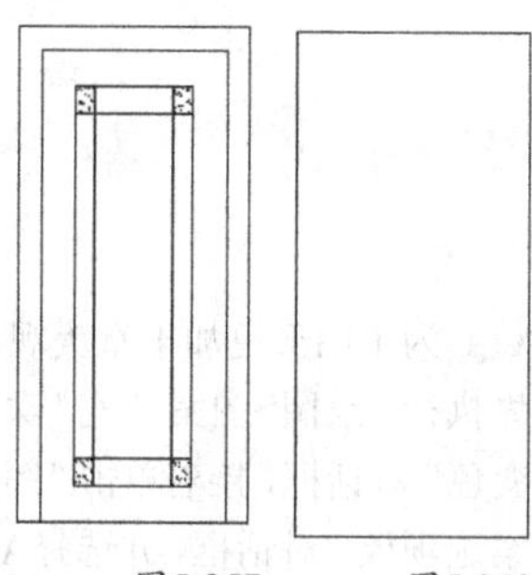

图5-257　图5-258

02 执行Explode（分解）命令将矩形分解成4条独立的线段，如图5-259所示。

03 执行Join（合并）命令，将左、上、右面的三条边合并起来，如图5-260所示。

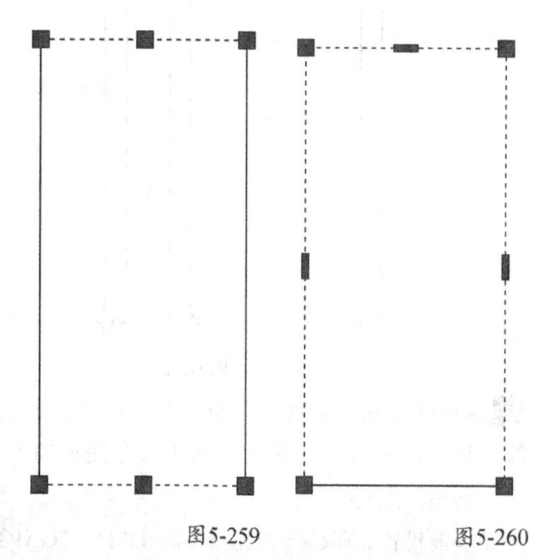

图5-259　图5-260

04 执行Offset（偏移）命令将线段进行偏移复制，如图5-261所示，相关命令提示如下。

命令: _offset
当前设置: 删除源=否 图层=源 OFFSETGAPTYPE=0
指定偏移距离或 [通过(T)/删除(E)/图层(L)] <0.0000>:100 ↙　　//输入偏移距离
指定要偏移的那一侧上的点，或 [退出(E)/多个(M)/放弃(U)] <退出>:　　//单击线段内侧任一点
选择要偏移的对象，或 [退出(E)/放弃(U)] <退出>: *取消*

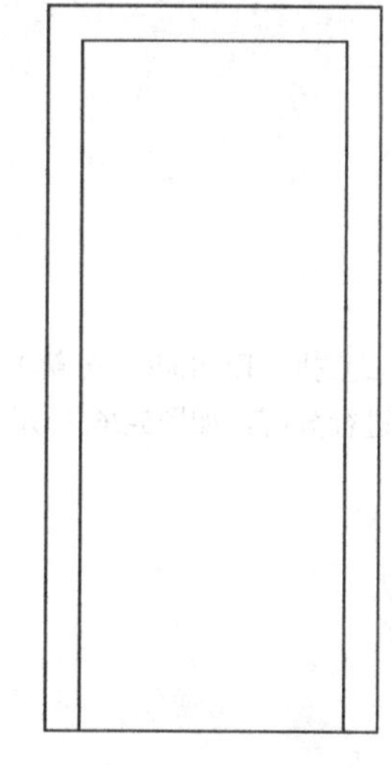

图5-261

05 为了方便下一步的操作，利用Line（直线）命令和Join（合并）命令将线段重新组合为一个封闭的矩形，如图5-262和图5-263所示。

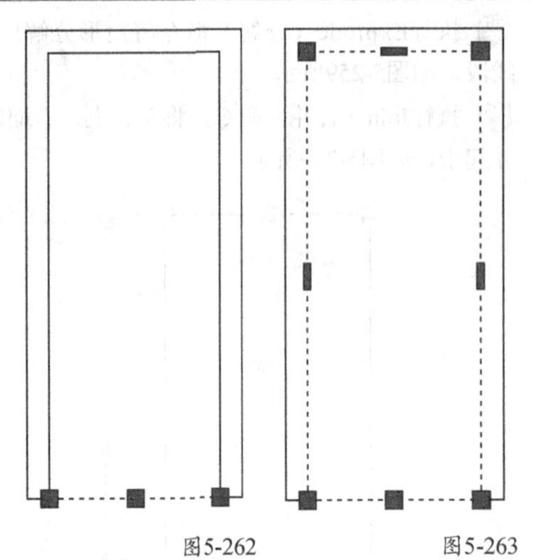
图5-262　　图5-263

06 执行Offset（偏移）命令将上一步创建出的矩形进行偏移复制，如图5-264所示，相关命令提示如下。

命令: _offset
当前设置: 删除源=否 图层=源 OFFSETGAPTYPE=0
指定偏移距离或 [通过(T)/删除(E)/图层(L)] <100.0000>: 150 ↙
选择要偏移的对象，或 [退出(E)/放弃(U)] <退出>:
指定要偏移的那一侧上的点，或 [退出(E)/多个(M)/放弃(U)] <退出>:↙

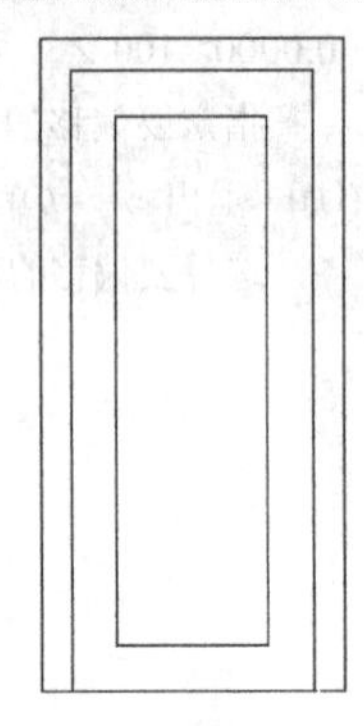
图5-264

07 执行Explode（分解）命令，将上一步偏移出的矩形进行分解，如图5-265所示。

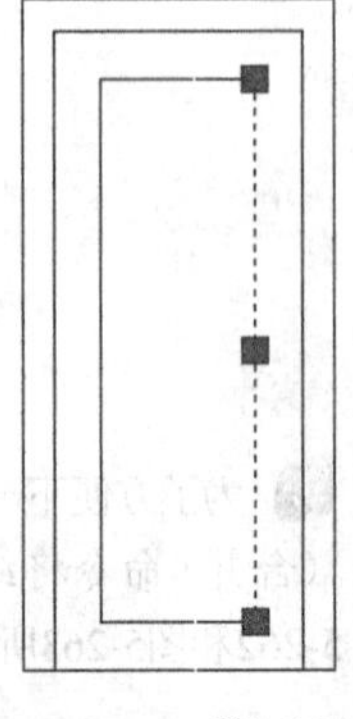
图5-265

08 执行Offset（偏移）命令将分解后的矩形的上下边、左右边分别进行偏移复制，如图5-266所示，相关命令提示如下。

命令: _offset
当前设置: 删除源=否 图层=源 OFFSETGAPTYPE=0
指定偏移距离或 [通过(T)/删除(E)/图层(L)] <120.0000>: 80 //输入左右两条边的偏移距离
选择要偏移的对象，或 [退出(E)/放弃(U)] <退出>:
指定要偏移的那一侧上的点，或 [退出(E)/多个(M)/放弃(U)] <退出>:
选择要偏移的对象，或 [退出(E)/放弃(U)] <退出>:
指定要偏移的那一侧上的点，或 [退出(E)/多个(M)/放弃(U)] <退出>:
选择要偏移的对象，或 [退出(E)/放弃(U)] <退出>:
命令: OFFSET　　//按空格键重复偏移命令
当前设置: 删除源=否 图层=源 OFFSETGAPTYPE=0
指定偏移距离或 [通过(T)/删除(E)/图层(L)] <80.0000>: 120 ↙ //输入上下两条边的偏移距离
选择要偏移的对象，或 [退出(E)/放弃(U)] <退出>:
指定要偏移的那一侧上的点，或 [退出(E)/多个(M)/放弃(U)] <退出>:
选择要偏移的对象，或 [退出(E)/放弃(U)] <退出>:
指定要偏移的那一侧上的点，或 [退出(E)/多个(M)/放弃(U)] <退出>: ↙

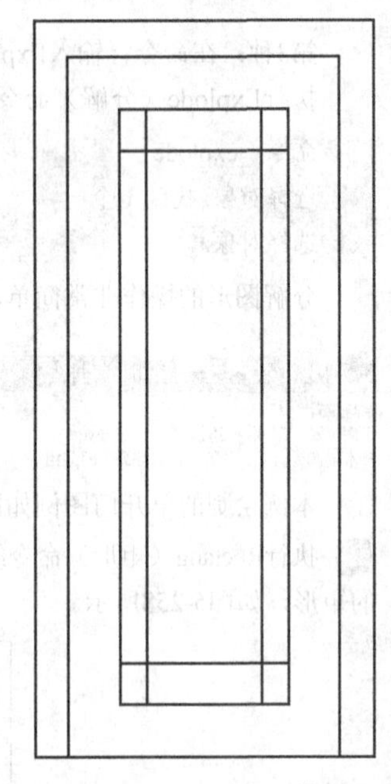
图5-266

09 为了图形更加丰富美观，可以为其填充一些图案，首先执行“绘图>图案填充”菜单命令，打开“图案填充和渐变色”对话框，接着单击“图案”后面的通道打开“填充图案选项板”对话框，并选择AR-SAND图案样式，单击“确定”按钮返回上一级，如图5-267所示，然后在“边界”选项组下单击“添加:拾取点”按钮，并在图形中拾取需要填充的区域，如图5-268和图5-269所示，最后按回车键返回“图案填充和渐变色”对话框，并单击“确定”按钮完成填充任务，最终效果如图5-270所示。

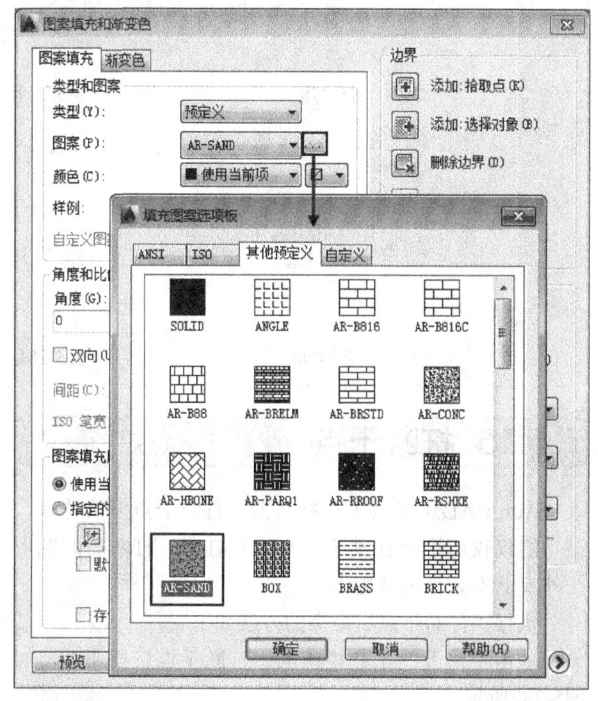

图5-267

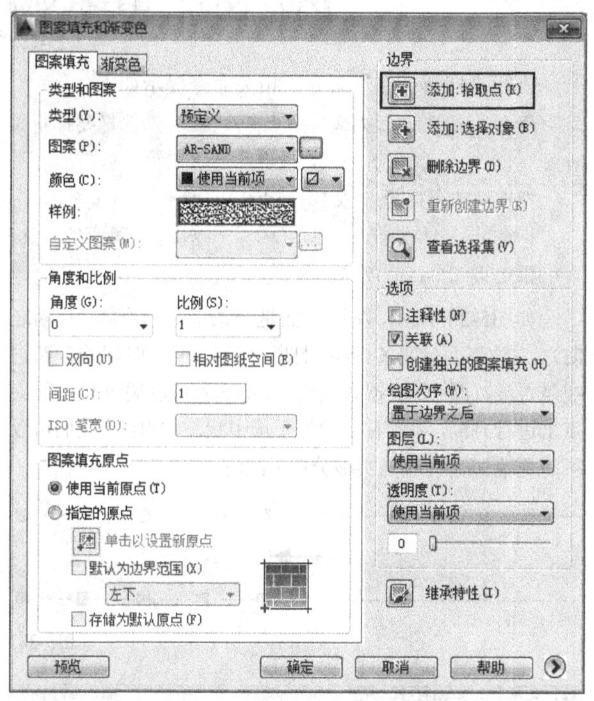

图5-268

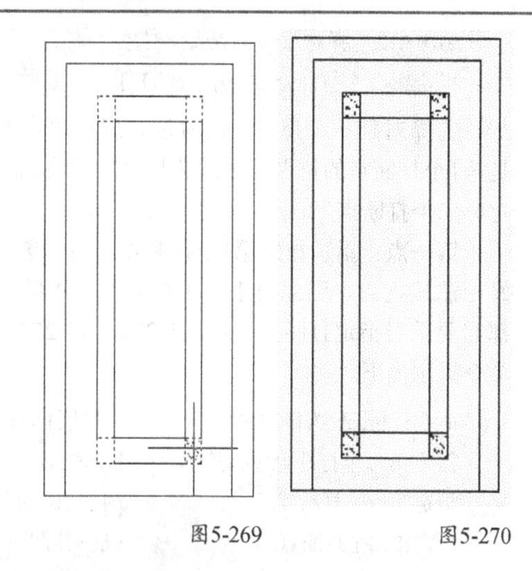

图5-269　　图5-270

5.5.14 打断

打断图形就是将一个整体的图形分割为两部分。列举一个很形象的例子，将一根竹竿用刀砍成两段，那么这根竹竿就被打断为两部分了；还有一种方法，从竹竿的中间砍一段下来（不仅仅是切段），不仅把竹竿打断，而且竹竿还少了一截。使用Break（打断）命令可以打断图形，其工作原理跟砍竹竿是一样的。

在AutoCAD中，执行Break（打断）命令的方式有如下3种。

第1种：执行“修改>打断”菜单命令，如图5-271所示。

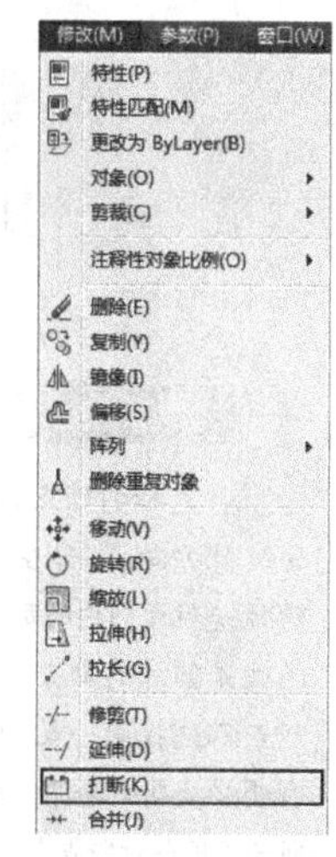

图5-271

第2种：单击“修改”工具栏中的“打断”按钮，如图5-272所示。

图5-272

第3种：在命令行输入Break（简化命令为Br）并回车。

执行Break（打断）命令将出现如下提示。

命令介绍

BREAK 选择对象: //选择对象
指定第二个打断点 或 [第一点(F)]:

选择对象：选择对象的时候，用户单击的位置默认是第1个打断点的位置，因此选择对象后将出现提示"指定第二个打断点"。

第一点：重新指定第1个打断点，由于选择对象的时候无法捕捉点，因此对于精确打断两个点的情况，通常都需要重新指定打断点，如图5-273~图5-275所示，相关命令提示如下。

命令: _break 选择对象: //选择矩形
指定第二个打断点 或 [第一点(F)]: f↙
指定第一个打断点: //捕捉圆的左侧象限点
指定第二个打断点: //捕捉圆的右侧象限点

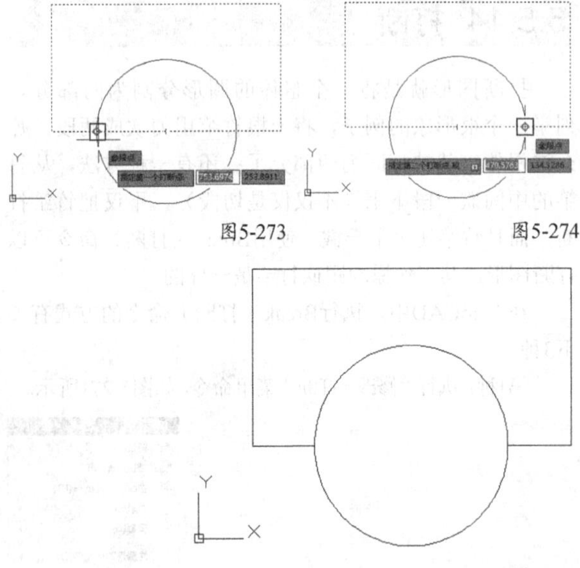
图5-273 图5-274

图5-275

专家点拨

在选择打断点的时候要注意顺序，AutoCAD的打断顺序是逆时针方向，例如在上面的操作中是从左到右选择打断点，打断的就是位于圆内的那一段；如果从右到左选择打断点，那么打断的就是圆外的部分，如图5-276~图5-278所示。另外，如果两个打断点都选择同一点，那么图形只是被断为两部分，在外观上不会有明显变化（这种方法不能打断封闭图形），如图5-279~图5-281所示（两个打断点都选择直线的中点）。

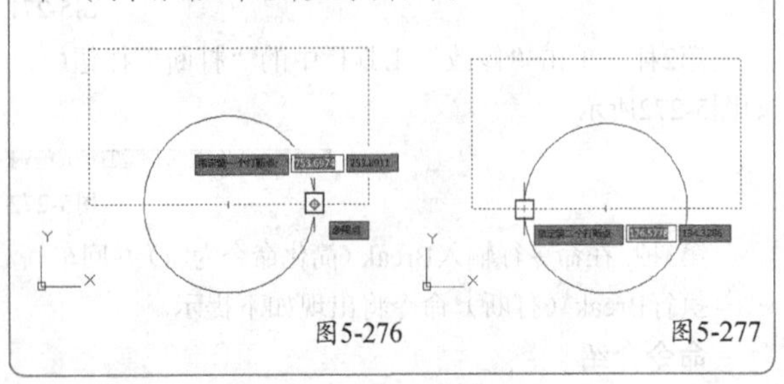
图5-276 图5-277

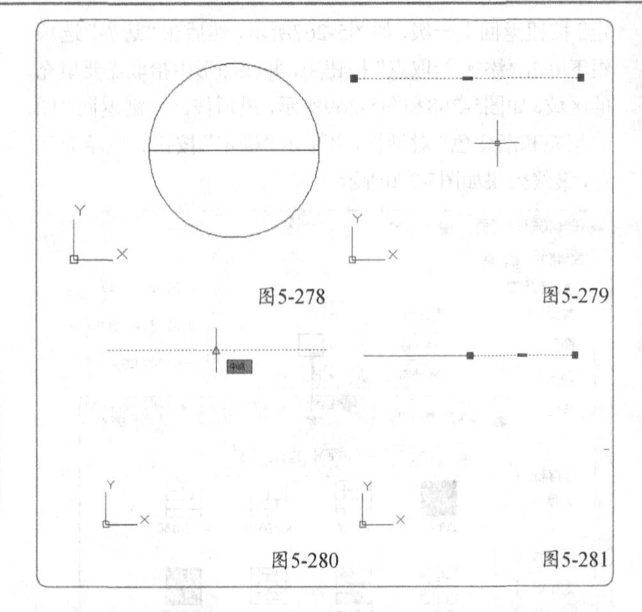
图5-278 图5-279

图5-280 图5-281

5.5.15 打断于点

AutoCAD还提供了一种名为"打断于点"的功能，该功能仅仅将图形在某一个点位置打断，打断后的图形在外观上不会有明显变化。

执行"打断于点"命令的方法如下。

单击"修改"工具栏中的"打断于点"按钮，如图5-282所示。

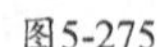
图5-282

执行"打断于点"命令，相关命令提示如下。

命令: _break 选择对象: //选择要打断的对象
指定第二个打断点 或 [第一点(F)]: _f↙
指定第一个打断点: //确定打断点的位置
指定第二个打断点: @

如图5-283所示，左边上面是一条单独的直线（打断之前），左边下面是两条直线（打断之后），但此时很难判断直线是否被打断。如果把直线选中，那么就可以通过显示的夹点来进行判断，观察右边的处于选中状态的直线，我们可以很清楚地知道直线确实被分成了两段。

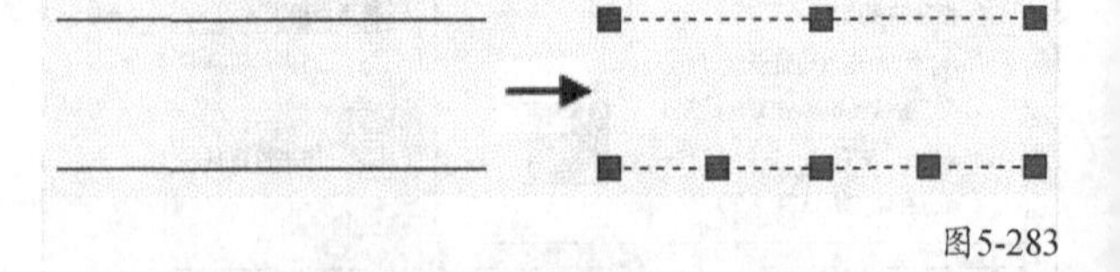
图5-283

5.5.16 圆角

圆角（也叫过渡圆角）是指用确定半径的圆弧来光

滑地连接两个图形，AutoCAD可以在指定的两条直线、圆弧、椭圆弧、多段线、构造线和样条曲线等之间建立圆角，如图5-284所示。使用Fillet（圆角）命令可以建立圆角。

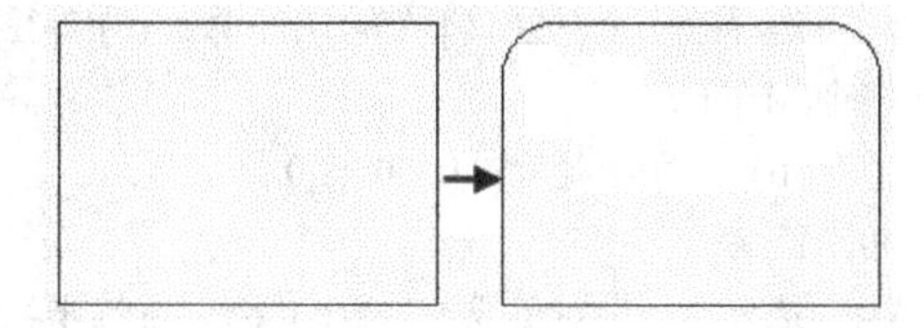

图5-284

在AutoCAD中，执行Fillet（圆角）命令的方式有如下3种。

第1种：执行“修改>圆角”菜单命令，如图5-285所示。

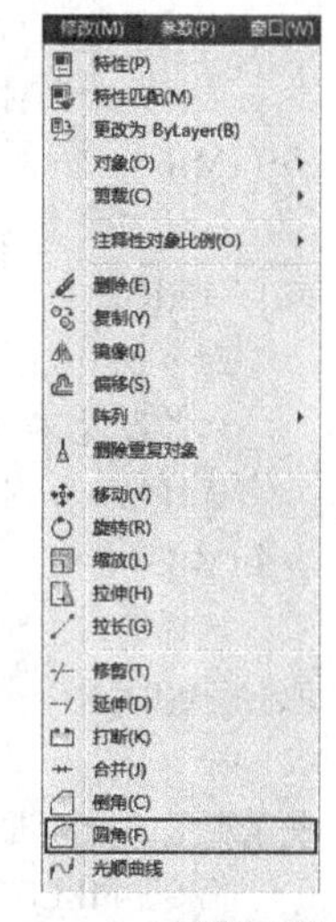

图5-285

第2种：单击“修改”工具栏中的“圆角”按钮，如图5-286所示。

图5-286

第3种：在命令行输入Fillet（简化命令为F）并回车。

执行Fillet（圆角）命令将出现如下提示。

命令介绍

命令：_fillet

当前设置：模式 = 修剪，半径 = 0.0000

选择第一个对象或 [放弃(U)/多段线(P)/半径(R)/修剪(T)/多个(M)]:

半径：设置圆角的半径，如图5-287~图5-289所示，相关命令提示如下。

命令：_fillet

当前设置：模式 = 修剪，半径 = 0.0000

选择第一个对象或 [放弃(U)/多段线(P)/半径(R)/修剪(T)/多个(M)]: r↙

指定圆角半径 <0.0000>: 50↙

选择第一个对象或 [放弃(U)/多段线(P)/半径(R)/修剪(T)/多个(M)]:　//选择矩形右侧垂直边

选择第二个对象，或按住 Shift 键选择对象以应用角点或 [半径(R)]:　//选择矩形顶部水平边

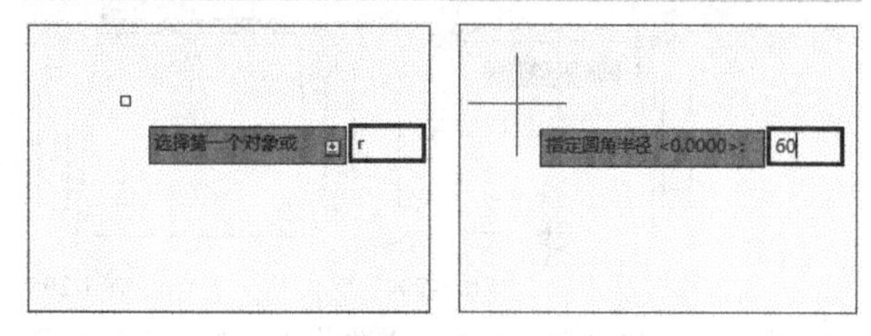

图5-287　图5-288

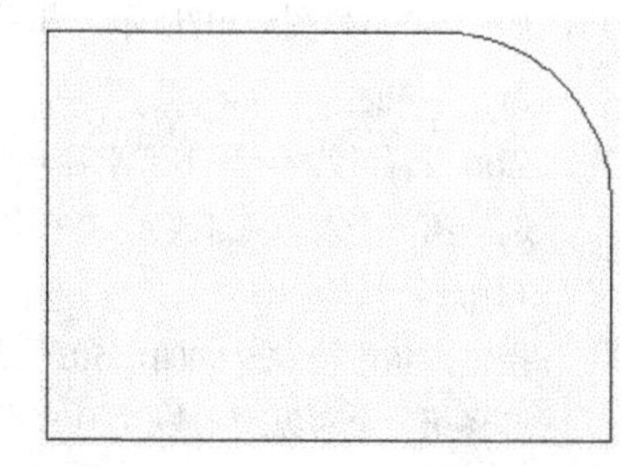

图5-289

5.5.17 实战——绘制休闲椅

素材位置　无

实例位置　第5章>实例文件>5.5.17.dwg

技术掌握　圆角命令的运用

本例绘制的休闲椅图例效果如图5-290所示。

01 执行Rectang（矩形）命令，绘制一个480mm×400mm的矩形，如图5-291所示。

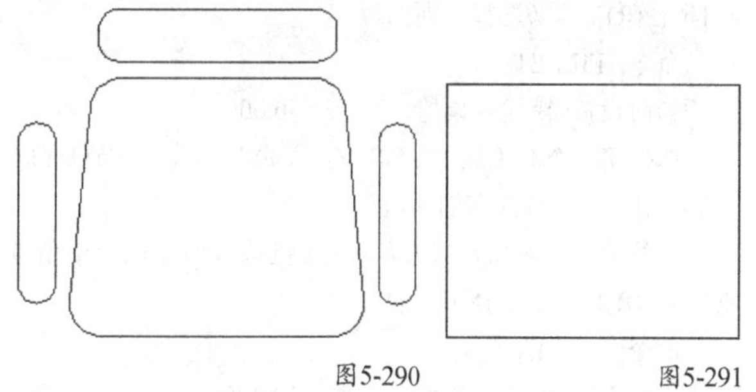

图5-290　图5-291

02 矩形执行Rectang（矩形）命令在合适的位置分别绘制一个380mm×80mm的矩形和两个60mm×280mm的矩形，如图5-292和图5-293所示。

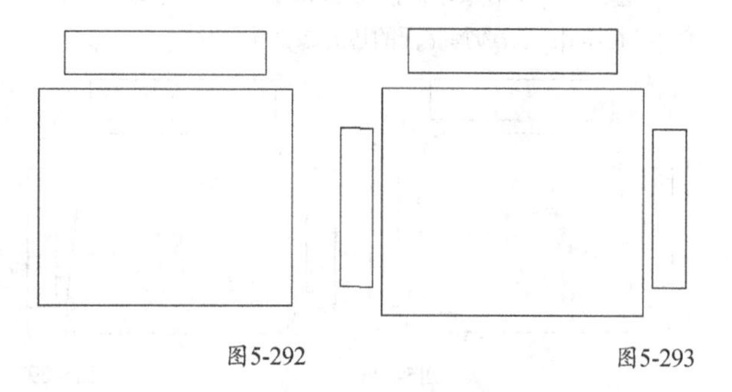

图5-292　图5-293

03 用鼠标左键单击中间的矩形，将左上方和右上方的蓝色夹点分别向内移动，如图5-294所示，调整后的图形效果如图5-295所示。

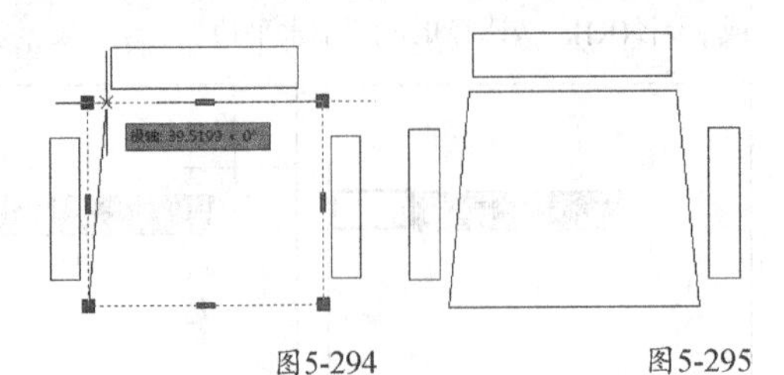

图5-294　　图5-295

04 执行Fillet（圆角）命令，首先将中间的矩形进行圆角，如图5-296和图5-297所示，相关命令提示如下。

命令: _fillet
当前设置: 模式 = 修剪，半径 = 0.0000
选择第一个对象或 [放弃(U)/多段线(P)/半径(R)/修剪(T)/多个(M)]: r↙
指定圆角半径 <20.0000>: 50↙　　//输入圆角半径
选择第一个对象或 [放弃(U)/多段线(P)/半径(R)/修剪(T)/多个(M)]:　　//选择左面的边
选择第二个对象，或按住 Shift 键选择对象以应用角点或 [半径(R)]:　　//选择上面的边
命令: FILLET　　//按空格键继续圆角命令
当前设置: 模式 = 修剪，半径 = 50.0000
选择第一个对象或 [放弃(U)/多段线(P)/半径(R)/修剪(T)/多个(M)]:　　//选择上面的边
选择第二个对象，或按住 Shift 键选择对象以应用角点或 [半径(R)]:　　//选择右面的边
命令: FILLET
当前设置: 模式 = 修剪，半径 = 50.0000
选择第一个对象或 [放弃(U)/多段线(P)/半径(R)/修剪(T)/多个(M)]:　　//选择右面的边
选择第二个对象，或按住 Shift 键选择对象以应用角点或 [半径(R)]:　　//选择下面的边
命令: FILLET
当前设置: 模式 = 修剪，半径 = 50.0000
选择第一个对象或 [放弃(U)/多段线(P)/半径(R)/修剪(T)/多个(M)]:　　//选择下面的边
选择第二个对象，或按住 Shift 键选择对象以应用角点或 [半径(R)]:　　//选择左面的边并按回车结束

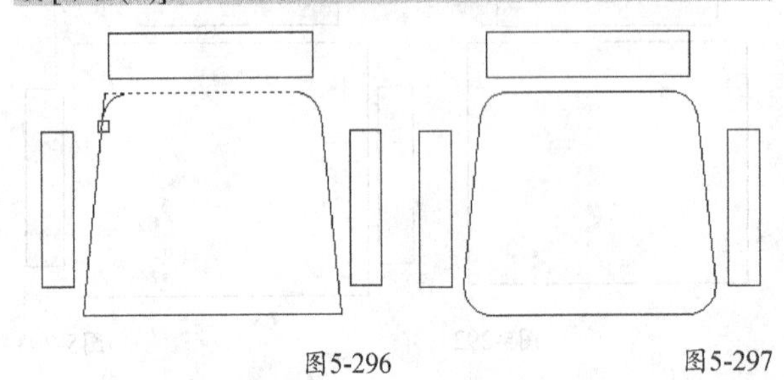

图5-296　　图5-297

05 继续执行Fillet（圆角）命令，将其余矩形进行圆角，最终效果如图5-298所示，相关命令提示如下。

命令: _fillet
当前设置: 模式 = 修剪，半径 = 50.0000
选择第一个对象或 [放弃(U)/多段线(P)/半径(R)/修剪(T)/多个(M)]: r↙
指定圆角半径 <50.0000>: 30↙　　//输入圆角半径
选择第一个对象或 [放弃(U)/多段线(P)/半径(R)/修剪(T)/多个(M)]:　　//选择第一条边
选择第二个对象，或按住 Shift 键选择对象以应用角点或 [半径(R)]:　　//选择相邻的另一条边
命令: FILLET
当前设置: 模式 = 修剪，半径 = 30.0000
选择第一个对象或 [放弃(U)/多段线(P)/半径(R)/修剪(T)/多个(M)]:
选择第二个对象，或按住 Shift 键选择对象以应用角点或 [半径(R)]:
命令: FILLET
当前设置: 模式 = 修剪，半径 = 30.0000
选择第一个对象或 [放弃(U)/多段线(P)/半径(R)/修剪(T)/多个(M)]:
选择第二个对象，或按住 Shift 键选择对象以应用角点或 [半径(R)]:
…　　//重复按空格键继续将剩余矩形的全部进行圆角
命令: FILLET
当前设置: 模式 = 修剪，半径 = 30.0000
选择第一个对象或 [放弃(U)/多段线(P)/半径(R)/修剪(T)/多个(M)]:

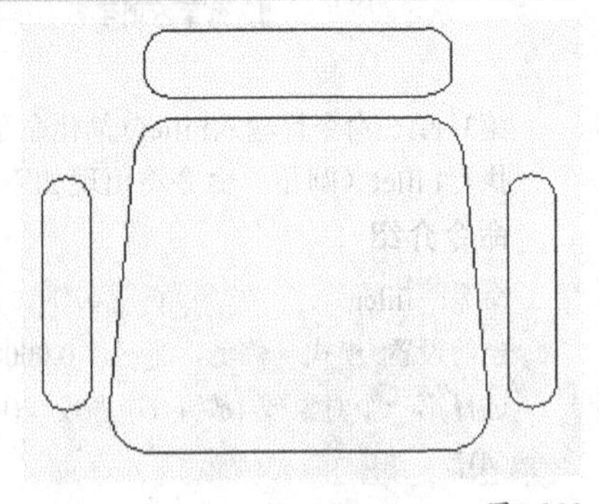

图5-298

5.5.18 倒角

倒角类似于圆角，它是在指定的两条直线或者多段线段之间产生倒角，这个倒角是直线而不是圆弧，如图5-299所示。使用Chamfer（倒角）命令可以建立倒角。

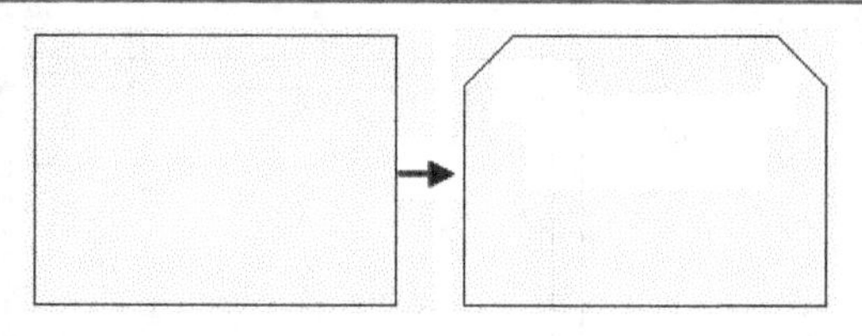

图5-299

倒角是采用一条直线段来连接两个图形，而圆角是采用一条圆弧来连接两个图形，这是两个功能最本质的区别。

在AutoCAD中，执行Chamfer（倒角）命令的方式有如下3种。

第1种：执行“修改>倒角”菜单命令，如图5-300所示。

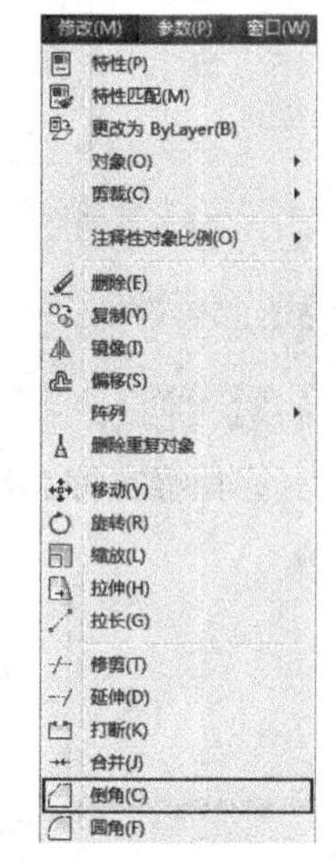

图5-300

第2种：单击“修改”工具栏中的“倒角”按钮，如图5-301所示。

图5-301

第3种：在命令行输入Chamfer（简化命令为Cha）并回车。

执行Chamfer（倒角）命令之后，相关命令提示如下（在学习命令操作流程的时候请参考图5-302所示的图解，这样会更直观一些）。

命令: _chamfer

（“不修剪”模式) 当前倒角距离 1 = 0.0000，距离 2 = 0.0000

选择第一条直线或 [放弃(U)/多段线(P)/距离(D)/角度(A)/修剪(T)/方式(E)/多个(M)]: d ↙　//输入选项D表示将要设置倒角的距离

指定第一个倒角距离 <0.0000>:　　//确定第一个倒角距离

指定第二个倒角距离 <0.0000>:　　//确定第二个倒角距离

选择第一条直线或 [放弃(U)/多段线(P)/距离(D)/角度(A)/修剪(T)/方式(E)/多个(M)]: //选择需要倒角的直线

选择第二条直线，或按住 Shift 键选择要应用角点的直线:　　//选择需要倒角的直线

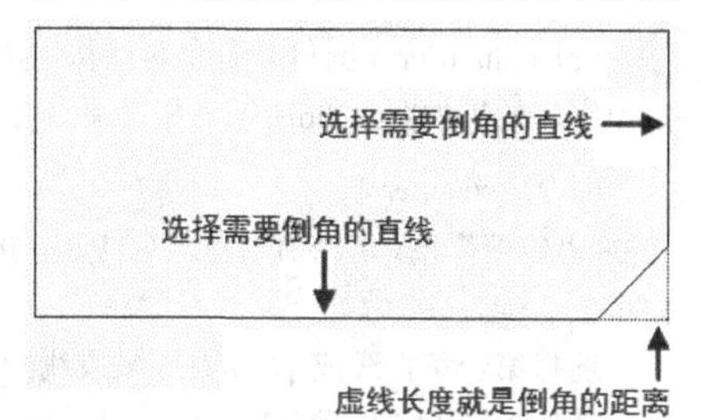

图5-302

Chamfer（倒角）命令的使用方法和Fillet（圆角）命令基本一致，这里就不再重复介绍。

Chamfer（倒角）命令也有两种模式——“修剪”和“不修剪”模式，这一点和Fillet（圆角）命令是完全一致的。

5.5.19 实战——绘制茶几

素材位置　无
实例位置　第5章>实例文件>5.5.19.dwg
技术掌握　倒角命令的运用

本例绘制的茶几图例效果如图5-303所示。

01 使用Rectang（矩形）命令绘制一个1200mm×600mm的矩形，如图5-304所示。

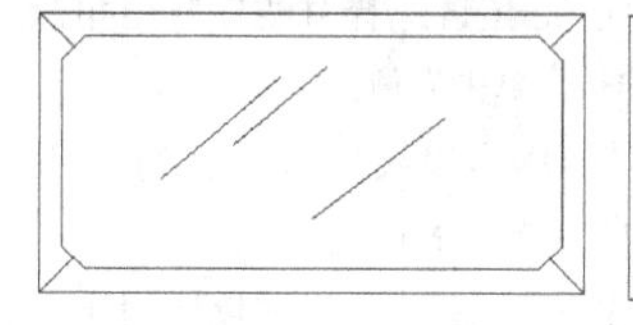

图5-303

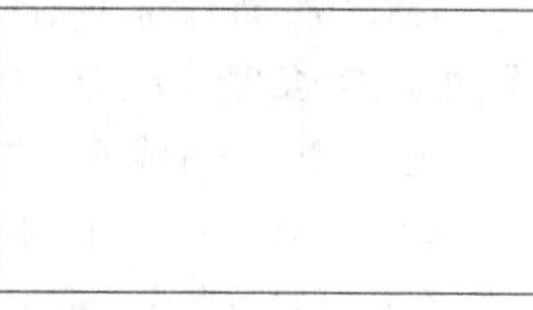

图5-304

02 使用Offset（偏移）命令将矩形向内偏移50mm，如图5-305所示，相关命令提示如下。

命令: _offset

当前设置: 删除源=否　图层=源　OFFSETGAPTYPE=0

指定偏移距离或 [通过(T)/删除(E)/图层(L)] <通过>: 指定第二点: 50↙　//输入偏移距离

选择要偏移的对象，或 [退出(E)/放弃(U)] <退出>: //选择矩形边

指定要偏移的那一侧上的点，或 [退出(E)/多个(M)/放弃(U)] <退出>:　//选择矩形内侧的任意点

选择要偏移的对象，或 [退出(E)/放弃(U)] <退出>: *取消*

图5-305

03 使用Chamfer（倒角）命令对偏移生成的矩形进行倒角操作，效果如图5-306所示，相关命令提示如下。

命令: _chamfer

（“修剪”模式）当前倒角距离 1 = 0.0000，距离 2 = 0.0000

选择第一条直线或 [放弃(U)/多段线(P)/距离(D)/角度(A)/修剪(T)/方式(E)/多个(M)]: d↙

指定 第一个 倒角距离 <0.0000>: 50↙

指定 第二个 倒角距离 <50.0000>:↙

选择第一条直线或 [放弃(U)/多段线(P)/距离(D)/角度(A)/修剪(T)/方式(E)/多个(M)]: m↙

选择第一条直线或 [放弃(U)/多段线(P)/距离(D)/角度(A)/修剪(T)/方式(E)/多个(M)]: //单击下侧边

选择第二条直线，或按住 Shift 键选择直线以应用角点或 [距离(D)/角度(A)/方法(M)]: //单击左侧边

选择第一条直线或 [放弃(U)/多段线(P)/距离(D)/角度(A)/修剪(T)/方式(E)/多个(M)]: //单击左侧边

选择第二条直线，或按住 Shift 键选择直线以应用角点或 [距离(D)/角度(A)/方法(M)]: //单击上侧边

选择第一条直线或 [放弃(U)/多段线(P)/距离(D)/角度(A)/修剪(T)/方式(E)/多个(M)]: //单击上侧边

选择第二条直线，或按住 Shift 键选择直线以应用角点或 [距离(D)/角度(A)/方法(M)]: //单击右侧边

选择第一条直线或 [放弃(U)/多段线(P)/距离(D)/角度(A)/修剪(T)/方式(E)/多个(M)]: //单击右侧边

选择第二条直线，或按住 Shift 键选择直线以应用角点或 [距离(D)/角度(A)/方法(M)]: //单击下侧边

选择第一条直线或 [放弃(U)/多段线(P)/距离(D)/角度(A)/修剪(T)/方式(E)/多个(M)]: ↙

图5-306

04 开启“中点”捕捉模式，并使用Line（直线）命令绘制连接倒角线中点和外侧矩形角点的直线，如图5-307所示。

图5-307

05 重复执行Line（直线）命令，绘制如图5-308所示的斜线表示桌面玻璃材质。

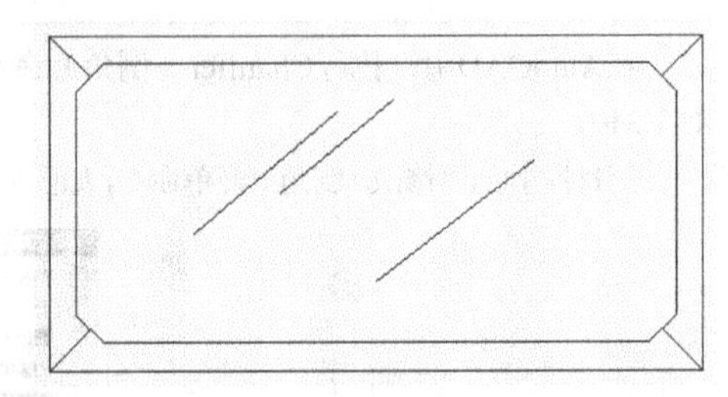
图5-308

5.5.20 综合实例——绘制浴缸

素材位置 无
实例位置 第5章>实例文件>5.5.20.dwg
技术掌握 偏移、修剪、延伸、合并、圆角等命令的综合运用

本例绘制的浴缸图例效果如图5-309所示。

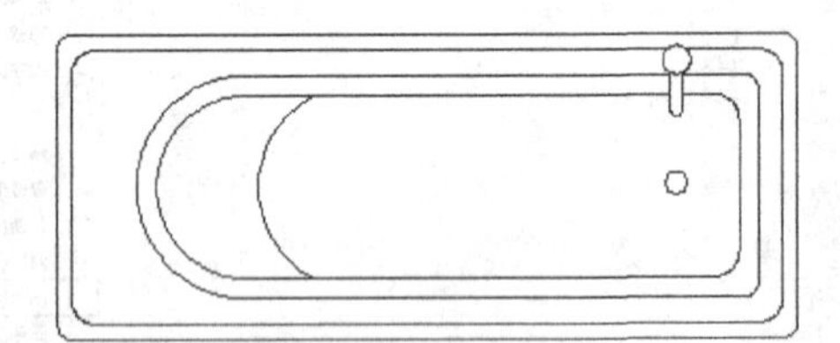
图5-309

01 执行Rectang（矩形）命令，绘制一个1500mm×600mm的矩形，如图5-310所示，相关命令提示如下。

命令: _rectang

指定第一个角点或 [倒角(C)/标高(E)/圆角(F)/厚度(T)/宽度(W)]:

指定另一个角点或 [面积(A)/尺寸(D)/旋转(R)]: @1500,600 ↙

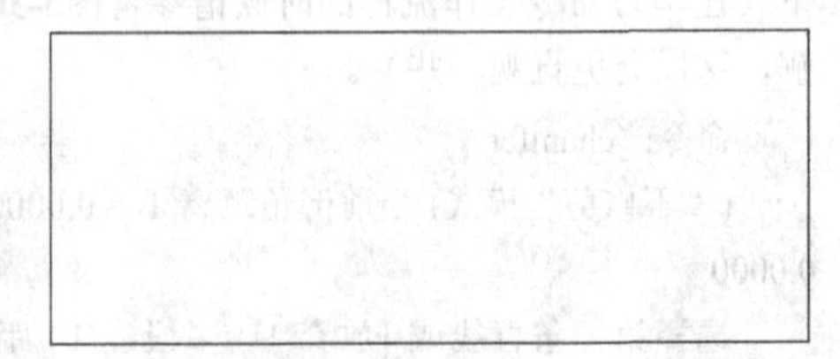
图5-310

02 连续执行Offset（偏移）命令，将矩形向内偏移复制两个，其偏移距离依次相对为30mm和50mm，如图5-311所示，相关命令提示如下。

命令: _offset

当前设置: 删除源=否 图层=源 OFFSETGAPTYPE=0

指定偏移距离或 [通过(T)/删除(E)/图层(L)] <0.0000>: 指定第二点: 30↙ //偏移距离为30mm

选择要偏移的对象，或 [退出(E)/放弃(U)] <退出>:

指定要偏移的那一侧上的点，或 [退出(E)/多个(M)/放弃(U)] <退出>:

选择要偏移的对象，或 [退出(E)/放弃(U)] <退出>:

命令: OFFSET //按空格继续偏移命令

当前设置: 删除源=否 图层=源 OFFSETGAPTYPE=0

指定偏移距离或 [通过(T)/删除(E)/图层(L)] <30.0000>: 指定第二点: 50↙ //偏移距离为50mm

选择要偏移的对象，或 [退出(E)/放弃(U)] <退出>:

指定要偏移的那一侧上的点，或 [退出(E)/多个(M)/放弃(U)] <退出>:

选择要偏移的对象，或 [退出(E)/放弃(U)] <退出>: *取消*

图5-311

03 利用Fillet（圆角）命令将最外面的矩形的四个角分别进行圆角，如图5-312所示，相关命令提示如下。

命令: _fillet

选择第一个对象或 [放弃(U)/多段线(P)/半径(R)/修剪(T)/多个(M)]: r↙

指定圆角半径 <50.0000>: 30↙

选择第一个对象或 [放弃(U)/多段线(P)/半径(R)/修剪(T)/多个(M)]:

选择第二个对象，或按住 Shift 键选择对象以应用角点或 [半径(R)]:

命令: FILLET //按空格继续圆角命令

当前设置: 模式 = 修剪，半径 = 30.0000

选择第一个对象或 [放弃(U)/多段线(P)/半径(R)/修剪(T)/多个(M)]:

选择第二个对象，或按住 Shift 键选择对象以应用角点或 [半径(R)]:

命令: FILLET //按空格继续圆角命令

当前设置: 模式 = 修剪，半径 = 30.0000

选择第一个对象或 [放弃(U)/多段线(P)/半径(R)/修剪(T)/多个(M)]:

选择第二个对象，或按住 Shift 键选择对象以应用角点或 [半径(R)]:

命令: FILLET //按空格继续圆角命令

当前设置: 模式 = 修剪，半径 = 30.0000

选择第一个对象或 [放弃(U)/多段线(P)/半径(R)/修剪(T)/多个(M)]:

选择第二个对象，或按住 Shift 键选择对象以应用角点或 [半径(R)]:

命令: FILLET //按空格继续圆角命令

当前设置: 模式 = 修剪，半径 = 30.0000

选择第一个对象或 [放弃(U)/多段线(P)/半径(R)/修剪(T)/多个(M)]: *取消*

图5-312

04 继续使用Fillet（圆角）命令将第二个矩形进行圆角，如图5-313所示，相关命令提示如下。

命令: _fillet

当前设置: 模式 = 修剪，半径 = 30.0000

选择第一个对象或 [放弃(U)/多段线(P)/半径(R)/修剪(T)/多个(M)]: r↙

指定圆角半径 <30.0000>: 50↙

选择第一个对象或 [放弃(U)/多段线(P)/半径(R)/修剪(T)/多个(M)]:

选择第二个对象，或按住 Shift 键选择对象以应用角点或 [半径(R)]:

命令: FILLET //按空格继续圆角命令

当前设置: 模式 = 修剪，半径 = 50.0000

选择第一个对象或 [放弃(U)/多段线(P)/半径(R)/修剪(T)/多个(M)]:

选择第二个对象，或按住 Shift 键选择对象以应用角点或 [半径(R)]:

命令: FILLET //按空格继续圆角命令

当前设置: 模式 = 修剪，半径 = 50.0000

选择第一个对象或 [放弃(U)/多段线(P)/半径(R)/修剪(T)/多个(M)]:

选择第二个对象，或按住 Shift 键选择对象以应用角点或 [半径(R)]:

命令: FILLET　　//按空格继续圆角命令

当前设置: 模式 = 修剪，半径 = 50.0000

选择第一个对象或 [放弃(U)/多段线(P)/半径(R)/修剪(T)/多个(M)]:

选择第二个对象，或按住 Shift 键选择对象以应用角点或 [半径(R)]:

命令: FILLET　　//按空格继续圆角命令

当前设置: 模式 = 修剪，半径 = 50.0000

选择第一个对象或 [放弃(U)/多段线(P)/半径(R)/修剪(T)/多个(M)]: *取消*

图5-313

05 执行Circle（圆）命令，在第三个矩形上绘制一个与其相切的圆，如图5-314和图5-315所示，相关命令提示如下。

命令: _circle

指定圆的圆心或 [三点(3P)/两点(2P)/切点、切点、半径(T)]: 2p ↙　　//选择两点模式绘制圆

指定圆直径的第一个端点:　　//指定圆的第1个端点

指定圆直径的第二个端点:　　//指定圆的第2个端点

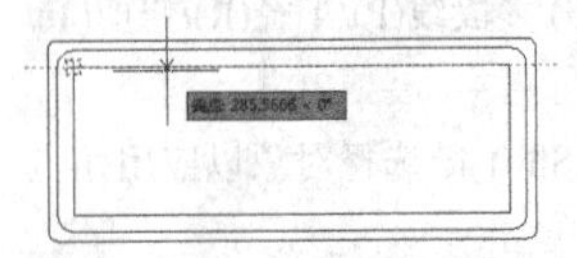

图5-314

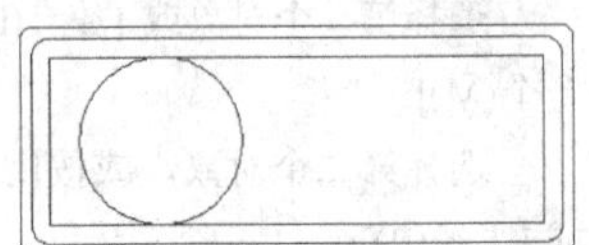

图5-315

06 利用Trim（修剪）命令将矩形和圆进行修剪，如图5-316~图5-318所示。

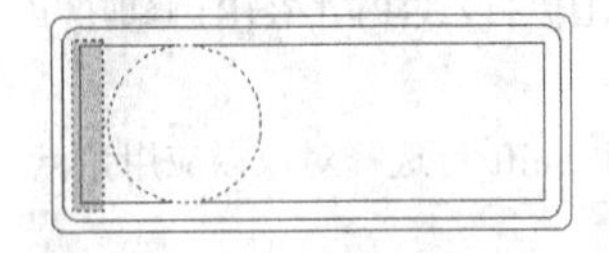

图5-316

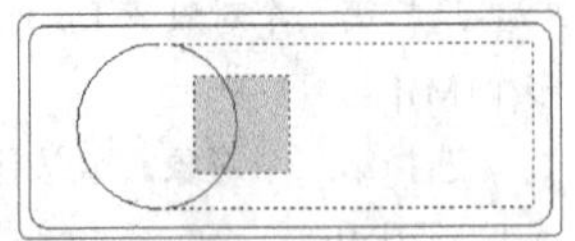

图5-317

图5-318

07 利用Join（合并）命令将修剪后的弧线和多段线合并，如图5-319所示。

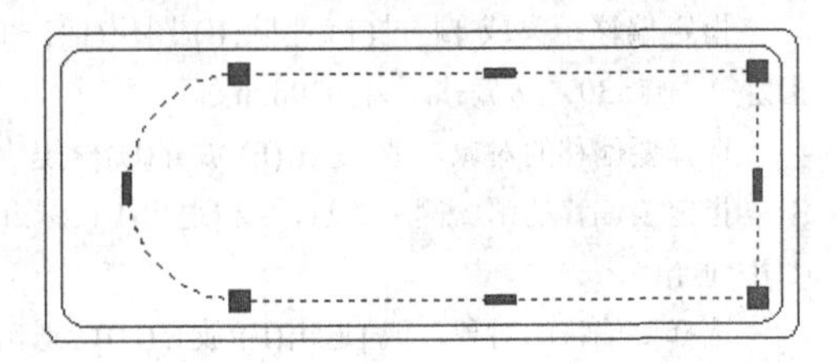

图5-319

专家点拨

在合并圆弧和多段线的时候，可能会出现不能合并的情况，这是因为圆弧和多段线的终点没有在一个交点上，这里可以运用修剪或移动夹点等方法将它们重合在一起，然后再进行合并，如图5-320所示。

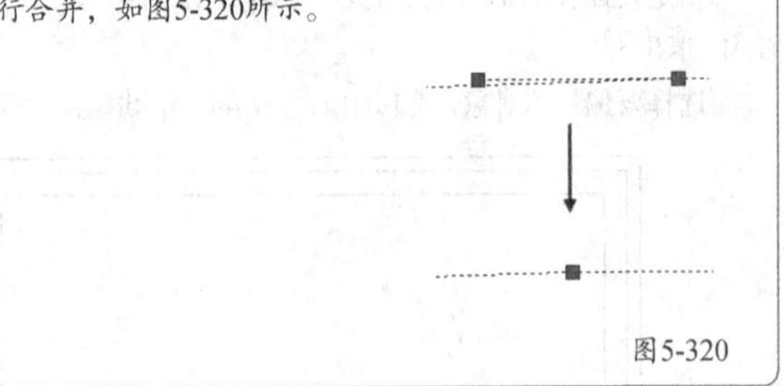

图5-320

08 利用Offset（偏移）命令，将合并后的图形向内偏移40mm，如图5-321所示。

图5-321

09 利用Fillet（圆角）命令将合并和偏移后的图形的直角分别进行圆角，如图5-322所示，相关命令提示如下。

命令: _fillet

当前设置: 模式 = 修剪，半径 = 50.0000

选择第一个对象或 [放弃(U)/多段线(P)/半径(R)/修剪(T)/多个(M)]: r ↙　　//选择半径选项以指定圆角半径

指定圆角半径 <50.0000>: 30 ↙　　//输入圆角半径

选择第一个对象或 [放弃(U)/多段线(P)/半径(R)/修剪(T)/多个(M)]:

选择第二个对象，或按住 Shift 键选择对象以应用角点或 [半径(R)]:

命令: FILLET　　//按空格继续圆角命令

当前设置: 模式 = 修剪，半径 = 30.0000

选择第一个对象或 [放弃(U)/多段线(P)/半径(R)/修剪(T)/多个(M)]:

选择第二个对象，或按住 Shift 键选择对象以应用角点或 [半径(R)]:

命令: FILLET　　//按空格继续圆角命令

当前设置: 模式 = 修剪，半径 = 30.0000

选择第一个对象或 [放弃(U)/多段线(P)/半径(R)/修剪(T)/多个(M)]: r ↙　　//选择半径选项以重新指定圆角半径

指定圆角半径 <30.0000>: 50 ↙　　//输入圆角半径

选择第一个对象或 [放弃(U)/多段线(P)/半径(R)/修剪(T)/多个(M)]:

选择第二个对象，或按住 Shift 键选择对象以应用角点或 [半径(R)]:

命令: FILLET　　//按空格继续圆角命令

当前设置: 模式 = 修剪，半径 = 50.0000

选择第一个对象或 [放弃(U)/多段线(P)/半径(R)/修剪(T)/多个(M)]:

选择第二个对象，或按住 Shift 键选择对象以应用角点或 [半径(R)]:

命令: FILLET　　//按空格继续圆角命令

当前设置: 模式 = 修剪，半径 = 50.0000

选择第一个对象或 [放弃(U)/多段线(P)/半径(R)/修剪(T)/多个(M)]:

图5-322

10 利用Circle（圆）命令和Pline（多段线）命令在合适的位置绘制出如图5-323所示的图形，相关命令提示如下。

命令: _pline

指定起点:

当前线宽为 0.0000

指定下一个点或 [圆弧(A)/半宽(H)/长度(L)/放弃(U)/宽度(W)]:　　//绘制直线

指定下一点或 [圆弧(A)/闭合(C)/半宽(H)/长度(L)/放弃(U)/宽度(W)]: a ↙　　//选择A选项以绘制圆弧

指定圆弧的端点或

[角度(A)/圆心(CE)/闭合(CL)/方向(D)/半宽(H)/直线(L)/半径(R)/第二个点(S)/放弃(U)/宽度(W)]:

指定圆弧的端点或

[角度(A)/圆心(CE)/闭合(CL)/方向(D)/半宽(H)/直线(L)/半径(R)/第二个点(S)/放弃(U)/宽度(W)]: l ↙　//选择L选项以绘制直线

指定下一点或 [圆弧(A)/闭合(C)/半宽(H)/长度(L)/放弃(U)/宽度(W)]:

指定下一点或 [圆弧(A)/闭合(C)/半宽(H)/长度(L)/放弃(U)/宽度(W)]: *取消*

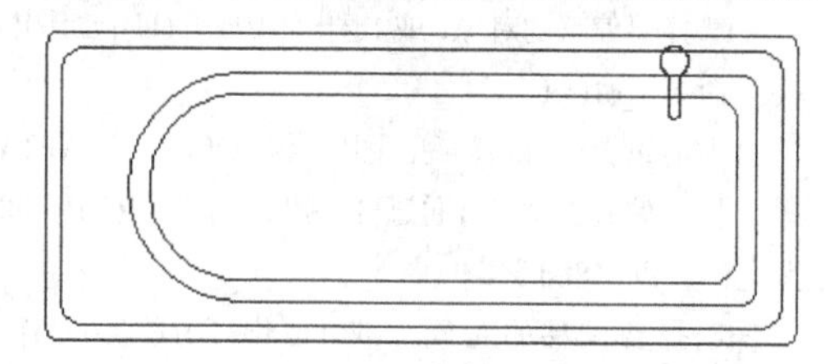

图5-323

11 利用Trim（修剪）命令和Extend（延伸）命令将上一步绘制的图形修整为如图5-324所示的模样。

12 进一步完善浴缸图形，如图5-325所示。

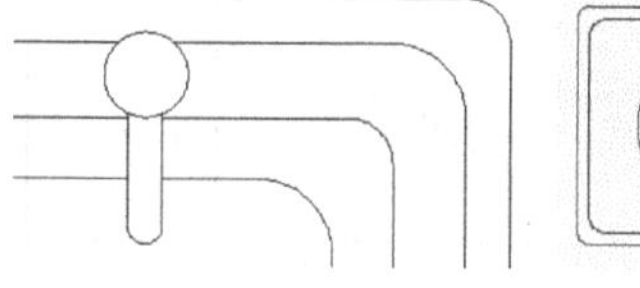

图5-324

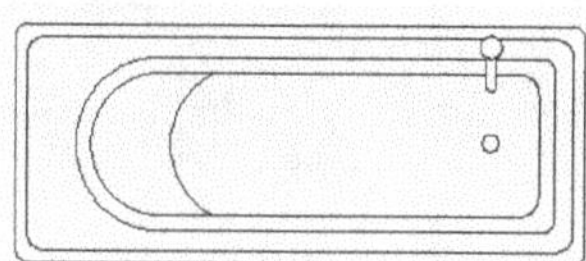

图5-325

5.5.21 综合实例——绘制电视背景墙

素材位置　无

实例位置　第5章>实例文件>5.5.21.dwg

技术掌握　镜像、偏移、修剪等命令的运用

本例绘制的电视背景墙图例效果如图5-326所示。

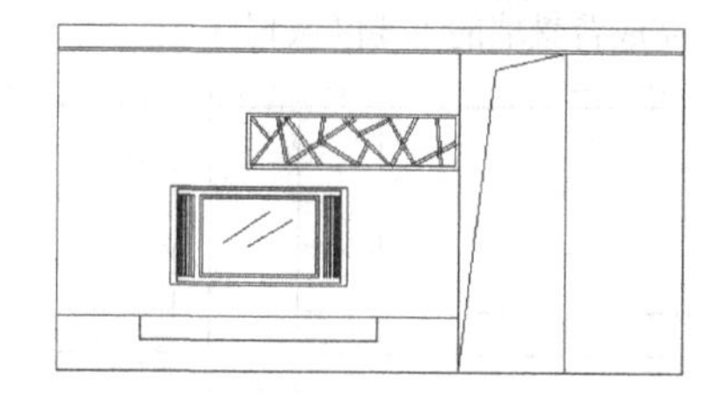

图5-326

01 在图纸的适当位置绘制一个5280mm×2800mm的矩形，如图5-327所示。

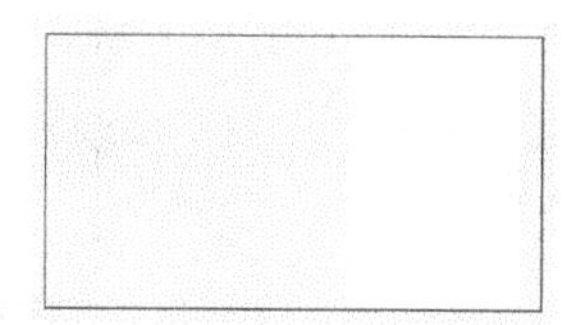

图5-327

02 执行“修改>分解”菜单命令，将上一步绘制的矩形分解为4条独立的直线段，然后把右侧的垂直直线向左分别偏移980mm和1880mm，如图5-328所示，相关命令提示如下。

命令: _offset
当前设置: 删除源=否 图层=源 OFFSETGAPTYPE=0
指定偏移距离或 [通过(T)/删除(E)/图层(L)] <980.0000>: 980↙
选择要偏移的对象，或 [退出(E)/放弃(U)] <退出>: //选择最右边的直线
指定要偏移的那一侧上的点，或 [退出(E)/多个(M)/放弃(U)] <退出>: //单击直线的左侧
选择要偏移的对象，或 [退出(E)/放弃(U)] <退出>: *取消*
命令: _offset
当前设置: 删除源=否 图层=源 OFFSETGAPTYPE=0
指定偏移距离或 [通过(T)/删除(E)/图层(L)] <980.0000>: 指定第二点: 1880 ↙
选择要偏移的对象，或 [退出(E)/放弃(U)] <退出>: //选择最右边的直线
指定要偏移的那一侧上的点，或 [退出(E)/多个(M)/放弃(U)] <退出>: //单击直线的左侧
选择要偏移的对象，或 [退出(E)/放弃(U)] <退出>: *取消*

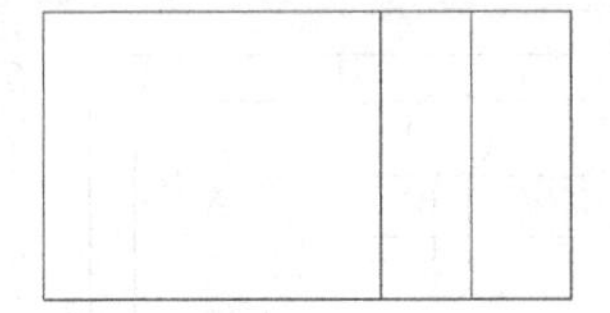

图5-328

03 将顶部的水平直线向下分别偏移180mm和200mm，然后将下面的水平直线向上偏移450mm，如图5-329所示。

04 执行Trim（修剪）命令修剪图形，如图5-330所示，完成背景墙的主要区域划分。

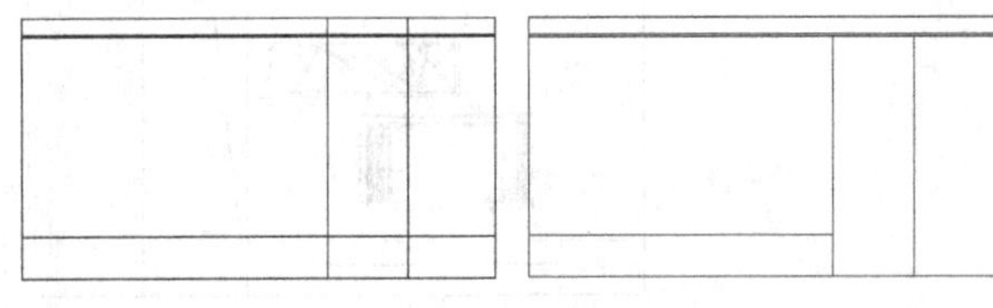

图5-329　　图5-330

05 绘制电视机图例。首先绘制一个1500mm×800mm的矩形，然后将其放在合适的位置，如图5-331所示。

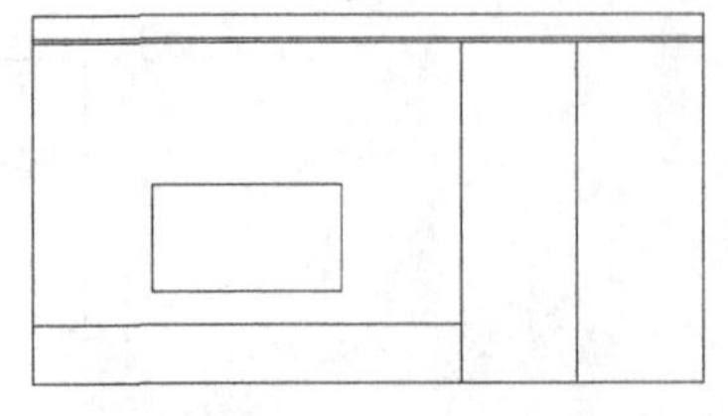

图5-331

06 利用Offset（偏移）命令，将上一步绘制的矩形进行偏移复制，如图5-332和图5-333所示。

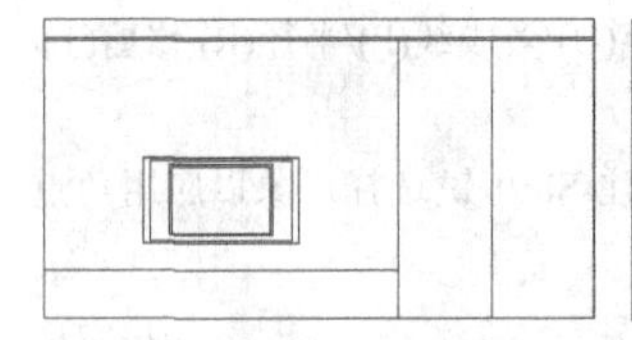

图5-332

图5-333

07 绘制电视机两边的音箱。首先绘制一个矩形，然后将其分解，接着使用Offset（偏移）命令把垂直边线进行偏移，偏移后的效果如图5-334所示，最后将音箱镜像复制一份到电视机的右侧，如图5-335所示。

图5-334　　图5-335

专家点拨

为了让图形看起来美观，将偏移距离顺次有规律地增大。

08 把音箱图例镜像复制一份，然后将它们分别移到电视机的左右两侧，如图5-336所示。

图5-336

09 绘制窗花。首先在如图5-337所示的位置绘制一个1800mm×450mm的矩形，然后执行Offset（偏移）命令将矩形向内偏移复制，如图5-338所示，最后使用Mline（多线）命令绘制一些不规则的线，如图5-339所示，此时背景墙效果如图5-340所示。

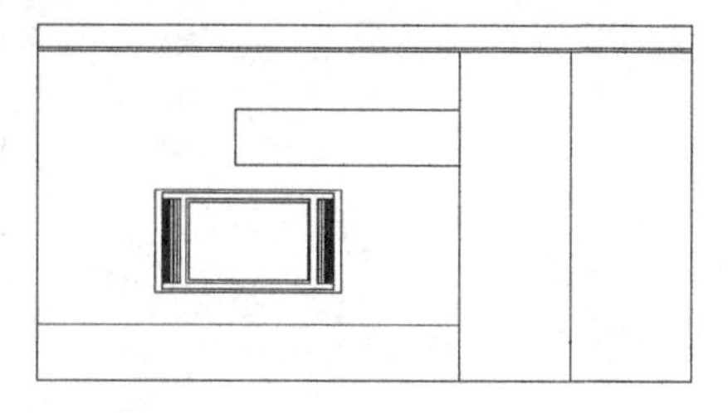

图5-337

图5-338

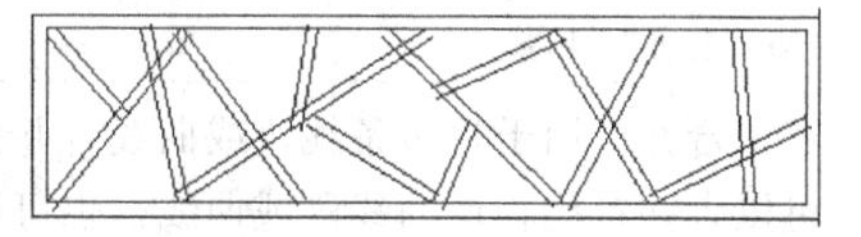

图5-339

由于这里绘制的是窗花图例，所以形状可以随意一些，多线的宽度可以以自己的喜好来设置，在“格式>多线样式”菜单命令下可以进行设置。

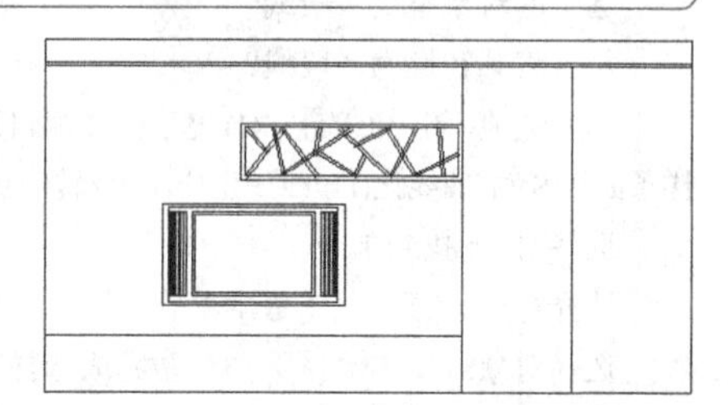

图5-340

10 在电视下面绘制一个2000mm×200mm的矩形来表示电视台，如图5-341所示，相关命令提示如下。

命令: _rectang

指定第一个角点或 [倒角(C)/标高(E)/圆角(F)/厚度(T)/宽度(W)]:　//按住 Shift 键的同时单击鼠标右键，在弹出的菜单中选择“自”命令

_from 基点:　　　　　//捕捉点1

<偏移>: @700,0↙

指定另一个角点或 [面积(A)/尺寸(D)/旋转(R)]: @2000,-200↙

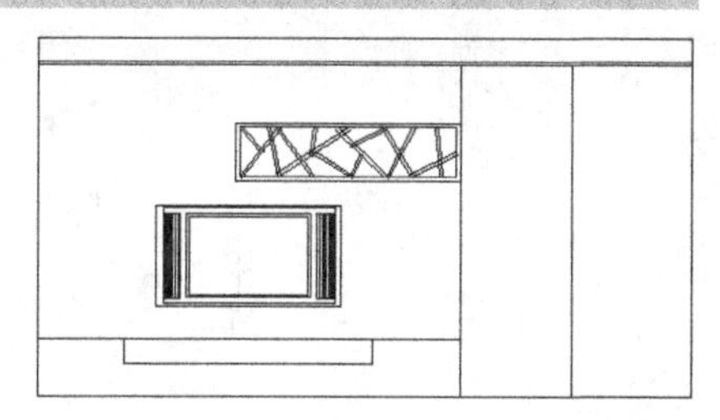

图5-341

11 绘制如图5-342所示的两条直线，表示这里有一道门，最后进行调整，最终效果如图5-343所示。

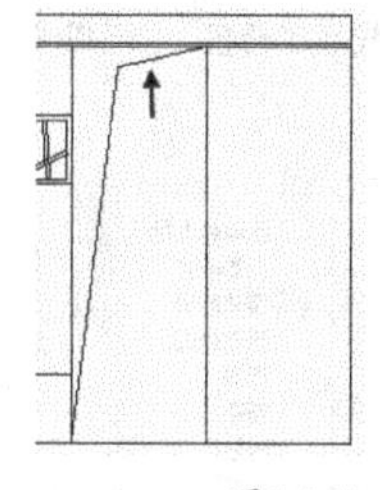

图5-342

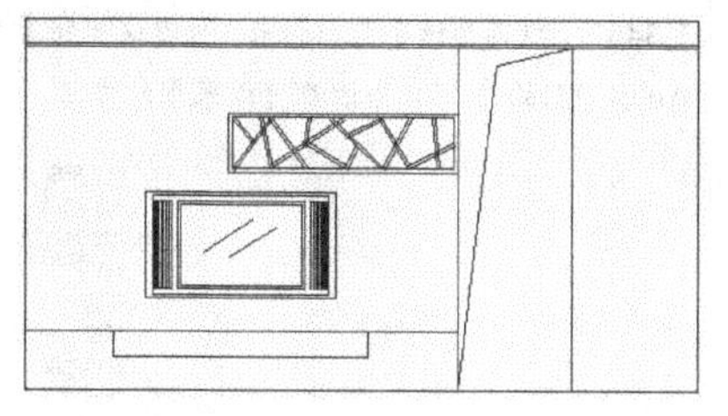

图5-343

5.6 编辑复杂对象

所谓复杂图形的编辑就是对多段线、样条曲线、多线等的修改工作，由于这些图形相对要复杂一点，所以编辑工作要麻烦一些。

5.6.1 编辑多段线

多段线是由直线和（或）圆弧组合而成的复杂图形，其中各段直线或圆弧可有不同的宽度。使用Pedit（编辑多段线）命令可以编辑多段线，该命令具有特殊的编辑功能，可以处理多段线的特殊属性。

在AutoCAD中，执行Pedit（编辑多段线）命令的方式有如下3种。

第1种：执行“修改>对象>多段线”菜单命令，如图5-344所示。

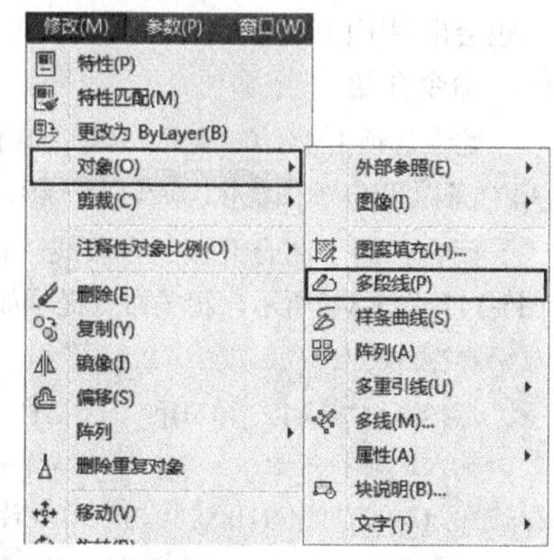

图5-344

第2种：单击“修改Ⅱ”工具栏中的“编辑多段线”按钮，如图5-345所示。

图5-345

第3种：在命令行输入Pedit（简化命令为Pe）并回车。

默认情况下，“修改Ⅱ”工具栏是不显示在工作界面上的，

如果要调用该工具栏，其方法也比较简单。在任意工具栏上单击鼠标右键，然后在弹出的菜单中选择"修改Ⅱ"命令即可，如图5-346所示（因为这个菜单很长，所以这里将其截成了两段）。调用AutoCAD的任何工具栏都可以采用此方法。

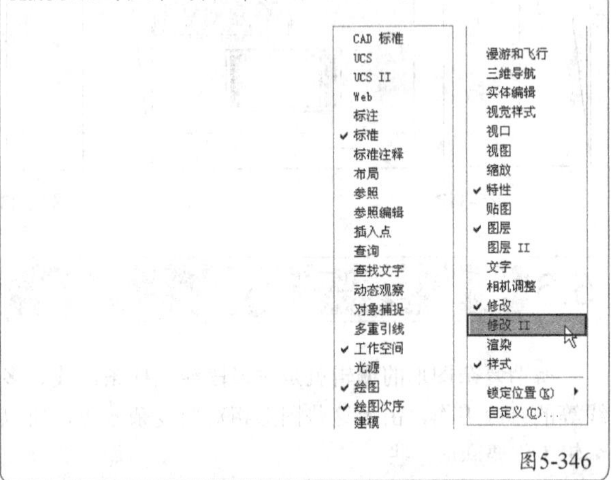

图5-346

使用Pedit（编辑多段线）命令可以将直线、圆弧等非多段线转换为多段线，相关命令提示如下。

命令: _pedit
选择多段线或 [多条(M)]:　　//选择直线或者圆弧等非多段线
选定的对象不是多段线
是否将其转换为多段线? <Y>　　//直接按回车键或者输入Y表示确认转换

对于已经是多段线的对象，执行Pedit（编辑多段线）命令后将出现如下提示（将非多段线转换为多段线后也会出现下面的提示）。

命令介绍

输入选项 [闭合(C)/合并(J)/宽度(W)/编辑顶点(E)/拟合(F)/样条曲线(S)/非曲线化(D)/线型生成(L)/反转(R)/放弃(U)]:

闭合：用于闭合开放的多段线，使其首尾连接，如图5-347~图5-349所示，相关命令提示如下。

命令: pedit↙
选择多段线或 [多条(M)]:　　//选择多段线
输入选项 [闭合(C)/合并(J)/宽度(W)/编辑顶点(E)/拟合(F)/样条曲线(S)/非曲线化(D)/线型生成(L)/反转(R)/放弃(U)]: c↙
输入选项 [打开(O)/合并(J)/宽度(W)/编辑顶点(E)/拟合(F)/样条曲线(S)/非曲线化(D)/线型生成(L)/反转(R)/放弃(U)]: ↙

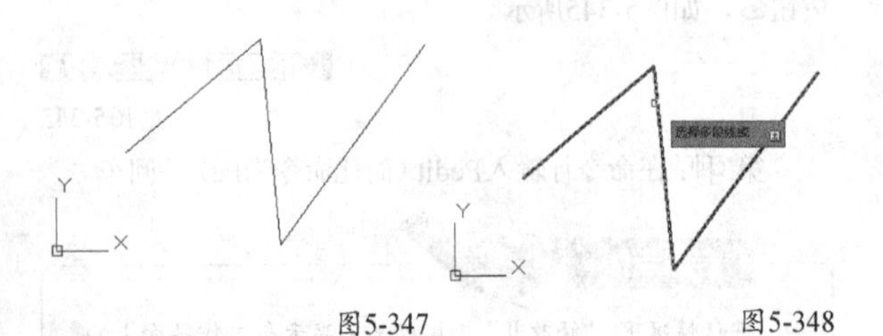

图5-347　　图5-348

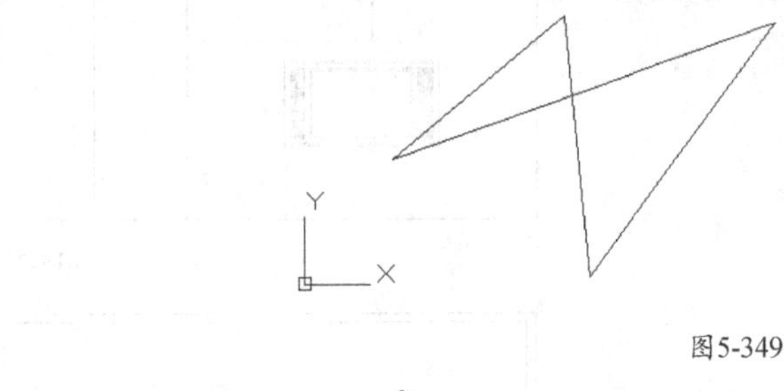

图5-349

如果是已经闭合的多段线，那么"闭合"选项将被替换为"打开"选项。

合并：用于将多条线段或曲线合并为一条多段线，可以合并首尾相连的线段或曲线，也可以合并不相连的线段或曲线。

合并首尾相连的线段或曲线：保证每条线段或曲线的端点必须重合，如图5-350~图5-352所示，相关命令提示如下。

命令: Pedit↙
选择多段线或 [多条(M)]:　　//任意选择一条直线或圆弧
选定的对象不是多段线
是否将其转换为多段线? <Y>↙
输入选项 [闭合(C)/合并(J)/宽度(W)/编辑顶点(E)/拟合(F)/样条曲线(S)/非曲线化(D)/线型生成(L)/反转(R)/放弃(U)]: j↙
选择对象: 找到 1 个
选择对象: 找到 1 个，总计 2 个　　//选择其余两条线型
选择对象: ↙　　//完成选择
多段线已增加 2 条线段
输入选项 [闭合(C)/合并(J)/宽度(W)/编辑顶点(E)/拟合(F)/样条曲线(S)/非曲线化(D)/线型生成(L)/反转(R)/放弃(U)]: ↙

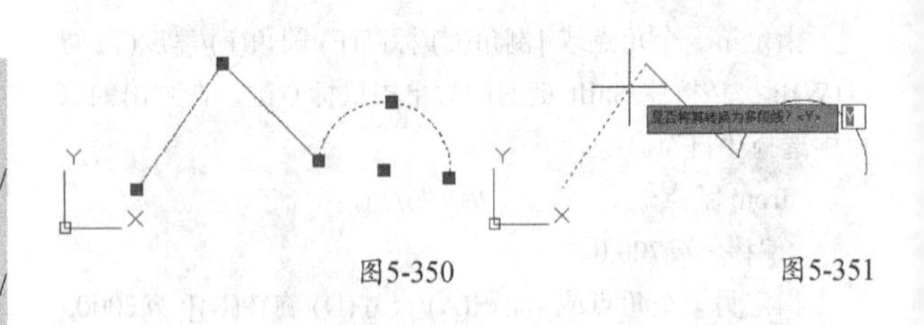

图5-350　　图5-351

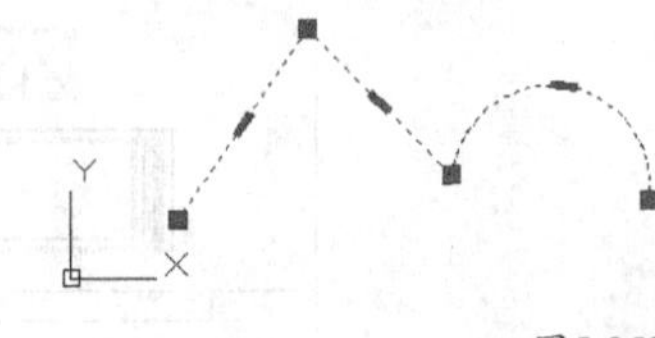

图5-352

合并不相连的线段或曲线：在提示选择多段线时输入“多条”选项M，然后设置合并类型和足够大的模糊距离，系统会根据设置的合并类型添加或延伸连接线段，如图5-353~图5-356所示，相关命令提示如下。

命令: PEDIT↙
选择多段线或 [多条(M)]: m↙
选择对象: 指定对角点: 找到 3 个　//框选所有线段和曲线
选择对象: ↙
是否将直线、圆弧和样条曲线转换为多段线? [是(Y)/否(N)]? <Y>↙
输入选项 [闭合(C)/打开(O)/合并(J)/宽度(W)/拟合(F)/样条曲线(S)/非曲线化(D)/线型生成(L)/反转(R)/放弃(U)]: j↙
合并类型 = 两者都 (延伸或添加)
输入模糊距离或 [合并类型(J)] <500000.0000>: j↙
输入合并类型 [延伸(E)/添加(A)/两者都(B)] <两者都>: a↙　//设置合并类型为“添加”
合并类型 = 增加线段
输入模糊距离或 [合并类型(J)] <500000.0000>: 500↙　//设置模糊距离
多段线已增加 4 条线段
输入选项 [闭合(C)/打开(O)/合并(J)/宽度(W)/拟合(F)/样条曲线(S)/非曲线化(D)/线型生成(L)/反转(R)/放弃(U)]: ↙

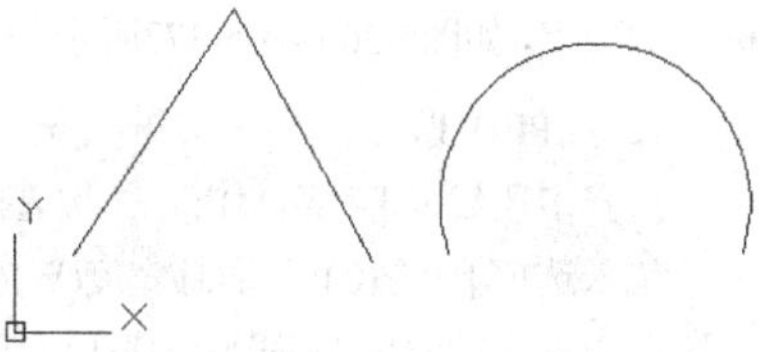

图5-353

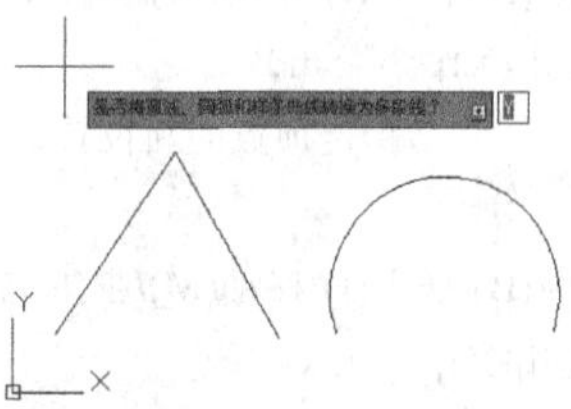

图5-354 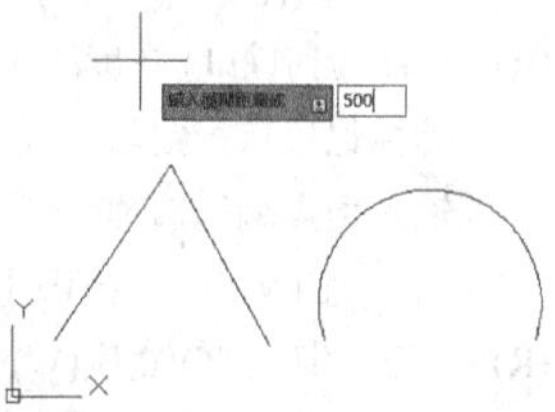　图5-355

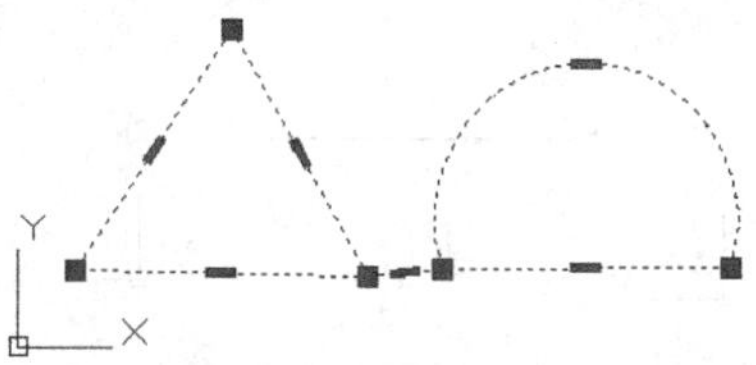

图5-356

宽度：为整个多段线指定新的宽度。

编辑顶点：用于编辑多段线的顶点，当前处于编辑状态的点将以╳标记，如图5-357~图5-359所示，相关命令提示如下。

命令: _pedit 选择多段线或 [多条(M)]:　//选择多段线
输入选项 [闭合(C)/合并(J)/宽度(W)/编辑顶点(E)/拟合(F)/样条曲线(S)/非曲线化(D)/线型生成(L)/反转(R)/放弃(U)]: e↙
输入顶点编辑选项
[下一个(N)/上一个(P)/打断(B)/插入(I)/移动(M)/重生成(R)/拉直(S)/切向(T)/宽度(W)/退出(X)] <N>:

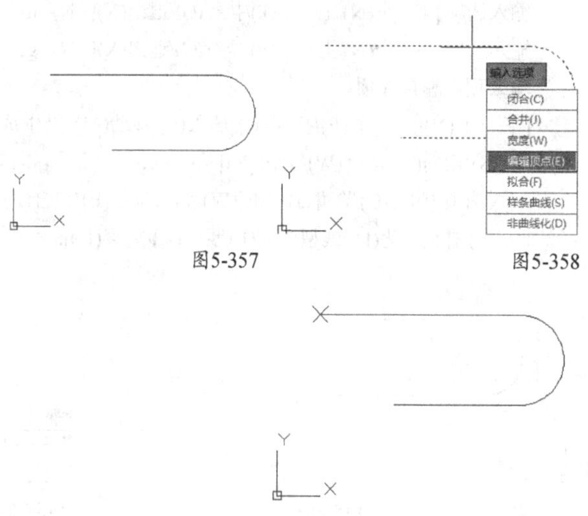

图5-357　图5-358

图5-359

下/上一个：如果想把顶点标记移动到相邻的后一个顶点或前一个顶点，可以输入N或P。例如输入N移动到下一个顶点，如图5-360~图5-362所示。

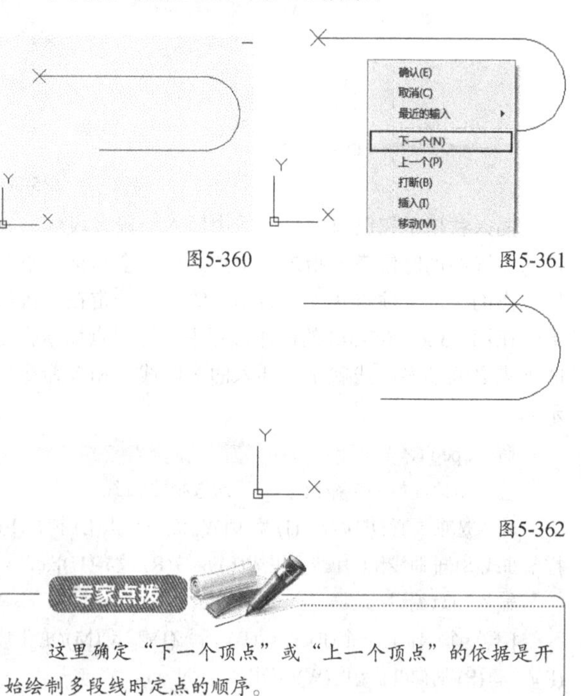

图5-360　图5-361

图5-362

专家点拨

这里确定“下一个顶点”或“上一个顶点”的依据是开始绘制多段线时定点的顺序。

打断：用于打断多段线，可以在打断的同时保留打断的部分，也可以在打断的同时删除打断的部分，如图5-363~图5-365所示，相关命令提示如下。

命令: pedit↙

选择多段线或 [多条(M)]:　　//选择多段线

输入选项 [打开(O)/合并(J)/宽度(W)/编辑顶点(E)/拟合(F)/样条曲线(S)/非曲线化(D)/线型生成(L)/反转(R)/放弃(U)]: e↙

输入顶点编辑选项

[下一个(N)/上一个(P)/打断(B)/插入(I)/移动(M)/重生成(R)/拉直(S)/切向(T)/宽度(W)/退出(X)] <N>: b↙

输入选项 [下一个(N)/上一个(P)/执行(G)/退出(X)] <N>: n↙

输入选项 [下一个(N)/上一个(P)/执行(G)/退出(X)] <N>: g↙

输入顶点编辑选项

[下一个(N)/上一个(P)/打断(B)/插入(I)/移动(M)/重生成(R)/拉直(S)/切向(T)/宽度(W)/退出(X)] <N>: x↙

输入选项 [闭合(C)/合并(J)/宽度(W)/编辑顶点(E)/拟合(F)/样条曲线(S)/非曲线化(D)/线型生成(L)/反转(R)/放弃(U)]: ↙

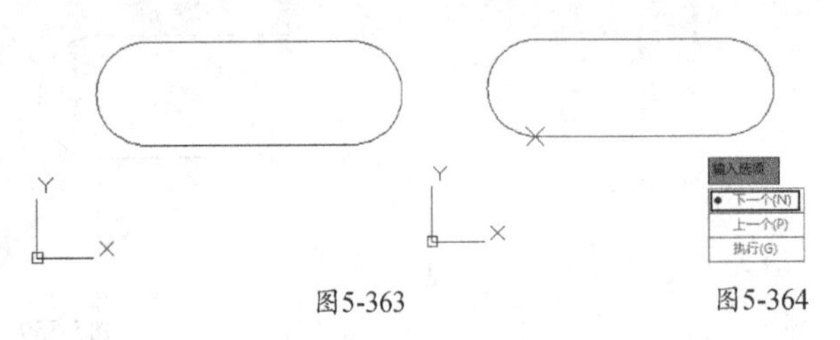

图5-363　　图5-364

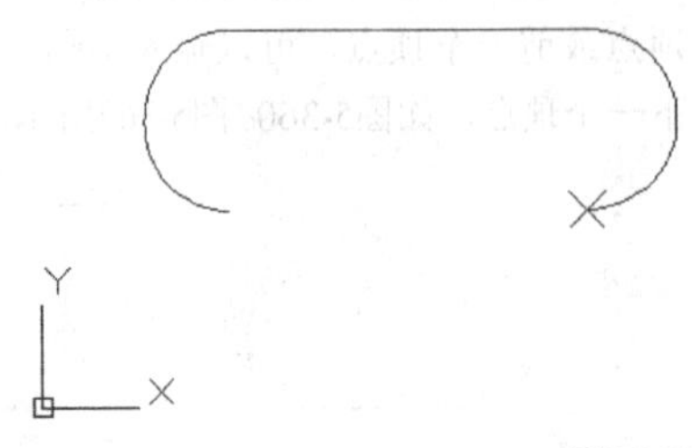

图5-365

插入：用于在已有的多段线中插入一段多段线。在插入多段线的时候需要指定一个点，该点会与标记点和标记点的下一个顶点相连，新指定的点不一定在多段线上，在图5-366~图5-368的操作过程中，标记点和新指定的顶点之间的多段线就是新插入的多段线，相关命令提示如下。

命令: pedit↙

选择多段线或 [多条(M)]:　　//选择多段线

输入选项 [打开(O)/合并(J)/宽度(W)/编辑顶点(E)/拟合(F)/样条曲线(S)/非曲线化(D)/线型生成(L)/反转(R)/放弃(U)]: e↙

输入顶点编辑选项

[下一个(N)/上一个(P)/打断(B)/插入(I)/移动(M)/重生成(R)/拉直(S)/切向(T)/宽度(W)/退出(X)] <N>: i↙

为新顶点指定位置:　　//确定新插入顶点的位置，如图5-367所示

输入顶点编辑选项

[下一个(N)/上一个(P)/打断(B)/插入(I)/移动(M)/重生成(R)/拉直(S)/切向(T)/宽度(W)/退出(X)] <N>: x↙

输入选项 [打开(O)/合并(J)/宽度(W)/编辑顶点(E)/拟合(F)/样条曲线(S)/非曲线化(D)/线型生成(L)/反转(R)/放弃(U)]: ↙

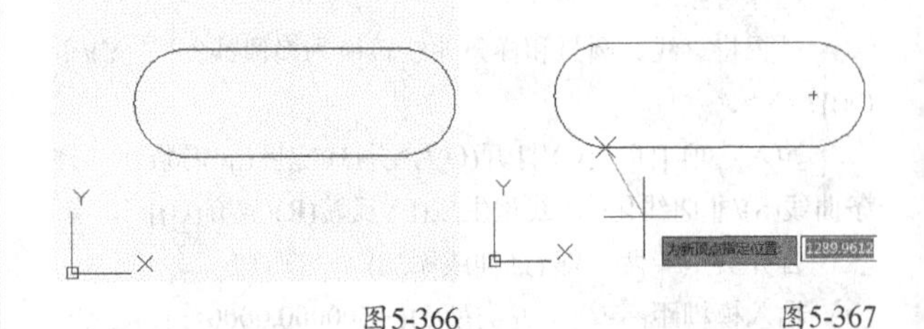

图5-366　　图5-367

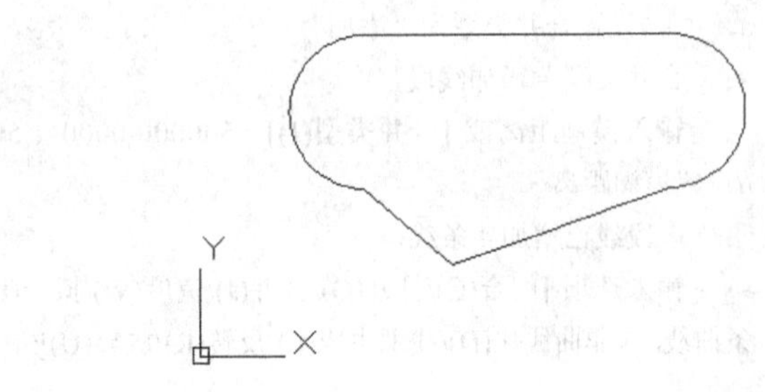

图5-368

移动：移动多段线的顶点，要注意的是只能移动当前被标记的顶点，如图5-369~图5-372所示，相关命令提示如下。

命令: PEDIT↙

选择多段线或 [多条(M)]:　　//选择多段线

输入选项 [闭合(C)/合并(J)/宽度(W)/编辑顶点(E)/拟合(F)/样条曲线(S)/非曲线化(D)/线型生成(L)/反转(R)/放弃(U)]: e↙

输入顶点编辑选项

[下一个(N)/上一个(P)/打断(B)/插入(I)/移动(M)/重生成(R)/拉直(S)/切向(T)/宽度(W)/退出(X)] <N>: m↙

为标记顶点指定新位置:　　//指定顶点的新位置

输入顶点编辑选项

[下一个(N)/上一个(P)/打断(B)/插入(I)/移动(M)/重生成(R)/拉直(S)/切向(T)/宽度(W)/退出(X)] <N>: x↙

输入选项 [闭合(C)/合并(J)/宽度(W)/编辑顶点(E)/拟合(F)/样条曲线(S)/非曲线化(D)/线型生成(L)/反转(R)/放弃(U)]: ↙

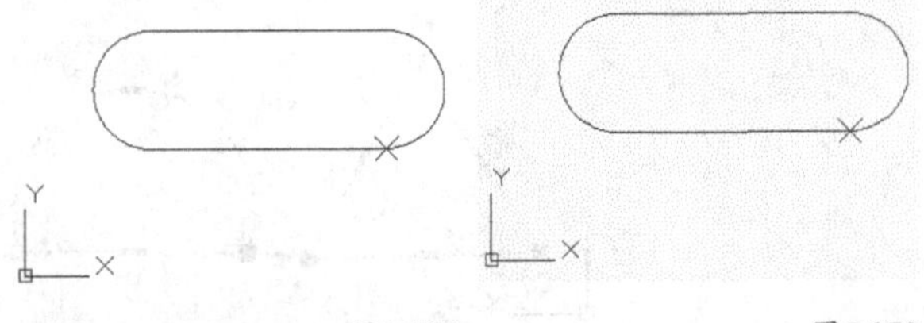

图5-369　　图5-370

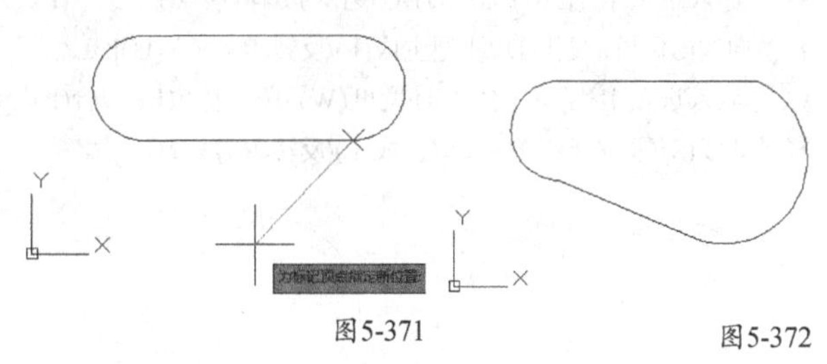

图5-371 图5-372

重生成：重新生成多段线，且不需退出Pedit命令。

拉直：将多段线转化为直线段，如图5-373~图5-375所示，相关命令提示如下。

命令: pedit↙

选择多段线或 [多条(M)]: //选择多段线

输入选项 [闭合(C)/合并(J)/宽度(W)/编辑顶点(E)/拟合(F)/样条曲线(S)/非曲线化(D)/线型生成(L)/反转(R)/放弃(U)]: e↙

输入顶点编辑选项

[下一个(N)/上一个(P)/打断(B)/插入(I)/移动(M)/重生成(R)/拉直(S)/切向(T)/宽度(W)/退出(X)] <N>: s↙

输入选项 [下一个(N)/上一个(P)/执行(G)/退出(X)] <N>: n↙

输入选项 [下一个(N)/上一个(P)/执行(G)/退出(X)] <N>:↙

输入选项 [下一个(N)/上一个(P)/执行(G)/退出(X)] <N>:↙

输入选项 [下一个(N)/上一个(P)/执行(G)/退出(X)] <N>:↙

输入选项 [下一个(N)/上一个(P)/执行(G)/退出(X)] <N>: g↙

输入顶点编辑选项

[下一个(N)/上一个(P)/打断(B)/插入(I)/移动(M)/重生成(R)/拉直(S)/切向(T)/宽度(W)/退出(X)] <N>: x↙

输入选项 [闭合(C)/合并(J)/宽度(W)/编辑顶点(E)/拟合(F)/样条曲线(S)/非曲线化(D)/线型生成(L)/反转(R)/放弃(U)]: ↙

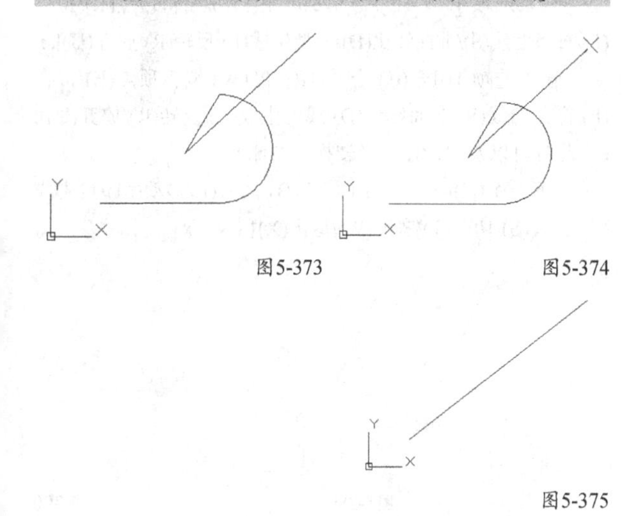

图5-373 图5-374

图5-375

专家点拨

在上面的操作中执行"拉直"操作之前，通过4次选择将顶点标记╳移动至最后一个顶点，表示要将整个多段线拉直。如果移动到其他顶点也可以选择部分拉直。

宽度：给被标记顶点和下一个顶点之间的线段设置宽度，如图5-376~图5-379所示，相关命令提示如下。

命令: pedit↙

选择多段线或 [多条(M)]: //选择多段线

输入选项 [闭合(C)/合并(J)/宽度(W)/编辑顶点(E)/拟合(F)/样条曲线(S)/非曲线化(D)/线型生成(L)/反转(R)/放弃(U)]: e↙

输入顶点编辑选项

[下一个(N)/上一个(P)/打断(B)/插入(I)/移动(M)/重生成(R)/拉直(S)/切向(T)/宽度(W)/退出(X)] <N>: ↙ //这里直接回车表示从第二个顶点开始设置宽度

输入顶点编辑选项

[下一个(N)/上一个(P)/打断(B)/插入(I)/移动(M)/重生成(R)/拉直(S)/切向(T)/宽度(W)/退出(X)] <N>: w↙

指定下一条线段的起点宽度 <0.0000>: 300↙ //设置起点宽度值

指定下一条线段的端点宽度 <10.0000>: 0↙ //设置端点宽度值

输入顶点编辑选项

[下一个(N)/上一个(P)/打断(B)/插入(I)/移动(M)/重生成(R)/拉直(S)/切向(T)/宽度(W)/退出(X)] <N>: x↙

输入选项 [闭合(C)/合并(J)/宽度(W)/编辑顶点(E)/拟合(F)/样条曲线(S)/非曲线化(D)/线型生成(L)/反转(R)/放弃(U)]: ↙

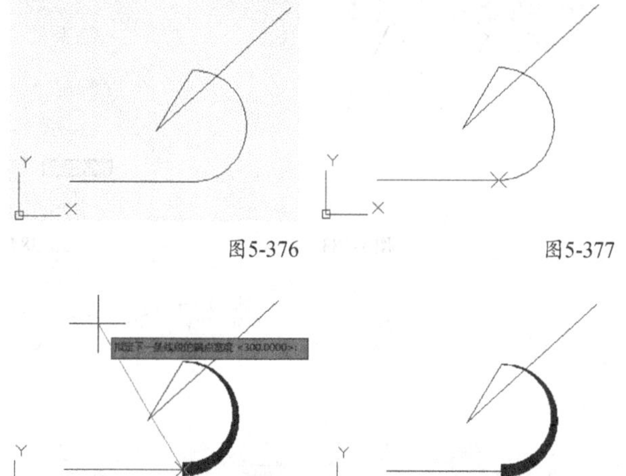

图5-376 图5-377

图5-378 图5-379

退出：退出顶点编辑状态。

拟合：用于将具有直线段的多段线转换为平滑拟合曲线，如图5-380~图5-382所示，相关命令提示如下。

命令: _pedit 选择多段线或 [多条(M)]: //选择多段线

输入选项 [闭合(C)/合并(J)/宽度(W)/编辑顶点(E)/拟合(F)/样条曲线(S)/非曲线化(D)/线型生成(L)/反转(R)/放弃(U)]: f↙

输入选项 [闭合(C)/合并(J)/宽度(W)/编辑顶点(E)/拟合(F)/样条曲线(S)/非曲线化(D)/线型生成(L)/反转(R)/放弃(U)]: ↙

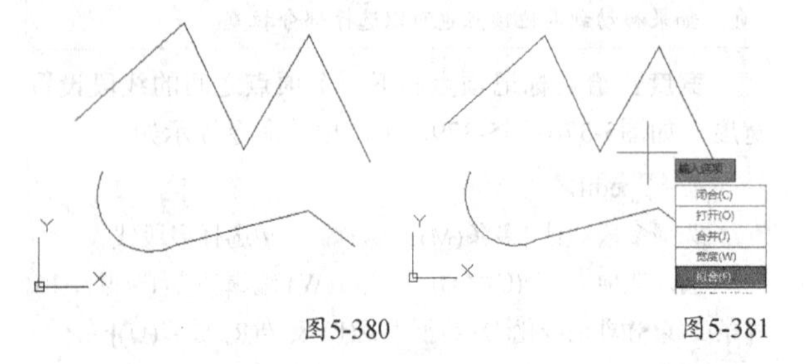

图5-380　　图5-381

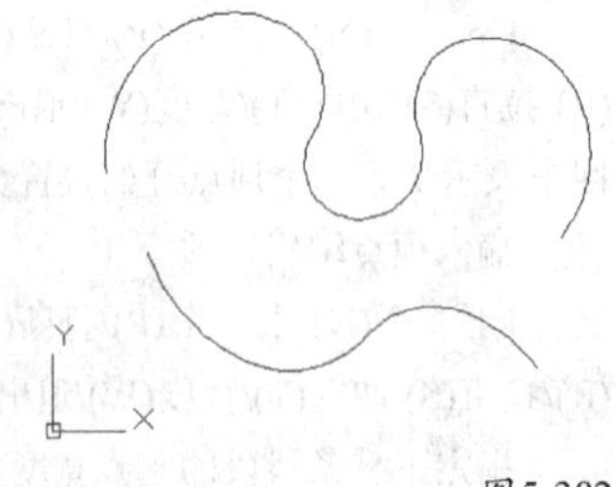

图5-382

样条曲线：用于将多段线转换为样条曲线，如图5-383~图5-385所示，相关命令提示如下。

命令: _pedit 选择多段线或 [多条(M)]:　　//选择多段线

输入选项 [闭合(C)/合并(J)/宽度(W)/编辑顶点(E)/拟合(F)/样条曲线(S)/非曲线化(D)/线型生成(L)/反转(R)/放弃(U)]: s↙

输入选项 [闭合(C)/合并(J)/宽度(W)/编辑顶点(E)/拟合(F)/样条曲线(S)/非曲线化(D)/线型生成(L)/反转(R)/放弃(U)]: ↙

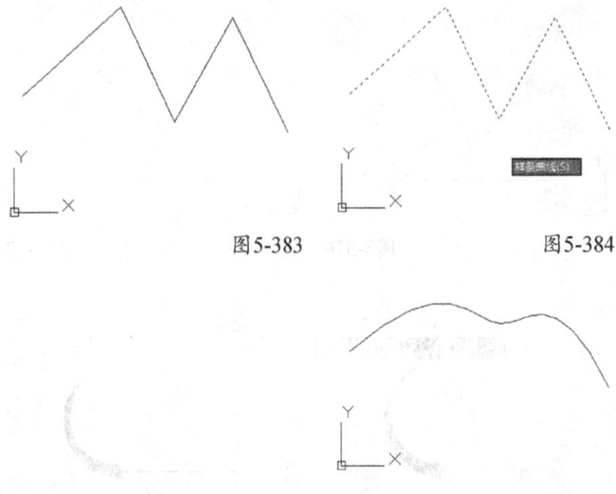

图5-383　　图5-384

图5-385

非曲线化：用于删除由拟合曲线或样条曲线插入的多余顶点，拉直多段线的所有线段。简单地讲，该选项用于将转换为拟合曲线和样条曲线的多段线还原，如图5-386~图5-388所示，相关命令提示如下。

命令: _pedit 选择多段线或 [多条(M)]:　　//选择多段线

输入选项 [闭合(C)/合并(J)/宽度(W)/编辑顶点(E)/拟合(F)/样条曲线(S)/非曲线化(D)/线型生成(L)/反转(R)/放弃(U)]: d↙

输入选项 [闭合(C)/合并(J)/宽度(W)/编辑顶点(E)/拟合(F)/样条曲线(S)/非曲线化(D)/线型生成(L)/反转(R)/放弃(U)]: ↙

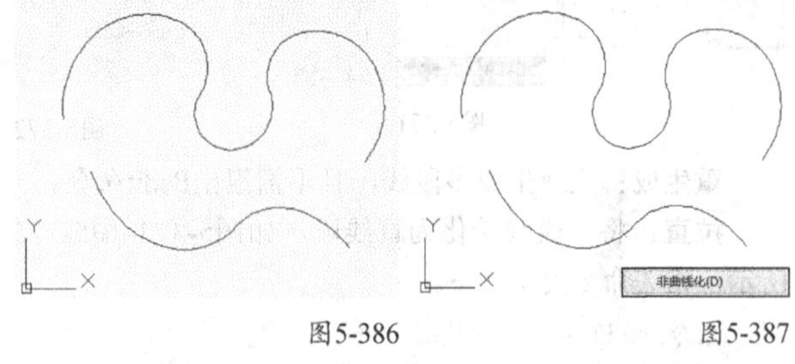

图5-386　　图5-387

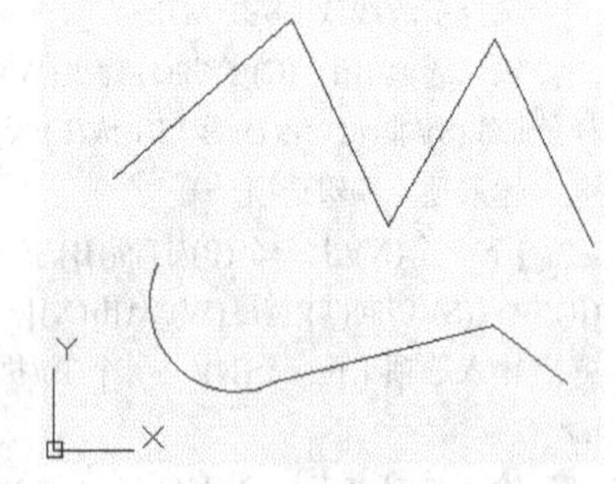

图5-388

反转：用于反转多段线顶点的顺序，结合“编辑顶点”可以观察到这个变化，如图5-389~图5-391所示，相关命令提示如下。

命令: _pedit 选择多段线或 [多条(M)]:　　//选择多段线

选择多段线或 [多条(M)]:

输入选项 [闭合(C)/合并(J)/宽度(W)/编辑顶点(E)/拟合(F)/样条曲线(S)/非曲线化(D)/线型生成(L)/反转(R)/放弃(U)]: e

输入顶点编辑选项

[下一个(N)/上一个(P)/打断(B)/插入(I)/移动(M)/重生成(R)/拉直(S)/切向(T)/宽度(W)/退出(X)] <N>: x（此时可以发现顶点在左侧）

输入选项 [闭合(C)/合并(J)/宽度(W)/编辑顶点(E)/拟合(F)/样条曲线(S)/非曲线化(D)/线型生成(L)/反转(R)/放弃(U)]: r

输入选项 [闭合(C)/合并(J)/宽度(W)/编辑顶点(E)/拟合(F)/样条曲线(S)/非曲线化(D)/线型生成(L)/反转(R)/放弃(U)]: e（此时可以发现顶点已经转换至右侧）

[下一个(N)/上一个(P)/打断(B)/插入(I)/移动(M)/重生成(R)/拉直(S)/切向(T)/宽度(W)/退出(X)] <N>: x

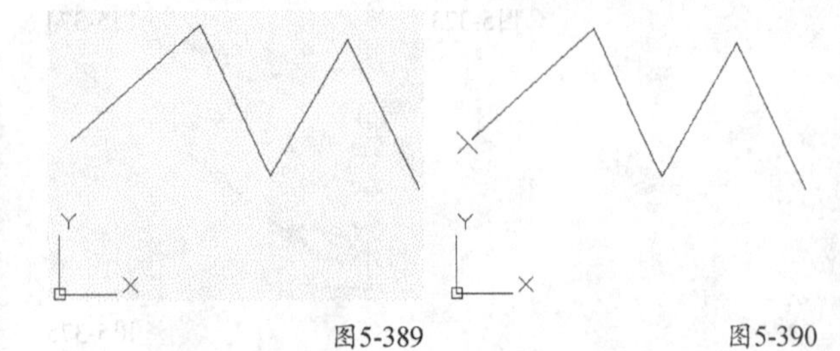

图5-389　　图5-390

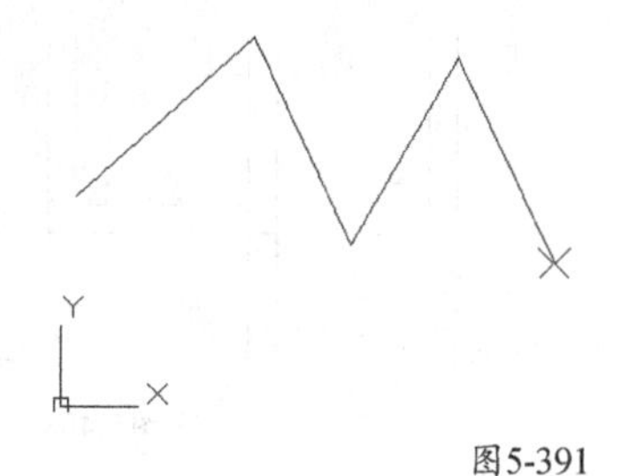

图5-391

放弃：用于取消前一步操作。

5.6.2 编辑多线

Mledit（编辑多线）命令用于编辑多线，它的主要功能是确定多线在相交时的交点特征。

在AutoCAD中，执行Mledit（编辑多线）命令的方式有如下两种。

第1种：执行“修改>对象>多线”菜单命令，如图5-392所示。

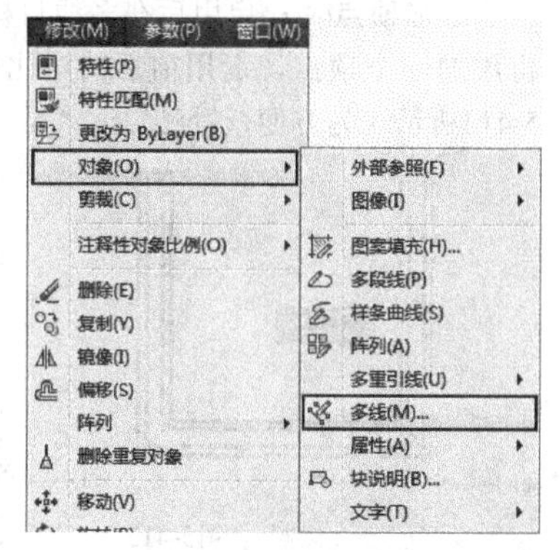

图5-392

第2种：在命令行输入Mledit并回车。执行Mledit（编辑多线）命令后，系统将打开“多线编辑工具”对话框，如图5-393所示。

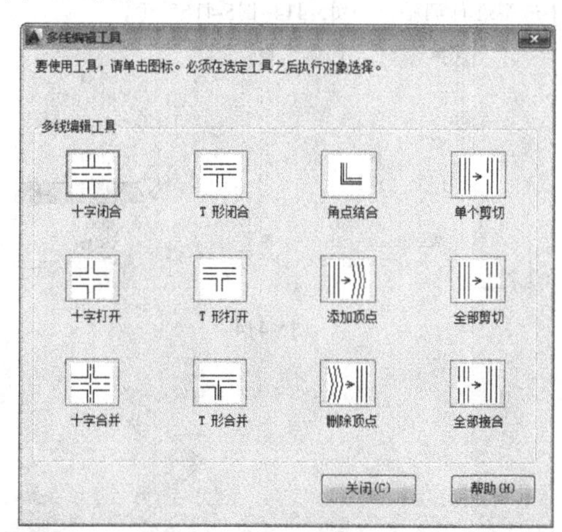

图5-393

在“多线编辑工具”对话框中，第一列用于处理十字相交多线的交点模式，第二列用于处理T字形相交多线的交点模式，第三列用于处理多线的角点和顶点的模式，第四列用于处理要被断开或连接的多线的模式。下面分别介绍其功能。

工具介绍

十字闭合：在两条多线交叉处创建十字闭合交点，运用前后的对比效果如图5-394和图5-395所示。要注意的是多线选取的顺序不同产生的结果也有所不同。

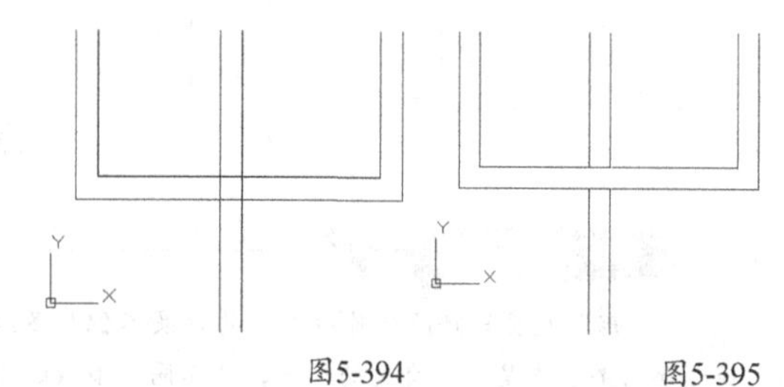

图5-394 图5-395

十字打开：在两条多线交叉处创建十字打开（开放）交点，运用前后的对比效果如图5-396和图5-397所示。同样，多线选取的顺序不同产生的结果也有所不同。

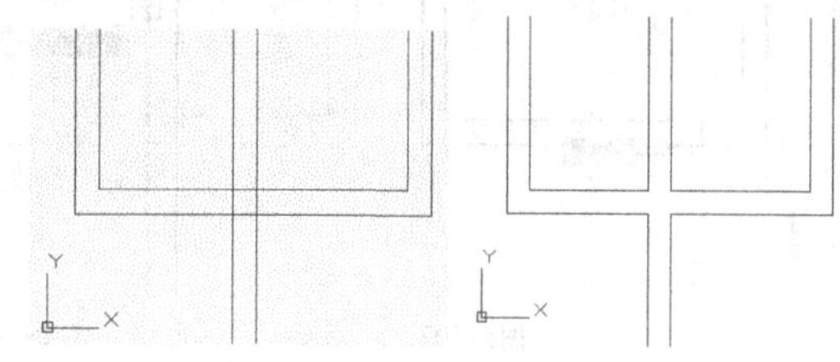

图5-396 图5-397

十字合并：在两条多线交叉处创建合并的十字交点，运用前后的对比效果如图5-398和图5-399所示。该修改命令在效果上与“十字闭合”类似，主要区别在于其选择多线的次序并不重要。

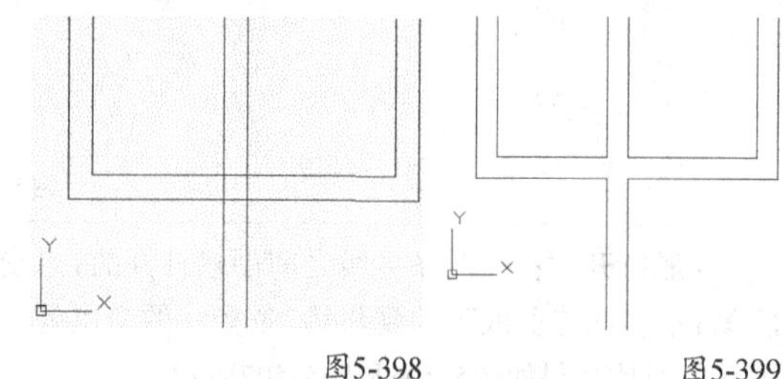

图5-398 图5-399

T形闭合：在两条多线之间创建闭合的T形交点，将第1条多线修剪或延伸到与第2条多线的交点处，如图5-400~图5-402所示。

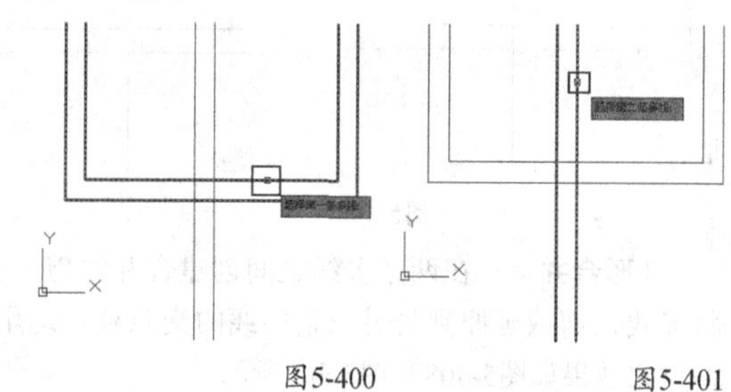

图5-400 图5-401

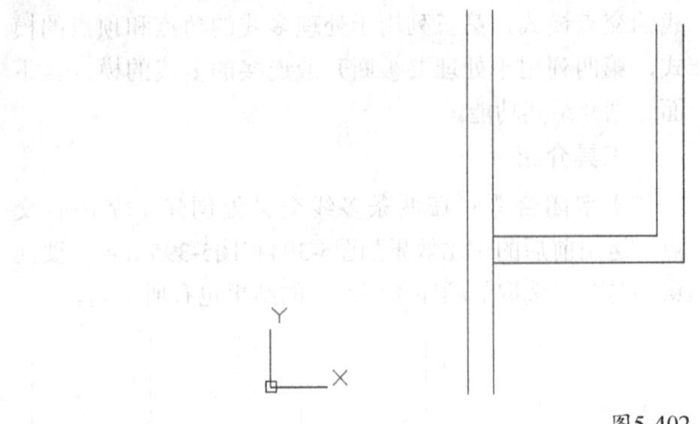

图5-402

专家点拨

"T形"相关的修改操作所产生的效果不但与多线的选择顺序有关，在呈十字交叉的位置，选择同一多线的左右两侧或是上下两头的不同，也会产生不同的修改效果，如图5-403~图5-405所示。

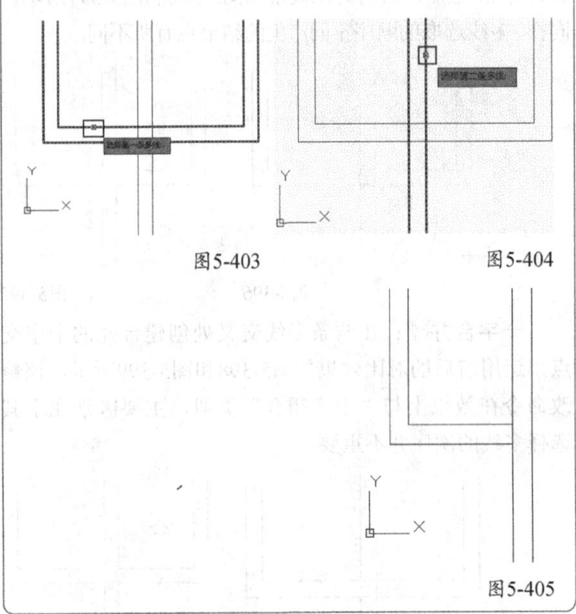

图5-403　图5-404　图5-405

T形打开：在两条多线之间创建打开的T形交点，将第1条多线修剪或延伸到与第2条多线的交点处，运用前后的对比效果如图5-406和图5-407所示。

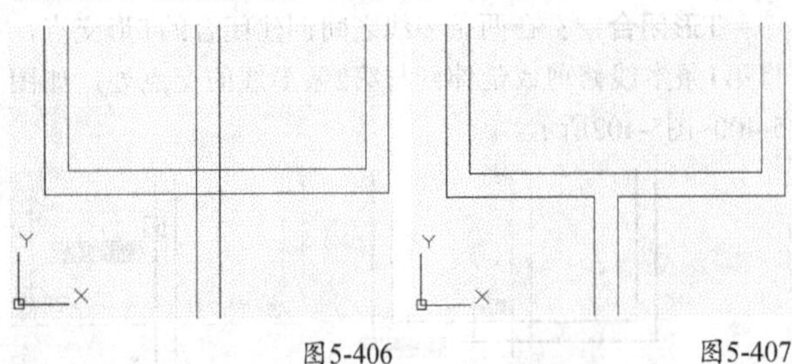

图5-406　图5-407

T形合并：在两条多线之间创建合并的T形交点，将多线修剪或延伸到与另一条多线的交点处，运用前后的对比效果如图5-408和图5-409所示。

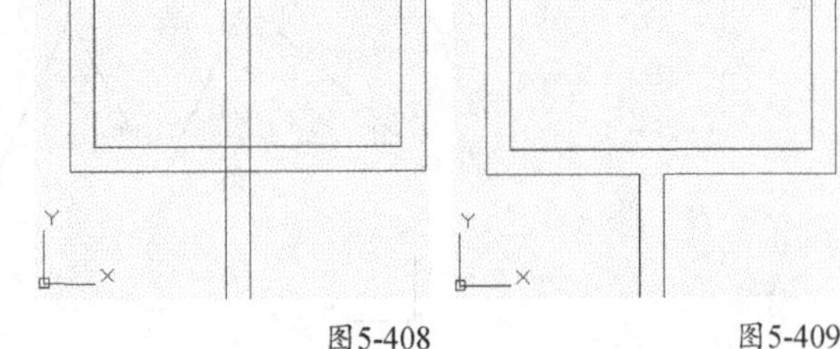

图5-408　图5-409

角点结合：在多线之间创建角点结合，将多线修剪或延伸到它们的交点处，运用前后的对比效果如图5-410和图5-411所示。

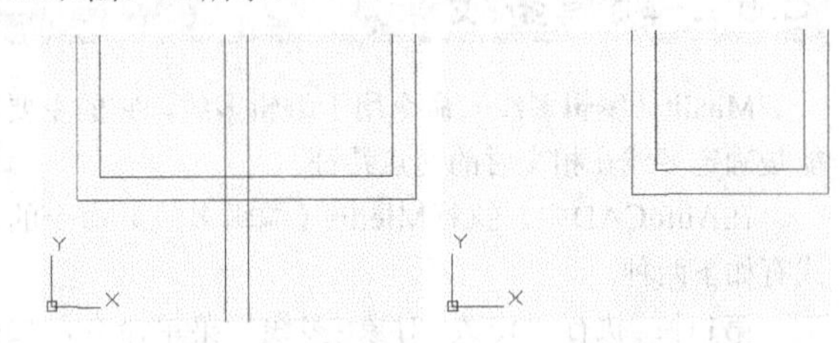

图5-410　图5-411

添加顶点：启用后在多线目标位置单击鼠标左键将添加一个顶点，运用前后的对比效果如图5-412和图5-413所示（为方便查看已勾选"显示连接"选项）。

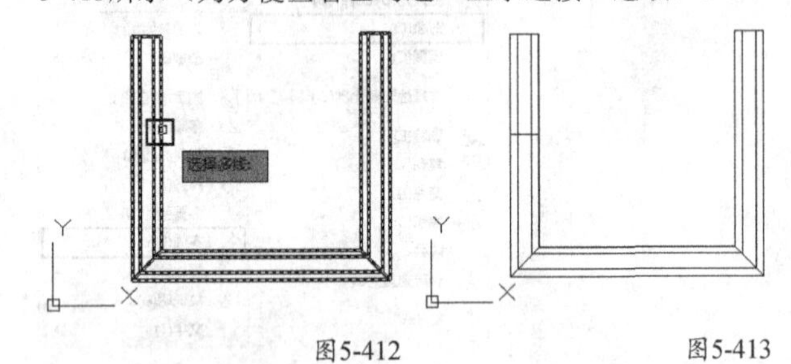

图5-412　图5-413

专家点拨

多线添加顶点后，选择顶点可以改变多线的形状，以对造型进行调整，如图5-414~图5-416所示。

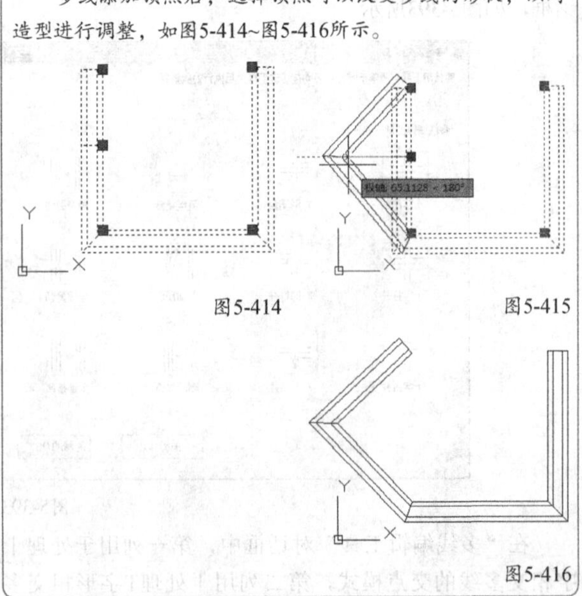

图5-414　图5-415　图5-416

删除顶点：从多线上删除一个顶点，如图5-417~图5-419所示。

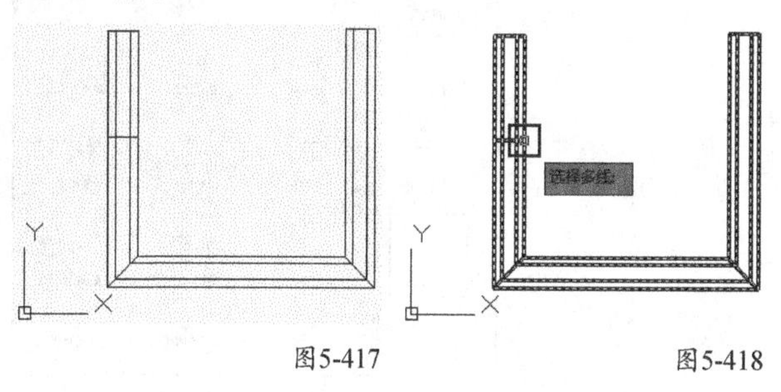

图5-417　　图5-418

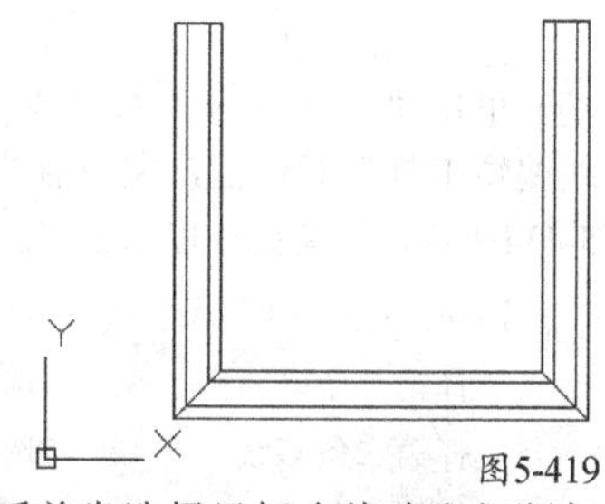

图5-419

单个剪切：启用后首先选择目标多线确定打断起点，如图5-420所示，然后确定终点，如图5-421所示，可在多线上打断出对应的缺口，效果如图5-422所示。

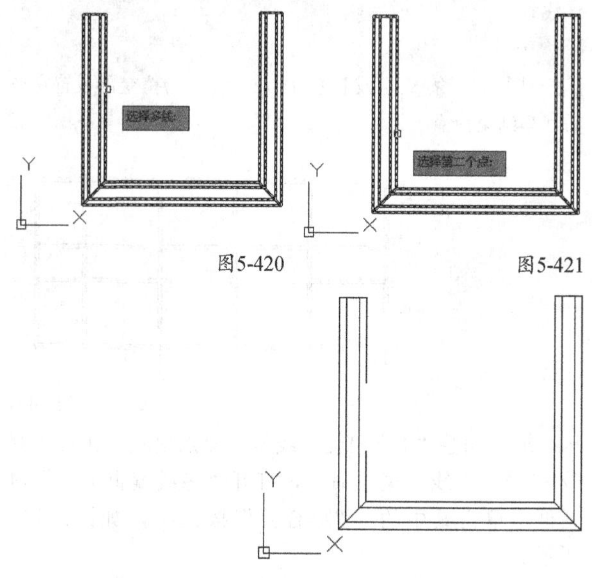

图5-420　　图5-421

图5-422

全部剪切：打断横穿多线的所有元素，如图5-423~图5-425所示。

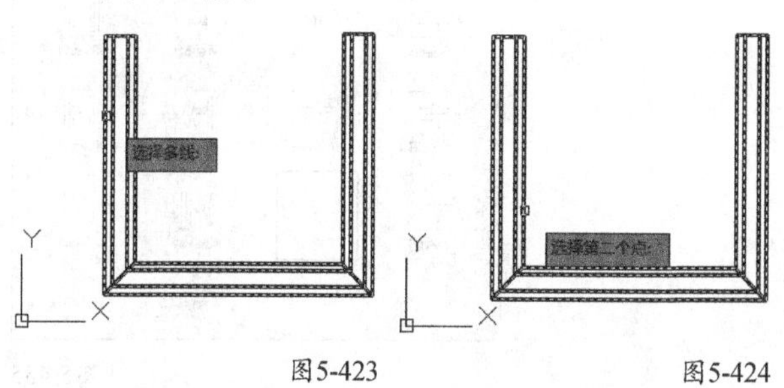

图5-423　　图5-424

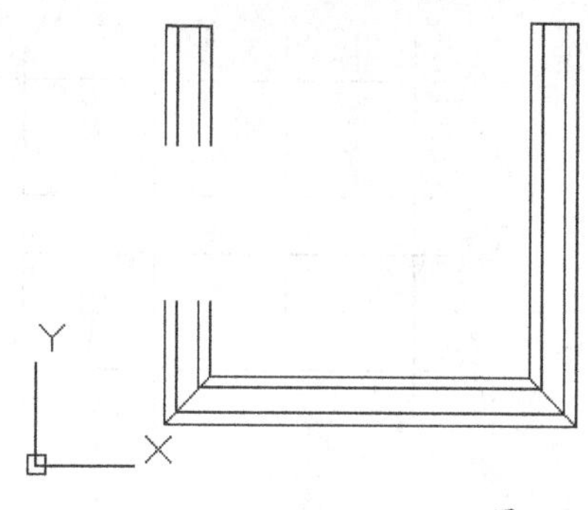

图5-425

全部结合：将断开的多线结合在一起，如图5-426~图5-428所示。

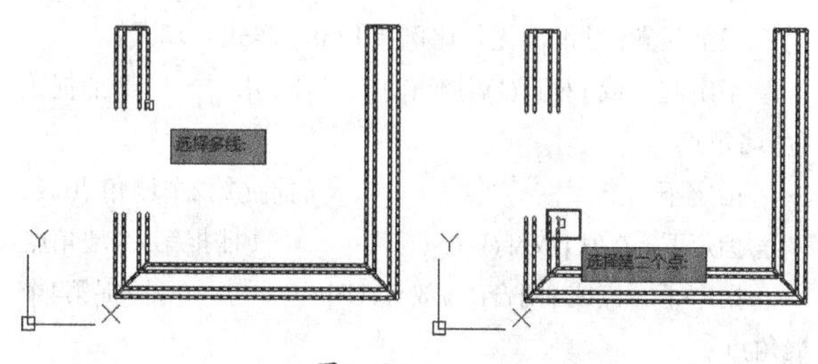

图5-426　　图5-427

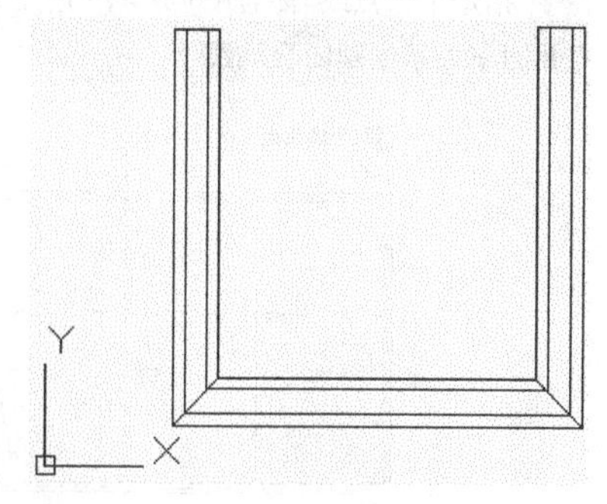

图5-428

5.6.3 实战——绘制墙线

素材位置　第5章>素材文件>5.6.3.dwg
实例位置　第5章>实例文件>5.6.3.dwg
技术掌握　利用多线命令绘制墙线的方法

本例绘制的墙线效果如图5-429所示。

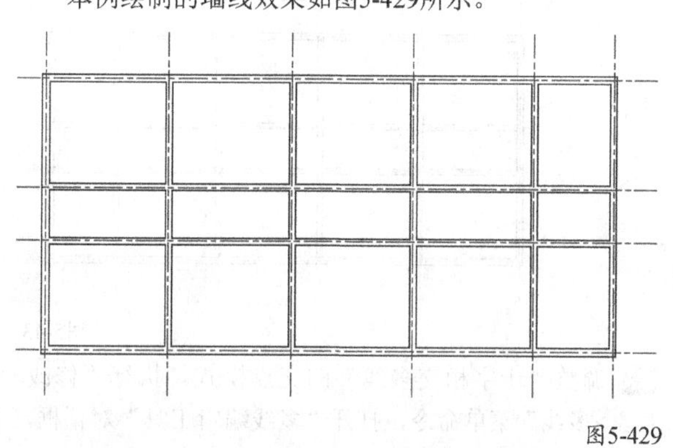

图5-429

01 打开光盘中的“第5章>素材文件>5.6.3.dwg”文件，如图5-430所示，红色点划线是墙的轴线。

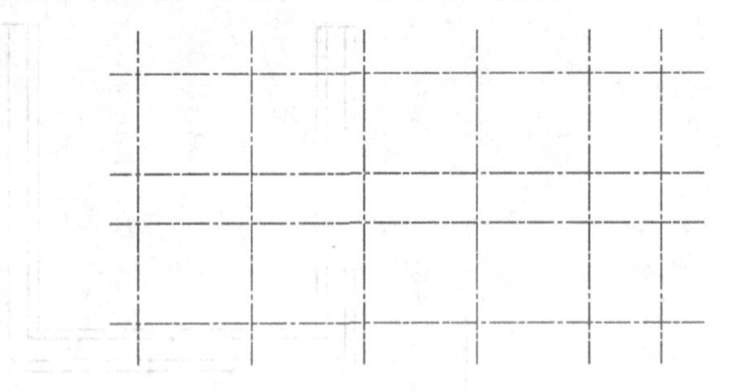

图5-430

02 执行“绘图>多线”菜单命令，绘制外墙线，如图5-431所示，相关命令提示如下。

命令: _mline
当前设置: 对正 = 无，比例 = 1.00，样式 = 墙线
指定起点或 [对正(J)/比例(S)/样式(ST)]: //捕捉第1个墙角点
指定下一点: //捕捉第2个墙角点
指定下一点或 [放弃(U)]: //捕捉第3个墙角点
指定下一点或 [闭合(C)/放弃(U)]: //捕捉第4个墙角点
指定下一点或 [闭合(C)/放弃(U)]: c↙ //输入选项C并回车表示绘制闭合墙线

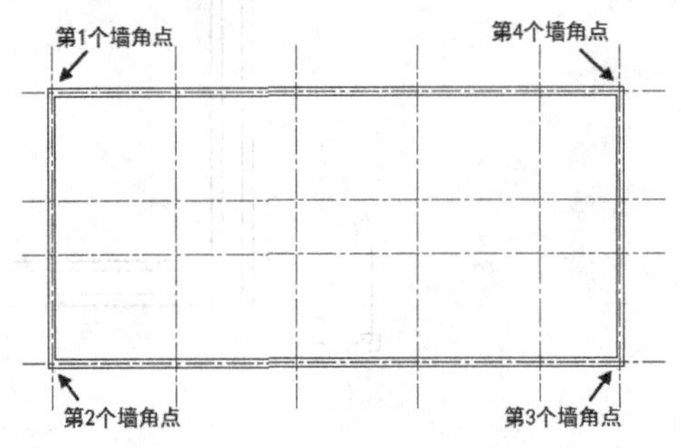

图5-431

03 采用相同的方式继续绘制内墙线，每一条内墙线的端点均为红色轴线的交点，如图5-432所示。

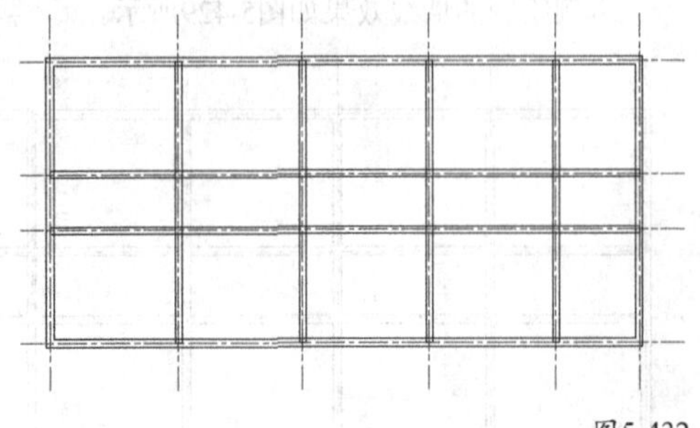

图5-432

04 调整“十字相交多线”的交点模式。执行“修改>对象>多线”菜单命令，打开“多线编辑工具”对话框，单击“多线编辑工具”下的“十字合并”按钮，如图5-433所示。

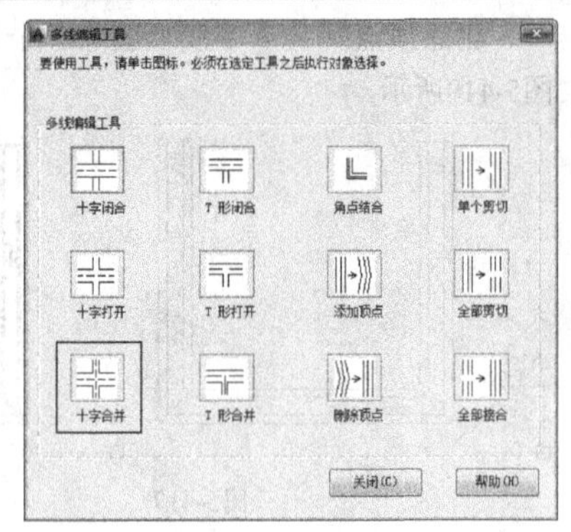

图5-433

05 单击“十字合并”按钮后，系统立即关闭“多线编辑工具”对话框，完成后的十字相交多线效果如图5-434所示，相关命令提示如下。

命令: _mledit
选择第一条多线: //选择任意一条内墙线
选择第二条多线: //选择另一条相交的内墙线
选择第一条多线 或 [放弃(U)]: //继续选择另外一条内墙线
选择第二条多线: //再次选择一条与之交叉的内墙线
……
选择第一条多线 或 [放弃(U)]: ↙ //待全部设置完毕后回车结束命令

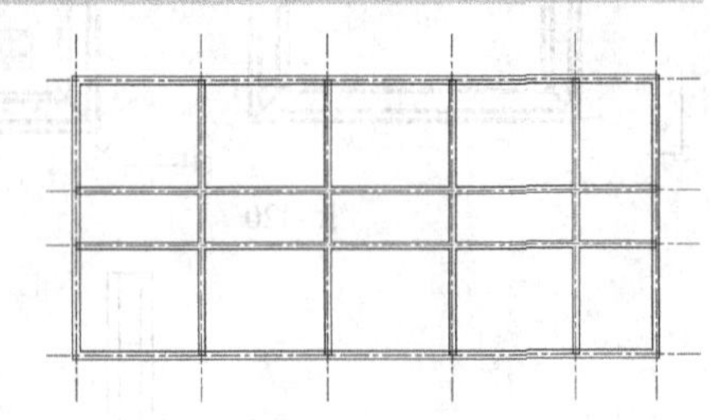

图5-434

06 继续调整“T形相交多线”的交点模式。执行“修改>对象>多线”菜单命令，打开“多线编辑工具”对话框，单击其中的“T形合并”按钮，如图5-435所示。

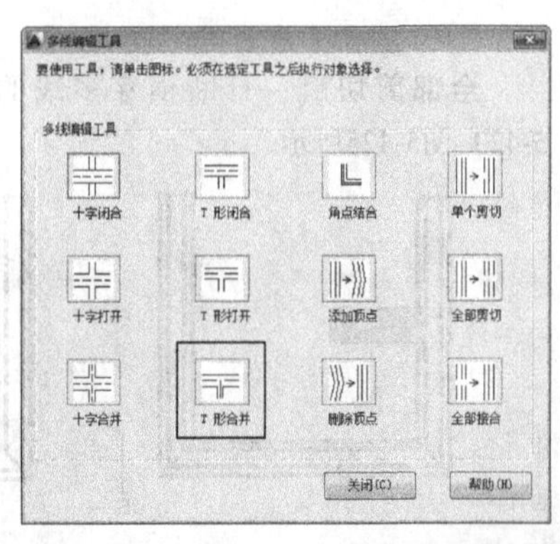

图5-435

07 单击“T形合并”按钮后，系统立即关闭“多线编辑工具”对话框，然后根据命令提示选择需要设置的墙线，最终效果如图5-436所示。需要注意的是：在选择墙线的时候，请先选择内墙线，然后选择外墙线，否则操作无效。

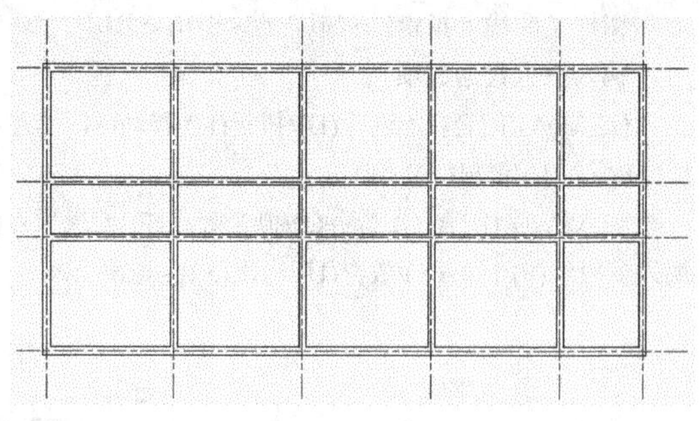

图5-436

5.6.4 编辑样条曲线

Splinedit（编辑样条曲线）命令用于编辑样条曲线。由Spline（样条曲线）命令绘制的样条曲线具有许多特征，比如数据点的数量及位置、端点特性及切线方向、样条曲线的拟合公差等，用Splinedit（编辑样条曲线）命令可以改变曲线的这些特征。

在AutoCAD中，执行Splinedit（编辑样条曲线）命令的方式有如下3种。

第1种：执行“修改>对象>样条曲线”菜单命令，如图5-437所示。

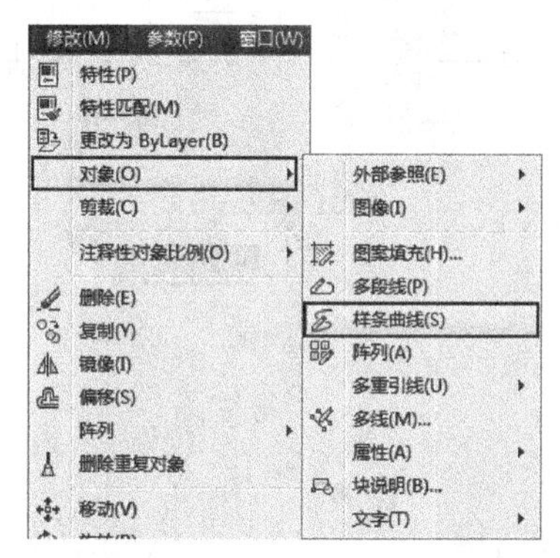

图5-437

第2种：单击“修改Ⅱ”工具栏中的“编辑样条曲线”按钮，如图5-438所示。

图5-438

第3种：在命令行输入Splinedit（简化命令为Spe）并回车。

执行Splinedit（编辑样条曲线）命令将出现如下提示。

命令介绍

命令：_splinedit
选择样条曲线：　　　　　//选择将要编辑的样条曲线
输入选项 [闭合(C)/合并(J)/拟合数据(F)/编辑顶点(E)/转换为多段线(P)/反转(R)/放弃(U)/退出(X)] <退出>:

闭合：用于在样条曲线的起点和终点处创建一条连接曲线，使开放样条曲线成为一个闭合图形，如图5-439~图5-441所示。

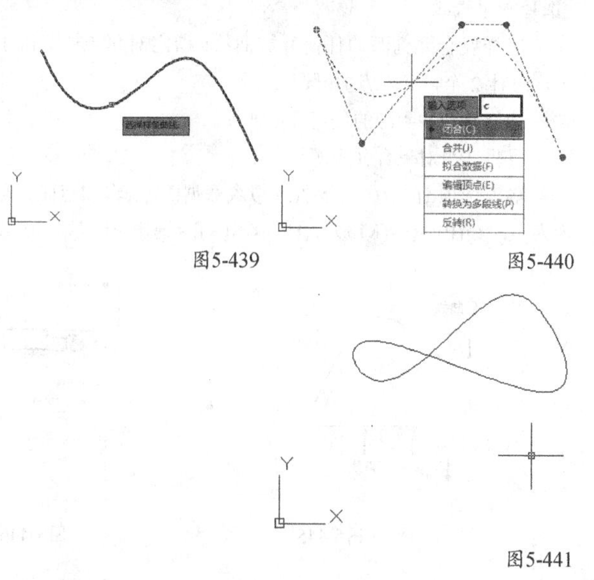

图5-439　图5-440

图5-441

专家点拨

当样条曲线处于闭合状态时，“闭合”选项将被“打开”选项所替代，该选项用于将闭合样条曲线在闭合点和倒数第2个顶点之间打开，如图5-442~图5-444所示。

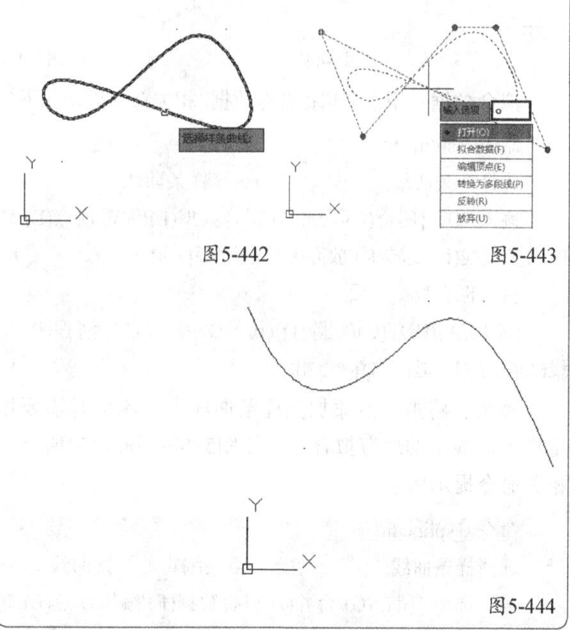

图5-442　图5-443

图5-444

合并：用于将选定的样条曲线与其他样条曲线、直线、多段线和圆弧在重合端点处合并，以形成一个较大的样条曲线，如图5-445~图5-448所示，相关命令提示如下。

命令: _splinedit
选择样条曲线:　　　　//选择样条曲线
输入选项 [闭合(C)/合并(J)/拟合数据(F)/编辑顶点(E)/转换为多段线(P)/反转(R)/放弃(U)/退出(X)] <退出>: j↙
选择要合并到源的任何开放曲线: 找到 1 个 //选择水平直线
选择要合并到源的任何开放曲线: 指定对角点: 找到 1 个, 总计 2 个　　　//选择圆弧
选择要合并到源的任何开放曲线: ↙
已将 2 个对象合并到源
输入选项 [闭合(C)/合并(J)/拟合数据(F)/编辑顶点(E)/转换为多段线(P)/反转(R)/放弃(U)/退出(X)] <退出>:↙

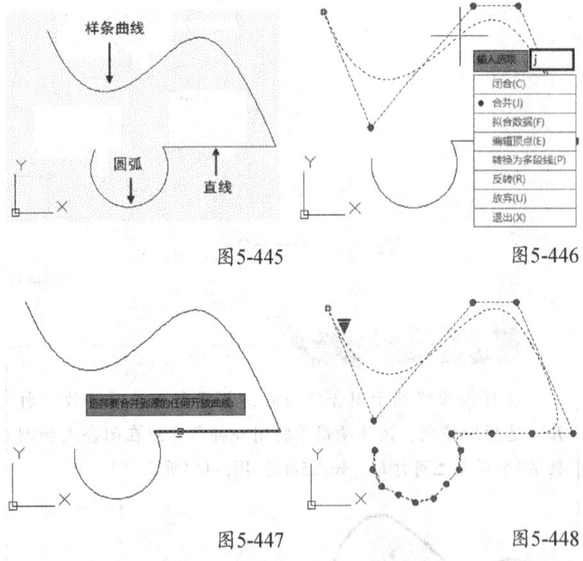

图5-445　图5-446
图5-447　图5-448

拟合数据: 用于编辑拟合点数据, 相关命令提示如下。

命令: _splinedit
选择样条曲线:　　　　//选择样条曲线
输入选项 [闭合(C)/合并(J)/拟合数据(F)/编辑顶点(E)/转换为多段线(P)/反转(R)/放弃(U)/退出(X)] <退出>: f↙
输入拟合数据选项
[添加(A)/闭合(C)/删除(D)/扭折(K)/移动(M)/清理(P)/切线(T)/公差(L)/退出(X)] <退出>:

添加: 将拟合点添加到样条曲线中, 添加时需要指定样条曲线上的现有拟合点, 如图5-449~图5-454所示, 相关命令提示如下。

命令: _splinedit
选择样条曲线:　　　　//选择需要编辑的样条曲线
输入选项 [闭合(C)/合并(J)/拟合数据(F)/编辑顶点(E)/转换为多段线(P)/反转(R)/放弃(U)/退出(X)] <退出>: f↙
输入拟合数据选项
[添加(A)/闭合(C)/删除(D)/扭折(K)/移动(M)/清理(P)/切线(T)/公差(L)/退出(X)] <退出>: a↙
在样条曲线上指定现有拟合点 <退出>:　　　//在样条曲线现有的拟合点上单击
指定要添加的新拟合点 <退出>:　　　//在需要添加新拟合点的位置上单击
指定要添加的新拟合点 <退出>:↙
在样条曲线上指定现有拟合点 <退出>:↙
输入拟合数据选项
[添加(A)/闭合(C)/删除(D)/扭折(K)/移动(M)/清理(P)/切线(T)/公差(L)/退出(X)] <退出>:↙
输入选项 [闭合(C)/合并(J)/拟合数据(F)/编辑顶点(E)/转换为多段线(P)/反转(R)/放弃(U)/退出(X)] <退出>:↙

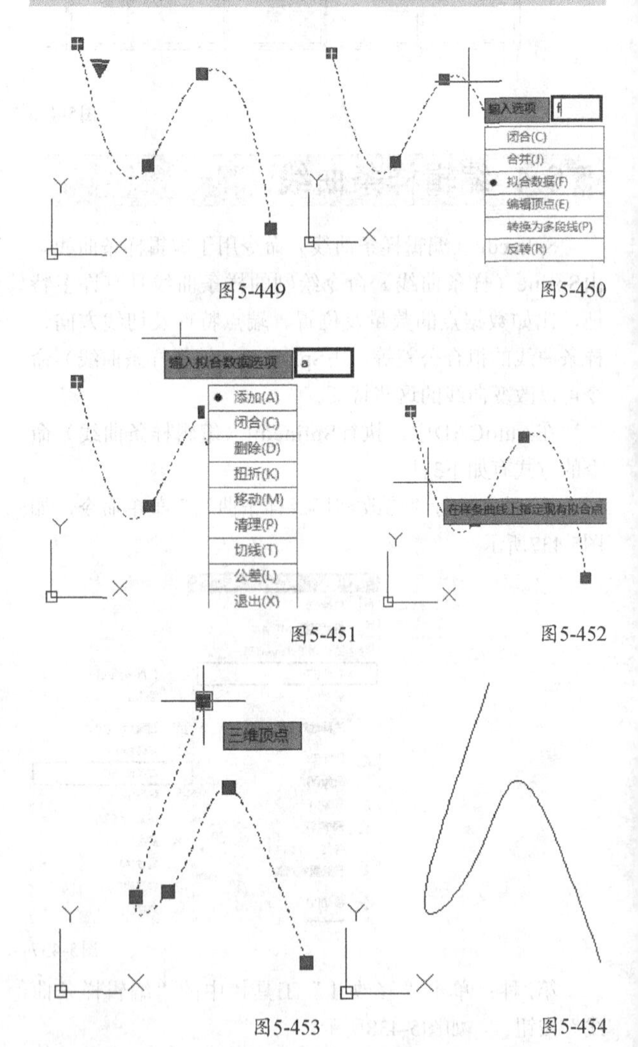

图5-449　图5-450
图5-451　图5-452
图5-453　图5-454

闭合: 与之前讲解过的"闭合"选项含义相同。
删除: 从样条曲线中删除选定的拟合点。
扭折: 在样条曲线上的指定位置添加节点和拟合点。
移动: 将拟合点移动到指定的新位置。
清理: 使用控制点替换样条曲线的拟合数据。
相切: 更改样条曲线首末两端的切线。
公差: 要求输入新的拟合公差, 对原拟合点产生新

的样条曲线。

退出：退出“拟合数据”选项。

编辑顶点：用于编辑样条曲线的各顶点，相关命令提示如下。

```
命令: _splinedit
选择样条曲线:            //选择需要编辑的样条曲线
输入选项 [闭合(C)/合并(J)/拟合数据(F)/编辑顶点(E)/转换为多段线(P)/反转(R)/放弃(U)/退出(X)] <退出>: e↙
输入顶点编辑选项 [添加(A)/删除(D)/提高阶数(E)/移动(M)/权值(W)/退出(X)] <退出>:
```

添加：在现有的两个控制点之间的指定位置添加一个新的控制点。

删除：删除选定的控制点。

提高阶数：增大样条曲线的多项式阶数，这将增加整个样条曲线的控制点数量。

移动：重新定位选定的控制点（包含“新位置”、“下一个”、“上一个”等子选项）。

权值：更改指定控制点的权值。

转换为多段线：用于将样条曲线转换为多段线。

反转：使样条曲线的方向相反。

放弃：撤销上一个操作。

编辑样条曲线的一些方法跟编辑多段线的方法类似，有兴趣的用户可认真对比，体会两者的异同，从而加强对曲线绘制的熟练度。

5.7 高级编辑技法

本节将介绍一些高级编辑功能，其中包括夹点编辑功能、对象属性的修改、查询对象的方法等。

5.7.1 编辑夹点

夹点概述

夹点就是一些实心的小方框，当图形被选中时，图形的关键点（比如中点、端点、圆心等）上将出现夹点。用户可以拖动这些夹点来快速拉伸、移动、旋转、缩放或镜像图形。

图5-455展示了一些常见图形的夹点，按照从左到右和从上到下的顺序，依次为直线、矩形、圆、椭圆、多段线、圆弧、样条曲线、填充对象、文字和块的夹点。

在启用了“动态输入”模式之后，利用夹点可以很方便地知道某个图形的一些基本信息。例如将光标悬停在矩形的任意一个夹点上，系统将快速标注出该矩形的长度和宽度；将光标悬停在直线的任意一个夹点上，系统将快速标注出该直线的长度以及与水平方向的夹角，如图5-456所示。

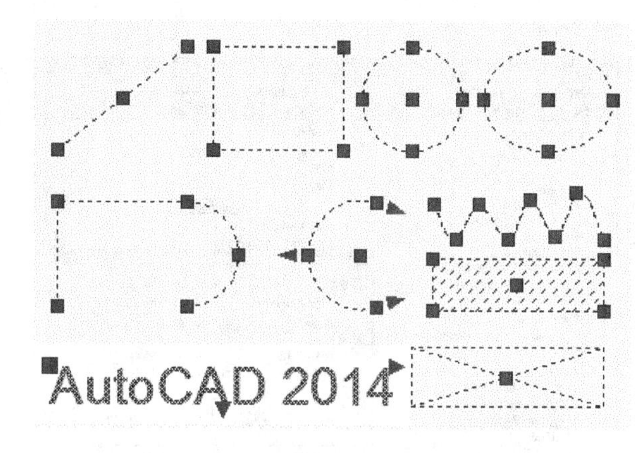

图5-455

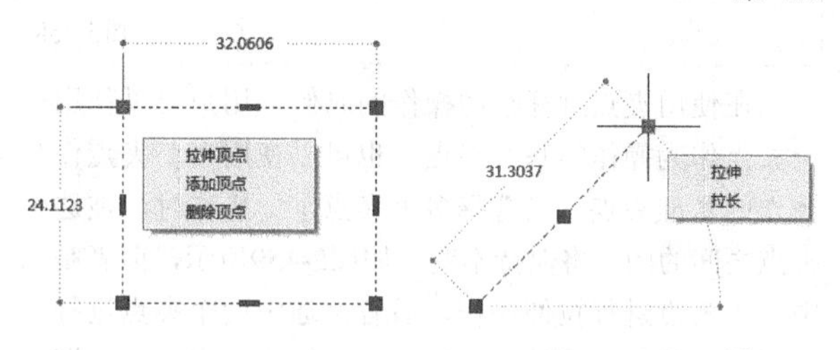

图5-456

专家点拨

只有“动态输入”模式被启用之后，将十字光标悬停在夹点上，系统才会显示图形的相关信息，否则将不会显示任何信息。

如果要通过夹点控制来编辑图形，那么首先就要选择夹点，也就是选择作为操作基点的夹点（基准夹点），被选择中的夹点也称为热夹点。将十字光标置于夹点之上，然后单击鼠标左键就可以将相应的夹点选中，如图5-457所示；如果要选择多个夹点，按住Shift键不放，同时用鼠标左键连续单击需要选择的夹点。

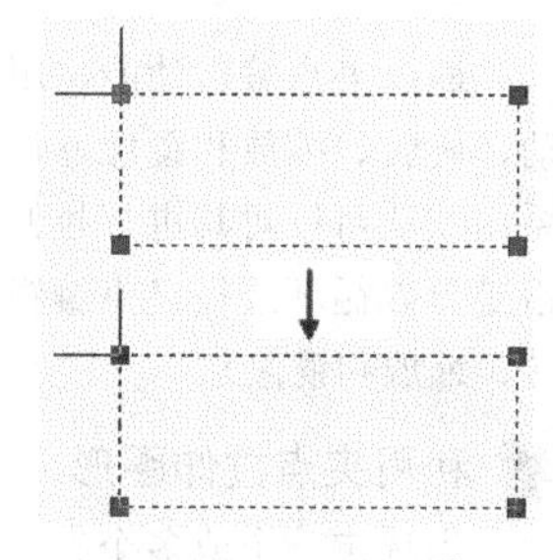

图5-457

从图5-457可以看出，夹点在不同的状态下会显示不同的颜色，未选中的夹点显示为蓝色，有十字光标悬停在上面的

夹点显示为橙色，选中之后的夹点显示为朱红色。这3种显示颜色均为系统默认设置，用户可以执行“工具>选项”菜单命令，打开“选项”对话框来自定义这3种显示颜色，如图5-458所示。

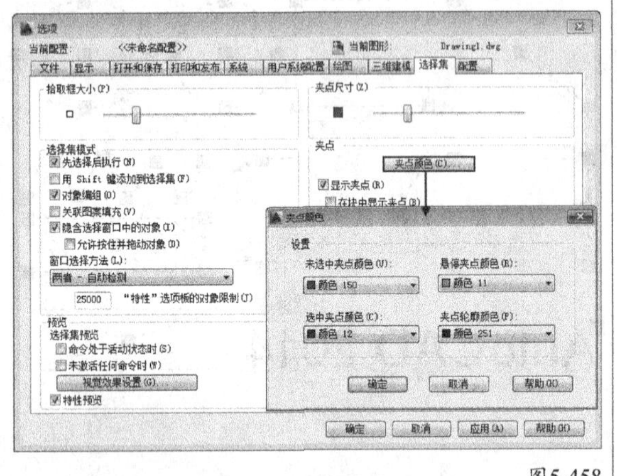

图5-458

在使用夹点进行绘图操作的时候，用户可以使用一个夹点作为操作的基准夹点，也可以使用多个夹点作为操作的基准夹点。当选择多个夹点进行操作时，被选定夹点之间的图形将保持不变。如图5-459所示，前者是选中一个夹点进行拉伸操作，后者是选中两个夹点进行拉伸操作，从拉伸的结果可以看出被选中夹点之间的图形不会产生任何变化。

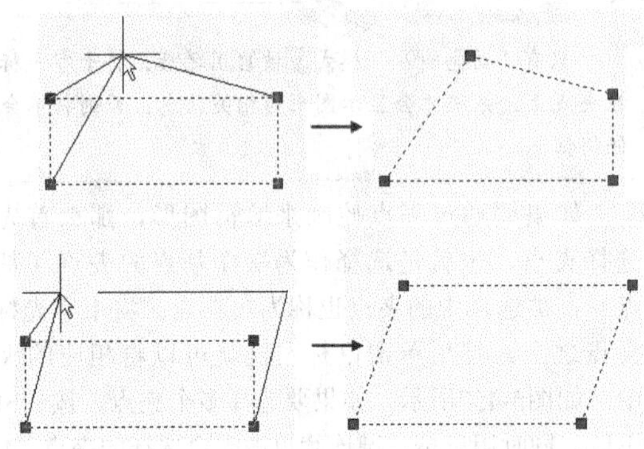

图5-459

通过夹点编辑功能，用户可以对图形进行拉伸、移动、旋转、缩放和镜像操作。当选定一个夹点的时候，系统默认可以对其进行拉伸操作，此时按回车键或者空格键可以循环选择夹点编辑模式（包括拉伸、移动、旋转、缩放和镜像）。

利用夹点拉伸图形

当选定一个或多个夹点的时候，系统默认可以对其进行拉伸操作，如图5-460所示，此时在命令行将出现如下提示。

```
** 拉伸 **
指定拉伸点或 [基点(B)/复制(C)/放弃(U)/退出(X)]:
```

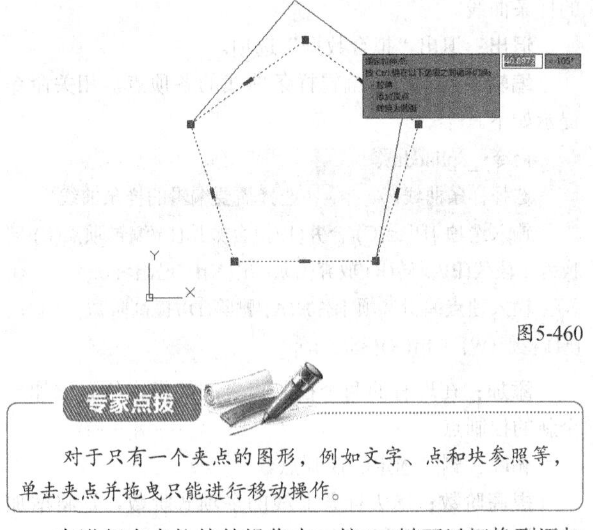

图5-460

专家点拨

对于只有一个夹点的图形，例如文字、点和块参照等，单击夹点并拖曳只能进行移动操作。

在进行夹点拉伸的操作中，按Ctrl键可以切换到添加顶点或转换为圆弧的操作，如图5-461~图5-463所示。

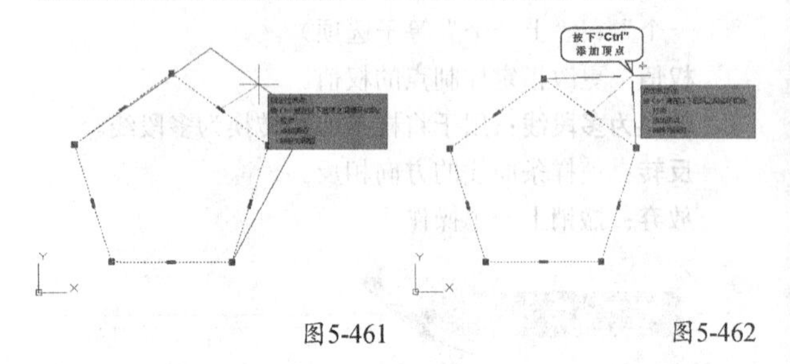

图5-461　图5-462

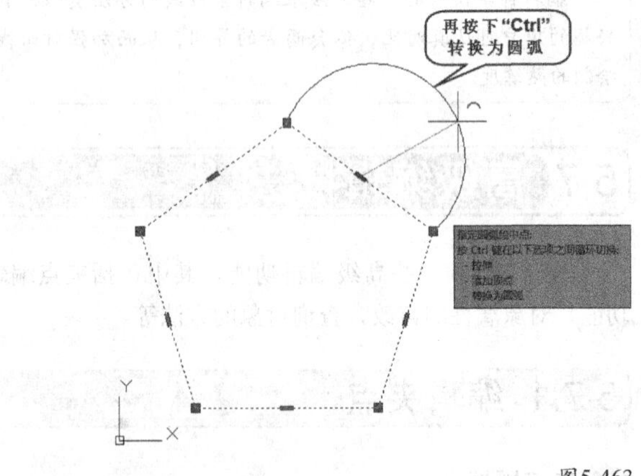

图5-463

利用夹点移动图形

如果想通过夹点移动图形，只需在选定夹点后，按一次空格键即可（选定夹点后，默认是“拉伸”模式，按一次空格键将切换到“移动”模式），如图5-464~图5-466所示，相关命令提示如下。

```
** 拉伸 **
指定拉伸点或 [基点(B)/复制(C)/放弃(U)/退出(X)]: //按空格键
** MOVE **
指定移动点 或 [基点(B)/复制(C)/放弃(U)/退出(X)]:
```

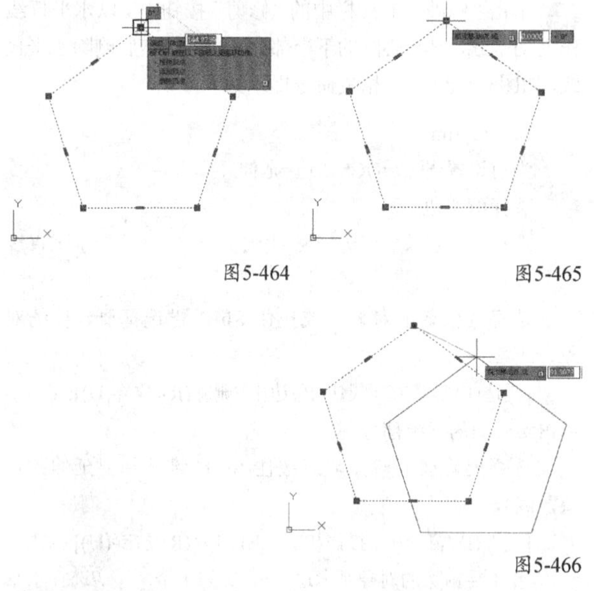

图5-464　图5-465

图5-466

利用夹点旋转图形

对于通过夹点旋转图形，需要在选定夹点后按两次空格键，即可切换到“旋转”模式，如图5-467~图5-469所示，相关命令提示如下。

** 拉伸 **

指定拉伸点或 [基点(B)/复制(C)/放弃(U)/退出(X)]: //按空格键

** MOVE **

指定移动点 或 [基点(B)/复制(C)/放弃(U)/退出(X)]: //按空格键

** 旋转 **

指定旋转角度或 [基点(B)/复制(C)/放弃(U)/参照(R)/退出(X)]:

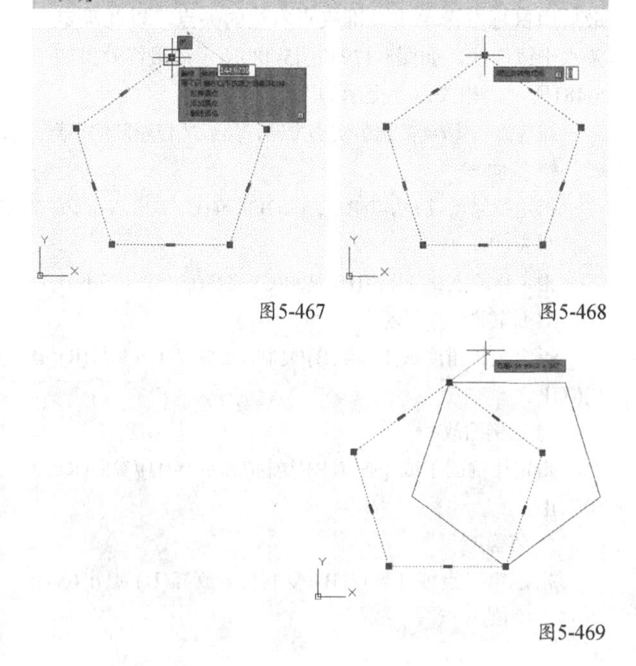

图5-467　图5-468

图5-469

利用夹点缩放图形

通过夹点缩放图形需要在夹点编辑模式下按3次空格键，如图5-470~图5-472所示，相关命令提示如下。

** 拉伸 **

指定拉伸点或 [基点(B)/复制(C)/放弃(U)/退出(X)]: //按空格键

** MOVE **

指定移动点 或 [基点(B)/复制(C)/放弃(U)/退出(X)]: //按空格键

** 旋转 **

指定旋转角度或 [基点(B)/复制(C)/放弃(U)/参照(R)/退出(X)]:　　//按空格键

** 比例缩放 **

指定比例因子或 [基点(B)/复制(C)/放弃(U)/参照(R)/退出(X)]:

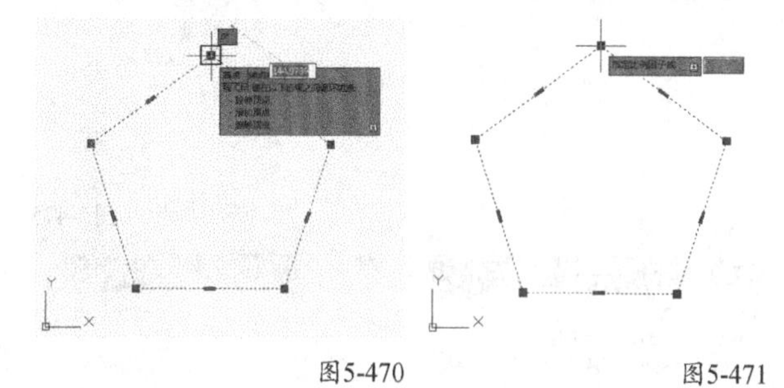

图5-470　图5-471

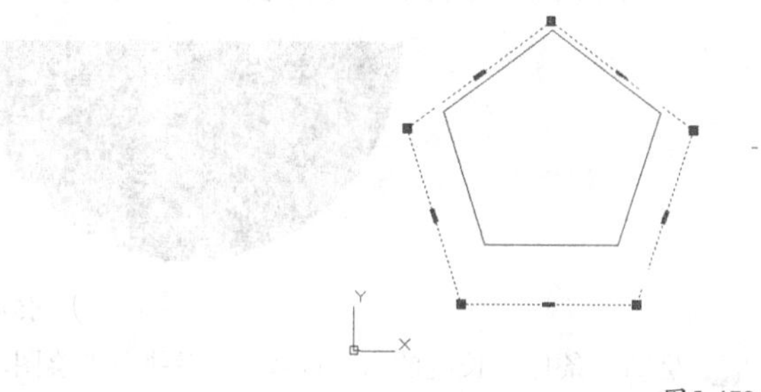

图5-472

利用夹点镜像图形

通过夹点镜像图形需要在夹点编辑模式下按4次空格键，如图5-473~图5-475所示，相关命令提示如下。

** 拉伸 **

指定拉伸点或 [基点(B)/复制(C)/放弃(U)/退出(X)]: //按空格键

** MOVE **

指定移动点 或 [基点(B)/复制(C)/放弃(U)/退出(X)]: //按空格键

** 旋转 **

指定旋转角度或 [基点(B)/复制(C)/放弃(U)/参照(R)/退出(X)]:　　//按空格键

** 比例缩放 **

指定比例因子或 [基点(B)/复制(C)/放弃(U)/参照(R)/退出(X)]: //按空格键

** 镜像 **

指定第二点或 [基点(B)/复制(C)/放弃(U)/退出(X)]:

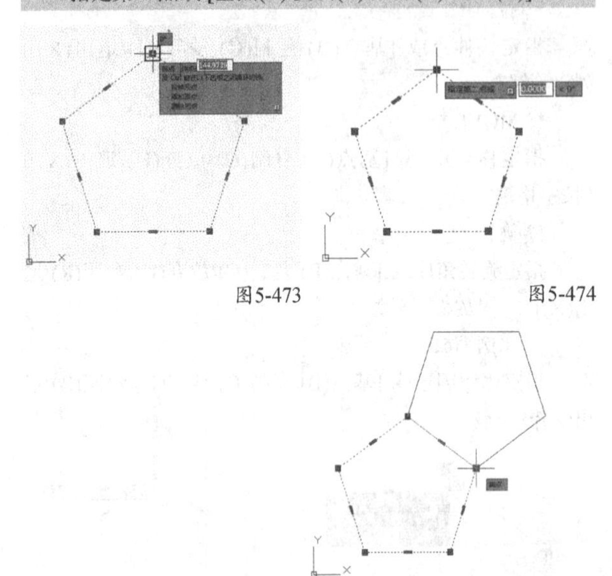

图5-473 图5-474

图5-475

5.7.2 实战——绘制吸顶灯图例

素材位置 无

实例位置 第5章>实例文件>5.7.2.dwg

技术掌握 夹点的镜像模式的用法

本例绘制的吸顶灯图例效果如图5-476所示。

图5-476

01 绘制一条任意长度的水平直线，然后执行"绘图>圆环"菜单命令，以直线的中点为圆心绘制一个半径为100mm的实心圆，如图5-477所示，相关命令提示如下。

命令: _donut

指定圆环的内径 <0.5000>: 0↙

指定圆环的外径 <1.0000>: 100↙

指定圆环的中心点或 <退出>: //捕捉直线的中点

指定圆环的中心点或 <退出>:↙

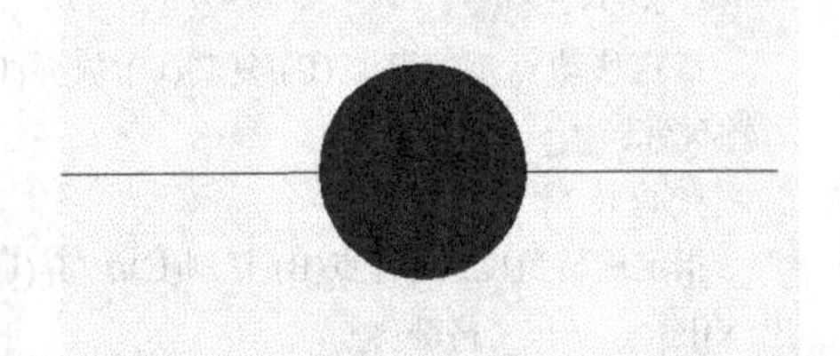

图5-477

02 单击"修改"工具栏中的"修剪"按钮，以水平直线作为切割线，把实心圆的下半部分裁剪掉，然后删除水平直线，如图5-478所示，相关命令提示如下。

命令: _trim

当前设置:投影=UCS，边=延伸

选择剪切边...

选择对象或 <全部选择>: 找到 1 个 //选择水平直线

选择对象: ↙

选择要修剪的对象，或按住 Shift 键选择要延伸的对象，或

[栏选(F)/窗交(C)/投影(P)/边(E)/删除(R)/放弃(U)]: //单击实心圆的下半部分

选择要修剪的对象，或按住 Shift 键选择要延伸的对象，或

[栏选(F)/窗交(C)/投影(P)/边(E)/删除(R)/放弃(U)]: r↙

选择要删除的对象或 <退出>: 找到 1 个 //选择水平直线

选择要删除的对象: ↙

选择要修剪的对象，或按住 Shift 键选择要延伸的对象，或

[栏选(F)/窗交(C)/投影(P)/边(E)/删除(R)/放弃(U)]: ↙

图5-478

03 选择实心半圆，然后选中左侧的夹点，接着连续按4次回车键或空格键，将夹点编辑模式切换到镜像模式，最后用鼠标左键单击基准夹点右边的夹点，以此确定一条水平镜像线，如图5-479和图5-480所示，最终效果如图5-481所示，相关命令提示如下。

命令: //单击选中实心半圆，然后选择左侧的夹点

** 拉伸 **

指定拉伸点或 [基点(B)/复制(C)/放弃(U)/退出(X)]: ↙

** MOVE **

指定移动点 或 [基点(B)/复制(C)/放弃(U)/退出(X)]: ↙

** 旋转 **

指定旋转角度或 [基点(B)/复制(C)/放弃(U)/参照(R)/退出(X)]: ↙

** 比例缩放 **

指定比例因子或 [基点(B)/复制(C)/放弃(U)/参照(R)/退出(X)]: ↙

** 镜像 **

指定第二点或 [基点(B)/复制(C)/放弃(U)/退出(X)]: //捕捉右侧的夹点

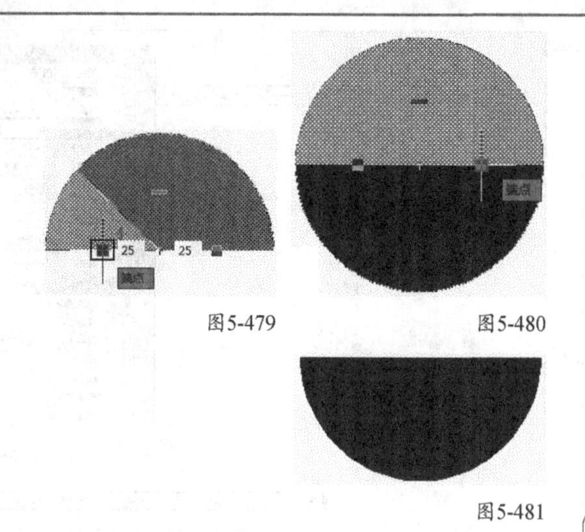

图5-479　　图5-480

图5-481

使用夹点方式镜像图形与Mirror（镜像）不同，前者是把原图形翻转到镜像线的另一侧，其本质是移动并翻转图形，所以不能创建备份；而后者是复制并翻转图形，所以能够创建备份。

5.7.3 修改对象特性

修改对象特性指的是修改对象的线型、颜色、线宽和透明度等属性。在AutoCAD中，修改对象特性的方法有很多种，例如通过“图层特性管理器”对话框、通过“特性”工具栏或者通过“特性”面板等，下面一一进行介绍。

特性工具栏

通过“特性”工具栏可以快速设置图形的颜色、线型和线宽属性，如图5-482所示。

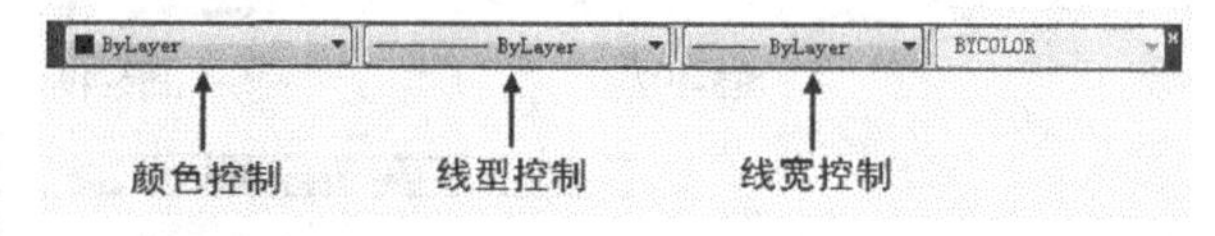

图5-482

工具介绍

颜色控制：用于修改选定对象的颜色，如图5-483~图5-485所示。

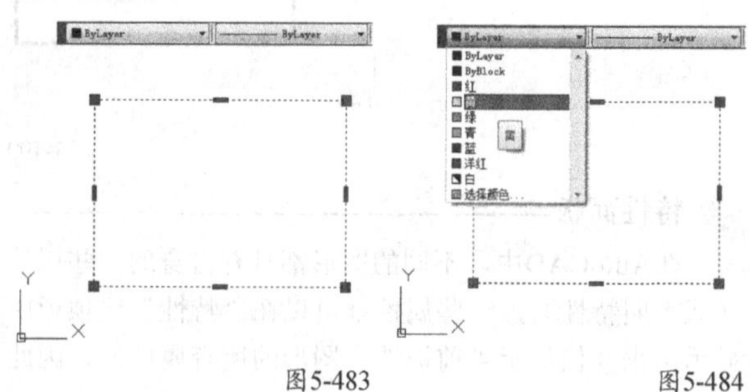

图5-483　　图5-484

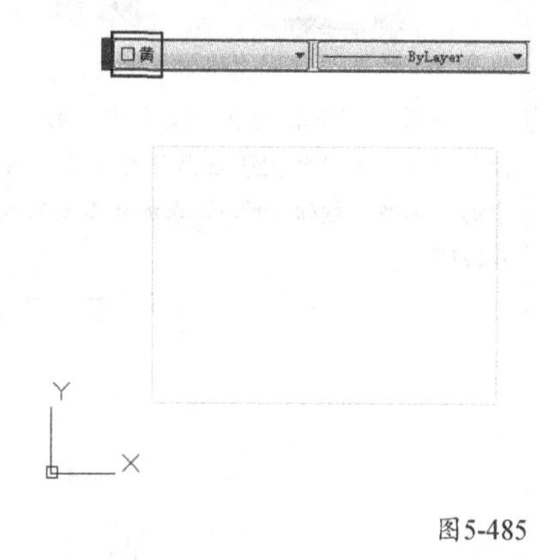

图5-485

如果颜色下拉列表中没有需要的颜色，可以单击“选择颜色”选项打开“选择颜色”对话框，然后在这个对话框中选择需要的颜色，如图5-486和图5-487所示。

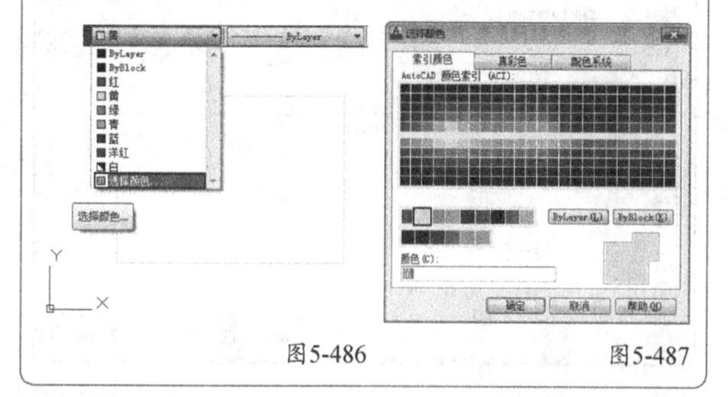

图5-486　　图5-487

线型控制：用于修改选定对象的线型，如图5-488~图5-490所示。

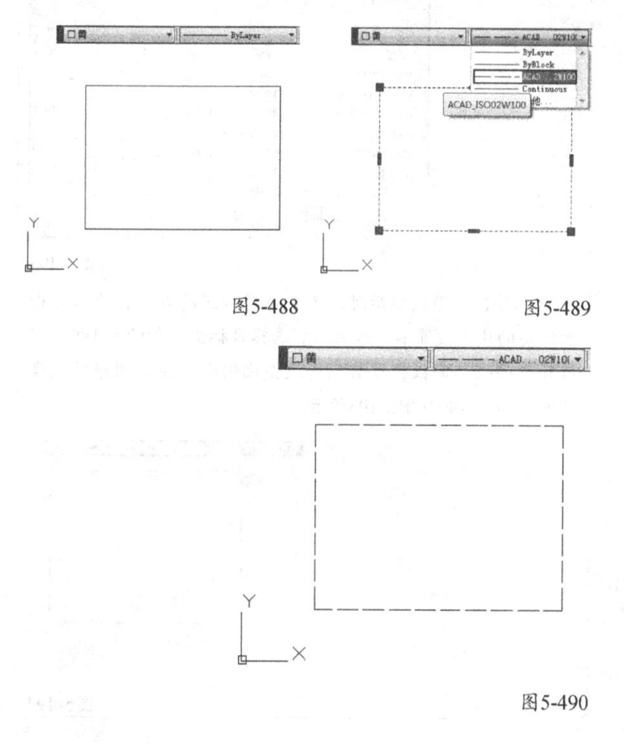

图5-488　　图5-489

图5-490

专家点拨

如果线型下拉列表中没有需要的线型，可以单击“其他”选项打开“线型管理器”对话框，然后通过这个对话框中的“加载”按钮 加载(L)... 来加载需要的线型，如图5-491~图5-493所示。

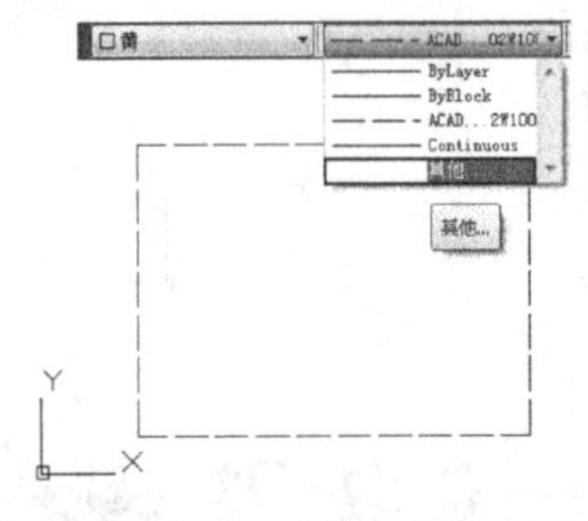

图5-491

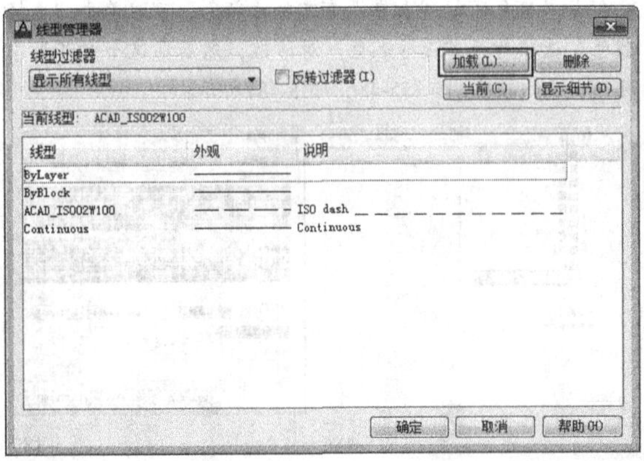

图5-492

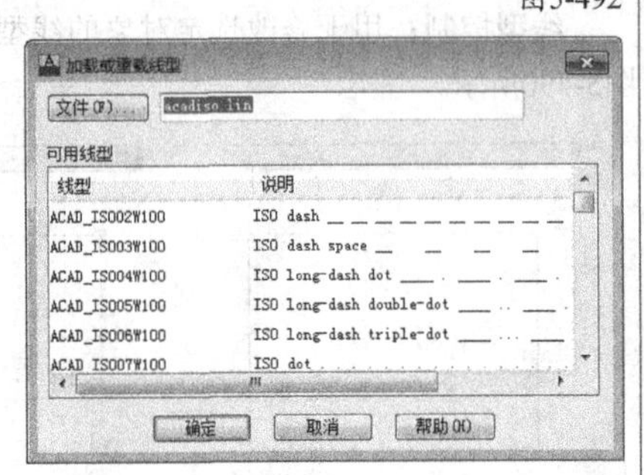

图5-493

此外，调整线型后可能不会出现对应的效果，此时是由于线型的比例设置不当造成的。选择目标图形按Ctrl+1组合键打开“特性”面板，然后改变线型比例即可显示理想的线型效果，如图5-494~图5-496所示。

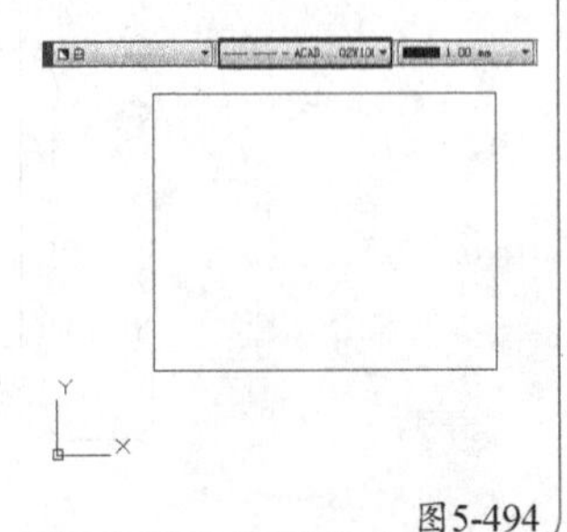

图5-494

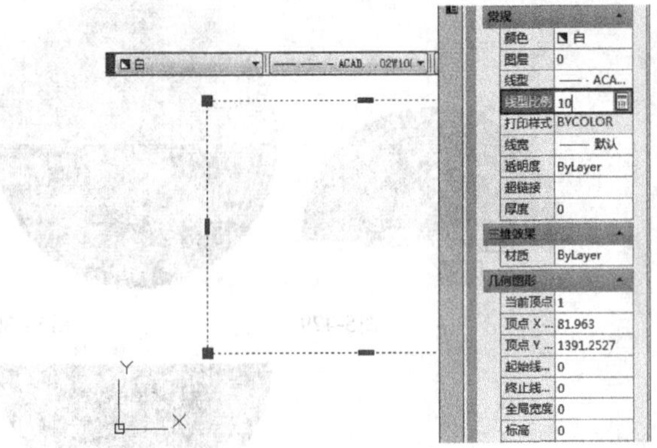

图5-495

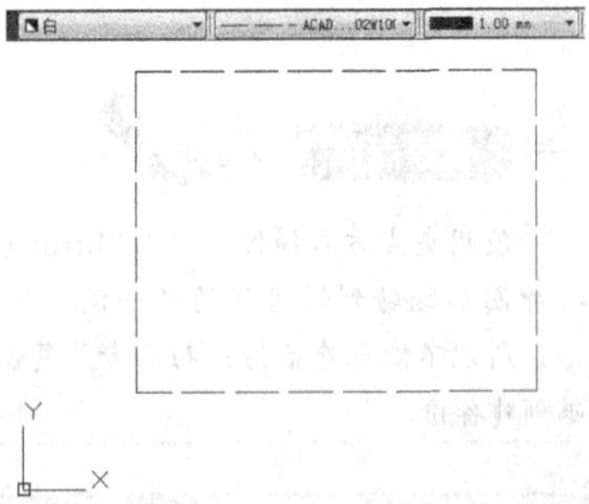

图5-496

线宽控制：用于修改选定对象的线宽，如图5-497~图5-499所示。

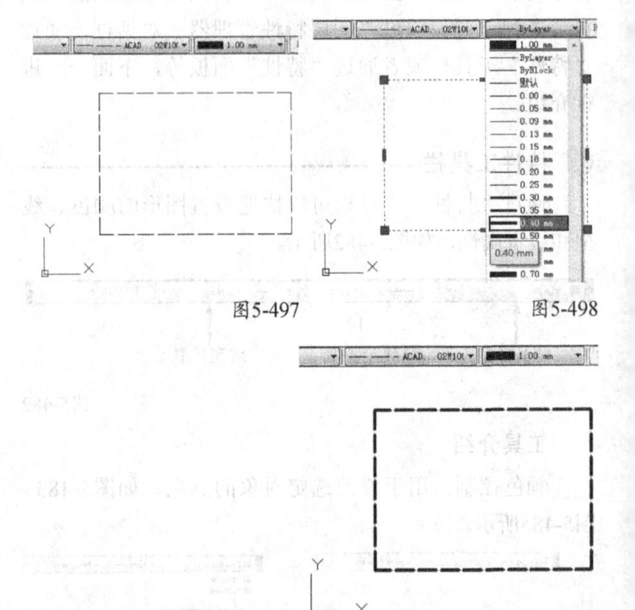

图5-497

图5-498

图5-499

特性面板

在AutoCAD中，不同的图形都具有自身的一些属性（或者叫特性），这些属性都可以在“特性”选项板中显示出来（仅显示当前被选中图形的所有属性），因此用户可以通过“特性”选项板中的参数来修改图形。

如图5-500所示为选中椭圆之后的“特性”选项板。

图5-500

打开“特性”选项板的方法很多，分别如下。

第1种：执行“工具>选项板>特性”菜单命令，如图5-501所示。

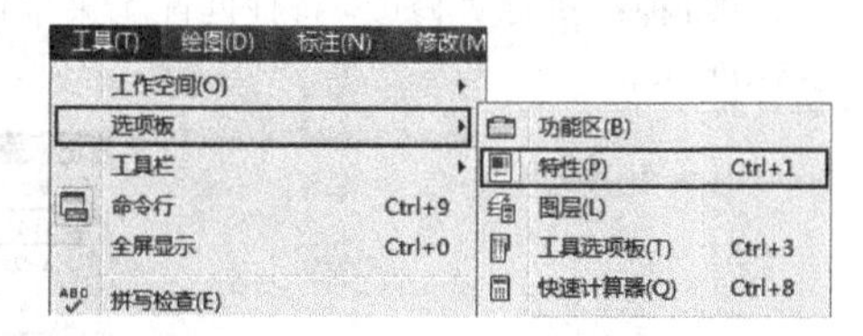

图5-501

第2种：执行“修改>特性”菜单命令，如图5-502所示。

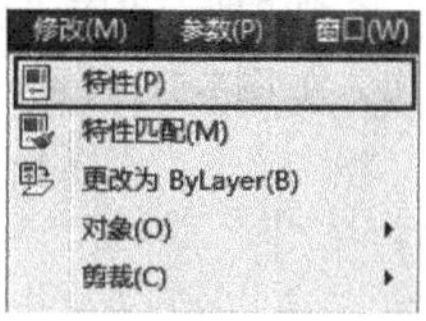

图5-502

第3种：按快捷键Ctrl+1。

第4种：单击“标准”工具栏中的“特性”按钮，如图5-503所示。

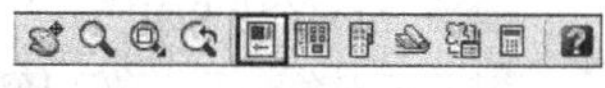

图5-503

第5种：在命令行输入Properties（简化命令为Pr）并回车。

第6种：选中一个图形，然后单击鼠标右键，在弹出的菜单中选择“特性”命令，如图5-504所示。

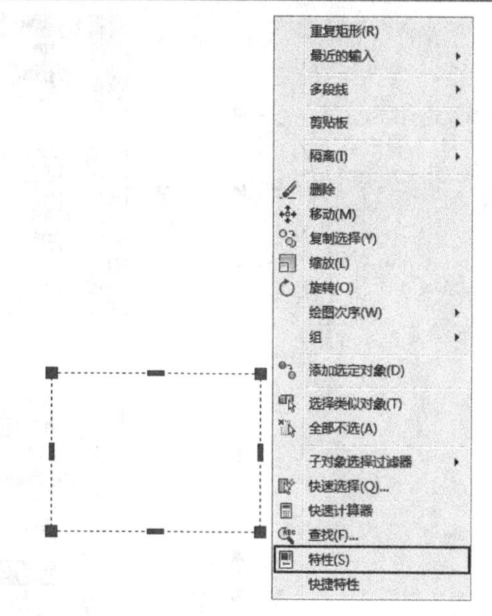

图5-504

在“特性”面板中，不同的对象将显示不同的属性，如图5-505所示，左边为选中圆之后的“特性”选项板，右边为选中矩形之后的“多线段”选项板。

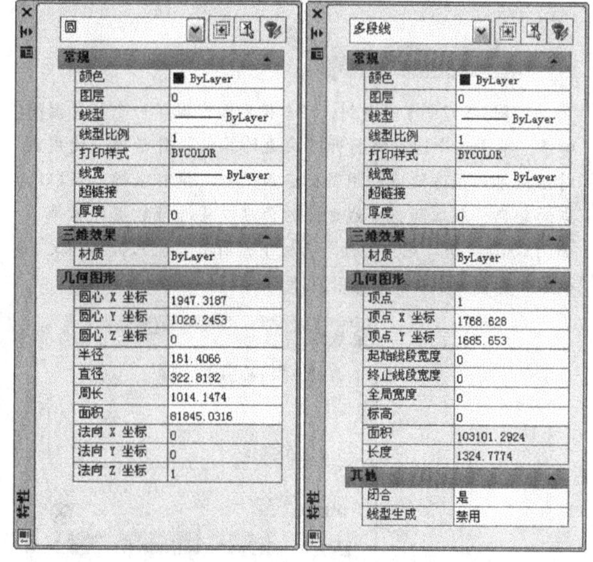

图5-505

从图5-505中可以看出，“特性”面板对图形的属性进行了分类，每一项属性的右侧都有一个文本框，文本框内记录了当前选中的图形的相关信息，如果想要修改这些信息，可以单击文本框进行修改。例如，要将一个圆的半径从400mm修改为200mm，那么只需在“半径”参数右侧的文本框内输入200即可，如图5-506和图5-507所示。

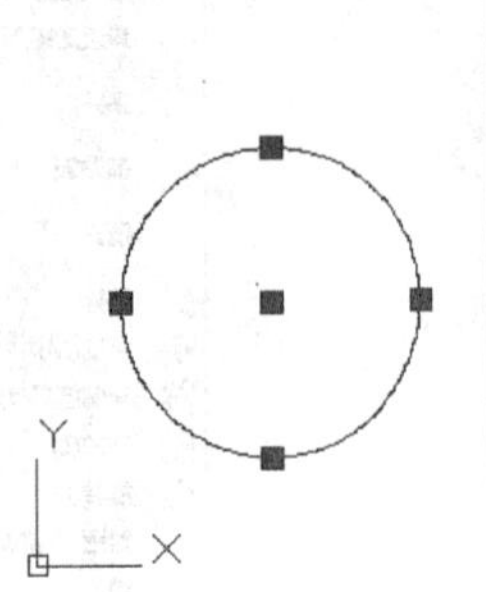

图5-506

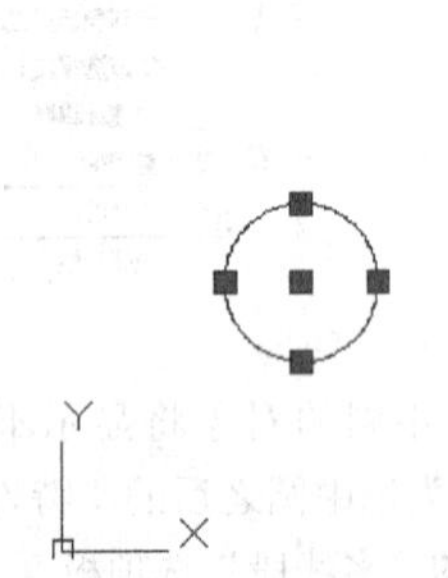

图5-507

专家点拨

在图5-507中可以看到，文本框后面出现了一个计算器图标，单击这个图标将打开“快速计算器”对话框，使用该对话框可以很方便地利用鼠标输入数据、获取坐标、获取两点的距离、获取两条直线之间的角度以及进行数据计算等，如图5-508所示。在“特性”面板中，所有可输入数据的文本框后面都会显示这个计算器图标。

图5-508

当选择多个图形时，“特性”面板只显示所有被选中图形的公共特性，如图5-509所示。

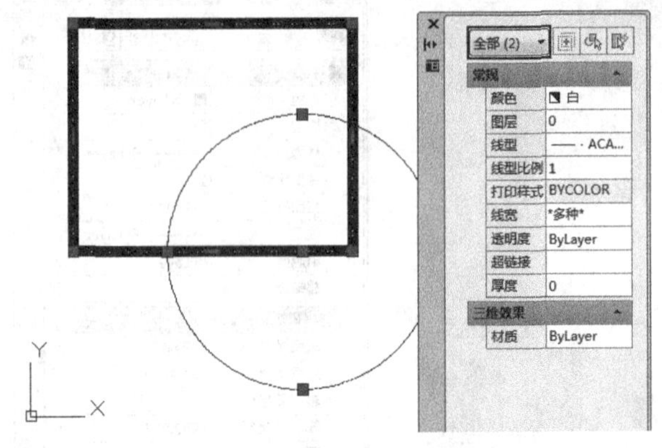

图5-509

特性匹配

特性匹配就是将选定图形的属性应用到其他图形，使用Matchprop（特性匹配）命令就可以进行图形之间的属性匹配操作。

在AutoCAD中，执行Matchprop（特性匹配）命令的方式有如下3种。

第1种：执行“修改>特性匹配”菜单命令，如图5-510所示。

图5-510

第2种：单击“标准”工具栏中的“特性匹配”按钮，如图5-511所示。

图5-511

第3种：在命令行输入Matchprop（简化命令为Ma）并回车。

执行Matchprop（特性匹配）命令将出现如下提示。

命令介绍

命令: MATCHPROP

选择源对象:　　　//选择源对象

当前活动设置: 颜色 图层 线型 线型比例 线宽 透明度 厚度 打印样式 标注 文字 图案填充 多段线 视口 表格材质 阴影显示 多重引线

选择目标对象或 [设置(S)]:

选择目标对象：直接选择目标对象可以将源对象的所有属性应用到目标对象上，可以应用的属性类型包括颜色、图层、线型、线型比例、线宽、打印样式和三维厚度，如图5-512~图5-514所示，相关命令提示如下。

命令: '_matchprop
选择源对象:　　　　　　　　//选择矩形
当前活动设置: 颜色 图层 线型 线型比例 线宽 透明度 厚度 打印样式 标注 文字 图案填充 多段线 视口 表格材质 阴影显示 多重引线
选择目标对象或 [设置(S)]:　　　　//选择圆
选择目标对象或 [设置(S)]: ↙　　　　　　　//回车确认

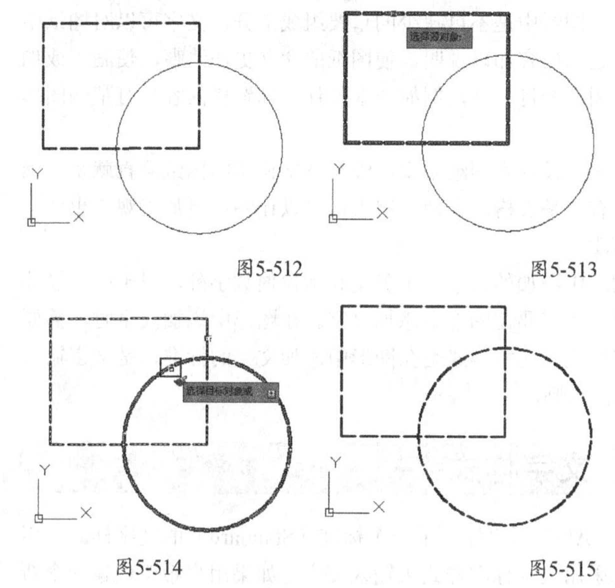

图5-512　图5-513

图5-514　图5-515

设置：用于指定需要匹配的属性，如图5-516~图5-519所示，相关命令提示如下。

命令: ma↙
MATCHPROP
选择源对象:　　　　　　　　//选择矩形
当前活动设置: 颜色 图层 线型 线型比例 线宽 透明度 厚度 打印样式 标注 文字 图案填充 多段线 视口 表格材质 阴影显示 多重引线
选择目标对象或 [设置(S)]: s↙　　//输入选项S并回车，打开"特性设置"对话框，在其中取消对"线宽"的选择，这样"线宽"属性就不会应用到目标图形上。
当前活动设置: 颜色 图层 线型 线型比例 透明度 厚度 标注 文字 图案填充 多段线 视口 表格材质 阴影显示 多重引线
选择目标对象或 [设置(S)]:　　　//选择圆形
选择目标对象或 [设置(S)]: ↙

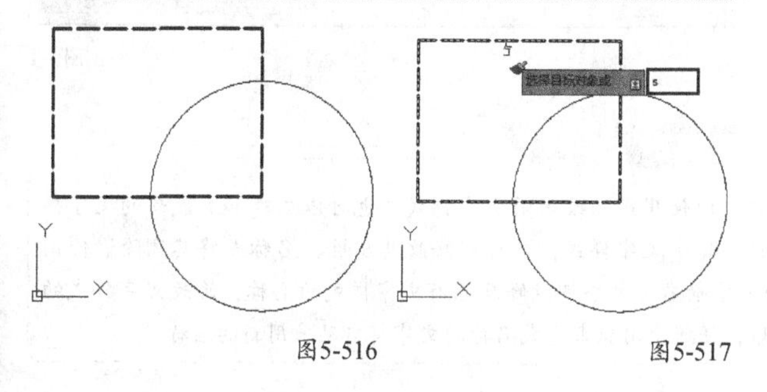

图5-516　图5-517

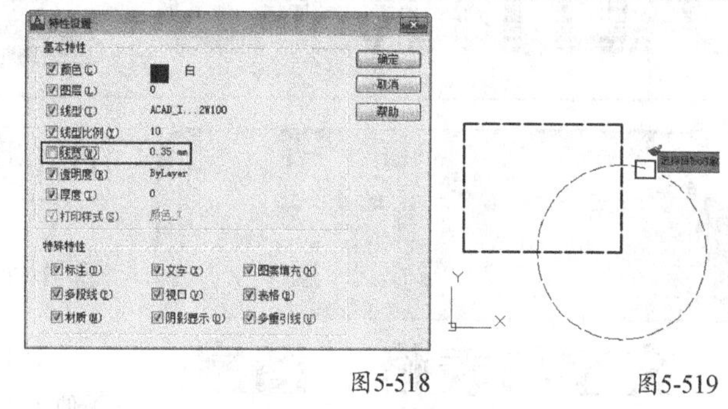

图5-518　图5-519

5.8 本章小结

前面介绍了AutoCAD基础图形的绘制方法，而本章主要对图形的编辑方法进行了详细介绍，包括对象的选择与删除、对象的基本编辑方法、复杂对象的编辑方法以及一些高级的编辑技法，本章是基础绘图的延伸，也是AutoCAD中最为重要的内容，请读者务必掌握。

5.9 课后练习

5.9.1 课后练习——绘制双开门图例

素材位置　无
实例位置　第5章>实例文件>5.9.1.dwg
技术掌握　多线绘图工具（或偏移命令）、镜像命令的运用

本练习绘制的双开门图例效果如图5-520所示。

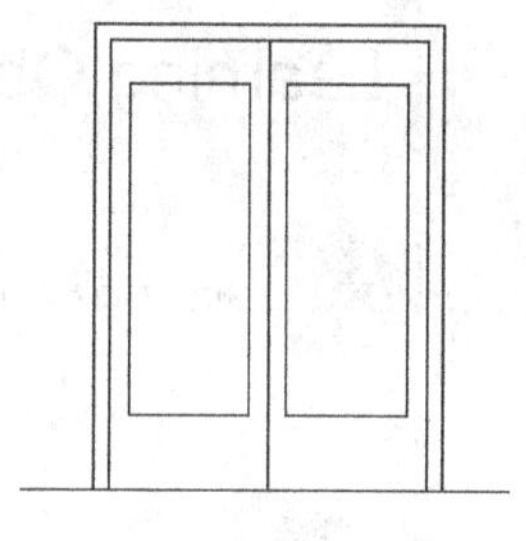

图5-520

5.9.2 课后练习——绘制厨房洗碗池

素材位置　无
实例位置　第5章>实例文件>5.9.2.dwg
技术掌握　圆角、阵列、分解、修剪等命令的运用

本练习绘制的厨房洗碗池图例效果如图5-521所示。

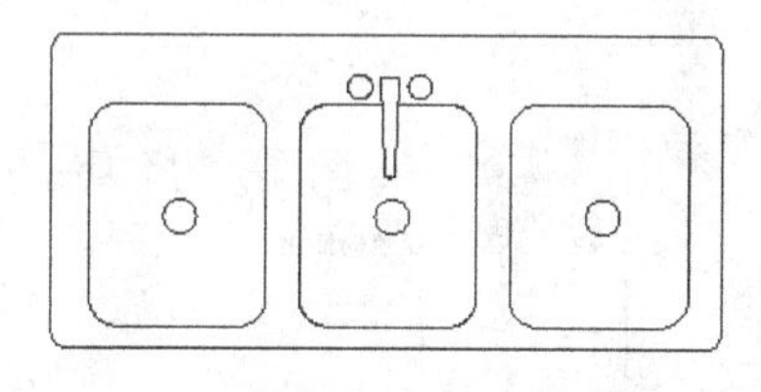

图5-521

第6章 文字与表格、图案填充与渐变色

本章导读

在AutoCAD中，文字可以对图形中不便于表达的内容加以说明，图案填充可以帮助读图者识别材料信息。本章便为大家详细介绍文字样式的设置方法、文字的创建与编辑方法以及图案填充的执行与编辑方法，同时还介绍了表格样式和表格的创建与编辑方法。

Learning Objectives

创建与编辑文字的方法

创建与编辑表格的方法

图案填充的执行及编辑方法

渐变色的使用方法

6.1 文字

6.1.1 AutoCAD文字概述

文字在图纸中是不可缺少的重要组成部分，文字可以对图纸中不便于表达的内容加以说明，使图纸的含义更加清晰，使施工或加工人员对图纸一目了然，例如技术条件、标题栏内容、对某些图形的说明等。

对于工程设计类图纸来说，没有文字说明的图纸简直就是一堆废纸。还有就是表格，合理使用表格可以让图纸更加美观，也便于识图者阅读。

在图形中添加的文字除了英文和阿拉伯数字外，对于中国设计人员来说，还需要在图形中添加汉字。在图形中添加汉字时，需要设置文字样式，文字样式是在图形中添加文字的标准，是文字输入都要参照的准则。

6.1.2 文字样式

AutoCAD为用户提供了一个标准（Standard）的文字样式，用户一般都采用这个标准样式来输入文字。如果用户希望创建一个新的样式，或修改已有的样式，则可以使用“文字样式”功能来完成。通过“文字样式”功能可以设置文字的字体、字号、倾斜角度、方向以及其他一些属性。

文字样式主要通过“文字样式”对话框来设定，如图6-1所示。默认情况，标准（Standard）文字样式已经存在于该对话框中。

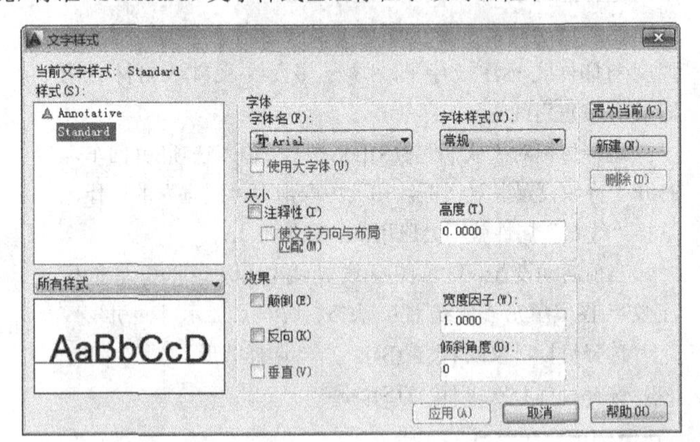

图6-1

用户可以使用或修改当前文字样式，也可以创建和加载新的文字样式。一旦创建了文字样式，就可以修改其属性、名称或将其删除。使用Rename（重命名）命令可以修改已有文字样式的名称，修改文字样式的名称之后，任何使用原来样式名称的文字将自动采用新的名称。

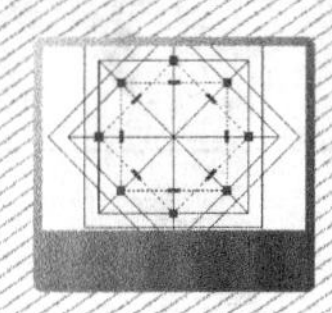
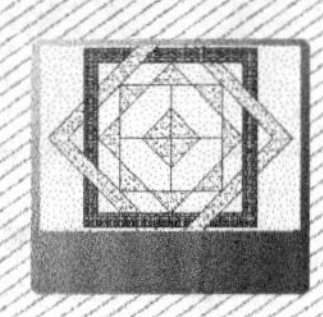

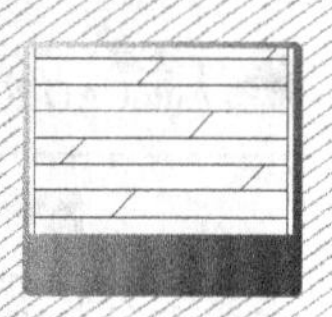

下面详细介绍一下“文字样式”对话框中的重要参数。

参数介绍

字体名：在该下拉列表中可以选择不同的字体，比如宋体字、黑体字等，如图6-2所示。

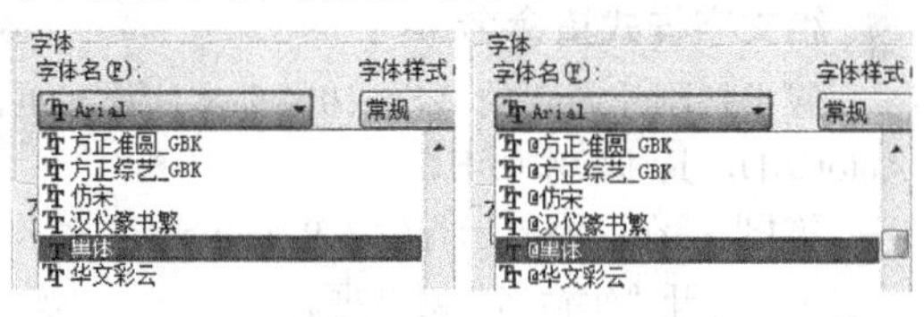

图6-2

在图6-2中，我们发现有的字体名称前面有@符号，这表示此类文字的方向将与正常情况下的文字方向垂直。

高度：该参数控制文字的高度，也就是控制文字的大小。

颠倒：勾选“颠倒”复选项之后，文字方向将反转。

反向：勾选“反向”复选项，文字的阅读顺序将与开始输入的文字顺序相反。

宽度因子：该参数控制文字的宽度，正常情况下的宽度比例为1，如果增大比例，那么文字将会变宽。

倾斜角度：控制文字的倾斜角度，用户只能输入-85°～85°之间的角度值，超过这个区间的角度值将无效。

“宽度因子”和“倾斜角度”这两个参数只能对英文起作用，对汉字无效。

要打开“文字样式”对话框，可以采用如下3种方式。

第1种：执行“格式>文字样式”菜单命令，如图6-3所示。

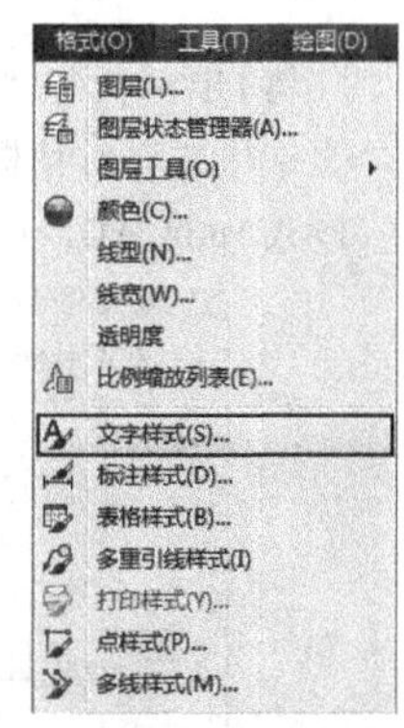

图6-3

第2种：单击“样式”工具栏中的“文字样式”按钮，如图6-4所示。

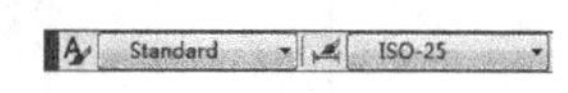

图6-4

第3种：在命令提示行输入Style（简化命令为St）并回车。

修改已有的文字样式

下面以修改标准（Standard）文字样式为例来说明如何修改已经存在的文字样式，具体如下。

第1步：执行“格式>文字样式”菜单命令，打开“文字样式”对话框，在该对话框中可以看出当前的文字样式名为Standard，这就是系统默认的标准文字样式，如图6-5所示。

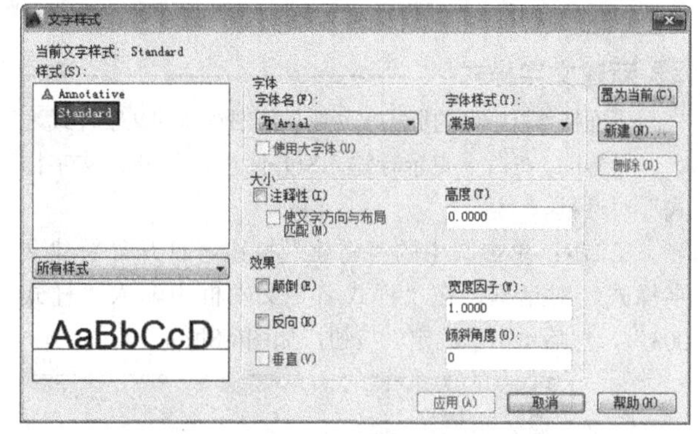

图6-5

第2步：在“字体名”下拉列表中可以选择“宋体”、“黑体”、“隶书”、“新宋体”等汉字字体；在“高度”文本框中可以设置文字的大小，比如这里设置高度为5，如图6-6所示。

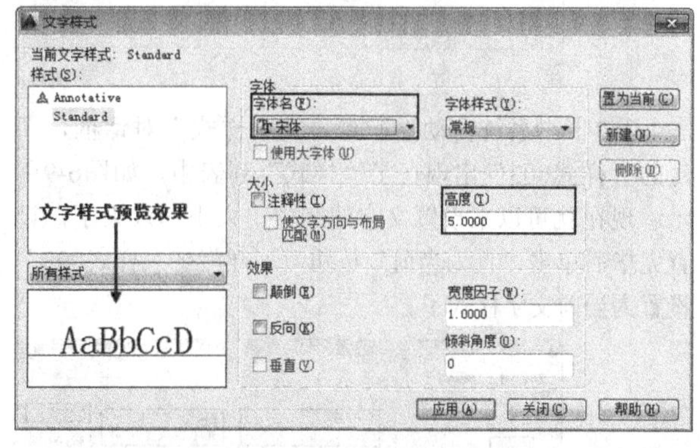

图6-6

第3步：在“效果”参数栏中设置文字的“颠倒”、“反向”等效果，在“宽度因子”文本框中设置文字的高宽比，在“倾斜角度”文本框中设置文字的倾斜角度，如图6-7所示。

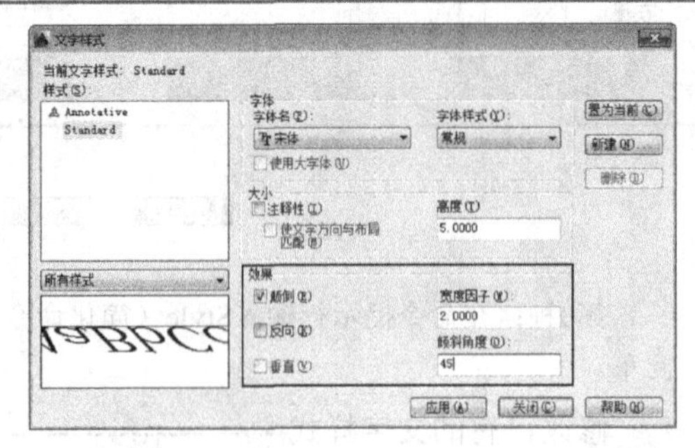

图6-7

在修改文字样式的时候，旁边的预览框将实时反映出修改的结果，以便用户观察字体样式。

第4步：完成对标准（Standard）文字样式的修改之后，单击“应用”按钮关闭该对话框。

新建文字样式

下面依然以举例的形式来介绍如何创建新的文字样式。

第1步：在命令提示行输入St并回车，打开“文字样式”对话框。

第2步：单击其中的“新建”按钮，打开“新建文字样式”对话框，在“样式名”文本框中输入“样式003”，然后单击“确定”按钮，如图6-8所示。

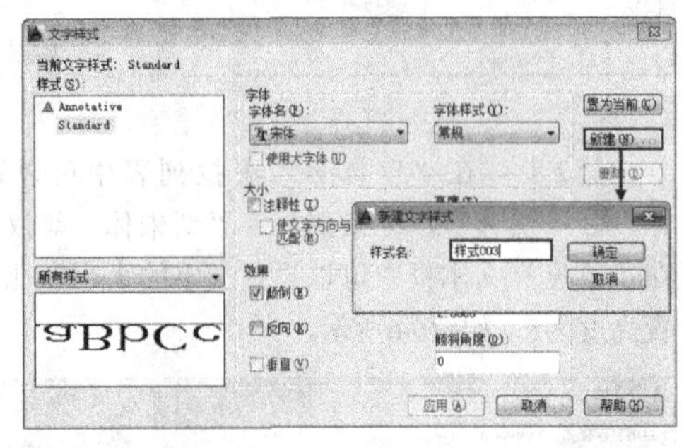

图6-8

第3步：系统自动返回到“文字样式”对话框，新建的“样式003”出现在了“样式”列表中，如图6-9所示。现在就可以来设置文字的字体、大小和效果了，设置完毕后单击“置为当前”按钮，这样就把“样式003”设置为当前文字样式了。

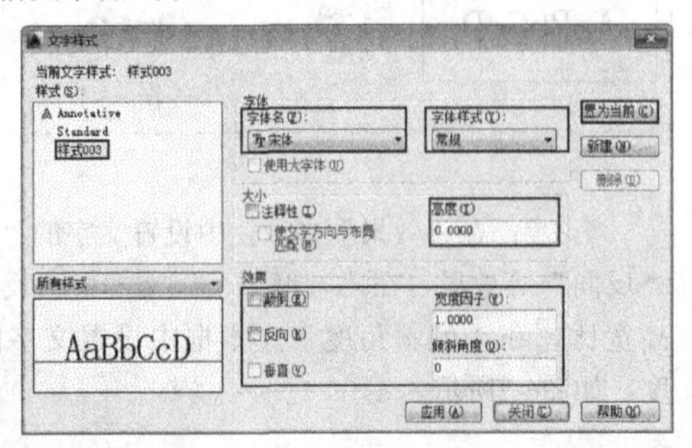

图6-9

专家点拨

文字样式名称最长可包含255个字符，名称中可包含字母、数字和特殊符号（比如“$”、“_”、“-”等）。如果不指定文字样式名称，系统将自动命名为“样式n”，其中n表示从1开始的数字。

给文字样式重命名

假设把刚才新建的“样式003”文字样式重命名为AutoCAD，具体操作如下。

第1步：在命令提示行输入Rename（重命名）命令并回车，打开“重命名”对话框。

第2步：在“命名对象”列表框中选中“文字样式”，然后在“项目”列表框中选中“样式003”，如图6-10所示。

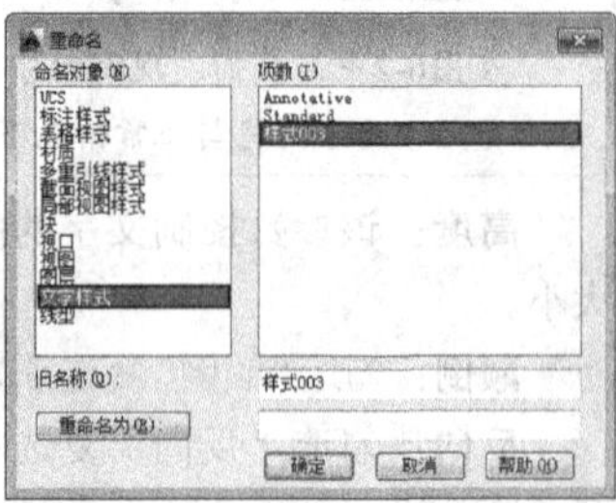

图6-10

第3步：在“重命名为”文本框中输入新的名称AutoCAD，然后单击“重命名为”按钮，最后单击“确定”按钮关闭该对话框，如图6-11所示。

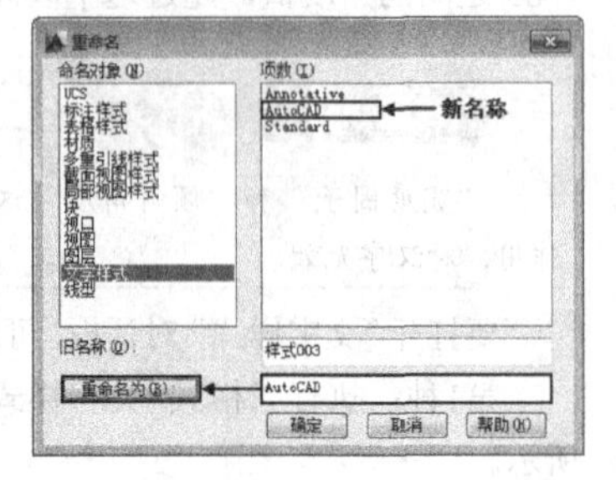

图6-11

第4步：执行“格式>文字样式”菜单命令，打开“文字格式”对话框，在其中可以看到重命名之后的文字样式AutoCAD，如图6-12所示。

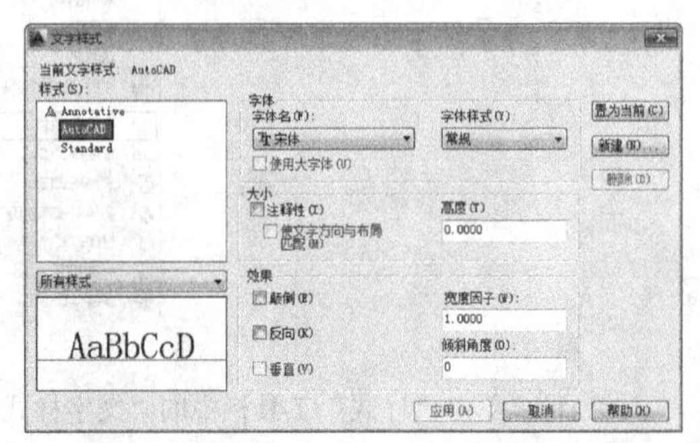

图6-12

重命名文字样式还有另外一种方式。在“文字样式”对话框中，鼠标右键单击需要重命名的文字样式，然后在弹出的菜单中单击“重命名”命令，这样就可以给文字样式重新命名，如图6-13所示。采用这种方式不能对Standard文字样式进行重命名。

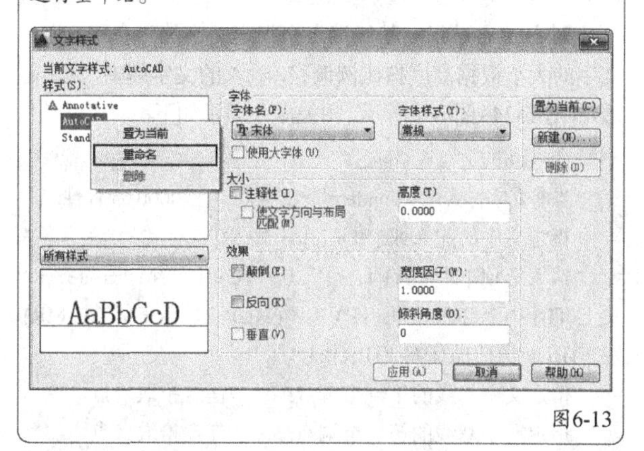

图6-13

删除文字样式

用户可以将不需要的文字样式删除。在“文字样式”对话框中，首先选中将要删除的文字样式，然后单击“删除”按钮，如图6-14所示。

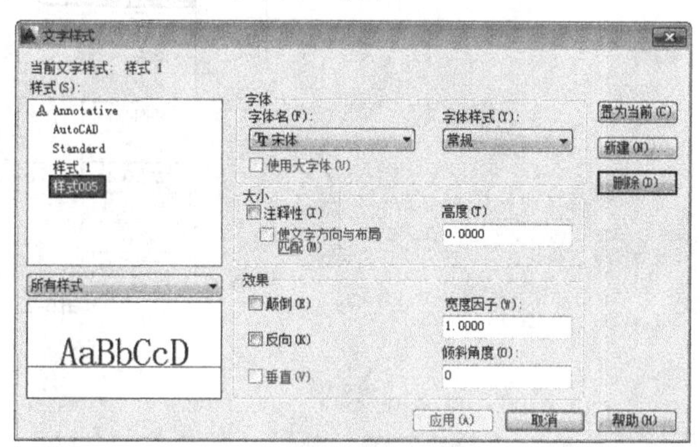

图6-14

Standard文字样式不能被删除。

6.1.3 单行文字

单行文字，顾名思义就是一行文字，每行文字都是独立的对象。在AutoCAD中，执行Text（单行文字）或Dtext（单行文字）命令可以输入单行文字，具体方式如下。

第1种：执行“绘图>文字>单行文字”菜单命令，如图6-15所示。

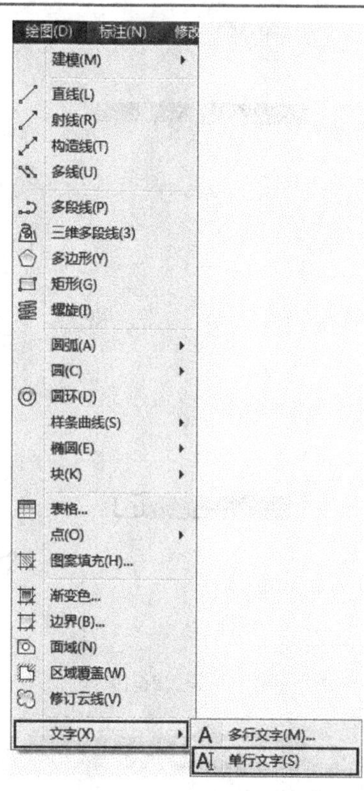

图6-15

第2种：单击“文字”工具栏中的“单行文字”按钮 AI，如图6-16所示。

图6-16

第3种：在命令提示行输入Text或Dtext（简化命令为Dt）并回车。

执行Text（单行文字）或Dtext（单行文字）命令将出现如下提示。

命令介绍

命令: text↙

当前文字样式: “Standard” 文字高度: 2.5000 注释性: 否

指定文字的起点或 [对正(J)/样式(S)]:

文字的起点：指定文字的输入位置，指定位置的同时需要指定文字的高度和旋转角度，如图6-17~图6-20所示，相关命令提示如下。

命令: text↙

当前文字样式: “Standard” 文字高度: 2.5000 注释性: 否

指定文字的起点或 [对正(J)/样式(S)]: //在绘图区域拾取一点

指定高度 <2.5000>: 5↙ //设置文字的大小

指定文字的旋转角度 <0>: 45 ↙ //设置文字的旋转角度，完成设置后在指定位置处会出现一个带光标的矩形框，在其中输入相关文字即可，完成文字的输入后，按Ctrl+Enter组合键或在空行处按回车键就可以结束文字的输入

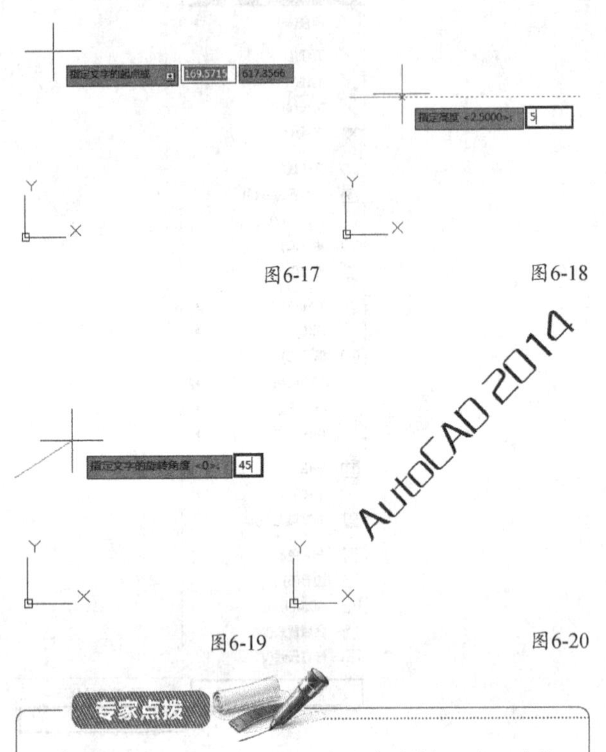

图6-17 图6-18

图6-19 图6-20

专家点拨

在输入文字的时候，完成一行文字的输入，按回车键可以继续输入下一行文字，但是新的文字与上一行文字没有任何关系，它是一个独立存在的新对象，如图6-21和图6-22所示；而在绘图区域的其他位置单击鼠标左键，则可以在新位置继续输入单行文字。

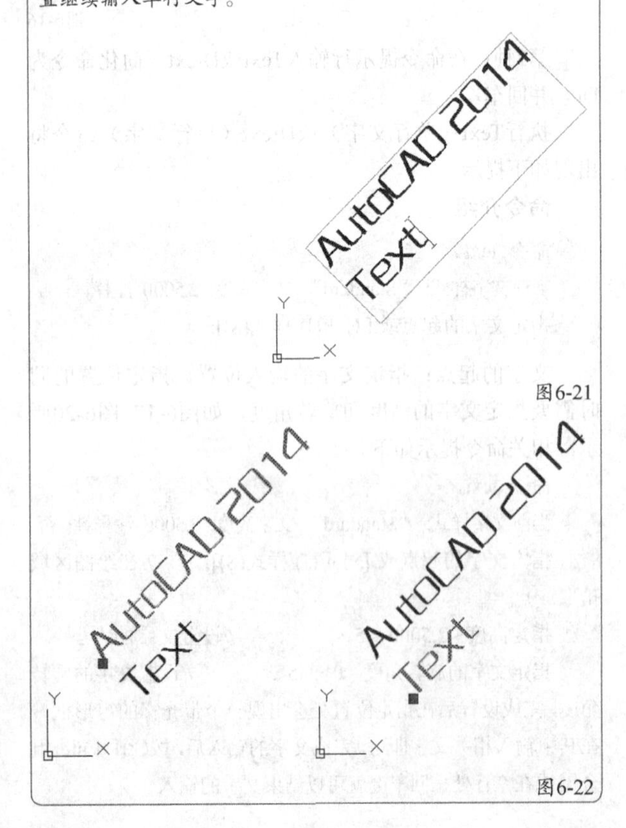

图6-21

图6-22

对正：控制文字的对齐方式，相关命令提示如下。

命令: text↙

当前文字样式: "Standard" 文字高度: 5.0000 注释性: 否

指定文字的起点或 [对正(J)/样式(S)]: j↙

输入选项 [对齐(A)/布满(F)/居中(C)/中间(M)/右对齐(R)/左上(TL)/中上(TC)/右上(TR)/左中(ML)/正中(MC)/右中(MR)/左下(BL)/中下(BC)/右下(BR)]:

对齐：通过指定基线端点来指定文字的高度和方向，文字的大小根据高度按比例调整，输入的文字越多，文字越矮，如图6-24~图6-27所示，相关命令提示如下。

命令: text↙

当前文字样式: "Standard" 文字高度: 5.0000 注释性: 否

指定文字的起点或 [对正(J)/样式(S)]: j↙

输入选项 [对齐(A)/布满(F)/居中(C)/中间(M)/右对齐(R)/左上(TL)/中上(TC)/右上(TR)/左中(ML)/正中(MC)/右中(MR)/左下(BL)/中下(BC)/右下(BR)]:a↙

指定文字基线的第一个端点: //任意拾取一点

指定文字基线的第二个端点: //任意拾取一点

确定完第二个基点后输入文字即可，此时随着输入文字的增多，字体会自动调整变小以能在指定的长度内显示所有输入的文字

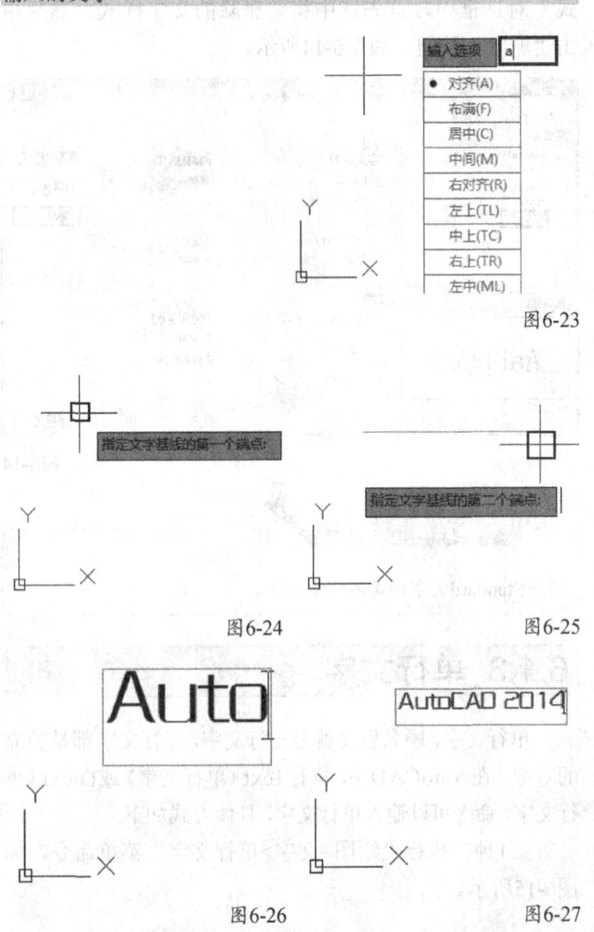

图6-23

图6-24 图6-25

图6-26 图6-27

布满：指定两个端点来定义文字的方向，再通过输入数值来指定文字的高度，所输入的文字将布满这个区域（只适用于水平方向的文字），如图6-28~图6-33所示，相关命令提示如下。

命令: text↙

当前文字样式: “Standard” 文字高度: 5.0000 注释性: 否

指定文字的起点或 [对正(J)/样式(S)]: j↙

输入选项 [对齐(A)/布满(F)/居中(C)/中间(M)/右对齐(R)/左上(TL)/中上(TC)/右上(TR)/左中(ML)/正中(MC)/右中(MR)/左下(BL)/中下(BC)/右下(BR)]:f↙

指定文字基线的第一个端点: //任意拾取一点

指定文字基线的第二个端点: //任意拾取一点

指定高度 <5.0000>:↙

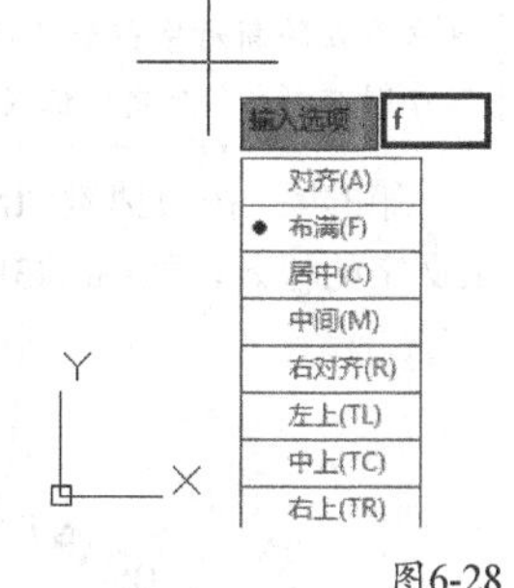

图6-28

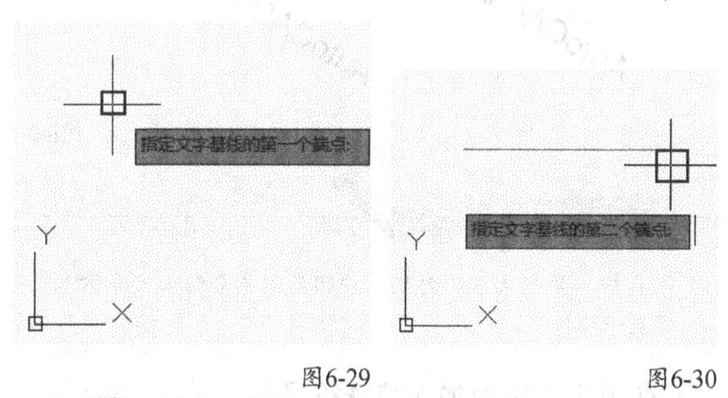

图6-29 图6-30

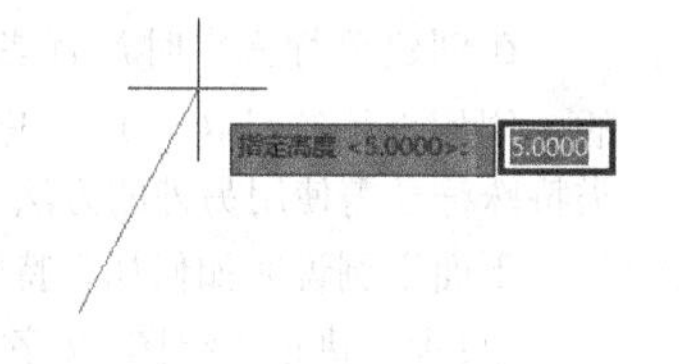

图6-31

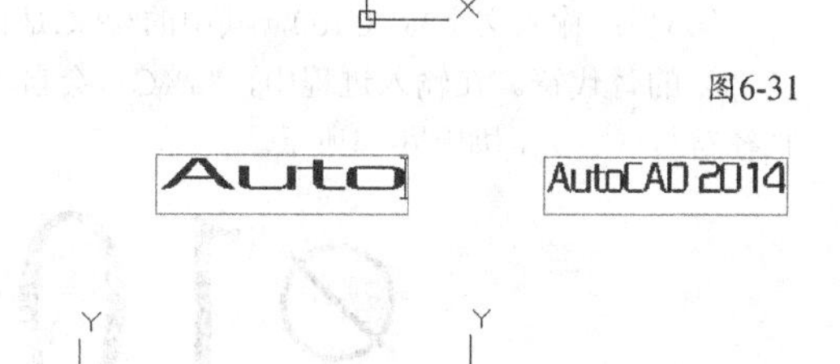

图6-32 图6-33

居中：通过指定中心点来对齐文字，即指定中心点后再设置文字的高度和角度，输入的文字均将以中心点为对称点向两边展开，如图6-34~图6-37所示，相关命令提示如下。

命令: text↙

当前文字样式: “Standard” 文字高度: 5.0000 注释性: 否

指定文字的起点或 [对正(J)/样式(S)]: j↙

输入选项 [对齐(A)/布满(F)/居中(C)/中间(M)/右对齐(R)/左上(TL)/中上(TC)/右上(TR)/左中(ML)/正中(MC)/右中(MR)/左下(BL)/中下(BC)/右下(BR)]: c↙

指定文字的中心点: //任意拾取一点

指定高度 <5.0000>:↙

指定文字的旋转角度 <45>:0↙

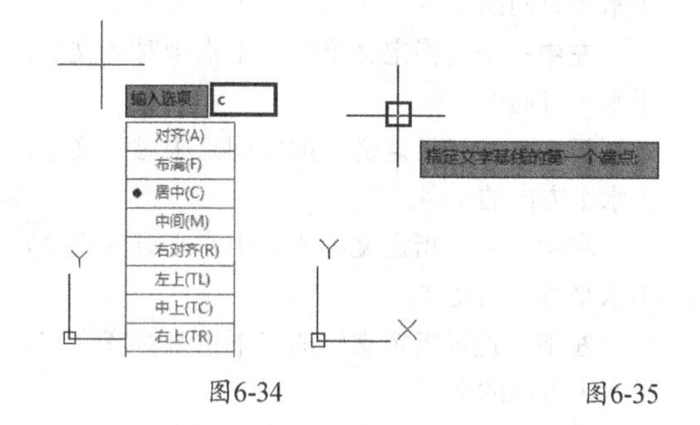

图6-34 图6-35

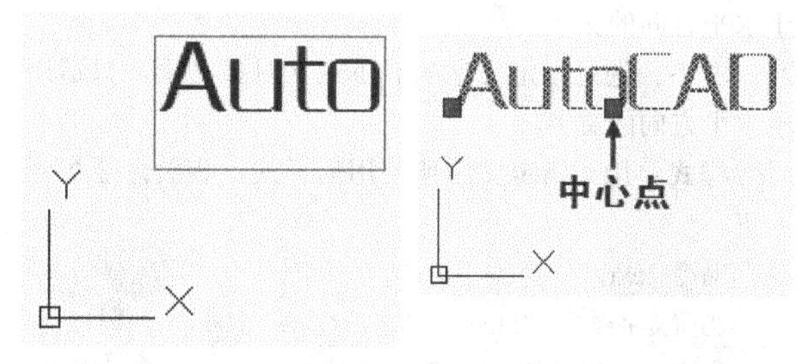

图6-36 图6-37

中间：通过指定文字的中间点来对齐文字，即指定中间点后再设置文字的高度和角度，输入的文字均将以中间点为中心对称点向两边展开，如图6-38~图6-41所示。

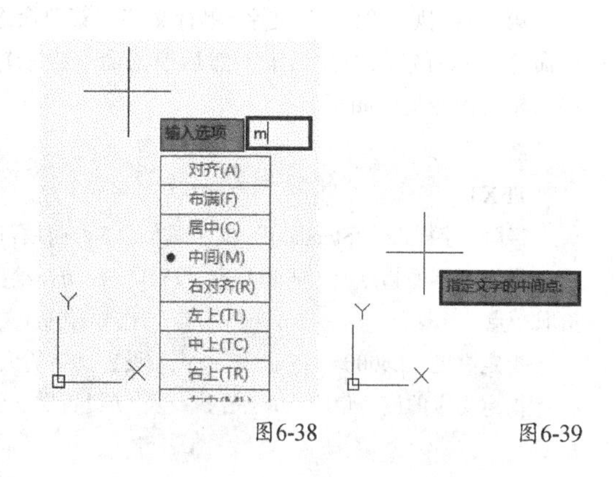

图6-38 图6-39

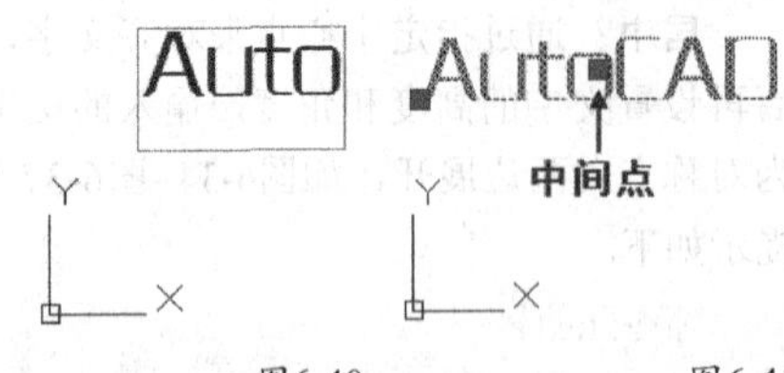

图6-40　　　　图6-41

右对齐：通过指定文字基线的右端点来对齐文字，从右往左输入文字。

左上：通过指定文字的左上点来对齐文字，这种对齐方式只适用于水平方向的文字。

中上：通过指定文字的中上点来对齐文字，只适用于水平方向的文字。

右上：通过指定文字的右上点来对齐文字，只适用于水平方向的文字。

左中：通过指定文字的左中点来对齐文字，只适用于水平方向的文字。

正中：通过指定文字的中间点来对齐文字，只适用于水平方向的文字。

右中：通过指定文字的右中点来对齐文字，只适用于水平方向的文字。

左下：通过指定文字的左下点来对齐文字，只适用于水平方向的文字。

中下：通过指定文字的中下点来对齐文字，只适用于水平方向的文字。

右下：通过指定文字的右下点来对齐文字，只适用于水平方向的文字。

样式：用于指定文字所使用的样式，相关命令提示如下。

```
命令: text↙
当前文字样式: "Standard"  文字高度: 5.0000 注释性: 否
指定文字的起点或 [对正(J)/样式(S)]: s↙
输入样式名或 [?] <Standard>:          //输入需要使用的样式名称并回车确认
```

创建单行文字

下面举例说明如何创建单行文字。

第1步：执行"绘图>文字>单行文字"菜单命令或者在命令提示行输入Dt并回车，然后根据命令提示输入文字，相关命令提示如下。

```
命令: dt ↙
TEXT
当前文字样式: "Standard"  文字高度: 2.5000 注释性: 否
指定文字的起点或 [对正(J)/样式(S)]:        //在绘图区域拾取一点
指定高度 <2.5000>: 45 ↙              //设置文字的大小
指定文字的旋转角度 <0>: 30 ↙           //设置文字的旋转角度
```

第2步：根据命令提示设置文字样式之后，绘图区域就会出现一个带光标的矩形框，在其中输入文字"AutoCAD 2014入门与提高"即可，如图6-42所示。

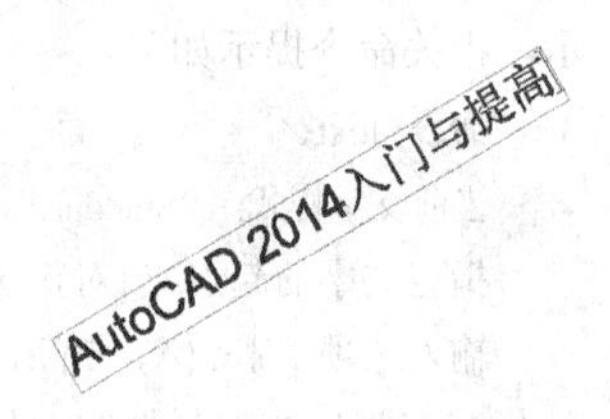

图6-42

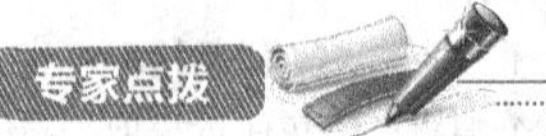

当输入完一行文字后，按回车键可以继续输入下一行文字，但是新的文字与上一行文字没有任何关系，它是一个独立存在的新对象；如果在绘图区域的其他位置单击鼠标左键，则可以在新确定的位置继续输入单行文字。

第3步：按快捷键Ctrl+Enter或在空行处按回车键结束文字的输入，如图6-43所示。

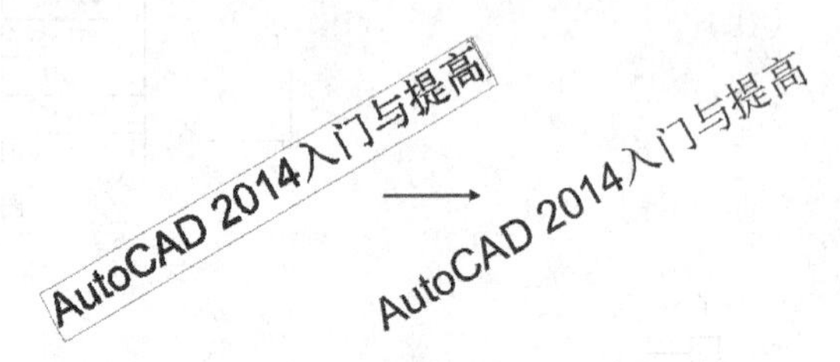

图6-43

在输入单行文字的时候，按回车键不会结束文字输入，而是表示换行。

在单行文字中加入特殊符号

在创建单行文字时，有些特殊符号是不能直接输入的，例如直径符号（ ）、正负号（±）等，要输入这类特殊符号需使用另外的方法。

下面举例说明如何加入特殊符号。

第1步：执行"绘图>文字>单行文字"菜单命令。

第2步：根据命令提示指定文字的起点、高度及旋转角度。

第3步：输入文字%%C100，其中的%%C是直径符号（ ）的替代符。在输入过程中，%%C将会自动转换为直径符号（ ），如图6-44所示。

∅100

图6-44

除了使用%%C可以输入直径符号（ ）外，用户还可以使用%%D输入度数符号（°），使用%%P输入正负号（±），使用%%O打开或关闭文字上划线，使用%%U打开或关闭文字下划线。

在输入单行文字的时候，如果输入%%OAutoCAD，则文字效果如图6-45所示；如果输入%%UAutoCAD，则文字效果如图6-46所示。

AutoCAD

图6-45

AutoCAD

图6-46

编辑单行文字

使用Ddedit命令可以对已经存在的单行文字进行编辑，但是只能修改单行文字的内容（比如删除和添加文字），而不能编辑文字的格式。在Ddedit命令的执行过程中，用户可以连续编辑不同行的文字（在此过程中，系统不会退出文字编辑状态）。

在AutoCAD中，执行Ddedit命令有如下两种方式。

第1种：执行“修改>对象>文字>编辑”菜单命令，如图6-47所示。

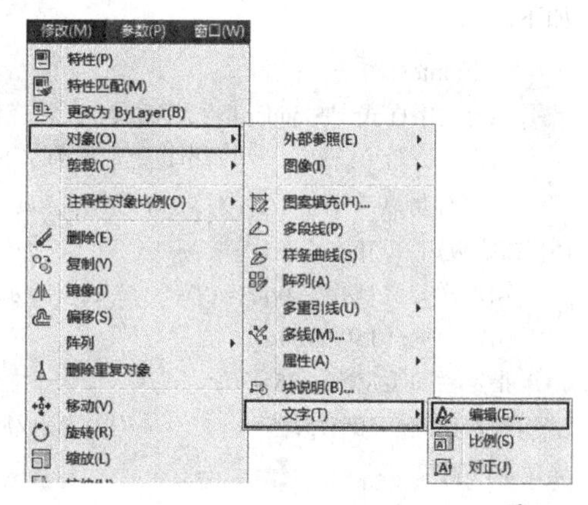

图6-47

第2种：在命令提示行输入Ddedit并回车。

6.1.4 多行文字

采用单行文字输入方法虽然也可以输入多行文字，但是每行文字都是独立的对象，无法进行整体编辑和修改。因此，AutoCAD为用户提供了多行文字输入功能，使用Mtext（多行文字）命令可以输入多行文字。

使用Mtext（多行文字）命令输入的多行文字与使用Text（单行文字）命令输入的多行文字有所不同，系统把前者作为一个段落、一个对象来处理，整个对象必须采用相同的样式、字体和颜色等属性。

执行Mtext（多行文字）命令的方式有如下3种。

第1种：执行“绘图>文字>多行文字”菜单命令，如图6-48所示。

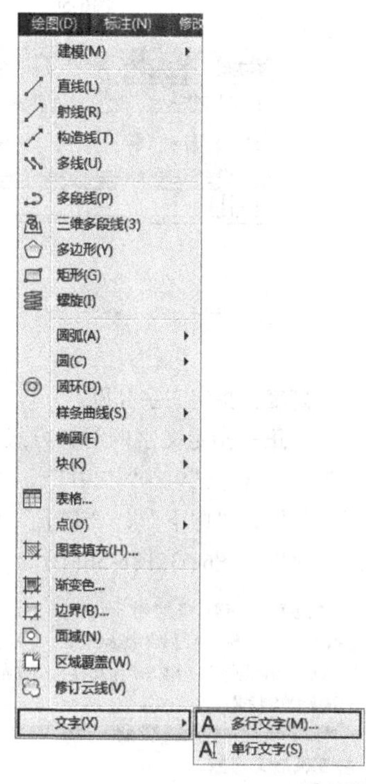

图6-48

第2种：单击“绘图”工具栏中的“多行文字”按钮A，如图6-49所示。

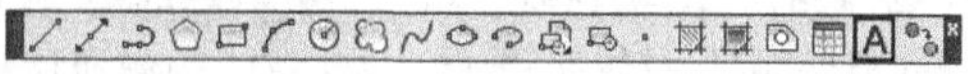

图6-49

“文字”工具栏中也集成了“多行文字”按钮A。

第3种：在命令提示行输入Mtext（简化命令为T或Mt）并回车。

执行Mtext（多行文字）命令后，系统会提示用户指定一个矩形框来确定文本输入区域，如图6-50~图6-52所示，相关命令提示如下。

命令介绍

命令: mtext↙

当前文字样式: "Standard" 文字高度: 5 注释性: 否

指定第一角点: //指定矩形框的左下角点

指定对角点或 [高度(H)/对正(J)/行距(L)/旋转(R)/样式(S)/宽度(W)/栏(C)]:

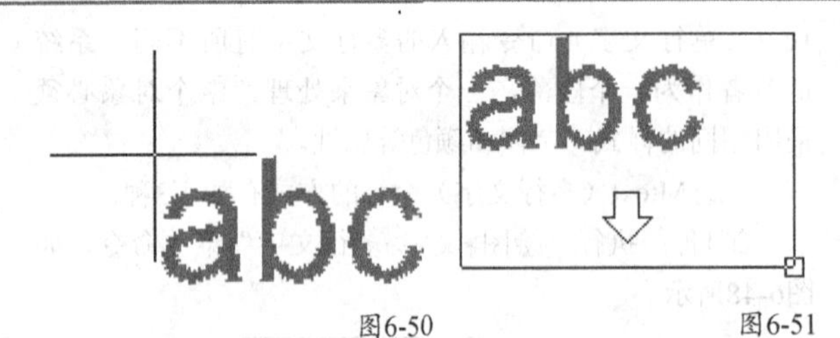

图6-50　　图6-51

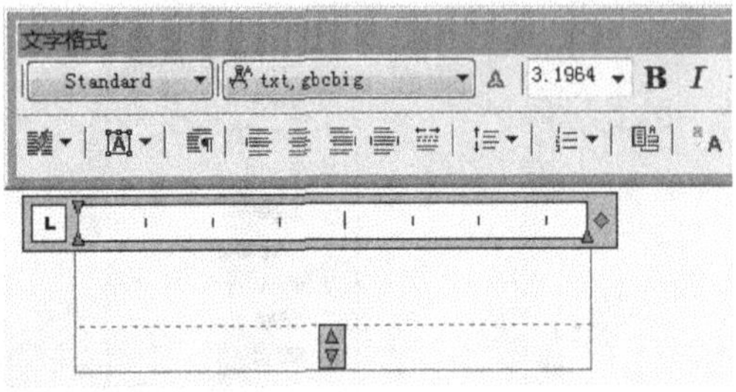

文字格式
Standard　txt, gbcbig　3.1964　B　I

图6-52

高度：指定文字高度。

对正：指定文字的对齐方式，共有“左上”、“中上”、“右上”、“左中”、“正中”、“右中”、“左下”、“中下”、“右下”9种方式，常用的对齐方式与效果如图6-53~图6-56所示。

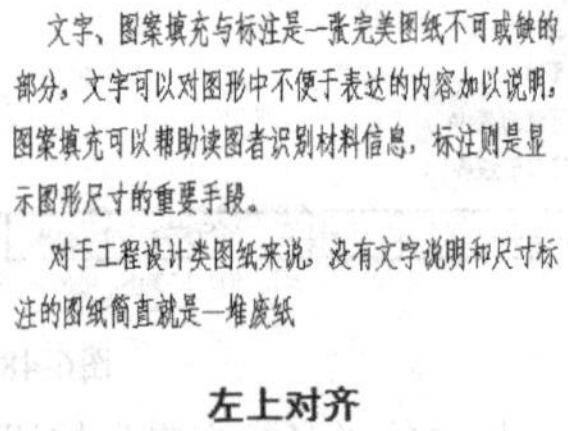

文字、图案填充与标注是一张完美图纸不可或缺的部分，文字可以对图形中不便于表达的内容加以说明，图案填充可以帮助读图者识别材料信息，标注则是显示图形尺寸的重要手段。
对于工程设计类图纸来说，没有文字说明和尺寸标注的图纸简直就是一堆废纸

左上对齐

图6-53

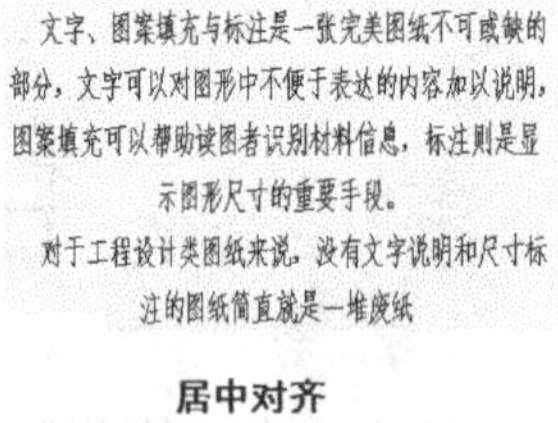

文字、图案填充与标注是一张完美图纸不可或缺的部分，文字可以对图形中不便于表达的内容加以说明，图案填充可以帮助读图者识别材料信息，标注则是显示图形尺寸的重要手段。
对于工程设计类图纸来说，没有文字说明和尺寸标注的图纸简直就是一堆废纸

居中对齐

图6-54

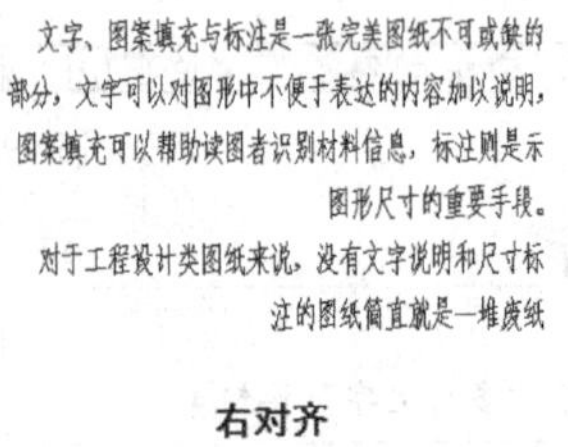

文字、图案填充与标注是一张完美图纸不可或缺的部分，文字可以对图形中不便于表达的内容加以说明，图案填充可以帮助读图者识别材料信息，标注则是示图形尺寸的重要手段。
对于工程设计类图纸来说，没有文字说明和尺寸标注的图纸简直就是一堆废纸

右对齐

图6-55

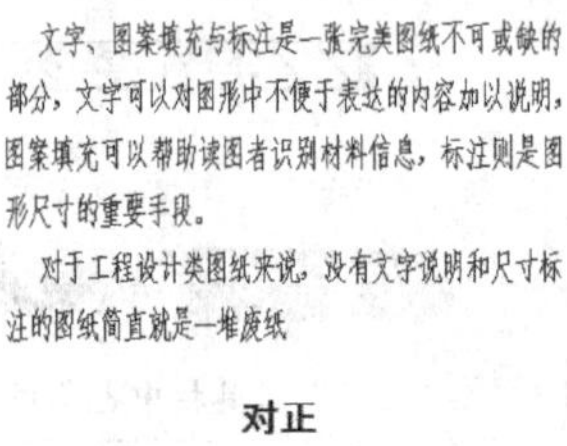

文字、图案填充与标注是一张完美图纸不可或缺的部分，文字可以对图形中不便于表达的内容加以说明，图案填充可以帮助读图者识别材料信息，标注则是图形尺寸的重要手段。
对于工程设计类图纸来说，没有文字说明和尺寸标注的图纸简直就是一堆废纸

对正

图6-56

行距：指定一行文字底部与下一行文字底部之间的垂直距离，不同行距的对比效果如图6-57和图6-58所示，相关命令提示如下。

命令: mtext↙
当前文字样式: "Standard" 文字高度: 5 注释性: 否
指定第一角点:　　//指定矩形框的左下角点
指定对角点或 [高度(H)/对正(J)/行距(L)/旋转(R)/样式(S)/宽度(W)/栏(C)]:l↙
输入行距类型 [至少(A)/精确(E)] <至少(A)>: a↙
输入行距比例或行距 <1x>:

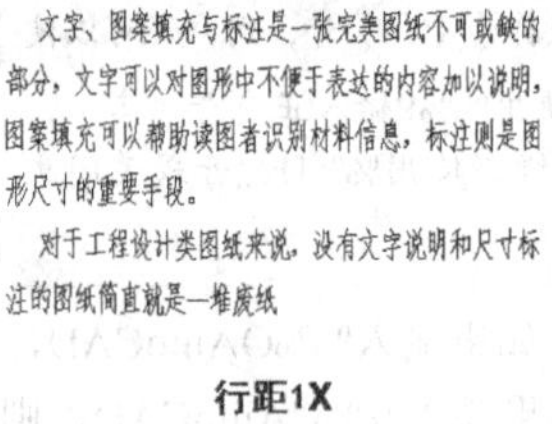

文字、图案填充与标注是一张完美图纸不可或缺的部分，文字可以对图形中不便于表达的内容加以说明，图案填充可以帮助读图者识别材料信息，标注则是图形尺寸的重要手段。
对于工程设计类图纸来说，没有文字说明和尺寸标注的图纸简直就是一堆废纸

行距1X

图6-57

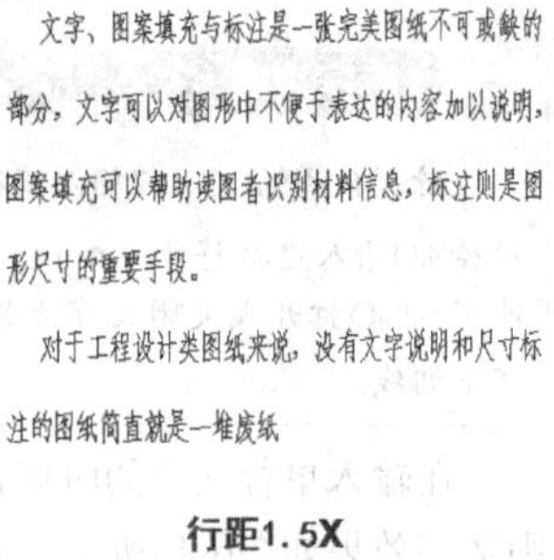

文字、图案填充与标注是一张完美图纸不可或缺的部分，文字可以对图形中不便于表达的内容加以说明，图案填充可以帮助读图者识别材料信息，标注则是图形尺寸的重要手段。
对于工程设计类图纸来说，没有文字说明和尺寸标注的图纸简直就是一堆废纸

行距1.5X

图6-58

至少：根据行中最大字符的高度自动调整文字行。

精确：强制多行文字对象中所有文字行之间的行距相等。

旋转：指定文字的旋转角度。

样式：指定用于多行文字的文字样式。

宽度：指定文字的宽度。

栏：所谓栏，指的是多行文字的文本输入区域，该选项定义栏的类型，相关命令提示如下。

命令: mtext↙
当前文字样式: "Standard" 文字高度: 5 注释性: 否
指定第一角点:　　//指定矩形框的左下角点
指定对角点或 [高度(H)/对正(J)/行距(L)/旋转(R)/样式(S)/宽度(W)/栏(C)]: c↙
输入栏类型 [动态(D)/静态(S)/不分栏(N)] <动态(D)>:

动态：通过指定栏的宽高和间距来精确定义文本输入区域的大小，如图6-59~图6-64所示，相关命令提示如下。

命令: mtext↙
当前文字样式: "Standard" 文字高度: 5 注释性: 否
指定第一角点:　　//指定矩形框的左下角点
指定对角点或 [高度(H)/对正(J)/行距(L)/旋转(R)/样式(S)/宽度(W)/栏(C)]: c↙
输入栏类型 [动态(D)/静态(S)/不分栏(N)] <动态(D)>:d↙
指定栏宽: <150>:100↙
指定栏间距宽度: <25>:20↙
指定栏高: <50>:15↙　　//指定完成后输入文字完成最终效果

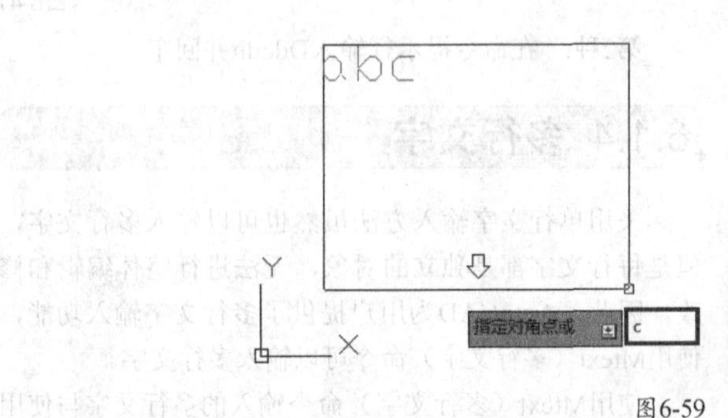

图6-59

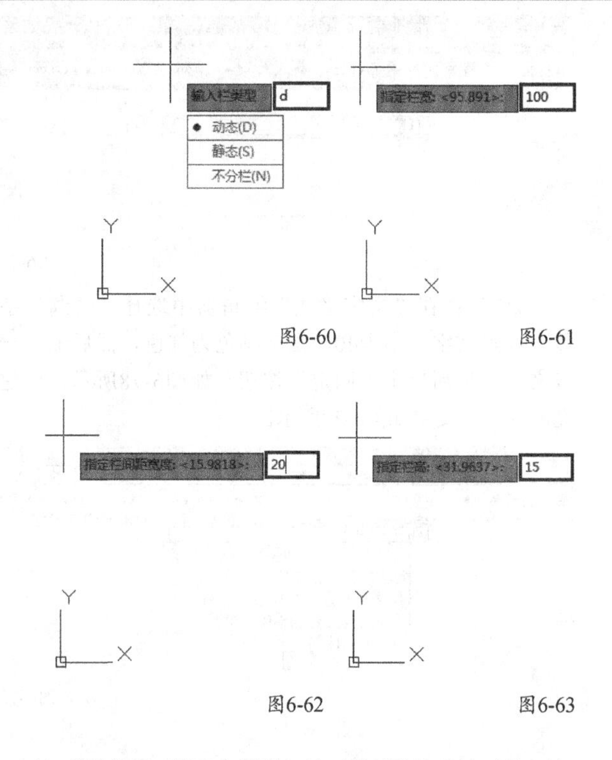

图6-60 图6-61

图6-62 图6-63

图6-64

静态：通过指定总宽度、栏数、栏间距宽度和栏高来定义文本输入区域的大小和个数，如图6-65~图6-71所示，相关命令提示如下。

```
命令: mtext↙
当前文字样式: "Standard" 文字高度: 5 注释性: 否
指定第一角点:        //指定矩形框的左下角点
指定对角点或 [高度(H)/对正(J)/行距(L)/旋转(R)/样式(S)/宽度(W)/栏(C)]: c↙
输入栏类型 [动态(D)/静态(S)/不分栏(N)] <动态(D)>: s↙
指定总宽度: <400>:100↙
指定栏数: <2>: 4↙
指定栏间距宽度: <25>:20↙
指定栏高: <50>:30↙
```

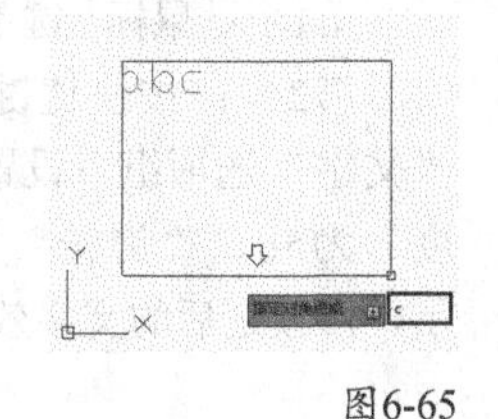

图6-65

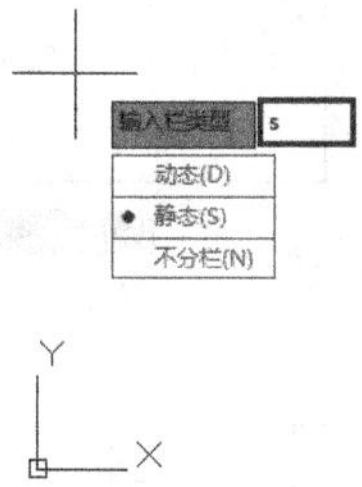

图6-66 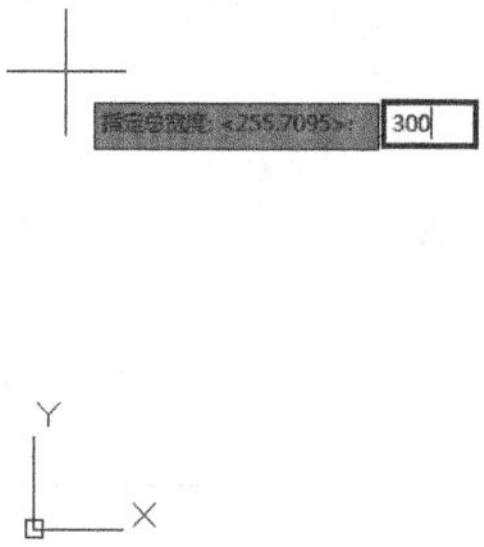 图6-67

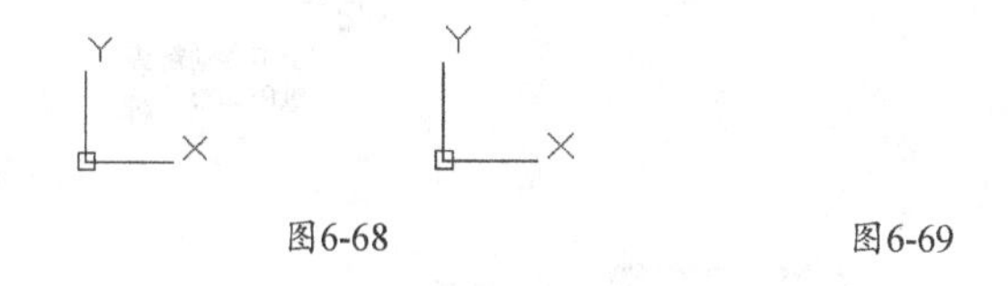

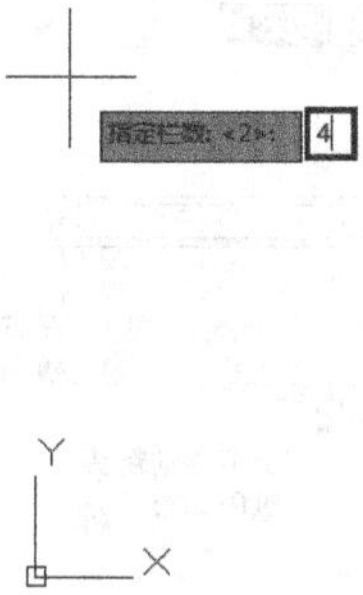

图6-68 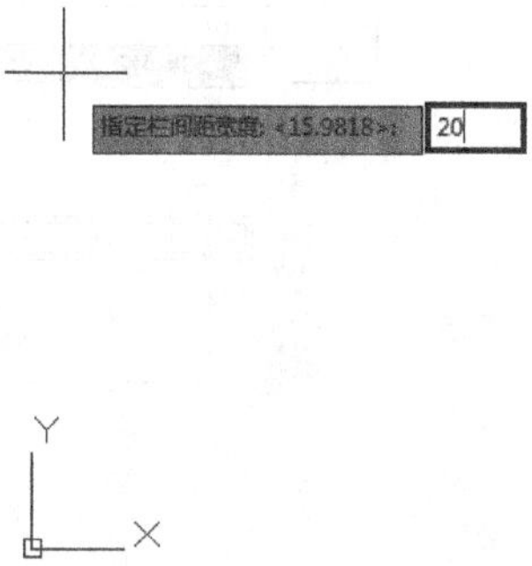 图6-69

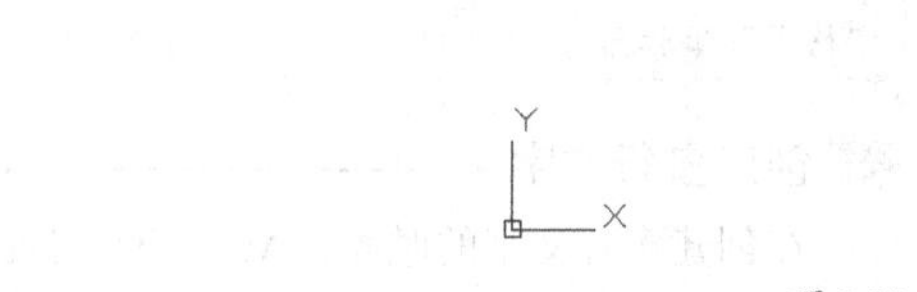

图6-70

图6-71

不分栏：将不分栏模式设置给当前多行文字对象。

确定文本输入区域后，系统将打开“文字格式”编辑器，如图6-72~图6-74所示。无论前面是否精确设置了文本区域的输入范围，打开“文字格式”编辑器后，都可以手动调整其大小，如图6-75所示。

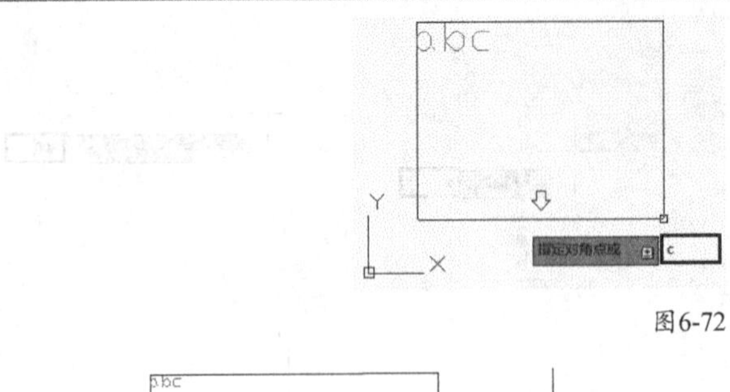

图6-72

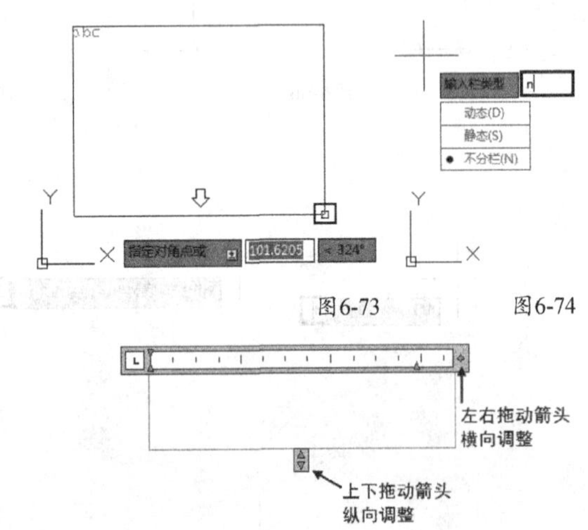

图6-73　　图6-74

图6-75

在“文字格式”编辑器中同样可以设置文字的样式、字体、高度和对正方式等，同时还可以对文字进行加粗、倾斜等处理，由于操作方法都比较简单，这里就不再详细介绍了。完成文字的输入后，单击“确定”按钮 即可退出“文字格式”编辑器。

创建多行文字

在创建多行文字的时候，AutoCAD将提供一个“文字格式”编辑器供用户使用，下面举例进行说明。

第1步：执行“绘图>文字>多行文字”菜单命令，然后在绘图区域划出一个矩形选区作为输入文字的区域，如图6-76所示。

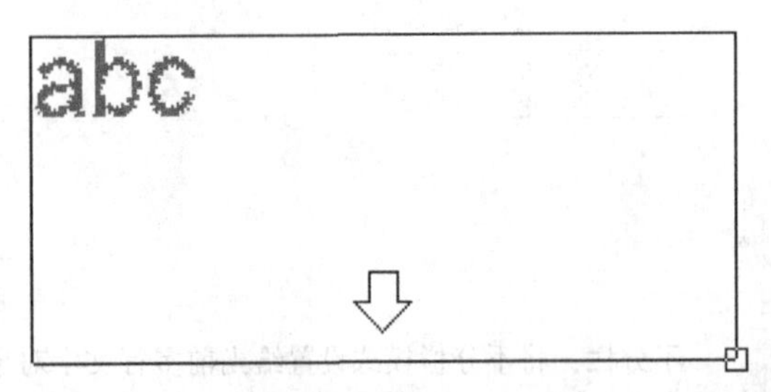

图6-76

第2步：确定文字输入区域之后，系统将自动弹出“文字格式”编辑器，如图6-77所示。

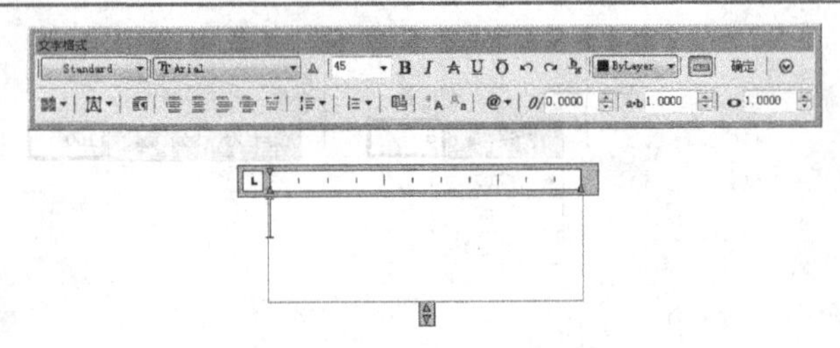

图6-77

第3步：在“文字格式”编辑器中选择“幼圆”字体，设置文字大小为40、文字颜色为红色，然后输入一段文字，最后单击“确定”按钮，如图6-78所示，创建完成的多行文字如图6-79所示。

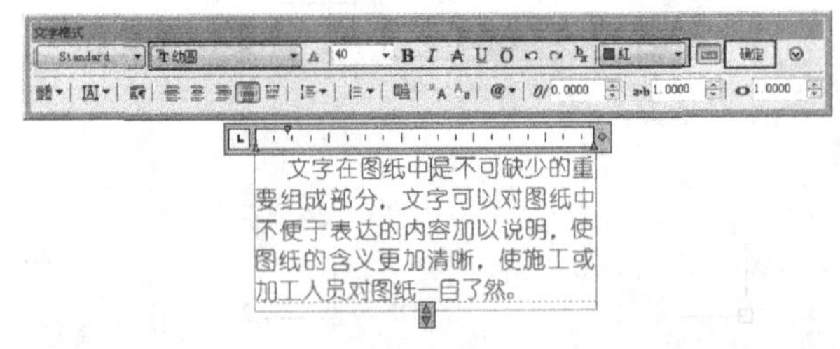

图6-78

文字在图纸中是不可缺少的重要组成部分，文字可以对图纸中不便于表达的内容加以说明，使图纸的含义更加清晰，使施工或加工人员对图纸一目了然。

图6-79

如果要对已经输入的多行文字进行修改，则可以鼠标左键双击文字，打开“文字格式”编辑器，在其中修改文字内容或属性。

通过特性管理器修改文字

AutoCAD为用户提供了一个非常有用的工具，那就是“特性”管理器，使用“特性”管理器可以修改很多图形的属性，包括文字。下面就来介绍如何使用“特性”管理器修改文字的属性。

第1步：鼠标左键单击前面输入的那段文字，将其选中。

第2步：按快捷键Ctrl+1打开“特性”管理器，在“文字”选项组下设置“对正”为“正中”、“文字高度”为50、“旋转”为45°，具体参数设置如图6-80所示，修改之后的文字效果如图6-81所示。

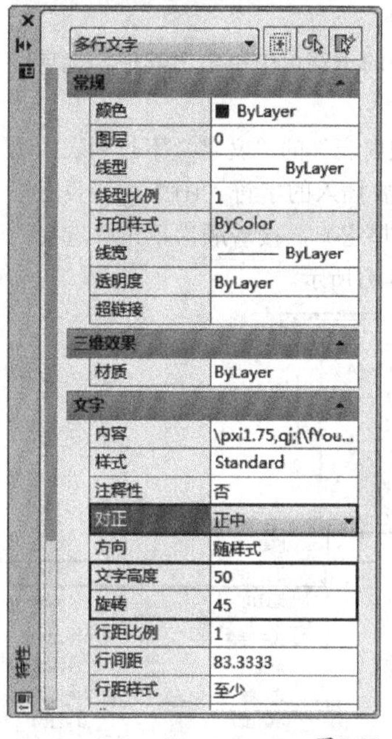

图6-80

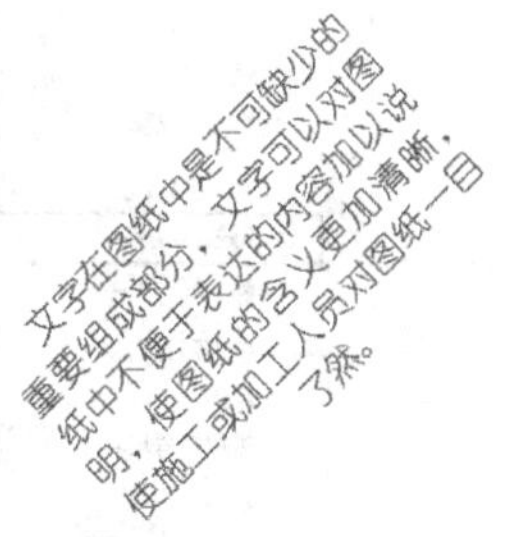

图6-81

在“特性”管理器的“文字”参数栏中，用户可以修改文字内容、文字样式、对正模式、文字宽度、文字高度等。比如要修改文字的高度，鼠标左键单击“文字高度”参数栏，进入修改状态，输入新的文字高度即可，其余参数的修改方法也一样。

文字的对齐方式

AutoCAD为用户提供了很多种文字对齐方式，用户可以根据绘图的需要来选择所需的对齐方式。执行Justifytext（对齐）命令的方式有如下3种。

第1种：执行“修改>对象>文字>对正”菜单命令。

第2种：单击“特性”面板或“文字格式”编辑器中的“多行文字对正”按钮，如图6-82所示。

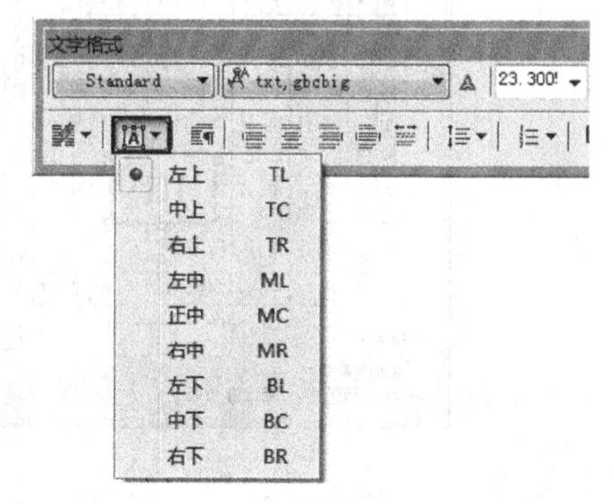

图6-82

第3种：在命令行输入Justifytext并回车。

为多行文字添加背景

为了在看起来很复杂的图形环境中突出文字，可以向多行文字添加不透明的背景，下面举例进行说明。

第1步：在命令提示行输入Mtext并回车，然后确定文字的输入区域，接着在“文字格式”编辑器中设置文字属性并输入文字“Auto CAD 2014”，如图6-83所示。

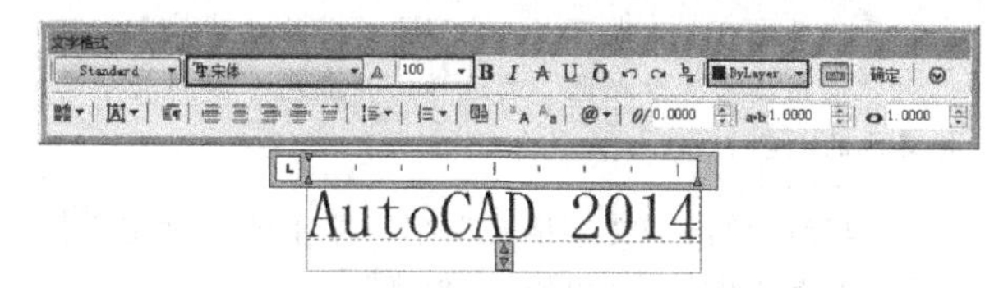

图6-83

第2步：在“文字格式”编辑器的文本区单击鼠标右键，在弹出的快捷菜单中单击“背景遮罩”命令，如图6-84所示。

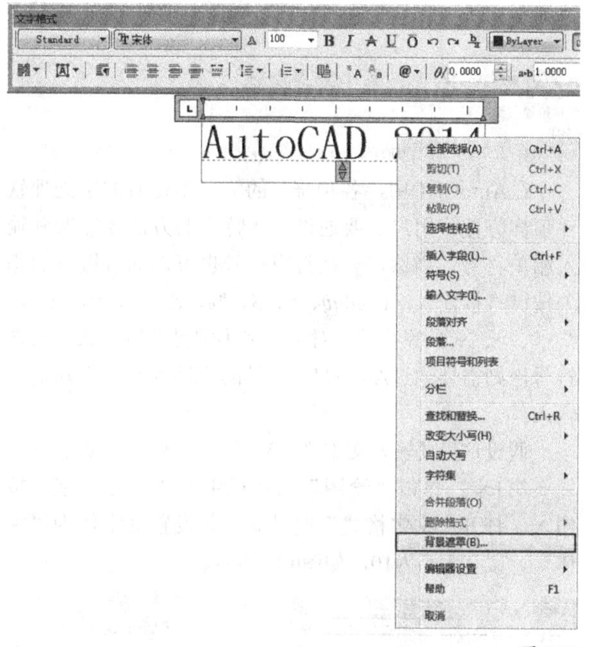

图6-84

第3步：系统弹出“背景遮罩”对话框，在“背景遮罩”对话框中选择“使用背景遮罩”复选项，然后在“填充颜色”下拉列表中选择蓝色，最后单击“确定”按钮关闭“背景遮罩”对话框，如图6-85所示。

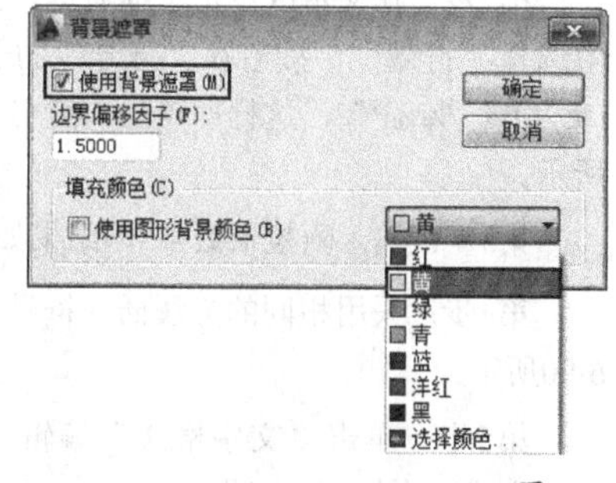

图6-85

在“背景遮罩”对话框中，用户可以设置文字背景颜色与图形背景颜色一致（勾选其中的“使用图形背景颜色”复选项即可），也可以给文字设置其他的背景色（取消对“使用图形背景颜色”的选择，在颜色下拉列表中选择其他的颜色）。

第4步：单击“文字格式”编辑器中的“确定”按钮，完成背景设置，结果如图6-86所示。

AutoCAD 2014

图6-86

6.1.5 实战——在文字中插入符号

素材位置　无
实例位置　无
技术掌握　在文字中插入符号的方法

在AutoCAD中，各种符号的输入不像有的字处理软件那样方便，用户需要通过一些特殊的方法才能顺利输入相关符号。当然，一些常用符号也可以通过键盘的相关按键直接输入，比如@、#、$、%、&、+、=、/、\、?、<、>、（）等符号；对于很多不常见的符号或者特殊符号，则需要通过AutoCAD提供的“插入符号”功能来输入。

假设这里要输入文本“±5°”，具体操作如下。

第1步：单击“绘图”工具栏中的“多行文字”按钮A，打开“文字格式”编辑器，并设置其字体为“宋体”、文字大小为10，如图6-87所示。

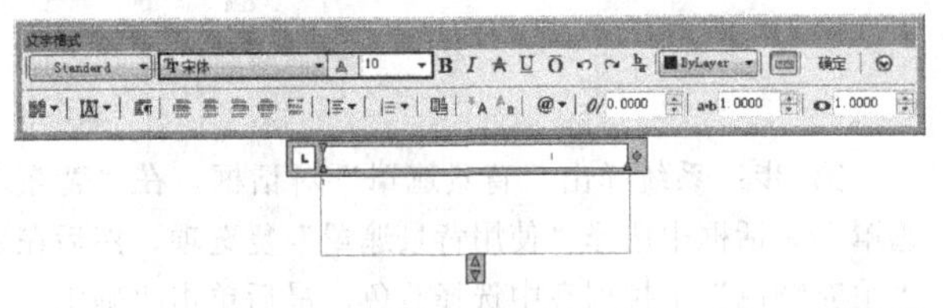

图6-87

第2步：在文本区单击鼠标右键，然后在弹出的菜单中选择“符号”，接着在“符号”的子菜单中选择“正/负（P）%%P”，这样即可插入符号“±”，如图6-88所示。

第3步：输入阿拉伯数字5，结果如图6-89所示。

第4步：采用相同的方法插入符号“°”，结果如图6-90所示。

第5步：单击“文字格式”编辑器中的“确定”按钮，完成文本的输入工作。

在图6-88中，如果“符号”的子菜单中没有需要的符号，那应该怎么办呢？比如要输入III、√、↑、β等字符，下面简单介绍一下。

第1步：在“符号”的子菜单中单击“其他”选项，打开“字符映射表”。

第2步：在“字符映射表”的“文字”下拉列表中选择“宋体”，然后选择要插入的字符“III”（假设这里要插入“III”，所以选择它），接着顺次单击“选择”和“复制”按钮，如图6-91所示。

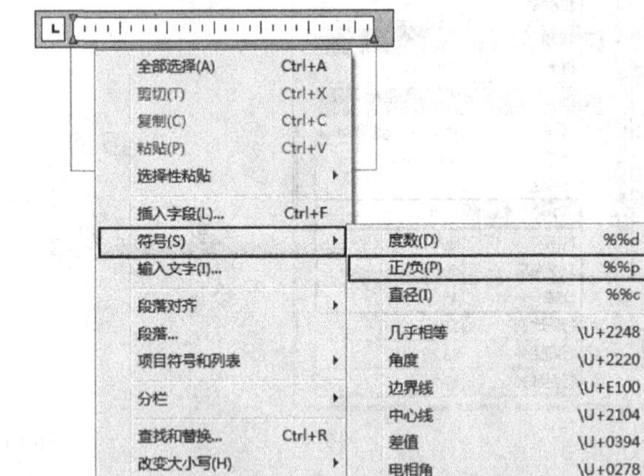

图6-88

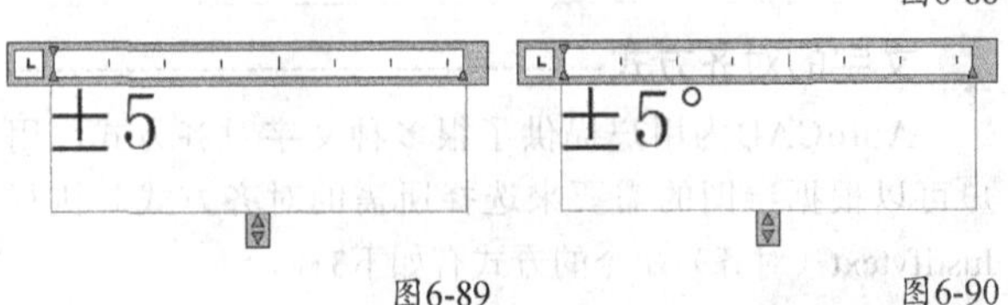

图6-89　图6-90

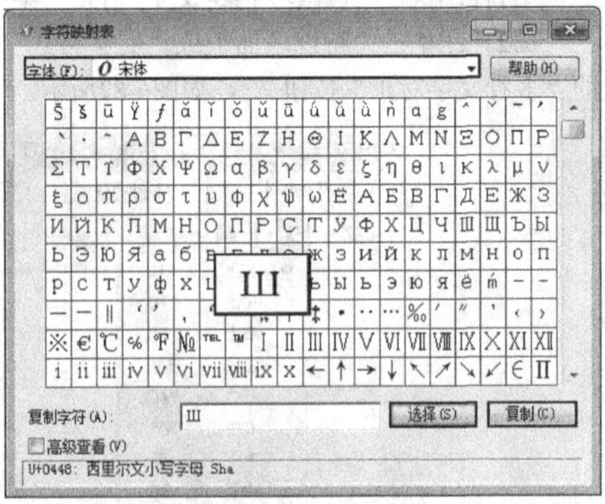

图6-91

在上一步操作中，单击“选择”按钮表示选中字符，单击“复制”按钮表示把字符复制到剪贴板。

第3步：单击“关闭”按钮，关闭“字符映射表”。

第4步：按快捷键Ctrl+V将剪贴板中的字符“III”粘贴到文本区，结果如图6-92所示。

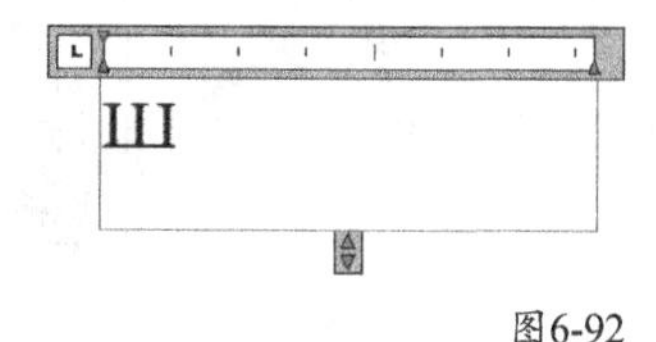

图6-92

6.2 表格

表格是由单元格构成的矩阵，这些单元格中包含注释（内容主要是文字，也可以是块），如图6-93所示的表格样式。

9	螺母M25	1	35	GB6170-86
8	特制螺母	1	35	
7	销A5×27	1	40	GB119-86
6	衬套	1	45	
5	开口垫圈	1	40	
4	轴	1	40	
3	钻套	3	78	
2	钻模板	1	40	
1	底座	1	HT150	
序号	名称	数量	材料	备注
钻模装配图				

图6-93

6.2.1 表格样式

创建表格样式的方法如下。

执行“格式>表格样式”菜单命令，打开“表格样式”对话框，单击“新建”按钮，如图6-94所示。

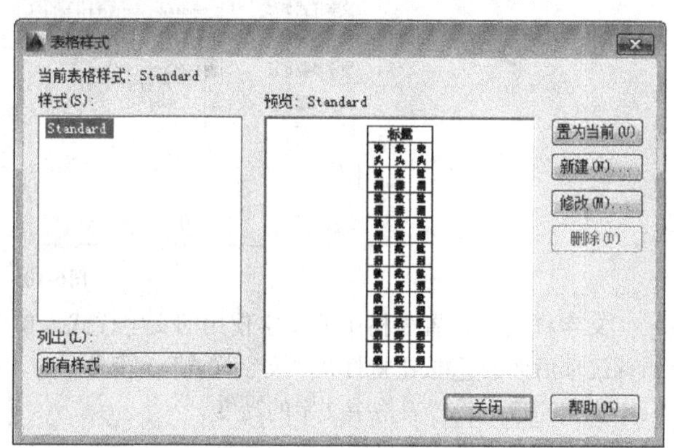

图6-94

如果在“表格样式”对话框中单击“修改”按钮，则将对当前被选中的表格样式进行修改。修改表格样式的方法与新建表格样式的方法类似，所以这里介绍新建表格样式的方法即可。

系统弹出“创建新的表格样式”对话框，接着将新的表格样式命名为“表格样式01”，然后单击“继续”按钮，如图6-95所示，系统弹出“新建表格样式：表格样式01”对话框，用户可以在其中设置表格的方向、填充色、对齐方式、文字样式、边框属性等，设置完毕后单击“确定”按钮，如图6-96所示。

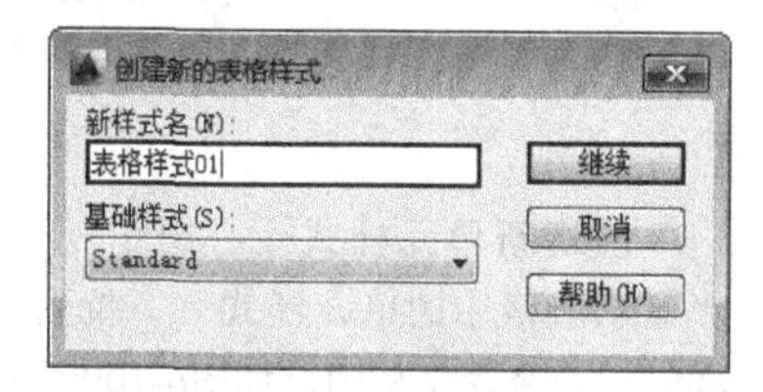

图6-95

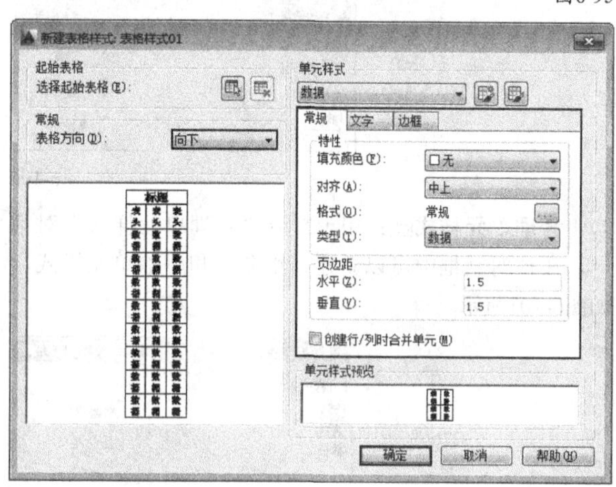

图6-96

参数介绍

选择起始表格：用于选择一个已经存在的表格作为基础表格样式。

表格方向：设置表格的方向，有两个设置选项可供选择，其中“向上”选项表示创建由下而上的表格，如图6-97所示；“向下”选项表示创建由上而下的表格，如图6-98所示。

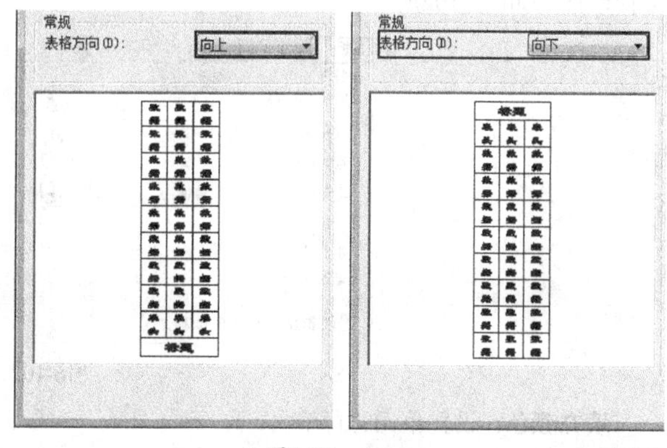

图6-97　　图6-98

单元样式：用于设置表格的单元样式或者创建新的单元样式，单元样式指的是组成表格的标题、表头和数据行等，如图6-99所示。

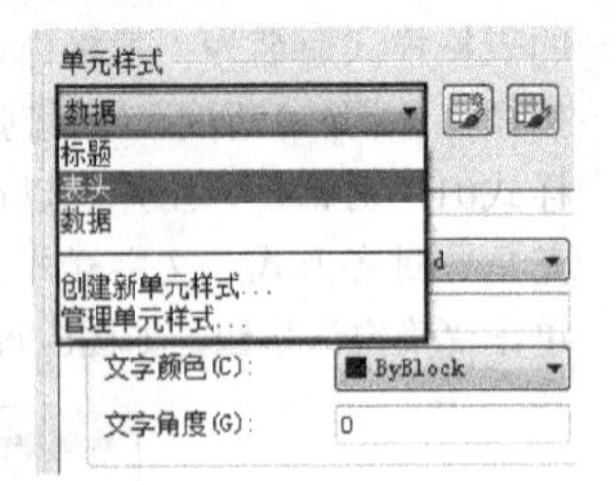

图6-99

创建新单元样式：用于创建新的单元样式，与“显示表格中的单元样式”下拉列表中的“创建新单元样式”命令含义相同，如图6-100所示。

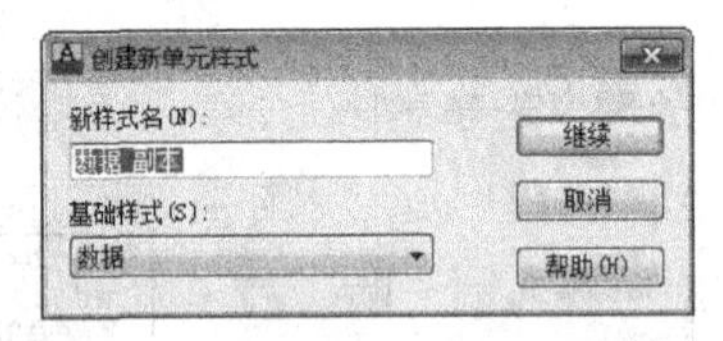

图6-100

管理单元样式：用于打开“管理单元样式”对话框，在该对话框中可以新建、重命名和删除单元样式，如图6-101所示。

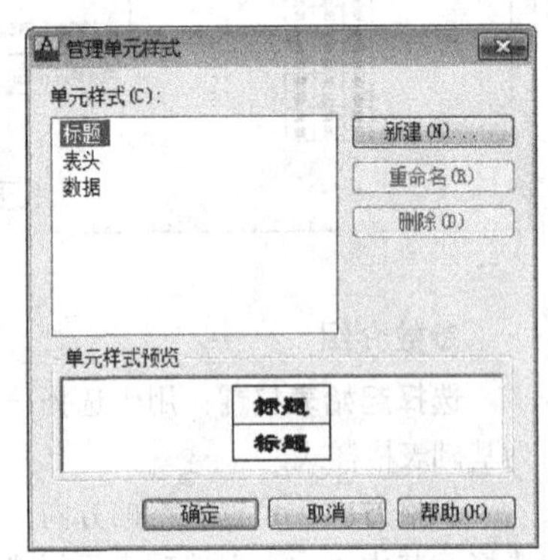

图6-101

常规：该选项卡用于对选定的单元样式的常规特性进行设置，如图6-102所示。

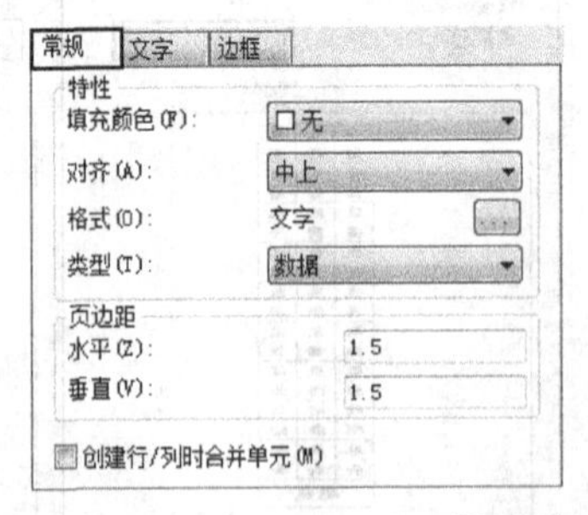

图6-102

填充颜色：设置单元的背景色。

对齐：设置单元格内文字的对齐方式。

格式：为选定的单元样式设置数据类型和格式，单击该选项后面的□按钮将打开“表格单元样式”对话框，用户可以对百分比、日期、小数等数据类型进行设置，如图6-103所示。

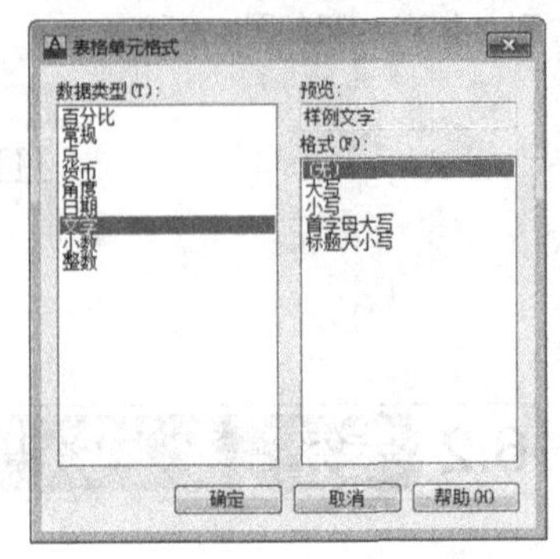

图6-103

类型：设置单元样式的类型，有“标签”和“数据”两种类型。

水平/垂直：设置文字与单元格边框上下左右的距离。

创建行/列时合并单元：勾选该选项后，创建表格时将合并行或列的单元格，表格效果如图6-104所示。

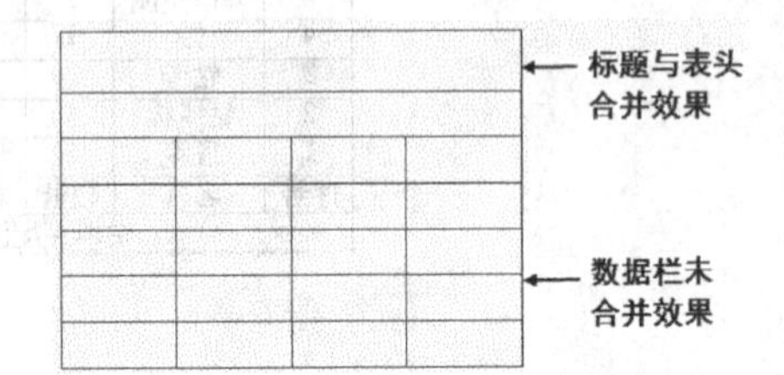

图6-104

文字：该选项卡用于对选定的单元样式的文字特性进行设置，如图6-105所示。

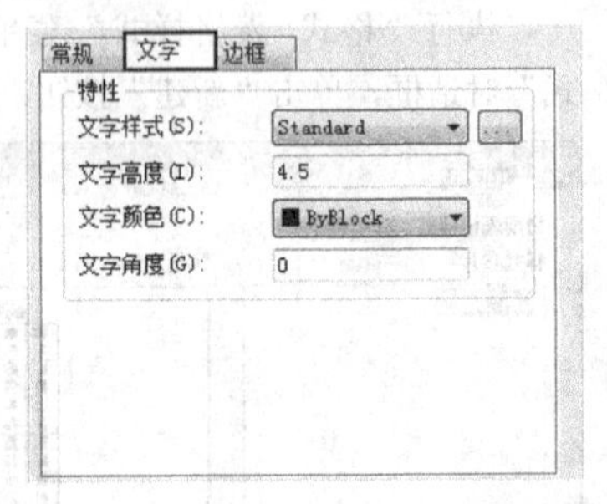

图6-105

文字样式：设置表格中的文字使用的文字样式，单击该选项后面的□按钮将打开“文字样式”对话框。

文字高度：设置表格中文字的高度。

文字颜色：设置表格中文字的颜色。

文字角度：设置表格中文字的角度，取值范围为-359°~359°。

边框：该选项卡用于对选定的单元样式的边框特性进行设置，如图6-106所示。

线宽/线型/颜色：分别用于设置表格边框线条的宽度、线型和颜色。

双线/间距/边框按钮：勾选“双线”选项后，表格边界将显示为双线，用户可以通过后方的数据设定双线间距，然后通过下方的按钮设置双线类型，如图6-107所示，表格效果如图6-108所示。

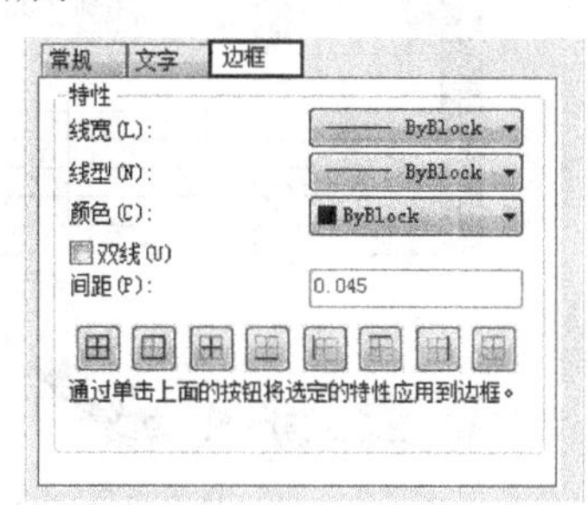

图6-106

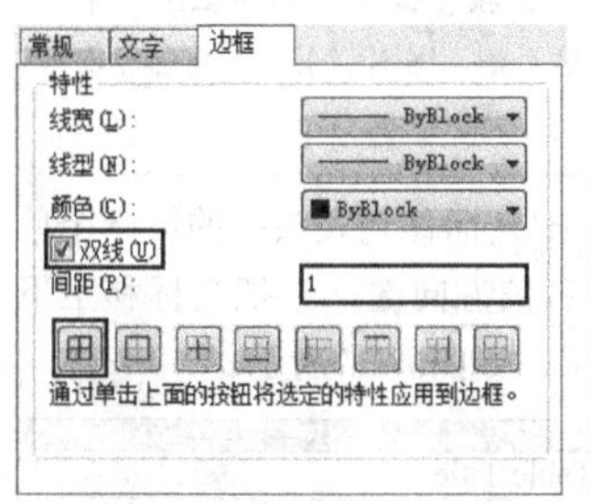

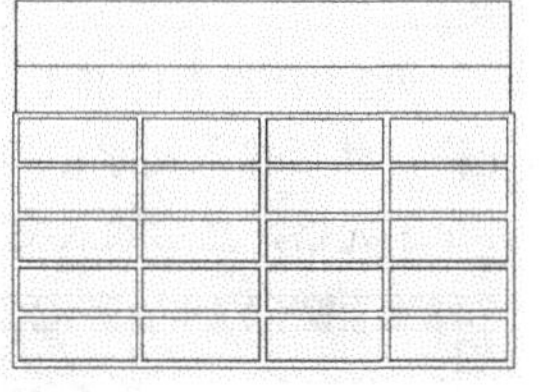

图6-107　　图6-108

6.2.2 新建表格

在AutoCAD中，使用Table（表格）命令可以绘制表格，执行Table（表格）命令的方式有如下3种。

第1种：执行“绘图>表格”菜单命令，如图6-109所示。

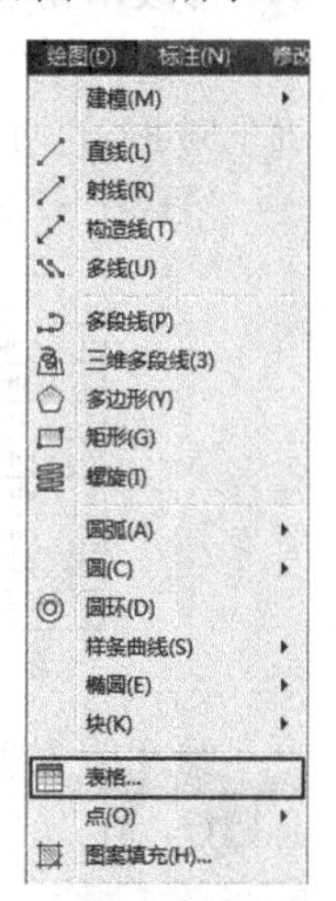

图6-109

第2种：单击“绘图”工具栏中的“表格”按钮▦，如图6-110所示。

图6-110

第3种：在命令提示行输入Table并回车。

执行Table（表格）命令后，系统将打开“插入表格”对话框，如图6-111所示。

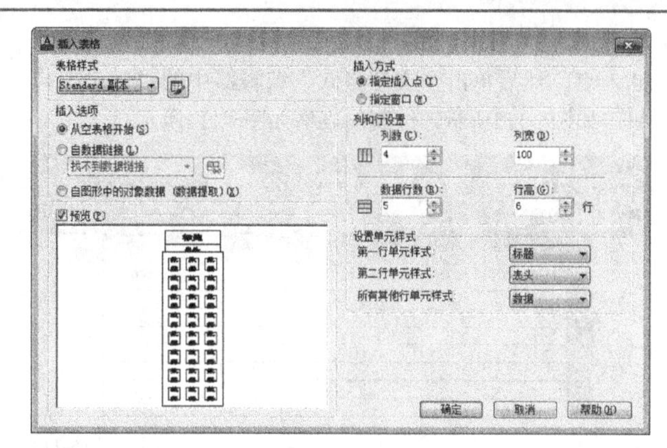

图6-111

参数介绍

表格样式：为表格选择一种样式，单击后面的“表格样式”按钮可以打开“表格样式”对话框。

插入选项：指定插入表格的方式。

从空表格开始：这是默认的插入方式，表示插入空表格，用户可以手动输入数据。

自数据链接：从外部电子表格中的数据创建表格。

自图形中的对象数据：从图形中提取对象数据。

预览：勾选该选项后，可以预览表格样式。

插入方式：指定表格的位置。

指定插入点：通过指定插入点插入表格。

指定窗口：通过拖曳光标指定表格的大小和位置。

列和行设置：设置列和行的数目和间距。

列数和行数只是针对“数据”单元样式，不包括标题和表头。

设置单元样式：指定行的单元样式。

下面绘制一个7行4列的表格进行举例说明。

第1步：单击“绘图”工具栏中的“表格”按钮▦，打开“插入表格”对话框，在“表格样式”下拉列表中选择“表格样式01”，然后设置表格的列数为4、行数为7，最后单击“确定”按钮，如图6-112所示。

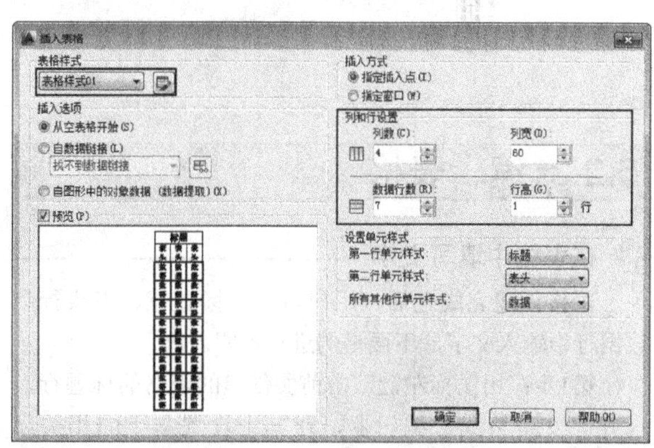

图6-112

第2步：鼠标左键在绘图区域拾取一点作为表格的插入点，然后单击“文字格式”编辑器中的“确定”按钮，如图6-113所示，绘制的表格如图6-114所示。

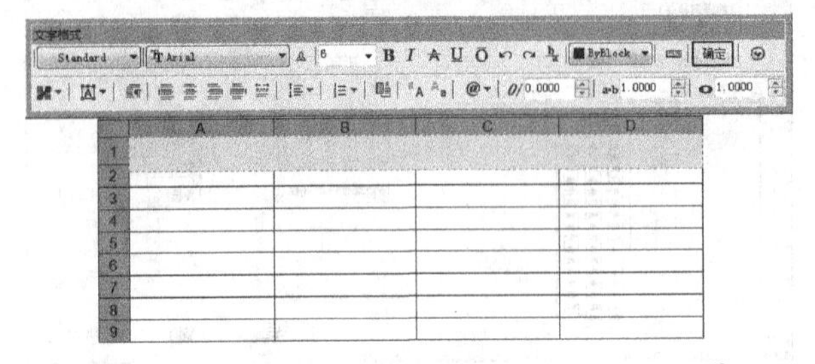

图6-113

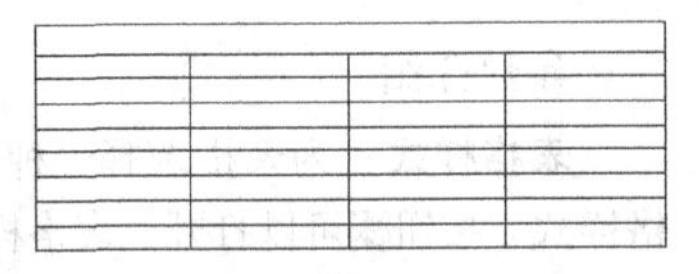

图6-114

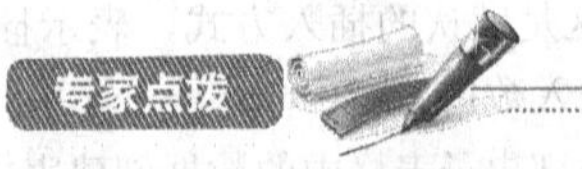

专家点拨

插入表格后，“文字格式”编辑器会随表格一起出现，此时可以向表格中输入文字。

在图6-114中，我们发现绘制的表格总共有9行，但开始设置的行数是7行，现在怎么会多出两行呢？其实，多出的两行分别是标题行和表头行，而我们设置的7行仅仅是指表格的数据行（通俗地说就是正文行），所以数据行、标题行和表头行加起来就是9行，当然用户也可以在“插入表格”对话框中把标题行和表头行都设置为数据行，如图6-115所示。

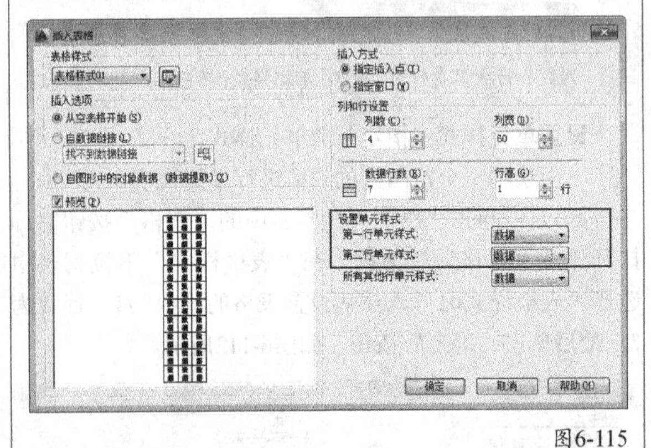

图6-115

6.2.3 编辑表格

在表格中填写文字

表格创建完成之后，用户可以在标题行、表头行和数据行中输入文字，下面举例进行说明。

第1步：用鼠标左键双击前面创建的表格的标题行，打开“文字格式”编辑器，在其中设置文字的相关属性，然后在标题行输入文字Table Title，如图6-116所示。

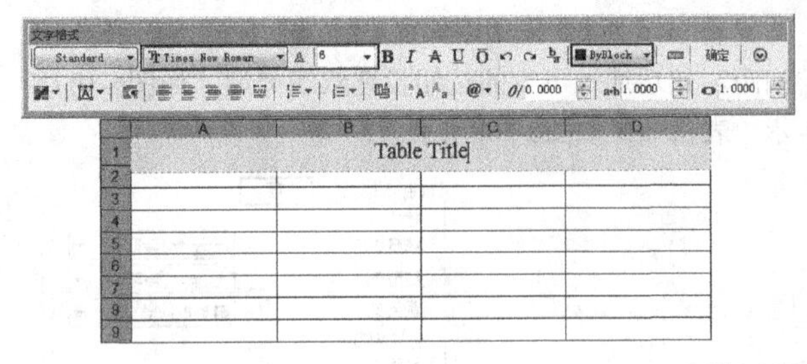

图6-116

专家点拨

在输入文字的时候，用户可以采用方向键↑、↓、←、→来移动表格中的光标。比如，按↑键把光标移至上一单元格；按→键把光标移至右一单元格。另外，按Tab键也可以移动表格中的光标。

第2步：按方向键↓，把光标移到表头行的第一个单元格，然后输入文字；接着按方向键→，把光标移至下一个单元格，然后输入文字，如图6-117所示。

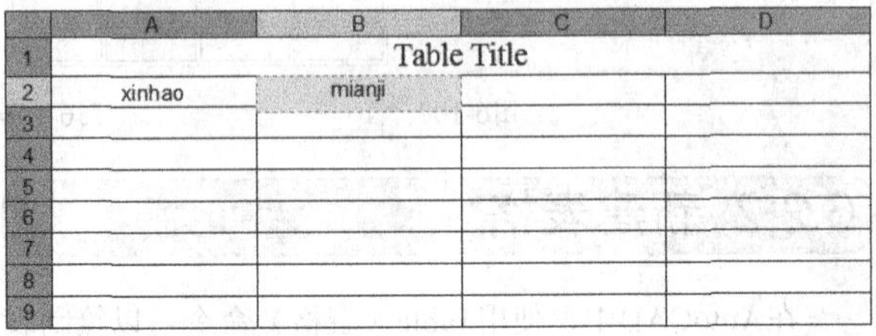

	A	B	C	D
1	Table Title			
2	xinhao	mianji		
3				
4				
5				
6				
7				
8				
9				

图6-117

修改单元格的属性

通过“特性”管理器也可以修改单元格的属性，下面举例进行说明。

第1步：打开一张图表，如图6-118所示。

Table Title			
xinghao	mianji	color	beizhu
KH-001	80	blue	无
KH-002	200.5000	color	无
KH-003	345	green	无
KH-004	43	white	无
KH-005	46.6000	black	无
KH-006	74.3400	yellow	无
KH-007	43.7500	blue	无

图6-118

第2步：在表格的某个单元格内单击鼠标左键，比如标题行，打开“表格”编辑器，如图6-119所示。

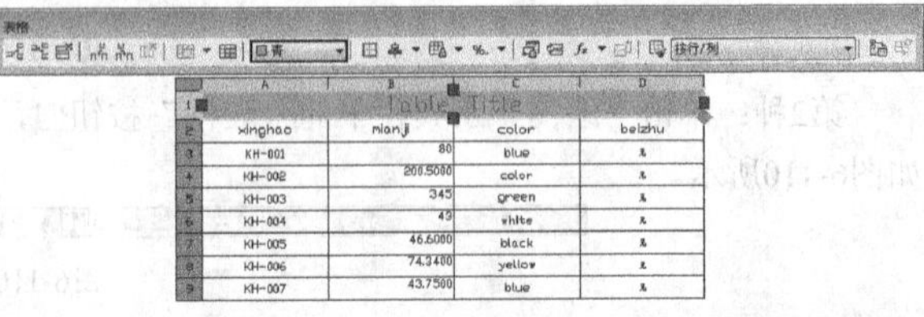

图6-119

第3步：双击打开“文字格式”编辑器进行文字编辑，如图6-120所示，修改之后的效果如图6-121所示。

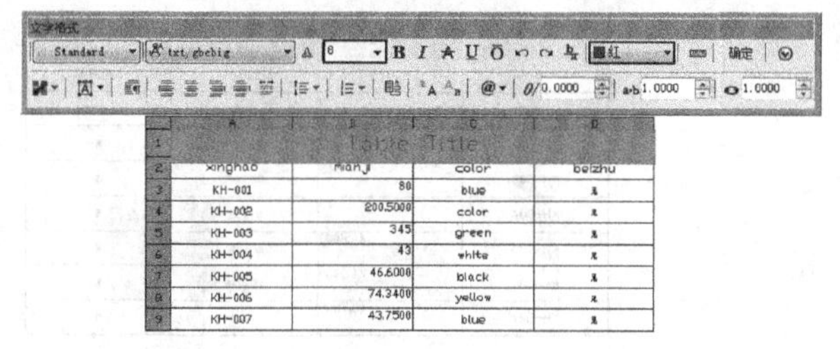

	A	B	C	D
1	Table Title			
2	xinghao	mian ji	color	beizhu
3	KH-001	80	blue	无
4	KH-002	200.5000	color	无
5	KH-003	345	green	无
6	KH-004	43	white	无
7	KH-005	46.6000	black	无
8	KH-006	74.3400	yellow	无
9	KH-007	43.7500	blue	无

图6-120

Table Title			
xinghao	mian ji	color	beizhu
KH-001	80	blue	无
KH-002	200.5000	color	无
KH-003	345	green	无
KH-004	43	white	无
KH-005	46.6000	black	无
KH-006	74.3400	yellow	无
KH-007	43.7500	blue	无

图6-121

向表格中添加行/列

在使用表格的时候，有时会发现原来的表格不够用了，需要添加一行（数行）或者一列（数列）。下面以实际操作的形式介绍向表格添加行/列的方法。

在表格的某单元格内单击鼠标左键以选中它，然后单击鼠标右键，在弹出的快捷菜单中选择“列”，接着在“列”的子菜单中选择“在右侧插入”选项，如图6-122所示，这样即可在选中单元格的右侧插入一列，效果如图6-123所示。

	A	B	C	D
1	Table Title			
2	xinghao	mian ji	color	beizhu
3	KH-001		blue	无
4	KH-002		color	无
5	KH-003		green	无
6	KH-004		white	无
7	KH-005		black	无
8	KH-006		yellow	无
9	KH-007		blue	无

剪切
复制
粘贴
最近的输入
单元样式
背景填充
对齐
边框...
锁定
数据格式...
匹配单元
删除所有特性替代
数据链接...
插入点
编辑文字
管理内容...
删除内容
删除所有内容
列
行
合并
取消合并
特性(S)
快捷特性

在左侧插入
在右侧插入
删除
均匀调整列大小

图6-122

	A	B	C	D	E
1	Table Title				
2	xinghao		mian ji	color	beizhu
3	KH-001		80	blue	无
4	KH-002		200.5000	color	无
5	KH-003		345	green	无
6	KH-004		43	white	无
7	KH-005		46.6000	black	无
8	KH-006		74.3400	yellow	无
9	KH-007		43.7500	blue	无

图6-123

同理，如果向表格中添加行，其方法是一致的，添加行之后的效果如图6-124所示。

	A	B	C	D	E
1	Table Title				
2	xinghao		mian ji	color	beizhu
3					
4	KH-001		80	blue	无
5	KH-002		200.5000	color	无
6	KH-003		345	green	无
7	KH-004		43	white	无
8	KH-005		46.6000	black	无
9	KH-006		74.3400	yellow	无
10	KH-007		43.7500	blue	无

图6-124

使用夹点法修改表格

下面以实际操作的形式来介绍如何修改列宽、整体高度和宽度。

修改列宽：

第1步：鼠标左键单击表格的任意边界以选中整个表格，被选中的表格将显示夹点，夹点位于表格的四周以及每列的顶角，如图6-125所示。

图6-125

第2步：选中第2列右边的夹点，然后水平向右拖动夹点到合适的位置并单击鼠标左键，这样第2列就被拉宽，并致使第3列变窄，而表格的整体宽度不变，如图6-126所示。

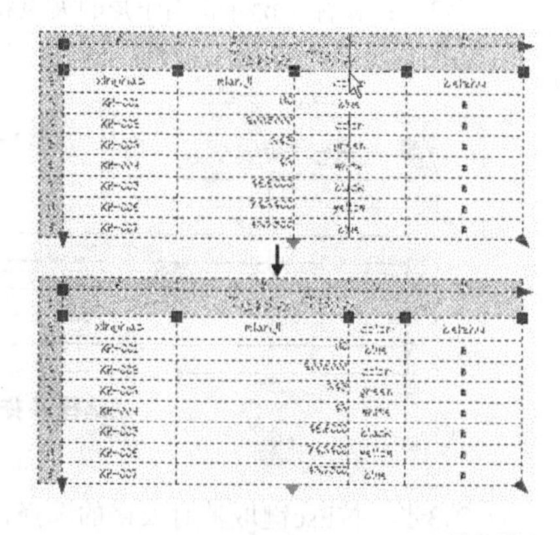

图6-126

在上一步操作中，如果在拖动夹点的时候按住Ctrl键，则第3列的宽度将保持不变，而表格的整体宽度将增大，如图6-127所示。

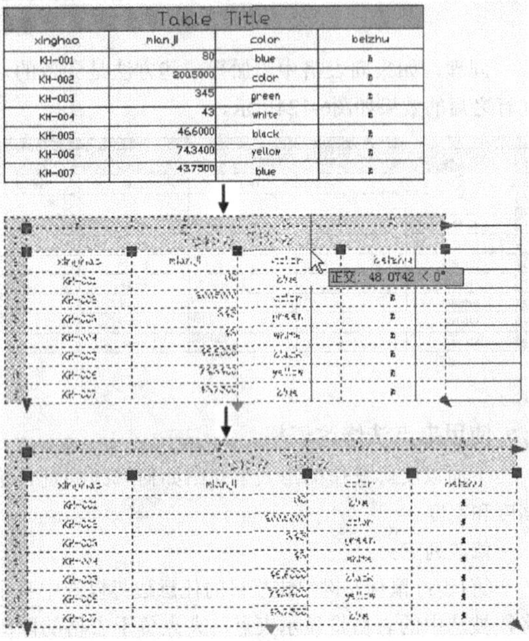

Table Title			
xinghao	mian ji	color	beizhu
KH-001	80	blue	[illegible]
KH-002	200.5000	color	[illegible]
KH-003	345	green	[illegible]
KH-004	43	white	[illegible]
KH-005	46.6000	black	[illegible]
KH-006	74.3400	yellow	[illegible]
KH-007	43.7500	blue	[illegible]

图6-127

修改表格的整体高度和宽度：

第1步：鼠标左键单击表格的任意边界以选中整个表格，如图6-128所示。

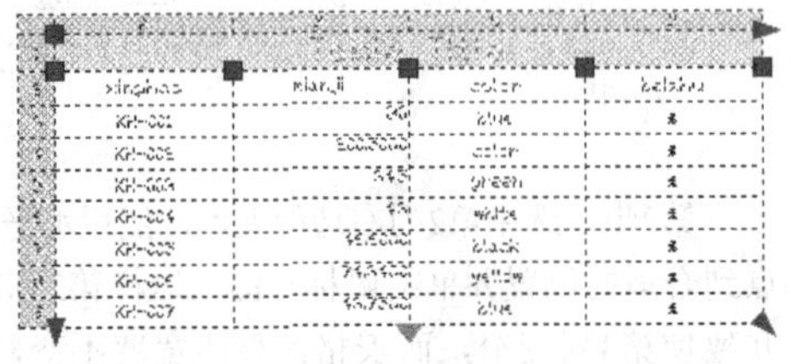

图6-128

第2步：鼠标左键单击右下角的夹点将其选中，然后往右下方向拖曳夹点到合适的位置并确定，如图6-129所示。

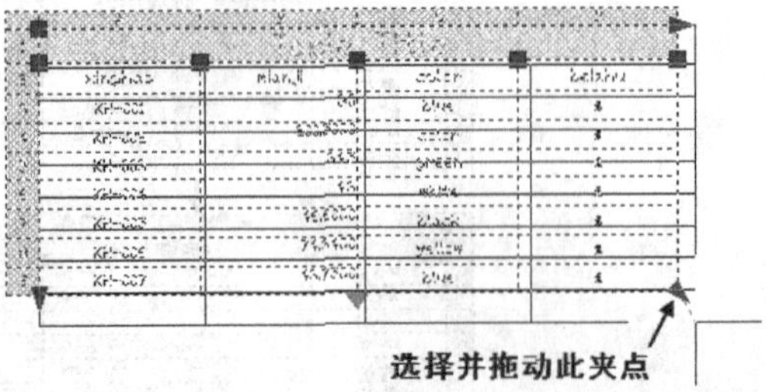

选择并拖动此夹点

图6-129

第3步：按Esc键取消对表格的选择，结果如图6-130所示，从图中可以看出表格被整体放大了。

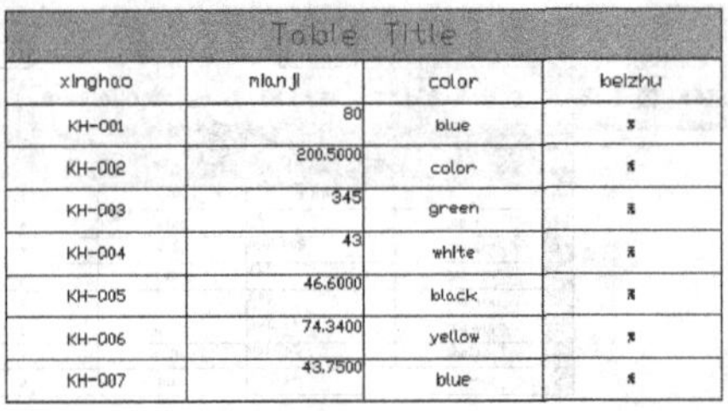

Table Title			
xinghao	mian ji	color	beizhu
KH-001	80	blue	[illegible]
KH-002	200.5000	color	[illegible]
KH-003	345	green	[illegible]
KH-004	43	white	[illegible]
KH-005	46.6000	black	[illegible]
KH-006	74.3400	yellow	[illegible]
KH-007	43.7500	blue	[illegible]

图6-130

6.2.4 实战——绘制建筑图纸的标题栏

素材位置 无
实例位置 第6章>实例文件>6.2.4.dwg
技术掌握 表格与文字的设置方法

对于某些比较规整的标题栏，采用表格功能进行绘制会快一些。但是，如果标题栏过于复杂，并且不规则，建议大家仍然采用Line（直线）等命令进行绘制。本例将要绘制的标题栏效果如图6-131所示。

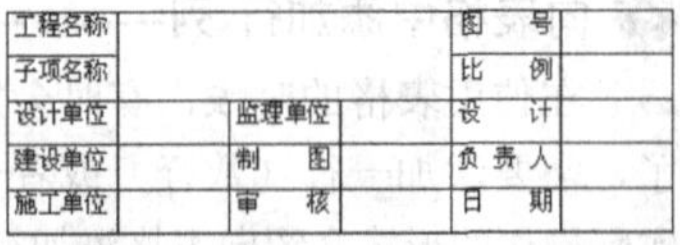

工程名称				图 号	
子项名称				比 例	
设计单位		监理单位		设 计	
建设单位		制 图		负 责 人	
施工单位		审 核		日 期	

图6-131

01 执行“绘图>表格”菜单命令，打开“插入表格”对话框，如图6-132所示，接着单击“表格样式”按钮，打开“表格样式”对话框，然后单击“修改”按钮，如图6-133所示，打开“修改表格样式: Standard”对话框，最后对Standard表格样式进行修改，如图6-134所示。

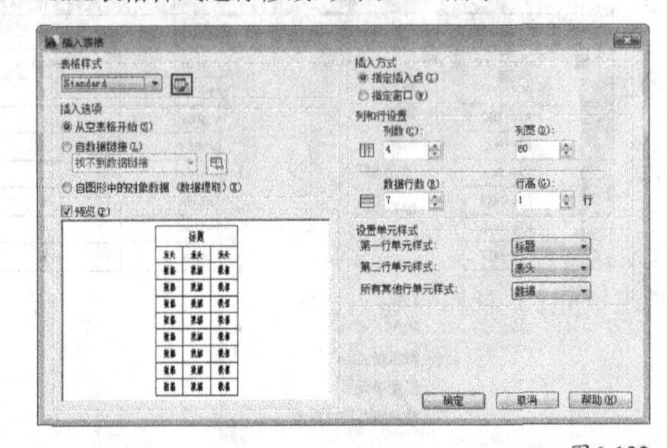

图6-132

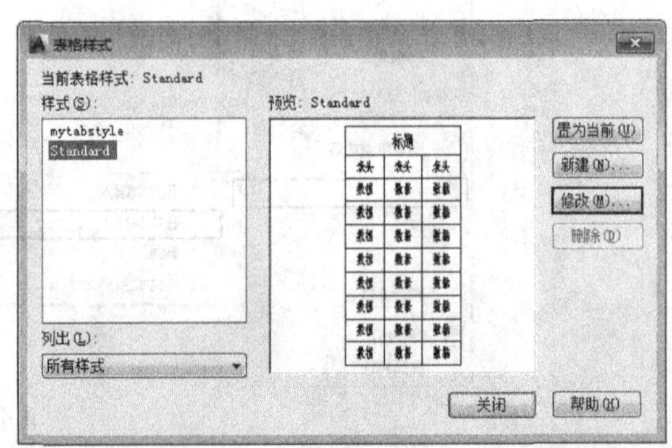

图6-133

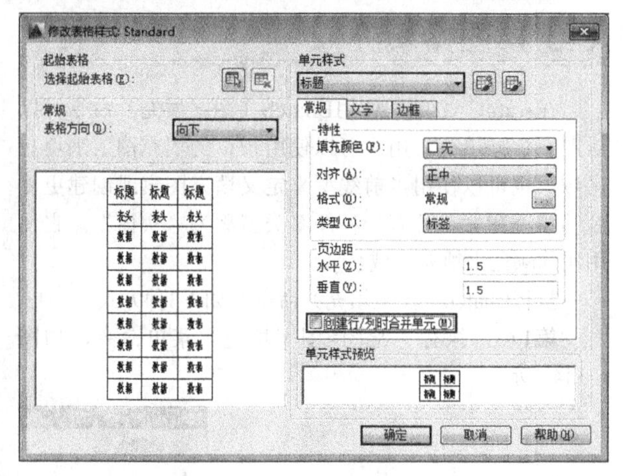

图6-134

专家点拨

图6-134所示步骤的操作的核心目标是修改标题行的样式，使标题行在创建的时候不会被合并。

02 修改完表格样式之后，关闭“修改表格样式：Standard”对话框，回到“表格样式”对话框，单击其中的“关闭”按钮。

03 系统返回“插入表格”对话框，在其中设置表格的“列数”为6、“列宽”为100，设置“数据行数”为3、“行高”为6，最后单击“确定”按钮，关闭该对话框，如图6-135所示。

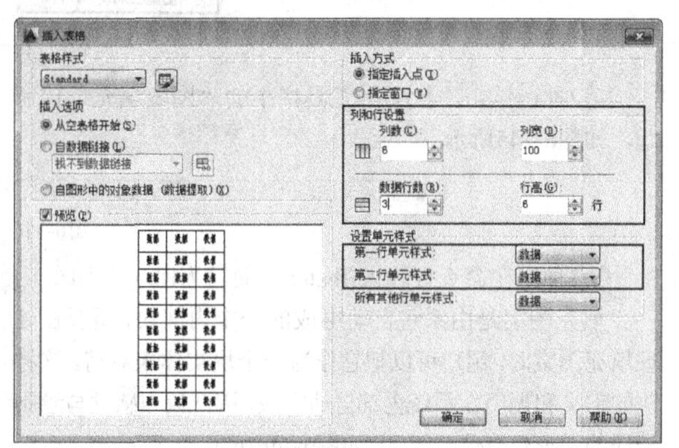

图6-135

04 回到绘图区域，此时要插入的表格将随着十字光标出现，在绘图区域的适当位置拾取一点，将表格插入到该位置，系统随即弹出“文字格式”编辑器，单击“确定”按钮，完成表格的插入工作，如图6-136所示。

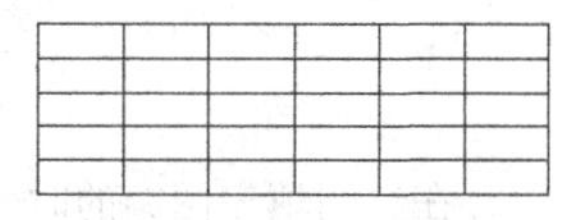

图6-136

05 现在来合并部分单元格。首先按住鼠标左键并拖动鼠标，选中要合并的单元格，然后单击鼠标右键，在弹出的菜单中单击“合并/全部”命令，如图6-137所示，合并之后的表格效果如图6-138所示。

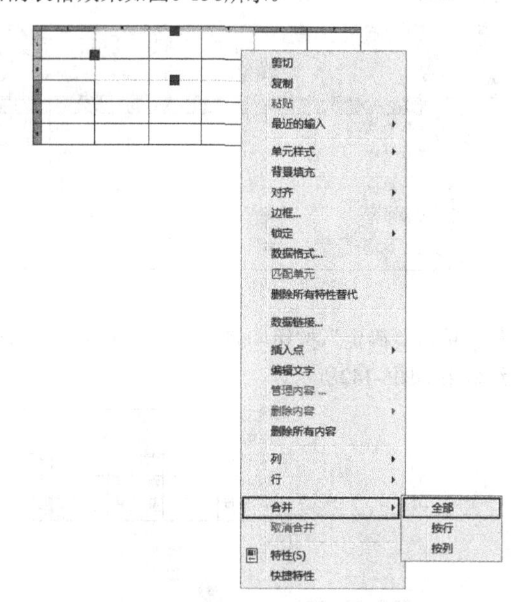

图6-137

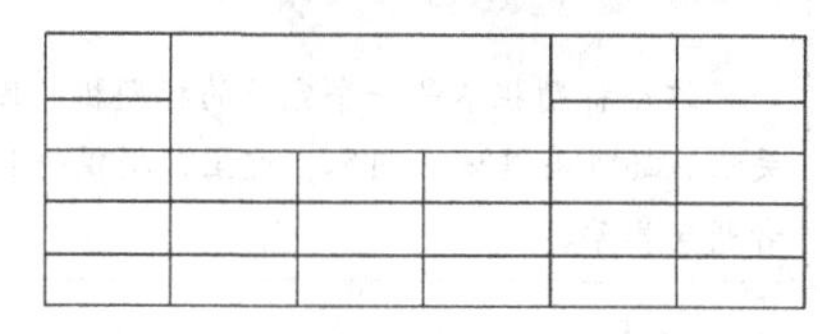

图6-138

专家点拨

在选择单元格的时候，用户可以采用画矩形框的形式进行选择，也可以按住Shift键挨个单击单元格进行选择（首先要先选中一个单元格，然后按住Shift键加选）。

在图6-139中，“合并”的子菜单中有3个选项，其中“全部”表示将选中的表格合并为一个单元格，“按行”表示把选中的单元格以行为基准进行合并，如图所示，“按列”表示把选中的单元格以列为基准进行合并，如图6-140所示。

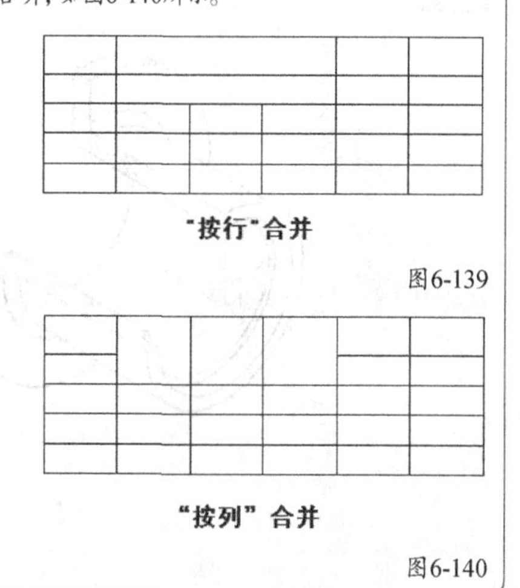

图6-139

图6-140

06 适当放大表格，以便使输入的文字看得清楚。接着用鼠标左键双击任意单元格，进入文字输入状态，然后输入如图6-141所示的文字。

	A	B	C	D	E	F
1	工程名称				图 号	
2	子项名称				比 例	
3	设计单位		监理单位		设 计	
4	建设单位		制 图		负责人	
5	施工单位		审 核		日 期	

图6-141

07 单击“确定”按钮，完成文字的输入，标题栏的最终效果如图6-142所示。

工程名称				图 号	
子项名称				比 例	
设计单位		监理单位		设 计	
建设单位		制 图		负责人	
施工单位		审 核		日 期	

图6-142

专家点拨

这个标题栏不是一个完整的标题栏，因为标题栏中的相关栏目还没有具体的内容，这里只提供一种方法和样式供读者朋友参考。

6.3 图案填充与渐变色

通俗地说，填充图案就是指一些具有特定样式的用来表现特定（剖面）材质的图形。从工程制图的角度来讲，AutoCAD的填充图案主要用来表现不同的剖面材料，这在建筑和机械制图领域的运用比较广泛。如图6-143所示，这是一个零件的轴测剖视图，其剖面的填充图案就是表示“金属材料”的斜线。

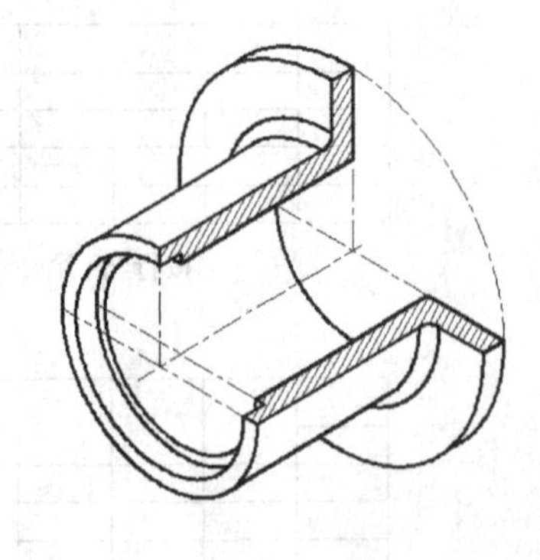

图6-143

6.3.1 图案填充

在AutoCAD中，使用Bhatch（图案填充）命令可以对图案进行填充，用户可以使用预设的填充图案来填充区域，也可以使用当前线型来定义填充图案或创建更复杂的填充图案。还有一种图案类型称为“实体”，它使用实体颜色来填充区域。

执行Bhatch（图案填充）命令有如下3种方式。

第1种：执行“绘图>图案填充”菜单命令，如图6-144所示。

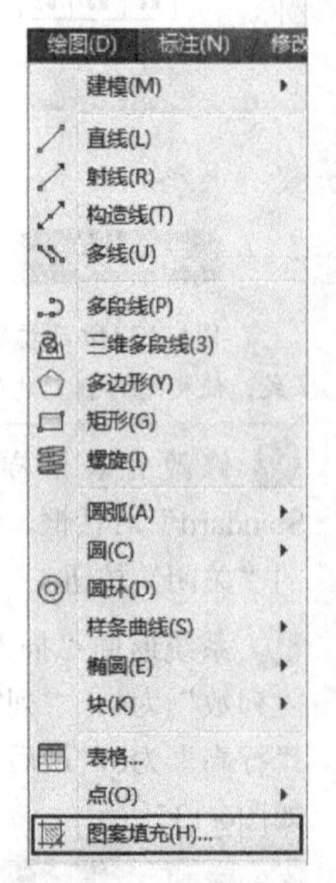

图6-144

第2种：单击“绘图”工具栏中的“图案填充”按钮，如图6-145所示。

图6-145

第3种：在命令行输入Bhatch（简写为Bh）并回车。

填充图案是由系统自动组成的一个内部块，所以在处理填充图案时，用户可以把它作为一个块实体来对待。这种块的定义和调用在系统内部自动完成，因此用户感觉与绘制一般的图形没有什么差别，如图6-146所示。

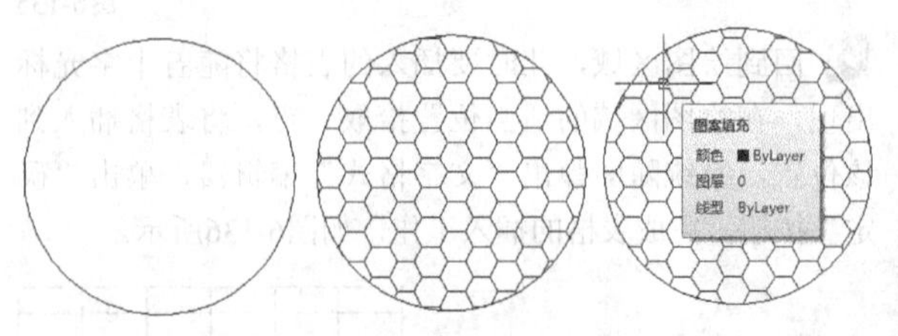

图6-146

在绘制填充图案的时候，首先要确定要填充区域的边界。边界由构成封闭区域的对象来确定，并且必须在当前屏幕上全部可见。

在AutoCAD 2014中，边界的定义比较人性化，当要填充区域的边界不是封闭的时候，如果想要填充图案，系统会自动默认为封闭图形，同样可以进行填充，但会出现一些缺失，如图6-147所示。

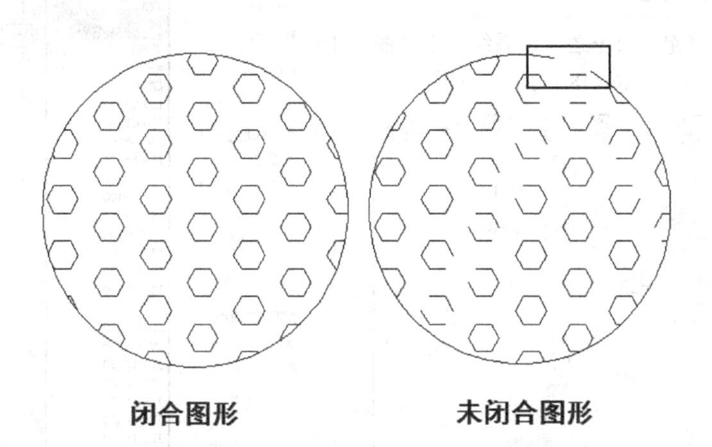

图6-147

在工程制图中，填充图案主要被用于表达各种不同的工程材料。例如在建筑剖面图中，为了能清楚表现物体中被剖切的部分，在横断面上应该绘制表示建筑材料的填充图案；在机械零件的剖视图和剖面图上，为了分清零件的实心和空心部分，国标规定被剖切到的部分应绘制填充图案。表6-1所示不同的材料也要采用不同的填充图案。

表6-1 建筑工程制图中常用的填充图案

材料名称	AutoCAD中图案代号	填充图案造型	备注
墙身剖面	ANSI31		包括砌体、砌块；断面较窄，不易画出图案时，可以涂红表示
砖墙面	AR-BRELM		
玻璃	AR-RROOF		包括平板玻璃、磨砂玻璃、夹丝玻璃、钢化玻璃等
混凝土	AR-CONC		适用于能承重的混凝土及钢筋混凝土；包括各种标号、骨料、添加剂的混凝土；断面较窄时，不易画出图案时，可涂黑表示
钢筋混凝土	ANSI31+AR-CONC		
夯实土壤	AR-HBONE		
石头坡面	GRAVEL		
绿化地带	GRASS		
草地	SWAMP		
多孔材料	ANSI37		包括水泥珍珠岩、沥青珍珠岩、泡沫混凝土、非承重加气混凝土、泡沫塑料、软木等
灰、砂土	AR-SAND		靠近轮廓线的点较密
文化石	AR-RSHKE		

专家点拨

在实际工作当中，不同图纸的同类型填充图案可能会有一些形式上的出入，工作人员要以当前图纸上的具体规定为准。

执行Bhatch（图案填充）命令之后，系统弹出“图案填充和渐变色”对话框，如图6-148所示。

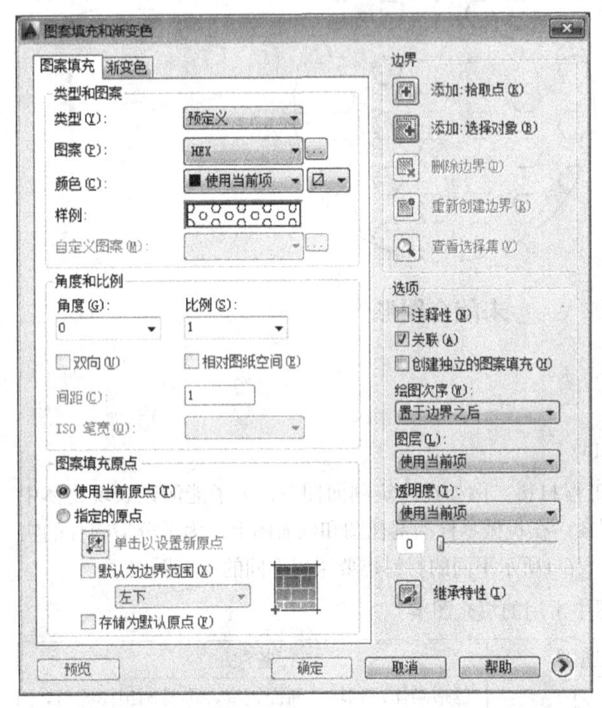

图6-148

参数介绍

类型和图案：该选项组用于设置填充图案的类型、样式和颜色，共包含以下5个选项。

类型：设置填充图案的类型，共有“预定义”、“用户定义”和“自定义”3个选项。“预定义”选项表示使用系统预设的填充图案，可以控制预定义填充图案的比例和旋转角度；“用户定义”选项表示使用当前线型定义简单的填充图案；“自定义”选项表示让用户从其他定制的.pat文件中选择一个图案，而不是从Acad.pat或Acadiso.pat文件中选择，用户同样可以控制自定义填充图案的比例和旋转角度。

在一般情况下，使用预定义图案就可以达到大部分的绘制要求。

图案：只有设置“类型”为“预定义”选项时，该选项才可用，用于在下拉列表中选择系统提供的预设填充图案，如图6-149所示。

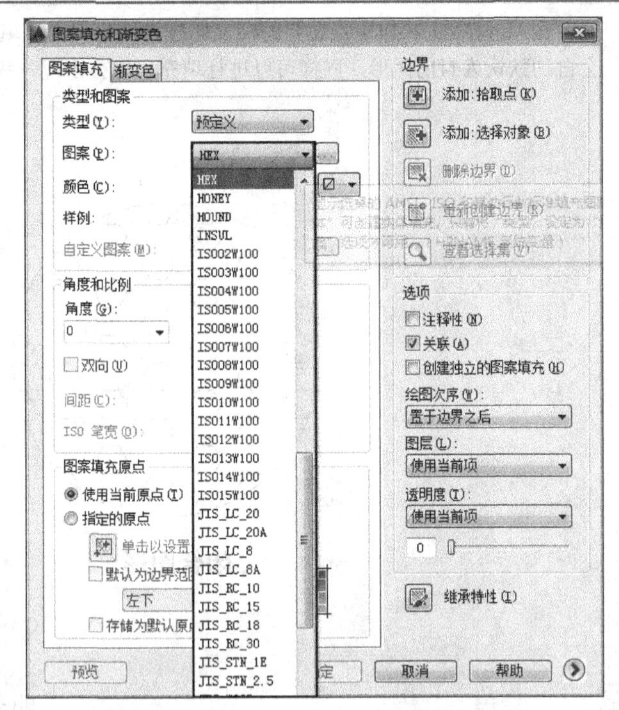

图6-149

单击“图案”选项右侧的□按钮可以打开“填充图案选项板”对话框，该对话框将以图标的形式显示AutoCAD自带的所有填充图案，如图6-150所示。对AutoCAD不太熟悉的用户可以通过这个对话框来选择填充图案。

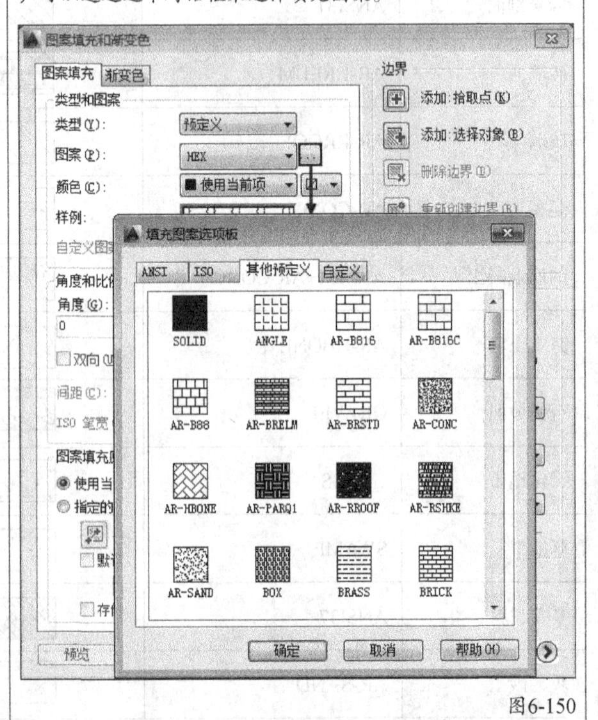

图6-150

颜色：用于设置填充图案的颜色。

样例：显示所选图案的预览效果。

自定义图案：只有设置“类型”为“自定义”选项时，该参数才可用，其下拉列表中列出了可供用户使用的自定义图案名称。

角度和比例：该选项组用于设置填充图案的角度和比例，主要包含以下4个选项。

角度：指定填充图案相对于当前用户坐标系x轴的旋转角度。

比例：设置填充图案的缩放比例，以使图案的外观变得更稀疏或者更紧密一些。

间距：只有设置“类型”为“用户定义”选项时，该选项才可用，用于在编辑用户定义图案时，指定图案中线的间距。

ISO 笔宽：用于设置ISO预定义图案的笔宽。只有设置“类型”为“预定义”选项，并且选择了一个可用的ISO图案时，该选项才可用。

图案填充原点：该选项组用于设置填充图案的原点，主要包含以下两个选项。

使用当前原点：这是默认设置，表示填充图案始终相互对齐。

指定的原点：勾选该选项时，下面的控制选项才可用。该选项用于重新确定填充图案的原点，如图6-151所示是不同填充原点的对比效果。

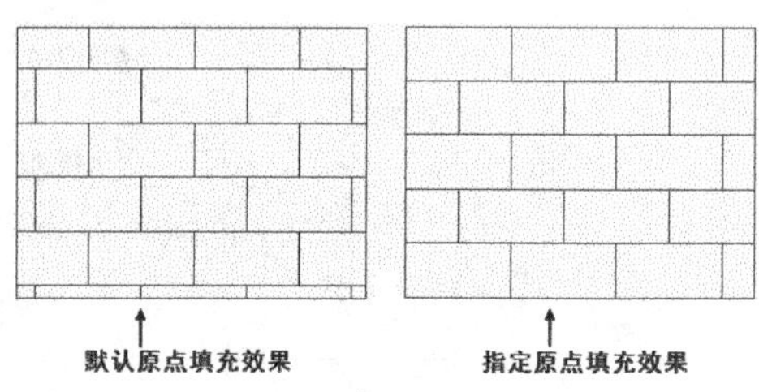

图6-151

边界：该选项组用于选择填充区域，主要包含以下3个选项。

添加:拾取点：用于在要填充的区域内部拾取一点，以围绕拾取点构成封闭区域的现有对象来确定边界，如图6-152~图6-154所示。

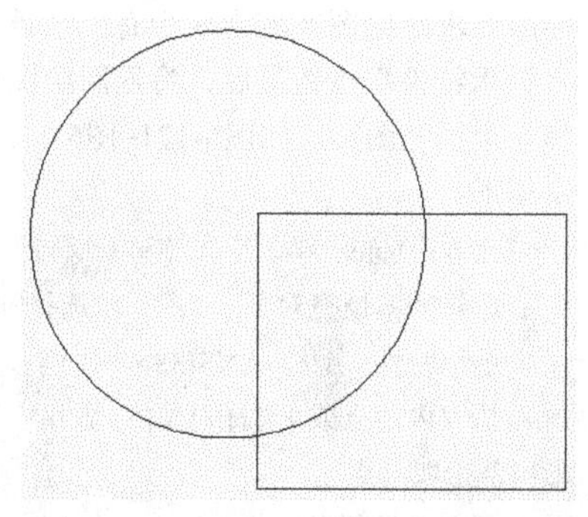

图6-152

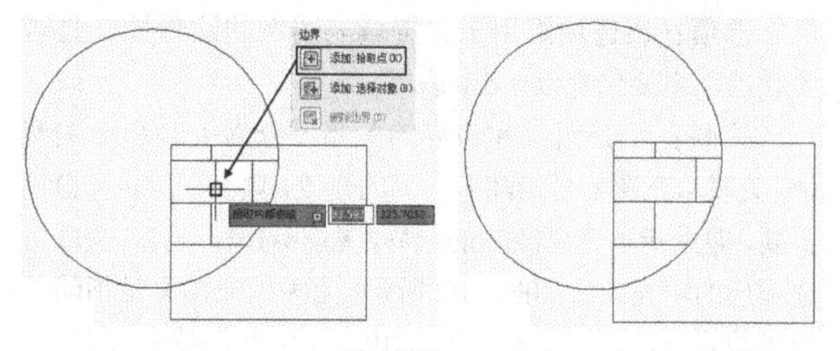

图6-153 图6-154

添加:选择对象：根据构成封闭区域的选定对象确定边界，如图6-155~图6-157所示。

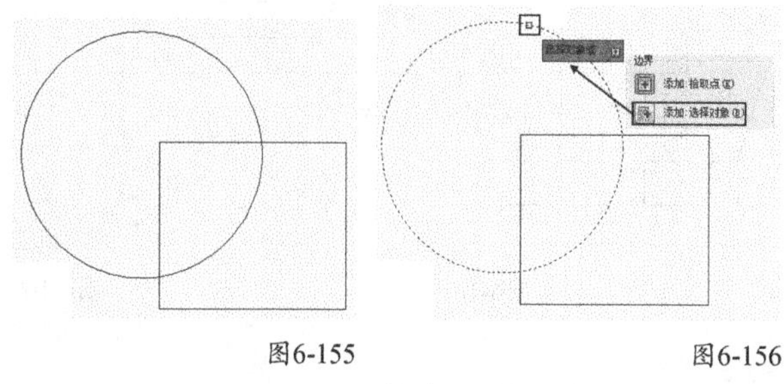

图6-155 图6-156

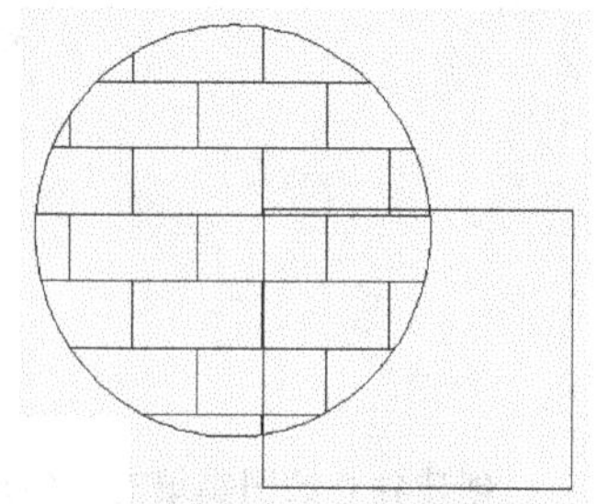

图6-157

删除边界：只有选定边界对象后，该按钮才可用，用于从边界定义中删除之前添加的任何对象，如图6-158~图6-160所示。

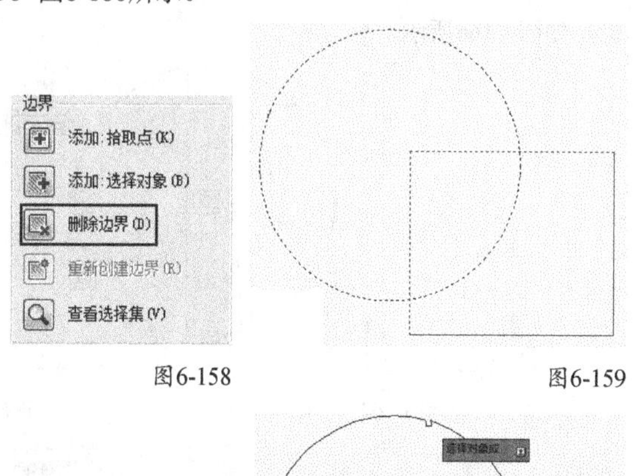

图6-158 图6-159

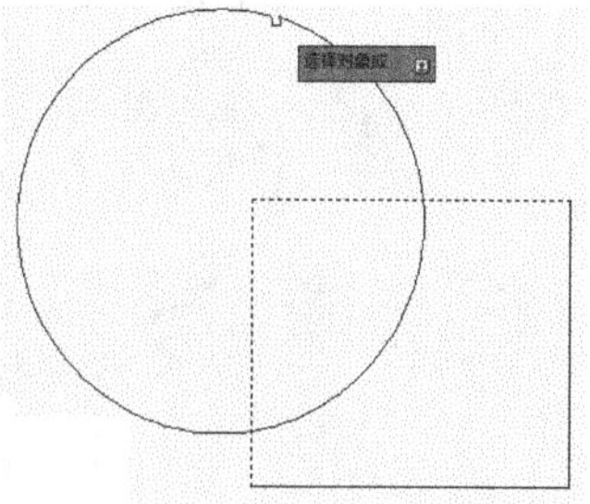

图6-160

选项：该选项组用于设置填充图案的注释性、是否关联等，主要包含以下5个选项。

关联：填充图案和边界的关系可分为关联和无关两种。关联填充图案是指随着边界的修改，填充图案也会自动更新，即重新填充更改后的边界，见图6-161，勾选“关联”选项后的填充效果如图6-162所示；无关填充图案是指随着边界的修改，填充图案不会自动更新，依然保持原状态，如图6-163所示。

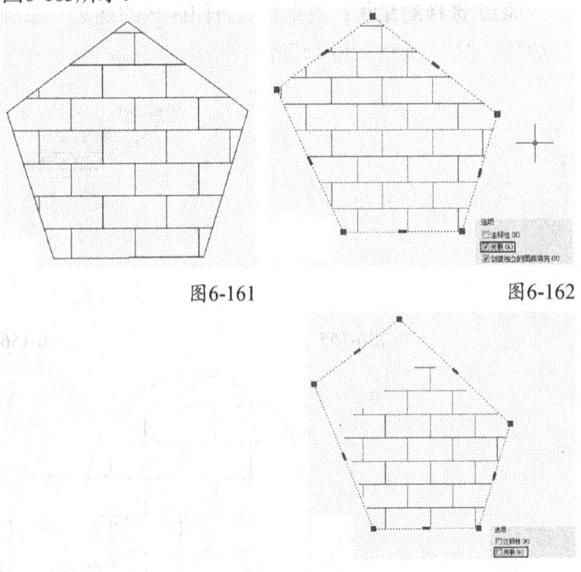

图6-161　　图6-162

图6-163

创建独立的图案填充：勾选该选项后，如果指定了多个单独的闭合边界，那么每个闭合边界内的填充图案都是独立对象，见图6-164，勾选“创建独立的图案填充”选项后的效果如图6-165所示；如果没有勾选该选项，那么多个单独闭合边界内的填充图案是一个整体对象，如图6-166所示。

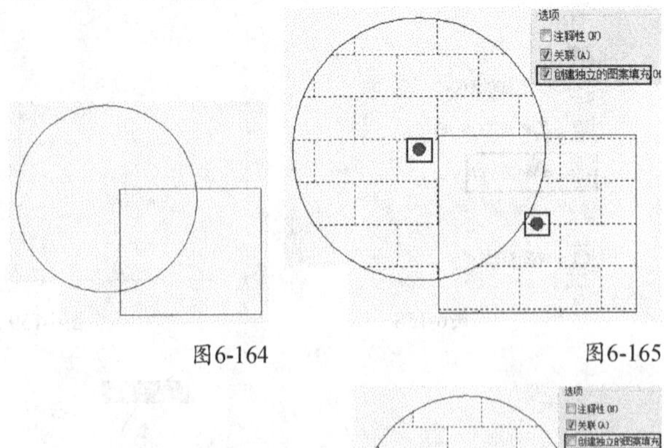

图6-164　　图6-165

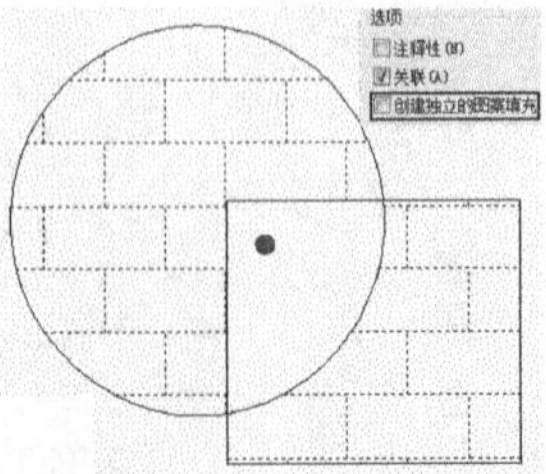

图6-166

绘图次序：设置填充图案的放置次序，其中有多个选项供用户选择，如图6-167所示。系统默认设置是“置于边界之后”选项，即把填充图案置于边界线的后面，在实际的工作中通常都用该选项。

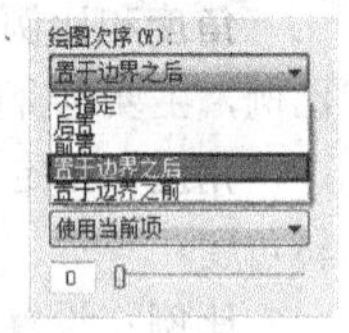

图6-167

图层：为指定的图层指定新图案填充对象，以替代当前图层。

透明度：设置填充图案的透明度，取值范围为0~90，如图6-168~图6-170所示是设置不同“透明度”的对比效果。

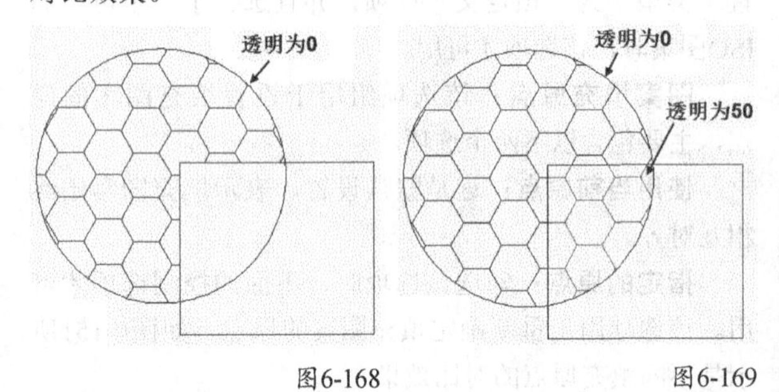

图6-168　　图6-169

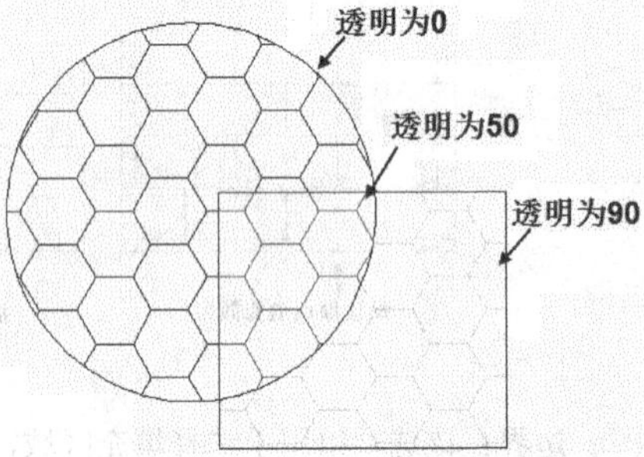

透明为0
透明为50
透明为90

图6-170

继承特性：“继承特性”是指继承填充图案的样式、颜色、比例等所有属性，该按钮可以使选定的填充图案对象对指定的边界进行填充。使用“继承特性”功能的要求是绘图区域内至少有一个填充图案存在。单击“继承特性”按钮后，将返回绘图区域，提示用户选择一个填充图案，如图6-171~图6-173所示，相关命令提示如下。

```
命令: _hatch
选择图案填充对象:              //选择圆内的填充图案
继承特性: 名称 <ANSI38>，比例 <1>，角度 <0>
拾取内部点或 [选择对象(S)/删除边界(B)]:              //在矩形内部拾取一点
正在选择所有对象...
正在选择所有可见对象...
```

正在分析所选数据...

正在分析内部孤岛...

拾取内部点或 [选择对象(S)/删除边界(B)]: ↙ //按回车键返回“图案填充和渐变色”对话框，然后单击“确定”按钮[确定]完成填充

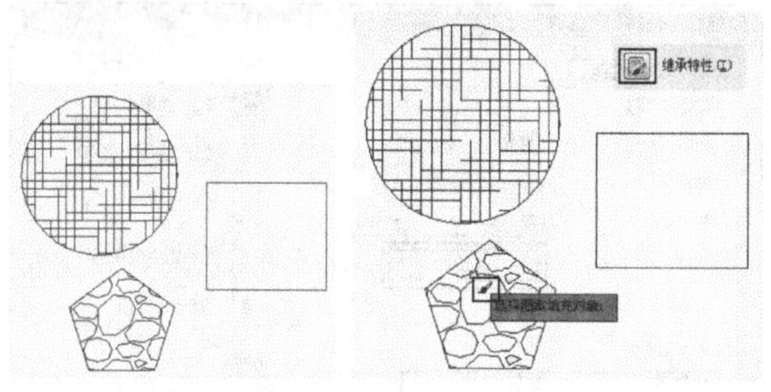

图6-171 图6-172

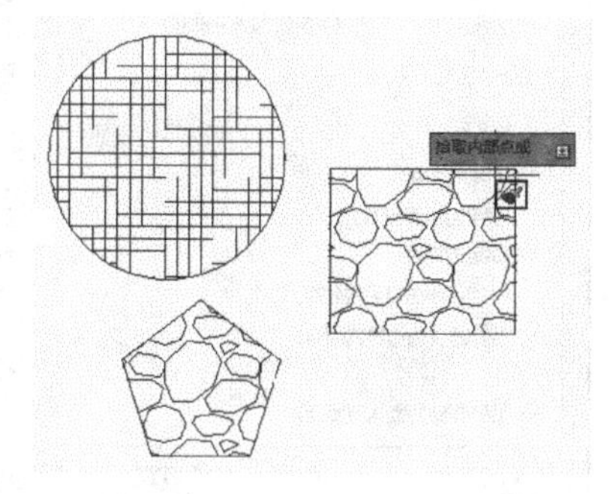

图6-173

孤岛：在“图案填充和渐变色”对话框中单击⊙按钮，完全展开该对话框，就可以看到“孤岛”选项组，该选项组主要包含以下3个选项，如图6-174和图6-175所示。

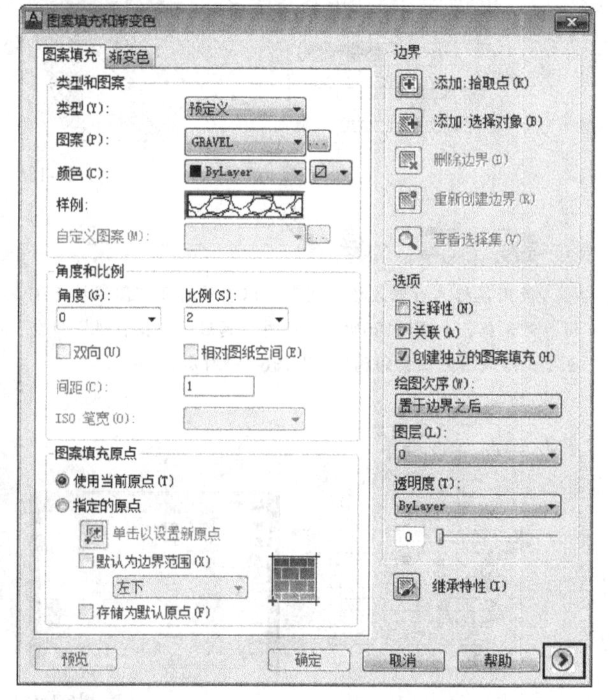

图6-174

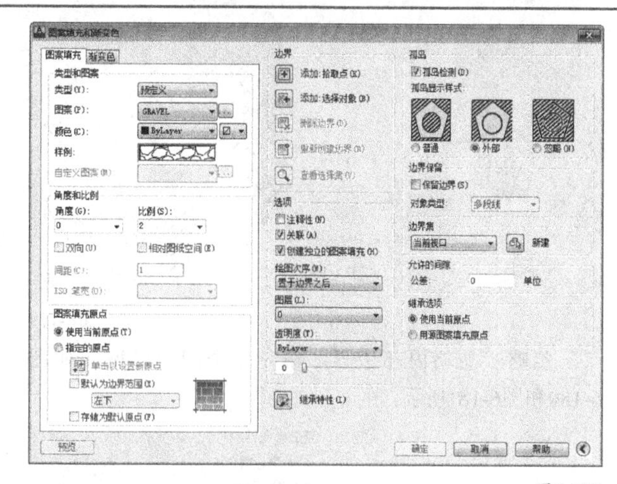

图6-175

在AutoCAD中，填充的封闭区域被称作“孤岛”，用户可以使用3种填充样式来填充孤岛，分别是“普通”、“外部”和“忽略”。

普通：从外部边界向内填充。如果填充过程中遇到内部边界，填充将停止，直到遇到另一个边界，如图6-176和图6-177所示。

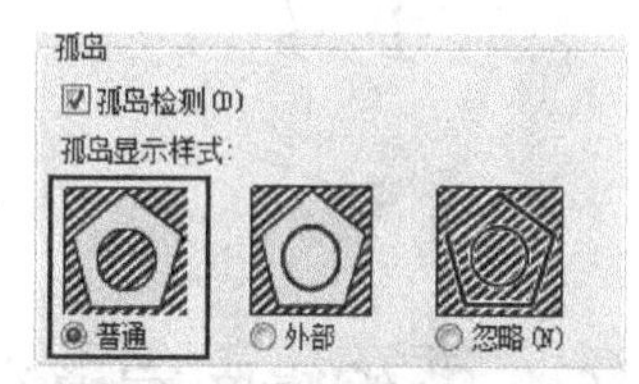

图6-176

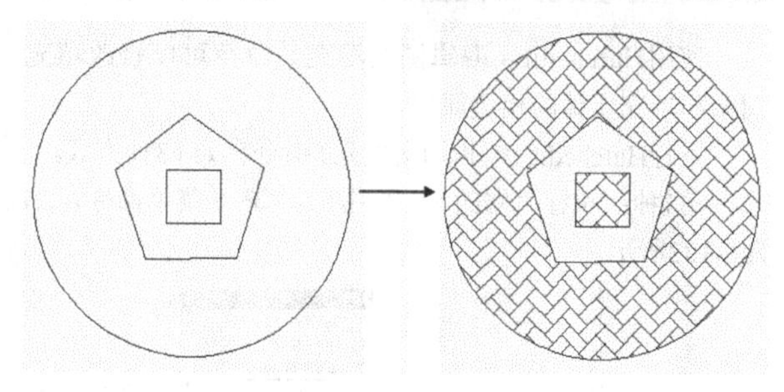

图6-177

外部：从外部边界向内填充并在下一个边界处停止。该选项仅填充指定的区域，不会影响内部孤岛，是默认的填充方式，如图6-178和图6-179所示。

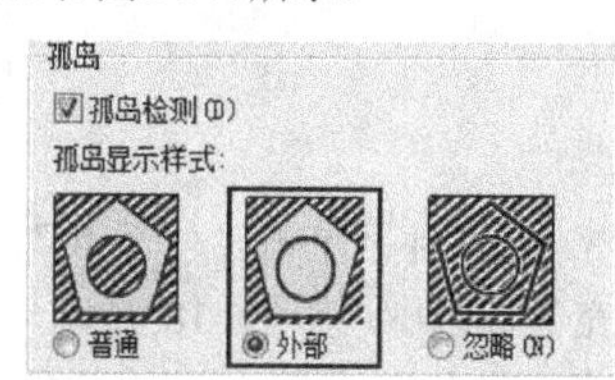

图6-178

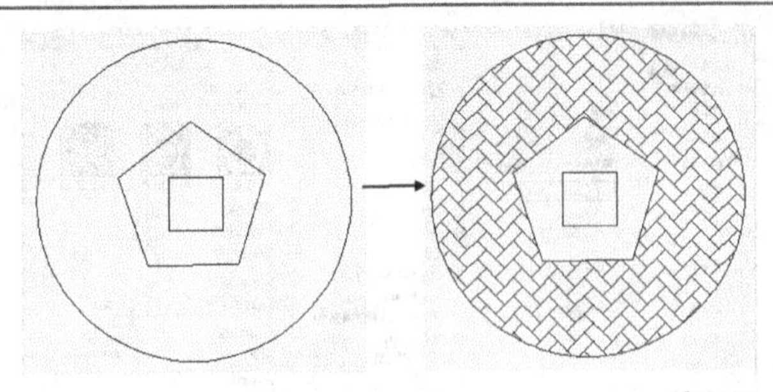

图6-179

忽略：忽略内部边界，填充整个闭合区域，如图6-180和图6-181所示。

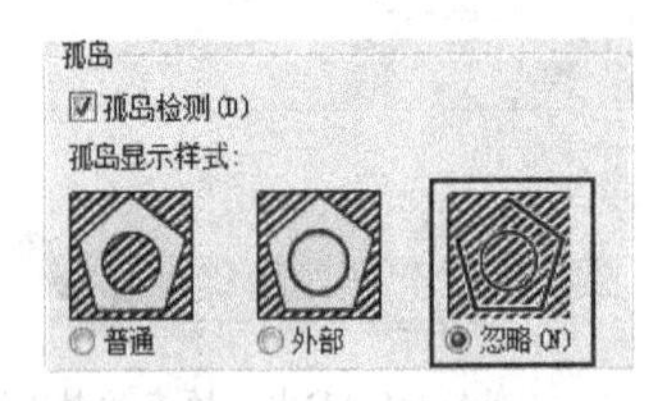

图6-180

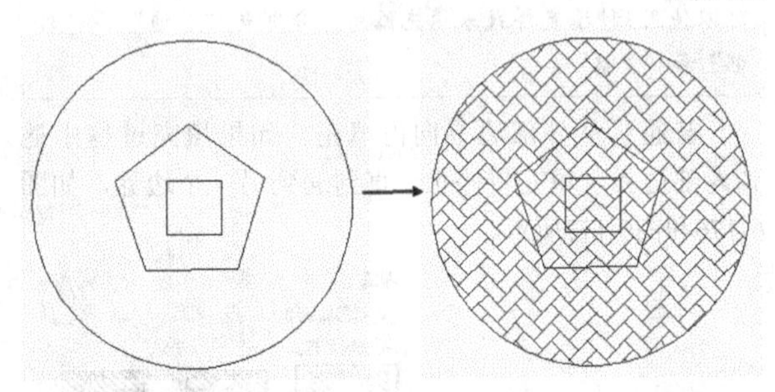

图6-181

6.3.2 编辑图案填充

使用Hatchedit（编辑图案填充）命令可以修改填充图案和填充实体的相关属性。

执行Hatchedit（编辑图案填充）命令有如下3种方式。

第1种：执行“修改>对象>图案填充”菜单命令，如图6-182所示。

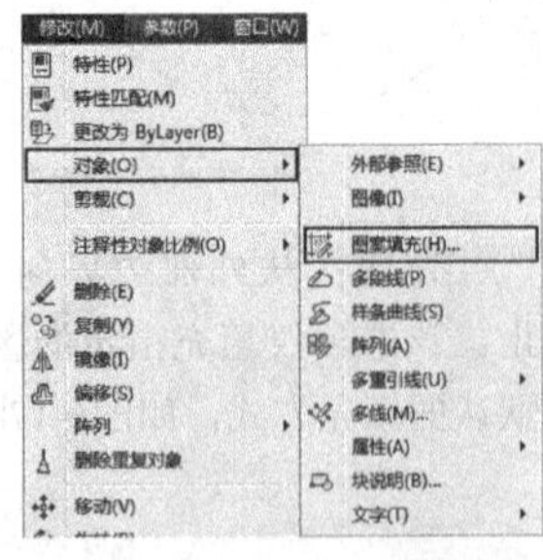

图6-182

第2种：单击“修改II”工具栏中的“编辑图案填充”按钮，如图6-183所示。

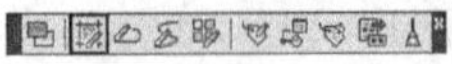

图6-183

第3种：在命令行输入Hatchedit（简写为He）并回车。

执行Hatchedit（编辑图案填充）命令后，将提示用户选择需要编辑的填充图案，完成选择后将打开“图案填充编辑”对话框，通过该对话框可以修改现有填充图案的属性，例如填充图案的造型、比例和角度等，如图6-184和图6-185所示。

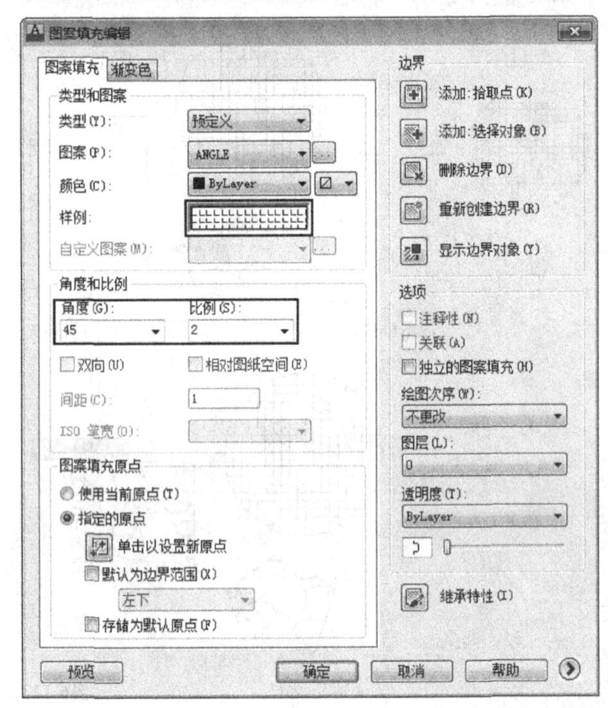

图6-184

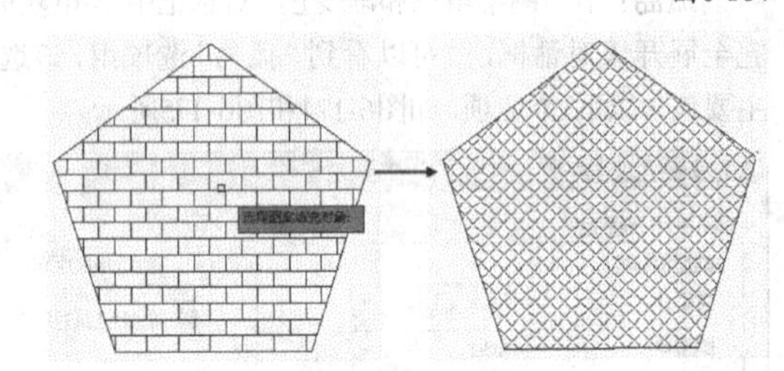

图6-185

使用鼠标左键双击填充图案可以直接打开“图案填充编辑”对话框，如图6-186所示。此外，通过“快捷特性”命令也可以修改填充图案的属性，如图6-187所示。

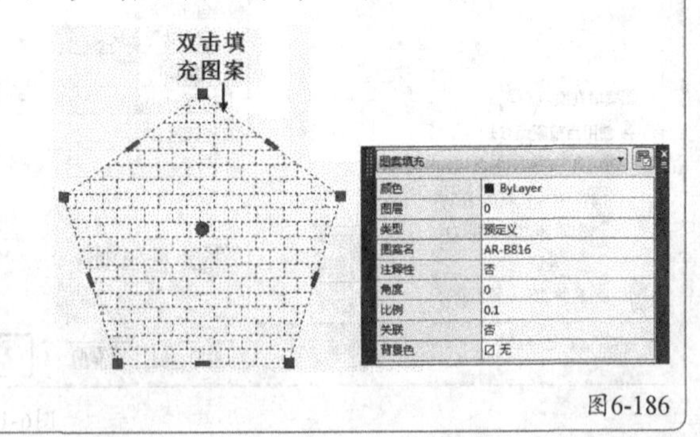

图6-186

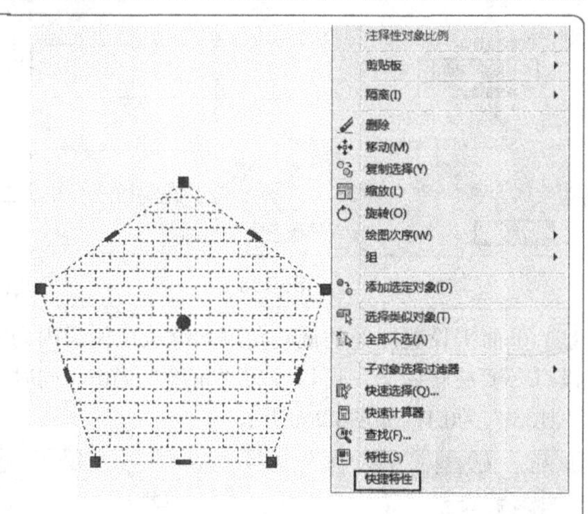

图6-187

另外，在AutoCAD 中，用户还可以按照修剪任何其他对象的方法来修剪填充图案或者将填充图案分解。例如在图6-188中，如果要修剪矩形与圆相交部分的填充图案，只需执行Trim（修剪）命令即可，如图6-189所示，效果如图6-190所示。

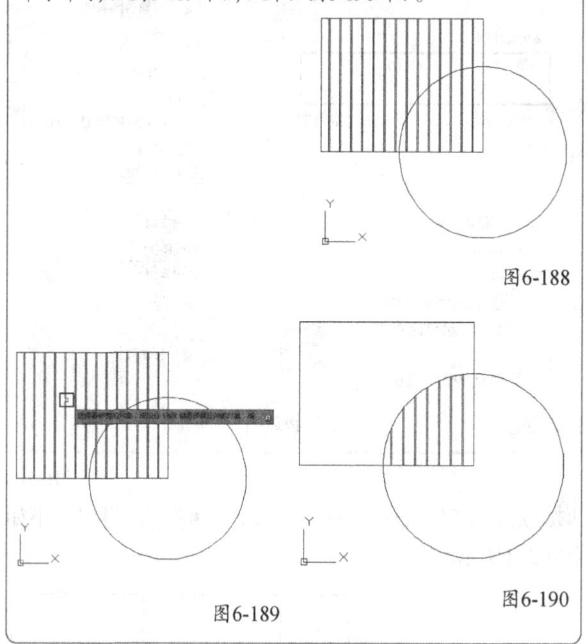

图6-188

图6-189

图6-190

6.3.3 实战——绘制砖形图例

素材位置　无

实例位置　第6章>实例文件>6.3.3.dwg

技术掌握　图案填充的运用

本例绘制的砖形图例效果如图6-191所示。

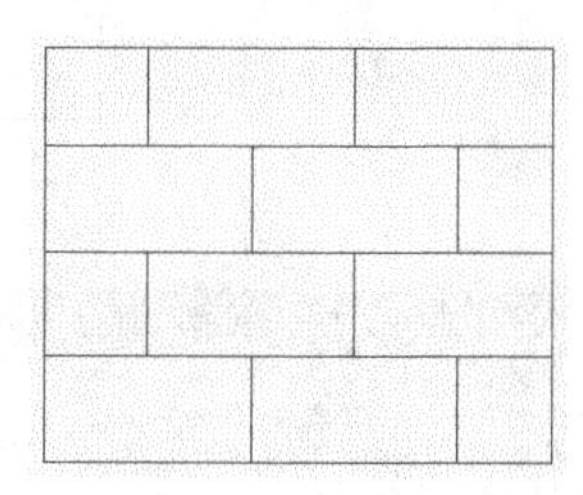

图6-191

01 执行Rectang（矩形）命令，绘制一个100mm×80mm的矩形，如图6-192所示，相关命令提示如下。

命令：_rectang↙

指定第一个角点或 [倒角(C)/标高(E)/圆角(F)/厚度(T)/宽度(W)]：　//在绘图区域拾取一点

指定另一个角点或 [面积(A)/尺寸(D)/旋转(R)]：@100,80↙

图6-192

02 执行“绘图>图案填充”菜单命令，打开“图案填充和渐变色”对话框，然后单击“图案”列表框右侧的[...]按钮，打开“填充图案选项板”对话框，接着在该对话框中单击“其他预定义”选项卡，最后使用鼠标左键双击其中的AR-B816图案，如图6-193所示。

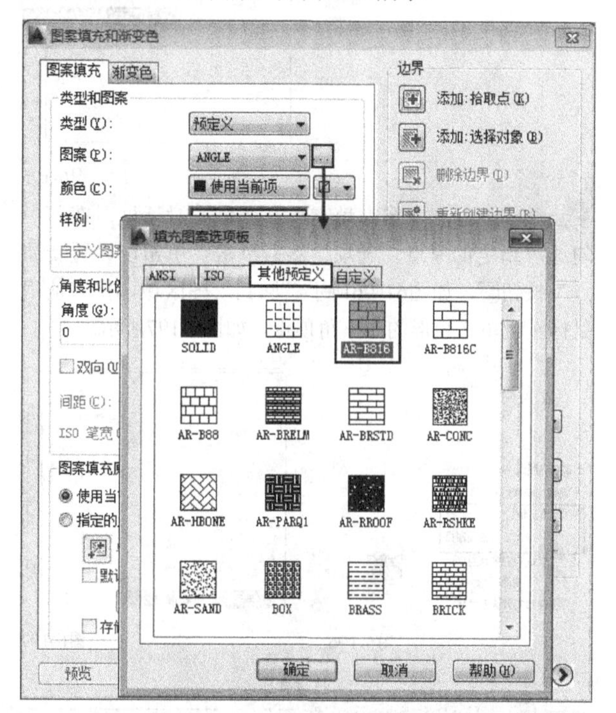

图6-193

03 单击“图案填充和渐变色”对话框中的“添加:拾取点”按钮，如图6-194所示，然后回到绘图区域，接着使用鼠标左键在矩形内单击（表示图案将要填充到矩形区域内），最后按回车键确认，如图6-195所示。

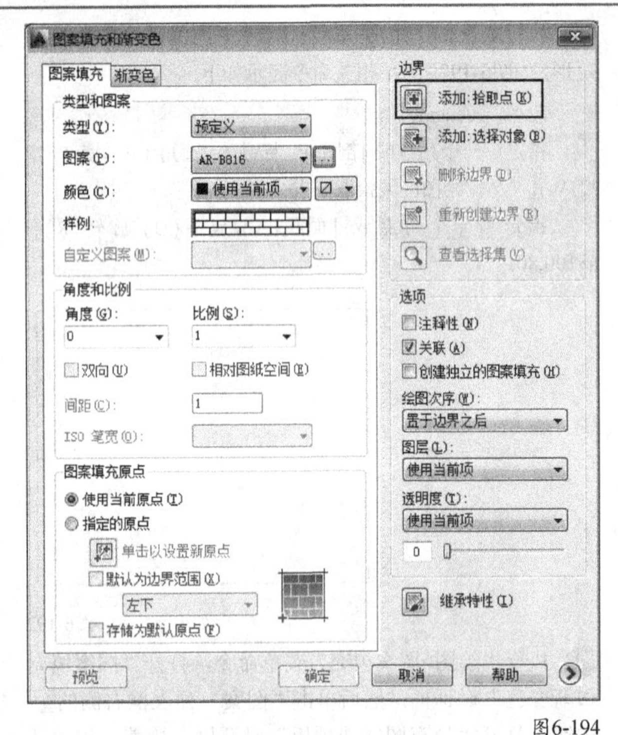

图6-194

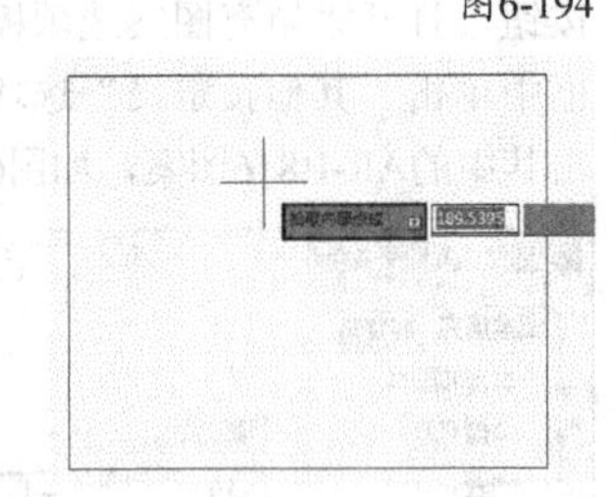

图6-195

04 系统返回到“图案填充和渐变色”对话框，在其中勾选“指定的原点”选项，然后单击“单击以设置新原点”按钮，如图6-196所示，回到绘图区域，接着使用鼠标左键单击矩形的左下角顶点，如图6-197所示。

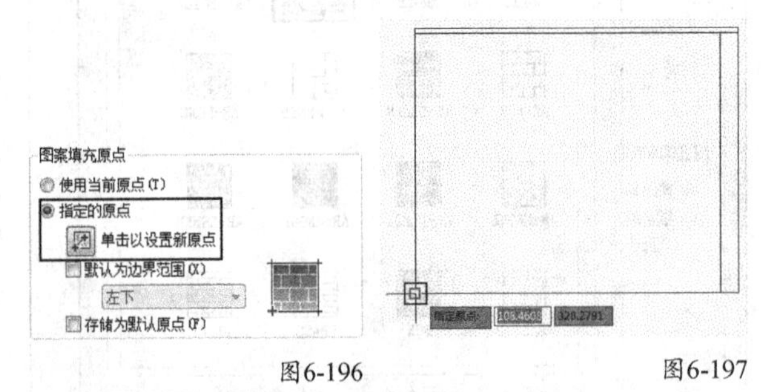

图6-196　　图6-197

这一步操作就是重新指定图案的填充原点，请用户注意操作方法。如果不重新指定图案的填充原点，填充方式就是“使用当前圆点”方式，如图6-198所示，而最终填充效果就变成了图6-199中的效果，可以看到在上方边缘出现了不理想的边缘效果。

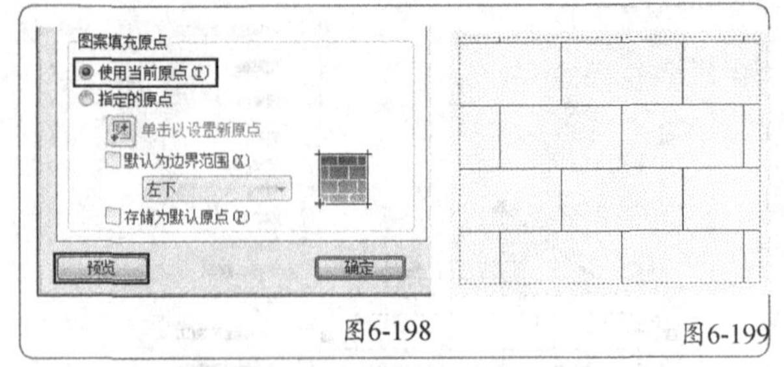

图6-198　　图6-199

05 下面来设置图案的旋转角度和缩放比例。因为本例没有必要旋转图案，所以设置“角度”为0°，同时设置“比例”为0.1，如图6-200所示。

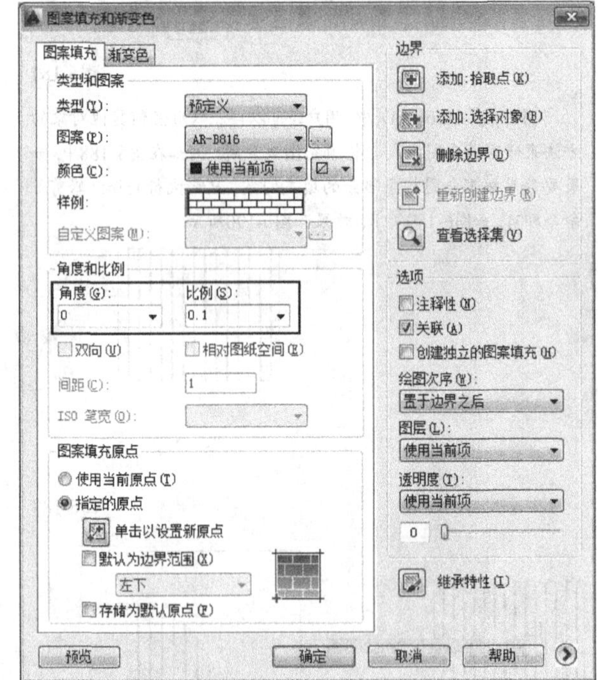

图6-200

06 完成设置后单击“确定”按钮确定，最终效果如图6-201所示。

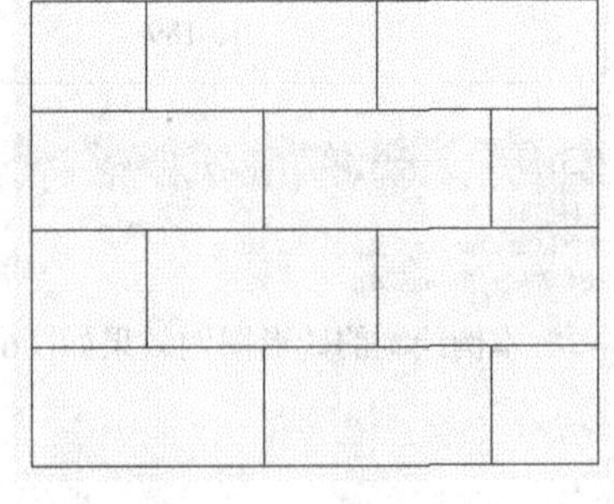

图6-201

6.3.4 实战——绘制地面拼花

素材位置　无
实例位置　第6章>实例文件>6.3.4.dwg
技术掌握　绘制地面拼花的方法

本例绘制的地面拼花效果如图6-202所示。

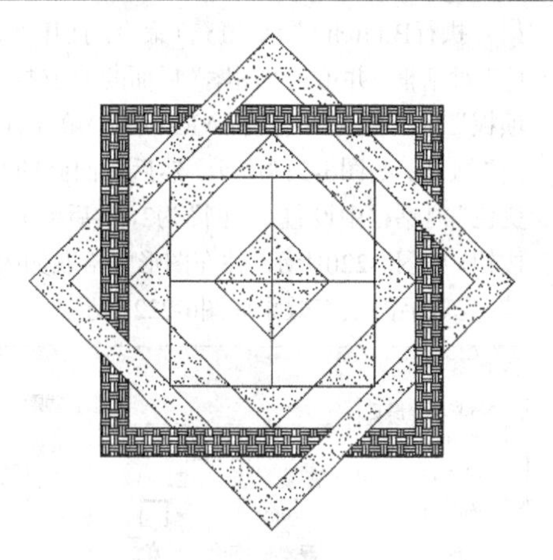

图6-202

01 执行Rectang（矩形）命令绘制一个2500mm×2500mm的矩形，如图6-203所示。

02 执行Offset（偏移）命令将矩形向内分别偏移复制200mm，如图6-204所示。

图6-203

图6-204

03 执行Line（直线）命令绘制出里面矩形的两条对角线，如图6-205所示。

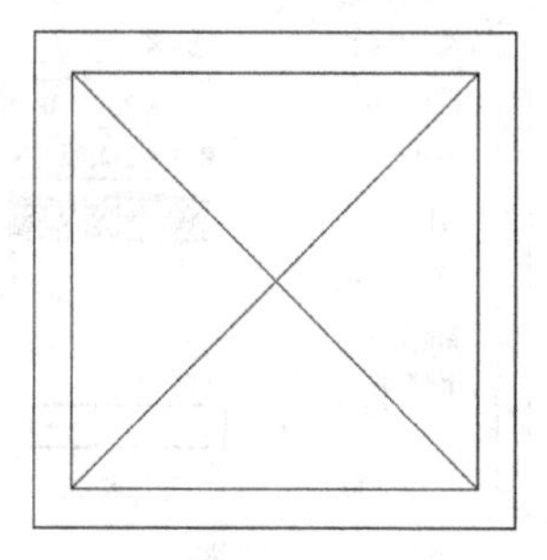

图6-205

04 执行Rotate（旋转）命令将前面绘制的所有图形进行旋转并复制，如图6-206~图6-209所示，此时效果如图所示，相关命令提示如下。

命令: _rotate
UCS 当前的正角方向: ANGDIR=逆时针 ANGBASE=0
选择对象: 指定对角点: 找到 4 个
选择对象: ↙
指定基点:　　//捕捉图形中两条对角线的交点
指定旋转角度，或 [复制(C)/参照(R)] <0>: c↙
旋转一组选定对象。
指定旋转角度，或 [复制(C)/参照(R)] <0>: 45↙

图6-206

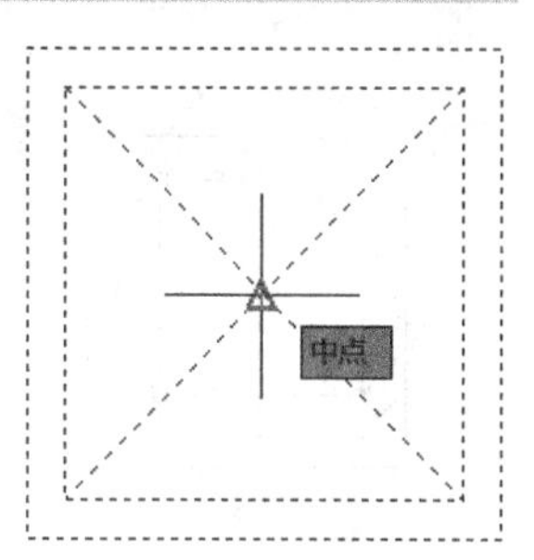

图6-207

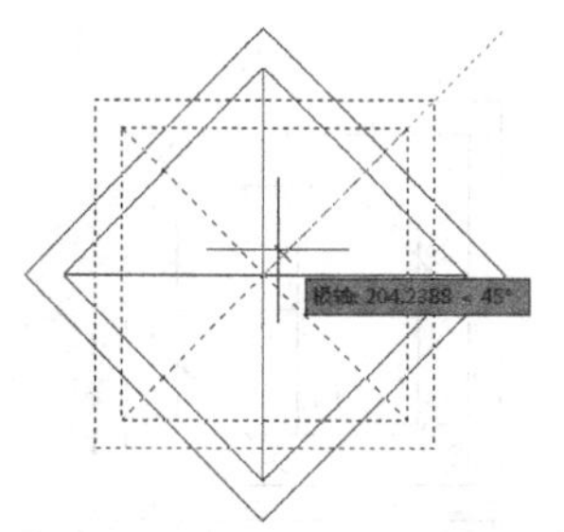

图6-208

图6-209

05 执行Pline（多段线）命令，绘制出如图所示的两条多段线，并分别将其进行合并，如图6-210所示。

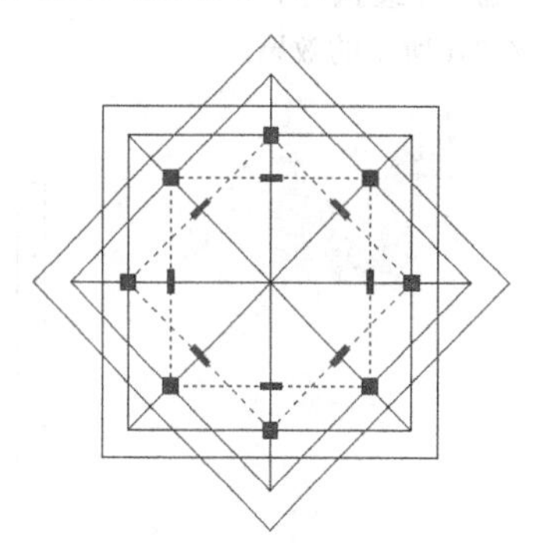

图6-210

06 执行Trim（修剪）命令，对图形中相应的8条线段进行修剪操作，如图6-211所示，修剪后的效果如图6-212所示。

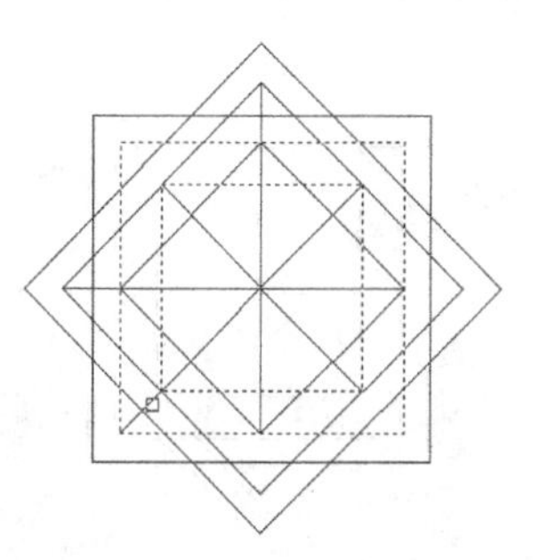

图6-211

图6-212

07 删除如图6-213所示的两条直线，并执行Trim（修剪）命令，将如图6-214所示中相应的4条线段进行修剪操作，修剪完成后的效果如图6-215所示。

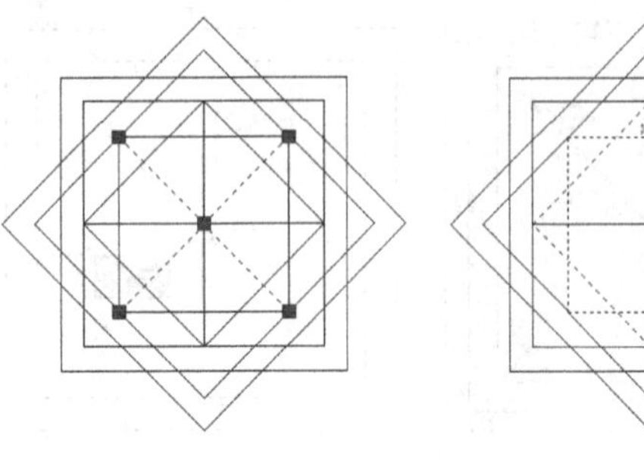

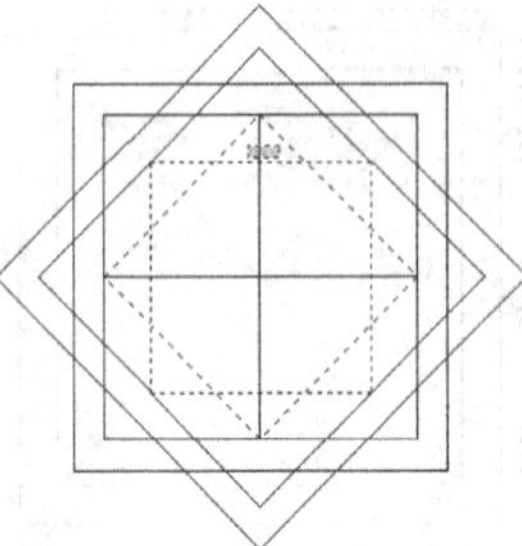

图6-213　　图6-214

图6-215

08 继续执行Trim（修剪）命令，将图形修剪成如图6-216所示的效果。

图6-216

09 执行Offset（偏移）命令，将如图6-217所示中的矩形向内偏移复制450mm，最终效果如图6-218所示。

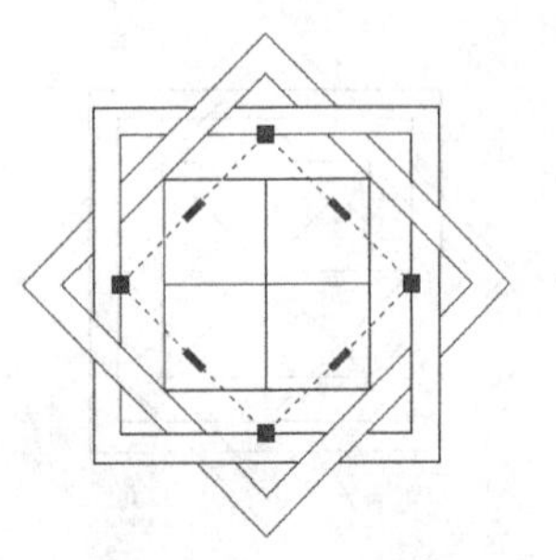

图6-217　　图6-218

10 执行Bhatch（图案填充）命令，打开“图案填充和渐变色”对话框，并单击“图案”后面的通道打开“填充图案选项板”对话框，接着选择AR-SAND填充样式，并单击“确定”按钮，如图6-219所示，然后在回到的“填充图案和渐变色”对话框中设置“比例”为2，最后单击“添加:拾取点”按钮，如图6-220所示，并在图形中拾取如图6-221所示的区域，完成后的填充效果如图6-222所示。

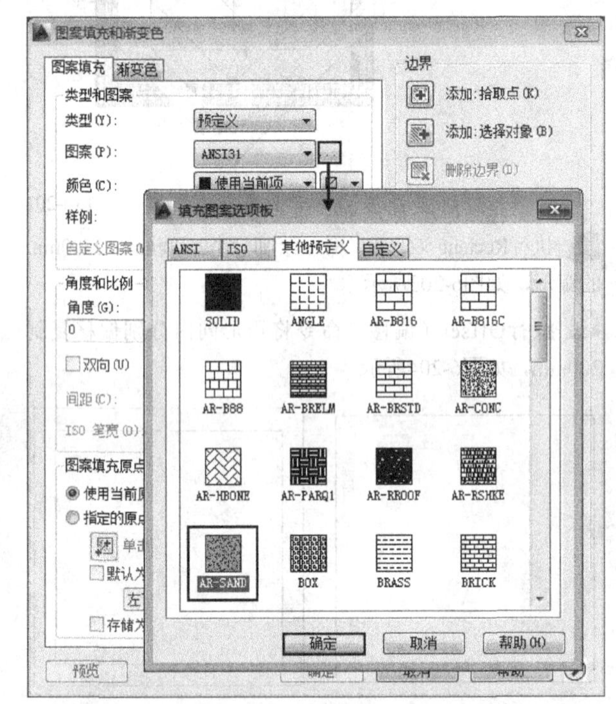

图6-219

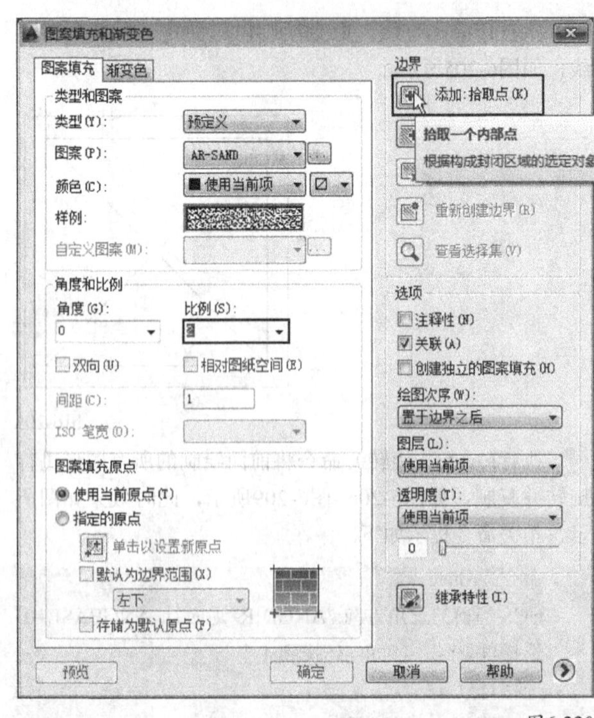

图6-220

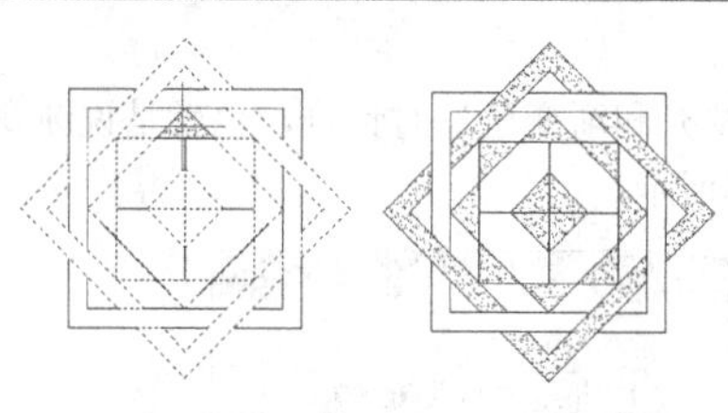

图6-221　　　　图6-222

11 继续执行Bhatch（图案填充）命令，打开“图案填充和渐变色”对话框，并单击“图案”后面的通道打开“填充图案选项板”对话框，接着选择EARTH填充样式，并单击“确定”按钮，如图6-223所示，然后在回到的“填充图案和渐变色”对话框中设置“比例”为10，最后单击“添加:拾取点”按钮，如图6-224所示，并在图形中拾取填充区域，最终效果如图6-225所示。

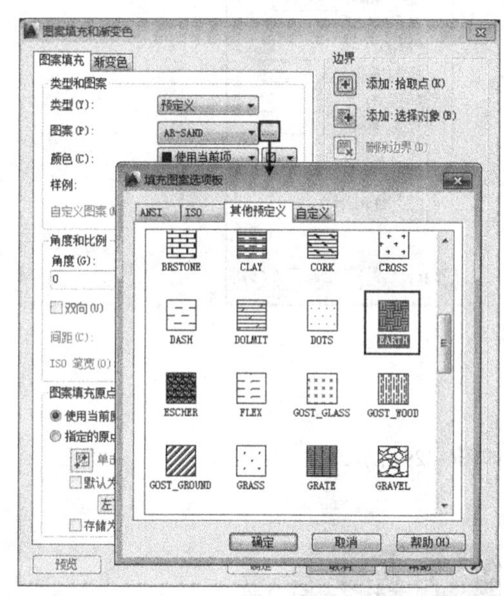

图6-223

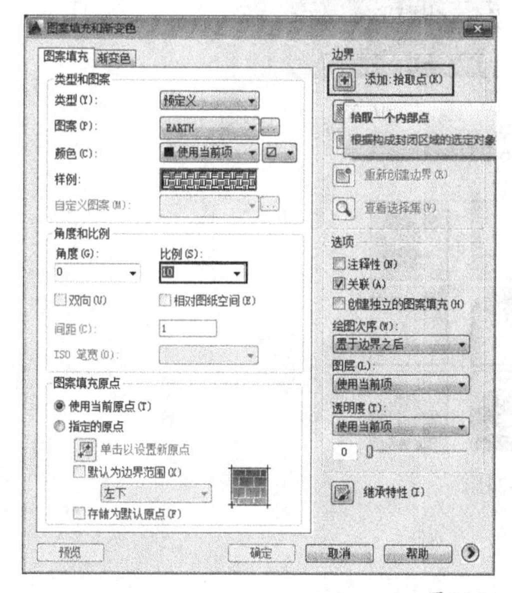

图6-224

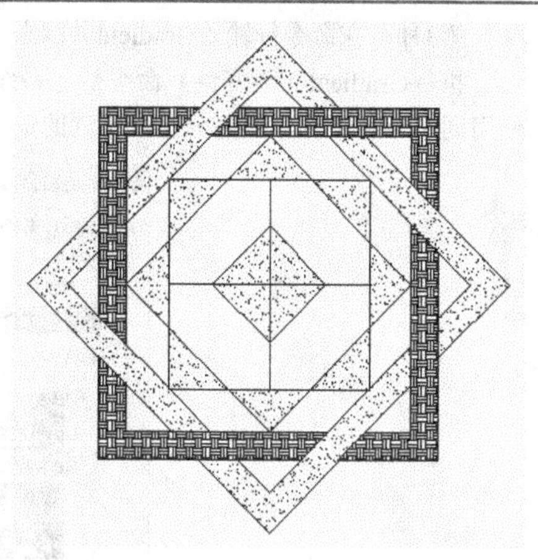

图6-225

6.3.5 渐变色

渐变色填充就是使用渐变色填充封闭区域或选定对象。渐变色填充属于实体图案填充，渐变色能够体现出光照在平面上产生的过渡颜色效果。使用Gradient（渐变色）命令可以填充渐变色。

执行Gradient（渐变色）命令有如下3种方式。

第1种：执行“绘图>渐变色”菜单命令，如图6-226所示。

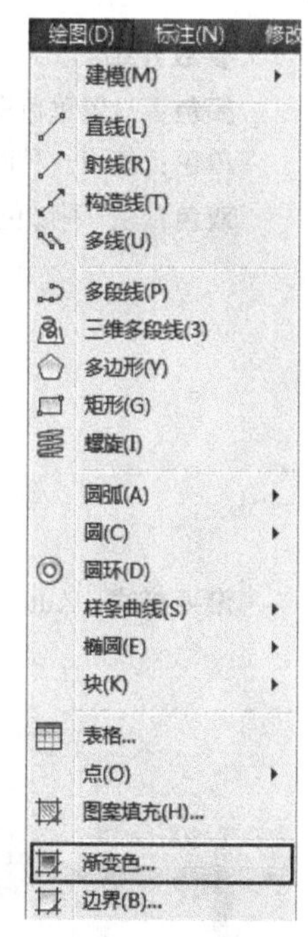

图6-226

第2种：单击“绘图”工具栏中的“渐变色”按钮，如图6-227所示。

图6-227

第3种：在命令行输入Gradient并回车。

执行Gradient（渐变色）命令后，系统也会打开“图案填充和渐变色”对话框，也就是说渐变色填充和图案填充使用同一个对话框，只是分布在不同的选项卡下，如图6-228所示。

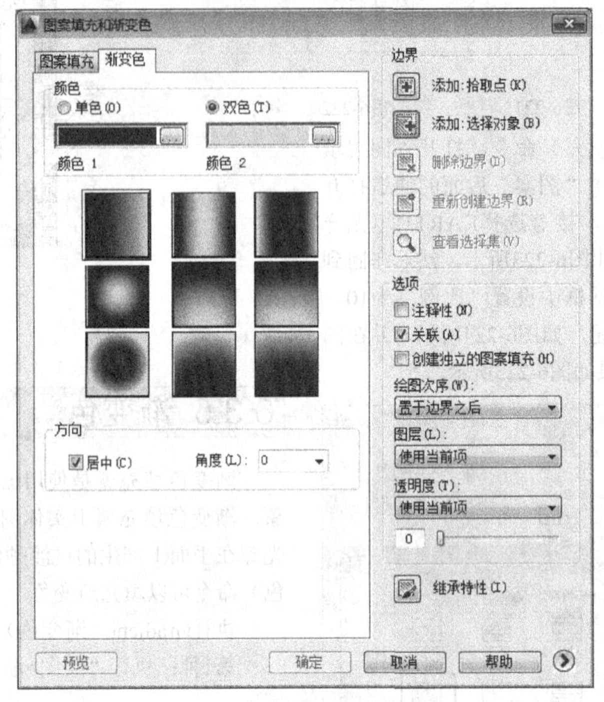

图6-228

参数介绍

颜色：设置单色渐变填充或双色渐变填充。

单色：使用一种颜色的不同灰度之间的过渡进行填充，如图6-229所示。

双色：从一种颜色过渡到另一种颜色，如图6-230所示。

图6-229

图6-230

渐变样式：AutoCAD为用户提供了9种渐变样式，如图6-231所示。

图6-231

方向：设置填充的方向和角度。

与填充图案一样，填充的渐变色的属性也可以被修改。修改方法与修改填充图案的方法相同，这里就不再重复讲解。

6.3.6 综合实例——为电视背景墙填充图案

素材位置　第6章>素材文件>6.3.6.dwg
实例位置　第6章>实例文件>6.3.6.dwg
技术掌握　图案填充命令的运用

本例效果如图6-232所示。

01 打开光盘中的“第6章>素材文件>6.3.6.dwg”文件，如图6-233所示。

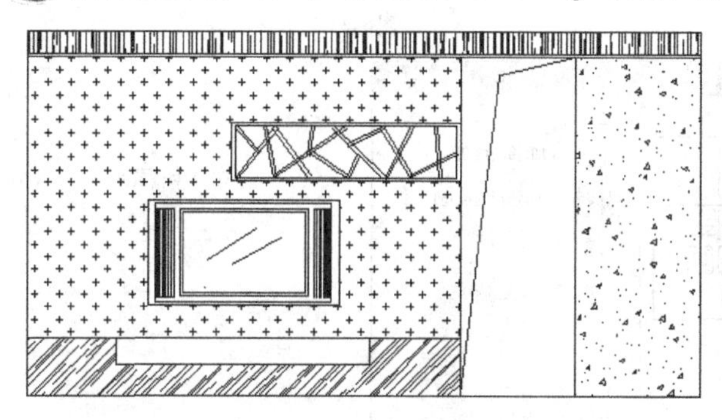

图6-232

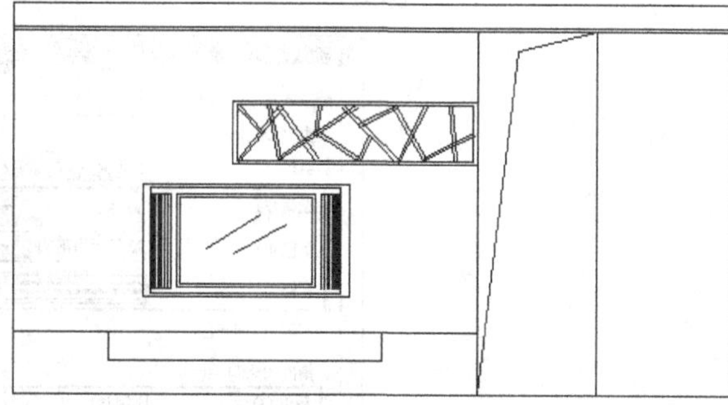

图6-233

02 填充表示墙纸材料的图案。单击“绘图”工具栏中的“图案填充”按钮，打开“图案填充和渐变色”对话框，接着单击“图案”后面的按钮，打开“填充图案选项板”对话框，并选择CROSS图案，然后单击“确定”按钮，如图6-234所示，最后设置填充比例为15，如图6-235所示。

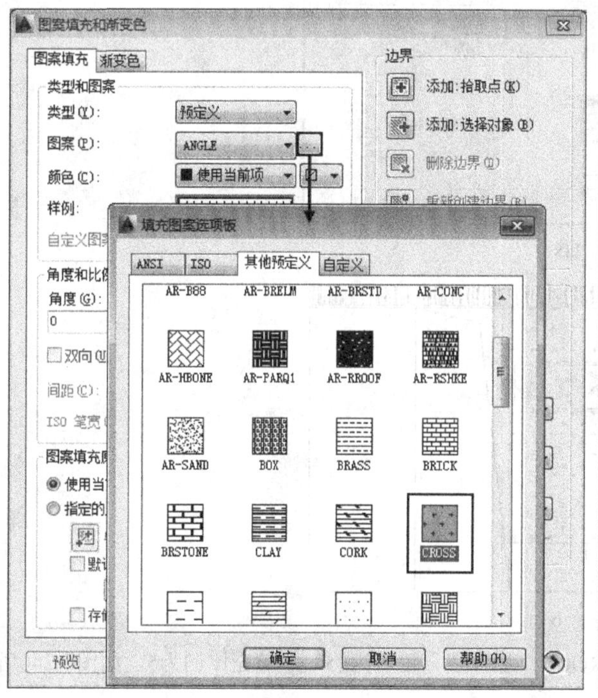

图6-234

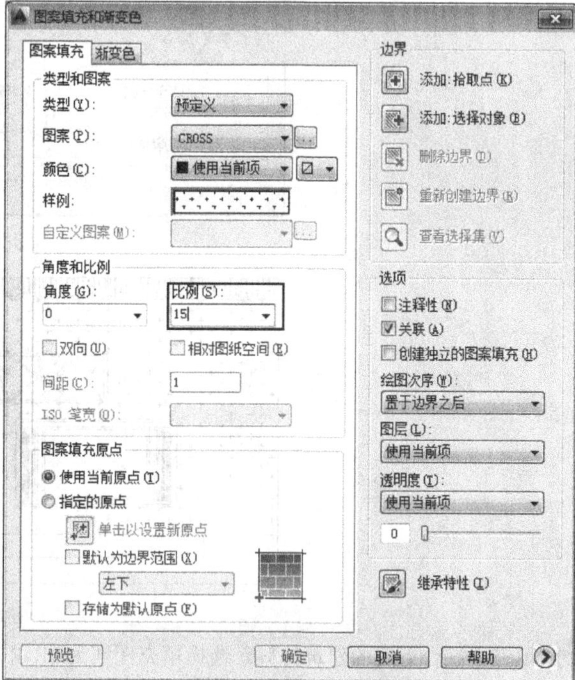

图6-235

03 在“图案填充和渐变色”对话框中首先单击“添加:拾取点”按钮，接着在图形中拾取相应区域的任意一点，如图6-236所示，最后按回车键，并在弹出的对话框中单击“确定”按钮，填充效果如图6-237所示。

04 填充表示吊顶材料的图案。选择填充图案为AR-RROOF，设置填充角度为90°、填充比例为3，如图6-238所示，填充之后的效果如图6-239所示。

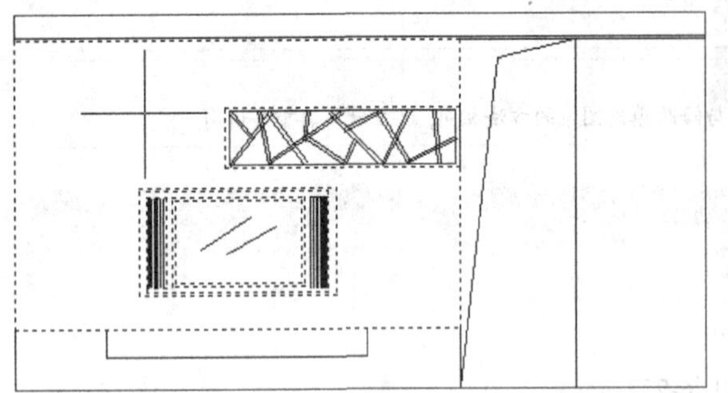

图6-236

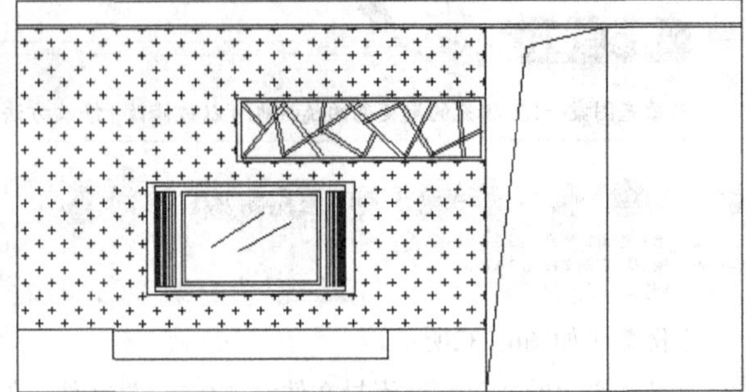

图6-237

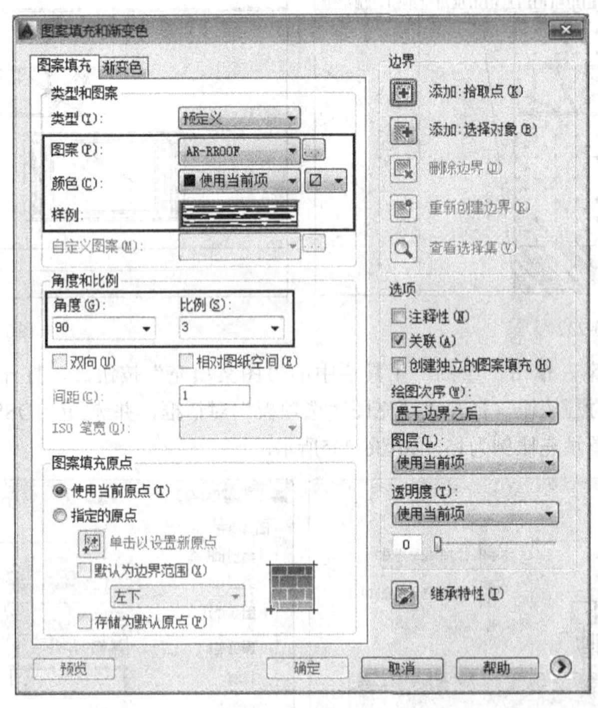

图6-238

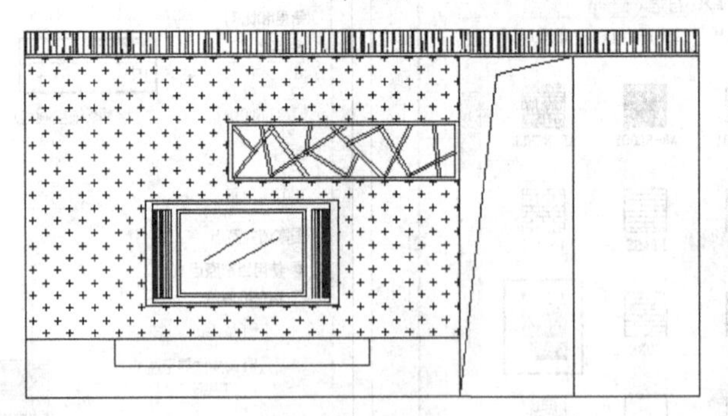

图6-239

05 填充电视台下面的建筑材料。选择填充图案为AR-RROOF，设置填充角度为45°、填充比例为5，如图6-240所示，填充之后的效果如图6-241所示。

06 在门的右侧区域填充AR-CONC图案，设置填充角度为0°、填充比例为2，如图6-242所示，最终效果如图6-243所示。

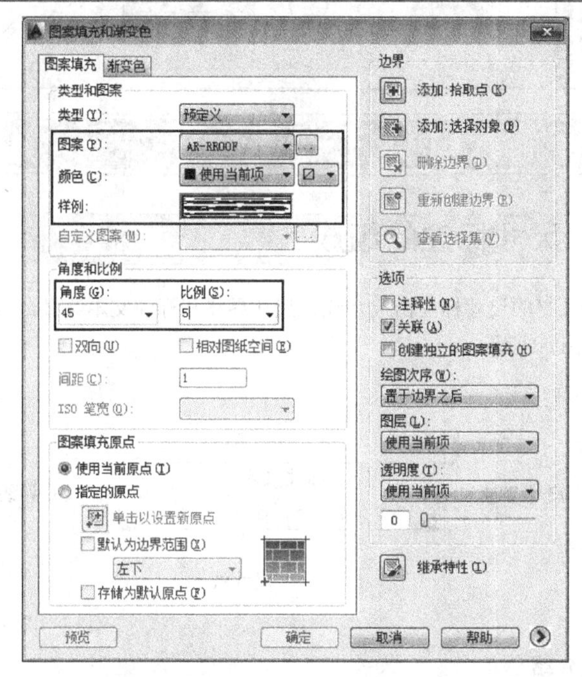

图6-240

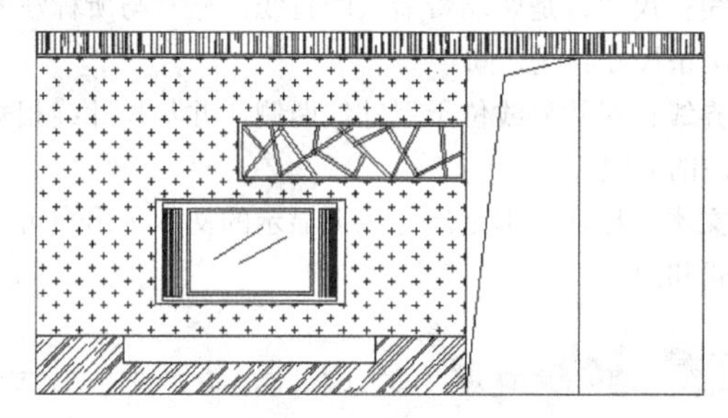

图6-241

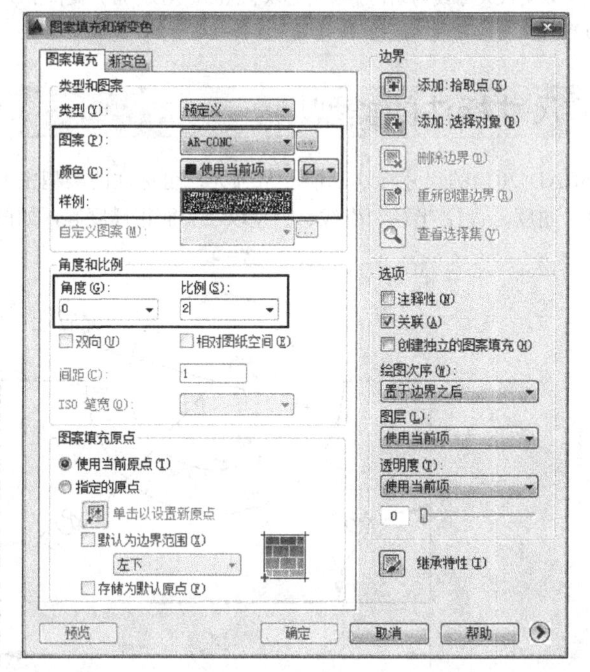

图6-242

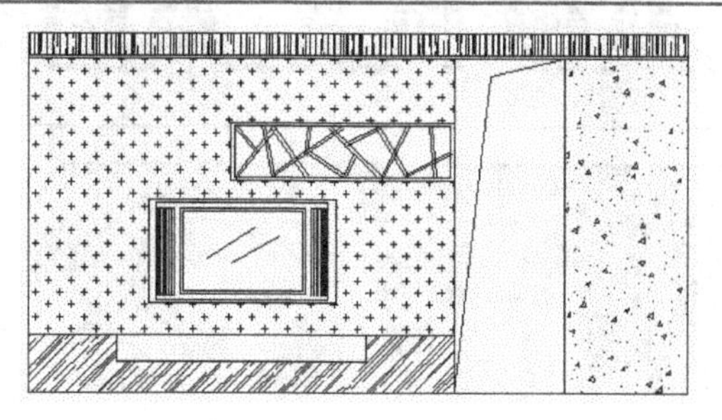

图6-243

6.4 本章小结

本章主要讲解了文字、表格、图案填充与渐变色的相关内容，包括文字样式及文字的编辑、表格及表格的编辑、图案填充及图案填充的编辑、渐变色等内容。

6.5 课后练习

6.5.1 课后练习——绘制PPR管外径与公称直径对照表

素材位置 无
实例位置 第6章>实例文件>6.5.1.dwg
技术掌握 创建表格和输入文字的方法

本练习绘制的PPR管外径与公称直径对照表效果如图6-244所示。

PPR管外径与公称直径对照表			
公称直径	DN15	DN20	DN25
外径×壁厚	φ20×2.3	φ25×2.3	φ32×3.0
公称直径	DN32	DN40	DN50
外径×壁厚	φ40×3.7	φ50×3.6	φ63×5.8
公称直径	DN70	DN80	DN100
外径×壁厚	φ75×6.9	φ90×8.2	φ110×10.0

图6-244

6.5.2 课后练习——绘制木地板图例

素材位置 无
实例位置 第6章>实例文件>6.5.2.dwg
技术掌握 图案填充的运用

本练习绘制的木地板图例效果如图6-245所示。

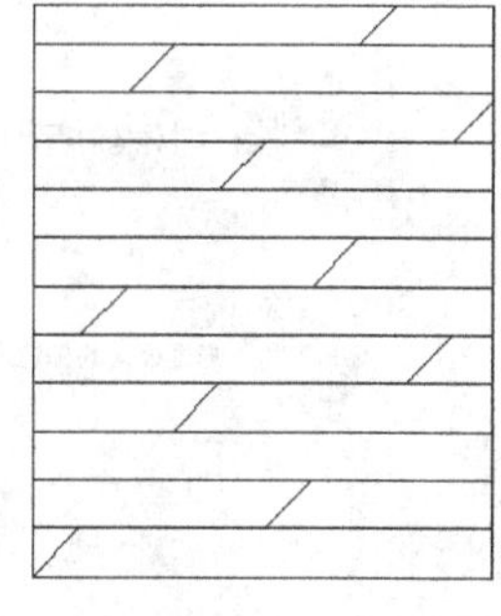

图6-245

第7章

尺寸标注

本章导读

尺寸标注和文字、图案填充一样是一张完美图纸不可或缺的部分，它是显示图形尺寸的重要途径。本章便针对尺寸标注进行了深入讲解，包括标注样式管理器的详细介绍、各种标注样式的创建与编辑方法。

Learning Objectives

尺寸标注的组成和类型

尺寸标注样式的创建与修改方法

各种类型的尺寸标注的运用方法

尺寸标注的编辑方法

形位公差的标注方法

7.1 了解尺寸标注

7.1.1 尺寸标注的组成

一个完整的尺寸标注由尺寸线、尺寸界线和标注文本等几部分组成，如图7-1所示。

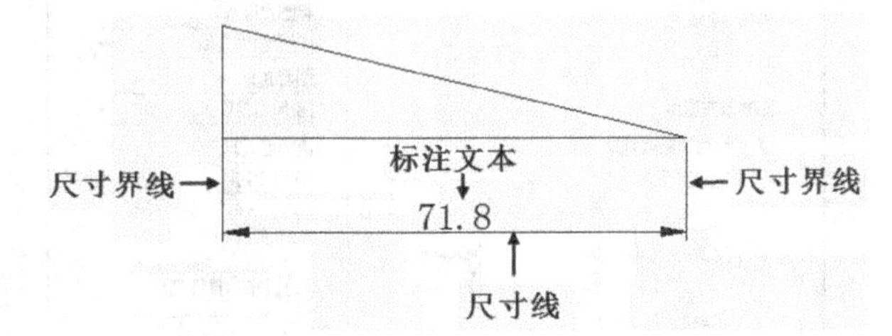

图7-1

标注介绍

尺寸线：尺寸线是两端带箭头的直线，通常与所标注的对象平行，位于两条尺寸界线之间。

尺寸界线：尺寸界线位于尺寸线两侧，并与尺寸线相垂直，用于表示标注的界限。

标注文本：标注文本是尺寸线上显示的文本，用户可以自定义文本的格式和内容。

用户可以更改尺寸线两端的箭头的形状，AutoCAD为用户提供了多种类型的箭头。

7.1.2 尺寸标注的类型

AutoCAD 2014的尺寸标注功能非常强大，可标注的类型主要包括长度、角度、直径/半径、引线、公差以及表面粗糙度等，如图7-2所示。

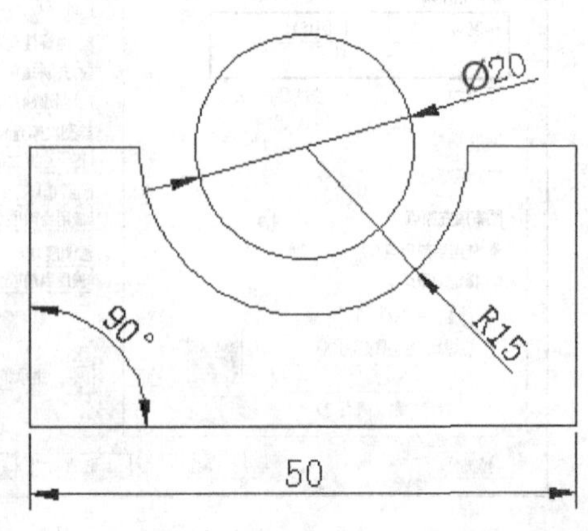

图7-2

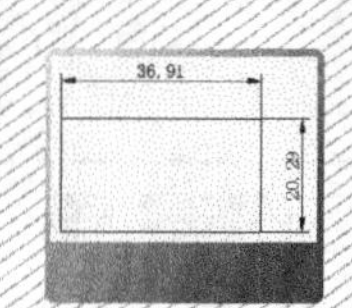
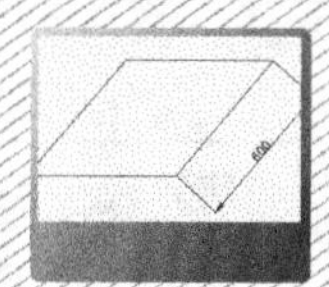

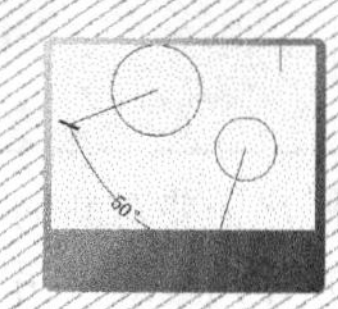
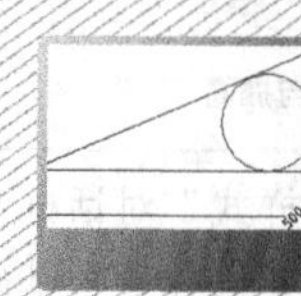
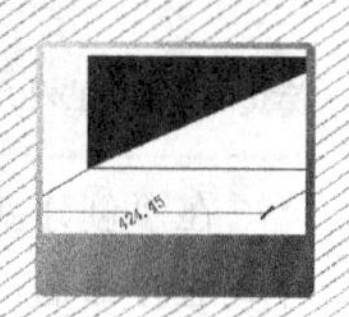

7.2 标注样式管理器

AutoCAD为用户提供了标注样式设置功能，通过该功能可以控制标注的外观，比如箭头样式、文字位置和尺寸公差等。用户可以创建标注样式，以快速指定标注的格式，并确保标注符合行业或项目标准。使用Dimstyle（标注样式）命令可以创建或修改尺寸标注样式。

Dimstyle（标注样式）命令有如下5种方式。

第1种：执行“格式>标注样式”菜单命令，如图7-3所示。

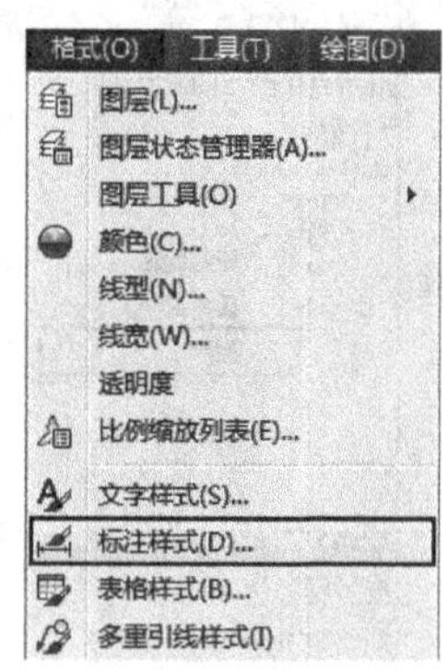

图7-3

第2种：执行“标注>标注样式”菜单命令，如图7-4所示。

图7-4

第3种：单击“样式”工具栏中的“标注样式”按钮，如图7-5所示。

图7-5

第4种：单击“标注”工具栏中的“标注样式”按钮，如图7-6所示。

图7-6

第5种：在命令行输入Dimstyle（简写为D）并回车。

在进行标注之前，首先要选择一种尺寸标注样式，被选中的标注样式即为当前尺寸标注样式。如果没有选择标注样式，则使用系统默认的标注样式进行尺寸标注。用户可以根据图形的需要创建尺寸标注样式。

7.2.1 新建标注样式

执行Dimstyle（标注样式）命令将打开“标注样式管理器”对话框，如图7-7所示。

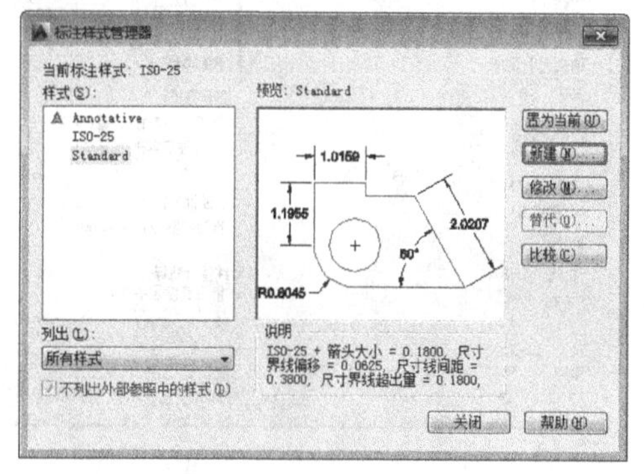

图7-7

专家点拨

“标注样式管理器”对话框的左侧“样式”列表框内列出了AutoCAD 2014提供的3种基础样式，这3种标注样式一般只能满足较小的图形的标注，如果图形过大或者有特殊标注要求，那么就要创建新的标注样式。

在“标注样式管理器”对话框中，单击“新建”按钮即可开始创建新的标注样式，此时将打开“创建新标注样式”对话框，如图7-8所示。

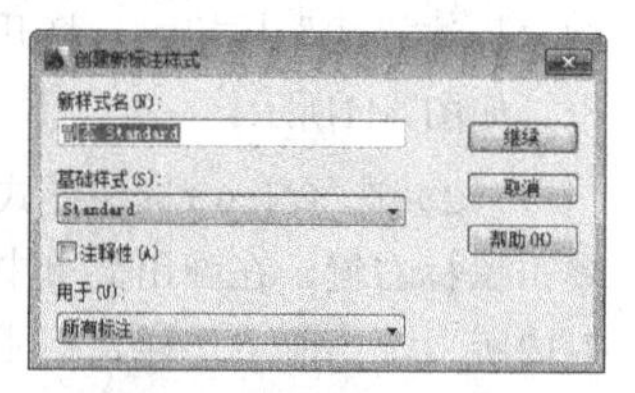

图7-8

在“创建新标注样式”对话框中，用户需要对新的样式进行命名，同时要选择一个基础样式作为参照；另外，用户还可以定义新样式的应用范围，如图7-9所示。完成新样式的命名后，单击“继续”按钮 继续 打开“新建标注样式:副本Standard”对话框，然后对线、符号和箭头、文字、主单位等进行设置，如图7-10所示。

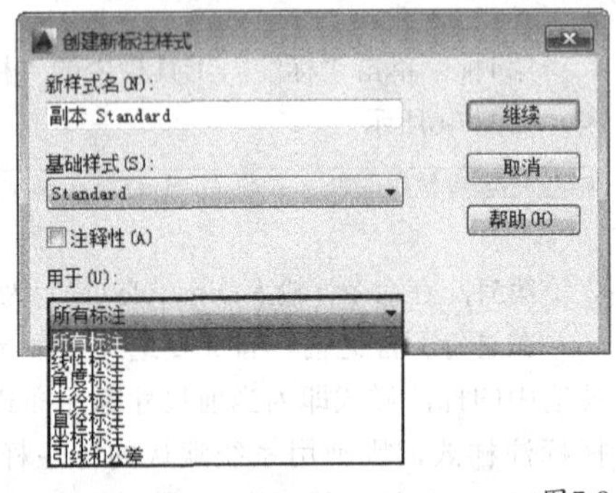

图7-9

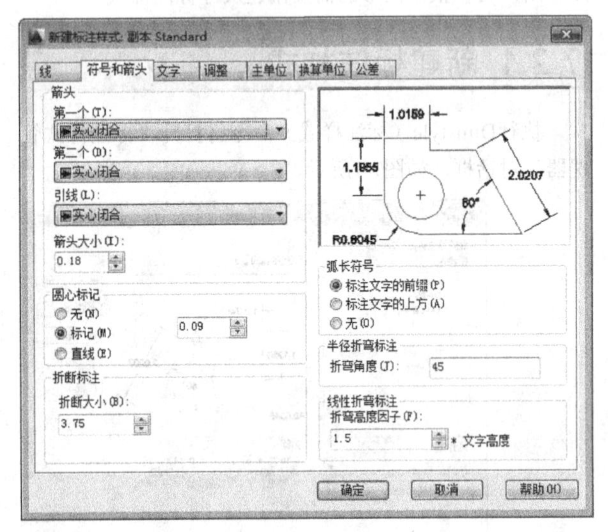

图7-10

7.2.2 修改标注样式

除了新建标注样式之外，用户还可以修改已有的标注样式，或者删除不需要的标注样式。

在“标注样式管理器”的“样式”列表中选择要修改的样式，然后单击“修改”按钮，接着就可以对标注样式进行修改。修改标注样式与新建样式的操作相同，下面以实例介绍。

（1）打开一个工作文件，单击“样式”工具栏中的“标注样式”按钮，打开“标注样式管理器”对话框，如图7-11所示。

（2）选择New1标注样式，然后在该样式名称上面单击鼠标右键，在弹出菜单中单击“删除”命令，如图7-12所示，当前工作样式不能被删除，系统会出现一个提示对话框，如图7-13所示。

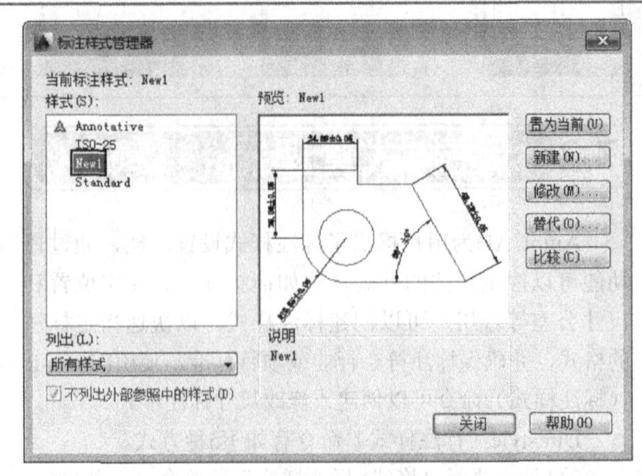

图7-11

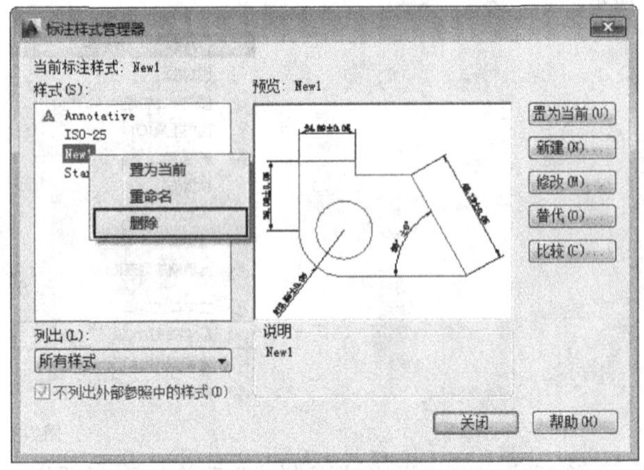

图7-12

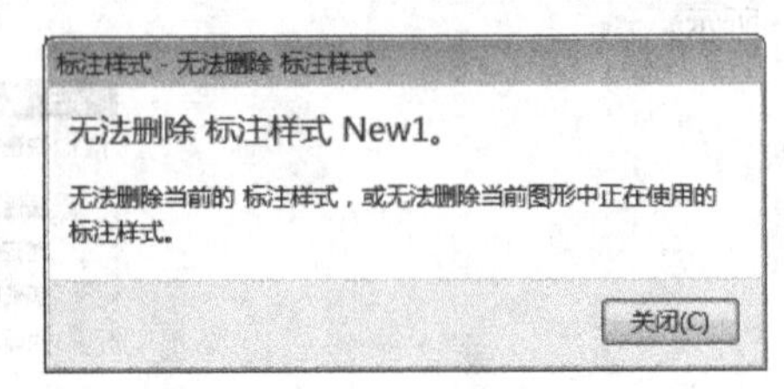

图7-13

对标注样式进行重命名的操作也比较简单，只需在“标注样式管理器”中选择需要重命名的标注样式，然后在样式名称上面单击鼠标右键，并在弹出的菜单中单击“重命名”命令，最后输入新的名称即可。

7.2.3 线

在“线”选项卡中，用户可以设置尺寸线和尺寸界线的颜色、线型和线宽等基本属性，如图7-14所示。但在实际工作中，尺寸线和尺寸界线的属性通常由尺寸标注所在的图层来决定，没有必要在这里设置。

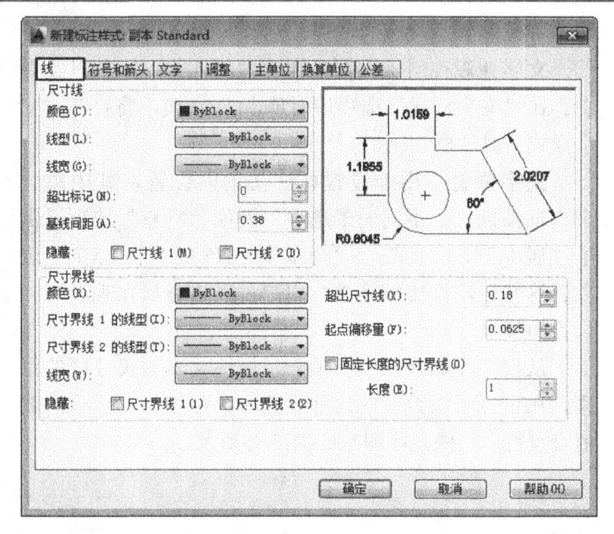

图7-14

这里需要重点注意的是“超出尺寸线”和“起点偏移量”两个选项。“超出尺寸线”选项控制超出尺寸线部分的尺寸界线的长度，如图7-15所示；“起点偏移量”选项控制尺寸标注与图形的距离，如图7-16示。

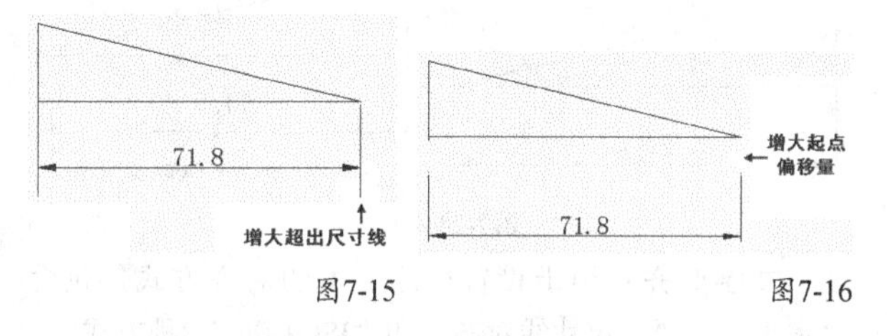

图7-15 图7-16

7.2.4 符号和箭头

“符号和箭头”选项卡下的参数选项用于设置箭头、圆心标记、弧长符号和折弯半径标注的格式和位置，如图7-17所示。

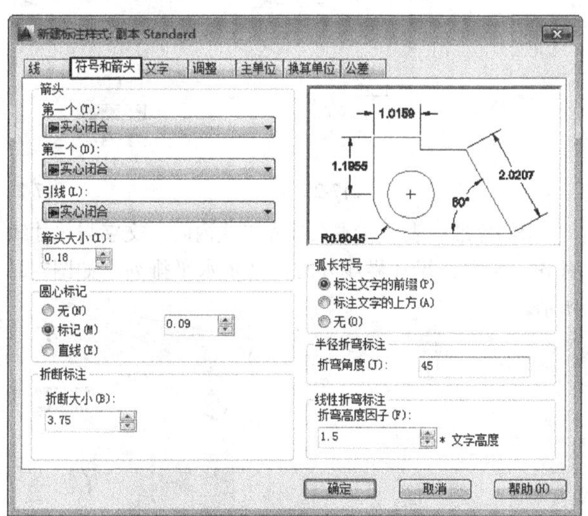

图7-17

参数介绍

箭头：对尺寸线与引线的箭头格式和大小进行设置，单击任意一个下拉按钮，将打开一个可供选择箭头样式的下拉列表，如图7-18所示。

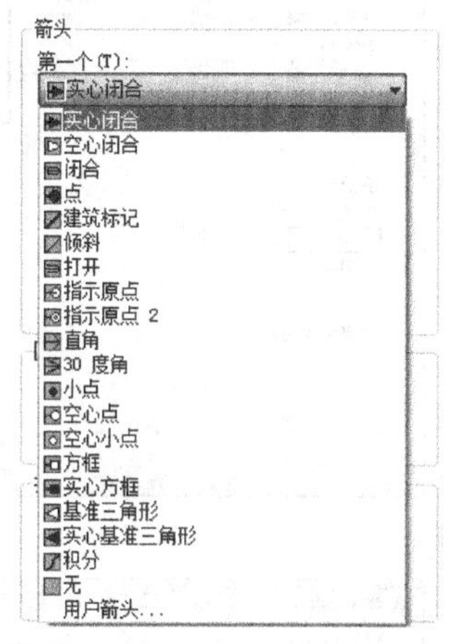

图7-18

对于尺寸线的箭头格式，用户设置了“第一个”后，“第二个”会自动更新为“第一个”选择的样式。此外，对于每一种箭头格式的具体效果，用户可以选择对应的名称，然后通过右侧预览窗口查看，如图7-19所示。

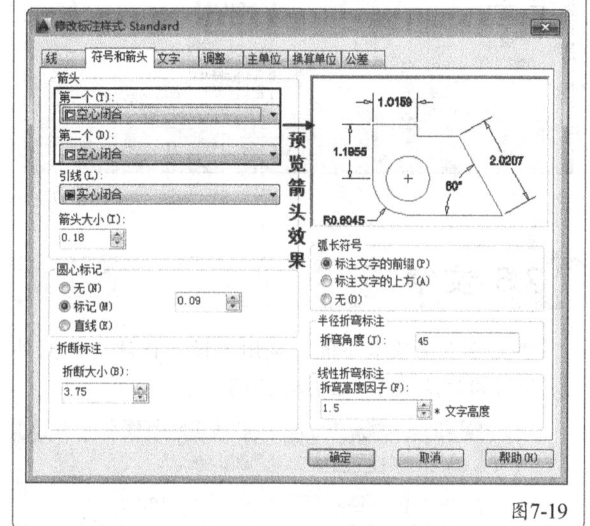

图7-19

圆心标记：设置圆心标记的类型和大小。

折断标注：控制折断标注的间隙宽度。

弧长符号：控制弧长标注中圆弧符号的显示。

半径折弯标注：控制折弯标注的角度。

线性折弯标注：控制线型标注折弯的显示。

对于以上提到的各参数效果，用户也可以通过右侧的预览窗口来观察效果，如图7-20和图7-21所示。

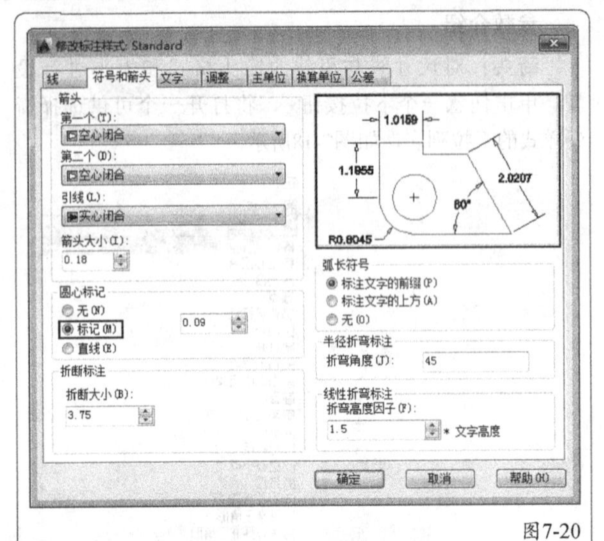

图7-20

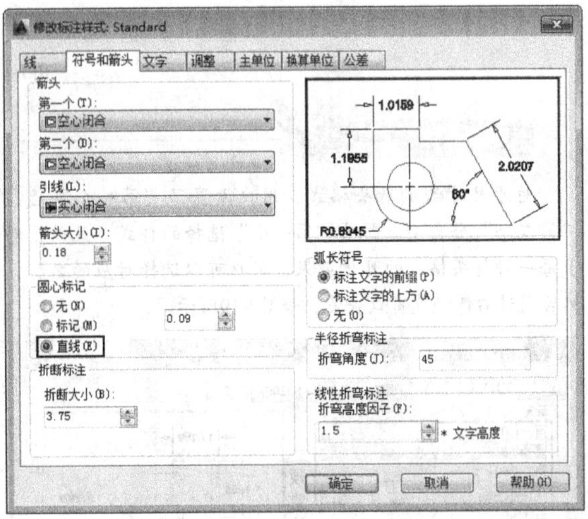

图7-21

7.2.5 文字

“文字”选项卡下的选项用于设置标注文本的外观、位置和对齐方式，如图7-22所示。

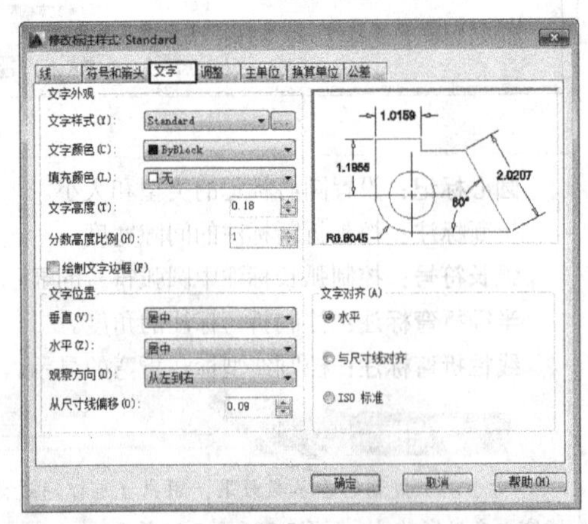

图7-22

参数介绍

文字外观：用于设置标注文本的样式、颜色以及大小。在“文字样式”选项后面单击□按钮，将打开“文字样式”对话框。

文字位置：用于设置标注文本的位置，其中每一个选项都提供了不同的子选项，例如“垂直”选项提供了“居中”、“上”、“外部”、JIS和“下”5个子选项。这些选项都比较简单，用户可以自行操作观看不同位置的效果。

从尺寸线偏移：该选项表示标注文本与尺寸线的距离，在进行较大数值的尺寸标注时，可以将该选项的数值设置得大一些，如图7-23~图7-25所示。

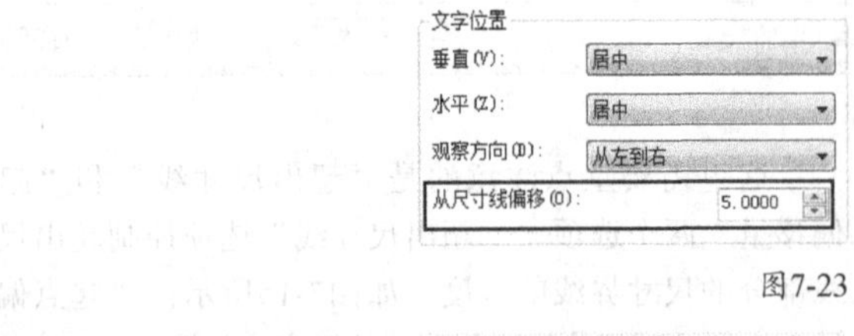

图7-23

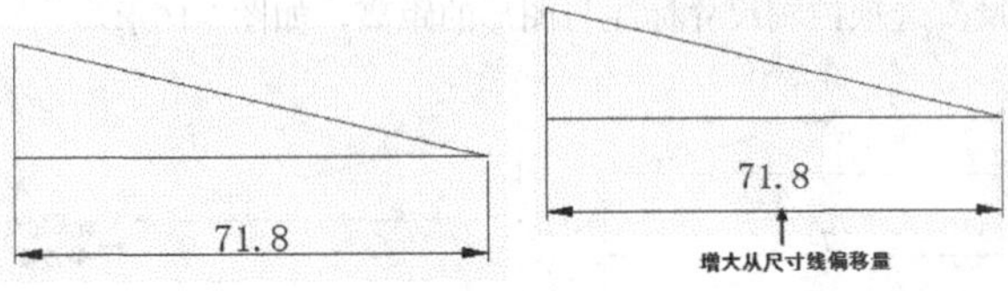

图7-24　　图7-25

文字对齐：用于设置标注文本的对齐方式，包含“水平”、“与尺寸线对齐”和“ISO标准”3种方式。

水平：表示水平放置文字，如图7-26所示。

与尺寸线对齐：表示文字与尺寸线平行，如图7-27所示。

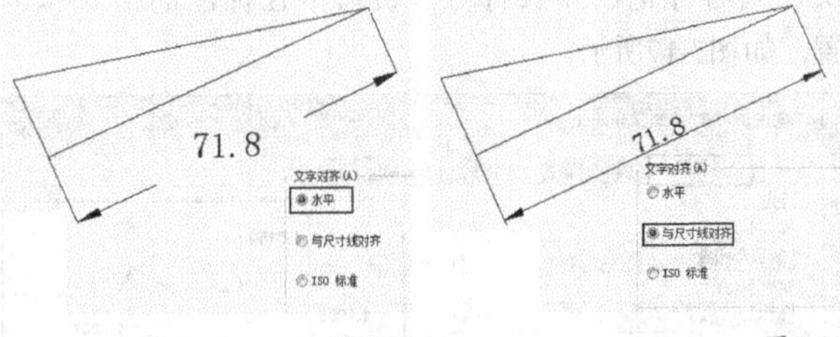

图7-26　　图7-27

ISO标准：表示文本在尺寸界线内时，文字与尺寸线对齐；文本在尺寸界线外时，文本水平排列，如图7-28所示。

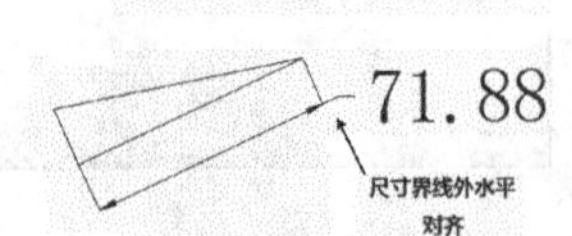

图7-28

7.2.6 调整

“调整”选项卡下的宣传用于控制箭头、标注文字及尺寸界线间的位置关系，在没有特殊要求的情况下，“调整”选项卡下的选项一般都保持默认设置，如图7-29所示。

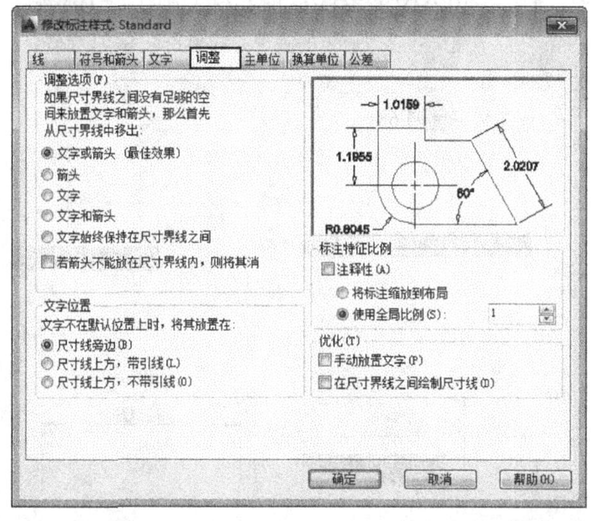

图7-29

7.2.7 主单位

“主单位”选项卡下的参数选项用于设定主标注单位的格式和精度，并设定标注文字的前缀和后缀，如图7-30所示。

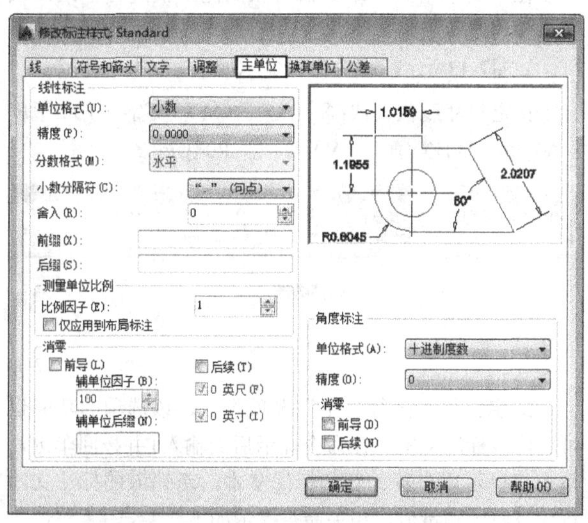

图7-30

7.2.8 换算单位

“换算单位”选项卡下的参数选项用于指定标注测量值中换算单位的显示并设定其格式和精度（此项功能的实际意义不大，一般情况下都不用去更改），如图7-31所示。

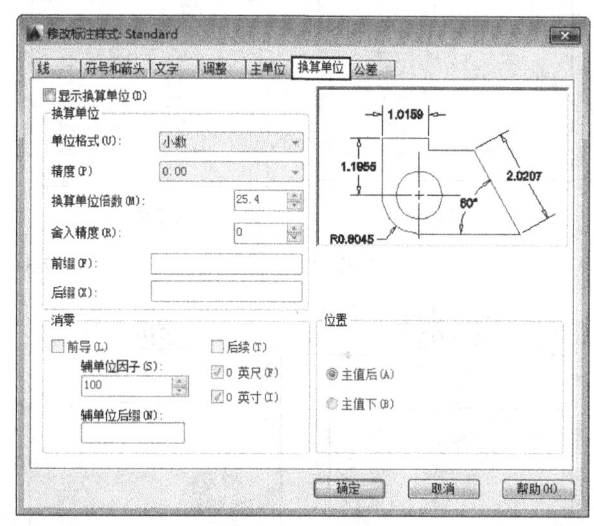

图7-31

7.2.9 公差

“公差”选项卡下的参数选项在机械制图中标注公差时非常有用，可以定义公差的标注类型，也可以定义上下偏差的数值和精度，如图7-32所示。

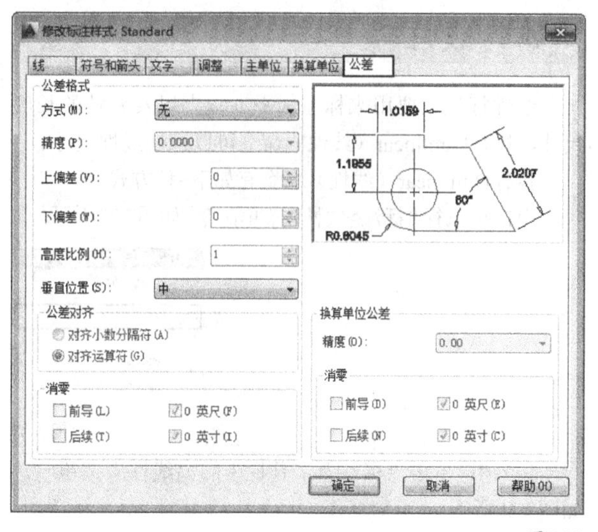

图7-32

参数介绍

方式： 设置公差样式，AutoCAD 2014为用户提供了4种公差样式，分别为“对称”、“极限偏差”、“极限尺寸”和“基本尺寸”，其中“对称”和“极限偏差”是最常用的公差样式，如图7-33~图7-36所示。

精度： 设置公差精确到小数点后来的位数。

上偏差/下偏差： 定义上下偏差在标注中显示的精度数值。

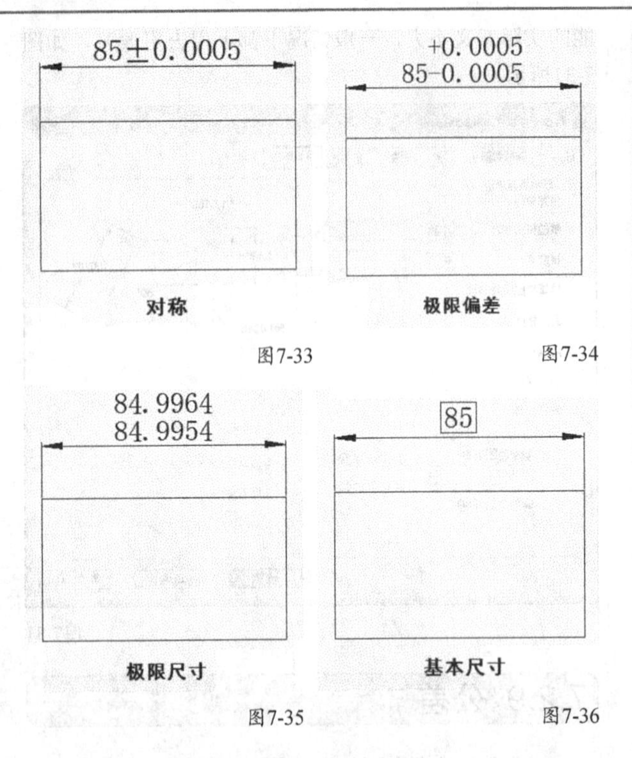

图7-33　图7-34

图7-35　图7-36

7.3 标注

7.3.1 线性

线性标注主要用来标注水平、垂直以及旋转的长度尺寸，执行Dimlinear（线性）命令可以标注线性尺寸。

执行Dimlinear（线性）命令有如下3种方式。

第1种：执行“标注>线性”菜单命令，如图7-37所示。

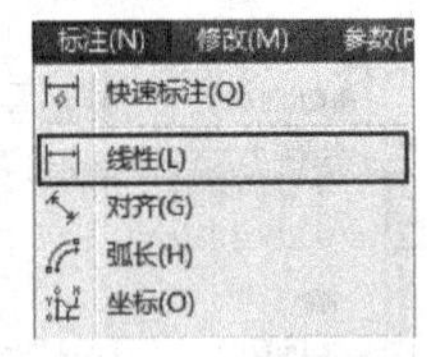

图7-37

第2种：单击“标注”工具栏中的“线性”按钮，如图7-38所示。

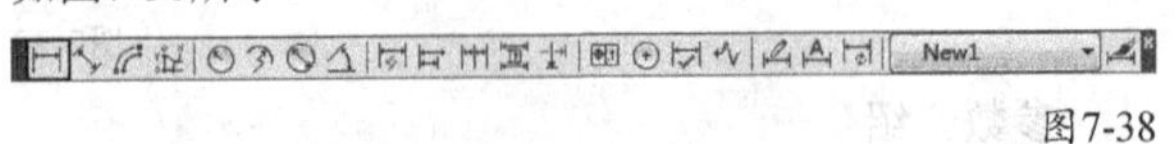

图7-38

第3种：在命令行输入Dimlinear并回车。

执行Dimlinear（线性）命令后，如图7-39~图7-42所示，相关命令提示如下。

命令介绍

命令: _dimlinear

指定第一个尺寸界线原点或 <选择对象>:　　//任意拾取一点

指定第二条尺寸界线原点:　　//水平向右在适当位置拾取第二点（也可以在垂直方向拾取第二点）

创建了无关联的标注。　　//这里没有对任何图形进行标注，而是直接在绘图区域拾取点进行标注，因此会出现该提示

指定尺寸线位置或

[多行文字(M)/文字(T)/角度(A)/水平(H)/垂直(V)/旋转(R)]:　　//在尺寸界限原点的垂直方向上拾取一点，确定尺寸线的位置

标注文字 = 94.68

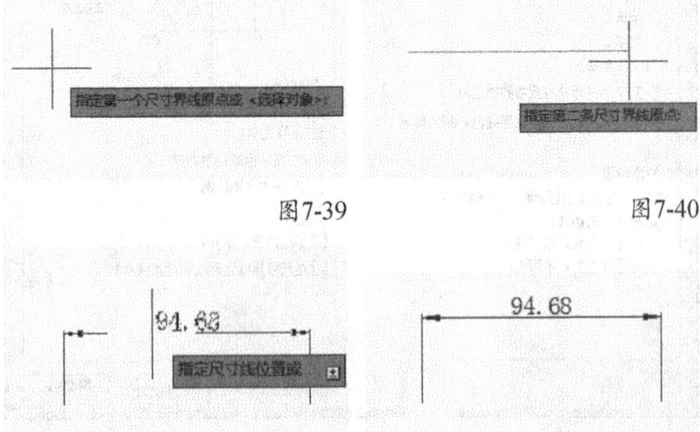

图7-39　图7-40

图7-41　图7-42

多行文字：如果用户不打算使用系统默认的标注文本，而是要对标注文本进行修改，那么可以在命令提示后面输入M并按回车键，此时系统将打开“文字格式”编辑器，其中将显示当前尺寸标注的原始测量值，用户可以在“文字格式”编辑器对原始测量值进行修改，或者添加前缀和后缀，修改完毕后单击“确定”按钮即可，如图7-43所示，相关命令提示如下。

指定尺寸线位置或[多行文字（M）/文字（T）/角度（A）/水平（H）/垂直（V）/旋转（R）]: m↙

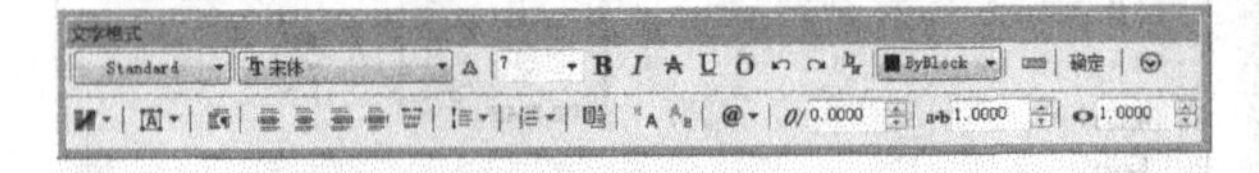

图7-43

文字：与“多行文字”选项类似，该选项的功能也可以修改标注文本。在命令提示后面输入T并按回车键，系统将提示用户输入新的标注文本，新输入的标注文本将代替原始测量值，相关命令提示如下。

指定尺寸线位置或[多行文字(M)/文字(T)/角度(A)/水平(H)/垂直(V)/旋转(R)]: t↙

输入标注文字 <3.3933>: 任意数值↙　　//输入新的尺寸值替代原数值

角度：指定标注文本的旋转角度，如图7-44~图7-46所

示，相关命令提示如下。

指定尺寸线位置或[多行文字(M)/文字(T)/角度(A)/水平(H)/垂直(V)/旋转(R)]: a↙

指定标注文字的角度: 45↙ //输入文字的旋转角度

//指定好尺寸线位置，完成标注

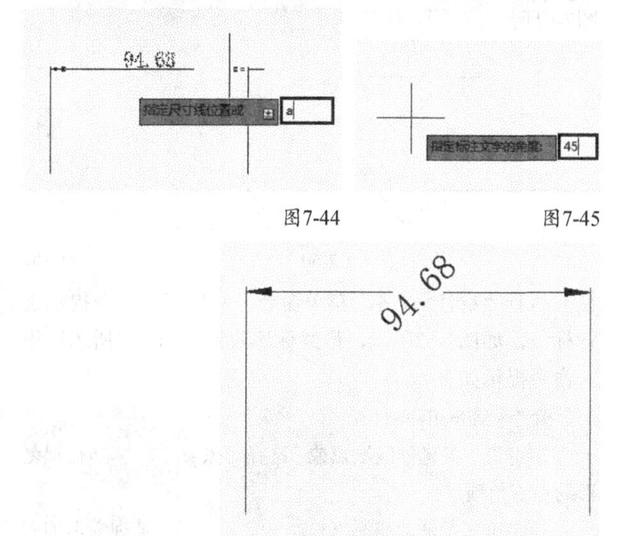

图7-44 图7-45

图7-46

水平：强制进行水平尺寸标注。

垂直：强制进行垂直尺寸标注。

旋转：旋转型尺寸标注，操作步骤如图7-47~图7-49所示。

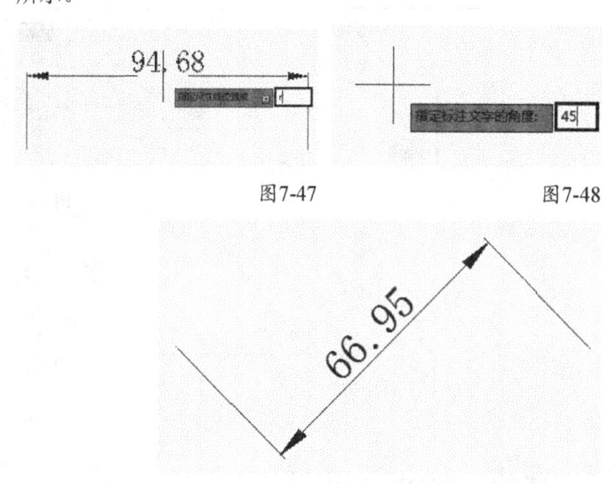

图7-47 图7-48

图7-49

7.3.2 实战——标注矩形的长和宽

素材位置 无

实例位置 第7章>实例文件>7.3.2.dwg

技术掌握 线性标注的用法

本例使用“线性”标注矩形长和宽的效果如图7-50所示。

01 在绘图区域随意绘制一个矩形，如图7-51所示。

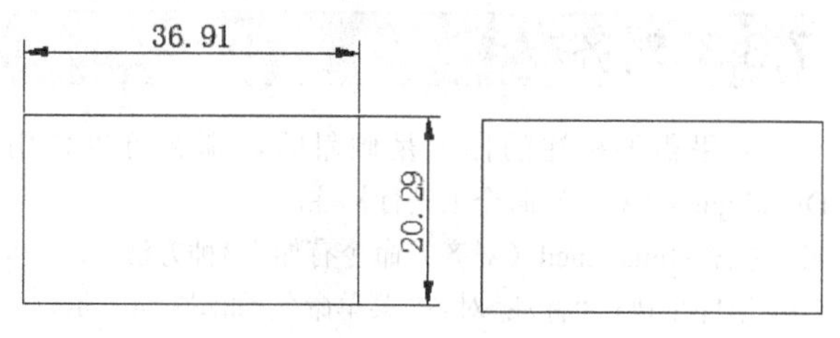

图7-50 图7-51

02 标注矩形的水平宽度。执行“标注>线性”菜单命令，然后根据命令提示进行标注，如图7-52所示，相关命令提示如下。

命令: _dimlinear

指定第一条延伸线原点或 <选择对象>: //捕捉矩形左上角的顶点，如图7-27所示

指定第二条延伸线原点: //捕捉矩形右上角的顶点

指定尺寸线位置或[多行文字(M)/文字(T)/角度(A)/水平(H)/垂直(V)/旋转(R)]: //确定尺寸线的位置

标注文字 = 36.91

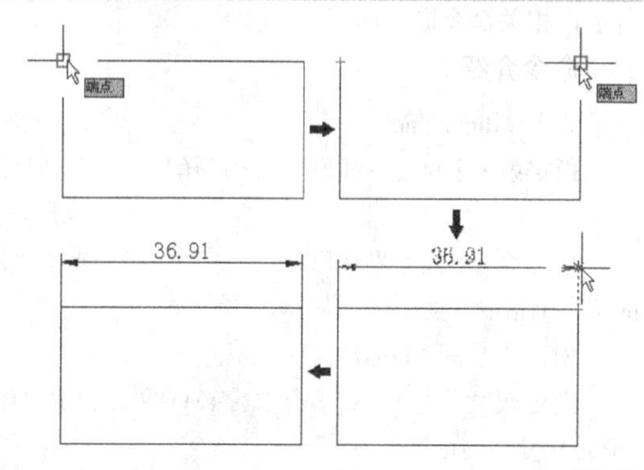

图7-52

03 标注矩形的垂直高度。单击“标注”工具栏中的“线性”按钮，然后根据命令提示进行标注，效果如图7-53所示。

命令: _dimlinear

指定第一条延伸线原点或 <选择对象>: //捕捉矩形右上角的顶点

指定第二条延伸线原点: //捕捉矩形右下角的顶点

指定尺寸线位置或[多行文字(M)/文字(T)/角度(A)/水平(H)/垂直(V)/旋转(R)]: //确定尺寸线的位置

标注文字 = 20.29

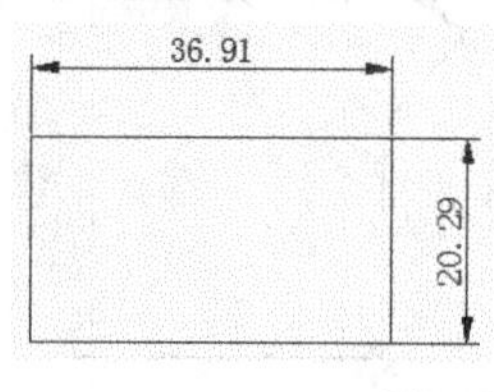

图7-53

7.3.3 对齐

如果需要标注的图形是倾斜的，那么可以使用Dimaligned（对齐）命令来进行标注。

执行Dimaligned（对齐）命令有如下3种方法。

第1种：执行“标注>对齐”菜单命令，如图7-54所示。

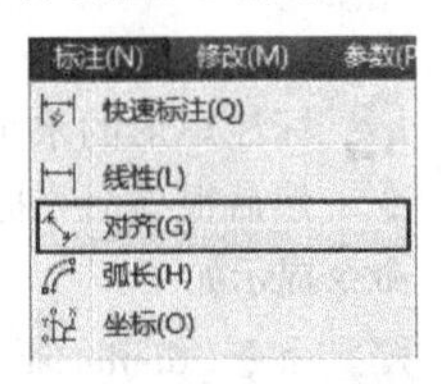

图7-54

第2种：单击“标注”工具栏中的“对齐”按钮，如图7-55所示。

图7-55

第3种：在命令行输入Dimaligned并回车。

执行Dimaligned（对齐）命令后，如图7-56~图7-59所示，相关命令提示如下。

命令介绍

命令: _dimaligned

指定第一个尺寸界线原点或 <选择对象>: //任意拾取一点

指定第二条尺寸界线原点: //在非水平或垂直的位置上拾取一点

创建了无关联的标注。

指定尺寸线位置或[多行文字(M)/文字(T)/角度(A)]: //确定尺寸线的位置

标注文字 = 1.8812

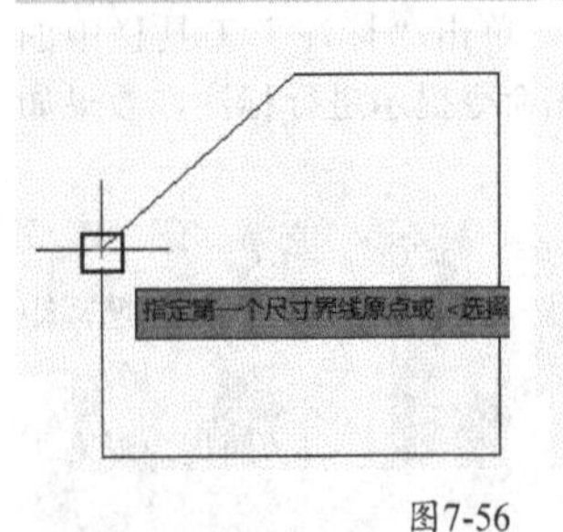

图7-56

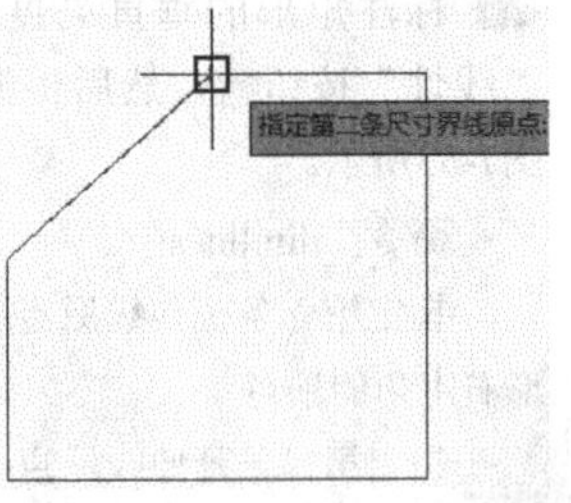

图7-57

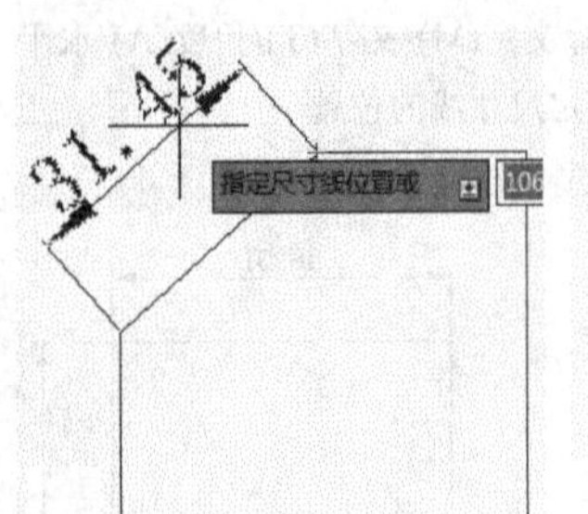

图7-58

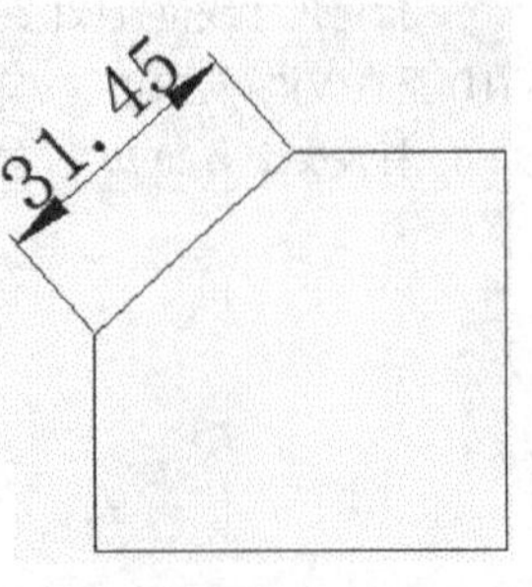

图7-59

7.3.4 实战——标注菱形的边长

素材位置　第7章>素材文件>7.3.4.dwg
实例位置　第7章>实例文件>7.3.4.dwg
技术掌握　对齐标注的用法

本例使用“对齐”标注菱形的边长效果如图7-60所示。

01 打开光盘中“第7章>素材文件>7.3.4.dwg”文件，如图7-61所示。

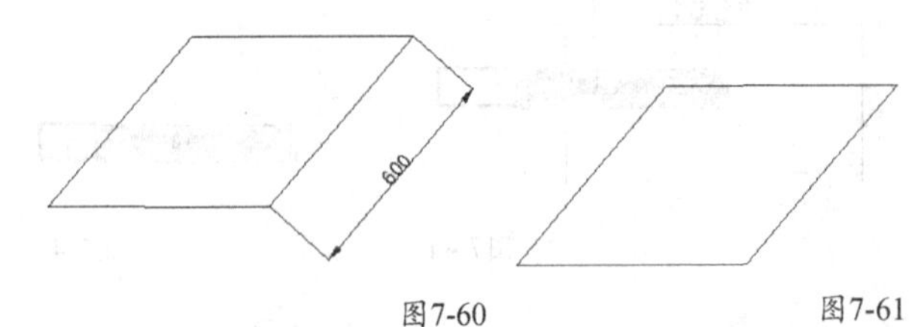

图7-60　图7-61

02 执行“标注>对齐”菜单命令，然后根据命令提示进行标注，如图7-62所示，最终标注效果如图7-63所示，相关命令提示如下。

命令: _dimaligned

指定第一条延伸线原点或 <选择对象>: //捕捉菱形的右下角顶点

指定第二条延伸线原点: //捕捉菱形的右上角顶点

指定尺寸线位置或[多行文字(M)/文字(T)/角度(A)]: //确定尺寸线的位置

标注文字 = 600

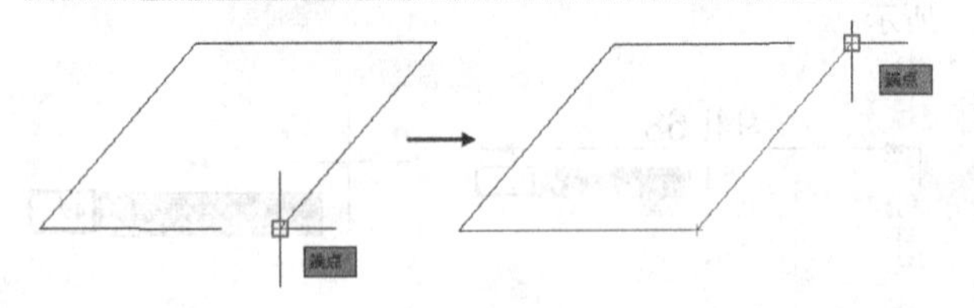

图7-62

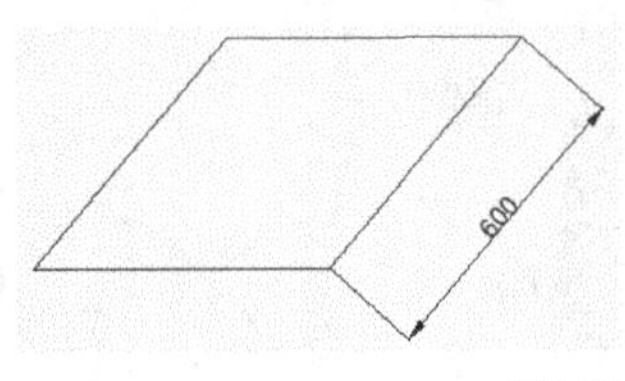

图7-63

专家点拨

如果使用Dimlinear（线性）命令来标注该斜边，则不会得到正确的标注结果，如图7-64所示。

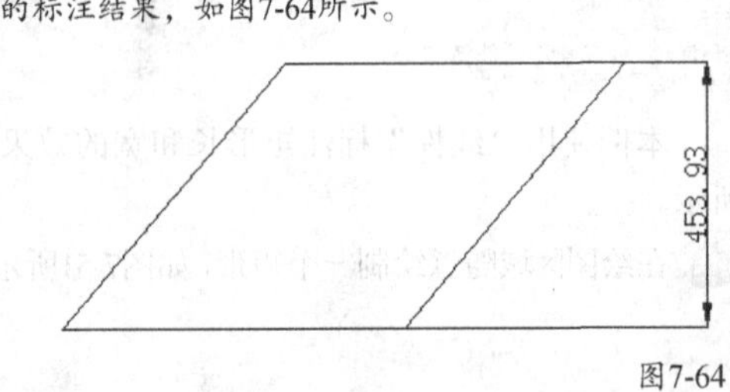

图7-64

7.3.5 弧长

弧长标注用于测量圆弧的长度，在标注文本的前面将显示圆弧符号，如图7-65所示。

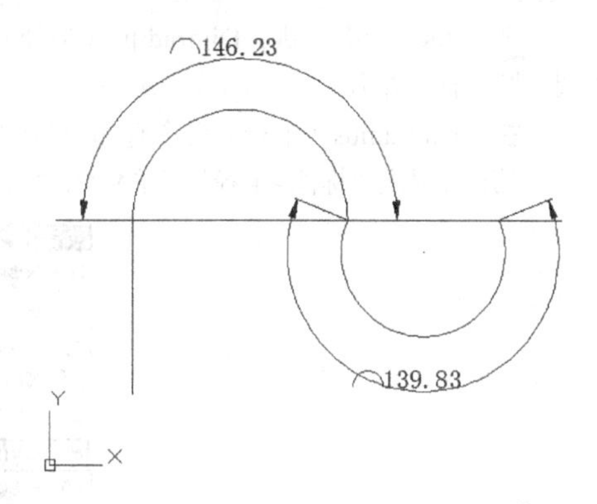

图7-65

在AutoCAD中，执行Dimarc（弧长）标注命令可以标注圆弧的长度。

执行Dimarc（弧长）标注命令有如下3种方式。

第1种：执行“标注>弧长”菜单命令，如图7-66所示。

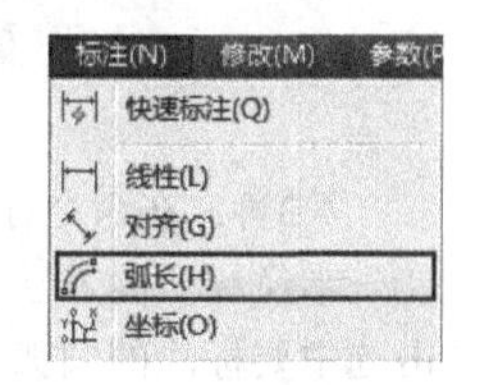

图7-66

第2种：单击“标注”工具栏中的“弧长”按钮，如图7-67所示。

图7-67

第3种：在命令行输入Dimarc并回车。

弧长标注的方法很简单，执行该命令后直接单击选中要标注的圆弧，然后指定尺寸线的位置即可，如图7-68~图7-71所示，相关命令提示如下。

命令：_dimarc

选择弧线段或多段线圆弧段：　　　　//选择要标注的圆弧

指定弧长标注位置或 [多行文字(M)/文字(T)/角度(A)/部分(P)/引线(L)]：　//确定尺寸线的位置

标注文字 = 146.23

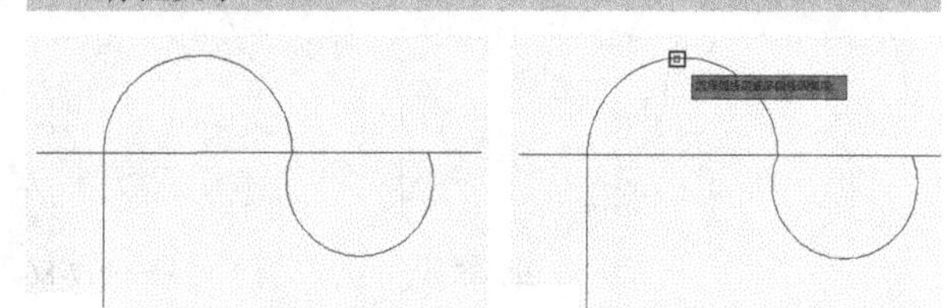

图7-68　　图7-69

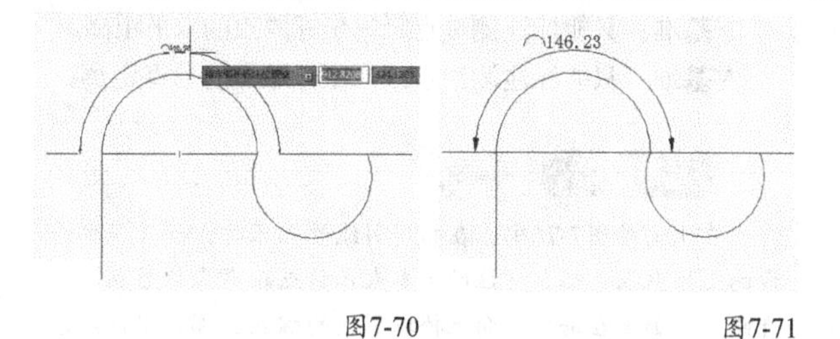

图7-70　　图7-71

7.3.6 坐标

坐标标注主要用于标注测量点到坐标原点的垂直或者水平距离，使用Dimordinate（坐标）命令可以创建坐标标注。

执行Dimordinate（坐标）命令有如下3种方式。

第1种：执行“标注>坐标”菜单命令，如图7-72所示。

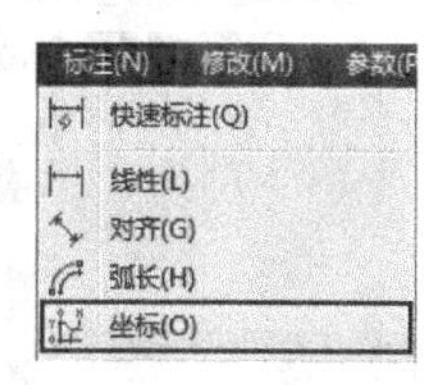

图7-72

第2种：单击“标注”工具栏中的“坐标”按钮，如图7-73所示。

图7-73

第3种：在命令行输入Dimordinate并回车。

执行Dimordinate（坐标）命令，如图7-74~图7-76所示，相关命令提示如下。

命令介绍

命令：_dimordinate

指定点坐标：　　//任意拾取一点

指定引线端点或 [X 基准(X)/Y 基准(Y)/多行文字(M)/文字(T)/角度(A)]：　//在水平方向上拾取一点

标注文字 = 158.13

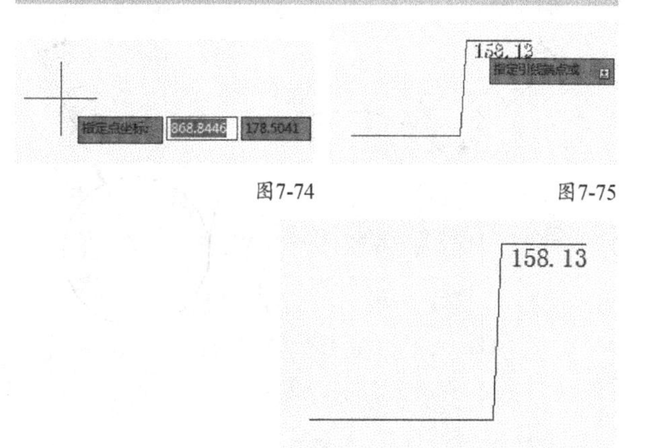

图7-74　　图7-75

图7-76

X基准：只能标注测量点距离坐标原点的水平距离。

Y基准：只能标注测量点距离坐标原点的垂直距离。

专家点拨

在上面的图7-76中，在指定引线的端点时，如果在水平方向上拾取点，那么标注的文本表示该点距离坐标原点的垂直距离；如果在垂直方向上拾取引线的端点，那么将标注该点距离坐标原点的水平距离，如图7-77～图7-79所示。

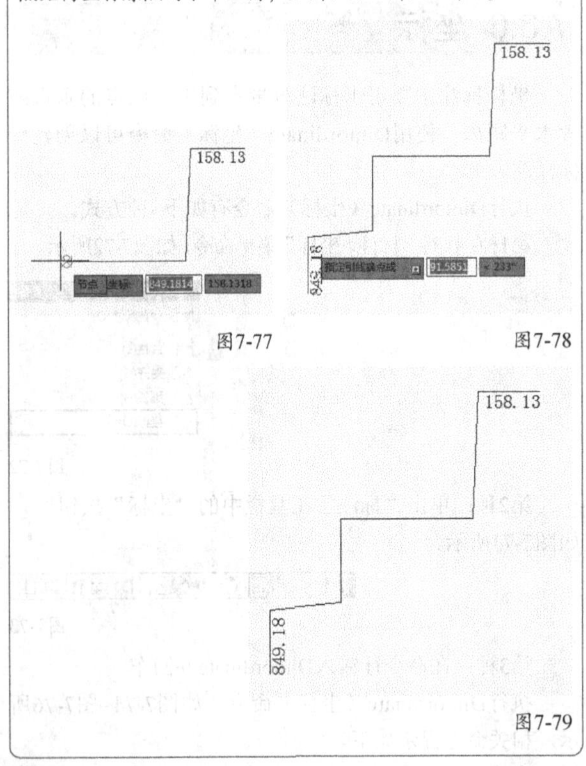

图7-77　图7-78　图7-79

7.3.7 半径

Dimradius（半径）命令用于测量指定圆或圆弧的半径，在半径标注的文本前面将显示半径符号，如图7-80所示。

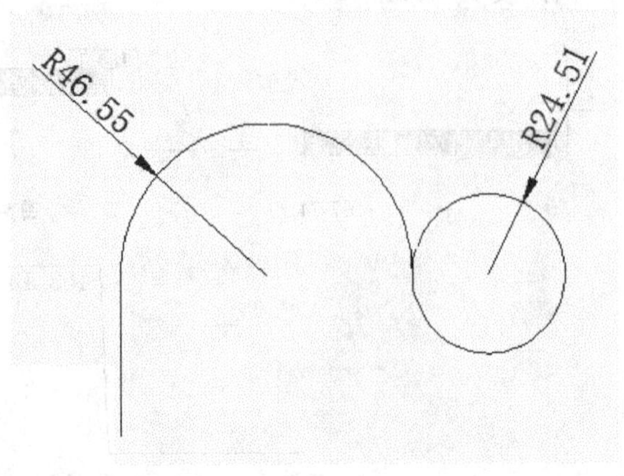

图7-80

专家点拨

半径标注有两种方式：一种是标注在圆或圆弧内部；另一种是标注在圆或圆弧外部。

在AutoCAD中，执行Dimradius（半径）命令可以对圆或圆弧标注半径。

执行Dimradius（半径）命令有如下3种方式。

第1种：执行“标注>半径”菜单命令，如图7-81所示。

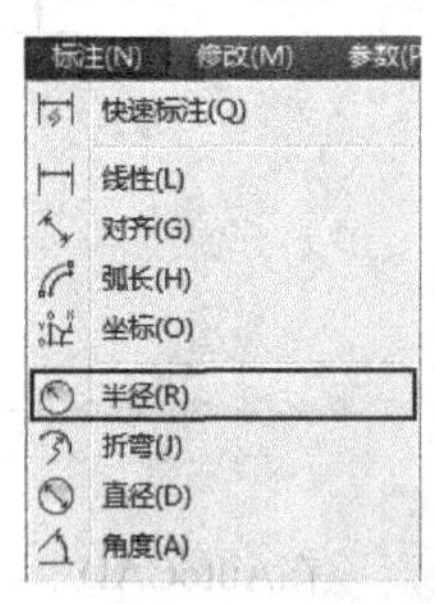

图7-81

第2种：单击“标注”工具栏中的“半径”按钮，如图7-82所示。

图7-82

第3种：在命令行输入Dimradius并回车。

半径标注的方法也很简单，执行该命令后，直接单击选中要标注的圆弧，然后指定尺寸线的位置即可，如图7-83~图7-86所示，相关命令提示如下。

```
命令: _dimradius
选择圆弧或圆:                    //选择要标注的圆或者圆弧
标注文字 = 30
指定尺寸线位置或 [多行文字(M)/文字(T)/角度(A)]:
//确定尺寸线的位置
```

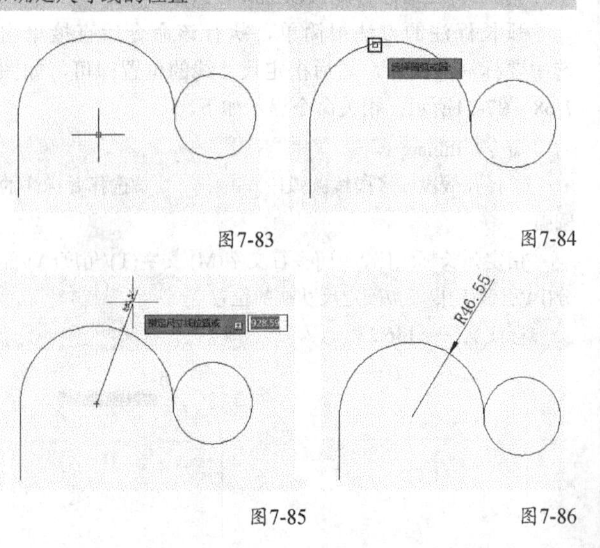

图7-83　图7-84

图7-85　图7-86

7.3.8 直径

Dimdiameter（直径）命令用于测量指定圆或圆弧的直径，在直径标注的文本前面将显示直径符号，如图7-87所示。在AutoCAD中，执行Dimdiameter（直径）命令可以对圆或圆弧的直径进行标注。

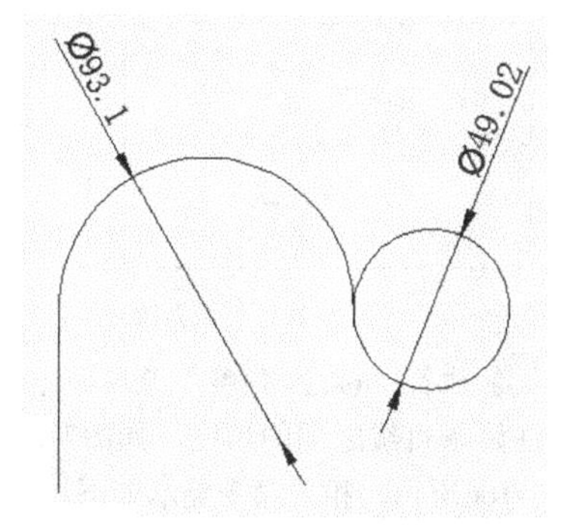

图7-87

执行Dimdiameter（直径）命令有如下3种方式。

第1种：执行“标注>直径”菜单命令，如图7-88所示。

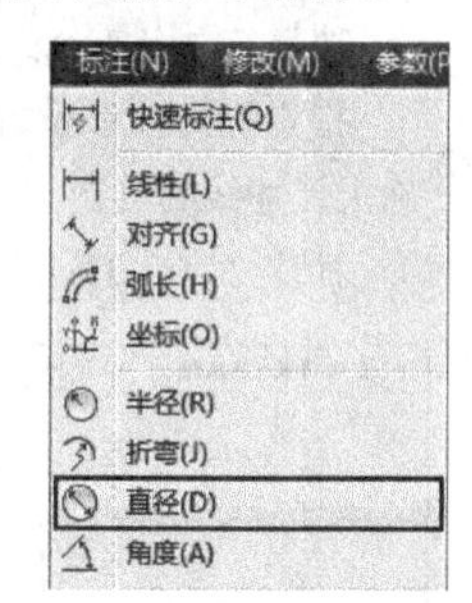

图7-88

第2种：单击“标注”工具栏中的“直径”按钮，如图7-89所示。

图7-89

第3种：在命令行输入Dimdiameter并回车。

直径标注方法与半径标注方法完全一致，这里就不再重复介绍。

7.3.9 折弯

折弯标注是AutoCAD提供的一种特殊半径标注方式，因此也称为“缩放的半径标注”，使用Dimjogged（折弯）命令可以创建折弯标注。

执行Dimjogged（折弯）命令有如下3种方式。

第1种：执行“标注>折弯”菜单命令，如图7-90所示。

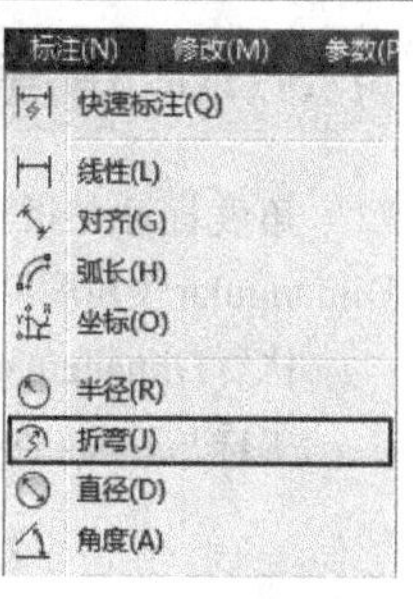

图7-90

第2种：单击“标注”工具栏中的“折弯”按钮，如图7-91所示。

图7-91

第3种：在命令行输入Dimjogged并回车。

折弯标注一般用于标注圆或者圆弧的圆心位于布局之外并且无法在其实际位置显示的情况，如图7-92~图7-97所示，相关命令提示如下。

命令: _dimjogged

选择圆弧或圆: //选择上方圆弧

指定图示中心位置: //在适当位置拾取一点作为折弯标注的起点，笔者选择捕捉下方圆弧中点

标注文字 = 210.25

指定尺寸线位置或 [多行文字(M)/文字(T)/角度(A)]: //确定尺寸线的位置

指定折弯位置: //确定折弯位置 回车确认后生成折弯标注完成操作

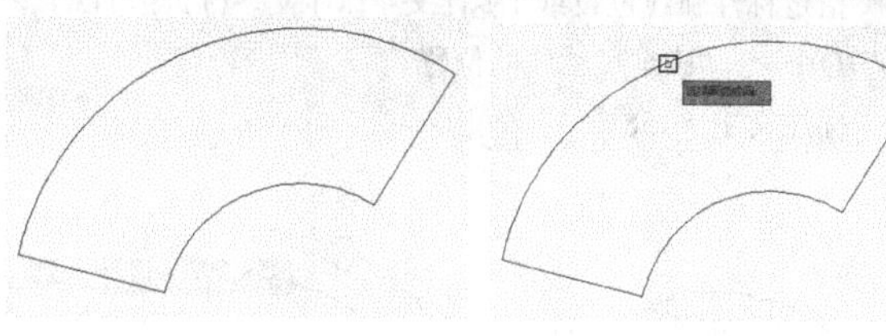

图7-92　图7-93

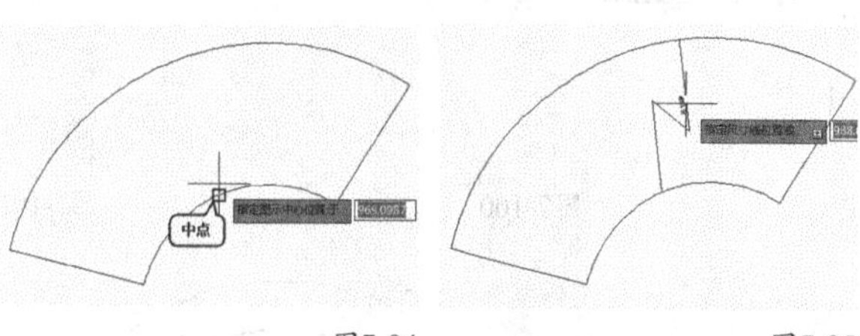

图7-94　图7-95

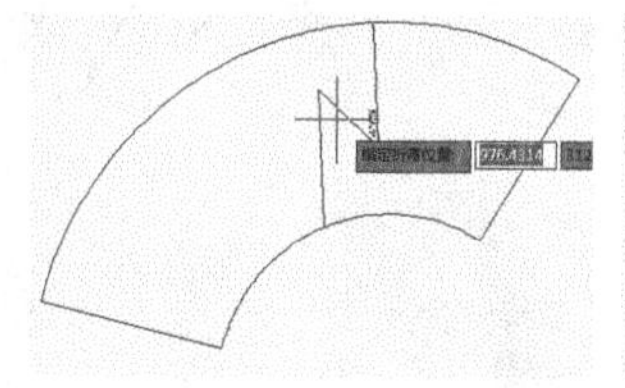

图7-96 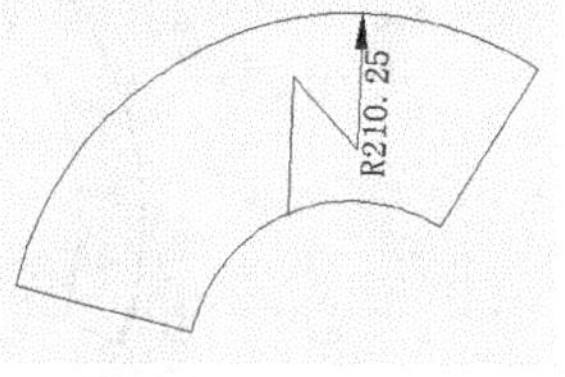　图7-97

7.3.10 角度

角度标注是指测量两条非平行线之间的角度，使用Dimangular（角度）命令可以创建角度标注。

执行Dimangular（角度）命令有如下3种方式。

第1种：执行“标注>角度”菜单命令，如图7-98所示。

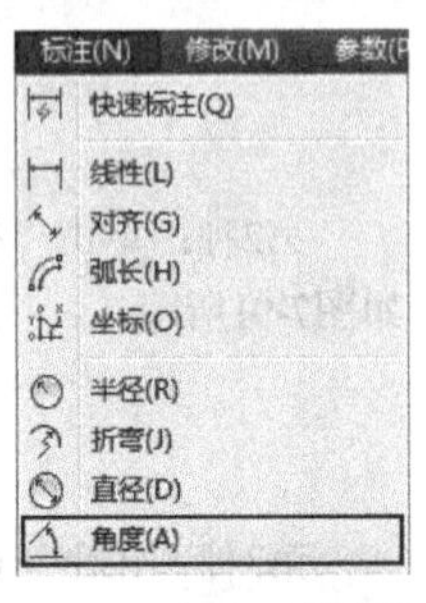

图7-98

第2种：单击“标注”工具栏中的“角度”按钮，如图7-99所示。

图7-99

第3种：在命令行输入Dimangular并回车。

使用Dimangular（角度）命令可以标注两条非平行直线之间的角度，也可以标注圆弧的角度，如图7-100~图7-102所示，相关命令提示如下。

命令: _dimangular

选择圆弧、圆、直线或 <指定顶点>:　　//选择圆弧

指定标注弧线位置或 [多行文字(M)/文字(T)/角度(A)/象限点(Q)]:　　//确定尺寸线的位置

标注文字 = 158

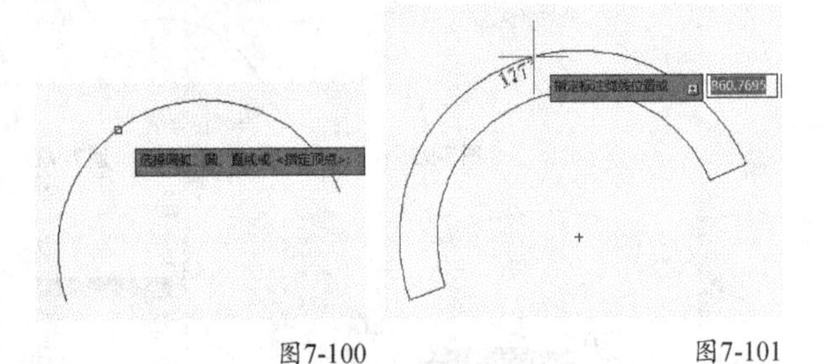

图7-100　　图7-101

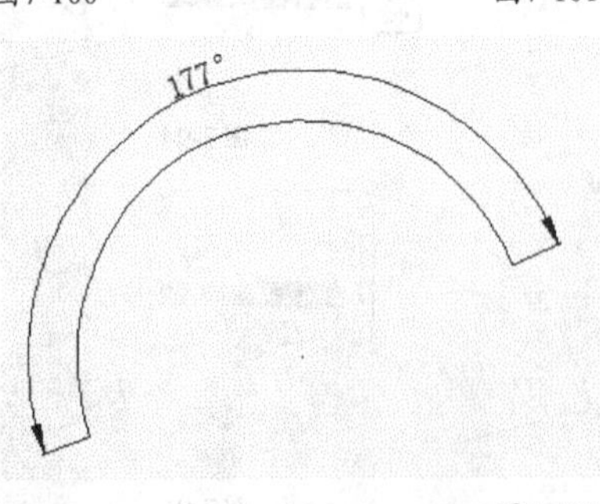

图7-102

7.3.11 实战——标注两条直线之间的角度

素材位置　第7章>素材文件>7.3.11.dwg
实例位置　第7章>实例文件>7.3.11.dwg
技术掌握　角度标注的用法

本例标注的两条直线间角度的效果如图7-103所示。

01 打开光盘中“第7章>素材文件>7.3.11.dwg”文件，如图7-104所示。

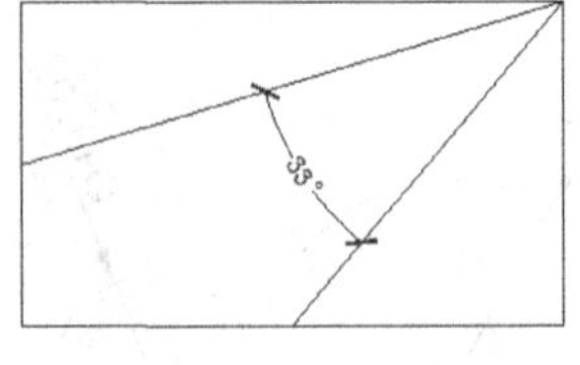

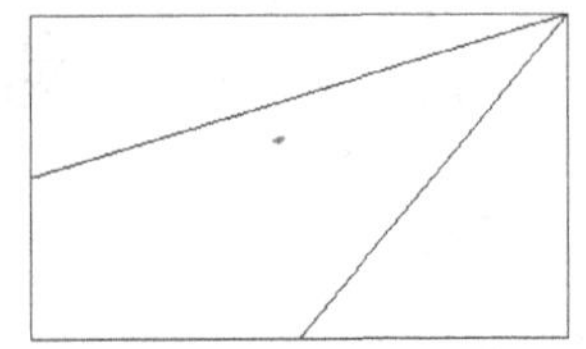

图7-103　　图7-104

02 执行“标注>角度”菜单命令，然后根据命令提示标注两条直线之间的角度，如图7-105所示，标注效果如图7-106所示，相关命令提示如下。

命令: _dimangular

选择圆弧、圆、直线或 <指定顶点>:　　//选择第一条直线

选择第二条直线:　　//选择第二条直线

指定标注弧线位置或 [多行文字(M)/文字(T)/角度(A)]:　　//确定尺寸线的位置

标注文字 = 33

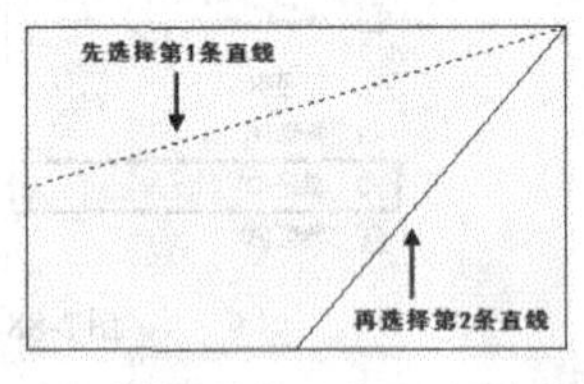

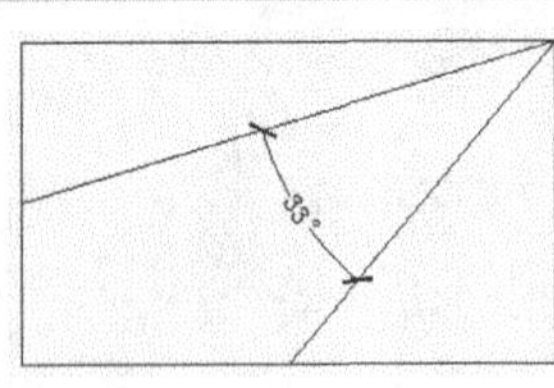

图7-105　　图7-106

专家点拨

可以相对于现有角度标注创建基线和连续角度标注。基线和连续角度标注小于或等于180°，要获得大于180°的基线和连续角度标注，应使用夹点编辑拉伸现有基线或连续标注的尺寸界线的位置。

7.3.12 实战——标注圆弧的包含角度

素材位置　第7章>素材文件>7.3.12.dwg
实例位置　第7章>实例文件>7.3.12.dwg
技术掌握　标注圆弧的包含角度的方法

本例标注的圆弧的包含角度效果如图7-107所示。

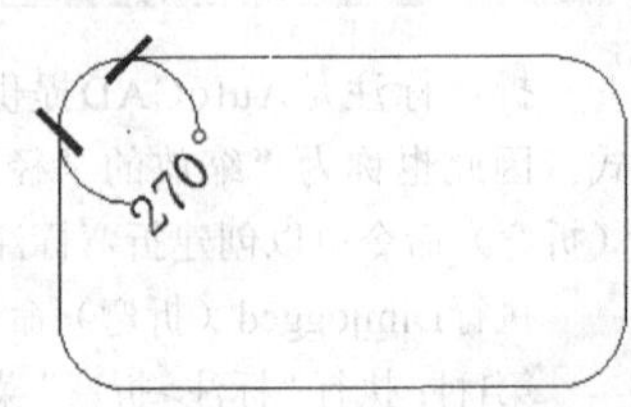

图7-107

01 打开光盘中“第7章>素材文件>7.3.12.dwg”文件，如图7-108所示。

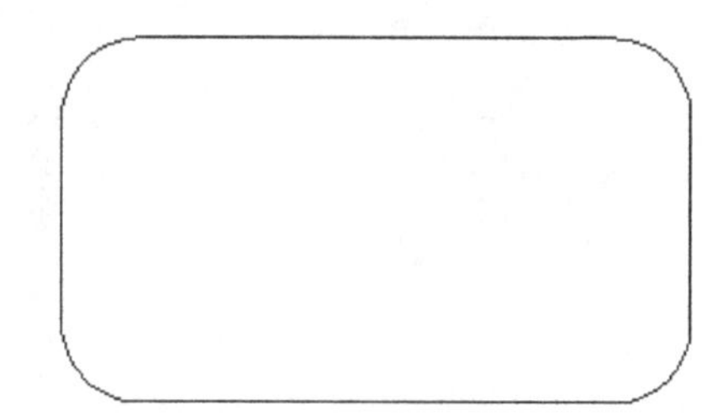

图7-108

02 单击“标注”工具栏中的“角度”按钮，然后根据命令提示进行操作，如图7-109所示，标注效果如图7-110所示，命令行相关提示如下。

```
命令: _dimangular
选择圆弧、圆、直线或 <指定顶点>:
                        //单击选中左上角的圆弧
指定标注弧线位置或 [多行文字(M)/文字(T)/角度(A)]:
//确定尺寸线的位置
标注文字 = 90
```

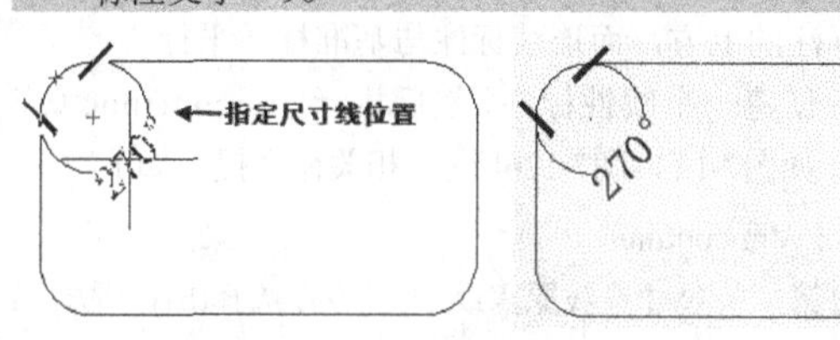

图7-109　　图7-110

专家点拨

本例的使用“角度”标注的另一种标注效果如图7-111所示。

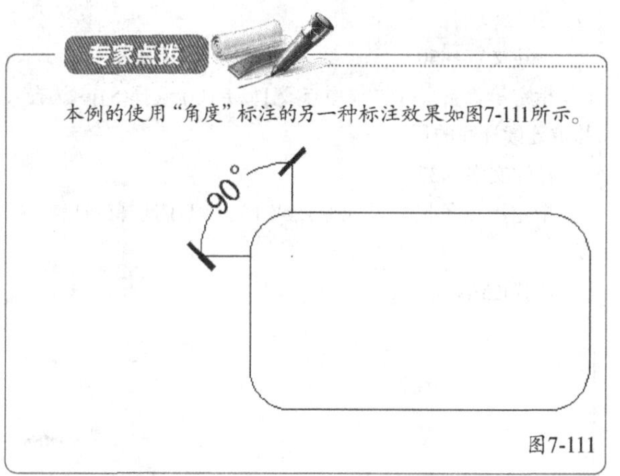

图7-111

下面介绍另外一种角度标注方式，就是通过指定角度顶点和端点来标注角度。

7.3.13 实战——标注3个点之间的角度

素材位置　第7章>素材文件>7.3.13.dwg
实例位置　第7章>实例文件>7.3.13.dwg
技术掌握　标注3个点之间的角度的方法

本例标注的3点之间的角度效果如图7-112所示。

01 打开光盘中“第7章>素材文件>7.3.13.dwg”文件，如图7-113所示。

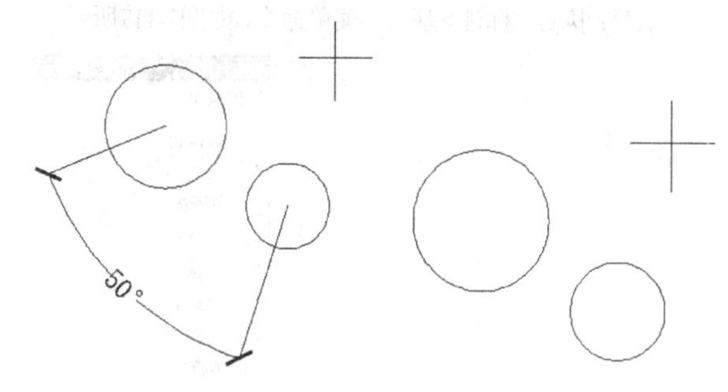

图7-112　　图7-113

02 单击“标注”工具栏中的“角度”按钮，然后根据命令提示进行操作，如图7-114和图7-115所示，标注效果如图7-116所示，命令行相关提示如下。

```
命令: _dimangular
选择圆弧、圆、直线或 <指定顶点>: ↙          //直接按
回车键表示下面将要确定顶点的位置
指定角的顶点:              //捕捉十字交线的交点
指定角的第一个端点:          //捕捉大圆的圆心
指定角的第二个端点:          //捕捉小圆的圆心
指定标注弧线位置或 [多行文字(M)/文字(T)/角度(A)/象
限点(Q)]:    //确定尺寸线的位置
标注文字 = 50
```

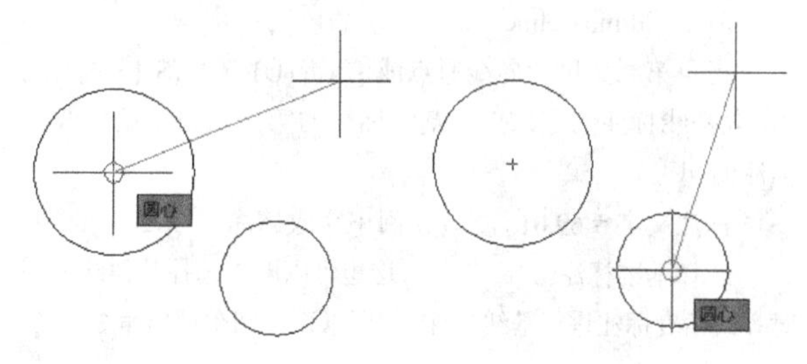

图7-114　　图7-115

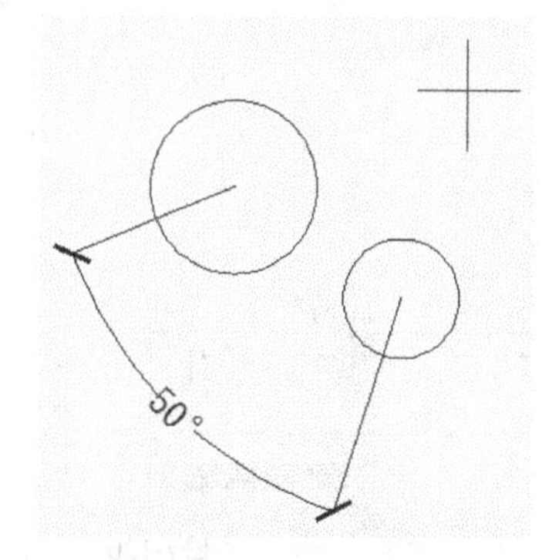

图7-116

7.3.14 基线

基线标注是从同一基线处开始测量的多个标注，使用Dimbaseline（基线）命令可以创建基线标注。

执行Dimbaseline（基线）命令有如下3种方式。

第1种：执行“标注>基线”菜单命令，如图7-117所示。

图7-117

第2种：单击“标注”工具栏中的“基线”按钮，如图7-118所示。

图7-118

第3种：在命令行输入Dimbaseline并回车。

在创建基线标注之前，必须创建一个线性、对齐或角度标注，系统会自动根据最近创建的一个标注以增量方式创建基线标注。

任意创建一个线性标注，然后执行Dimbaseline（基线）命令，如图7-119~图7-121所示，相关命令提示如下。

命令: _dimbaseline

指定第二条尺寸界线原点或 [放弃(U)/选择(S)] <选择>: //拾取基线标注的第二点（基线标注的第一点自动拾取线性标注的起点）

标注文字 = 69.01　　//回车完成标注

选择基准标注: ↙　　//这里可以再次选择其他线性、对齐或角度标注进行基线标注，也可以直接回车退出命令

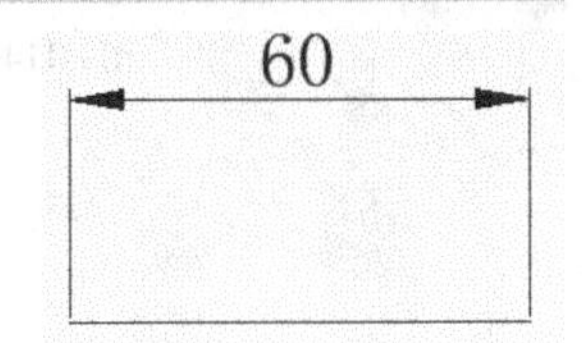

图7-119

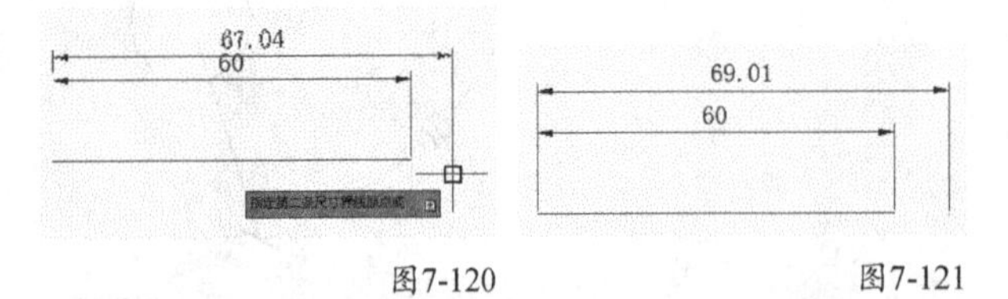

图7-120　　图7-121

7.3.15 连续

连续尺寸标注是首尾相连的多个标注，使用Dimcontinue（连续）命令就可以创建连续标注。

执行Dimcontinue（连续）命令有如下3种方式。

第1种：执行“标注>连续”菜单命令，如图7-122所示。

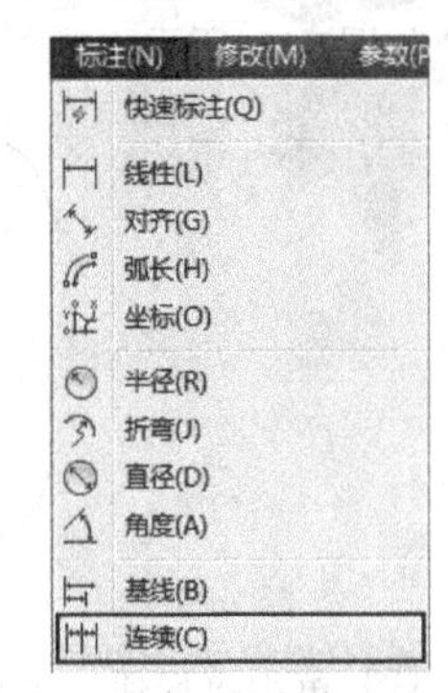

图7-122

第2种：单击“标注”工具栏中的“连续”按钮，如图7-123所示。

图7-123

第3种：在命令行输入Dimcontinue并回车。

同基线标注一样，创建连续标注之前也必须先创建线性、对齐或角度标注，不同之处在于基线标注是创建在基准标注的上方，而连续标注与基准标注平行。

任意创建一个线性标注，然后执行Dimcontinue（连续）命令，如图7-124~图7-126所示，相关命令提示如下。

命令: _dimcontinue

指定第二条尺寸界线原点或 [放弃(U)/选择(S)] <选择>: //拾取连续标注的第二点（连续标注的第一点自动拾取线性标注的终点）

标注文字 = 50

指定第二条尺寸界线原点或 [放弃(U)/选择(S)] <选择>: //拾取连续标注的第三点

标注文字 = 37

指定第二条尺寸界线原点或 [放弃(U)/选择(S)] <选择>: ↙

选择连续标注: ↙

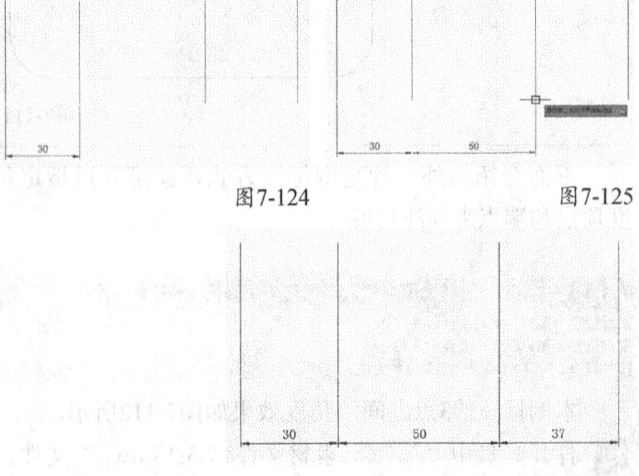

图7-124　　图7-125

图7-126

7.3.16 实战——连续标注图形

素材位置　第7章>素材文件>7.3.16.dwg
实例位置　第7章>实例文件>7.3.16.dwg
技术掌握　连续标注图形的方法

本例连续标注图形的效果如图7-127所示。

01 打开光盘中"第7章>素材文件>7.3.16.dwg"文件，如图7-128所示。

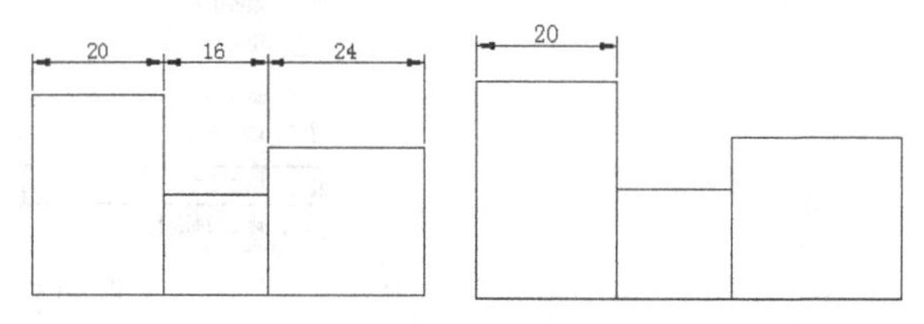

图7-127　　图7-128

02 执行"标注>连续"菜单命令，然后根据命令提示进行连续标注，如图7-129~图7-131所示，相关命令提示如下。

命令: _dimcontinue
选择连续标注:
指定第二条延伸线原点或 [放弃(U)/选择(S)] <选择>: //选择连续标注的起始基线
标注文字 = 16
指定第二条延伸线原点或 [放弃(U)/选择(S)] <选择>: //捕捉第一个端点
标注文字 = 24
指定第二条延伸线原点或 [放弃(U)/选择(S)] <选择>: //捕捉第二个端点
选择连续标注: *取消* //按Esc键结束命令

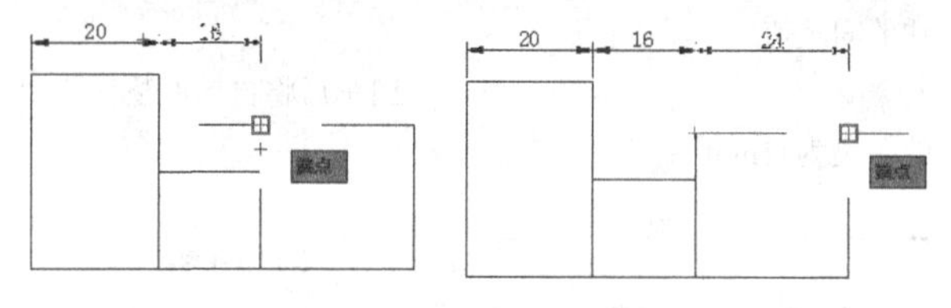

图7-129　　图7-130

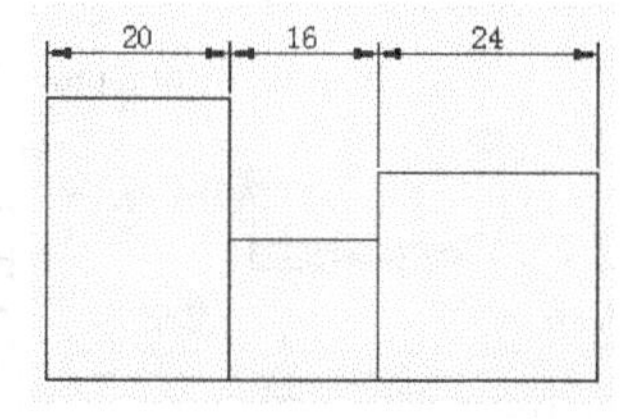

图7-131

在创建连续标注之前，也必须先创建线性、对齐或角度标注。

7.3.17 快速标注

使用Qdim（快速标注）命令可以实现对图形的快速标注。

执行Qdim（快速标注）命令有如下3种方式。

第1种：执行"标注>快速标注"菜单命令，如图7-132所示。

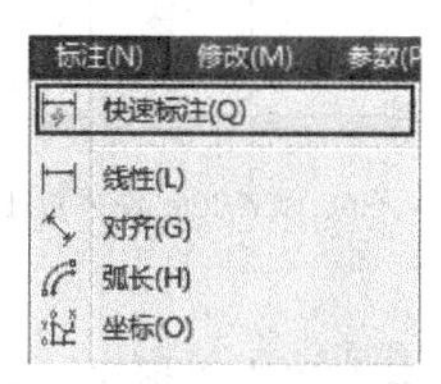

图7-132

第2种：单击"标注"工具栏中的"快速标注"按钮，如图7-133所示。

图7-133

第3种：在命令行输入Qdim并回车。

使用快速标注功能可以快速创建或编辑一系列标注，包括创建线性、连续、基线、坐标、半径、直径等标注类型，相关命令提示如下。

命令介绍

命令: _qdim
关联标注优先级 = 端点
选择要标注的几何图形: 找到 1 个 //选择需要标注的对象
选择要标注的几何图形: ↙ //按回车键确认选中图形
指定尺寸线位置或 [连续(C)/并列(S)/基线(B)/坐标(O)/半径(R)/直径(D)/基准点(P)/编辑(E)/设置(T)] <半径>: //输入需要创建的标注类型

指定尺寸线位置：创建线性标注。

连续：创建连续标注。

并列：创建并列标注。

基线：创建基线标注。

坐标：创建坐标标注。

半径：创建半径标注。

直径：创建直径标注。

基准点：为基线标注和坐标标注设置新的基准点。

编辑：在现有标注中添加或删除点。

设置：为指定尺寸界线原点设置默认对象捕捉。

7.3.18 实战——快速创建长度型尺寸标注

素材位置　第7章>素材文件>7.3.18.dwg
实例位置　第7章>实例文件>7.3.18.dwg
技术掌握　快速标注图形的方法

本例的标注效果如图7-134所示。

01 打开光盘中“第7章>素材文件>7.3.18.dwg”，如图7-135所示。

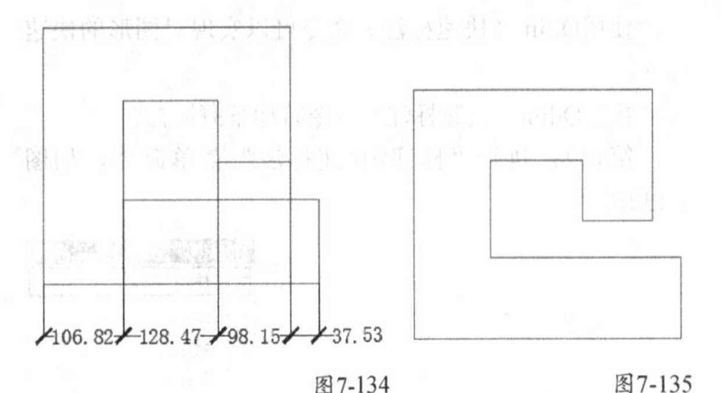

图7-134　　图7-135

02 单击“标注”工具栏中的“快速标注”按钮，然后根据命令提示进行操作，标注效果如图7-136所示，命令行相关提示如下。

命令: _qdim

关联标注优先级 = 端点

选择要标注的几何图形: 指定对角点: 找到 10 个　　//框选所有的图形

选择要标注的几何图形: ↙　　//按回车键确认选中图形

指定尺寸线位置或 [连续(C)/并列(S)/基线(B)/坐标(O)/半径(R)/直径(D)/基准点(P)/编辑(E)/设置(T)] <连续>: //确定尺寸线的位置

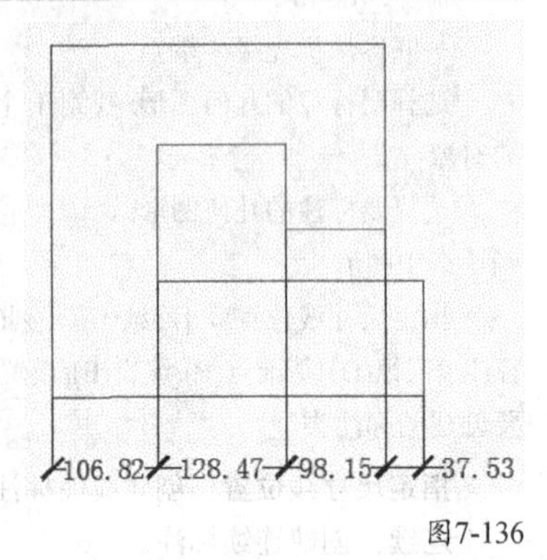

图7-136

7.3.19 标注间距

标注间距用于调整线型或者角度标注之间的间距。在AutoCAD中，使用Dimspace（等距标注）命令可以进行等距标注。

执行Dimspace（等距标注）命令有如下3种方式。

第1种：执行“标注>标注间距”菜单命令，如图7-137所示。

第2种：单击“标注”工具栏中的“等距标注”按钮，如图7-138所示。

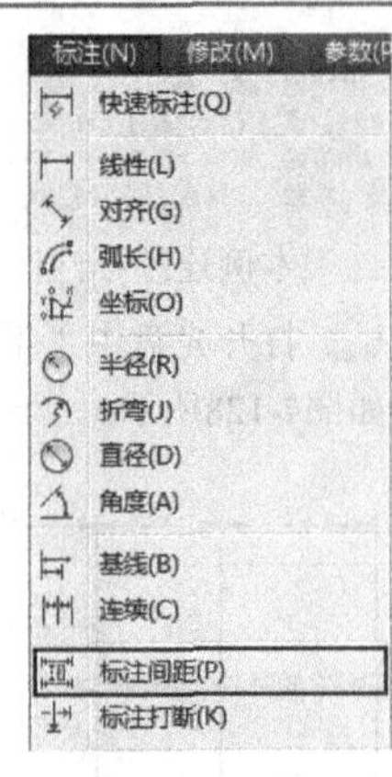

图7-137

图7-138

第3种：在命令行输入Dimspace并回车。

进行等距标注的首要条件就是绘图区域内存在线型或者角度标注，并且至少需要两个以上标注，如图7-139~图7-142所示，相关命令提示如下。

命令介绍

命令: _DIMSPACE

选择基准标注:　　//选择标注文本为100的线性标注

选择要产生间距的标注:找到 1 个　　//选择标注文本为150的线性标注

选择要产生间距的标注:找到 1，总计 2 个　　//选择标注文本为200的线性标注

选择要产生间距的标注: ↙

输入值或 [自动(A)] <自动>: 15↙　　//输入3个标注的间距值

↙　　//回车后将自动调整标注间的距离为15mm

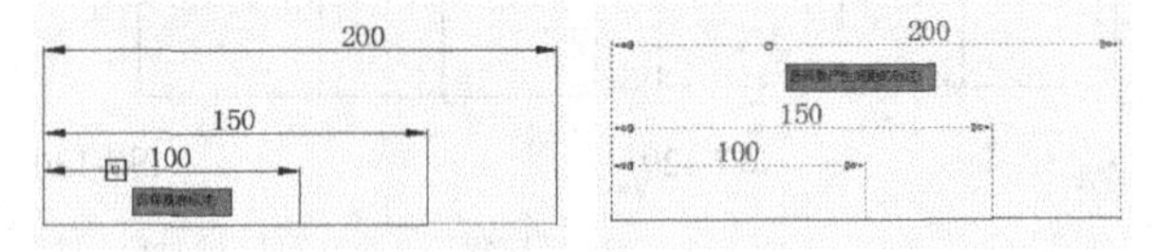

图7-139　　图7-140

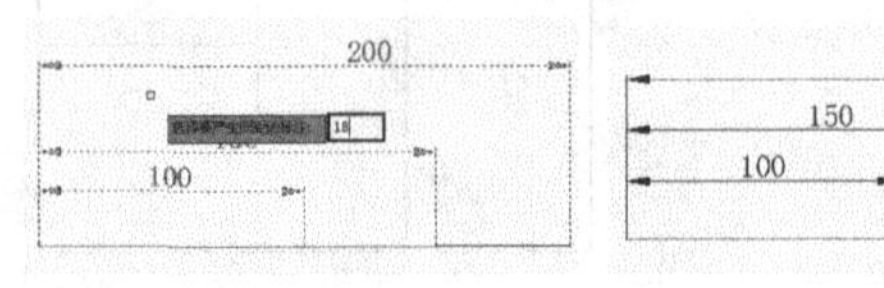

图7-141　　图7-142

如果开始时选择上方200的标注为基准标准，则完成操作后所有标注将以200标注为基准进行间距调整，如图7-143~图7-146所示。

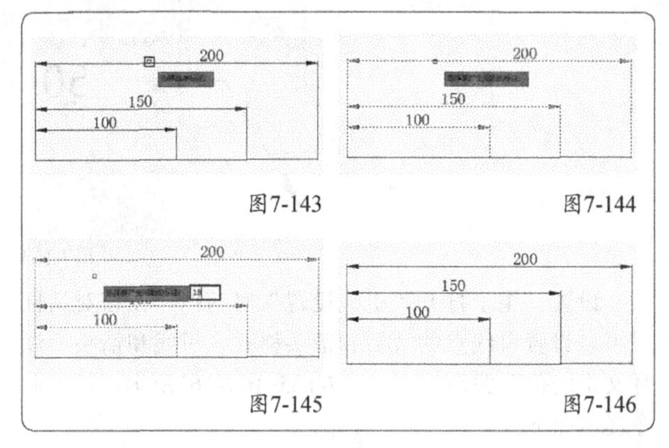

图7-143　　图7-144

图7-145　　图7-146

输入值：输入间距值，也就是从基准标注到要产生间距的标注之间的距离。

自动：通过选定基准标注中标注样式所设定的文字高度来调整间距。

7.3.20 标注折断

标注折断用于在线性、角度和坐标等标注中将尺寸线折断，使用Dimbreak（折断标注）命令就可以进行折断标注。

执行Dimbreak（折断标注）命令有如下3种方式。

第1种：执行“标注>标注打断”菜单命令，如图7-147所示。

图7-147

第2种：单击“标注”工具栏中的“折断标注”按钮，如图7-148所示。

图7-148

第3种：在命令行输入Dimbreak并回车。

同等距标注一样，进行折断标注前也要绘图区域内存在至少一个线性或角度等标注。这里以一个线性标注为例讲解一下Dimbreak（折断标注）命令的用法，如图7-149~图7-154所示，相关命令提示如下。

```
命令: _DIMBREAK
选择要添加/删除折断的标注或 [多个(M)]:        //选择线性标注
选择要折断标注的对象或 [自动(A)/手动(M)/删除(R)] <自动>: m↙    //输入选项M表示手动指定打断点
指定第一个打断点:        //在标注文本左侧的尺寸线上拾取一点
指定第二个打断点:        //在标注文本右侧的尺寸线上拾取一点
1 个对象已修改
```

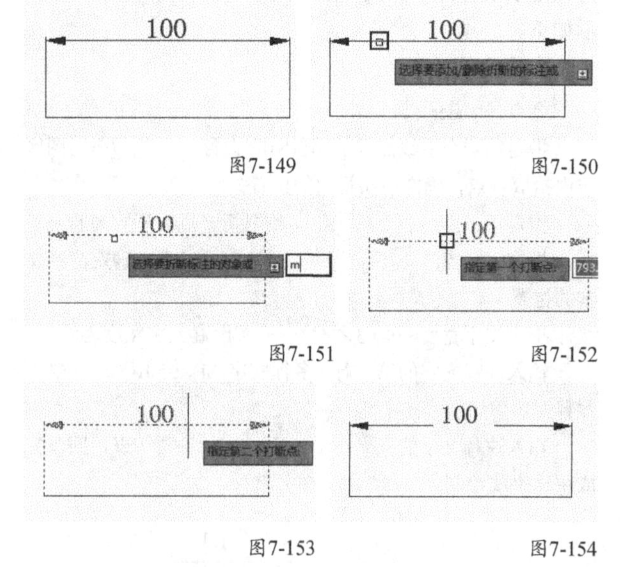

图7-149　　图7-150

图7-151　　图7-152

图7-153　　图7-154

7.3.21 快速引线

引线标注常用于对图形中的某一特征进行文字说明。因为在设计图中，有些特征对象可能需要加上一些说明和注释，所以为了更加明确地表示这些注释与被注释对象之间的关系，就需要用一条引线将注释文字指向被说明的对象，这就是引线标注。

引线是由箭头、直线段或样条曲线段等组成的复杂对象，引线的末端放置注释文本，如图7-155所示。引线和注释在图形中被定义成两个独立的对象，但两者是相关的，移动注释会引起引线的移动，如图7-156所示。而移动引线则不会导致注释的移动，如图7-157所示。

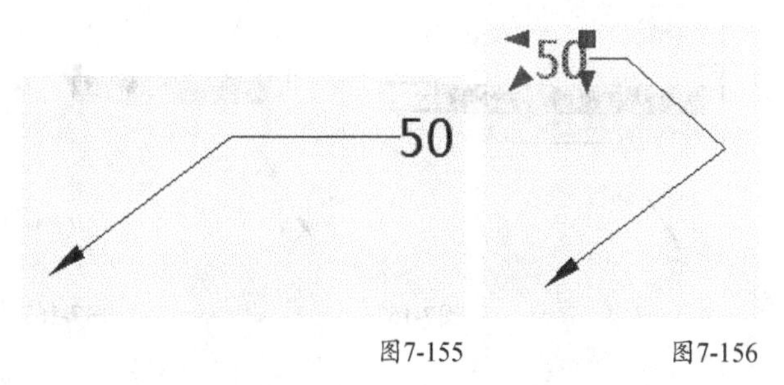

图7-155　　图7-156

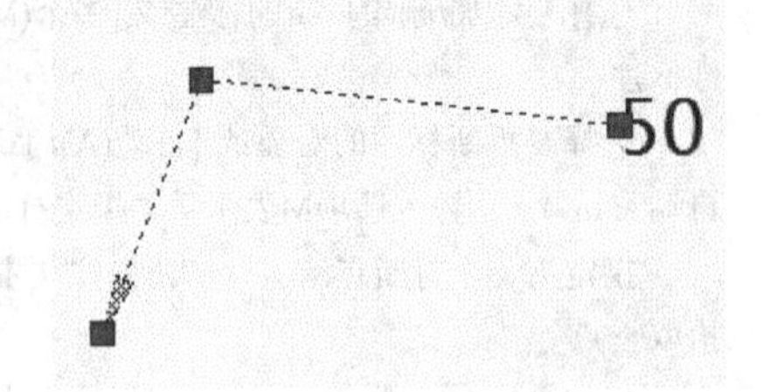

图7-157

在命令行输入Qleader并回车，然后根据命令提示创建快速引线标注，如图7-158~图7-164所示，相关命令提示如下。

命令介绍

命令: qleader

指定第一个引线点或 [设置(S)] <设置>: //在绘图区域内拾取一点，确定箭头指向的位置

指定下一点: //拾取第二点，确定转折点

指定下一点: //拾取第三点，确定注释文本的位置

指定文字宽度 <0>: 3↙ //设置文字宽度为8

输入注释文字的第一行 <多行文字(M)>: 50↙ //输入注释文本

输入注释文字的下一行:↙ //直接回车完成快速引线绘制

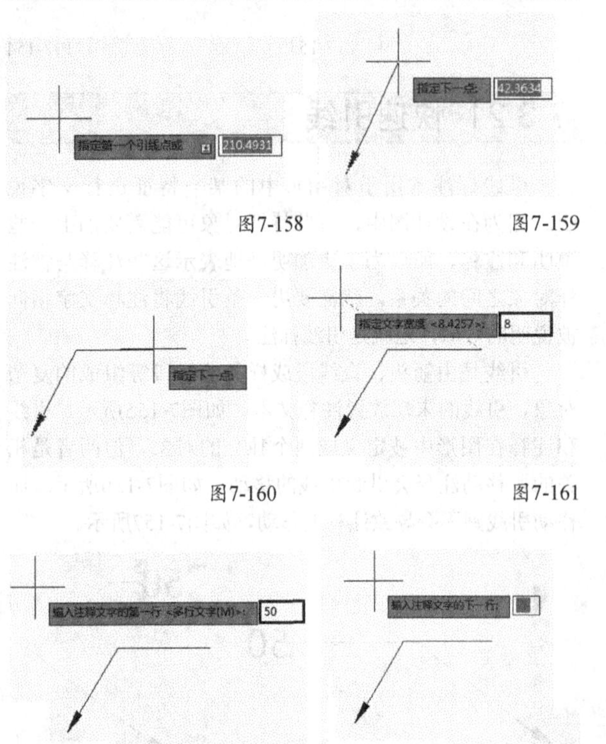

图7-158 图7-159

图7-160 图7-161

图7-162 图7-163

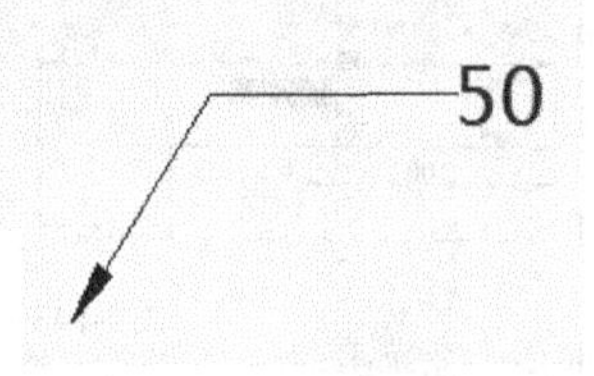

图7-164

设置：用于打开“引线设置”对话框，在该对话框中可以设置引线点的数目和箭头样式、引线和箭头、注释文本的位置关系等，如图7-165~图7-167所示，相关命令提示如下。

命令: qleader

指定第一个引线点或 [设置(S)] <设置>:s↙ //直接按回车键或者输入选项S

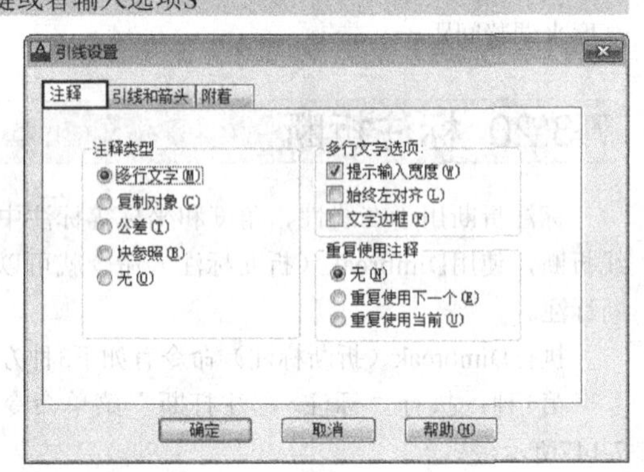

图7-165

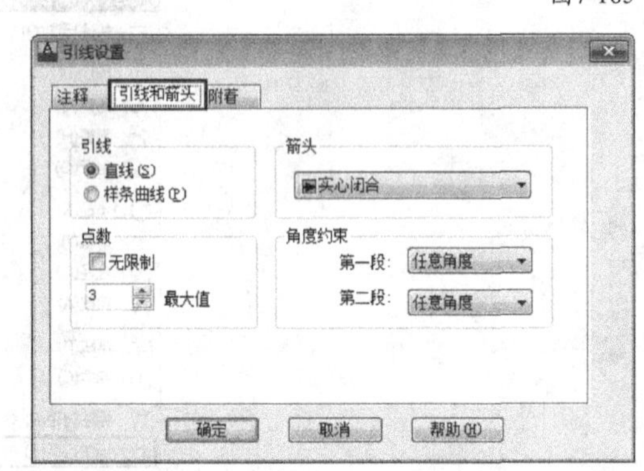

图7-166

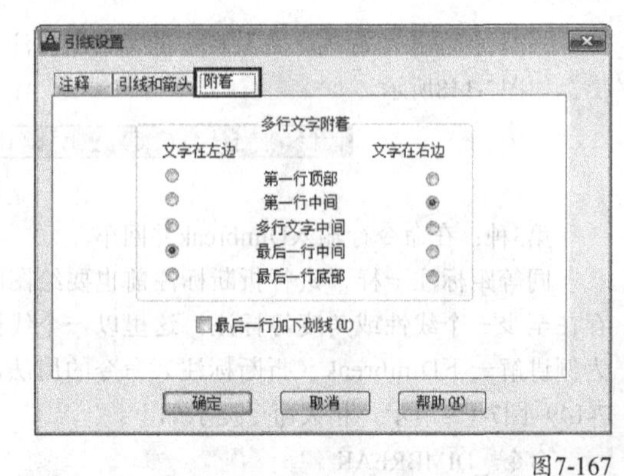

图7-167

7.3.22 多重引线

与快速引线不同，多重引线默认由两个点来确定位置：第1个点指定箭头的位置；第2个点指定折线的位置。使用Mleader（多重引线）命令可以创建多重引线标注。

Mleader（多重引线）命令有如下3种方式。

第1种：执行“标注>多重引线”菜单命令，如图7-168所示。

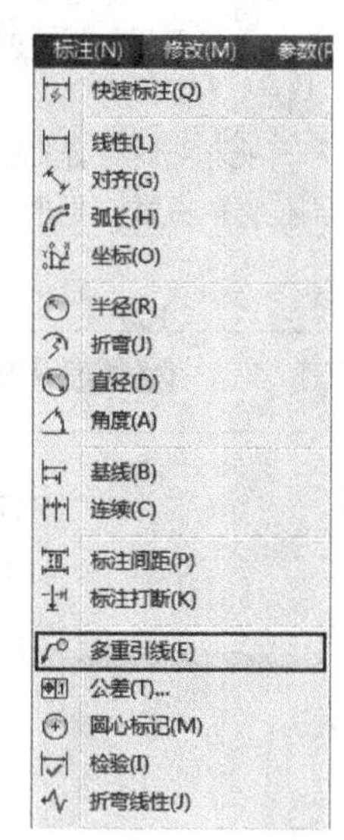

图7-168

第2种：单击“多重引线”工具栏中的“多重引线”按钮，如图7-169所示。

图7-169

第3种：在命令行输入Mleader并回车。

执行Mleader（多重引线）命令将出现如下提示，如图7-170~图7-173所示，相关命令提示如下。

命令介绍

命令: _mleader

指定引线箭头的位置或 [引线基线优先(L)/内容优先(C)/选项(O)] <选项>:　　//任意拾取一点

指定引线基线的位置:　//拾取第二点，此时将弹出“文字格式”编辑器，输入相应文字后单击“确定”按钮 确定 完成创建

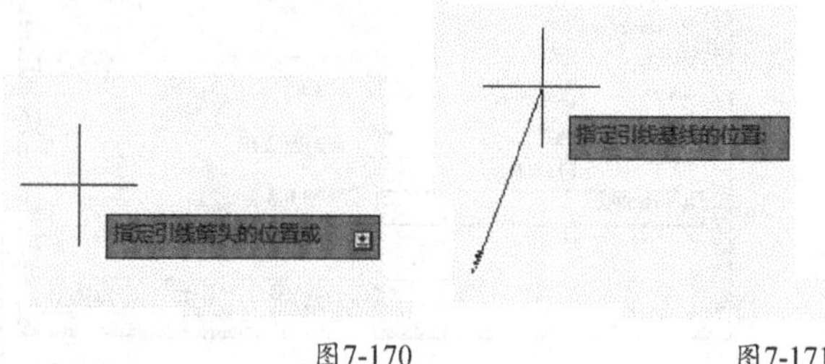

图7-170　　图7-171

图7-172　　图7-173

引线基线优先：表示首先确定基线的位置。

内容优先：表示首先确定注释文本的位置。

7.3.23 圆心标记

圆心标记用于为圆或圆弧的圆心创建一个十字形的标记符号，如图7-174所示。

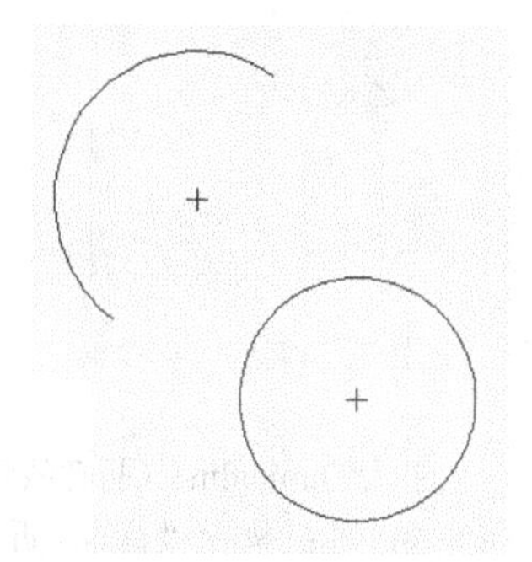

图7-174

在AutoCAD中，使用Dimcenter（圆心标记）命令可以对圆或圆弧的圆心进行标记。

执行Dimcenter（圆心标记）命令有如下3种方式。

第1种：执行“标注>圆心标记”菜单命令，如图7-175所示。

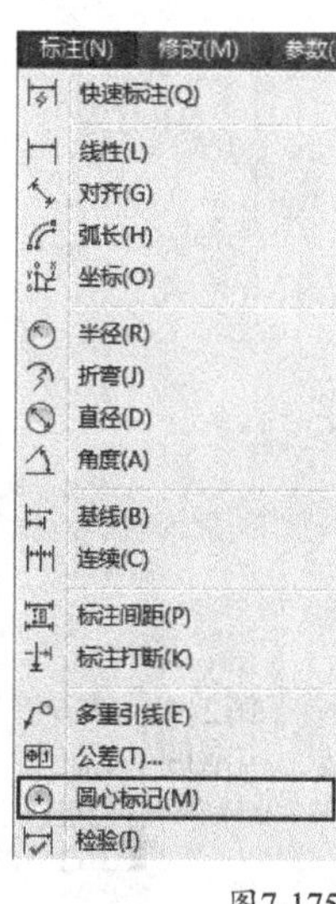

图7-175

第2种：单击“标注”工具栏中的“圆心标记”按钮⊕，如图7-176所示。

图7-176

第3种：在命令行输入Dimcenter并回车。

对圆或圆弧进行圆心标记的方法非常简单，只需执行Dimcenter（圆心标记）命令后，选择圆或圆弧即可，这里就不再进行过多的介绍。

7.3.24 折弯线性

折弯线性是指在线性或对齐标注中添加或删除折弯线，如图7-177示。使用Dimjogline（折弯线性）命令可以向线性标注或对齐标注中添加折弯线。

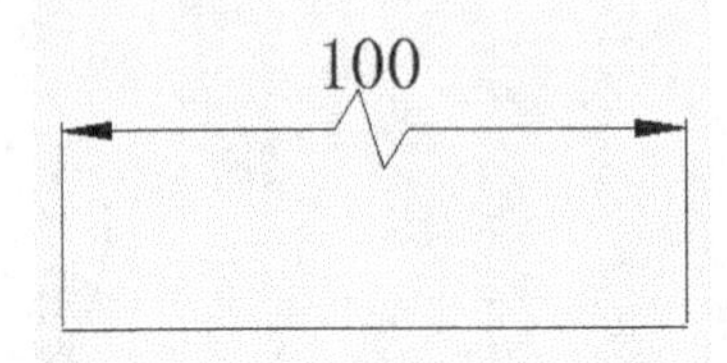

图7-177

执行Dimjogline（折弯线性）命令有如下3种方法。

第1种：执行“标注>折弯线性”菜单命令，如图7-178所示。

图7-178

第2种：单击“标注”工具栏中的“折弯线性”按钮，如图7-179所示。

图7-179

第3种：在命令行输入Dimjogline并回车。

在工程制图中，如果图形的实际尺寸比较大，而绘图的时候并没有按照实际尺寸进行绘制，而是缩小了，但是尺寸标注的测量值必须是图形的实际尺寸，这时通常用折弯尺寸线表示。

Dimjogline（折弯线性）命令的用法非常简单，基本过程如图7-180~图7-182所示，相关命令提示如下。

命令: _dimjogline

选择要添加折弯的标注或 [删除(R)]: //选择尺寸标注

指定折弯位置 (或按 Enter 键): //在尺寸线的适当位置单击鼠标左键

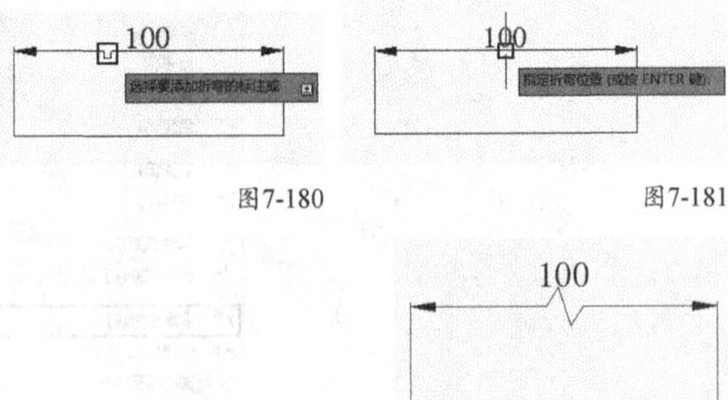

图7-180　图7-181

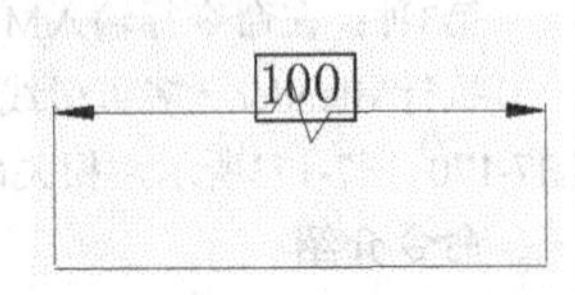

图7-182

在默认设置下，折弯尺寸线与标注文字通常会重叠，如图7-183所示，此时可以打开“修改标注样式”对话框，然后在“文字”选项卡下调整“从尺寸线偏移”的数值就可以调整好尺寸线与文字的位置，如图7-184和图7-185所示。

图7-183

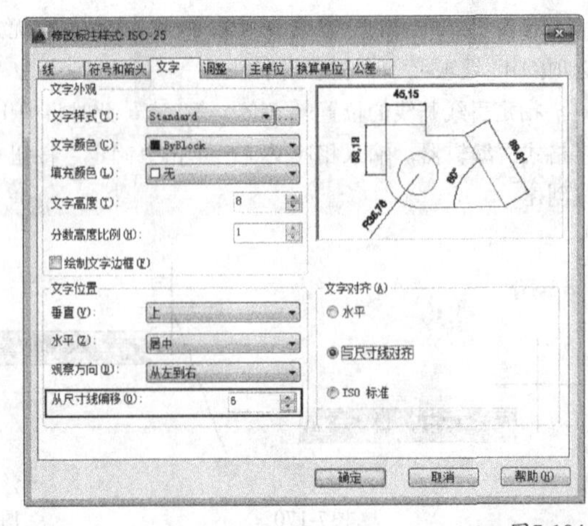

图7-184

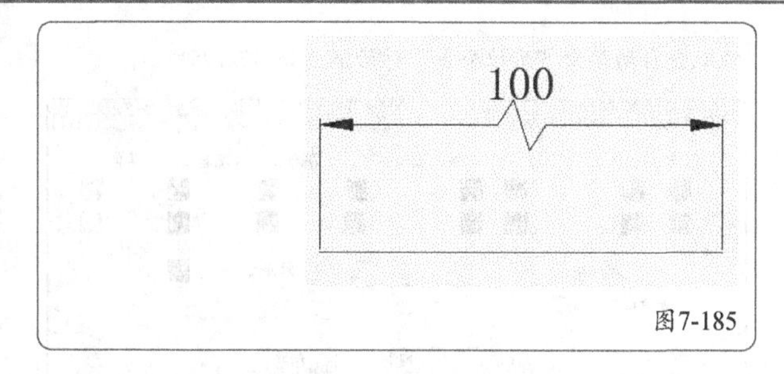

图7-185

7.3.25 公差

如果零件在加工时所产生的形状误差和位置误差过大，将会影响最终工业成品的质量。因此对要求较高的零件，必须根据实际需要在图纸上标注出相应表面的形状误差和相应表面之间的位置误差的允许范围，即标出表面形状和位置公差，简称形位公差，如图7-186所示。

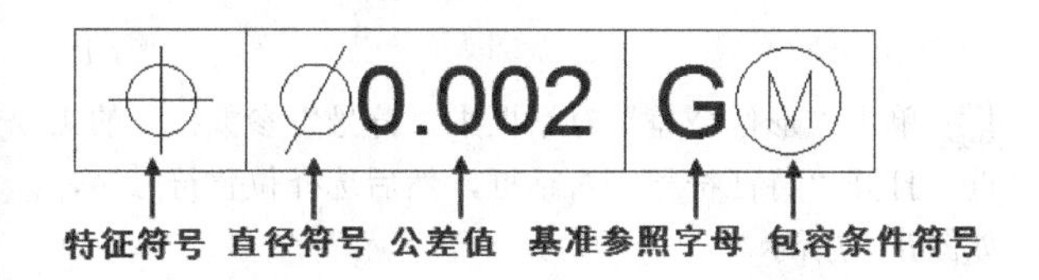

图7-186

在AutoCAD中，使用Tolerance（公差）命令可以创建形位公差标注。

执行Tolerance（公差）命令有如下3种方式。

第1种：执行“标注>公差”菜单命令，如图7-187所示。

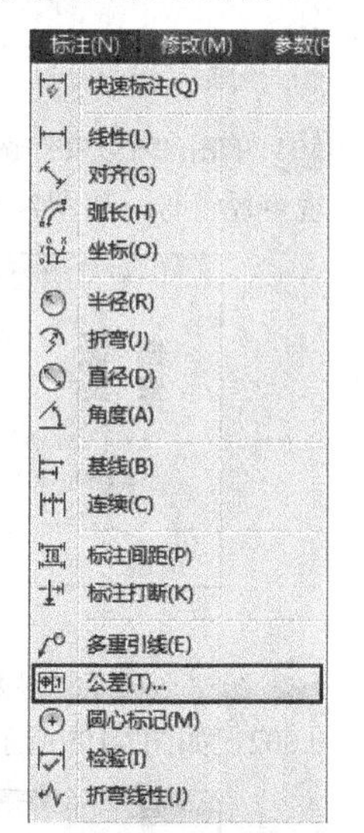

图7-187

第2种：在“标注”工具栏中单击“公差”按钮，如图7-188所示。

图7-188

第3种：在命令行输入Tolerance并回车。

执行Tolerance（公差）命令将打开“形位公差”对话框，如图7-189所示。

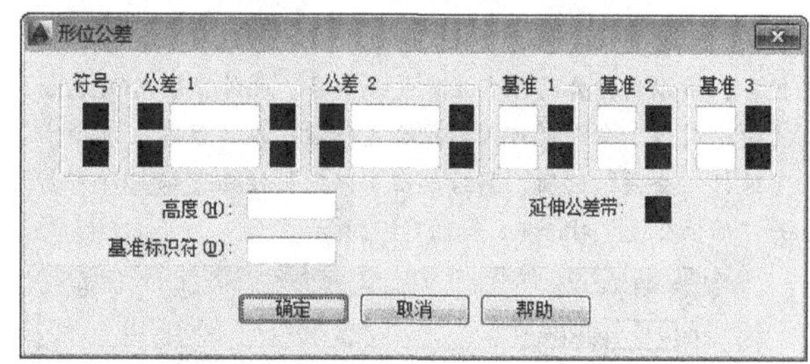

图7-189

参数介绍

符号：设置公差标注的特征符号，单击黑色小方块将打开“特征符号”对话框，如图7-190所示。AutoCAD向用户提供了14种常用的形位公差符号，各符号的特征和类型如表7-1所示。当然，用户也可以自定义公差符号，常用的方法是通过定义块来定义基准符号或粗糙度符号。

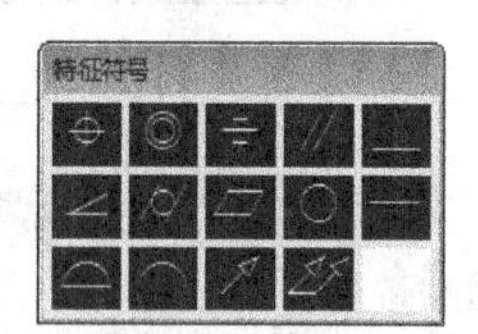

图7-190

符号	特征	类型	符号	特征	类型	符号	特征	类型
⊕	位置	位置	//	平行度	方向	⌭	圆柱度	形状
◎	同轴（同心）度	位置	⊥	垂直度	方向	▱	平面度	形状
⌯	对称度	位置	∠	倾斜度	方向	○	圆度	形状
⌓	面轮廓度	轮廓	↗	圆跳动	跳动	—	直线度	形状
⌒	线轮廓度	轮廓	⌰	全跳动	跳动			

表7-1 形位公差符号

公差1/2：用于设置公差的直径符号、公差值和附加符号，如图7-191所示。

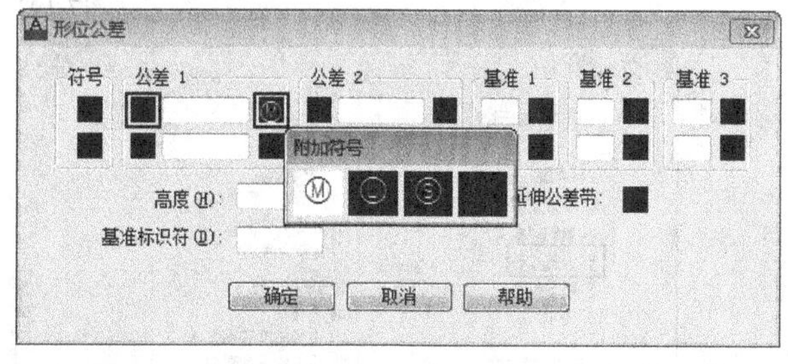

图7-191

基准1/2/3：用于设置基准参照字母。

高度：创建特征控制框中的投影公差零值。投影公差带控制固定垂直部分延伸区的高度变化，并以位置公差控制公差精度。

基准标识符：创建由参照字母组成的基准标识符。

专家点拨

形位公差的标注方法很简单，但是它涉及的机械知识比较多，所以用户要结合专业背景来学习。此外，使用Qleader（快速引线）命令也可以创建公差标注，在“注释”选项卡下选择“公差”选项，然后单击“确定”按钮[确定]即可打开“形位公差”对话框，如图7-192所示。

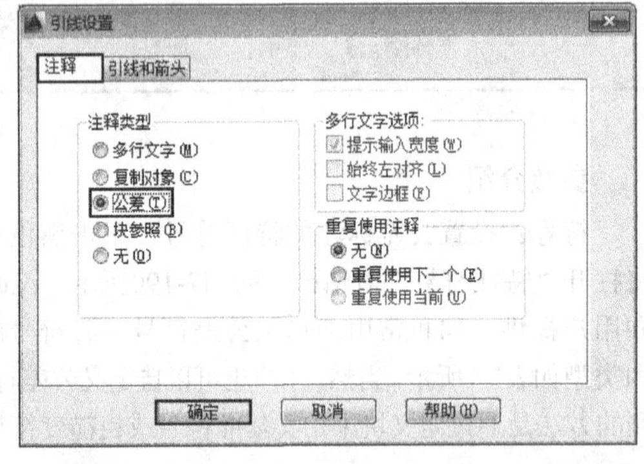

图7-192

7.3.26 实战——标注形位公差

素材位置　无
实例位置　第7章>实例文件>7.3.26.dwg
技术掌握　标注形位公差的方法

本例效果如图7-193所示。

01 在命令行输入Qleader并回车，然后直接按回车键打开“引线设置”对话框，接着在“注释类型”下勾选“公差”选项，最后单击“确定”按钮，如图7-194所示。

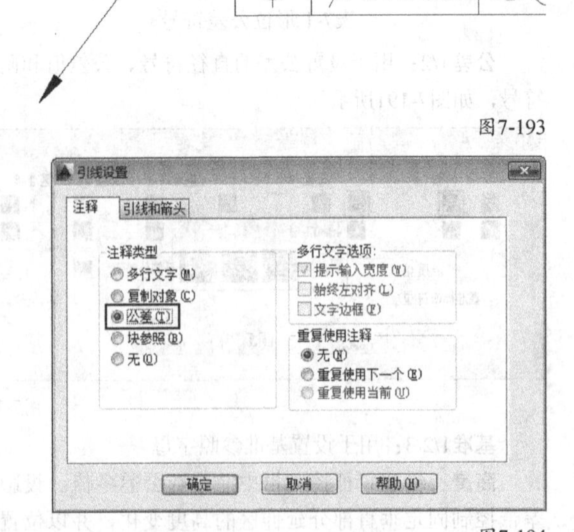

图7-193

图7-194

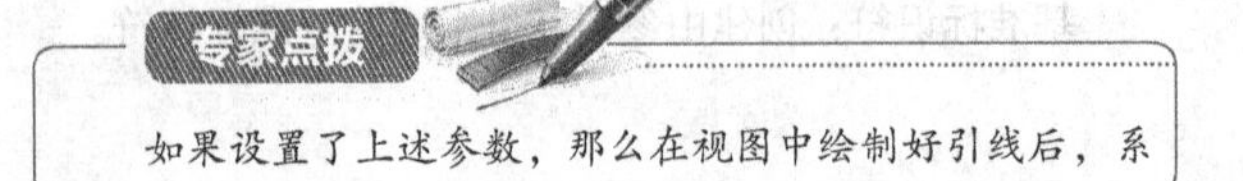

专家点拨

如果设置了上述参数，那么在视图中绘制好引线后，系统就会自动弹出“形位公差”对话框，如图7-195所示。

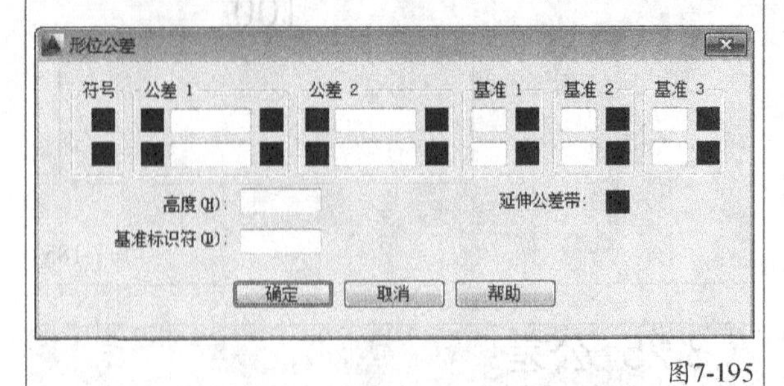

图7-195

02 在命令行输入Qleader并回车，根据命令提示绘制如图7-196所示的引线并打开“形位公差”对话框。

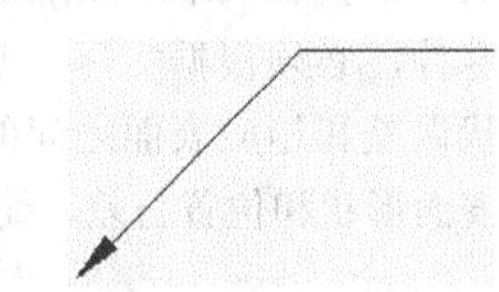

图7-196

03 单击“形位公差”对话框中“符号”参数栏下的黑框，打开“特征符号”对话框，然后选择位置符号⊕，如图7-197所示。

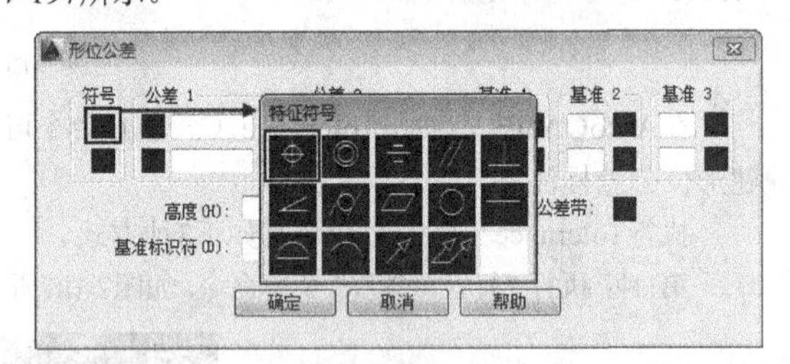

图7-197

04 单击“公差1”选项组中的第一个小黑框，将自动出现直径符号，如图7-198所示。

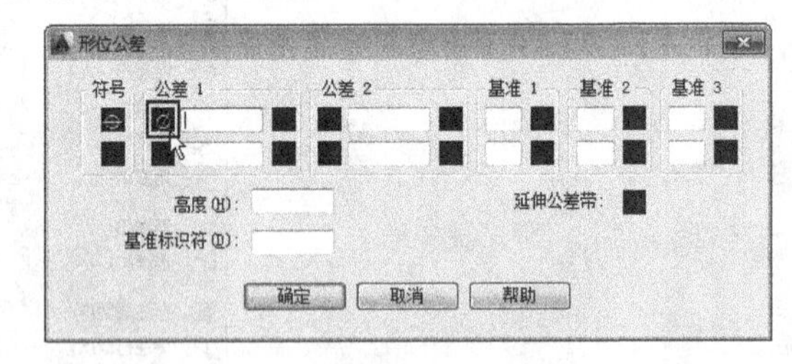

图7-198

05 在“公差1”参数栏中的白色文本框里输入公差值0.002，如图7-199所示。

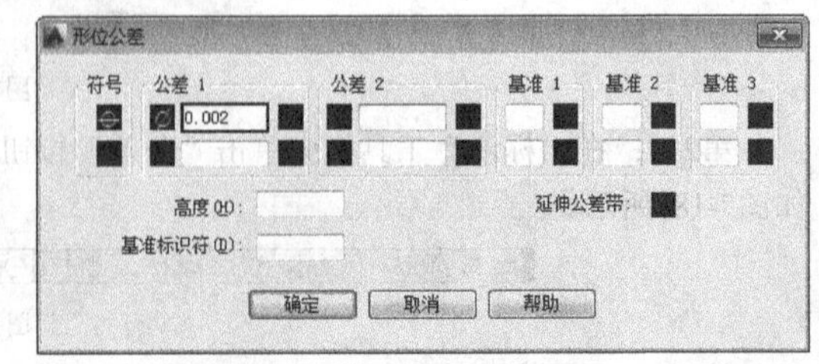

图7-199

06 在“公差2”参数栏中的白色文本框中输入基准字母（比如A、B、C等），然后单击“公差2”参数栏中的第二个小黑框，接着选择包容条件符号，如图7-200所示。

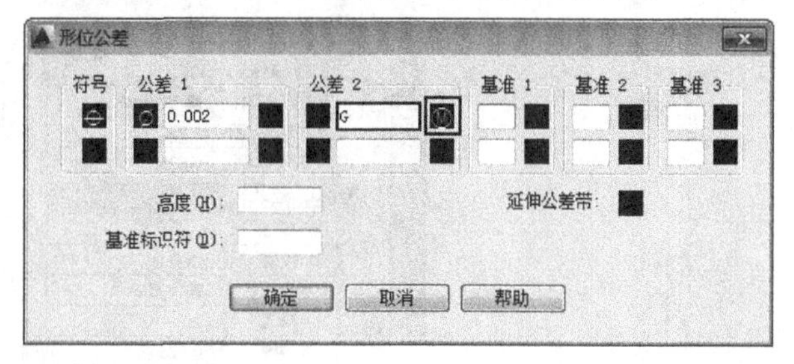

图7-200

07 最后单击“确定”按钮，系统回到绘图区域，完成形位公差标注，结果如图7-201所示。

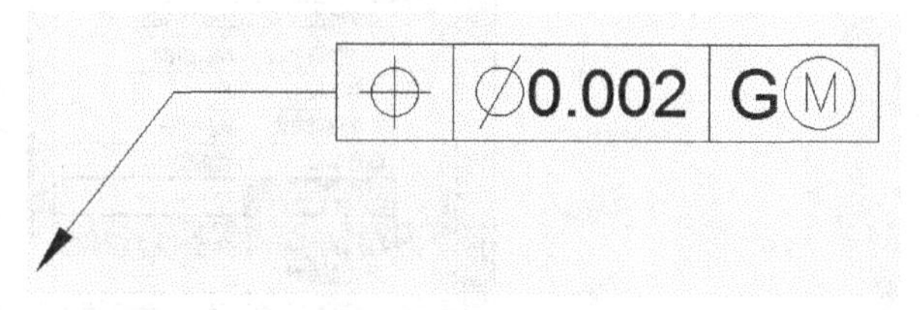

图7-201

7.3.27 编辑标注文字

使用Dimtedit（编辑标注文字）命令可以移动和旋转标注文字并重新定位尺寸线。

执行Dimtedit（编辑标注文字）命令有如下3种方式。

第1种：执行“标注>对齐文字”菜单命令，如图7-202所示。

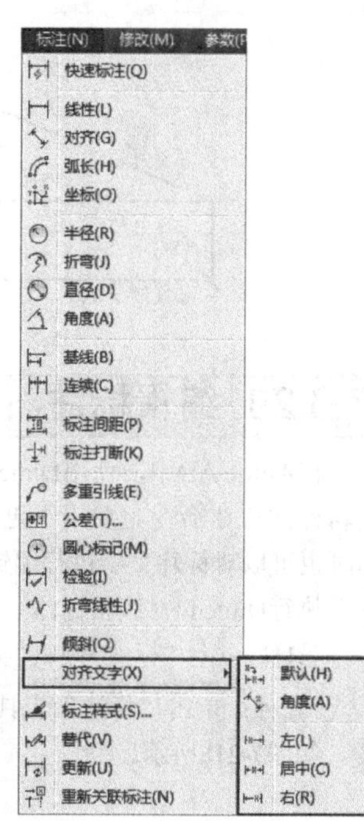

图7-202

第2种：单击“标注”工具栏中的“编辑标注文字”按钮，如图7-203所示。

图7-203

第3种：在命令行输入Dimtedit并回车。

执行Dimtedit（编辑标注文字）命令将出现如下提示。

命令介绍

命令: _dimtedit

选择标注:　　　　//选择标注

为标注文字指定新位置或 [左对齐(L)/右对齐(R)/居中(C)/默认(H)/角度(A)]:

左对齐/右对齐/居中： 调整文字在尺寸线上的位置，如图7-204~图7-206所示。

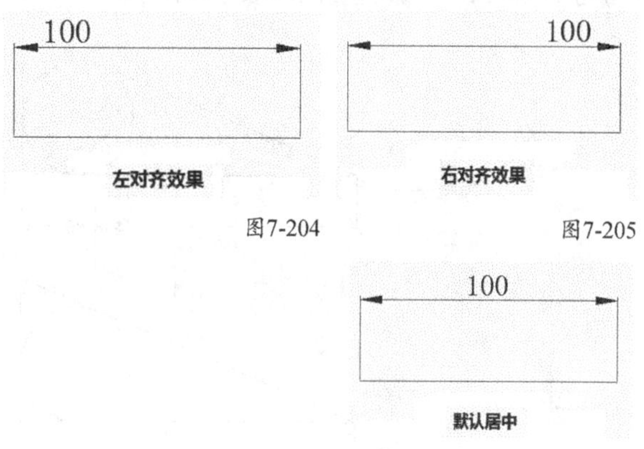

图7-204　图7-205　图7-206

默认： 将标注文字移回默认位置。

角度： 调整文字的角度，如图7-207~图7-210所示。

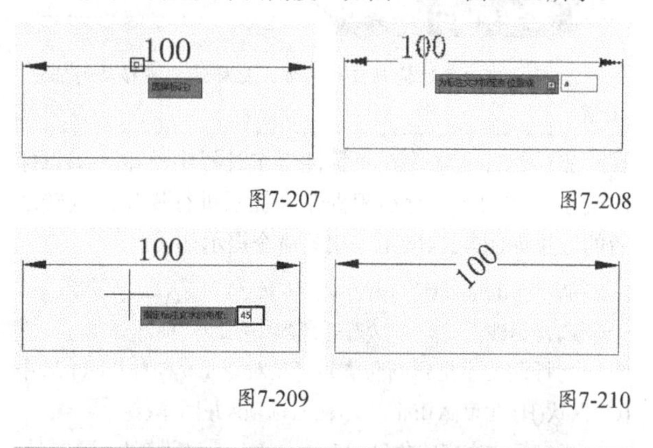

图7-207　图7-208　图7-209　图7-210

7.3.28 实战——修改标注文字的内容和属性

素材位置　第7章>素材文件>7.3.28.dwg
实例位置　第7章>实例文件>7.3.28.dwg
技术掌握　修改标注文字的内容和属性的方法

本例效果如图7-211所示。

01 打开光盘中的“第7章>素材文件>7.3.28.dwg”文件，如图7-212所示。

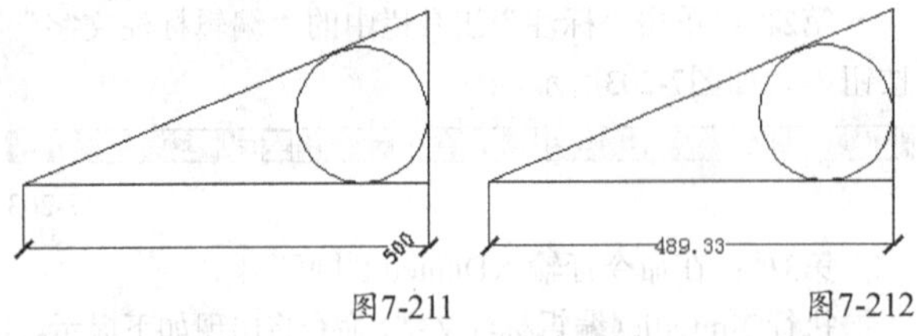

图7-211　　图7-212

02 移动标注文字。在“标注”工具栏中单击“编辑标注文字”按钮，然后根据命令提示进行操作，移动之后的效果如图7-213所示，相关命令提示如下。

命令: _dimtedit
选择标注: //选择图形中的尺寸标注
指定标注文字的新位置或 [左(L)/右(R)/中心(C)/默认(H)/角度(A)]: r ↙ //输入选项R表示文字将右对齐

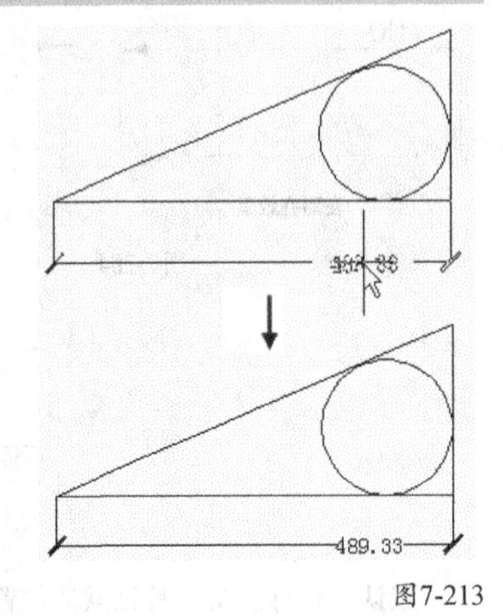

图7-213

上面也可以通过拖动鼠标的方式把标注文字移动到任意位置。

03 旋转标注文字。在“标注”工具栏中单击“编辑标注文字”按钮，然后根据命令提示进行操作，旋转之后的效果如图7-214所示，相关命令提示如下。

命令: _dimtedit
选择标注: //选择图形中的尺寸标注
为标注文字指定新位置或 [左对齐(L)/右对齐(R)/居中(C)/默认(H)/角度(A)]: a ↙ //输入选项A并回车
指定标注文字的角度: 45 ↙ //设置标注文字的旋转角度

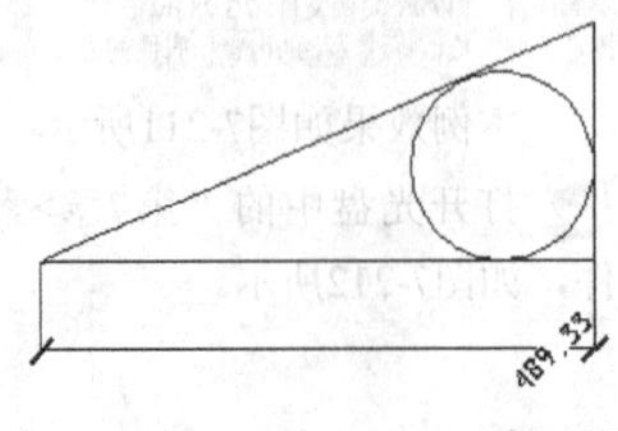

图7-214

04 更改标注文字的内容。鼠标左键双击尺寸标注，打开“特性”管理器，然后在其中的“文字替代”文本框中输入替代文字“500”，如图7-215所示。

图7-215

尺寸标注所有可修改的属性都可在“特性”选项板中进行设置，包括标注样式选择、直线和箭头、文字属性等。

05 按Esc键取消对尺寸标注的选择，最终效果如图7-216所示。

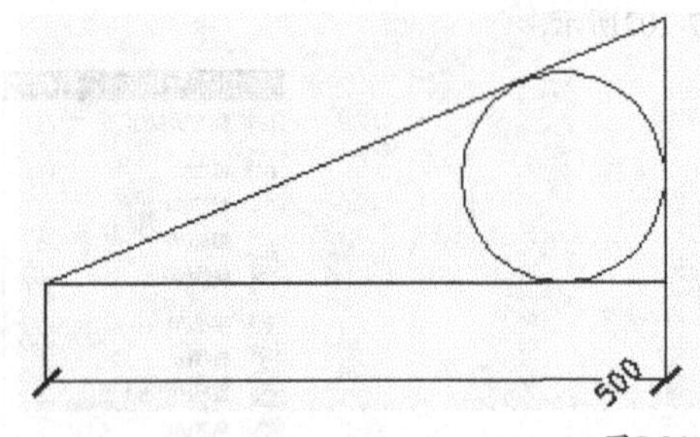

图7-216

7.3.29 编辑标注

在AutoCAD中，使用Dimedit（编辑标注）命令可以编辑标注，该命令主要用于更改尺寸界限的倾斜角，但同时也可以对标注文字进行编辑。

执行Dimedit（编辑标注）命令有如下3种方式。

第1种：执行“标注>倾斜”菜单命令，如图7-217所示。

第2种：单击“标注”工具栏中的“编辑标注”按钮，如图7-218所示。

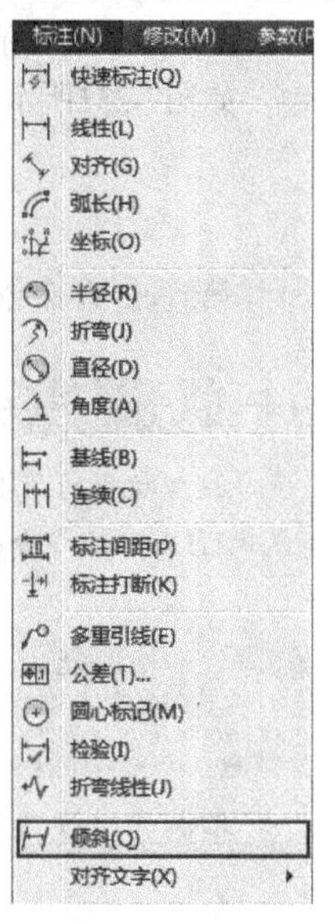

图7-217

图7-218

第3种：在命令行输入Dimedit并回车。

执行Dimedit（编辑标注）命令后将出现如下提示。

命令介绍

命令: _dimedit

输入标注编辑类型 [默认(H)/新建(N)/旋转(R)/倾斜(O)]<默认>:

默认：用于恢复旋转角度。

新建：用于在选中的标注上新建一个文本，如图7-219~图7-221所示，相关命令提示如下。

命令: _dimedit

输入标注编辑类型 [默认(H)/新建(N)/旋转(R)/倾斜(O)]<默认>: n↙　　//输入N选项后，将弹出如图7-162所示的“文字格式”编辑器，在文本框内输入新文本的数值100，然后单击“确定”按钮 确定

选择对象: 找到 1 个　　//选择需要添加新文本的标注对象

选择对象: ↙

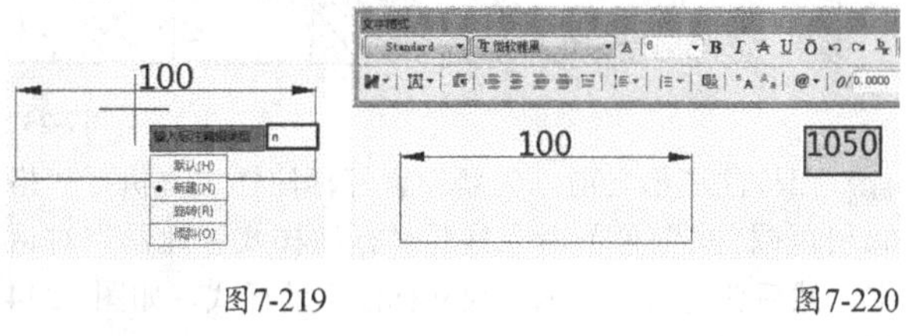

图7-219　　图7-220

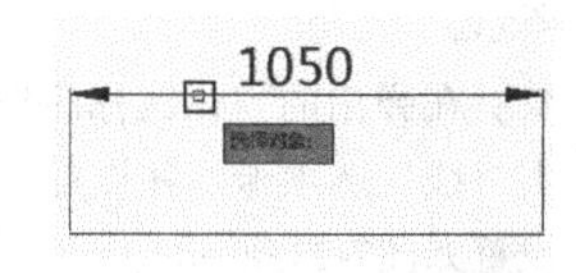

图7-221

旋转：用于更改标注文字的角度。

倾斜：用于更改尺寸界限的倾斜角度，如图7-222~图7-225所示，相关命令提示如下。

命令: _dimedit

输入标注编辑类型 [默认(H)/新建(N)/旋转(R)/倾斜(O)]<默认>: o↙

选择对象: 找到 1 个　　//选择需要倾斜的标注对象

选择对象: ↙

输入倾斜角度 (按 Enter 键表示无): 30↙　　//输入倾斜角度并回车

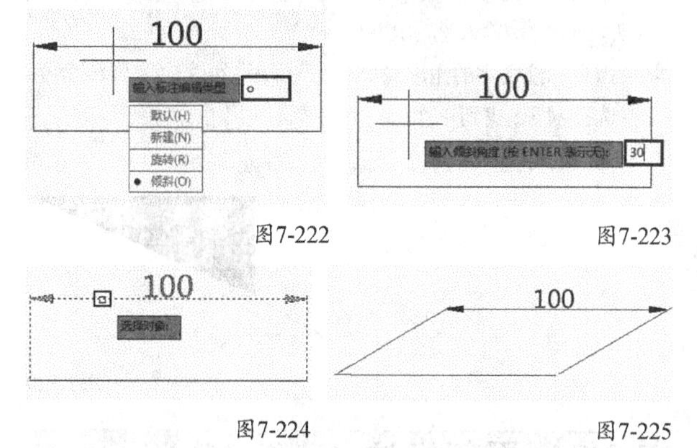

图7-222　　图7-223

图7-224　　图7-225

7.3.30 实战——旋转标注文字并倾斜尺寸界线

素材位置　第7章>素材文件>7.3.30.dwg
实例位置　第7章>实例文件>7.3.30.dwg
技术掌握　编辑标注的方法

本例效果如图7-226所示。

01 打开光盘中的“第7章>素材文件>7.3.30.dwg”文件，如图7-227所示。

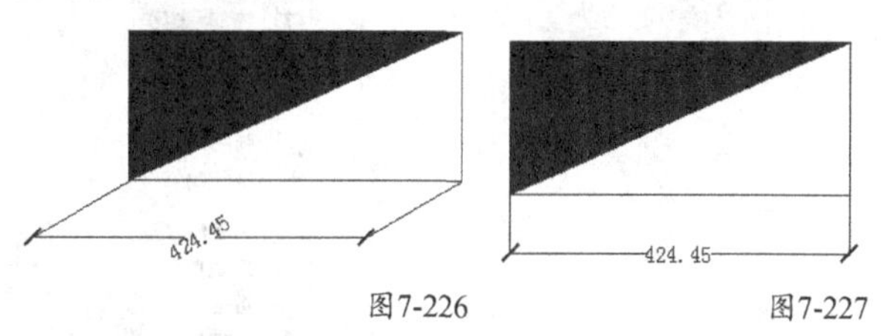

图7-226　　图7-227

02 把尺寸界线倾斜30°。在“标注”工具栏中单击“编辑标注”按钮，然后根据命令提示进行操作，结果如图7-228所示，相关命令提示如下。

命令: _dimedit

输入标注编辑类型 [默认(H)/新建(N)/旋转(R)/倾斜(O)]<默认>: o ↙　//输入选项O并回车

选择对象: 找到 1 个　　//选择尺寸标注

选择对象: ↙

输入倾斜角度 (按 Enter 键表示无): 30 ↙　　//设置倾斜角度

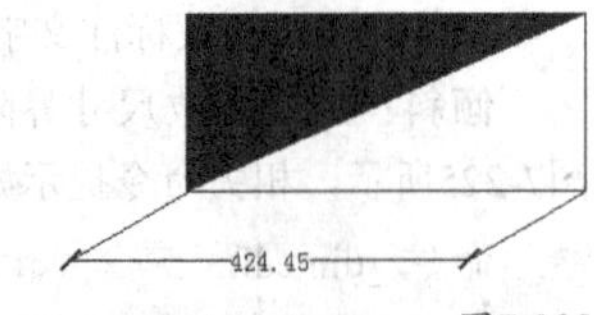
图7-228

03 把标注文字旋转30°。在“标注”工具栏中单击“编辑标注”按钮，然后根据命令提示进行操作，文字旋转效果如图7-229所示，相关命令提示如下。

```
命令: _dimedit
输入标注编辑类型 [默认(H)/新建(N)/旋转(R)/倾斜(O)] <默认>: r ↙  //输入选项R并回车
指定标注文字的角度: 30 ↙        //设置文字的旋转角度
选择对象: 找到 1 个         //选择尺寸标注
选择对象: ↙
```

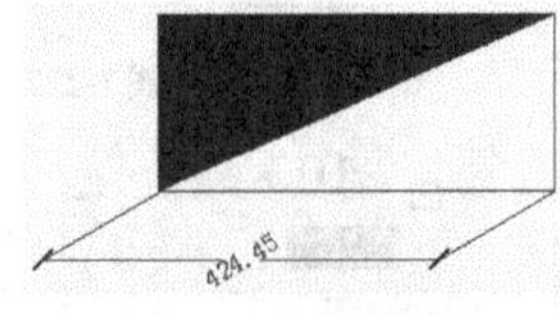
图7-229

7.3.31 更新标注

使用-Dimstyle命令可以更新标注，用户可以使用当前标注样式更新标注对象，还可以将修改过的标注对象还原。执行-Dimstyle命令的常用方法有以下3种。

第1种：执行“标注>更新”菜单命令，如图7-230所示。

图7-230

第2种：在“标注”工具栏中单击“标注更新”按钮，如图7-231所示。

图7-231

第3种：在命令提示行输入-Dimstyle并回车。

专家点拨

这里执行的是-Dimstyle命令，而不是Dimstyle命令，如果执行Dimstyle命令将打开“标注样式管理器”对话框。

7.3.32 综合实例——为电视背景墙添加标注

素材位置　第7章>素材文件>7.3.32.dwg
实例位置　第7章>实例文件>7.3.32.dwg
技术掌握　线性标注、连续标注等标注样式的运用

本例为电视背景墙添加的标注效果如图7-232所示。

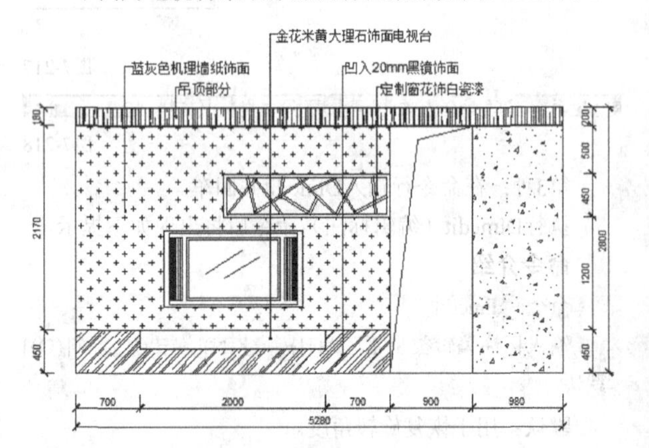

图7-232

01 打开光盘中的“第7章>素材文件>7.3.32.dwg”文件，如图7-233所示。

图7-233

02 在标注图形之前，先要设置好标注样式，执行“格式>标注样式”菜单命令打开“标注样式管理器”对话框，然后新建一个名为“尺寸标注”的样式，如图7-234所示。

03 在弹出的“修改标注样式:尺寸标注”对话框中，单击“线”选项卡，并设置“起点偏移量”为8，具体参数设置如图7-235所示。

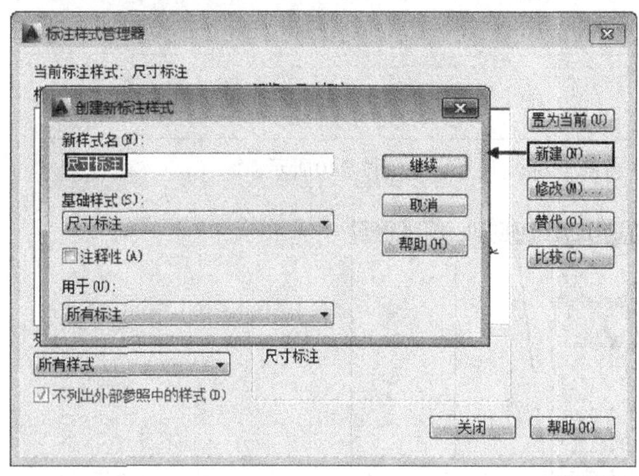

图7-234

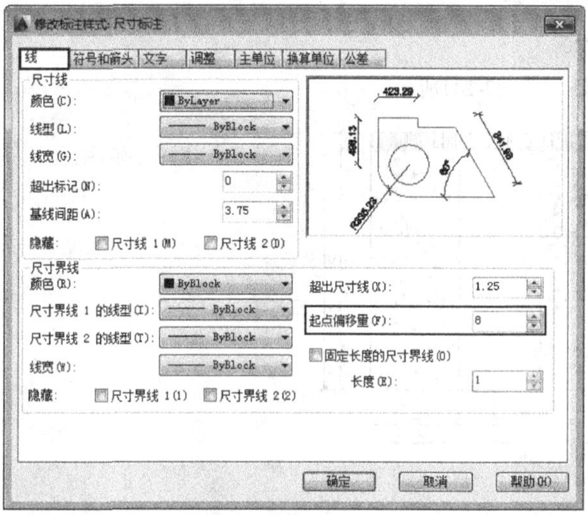

图7-235

04 单击“符号和箭头”选项卡，并设置“箭头”的“第一个”和“第二个”为“建筑标记”样式，如图7-236所示。

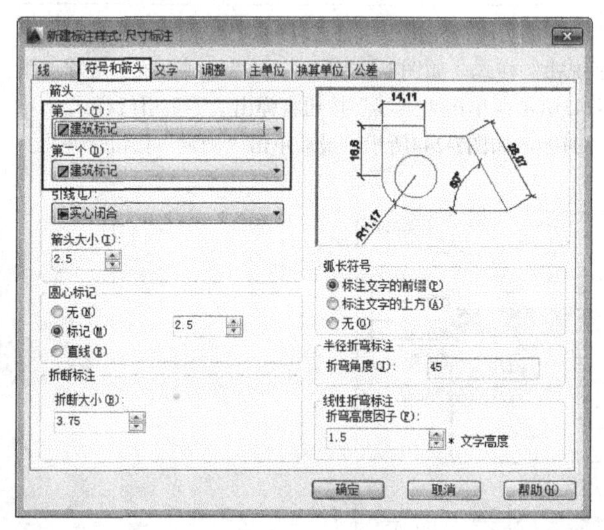

图7-236

05 单击“文字”选项卡，并设置“从尺寸线偏移”为1，具体参数设置如图7-237所示。

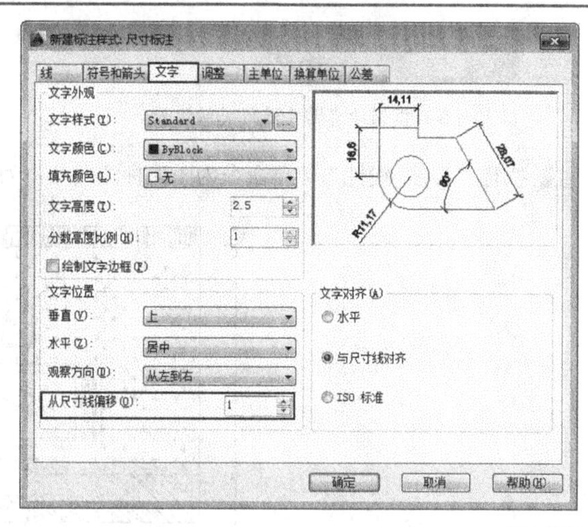

图7-237

06 单击“调整”选项卡，并设置“使用全局比例”为30，具体参数设置如图7-238所示。

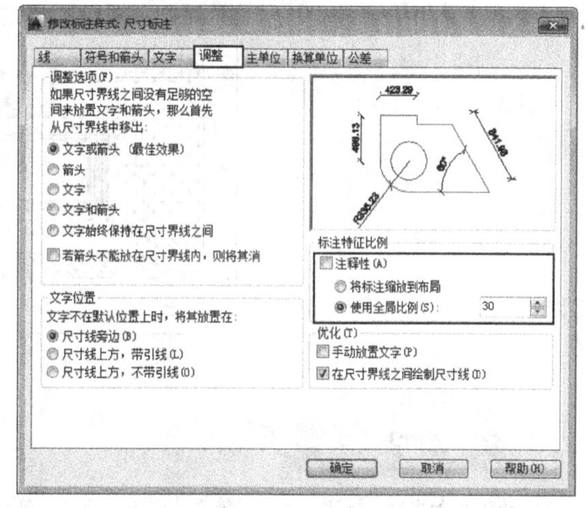

图7-238

07 单击“主单位”选项卡，并设置“小数分隔符”为“.”(句点)，如图7-239所示，最后单击“确定”按钮，完成标注样式的设置。

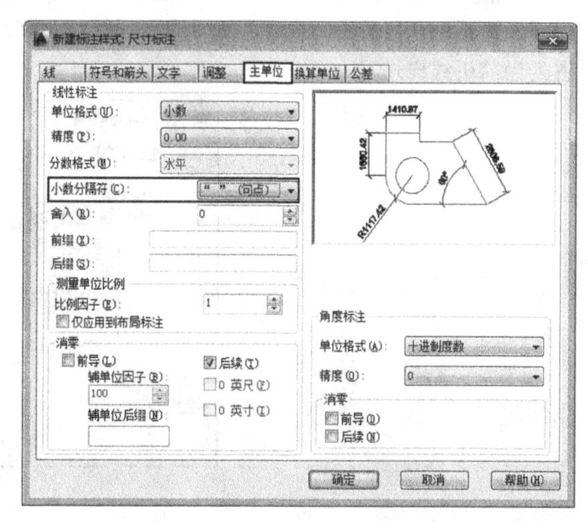

图7-239

专家点拨

以上内容可根据读者需要进行灵活设置。

08 执行“标注>线性”菜单命令为图形标注尺寸，为图形左边部分标注尺寸，如图7-240所示。

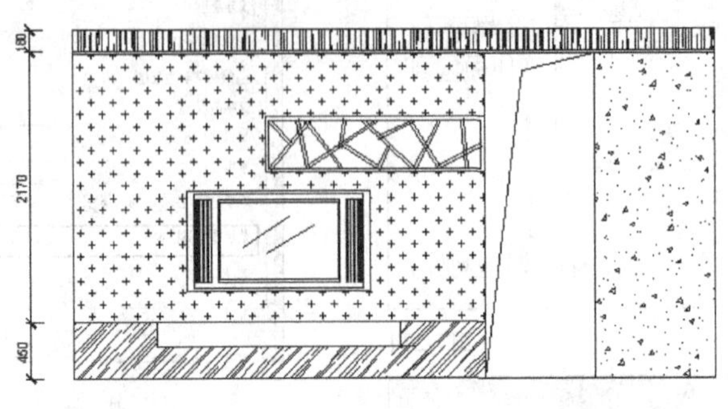

图7-240

09 继续执行“线性”命令，为图形下面和右边部分进行标注，如图7-241所示。

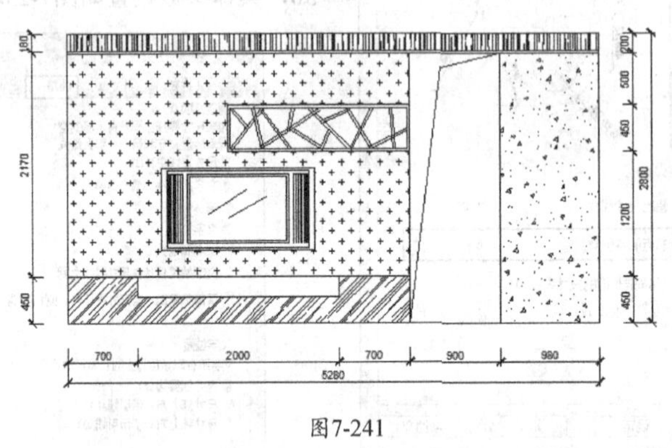

图7-241

专家点拨

为了更加方便，快速，在这里编者是运用“线性”命令与“连续”命令相配合进行标注的。具体方法请参照前面的内容。

10 如果有需要，还可以使用“多重引线”命令为图形添加文字说明，首先执行“格式>多重引线样式”菜单命令，打开“多重引线样式管理器”对话框，然后新建一个“文字说明”样式，如图7-242所示；在“引线格式”选项卡下设置“箭头”的“符号”为“点”、“大小”为20，如图7-243所示；单击“继续”按钮将弹出“多重引线样式:文字说明”对话框，接着在“内容”选项卡下设置“文字高度”为100，如图7-244所示，最后单击“确定”按钮，并将其置为当前引线样式。

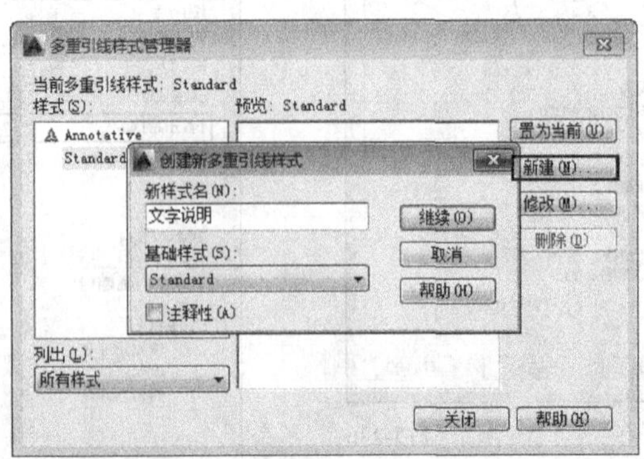

图7-242

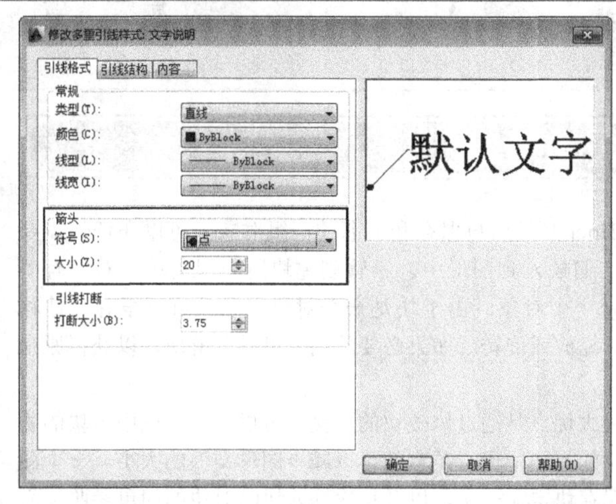

图7-243

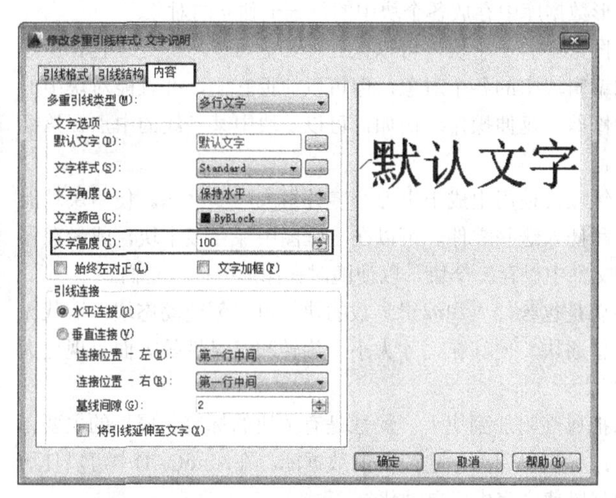

图7-244

以上内容可根据读者需要进行灵活设置。

11 在绘图区域为图形添加多重引线标注并输入相应文字，最终效果如图7-245所示。

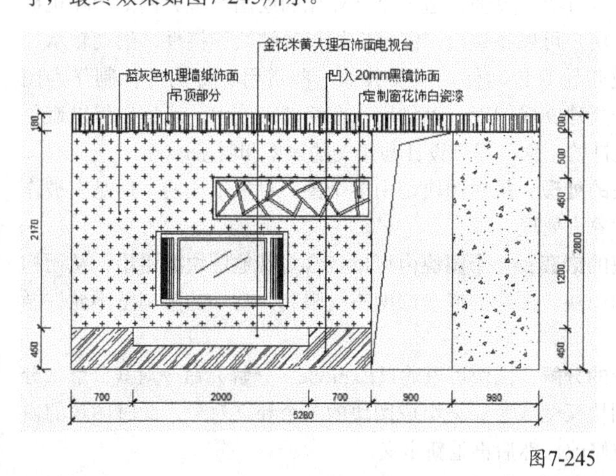

图7-245

7.4 本章小结

学习了本章的内容，大家应熟悉尺寸标注的构成，掌握尺寸标注样式的设置方法，学会标注不同类型的尺寸（比如长度、直径、半径等），掌握公差标注的方法。

7.5 课后练习

7.5.1 课后练习——标注门的尺寸

素材位置　第7章>素材文件>7.5.1.dwg
实例位置　第7章>实例文件>7.5.1.dwg
技术掌握　线性标注、连续标注的运用

本练习标注的门尺寸效果如图7-246所示。

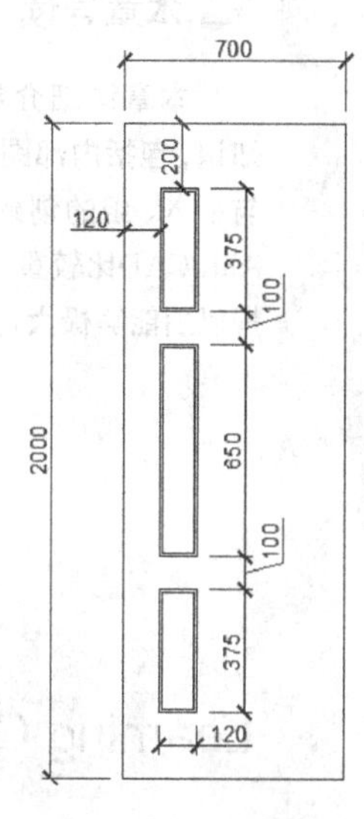

图7-246

7.5.2 课后练习——标注电视墙的尺寸

素材位置　第7章>素材文件>7.5.2.dwg
实例位置　第7章>实例文件>7.5.2.dwg
技术掌握　线性标注、连续标注的运用

本练习标注的电视墙尺寸效果如图7-247所示，在标注的时候，读者可以先使用线性标注，然后使用连续标注，这样可以提高标注效率。

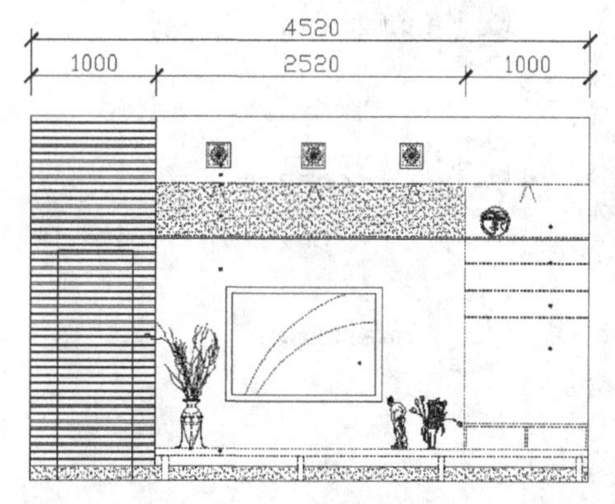

图7-247

专家点拨
技术专题

第8章

图块与组

本章导读

本章详细介绍了图块与组的相关知识，包括内部图块和外部图块的创建与插入、组的创建方法等。这些功能是AutoCAD比较重要的组成部分，熟练掌握以后能够极大地提高绘图速度。

Learning Objectives

图块的概念与特征

图块的制作与插入方法

管理图块的方法

图块属性的运用方法

将图形编组的技巧

8.1 块的概念

块（Block）是用户保存和命名的一组对象，可以在任何需要的时候将它们插入到图形中。不管创建块所使用的单个对象有多少，块都是一个对象。由于块是一个对象，因此可以很容易地移动、复制、缩放或旋转。如果必要的话，可以分解块，以获得原来的一个对象。

块的最大优点是通过修改块的定义，可以更新绘图中该块的所有实例。块的另一个优点是它们可以减小图形文件的大小。一个图形可以只保存块定义一次，以及每次插入块时对块的简单参照，而不是在图形数据库中存放各个块中的每一个独立的对象。

一旦图形中有一个块，可以像处理其他对象一样处理它。虽然不能单独编辑块中的各个对象，但可以捕捉它们，并且能对块中的对象进行修剪和延伸操作。例如，可以从块中某条线的中点开始绘制一条线。

许多领域会使用由成千上万个零件组成的零件库。使用块功能可以保存和插入这些零件。可以在一张图中保存多个块，或者在每个独立的文件中保存一个块，以便随时在图形中插入它们。

动态块是包含插入和编辑参数的块。可以创建动态块以取代无数类似的普通块，使其在尺寸大小、旋转和可见性等方面呈现更大的灵活性。

可以把属性附加到块上。属性是有关块的标签。属性的主要用途有两个：标记对象和创建简单的数据库。在AutoCAD中可以使用属性中的字段使文字生成自动化。

总体而言，图块具有以下特征。

积木式绘图：将经常使用的图形部分构造成多种图块，然后根据“堆积木”的思路将各种图块拼合在一起，以形成完整的图形，避免总是重复绘制相同的图形。

建立图形符号库：利用图块来建立图形符号库（图库），然后对图库进行分类，以便营造一个专业化的绘图环境。例如，在机械制图中，用户可以将螺栓、螺钉、螺母等螺纹连接件，滚动轴承、齿轮、皮带轮等传动件，以及其他一些常用、专用零件制作为图块，并分类建立成图库，以供用户在绘图时使用。这样做可以避免许多重复性的工作，提高设计与绘图的效率和质量。

图块的处理：虽然图块是由多个图形对象组成的，但是它被作为单个对象来处理。

图块的嵌套：一个图块内可以包含对其他图块的引用，从而构成嵌套的图块。图块的嵌套深度不受限制，唯一的限制是不允许循环引用。

图块的分解：图块可以通过Explode（分解）命令对其分解。分解后的图块又变成了原来组成图块的多个独立对象，此时图块的内容可以被修改，然后再重新定义。

图块的编辑：如果不想分解图块就进行内容的修改，可以通过

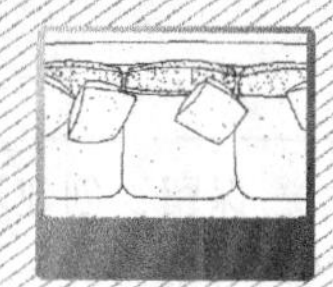
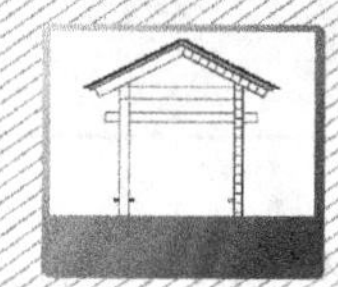

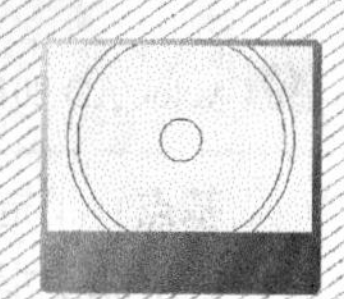

"块编辑器"进行修改。

图块属性：图块附带有属性信息。图块属性是与图块有关的特殊文本信息，用于描述图块的某些特征。

8.2 制作图块

8.2.1 了解基点和插入点

图8-1所示是一个螺旋线图块，该图块已被选定，可以看到图形上有一个夹点，该点就是图块的基点，也就是插入图块的点。每个块都必须有一个基点，在插入块时，基点将被放在为插入此块而指定的插入点上。块中的所有对象都被插入到相对于该插入点合适的位置上。

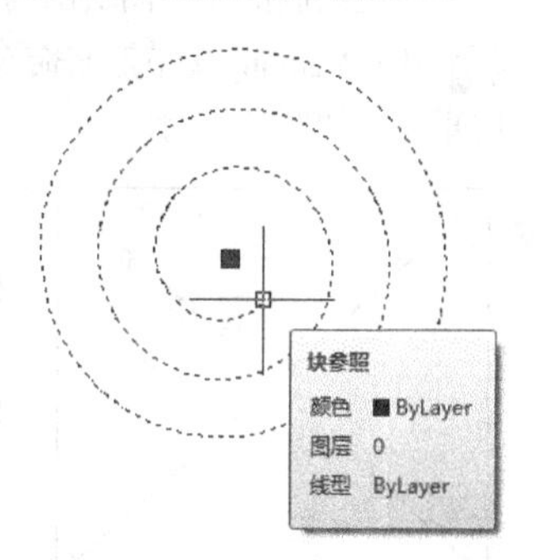

图8-1

基点不必一定在对象上，但是它应该在易于插入块的位置上，如图8-2所示。基点在概念上类似于文字对象上的对齐点。

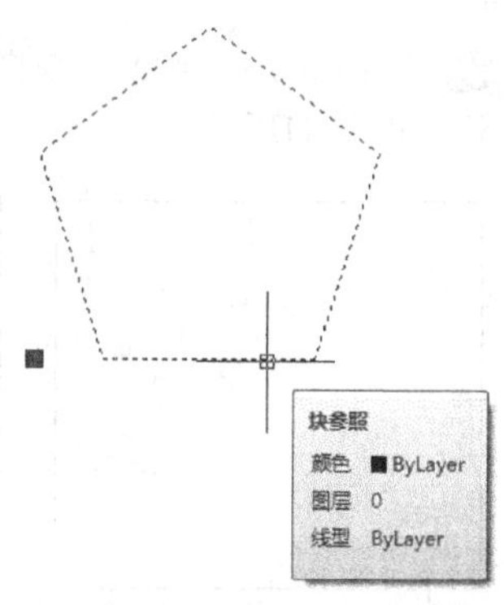

图8-2

8.2.2 块

这里的"块"指的是内部图块，也就是只能在当前文件中使用，而不能被其他文件所引用的图块。如果被定义为外部图块，那么无论在哪个文件中都可以插入使用，但如果定义为内部图块，则只能在当前文件中插入使用。

在AutoCAD中，用户可以使用Block（块）命令来创建内部图块。

执行Block（块）命令有如下3种方式。

第1种：执行"绘图>块>创建"菜单命令，如图8-3所示。

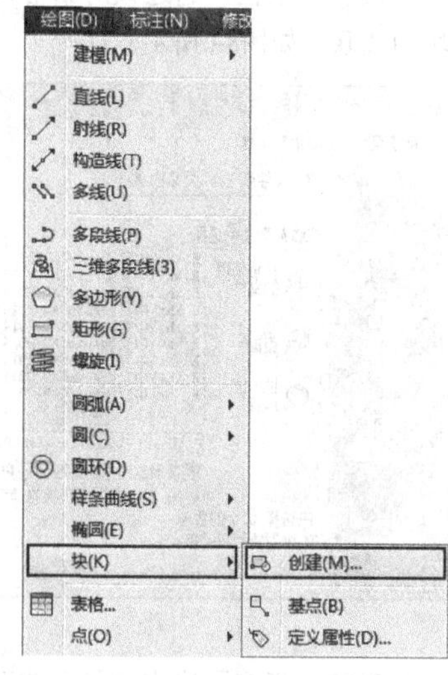

图8-3

第2种：在"绘图"工具栏中单击"创建块"按钮，如图8-4所示。

图8-4

第3种：在命令行输入Block（简写为B）并回车。

执行Block（块）命令将打开"块定义"对话框，如图8-5所示。

图8-5

参数介绍

名称：设置图块的名称，最多可以包含255个字符。

基点：指定插入图块时的插入点。

在屏幕上指定：如果勾选该选项，关闭"块定义"对话框后，将提示用户指定插入基点，相关命令提示如下。

命令: _block 指定插入基点:

拾取点：返回绘图区域以拾取插入基点。

X/Y/Z：通过坐标定义插入基点。

设置：用于指定块的设置。

块单位：设置图块插入时的单位。

超链接：单击该按钮将打开"插入超链接"对话框，通过该对话框可以将某个超链接与图块相关联，如图8-6所示。

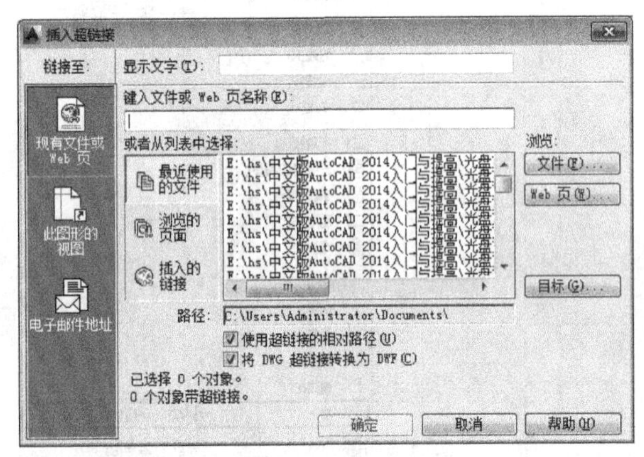

图8-6

对象：指定图块中要包含的对象，以及创建图块后将如何处理这些对象。

在屏幕上指定：如果勾选该选项，关闭"块定义"对话框后，将提示用户指定对象，相关命令提示如下。

命令: _block
选择对象:

选择对象：返回绘图区域选择对象，完成选择后按回车键即可返回"块定义"对话框。

快速选择：单击该按钮将打开"快速选择"对话框，在该对话框中可以定义选择集，如图8-7所示。

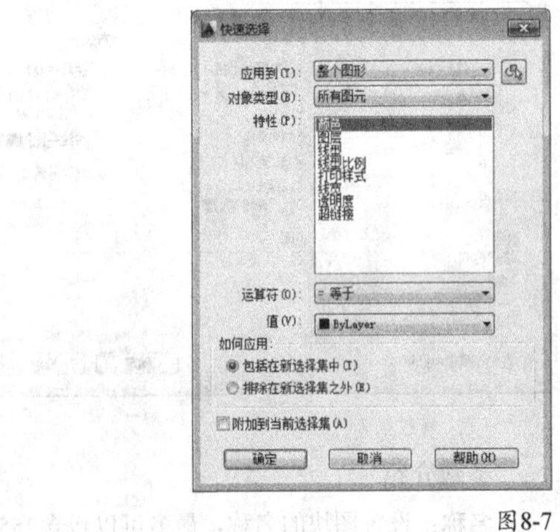

图8-7

保留：创建块以后，将选定对象保留在图形中作为区别对象。

转换为块：创建块以后，将选定对象转换成图形中的块实例。

删除：创建块以后，从图形中删除选定的对象。

方式：指定块插入时的方式。

注释性：选择该选项，可以创建注释性块参照。

使块方向与布局匹配：指定在图纸空间视口中的块参照的方向与布局的方向匹配。

按统一比例缩放：勾选该选项后，插入图块时将按统一比例缩放。

允许分解：指定插入的图块是否允许分解。

8.2.3 实战——创建冰箱图块

素材位置　无
实例位置　第8章>实例文件>8.2.3.dwg
技术掌握　创建块的方法

本例绘制的冰箱图块图例如图8-8所示。

01 执行Rectang（矩形）命令创建一个540mm×480mm的矩形，如图8-9所示。

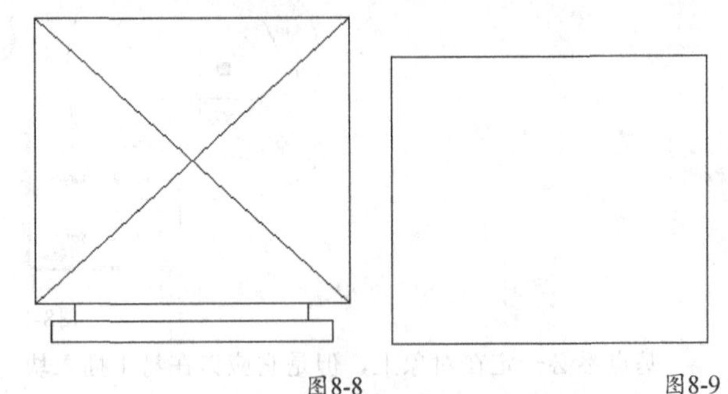

图8-8　图8-9

02 继续执行Rectang（矩形）命令创建出如图8-10所示的矩形。

03 利用Line（直线）命令将较大矩形的对角线连接起来，如图8-11所示。

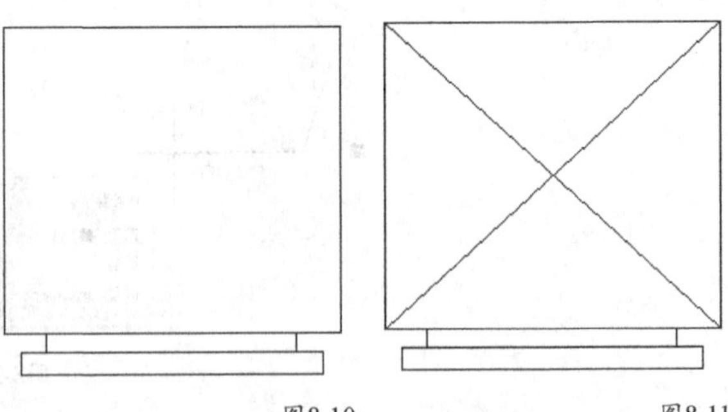

图8-10　图8-11

04 执行Block（块）命令，在弹出"块定义"对话框的"名称"下输入bingxiang，接着单击"拾取点"按钮，如图8-12所示，然后在绘图区域拾取图块基点，如图8-13所示。

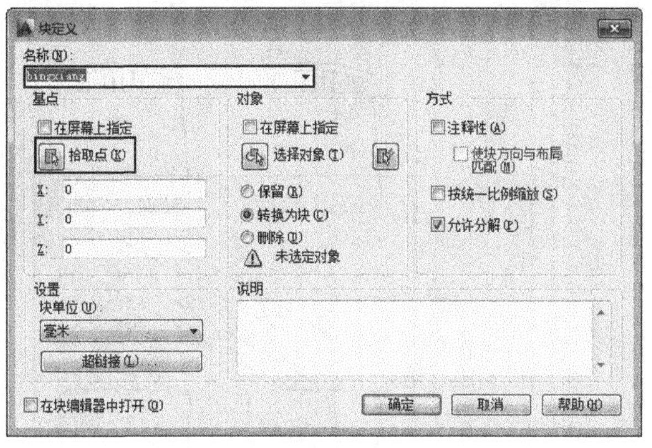

图8-12

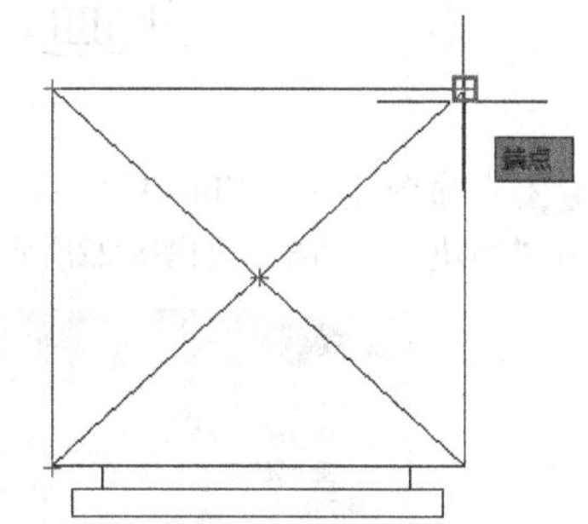

图8-13

专家点拨

上图中的基点可以根据读者需要拾取相应的点，如图8-14所示。

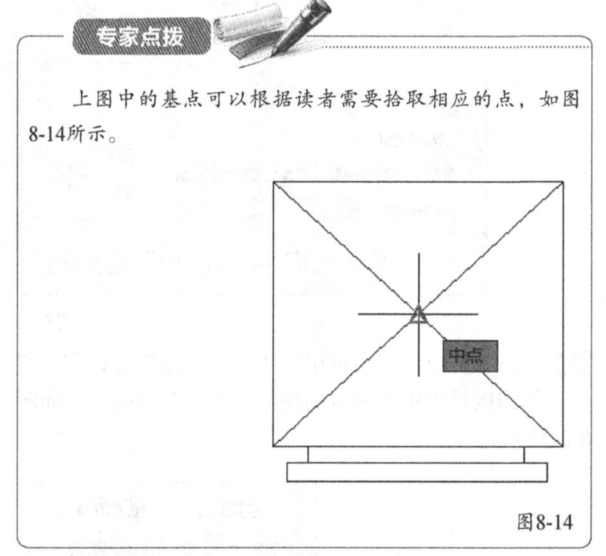

图8-14

05 拾取基点后，接着在弹出的“块定义”对话框中单击“选择对象”按钮，如图8-15所示，然后在绘图区域框选图形，如图8-16所示。

06 此时，在“名称”后面出现了框选的块图形，最后单击“确定”按钮 确定 ，完成块的创建，如图8-17所示，单击冰箱图例上的任意一点，可以观察到如图8-18所示的效果。

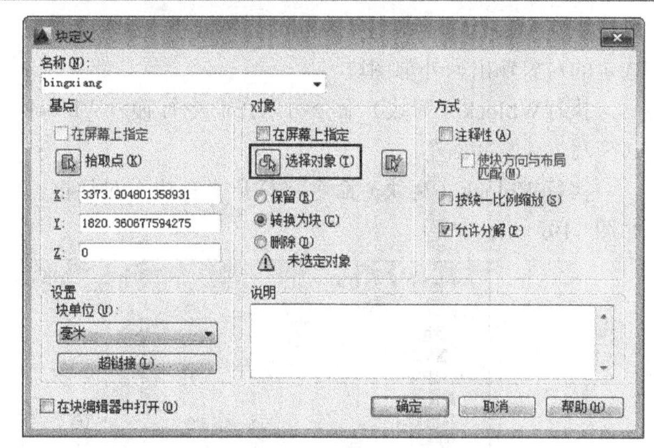

图8-15

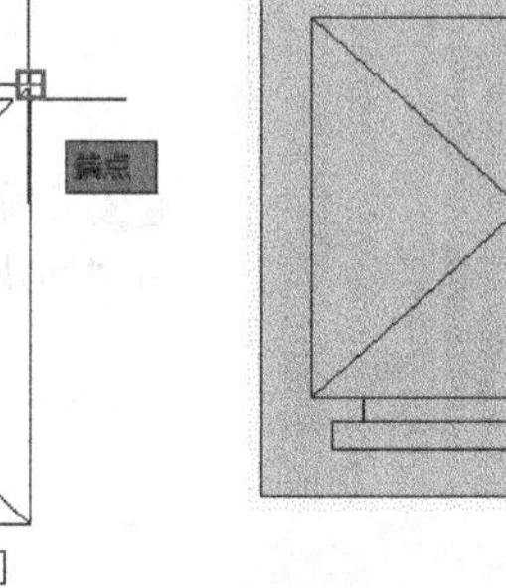

图8-16

图8-17

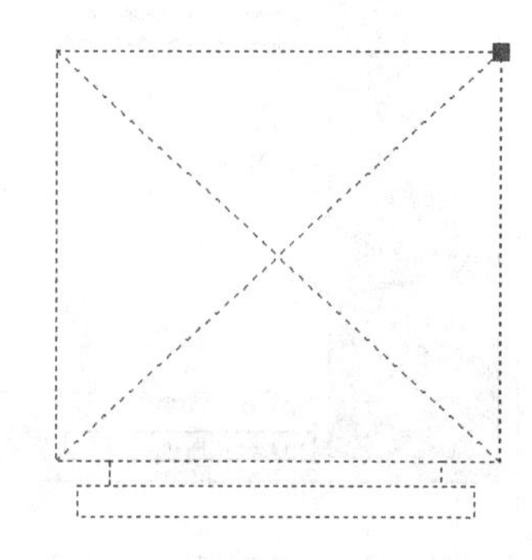

图8-18

8.2.4 写块

“写块”是指将图形输出为以外部文件形式存在的

图块。在AutoCAD中，使用Wblock（写块）命令可以将选定的对象输出为外部图块。

执行Wblock（写块）命令可以在命令行输入Wblock（简写为W）并回车。

执行Wblock（写块）命令将打开“写块”对话框，如图8-19所示。

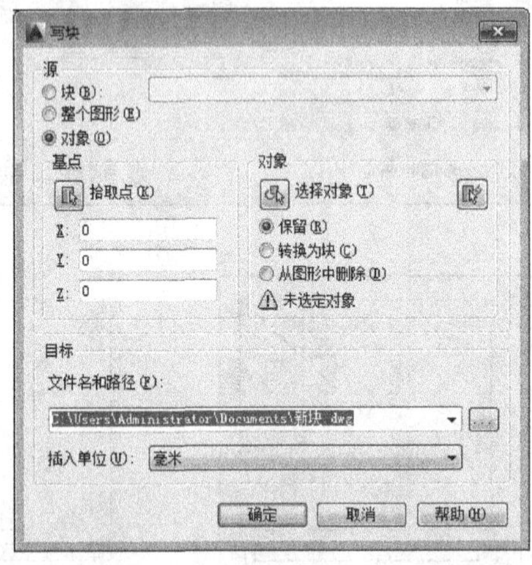

图8-19

参数介绍

文件名和路径：设置图块保存的路径和名称。

“写块”对话框中的其他参数选项与“块定义”对话框中的大致相同，因此这里不再重复介绍。

将块保存为块文件还有另一种方法：执行“文件>输出”菜单命令打开“输出数据”对话框，然后输入文件名并设置“文件类型”为“块（*.dwg）”，如图8-20所示。

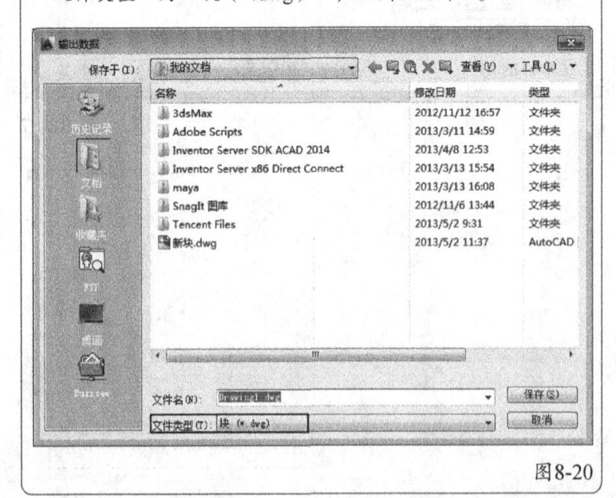

图8-20

8.2.5 实战——创建餐桌椅图块

素材位置　第8章>素材文件>8.2.5.dwg
实例位置　第8章>实例文件>8.2.5.dwg
技术掌握　写块的方法

01 打开光盘中的“第8章>素材文件>8.2.5.dwg”文件，如图8-21示。

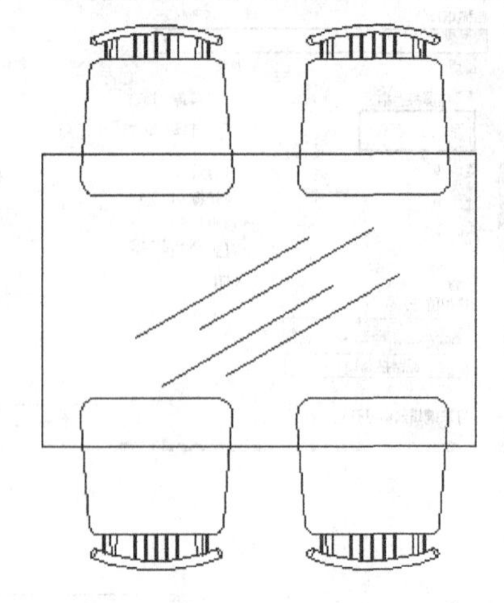

图8-21

02 在命令行输入Wblock（简化命令为W）并回车，打开“写块”对话框，如图8-22所示。

图8-22

03 单击“写块”对话框中的“选择对象”按钮，然后在绘图区域内框选所有的图形并按回车键确认，如图8-23所示。

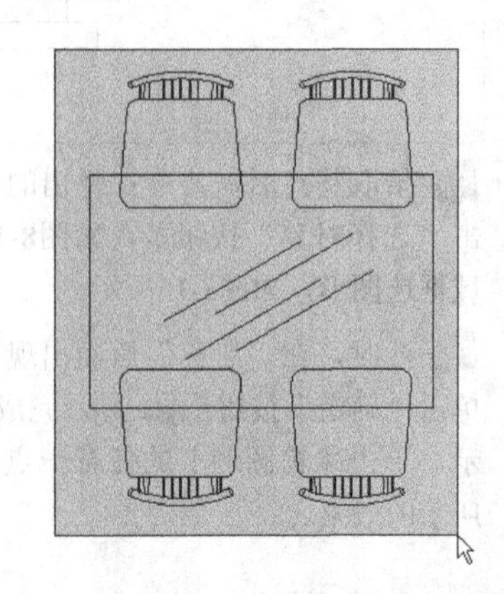

图8-23

04 系统返回"写块"对话框，单击"拾取点"按钮，然后选择矩形的左下角点作为图块的插入基点，如图8-24所示。

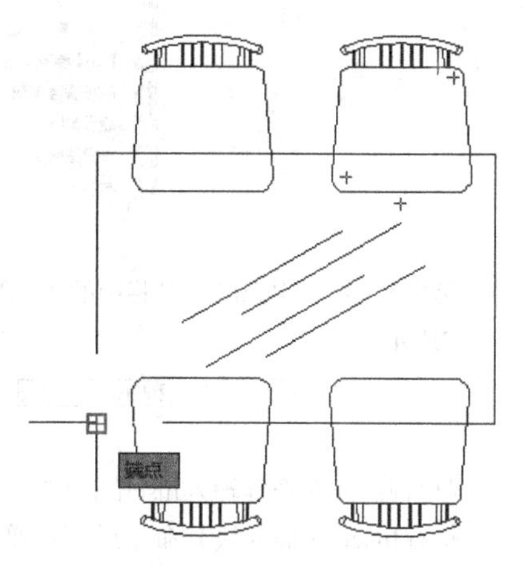

图8-24

05 系统返回"写块"对话框，单击"文件名和路径"文本框后面的按钮，打开"浏览图形文件"对话框，在其中设置图块的保存路径和名称，最后单击"保存"按钮保存(S)，如图8-25所示。

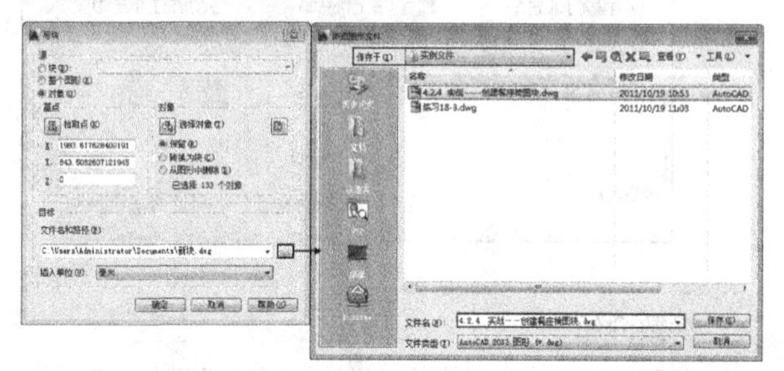

图8-25

06 在"对象"参数栏中选择"保留"单选项，设置插入单位为"毫米"，最后单击"确定"按钮确定，如图8-26所示。

图8-26

专家点拨

现在就完成了块文件的输出，根据设置的保存路径就可以找到新创建的外部图块文件。在图8-24所示的"对象"参数栏中，本例选择了"保留"单选项，这是什么意思呢？这里的"保留"是指在输出块文件的同时保持原图形不变。如果选择了"转换为块"单选项，则原图形也将被转换为图块；如果选择了"从图形中删除"单选项，则原图形将被删除。

8.2.6 实战——创建沙发图块

素材位置　第8章>素材文件>8.2.6.dwg
实例位置　第8章>实例文件>8.2.6.dwg
技术掌握　输出图块的方法

01 打开光盘中的"第8章>素材文件>8.2.6.dwg"文件，如图8-27所示。

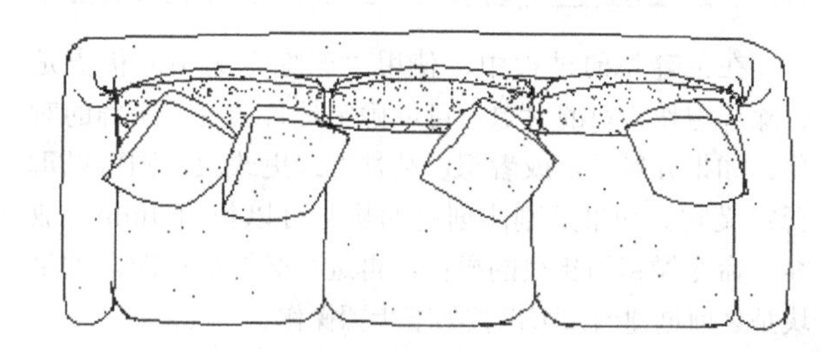

图8-27

02 执行"文件>输出"菜单命令，打开"输出数据"对话框，首先设置图块的保存路径，然后设置图块的名称并在"文件类型"下拉列表中选择"块(*.dwg)"类型，最后单击"保存"按钮保存(S)，如图8-28所示。

图8-28

03 关闭"输出数据"对话框之后，命令行将出现相关的命令提示，相关命令提示如下，最终效果如图8-29所示。

```
命令: _export
输入现有块名或[块=输出文件(=)/整个图形(*)] <定义新图形>:↙
```

指定插入基点: //选择适当的一点
选择对象: 指定对角点: 找到 718 个 //框选所有图形
选择对象: ↙ //回车确认

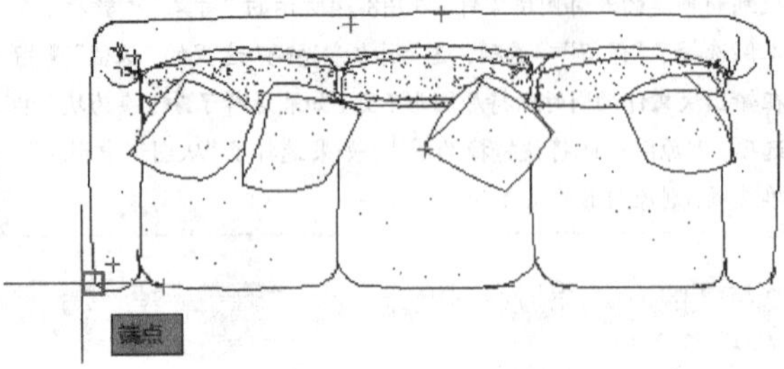

图8-29

8.2.7 重定义块

在创建块的过程中，使用“删除”选项的优点是删除选定作为块的对象后可以确定是否选定了正确的对象。如果弄错了，或者想以某种方式更改块，则可以重新定义它。如果是刚刚创建的块，可以使用Undo（放弃）命令撤销创建块的操作，再进行必要的修改。如果块是之前创建的，可以按如下步骤操作。

第1步：插入块并分解它。

第2步：进行所需的修改并使用相同的块名称重复创建块的过程。

注意，这一步不要从“名称”下拉列表中选择名称，而是应该重新输入。从列表中选择名称会用以前定义的块中的对象替换想要出现在块的新版本中的选定对象。

第3步：在弹出是否要重定义块的对话框时，单击“重定义”按钮重定义，如图8-30所示。

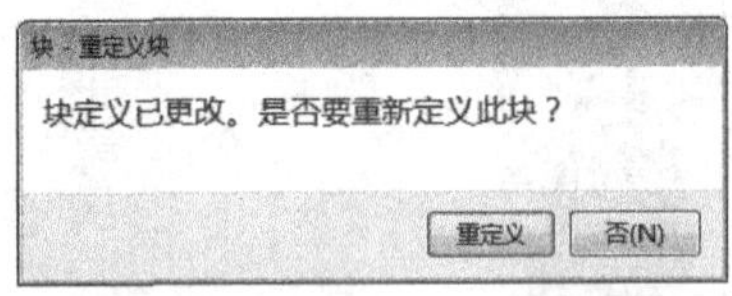

图8-30

重定义已插入图形中的块会更新该图形中所有的块。这是控制图形的一种极其有效的方法。如果图形中有重复的符号，就很值得将它们构造成块，以便在需要时可以进行这样的全局修改。

8.2.8 插入图块

在AutoCAD中，使用Insert（插入块）命令可以插入内部图块或者外部图块。

执行Insert（插入块）命令有如下3种方式。

第1种：执行“插入>块”菜单命令，如图8-31所示。

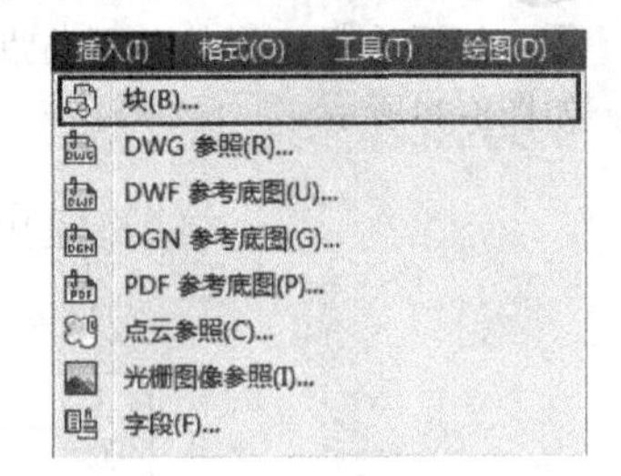

图8-31

第2种：单击“绘图”工具栏中的“插入块”按钮，如图8-32所示。

图8-32

第3种：在命令行输入Insert并回车。

执行Insert（插入块）命令后，将弹出“插入”对话框，如图8-33所示。

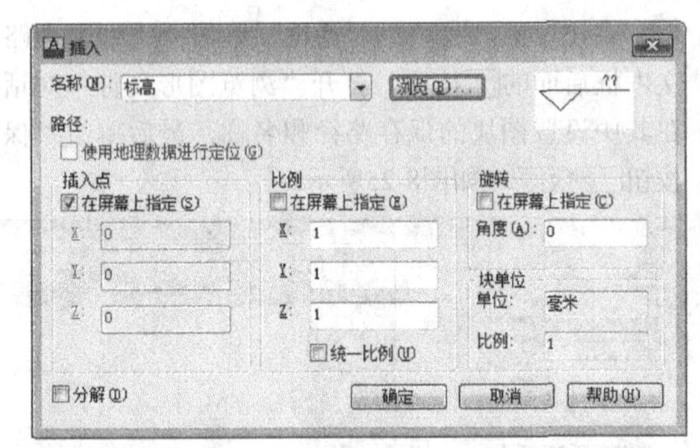

图8-33

参数介绍

名称：插入内部图块的时候，在“名称”下拉列表中可以找到所有已经定义好的内部图块，如图8-34所示。

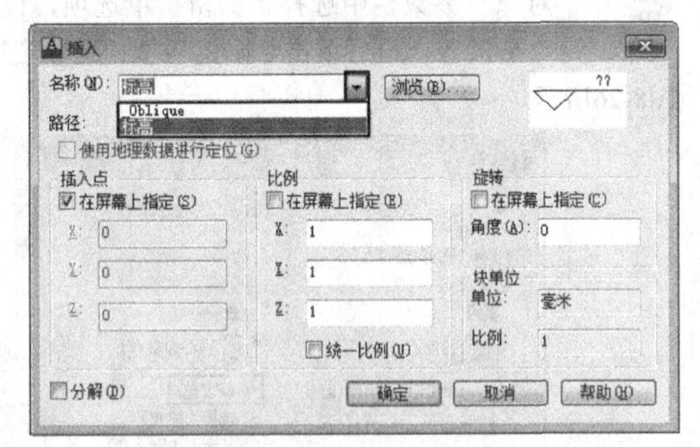

图8-34

浏览浏览(B)...：单击该按钮将打开“选择图形文件”对话框，在对话框中可以将外部图块文件打开到当前的文件中，可以理解为将外部文件加载为内部图块中。

插入点：指定图块插入的位置。

在屏幕上指定：返回绘图区域指定图块插入的位置。

X/Y/Z：通过坐标定义图块插入的位置。

分解：插入图块的同时将其分解。

比例：设置图块插入时的比例，如图8-35~图8-37所示。

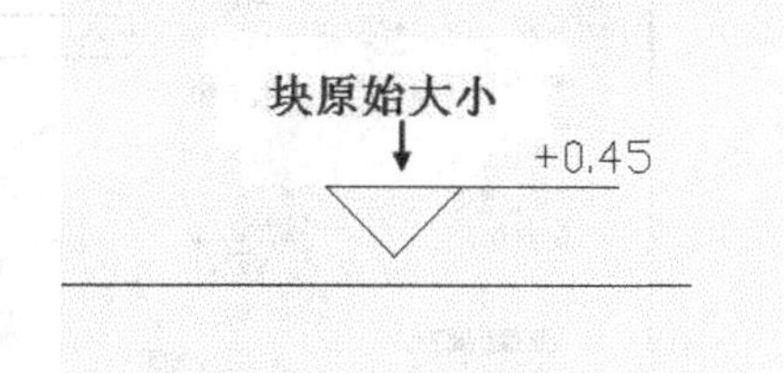

图8-35

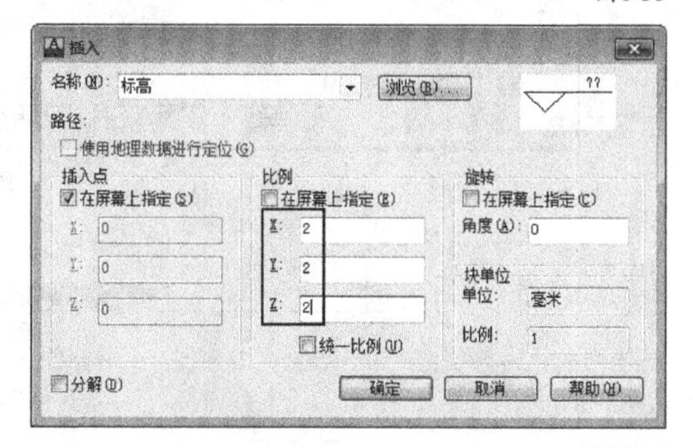

图8-36

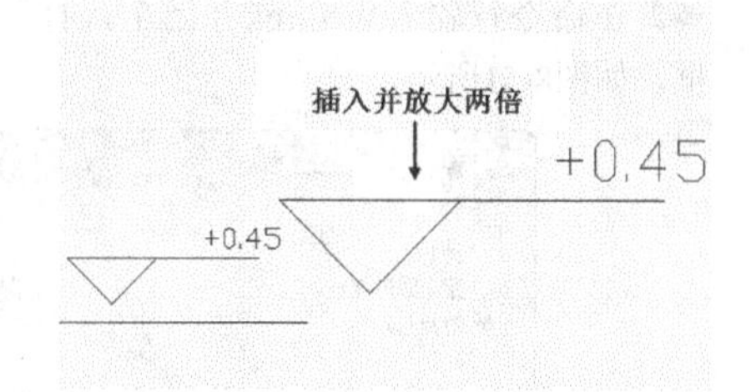

图8-37

旋转：设置图块插入时的旋转角度，例如设置“角度”为45°，如图8-38~图8-40所示。

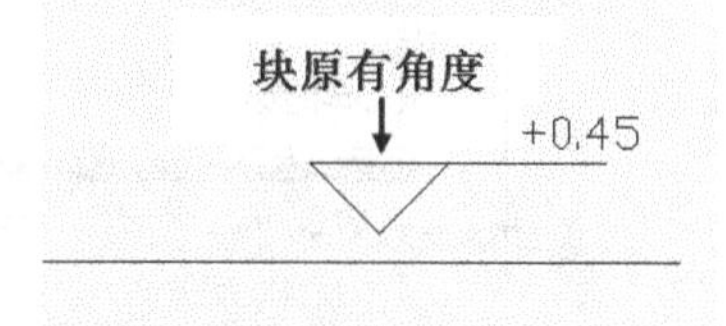

图8-38

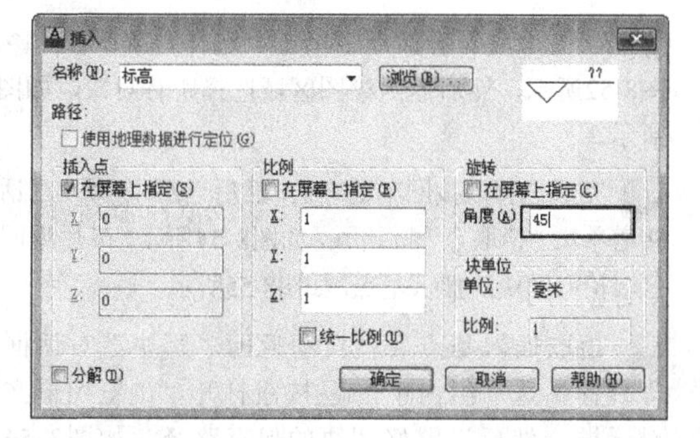

图8-39

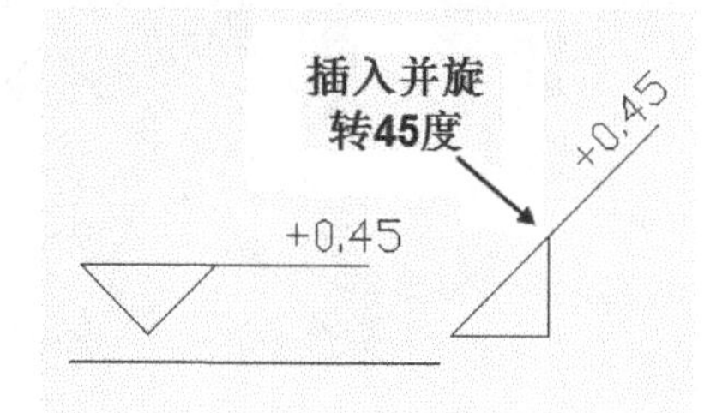

图8-40

块单位：显示图块的单位和比例。

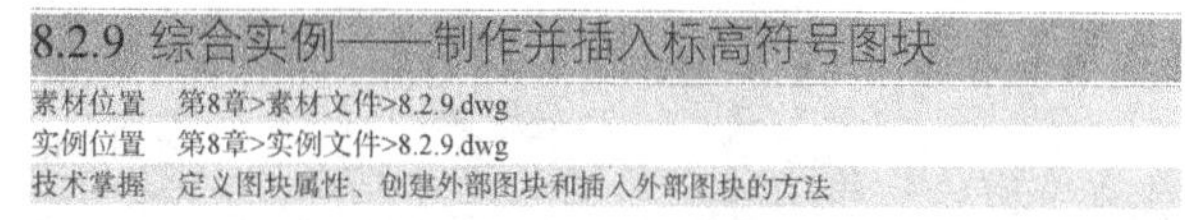

8.2.9 综合实例——制作并插入标高符号图块

素材位置　第8章>素材文件>8.2.9.dwg
实例位置　第8章>实例文件>8.2.9.dwg
技术掌握　定义图块属性、创建外部图块和插入外部图块的方法

本例制作的标高符号图块并将其插入到图形中后的效果如图8-41所示。

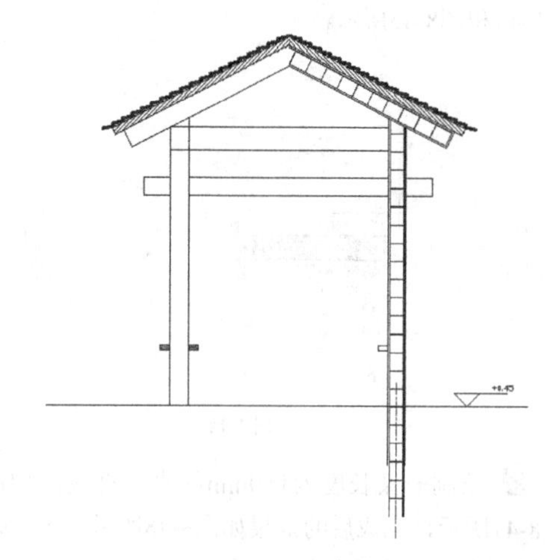

图8-41

01 新建一个dwg文件，然后使用Rectang（矩形）命令绘制一个边长为50mm的正方形，如图8-42所示。

图8-42

02 单击“修改”工具栏中的“旋转”按钮，将正方形旋转45°，如图8-43所示，相关命令提示如下。

```
命令: _rotate
UCS 当前的正角方向: ANGDIR=逆时针 ANGBASE=0
选择对象: 找到 1 个        //选择正方形
选择对象: ↙
指定基点:                 //捕捉正方形左下角的顶点
指定旋转角度，或 [复制(C)/参照(R)] <0>: 45↙
```

图8-43

03 单击“修改”工具栏中的“分解”按钮，然后选择正方形将其分解，接着删除上面的两条边线，如图8-44和图8-45所示。

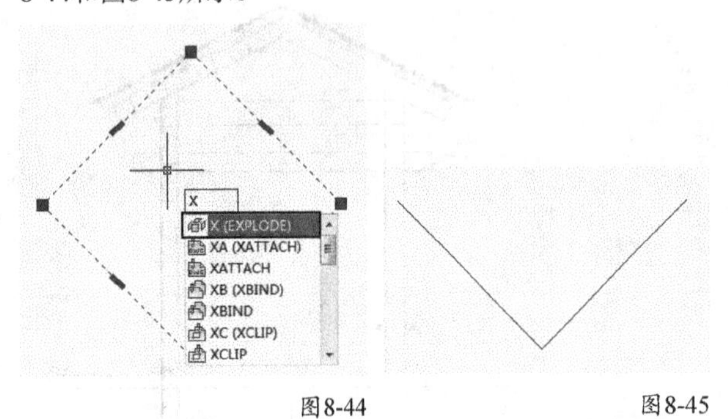

图8-44　　图8-45

04 绘制一条长度为150mm的水平直线，如图8-46和图8-47所示，完成后的效果如图8-48所示。至此，标高符号绘制完成，接下来定义块属性。

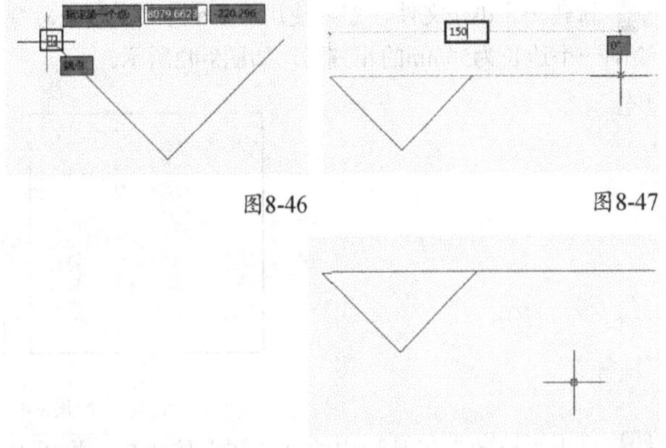

图8-46　　图8-47

图8-48

05 执行“绘图>块>定义属性”菜单命令，打开“属性定义”对话框，然后在“标记”文本框中输入“标高”文字，接着设置“文字高度”为15，如图8-49所示。

06 在“属性定义”对话框中单击“确定”按钮，此时定义好的属性将出现在绘图区域内，将其放置到标高符号的上面，如图8-50所示。

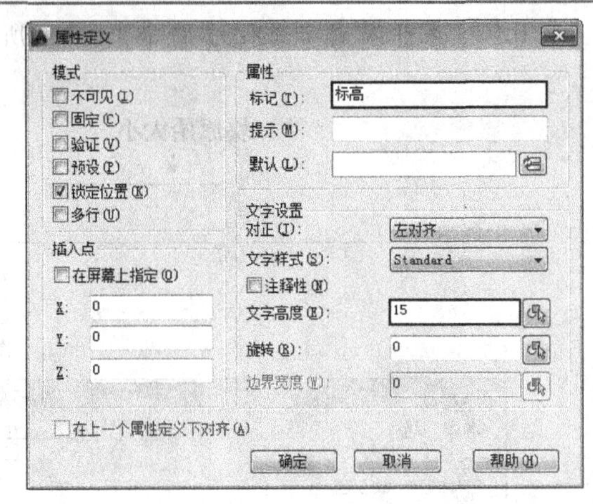

图8-49

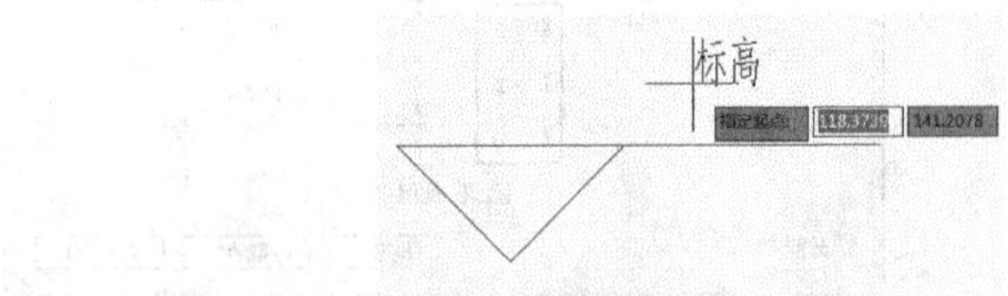

标高

图8-50

07 在命令行输入Wblock并回车，打开“写块”对话框，如图8-51所示。

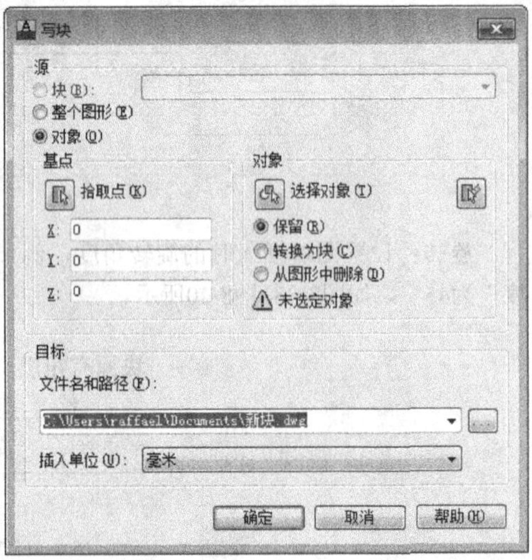

写块
源
块(B):
整个图形(E)
对象(O)
基点
拾取点(K)
X: 0
Y: 0
Z: 0
对象
选择对象(T)
保留(R)
转换为块(C)
从图形中删除(D)
未选定对象
目标
文件名和路径(F):
C:\Users\raffael\Documents\新块.dwg
插入单位(U): 毫米
确定　取消　帮助(H)

图8-51

08 在“写块”对话框中单击“选择对象”按钮，如图8-52所示，然后返回绘图区域选择所有对象，如图8-53所示。

09 完成选择后按回车键确认，然后返回“写块”对话框，接着单击“拾取点”按钮，如图8-54所示，最后返回绘图区域拾取图块的插入基点，如图8-55所示。

10 拾取插入基点后将自动返回“写块”对话框，在“目标”选项组内单击按钮打开“浏览图形文件”对话框，然后设置好图块的保存路径，如图8-56和图8-57所示。

图8-52

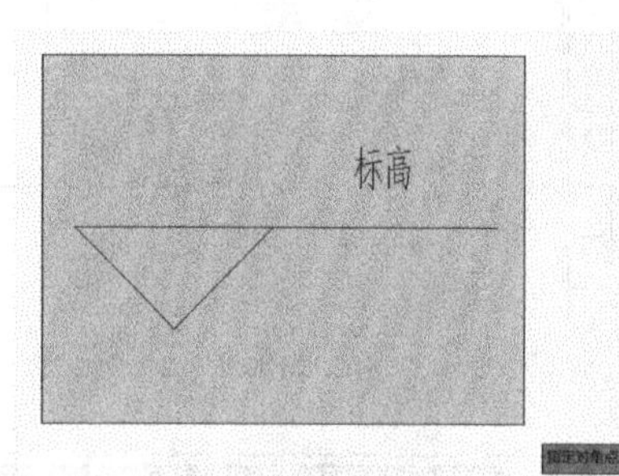

图8-53

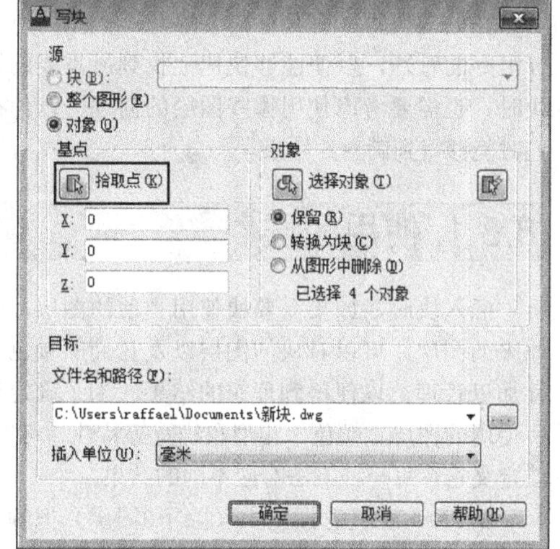

图8-54

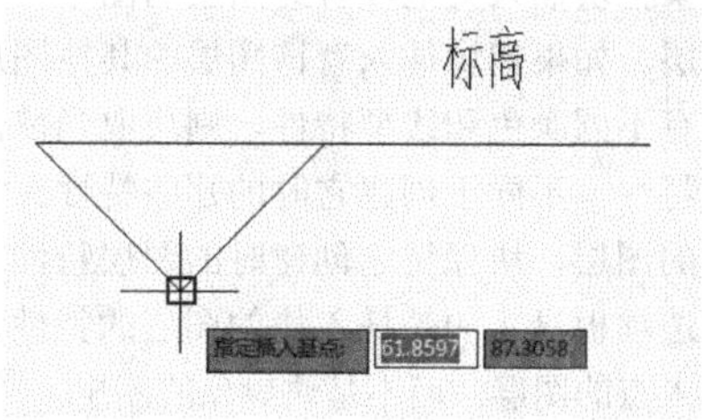

图8-55

图8-56

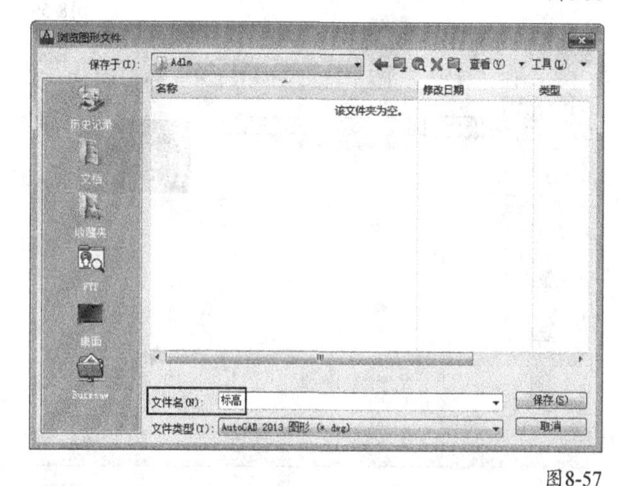

图8-57

11 在“写块”对话框中单击“确定”按钮 确定 完成保存，然后打开光盘中的“第8章>素材文件>8.2.9.dwg”文件，如图8-58所示。

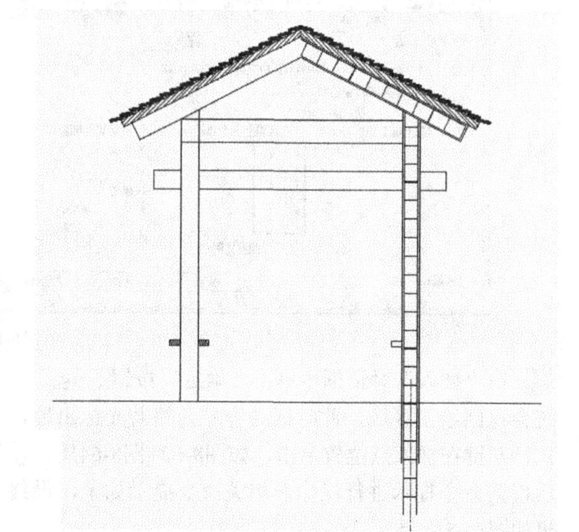

图8-58

12 单击"绘图"工具栏中的"插入块"按钮，打开"插入"对话框，然后单击"浏览"按钮，如图8-59所示，打开"选择图形文件"对话框，接着找到前面保存好的图块，将其打开到文件中，如图8-60所示。

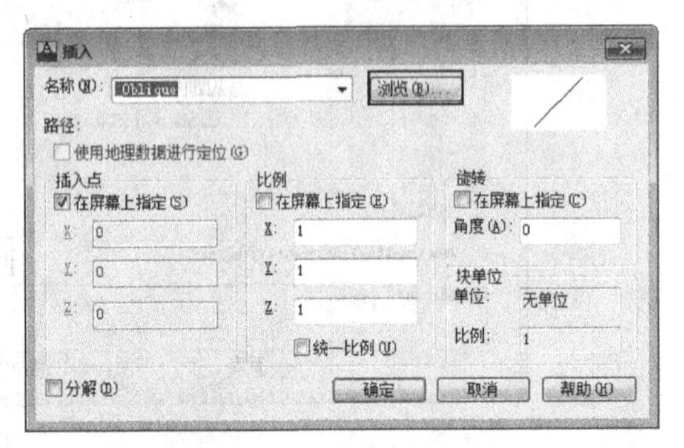

图8-59

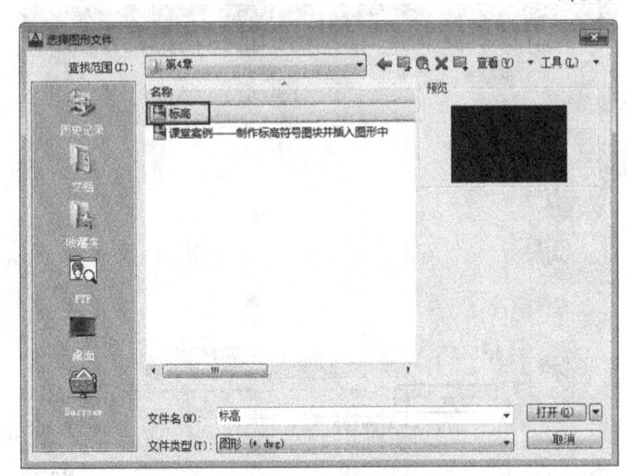

图8-60

13 在"插入"对话框中设置"比例"的x、y、z都为4，如图8-61所示。

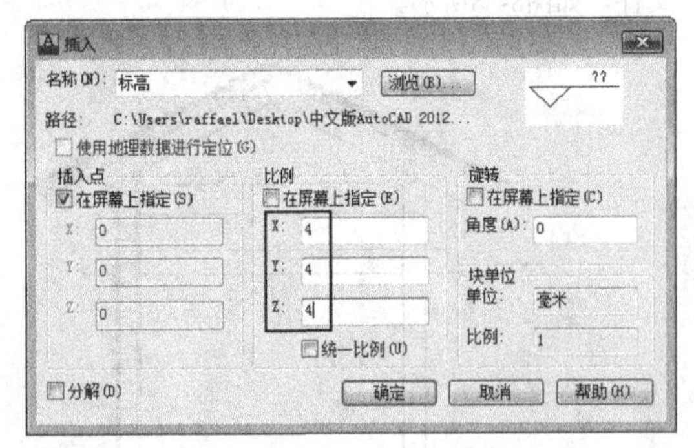

图8-61

14 在"插入"对话框中单击"确定"按钮，系统会返回绘图区域，此时标高符号会随着光标出现，用鼠标左键在插入点位置单击，如图8-62~图8-64所示，然后根据命令提示进行操作，相关命令提示如下，最终效果如图8-65所示。

命令: _insert

指定插入点或 [基点(B)/比例(S)/旋转(R)]: //确定插入点

输入属性值

标高: +0.45↙ //输入标高数值并回车（如图8-23所示）

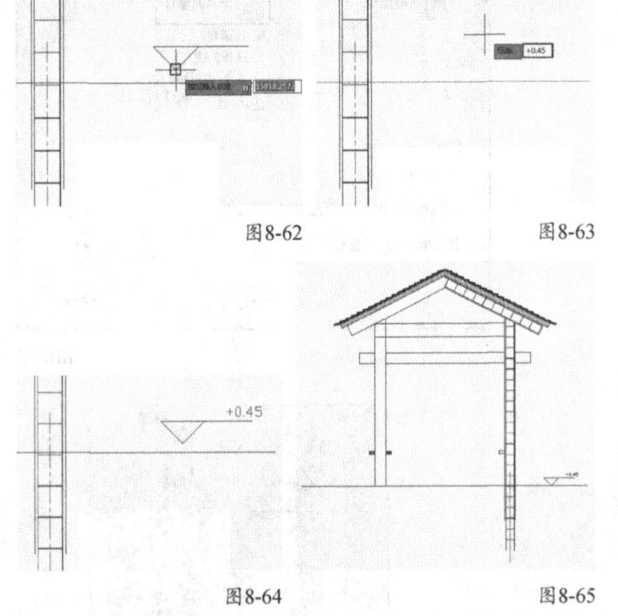

图8-62 图8-63

图8-64 图8-65

8.3 管理块

在处理块时，有几点需要注意。大型的块库必须进行很好的管理，以便能够快速地找到所需要的块。定义块时，也需要考虑使用哪些图层的问题，以便在插入它们时能够得到满意的结果。

8.3.1 使用图层

插入块时，如果需要块使用当前的图层，或者保留原来的图层。可以对块的图层以及它们的颜色和线型特性加以管理，以便得到理想的结果。为了确定插入时块所使用的图层、颜色、线型和线宽等特性，可以用4种方法定义它，每一种方法对应不同的结果。

第1种：在任意图层上（除了0图层）把颜色、线宽和线型设置为ByLayer。块将保持相应图层的特性。如果把块插入其他没有此图层的图中，则图形会创建此图层。如果把块插入有该图层的其他图形中，但该图层具有不同颜色和线型特性，则块取当前图中该图层的相应特性，不同于创建它时的那些特性。如果把块插入不同的图层，块保持它创建时的图层特性。但是，"特性"选项板显示的是插入块的图层的特性，因为它会报告插入点的图层，而不是块对象的图层。

第2种：在任意图层（包括0图层）明确地设置颜

色、线宽和线型。块将保持明确设置的颜色、线型和线宽特性。如果把块插入到其他图形中，图形将创建图层，在其上构造原来的对象。

第3种：在任意图层（除了0图层）设置颜色、线宽和线型为ByBlock。块将采用当前的颜色设置（如果把当前颜色设置为ByLayer，块也将采用当前图层的颜色）。如果将该块插入到其他图形中，图形将创建在其上构造原来对象的图层。注意，如果在创建块对象时，颜色、线型和线宽是ByBlock，则这些对象总是用黑/白色、连续线型及默认的线宽显示。

第4种：在0图层上（颜色、线型和线宽设置为ByBlock或ByLayer）。块将采用插入它的当前图层的图层和特性。如果把块插入到其他图形中，将不创建任何图层。

如上所述，创建块时，对使用的图层进行周密的计划是非常有必要的。有两种方法（设置对象为ByBlock和在0图层上创建它们）创建自适应块，它们采用当前层的特性。当想使块保持它原有的特性，而不管当前层时，可以使用其他两种方法。

在0图层上创建块最简单。如果想使块具有特定的颜色和线型，就为它们创建一个图层，在插入块前切换到该图层。插入块之后，可以用与更改其他对象图层相同的方法更改块的图层。

8.3.2 分解块

可以把块分解为组成它们的源对象，以便于进行编辑，之后可以根据需要重新定义该块。要分解块，可以先将其选中，然后在“修改”工具栏中单击“分解”按钮。在分解具有嵌套块的块时，仅分解顶层的块。要分解下一层的块，必须再次使用该工具。

分解在0图层上创建的块或者具有ByBlock对象的块时，对象返回到它们原来的状态并再次显示为黑/白色、连续线型和默认线宽。

如果插入具有不同x、y比例因子的块，该命令会根据对象的新形状尽力创建它们。例如，如果有一个块包含一个圆，如果以x比例因子为1、y比例因子为2插入它，则得到的是一个椭圆。因此，分解块时，由过去的圆可以得到一个椭圆。

专家点拨

分解注释性块时，只得到当前比例因子下显示的各个部件。各个部件不是注释性的。

8.3.3 使用Xplode命令

Xplode命令是Explode（分解）命令的一种，可以用来控制对象的最终图层、颜色和线型。如果选择了多个对象，可以一次设置所选择的所有对象的属性（即全局地）或分别地对每个对象进行设置。

为了分解一个对象，可以输入xplode命令并回车（该命令实际上是AutoCAD中的一个AutoLISP程序），在“选择对象：”提示下，选择一个或多个块。如果选定不止一个对象，命令行会显示“单独分解(I)/<全局(G)>:”提示，按回车键则接受“全局”这个默认的选项。如果选择“单独分解”选项，Xplode命令会依次高亮显示每个块，以便在对提示进行响应时能知道正在处理的是哪个块。

选择“单独分解”选项后，将出现“输入选项[全部(A)/颜色(C)/图层(LA)/线型(LT)/线宽(LW)/从父块继承(I)/分解(E)] <分解>:”提示，可以选择是否想指定颜色、图层、线型或者线宽。

Xplode命令不能分解x和y比例因子绝对值不相等的块。这意味着x的比例因子为1，y的比例因子为-1的块可以处理；但x的比例因子为2，而y的比例因子为-3的块则不能处理。

8.3.4 编辑块

块可以是复杂的对象。可能需要添加、删除或者更改块的部件。还可以更新或替换块。

在前面的内容中讲过图块是一个整体，如果要对图块进行编辑，有一种方法是将图块分解，然后进行修改，修改完成后又再创建成块，这种方法显然比较麻烦，而且在绘制复杂的图形时，分解后再创建块容易多选或者少选对象。

AutoCAD为图块的编辑提供了专门的方法，也就是通过“块编辑器”来修改，执行Bedit（编辑图块）命令可以打开“块编辑器”对话框，如图8-66所示。

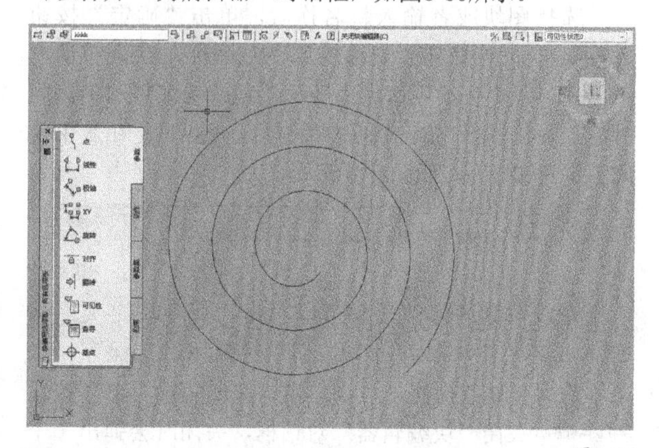

图8-66

执行Bedit（编辑图块）命令有如下4种方式。

第1种：执行“工具>块编辑器”菜单命令，如图8-67所示。

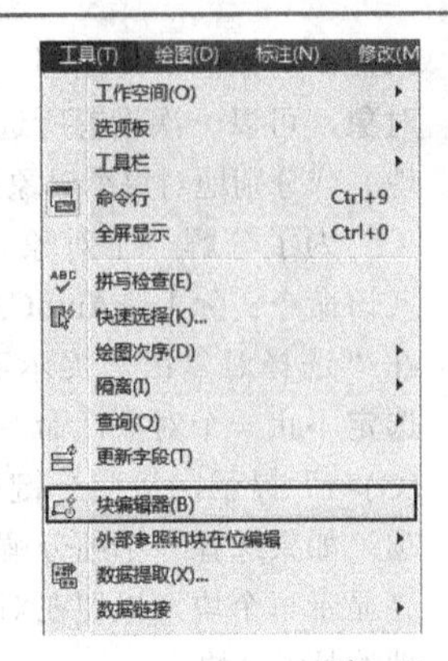

图8-67

第2种：单击“标准”工具栏中的“块编辑器”按钮，如图8-68所示。

图8-68

第3种：在命令行输入Bedit并回车。

第4种：使用鼠标左键快速双击图块。

执行Bedit（块编辑器）命令后，首先打开的是“编辑块定义”对话框，用户需要在该对话框选择一个需要编辑的图块，或者输入新创建图块的名称，如图8-69所示

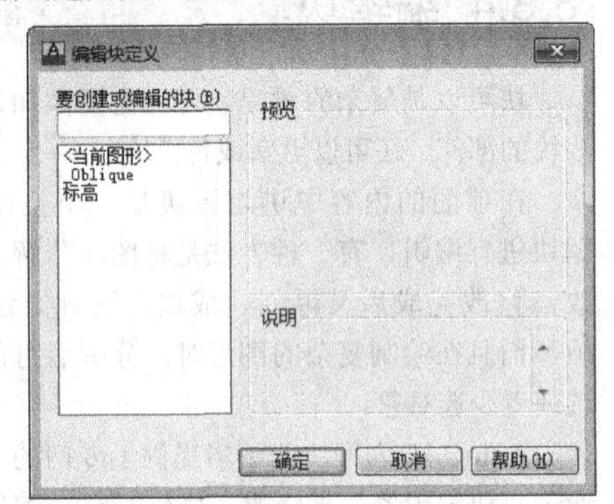

图8-69

选择图块或者输入新名称后，单击“确定”按钮就可以打开“块编辑器”对话框，在该对话框中用户可以像在绘图区域内一样绘制或者编辑图形。同时，“块编辑器”对话框内还提供了一些只能在其中使用的工具和命令，如图8-70所示。

图8-70

完成图块的修改后，可以单击“保存块定义”按钮或者“将块另存为”按钮对图块进行保存。如果不想保存修改操作，可以单击“关闭块编辑器”按钮关闭“块编辑器”对话框，关闭时会弹出一个对话框提示用户是否保存操作，如图8-71所示。

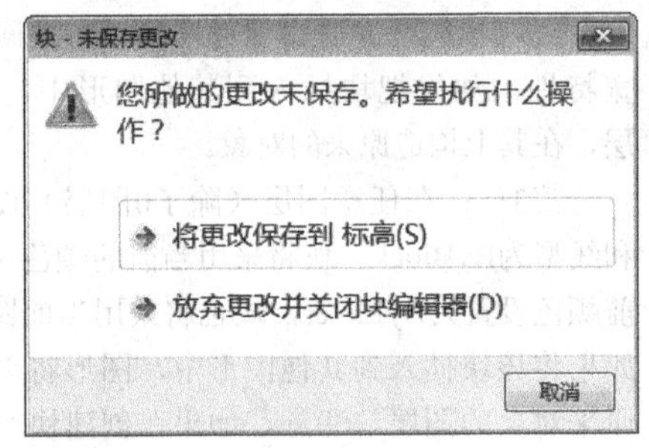

图8-71

在一定的范围内，可以使用夹点编辑块。默认情况下，选取一个块时，仅显示一个夹点，即基点。

可以通过执行“工具>选项”菜单命令打开“选项”对话框，然后在“选择集”选项卡中勾选“在块中显示夹点”选项，以显示所有对象的夹点，如图8-72所示。

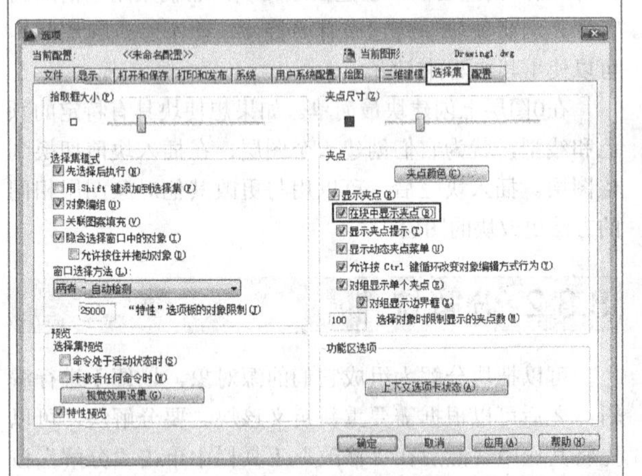

图8-72

一般说来，在处理如此复杂的块时，不会使所有的块都显示夹点。但是，如果想使用某个对象的夹点作为编辑的基点，则可以打开它们，以利用夹点镜像、旋转、移动或缩放块。

8.4 创建和使用动态块

可以保存很多经常使用且相互类似的块。而且经常会以各种不同的比例和角度插入这些块。例如，以各种角度插入的各种可能尺寸的门，有时是从右边打开，有时是从左边打开。动态块就是一种具有智能和高灵活度且能以各种方式插入的块。这样，就可以大大减少块库中所保存的块数量。

动态块可以让用户指定每个块的类型和各种变化量。可以使用“块编辑器”创建动态块。要使块变为动态，必须包含至少一个参数。而每个参数通常又有相关联的动作。

参数可以定义动态块的特殊属性，包括位置、距离和角度等。参数还可以将值强制在参数功能范围之内。而动作则指定某个块如何以某种方式使用其相关的参数。

例如，可能需要独立于块来移动块的一个部件，如含有桌椅的块中的椅子。要完成这一操作，要添加一个点参数，以指定椅子上的一个点。然后添加移动动作，以便利用该点移动椅子。

如果在AutoCAD 2006之前的版本中打开一个动态块，会看到该块的最后一个当前视图。不能使用该块的动态特性，但可以将它作为普通块来编辑。该块被赋予一个名称，如U2。

要改变“块编辑器”的背景色，执行“工具>选项”菜单命令打开“选项”对话框，然后单击“显示”选项卡，接着单击“颜色”按钮 颜色(C)... 打开“图形窗口颜色”对话框，从“上下文”列表中选择“块编辑器”，再从“界面元素”列表中选择“统一背景”，并从“颜色”下拉列表中选择一种颜色，如图8-73所示。

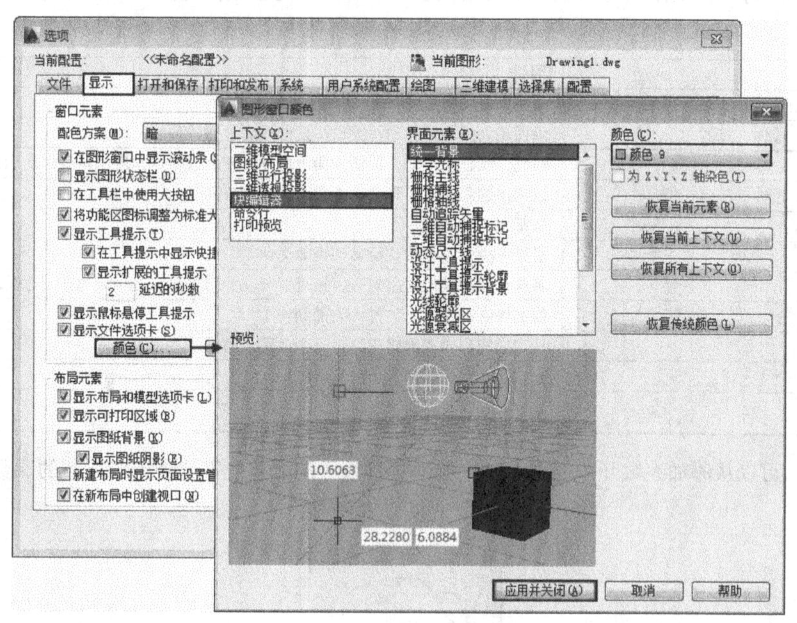

图8-73

8.4.1 理解动态块的工作流程

由于定义动态块需要耗费一定的时间（虽然建立相对简单的块不是特别耗费时间），因此动态块最普遍的用途是创建块库。通常，定义自己的动态块并保存它们以备将来在图形中使用。换句话说，除非在某一图形中需要以各种变化插入一个新块多次，否则不要为当前正在使用的图形创建动态块。

块库有两种配置。

每个图形一个块：将每个块保存到各自的图形中。

每个图形多个块：将多个（通常是）相关的块保存到一个图形中。

创建动态块过程中的第一步是定义块。下面几节将进行详细介绍，在此首先要概述其整个工作流程。

第1步：在块库图形或新图形中创建块。

第2步：打开“块编辑器”，也可以使用Bedit（块编辑器）命令选择块。

第3步：添加参数和关联动作。

第4步：在“块编辑器”中保存块定义。

第5步：关闭“块编辑器”。

第6步：如果图形仅包含这个块，需要将图形的原点设置为要作为插入点的位置，通常是块上的某一点。

第7步：保存该图形定义块后，可以按下面的步骤插入动态块。

在当前图形中，使用Insert（插入块）命令插入含有该块的图形，或者使用设计中心选择图形中的块。

选择块观察其夹点。这些夹点显示出了可以在哪里对块进行修改。

一般来说，可以单击并拖动一个夹点。某些动态块参数还涉及从某个下拉列表中选择可见性或者查找选项。

8.4.2 定义动态块

要定义动态块，首先要创建该块需要的对象或者显示现有的某个块，然后在“标准”工具栏上单击“块编辑器”按钮或执行“工具>块编辑器”菜单命令打开“编辑块定义”对话框，在该对话框中选择“<当前图形>”或者块名称并单击“确定”按钮 确定 打开“块编辑器”。还可以将图形中的对象复制并粘贴到“块编辑器”中，从而使用这些对象创建块。

在开始定义块之前，需要确定块的变化类型。也就是将参数和动作集成到块中，以赋予块一定的灵活性。表8-1列出了一系列参数和为每一参数添加的动作，以及这些参数、动作在动态块特定部件中的用途说明。

表8-1 动态块的参数和动作

参数	可用动作	用途
点	移动、拉伸	从该点移动或拉伸
线性	移动、缩放、拉伸、阵列	沿两点之间的线移动、缩放、拉伸或者进行阵列
极轴	移动、缩放、拉伸、极轴拉伸、阵列	移动、缩放、拉伸、以特定角度拉伸，或者以特定角度沿两点之间的线进行阵列
XY	移动、缩放、拉伸、阵列	以指定的距离进行移动、缩放、拉伸和阵列
旋转	旋转	按指定角度旋转
翻转	翻转	沿某一投影线翻转。翻转与镜像类似
对齐	无	将整个块与其他对象对齐，还可以与其他对象垂直或相切对齐（无需动作）
可见性	无	控制块中部件的可见性（无需动作）
查寻	查寻	从定义的列表或表格中选择一个自定义特性
基点	无	为动态块定义基点

添加参数

要创建动态块，可以从添加参数开始。单击“块编写选项板”的“参数”选项卡中所需的参数，如图8-74所示。

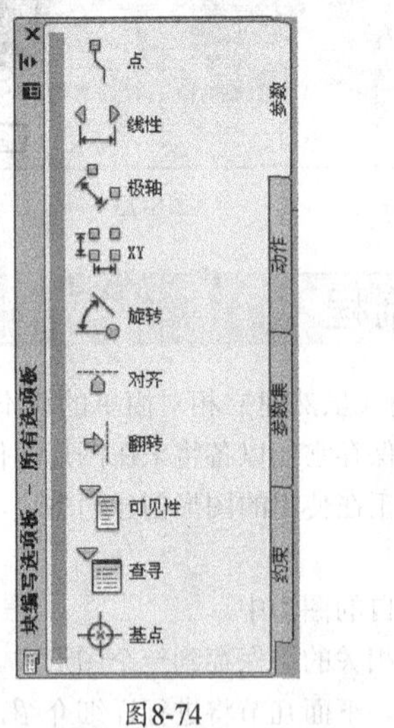

图8-74

每个参数都会提示自己所需要的信息。例如，“线性”参数会提示“指定起点或 [名称(N)/标签(L)/链(C)/说明(D)/基点(B)/选项板(P)/值集(V)]:”，指定起点之后，又会得到指定终点的提示。而“翻转”参数会提示指定投影线，它与镜像线类似。

每个参数的选项都比较相似，下面是使用这些选项的方法。

名称：可以更改参数的名称。选择参数后，名称会出现在“特性”选项板中。但是，可能会发现改变参数名会使人有些混淆，因为该名称可以明确地指出块使用了哪些参数。另一方面，如果有一个以上相同类型的动作，例如两个拉伸动作，重新命名动作以识别其应用对象可以将它们区分开以免混淆。

标签：标签显示在“特性”选项板中，但当“块编辑器”打开时也会出现在块旁边。可以根据自身需要更改标签。例如，“线性”参数使用“距离”标签。可以将其更改为“长度”、“宽度”或其他更具体的名称。

链：有时可能希望一个动作引起块中多个地方更改，为此可以链接参数。链接后激活一个参数的动作会使其他次要参数的动作发生。主要参数必须有一个动作，其选择集包括它将起作用的其他所有对象之外的次要参数（如果该动作是拉伸动作，拉伸框架也需要包括次要参数）。然后，必须将次要参数的链特性设置为“是”。

说明：可以添加参数说明。在“块编辑器”内选择参数时，此说明会显示在“特性”选项板中。

基点：创建基点参数，用于为块设置基点。

选项板：默认情况下，选择图形中的块参照时，会在“特性”选项板中显示参数标签。如果不想显示这些标签，可以将其设置为“无”。

值集：可以约束块大小可用的数值范围，以增量或者列表形式。该选项会提示选择增量还是列表方法，然后提示输入数值。

使用一个选项并指定必需的坐标（例如“线性”参数的起点和终点坐标）之后，会出现“指定标签位置:”提示，拾取一个点放置该参数的标签，如图8-75所示。

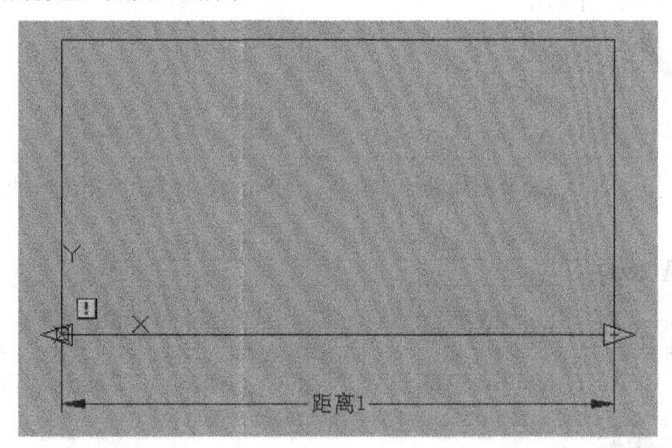

图8-75

在图8-75中可以看到一个惊叹号出现在参数旁边。该惊叹号提醒用户还没有为该参数添加动作。大多数参数需要动作才能正常运行。

添加动作

放置参数之后，可以添加关联的动作。在“块编写选项板”中单击切换到“动作”选项卡，如图8-76所示。

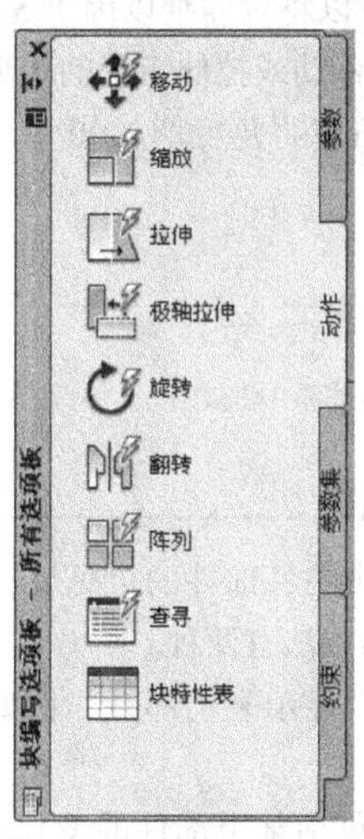

图8-76

有时，要使用的参数有很多夹点。例如，如果使用一个“线性”参数，其中就会包含两个夹点，一头一尾各一个。但是，可能只想在一个方向上延伸，在这种情况下只需要其中的一个夹点。为了移除多余的夹点，要选择参数，然后单击右键，并选择“夹点显示>1”选项，如图8-77所示。

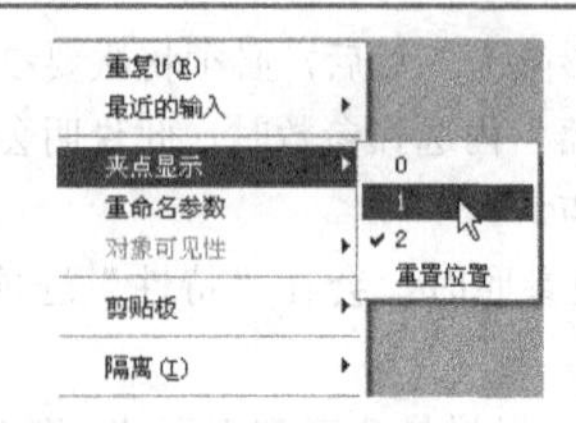

图8-77

为了添加动作，需要为参数指定合适的动作。然后在“选择参数：”提示下选择参数。记住，总要将某一动作应用于参数，而不是对象。但是，作为这一过程的一部分，可以指定一个选择动作集，这意味着要选中一个或多个对象。注意，可以向一个参数添加多个动作。

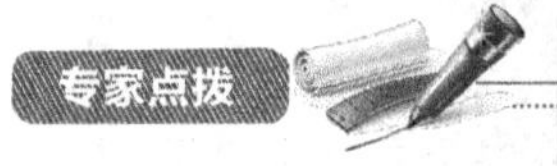

一定要选择实际参数，而不是对象或者夹点。选择参数的一种简单方法是单击它的标签。

接下来的提示取决于选择的动作以及要附加动作的参数。表8-2将解释常用动作的一些提示选项。

表8-2 动作提示选项

动作	参数	选项反应
移动	点	选择对象
移动	线性、极轴或者XY	由于有多个点，所以需要指定与该动作相关联的是哪一个点。可以通过在点上移动鼠标指针选择点；有效点上会显示一个红圈。也可以使用“起点/第二点”选项。按回车键使用第二点（默认），然后选择对象
缩放	线性、极轴或者XY	可以选择对象。也可以指定非独立基点（相对于动作参数的基点）或独立基点（用户指定）。如果使用XY参数，也可以分别指定距离是X距离、Y距离或者XY距离（默认）
拉伸	点	选择对象
拉伸	线性、极轴或者XY	由于有多个点，所以需要指定与该动作相关联的是哪一个点。可以通过在点上移动鼠标指针选择点；有效点上会显示一个红圈。也可以使用“起点/第二点”选项。按回车键使用第二点（默认），然后选择对象。然后指定拉伸框架的对角点定义拉伸所包含的区域。最后，选择对象。还可以继续添加或删除对象，就像拉伸时所做的一样
极轴拉伸	极轴	与“拉伸”参数的提示相同。只是只能指定要旋转（而非拉伸）的对象

最后一步是指定动作标签的位置。此时，可以使用下面两个选项之一。

乘数：将参数值乘以指定的因子。例如，可以将拉伸乘以因子.5。又比如，如果希望在保持圆一直在正在移动或者拉伸的矩形的中心，则要使用.5乘数，以便圆移动或拉伸矩形的距离的一半，从而保持居中。

偏移：根据指定的值更改参数角度。例如可以将角度增加90°。这就允许将光标移到右侧（0°）并沿90°方向拉伸对象。

如果在添加动作之后没有显示惊叹号，就表明动作添加失败。

添加可见性参数

可见性参数允许用户在插入时打开或关闭块的各部件的可见性。可以定义多种命名的可见性状态，从而创建许多可见性或不可见性的变化。使用可见性参数的方法有两种。

使单个部件可见或者不可见：可以选择是否显示某个部件。例如，如果桌子上有一部电话，可以控制是否显示该电话。

在多个部件之间切换：插入过程中，可以包括某个部件的变化并在它们之间循环。例如，可以有3种类型的电话（例如单线、双线、多线等），都在同一位置，其中一种位于另一种的上面。那么在插入块时，可以控制显示哪一个。

可见性参数的强大功能为块的使用增加了极大的灵活性，而且也使用户不必保存大量相似的块。每个块只能添加一个可见性参数。

要添加可见性参数，按如下步骤操作。

01 在含有所需部件的图形中打开“块编辑器”。如果需要在多个部件之间切换，可以将它们重叠放置。

02 从“块编写选项板”的“参数集”选项卡中选择“可见性集”，并将其放置在部件旁边。放置该参数前，可能要使用“标签”选项更改标签。

03 单击“块编辑器”工具栏上的“管理可见性状态”按钮，打开如图8-78所示的“可见性状态”对话框。

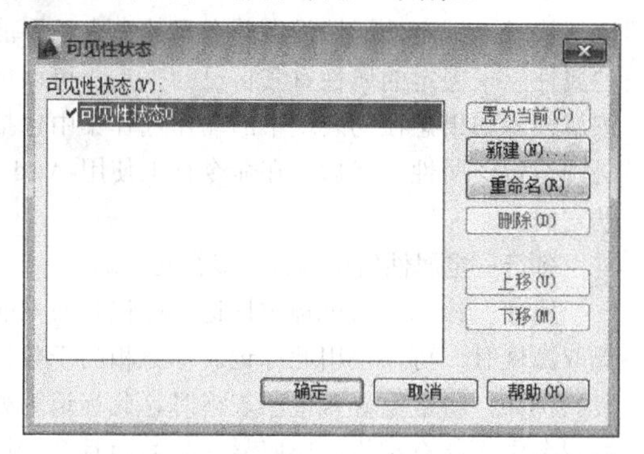

图8-78

04 单击默认可见性状态（可见性状态0）选择它。为第一个状态输入新名称后按回车键，如图8-79所示。此名称应该能够说明状态要显示什么。

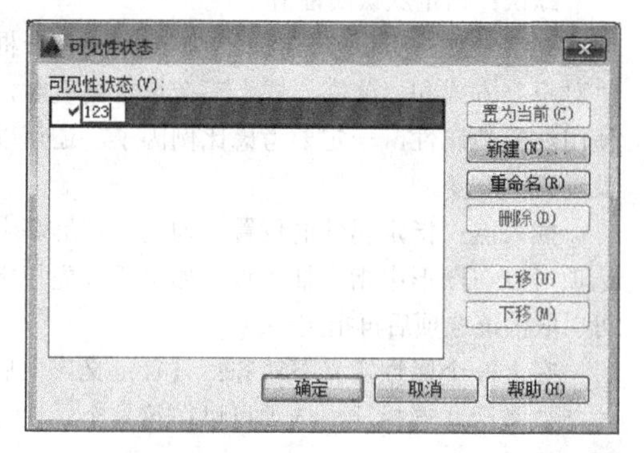

图8-79

05 单击“新建”按钮 新建(N)... 打开“新建可见性状态”对话框，如图8-80所示。

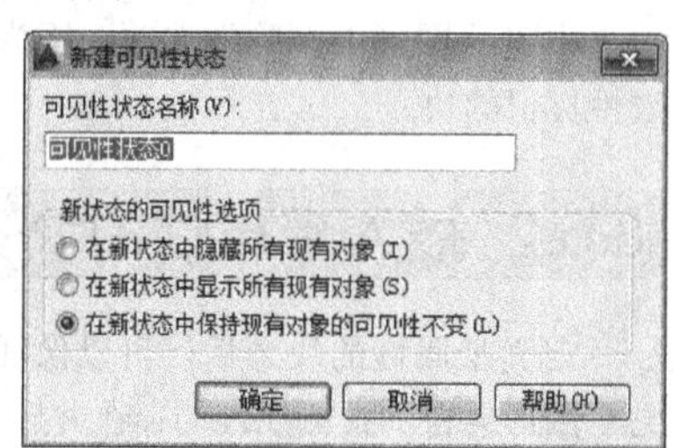

图8-80

06 输入新的可见性状态名。如果不想更改现有对象的可见性，可以使用默认选项“在新状态中保持现有对象的可见性不变”。如果希望新状态隐藏所有对象，可以选择“在新状态中隐藏所有现有对象”选项。要显示所有对象，则可以选择“在新状态中显示所有现有对象”选项。无论选择哪一个选项，都可以在今后改变单个对象的可见性。

07 单击“确定”按钮 确定 关闭“新建可见性状态”对话框。如果需要更多的可见性状态，重复第5到第6步，直到完成。

08 单击“确定”按钮 确定 关闭“可见性状态”对话框，返回“块编辑器”。

09 从块编辑器工具栏右侧的“可见性状态”下拉列表中选择一种状态。对于这一状态，选择所有要使其不可见的对象（如果有的话），然后单击“块编辑器”工具栏上的“使不可见”按钮。

10 对每种状态重复第9步。如果在创建状态时选择了隐藏对象，那么可能需要通过单击“使可见”按钮使某些对象可见。

11 依次选择“可见性状态”下拉列表中的每一个状态，检查每一可见性状态，确保每个状态显示需要显示的内容。

使用参数集

“块编写选项板”的“参数集”选项卡含有许多现成的参数动作组合供用户使用。这些集合对于快速创建一些简单的动态块非常有用。用鼠标指针划过它们可以看到工具栏提示解释其功能。

放置参数集之后，由于还没有为动作选择对象，所以仍然会看到惊叹号。双击该动作，显示要求选择对象的提示。

8.4.3 插入并修改动态块

可以像插入一般块那样插入动态块。在插入过程中，如果夹点的“循环”特性设定为“是”，则可以按下Ctrl键在各个夹点之间切换。每次按下Ctrl键，指针都会移动到块上的另一个夹点。另外，指定插入点之前，可以打开“特性”选项板并指定值，如长度参数的距离值。

要使用块的动态功能，首先应该选中块。根据动作种类的不同，可以看到特殊的、青绿色动态块夹点。然后可以像使用普通夹点一样单击并拖动这些夹点；所不同的是，最终的修改结果要由所定义的参数和动作来控制。

8.5 处理属性

图形并不是存在于真空中的。图形中的对象都表示真实的对象。这些对象有一些不能用图形可视化表示的特性，例如价格、生产者、购买日期等。属性是附加到块上的标签。利用属性可以把有关数据的标签附加到块上。然后可以提取这些数据，并将其导入某个数据库程序、电子表格，或者甚至在AutoCAD表格中重现出来。

属性也可以用于放置与块有关的文字。常见的例子是使用属性完成标题块信息，例如图名、图号、日期、缩放比例、版本号、绘图员等。在这种情况下，其目的完全不是为了提取数据，而只是利用属性帮助自己在标题块中准确地放置文字。通过在属性中插入字段，可以从中获得另一个优点：自动创建标题块文字。

属性有几点局限。例如，它们仅可附加到块（普通的或动态的）上。但是，可以创建仅包含属性的哑块。数据库的功能也有限。不管怎么说，对于简单的数据库需求以及放置文字，属性还是相当有用的。

定义属性可以创建样板，插入块的时候能够将值放在该样板中。可以定义一个等同于数据库内字段或类别的标记。在插入块时，就会得到要求给出标记值的提示。

8.5.1 创建属性定义

使用属性时，第一个过程是绘制构成块的单个对象。如果块已存在，分解它，添加属性，然后重新定义块。

例外情况是只想在块中创建属性而不在其中创建任何其他对象。这样做可以提取属性，以便将它作为一个整体应用于图形。

有了对象之后，执行“绘图>块>定义属性”菜单命令，打开“属性定义”对话框，如图8-81所示。

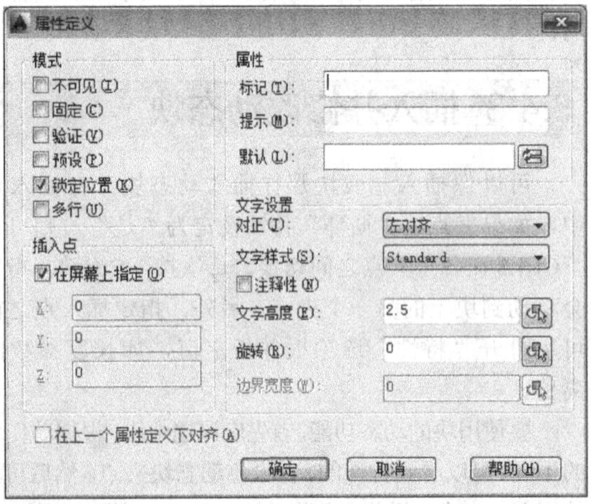

图8-81

参数介绍

模式：该选项组用于设置某些属性的特性，包括可见性和默认值，主要包含以下6个选项。

不可见：所设置的属性值在图中不显示。对于想提取到某个数据库而又不想在图中显示的属性，可以使用这一模式。例如设计图号、购买日期、价格等。当然，如果要使用属性在图中放置文字，则要使它们可见。

固定：为属性设置一个固定的值。不提示输入值，属性自动取得设置的值（在对话框的“属性”部分）。对于客户电话号码的前3个数字可能使用这种模式，因为它们一般是相同的。不能编辑固定属性的值。

验证：在插入某一属性时，出现提示要求对值进行校验。如果有预置的默认值，可以使用该选项。

预设：插入包含预设属性值的块时，将属性设定为默认值。

锁定位置：将属性相对于块的位置锁定。插入有属性的块时，锁定的属性没有其自己的夹点，不能单独移动属性。未锁定的属性有其自己的夹点，可以单独移动该属性。如果想在动态块中的动作选择集中包括属性，必须锁定该属性。然后可在命令行上使用-Attdef命令移动它们。

多行：定属性值可以包含多行文字。

属性：该选择租可指定标记。标记是属性的名字。提取属性时，可以使用此标记。标记相当于数据库的字段。例如，将数据导入电子表格时，此标记为列标题。标记名中不能有空格、感叹号（！）而且会转换为大写字母。

标记：标识图形中的属性。

提示：指定插入图块时显示的提示。

默认：指定默认属性值。

文字设置：可以格式化文字。从下拉列表框中选择“对正”方式和“文字样式”。在设置高度时，如果不使用注释性属性，一定要考虑比例因子。还可以为文字设置旋转角度。

插入点：指定属性的位置。勾选“在屏幕上指定”选项可以在图形中指定插入点。如果想预先指定坐标，可以取消该选项后再指定。

在上一个属性定义下对齐：只有定义属性后该选项才能被激活。选择这一选项可以在第一个属性之下对齐后续的属性。

创建对象和它们的属性定义之后，一般要创建块。可以像前面介绍的那样命名块和定义块的插入点。一般要选中“从图形中删除”选项，因为图形中不需要没有属性标记的块。

8.5.2 插入带属性的块

定义带属性的块之后，可以像插入其他块一样插入它。图形会自动检测属性的存在并提示输入它们的值。

8.5.3 实战——定义标题栏的属性

素材位置　第8章>素材文件>8.5.3.dwg
实例位置　第8章>实例文件>8.5.3.dwg
技术掌握　定义标题栏属性的方法

本例效果如图8-82所示。

施工总图			比例	1:10
			图号	1/10
制图	李某	2011-09-20	艾瑞达	
审核	张某	2011-09-31		

图8-82

01 打开光盘中的“第8章>素材文件>8.5.3.dwg”文件，如图8-83所示。

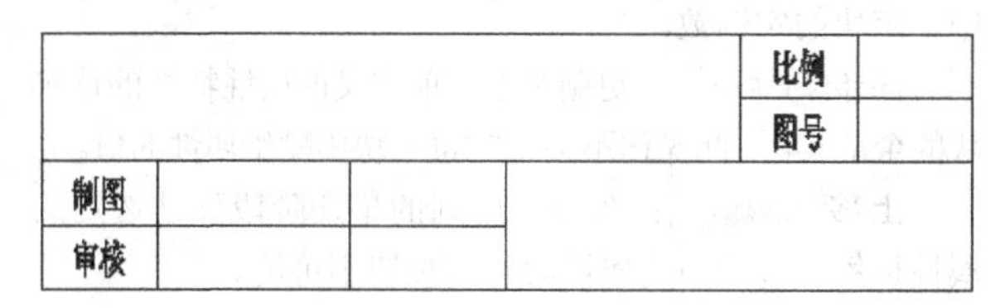

图8-83

02 执行“绘图>块>定义属性”菜单命令，打开“属性定义”对话框，然后设置如图8-84所示的属性定义。

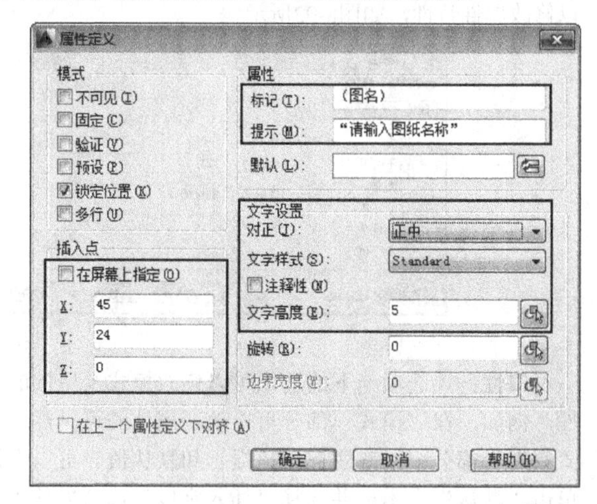

图8-84

03 单击“确定”按钮 确定 ，完成“（图名）”的属性定义，如图8-85所示。

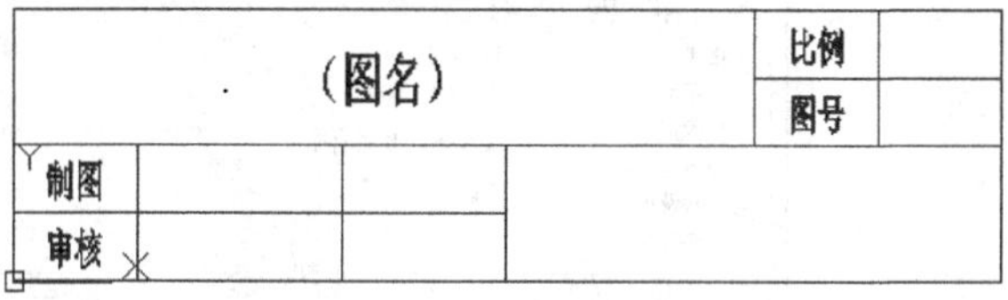

（图名） 比例 图号 制图 审核

图8-85

04 使用相同的方法定义其他属性，各属性设置参数如图8-86所示，完成所有属性定义后的效果如图8-87所示。

属性标记	属性提示	插入点坐标	对正方式	文字高度
（姓名）	请输入制图者名称：	27.5,12,0	正中	3.5
（姓名）	请输入审核者名称：	27.5,4,0	正中	3.5
2011-01-01	制图时间：	50,12,0	正中	3.5
2011-01-01	审核时间：	50,4,0	正中	3.5
N:M	图纸比例：	112,28,0	正中	3.5
XXX	图纸编号：	112,20,0	正中	3.5
单位	请输入制图单位	90,8,0	正中	5

图8-86

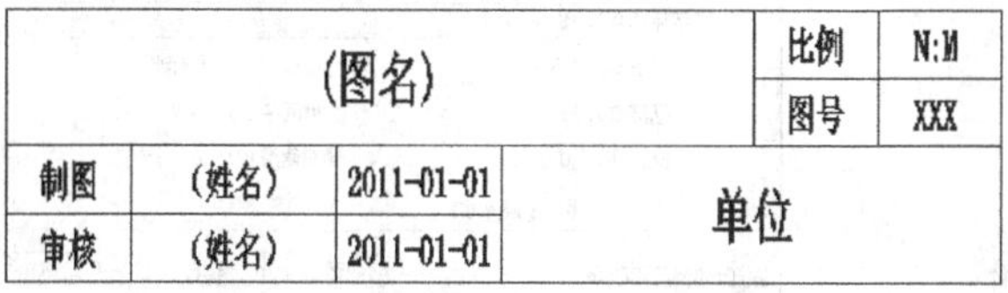

（图名）			比例	N:M
			图号	XXX
制图	（姓名）	2011-01-01	单位	
审核	（姓名）	2011-01-01		

图8-87

05 按Ctrl+A组合键全选所有图形，然后单击“绘图”工具栏中的“创建块”按钮，打开“块定义”对话框，接着设置块名称为“标题栏”，并捕捉矩形左下角顶点为插入基点，如图8-88所示。

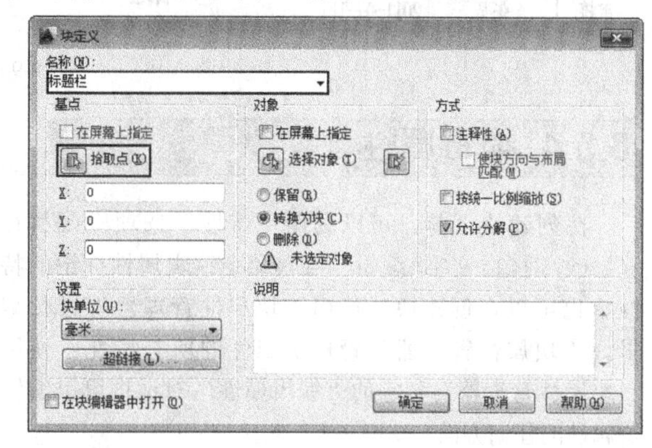

图8-88

06 完成设置后单击“确定”按钮 确定 ，此时会弹出“编辑属性”对话框，直接将其关闭即可，如图8-89所示。

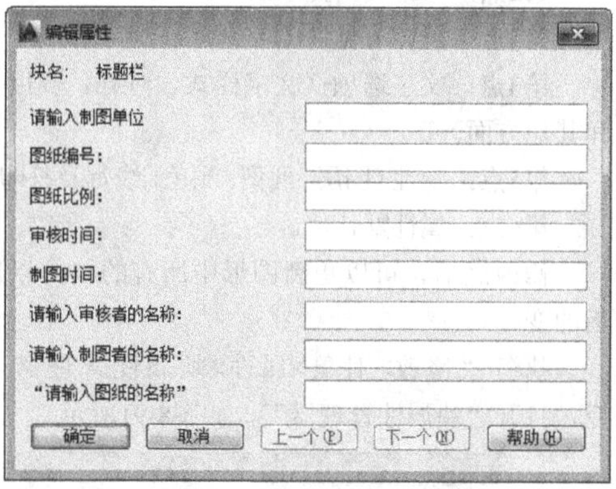

编辑属性
块名：标题栏
请输入制图单位
图纸编号：
图纸比例：
审核时间：
制图时间：
请输入审核者的名称：
请输入制图者的名称：
“请输入图纸的名称”
确定 取消 上一个(P) 下一个(N) 帮助(H)

图8-89

07 在命令行输入Insert并回车，打开“插入块”对话框，然后选择“标题栏”图块，并单击“确定”按钮 确定 将其插入，相关命令提示如下，完成后的效果如图8-90所示。

```
命令: insert↙
指定插入点或 [基点(B)/比例(S)/X/Y/Z/旋转(R)]:        //在绘图区域内拾取一点
输入属性值
请输入制图单位: 艾瑞达↙            //输入制图单位
图纸编号: 1/10↙                 //输入图纸编号
图纸比例: : 1:10↙               //输入图纸比例
审核时间: : 2011-09-31↙          //输入审核时间
制图时间: 2011-09-20↙            //输入制图时间
请输入审核者名称: : 张某↙          //输入审核者名称
请输入制图者名称: : 李某↙          //输入制图者名称
“请输入图纸名称”: 施工总图↙        //输入图纸名称
```

<table>
<tr><td colspan="3" rowspan="2">施工总图</td><td>比例</td><td>1:10</td></tr>
<tr><td>图号</td><td>1/10</td></tr>
<tr><td>制图</td><td>李某</td><td>2011-09-20</td><td colspan="2" rowspan="2">艾瑞达</td></tr>
<tr><td>审核</td><td>张某</td><td>2011-09-31</td></tr>
</table>

图8-90

8.5.4 编辑属性

在创建块之前，可以利用“特性”选项板或执行“修改>对象>文字>编辑”菜单命令编辑属性标记的特性。也可以在创建块后使用“块属性管理器”进行编辑。“块属性管理器”管理块属性的所有特性。使用“块属性管理器”和它的“编辑属性”对话框可以编辑块属性的任何方面。

使用块属性管理器编辑属性特性

插入块并赋予其属性值之后，可以修改下述内容。

第1点：属性提示顺序。

第2点：标记及其提示名。

第3点：属性可见性。

第4点：文字选项（文字样式、对齐、高度、注释性和其他方面）。

第5点：特性（图层、线型、颜色、线宽及打印样式）。

第6点：属性默认值。

修改之后，可以更新图形中所有的块，以反映修改后的变化。

执行“修改>对象>属性>块属性管理器”菜单命令，打开“块属性管理器”，如图8-91所示。

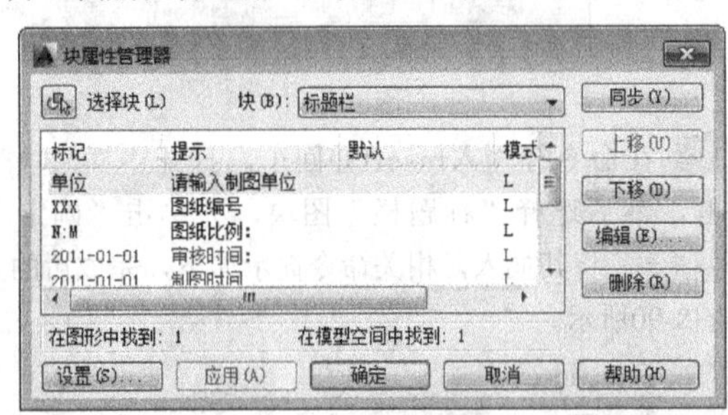

图8-91

参数介绍

选择块：用户可以使用定点设备从绘图区域选择块。单击该按钮后，对话框将关闭，直到用户从图形中选择块或按 Esc 键取消选择。如果修改了块的属性，并且未保存所做的更改就选择一个新块，系统将提示在选择其他块之前先保存更改。

块：列出具有属性的当前图形中的所有块定义，可以从中选择要修改属性的块。

属性列表：显示所选块中每个属性的特性。

在图形中找到：报告当前图形中选定块的实例总数。

在当前空间中找到的块：报告当前模型空间或布局中选定块的实例数。

同步 同步(Y)：更新具有当前定义的属性特性的选定块的全部实例。此操作不会影响每个块中赋给属性的值。

上移 上移(U)：在提示序列的早期阶段移动选定的属性标签。选定固定属性时，该按钮不可用。

下移 下移(D)：在提示序列的后期阶段移动选定的属性标签。选定常量属性时，该按钮不可使用。

编辑 编辑(E)...：打开“编辑属性”对话框，从中可以修改属性特性，如图8-92所示。

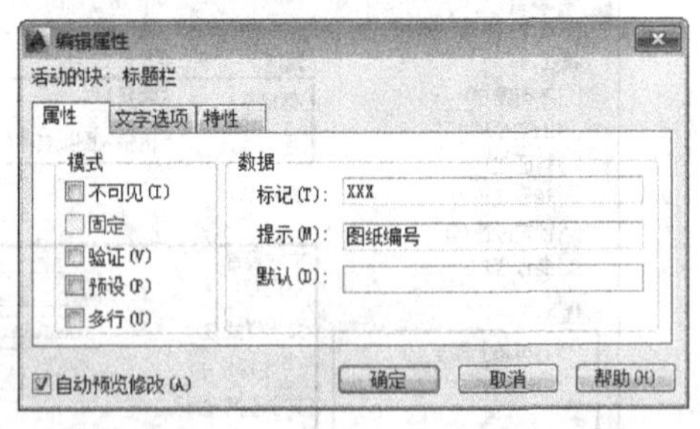

图8-92

属性：该选项卡下的选项可以修改模式及属性的特性。例如，在“模式”部分可以改变属性的可见性；在“数据”部分可以改变标记、提示和默认值。可以右键单击“默认”文本框并选择“插入字段”选项来使用一个字段，如图8-93所示。

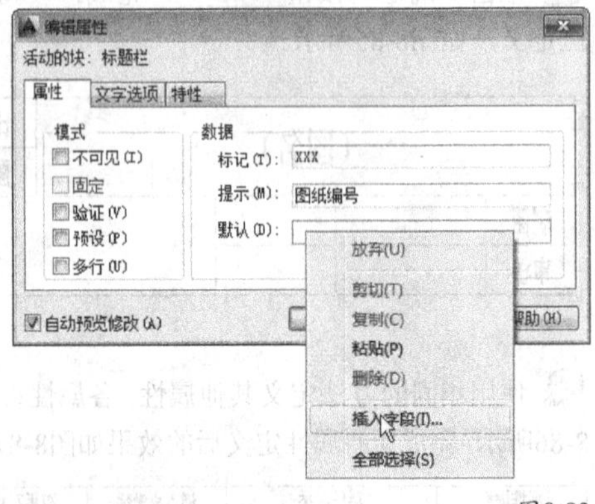

图8-93

文字选项：该选项卡下的选项可以改变文字样式、高度、对齐方式等，如图8-94所示。

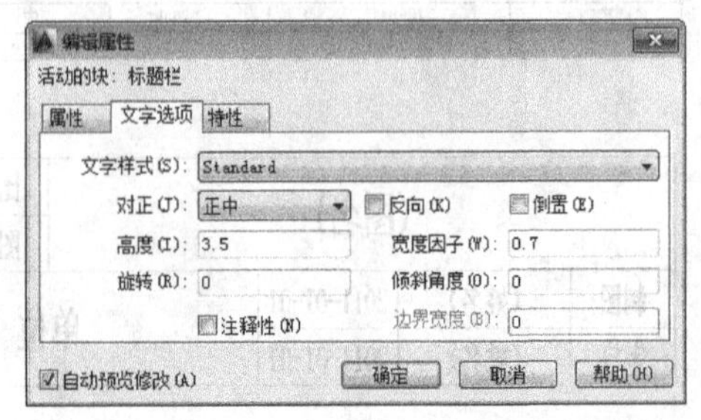

图8-94

特性：该选项卡下的选项可以改变属性的图层、颜色、线型等，如图8-95所示。

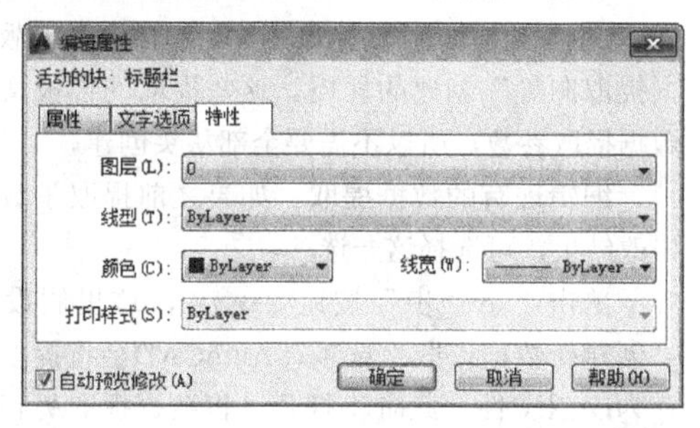

图8-95

删除[删除(R)]：从块定义中删除选定的属性。如果单击该按钮之前已选择了“设置”对话框中的“将修改应用到现有参照”选项，将删除当前图形中全部块实例的属性。对于仅具有一个属性的块，该按钮不可使用。

设置[设置(S)...]：打开“块属性设置”对话框，从中可以自定义“块属性管理器”中属性信息的列出方式，如图8-96所示。

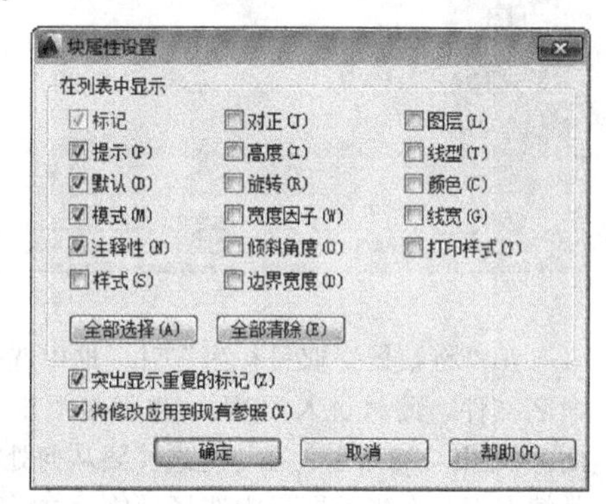

图8-96

应用[应用(A)]：应用所做的更改而不关闭对话框。

如果分解带属性值的块，就会丢失属性值。

如果需要更改某一属性的值，可以执行“修改>对象>属性>单个”菜单命令，然后根据命令提示选择含有要更改属性的块，此时可以打开“增强属性编辑器”，如图8-97所示。

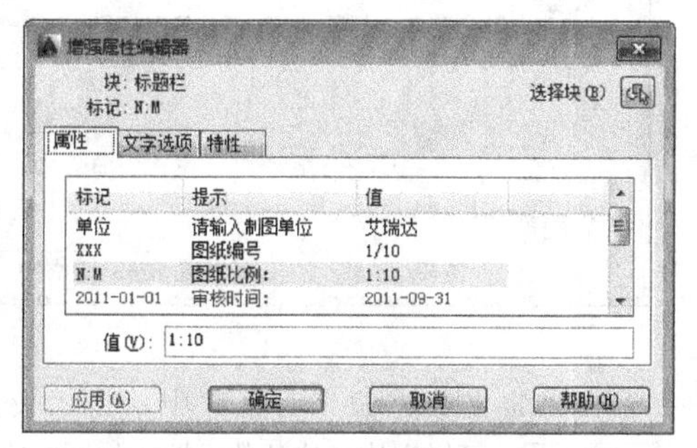

图8-97

可以看到，“增强属性编辑器”和“编辑属性”对话框类似。例如，它也有3个相同的选项卡。不过，在“增强属性编辑器”中，其“属性”选项卡允许用户改变属性的值，这在“编辑属性”对话框中是不允许的。为了改变某个属性的值，要选择它，然后在“值”文本框中输入新值。

“增强属性编辑器”的“文字选项”和“特性”选项卡与“编辑属性”对话框的相同。

使用Attedit（编辑属性）命令编辑属性特性

在AutoCAD中，可以使用Attedit（编辑属性）命令打开“编辑属性”对话框来改变属性值，如图8-98所示。

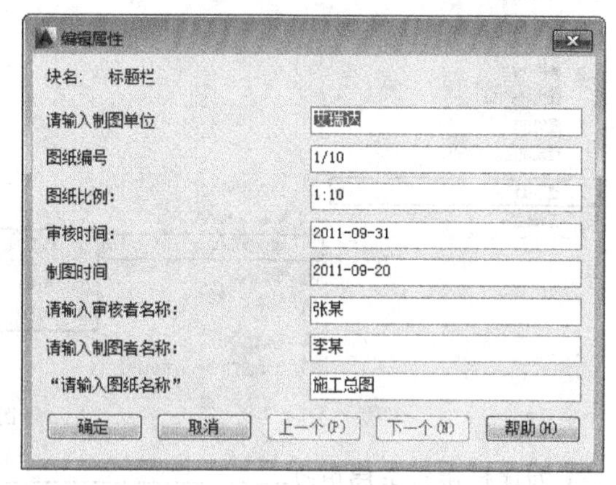

图8-98

如果某个块有多个属性，而且希望按顺序修改它们，那么修改完一个属性后，可以通过按Tab键就转到下一个属性。

要在命令行上编辑属性，可以输入-attedit并回车，命令提示如下。

```
是否一次编辑一个属性？[是(Y)/否(N)] <Y>:
```

如果选择“是”选项，该命令则提示对属性的值及特性（如位置、文字样式、颜色等）进行修改。

创建不可见属性时，由于不能选择它们，所以无法对其进行编辑。Attdisp（属性显示）命令可以控制图形中全部属性的可见性，命令提示如下。

```
输入属性的可见性设置 [普通(N)/开(ON)/关(OFF)] <普通>:
```

也可以在“视图>显示>属性显示”菜单命令的子菜单选择一个命令，如图8-99所示。

命令介绍

普通：创建时可见的属性可见；创建时不可见的属性不可见。该选项为默认选项。

开：所有的属性均为可见。

关：所有的属性均为不可见。

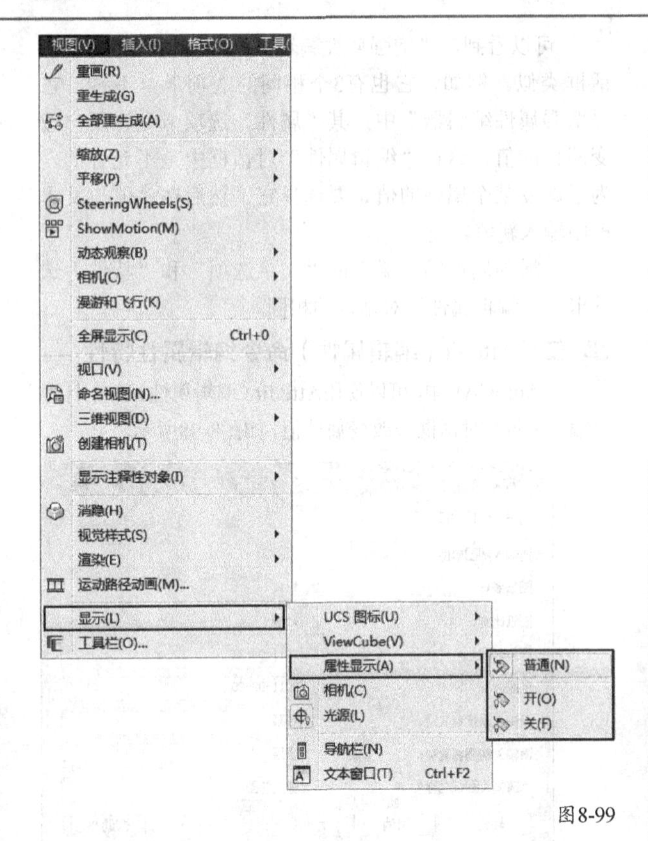

图8-99

对属性进行全局更改

在AutoCAD中，可以在命令行上使用-attedit命令进行属性的全局更改。如果在“是否一次编辑一个属性？[是(Y)/否(N)] <Y>:”提示下选择“否”选项，则可以对属性值进行全局更改。

8.5.5 提取属性数据库

插入所有的块和属性之后，可以使用“属性提取向导”提取数据，如图8-100所示。要启动该向导，可以执行“工具>数据提取”菜单命令（如果没有保存图形，执行这一命令后将提示先保存图形）。

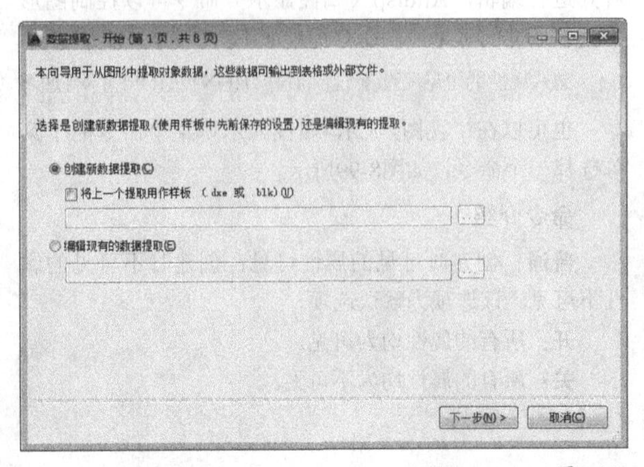

图8-100

参数介绍

创建新数据提取：可以从头创建或使用DXE或BLK文件，这些文件是利用AutoCAD 2013或以前版本的“数据提取向导”创建的样板。这些提取的样板文件保存了数据提取参数，所以不需要全部从头创建。

编辑现有的数据提取：如果之前提取了数据并且想修改结果，可选择这一选项。

单击“下一步”按钮，这里假设选择的是“创建新数据提取”选项，AutoCAD会将提取的参数保存为DEX文件，此时将打开“将数据提取另存为”对话框，如图8-101所示。

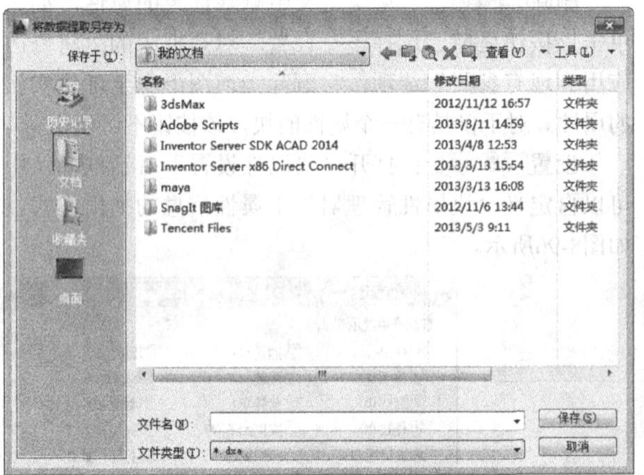

图8-101

在“将数据提取另存为”对话框中选择一个位置并命名文件，此时进入第2页，也就是“定义数据源”界面，如图8-102所示。在这里选择要从何处提取属性。通常情况下是在当前图形中选择对象，这样可单击“在当前图形中选择对象”单选项返回图形进行选择。可以选择其他图形（包括当前图形）或者图形集。如果选择当前图形并且不想添加其他任何图形，就可以从图形中的所有对象提取数据。

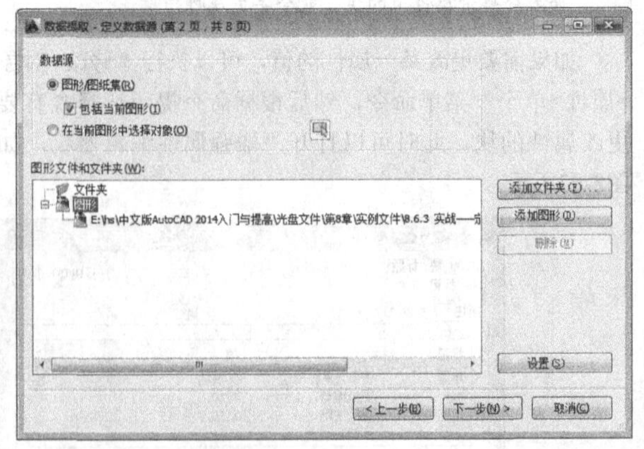

图8-102

在“定义数据源”对话框中单击“设置”按钮可指定块和块计数设置，如图8-103所示。

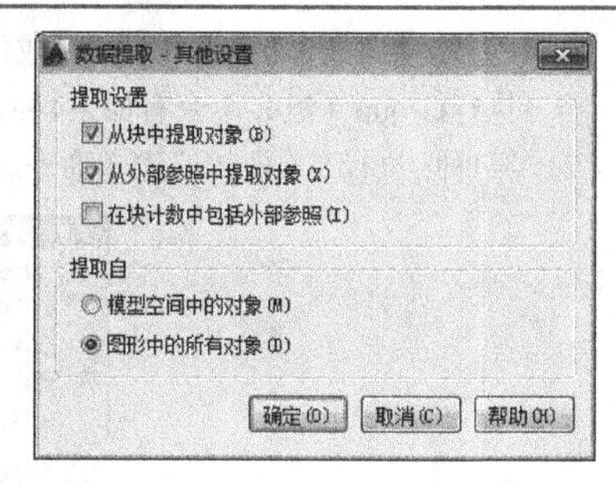

图8-103

参数介绍

从块中提取对象：包括嵌套块。

从外部参照中提取对象：包括外部参照（xref）中的对象。

在块计数中包括外部参照：对块计数时，将xref算作块。

单击“下一步”按钮进入“选择对象”界面，如图8-104所示。在此可选择要使用的对象。如果在上一个屏幕中选择了对象，那么此处可能显示了所需的对象，但是仍可找出不需要包括在内的对象。

图8-104

单击“下一步”按钮进入“选择特性”界面，如图8-105所示。在这里可选择要提取的特性。如果只想提取属性，可取消选中“类别过滤器”部分中的所有其他选项。

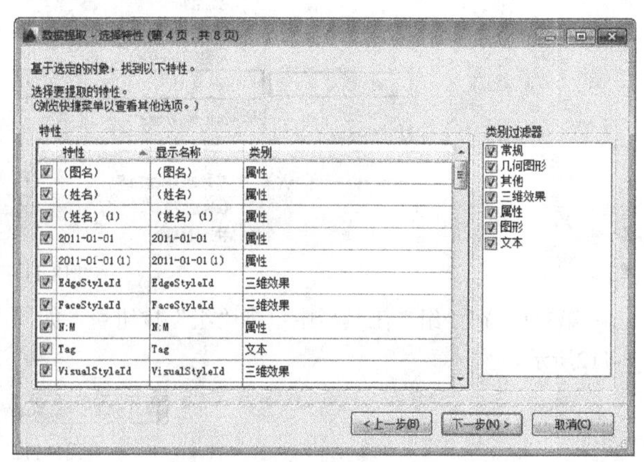

图8-105

单击“下一步”按钮进入“优化数据”界面，如图8-106所示。在这里有3个选项用于合并（或不合并）相同的行，显示（或不显示）块计数列，以及显示（或不显示）块名称列。另外，还可以为外部数据添加链接，方法是单击“链接外部数据”按钮。

图8-106

单击“下一步”按钮进入“选择输出”界面，如图8-107所示。在这里选中要创建的输出类型，可以输出为AtuoCAD表、外部文件，或者二者都输出。可以创建的文件类型如下。

CSV（逗号分隔）（*.csv）：列出属性的每一个数值，以逗号分开。大部分电子表格和数据库都能导入此格式。

制表符分隔的文件（*.txt）：与CSV文件一样，只是属性值之间以制表符分隔开。

Microsoft Excel（*.xls）：创建Excel电子表格。

Microsoft Access Database（*.mdb）：创建Microsoft Office Access数据库文件。

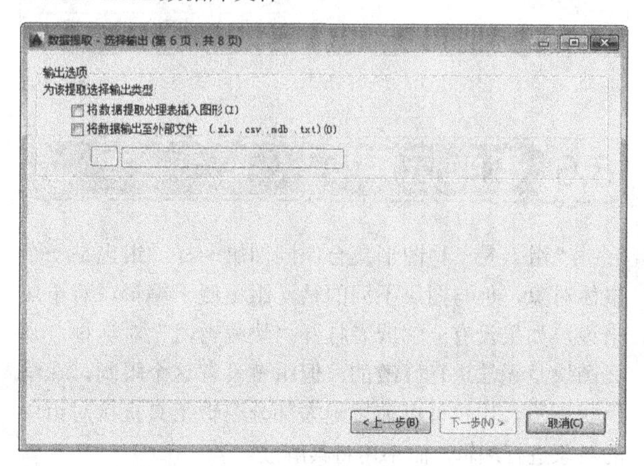

图8-107

如果选中“将数据输出至外部文件”选项，可以单击按钮打开“另存为”对话框，然后设置好保存的路径、名称和类型，并单击“保存”按钮。

如果选择导出为表格，那么在下一个界面中可以选择表格标题和表格样式，如图8-108所示。

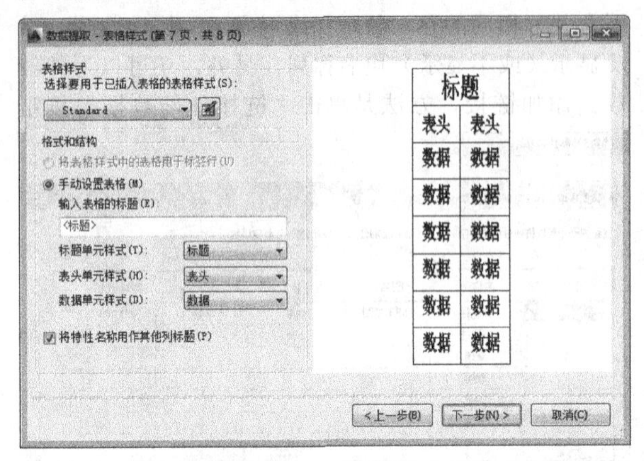

图8-108

如果没有表格样式（默认值Standard除外），可单击“表格样式”按钮打开“表格样式”对话框创建新的表格样式。

如果是选择创建表格，“完成”屏幕提示需要指定一个插入点，如果是选择创建一个外部文件，则会提示要保存的文件，如图8-109所示。

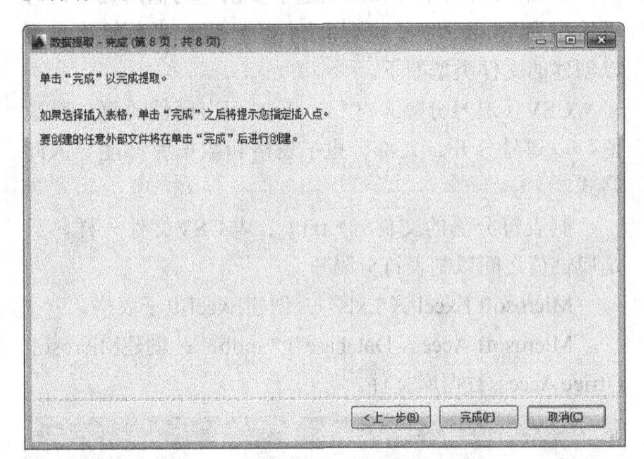

图8-109

8.6 组的运用

“组”是一种图形集合，同图块一样，组也是一个整体对象，但与图块不同的是，组更便于编辑。对于块来说，如果没有分解或者打开“块编辑器”对话框，那么图块是无法进行修改的；但组就没有这个限制，在编组状态下，用户可以使用绝大部分编辑工具直接对组中的对象进行编辑，而不用将其解散。

8.6.1 创建组

组的创建方法比较简单，执行Group（组）命令后，选择需要编组的对象并回车即可完成创建。

执行Group（组）命令有如下4种方式。

第1种：执行“工具>组”菜单命令，如图8-110所示。

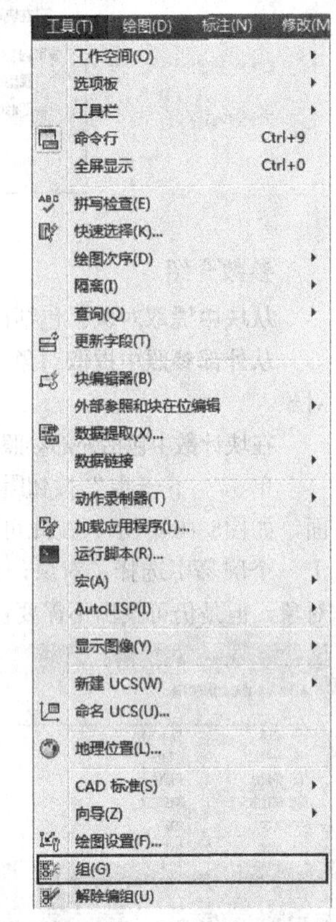

图8-110

第2种：选择对象后，在右键菜单中执行“组>组”命令，如图8-111所示。

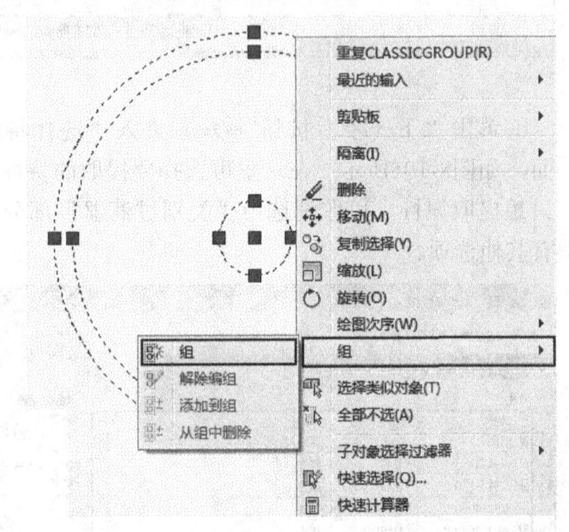

图8-111

第3种：在“组”工具栏中单击“组”按钮，如图8-112所示。

图8-112

第4种：在命令行输入Group（简写为G）并回车。

执行Group（组）命令将出现如下提示。

命令介绍

命令: GROUP↙
选择对象或 [名称(N)/说明(D)]:

名称：为组命名，相关命令提示如下。

命令:GROUP↙
选择对象或 [名称(N)/说明(D)]:n↙
输入编组名或 [?]:　　//输入编组的名称

说明：设置组的说明，相关命令提示如下。

命令:GROUP↙
选择对象或 [名称(N)/说明(D)]:d↙
输入组说明:　　//输入对组的说明

8.6.2 解除编组

对于组来说，使用Explode（分解）命令是无法分解的，只能使用Ungroup（解除编组）命令来将组解散。

执行Ungroup（解除编组）命令有如下4种方式。

第1种：执行“工具>解除编组”菜单命令，如图8-113所示。

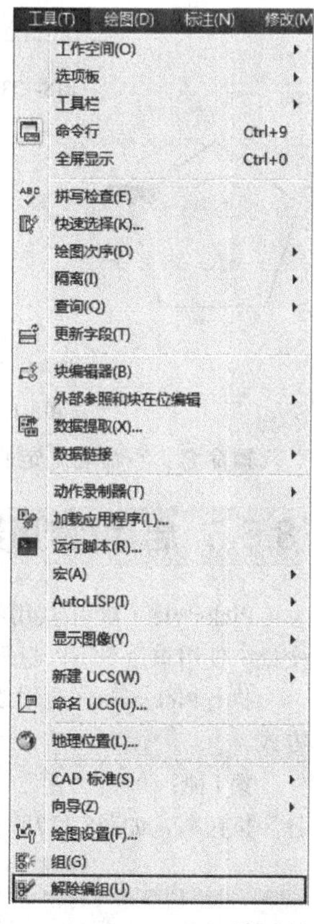

图8-113

第2种：选择组对象后，在右键菜单中执行“组>解除编组”命令，如图8-114所示。

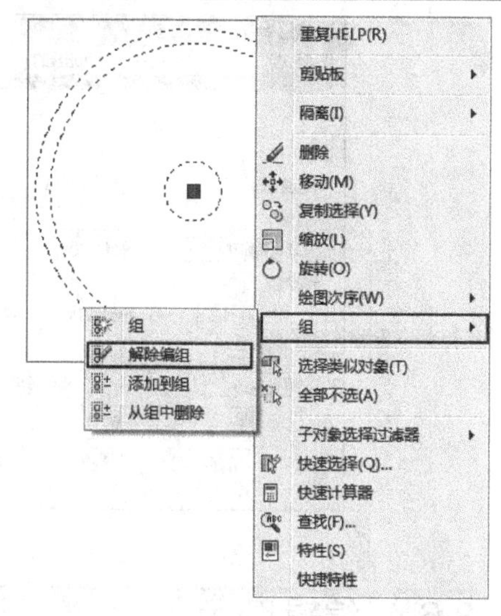

图8-114

第3种：单击“组”工具栏中的“解除编组”按钮，如图8-115所示。

图8-115

第4种：在命令行输入Ungroup（简写为Ung）并回车。

执行Ungroup（解除编组）命令将出现如下提示。

命令介绍

命令:Ungroup↙
选择组或 [名称(N)]:

选择组：直接在绘图区域内选择需要解散的组。

名称：通过输入组的名称来将其解散，相关命令提示如下。

命令: Ungroup↙
选择组或 [名称(N)]:n↙
输入编组名或 [?]:

8.6.3 命名组

使用Group（组）命令创建组的时候可以直接对组进行命名，如果创建时未命名，也可以通过Classicgroup（命名组）命令来命名。

执行Classicgroup（命名组）命令有如下两种方式。

第1种：单击“组”工具栏中的“命名组”按钮，如图8-116所示。

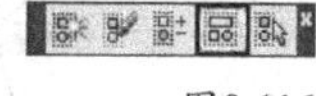

图8-116

第2种：在命令行输入Classicgroup（简写为Cl）并回车。

执行Classicgroup（命名组）命令将打开“对象编组”对话框，在该对话框中可以对已经存在的组进行删除、重命名等操作，也可以创建新组，如图8-117所示。

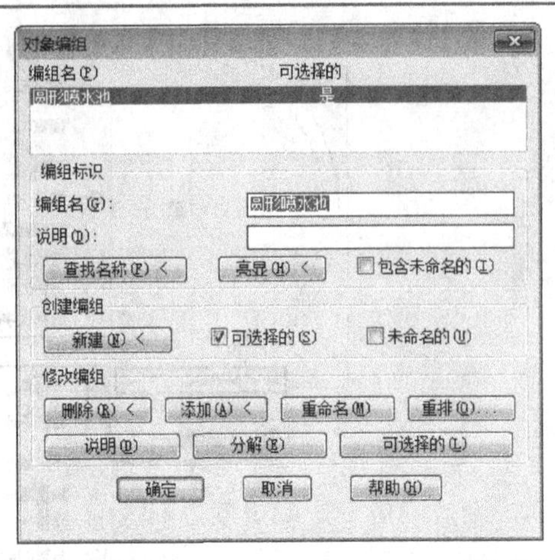

图8-117

8.6.4 编辑组

使用Groupedit（组编辑）命令可以将对象添加到选定的组中，也可以从选定的组中删除对象，或者重命名选定的组。

执行Groupedit（组编辑）命令有如下两种方式。

第1种：单击“组”工具栏中的“组编辑”按钮，如图8-118所示。

图8-118

第2种：在命令行输入Groupedit并回车。

执行Groupedit（组编辑）命令将出现如下提示。

命令介绍

命令:Groupedit↙
选择组或 [名称(N)]:　　//选择组对象
输入选项 [添加对象(A)/删除对象(R)/重命名(REN)]:

添加对象：将选定的对象添加到组中，如图8-119~图8-122所示，相关命令提示如下。

命令: GROUPEDIT
选择组或 [名称(N)]:　　//选择左侧正五边形构成的组
输入选项 [添加对象(A)/删除对象(R)/重命名(REN)]:a↙
选择要添加到编组的对象...
选择对象: 找到 1 个　　//选择直线
选择对象: ↙

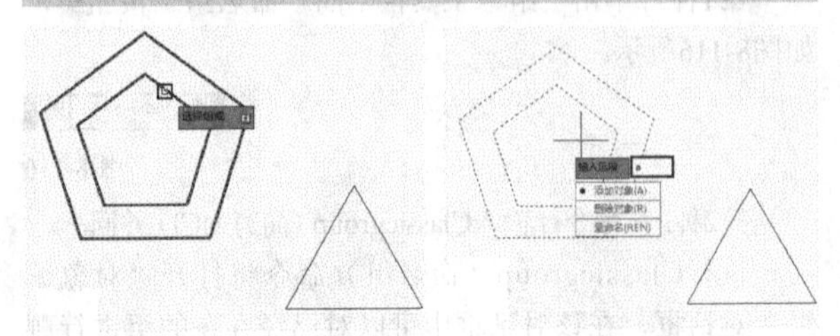

图8-119　　图8-120

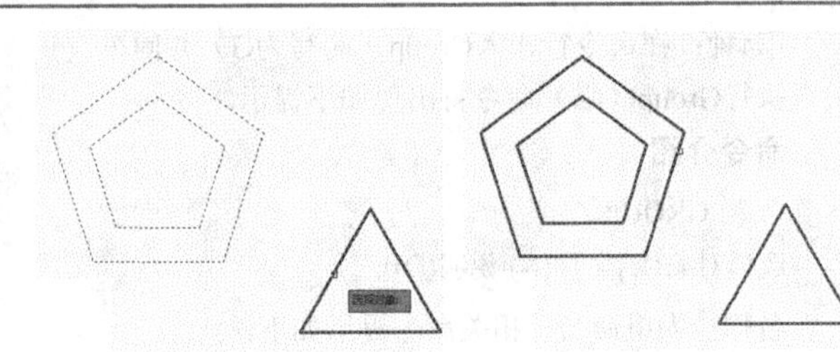

图8-121　　图8-122

删除对象：将对象从组中删除，如图8-123~图8-126所示，相关命令提示如下。

命令: GROUPEDIT
选择组或 [名称(N)]:　　//选择组
输入选项 [添加对象(A)/删除对象(R)/重命名(REN)]:r↙
选择要从编组中删除的对象...　　//选择左侧外部的正五边形
删除对象: 找到 21个，删除 1个
删除对象: ↙

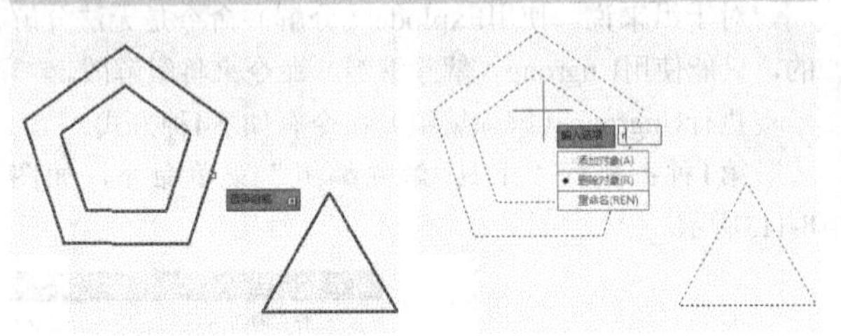

图8-123　　图8-124

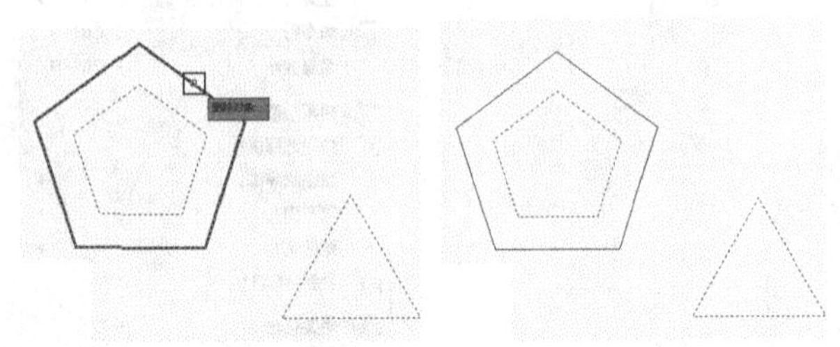

图8-125　　图8-126

重命名：重命名选定的组。

8.6.5 启用/禁用组选择

Pickstyle（启用/禁用组选择）命令其实是一个系统变量，使用该命令可以隐藏或者显示编组状态。

执行Pickstyle（启用/禁用组选择）命令有如下两种方式。

第1种：单击“组”工具栏中的“启用/禁用组选择”按钮，如图8-127所示。

图8-127

第2种：在命令行输入Pickstyle并回车。

执行Pickstyle（启用/禁用组选择）命令后，系统会提示输入一个新值，如果输入0，表示隐藏编组，组中的对象以单元素显示，便于编辑；如果输入1，表示将显示编组状态，命令提示如下。

```
命令: Pickstyle
输入 PICKSTYLE 的新值 <1>:
```

对于组和图块，谈不上孰优孰劣，各有各的长处，读者在选择方法的时候，应该根据实际情况进行选择。但有一点要注意的是，最好不要选择成千上万的对象来编组，因为这样会大大降低AutoCAD的运行速度。

8.6.6 实战——绘制圆形喷水池图例

素材位置　无
实例位置　第8章>实例文件>8.6.6.dwg
技术掌握　创建组的方法

本例绘制的圆形喷水池图例效果如图8-128所示。

01 使用Circle（圆）命令结合Offset(偏移)工具快速绘制3个半径分别为20mm、100mm和110mm的同心圆，如图8-129~图8-131所示。

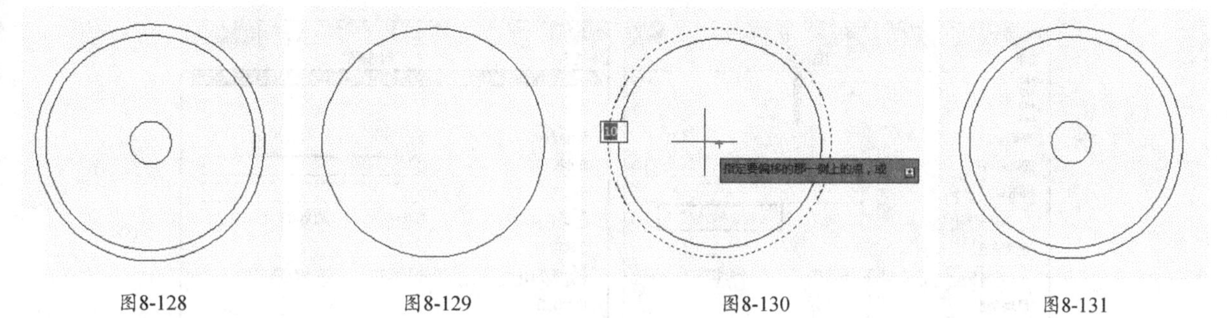

图8-128　图8-129　图8-130　图8-131

02 选择两个半径较大的圆，如图8-132所示，然后单击鼠标右键并选择“组>组”菜单命令将选择的对象创建为组，如图8-133和图8-134所示。

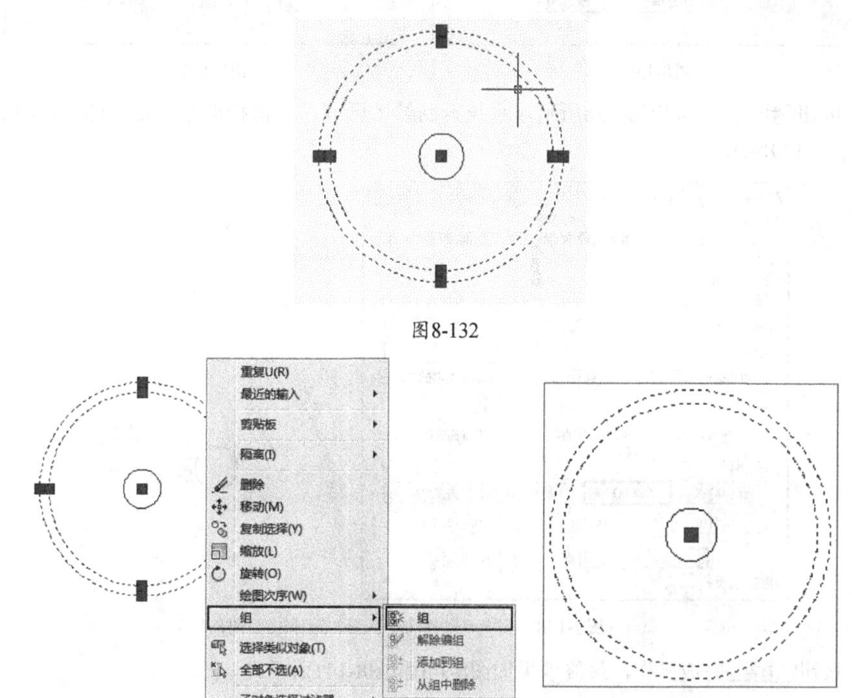

图8-132

图8-133　图8-134

03 在命令行输入Classicgroup并回车，打开“对象编组”对话框，如图8-135所示。

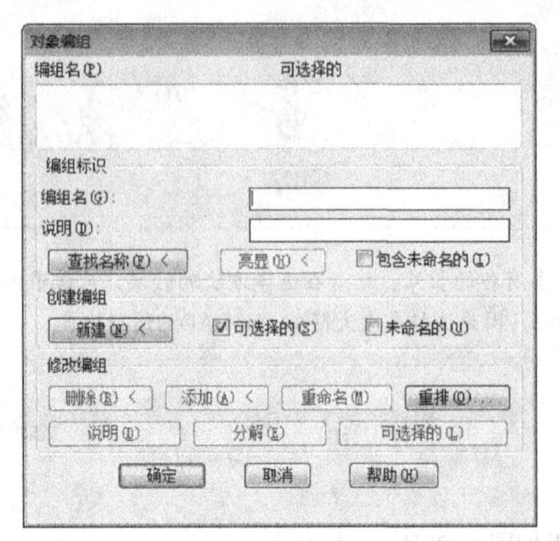

图8-135

04 在“对象编组”对话框中勾选“包含未命名的”选项，如图8-136所示，然后在“编组名”列表中选择*A1编组，接着将其名称修改为“圆形喷水池”，最后单击“重命名”按钮[重命名(M)]确认重命名，如图8-137所示。

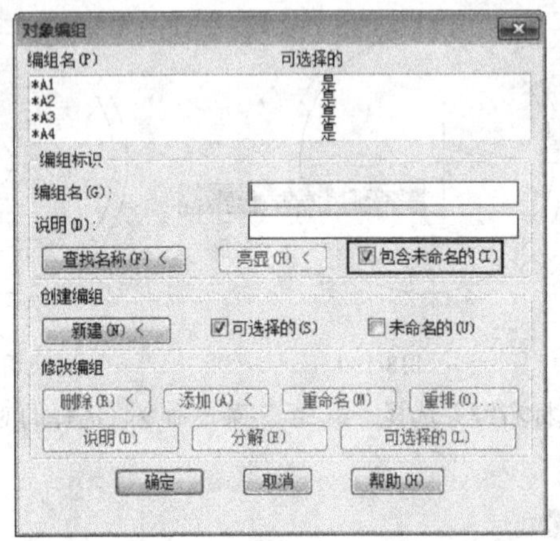

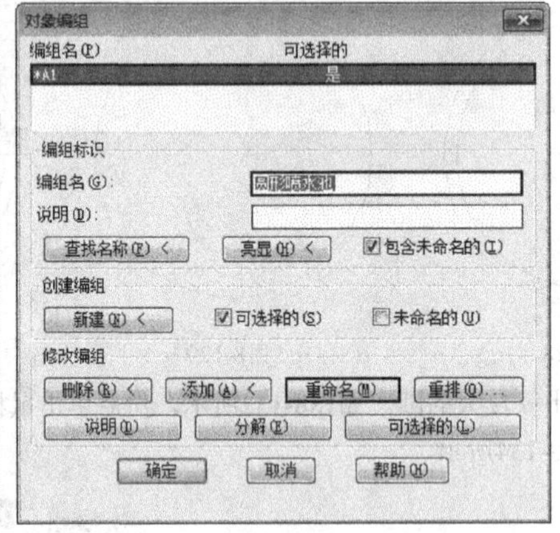

图8-136　　图8-137

05 单击“添加”按钮[添加(A) <]，如图8-138所示，系统返回绘图区域，单击拾取半径最小的圆，将其添加进“圆形喷水池”组中，如图8-139所示。

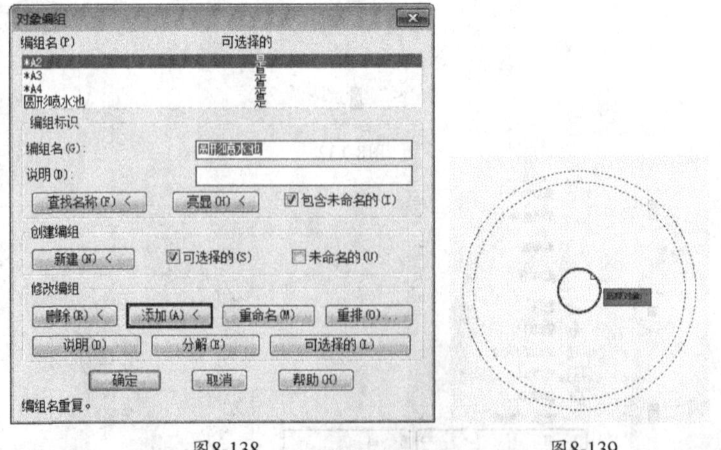

图8-138　　图8-139

06 单击“确定”按钮[确定]完成操作，最终效果如图8-140和图8-141所示。

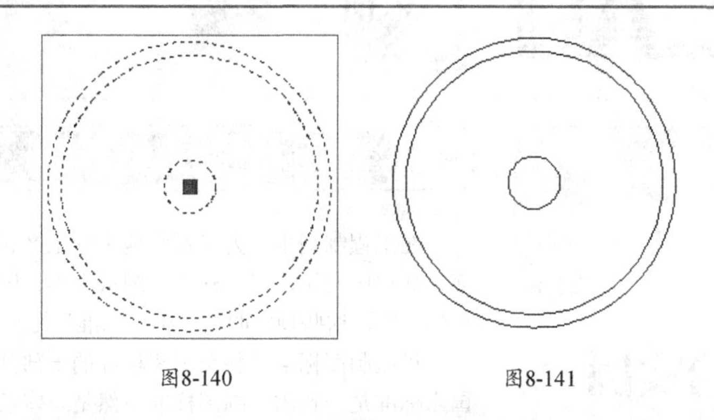

图8-140　　　　图8-141

8.7 本章小结

本章主要介绍了图块与组的运用，图块的讲解中具体包括创建块、重定义块、插入块、管理块、创建和使用动态块、以及处理块属性的操作方法；组的讲解中具体包括创建组、解除编组、命名组、编辑组以及启用和禁用组的操作方法。

8.8 课后练习

8.8.1 课后练习——绘制平面电视机图块

素材位置　无

实例位置　第8章>实例文件>8.8.1.dwg

技术掌握　电视机的绘制方法与图块的创建方法

本练习绘制的平面电视机图块效果如图8-142所示。

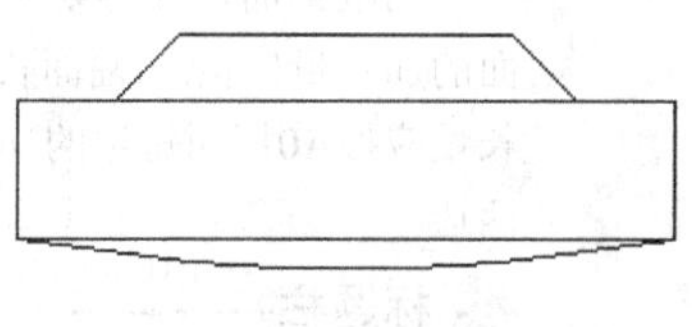

图8-142

8.8.2 课后练习——绘制台灯图例

素材位置　无

实例位置　第8章>实例文件>8.8.2.dwg

技术掌握　台灯的绘制方法与组的创建与添加方法

本练习绘制的台灯图例效果如图8-143所示。

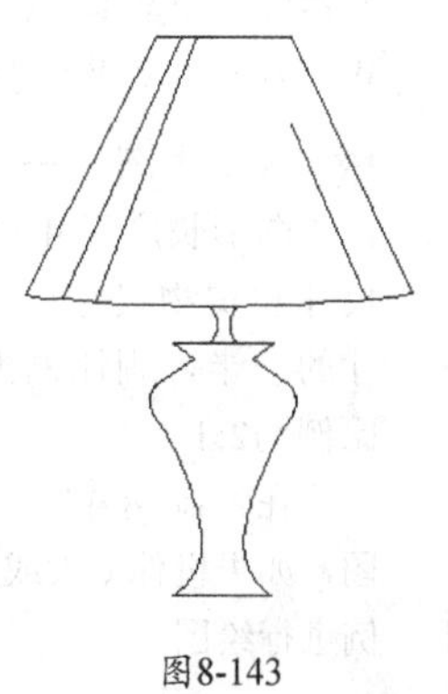

图8-143

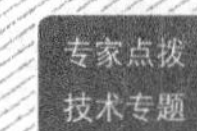

第9章

二维绘图综合实例

本章导读

本章结合多个综合绘图实例进一步讲解AutoCAD强大的绘图功能和操作技巧，通过这些综合实例带领用户快速掌握机械和建筑制图的相关知识和技术要点。

Learning Objectives

机械制图的相关知识

机械图纸的绘制技巧

建筑制图的相关知识

建筑图纸的绘制技巧

9.1 常用机械图纸绘制

在工程制图中，为了科学地进行生产和管理，对图纸的各个方面，如视图安排、尺寸标注、图纸大小、图线粗细等，都需要有统一的规定，这些规定叫做“制图标准”。

机械制图标准是整个国家标准的一部分，因此它的代号形式与国家标准是一致的。制图标准虽然是一些条文，但是它们是直接为生产服务的。因此，在绘图工作中应该严格遵守。

9.1.1 机械制图标准

图纸尺寸

在绘制机械图纸时，应优先采用表9-1中规定的幅面，图纸可以竖放，也可以横放。

表9-1 图纸幅面及图框尺寸（单位：mm）

幅面代号 / 尺寸代号	A0	A1	A2	A3	A4	A5
B（宽）×L（长）	841×1189	594×841	420×594	297×420	210×297	148×210
a	25					
c	10			5		
e	20		10			

图纸幅面尺寸必要时还可以沿边长加长，对于A0、A2和A4幅面的加长量应按A0幅面长边的1/8倍数增加；对于A1、A3幅面的加长量应按A0幅面短边的1/4倍数增加；A0和 A1幅面也允许同时加长两边。

标题栏

在工程制图中（包括机械制图、建筑制图等），每张图纸都应有标题栏，其位置通常在图纸的右下角。

标题栏长边的长度一般为180mm，短边的长度一般采用30mm、40mm和50mm，但这个尺寸并不是绝对的，这是手工绘图的要求，采用AutoCAD制图可以不遵循这个要求，因为按照这个标准在较大图纸中标题栏就会过小，比例失调。所以标题栏的具体格式、内容和尺寸等可根据实际的设计需要而定。

绘图比例

图形长度尺寸与实物长度尺寸之比称为“比例”，如果图形尺寸和实物尺寸一样大，则比例为1:1；如果图形尺寸是实物尺寸的一半，则比例为1:2；如果图形尺寸是实物尺寸的两倍，则比例为2:1。

在绘制图样时，应尽可能按机件的实际大小画出，以方便看图，如果机件太大或太小，则可用表9-2中所规定的缩小或放大的比例进行绘图。

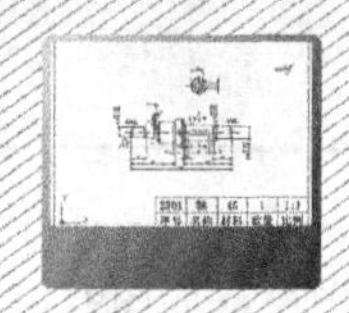
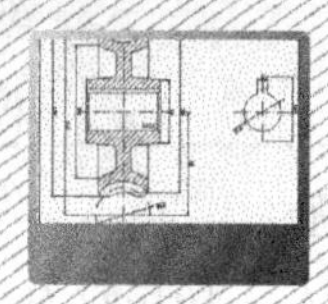
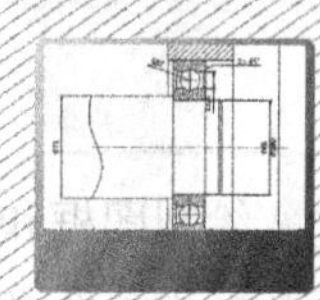
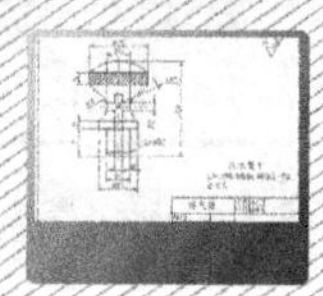
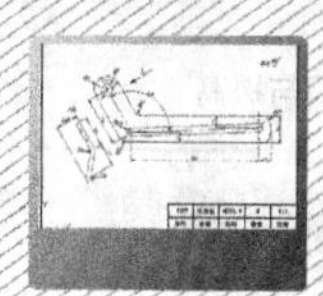
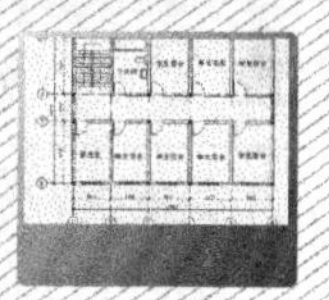

表9-2 绘图所用的比例

与实物相同	1:1
常用比例	1:1，1:2，1:5，1:10，1:20，1:50，1:100，1:200，1:500，1:1000，1:2000，1:5000，1:10000，1:20000，1:50000，1:100000，1:200000
可用比例	1:3，1:15，1:25，1:30，1:40，1:60，1:150，1:250，1:300，1:400，1:600，1:1500，1:2500，1:3000，1:4000，1:6000，1:15000，1:30000

字体

图纸中书写的字体必须做到字体端正、笔画清楚、排列整齐、间隔均匀。汉字应写成长仿宋体，并应采用简化字。

字体的号数，即字体的高度（单位为毫米），分为20、14、10、7、5、3.5和2.5这7种，字体的宽度约等于字体高度的2/3。数字及字母的笔画宽度约为字高的1/10。

斜体字字头向右倾斜，与水平线约成75°。

用作指数、分数、极限偏差、注脚等的数字及字母，一般采用小一号的字体。

图线及画法

绘制图样时，应该采用表9-3中所规定的图线。图线宽度分为粗细两种。粗线的宽度应按照大小和复杂程度在0.5~2mm之间选取，细线的宽度约为粗线的1/3。图线宽度推荐为0.18mm、0.25mm、0.35mm、0.5mm、0.7mm、1mm、1.4mm和2mm。

同一图样中同类图线的宽度应基本一致。点划线、双点划线、虚线的线段长度和间隔应大致相等。

表9-3 图线

图线名称	图线型式及代号	图线宽度	一般应用
粗实线	————	b （0.5~2mm）	A1 可见轮廓线 A2 可见过渡线
细实线	————	约b/3	B1 尺寸线及尺寸界线 B2 剖面线 B3 重合剖面的轮廓的齿根线 B4 螺纹的牙底线及齿轮的齿根线 B5 引出线 B6 分界线及范围线 B7 弯折线 B8 辅助线 B9 不连续的同一表面的连线 B10 成规律分布的相同要素的连线
波浪线	～～	约b/3	C1 断裂处的边界线 C2 视图和剖视的分界线
双折线	—\/\/—	约b/3	D1 断裂处的边界线
虚线	-------	约b/3	F1 不可见轮廓线 F2 不可见过渡线
细点划线	—·—·—	约b/3	G1 轴线 G2 对称中心线 G3 轨迹线 G4 节圆及节线
粗点划线	—·—·—	b	J1 有特殊要求的线或表面的表示线
双点划线	—··—··—	约b/3	K1 相邻辅助零件的轮廓丝 K1 极限位置的轮廓线 K1 坯料的轮廓线坯图中的制成品的轮廓线 K1 假想投影轮廓线 K1 试验或工艺用结构（成品上不存在）的轮廓线 K1 中断线

关于填充图案和尺寸标注的内容在本书第6章和第7章中已进行了详细的介绍，因此这里不再赘述。

9.1.2 综合实例——绘制转轴

素材位置　第9章>素材文件>表面粗糙度.dwg
实例位置　第9章>实例文件>9.1.2.dwg
技术掌握　转轴的绘制方法

本例将利用前面学习的多段线、直线、圆，以及修剪、填充、偏移、标注等工具来绘制常用的二维机械转轴图纸，本例绘制的是一个转轴零件，需要绘制的内容包括图框和标题栏、转轴图形、移出剖面和标注等。首先需要设置绘图环境，然后绘制图框和标题栏，接着绘制转轴图形（由于图形比较对称，因此可以先绘制一半，然后镜像复制），最后再标注图形并填写标题栏。效果如图9-1所示。

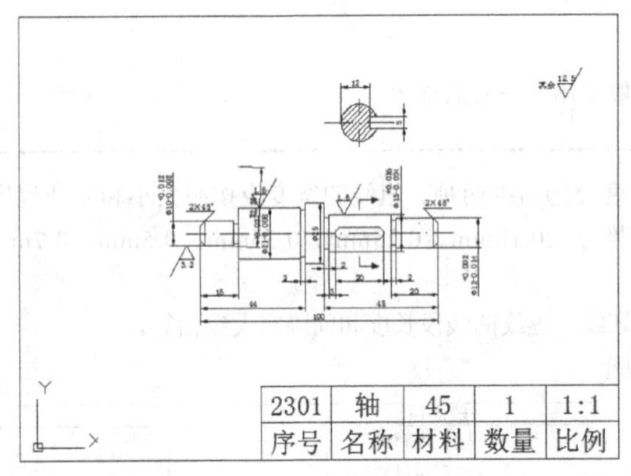

图9-1

设置绘图环境

第1步：运行AutoCAD 2014，并新建一个dwg文件。

第2步：执行“格式>图形界限”菜单命令，并设置绘图界限为297mm×210mm，然后将设置好的图形界限放大到全屏显示，相关命令提示如下。

```
命令: '_limits
重新设置模型空间界限:
指定左下角点或 [开(ON)/关(OFF)] <0.0000,0.0000>: ↙
指定右上角点 <420.0000,297.0000>: 297,210 ↙
```

第3步：设置本例的图层，并定义好相关的属性，如图9-2所示。

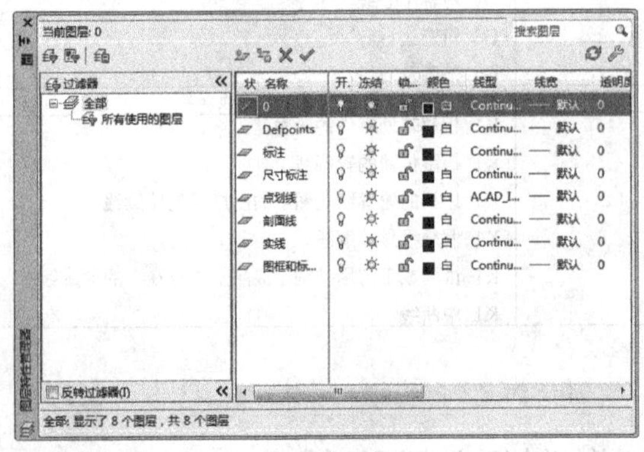

图9-2

绘制图框和标题栏

01 将“图框和标题栏”图层设为当前图层，如图9-3所示，然后绘制一个与绘图界限同样大小的矩形作为图框，如图9-4所示。

02 以图框的右下角为起点，绘制一个150mm×30mm的矩形作为标题栏，如图9-5所示。

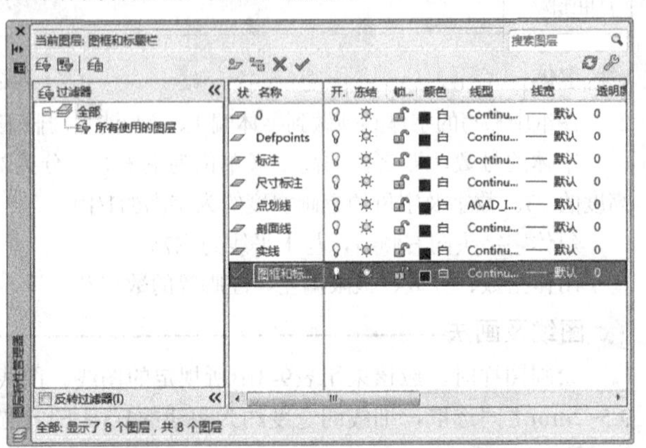

图9-3

图9-4

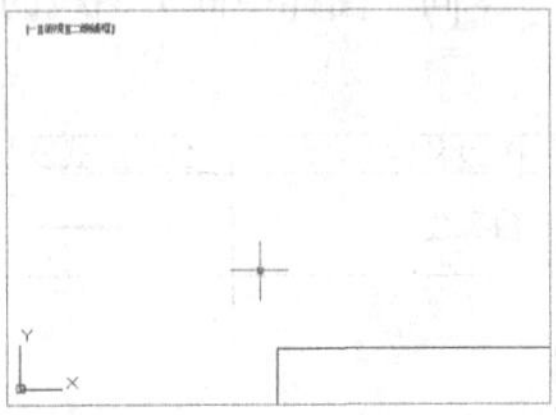

图9-5

03 使用Explode（分解）命令将作为标题栏的矩形分解，然后将标题栏平均分为2行5列，如图9-6所示。

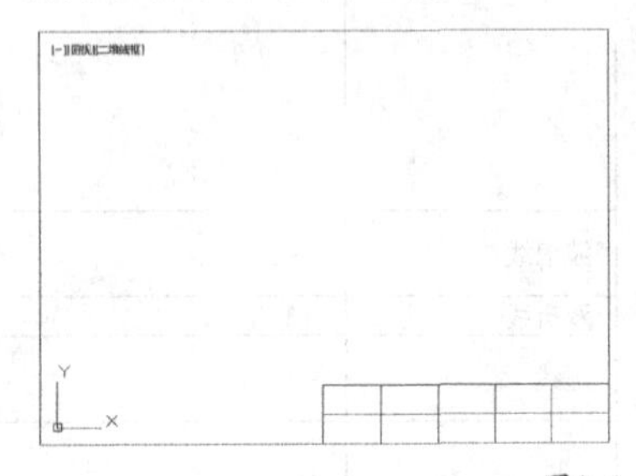

图9-6

绘制图形

01 将“实线”图层设为当前图层，然后使用Line（直线）命令绘制主视图轮廓线，如图9-7~图9-9所示，相关命令提示如下。

```
命令: _line 指定第一点:      //在图框的左侧拾取一点
指定下一点或 [放弃(U)]: @0,5↙
指定下一点或 [放弃(U)]: @14,0↙
指定下一点或 [闭合(C)/放弃(U)]: @0,-1↙
指定下一点或 [闭合(C)/放弃(U)]: @2,0↙
指定下一点或 [闭合(C)/放弃(U)]: @0,6.5↙
```

指定下一点或 [闭合(C)/放弃(U)]: @26,0↙

指定下一点或 [闭合(C)/放弃(U)]: @0,-1↙

指定下一点或 [闭合(C)/放弃(U)]: @2,0↙

指定下一点或 [闭合(C)/放弃(U)]: @0,3↙

指定下一点或 [闭合(C)/放弃(U)]: @8,0↙

指定下一点或 [闭合(C)/放弃(U)]: @0,-6↙

指定下一点或 [闭合(C)/放弃(U)]: @2,0↙

指定下一点或 [闭合(C)/放弃(U)]: @0,1↙

指定下一点或 [闭合(C)/放弃(U)]: @26,0↙

指定下一点或 [闭合(C)/放弃(U)]: @0,-2.5↙

指定下一点或 [闭合(C)/放弃(U)]: @2,0↙

指定下一点或 [闭合(C)/放弃(U)]: @0,1↙

指定下一点或 [闭合(C)/放弃(U)]: @18,0↙

指定下一点或 [闭合(C)/放弃(U)]: @0,-6↙

指定下一点或 [闭合(C)/放弃(U)]: ↙

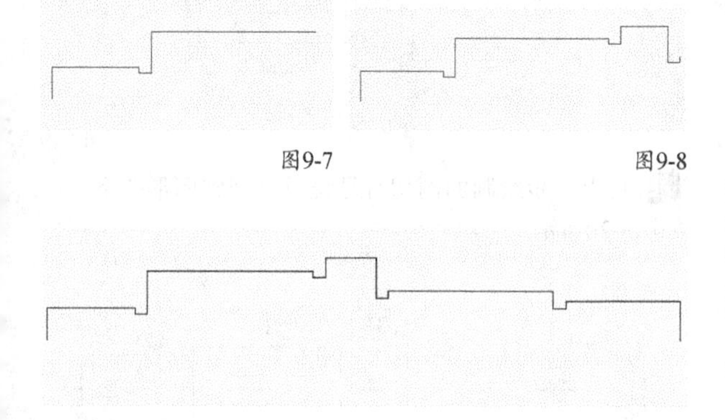

图9-7　　图9-8

图9-9

02 使用Chamfer（倒角）命令绘制轴两端的过渡倒角，如图9-10所示，相关命令提示如下。

命令: _chamfer

（“修剪”模式）当前倒角距离 1 = 0.0000，距离 2 = 0.0000

选择第一条直线或 [放弃(U)/多段线(P)/距离(D)/角度(A)/修剪(T)/方式(E)/多个(M)]: d↙

指定 第一个 倒角距离 <0.0000>: 2↙

指定 第二个 倒角距离 <2.0000>:↙

选择第一条直线或 [放弃(U)/多段线(P)/距离(D)/角度(A)/修剪(T)/方式(E)/多个(M)]: m↙

选择第一条直线或 [放弃(U)/多段线(P)/距离(D)/角度(A)/修剪(T)/方式(E)/多个(M)]: //单击直线A的上端

选择第二条直线，或按住 Shift 键选择直线以应用角点或 [距离(D)/角度(A)/方法(M)]: //单击直线B的左端

选择第一条直线或 [放弃(U)/多段线(P)/距离(D)/角度(A)/修剪(T)/方式(E)/多个(M)]: //单击直线C的上端

选择第二条直线，或按住 Shift 键选择直线以应用角点或 [距离(D)/角度(A)/方法(M)]: //单击直线D的右端

选择第一条直线或 [放弃(U)/多段线(P)/距离(D)/角度(A)/修剪(T)/方式(E)/多个(M)]: ↙

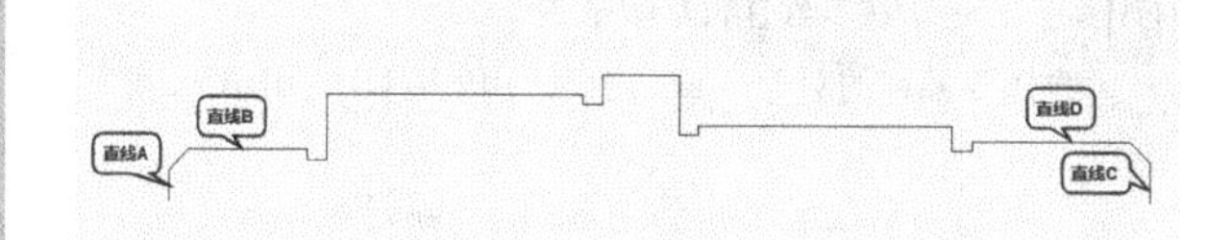

图9-10

03 单击“修改”工具栏中的“镜像”按钮，镜像复制轮廓线，完成效果如图9-11所示。

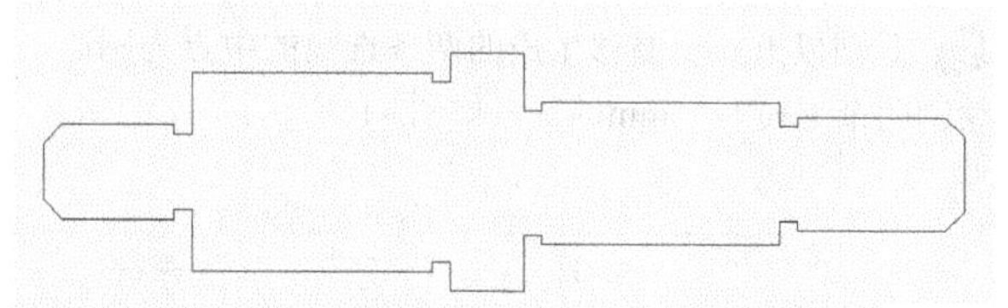

图9-11

04 绘制轴的不同直径部分的阶梯线，完成后的效果如图9-12所示。

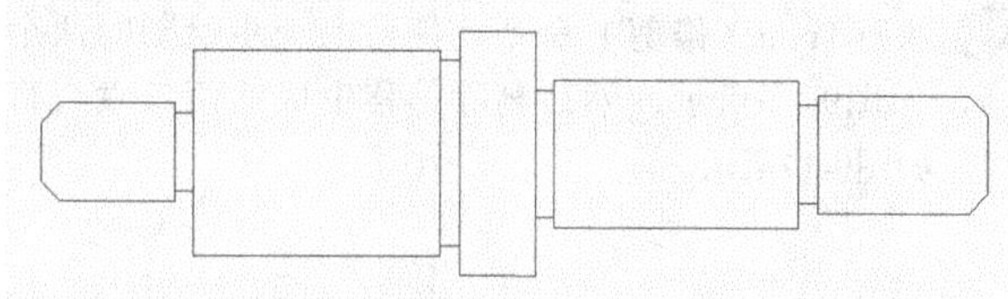

图9-12

05 将“点划线”图层设为当前图层，然后绘制轴的中轴线，如图9-13所示。

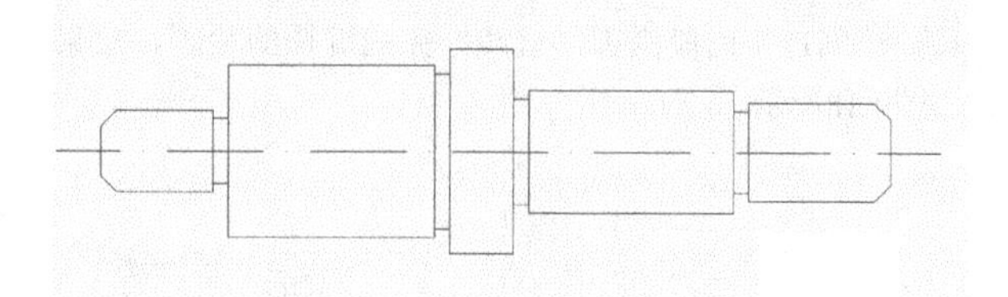

图9-13

06 接下来绘制键槽。首先将“实线”图层设为当前图层，然后使用Offset（偏移）命令偏移直线，如图9-14所示，相关命令提示如下。

命令: _offset

当前设置: 删除源=否　图层=源　OFFSETGAPTYPE=0

指定偏移距离或 [通过(T)/删除(E)/图层(L)] <通过>: 5.5↙

选择要偏移的对象，或 [退出(E)/放弃(U)] <退出>: //选择垂直直线A

指定要偏移的那一侧上的点，或 [退出(E)/多个(M)/放弃(U)] <退出>: //在直线A的右侧单击

选择要偏移的对象，或 [退出(E)/放弃(U)] <退出>: //

选择垂直直线B

指定要偏移的那一侧上的点，或 [退出(E)/多个(M)/放弃(U)] <退出>: //在直线B的左侧单击

选择要偏移的对象，或 [退出(E)/放弃(U)] <退出>: ↙

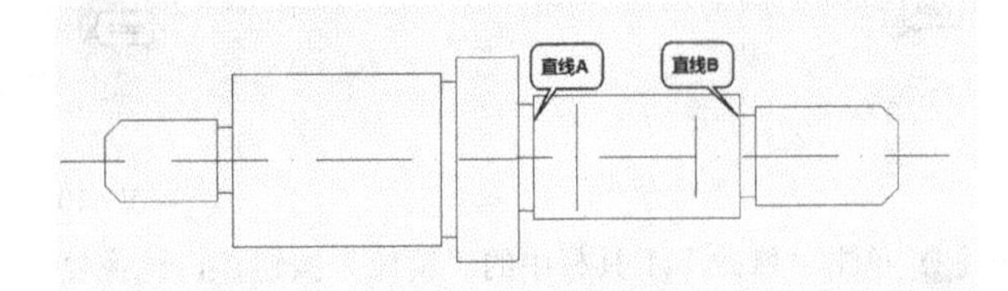

图9-14

07 分别以上一步偏移生成的两条直线的中点为圆心，绘制两个半径为2.5mm的圆，如图9-15所示。

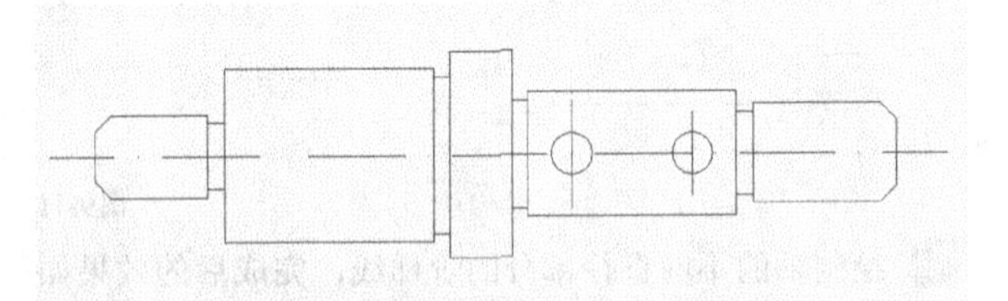

图9-15

08 执行Trim（修剪）命令，修剪上一步绘制的两个圆，如图9-16所示，然后删除偏移生成的两条垂直直线，如图9-17所示。

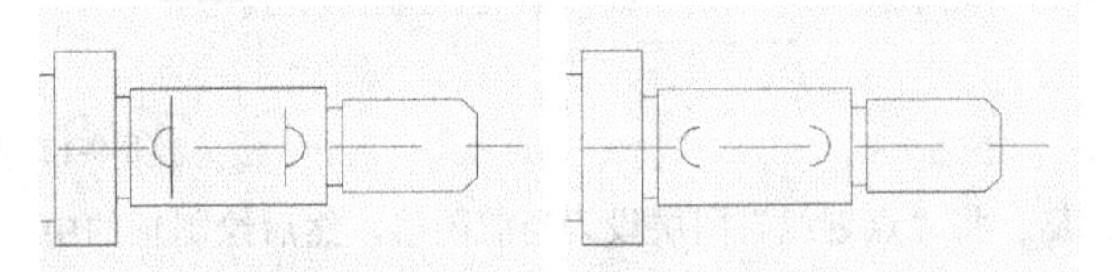

图9-16　　图9-17

09 绘制连接两段圆弧的直线，完成键槽的绘制，效果如图9-18所示。

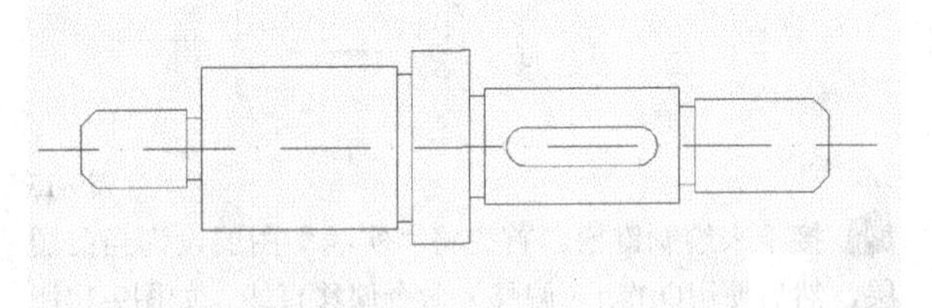

图9-18

10 接下来绘制键槽部分的剖面，本例采用“移出剖面”的方式进行绘制。使用Pline（多段线）命令绘制剖切符号，如图9-19所示，相关命令提示如下。

命令: _pline↙

指定起点: //按住Shift键的同时单击鼠标右键，然后在弹出的菜单中选择“自”命令

_from 基点: //捕捉直线A的中点

<偏移>: @0,2↙

当前线宽为 0.0000

指定下一个点或 [圆弧(A)/半宽(H)/长度(L)/放弃(U)/宽度(W)]: @0,4↙

指定下一点或 [圆弧(A)/闭合(C)/半宽(H)/长度(L)/放弃(U)/宽度(W)]: @5,0↙

指定下一点或 [圆弧(A)/闭合(C)/半宽(H)/长度(L)/放弃(U)/宽度(W)]: w↙

指定起点宽度 <0.0000>: 2↙

指定端点宽度 <2.0000>: 0↙

指定下一点或 [圆弧(A)/闭合(C)/半宽(H)/长度(L)/放弃(U)/宽度(W)]: @3,0↙

指定下一点或 [圆弧(A)/闭合(C)/半宽(H)/长度(L)/放弃(U)/宽度(W)]: ↙

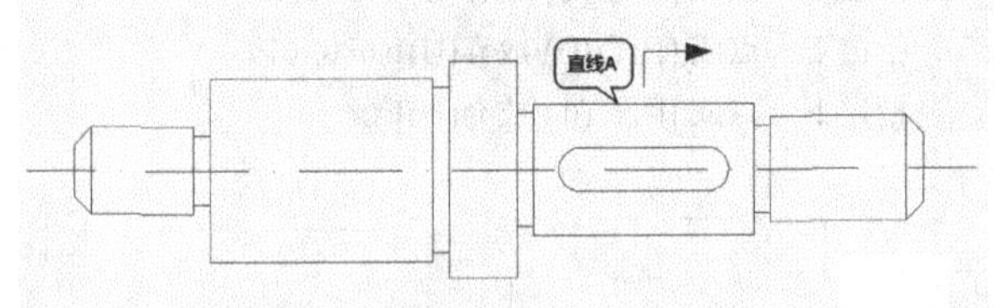

图9-19

11 将上一步绘制的剖切符号镜像复制到图形的下方，如图9-20所示。

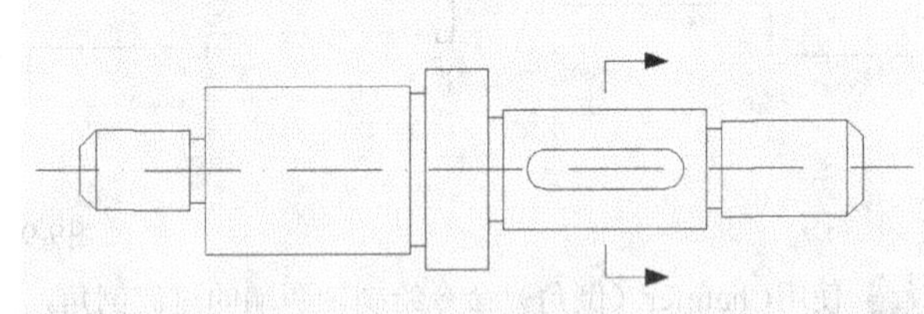

图9-20

12 首先将“点划线”图层设为当前图层，如图9-21所示，然后在剖切符号的正上方绘制两条相交直线，如图9-22所示。

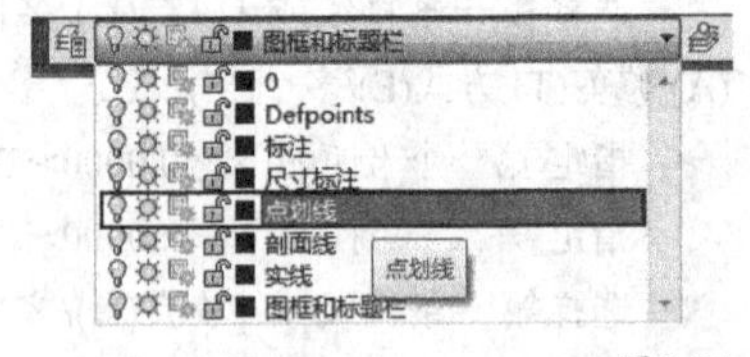

图9-21

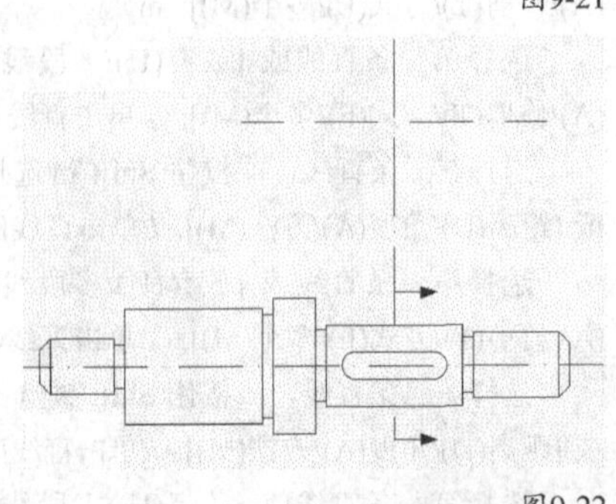

图9-22

13 首先将“实线”图层设为当前图层，如图9-23所示，然后以上一步绘制的两条直线的交点为圆心，绘制一个半径为7.5mm的圆，如图9-24所示。

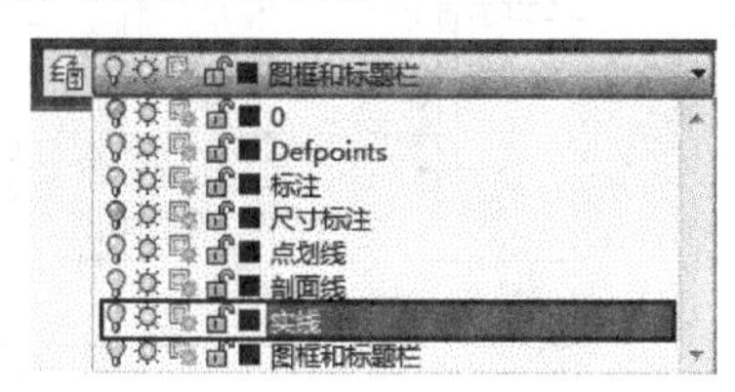

图9-23

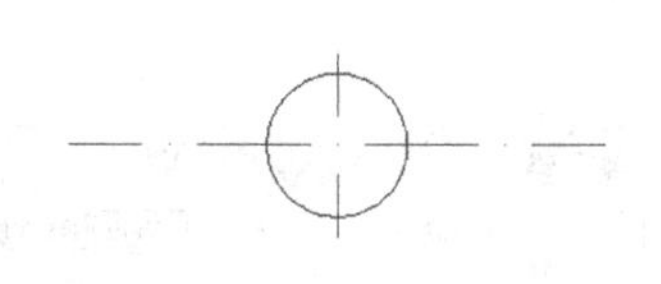

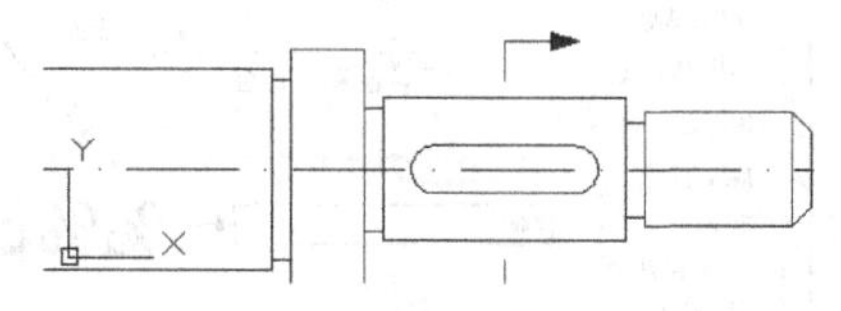

图9-24

14 使用Line（直线）命令绘制键槽线，如图9-25所示，相关命令提示如下。

命令: _line 指定第一点:　　//按住Shift键的同时单击鼠标右键，然后在弹出的菜单中选择“自”命令

_from 基点:　//捕捉圆心

<偏移>: @4.5,0↙

指定下一点或 [放弃(U)]: @0,2.5↙

指定下一点或 [放弃(U)]: @10,0↙

指定下一点或 [闭合(C)/放弃(U)]: ↙

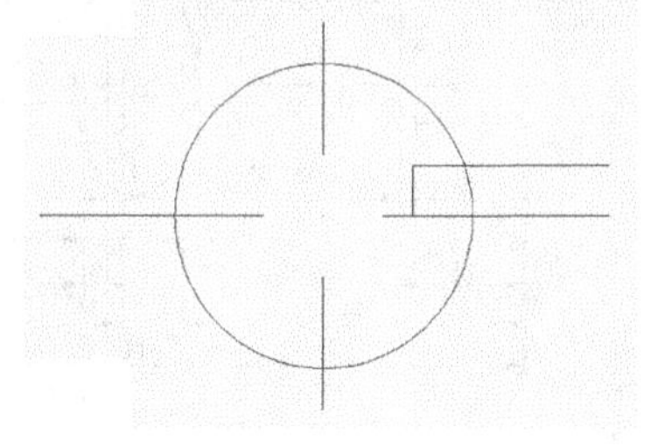

图9-25

15 首先使用Mirror（镜像）命令镜像复制键槽线，如图9-26所示，然后修剪键槽线和圆，如图9-27所示。

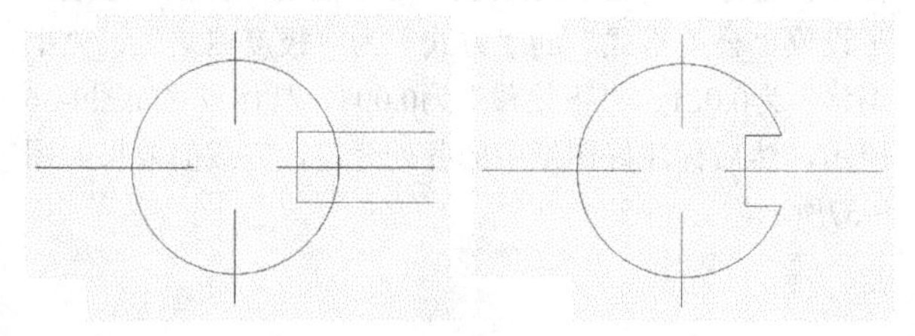

图9-26　　图9-27

填充剖面图案

完成移出剖面的绘制后，接下来填充剖面。首先将“剖面线”图层设为当前图层，然后单击“绘图”工具栏中的“图案填充”按钮，接着在弹出的“填充图案选项板”对话框中选择ANSI31图案，如图9-28所示，再设置填充的“比例”为0.5，如图9-29所示，最后填充如图9-30所示的剖面。

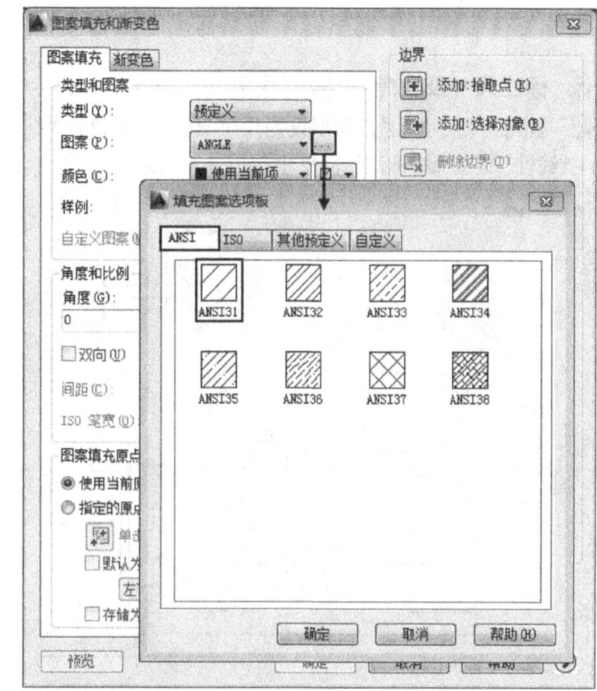

图9-28

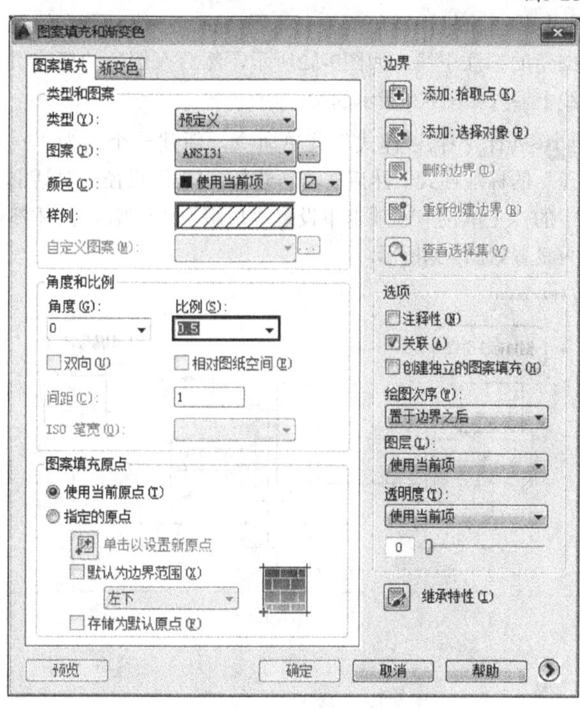

图9-29

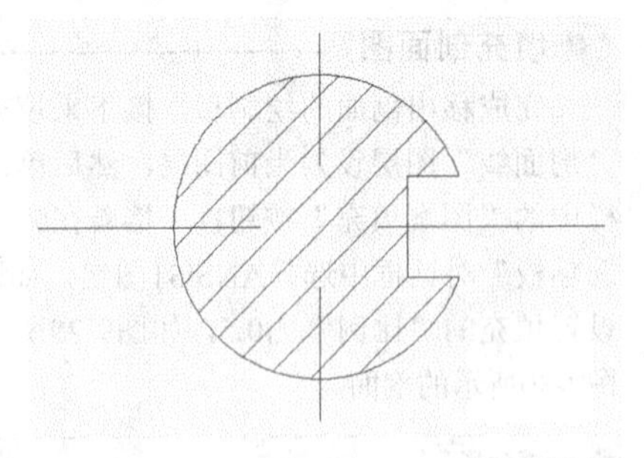

图9-30

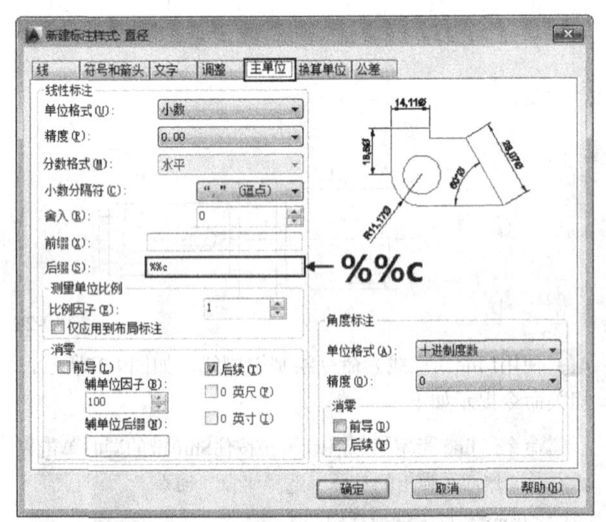

图9-33

标注尺寸及公差

01 首先将“尺寸标注”图层设为当前图层，然后执行“标注>线性”菜单命令标注轴向尺寸，如图9-31所示。

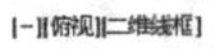

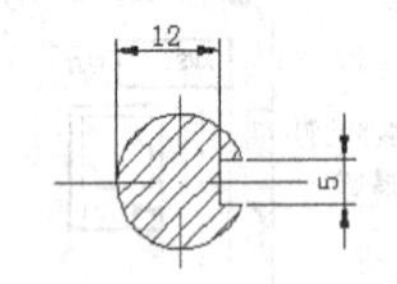

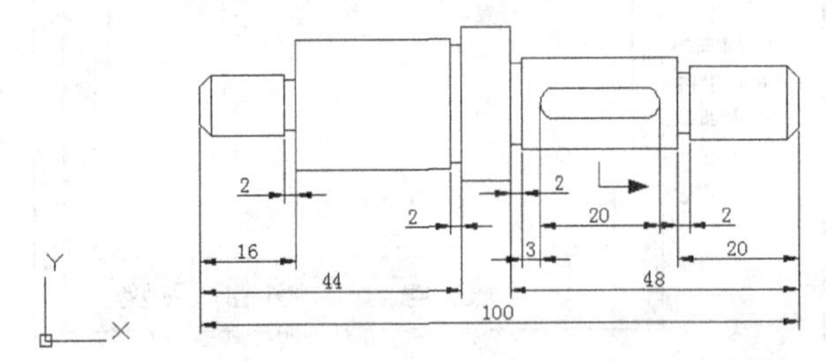

图9-31

02 接下来标注倒角。首先使用Line（直线）命令绘制倒角的标注引线，如图9-32所示，然后在倒角的标注引线上输入如图9-33所示的文字。

03 执行“标注/样式”菜单命令，新建一个名为“直径”的标注样式，然后在“新建标注样式:直径”对话框中的“主单位”选项卡下设置“后缀”为%%c，具体参数设置如图9-34所示。

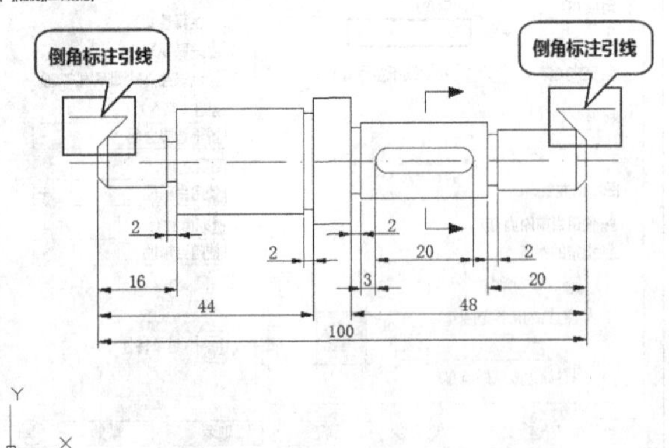

图9-32

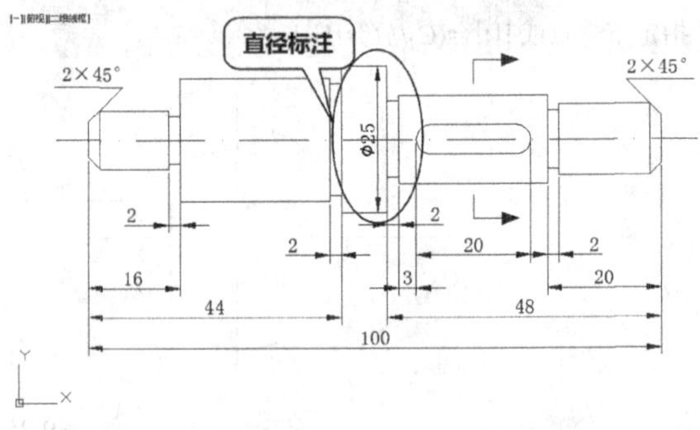

图9-34

04 将“直径”标注样式设置为当前工作样式，然后使用Dimlinear（线性）命令标注如图9-35所示的图形。

图9-35

05 再次新建一个名为“标注公差”的标注样式，然后在“新建标注样式:标注公差”对话框中“公差”选项卡下设置“公差格式”的“方式”为“极度偏差”、“上偏移”为0.021、“下偏移”为0.008，具体设置如图9-36所示，然后标注好图纸中的各处公差，完成的效果如图9-37所示。

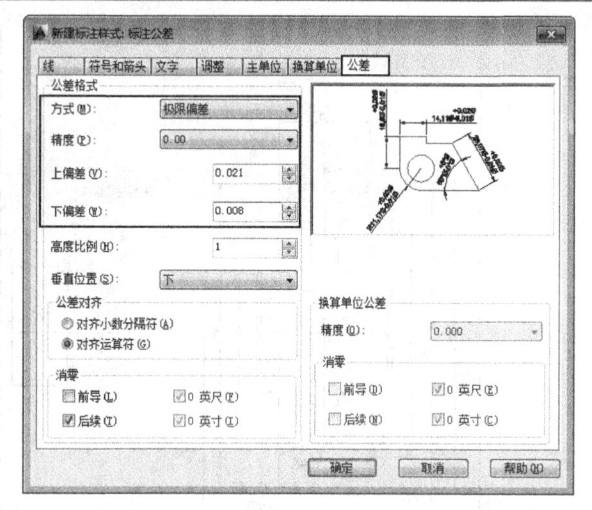

图9-36

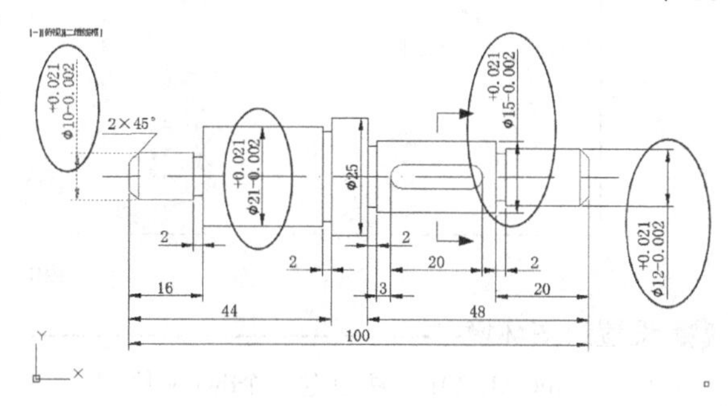

图9-37

从图9-37中可以看到，4个公差标注的公差值都是一样的，因此接下来需要进行单独调整。

06 选择Ø10标注，如图9-38所示，然后按Ctrl+1组合键打开“特性”面板，接着将该标注的“公差下”改为0.002、“公差上”改为0.012，具体参数设置如图9-39所示，效果如图9-40所示。

07 采用相同的方法修改Ø15和Ø12标注的公差，其中Ø15的“公差下”为0.034、“公差上”为0.016；Ø12的“公差下”为0.014、“公差上”为0.002，完成后的效果如图9-41所示。

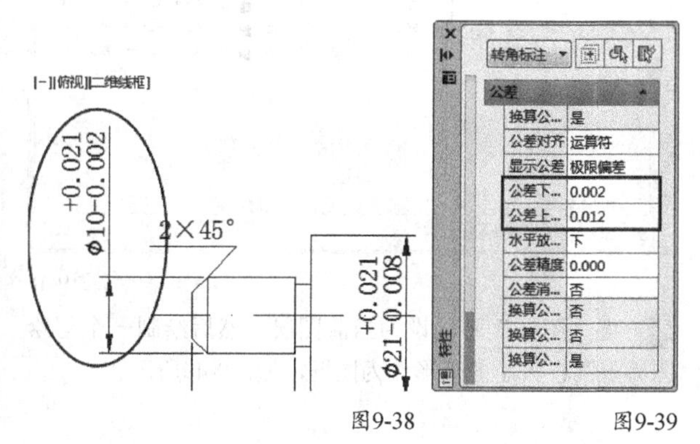

图9-38 图9-39

图9-40

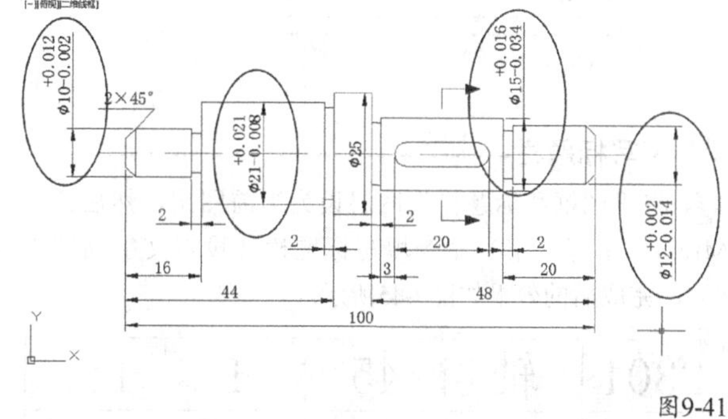

图9-41

08 单击“绘图”工具栏中的“插入块”按钮，接着在弹出的“插入”对话框中单击“浏览”按钮，然后打开光盘中的“第9章>素材文件>表面粗糙度.dwg”文件（该文件是一个表面粗糙度符号），再单击“插入”对话框中的“确定”按钮，最后将表面粗糙度符号插入到图形中的适当位置，如图9-42所示。

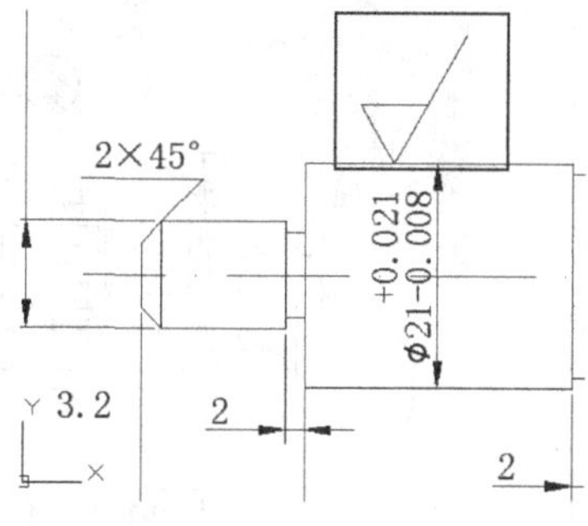

图9-42

09 执行Insert（插入块）命令继续插入表面粗糙度符号，完成后的效果如图9-43所示。

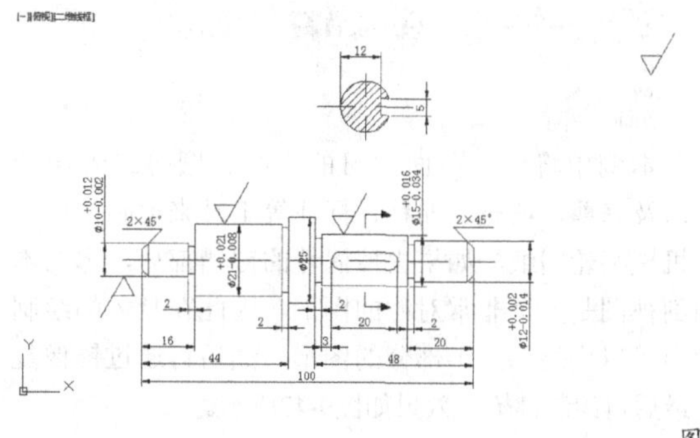

图9-43

10 使用Mtext（多行文字）命令输入表面粗糙度的数值，完成后的效果如图9-44所示。

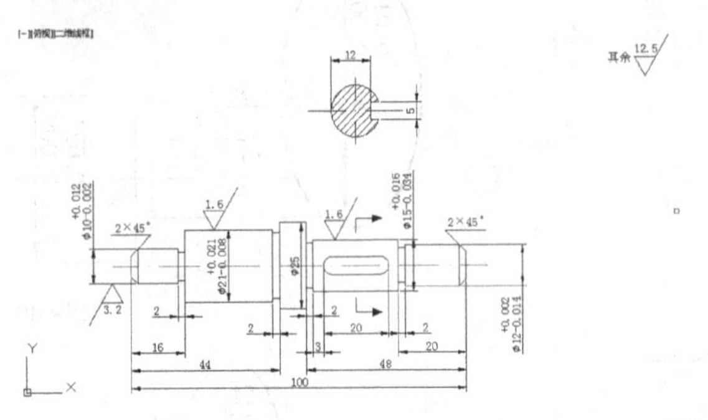

图9-44

填写标题栏

01 将“图框和标题栏”图层设为当前图层，然后使用Mtext（多行文字）命令填写标题栏（设置文字高度为8），完成后的效果如图9-45所示。

2301	轴	45	1	1:1
序号	名称	材料	数量	比例

图9-45

02 完成标题栏的填写后，对整个图形进行检查，如果没有错误就进行保存，转轴的最终效果如图9-46所示。

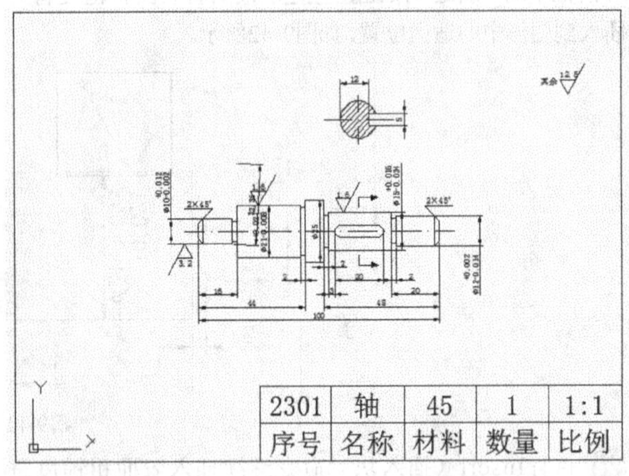

图9-46

9.1.3 综合实例——绘制涡轮剖面图

素材位置 无
实例位置 第9章>实例文件>9.1.3.dwg
技术掌握 涡轮的绘制方法

在本例中将通过前面学习的直线、圆等二维绘图工具以及修剪、填充、偏移、标注等工具来绘制常用的二维机械蜗轮图纸，如果去掉涡轮的键槽部分，那么本例的剖视图是一个非常对称的图形，因此在具体的绘制过程中可以先绘制上半部分的图形，然后再通过镜像复制，最后再绘制键槽。效果如图9-47所示。

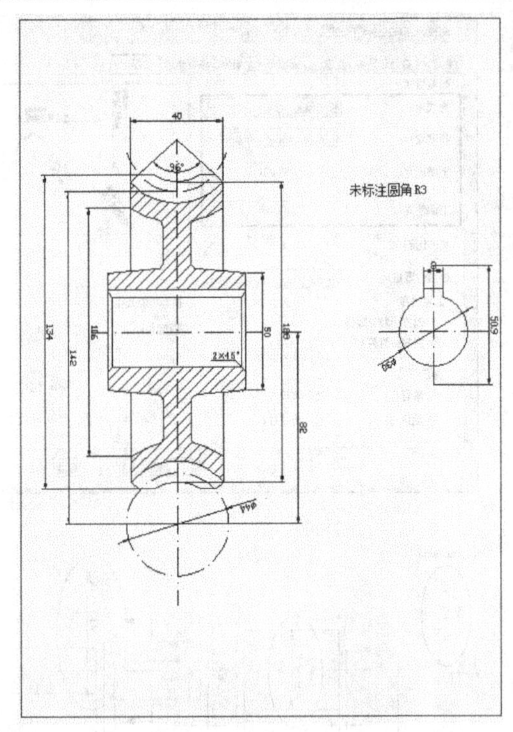

图9-47

设置绘图环境

01 运行AutoCAD 2014，并新建一个dwg文件。

02 执行“格式>图形界限”菜单命令，设置绘图界限为210mm×297mm，然后将设置好的图形界限放大到全屏显示，相关命令提示如下。

```
命令: '_limits
重新设置模型空间界限:
指定左下角点或 [开(ON)/关(OFF)] <0.0000,0.0000>: ↙
指定右上角点 <420.0000,297.0000>:210,297 ↙
```

03 设置本例的图层，并定义相关的属性，如图9-48所示。

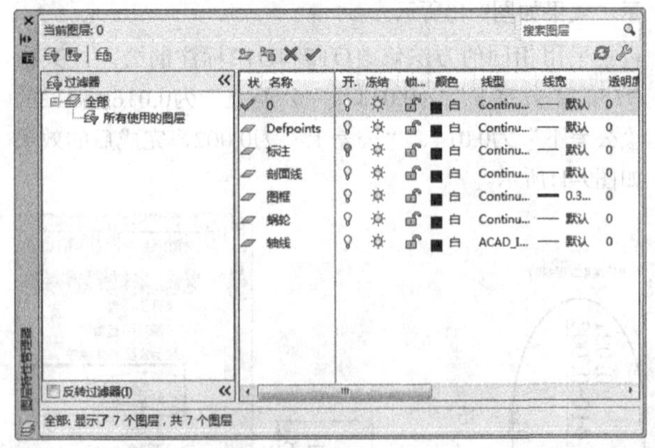

图9-48

04 将“图框”图层设为当前图层，然后绘制一个与绘图界限同样大小的矩形作为图框，如图9-49所示。

图9-49

绘制图形

01 将“涡轮”图层设为当前图层，然后在图框内部的适当位置绘制两条正交直线（相交但不交叉），如图9-50所示。

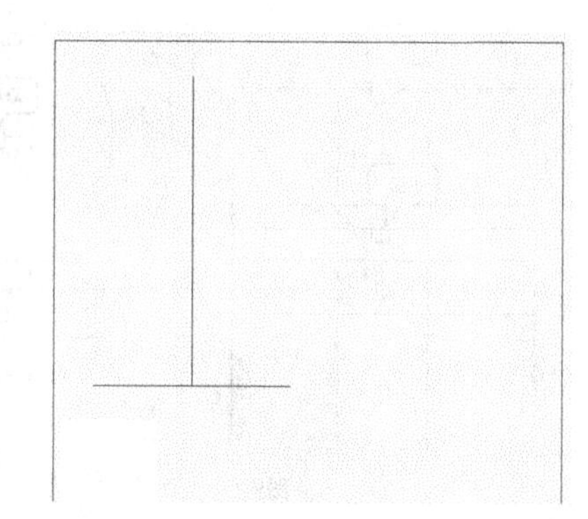

图9-50

02 使用Copy（复制）命令复制上一步绘制的水平直线，如图9-51所示，相关命令提示如下。

命令: _copy

选择对象: 找到 1 个　　　　　//选择上一步绘制的水平直线

选择对象: ↙

当前设置: 复制模式 = 多个

指定基点或 [位移(D)/模式(O)] <位移>:　　　//任意拾取一点

指定第二个点或 [阵列(A)] <使用第一个点作为位移>: @0,15↙

指定第二个点或 [阵列(A)/退出(E)/放弃(U)] <退出>: @0,25↙

指定第二个点或 [阵列(A)/退出(E)/放弃(U)] <退出>: @0,53↙

指定第二个点或 [阵列(A)/退出(E)/放弃(U)] <退出>: @0,60↙

指定第二个点或 [阵列(A)/退出(E)/放弃(U)] <退出>: @0,64↙

指定第二个点或 [阵列(A)/退出(E)/放弃(U)] <退出>: @0,67↙

指定第二个点或 [阵列(A)/退出(E)/放弃(U)] <退出>: @0,82↙

指定第二个点或 [阵列(A)/退出(E)/放弃(U)] <退出>:↙

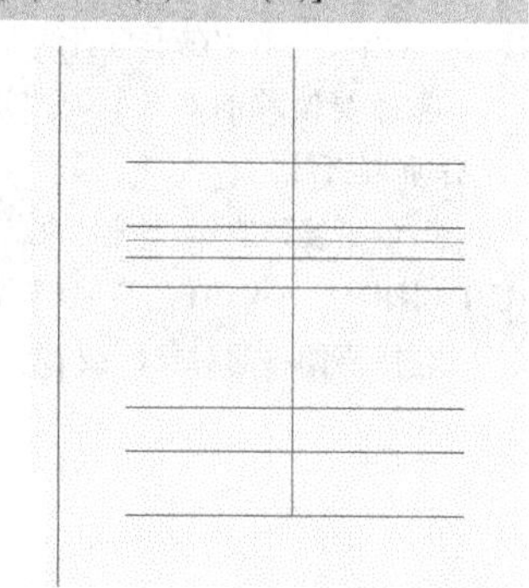

图9-51

03 使用Offset（偏移）命令偏移垂直直线，如图9-52所示，相关命令提示如下。

命令: _offset

当前设置: 删除源=否 图层=源 OFFSETGAPTYPE=0

指定偏移距离或 [通过(T)/删除(E)/图层(L)] <通过>: 6↙

选择要偏移的对象，或 [退出(E)/放弃(U)] <退出>: //选择垂直直线

指定要偏移的那一侧上的点，或 [退出(E)/多个(M)/放弃(U)] <退出>:　　//在垂直直线左侧单击

选择要偏移的对象，或 [退出(E)/放弃(U)] <退出>: //选择垂直直线

指定要偏移的那一侧上的点，或 [退出(E)/多个(M)/放弃(U)] <退出>:　　//在垂直直线右侧单击

选择要偏移的对象，或 [退出(E)/放弃(U)] <退出>:↙

命令: ↙

OFFSET

当前设置: 删除源=否 图层=源 OFFSETGAPTYPE=0

指定偏移距离或 [通过(T)/删除(E)/图层(L)] <6.0000>: 20↙

选择要偏移的对象，或 [退出(E)/放弃(U)] <退出>: //选择垂直直线

指定要偏移的那一侧上的点，或 [退出(E)/多个(M)/放弃(U)] <退出>:　　//在垂直直线左侧单击

选择要偏移的对象，或 [退出(E)/放弃(U)] <退出>: //选择垂直直线

指定要偏移的那一侧上的点，或 [退出(E)/多个(M)/放弃(U)] <退出>:　　//在垂直直线右侧单击

选择要偏移的对象，或 [退出(E)/放弃(U)] <退出>:↙

命令: ↙

OFFSET

当前设置: 删除源=否 图层=源 OFFSETGAPTYPE=0

指定偏移距离或 [通过(T)/删除(E)/图层(L)] <20.0000>: 30↙

选择要偏移的对象，或 [退出(E)/放弃(U)] <退出>: //选择垂直直线

指定要偏移的那一侧上的点，或 [退出(E)/多个(M)/放弃(U)] <退出>: //在垂直直线左侧单击

选择要偏移的对象，或 [退出(E)/放弃(U)] <退出>: //选择垂直直线

指定要偏移的那一侧上的点，或 [退出(E)/多个(M)/放弃(U)] <退出>: //在垂直直线右侧单击

选择要偏移的对象，或 [退出(E)/放弃(U)] <退出>:↙

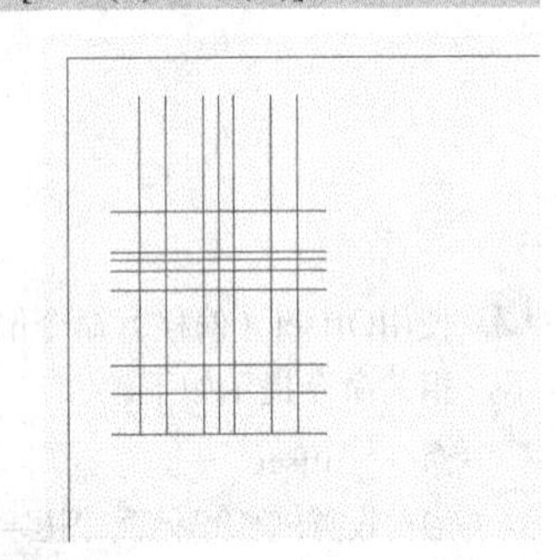

图9-52

04 修剪并删除多余的对象，如图9-53~图9-56所示。

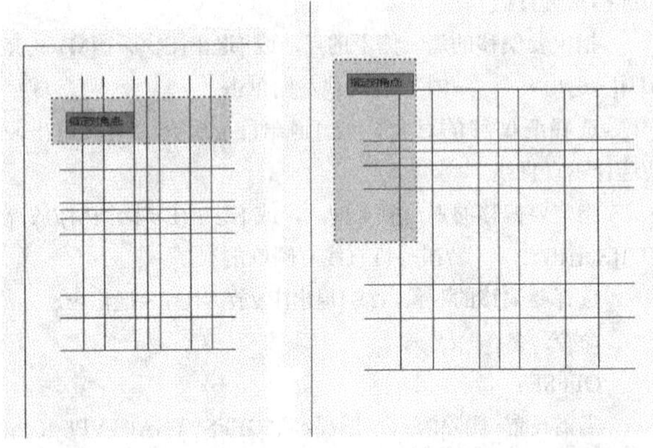

图9-53 图9-54

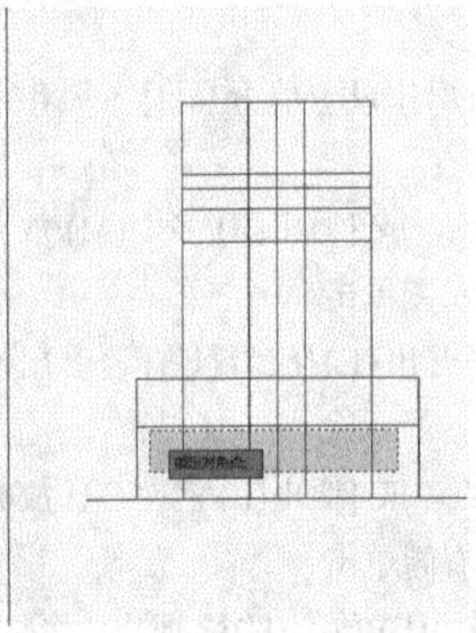

图9-55

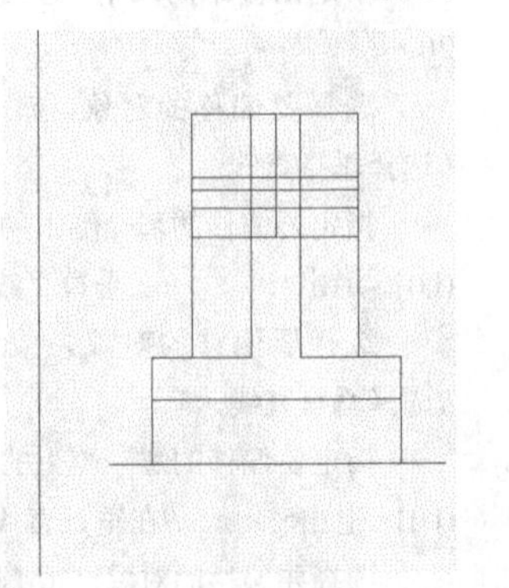

图9-56

05 执行Circle（圆）命令，绘制3个同心圆，如图9-57~图9-59所示，相关命令提示如下。

命令: _circle

指定圆的圆心或 [三点(3P)/两点(2P)/切点、切点、半径(T)]: //捕捉图9-57中的点1

指定圆的半径或 [直径(D)]: //捕捉图9-57所示的点2

命令: ↙

CIRCLE 指定圆的圆心或 [三点(3P)/两点(2P)/切点、切点、半径(T)]: //捕捉图9-58中的点1

指定圆的半径或 [直径(D)] <35.2278>: //捕捉图9-58所示的点3

命令: ↙

CIRCLE 指定圆的圆心或 [三点(3P)/两点(2P)/切点、切点、半径(T)]: //捕捉图9-59中的点1

指定圆的半径或 [直径(D)] <26.9072>: //捕捉图9-59所示的点4

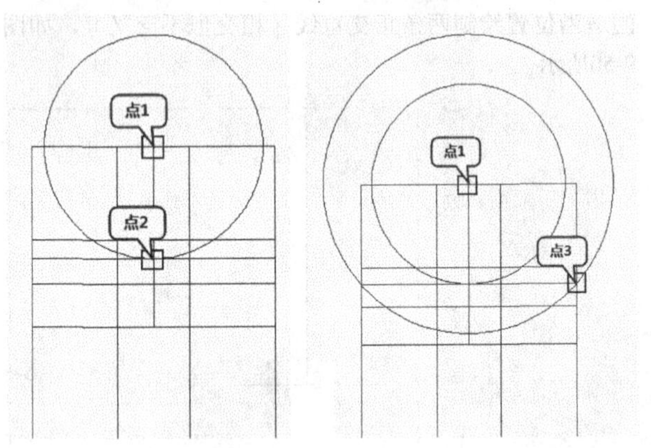

图9-57 图9-58

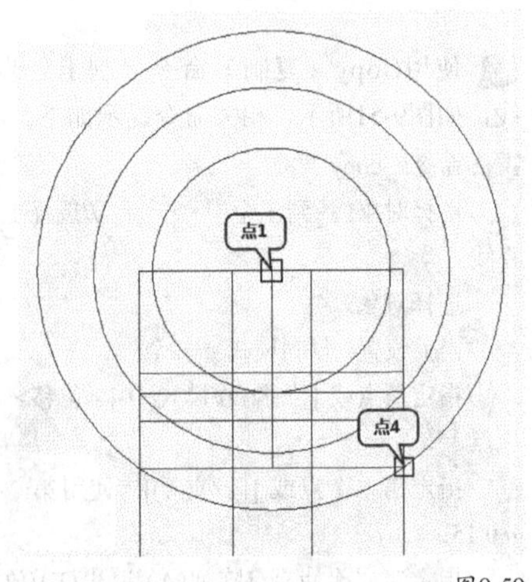

图9-59

06 将“轴线”图层设为当前图层，然后再绘制一个同心圆，如图9-60所示，相关命令提示如下。

命令: _circle 指定圆的圆心或 [三点(3P)/两点(2P)/切点、切点、半径(T)]: //捕捉点1

指定圆的半径或 [直径(D)] <18.0000>: //捕捉点2

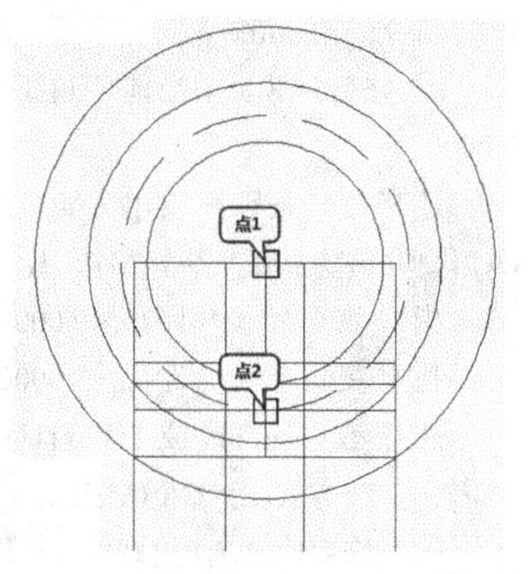

图9-60

07 再次将“涡轮”图层设为当前图层，然后绘制两条连接直线，如图9-61所示。

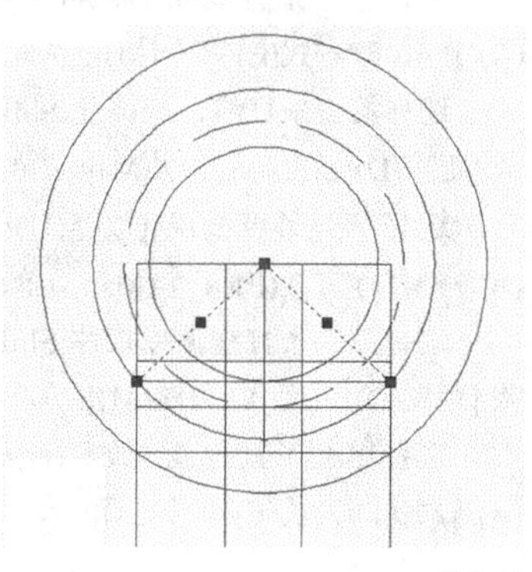

图9-61

08 修剪并删除多余的图形，如图9-62~图9-64所示。

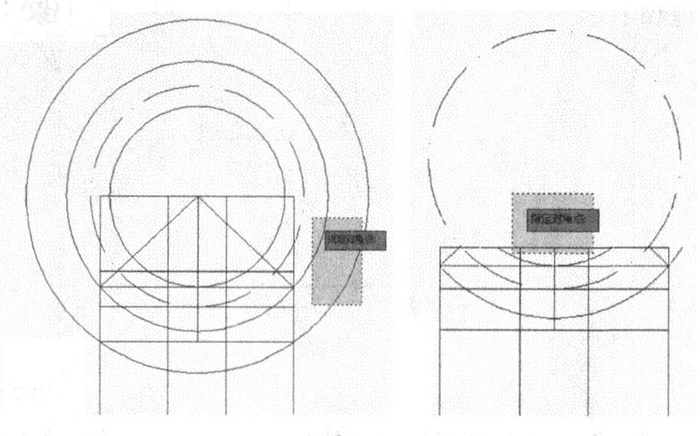

图9-62　　图9-63

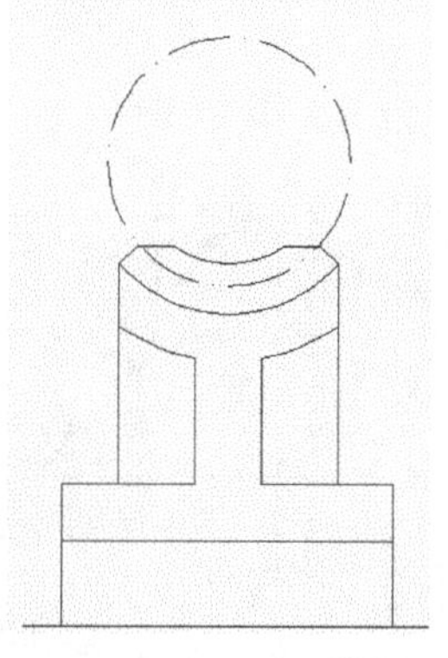

图9-64

09 旋转如图9-67所示的水平直线A、B，如图9-65～图9-67所示，相关命令提示如下。

命令: _rotate
UCS 当前的正角方向: ANGDIR=逆时针 ANGBASE=0
选择对象: 找到 1 个　　//选择直线A
选择对象: ↙
指定基点:　　//捕捉直线A的左端点
指定旋转角度，或 [复制(C)/参照(R)] <0>: 5↙
命令: ↙
ROTATE
UCS 当前的正角方向: ANGDIR=逆时针 ANGBASE=0
选择对象: 找到 1 个　　//选择直线B
选择对象: ↙
指定基点:　　//捕捉直线B的右端点
指定旋转角度，或 [复制(C)/参照(R)] <5>: -5↙

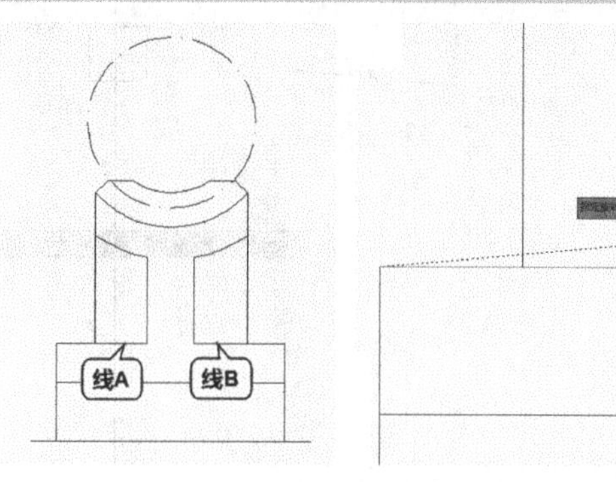

图9-65　　图9-66

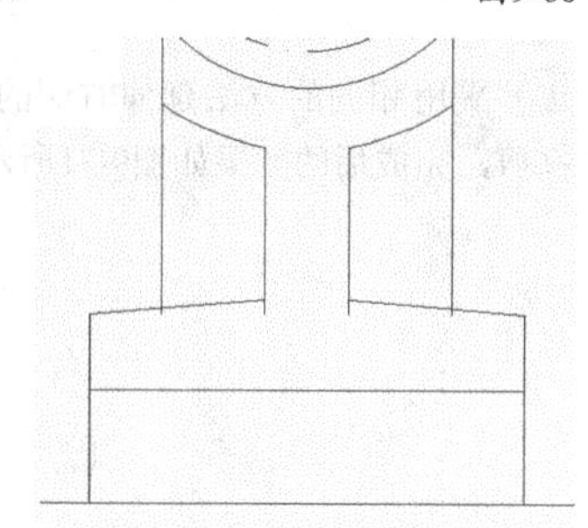

图9-67

10 如图9-68所示，将直线旋转后，原本相交的两条直线现在已经不相交了，因此需要使用Extend（延伸）命令进行延伸，如图9-69和图9-70所示，相关命令提示如下。

命令: _extend
当前设置:投影=UCS，边=无
选择边界的边...
选择对象或 <全部选择>: 找到 1 个　　//选择直线A
选择对象: ↙
选择要延伸的对象，或按住 Shift 键选择要修剪的对象，或
[栏选(F)/窗交(C)/投影(P)/边(E)/放弃(U)]:　　//选择直线B

选择要延伸的对象，或按住 Shift 键选择要修剪的对象，或

[栏选(F)/窗交(C)/投影(P)/边(E)/放弃(U)]: ↙

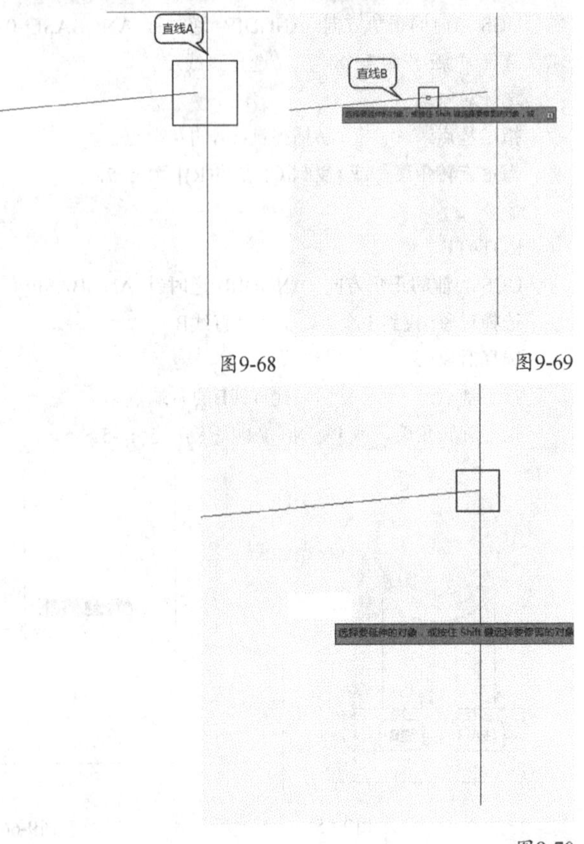

图9-68　　图9-69

图9-70

11 采用相同的方法延伸右侧的斜线，然后对图形进行修剪，完成后的效果如图9-71所示。

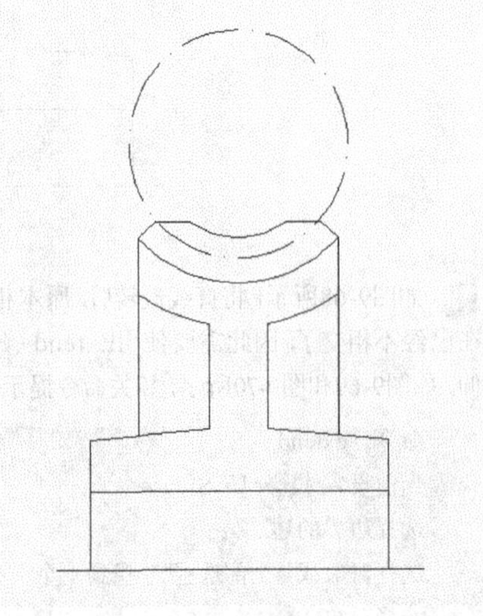

图9-71

12 使用Chamfer（倒角）命令绘制轴孔边缘的过渡倒角，如图9-72所示，相关命令提示如下。

命令: _chamfer

（“修剪”模式）当前倒角距离 1 = 0.0000，距离 2 = 0.0000

选择第一条直线或 [放弃(U)/多段线(P)/距离(D)/角度(A)/修剪(T)/方式(E)/多个(M)]: d↙

指定 第一个 倒角距离 <0.0000>: 2↙

指定 第二个 倒角距离 <2.0000>:↙

选择第一条直线或 [放弃(U)/多段线(P)/距离(D)/角度(A)/修剪(T)/方式(E)/多个(M)]: t↙

输入修剪模式选项 [修剪(T)/不修剪(N)] <修剪>: n↙

选择第一条直线或 [放弃(U)/多段线(P)/距离(D)/角度(A)/修剪(T)/方式(E)/多个(M)]: m↙

选择第一条直线或 [放弃(U)/多段线(P)/距离(D)/角度(A)/修剪(T)/方式(E)/多个(M)]: //单击水平直线A的左半部分

选择第二条直线，或按住 Shift 键选择直线以应用角点或 [距离(D)/角度(A)/方法(M)]: //单击垂直直线B的上半部分

选择第一条直线或 [放弃(U)/多段线(P)/距离(D)/角度(A)/修剪(T)/方式(E)/多个(M)]: //单击水平直线A的右半部分

选择第二条直线，或按住 Shift 键选择直线以应用角点或 [距离(D)/角度(A)/方法(M)]: //单击垂直直线C的上半部分

选择第一条直线或 [放弃(U)/多段线(P)/距离(D)/角度(A)/修剪(T)/方式(E)/多个(M)]: ↙

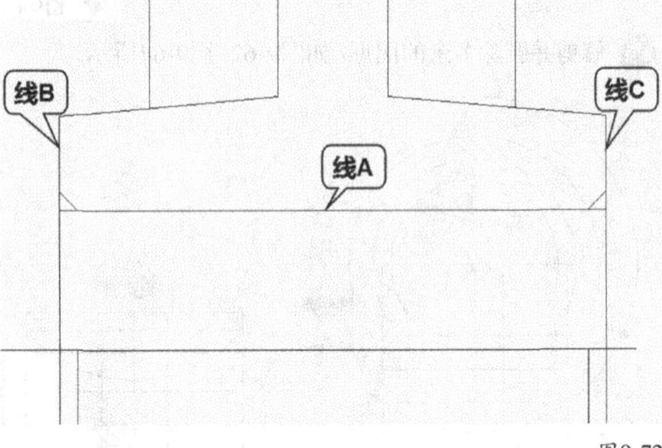

图9-72

13 对倒角部分进行修剪，然后捕捉倒角下方角点绘制两条垂直直线，如图9-73~图9-75所示。

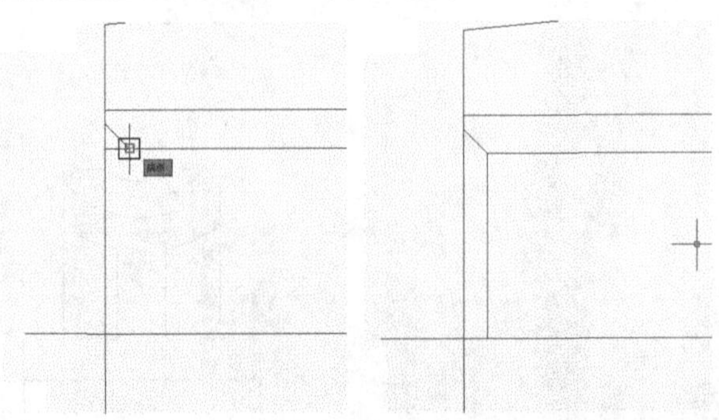

图9-73　　图9-74

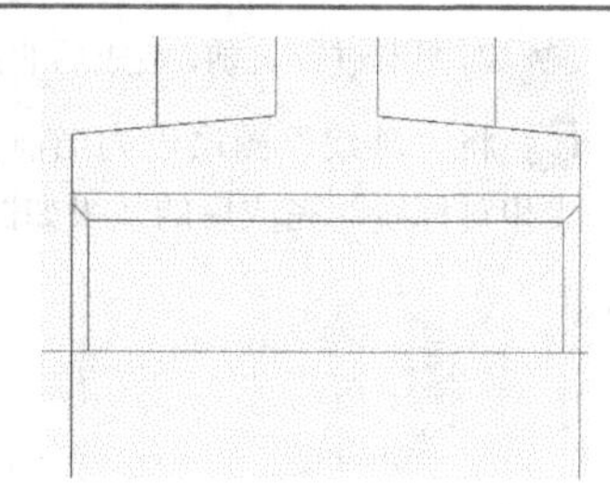

图9-75

14 使用Fillet（圆角）命令绘制半径为3mm的过渡圆角，如图9-76所示，相关命令提示如下。

命令: _fillet
当前设置: 模式 = 不修剪，半径 = 0.0000
选择第一个对象或 [放弃(U)/多段线(P)/半径(R)/修剪(T)/多个(M)]: t↙
输入修剪模式选项 [修剪(T)/不修剪(N)] <不修剪>: t↙
选择第一个对象或 [放弃(U)/多段线(P)/半径(R)/修剪(T)/多个(M)]: r↙
指定圆角半径 <0.0000>: 3↙
选择第一个对象或 [放弃(U)/多段线(P)/半径(R)/修剪(T)/多个(M)]: m↙
选择第一个对象或 [放弃(U)/多段线(P)/半径(R)/修剪(T)/多个(M)]: //单击圆弧A的右端
选择第二个对象，或按住 Shift 键选择对象以应用角点或 [半径(R)]: //单击垂直直线B的上端
选择第一个对象或 [放弃(U)/多段线(P)/半径(R)/修剪(T)/多个(M)]: //单击垂直直线B的下端
选择第二个对象，或按住 Shift 键选择对象以应用角点或 [半径(R)]: //单击斜线C的右端
选择第一个对象或 [放弃(U)/多段线(P)/半径(R)/修剪(T)/多个(M)]: //单击圆弧D的左端
选择第二个对象，或按住 Shift 键选择对象以应用角点或 [半径(R)]: //单击垂直直线E的上端
选择第一个对象或 [放弃(U)/多段线(P)/半径(R)/修剪(T)/多个(M)]: //单击垂直直线E的下端
选择第二个对象，或按住 Shift 键选择对象以应用角点或 [半径(R)]: //单击斜线F的左端
选择第一个对象或 [放弃(U)/多段线(P)/半径(R)/修剪(T)/多个(M)]: ↙

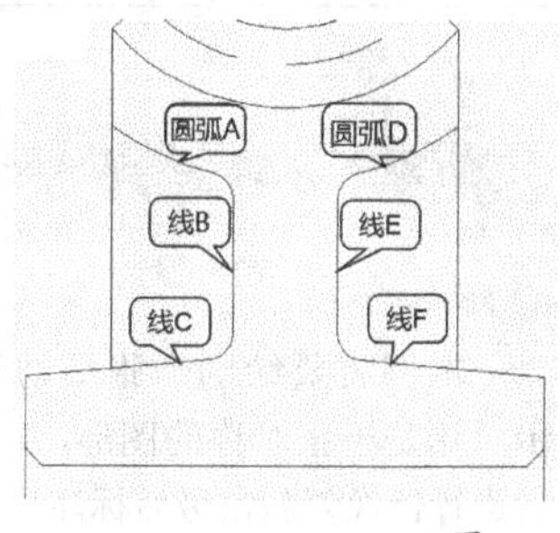

图9-76

15 使用Mirror（镜像）命令镜像复制上半部分的图形，如图9-77所示，相关命令提示如下。

命令: _mirror
选择对象: 指定对角点: 找到 26 个　　//框选除了水平直线A之外的所有图形
选择对象: ↙
指定镜像线的第一点:　　//捕捉水平直线A的左端点
指定镜像线的第二点:　　//捕捉水平直线A的右端点
要删除源对象吗？[是(Y)/否(N)] <N>:↙

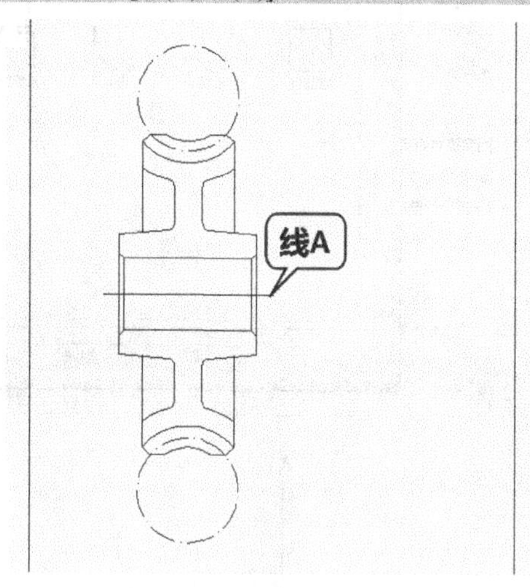

图9-77

16 将图9-77中的水平直线A向上下分别偏移18.1mm，然后修剪图形，绘制出键槽线，如图9-78所示。

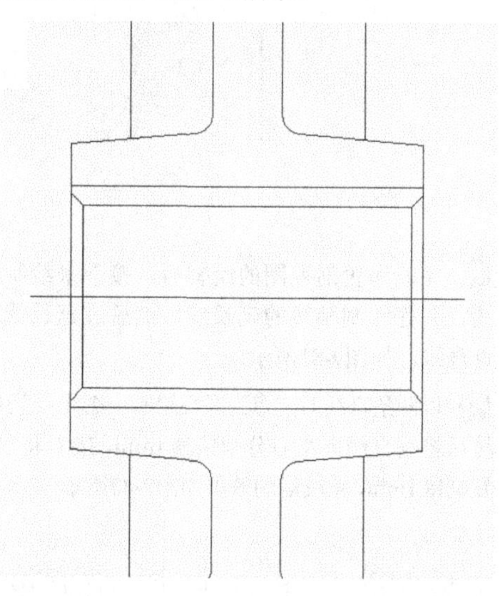

图9-78

填充剖面图案

01 将“剖面线”图层设为当前图层，然后单击“绘图”工具栏中的“图案填充”按钮，并在弹出的“填充图案选项板”对话框中选择ANSI31图案，如图9-79所示，接着填充如图9-80所示的剖面。

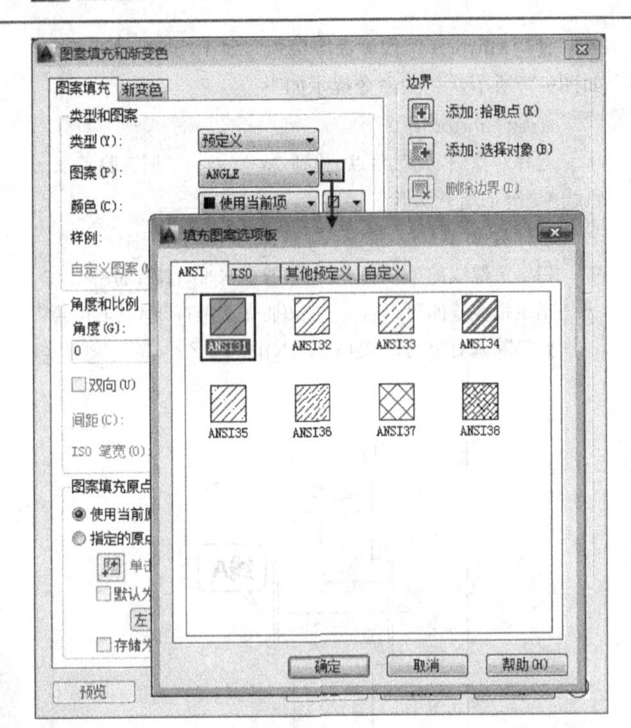

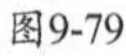

图9-79

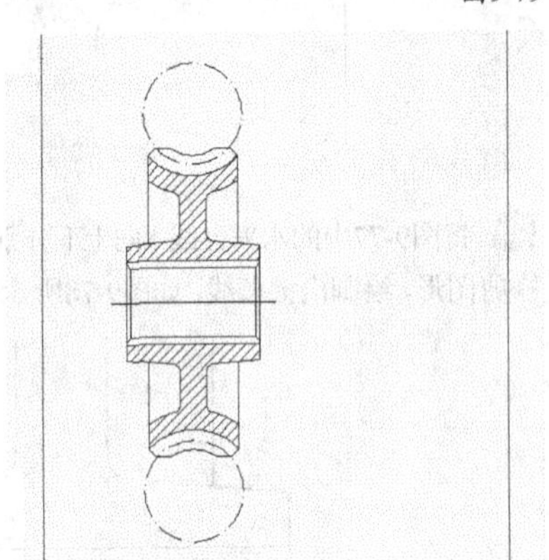

图9-80

02 完成涡轮剖视图的绘制后，接下来绘制轴孔的剖视图。首先绘制轴线的延长线，然后过延长线绘制一条垂直直线，如图9-81所示。

03 以两条直线的交点为圆心绘制一个半径为15mm的圆，然后将垂直线向左右分别偏移4mm，接着将水平直线向上复制18.1mm，完成后的效果如图9-82所示。

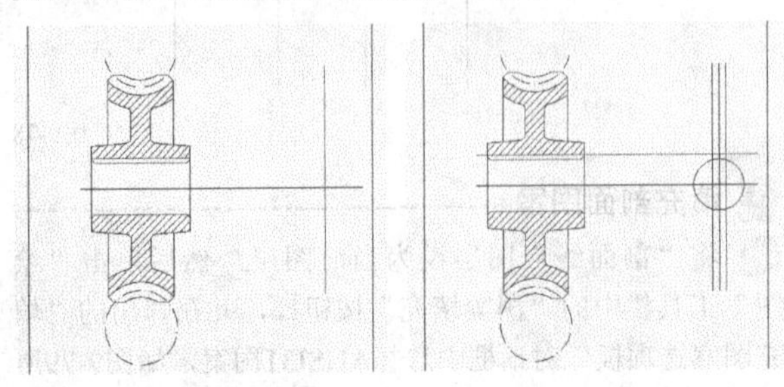

图9-81　　图9-82

04 对图形进行修剪，完成后的效果如图9-83所示。

05 将“轴线”图层设为当前图层，然后绘制相关的轴线和对称线，完成后的效果如图9-84所示。

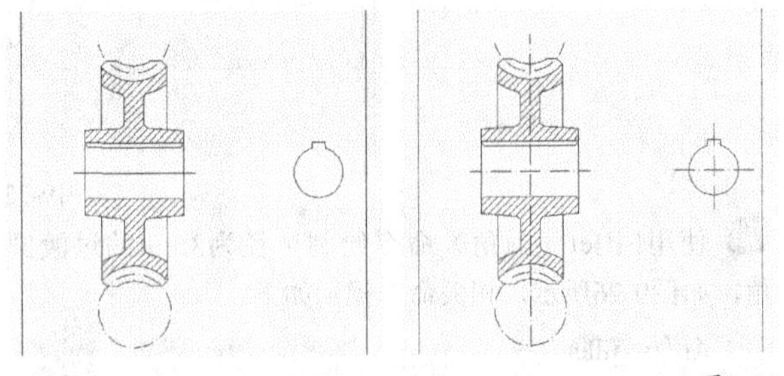

图9-83　　图9-84

标注尺寸

将“标注”图层设为当前图层，然后标注图形，最终效果如图9-85所示。

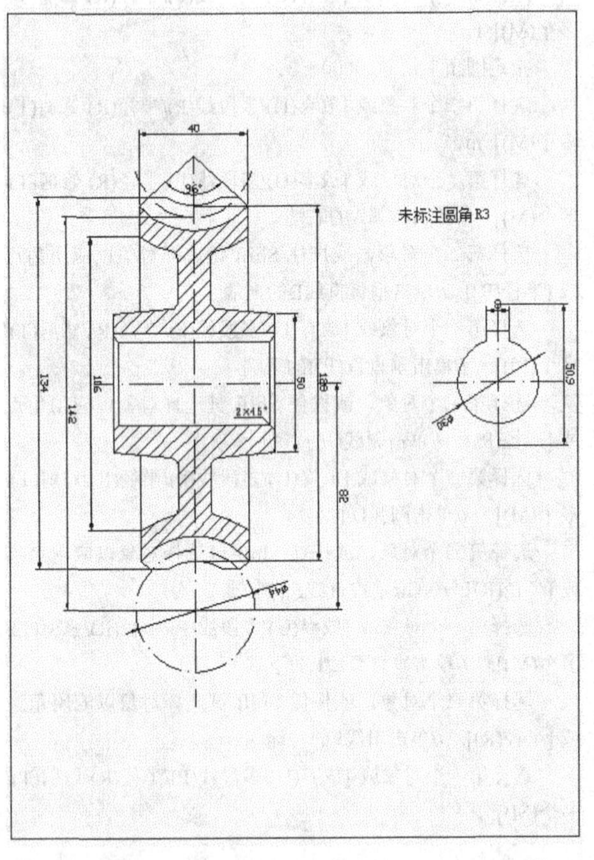

图9-85

9.1.4 综合实例——绘制轴承剖面图

素材位置　无
实例位置　第9章>实例文件>9.1.4.dwg
技术掌握　轴承剖面图的绘制方法

本例将要绘制一张滚动轴承剖面图，如图9-86所示。这是一张对称的图形，可以先绘制出上半部分，然后进行镜像复制，最后标注尺寸。

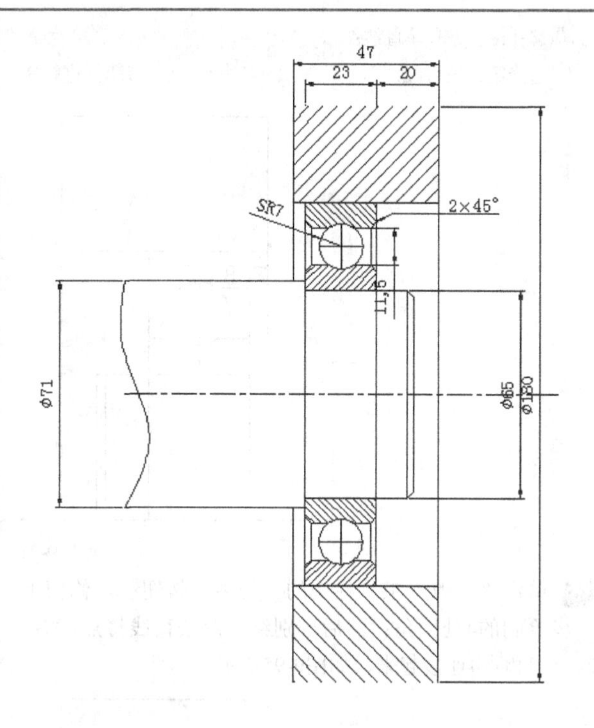

图9-86

设置绘图环境

01 运行AutoCAD 2014，并新建一个dwg文件。

02 执行“格式>图形界限”菜单命令，设置绘图界限为100mm×200mm，然后将设置好的图形界限放大到全屏显示，相关命令提示如下。

```
命令: '_limits
重新设置模型空间界限:
指定左下角点或 [开(ON)/关(OFF)] <0.0000,0.0000>: ↙
指定右上角点 <420.0000,297.0000>:100,200 ↙
```

03 新建4个图层，分别命名为“实线”、“中心线”、“剖面线”和“标注”，接着定义相关属性，如图9-87所示。

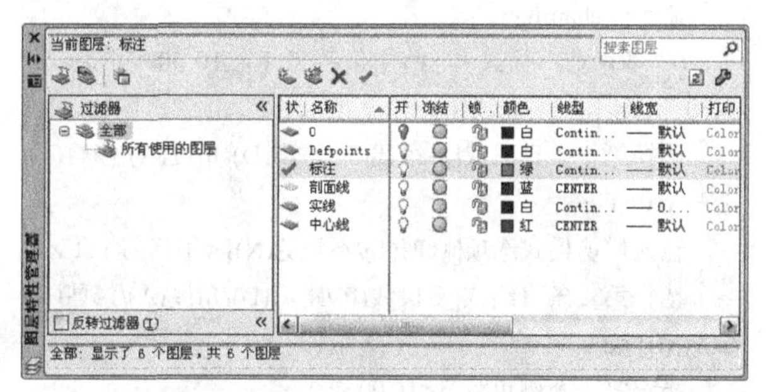

图9-87

绘制辅助线

01 首先将“中心线”图层设为当前层，接着利用Line（直线）命令，在绘图区域的中间位置绘制一条水平直线，然后过水平直线的中点绘制一条垂直直线，如图9-88所示。

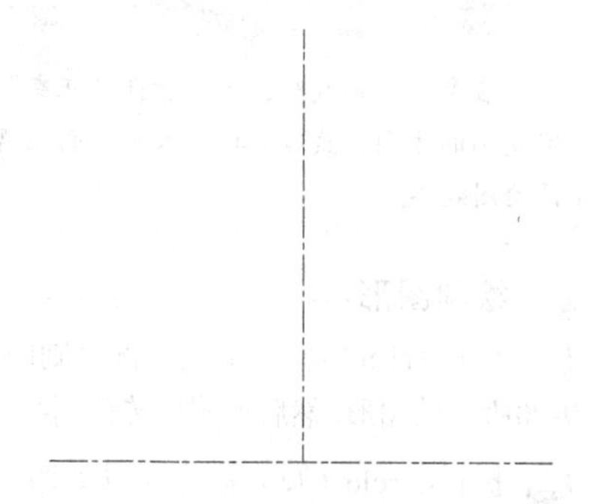

图9-88

02 执行Copy（复制）命令，把水平直线向上复制，相关命令提示如下。

```
命令: _copy
选择对象: 找到 1 个        //选择直线
选择对象: ↙
当前设置: 复制模式 = 多个
指定基点或 [位移(D)/模式(O)] <位移>:  //捕捉一点
指定第二个点或 <使用第一个点作为位移>: @0,32.5↙
指定第二个点或 [退出(E)/放弃(U)] <退出>: @0,35.5↙
指定第二个点或 [退出(E)/放弃(U)] <退出>: @0,60↙
指定第二个点或 [退出(E)/放弃(U)] <退出>: @0,90↙
指定第二个点或 [退出(E)/放弃(U)] <退出>:↙
```

03 继续执行Copy（复制）命令，把垂直直线向左边复制11.5mm和15.5mm，向右边复制11.5mm、21.5mm、23.5mm和31.5mm，如图9-89所示。

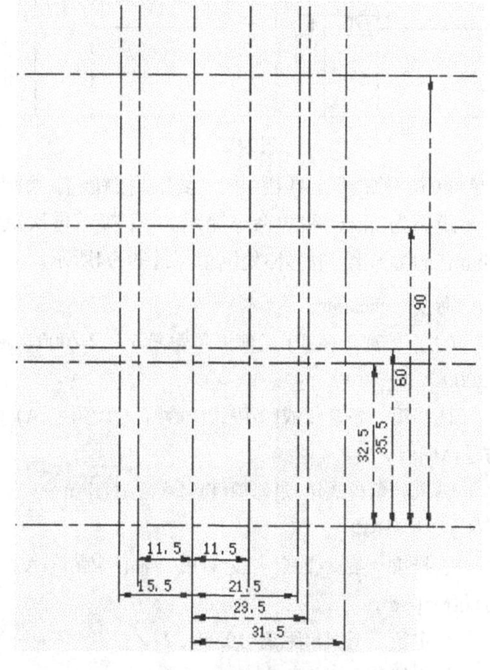

图9-89

在复制辅助线时，可以打开“正交”功能，移动鼠标确定复制的方向，然后直接输入复制的距离即可，这样可以提高绘图效率。

绘制图形

01 执行Trim（修剪）命令，将绘制的辅助线修剪成如图9-90所示的图形，然后把图形转移到“实线”图层。

02 执行Circle（圆）命令，以如图9-91所示的直线A的中点为圆心，绘制一个半径为7mm的圆。

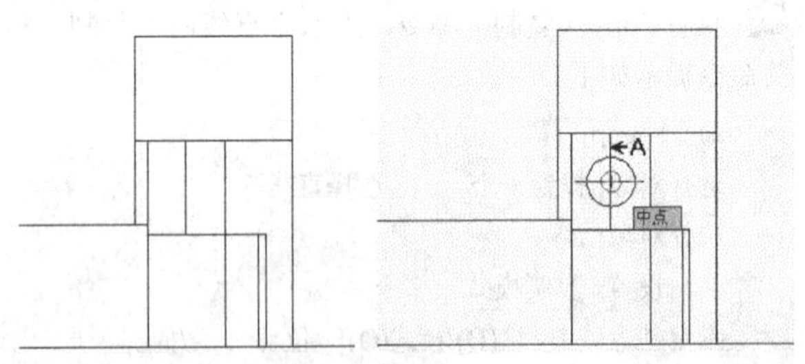

图9-90　　图9-91

03 执行Offset（偏移）命令，将如图9-92所示的直线B向下偏移8mm，把直线C向上偏移8mm。

04 单击“修改”工具栏中的“修剪”按钮，修剪偏移后的直线，如图9-93所示。

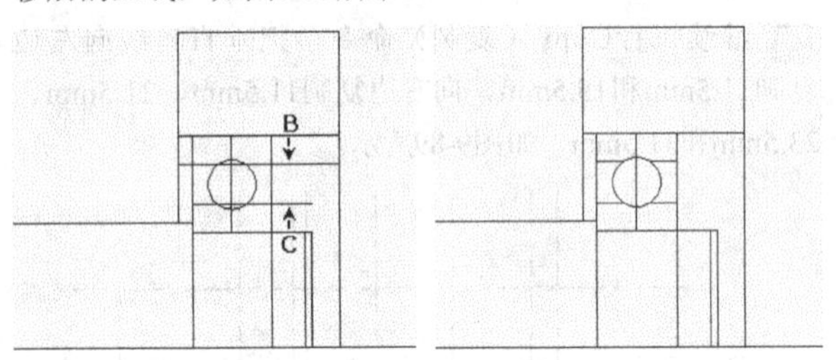

图9-92　　图9-93

05 单击“修改”工具栏中的“倒角”按钮，绘制倒角，倒角距离为2mm，相关命令提示如下；接着再次重复执行Chamfer命令，绘制另外3处倒角，如图9-94所示。

命令: _chamfer

（“不修剪”模式）当前倒角距离 1 = 2.2000，距离 2 = 2.2000

选择第一条直线或[多段线(P)/距离(D)/角度(A)/修剪(T)/方法(M)]: t ↙

输入修剪模式选项[修剪(T)/不修剪(N)]: n ↙　　//设置“不修剪”模式

选择第一条直线或[多段线(P)/距离(D)/角度(A)/修剪(T)/方法(M)] : d ↙

指定第一个倒角距离<10.00>: 2 ↙

指定第二个倒角距离<10.00>: 2 ↙

选择第一条直线或[多段线(P)/距离(D)/角度(A)/修剪(T)/方法(M)]:　　//选择直线A

选择第二条直线:　　//选择直线B

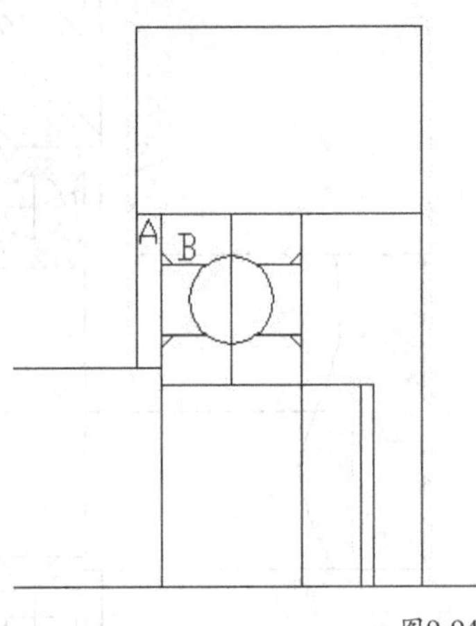

图9-94

06 单击“修改”工具栏中的“修剪”按钮，修剪上一步绘制的4处倒角；然后分别绘制两条直线将点1和点2、点3和点4连接起来，如图9-95所示。

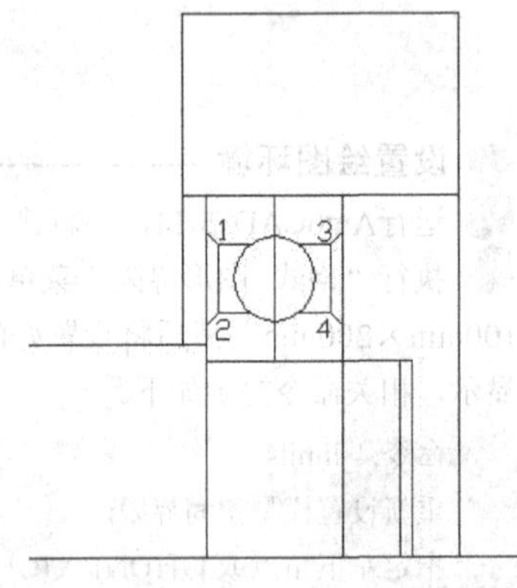

图9-95

07 单击“修改”工具栏中的“倒角”按钮，设置倒角距离为2mm，绘制如图9-96所示的倒角，相关命令提示如下。

命令: _chamfer

（“不修剪”模式）当前倒角距离 1 = 10.00，距离 2 = 10.00

选择第一条直线或[多段线(P)/距离(D)/角度(A)/修剪(T)/方法(M)] : t ↙

输入修剪模式选项[修剪(T)/不修剪(N)] <不修剪> : t ↙

选择第一条直线或[多段线(P)/距离(D)/角度(A)/修剪(T)/方法(M)] : d ↙

指定第一个倒角距离<10.00> : 2 ↙

指定第二个倒角距离<2.00> : 2 ↙

选择第一条直线或[多段线(P)/距离(D)/角度(A)/修剪(T)/方法(M)] :　　//选择直线A

选择第二条直线:　　//选择直线B

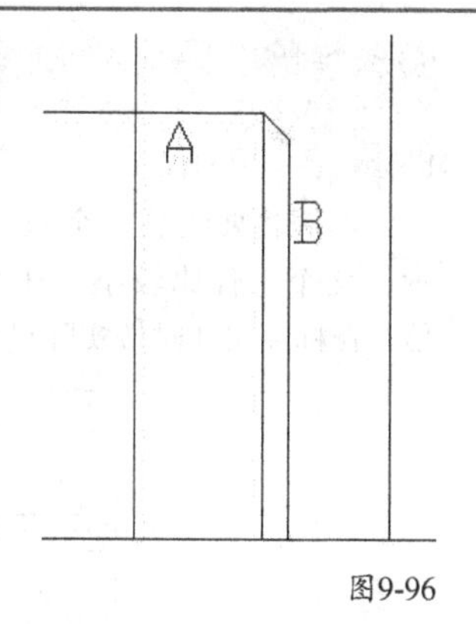

图9-96

填充剖面图案

01 把“剖面线”图层设为当前图层。单击“绘图”工具栏中的“图案填充”按钮，在弹出的对话框中设置“图案”为ANSI31图案，并设置“角度”为0度、“比例”为1，最后填充如图9-97所示的剖面。

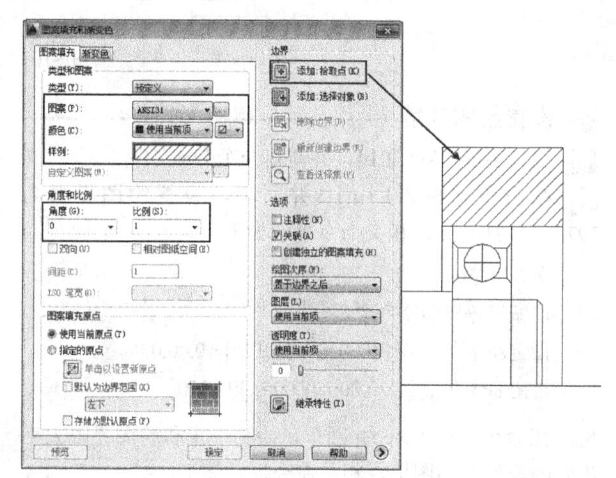

图9-97

02 继续填充如图9-98所示的剖面，填充的“图案”为ANSI31，并设置“角度”为90°，“比例”为0.5。

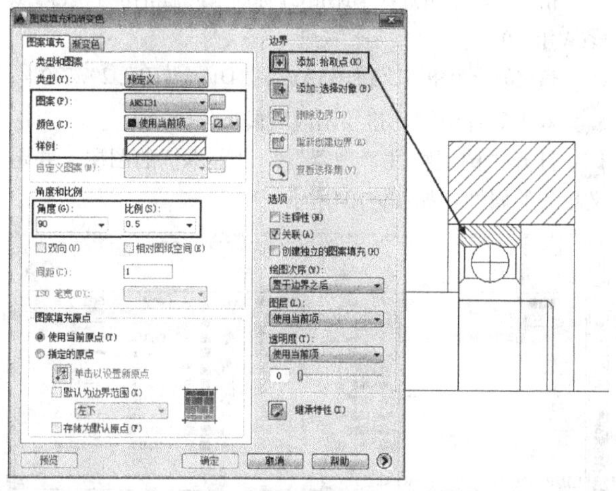

图9-98

03 继续填充如图9-99所示的剖面，填充的“图案”为ANSI31，并设置“角度”为0°、“比例”为0.5，然后删除剖面图最顶部的水平直线。

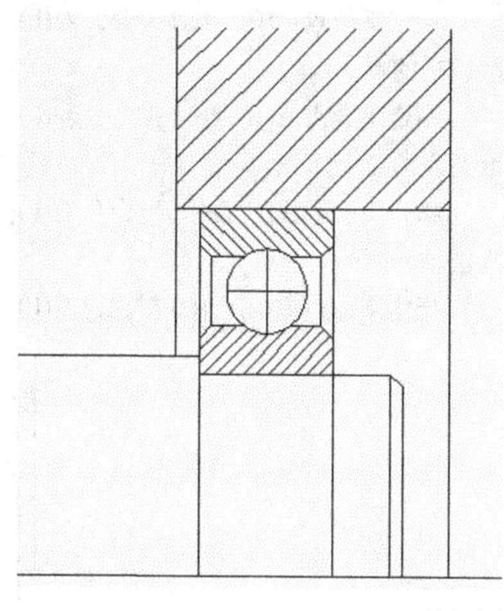

图9-99

由于装配图一般比较复杂，所以在填充剖面线时，为了区分不同的剖面，就把相邻两个剖面的剖面线倾斜角度和方向做不同的设定。对于大小不同的剖面，剖面线的间距也要有所不同，通常是面积大的剖面的剖面线间距大，面积小的剖面的剖面线间距小。

04 单击“修改”工具栏中的“镜像”按钮，以中心线为镜像线对称复制图形，如图9-100所示。

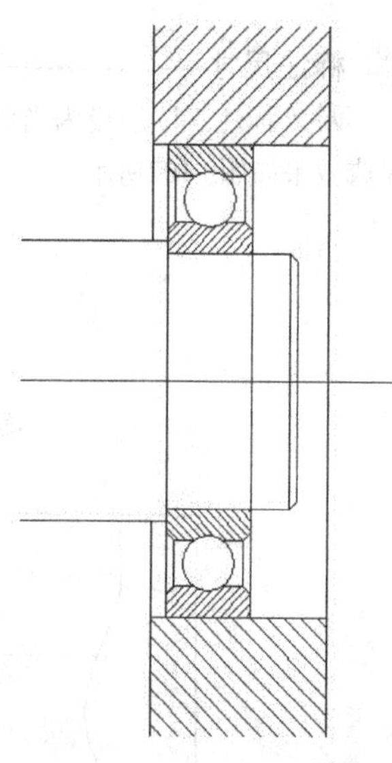

图9-100

05 把中心线转移到“中心线”图层，其线型变成点划线。

06 把“实线”图层设为当前层，单击“绘图”工具栏中的“样条曲线”按钮，绘制断面线，如图9-101所示，相关命令提示如下。

命令: _spline

指定第一个点或 [对象(O)]: //捕捉圆轴断面一点

指定下一点: [闭合(C)/拟合公差(F)] <起点切向>: //拾取适当的点

指定下一点或[闭合(C)/拟合公差(F)] <起点切向>: //拾取适当的点

指定下一点或[闭合(C)/拟合公差(F)] <起点切向>: //捕捉圆轴断面的另一点

指定下一点或[闭合(C)/拟合公差(F)] <起点切向>: ↙

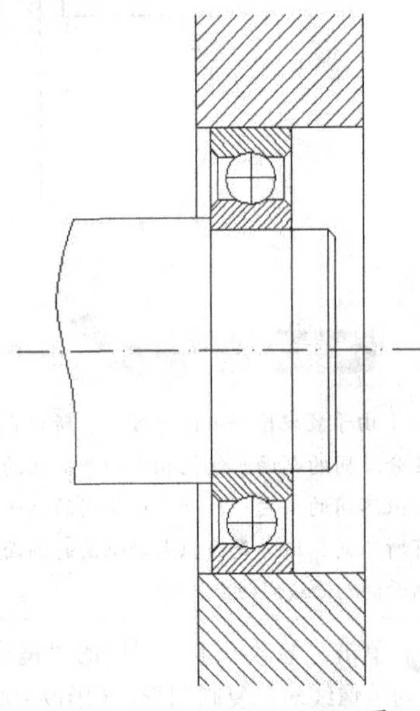

图9-101

标注尺寸

将“标注”图层设为当前层，并标注其尺寸，最终完成效果如图9-102所示。

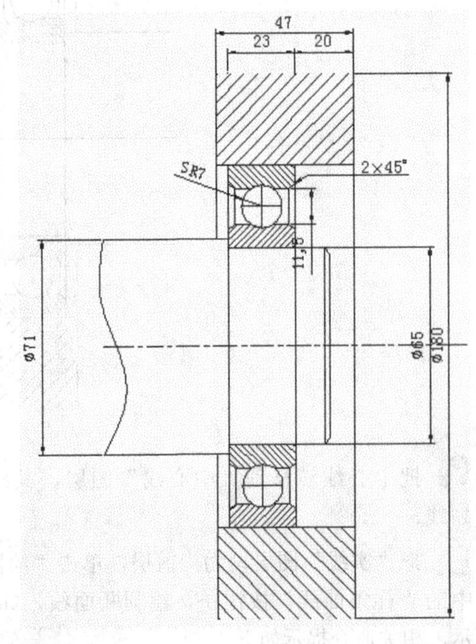

图9-102

9.1.5 综合实例——绘制通气器剖面图

素材位置　第9章>素材文件>表面粗糙度.dwg
实例位置　第9章>实例文件>9.1.5.dwg
技术掌握　通气器剖面图的绘制方法

本例将要绘制一个通气器的剖面图，如图9-103所示。这个零件比较小，在绘制的时候可以将其放大几倍，在标注尺寸时按实际尺寸进行标注。

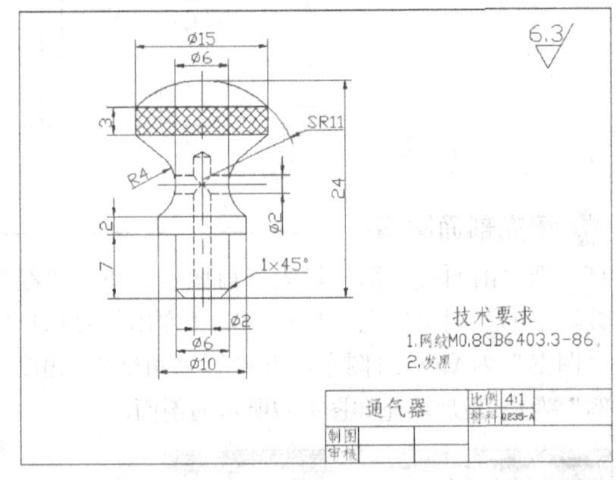

图9-103

设置绘图环境

01 运行AutoCAD 2014，并新建一个dwg文件。

02 在命令行输入Limits并回车，设置绘图界限为297mm×210mm，相关命令提示如下。

命令: limits ↙

重新设置模型空间界限:

指定左下角点或 [开(ON)/关(OFF)] <0.00,0.00>: ↙

指定右上角点 <420.00,297.00>: 297,210 ↙

03 在命令行输入Rec并回车，绘制一个和绘图界限大小相同的矩形作为图框，相关命令提示如下。

命令: rec ↙

RECTANG

指定第一个角点或 [倒角(C)/标高(E)/圆角(F)/厚度(T)/宽度(W)]: 0,0 ↙

指定另一个角点或 [面积(A)/尺寸(D)/旋转(R)]: 297,210 ↙

04 双击鼠标中键，将绘图区域最大化显示。

05 打开“图层特性管理器”，设置本例的图层，并定义相关的属性，如图9-104所示。

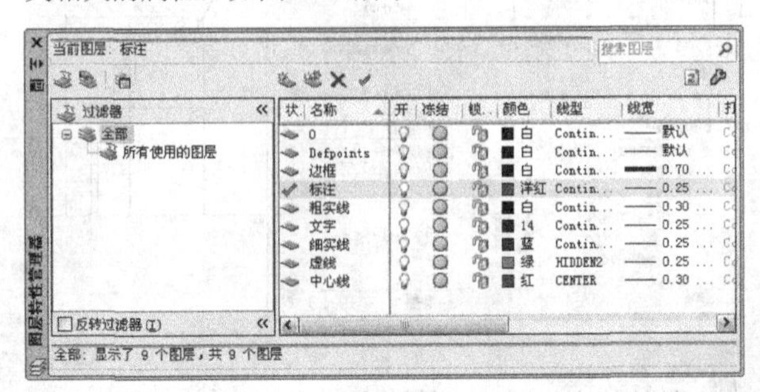

图9-104

绘制辅助线

01 将“中心线”图层设为当前图层，然后在视图中绘制一个十字形辅助线，如图9-105所示。

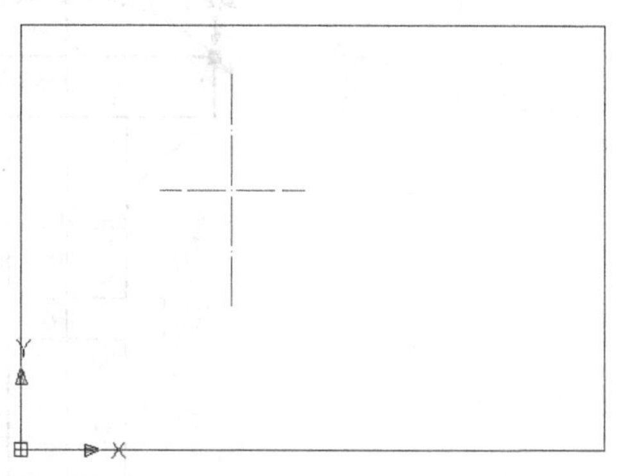

图9-105

02 单击“修改”工具栏中的“复制”按钮，复制水平辅助线，如图9-106所示，相关命令提示如下。

```
命令: _copy
选择对象: 找到 1 个        //选择水平辅助线
选择对象: ↙
当前设置: 复制模式 = 多个
指定基点或 [位移(D)/模式(O)] <位移>:        //拾取一点
指定第二个点或 <使用第一个点作为位移>: @0,22 ↙
指定第二个点或 [退出(E)/放弃(U)] <退出>: @0,34 ↙
指定第二个点或 [退出(E)/放弃(U)] <退出>: @0,-14 ↙
指定第二个点或 [退出(E)/放弃(U)] <退出>: @0,-22 ↙
指定第二个点或 [退出(E)/放弃(U)] <退出>: @0,-50 ↙
指定第二个点或 [退出(E)/放弃(U)] <退出>: ↙
```

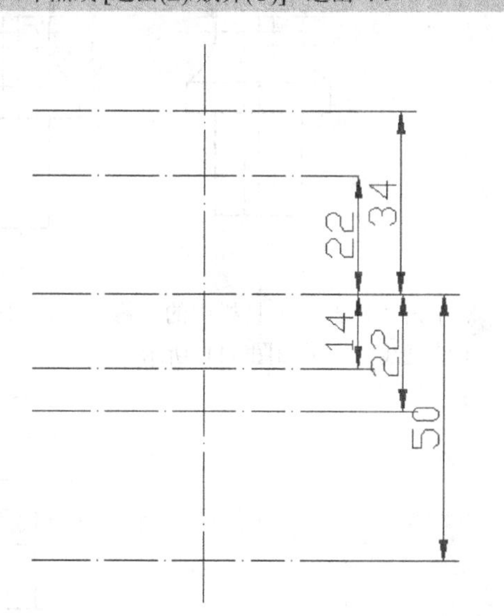

图9-106

03 使用相同的方法复制垂直辅助线，复制距离如图9-107所示。

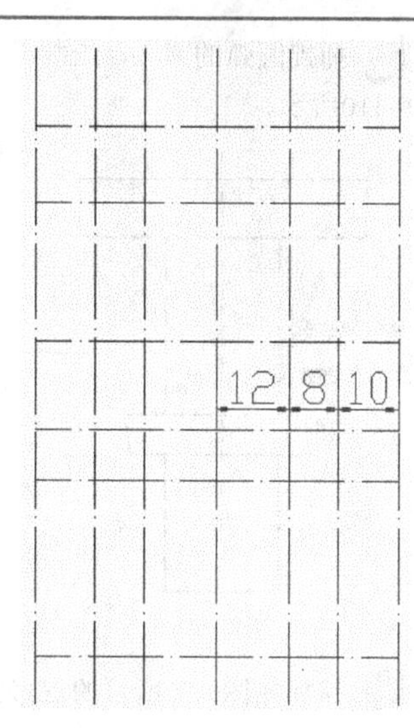

图9-107

绘制图形

01 执行Trim（修剪）命令，将多余辅助线裁剪掉，形成通气器的轮廓效果；然后选中轮廓线，将其转移到“轮廓线”图层，此时的轮廓线将以宽线显示，如图9-108所示。

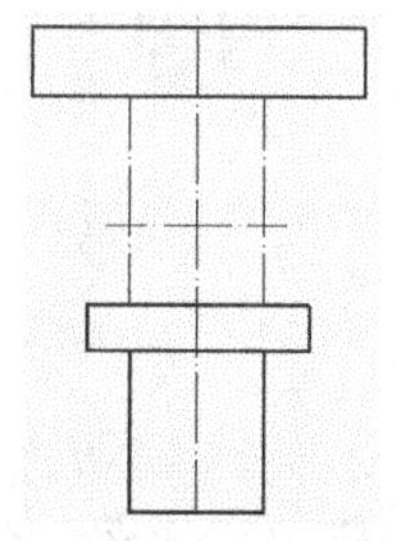

图9-108

02 单击“绘图”工具栏中的“圆弧”按钮，捕捉已知的两个端点，绘制一段圆弧，如图9-109所示，相关命令提示如下。

```
命令: _arc 指定圆弧的起点或 [圆心(C)]:        //捕捉点1
指定圆弧的第二个点或 [圆心(C)/端点(E)]: e ↙
指定圆弧的端点:                //捕捉点2
指定圆弧的圆心或 [角度(A)/方向(D)/半径(R)]: r ↙
指定圆弧的半径: 16 ↙
```

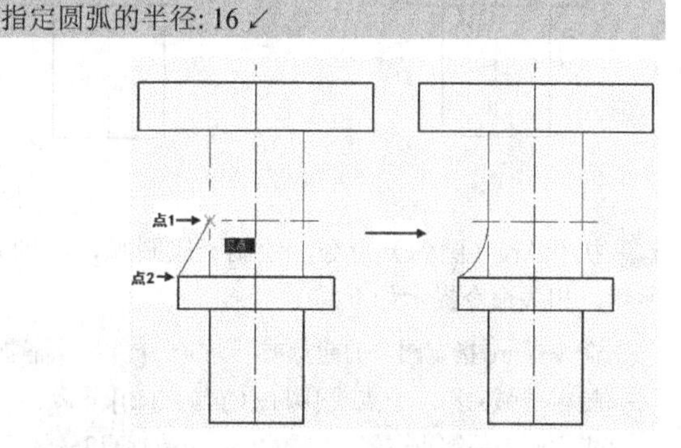

图9-109

03 捕捉圆弧的圆心，绘制一个半径为16mm的圆，如图9-110所示。

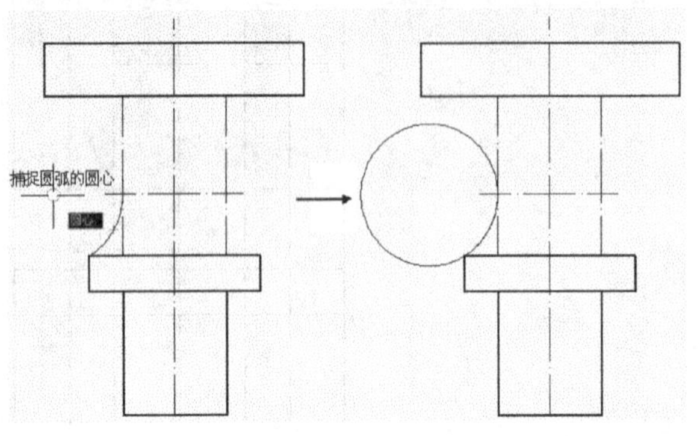

图9-110

04 捕捉如图9-76所示的点1为起点，绘制一条与圆相切的直线段，如图9-111所示。

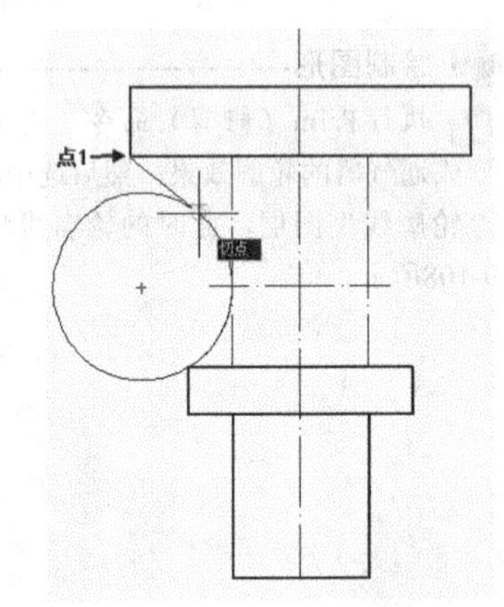

图9-111

05 修剪半径为16mm的圆，然后镜像复制这几段圆弧，如图9-112所示。

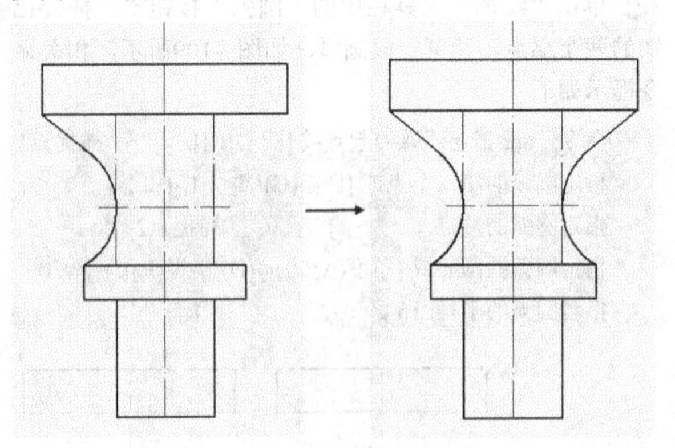

图9-112

06 执行Arc（圆弧）命令，绘制一段圆弧，如图9-113所示，相关命令提示如下。

```
命令: _arc 指定圆弧的起点或 [圆心(C)]:        //捕捉点1
指定圆弧的第二个点或 [圆心(C)/端点(E)]: e ↙
指定圆弧的端点:                          //捕捉点2
指定圆弧的圆心或 [角度(A)/方向(D)/半径(R)]: r ↙
指定圆弧的半径: 44 ↙
```

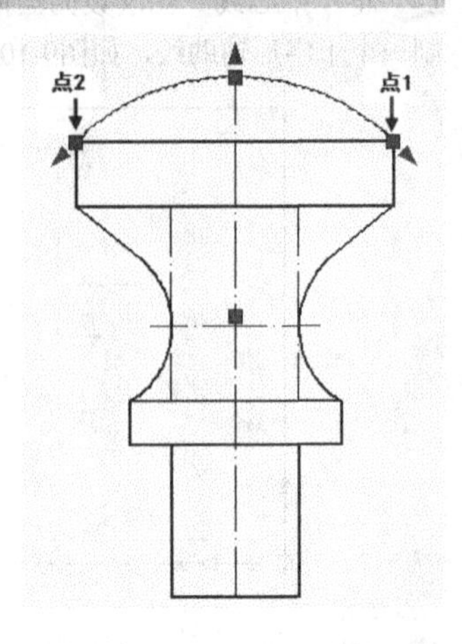

图9-113

专家点拨

在使用"起点、端点、半径"的方式绘制圆弧时，指定的起点和端点顺序不一样的话，绘制出来的圆弧方向是不同的。

07 下面用虚线绘制气孔。单击"修改"工具栏中的"偏移"按钮，将中间的垂直辅助线向左、右各偏移4mm，将水平辅助线向上、下各偏移4mm，如图9-114所示。

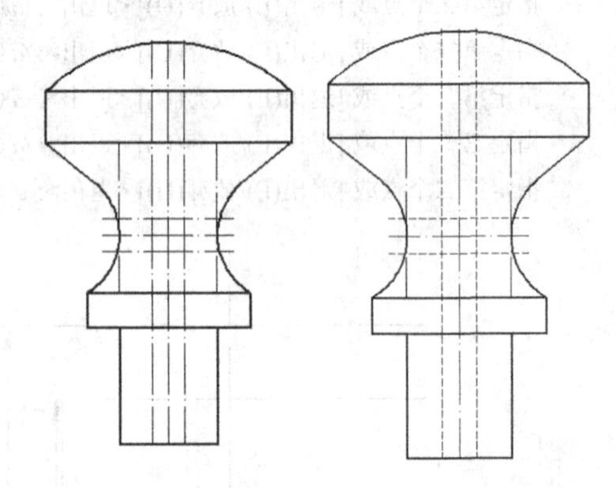

图9-114

08 单击"修改"工具栏中的"修剪"按钮，修剪掉多余的直线，结果如图9-115所示。

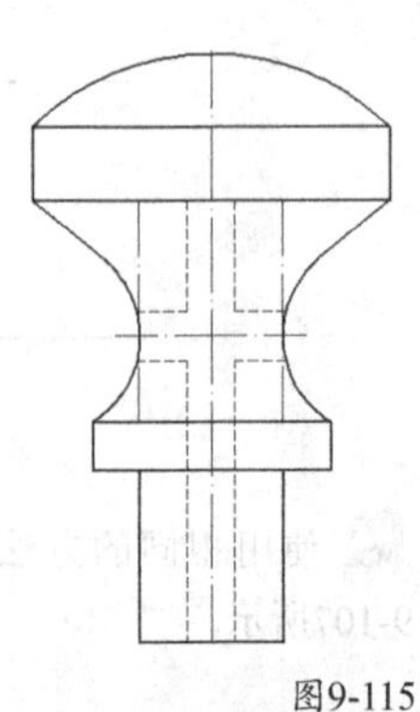

图9-115

09 单击“修改”工具栏中的“偏移”按钮，将中间的水平辅助线向上偏移12mm和14mm，然后进行修剪，如图9-116所示。

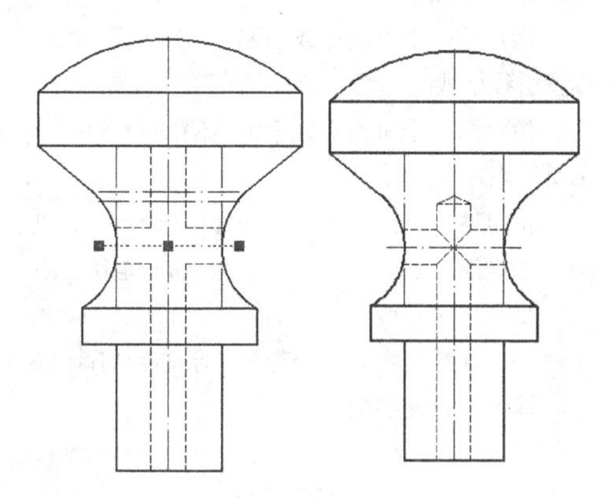

图9-116

10 单击“修改”工具栏中的“倒角”按钮，设置倒角距离为4mm，对底边的两个角进行倒角，如图9-117所示，相关命令提示如下。

命令: _chamfer

(“修剪”模式) 当前倒角距离 1 = 0.00，距离 2 = 0.00

选择第一条直线或[放弃(U)/多段线(P)/距离(D)/角度(A)/修剪(T)/方式(E)/多个(M)]: d ↙

指定第一个倒角距离 <0.00>: 4 ↙

指定第二个倒角距离 <4.00>: ↙

选择第一条直线或 [放弃(U)/多段线(P)/距离(D)/角度(A)/修剪(T)/方式(E)/多个(M)]: //选择直线A

选择第二条直线，或按住 Shift 键选择要应用角点的直线: //选择直线B

命令: //按空格键继续执行该命令

CHAMFER

(“修剪”模式) 当前倒角距离 1 = 4.00，距离 2 = 4.00

选择第一条直线或 [放弃(U)/多段线(P)/距离(D)/角度(A)/修剪(T)/方式(E)/多个(M)]: //选择直线A

选择第二条直线，或按住 Shift 键选择要应用角点的直线: //选择直线C

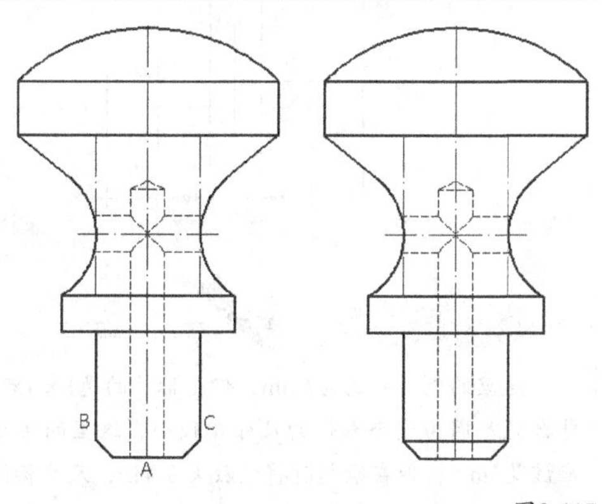

图9-117

填充图案

单击“绘图”工具栏中的“图案填充”按钮，接着在弹出的对话框中选择NET图案，并设置填充的“角度”为45°，如图9-118所示，然后填充图形，如图9-119所示。

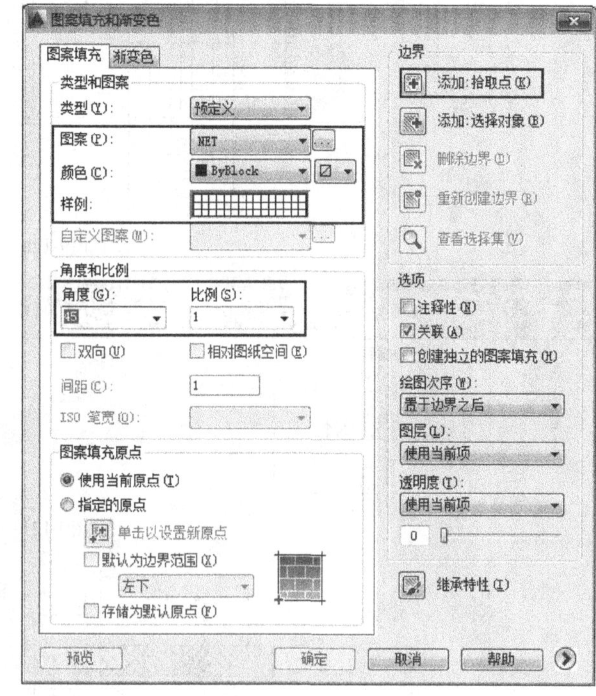

图9-118

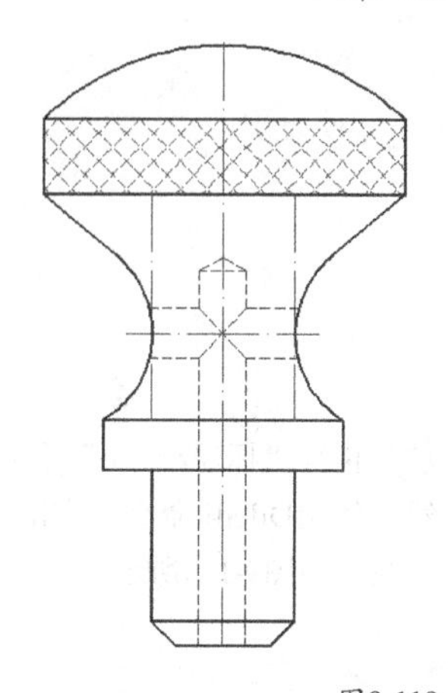

图9-119

标注尺寸

01 将“尺寸标注”图层设为当前图层，然后执行“标注>线性”菜单命令，标注通气器的尺寸，如图9-120所示。

02 在命令行输入Ddedit命令并回车，编辑标注文字，在标注尺寸的前面输入直径符号，如图9-121所示，然后单击“确定”按钮；接着编辑其它要修改的标注文字，完成后的效果如图9-122所示。

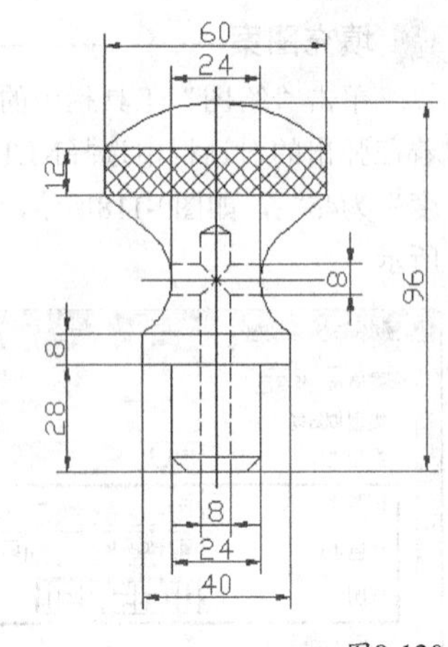

图9-120

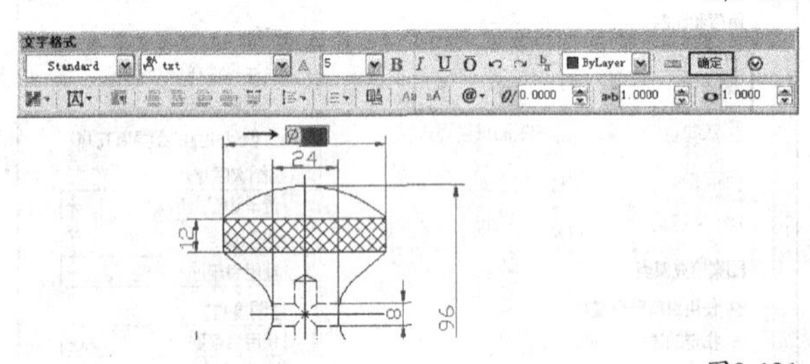

图9-121

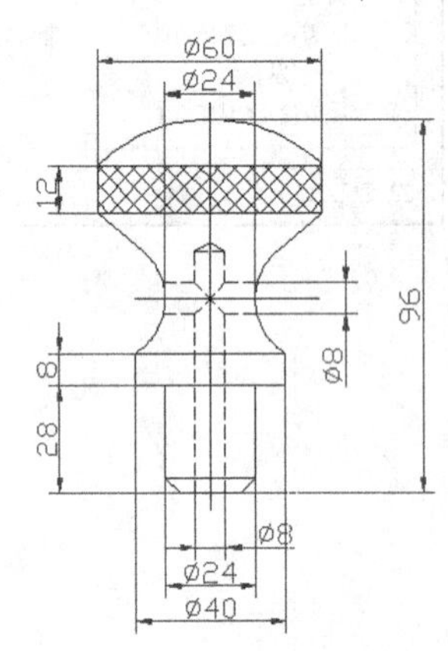

图9-122

03 执行“标注>半径”菜单命令，标注出圆弧的半径，然后使用Ddedit命令，在R44前面加一个S，表示球体的半径，如图9-123所示。

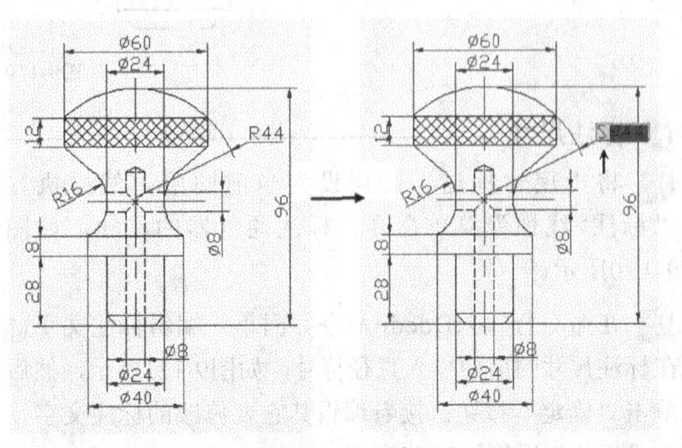

图9-123

04 在命令行输入Qleader命令并回车，标注倒角部分，如图9-124~图9-126所示，相关命令提示如下。

命令: qleader ↙

指定第一个引线点或 [设置(S)] <设置>: ↙　　//按回车键设置引线格式

指定第一个引线点或 [设置(S)] <设置>:　　//确定第一个引线点

指定下一点:　　//确定第二点

指定下一点:　　//确定第三点

指定文字宽度 <2>: 2 ↙

输入注释文字的第一行 <多行文字(M)>: 1×45%%d ↙

输入注释文字的下一行: ↙

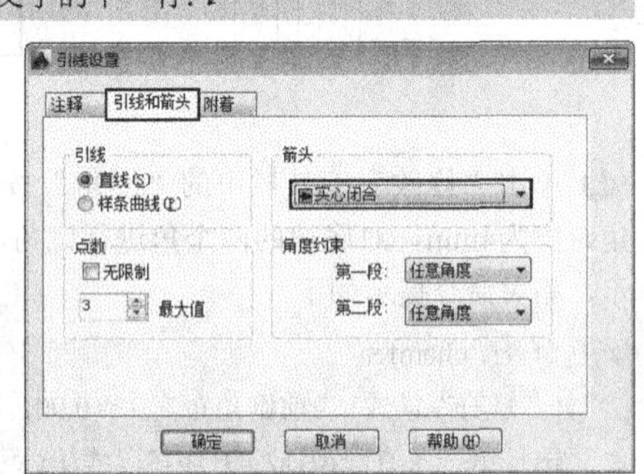

图9-124

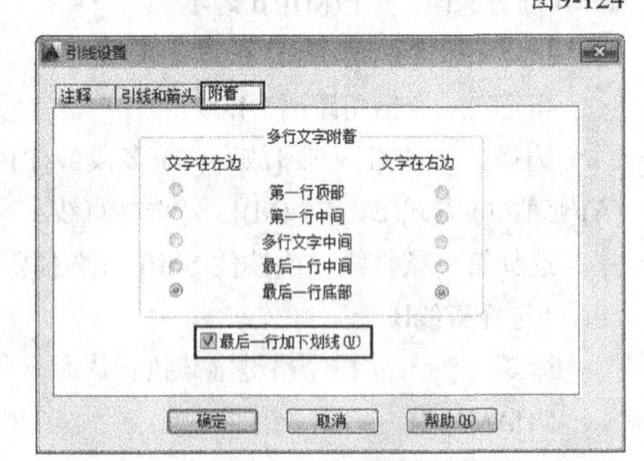

图9-125

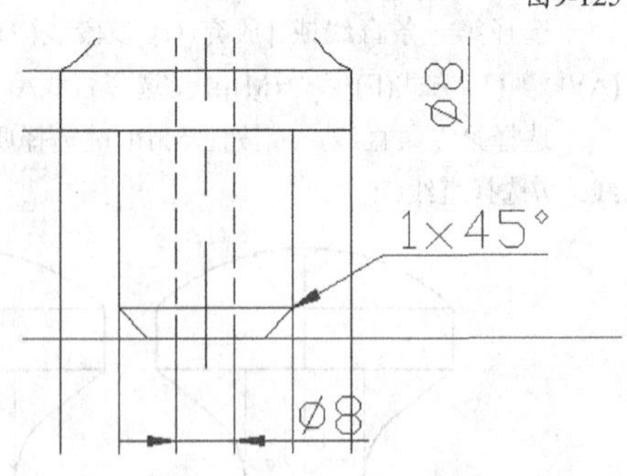

图9-126

这里的倒角距离为4mm，但是标注的是1×45°，这是为什么呢？因为这个零件的尺寸比较小，这里的实际倒角距离应该是1mm，但在绘制时将它放大了4倍，尺寸标注要以实际尺寸为准，而不是放大之后的。

05 执行“格式>标注样式”菜单命令，在“标注样式管理器”对话框中选择当前使用的标注样式，然后单击“修改”按钮，如图9-127所示。

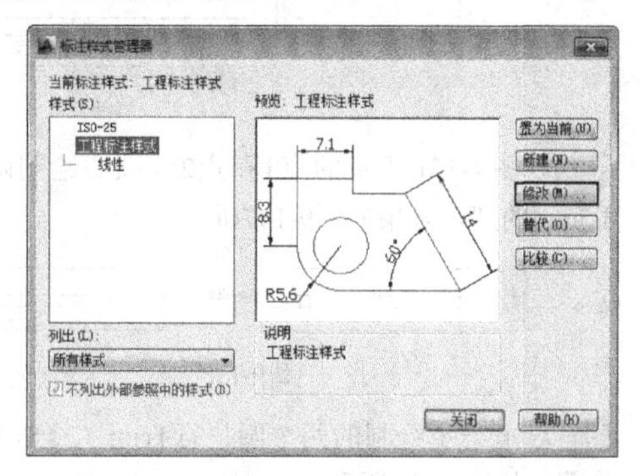

图9-127

06 切换到“主单位”选项卡，设置“比例因子”为0.25，也就是将当前的标注缩小 4倍，如图9-128所示，然后单击“确定”按钮，最后单击“关闭”按钮，标注修改之后的效果如图9-129所示。

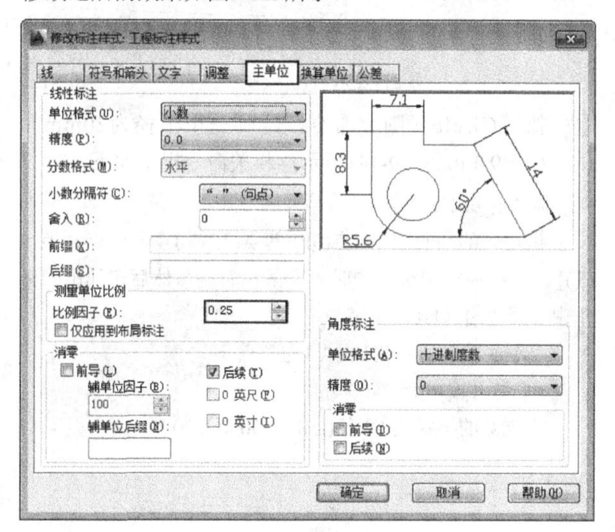

图9-128

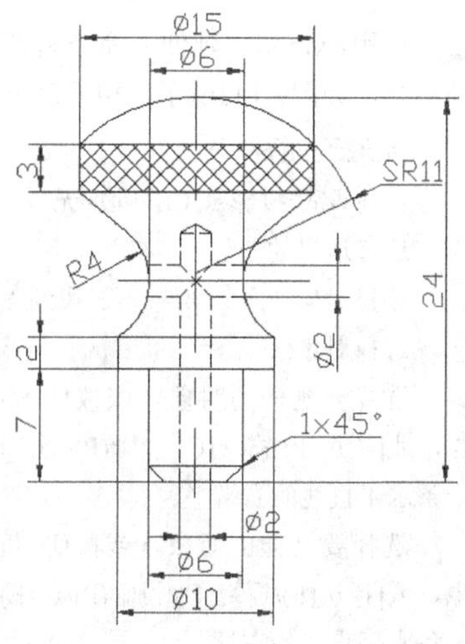

图9-129

绘制标题栏

绘制标题栏，然后填写文字，最后插入标注表面粗糙度符号，最终效果如图9-130所示。

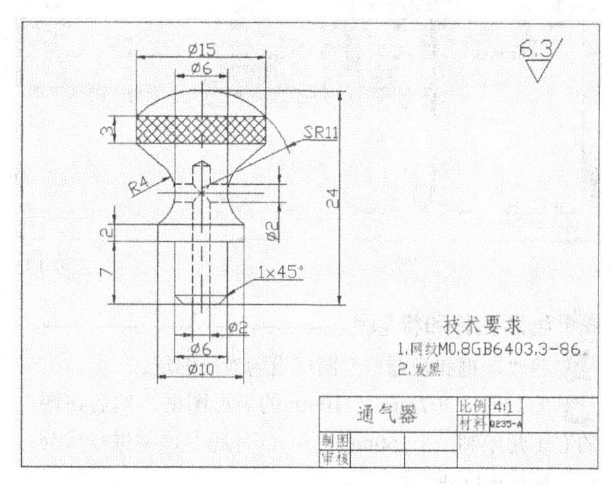

图9-130

9.1.6 综合实例——绘制连接板两视图

素材位置　第9章>素材文件>表面粗糙度.dwg
实例位置　第9章>实例文件>9.1.6.dwg
技术掌握　连接板两视图的绘制方法

本节将要绘制一个连接板的零件图，根据这个连接板的结构特点，采用一个主视图和一个斜视图即可将其结构表达得很清楚，如图9-131所示。

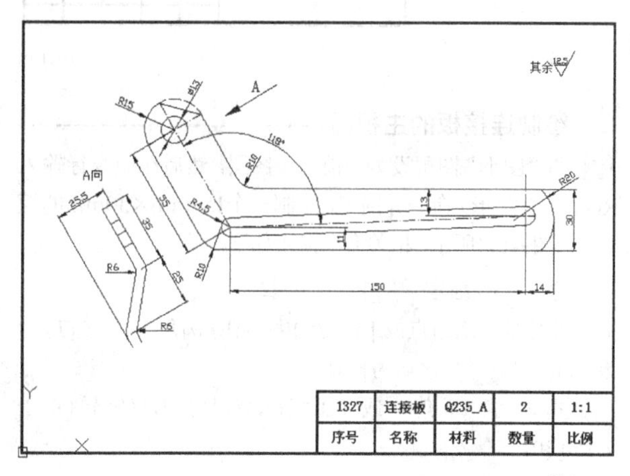

图9-131

设置绘图环境

01 运行AutoCAD 2014，并新建一个dwg文件。

02 使用Limits（图形界限）命令设置A4图幅（297mm×210mm），然后使用Zoom（缩放）命令将设置好的绘图界限放大至全屏显示。

03 设置本例的图层，并定义相关的属性，本例需要设置4个图层，分别命名为：图形、尺寸标注、技术要求、图框和标题栏，如图9-132所示。其中，“图形”图层放置一组视图（包括视图、剖视图、剖面图等）；“尺寸标注”图层放置零件图的所有尺寸标注；“技术要求”

图层放置表面粗糙度标注和形位公差标注；“图框和标题栏”放置图框和标题栏。

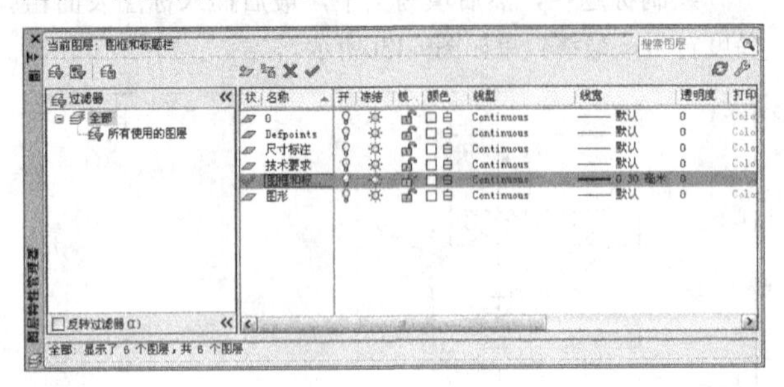

图9-132

绘制图框和标题栏

01 将“图框和标题栏”图层设为当前图层。

02 绘制一个297mm×210mm的矩形图框，然后在图框的右下角绘制一个150mm×30mm标题栏，并进行拆分，结果如图9-133所示。

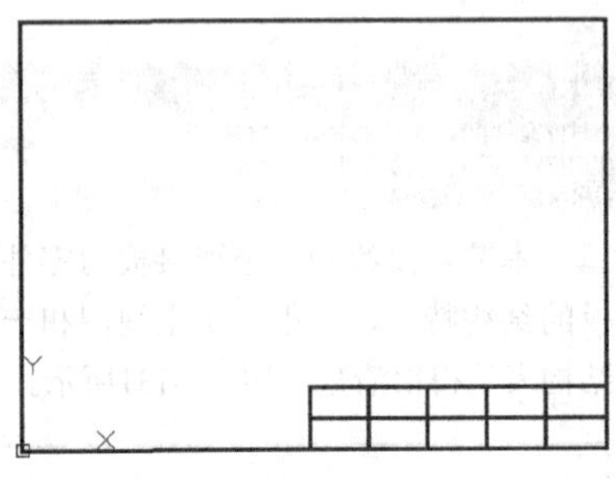

图9-133

绘制连接板的主视图

01 将“图形”图层设为当前工作图层，然后在命令行输入Rectang（矩形）命令并回车，绘制一个150mm×30mm的矩形，如图9-134所示，相关命令提示如下。

```
命令: _rectang
指定第一个角点或 [倒角(C)/标高(E)/圆角(F)/厚度(T)/宽度(W)]:  //在绘图区域内拾取一点
指定另一个角点或 [面积(A)/尺寸(D)/旋转(R)]: @150,30↙
```

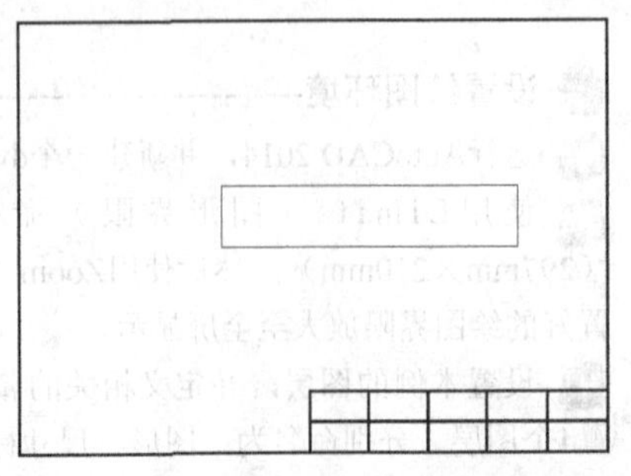

图9-134

02 将上一步绘制的矩形执行Explode（分解）命令进行分解，然后将上面一条水平直线执行Offset（偏移）命令向下偏移（或者复制）13mm，再将下面一条水平直线向上偏移（或者复制）11mm，如图9-135所示。

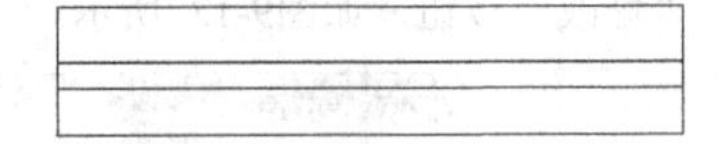

图9-135

03 以图9-136所示的点1和点2为圆心绘制两个半径为4.5mm的圆，效果如图9-137所示。

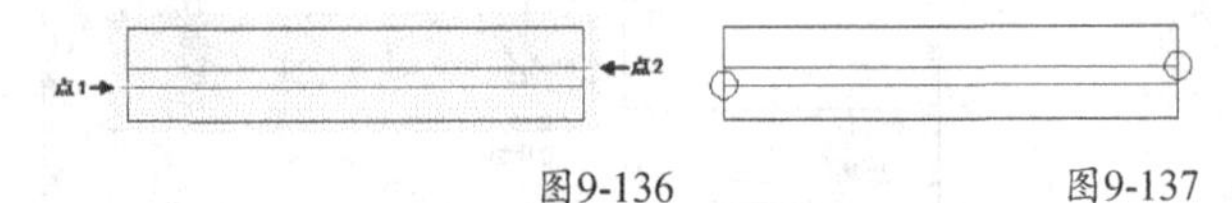

图9-136　　图9-137

04 对上一步绘制的两个圆执行Trim（修剪）命令进行修剪，如图9-138所示。

05 删除两条偏移（复制）生成的水平直线和两条垂直直线，然后绘制连接圆弧端点和圆心的直线段，如图9-139所示。

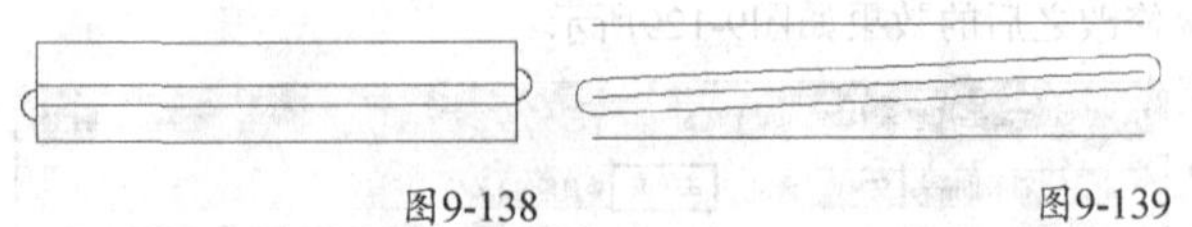

图9-138　　图9-139

06 执行Circle（圆）命令，绘制一个半径为20mm的圆，如图9-140和图9-141所示，相关命令提示如下。

```
命令: _circle
指定圆的圆心或 [三点(3P)/两点(2P)/切点、切点、半径(T)]:  //按住Shift键的同时单击鼠标右键，然后在弹出的菜单中选择“自（F）”命令
_from 基点:  //捕捉点1为基点
<偏移>: @-6,15↙
指定圆的半径或 [直径(D)] <4.5000>: 20↙
```

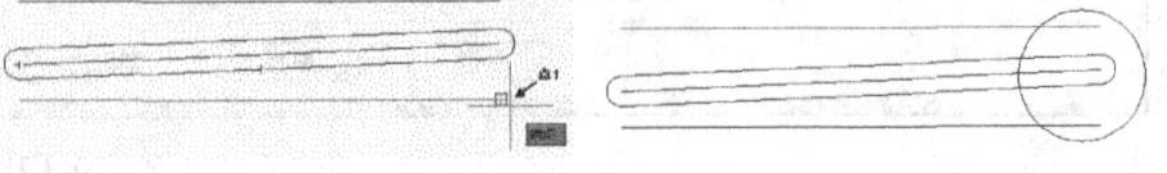

图9-140　　图9-141

07 使用Extend（延伸）命令将两条水平直线延伸至与圆相交，如图9-142所示，相关命令提示如下。

```
命令: _extend
当前设置:投影=UCS，边=无
选择边界的边...
选择对象或 <全部选择>: 找到 1 个        //选择圆
选择对象: ↙
选择要延伸的对象，或按住 Shift 键选择要修剪的对象，或[栏选(F)/窗交(C)/投影(P)/边(E)/放弃(U)]:  //单击上面一条水平直线的右端
选择要延伸的对象，或按住 Shift 键选择要修剪的对象，或[栏选(F)/窗交(C)/投影(P)/边(E)/放弃(U)]:  //单击下面一条水平直线的右端
```

选择要延伸的对象，或按住 Shift 键选择要修剪的对象，或[栏选(F)/窗交(C)/投影(P)/边(E)/放弃(U)]: ↙

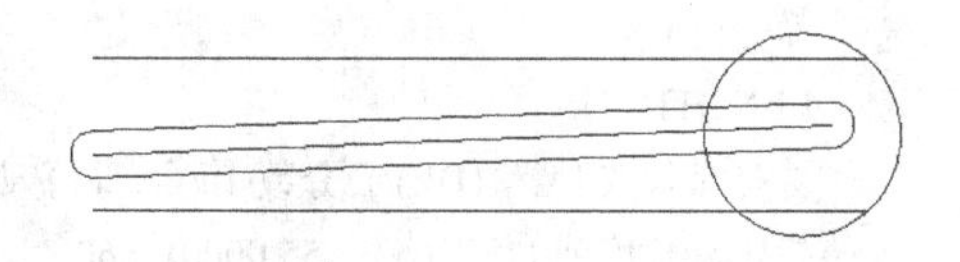

图9-142

08 使用Trim（修剪）命令修剪多余的圆弧段，完成连接板右端圆弧结构的绘制，如图9-143所示。

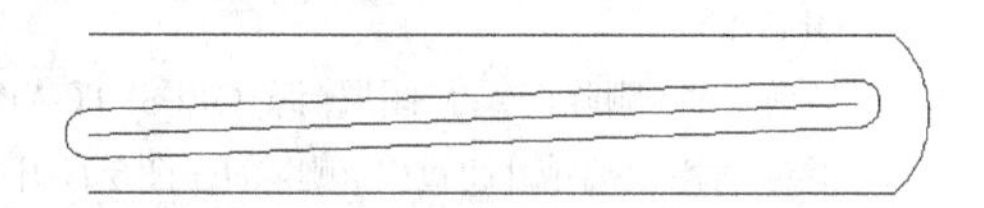

图9-143

09 执行Rotate（旋转）命令，将连接圆心的直线绕图9-144所示的端点旋转118°，效果如图9-145所示，相关命令提示如下。

命令: ro↙
ROTATE
UCS 当前的正角方向: ANGDIR=逆时针 ANGBASE=0
选择对象: 找到 1 个　　//选择连接圆心的直线
选择对象: ↙
指定基点:　　//捕捉点1
指定旋转角度，或 [复制(C)/参照(R)] <0>: 118↙

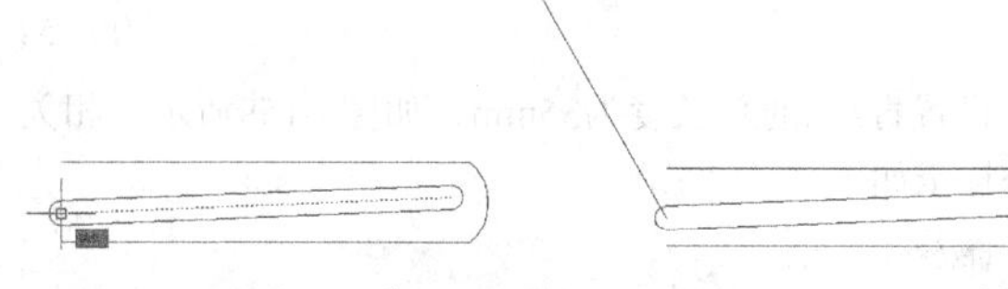

图9-144　　图9-145

10 设置旋转后的直线的总长度，根据绘图要求，这里的长度为55mm，修改后的效果如图9-146所示，相关命令提示如下。

命令: len↙
LENGTHEN
选择对象或 [增量(DE)/百分数(P)/全部(T)/动态(DY)]: t↙
指定总长度或 [角度(A)] <1.0000)>: 55↙
选择要修改的对象或 [放弃(U)]:　　//单击旋转后的直线的左上端
选择要修改的对象或 [放弃(U)]: ↙

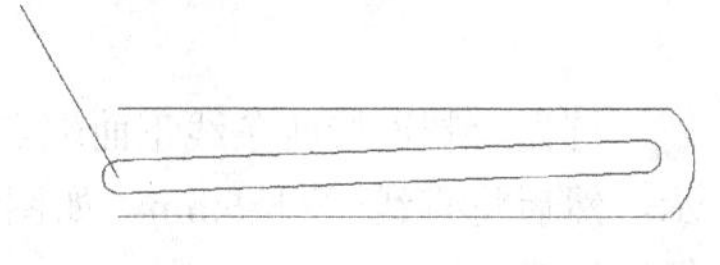

图9-146

11 执行Extend（延伸）命令，延伸长度为55mm的直线，如图9-147所示，相关命令提示如下。

命令: _extend
当前设置:投影=UCS，边=无
选择边界的边...
选择对象或 <全部选择>: 找到 1 个　　//选择直线a
选择对象: ↙
选择要延伸的对象，或按住 Shift 键选择要修剪的对象，或[栏选(F)/窗交(C)/投影(P)/边(E)/放弃(U)]: //单击直线b的右下端
选择要延伸的对象，或按住 Shift 键选择要修剪的对象，或[栏选(F)/窗交(C)/投影(P)/边(E)/放弃(U)]: ↙

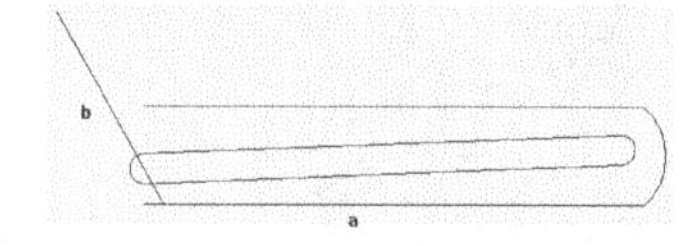

图9-147

12 将图9-148所示的直线b向左右两侧各偏移15mm，然后延伸直线a与直线c使其相交，如图9-149所示。

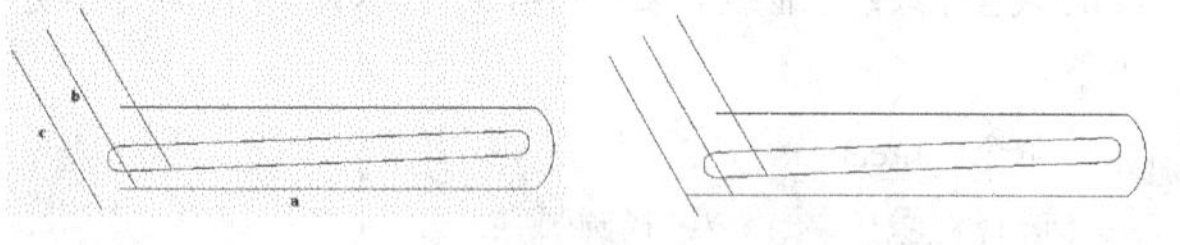

图9-148　　图9-149

13 绘制拐角处的过渡圆弧，执行Fillet（圆角）命令创建圆角，如图9-150所示，相关命令提示如下。

命令: _fillet
当前设置: 模式 = 修剪，半径 = 6.0000
选择第一个对象或 [放弃(U)/多段线(P)/半径(R)/修剪(T)/多个(M)]: r↙
指定圆角半径 <6.0000>: 10↙
选择第一个对象或 [放弃(U)/多段线(P)/半径(R)/修剪(T)/多个(M)]: m↙
选择第一个对象或 [放弃(U)/多段线(P)/半径(R)/修剪(T)/多个(M)]:　　//单击直线a
选择第二个对象，或按住 Shift 键选择对象以应用角点或 [半径(R)]:　　//单击直线b
选择第一个对象或 [放弃(U)/多段线(P)/半径(R)/修剪(T)/多个(M)]:　　//单击直线c
选择第二个对象，或按住 Shift 键选择对象以应用角点或 [半径(R)]:　　//单击直线d
选择第一个对象或 [放弃(U)/多段线(P)/半径(R)/修剪(T)/多个(M)]: ↙

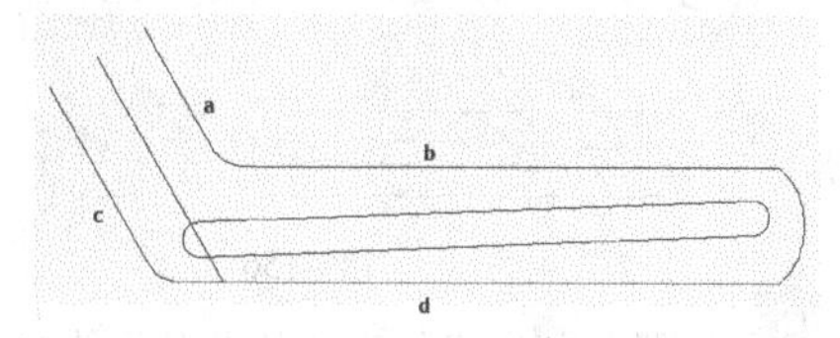

图9-150

14 如图9-151所示，以直线a的左上端点为圆心，绘制两个半径分别为6.5mm和15mm的同心圆，然后延长直线a，如图9-152所示。

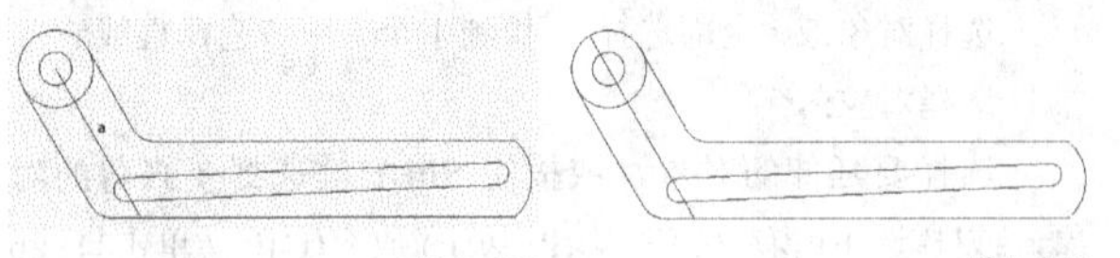

图9-151　　图9-152

15 首先绘制点1和点2的连接直线，如图9-153所示，然后修剪半径为15mm的圆，如图9-154所示。

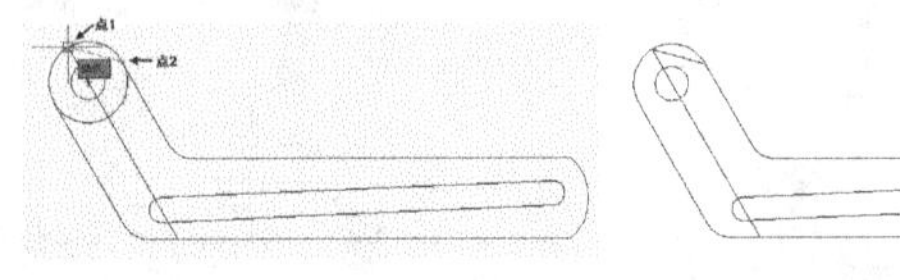

图9-153　　图9-154

16 单击“修改”工具栏中的“打断于点”按钮，将半径为15mm的圆弧从点1位置打断，然后将右边的圆弧段的线型修改为虚线，如图9-155所示，相关命令提示如下。

命令: _break
选择对象:　　　//选择圆弧
指定第二个打断点 或 [第一点(F)]: _f
指定第一个打断点:　　　//捕捉点1
指定第二个打断点: @

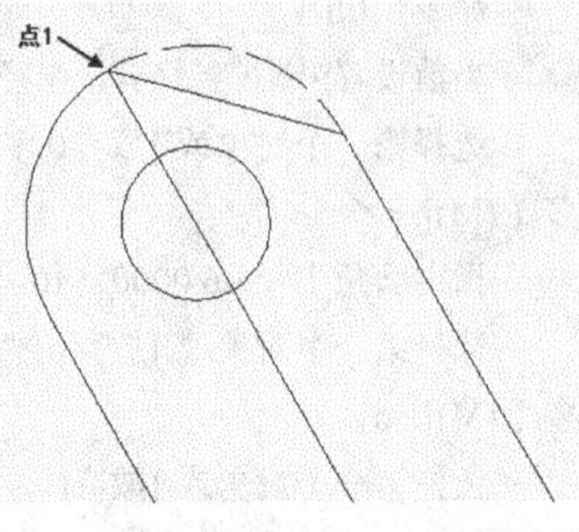

图9-155

绘制A向斜视图

01 在主视图中标注A向，结果如图9-156所示。

02 如图9-157所示，将直线a复制一份到右下方适当位置。

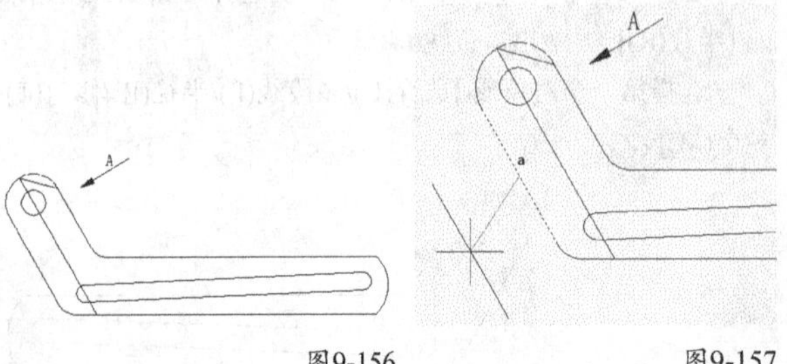

图9-156　　图9-157

03 设置复制生成的直线的总长度为60mm，然后将其偏移20.5mm生成另一条长度为60mm的平行直线，如图9-158所示，相关命令提示如下。

命令: LEN↙
LENGTHEN
选择对象或 [增量(DE)/百分数(P)/全部(T)/动态(DY)]: t↙
指定总长度或 [角度(A)] <55.0000)>: 60↙
选择要修改的对象或 [放弃(U)]:　　　//单击直线a下端
选择要修改的对象或 [放弃(U)]: ↙
命令: O↙
OFFSET
当前设置: 删除源=否　图层=源　OFFSETGAPTYPE=0
指定偏移距离或 [通过(T)/删除(E)/图层(L)] <15.0000>: 20.5↙
选择要偏移的对象，或 [退出(E)/放弃(U)] <退出>: //选择直线a
指定要偏移的那一侧上的点，或 [退出(E)/多个(M)/放弃(U)] <退出>:　　　//在直线a左侧单击鼠标左键
选择要偏移的对象，或 [退出(E)/放弃(U)] <退出>:↙

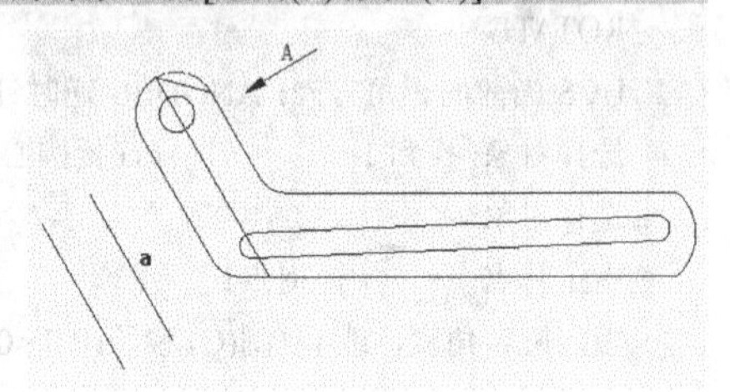

图9-158

04 设置直线a的总长度为35mm，如图9-159所示，相关命令提示如下。

命令: len↙
LENGTHEN
选择对象或 [增量(DE)/百分数(P)/全部(T)/动态(DY)]: t↙
指定总长度或 [角度(A)] <60.0000)>: 35↙
选择要修改的对象或 [放弃(U)]:　　　//单击直线a下端
选择要修改的对象或 [放弃(U)]: ↙

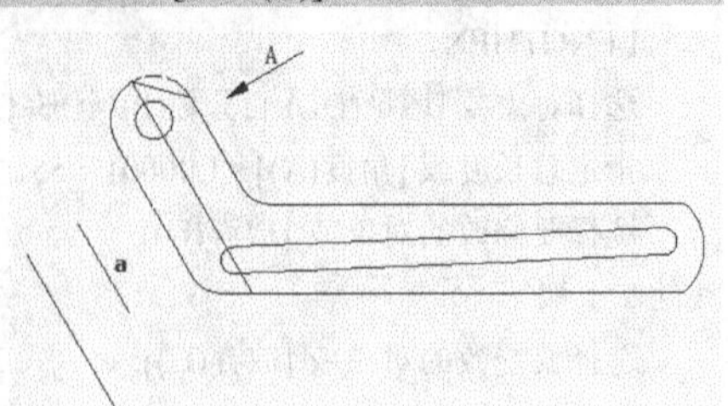

图9-159

05 首先绘制连接两条线下面端点的直线，如图9-160所示，然后将直线a拉长6mm，如图9-161所示，相关命令提示如下。

命令: _line
指定第一个点:　　　//捕捉点1

指定下一点或 [放弃(U)]: //捕捉点2
指定下一点或 [放弃(U)]: ↙
命令: len↙
LENGTHEN
选择对象或 [增量(DE)/百分数(P)/全部(T)/动态(DY)]: de↙
输入长度增量或 [角度(A)] <0.0000>: 6↙
选择要修改的对象或 [放弃(U)]: //单击直线a的下端
选择要修改的对象或 [放弃(U)]: ↙

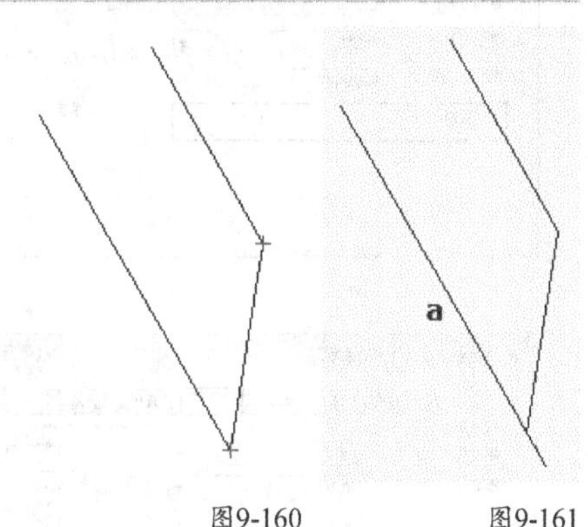

图9-160 图9-161

06 利用Trim（修剪命令）修剪多余的线段，如图9-162所示。

07 将上一步修剪后保留的3条线段向两侧各偏移2.5mm，如图9-163所示。

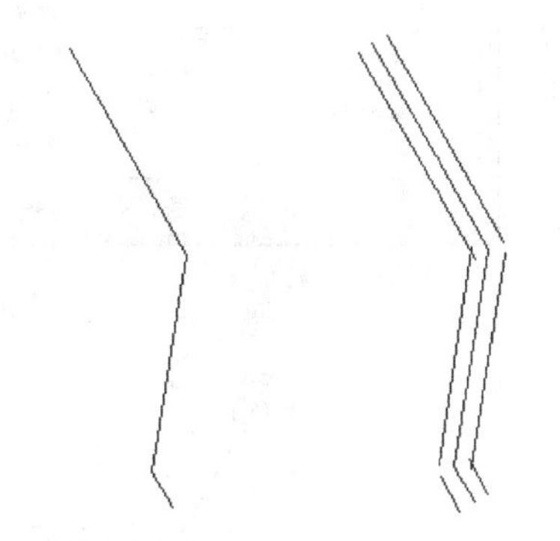

图9-162 图9-163

08 绘制拐角处的过渡圆弧，如图9-164所示，相关命令提示如下。

命令: _fillet
当前设置: 模式 = 修剪，半径 = 10.0000
选择第一个对象或 [放弃(U)/多段线(P)/半径(R)/修剪(T)/多个(M)]: r↙
指定圆角半径 <10.0000>: 6↙
选择第一个对象或 [放弃(U)/多段线(P)/半径(R)/修剪(T)/多个(M)]: m↙
选择第一个对象或 [放弃(U)/多段线(P)/半径(R)/修剪(T)/多个(M)]: //单击直线a
选择第二个对象，或按住 Shift 键选择对象以应用角点或 [半径(R)]: //单击直线b
选择第一个对象或 [放弃(U)/多段线(P)/半径(R)/修剪(T)/多个(M)]: //单击直线b
选择第二个对象，或按住 Shift 键选择对象以应用角点或 [半径(R)]: //单击直线c
选择第一个对象或 [放弃(U)/多段线(P)/半径(R)/修剪(T)/多个(M)]: //单击直线d
选择第二个对象，或按住 Shift 键选择对象以应用角点或 [半径(R)]: //单击直线e
选择第一个对象或 [放弃(U)/多段线(P)/半径(R)/修剪(T)/多个(M)]: //单击直线e
选择第二个对象，或按住 Shift 键选择对象以应用角点或 [半径(R)]: //单击直线f
选择第一个对象或 [放弃(U)/多段线(P)/半径(R)/修剪(T)/多个(M)]: ↙

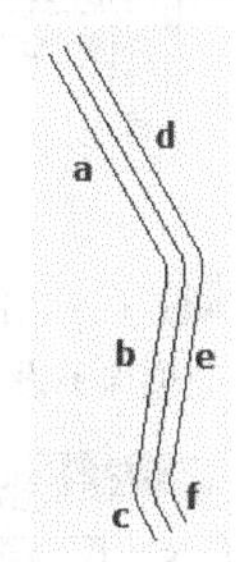

图9-164

09 如图9-165所示，首先绘制连接点1和点2的直线，然后将该直线向下偏移15mm生成一条新直线，接着将新直线分别向上下各偏移6.5mm，并将生成的直线的线型修改为虚线。

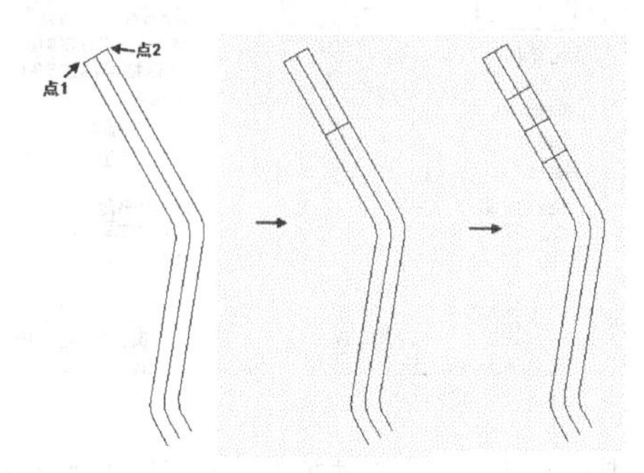

图9-165

10 在主视图中绘制相关的轴线或中心线，并将其线型设置为点划线，如图9-166所示。

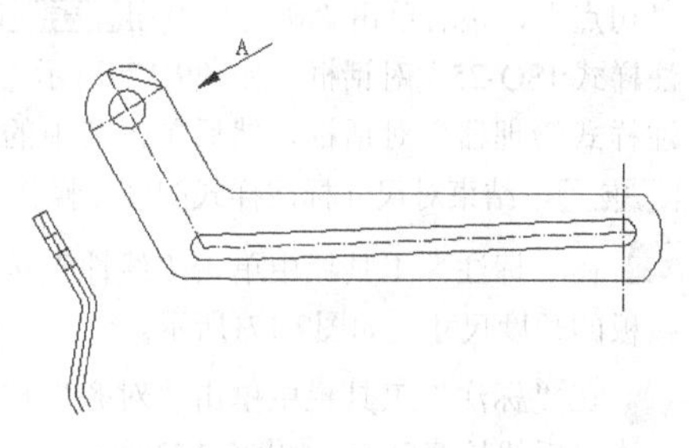

图9-166

标注尺寸

01 将“尺寸标注”图层设为当前工作图层。

02 执行“格式>标注样式”菜单命令，系统弹出“标注样式管理器”对话框，单击其中的“修改”按钮[修改(M)...]，对当前标注样式ISO-25进行修改，如图9-167所示。

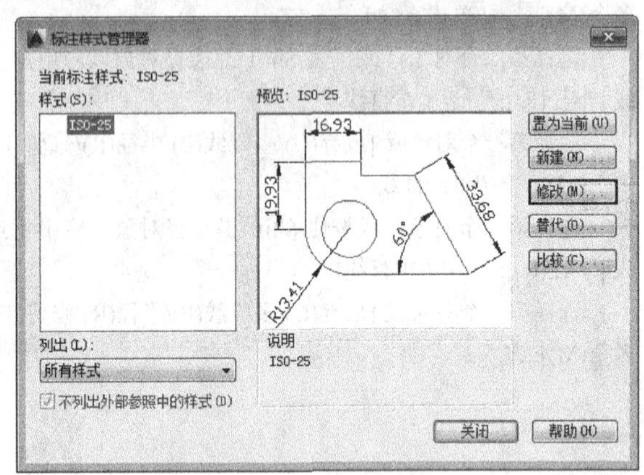

图9-167

03 在弹出的“修改标注样式”对话框中的“符号和箭头”选项卡下设置“箭头”大小为4，如图9-168所示。

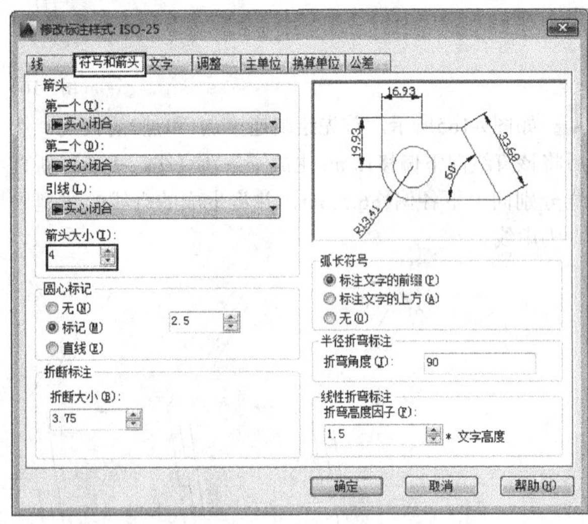

图9-168

04 单击“文字”选项卡，然后设置“文字高度”为3，设置“从尺寸线偏移”为1，如图9-169所示。

05 单击“主单位”选项卡，并设置“小数分隔符”为“句点”，接着单击“确定”按钮[确定]关闭“修改标注样式:ISO-25”对话框，如图9-170所示，系统返回“标注样式管理器”对话框，然后单击其中的“关闭”按钮[关闭]，结束对尺寸标注样式的修改操作。

06 在“标注”工具栏中单击“线性”按钮，标注连接板的长度尺寸，如图9-171所示。

07 在“标注”工具栏中单击“对齐”按钮，继续标注连接板的长度尺寸，如图9-172所示。

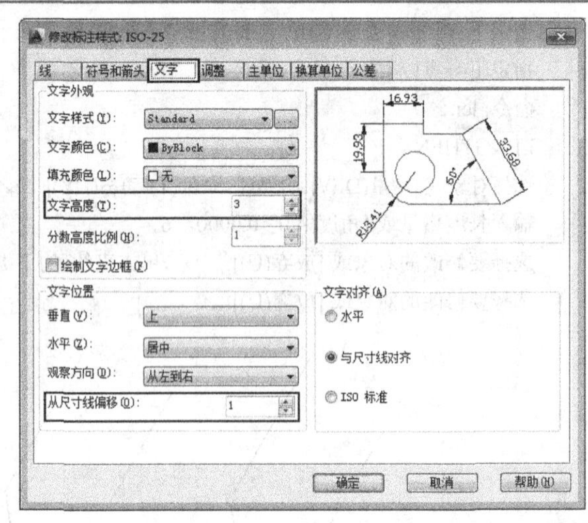

图9-169

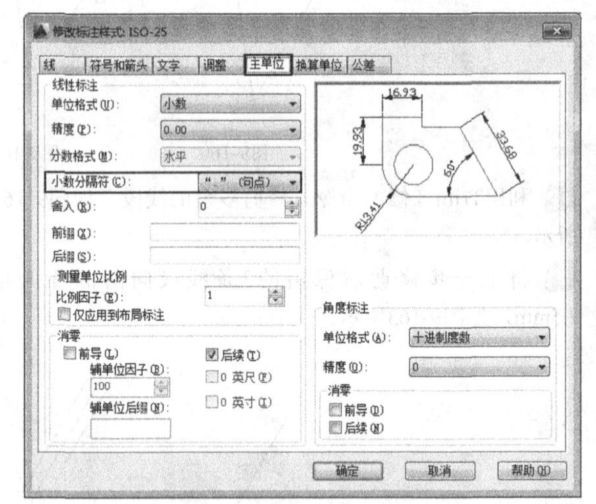

图9-170

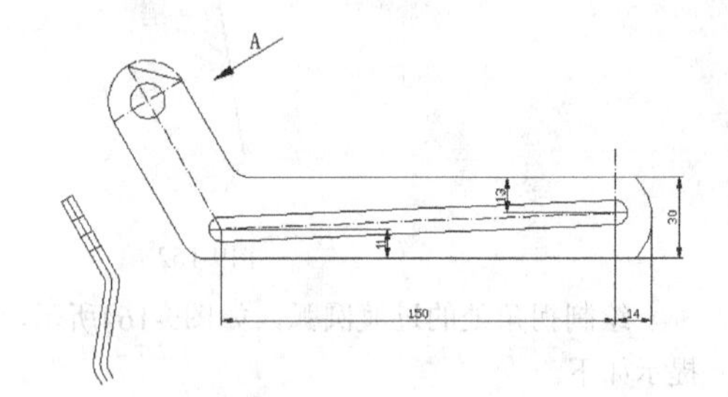

图9-171

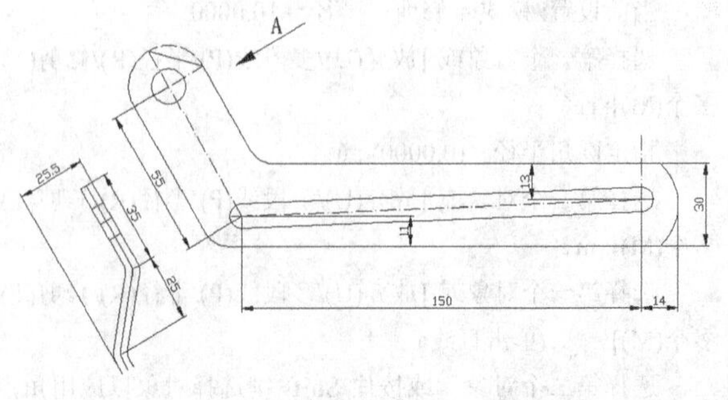

图9-172

专家点拨

注意，这里在标注长度为25.5mm的尺寸时需要绘制辅助线来帮助标注。

08 删除“A向斜视图”中的辅助线，如图9-173所示。

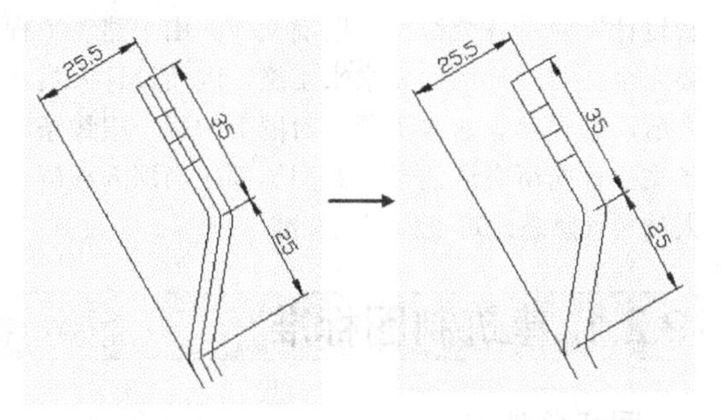

图9-173

09 标注零件图中的直径、半径和角度，如图9-174所示。

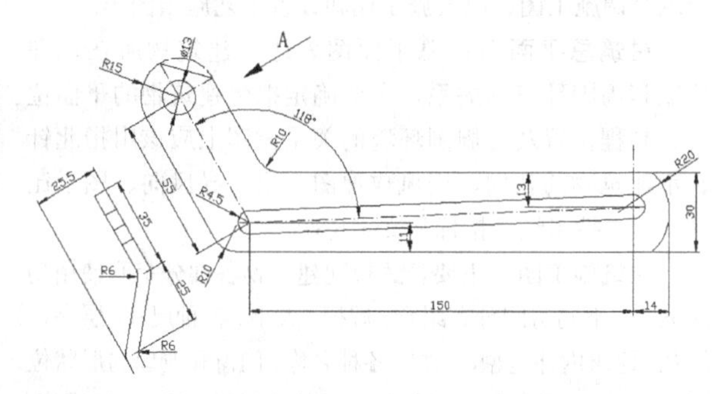

图9-174

标注表面粗糙度

01 将“技术要求”图层设为当前工作图层。

02 单击“绘图”工具栏中的“插入块”按钮，将本书配套光盘中的“第9章>素材文件>表面粗糙度.dwg”文件插入到绘图区域的右上角位置，如图9-175所示。

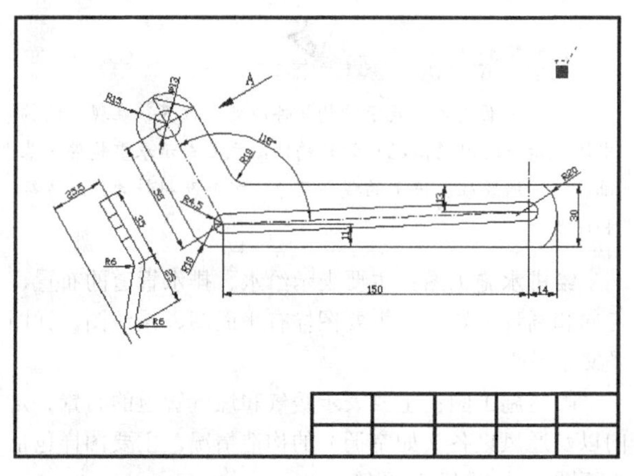

图9-175

03 在表面粗糙度符号上方输入表面粗糙度数值12.5，然后在表面粗糙度符号的左侧输入文字“其余”，文字高度设为4，如图9-176所示。

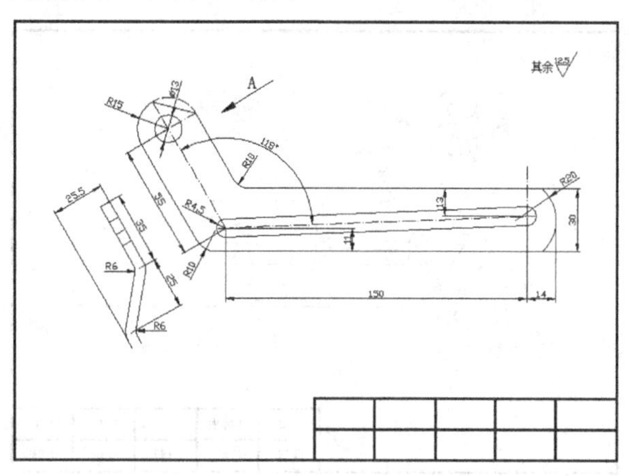

图9-176

填写标题栏

01 将“图框和标题栏”图层设为当前图层。

02 填写标题栏，结果如图9-177所示。

1327	连接板	Q235_A	2	1:1
序号	名称	材料	数量	比例

图9-177

检查图纸并打印输出

01 对图纸进行检查，看是否有错误或者遗漏的地方。通过仔细的检查，可以发现在绘图过程中忘记标注“A向斜视图”了，下面就来补上。将“图形”图层设为当前工作图层，然后在斜视图的正上方输入文字“A向”，如图9-178所示。

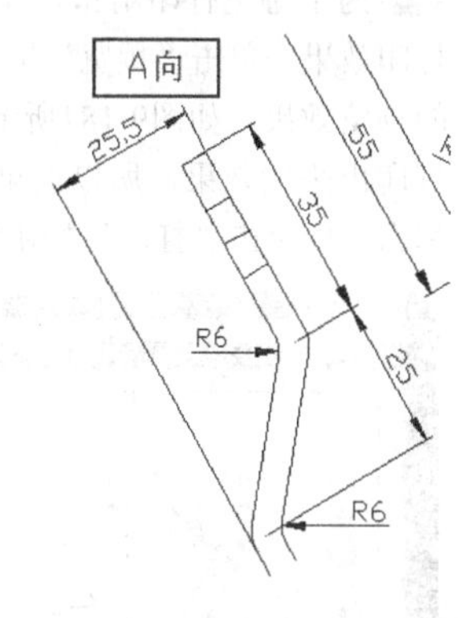

图9-178

02 现在就完成了本例的所有绘图工作，连接板零件图的最终效果如图9-179所示，接下来将图纸打印输出。

03 执行“文件>打印”菜单命令或者按Ctrl+P组合键，系统弹出“打印-模型”对话框，如图9-180所示。

04 在“打印机/绘图仪”参数栏中的“名称”下拉列表框中选择一个打印机，然后在“图纸尺寸”下拉列表框中选择A4图纸，接着勾选“布满图纸”选项，并在“打印范围”下拉列表框中选择“图形界限”选项，如图9-180所示。

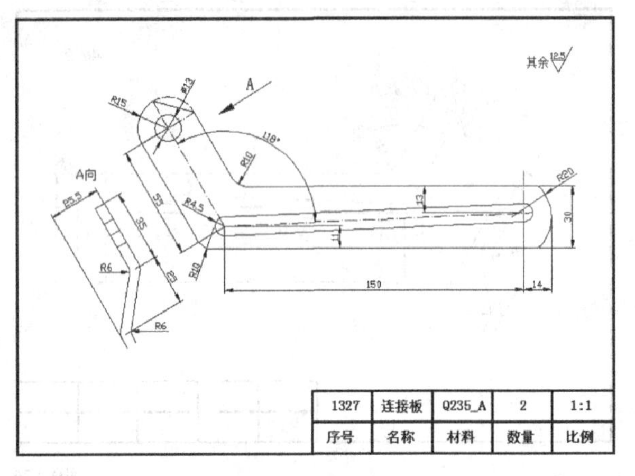

图9-179

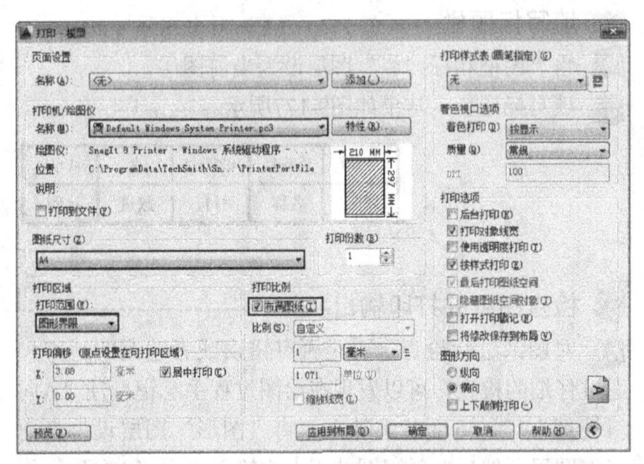

图9-180

05 为了避免打印出错，在打印之前先预览一下图纸的打印效果。单击“预览”按钮[预览(P)...]，系统将显示图纸的预览效果，如图9-181所示。这里的预览效果就是图纸打印出来的效果，所以如果感觉预览效果没什么问题，那么可以单击“打印”按钮开始打印了。

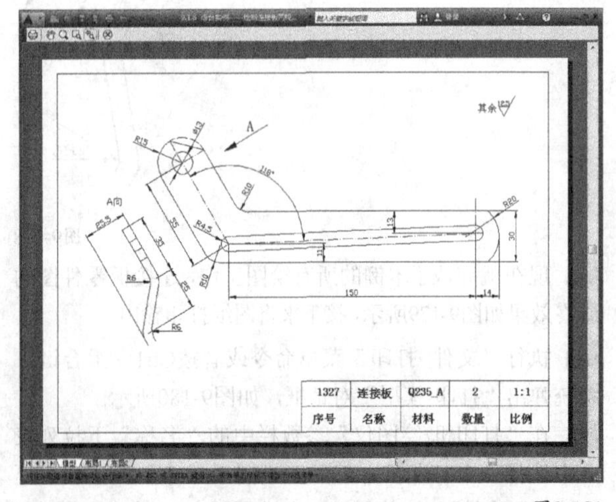

图9-181

9.2 常用建筑图纸绘制

建筑设计图是拟建建筑工程的功能、形式、构造、材料和做法等内容在图纸上的反映，是建筑工程实物量的另一种表达形式，其主要任务是满足施工的要求。一套设计图应当齐全统一，明确无误。由于建筑工程施工要完全按照设计图的要求来实施，因而设计人员在设计之前，必须熟悉建筑工程。对图上的每一根线条，每一条文字说明所表达的设计意图等都应当深入理解。设计人员必须熟悉建筑工程制图标准。

9.2.1 建筑制图标准

图纸类型

房屋建筑的工程图主要包括总说明、总平面图、建筑施工图、结构施工图、给排水施工图、采暖施工图、通风空调施工图、电气施工图和设备工艺施工图等。

建筑总平面图：总平面图表达了建筑物所在地理位置和周围环境的关系，主要确定拟建建筑物的平面位置、高程位置及与周围环境的关系。图上应该用指北针表示建筑物的朝向、用风玫瑰图表示主导风向、图示比例、一些技术经济指标和文字说明。

建筑施工图：主要表达拟建建筑物各部分空间使用功能关系、不同房间分布组合、规模、大小、各种尺寸、层高、层数、建筑内外造型、用材、各种名称、门窗和洞口的形状位置及编号，以及各部分详细的建筑构造做法。建筑施工图主要包括总说明、总平面、门窗表、平面图、立面图、剖面图、施工应图和构造做法等。

结构施工图：结构是保证建筑安全的承重骨架。结构施工图主要表达了承重骨架类型、尺寸、使用材料和做法，主要包括基础平面图及剖面图（不需装饰）、各楼层平面图、屋顶平面图、结构平面图和结构构件图等。

专家点拨

结构平面图主要表示结构构件所处的位置，在现浇结构中还表示板的配筋情况；结构构件图主要表示承重构件（基础、梁、墙或柱、板）的截面尺寸、配筋及材料的强度等级和详图等。

给排水施工图：主要表示给水、排水管道的布置、走向和高程位置等。主要图样有平面图、系统图、详图及文字说明。

暖通施工图：主要表示暖气和煤气管道的布置、走向以及通风设备（如空调）的构造情况。主要图样包括平面图、系统图及详图等。

电气施工图：主要表示电气的布置情况、室内电气设备及线路构造。图样包括平面图、系统图、详图等。

设备工艺施工图：主要表示设备的布置情况、室内设备及线路构造。图样包括平面图、系统图、详图等。

定位轴线的画法和轴线编号的规定

表示建筑物主要构件的位置的点划线称为“定位轴线”，是施工定位和放线的重要依据。定位轴线的画法及编号规则有以下4点。

第1点：定位轴线用细点划线表示，如图9-182所示。

图9-182

第2点：为了看图和查阅的方便，需要对定位轴线进行编号。沿水平方向的编号采用阿拉伯数字，从左向右依次注写；沿垂直方向的编号，采用大写的拉丁字母，从下向上依次注写，如图9-183所示。

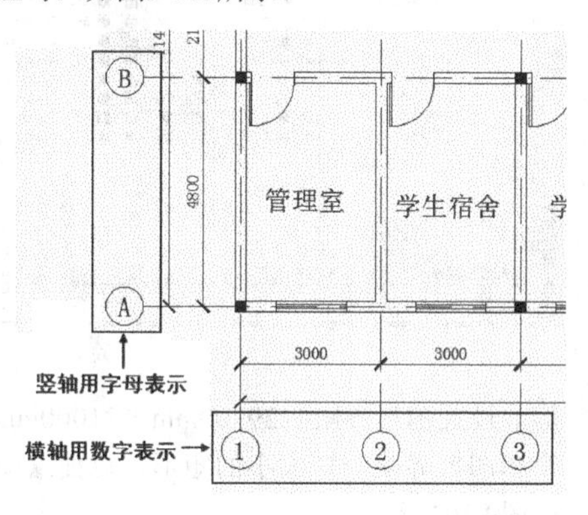

图9-183

为了避免和水平方向的阿拉伯数字相混淆，垂直方向的编号不能用I、O、Z这3个拉丁字母。要注意的是在图9-183中为了编排上的方便，笔者将本来只能用字母表示的横轴，旋转成了竖轴，在实际的工作中一定要记住竖轴用数字，横轴用字母的准则。

第3点：如果一个详图同时适用于几根轴线，那么应该将各有关轴线的编号注明。见下面3张图，图9-184中的图例表示用于两根轴线，图9-185中的图例表示用于3根以上的轴线，图9-186表示用于3根以上连续编号的轴线。

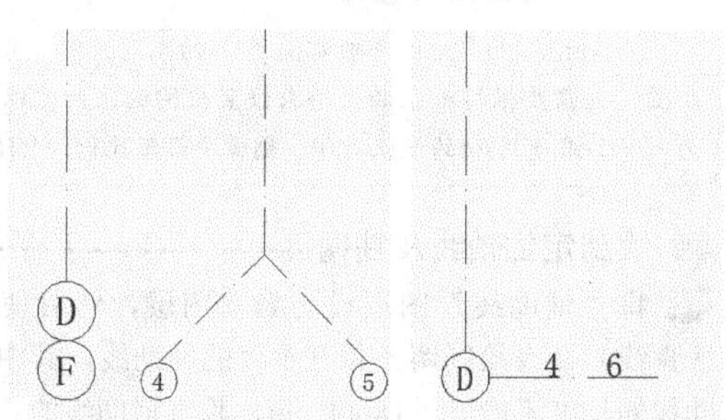

图9-184　　图9-185

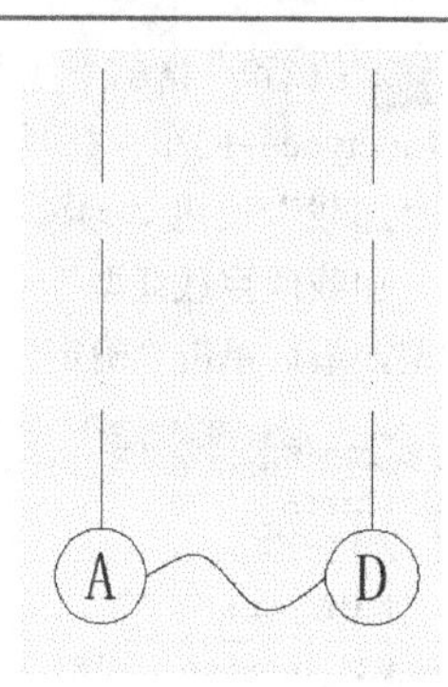

图9-186

第4点：对于次要位置的定位，可以采用附加定位轴线的编号，编号用分数表示。分母表示前一轴线的编号，为阿拉伯数字或大写的拉丁字母；分子表示附加轴线的编号，一律用阿拉伯数字顺序编写。图9-187表示在4号轴线之后附加的第1根轴线，图9-188表示在C轴后附加的第2根轴线。

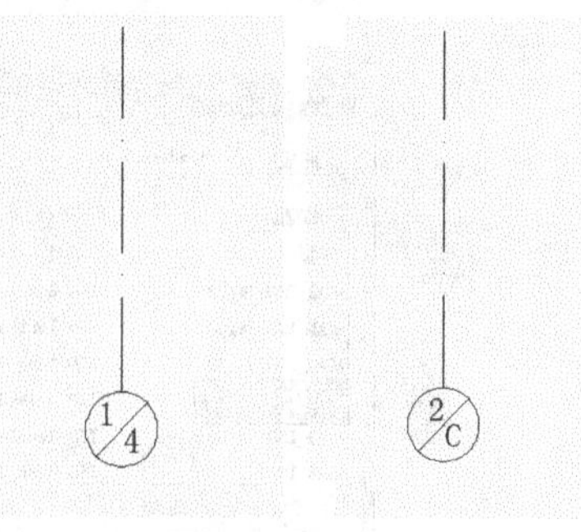

图9-187　　图9-188

9.2.2 综合实例——绘制建筑一层平面图

素材位置　无
实例位置　第9章>实例文件>9.2.2.dwg
技术掌握　建筑平面图轴线的定位方法以及建筑平面图的绘制方法

本例绘制的建筑一层平面图效果如图9-189所示。

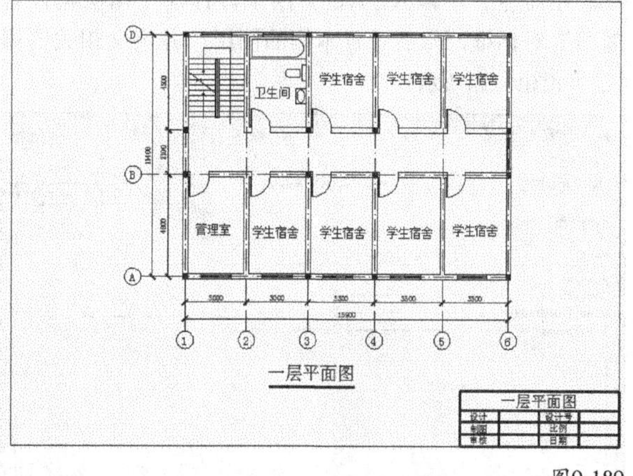

图9-189

设置绘图环境

01 运行AutoCAD 2014，并新建一个dwg文件。

02 执行“格式>线型”菜单命令或在命令行输入Linetype并回车，打开“线型管理器”对话框，然后单击“加载”按钮[加载(L)...]，如图9-190所示，接着在弹出的“加载或重载线型”对话框中选择ACAD_ISO10W100线型，最后单击“确定”按钮[确定]，如图9-191所示。

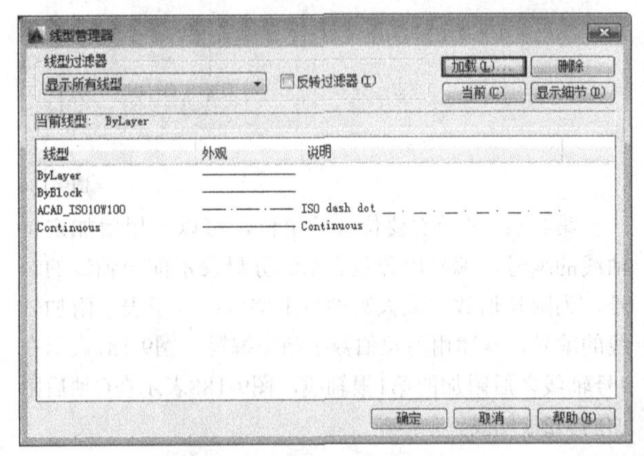

图9-190

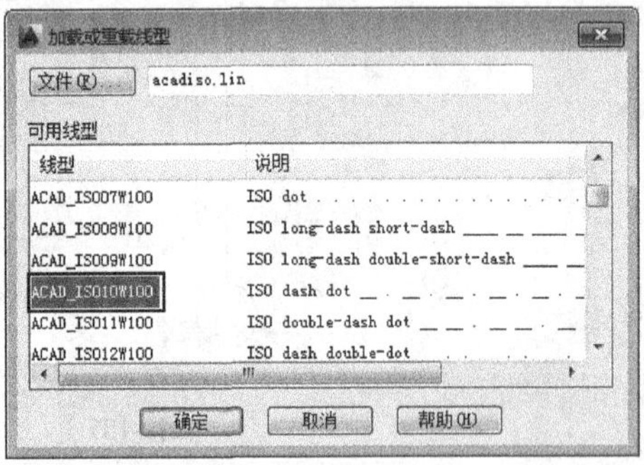

图9-191

03 返回“线型管理器”对话框，单击“显示细节”按钮[显示细节(D)]，如图9-192所示，然后设置“全局比例因子”为0.8，如图9-193所示。

04 在命令行中输入Layer并回车，打开“图层特性管理器”对话框，然后设置本例的图层，并定义相关的属性，如图9-194所示。

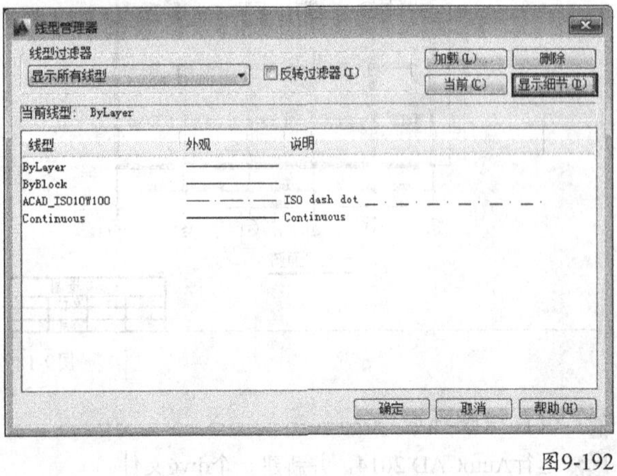

图9-192

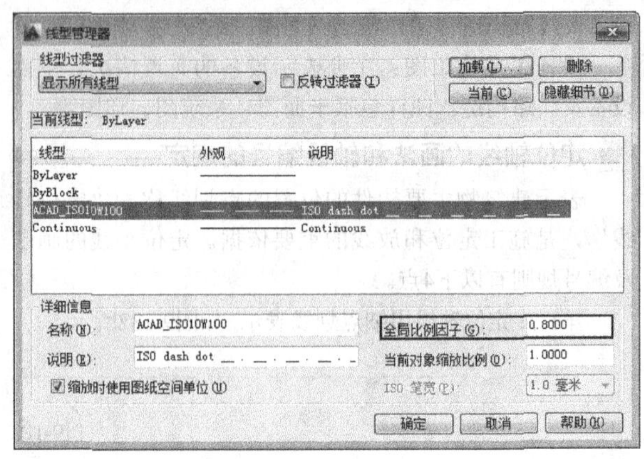

图9-193

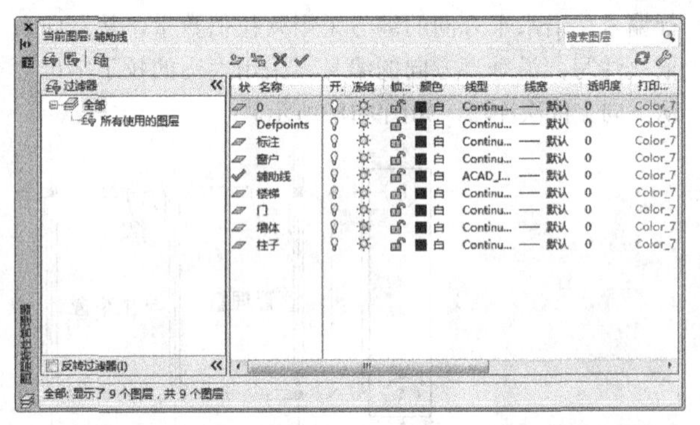

图9-194

05 设置图形界限为29700mm×21000mm，然后绘制一个和图形界限一样大小的矩形，以便绘图时作为参考，如图9-195所示。

图9-195

在AutoCAD中绘图一般都使用1:1的比例，但如果要打印出图，则需要根据纸张的大小来设置出图的比例。以本图纸为例，如果使用A4的纸张打印，则需要设置比例为1:100。

绘制定位轴线及柱网

01 将“辅助线”图层设为当前图层，然后使用Line（直线）命令绘制两条相互垂直的辅助线，其中水平辅助线的长度不能低于18000mm，垂直辅助线的长度不能低于14000mm，如图9-196所示。

02 从图9-196中可以看出辅助线的比例过小，需要进行调整。选中上一步绘制的两条辅助线，然后按Ctrl+1组合键打开“特性”面板，接着设置“线型比例”为100，如图9-197所示。

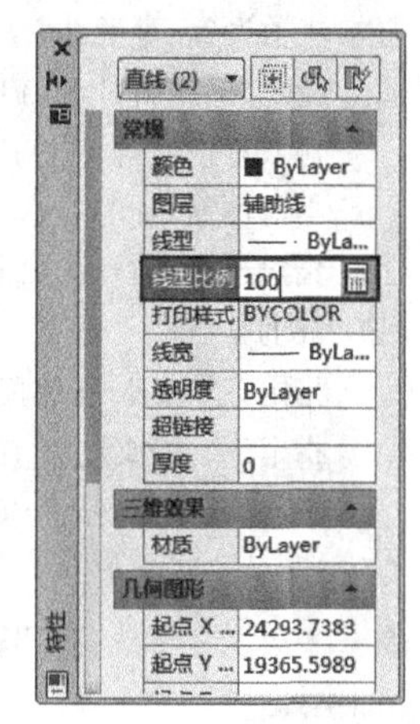

图9-196　　图9-197

03 在命令行输入Offest并回车，然后将水平辅助线向下偏移复制，如图9-198所示，相关命令提示如下。

命令: offset↙

当前设置: 删除源=否　图层=源　OFFSETGAPTYPE=0

指定偏移距离或 [通过(T)/删除(E)/图层(L)] <通过>: 4500↙

选择要偏移的对象，或 [退出(E)/放弃(U)] <退出>:　　//选择水平辅助线

指定要偏移的那一侧上的点，或 [退出(E)/多个(M)/放弃(U)] <退出>:　//在辅助线的下侧单击

选择要偏移的对象，或 [退出(E)/放弃(U)] <退出>:↙

命令: ↙

OFFSET

当前设置: 删除源=否　图层=源　OFFSETGAPTYPE=0

指定偏移距离或 [通过(T)/删除(E)/图层(L)] <4500.0000>: 2100↙

选择要偏移的对象，或 [退出(E)/放弃(U)] <退出>:　　//选择上一次偏移生成的辅助线

指定要偏移的那一侧上的点，或 [退出(E)/多个(M)/放弃(U)] <退出>:　//在辅助线的下侧单击

选择要偏移的对象，或 [退出(E)/放弃(U)] <退出>:↙

命令: ↙

OFFSET

当前设置: 删除源=否　图层=源　OFFSETGAPTYPE=0

指定偏移距离或 [通过(T)/删除(E)/图层(L)] <2100.0000>: 4800↙

选择要偏移的对象，或 [退出(E)/放弃(U)] <退出>:　　//选择上一次偏移生成的辅助线

指定要偏移的那一侧上的点，或 [退出(E)/多个(M)/放弃(U)] <退出>:　//在辅助线的下侧单击

选择要偏移的对象，或 [退出(E)/放弃(U)] <退出>:↙

图9-198

04 继续执行Offest（偏移）命令，将垂直辅助线向左偏移复制，偏移距离如图9-199所示。这些直线就是本例要使用到的定位轴线。

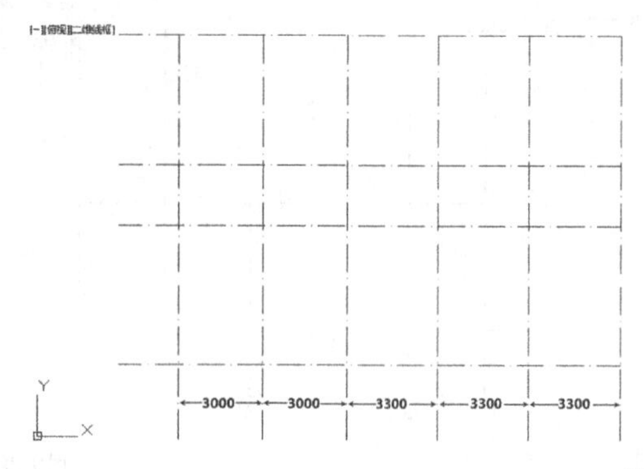

图9-199

05 设置“标注”图层为当前图层，然后执行“绘图>圆”菜单命令，在第1条垂直定位轴线的下端绘制一个直径为800mm的圆，如图9-200所示，相关命令提示如下。

命令: _circle 指定圆的圆心或 [三点（3P）/两点（2P）/切点、切点、半径（T）]: 2p↙

指定圆直径的第一个端点:　　//捕捉第一条垂直定位轴线的下端点

指定圆直径的第二个端点: @0,-800 ↙

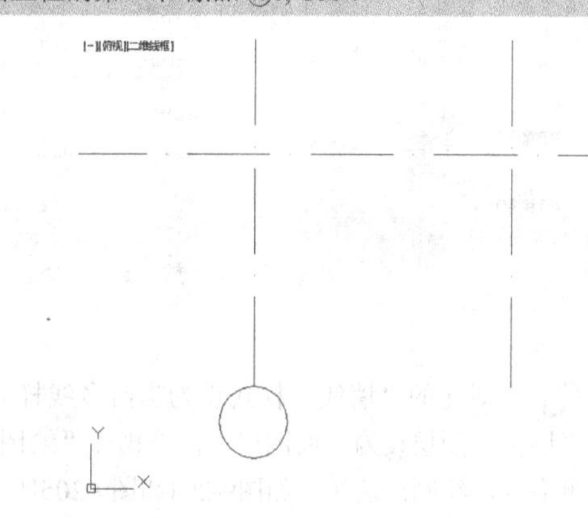

图9-200

06 在命令行输入Text并回车，然后在上一步绘制的圆内输入数字1，表示这是沿水平方向的第1根定位轴线，如图9-201所示。

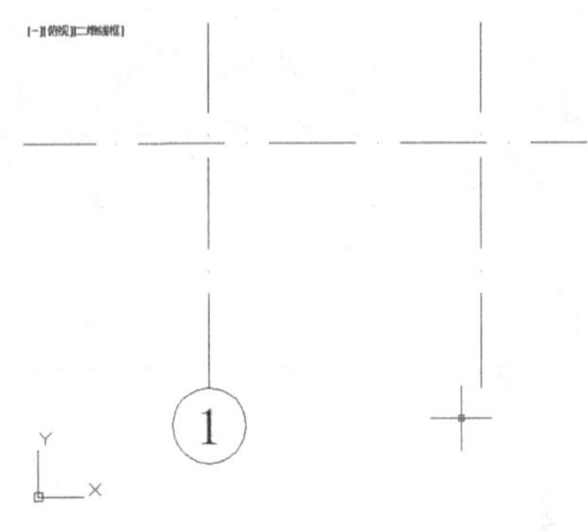

图9-201

07 采用相同的方法绘制出其他定位轴线的标注，如图9-202所示。

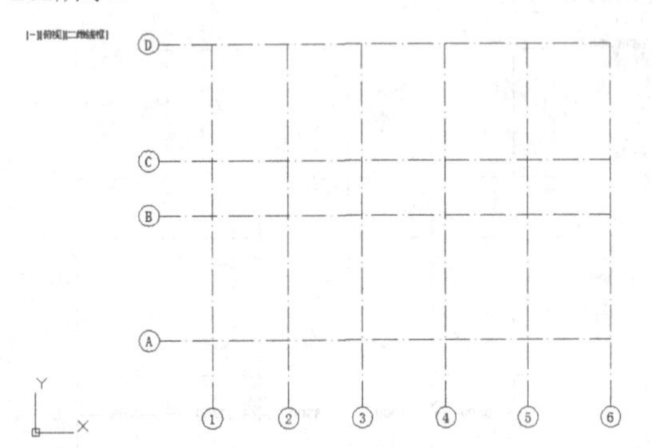

图9-202

绘制各种建筑构配件

01 执行“格式>多线样式”菜单命令打开“多线样式”对话框，然后单击“新建”按钮 新建(N)... 新建一个名为“墙线”的多线样式，具体设置如图9-203所示。

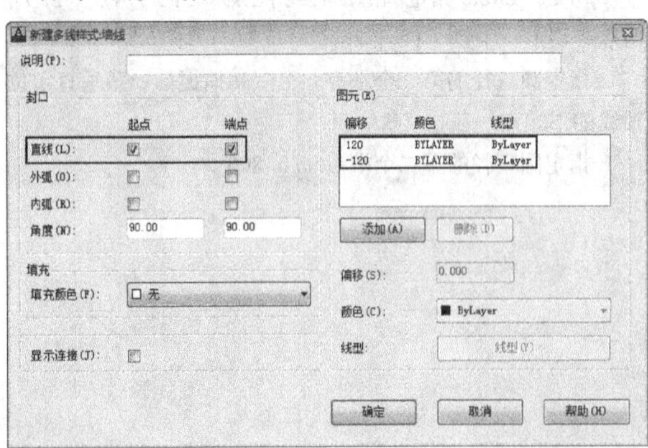

图9-203

02 将新建的“墙线”样式设为当前多线样式，然后将“墙体”图层设为当前图层，接着执行“绘图>多线”菜单命令，绘制出墙线，如图9-204和图9-205所示，相关命令提示如下。

命令: _mline
当前设置: 对正 = 上，比例 = 20.00，样式 = 墙线
指定起点或 [对正(J)/比例(S)/样式(ST)]: s↙
输入多线比例 <20.00>: 1↙
当前设置: 对正 = 上，比例 = 1.00，样式 = 墙线
指定起点或 [对正(J)/比例(S)/样式(ST)]: j↙
输入对正类型 [上(T)/无(Z)/下(B)] <上>: z↙
当前设置: 对正 = 无，比例 = 1.00，样式 = 墙线
指定起点或 [对正(J)/比例(S)/样式(ST)]: //捕捉定位轴线D和6的交点
指定下一点: //捕捉定位轴线A和6的交点
指定下一点或 [放弃(U)]: //捕捉定位轴线A和1的交点
指定下一点或 [闭合(C)/放弃(U)]: //捕捉定位轴线D和1的交点
指定下一点或 [闭合(C)/放弃(U)]: c↙

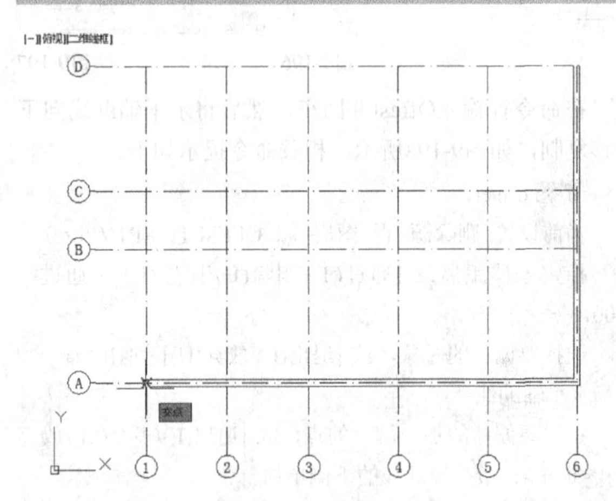

图9-204

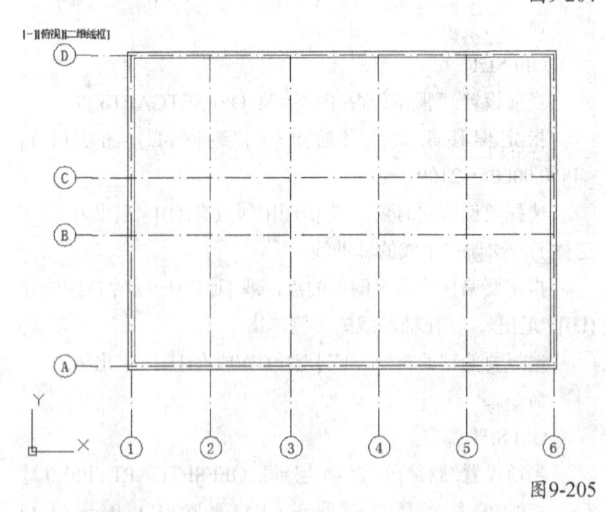

图9-205

03 执行Mline（多线）命令，然后沿着定位轴线绘制出其他的墙线，如图9-206和图9-207所示。

04 使用Mledit（多线编辑）命令来编辑墙线的T字形接头位置和十字形接头位置，如图9-208所示。

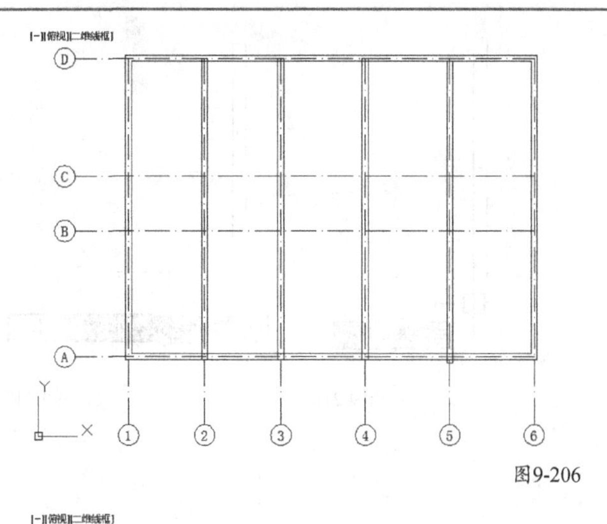

图9-206

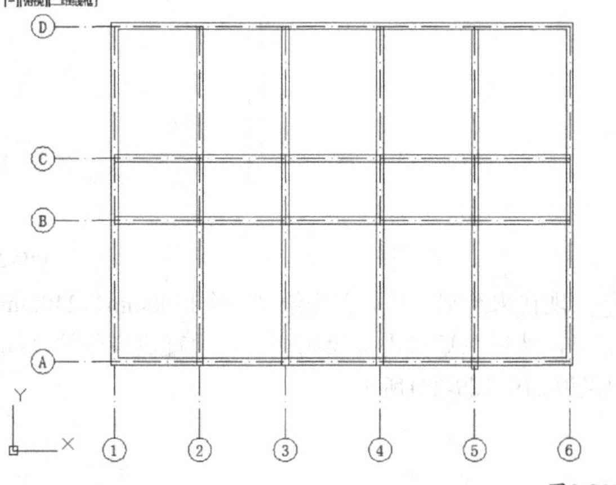

图9-207

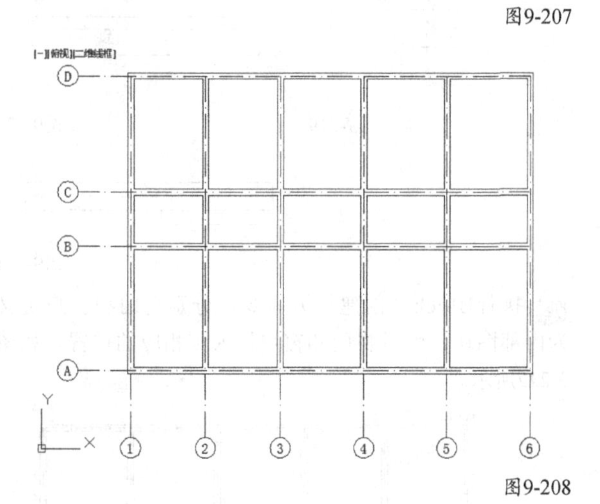

图9-208

05 把定位轴线1、2、3、4和5分别向右复制两份，复制距离分别为225mm和1125mm，如图9-209和图9-210所示。

06 对墙线进行修剪，完成门洞的绘制工作，如图9-211和图9-212所示。

07 将定位轴线1、2、3、4和5分别向右复制两份，复制距离分别为750mm和2250mm，然后将定位轴线B向上偏移300mm，接着将定位轴线C向下偏移300mm，完成后的效果如图9-213所示。

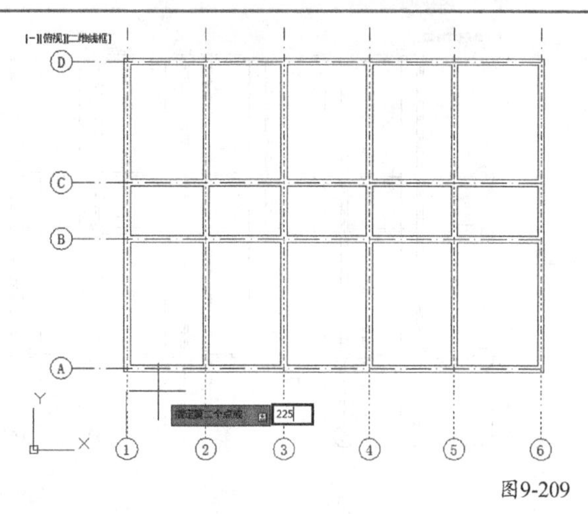

图9-209

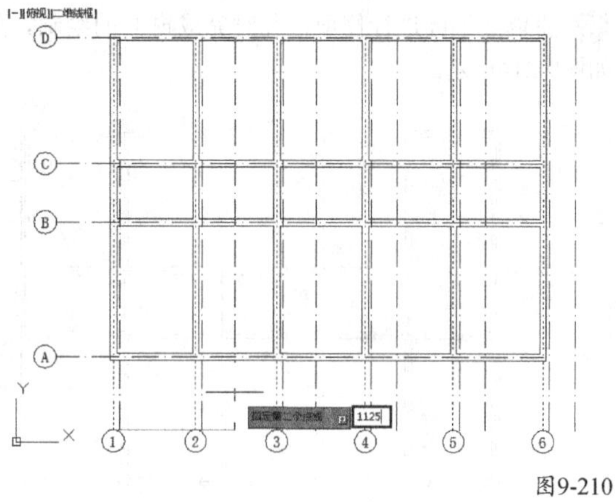

图9-210

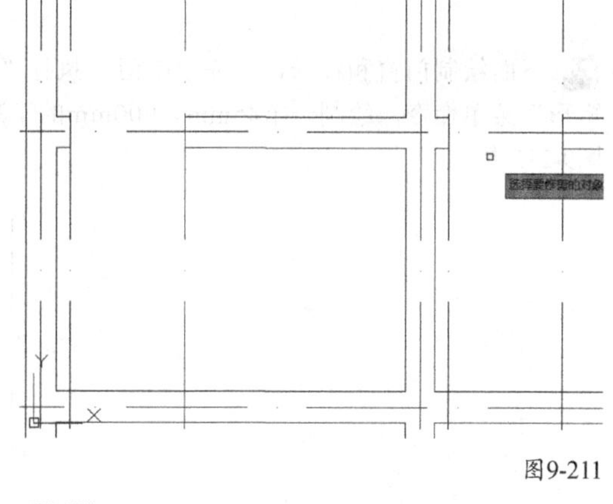

图9-211

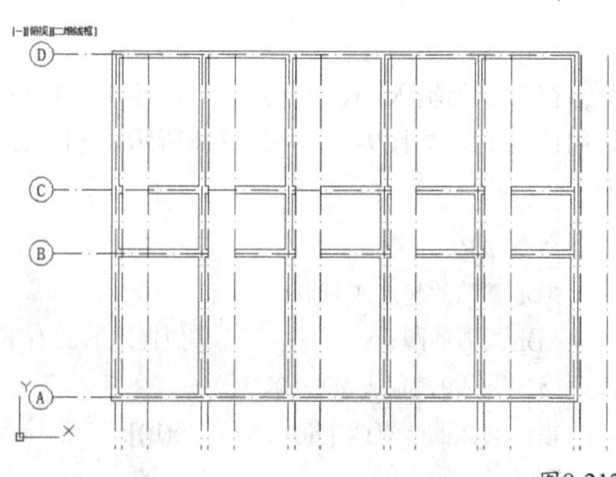

图9-212

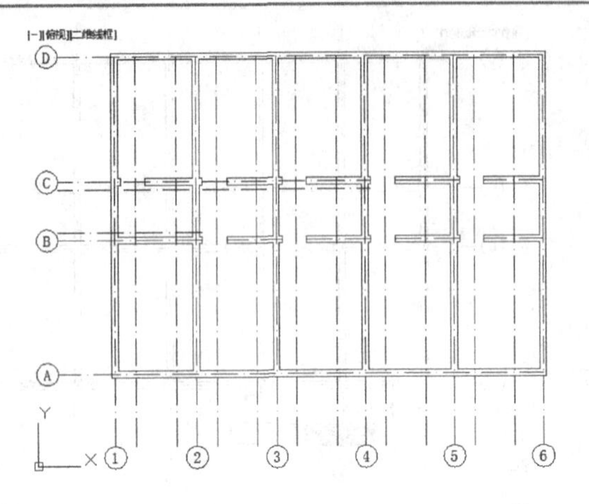

图9-213

08 将墙线继续进行修剪，此时完成窗洞的绘制，效果如图9-214所示。

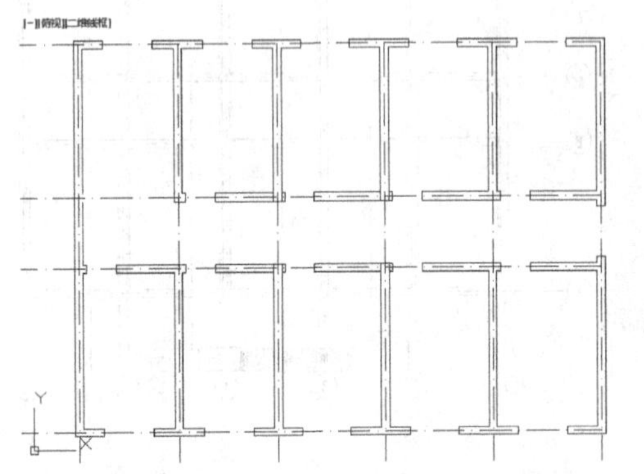

图9-214

09 下面绘制门窗和柱子，首先绘制门。执行“绘图>矩形”菜单命令，绘制一个45mm×900mm的矩形，如图9-215所示。

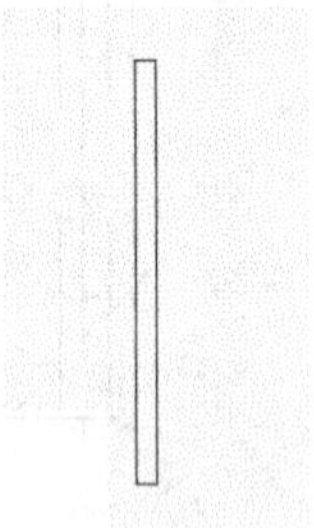

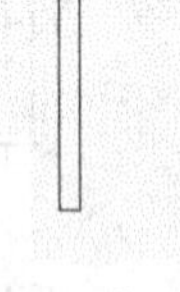

图9-215

10 在命令行输入Arc命令并回车，绘制一段圆弧，完成门的绘制，如图9-216~图9-218所示，相关命令提示如下。

```
命令: ARC↙
指定圆弧的起点或 [圆心(C)]: c↙
指定圆弧的圆心:                    //捕捉矩形的右下角顶点
指定圆弧的起点: @900,0↙
指定圆弧的端点或 [角度(A)/弦长(L)]:     //捕捉矩形的
右上角顶点
```

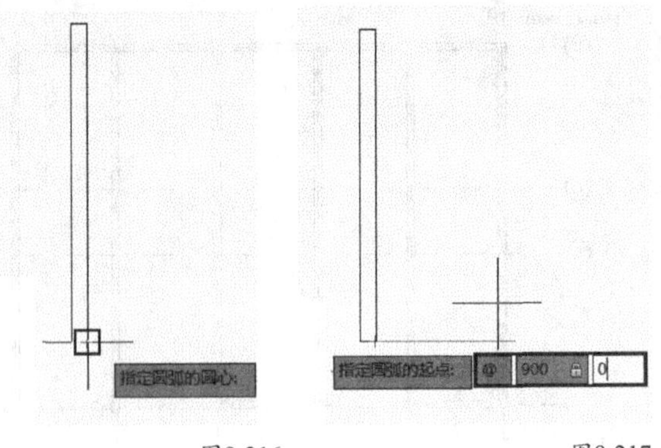

图9-216　　图9-217

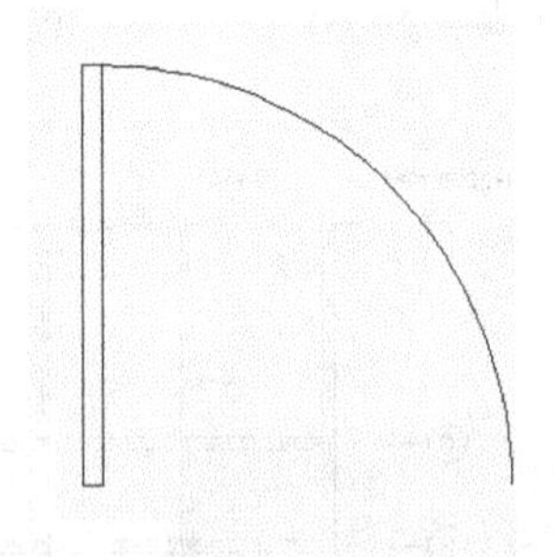

图9-218

11 现在来绘制窗户。首先绘制一个1500mm×240mm的矩形，然后在矩形内部绘制两条将垂直边等分的直线，如图9-219~图9-221所示。

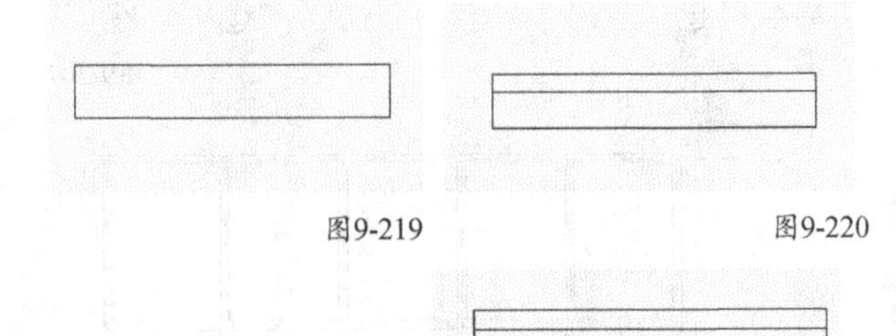

图9-219　　图9-220

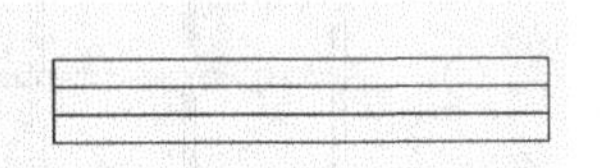

图9-221

12 执行Block（创建块）命令，分别把门和窗户定义为内部图块，然后将门和窗户插入到相应的位置，如图9-222所示。

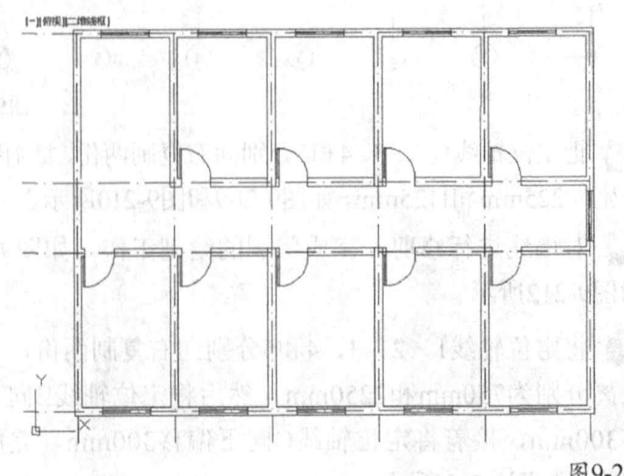

图9-222

13 绘制一个240mm×240mm的正方形，如图9-223所示，然后为正方形填充实体图案，如图9-224和图9-225所示。

图9-223

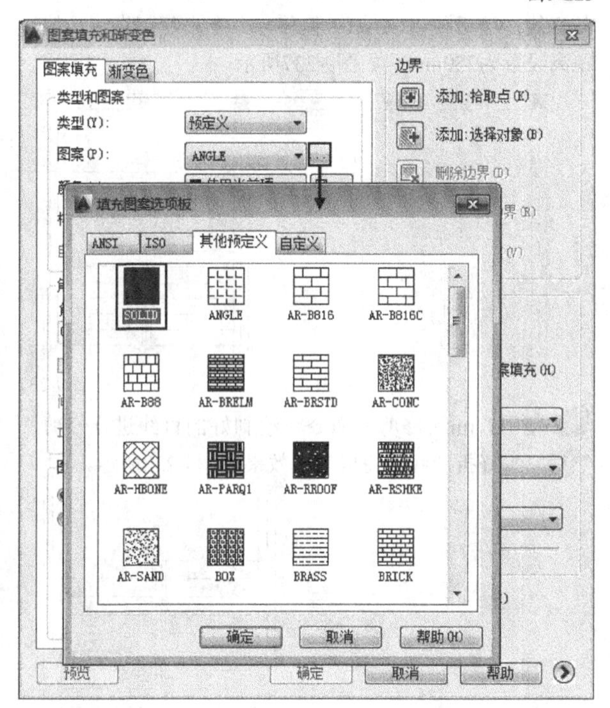

图9-224

图9-225

14 将填充了实体图案的正方形定义为内部图块，然后将其插入到相应的位置表示柱子，所有柱子绘制完成后的效果如图9-226所示。

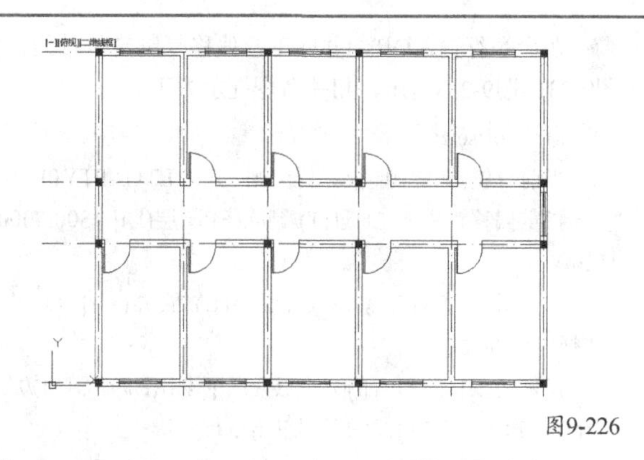

图9-226

绘制建筑细部

01 通过图块快速布置好卫生间的平面布置图，如图9-227~图9-229所示。

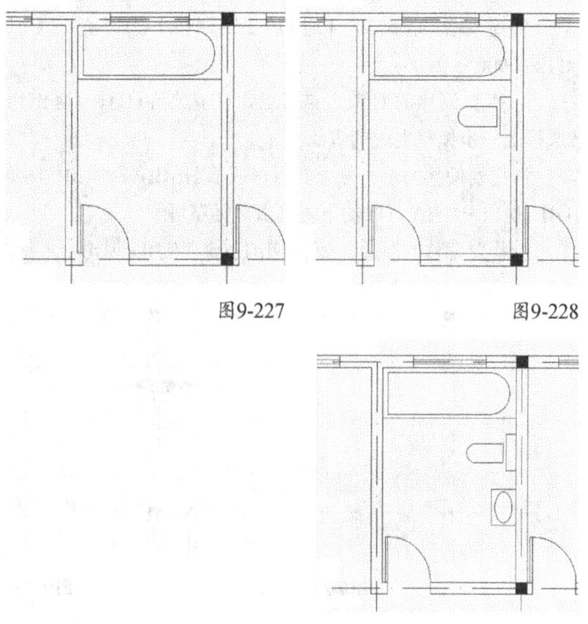

图9-227　　图9-228

图9-229

02 对走道和楼梯间的墙线进行修剪，完成后的效果如图9-230所示。

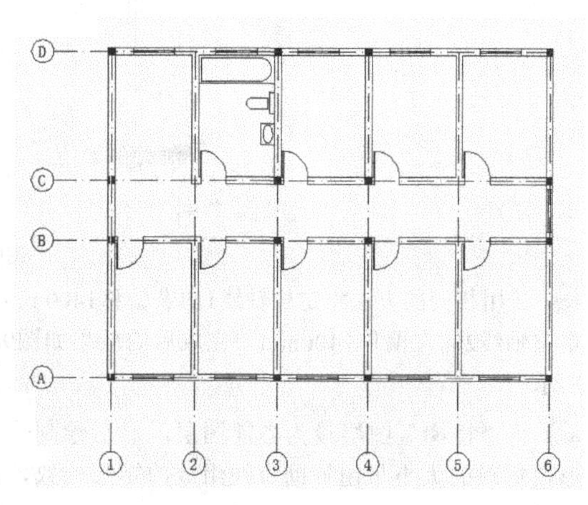

图9-230

03 在命令行输入Offset并回车，偏移复制定位轴线，如图9-231~图9-233所示，相关命令提示如下。

```
命令: offset↙
当前设置: 删除源=否  图层=源  OFFSETGAPTYPE=0
指定偏移距离或 [通过(T)/删除(E)/图层(L)] <300.0000>: 1120↙
选择要偏移的对象，或 [退出(E)/放弃(U)] <退出>: //选择定位轴线D
指定要偏移的那一侧上的点，或 [退出(E)/多个(M)/放弃(U)] <退出>:  //在轴线的下侧单击鼠标左键
选择要偏移的对象，或 [退出(E)/放弃(U)] <退出>:↙
命令: ↙
OFFSET
当前设置: 删除源=否  图层=源  OFFSETGAPTYPE=0
指定偏移距离或 [通过(T)/删除(E)/图层(L)] <1120.0000>: 2800↙
选择要偏移的对象，或 [退出(E)/放弃(U)] <退出>: //选择上一步偏移生成的直线
指定要偏移的那一侧上的点，或 [退出(E)/多个(M)/放弃(U)] <退出>:  //在直线的下侧单击鼠标左键
选择要偏移的对象，或 [退出(E)/放弃(U)] <退出>:↙
```

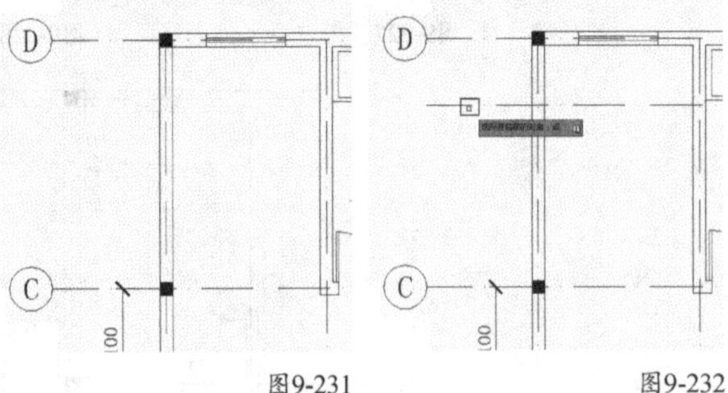

图9-231　　图9-232

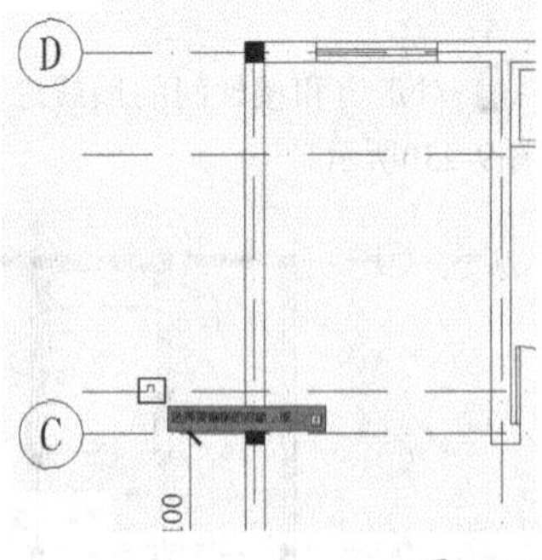

图9-233

04 采用相同的方法将定位轴线1向右偏移1400mm，将定位轴线2向左偏移1400mm，完成后的效果如图9-234所示。

05 将“楼梯”图层设为当前图层，然后绘制一个矩形，矩形的大小与由辅助直线组成的矩形一致，如图9-235所示。

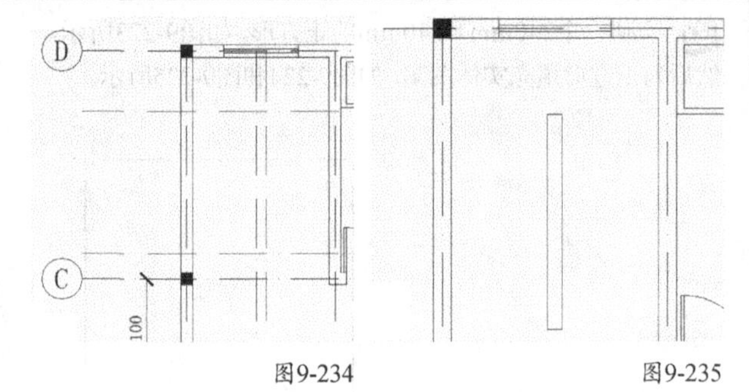

图9-234　　图9-235

06 执行Offset（偏移）命令，将上一步绘制的矩形向内偏移60mm，如图9-236所示。

07 使用Line（直线）命令绘制楼梯台阶。首先绘制一条直线，然后使用Offset（偏移）命令来复制直线，偏移距离设置为250mm，如图9-237所示。

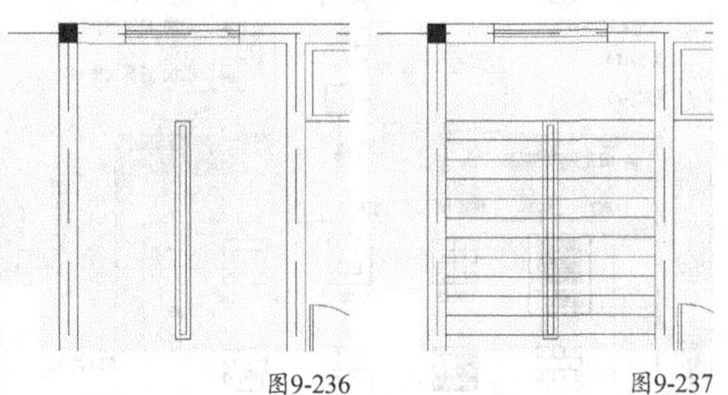
图9-236　　图9-237

08 使用Trim（修剪）命令将绘制好的直线进行修剪，然后绘制好折断线，完成后的效果如图9-238所示。

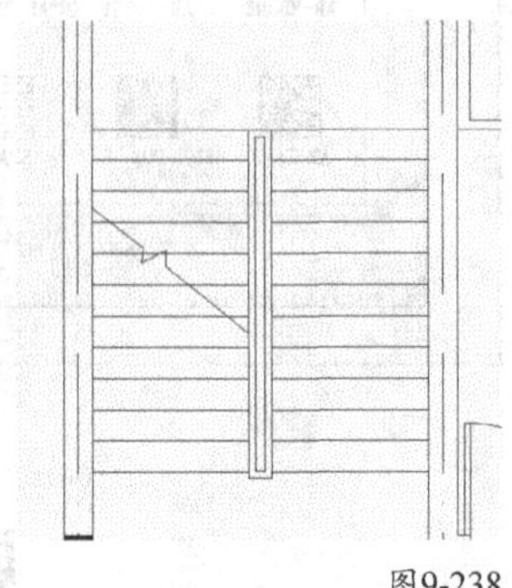
图9-238

09 执行“绘图>多段线”菜单命令，绘制表示楼梯走向的箭头线，如图9-239所示的L形箭头线。

```
命令: _pline
指定起点:                //在适当位置拾取一点
当前线宽为 0.0000
指定下一个点或 [圆弧(A)/半宽(H)/长度(L)/放弃(U)/宽度(W)]:     //垂直向上拾取一点
指定下一点或 [圆弧(A)/闭合(C)/半宽(H)/长度(L)/放弃(U)/宽度(W)]:   //水平向左拾取一点
指定下一点或 [圆弧(A)/闭合(C)/半宽(H)/长度(L)/放弃(U)/宽度(W)]:   //垂直向下拾取一点
指定下一点或 [圆弧(A)/闭合(C)/半宽(H)/长度(L)/放弃
```

(U)/宽度(W)]: w↙

指定起点宽度 <0.0000>: 80↙

指定端点宽度 <80.0000>: 0↙

指定下一点或 [圆弧(A)/闭合(C)/半宽(H)/长度(L)/放弃(U)/宽度(W)]: //垂直向下拾取一点

指定下一点或 [圆弧(A)/闭合(C)/半宽(H)/长度(L)/放弃(U)/宽度(W)]: ↙

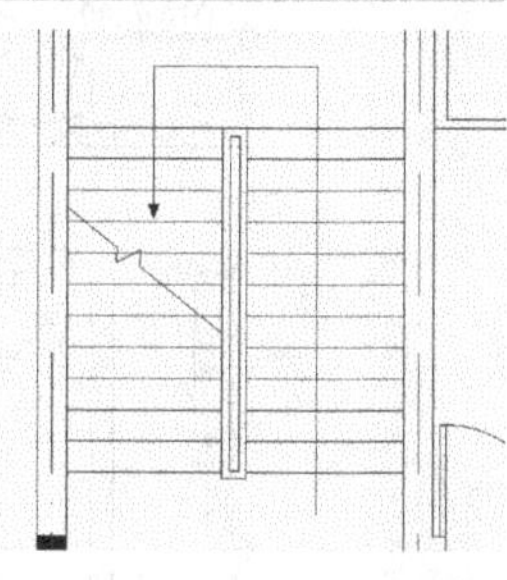

图9-239

10 执行“绘图>多段线”菜单命令，绘制另外一条垂直箭头线，如图9-240所示。

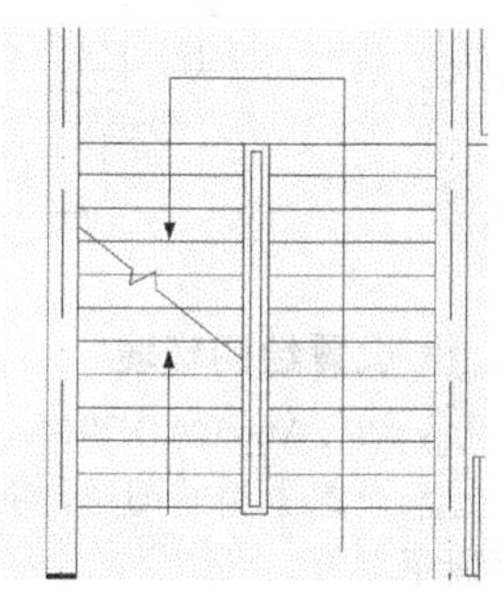

图9-240

标注尺寸及文字

01 执行“格式>标注样式”菜单命令打开“标注样式管理器”对话框，然后新建一个名为“尺寸标注”的样式，具体设置如图9-241~图9-244所示。

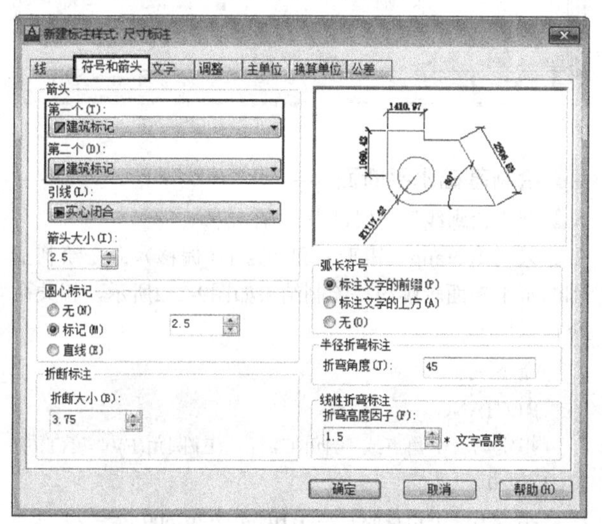

图9-241

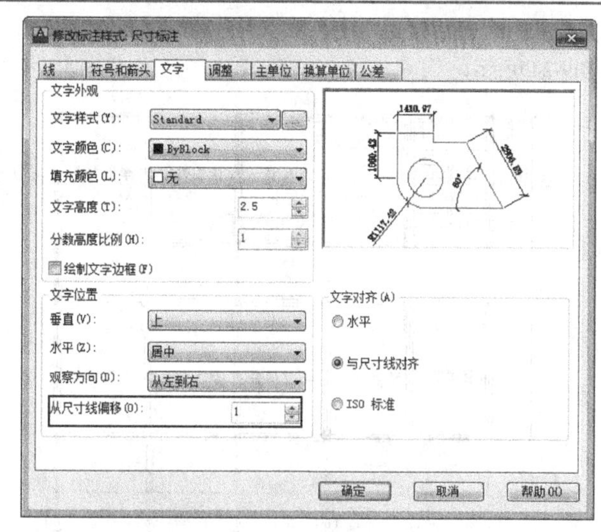

图9-242

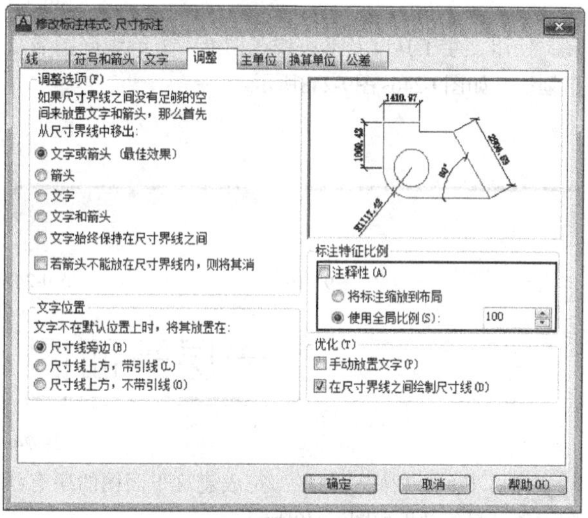

图9-243

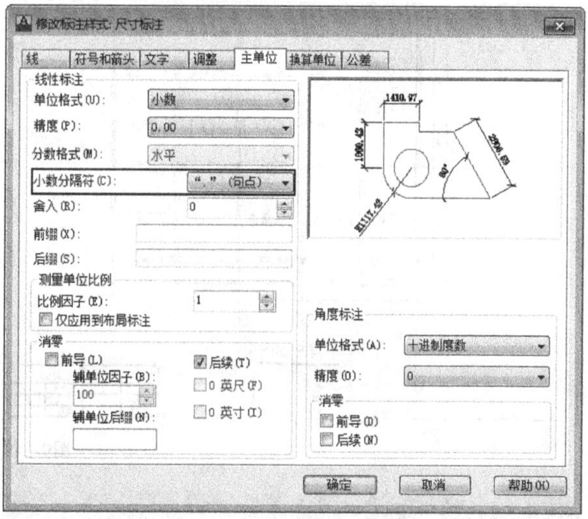

图9-244

02 将新建的“尺寸标注”样式置为当前样式，然后将“标注”图层设为当前图层，接着标注平面图的横向和纵向尺寸，最后输入相关的文字注释，完成后的效果如图9-245所示。

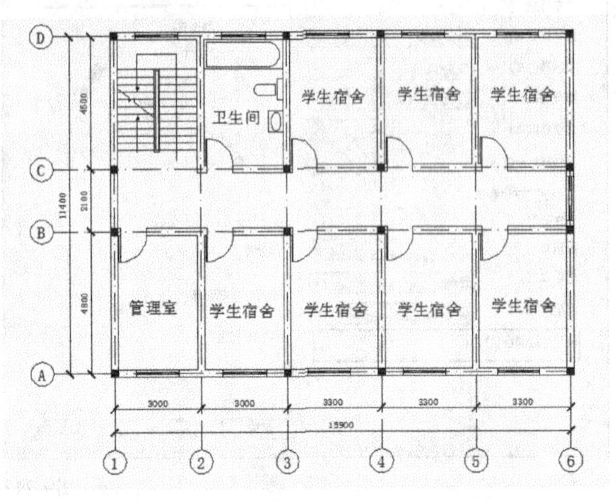

图9-245

03 使用文字工具以及多段线在图纸下方绘制好图名与下划线，如图9-246~图9-248所示。

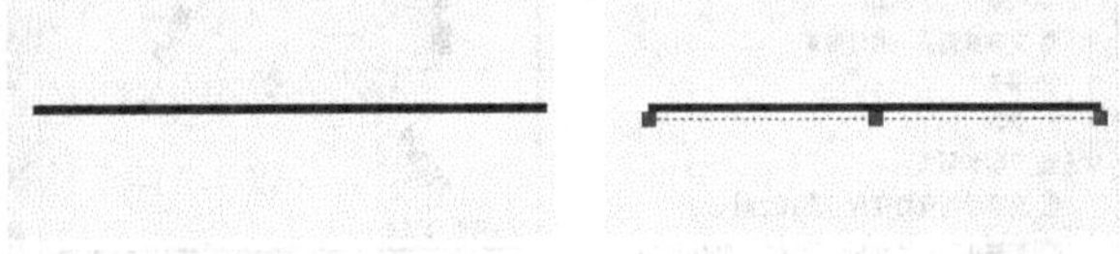

图9-246　　图9-247

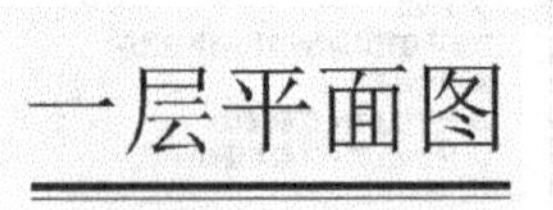

一层平面图

图9-248

04 在右下角绘制好标题栏，完成建筑平面图的所有绘制工作，最终效果如图9-249所示。

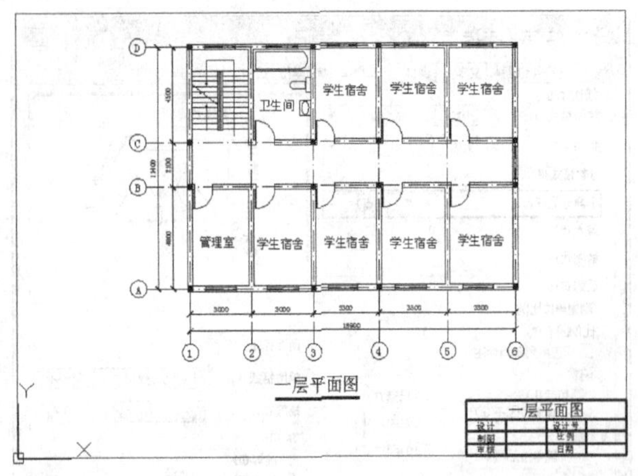

图9-249

9.2.3 综合实例——绘制基础详图

素材位置　无

实例位置　第9章>实例文件>9.2.3.dwg

技术掌握　绘制基础详图的方法

基础详图一般采用垂直断面图与水平断面图相接合的方式来表示。基础的垂直断面图即基础的立面剖视图，反映出基础的立筋与箍筋的布置及基础立面轮廓形状等，而基础的水平断面图主要反映出横向筋的布置情况等。本例效果如图9-250所示。

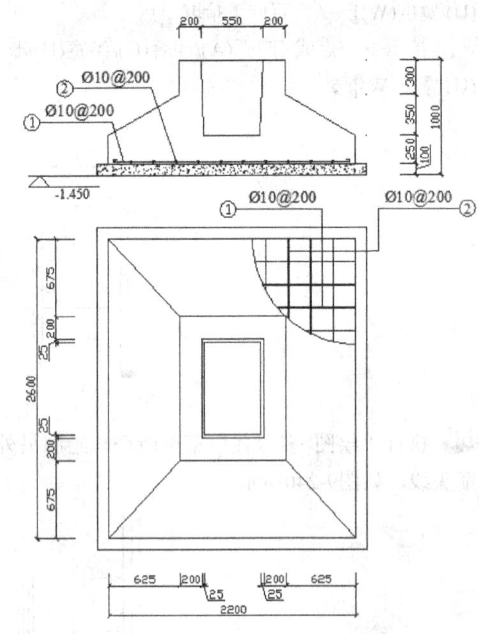

图9-250

设置绘图环境

01 运行AutoCAD 2014，并新建一个dwg文件。

02 设置本例的图层，并定义相关的属性，如图9-251所示。

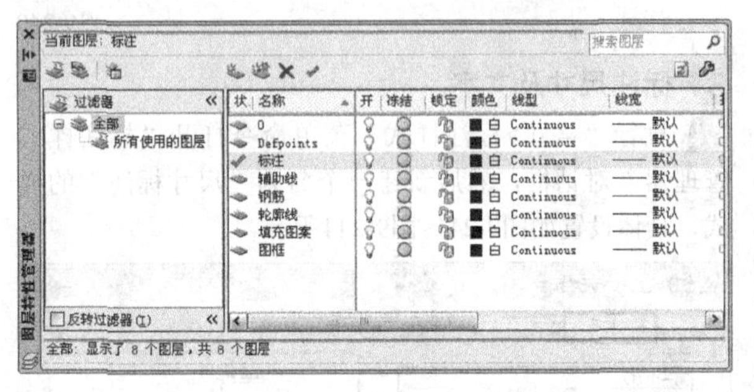

图9-251

绘制基础水平断面

01 把"轮廓线"图层设为当前图层。

02 采用Rectang（矩形）和Offset（偏移）命令绘制基础的水平断面轮廓线，绘制结果如图9-252所示，相关命令提示如下。

```
命令: rec ↙
RECTANG
指定第一个角点或 [倒角(C)/标高(E)/圆角(F)/厚度(T)/宽度(W)]:0,0 ↙
指定另一个角点或 [尺寸(D)]: @2200,2600 ↙
```

命令: //按回车键继续执行该命令
RECTANG
指定第一个角点或 [倒角(C)/标高(E)/圆角(F)/厚度(T)/宽度(W)]: 625,675 ↙
指定另一个角点或 [尺寸(D)]: 1575,1925 ↙

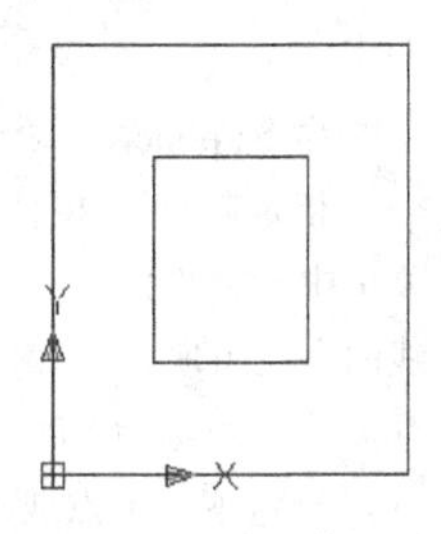

图9-252

03 继续使用Offset（偏移）命令绘制如图9-253所示的图形，相关命令提示如下。

命令: o ↙
OFFSET
指定偏移距离或 [通过(T)] <700>: 200 ↙
选择要偏移的对象或 <退出>: //选择小矩形
指定点以确定偏移所在一侧: //在小矩形的内侧拾取一点
命令: //按回车键继续执行该命令
OFFSET
指定偏移距离或 [通过(T)] <100>: 25 ↙
选择要偏移的对象或 <退出>: //选择上一步绘制的矩形
指定点以确定偏移所在一侧: //在矩形的内侧拾取一点
选择要偏移的对象或 <退出>: ↙

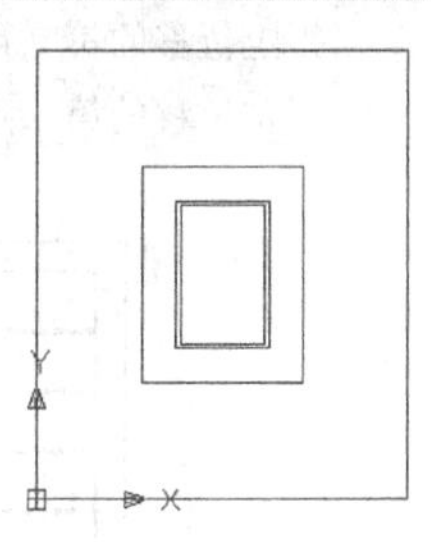

图9-253

04 绘制表示基础4个斜面的直线段，如图9-254所示。

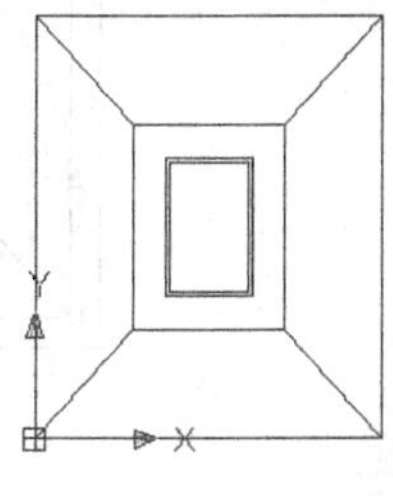

图9-254

专家点拨

此时已绘制出水平断面的所有轮廓线，基础下面一般铺设一层素混凝土，称之为垫层，所以也应绘制出来。

05 执行Offset（偏移）命令，绘制基础下面的垫层，如图9-255所示，相关命令提示如下。

命令: o ↙
OFFSET
指定偏移距离或 [通过(T)] <50>: 100 ↙
选择要偏移的对象或 <退出>: //选择最外侧的矩形
指定点以确定偏移所在一侧: //在该矩形外侧拾取一点
选择要偏移的对象或 <退出>: ↙

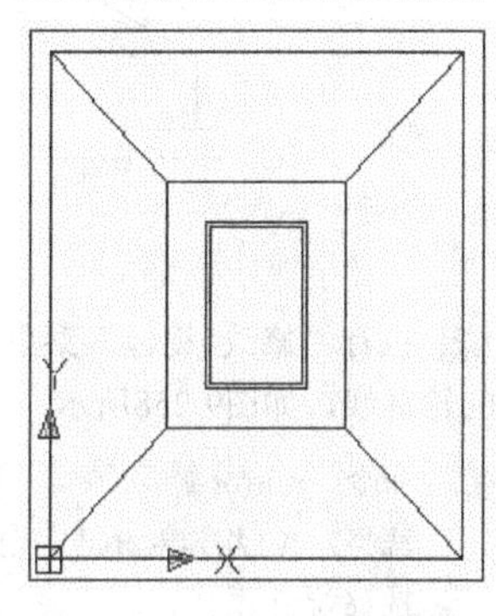

图9-255

绘制基础垂直断面（立面）

01 执行Rectang（矩形）命令，绘制垫层的垂直断面，如图9-256所示，相关命令提示如下。

命令: rec ↙
RECTANG
指定第一个角点或 [倒角(C)/标高(E)/圆角(F)/厚度(T)/宽度(W)]: -100,3150 ↙
指定另一个角点或 [尺寸(D)]: @2400,100 ↙

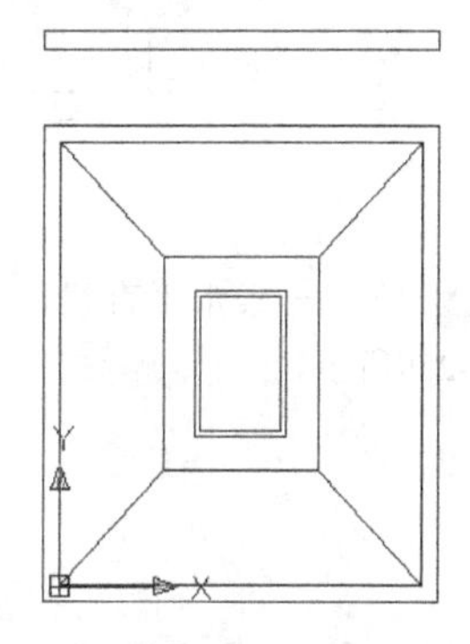

图9-256

02 执行Line（直线）命令，继续绘制垂直断面轮廓线，如图9-257所示，相关命令提示如下。

命令: line ↙

指定第一点:（按住Shift键单击鼠标右键，在弹出的快捷菜单中选择“自（F）”命令）_from 基点:（捕捉垫层垂直断面图的左上角顶点）<偏移>: @100,0 ↙

指定下一点或 [放弃(U)]: @0,250 ↙

指定下一点或 [放弃(U)]: @625,350 ↙

指定下一点或 [闭合(C)/放弃(U)]: @0,300 ↙

指定下一点或 [闭合(C)/放弃(U)]: @200,0 ↙

指定下一点或 [闭合(C)/放弃(U)]: @25,-650 ↙

指定下一点或 [闭合(C)/放弃(U)]: @250,0 ↙

指定下一点或 [闭合(C)/放弃(U)]: ↙

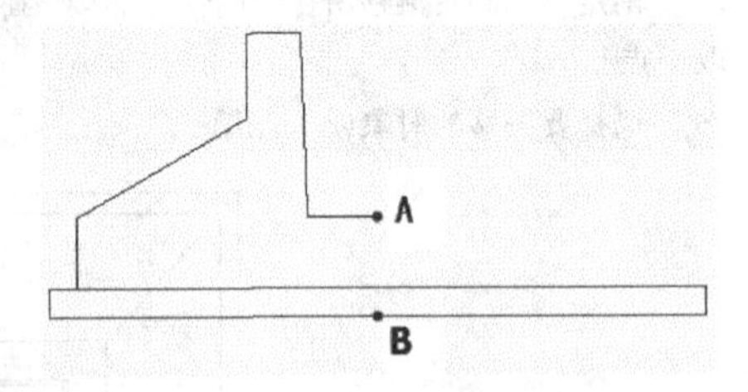

图9-257

03 执行“修改>镜像”菜单命令，对称复制上一步绘制的轮廓线，如图9-258所示，相关命令提示如下。

命令: _mirror ↙

选择对象: 指定对角点: 找到 6 个 //框选轮廓线

选择对象: ↙

指定镜像线的第一点: //捕捉图9-80所示的端点A

指定镜像线的第二点: //捕捉图9-80所示的中点B

是否删除源对象？[是(Y)/否(N)] <N>: ↙ //直接回车表示不删除源对象

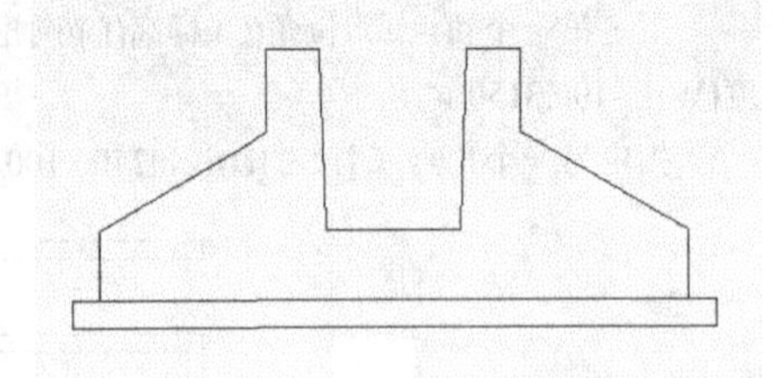

图9-258

04 绘制一条水平直线，连接垂直断面的顶部，如图9-259所示。

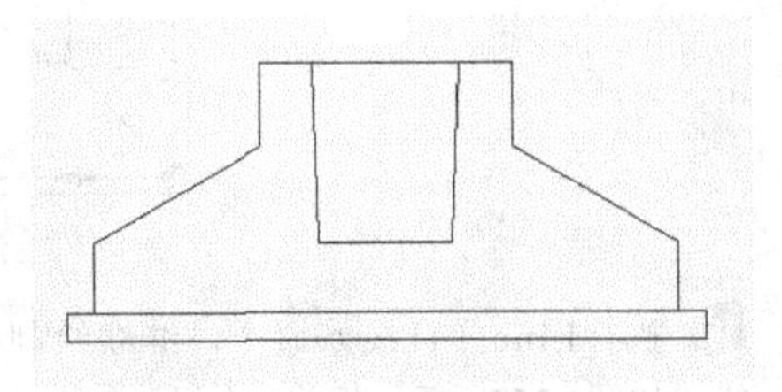

图9-259

绘制水平断面图中的钢筋

水平断面图主要反映平铺筋的布置，钢筋的间距为200，用φ10的钢筋。

01 把“钢筋”图层设为当前工作层，采用Pline（多段线）命令绘制横向钢筋，如图9-260所示，相关命令提示如下。

命令: pline ↙

指定起点:（按住Shift键单击鼠标右键，在弹出的快捷菜单中选择“自（F）”命令）_from 基点:（捕捉底层轮廓线的右上角顶点）<偏移>: @0,-200 ↙

当前线宽为 1.0000 ↙

指定下一个点或 [圆弧(A)/半宽(H)/长度(L)/放弃(U)/宽度(W)]: w ↙

指定起点宽度 <1.0000>: 4 ↙

指定端点宽度 <3.0000>: 4 ↙

指定下一个点或 [圆弧(A)/半宽(H)/长度(L)/放弃(U)/宽度(W)]: @-2200,0 ↙

指定下一点或 [圆弧(A)/闭合(C)/半宽(H)/长度(L)/放弃(U)/宽度(W)]: ↙

命令: copy ↙

选择对象: 找到 1 个 //选择前面绘制的横向钢筋

选择对象: ↙

指定基点或位移: //任意捕捉一点作为复制基点

指定位移的第二点或 <用第一点作位移>: @0,-200 ↙

指定位移的第二点: @0,-400 ↙

指定位移的第二点: @0,-600 ↙

指定位移的第二点: @0,-800 ↙

指定位移的第二点: @0,-1000 ↙

指定位移的第二点: ↙

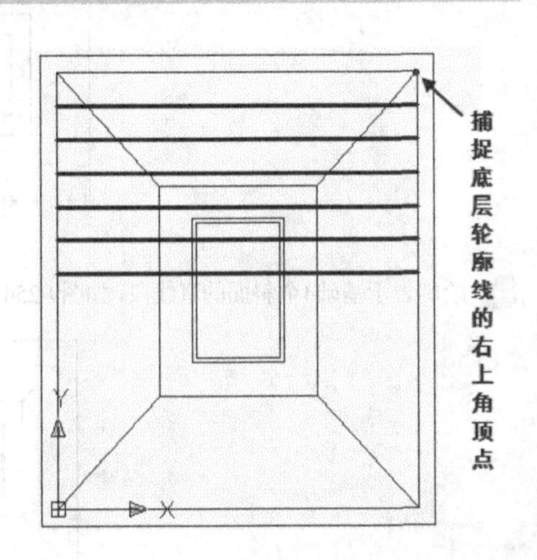

图9-260

专家点拨

实际上，该基础底层需要布置12根横向钢筋，因为整个平面图中不用将所有的钢筋都绘制出来，所以这里只绘制了6根横向钢筋。

02 采用相同的方法绘制6根竖向钢筋（竖向钢筋总共要布置10根），如图9-261所示。

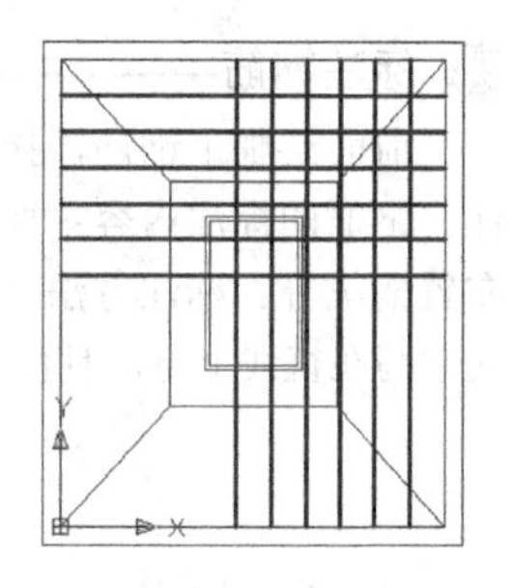

图9-261

03 以底层轮廓线的右上角顶点为圆心绘制一个圆，然后把矩形以外的圆弧剪掉，如图9-262所示，相关命令提示如下。

命令: circle ↙

指定圆的圆心或 [三点(3P)/两点(2P)/相切、相切、半径(T)]: //捕捉作为圆心的顶点

指定圆的半径或 [直径(D)] <919.9185>: //捕捉矩形的右上角顶点

命令: trim ↙

当前设置:投影=UCS，边=无

选择剪切边...

选择对象: 找到 1 个 //选择矩形

选择对象: ↙

选择要修剪的对象，或按住 Shift 键选择要延伸的对象，或 [投影(P)/边(E)/放弃(U)]: //鼠标左键单击矩形外侧的圆弧段

选择要修剪的对象，或按住 Shift 键选择要延伸的对象，或 [投影(P)/边(E)/放弃(U)]: ↙

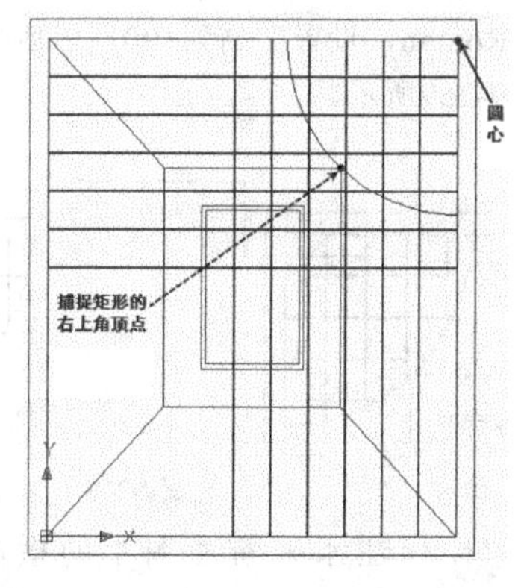

图9-262

04 对钢筋进行修剪，效果如图9-263所示，这就是水平断面图中常用的钢筋（布置）表达方式。

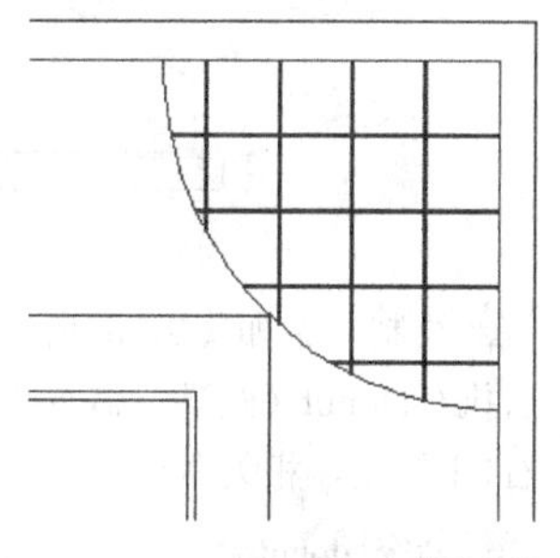

图9-263

绘制垂直断面图中的钢筋

垂直断面图中的钢筋主要体现在主筋、箍筋以及承台的平铺筋上。横向的平铺筋（也就是水平断面图中的横向钢筋）用一条横线表示，为了表示钢筋的做法，通常在钢筋的两端加上翘起的弯钩；面向正面的平铺筋用圆点表示（也就是水平断面图中的竖向钢筋）。

01 采用Pline（多段线）命令在底层承台上绘制一条水平钢筋，如图9-264所示，相关命令提示如下。

命令: pline ↙

指定起点: 80,3290 ↙

当前线宽为 4.0000 ↙

指定下一个点或 [圆弧(A)/半宽(H)/长度(L)/放弃(U)/宽度(W)]: @-20,0 ↙

指定下一点或 [圆弧(A)/闭合(C)/半宽(H)/长度(L)/放弃(U)/宽度(W)]: a ↙

指定圆弧的端点或[角度(A)/圆心(CE)/闭合(CL)/方向(D)/半宽(H)/直线(L)/半径(R)/第二个点(S)/放弃(U)/宽度(W)]: @0,-20 ↙

指定圆弧的端点或[角度(A)/圆心(CE)/闭合(CL)/方向(D)/半宽(H)/直线(L)/半径(R)/第二个点(S)/放弃(U)/宽度(W)]: l ↙

指定下一点或 [圆弧(A)/闭合(C)/半宽(H)/长度(L)/放弃(U)/宽度(W)]: @2080,0 ↙

指定下一点或 [圆弧(A)/闭合(C)/半宽(H)/长度(L)/放弃(U)/宽度(W)]: a ↙

指定圆弧的端点或[角度(A)/圆心(CE)/闭合(CL)/方向(D)/半宽(H)/直线(L)/半径(R)/第二个点(S)/放弃(U)/宽度(W)]: @0,20 ↙

指定圆弧的端点或[角度(A)/圆心(CE)/闭合(CL)/方向(D)/半宽(H)/直线(L)/半径(R)/第二个点(S)/放弃(U)/宽度(W)]: l ↙

指定下一点或 [圆弧(A)/闭合(C)/半宽(H)/长度(L)/放弃(U)/宽度(W)]: @-20,0 ↙

指定下一点或 [圆弧(A)/闭合(C)/半宽(H)/长度(L)/放弃(U)/宽度(W)]: ↙

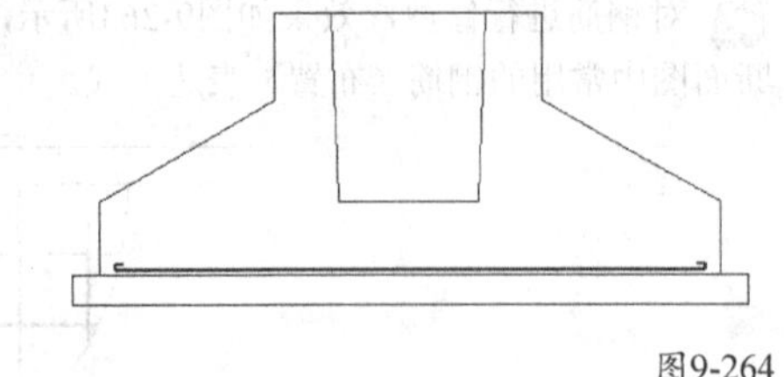

图9-264

02 绘制一条如图9-265所示的直线A作为辅助直线，然后执行Donut（圆环）命令绘制一个圆点表示面向正面的右1平铺筋，相关命令提示如下。

```
命令: donut ↙
指定圆环的内径 <1.0000>: 0 ↙
指定圆环的外径 <1.5000>: 15 ↙
指定圆环的中心点或 <退出>:                //捕捉直线A和水平钢筋的交点
指定圆环的中心点或 <退出>: ↙
```

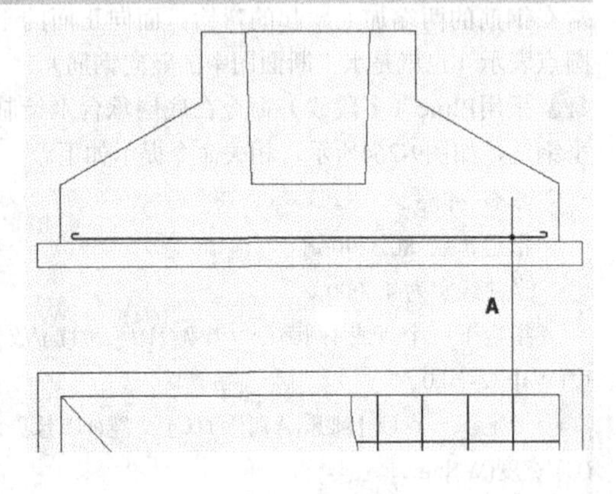

图9-265

03 删除辅助直线A，然后阵列复制上一步绘制的圆点，阵列效果如图9-266所示，相关命令提示如下。

```
命令: _arrayrect
选择对象: 找到 1 个
选择对象:
类型 = 矩形  关联 = 是
选择夹点以编辑阵列或 [关联(AS)/基点(B)/计数(COU)/间距(S)/列数(COL)/行数(R)/层数(L)/退出(X)] <退出>: col ↙
输入列数数或 [表达式(E)] <4>: 10 ↙
指定 列数 之间的距离或 [总计(T)/表达式(E)] <15>: -200 ↙
选择夹点以编辑阵列或 [关联(AS)/基点(B)/计数(COU)/间距(S)/列数(COL)/行数(R)/层数(L)/退出(X)] <退出>: r ↙
输入行数数或 [表达式(E)] <3>: 1 ↙
指定 行数 之间的距离或 [总计(T)/表达式(E)] <15>: ↙
指定 行数 之间的标高增量或 [表达式(E)] <0>: *取消*
选择夹点以编辑阵列或 [关联(AS)/基点(B)/计数(COU)/间距(S)/列数(COL)/行数(R)/层数(L)/退出(X)] <退出>:
选择夹点以编辑阵列或 [关联(AS)/基点(B)/计数(COU)/间距(S)/列数(COL)/行数(R)/层数(L)/退出(X)] <退出>: *取消*
```

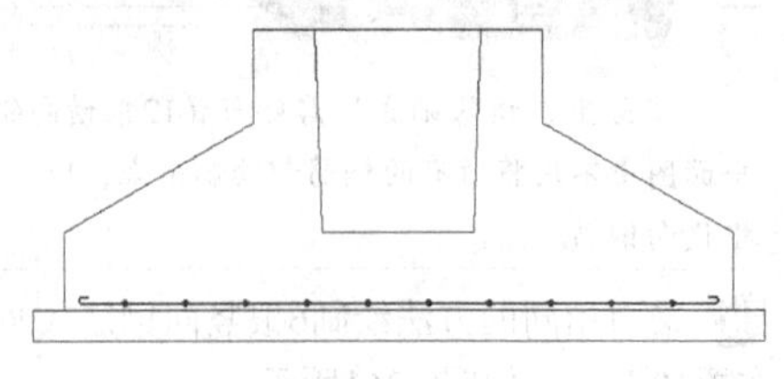

图9-266

标注钢筋

前面绘制了钢筋，接下来的工作就是对钢筋进行标注。钢筋的标注内容主要包括每种钢筋的尺寸、种类和布置情况等。标注方法是用一条直线引出，然后把标注文字写在直线上方，具体标注样式如图9-267所示。

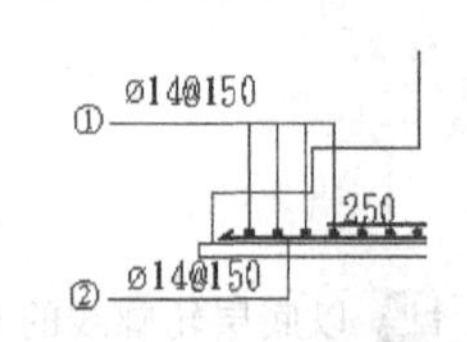

图9-267

在图9-267所示的钢筋标注样式中，①和②表示钢筋的编号；Ø表示I级钢筋的规格（直径），Ø14表示I级钢筋的直径为14mm；@是相等中心距符号，@150表示相邻钢筋的中心距为150mm，也就是钢筋布置的间距为150mm。需要注意的是，在钢筋标注中，符号Ø表示I级钢筋，符号Φ表示II级钢筋，比如Φ14就表示II级钢筋的直径为14mm。

01 把“标注”图层设为当前工作图层，首先标注水平断面图中的竖向钢筋，标注内容为Ø10@200，这表示竖向钢筋采用直径为10mm的I级钢筋，钢筋布置的间距为200mm。

02 使用Line（直线）命令在适当位置绘制一条引线，如图9-268所示。

03 单击“绘图”工具栏中的“多行文字”按钮 A，输入文字“Ø10@200”，设置字体为Times New Roman，设置字高为100；然后给钢筋编号为②，如图9-269所示。

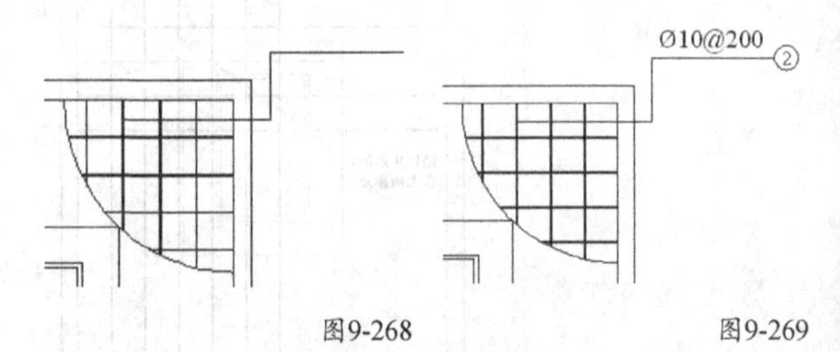

图9-268　　图9-269

04 标注水平断面图中的横向钢筋，标注内容为Ø10@200，这表示横向钢筋也采用直径为10mm的I级钢筋，钢筋布置的间距为200mm，标注效果如图9-270所示。

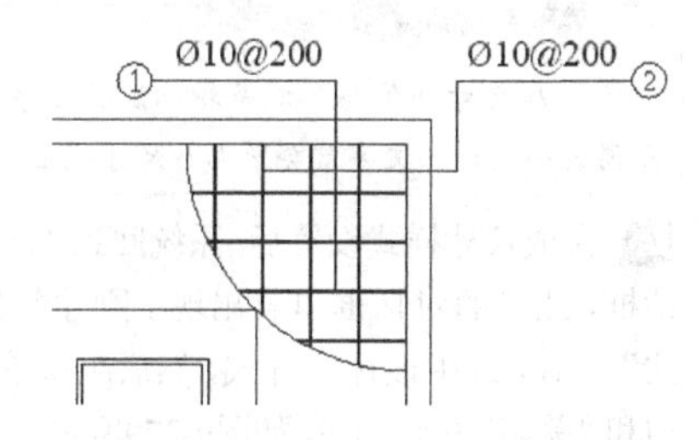

图9-270

05 继续标注垂直断面图中的钢筋，标注效果如图9-271所示。

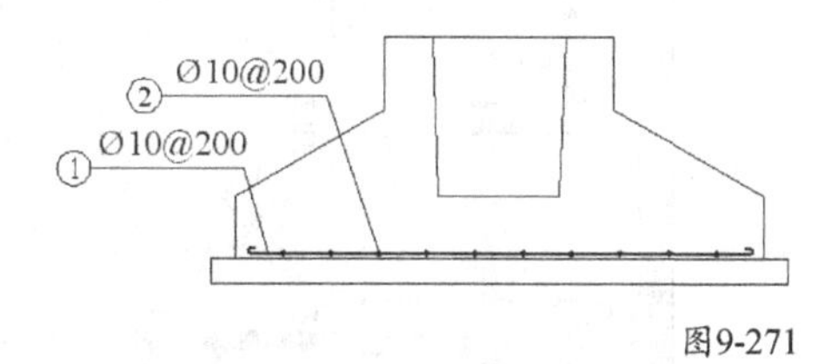

图9-271

填充垂直断面图中的垫层

垫层一般采用素混凝土作为材料，所以这里需要填充表示混凝土的图案。

01 把“填充图案”图层设为当前工作图层。

02 单击“绘图”工具栏中“图案填充”按钮，打开“图案填充和渐变色”对话框，选择AR-CONC图案，如图9-272所示。

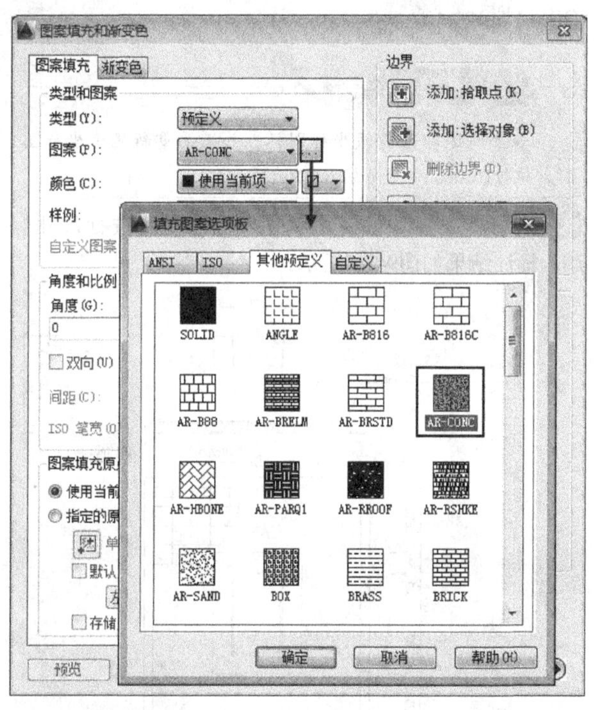

图9-272

03 设置AR-CONC图案的填充比例为0.5，如图9-273所示，然后单击“拾取点”按钮，接着在垫层断面内拾取一点，最后单击“确定”按钮完成填充，结果如图9-274所示。

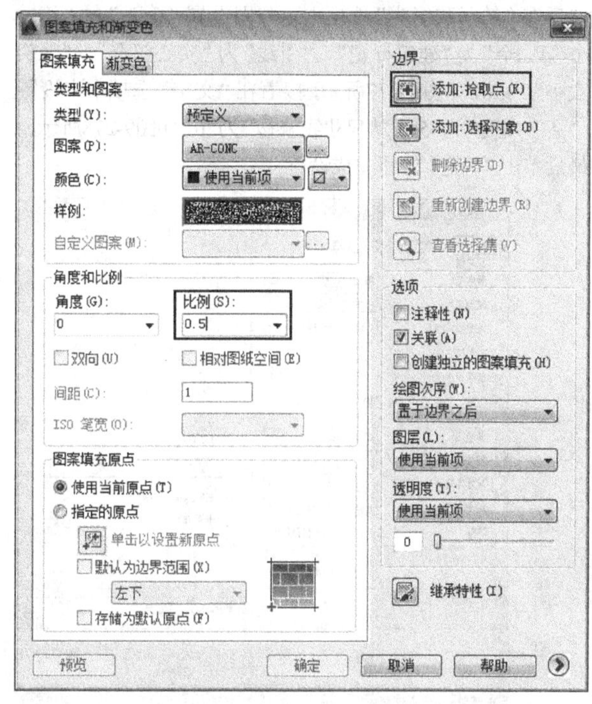

图9-273

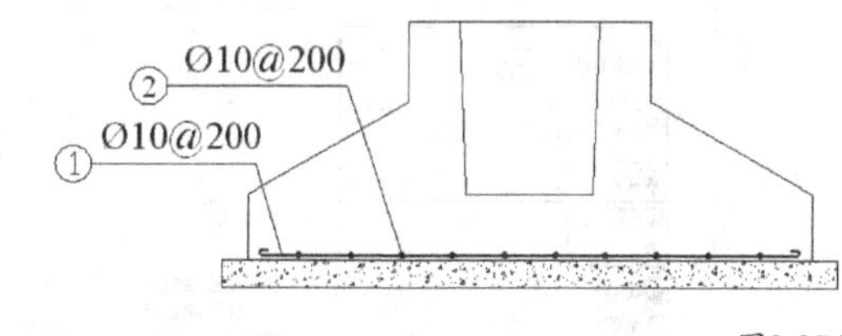

图9-274

标注尺寸及标高

基础详图主要是标注轮廓的长度尺寸，标注时要把“标注”图层设为当前工作图层。

01 执行“标注>样式”菜单命令，打开“标注样式管理器”对话框，单击“新建”按钮，在弹出的“创建新标注样式”对话框中给新建的标注样式命名为“基础详图标注”，然后单击“继续”按钮，如图9-275所示。

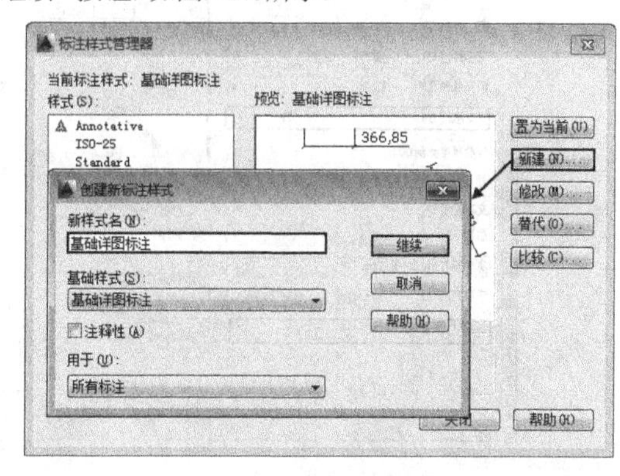

图9-275

02 打开“修改标注样式：基础详图标注”对话框，首先在“线”选项卡中设置“起点偏移量”为300，如图9-276所示，然后在“符号和箭头”选项卡下分别设置“箭头”的“第一个/第二个”为“建筑标记”、“引线”为“实心闭合”、“箭头大小”为30，如图9-277所示，接着在“文字”选项卡中设置“文字高度”为65、“从尺寸线偏移”为20，如图9-278所示，最后单击“确定”按钮完成设置。

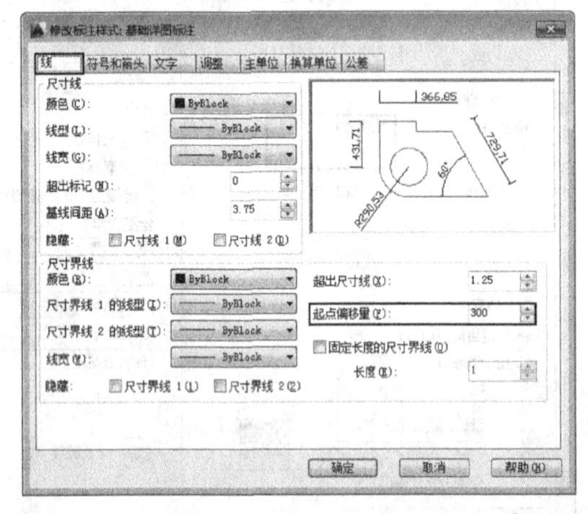

图9-276

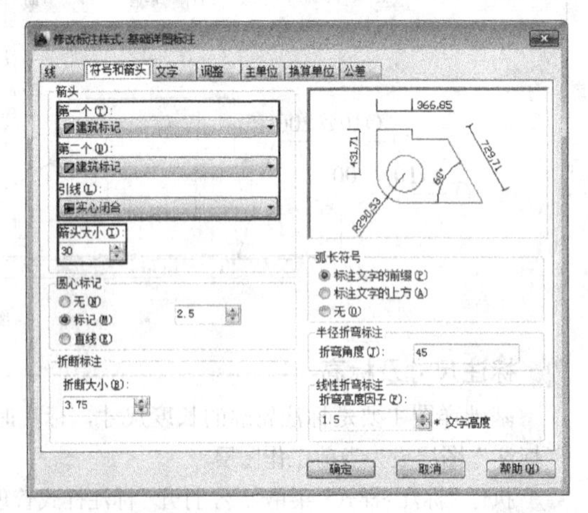

图9-277

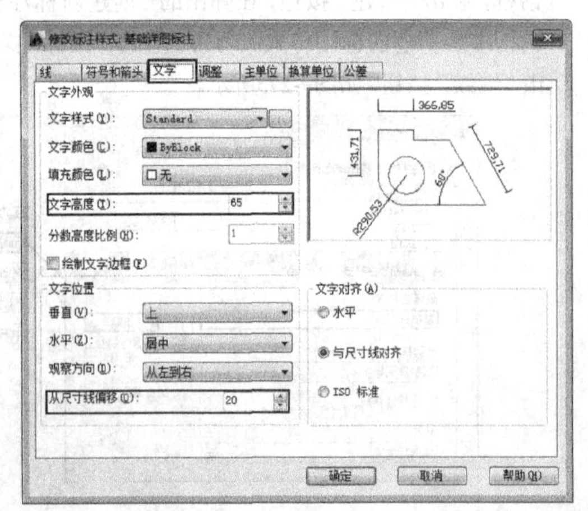

图9-278

专家点拨

“从尺寸线偏移”就是指标注的文字离尺寸线的距离，距离太小的话，文字就会紧贴在尺寸线上，影响美观。

03 完成尺寸样式设置后，系统回到“标注样式管理器”对话框，此时的对话框里就出现了刚才新建的“基础详图标注”样式，选中该标注样式，然后顺次单击“置为当前”按钮和“关闭”按钮即可，如图9-279所示。

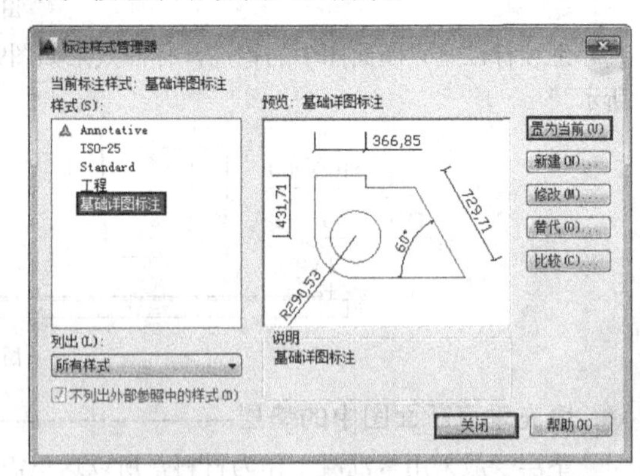

图9-279

04 在标注尺寸之前，我们发现AutoCAD的坐标图标有点碍眼，所以要将它隐藏，相关命令提示如下。

命令: ucsicon ↙

输入选项 [开(ON)/关(OFF)/全部(A)/非原点(N)/原点(OR)/特性(P)] <开>: off ↙

如上所述即可隐藏坐标图标，如果要重新显示坐标图标，执行Ucsicon命令并输入ON选项即可。

05 采用“线性”或者“对齐”标注功能进行尺寸标注，标注结果如图9-280所示。

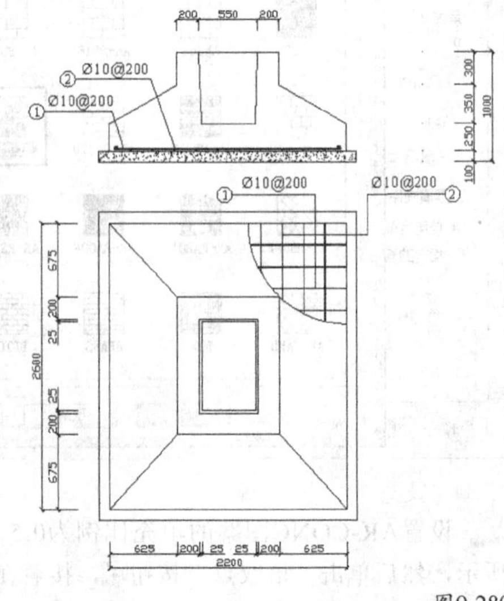

图9-280

06 绘制标高符号并输入标高数值，如图9-281所示，最后完成基础详图的绘制，最终效果如图9-282所示。

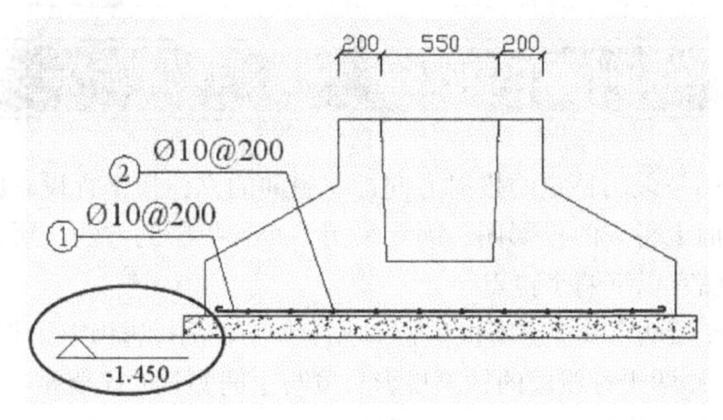

图9-281

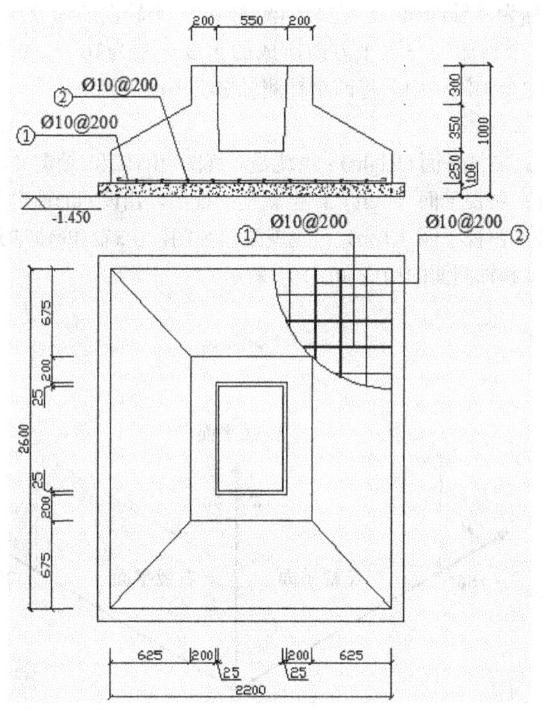

图9-282

9.3 本章小结

在本章中笔者详细介绍了使用AutoCAD 2014绘制多种二维图形的方法与技巧。通过本章的学习，用户可以熟练使用AutoCAD完成包括机械、建筑以及室内等设计领域二维图纸的绘制。

需要指出的是要能准确而又高效的使用AuotCAD，光靠熟练掌握各种软件命令与功能还不够，用户还需要逐步熟记各行各业制图的规范与标准，然后在实际绘图中多加运用。鉴于此，编者在每个小节中都较为详细的介绍了相关行业的制图规范与标准，用户在学习绘图实例的同时不要忘了这些规范与标准，为实际的工作应用打下坚实的理论基础。

9.4 课后练习

9.4.1 课后练习——绘制拔叉两视图

素材位置　无
实例位置　第9章>实例文件>9.4.1.dwg
技术掌握　拔叉两视图的绘制方法

本练习首先要设置图层，然后绘制图框和标题栏，接着逐步绘制拔叉主视图和左视图，最后标注图形并填写标题栏，效果如图9-283所示。

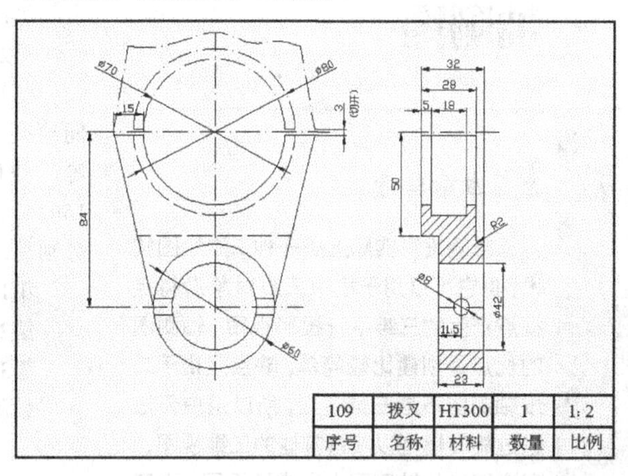

109	拔叉	HT300	1	1:2
序号	名称	材料	数量	比例

图9-283

9.4.2 课后练习——绘制客厅装饰平面图

素材位置　第9章>素材文件>植物.dwg
实例位置　第9章>实例文件>9.4.2.dwg
技术掌握　装饰平面图的绘制方法

本练习首先要绘制客厅墙线，然后处理好门窗的细节，最后通过绘制以及配合设计中心布置好家具的细节，效果如图9-284所示。

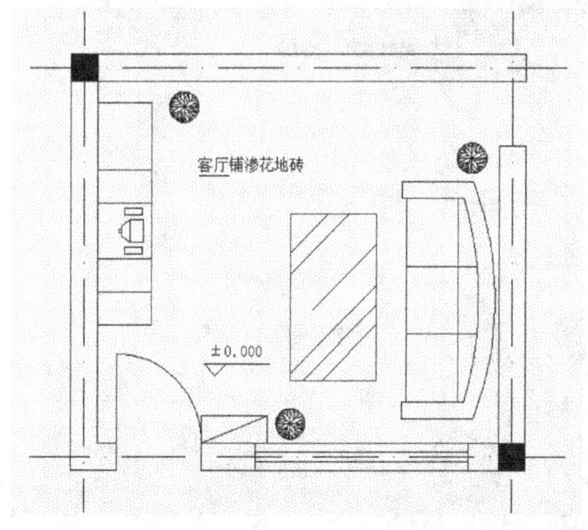

图9-284

第10章

轴测图

本章导读

轴测投影实际上是一种二维绘图技术，但它可以用于模拟三维对象沿特定视点产生的三维平行投影视图。轴测图的优点是创建比较简单，缺点是由于二维轴测图不是三维模型，所以用户无法通过旋转模型以获得其他的三维视图，用户不能从轴测图中生成透视图。本章介绍了轴测投影图的概念，机械零件轴测图的绘制方法和技巧。

Learning Objectives

轴测图的基本概念

等轴测绘图环境的设置方法

不同轴测面之间的相互切换

如何在等轴测图中输入文本

10.1 轴测图的概念

轴测图是采用特定的投射方向，将空间的立体按平行投影的方法在投影面上得到的投影图。因为采用了平行投影的方法，所以形成的轴测图有以下两个特点。

第1个：若两直线在空间相互平行，则它们的轴测投影仍相互平行。

第2个：两平行线段的轴测投影长度与空间实长的比值相等。

在轴测投影中，坐标轴的轴测投影称为“轴测轴”，它们之间的夹角称为“轴间角”。在等轴测图中，3个轴向的缩放比例相等，并且3个轴测轴与水平方向所成的角度分别为30°、90°和150°。在3个轴测轴中，每两个轴测轴定义一个“轴测面”，它们分别是：

第1种：右视平面（Right）：也就是右视图，由x轴和z轴定义。

第2种：左视平面（Left）：也就是左视图，由y轴和z轴定义。

第3种：俯视平面（Top）：也就是俯视图，由x轴和y轴定义。

轴测轴和轴测面的构成如图10-1所示。

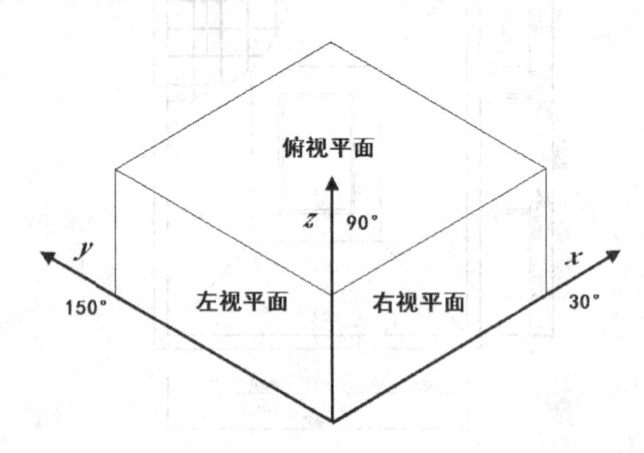

图10-1

在绘制轴测图时，选择3个轴测平面之一将导致“正交”和十字光标沿相应的轴测轴对齐，按快捷键Ctrl+E或者按功能键F5可以循环切换各轴测平面。

专家点拨

设置等轴测模式之后，原来的十字光标将随当前所处的不同轴测面而改变成夹角各异的交叉线，如图10-2所示。

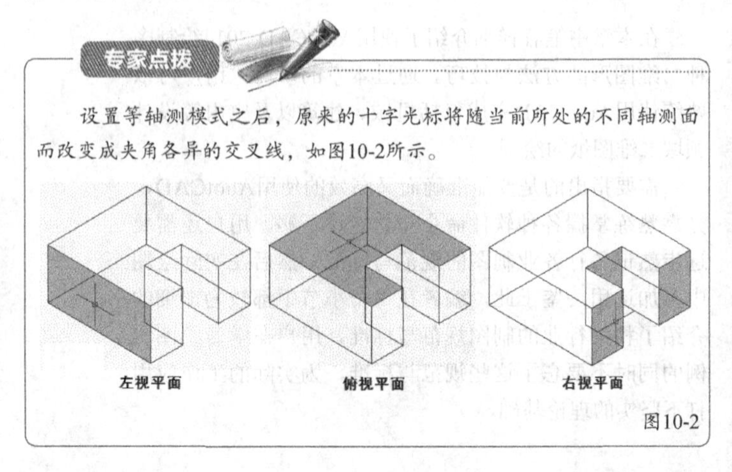

图10-2

  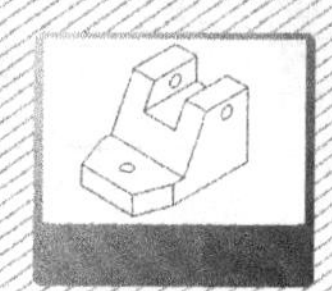 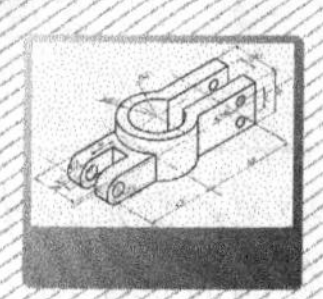 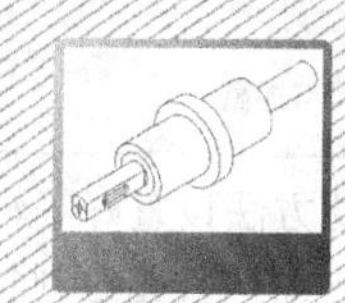 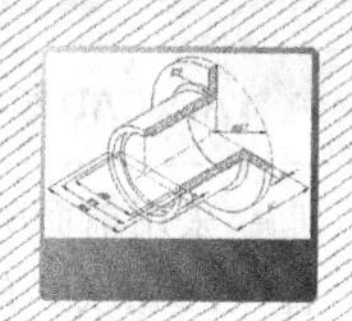

下面介绍一下绘制轴测图必须注意的几个问题：

第1个：任何时候用户只能在一个轴测面上绘图。因此绘制不同方位的立体面时，必须切换到不同的轴测面上去作图。

第2个：切换到不同的轴测面上作图时，十字准线、捕捉与栅格显示都会相应地在不同的轴测面进行调整，以便看起来仍像位于当前轴测面上。

第3个：正交模式也要被调整。要在某一轴测面上绘制正交线，首先应使该轴测面成为当前轴测面，然后再开启正交模式。

第4个：用户只能沿轴测轴的方向进行长度的测量，而沿非轴测轴方向的测量是不正确的。

10.2 设置等轴测绘图环境

AutoCAD为绘制等轴测图创造了一个特定的环境。在这个环境中，系统提供了相应的辅助手段，以帮助用户方便地构建轴测图，这就是等轴测图绘制模式。用户可以使用Dsettings命令和Snap命令来设置等轴测环境。

10.2.1 使用Dsettings命令设置等轴测环境

执行“工具>绘图设置”菜单命令，打开“草图设置”对话框，然后在“捕捉和栅格”选项卡下选择“等轴测捕捉”选项，如图10-3所示。

草图设置
捕捉和栅格 | 极轴追踪 | 对象捕捉 | 三维对象捕捉 | 动态输入 | 快捷特性 | 选择循环
启用捕捉 (F9)(S)
捕捉间距
捕捉 X 轴间距(P): 17.3205080
捕捉 Y 轴间距(C): 10
X 轴间距和 Y 轴间距相等(X)
极轴间距
极轴距离(D): 0
捕捉类型
栅格捕捉(R)
矩形捕捉(E)
等轴测捕捉(M)
PolarSnap(O)
启用栅格 (F7)(G)
栅格样式
在以下位置显示点栅格:
二维模型空间(D)
块编辑器(K)
图纸/布局(H)
栅格间距
栅格 X 轴间距(N): 17.32050
栅格 Y 轴间距(I): 10
每条主线之间的栅格数(J): 5
栅格行为
自适应栅格(A)
允许以小于栅格间距的间距再拆分(B)
显示超出界限的栅格(L)
遵循动态 UCS(U)
选项(T)... 确定 取消 帮助(H)

图10-3

要关闭等轴测模式，只需要选择另外一个单选项“矩形捕捉”即可。

打开等轴测模式后，捕捉与栅格的间距将由y轴方向的间距值来控制，而x轴方向的间距值将不起作用。用户可以通过“捕捉y轴间距”和“栅格y轴间距”来控制捕捉的间距以及栅格点的疏密程度。

10.2.2 切换当前轴测面

正在绘图的轴测面称为“当前轴测面”。由于立体的不同表面必须在不同的轴测面上绘制，所以用户在绘制轴测图的过程中就要不断改变当前轴测面。

按快捷键Ctrl+E或者功能键F5可按顺时针方向在“左视平面”、“俯视平面”和“右视平面”3个轴测面之间进行切换。

使用功能键F5和快捷键Ctrl+E来切换等轴测视图的效果是一样的。

10.3 等轴测环境中的图形绘制方法

设置为等轴测模式后，用户就可以很方便地绘制出直线、圆、圆弧和文本的轴测图，并由这些基本的图形对象组成复杂形体的轴测投影图。

10.3.1 绘制轴测直线

根据轴测投影的性质，若两直线在空间相互平行，则它们的轴测投影仍相互平行，所以凡和坐标轴平行的直线，它的轴测图也一定和轴测轴平行。由于3个轴测轴与水平方向所成的角度分别为30°、90°和150°，所以立体上凡与坐标轴平行的棱线，在立体的轴测图中也分别与轴测轴平行。在绘图时，可分别把这些直线画成与水平方向成30°、90°和150°的角。对于一般位置的直线（即与3个坐标轴均不平行的直线），则可以通过平行线来确定该直线两个端点的轴测投影，然后再连接这两个端点的轴测图，组成一般位置直线的轴测图。

10.3.2 实战——绘制长方体轴测图

素材位置	无
实例位置	第10章>实例文件>10.3.2.dwg
技术掌握	长方体轴测图的绘制方法

本例绘制的长方体轴测图效果如图10-4所示

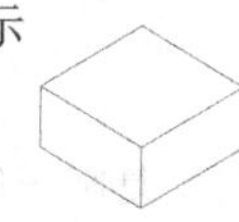

图10-4

01 采用前面所讲的方法设置好等轴测环境，然后按功能键F5切换到右视平面，首先绘制长方体的右视平面，绘制效果如图10-5所示，相关命令提示如下。

命令:l

LINE 指定第一点: //在绘图区域的中间位置捕捉一点

指定下一点或 [放弃(U)]: <正交 开> 100 ↙ //先将光标置于直线走向的正前向，然后输入100并回车

指定下一点或 [放弃(U)]: 50 ↙ //先将光标置于直线走向的正前向，然后输入50并回车

指定下一点或 [闭合(C)/放弃(U)]: 100 ↙ //先将光标置于直线走向的正前向，然后输入100并回车

指定下一点或 [闭合(C)/放弃(U)]: c ↙

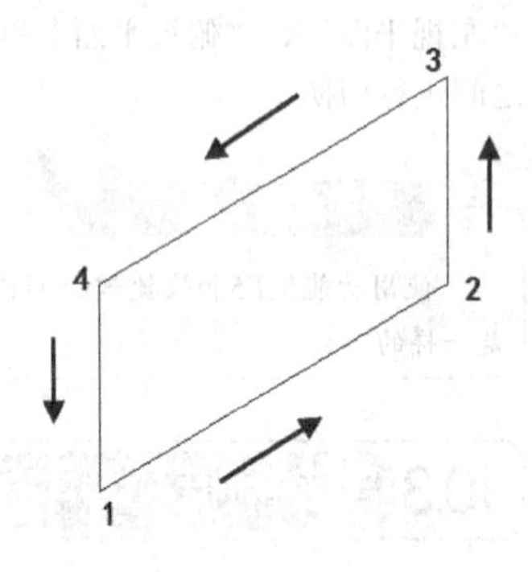

图10-5

02 下面绘制长方体的左视平面。按功能键F5切换到左视平面，绘制效果如图10-6所示，相关命令提示如下。

命令:l

LINE 指定第一点: //在绘图区域中捕捉如图10-19所示的点1

指定下一点或 [放弃(U)]: 100 ↙ //先将光标置于直线走向的正前向，然后输入100并回车

指定下一点或 [放弃(U)]: 50 ↙ //先将光标置于直线走向的正前向，然后输入50并回车

指定下一点或 [闭合(C)/放弃(U)]: ↙ //在绘图区域中捕捉如图10-19所示的端点

指定下一点或 [闭合(C)/放弃(U)]: ↙

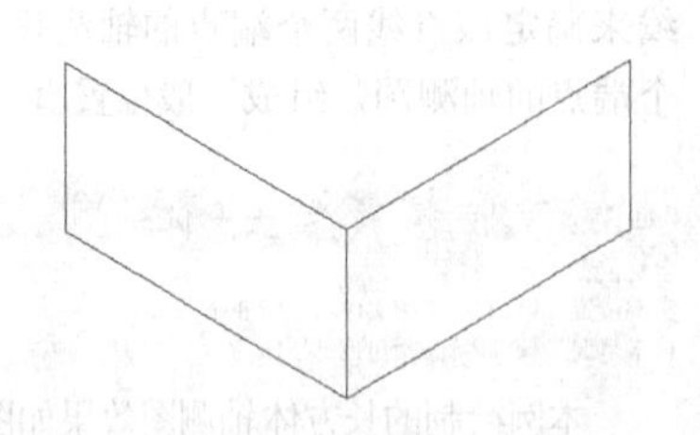

图10-6

03 复制一份左视平面到目标位置，绘制效果如图10-7所示。

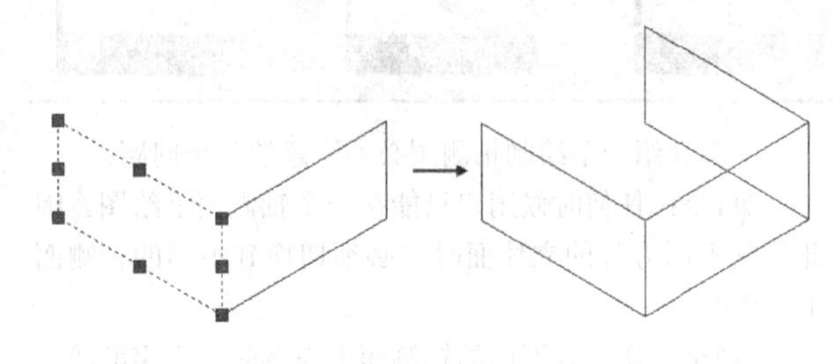

图10-7

04 绘制出俯视平面上的直线，如图10-8所示，然后删除被遮挡住的直线，最终效果如图10-9所示。

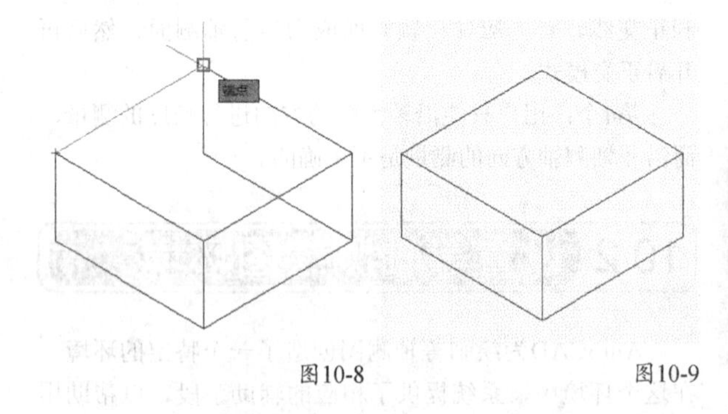

图10-8　图10-9

10.3.3 绘制轴测圆

每一个圆都有一个外切正方形。正方形的轴测图是一个平行四边形（应特殊化为菱形），也就是圆的轴测图一定是内切于该菱形的一个椭圆，且椭圆的长轴和短轴应分别与该菱形的两条对角线重合。所以要在某一轴测面内画一个圆，必须在该轴测面内把它画成一个椭圆。根据平行于不同坐标平面的正方形在相应轴测面内轴测图的方位，即相应菱形两对角线的方位，就可以确定相应椭圆的画法。椭圆的长轴垂直于不属于该轴测面的第3轴测轴，椭圆的中心即为圆的圆心。

轴测模式下的椭圆可以使用Ellipse（椭圆）命令来直接绘制。当用户设置完轴测模式后，如在此模式下执行Ellipse（椭圆）命令，则命令的提示中将增加一个名为“等轴测圆（I）”的选择项，选择该选项，即可绘制出相应轴测面内的轴测椭圆。

10.3.4 实战——绘制滚筒轴测图

素材位置　无
实例位置　第10章>实例文件>10.3.4.dwg
技术掌握　滚筒轴测图的绘制方法

本例利用一个比较困难的滚筒实例来强化对轴测圆的理解，案例效果如图10-10所示。

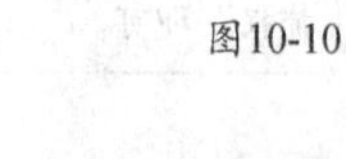

图10-10

01 继续沿用前面设置好的等轴测绘图环境，然后按F5键切换到左视平面。

02 首先绘制左视平面的轴测圆，单击“绘图”工具栏中的“椭圆”按钮，绘制效果如图10-11所示，相关命令提示如下。

命令: _ellipse
指定椭圆轴的端点或 [圆弧(A)/中心点(C)/等轴测圆(I)]: i ↙ //选择“等轴测圆”模式
指定等轴测圆的圆心: //捕捉一点作为圆心
指定等轴测圆的半径或 [直径(D)]: 20 ↙ //输入半径值并回车

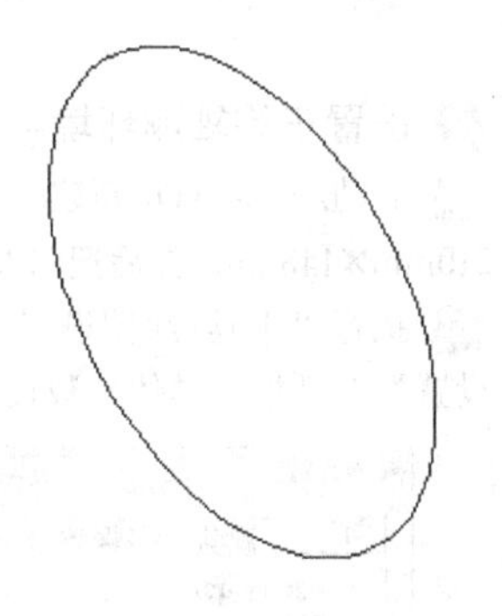

图10-11

03 按功能键F5切换到右视平面，下面绘制滚筒轴线，如图10-12和图10-13所示，相关命令提示如下。

命令: l
LINE 指定第一点: //在绘图区域中象限点
指定下一点或 [放弃(U)]: <正交 开> 100 ↙ //先将光标置于直线走向的正前向，然后输入100并回车
指定下一点或 [放弃(U)]: ↙

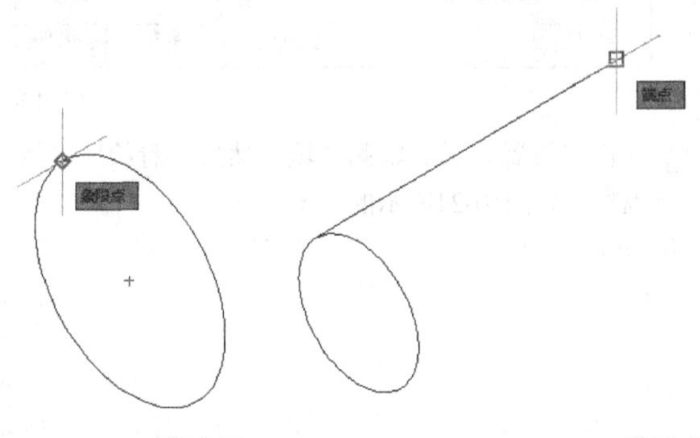

图10-12　　图10-13

04 将轴测圆复制一份到上一步绘制的直线的另一个端点上，如图10-14所示。

05 将直线复制一份到轴测圆下部的另外一个象限点上，绘制效果如图10-15所示。

06 使用“修剪”功能修剪掉多余的部分，如图10-16所示。

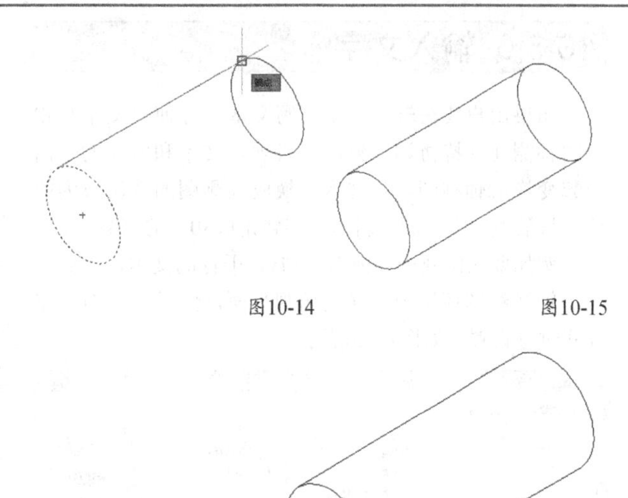

图10-14　　图10-15

图10-16

07 按F5键切换回左视平面，绘制滚筒内部的轴测圆，如图10-17所示，最终效果如图10-18所示，相关命令提示如下。

命令: _ellipse
指定椭圆轴的端点或 [圆弧(A)/中心点(C)/等轴测圆(I)]: i ↙ //选择“等轴测圆”模式
指定等轴测圆的圆心: //捕捉圆心
指定等轴测圆的半径或 [直径(D)]: 15 ↙ //输入半径值并回车

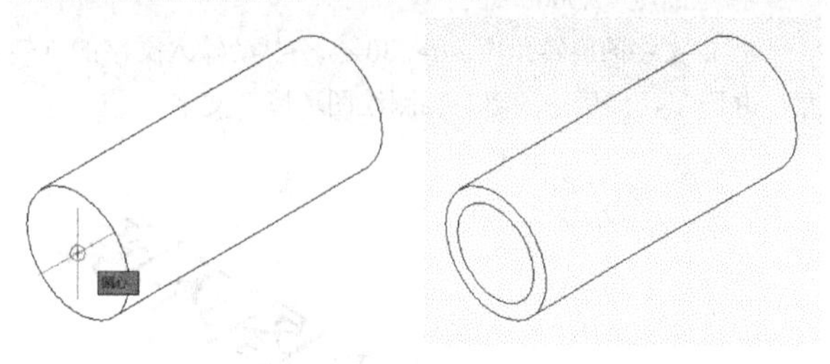

图10-17　　图10-18

如图10-19所示，这是在3个不同平面绘制的轴测圆，请大家注意区分一下它们的差别，避免在工作中混淆。

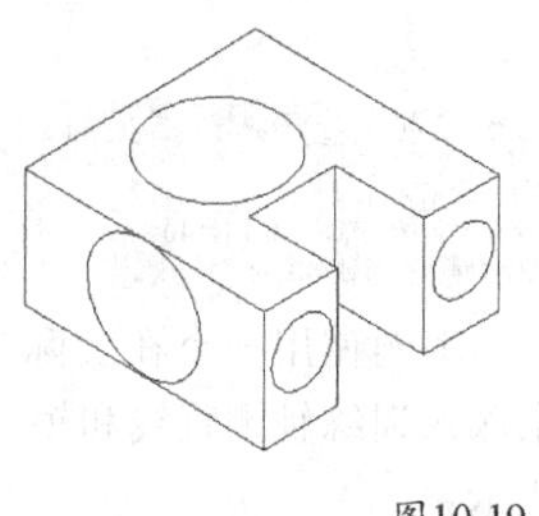

图10-19

10.3.5 输入文字

如果用户要在轴测图中书写文本，并使该文本与相应的轴测面保持协调一致，则必须将文本和所在的平面一起变换成轴测图。将文本变换成轴测图的方法较为简单，只需改变文本的倾斜角与旋转角成30°的倍数。

例如要在俯视平面内书写与x轴平行的文本，首先要在等轴测绘图环境中切换到俯视平面，然后需要对文字样式进行设置，如图10-20所示。

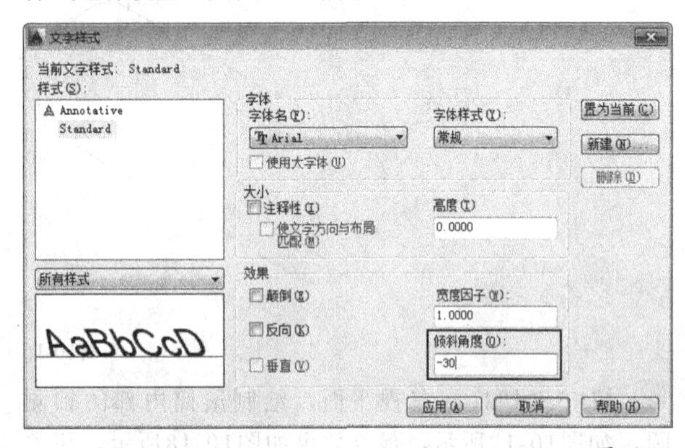

图10-20

使用Text（单行文字）命令输入“等轴测绘图环境”文字，如图10-21所示，相关命令提示如下。

命令: _text

当前文字样式: “Standard” 文字高度: 2.5000 注释性: 否

指定文字的起点或 [对正(J)/样式(S)]:　　//在绘图区域捕捉一点

指定高度 <2.5000>:↙

指定文字的旋转角度 <0>: 30↙　　//输入文字的旋转角度并回车，然后输入“等轴测绘图环境”文字

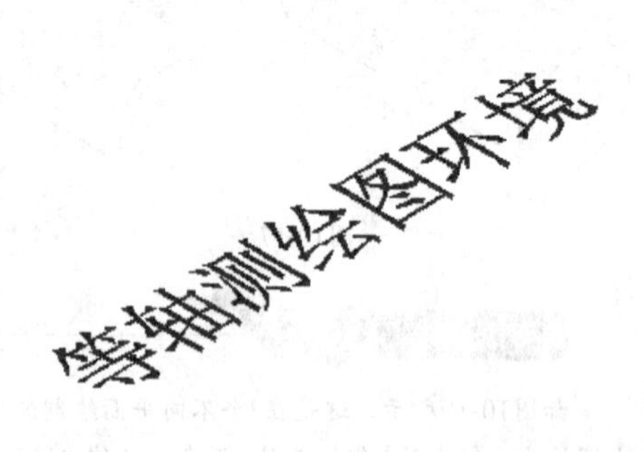

图10-21

10.3.6 综合实例——绘制机座轴测图

素材位置　无

实例位置　第10章>实例文件>10.3.6.dwg

技术掌握　机座轴测图的绘制方法

本例使用一个在实际工作中经常遇到机座轴测图来深入训练轴测直线和轴测圆的绘制方法，如图10-22所示。

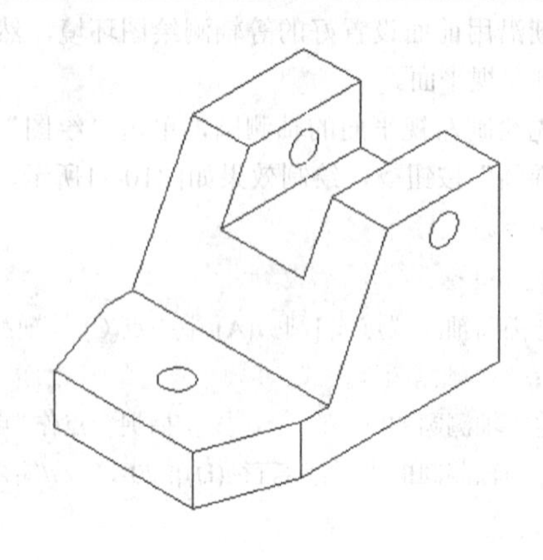

图10-22

设置正等轴测环境

01 启动AutoCAD，新建一个DWG文件，并将图限设置为210mm×148mm，然后把图限放大至全屏显示。

02 执行“工具>绘图设置”菜单命令，系统弹出“草图设置”对话框，具体参数设置如图10-23所示。

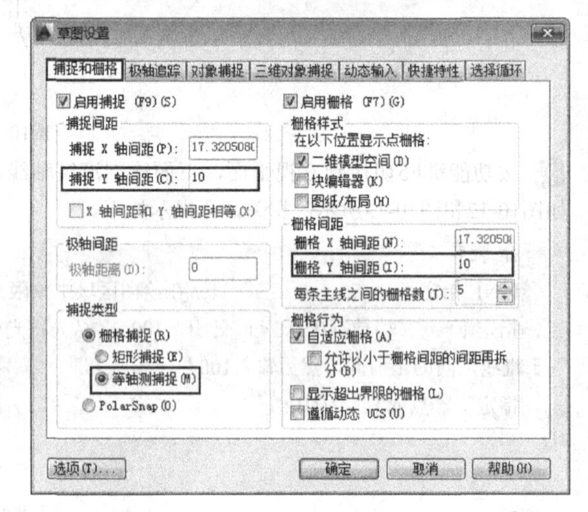

图10-23

03 这样就设置好了等轴测环境，然后查看绘图区域，可以观察到如图10-24所示的绘图区域。

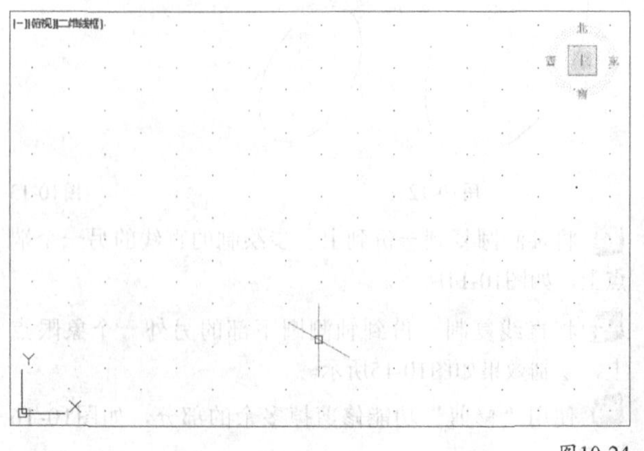

图10-24

设置图层

在命令行输入Layer（图层）命令并回车，系统弹出“图层特性管理器”对话框，新建一个“底座上部”图层和一个“底座下部”图层，然后把“底座上部”图层设置为当前图层，如图10-25所示。

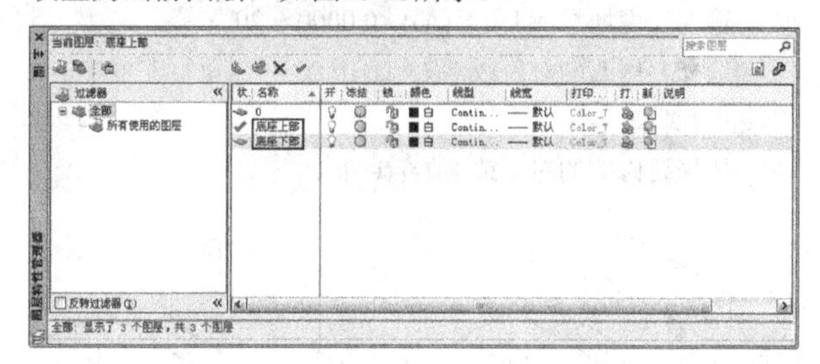

图10-25

绘制轴测环境的3根坐标轴

01 开启“正交模式”功能。

02 使用Line（直线）命令绘制3条相互垂直的直线，直线A、C长为10mm，直线B长为20mm，绘制效果如图10-26所示。

03 复制上一步绘制的直线，将其复制成一个长方体，完成后的效果如图10-27所示。

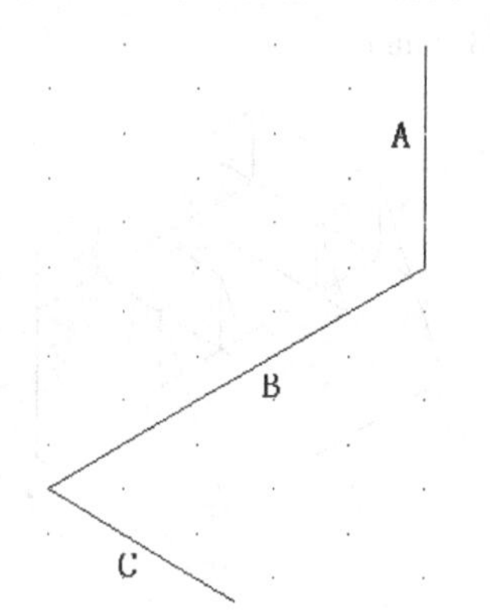

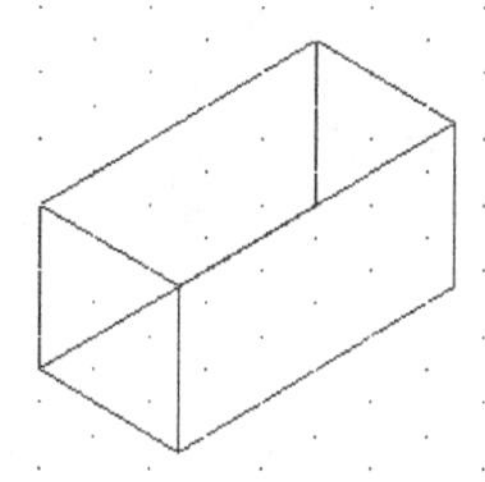

图10-26　　图10-27

专家点拨

在前面设置了栅格点捕捉功能，即光标对每一个栅格点都会自动捕捉，如果嫌这样不方便可以取消该功能。

04 执行“修改>拉长”菜单命令，把直线拉长，绘制效果如图10-28所示，相关命令提示如下。

命令: _lengthen

选择对象或 [增量(DE)/百分数(P)/全部(T)/动态(DY)]: //选择图10-28中的A直线

当前长度: 10.0000

选择对象或 [增量(DE)/百分数(P)/全部(T)/动态(DY)]: de ↙

输入长度增量或 [角度(A)] <0.0000>: 25 ↙

选择要修改的对象或 [放弃(U)]: //鼠标左键单击图10-28中直线A的左端

选择要修改的对象或 [放弃(U)]: ↙

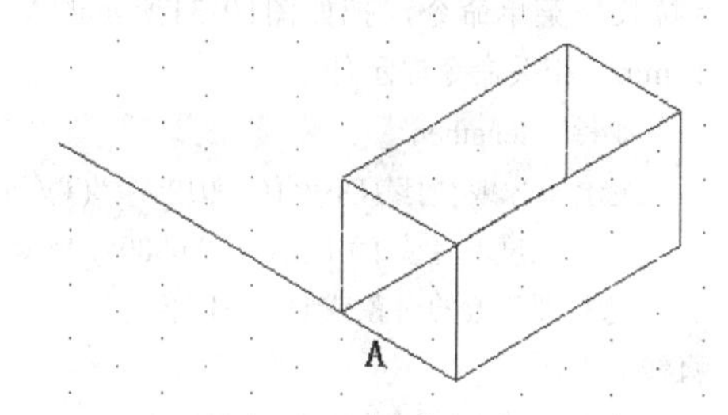

图10-28

05 使用Copy（复制）命令复制长方体和直线，完成后的效果如图10-29所示。

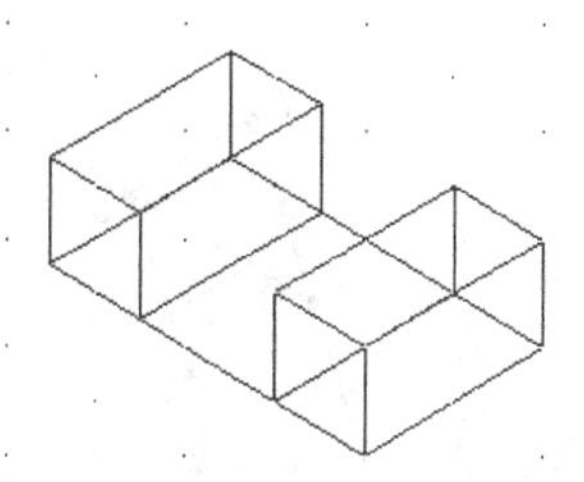

图10-29

06 执行“修改>拉长”菜单命令，把如图10-30所示的4条直线拉长，相关命令提示如下。

命令: _lengthen

选择对象或 [增量(DE)/百分数(P)/全部(T)/动态(DY)]: de ↙

输入长度增量或 [角度(A)] <5.0000>: 5 ↙

选择要修改的对象或 [放弃(U)]: //鼠标左键单击图10-30中A直线的左端

选择要修改的对象或 [放弃(U)]: //鼠标左键单击图10-30中B直线的左端

选择要修改的对象或 [放弃(U)]: //鼠标左键单击图10-30中C直线的左端

选择要修改的对象或 [放弃(U)]: //鼠标左键单击图10-30中D直线的左端

选择要修改的对象或 [放弃(U)]: ↙

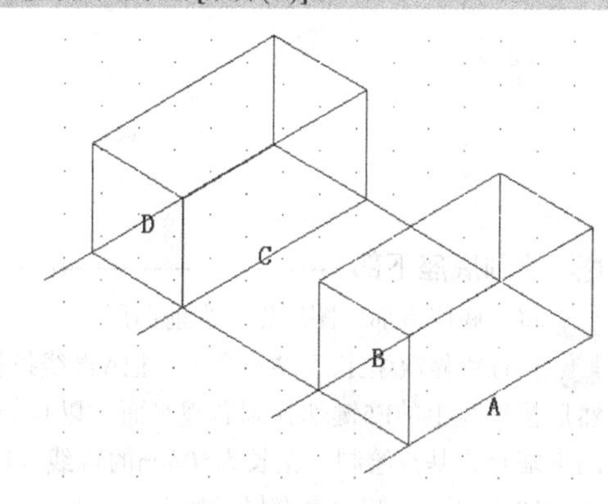

图10-30

07 使用Line（直线）命令绘制4条如图10-31所示连接点1和2、3和4、5和6、7和8的直线，然后执行“修改>拉长”菜单命令，把如图10-31所示的A、B直线拉长15mm，相关命令提示如下。

命令: _lengthen
选择对象或 [增量(DE)/百分数(P)/全部(T)/动态(DY)]: de ↙
输入长度增量或 [角度(A)] <0.0000>: 15 ↙
选择要修改的对象或 [放弃(U)]: //鼠标左键单击A直线的下端
选择要修改的对象或 [放弃(U)]: //鼠标左键单击B直线的下端
选择要修改的对象或 [放弃(U)]: ↙

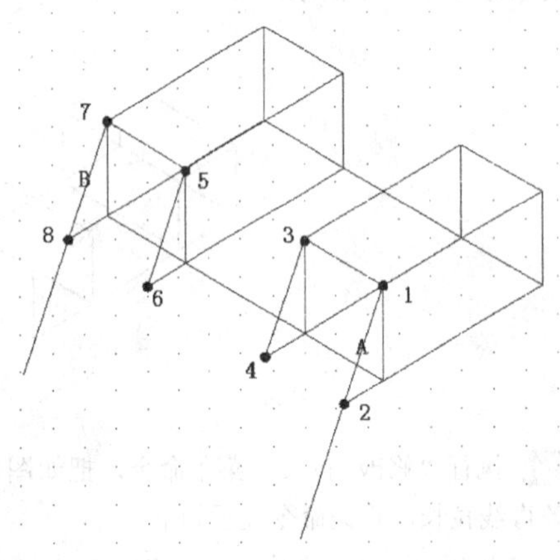

图10-31

08 使用Line（直线）命令绘制两条如图10-32所示连接点1和2、3和4的直线。

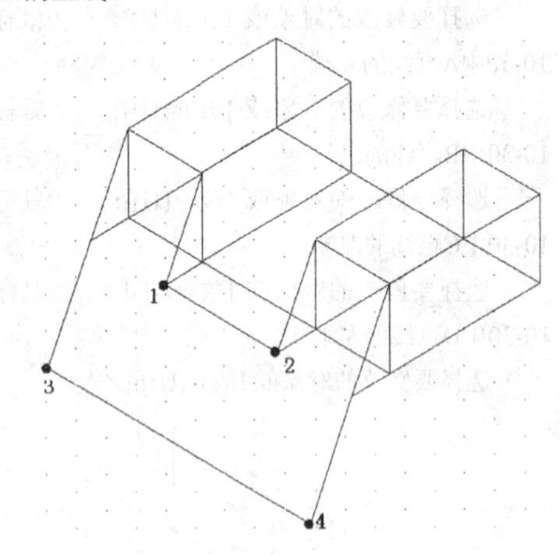

图10-32

绘制底座下部

01 将“底座下部”图层设为当前图层。

02 执行“修改/拉长”菜单命令，把A直线拉长20mm，然后按键盘上的F5键切换到右视平面，以拉长后的直线的下端点为基点绘制一条长为50mm的直线（B直线），如图10-33所示，相关命令提示如下。

命令: _lengthen
选择对象或 [增量(DE)/百分数(P)/全部(T)/动态(DY)]: //选择A直线
当前长度: 10.0000
选择对象或 [增量(DE)/百分数(P)/全部(T)/动态(DY)]: de ↙
输入长度增量或 [角度(A)] <0.0000>: 20 ↙
选择要修改的对象或 [放弃(U)]: //鼠标左键单击A直线的下端
选择要修改的对象或 [放弃(U)]: ↙

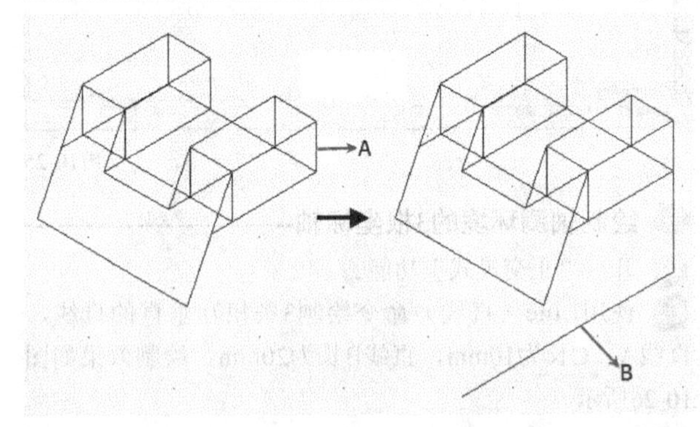

图10-33

03 使用Line（直线）命令绘制一条以图10-34所示的点1为基点的垂直辅助线，长为8.66mm。

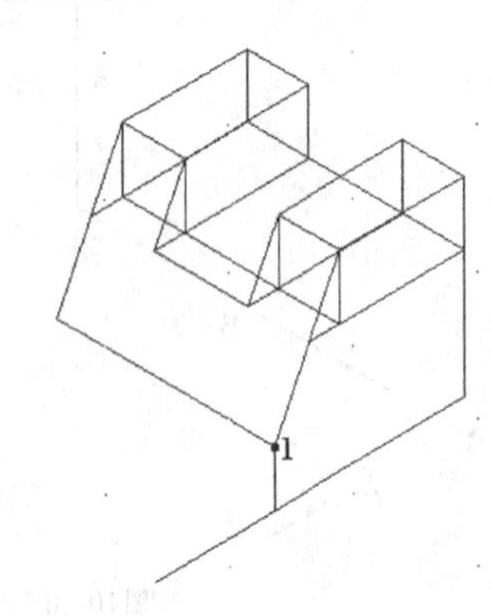

图10-34

04 执行Copy（复制）命令，以点1为基点，点2为端点复制直线A，然后将辅助线B向正前方复制5mm，如图10-35所示。

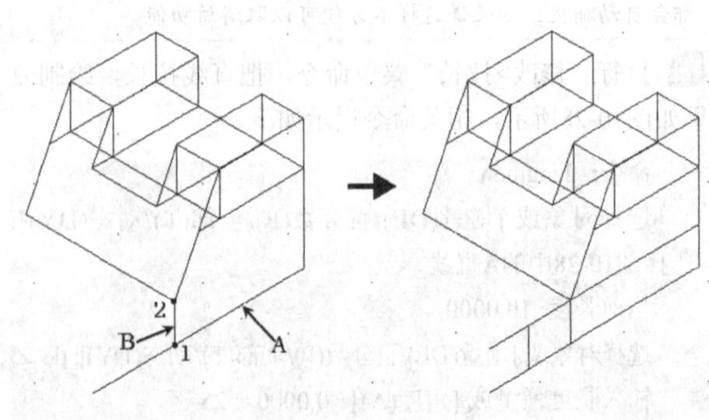

图10-35

05 按F5键切换到左视平面，然后继续复制直线，复制效果如图10-36，相关命令提示如下。

命令: _copy
选择对象: 找到 1 个　　　　　　　　//选择A直线
选择对象: ↙　　　　　　　　　　　//回车表示选择结束
指定基点或位移:　　　　　　　　　//捕捉点1
指定位移的第二点或 <用第一点作位移>:　　//捕捉点2
指定位移的第二点: ↙
命令:　　　　　　　　　　//按回车键或者空格键继续执行该命令
命令: _copy
选择对象: 找到 1 个　　　　　　　　//选择A直线
选择对象: ↙　　　　　　　　　　　//回车表示选择结束
指定基点或位移:　　　　　　　　　//捕捉点1
指定位移的第二点或 <用第一点作位移>: 5　//光标指向B直线的中点处
指定位移的第二点: ↙
命令:　　　　　　　　　　//按回车键或者空格键继续执行该命令
命令: _copy
选择对象: 找到 1 个　　　　　　　　//选择E直线
选择对象: ↙　　　　　　　　　　　//回车表示选择结束
指定基点或位移:　　　　　　　　　//捕捉点2
指定位移的第二点或 <用第一点作位移>: 5　//光标指向B直线的中点处
指定位移的第二点: ↙
命令:　　　　　　　　　　//按回车键或者空格键继续执行该命令
命令: _copy
选择对象: 找到 1 个　　　　　　　　//选择B直线
选择对象: ↙　　　　　　　　　　　//回车表示选择结束
指定基点或位移:　　　　　　　　　//捕捉点1
指定位移的第二点或 <用第一点作位移>: 5　//捕捉点3
指定位移的第二点: ↙

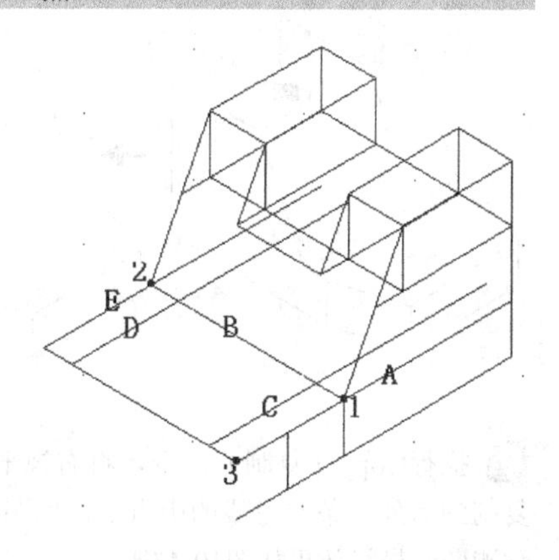

图10-36

06 继续复制直线，复制效果如图10-37所示，相关命令提示如下。

命令: _copy
选择对象: 找到 1 个，总计3个　　　//选择虚线部分
选择对象: ↙　　　　　　　　　　　//回车表示选择结束
指定基点或位移:　　　　　　　　　//捕捉点1
指定位移的第二点或 <用第一点作位移>:　　//捕捉点2
指定位移的第二点: ↙

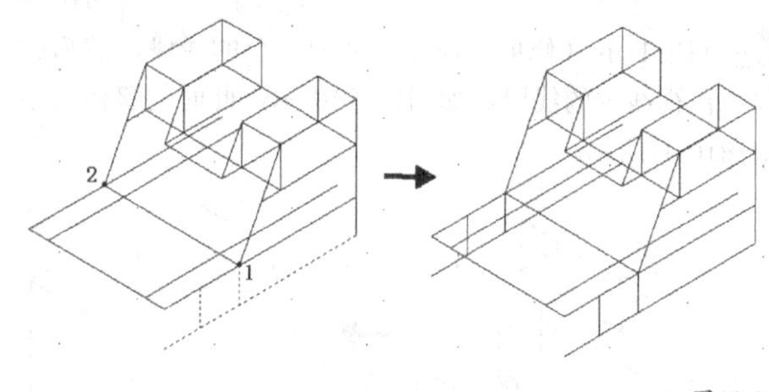

图10-37

07 使用Line（直线）命令绘制两条如图10-38所示的连接点1和2、3和4的直线。

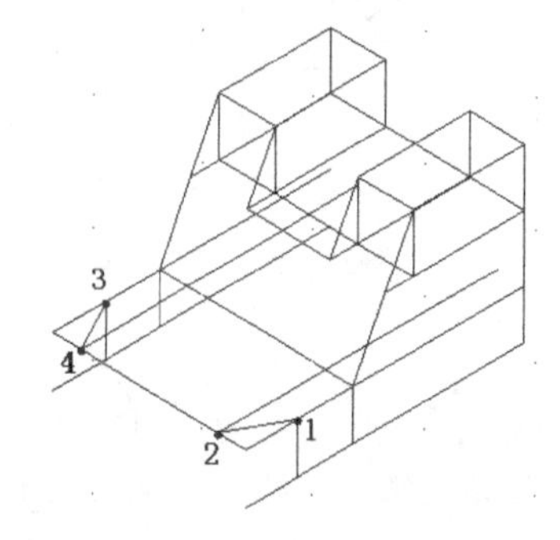

图10-38

08 下面复制直线，复制效果如图10-39所示，相关命令提示如下。

命令: _copy
选择对象: 找到 1 个, 总计3个　　　//选择B、C、D直线
选择对象: ↙　　　　　　　　　　　//回车表示选择结束
指定基点或位移:　　　　　　　　　//捕捉点1
指定位移的第二点或 <用第一点作位移>:　　//捕捉点2
指定位移的第二点: ↙
命令:　　　　　　　　　　//按回车键或者空格键继续执行该命令
命令: _copy
选择对象: 找到 1 个, 总计1个　　　//选择A直线
选择对象: ↙　　　　　　　　　　　//回车表示选择结束
指定基点或位移:　　　　　　　　　//捕捉点1
指定位移的第二点或 <用第一点作位移>:　　//捕捉点4
指定位移的第二点或 <用第一点作位移>:　　//捕捉点5
指定位移的第二点: ↙

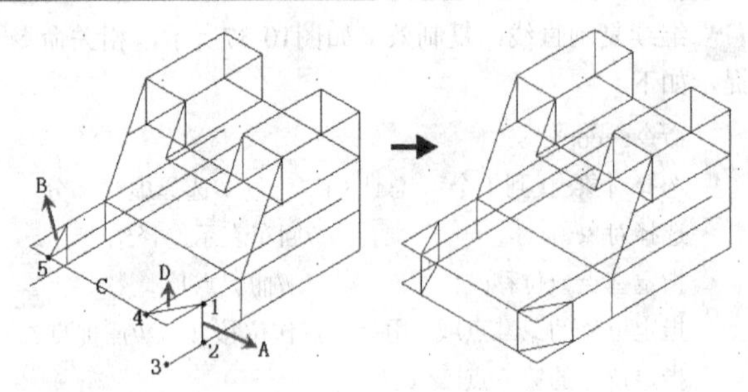

图10-39

09 利用Trim（修剪）命令修剪掉多余的线段，然后删除不在视线内的线段，如图10-40所示，此时的整体效果如图10-41所示。

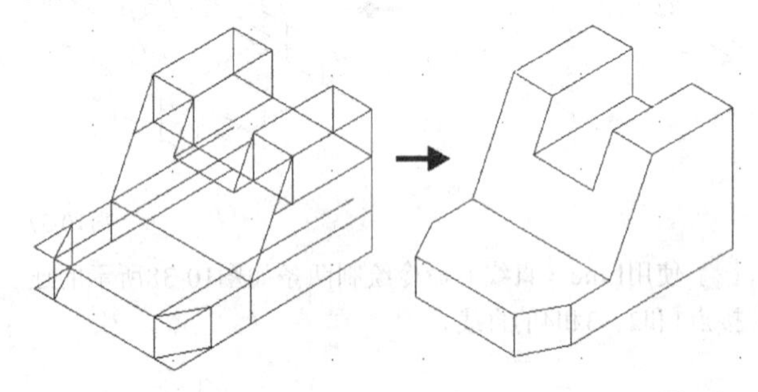

图10-40

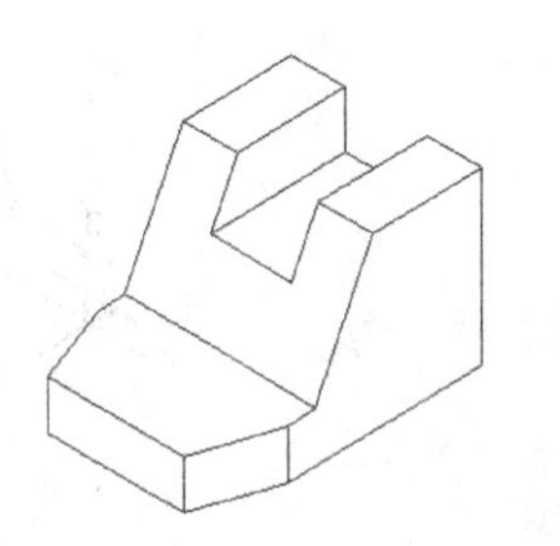

图10-41

绘制等轴测圆

01 使用Line（直线）命令绘制一条如图10-42所示的辅助线。

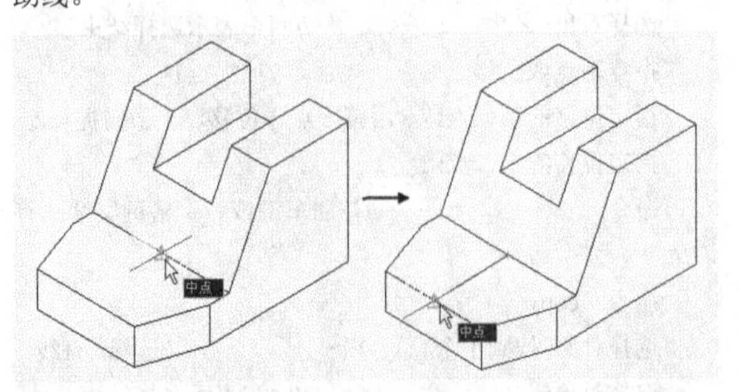

图10-42

02 执行Ellipse（椭圆）命令，绘制俯视平面上的等轴测圆，然后删除上一步绘制的辅助线，绘制效果如图10-43所示，相关提示命令如下。

命令: _ellipse
指定椭圆轴的端点或 [圆弧(A)/中心点(C)/等轴测圆(I)]: i ↙ //选择“等轴测圆”模式
指定等轴测圆的圆心: //捕捉中点作为圆心
指定等轴测圆的半径或 [直径(D)]: 2.5 ↙ //输入半径值并回车

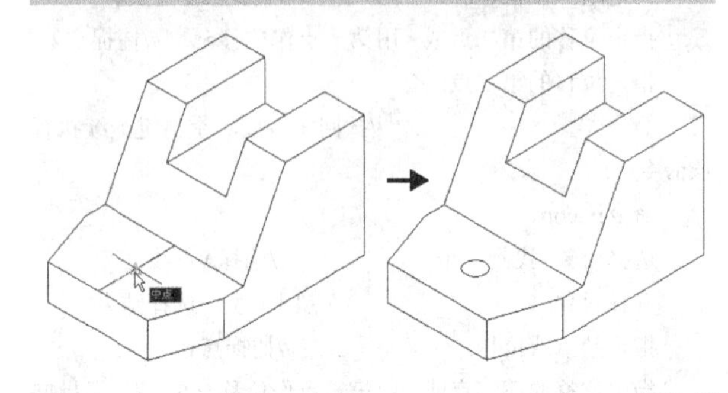

图10-43

03 执行Copy（复制）命令，复制出两条如图10-44所示的辅助线。

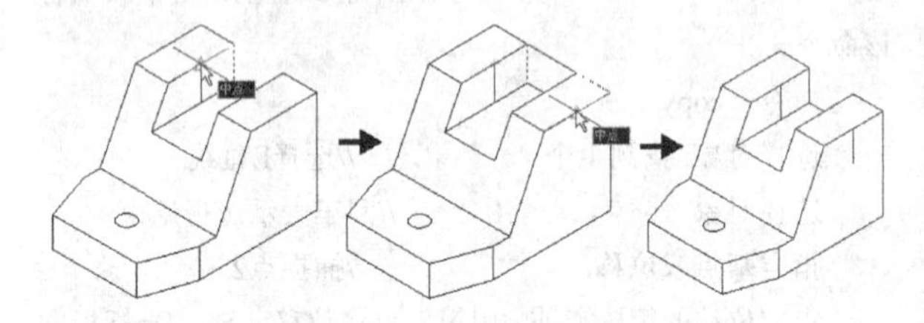

图10-44

04 执行Ellipse（椭圆）命令，绘制右视平面上的等轴测圆，绘制效果如图10-45所示，相关命令如下。

命令: _ellipse
指定椭圆轴的端点或 [圆弧(A)/中心点(C)/等轴测圆(I)]: i ↙ //选择“等轴测圆”模式
指定等轴测圆的圆心: //捕捉中点作为圆心
指定等轴测圆的半径或 [直径(D)]: 2.5 ↙ //输入半径值并回车

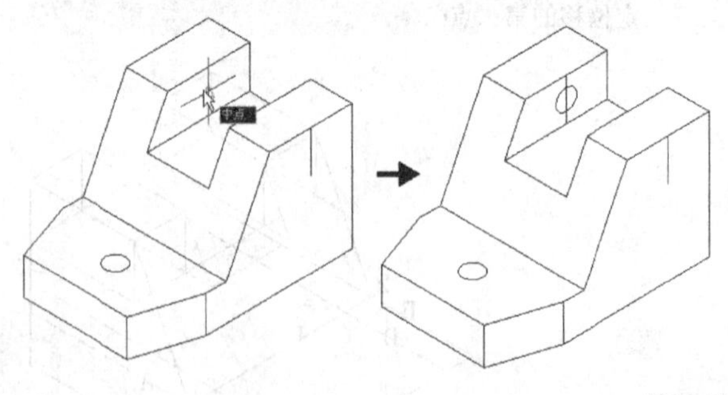

图10-45

05 执行Copy（复制）命令，将右视平面上的等轴测圆复制到另外一条参考线的中点上，如图10-46所示，机座轴测图的最终效果如图10-47所示。

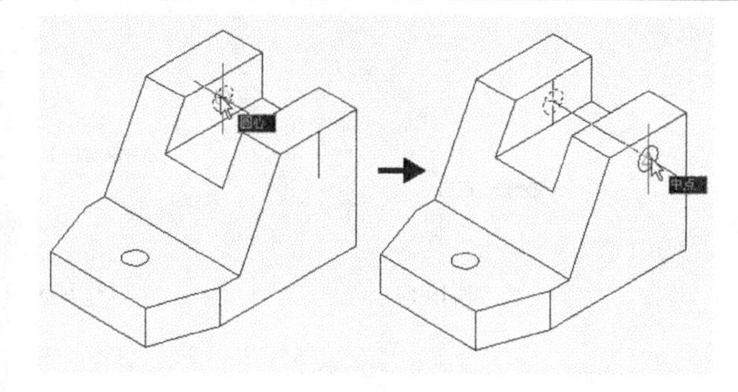

图10-46

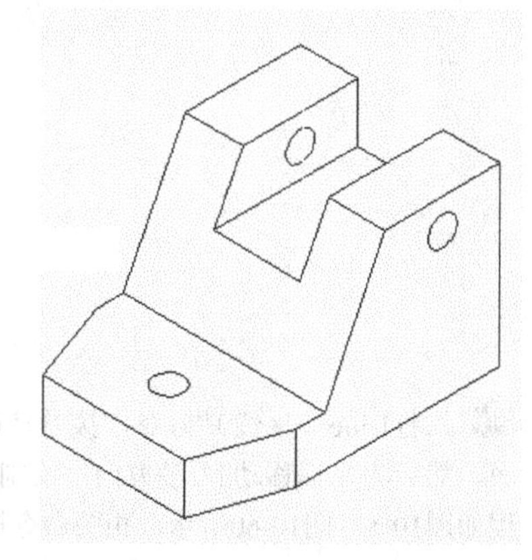

图10-47

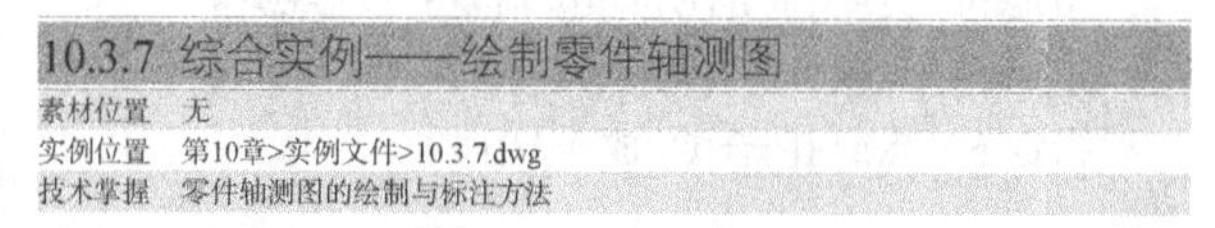

10.3.7 综合实例——绘制零件轴测图

素材位置 无
实例位置 第10章>实例文件>10.3.7.dwg
技术掌握 零件轴测图的绘制与标注方法

在本例中首先简要地介绍了轴测图的绘制原理与注意事项，然后以一个常见零件为例为用户详细讲解轴测图的绘制方法，效果如图10-48所示。

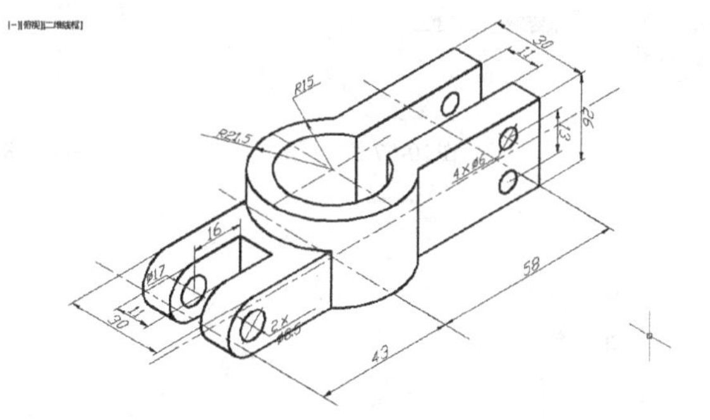

图10-48

设置绘图环境

01 新建一个dwg文件，然后将绘图界限设置为150mm×150mm（绘图界限设置小一点，绘制的图形看起来就要大一点），接着将设置好的绘图界限放大到全屏显示。

02 单击“图层”工具栏中的“图层特性管理器”按钮，然后在弹出的“图层特性管理器”对话框中新建3个图层，并分别设置好其属性，如图10-49所示。

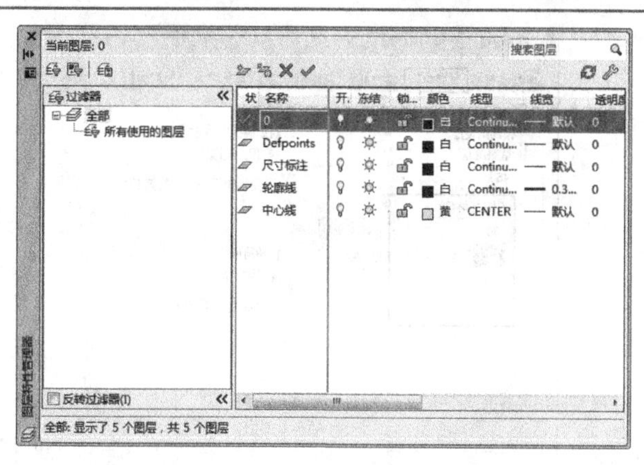

图10-49

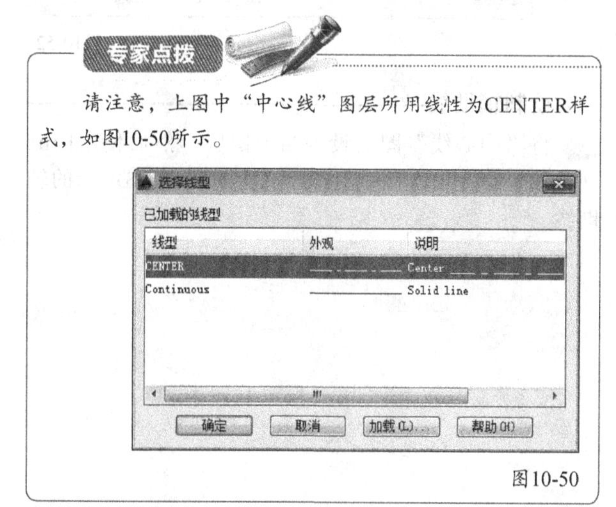

专家点拨

请注意，上图中“中心线”图层所用线性为CENTER样式，如图10-50所示。

图10-50

03 打开“草图设置”对话框，然后在“捕捉和栅格”选项卡下选择“等轴测捕捉”选项，如图10-51所示；切换到“极轴追踪”选项卡，然后添加30°与150°的附加角，以便绘制对应角度的等轴测辅助线，如图10-52所示。

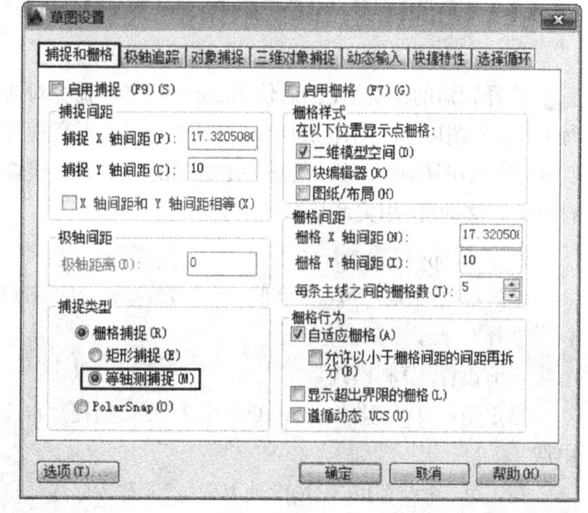

图10-51

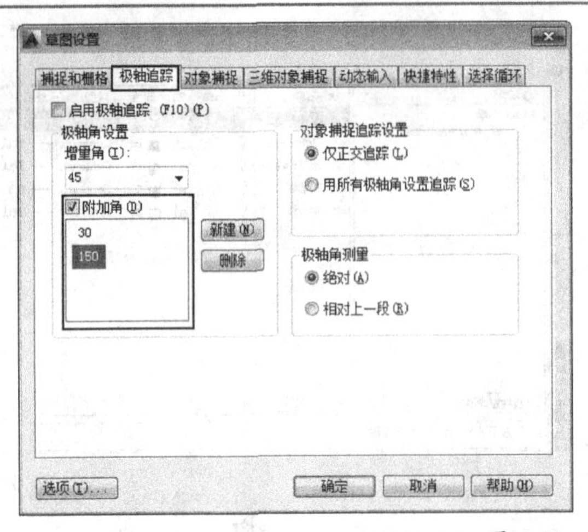

图10-52

绘制辅助线

01 将“中心线”图层设为当前图层，然后使用Line（直线）命令结合极轴追踪绘制出如图10-53所示的辅助线。

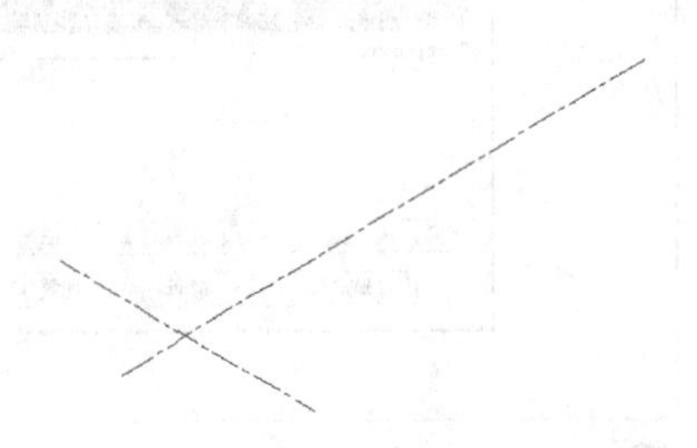

图10-53

这里没有说明辅助线的长度，用户可以随意绘制，如果在后面的步骤中遇到辅助线不够长的情况，可以通过夹点将其拉长。

02 选择较短的辅助线，然后使用Copy（复制）命令对其进行复制，如图10-54~图10-56所示。由于打开了“正交模式”功能，所以在复制时，移动鼠标确定复制的方向后直接输入移动的距离即可，相关命令提示如下。

```
命令: _copy
选择对象: 指定对角点: 找到 1 个      //选择较短的辅助线
选择对象: ↙
当前设置: 复制模式 = 多个
指定基点或 [位移(D)/模式(O)] <位移>:  //捕捉短直线的中点
指定第二个点或 [阵列(A)] <使用第一个点作为位移>: 43↙
指定第二个点或 [阵列(A)/退出(E)/放弃(U)] <退出>: 101↙
指定第二个点或 [阵列(A)/退出(E)/放弃(U)] <退出>: ↙
```

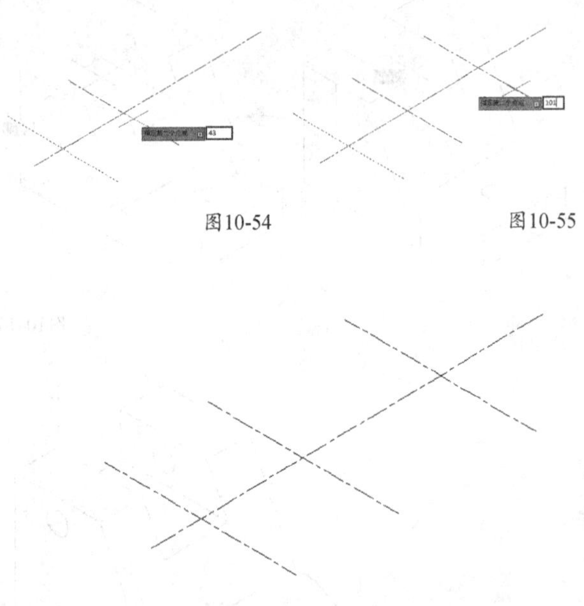

图10-54　　图10-55

图10-56

03 执行Line（直线）命令，接着按F5键切换到右视平面，然后将光标移动到z轴方向，绘制出辅助线，操作流程如图10-57~图10-60所示，相关命令提示如下。

```
命令: _line 指定第一点:           //捕捉辅助线交点
指定下一点或 [放弃(U)]: <等轴测平面 右视> 17↙
指定下一点或 [放弃(U)]: 9↙
指定下一点或 [闭合(C)/放弃(U)]: ↙
```

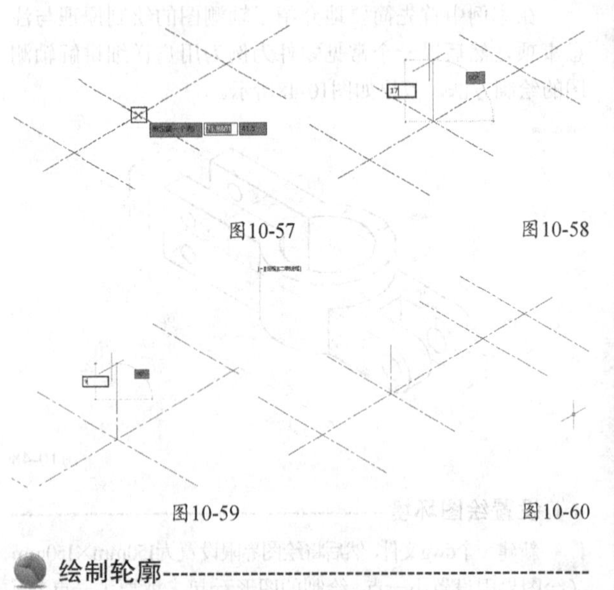

图10-57　　图10-58

图10-59　　图10-60

绘制轮廓

01 将“轮廓线”图层设为当前图层，然后单击“绘图”工具栏中的“椭圆”按钮，以图10-61中的点1为圆心绘制一个直径为43mm的等轴测圆，如图10-61~图10-63所示。

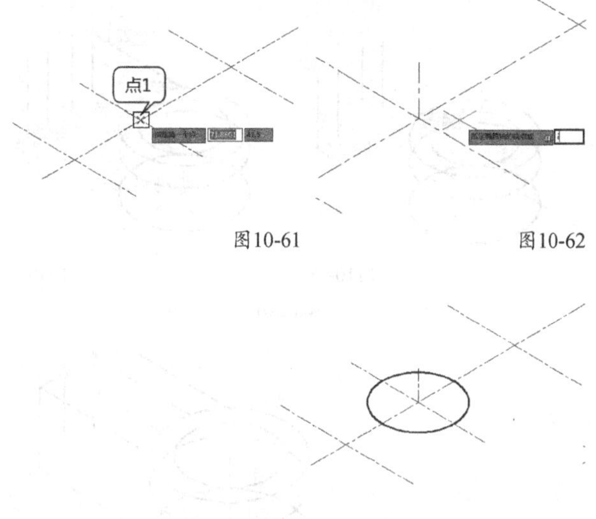

图10-61　　图10-62

图10-63

02 使用Copy（复制）命令对等轴测圆进行复制，由于打开了“正交模式”捕捉功能，所以在复制时，移动鼠标确定复制的方向后直接输入移动的距离即可，如图10-64~图10-66所示，相关命令提示如下。

命令: _copy
选择对象: 找到 1 个
选择对象: ↙
当前设置: 复制模式 = 多个
指定基点或 [位移(D)/模式(O)] <位移>: //捕捉等轴测圆的圆心作为基点
指定第二个点或 [阵列(A)] <使用第一个点作为位移>: <等轴测平面 右视> 17↙
指定第二个点或 [阵列(A)/退出(E)/放弃(U)] <退出>: 26↙
指定第二个点或 [阵列(A)/退出(E)/放弃(U)] <退出>:↙

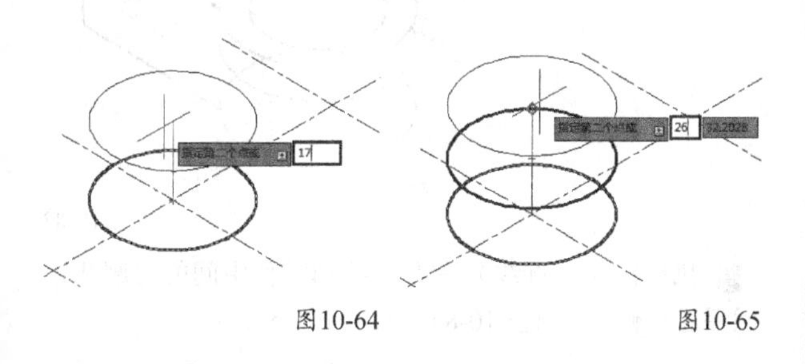

图10-64　　图10-65

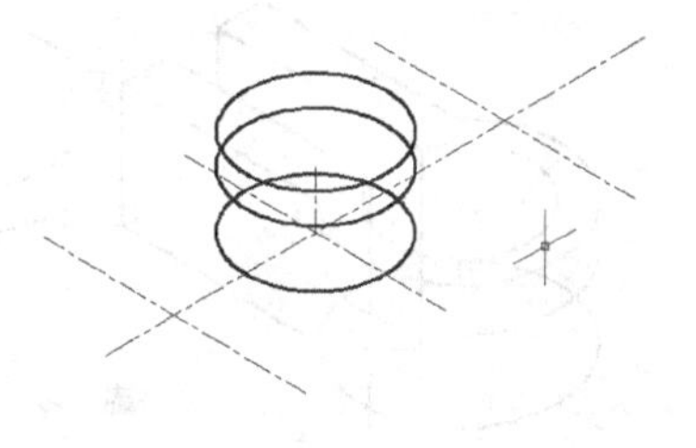

图10-66

03 执行Ellipse（椭圆）命令，绘制一个半径为15mm的等轴测圆，如图10-67~图10-69所示，相关命令提示如下。

命令: _ellipse
指定椭圆轴的端点或 [圆弧(A)/中心点(C)/等轴测圆(I)]: i↙
指定等轴测圆的圆心: <等轴测平面 左视> <等轴测平面 俯视> //捕捉图10-112中的点1
指定等轴测圆的半径或 [直径(D)]: 15↙

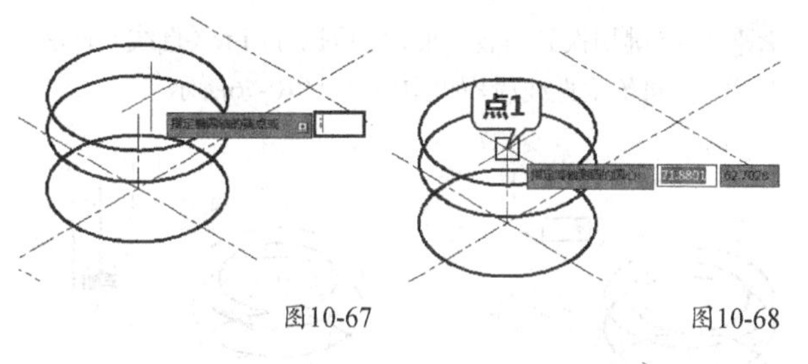

图10-67　　图10-68

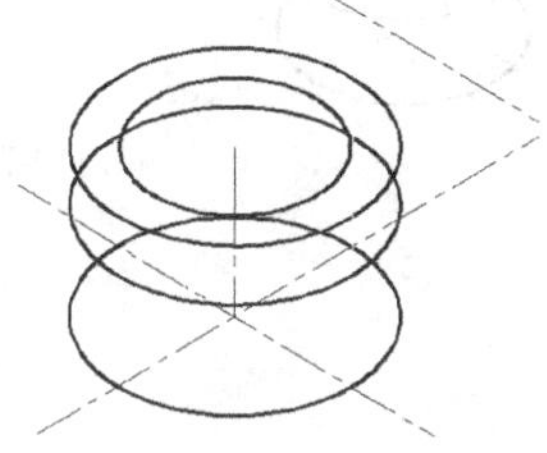

图10-69

04 执行Copy（复制）命令，复制水平辅助线，如图10-70~图10-73所示，相关命令提示如下。

COPY
选择对象: 找到 1 个
选择对象: ↙
当前设置: 复制模式 = 多个
指定基点或 [位移(D)/模式(O)] <位移>: //捕捉辅助直线的一个端点作为基点
指定第二个点或 [阵列(A)] <使用第一个点作为位移>: 5.5↙ //鼠标移动到左侧
指定第二个点或 [阵列(A)/退出(E)/放弃(U)] <退出>: 15↙
指定第二个点或 [阵列(A)/退出(E)/放弃(U)] <退出>: 5.5↙ //鼠标移动到右侧
指定第二个点或 [阵列(A)/退出(E)/放弃(U)] <退出>: 15↙
指定第二个点或 [阵列(A)/退出(E)/放弃(U)] <退出>:↙

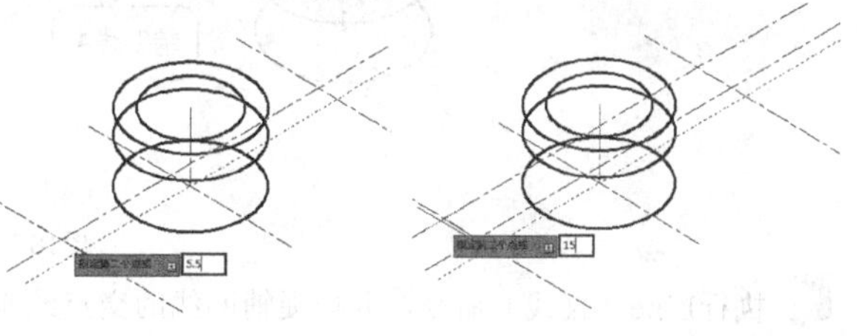

图10-70　　图10-71

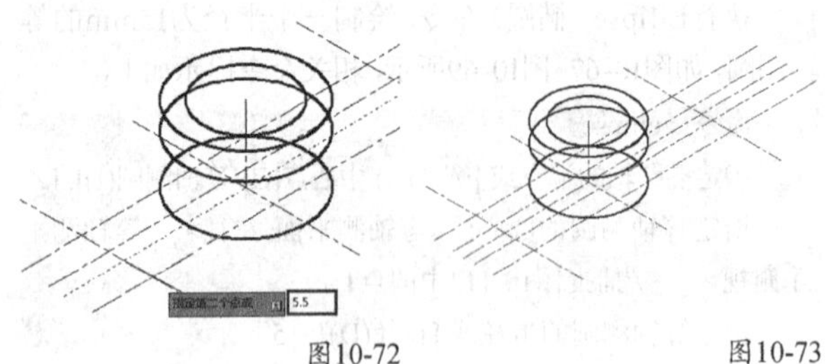

图10-72　　图10-73

05 按F5键切换到右视平面，然后执行Line（直线）命令，接着绘制4条垂直线段，如图10-74~图10-76所示。

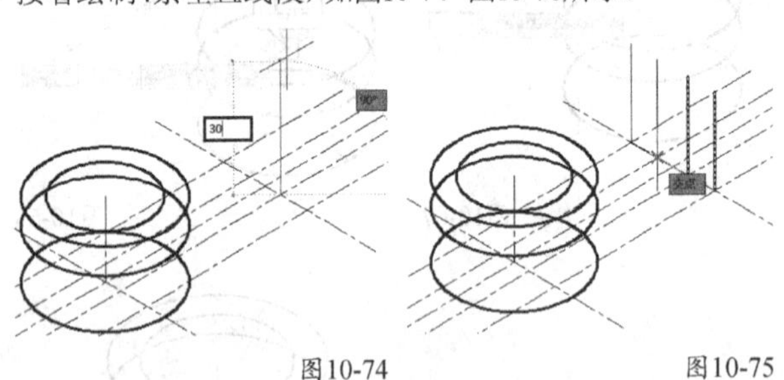

图10-74　　图10-75

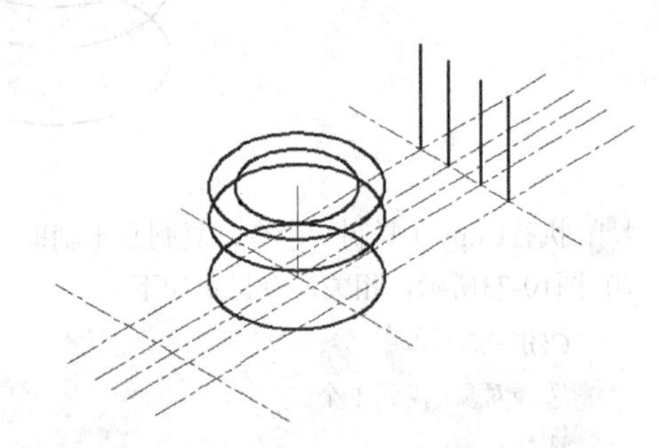

图10-76

由于之前绘制的最上方圆形的高度为26mm，因此这里绘制的线段大于26mm即可，最后还需要对其进行修剪。

06 执行Copy（复制）命令，将图10-77所示的辅助线A向上复制26mm。

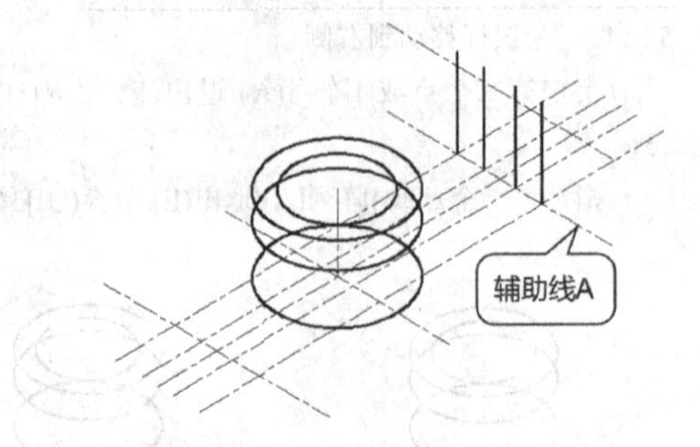

图10-77

07 执行Line（直线）命令，并捕捉辅助线的交点绘制相应的线段，如图10-78~图10-80所示。

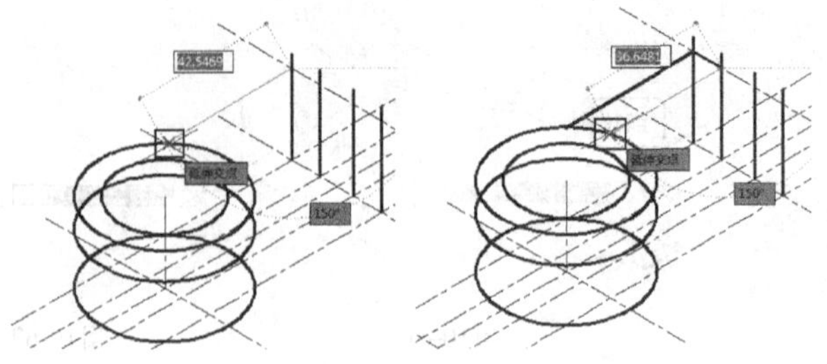

图10-78　　图10-79

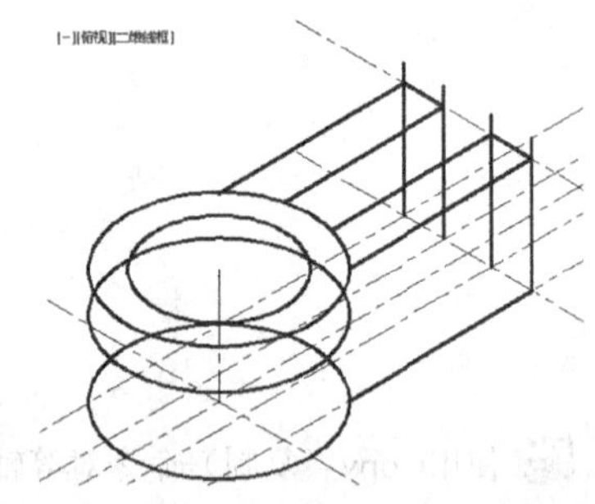

图10-80

08 执行Trim（修剪）命令，先将多余部分修剪掉，然后延长中部的直线，如图10-81~图10-83所示。

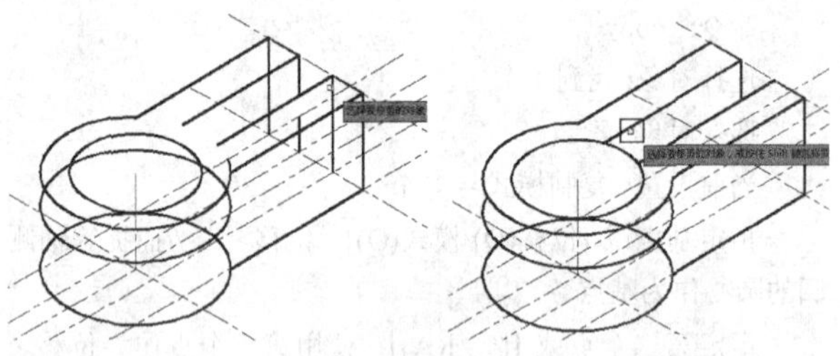

图10-81　　图10-82

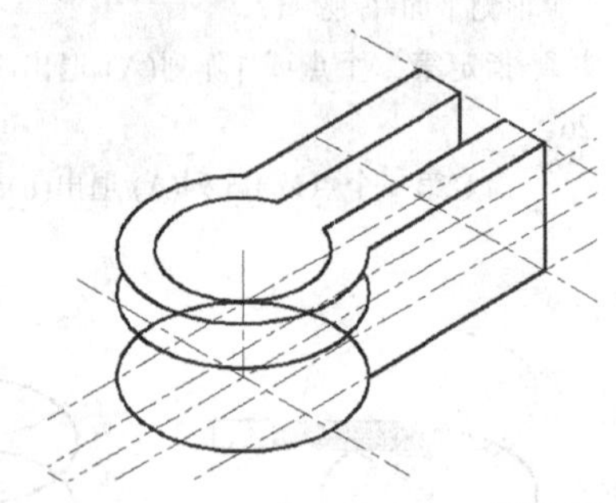

图10-83

09 执行Line（直线）命令，绘制零件中间的轮廓线，然后进行修剪，如图10-84~图10-86所示。

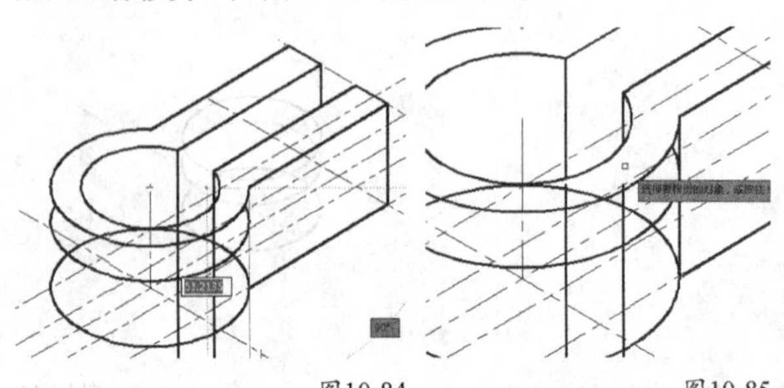

图10-84　　图10-85

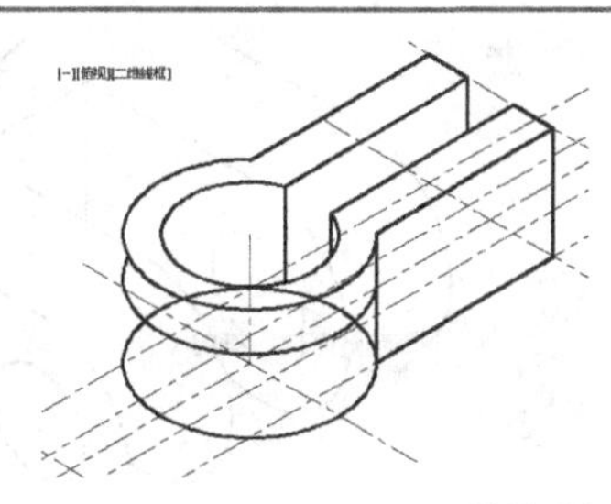

图10-86

10 执行Line（直线）命令，绘制两条长度为17mm的垂直线段，如图10-87~图10-89所示。

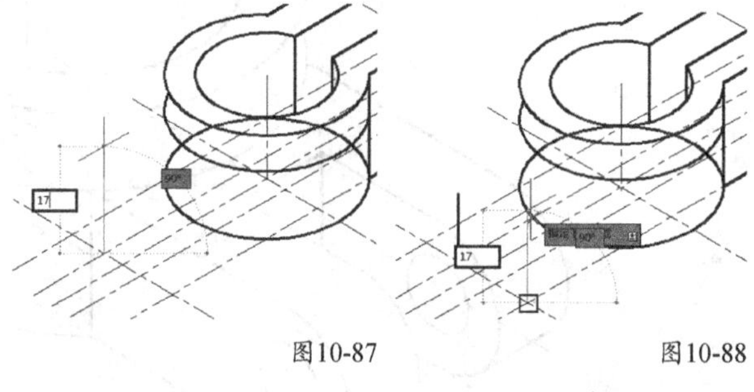

图10-87　　图10-88

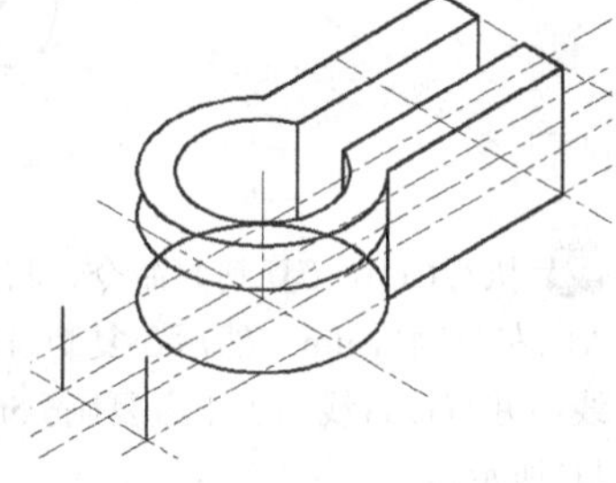

图10-89

11 切换到右视平面，以上一步绘制的线段的中点为圆心绘制两个等轴测圆，直径分别为17mm和8.5mm，如图10-90~图10-92所示。

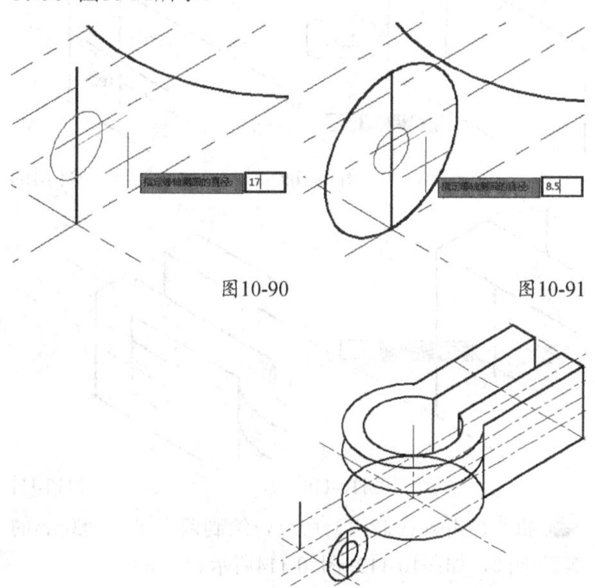

图10-90　　图10-91

图10-92

12 执行Line（直线）命令，并捕捉垂直直线的端点，然后绘制两条水平直线，接着进行修剪，如图10-93~图10-95所示。

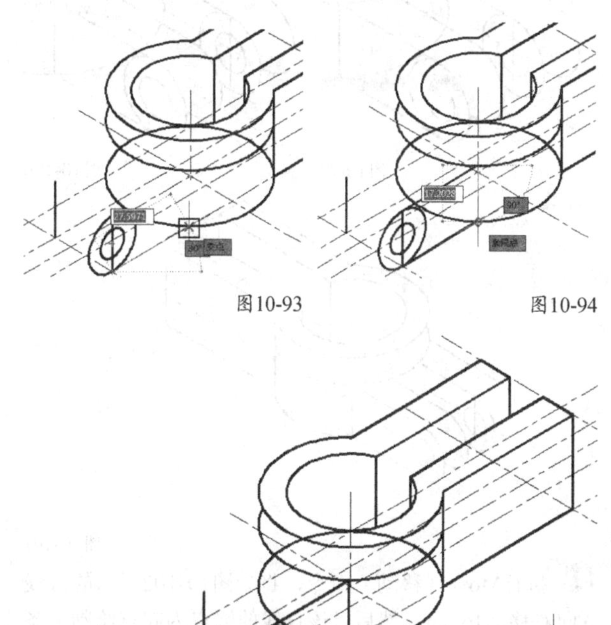

图10-93　　图10-94

图10-95

13 执行Copy（复制）命令，将上一步修剪后的图形进行复制，如图10-96~图10-98所示。

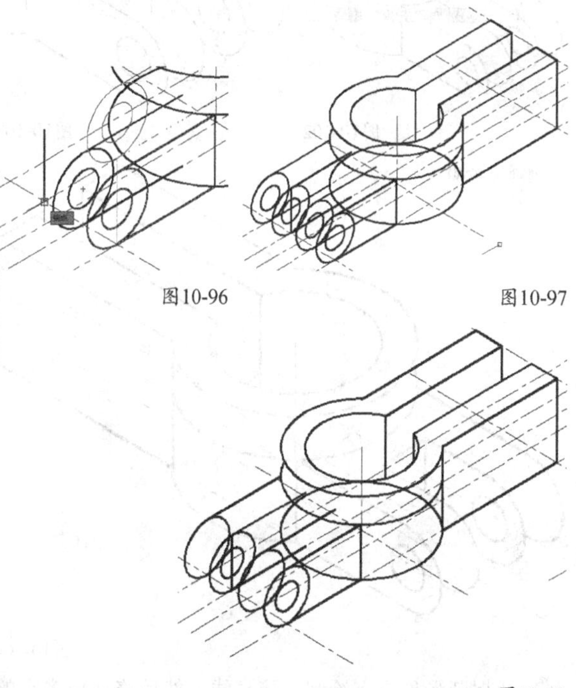

图10-96　　图10-97

图10-98

14 对图形进行修剪，操作过程如图10-99~图10-101所示。

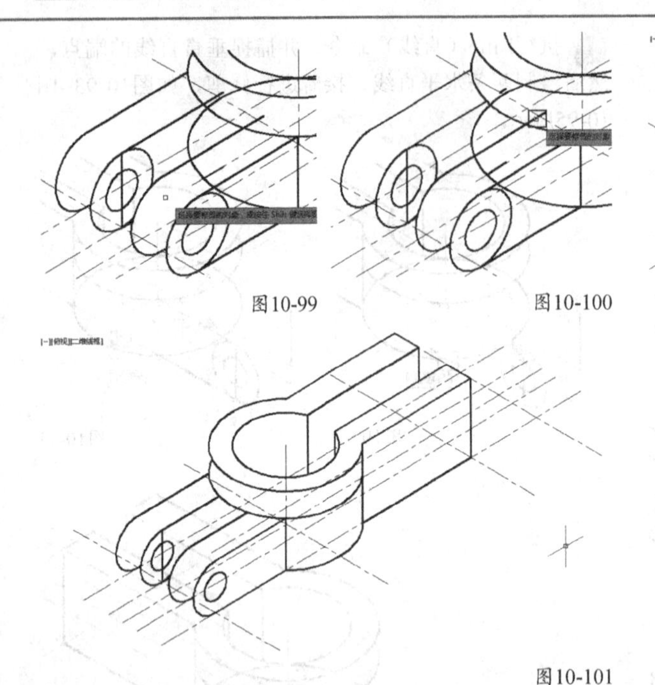

图10-99　图10-100

图10-101

15 执行Move（移动）命令，将如图10-102所示的直线A向右移动16mm，然后以该直线的端点为起点绘制一条线段并修改好细节，如图10-103和图10-104所示。

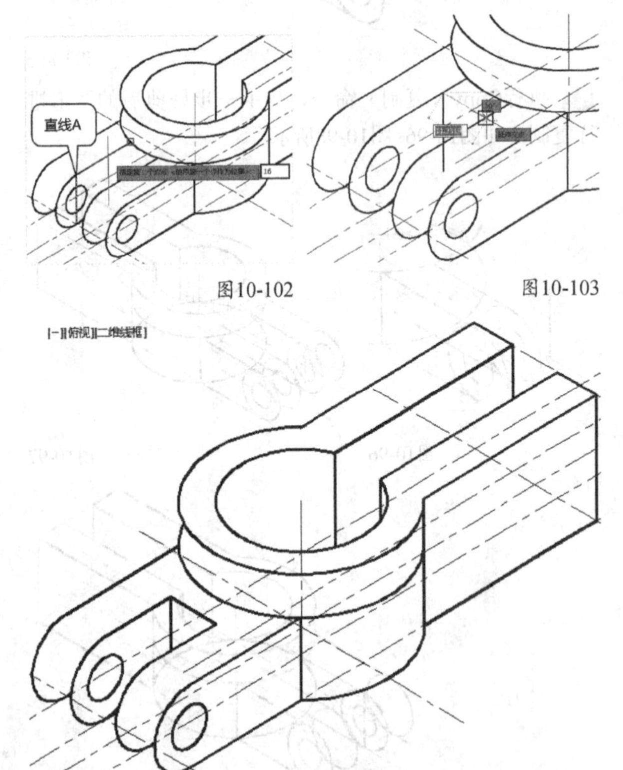

图10-102　图10-103

图10-104

16 捕捉圆形象限点绘制连接直线，然后修剪掉多余的图形，如图10-105~图10-107所示。

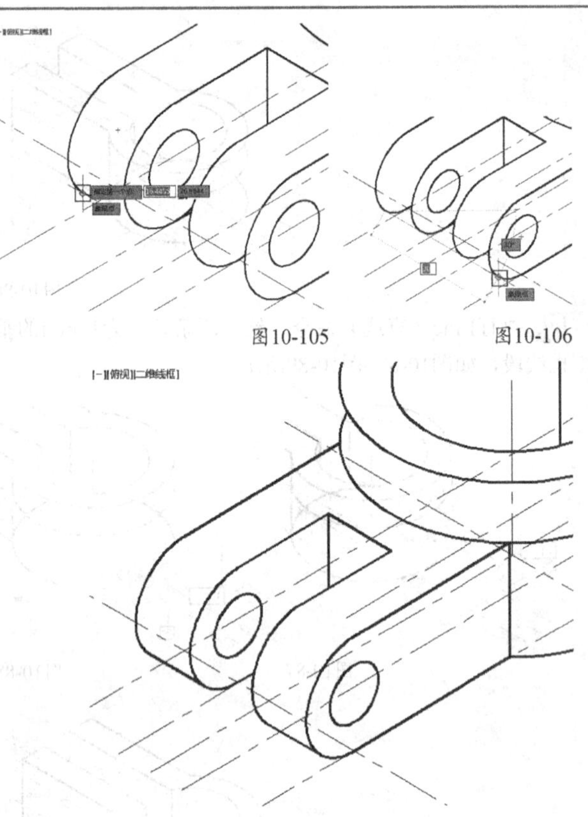

图10-105　图10-106

图10-107

17 执行Copy（复制）命令，将如图10-108所示的直线A向左复制11mm，然后在复制直线的中心处绘制一条直线，并将该直线向上下各复制6.5mm，如图10-109~图10-111所示。

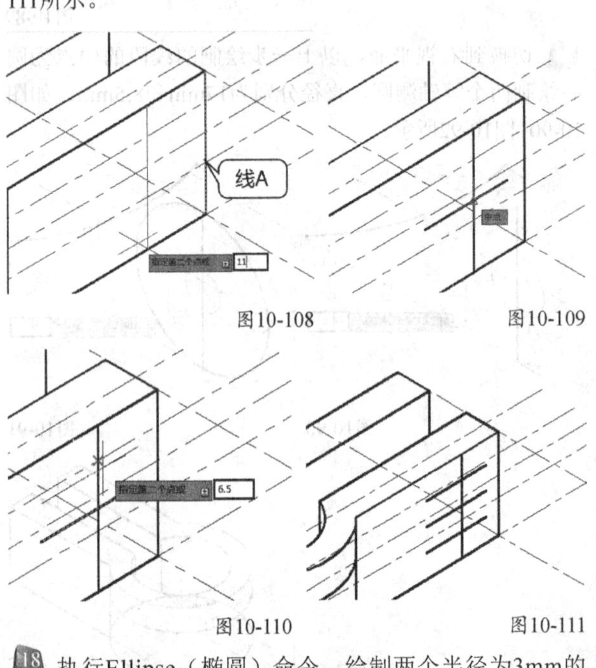

图10-108　图10-109

图10-110　图10-111

18 执行Ellipse（椭圆）命令，绘制两个半径为3mm的等轴测圆，如图10-112~图10-114所示。

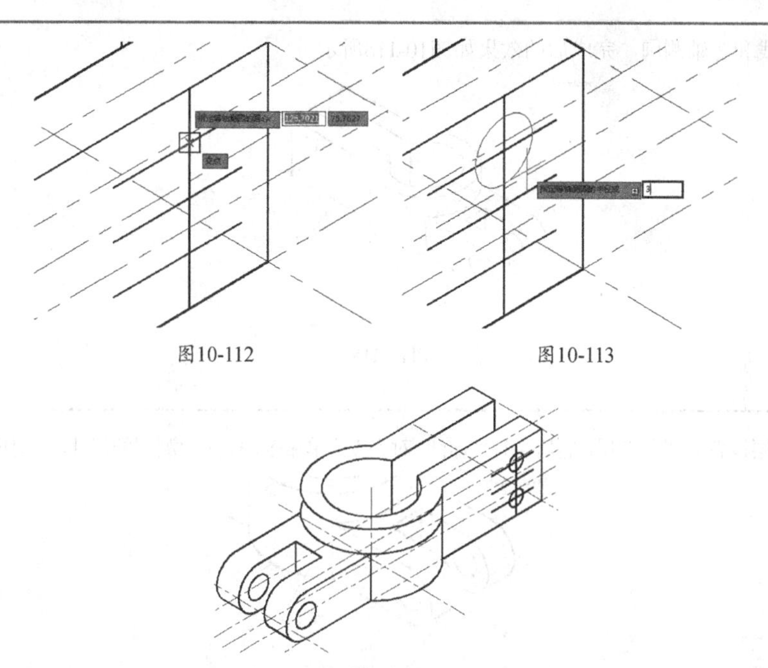

图10-112　　图10-113

图10-114

19 执行Copy（复制）命令，将绘制的等轴测圆向左侧复制，如图10-115~图10-117所示，相关命令提示如下。

命令: _copy
选择对象: 指定对角点: 找到 1 个
选择对象: 找到 1 个，总计 2 个
选择对象: ↙
当前设置: 复制模式 = 多个
指定基点或 [位移(D)/模式(O)] <位移>: <等轴测平面 左视>　//切换到左视平面并捕捉等轴测圆的圆心作为基点
指定第二个点或 [阵列(A)] <使用第一个点作为位移>: 20.5↙
指定第二个点或 [阵列(A)/退出(E)/放弃(U)] <退出>:↙

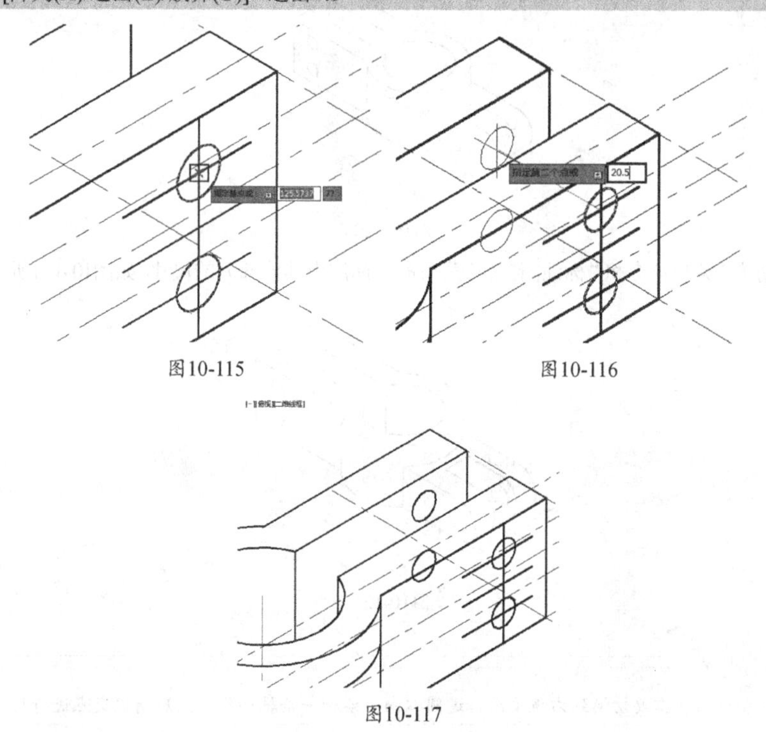

图10-115　　图10-116

图10-117

20 删除多余的辅助线和等轴测圆，完成后的效果如图10-118所示。

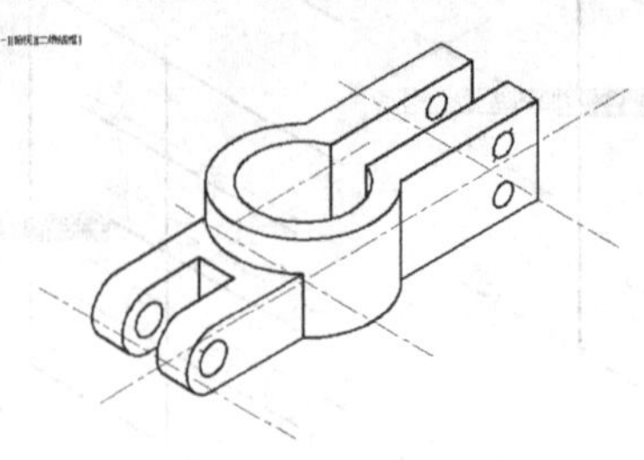

图10-118

标注尺寸

01 将“尺寸标注”图层设置为当前图层，然后执行“标注>对齐”菜单命令，标注轴测图的尺寸，如图10-119所示。

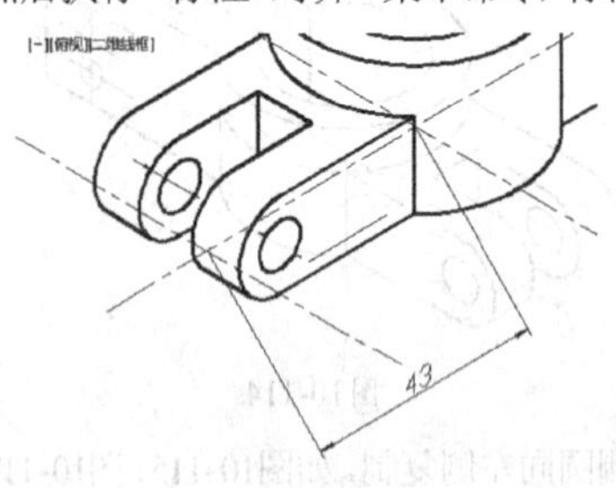

图10-119

02 执行“标注>倾斜”菜单命令，将尺寸标注倾斜-30°，如图10-120所示，相关命令提示如下。

```
命令: _dimedit
输入标注编辑类型 [默认(H)/新建(N)/旋转(R)/倾斜(O)] <默认>: _o
选择对象: 找到 1 个    //选择尺寸标注
选择对象: ↙
输入倾斜角度 (按 ENTER 表示无): -30↙
```

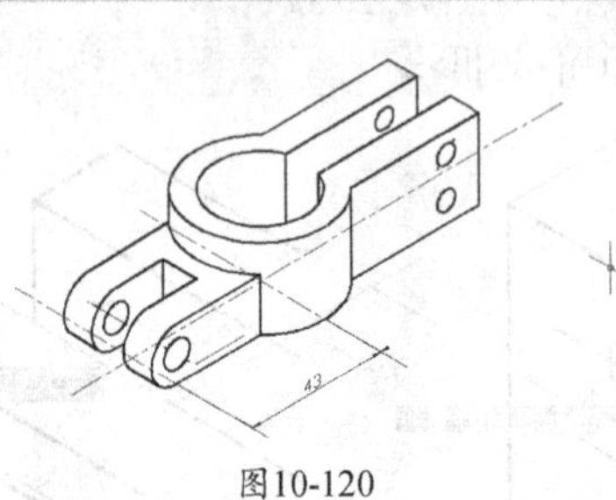

图10-120

03 继续执行“标注>对齐”菜单命令和“标注>倾斜”菜单命令标注出其他部分的尺寸，如图10-121所示。

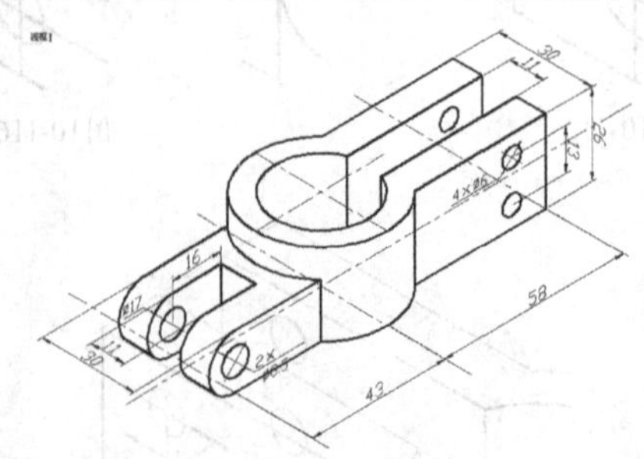

图10-121

专家点拨

在标注尺寸为16的标注时，需要切换到右视平面，过圆心向上绘制一条辅助线，然后捕捉交点进行标注，并倾斜90°。

04 由于等轴测圆不是真正的圆，所以不能用半径或直径标注，这里可以使用引线标注绘制箭头，再手动输入圆的半径和直径，最终效果如图10-122所示。

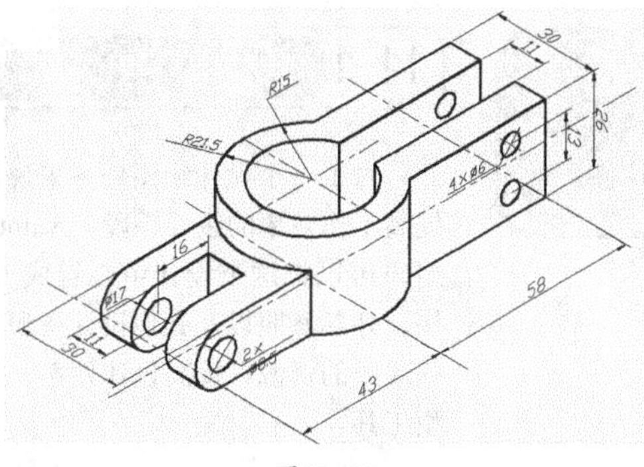

图10-122

10.4 本章小结

本章主要讲解了轴测图的设置以及轴测图绘制的知识。在AutoCAD中，用其提供的等轴测模式和正交工具可以非常方便而快捷地绘制轴测图。对于轴测图的尺寸标注，AutoCAD也提供了比较强大的功能，用户可以进行各种尺寸标注和编辑，同时还可以输入文字。

10.5 课后练习

10.5.1 课后练习——绘制旋转轴轴测图

素材位置 无
实例位置 第10章>实例文件>10.5.1.dwg
技术掌握 旋转轴轴测图的绘制方法

本练习通过一个旋转轴轴测图来强化等轴测圆的绘制方法，其效果如图10-123所示。

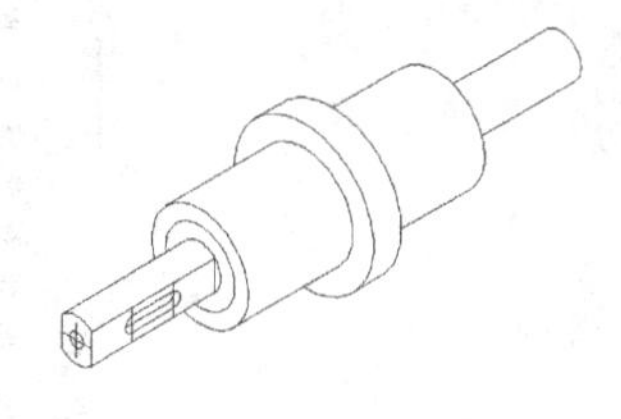

图10-123

10.5.2 课后练习——绘制机阀盖轴测剖视图

素材位置 无
实例位置 第10章>实例文件>10.5.2.dwg
技术掌握 机阀盖轴测剖视图的绘制及标注方法

本练习绘制机阀盖零件的轴测剖视图效果如图10-124所示。

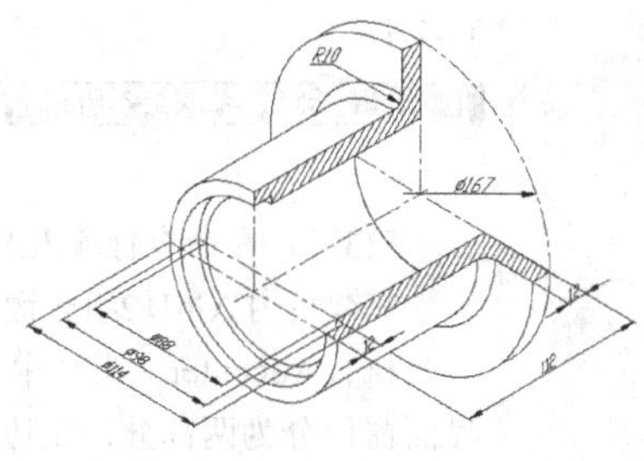

图10-124

AUTOCAD 

第11章

辅助功能

本章导读

本章对前面内容中没有介绍到的AutoCAD 2014的辅助功能进行了详细讲解，包括设计中心和工具选项板的运用、视图的操作方法、获取图形信息的操作方法、AutoCAD中其余常见问题解析以及打印出图的操作方法。

Learning Objectives

 设计中心的运用

 工具选项板的运用

 视图的操作方法

 获取图形信息的方法

 其他常见问题的解析

 打印出图的操作方法

11.1 设计中心

对于一个设计绘图任务来说，分享设计内容与利用已有成果是提高工作效率的重要手段。AutoCAD为用户提供了一个设计中心，用户可以把这个设计中心看成一个仓库，使用设计中心可以管理块、外部参照以及其他设计资源文件的内容，而用户就可以采用这些现成的资源以提高设计效率，因此AutoCAD的设计中心属于效率型工具。

11.1.1 启用设计中心

通过设计中心，用户可以组织对图形、块、图案填充和其他图形内容的访问。可以将源图形中的任何内容拖动到当前图形中。可以将图形、块和填充拖动到工具选项板上。源图形可以位于用户的计算机上、网络位置或网站上。另外，如果打开了多个图形，则可以通过设计中心在图形之间复制和粘贴其他内容（如图层定义、布局和文字样式）来简化绘图过程。

执行Adcenter（设计中心）命令有如下4种方式。

第1种：执行“工具>选项板>设计中心”菜单命令，如图11-1所示。

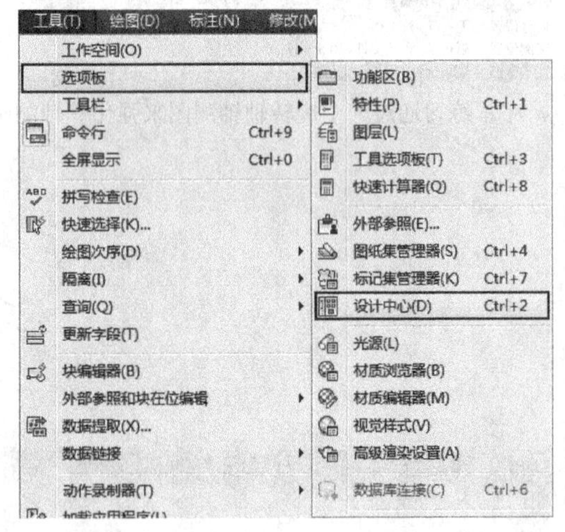

图11-1

第2种：单击“标注”工具栏中的“设计中心”按钮，如图11-2所示。

图11-2

第3种：在命令行输入Adcenter并回车。

第4种：按Ctrl+2组合键。

执行Adcenter（设计中心）命令打开“设计中心”对话框，其界面窗口分为两部分，左边为树状图，右边为内容区，如图11-3所示。用户可以在树状图中浏览内容的源，而在内容区显示内容，在

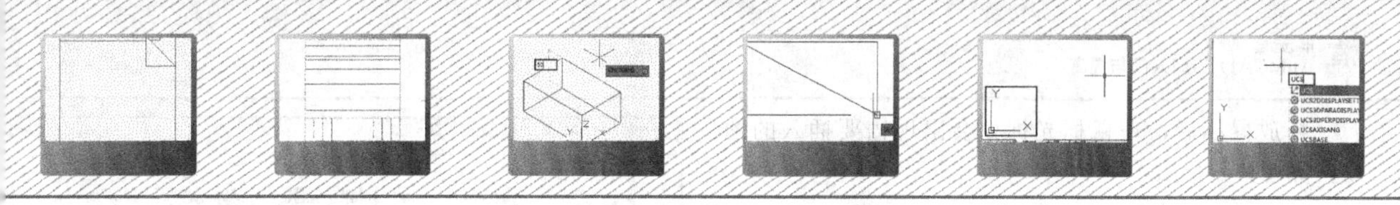

内容区下面是预览区域，可以显示选定图形、块、填充图案或外部参照的预览或说明。另外，窗口顶部的工具栏提供了若干选项和操作。

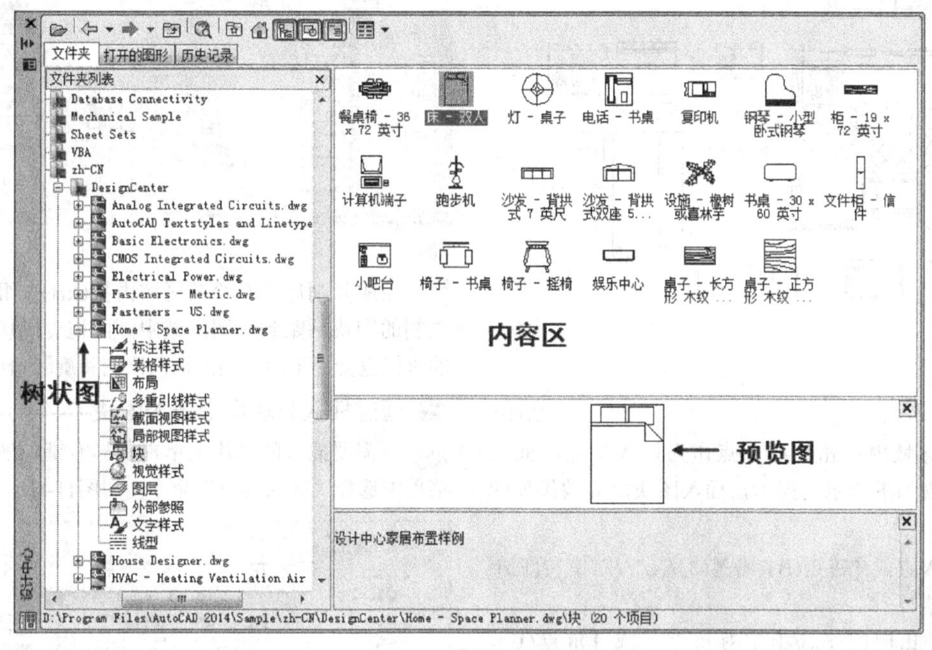

图11-3

11.1.2 通过设计中心插入图块

AutoCAD的设计中心为用户提供了很多标准化的图块，用户可以通过设计中心来插入需要的图块。在设计中心内找到需要插入的图块后，有多种方法可以将其插入到绘图区域内，下面分别进行讲解。

通过拖曳插入图块

01 单击需要插入的图块不放，然后直接拖曳到绘图区域内，如图11-4所示。

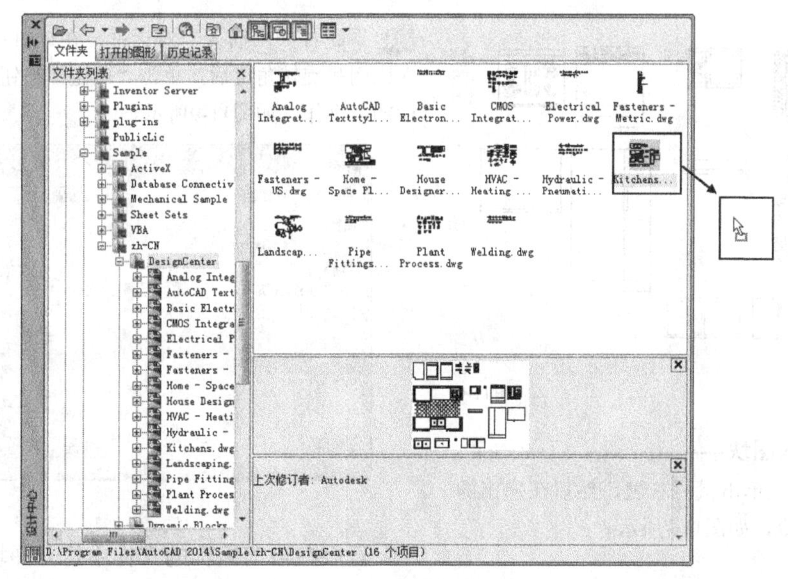

图11-4

02 释放鼠标后，在鼠标光标处会出现需要插入的图块，如图11-5所示。

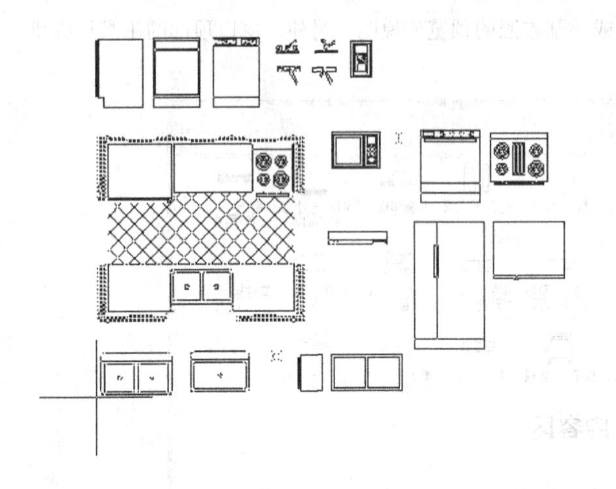

图11-5

03 在绘图区域内单击拾取一点作为插入基点，此时命令行会出现如下所示的提示，插入图块后的效果如图11-6所示。

指定插入点或 [基点(B)/比例(S)/X/Y/Z/旋转(R)]: //任意拾取一点

输入 X 比例因子，指定对角点，或 [角点(C)/XYZ(XYZ)] <1>:↙ //直接回车表示按默认X 比例插入图形

输入 Y 比例因子或 <使用 X 比例因子>:↙ //直接回车表示按默认Y比例插入图形

指定旋转角度 <0>:↙ //直接回车表示不旋转图形

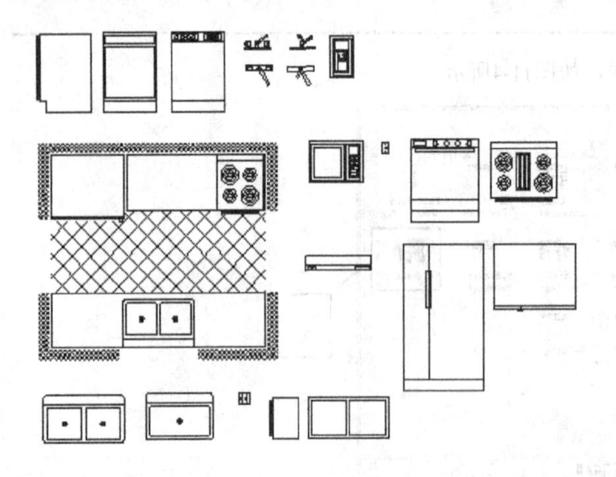

图11-6

通过复制命令插入图块

在需要插入的图块上单击鼠标右键，然后在弹出的菜单中选择“复制”命令，如图11-7所示。

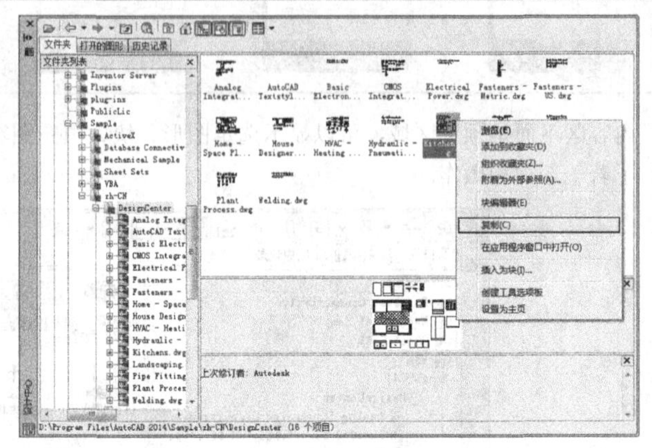

图11-7

完成复制后，在绘图区域内按Ctrl+V组合键即可将复制的图块粘贴到绘图区域中，同拖曳图块一样，粘贴的时候也会提示用户输入插入比例和旋转角度。

通过插入为块命令插入图块

01 在需要插入的图块上单击鼠标右键，然后在弹出的菜单中选择“插入为块”命令，如图11-8所示。

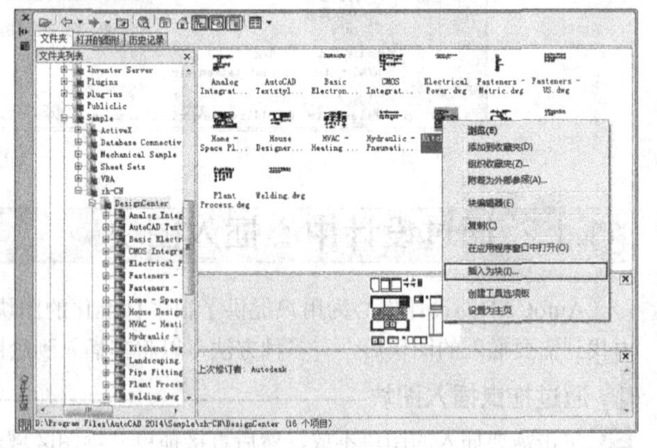

图11-8

02 系统打开“插入”对话框，在该对话框内定义好插入比例和旋转角度后，单击“确定”按钮 确定 即可进行插入操作，如图11-9所示。

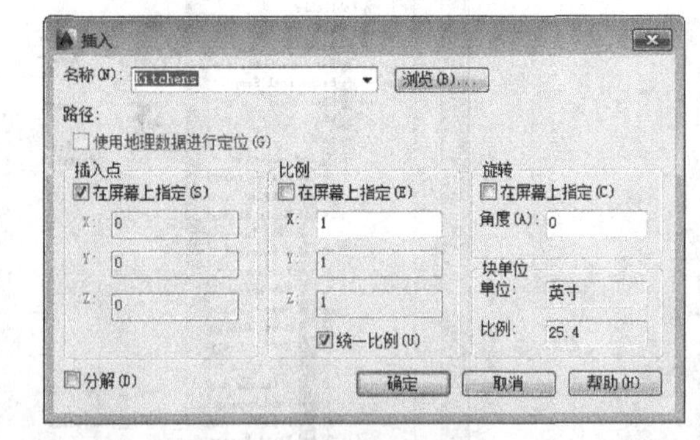

图11-9

直接在当前编辑的文件中打开图块

这种方法同样是通过图块的右键菜单，执行其中的

"在应用程序窗口中打开"命令即可，如图11-10所示。

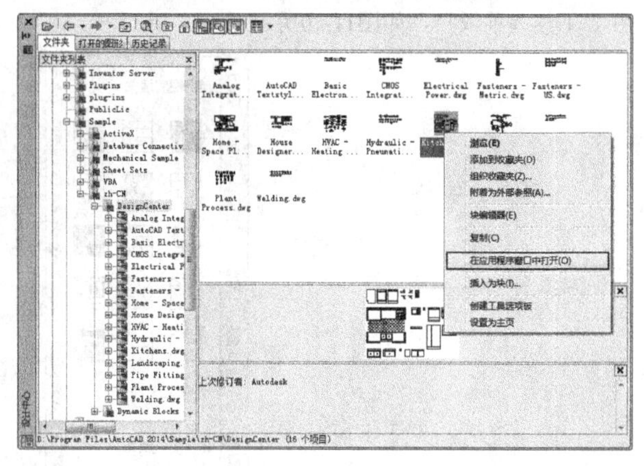

图11-10

11.1.3 实战——通过设计中心插入图块

素材位置 无

实例位置 第11章>实例文件>11.1.3.dwg

技术掌握 通过设计中心插入图块的方法

本例通过设计中心插入的图块效果如图11-11所示。

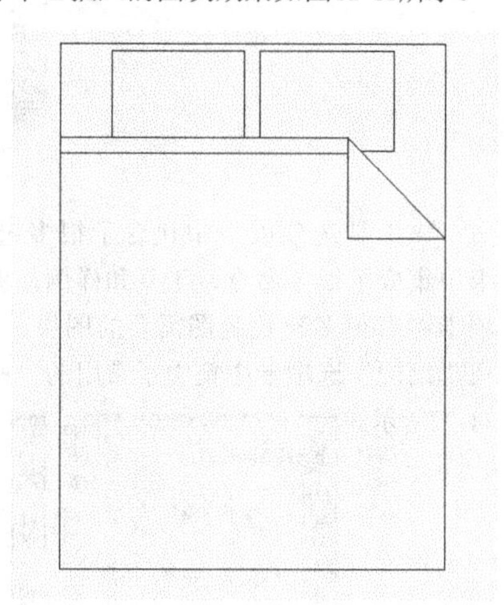

图11-11

01 新建一个dwg文件，然后按Ctrl+2组合键打开AutoCAD 2014的设计中心，如图11-12所示。

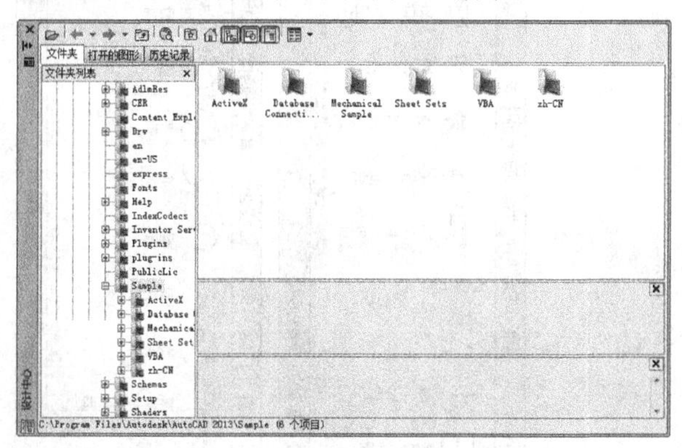

图11-12

02 在设计中心内双击Home-Space Planner.dwg图块组，然后双击"块"图标，如图11-13所示。

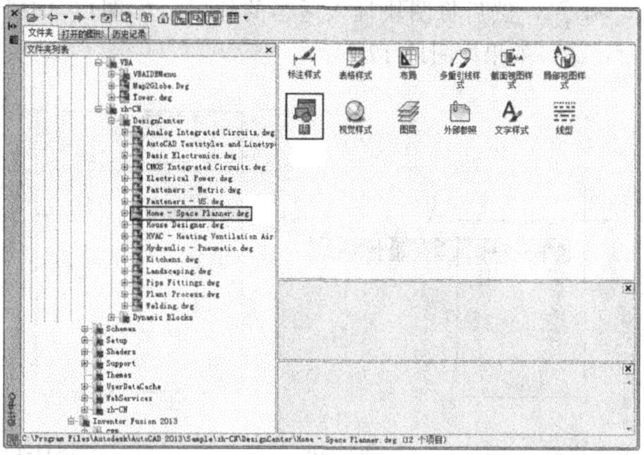

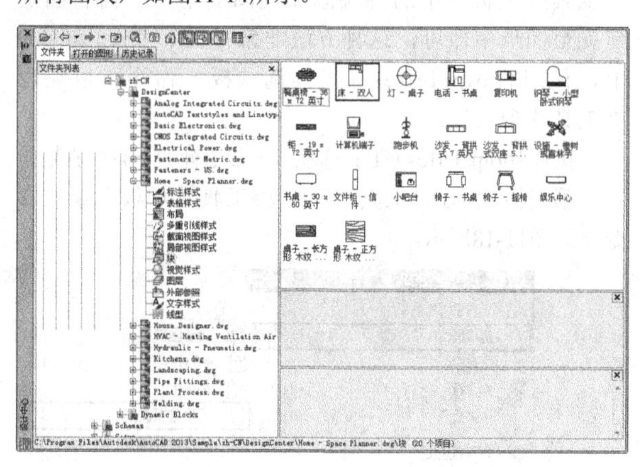

图11-13

专家点拨

设计中心中文件的详细的路径为：Program Files / Autodesk /AutoCAD 2014/Sample/zh-Cn/DesignCenter。

03 打开"块"之后，内容区将显示这个图块组里面的所有图块，如图11-14所示。

图11-14

04 双击"床—双人"图块，将其加载到"插入"对话框中，如图11-15所示。

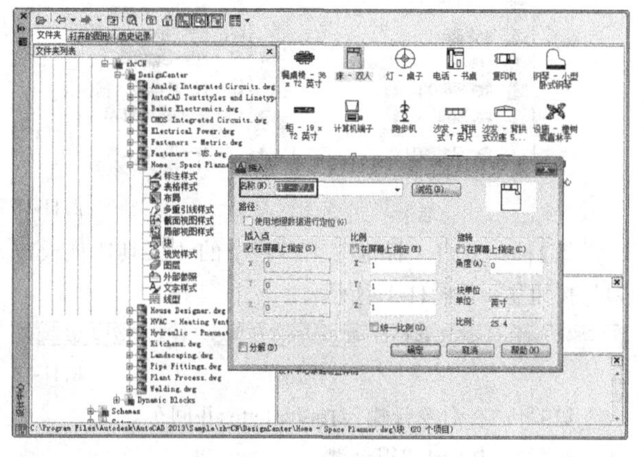

图11-15

05 在“插入”对话框中直接单击“确定”按钮 确定 ，然后将图块插入适当的位置，如图11-16所示，最终效果如图11-17所示。

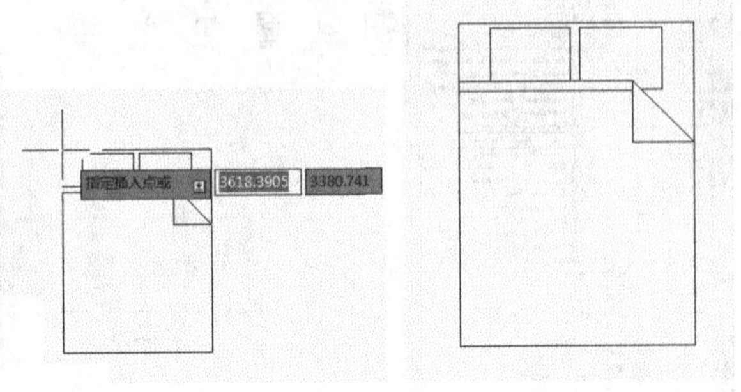

图11-16　　图11-17

11.2 工具选项板

“工具选项板”类似于设计中心，里面包含了很多定义好的图块，也包含了一些绘图工具等，在“工具选项板”中可以组织、共享和放置块。如果要将“工具选项板”中的图块添加到图形中，只需将图块拖曳至图形中即可，这种方法非常方便。在AutoCAD中，使用Toolpalettes（工具选项板）命令可以调出“工具选项板”。

执行Toolpalettes（工具选项板）命令有如下4种方式。

第1种：执行“工具>选项板>工具选项板”菜单命令，如图11-18所示。

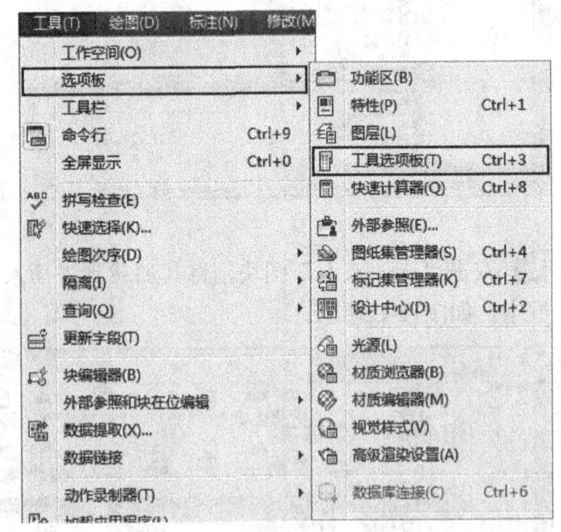

图11-18

第2种：单击“标准”工具栏中的“工具选项板窗口”按钮，如图11-19所示。

图11-19

第3种：在命令行输入Toolpalettes并回车。

第4种：按Ctrl+3组合键。

执行Toolpalettes（工具选项板）命令后，系统将打开“工具选项板”，如图11-20所示。

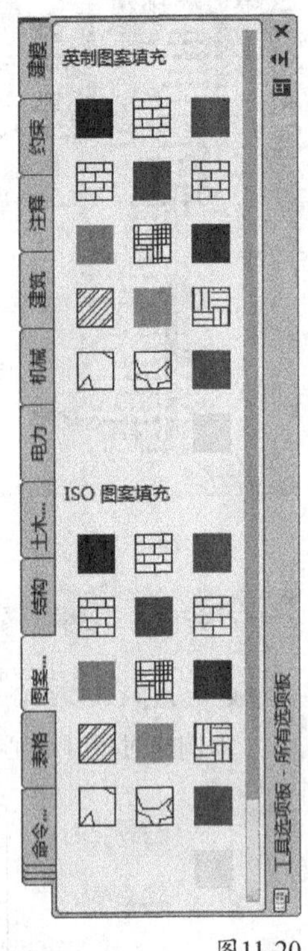

图11-20

“工具选项板”中包含了很多选项卡，这些选项卡中集成了很多命令、工具和样例，例如在“建筑”选项卡中有很多建筑制图需要的图块，如图11-21所示，在“绘图”选项卡中集中了常用的一些绘图命令，如图11-22所示。

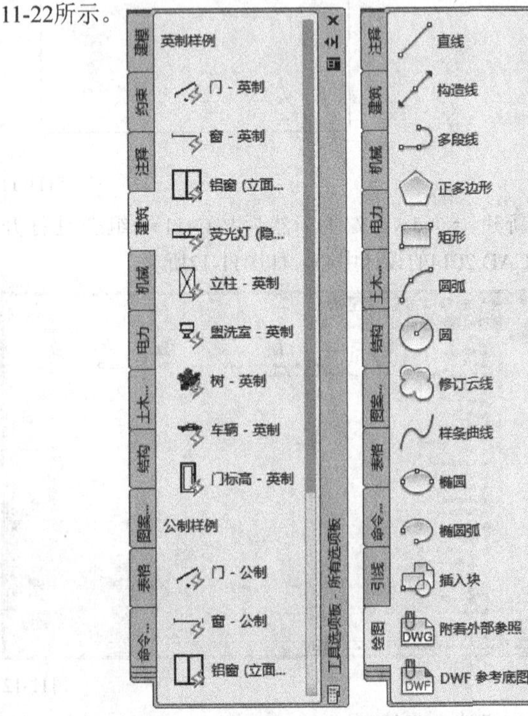

图11-21　　图11-22

在默认情况下，“工具选项板”不会显示所有选项卡，如果要调出隐藏的选项卡，可以在选项卡列表的最下端单击鼠标左键或右键，然后在弹出的菜单中选择相应的选项，如图11-23所示。

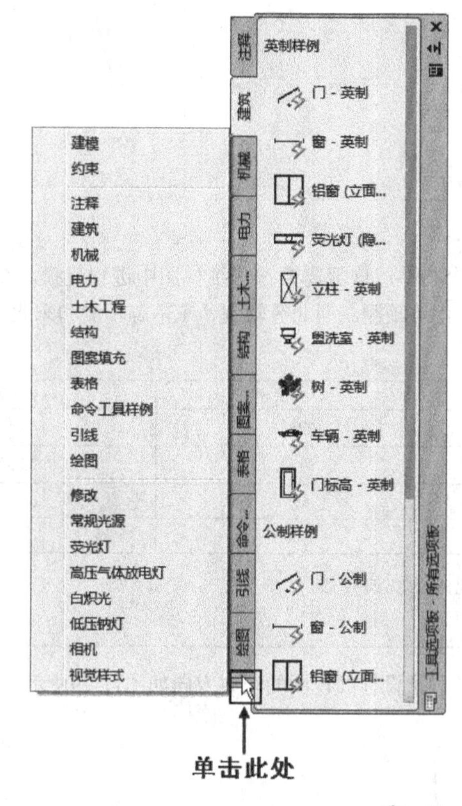

图11-23

此外，用户还可以自定义“工具选项板”，比如在“工具选项板”上添加自己常用的图案或者图块，如图11-24所示；或者将某个图块通过复制、粘贴的形式转移到另一个选项卡中，如图11-25~图11-27所示。

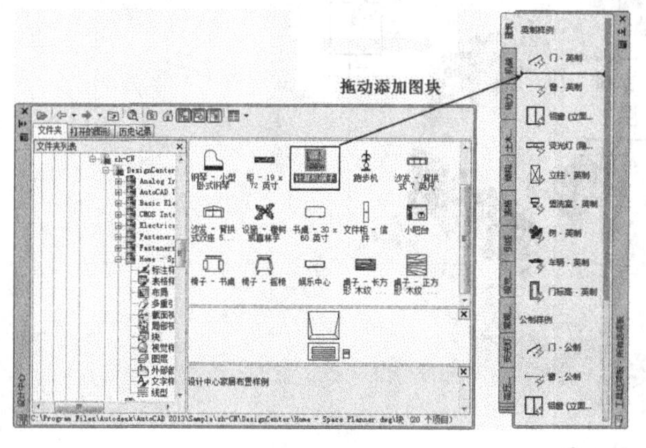

图11-24

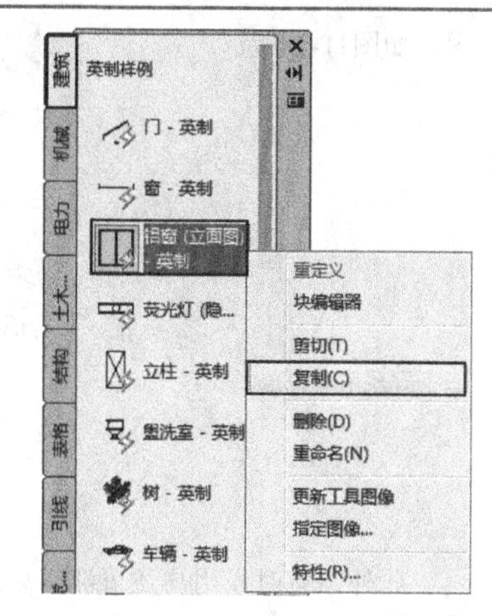

图11-25

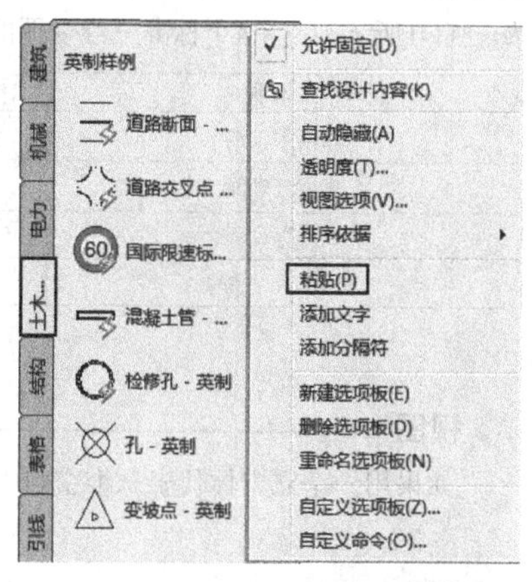

图11-26

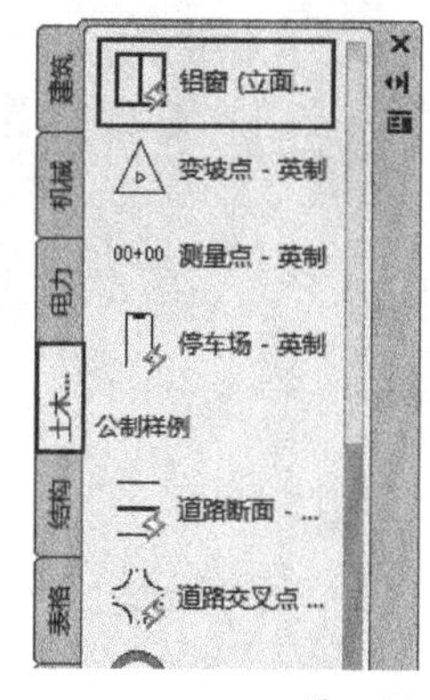

图11-27

11.3 视图操作

11.3.1 视图控件

在AutoCAD中绘制二维图形时，为了清晰地表现出图形的上、下、左、右、前、后的不同形状，根据实际需要，可以通过主视图、俯视图、左视图、右视图、仰视图和后视图6个视图来表达，这6个视图称为基本视图，如图11-28所示。

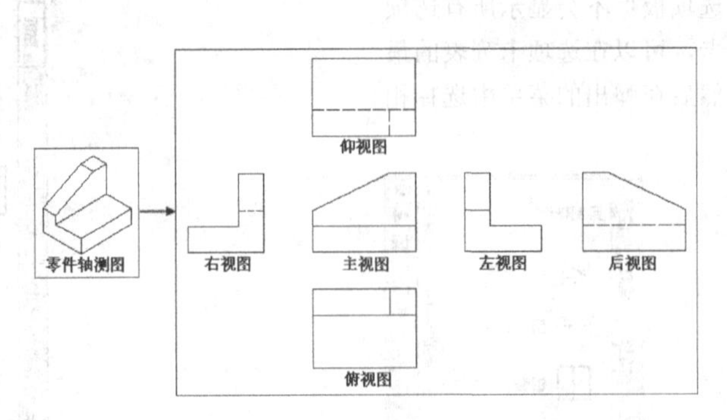

图11-28

此外，有时候用户还可能需要通过三维模型来表达一个物件，这就需要在三维视图中进行建模，AutoCAD除了提供6个二维视图外，还专门提供了4个三维视图，分别是西南等轴测、西北等轴测、东南等轴测和东北等轴测视图，如表11-1所示列出了4个标准三维视图的观察角度。

菜单项	图标	与x轴夹角	与xy平面夹角
西南等轴测		225°	35.5°
东南等轴测		315°	35.3°
东北等轴测		45°	35.3°
西北等轴测		135°	35.3°

表11-1 标准三维视图的观察角度

视图

如果用一个立方体代表三维空间中的三维模型，那么各种预设标准视图的观察方向如图11-29所示。

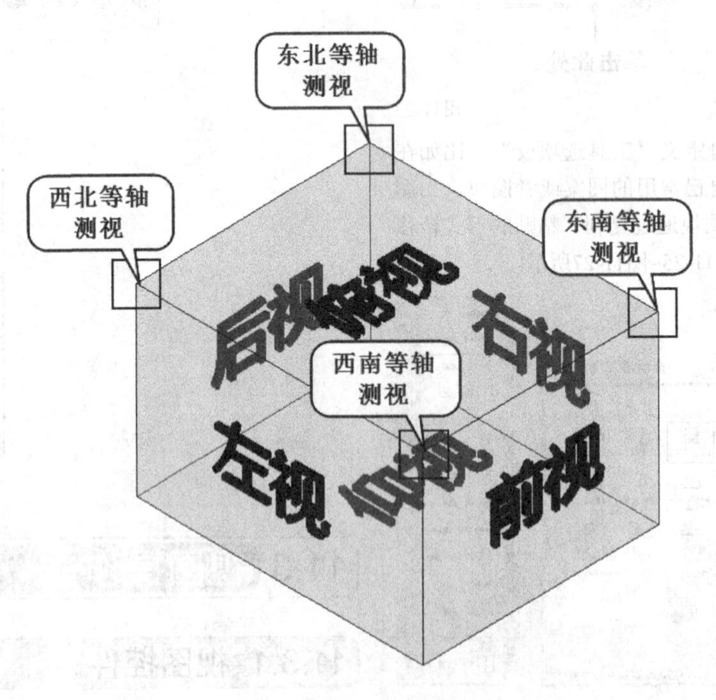

图11-29

在AutoCAD中，用户可以通过View（视图）命令来设置各种标准视图。

执行View（视图）命令有如下6种方式。

第1种：执行“视图>三维视图”菜单下的命令，如图11-30所示。

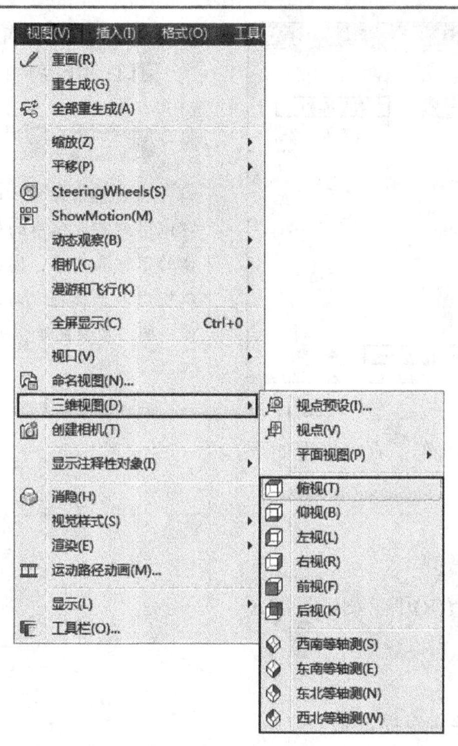

图11-30

第2种：通过绘图区域左上角的视口控件。

第3种：通过绘图区域右上角的ViewCube工具。

第4种：通过“视图”工具栏，如图11-31所示。

图11-31

第5种：在命令行输入View（简写为V）并回车。

第6种：在命令行输入-View（简写为-V）并回车。

如果用户在命令行输入View并回车，将打开“视图管理器”对话框，如图11-32所示。

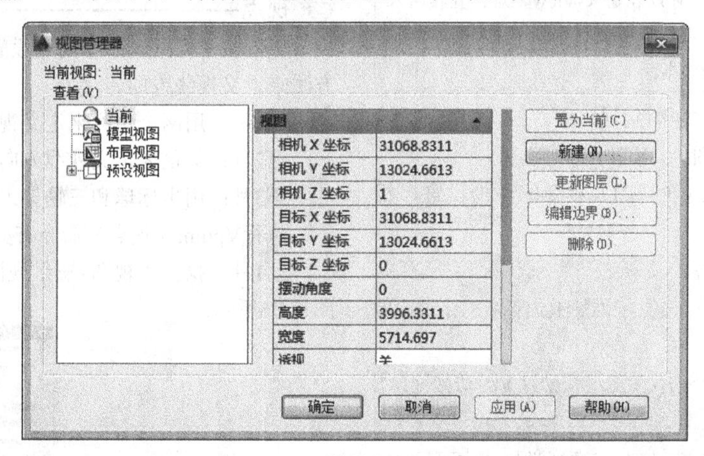

图11-32

在“视图管理器”对话框中，用户可以展开“预设视图”列表，然后选择需要切换的视图，并依次单击“置为当前”按钮［置为当前(C)］和“应用”按钮［应用(A)］，即可将选择的视图切换为当前使用的视图，如图11-33所示。

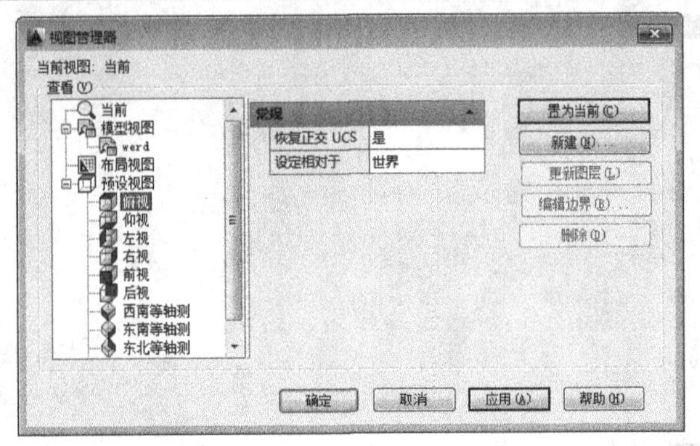

图11-33

如果用户在命令行输入-View并回车，则将出现如下提示。

命令介绍

命令: -VIEW↙

输入选项 [?/删除(D)/正交(O)/恢复(R)/保存(S)/设置(E)/窗口(W)]:

删除：用于删除视图。

正交：用于切换预设视图，相关命令提示如下。

命令: -VIEW↙

输入选项 [?/删除(D)/正交(O)/恢复(R)/保存(S)/设置(E)/窗口(W)]: o↙

输入选项 [俯视(T)/仰视(B)/前视(F)/后视(BA)/左视(L)/右视(R)] <俯视>:

在“正交”选项的子选项中只包含了6种二维视图，如果用户要切换到三维视图，可以在输入-View之后，直接输入swi（西南等轴测）、sei（东南等轴测）、nei（东北等轴测）或者nwi（西北等轴测）并回车。

恢复：用于恢复指定视图到视口中。

保存：用于保存视图。

设置：用于指定View（视图）命令的各种设置，相关命令提示如下。

命令:-VIEW↙

输入选项 [?/删除(D)/正交(O)/恢复(R)/保存(S)/设置(E)/窗口(W)]: e↙

输入选项 [背景(B)/分类(C)/图层快照(L)/活动截面(S)/UCS(U)/视觉样式(V)]:

背景：指定视图的背景，仅在三维视觉样式中可见。

分类：指定要命名视图的类别。

图层快照：在新的命名视图中保存当前图层可见性设置。

活动截面：指定恢复视图时应用的活动截面，仅适用于模型视图。

视觉样式：设置或更新视图的视觉样式。

窗口：用于将当前绘图区域内显示的部分另存为视图。

在观察三维实体时，虽然从不平行于坐标轴的方向观察可以得到有立体感的轴测图，但由于它难以正确反映三维实体的形状和尺寸，因此当需要获得准确的形状和尺寸时，可以使用沿坐标轴方向进行观察，即经常使用的基本视图，如前视图、左视图等，如图11-34和图11-35所示。

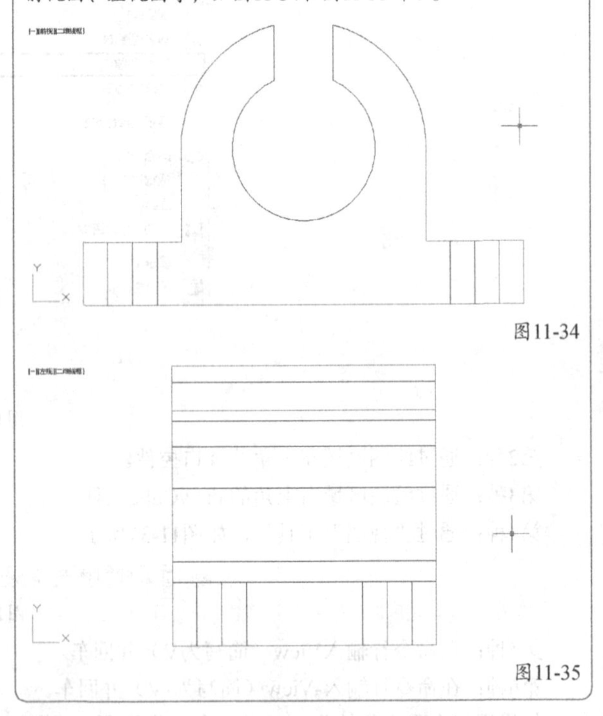

图11-34

图11-35

视点

Vpoint（视点）命令用于设置视点，它采用以下3种方法来定义视线方向。

第1种：用两个角度来定义视线方向。

第2种：矢量来定义视线方向。

第3种：用坐标球和三轴架来定义视线方向。

执行Vpoint（视点）命令有如下两种方式。

第1种：执行“视图>三维视图>视点”菜单命令，如图11-36所示。

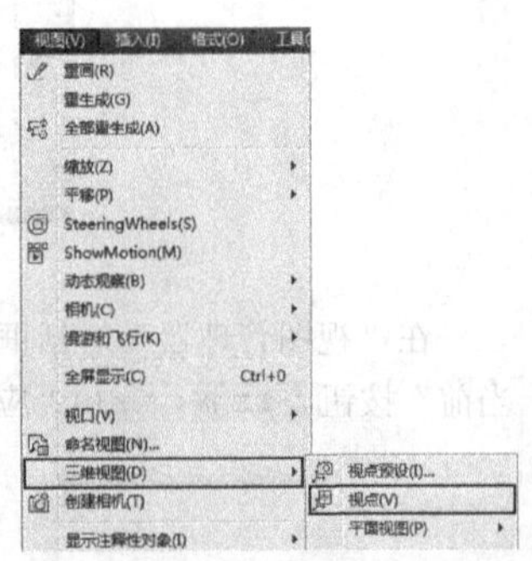

图11-36

第2种：在命令行输入Vpoint并回车。

执行Vpoint（视点）命令将出现如下提示。

命令介绍

命令: _vpoint
当前视图方向: VIEWDIR=-1.0000,-1.0000,1.0000
指定视点或 [旋转(R)] <显示指南针和三轴架>:

旋转：使用两个角度定义新的观察方向。

显示指南针和三轴架：在屏幕上显示坐标球和三向轴项，当用户移动鼠标时，十字线光标将在坐标球上移动，同时三轴架将自动改变方向，如图11-37~图11-39所示。

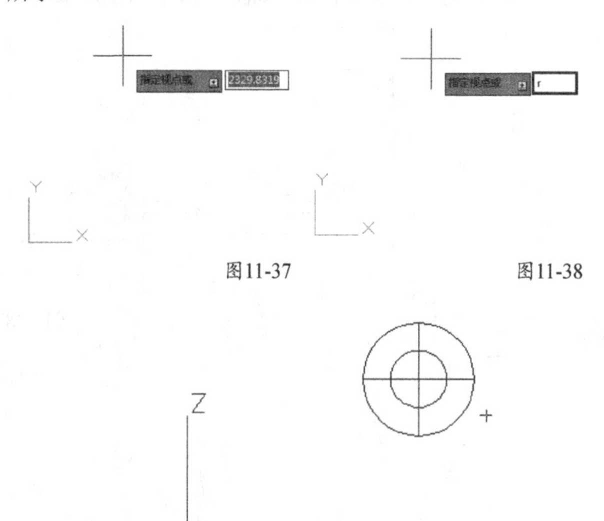

图11-37　　图11-38

图11-39

视点预设

在AutoCAD中执行Ddvpoint（视点预设）命令将打开“视点预置”对话框，在该对话框中可以定义三维视图设置，如图11-40所示。

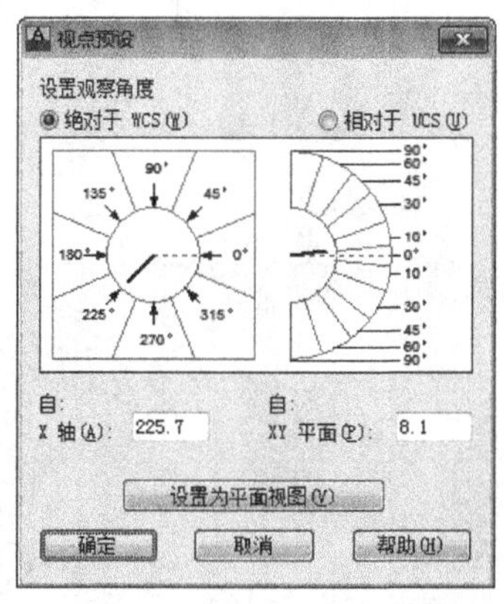

图11-40

执行Ddvpoint（视点预设）命令有如下两种方式。

第1种：执行“视图>三维视图>视点预设”菜单命令，如图11-41所示。

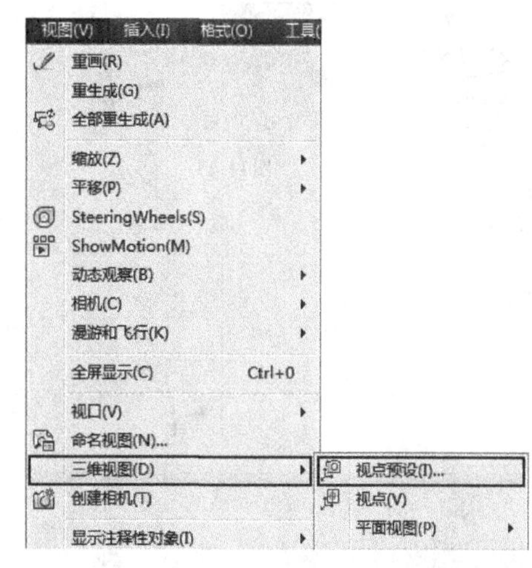

图11-41

第2种：在命令行输入Ddvpoint并回车。

受约束的动态观察

所谓受约束的动态观察，就是指沿*xy*平面或*z*轴约束三维动态观察，其快捷操作方式是Shift+鼠标中键。在这种观察方式下，鼠标光标将变为⊕形状。

执行3dorbit（受约束的动态观察）命令有如下两种方式。

第1种：执行“视图>动态观察>受约束的动态观察”菜单命令（快捷键为Shift+鼠标中键），如图11-42所示。

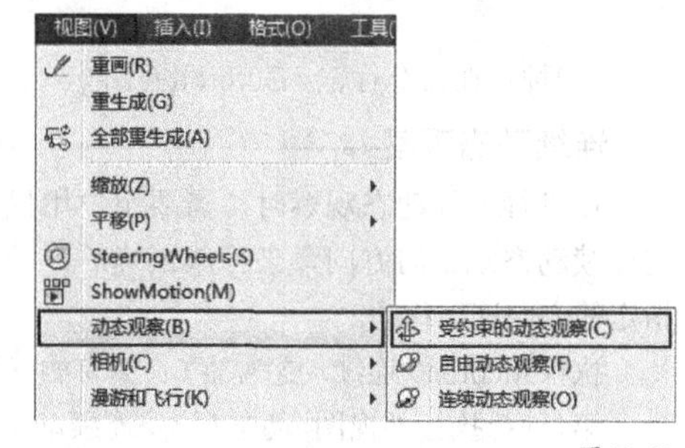

图11-42

第2种：在命令行输入3dorbit并回车。

自由动态观察

自由动态观察可以不受约束在任意方向上进行观察。在观察时，绘图区域内会出现一个导航球，如图11-43~图11-45所示。

图11-43　　图11-44

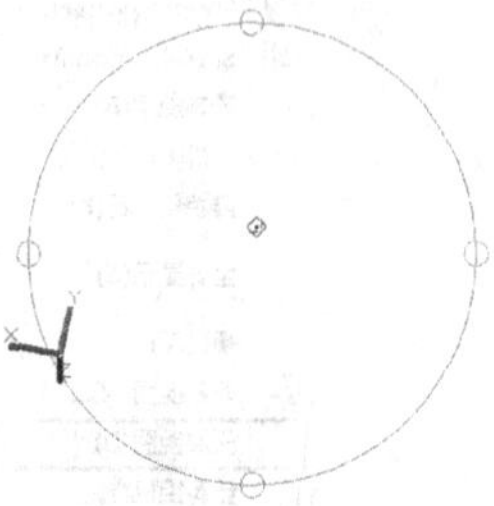

图11-45

执行3dforbit（自由动态观察）命令有如下两种方式。

第1种：执行“视图>动态观察>自由动态观察”菜单命令，如图11-46所示。

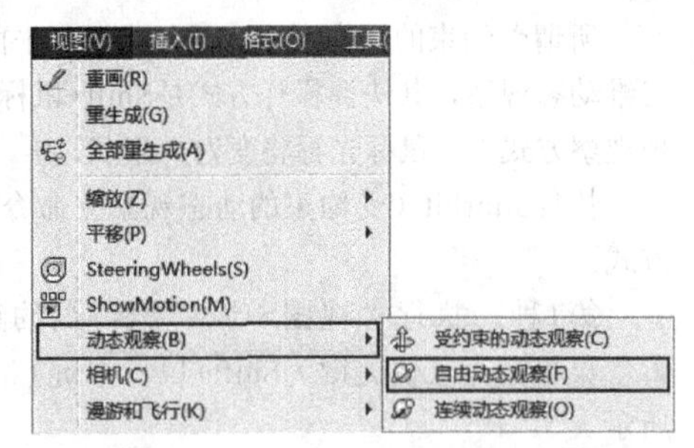

图11-46

第2种：在命令行输入3dforbit并回车。

连续动态观察

在进行连续动态观察时，需要用户用鼠标拖曳以指定连续动态观察的方向，当释放鼠标后，动态观察将沿指定的方向连续移动。

执行3dcorbit（连续动态观察）命令有如下两种方式。

第1种：执行“视图>动态观察>连续动态观察”菜单命令，如图11-47所示。

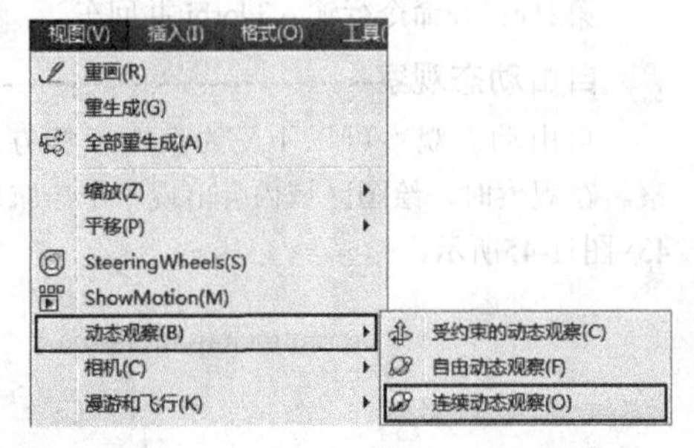

图11-47

第2种：在命令行输入3dcorbit并回车。

专家点拨

在执行绘图或编辑命令期间，用户可以用透明的方式进行三维动态观察，类似于Zoom和Pan命令。注意，在执行三维动态观察期间不能绘制或编辑图形，必须退出之后才能恢复绘图和编辑功能。

11.3.2 实战——观察三维对象

素材位置　第11章>素材文件>11.3.2.dwg
实例位置　无
技术掌握　切换视图和动态观察对象的方法

本例主要学习切换到不同的视图观察对象的方法，同一物体在各个视图内一些不同效果如图11-48~图11-51所示。

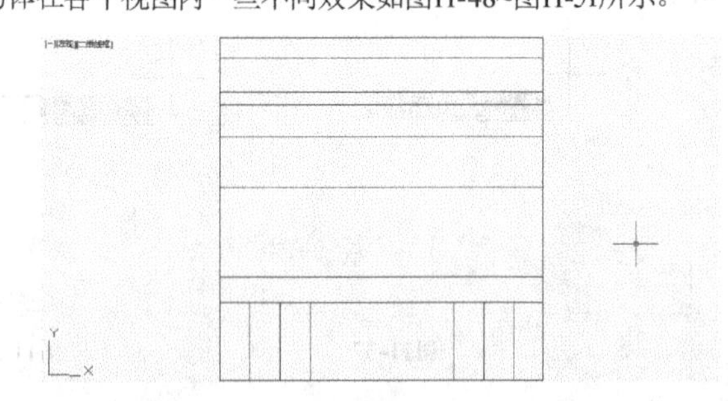

图11-48

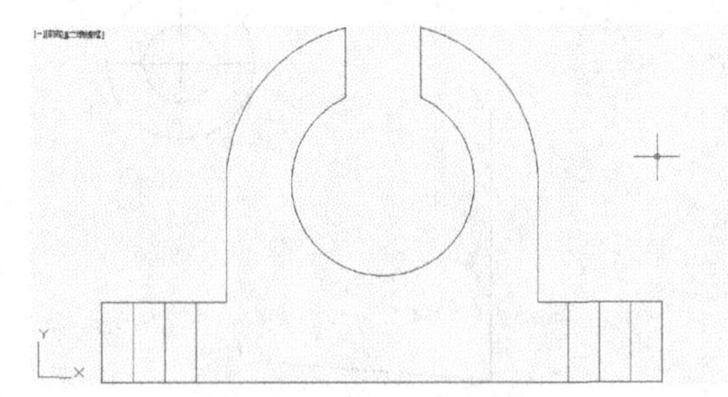

图11-49

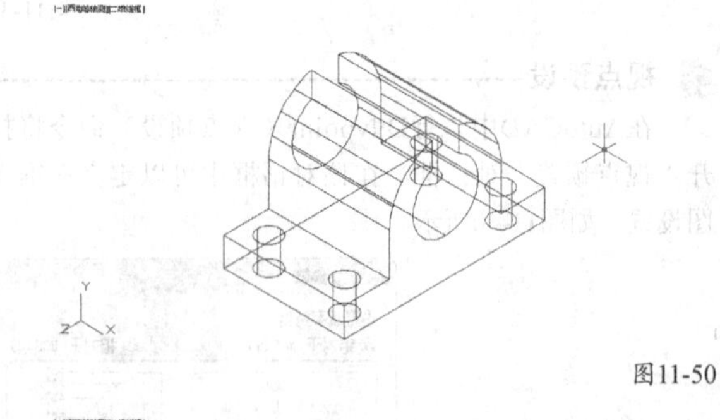

图11-50

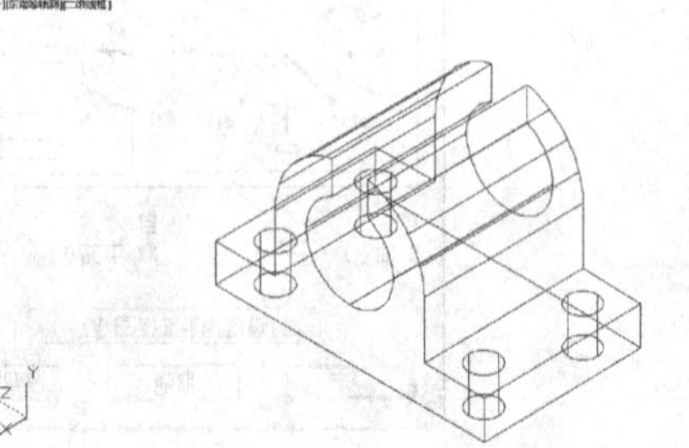

图11-51

01 打开光盘中的“第11章>素材文件>11.3.2.dwg”文件，如图11-52所示，现在的视图是俯视图。

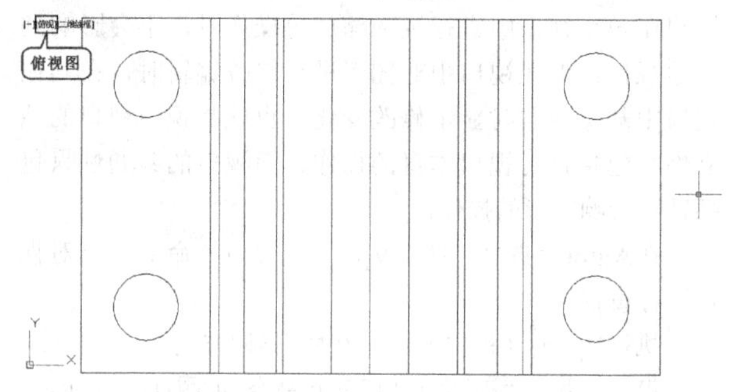

图11-52

02 执行“视图>三维视图>左视”菜单命令，将视图切换为左视图，如图11-53所示。

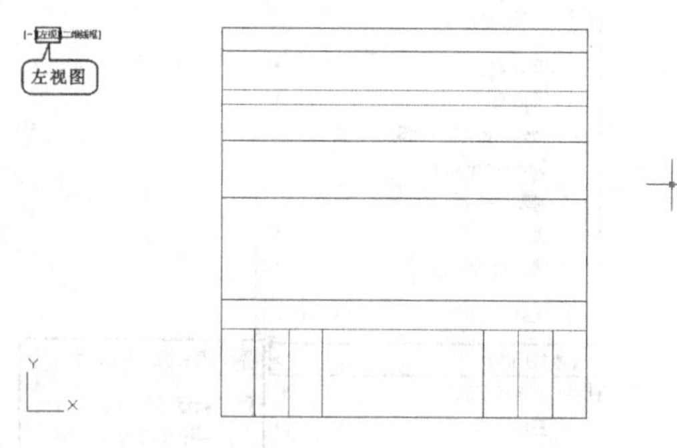

图11-53

03 在命令行输入-view并回车，然后根据命令提示将视图切换为前视图，如图11-54所示。

命令:-VIEW

输入选项 [?/删除(D)/正交(O)/恢复(R)/保存(S)/设置(E)/窗口(W)]: o↙

输入选项 [俯视(T)/仰视(B)/前视(F)/后视(BA)/左视(L)/右视(R)] <俯视>: f↙

正在重生成模型。

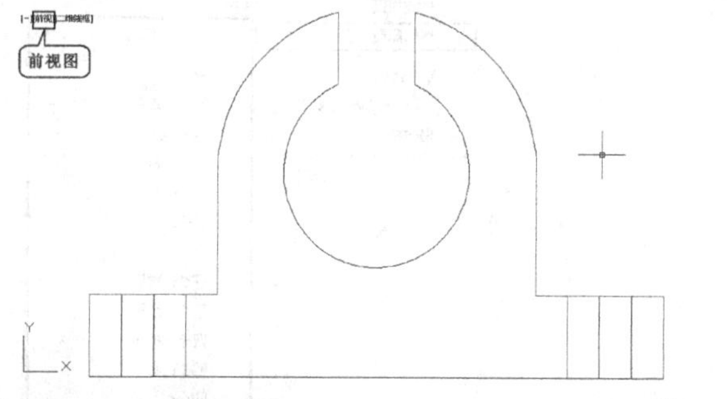

图11-54

04 将光标指向绘图区域右上角的ViewCube图标，然后单击 按钮，将视图切换为西南等轴测视角，如图11-55和图11-56所示。

图11-55

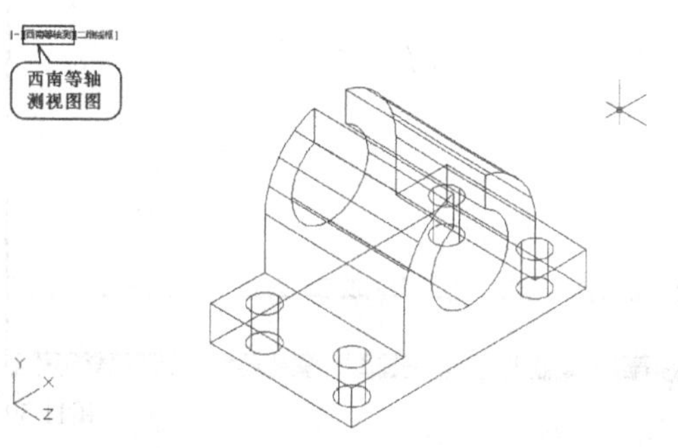

图11-56

05 单击绘图区域左上角的“视图控件”，然后在弹出的菜单中选择“东南等轴测”命令，将视图切换为东南等轴测视角，如图11-57和图11-58所示。

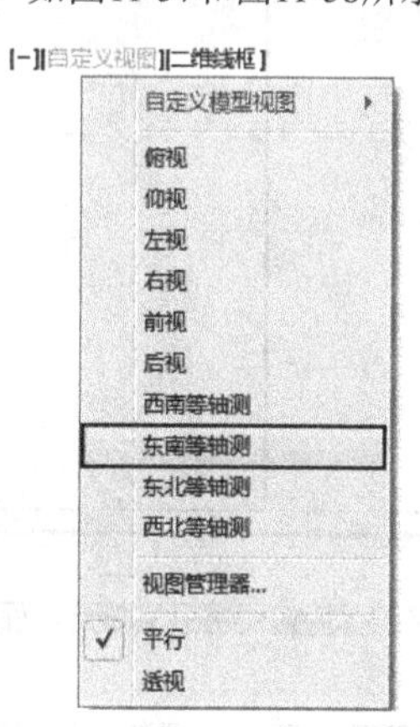

图11-57

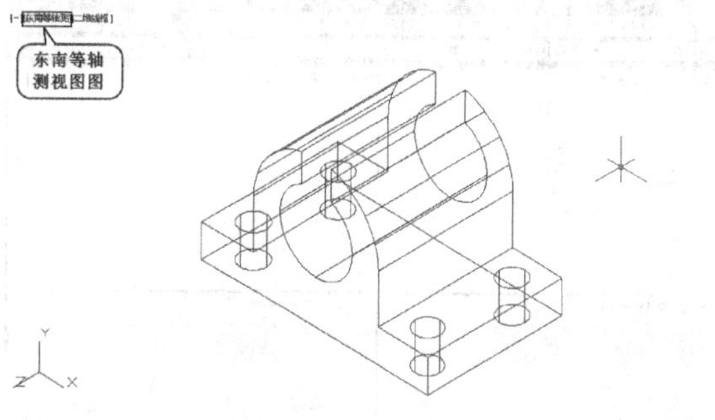

图11-58

11.3.3 视口控件

视口可以理解为绘图区域，在默认情况下，绘图区域只被划分为一个视口，当然也可以被划分为多个视口

（两个、3个或者4个等），如图11-59~图11-61所示。

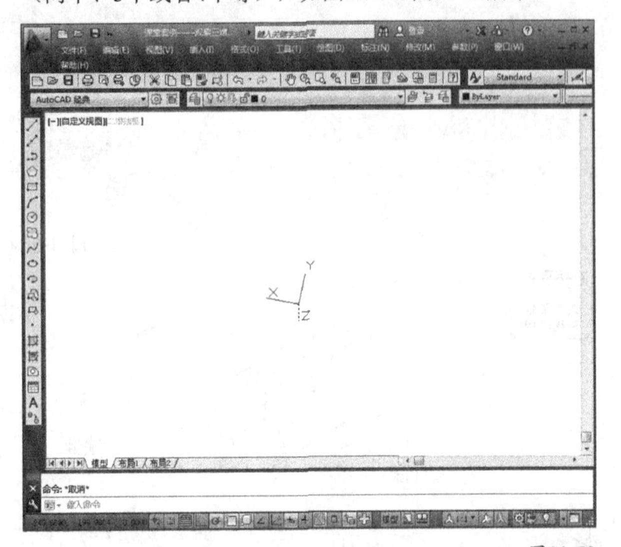

图11-59

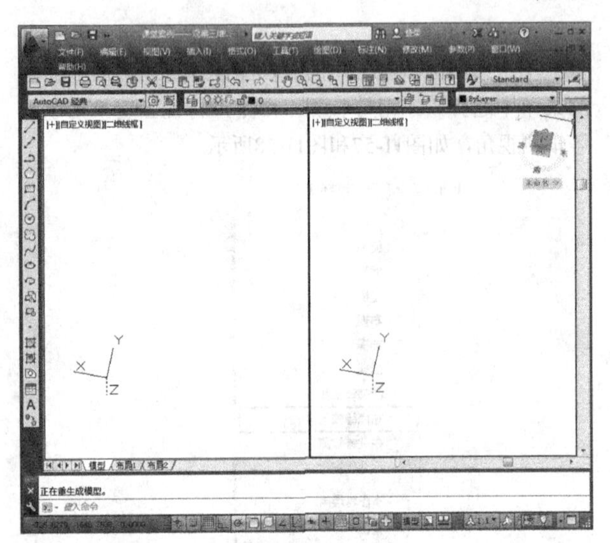

图11-60

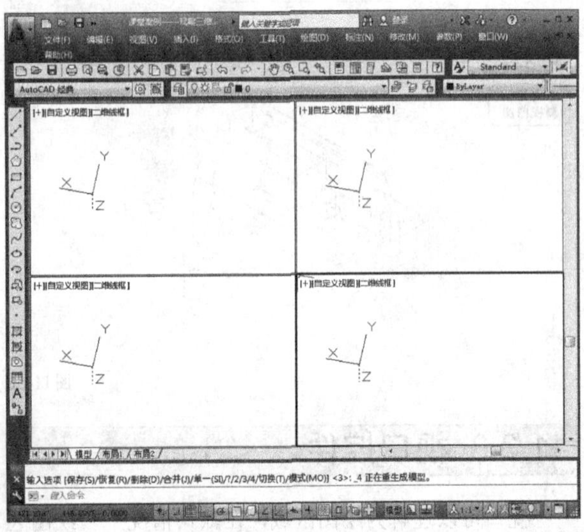

图11-61

在三维建模中，设置多个视口便于同时从多个角度去观察模型。视口既具有独立性，也具有共通性，例如用户在一个视口中进行视图缩放等操作时，不会影响到其他视口；但在视口中对图形进行修改编辑时，在其他视口中却又会实时显示修改变化。也就是说，视口的独立性只包括针对视口本身的操作，而视口的共通性只包括针对影响图形的操作。

在AutoCAD中，使用Vports（视口）命令可以对视口进行设置。

执行Vports（视口）命令有如下5种方式。

第1种：执行“视图>视口”菜单命令，如图11-62所示。

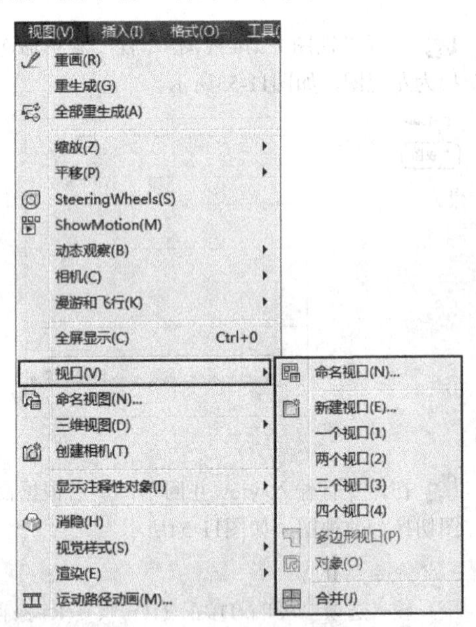

图11-62

第2种：通过绘图区域左上角的视口控件中的-图标，如图11-63所示。

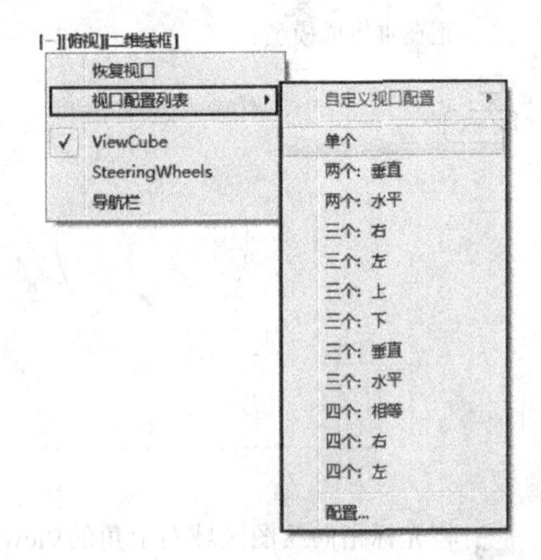

图11-63

第3种：通过“视口”工具栏，如图11-64所示。

图11-64

第4种：在命令行输入Vports并回车。

第5种：在命令行输入-Vports并回车。

如果用户在命令行输入Vports并回车，那么将打开“视口”对话框，如图11-65所示。

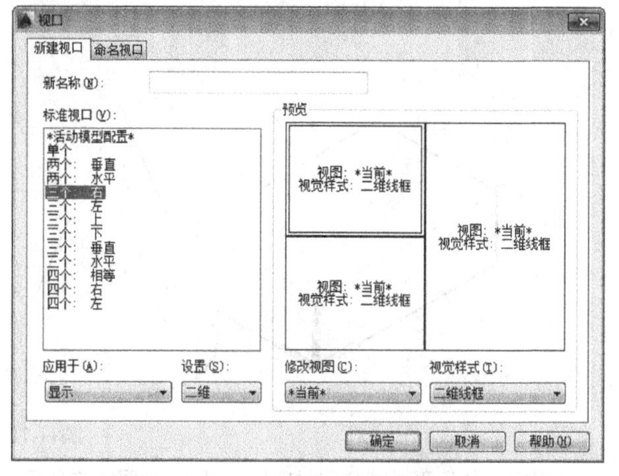

图11-65

参数介绍

新建视口：该选项卡下的选项用于新建视口或指定预设的标准视口。

新名称：为新建的视口命名。

标准视口：AutoCAD为用户预设了12种类型的视口，用户可以选择一种视口，然后单击“确定”按钮 确定 即可应用。

预览：预览查看预设视口或新建视口的样式。

应用于：设置视口的应用范围。

设置：设置视口是二维或三维。

修改视图：通过从下拉列表中选择的视图来替换当前视图。

视觉样式：设置视口的视觉样式。

命名视口：该选项卡下的选项用于列出图形中保存的所有模型视口配置，如图11-66所示。

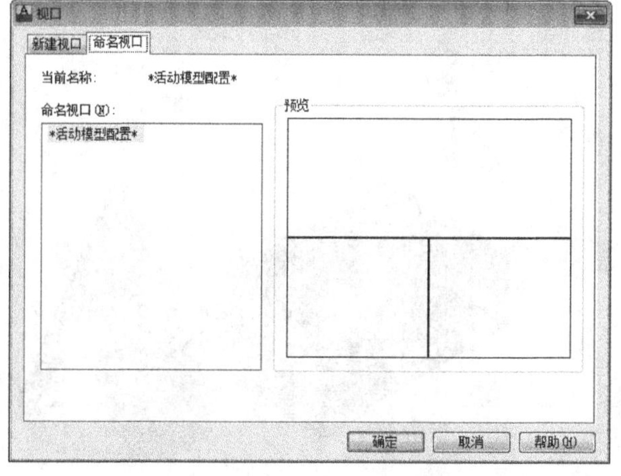

图11-66

如果用户在命令行输入-Vports并回车，那么将出现如下提示。

命令介绍

命令: -Vports↙

输入选项 [保存(S)/恢复(R)/删除(D)/合并(J)/单一(SI)/?/2/3/4/切换(T)/模式(MO)] <3>:

保存：使用指定的名称保存当前视口配置。

恢复：恢复以前保存的视口配置。

删除：删除指定的视口配置。

合并：将两个邻接的视口合并为一个较大的视口。

单一：将视口返回单一视口配置。

？：列出视口配置以显示活动视口的标识号和屏幕位置。

2/3/4：设置两视口、三视口和四视口。

11.3.4 视觉样式控件

视觉样式是指模型在视图中显示的方式，AutoCAD 2014为用户提供了10种视觉样式，分别是二维线框、概念、消隐、真实、着色、带边缘着色、灰度、勾画、线框和X射线。

在通常情况下，默认显示的视觉样式是“二维线框”样式，如果想切换视觉样式，可以通过Vscurrent（视觉样式）命令来完成。

执行Vscurrent（视觉样式）命令有如下4种方式。

第1种：执行“视图>视觉样式”菜单命令，如图11-67所示。

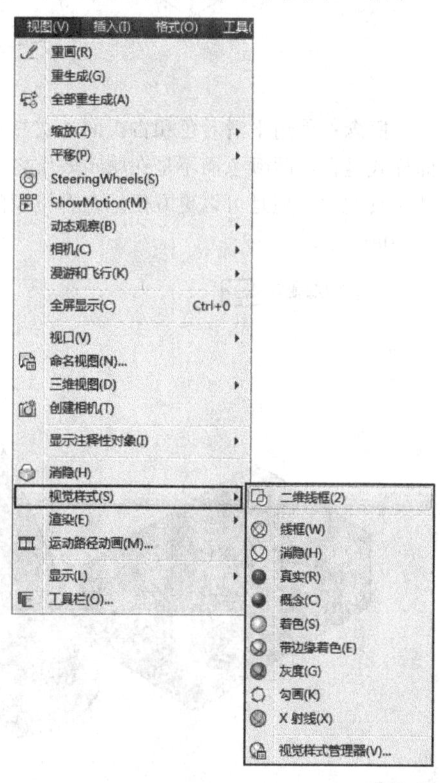

图11-67

第2种：通过绘图区域左上角的视觉样式控件。

第3种：通过“视觉样式”工具栏，如图11-68所示。

图11-68

第4种：在命令行输入Vscurrent并回车。

执行Vscurrent（视觉样式）命令后，将出现如下提示。

命令介绍

命令:VSCURRENT↙

输入选项 [二维线框(2)/线框(W)/隐藏(H)/真实(R)/概念(C)/着色(S)/带边缘着色(E)/灰度(G)/勾画(SK)/X 射线(X)/其他(O)] <二维线框>:

二维线框：用直线和曲线来显示对象，这是默认的视觉样式，如图11-69所示。

[-][西南等轴测][二维线框]

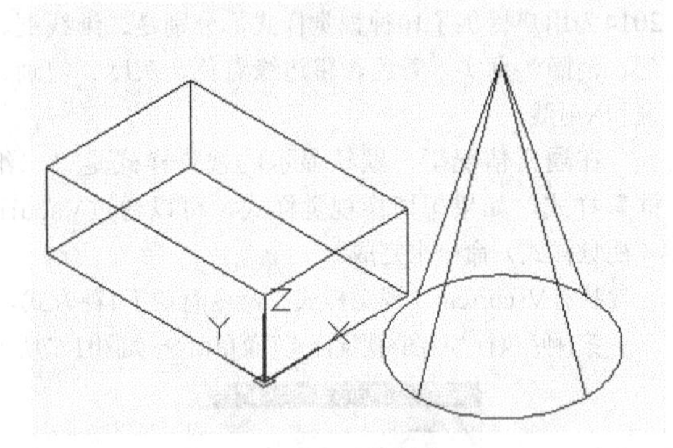

图11-69

概念：使用平滑着色和古氏面样式显示对象。古氏面样式是在冷暖颜色而不是在明暗效果之间转换，效果缺乏真实感，但是可以更方便地查看模型的细节，如图11-70所示。

[-][西南等轴测][概念]

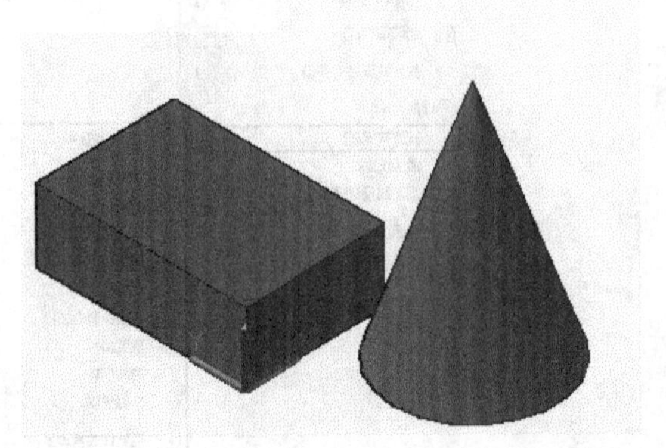

图11-70

隐藏：使用线框表示法显示对象，并且隐藏表示背面的线，如图11-71所示。

[-][西南等轴测][隐藏]

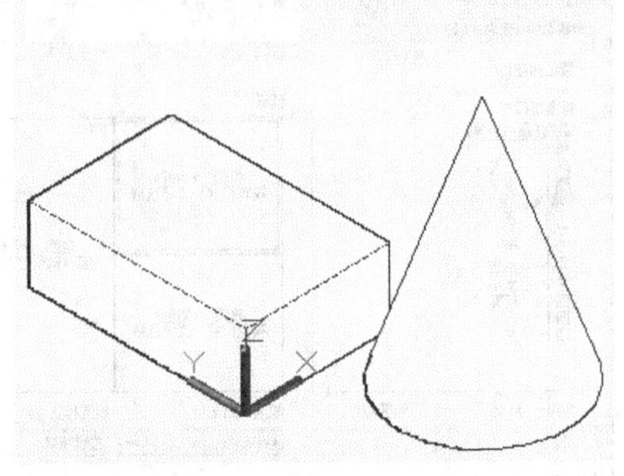

图11-71

真实：使用平滑着色和材质显示对象，如图11-72所示

[-][西南等轴测][真实]

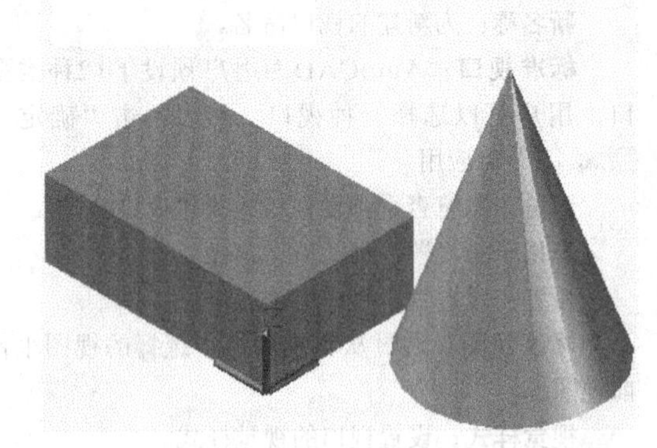

图11-72

着色：使用平滑着色显示对象，如图11-73所示。

[-][西南等轴测][着色]

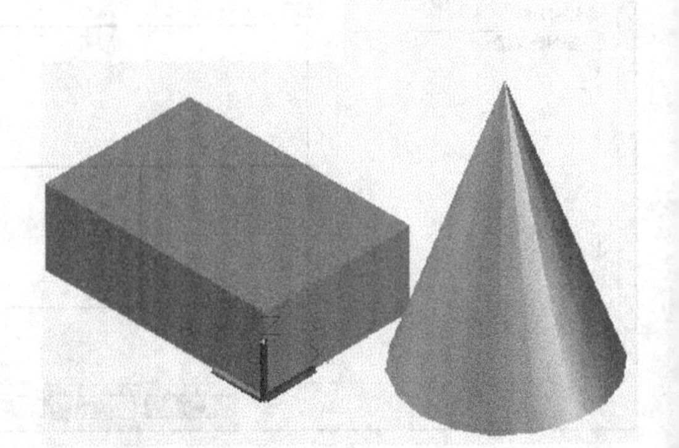

图11-73

带边缘着色：使用平滑着色和可见边显示对象，如图11-74所示。

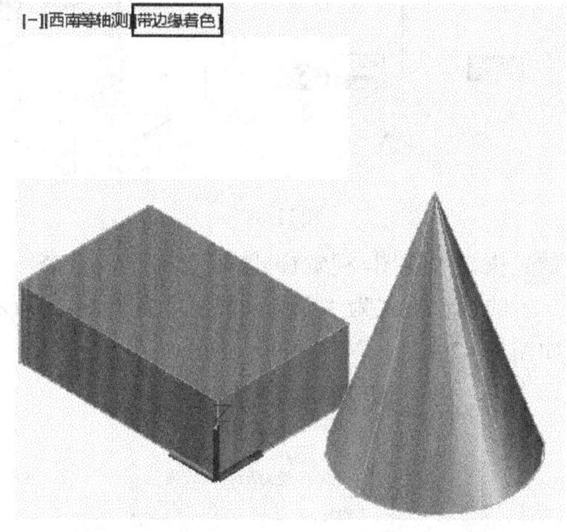

图11-74

灰度：使用平滑着色和单色灰度显示对象，如图11-75所示。

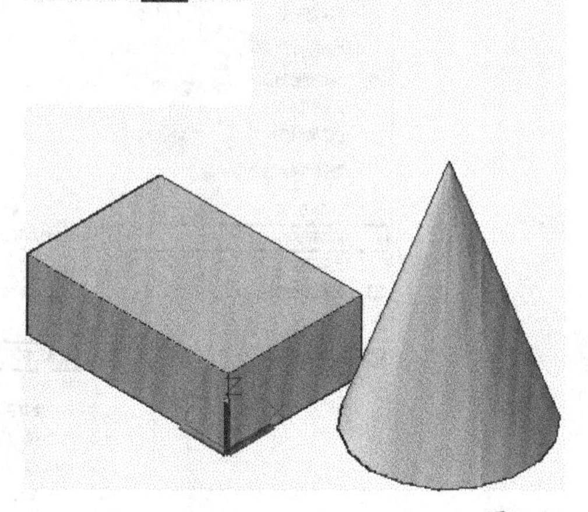

图11-75

勾画：使用线延伸和抖动边修改器显示对象的手绘效果，如图11-76所示。

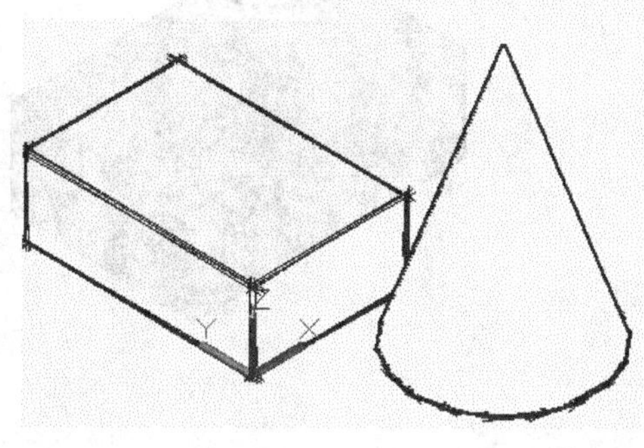

图11-76

线框：使用直线和曲线来显示对象，该样式与“二维线框”样式类似，如图11-77所示。

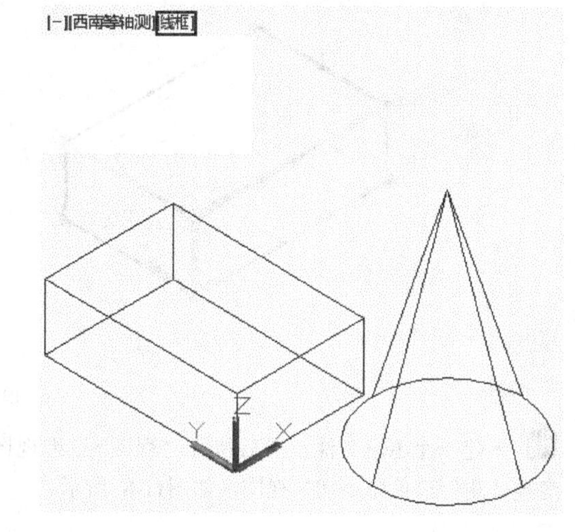

图11-77

X射线：以透明度的方式显示对象，如图11-78所示。

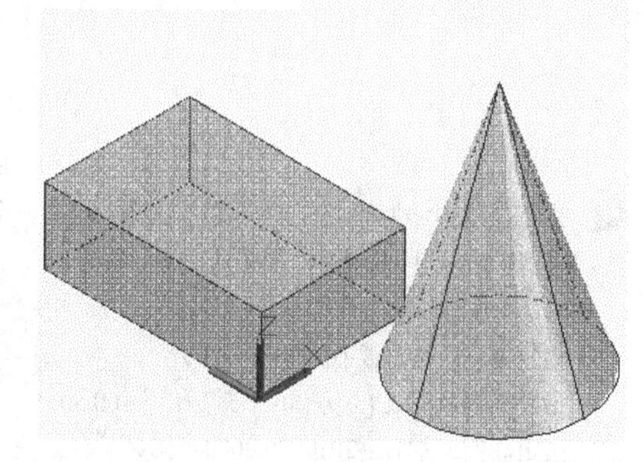

图11-78

11.3.5 实战——创建长方体并设置视觉样式

素材位置 无
实例位置 第11章>实例文件>11.3.5.dwg
技术掌握 视觉样式的调整方法

在本例中首先要绘制一个长方体，然后将视觉样式依次设置为“概念”和“勾画”样式，如图11-79~图11-81所示。

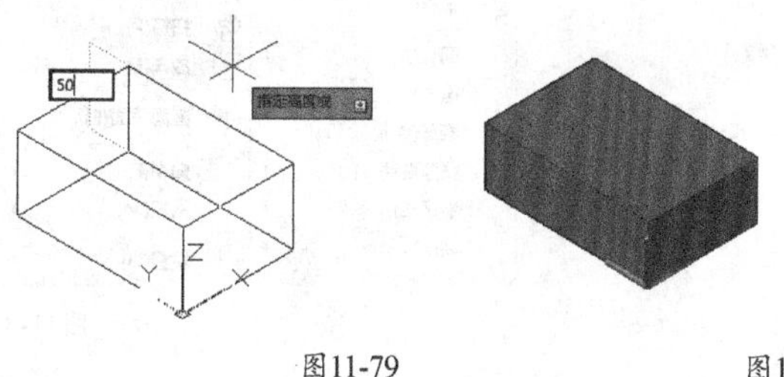

图11-79　　图11-80

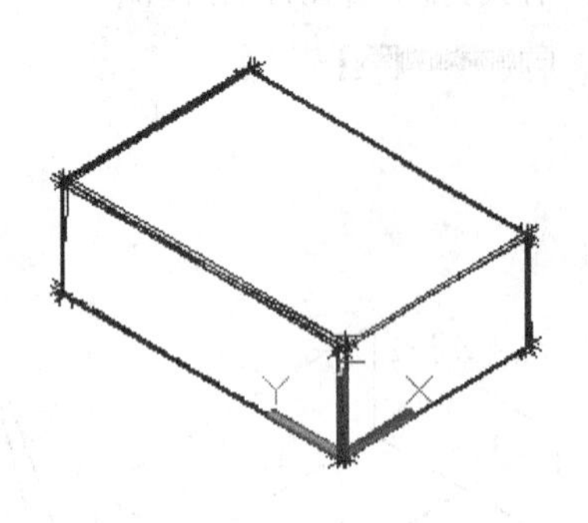

图11-81

01 新建一个dwg文件，然后执行“视图>三维视图>西南等轴测”菜单命令切换视图，如图11-82所示。

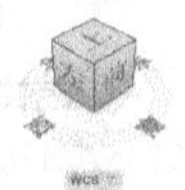

图11-82

02 执行“绘图>建模>长方体”菜单命令，创建一个长方体，如图11-83~图11-85所示，相关命令提示如下。

```
命令: _box
指定第一个角点或 [中心(C)]: 0,0↙
指定其他角点或 [立方体(C)/长度(L)]: 100,50↙
指定高度或 [两点(2P)] <50.0000>: 50↙
```

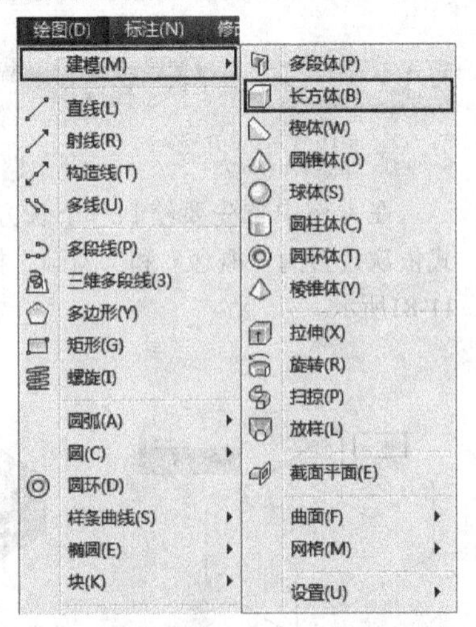

图11-83

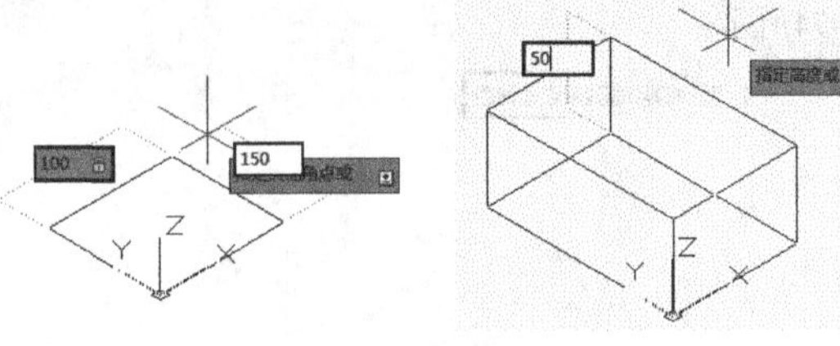

图11-84 图11-85

03 执行“视图>视觉样式>概念”菜单命令，调整当前显示的视觉样式为“概念”样式，如图11-86所示，效果如图11-87所示。

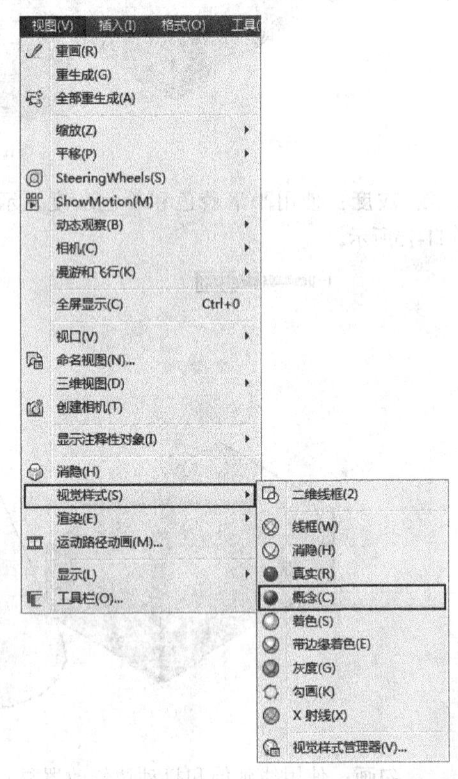

图11-86

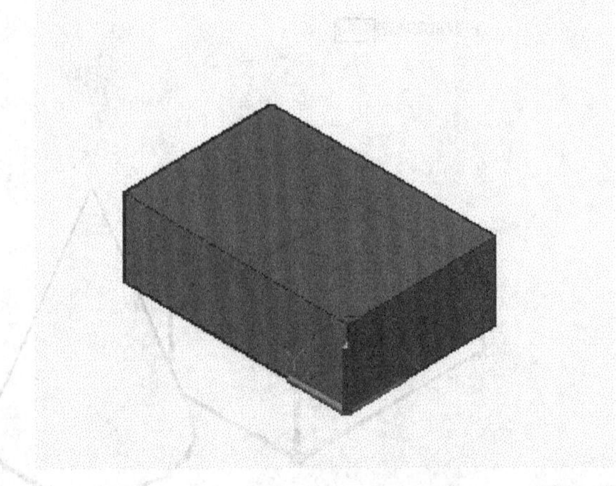

图11-87

04 单击绘图区域左上角的“视觉样式控件”，然后在弹出的菜单中选择“勾画”命令，如图11-88所示，效果如图11-89所示。

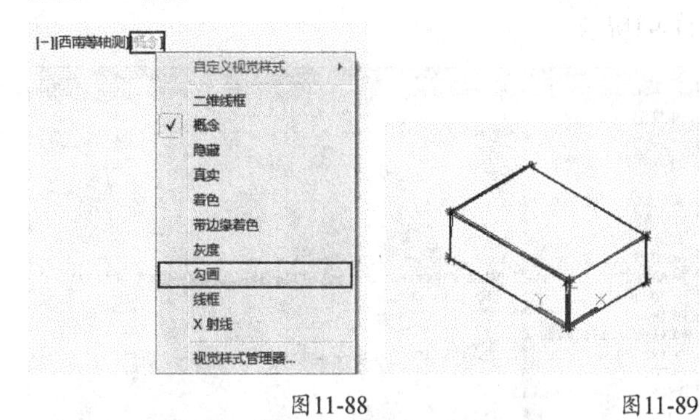

图11-88　　图11-89

11.4 获取图形信息

AutoCAD为用户提供了对象查询功能，比如查询距离、周长、点的坐标、时间等。假设绘制了一个图形，那么就可以利用查询功能去查询这个图形的相关信息，查询到的信息将显示在命令历史区。

执行Measuregeom（查询）命令有如下两种方式。

第1种：执行“工具>查询”菜单命令中选择查询内容，如图11-90所示。

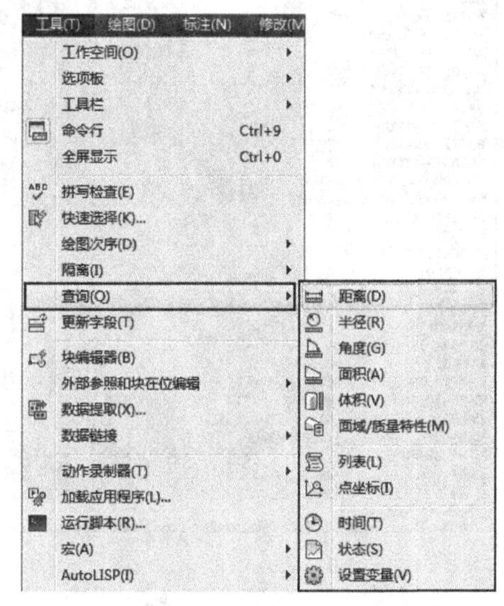

图11-90

第2种：通过“查询”工具栏选择查询按钮，如图11-91所示。

图11-91

11.4.1 图形级信息

在AutoCAD中，有些信息适用于整个图形，甚至整个计算机系统，而不是单个对象。当有问题出现或只需要了解系统变量的状态时，这些信息可能很重要。

查询图形的状态

在AutoCAD中使用Status（状态）命令可以查询当前图形的基本信息，如当前图形范围、各种图形模式等。该命令提供了一个非常有用的标准信息列表。要使用Status（状态）命令，可以执行“工具>查询>状态”菜单命令，图11-92显示的是一个状态查询的表示例。

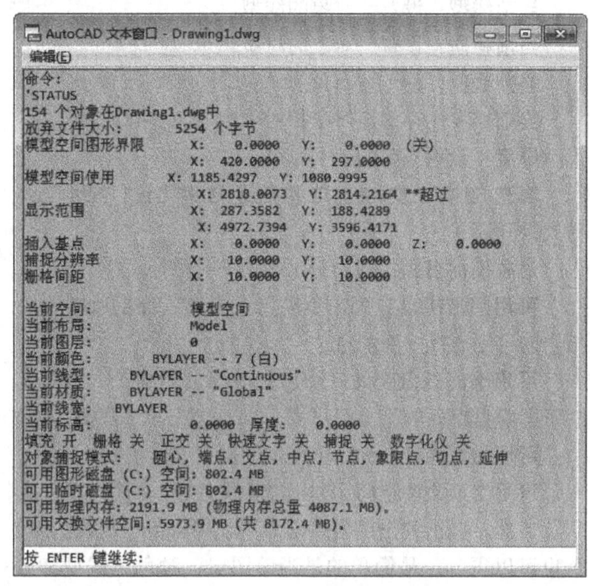

图11-92

使用Status（状态）命令查询到的图形信息列出了图形中的对象数、图形界限和范围以及屏幕上当前显示的范围等。另外，还包括捕捉方式、栅格间距以及当前图层、颜色、线型和线宽等其他信息。下面列出了Status（状态）命令的查询内容。

命令介绍

当前图形中的对象数：包括各种图形对象、非图形对象（如图层和线型）和块定义。

模型空间图形界限：显示由Limits（图形界限）命令定义的栅格界限。第一行显示界限左下角的*xy*坐标，它存储在LIMMIN系统变量中；第二行显示界限右上角的*xy*坐标，它存储在LIMMAX系统变量中。*y*坐标值右边的注释“关”表示界限检查设置为0。

模型空间使用：显示图形范围（包括数据库中的所有对象），可以超出栅格界限。第一行显示该范围左下角的*xy*坐标；第二行显示右上角的*xy*坐标。如果*y*坐标值的右边有“超过”注释，则表明该图形的范围超出了栅格界限。

显示范围：列出当前视口中可见的图形范围部分。第一行显示左下角的 *xy* 坐标，第二行显示右上角的 *xy* 坐标。

插入基点：列出图形的插入点。

捕捉分辨率：设置当前视口的捕捉间距。

栅格间距：指定当前视口的栅格间距（x和y方向）。

当前空间：显示当前激活的是模型空间还是图纸空间。

当前布局：显示“模型”或当前布局的名称。

当前图层：设置当前图层。

当前颜色：设置新对象的颜色。

当前线型：设置新对象的线型。

当前材质：设置新对象的材质。

当前线宽：设置新对象的线宽。

当前标高：存储新对象相对于当前UCS的标高。

厚度：设置当前的三维厚度。

填充/栅格/正交/快速文字/捕捉/数字化仪：显示这些模式是开还是关。

对象捕捉模式：列出正在运行的对象捕捉模式。

可用图形磁盘：列出驱动器上为该程序的临时文件指定的可用磁盘空间的量。

可用临时磁盘空间：列出驱动器上为临时文件指定的可用磁盘空间的量。

可用物理内存：列出系统中的可用安装内存。

可用交换文件空间：列出交换文件中的可用空间。

显然，以上列出的很多信息不使用Status（状态）命令也可以得到，最简单的是当前图层、颜色、线型和线宽，它们可以直接在图层和“特性”工具栏上看到。不过，一些其他的信息，例如可用磁盘空间和可用内存的统计等，这些信息是很难从图形中获得的。

Status（状态）命令最常见的用途是检查问题。例如，可以将列表信息发送给另一个办公室中需要处理同一图形的同事，以便于同事可以很容易地采用相同的设置来协同工作。

查询系统变量

如果想要了解关于系统变量的设置，可以使用Setvar（设置变量）命令，该命令提供所有系统变量及其设置的列表。使用Setvar（设置变量）命令查看系统变量设置比在命令行上输入每一个单独的系统变量来一一查看要快得多。

要查看所有系统变量，首先需要执行“工具>查询>设置变量”菜单命令，此时在命令行将出现“输入变量名或 [?]:”的提示，如果要单独查看某一个系统变量，可以直接输入其名称；如果要查看所有系统变量，可以在该提示下输入问号？并回车确认，然后再在下一个提示中直接按回车键，命令提示如下所示。

```
命令: '_setvar
输入变量名或 [?]: ? ↙
输入要列出的变量 <*>:↙
```

现在将打开如图11-93所示的文本窗口，由于系统变量较多，因此会根据文本窗口的大小一篇一篇地显示，如果要查看下一篇，直接按回车键即可，如图11-94所示。

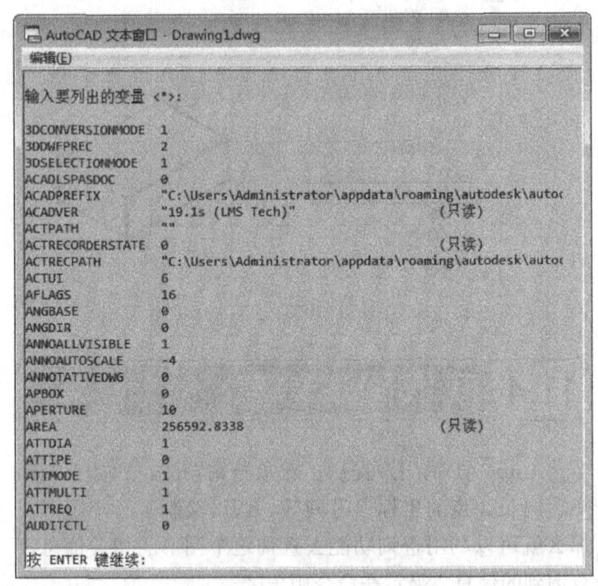

图11-93

```
AutoCAD 文本窗口 - Drawing1.dwg
编辑(E)
按 ENTER 键继续:
AUNITS              0
AUPREC              0
AUTODWFPUBLISH      0
AUTOMATICPUB        0
AUTOSNAP            55
BACKGROUNDPLOT      2
BACKZ               0.0000                (只读)
BACTIONBARMODE      1
BACTIONCOLOR        "7"
BCONSTATUSMODE      0
BDEPENDENCYHIGHLIGHT 1
BGRIPOBJCOLOR       "141"
BGRIPOBJSIZE        8
BINDTYPE            0
BLOCKEDITLOCK       0
BLOCKEDITOR         0                     (只读)
BPARAMETERCOLOR     "170"
BPARAMETERFONT      "宋体"
BPARAMETERSIZE      12
BTMARKDISPLAY       1
BVMODE              0
CAMERADISPLAY       0
CAMERAHEIGHT        0.0000
CANNOSCALE          "1:1"
CANNOSCALEVALUE     1.000000000           (只读)
CAPTURETHUMBNAILS   1
CDATE               20130507.15364761     (只读)
按 ENTER 键继续:
```

图11-94

只读系统变量只能提供信息，不能被修改。例如LOGINNAME变量只显示当前用户在系统中的注册名。其他系统变量是可以修改的。

大多数系统变量只能设置开或关，一般设置为1表示开、设置为0表示关。当然，也有一些系统变量允许其值设置为任何数字。

在命令行中输入一个变量时，系统会提示输入一个新值以修改当前的设置。例如输入CELTSCALE 将显示如下提示，此时可以输入一个新值来改变系统变量的当前设置，也可以按回车键接受当前的设置。

```
命令: CELTSCALE
输入 CELTSCALE 的新值 <1.0000>:
```

查询时间

如果要查询绘制图形所花费的时间，例如要给客户开据时间账单，或者让老板知道花费了多少工作时间等，可以使用Time（时间）命令。

要查询时间，可以执行“工具>查询>时间”菜单命令，图11-95所示的是一个典型的列表。

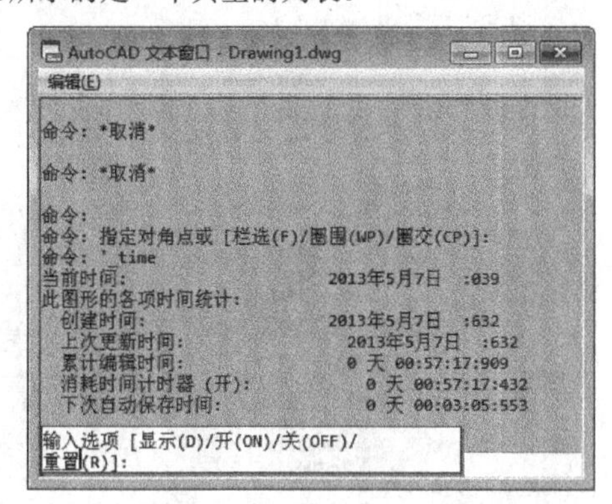

图11-95

下面是使用Time（时间）命令时所看到的列表各项的含义。

命令介绍

当前时间：当前日期和时间。显示的时间精确到毫秒。

创建时间：创建该图形的日期和时间。

上次更新时间：最近一次保存该图形的日期和时间。

累计编辑时间：花费在绘图上的累积时间，不包括打印时间和修改图形但没有保存修改就退出的时间。

消耗时间计时器：累计花费在绘图上的时间，但可以打开、关闭或重置它。

下次自动保存时间：显示何时将自动保存该图形。在“选项”对话框的“打开和保存”选项卡下可以设置自动保存图形的时间。

输入选项 [显示(D)/开(ON)/关(OFF)/重置(R)]：该命令行中的选项用于设置或重置信息。

显示：可以使用更新的时间重新显示列表。

开/关：打开或关闭“消耗时间计时器”。

重置：将“消耗时间计时器”重置为0。

以上列出的信息中，可以把“累计编辑时间”看成是汽车的里程表，把“消耗时间计时器”看成一个跑表，就像有些汽车上那样，允许用户记录一段路的里程。

11.4.2 对象级信息

除了查询图形的信息外，AutoCAD也提供了几个命令来查询图形中对象的信息。

查询对象信息

如果要查询某个对象的信息，可以使用List（列表）命令，不同的对象将显示不同的信息。

执行“工具>查询>列表”菜单命令，此时命令行将提示选择对象，当选择一个对象后就会在文本窗口中显示出该对象的具体信息。如图11-96显示的是一条直线的典型列表。

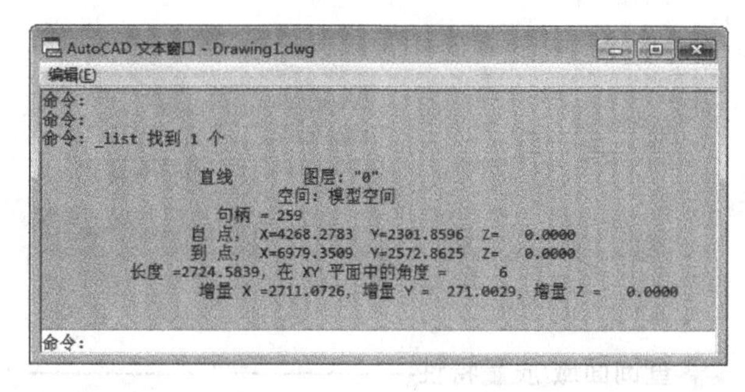

图11-96

下面是对象信息列表中各项信息的含义。

命令介绍

图层：列出对象的图层。如果颜色和线型不是ByLayer或ByBlock，AutoCAD也会列出颜色和线型。

空间：指出该模型是在模型空间还是在图纸空间。

句柄：图形中的每个对象都有句柄。图形的内部数据库使用句柄追踪对象。

自点：由于图11-96示例中列出了一条直线，所以它显示的是起点。

到点：直线的终点。

长度：该直线的长度。

在*xy*平面中的角度：该直线的角度。这条直线是水平线，所以其角度为0。

增量*x*：起点到终点*x*坐标的变化量。

增量*y*：起点到终点*y*坐标的变化量。

查询点坐标

如果要查询某个点的坐标，可以执行“工具>查询>点坐标”菜单命令，或者在命令行输入id并回车，此时将提示用户指定一个点，可以使用任意一种方法指定一个点，查询到的信息如下所示。

```
命令:'_id 指定点:     //指定一个点
X = 1671.2190    Y = 3811.6740    Z = 0.0000
```

要注意的是，如果在“选项”对话框的“绘图”选项卡中选中“使用当前标高替换Z值”选项，如图11-97所示。那么使用ID（点坐标）命令拾取点时所获取的可能是错误的数据结果。

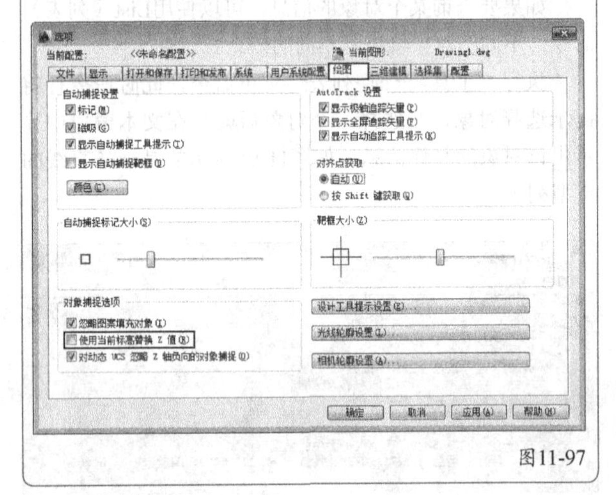

图11-97

查询面域/质量特性

如果要计算和显示面域或三维实体的质量特性，可以执行“工具>查询>面域/质量特性”菜单命令，所显示的特性取决于选定的对象是面域（以及选定的面域是否与当前用户坐标系（UCS）的*xy*平面共面）还是三维实体。

如果选择多个面域，AutoCAD只接受与第一个选定面域共面的面域。完成查询后，系统会询问是否将质量特性写入到文本文件中，如果选择是，需要指定文件名。图11-98所示是一个典型的面域查询列表。

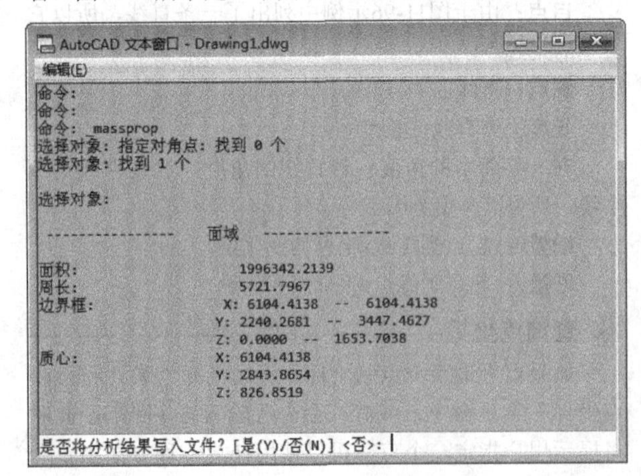

图11-98

命令介绍

面积：三维实体的表面积或面域的封闭面积。

周长：面域的内环和外环的总长度。未计算三维实体的周长。

边界框：用于定义边界框的两个坐标。对于与当前用户坐标系的*xy*平面共面的面域，边界框由包含该面域的矩形的对角点定义。对于与当前用户坐标系的*xy*平面不共面的面域，边界框由包含该面域的三维框的对角点定义。

质心：代表面域圆心的二维或三维坐标。对于与当前用户坐标系的*xy*平面共面的面域，质心是一个二维点。对于与当前用户坐标系的*xy*平面不共面的面域，质心是一个三维点。

如果面域与当前UCS的*xy*平面共面，将显示如图11-99所示的附加特性。

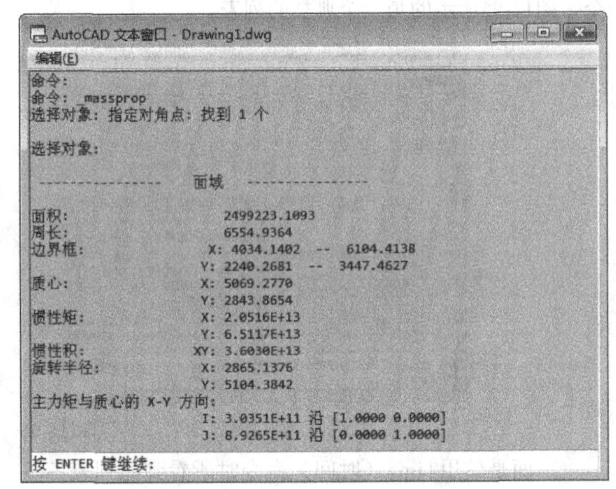

图11-99

命令介绍

惯性矩：在计算分布载荷（例如计算一块板上的流体压力）或计算曲梁内部应力时将要用到这个值。计算面积惯性矩的公式是：area_moments_of_inertia = area_of_interest * radius 2。面积惯性矩的单位是距离的四次方。

惯性积：用来确定导致对象运动的力的特性。计算时通常考虑两个正交平面。计算*yz*平面和*xz*平面惯性积的公式是：product_of_inertia YZ,XZ = mass * centroid_to_YZ * dist centroid_to_XZ。这个*xy*值表示为质量单位乘以距离的平方。

旋转半径：表示三维实体惯性矩的另一种方法。计算旋转半径的公式是：gyration_radii = (moments_of_inertia/body_mass) 1/2。旋转半径以距离单位表示。

主力矩与质心的*x*、*y*、*z*方向：根据惯性积计算得出，它们具有相同的单位值。穿过对象质心的某个轴的惯性矩值最大。穿过第2个轴（第1个轴的法线，也穿过质心）的惯性矩值最小。由此导出第3个惯性距值，介于最大值与最小值之间。

如果选择的是三维实体，将显示如图11-100所示的质量特性。

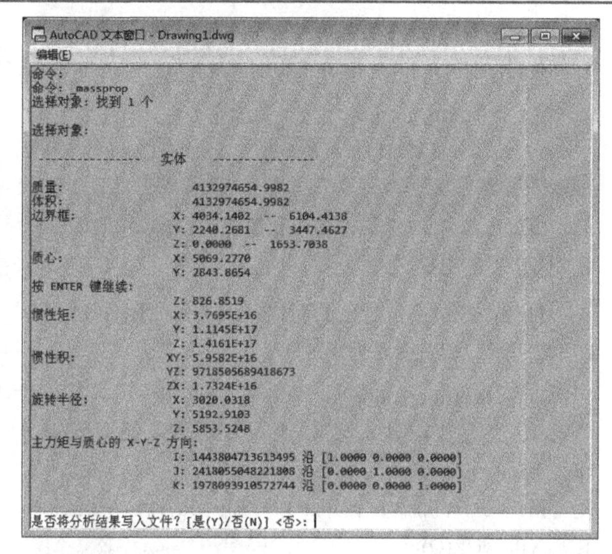

图11-100

命令介绍

质量：用于测量物体的惯性。由于使用的密度为1，因此质量和体积具有相同的值。

体积：实体包容的三维空间总量。

边界框：包含实体的三维框的对角点。

质心：代表实体质量中心的一个三维点。假定实体具有统一的密度。

惯性矩：质量惯性矩，用来计算绕给定的轴旋转对象（例如车轮绕车轴旋转）时所需的力。质量惯性矩的计算公式是：mass_moments_of_inertia = object_mass * radius axis 2。质量惯性矩的单位是质量乘以距离的平方。

惯性积：用来确定导致对象运动的力的特性。计算时通常考虑两个正交平面。计算*yz*平面和*xz*平面惯性积的公式是：product_of_inertia YZ,XZ = mass * dist centroid_to_YZ * dist centroid_to_XZ。这个*xy*值表示为质量单位乘以距离的平方。

旋转半径：表示实体惯性矩的另一种方法。计算旋转半径的公式是：gyration_radii = (moments_of_inertia/body_mass) 1/2。旋转半径以距离单位表示。

主力矩与质心的 *x*、*y*、*z*方向：根据惯性积计算得出，它们具有相同的单位值。穿过对象形心的某个轴的惯性矩值最大。穿过第2个轴（第1个轴的法线，也穿过形心）的惯性矩值最小。由此导出第3个惯性距值，介于最大值与最小值之间。

查询距离/半径/角度/面积/体积

如果要查询距离、半径、角度、面积和体积，可以使用Measuregeom（查询）命令，执行“工具>查询”菜单命令直接选择相应查询命令或执行Measuregeom（查询）命令将出现如下提示。

命令介绍

```
命令: Measuregeom↙
输入选项 [距离(D)/半径(R)/角度(A)/面积(AR)/体积(V)] <距离>:
```

测量指定点之间的距离，如图11-101~图11-103所示，相关命令提示如下。

```
MEASUREGEOM
输入选项 [距离(D)/半径(R)/角度(A)/面积(AR)/体积(V)] <距离>: d↙
指定第一点:          //拾取矩形右下角点
指定第二个点或 [多个点(M)]:          //拾取直线左侧端点
距离 = 136.4050，XY 平面中的倾角 = 0， 与 XY 平面的夹角 = 0
X 增量 = 136.4050， Y 增量 = 0.0000， Z 增量 = 0.0000          //查询结果
```

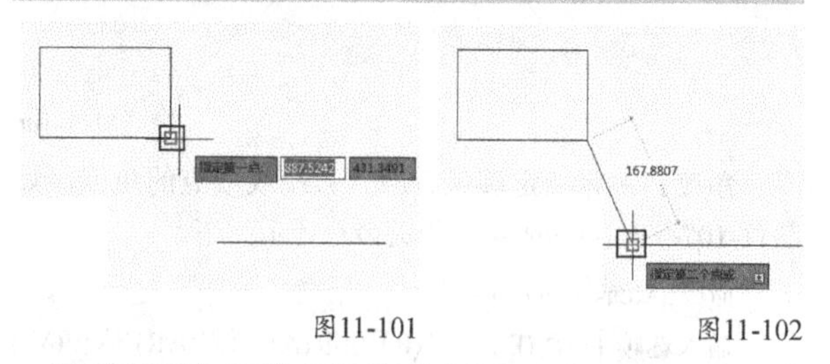

图11-101　　图11-102

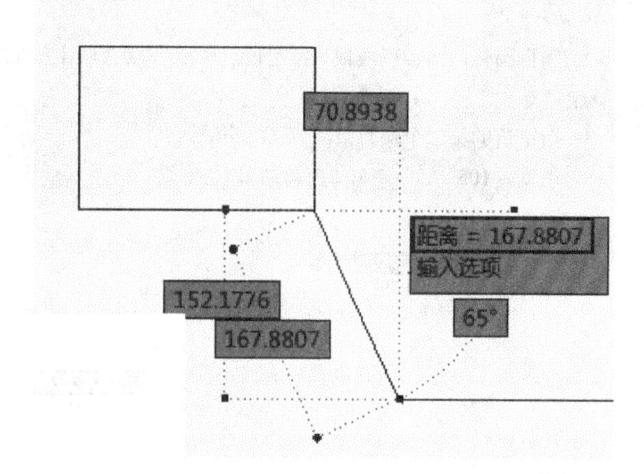

图11-103

半径：测量指定圆弧或圆的半径或直径，如图11-104~图11-106所示，相关命令提示如下。

```
命令: Measuregeom↙
输入选项 [距离(D)/半径(R)/角度(A)/面积(AR)/体积(V)] <距离>: r↙
选择圆弧或圆:          //选择圆弧或圆
半径 = 50.0000
直径 = 100.0000          //查询结果
```

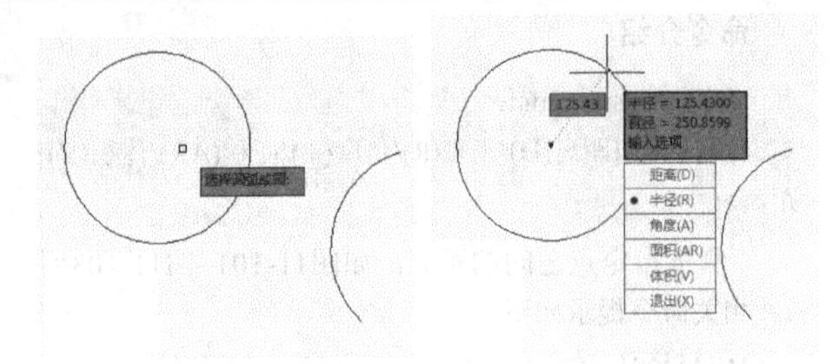

图11-104　　图11-105

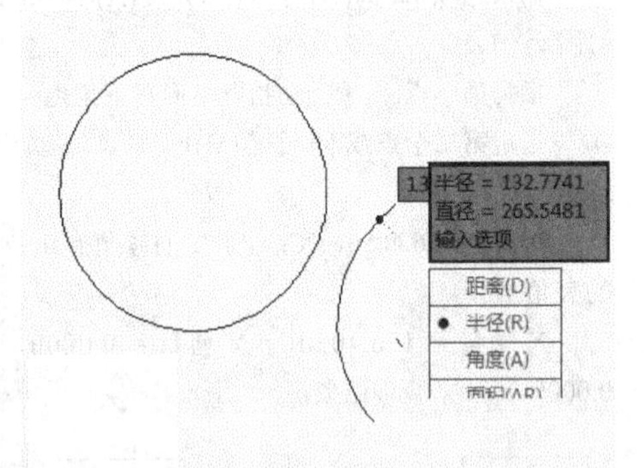

图11-106

角度：测量指定圆弧、圆、直线或顶点的角度，如图11-107~图11-109所示，相关命令提示如下。

命令: Measuregeom↙

输入选项 [距离(D)/半径(R)/角度(A)/面积(AR)/体积(V)] <距离>: a↙

选择圆弧、圆、直线或 <指定顶点>:　　//在圆上拾取一点

指定角的第二个端点:　　//拾取第二点

角度 = 105°　　//查询结果

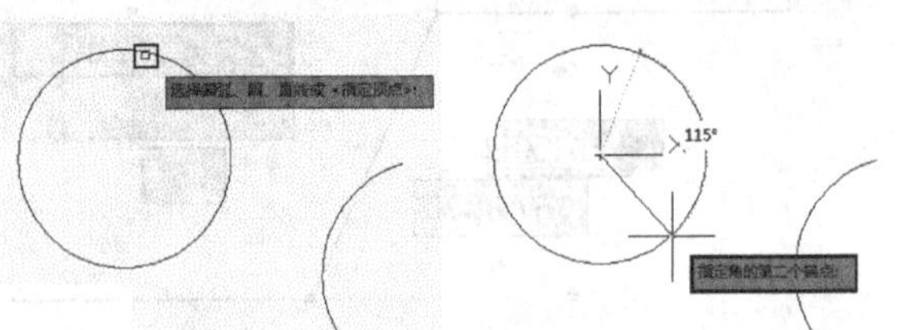

图11-107　　图11-108

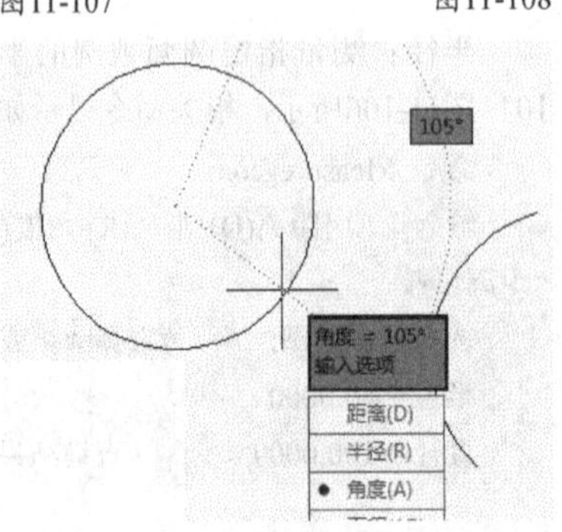

图11-109

面积：测量选择对象或定义区域的面积和周长，相关命令提示如下。

命令: Measuregeom↙

输入选项 [距离(D)/半径(R)/角度(A)/面积(AR)/体积(V)] <距离>: ar↙

指定第一个角点或 [对象(O)/增加面积(A)/减少面积(S)/退出(X)] <对象(O)>:

对象：测量选定对象的面积和周长，如图11-110~图11-112所示，相关命令提示如下。

命令: Measuregeom↙

输入选项 [距离(D)/半径(R)/角度(A)/面积(AR)/体积(V)] <距离>: ar↙

指定第一个角点或 [对象(O)/增加面积(A)/减少面积(S)/退出(X)] <对象(O)>: ↙

选择对象:　　//选择圆

区域 = 7853.9816，圆周长 = 314.1593　　//测量结果

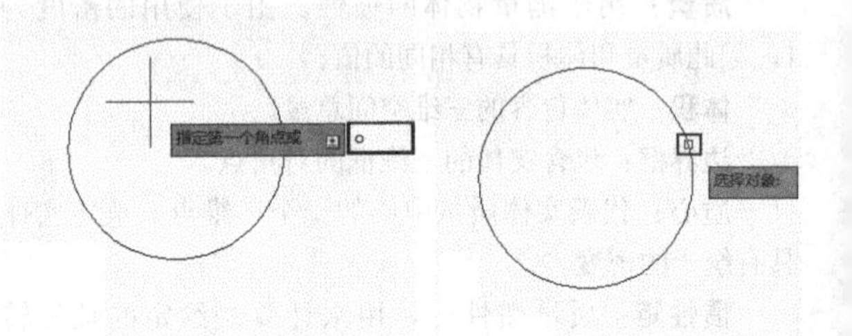

图11-110　　图11-111

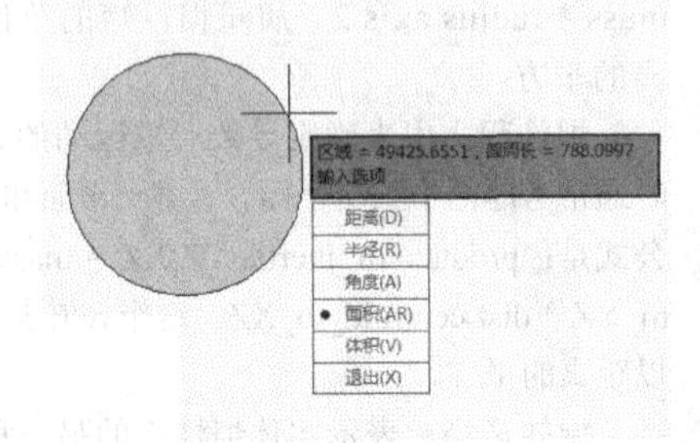

图11-112

增加面积：通过绘制多边形区域来测量增加的面积和周长，绘制的区域呈绿色显示，如图11-113~图11-116所示，相关命令提示如下。

命令: Measuregeom↙

输入选项 [距离(D)/半径(R)/角度(A)/面积(AR)/体积(V)] <距离>: ar↙

指定第一个角点或 [对象(O)/增加面积(A)/减少面积(S)/退出(X)] <对象(O)>: a↙

指定第一个角点或 [对象(O)/减少面积(S)/退出(X)]: //拾取多边形区域的第一点

("加"模式)指定下一个点或 [圆弧(A)/长度(L)/放弃(U)]:　　//拾取第二点

（“加”模式)指定下一个点或 [圆弧(A)/长度(L)/放弃(U)]:　　//拾取第三点

（“加”模式)指定下一个点或 [圆弧(A)/长度(L)/放弃(U)/总计(T)] <总计>:↙

区域 = 1447.6113，周长 = 767.6707

总面积 = 14473.6113　　　　//查询结果

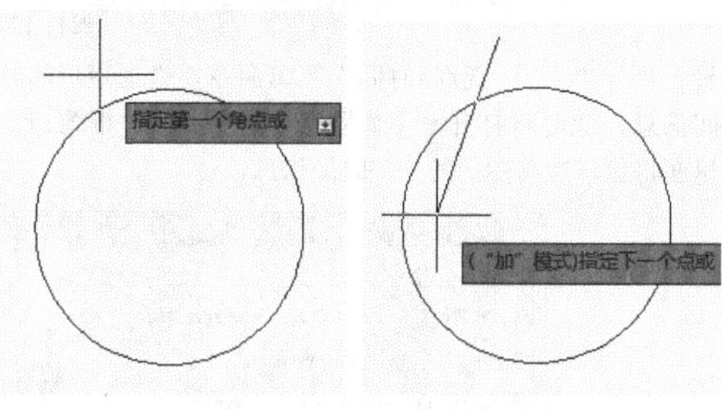

图11-113　　　　图11-114

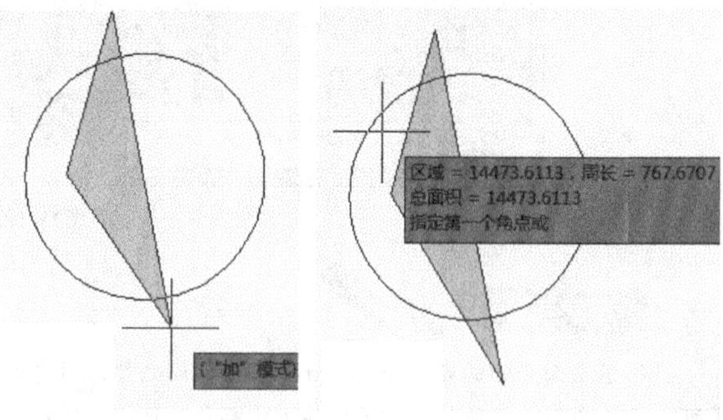

图11-115　　　　图11-116

减少面积：通过绘制多边形区域来测量减去的面积和周长，绘制区域呈红色显示，如图11-117~图11-120所示，相关命令提示如下。

命令: Measuregeom↙

输入选项 [距离(D)/半径(R)/角度(A)/面积(AR)/体积(V)] <距离>: ar↙

指定第一个角点或 [对象(O)/增加面积(A)/减少面积(S)/退出(X)] <对象(O)>: s↙

指定第一个角点或 [对象(O)/增加面积(A)/退出(X)]:
//拾取多边形区域的第一点

（“减”模式)指定下一个点或 [圆弧(A)/长度(L)/放弃(U)]:　　//拾取第二点

（“减”模式)指定下一个点或 [圆弧(A)/长度(L)/放弃(U)]:　　//拾取第三点

（“减”模式)指定下一个点或 [圆弧(A)/长度(L)/放弃(U)/总计(T)] <总计>:　//拾取第四点

（“减”模式)指定下一个点或 [圆弧(A)/长度(L)/放弃(U)/总计(T)] <总计>:↙

区域 = 8466.8982，周长 = 740.1654

总面积 = -8466.8982　　　//查询结果

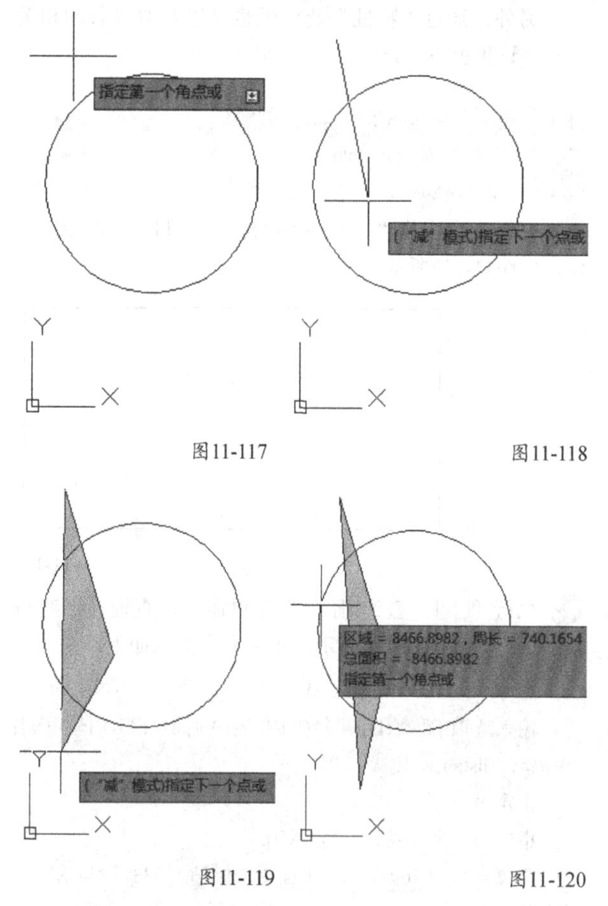

图11-117　　　　图11-118

图11-119　　　　图11-120

退出：退出“面积”查询。

体积：测量对象或定义区域的体积，相关命令提示如下。

命令: Measuregeom↙

输入选项 [距离(D)/半径(R)/角度(A)/面积(AR)/体积(V)] <距离>: v↙

指定第一个角点或 [对象(O)/增加体积(A)/减去体积(S)/退出(X)] <对象(O)>:

“体积”选项的子选项含义与“面积”选项的子选项含义大同小异，这里不再介绍。此外，除了查询距离、半径、角度、面积和体积外，用户还可以通过菜单命令查询时间、点坐标等，如图11-121所示。

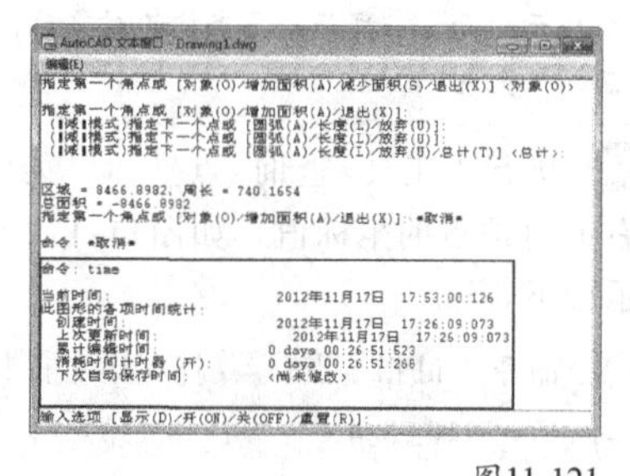

图11-121

另外，通过“特性”选项板也可以获取对象的相关信息，这里就不再介绍。

11.4.3 实战——查询矩形的图形信息

素材位置　第11章>素材文件>11.4.3.dwg
实例位置　无
技术掌握　查询图形信息的方法

01 打开光盘中的“第11章>素材文件>11.4.3.dwg”文件，如图11-122所示。

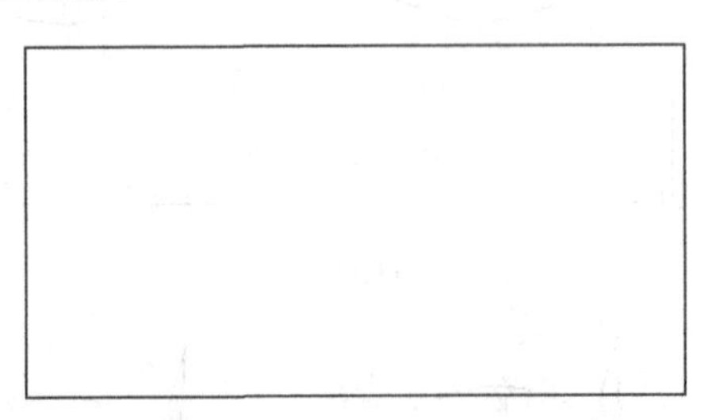

图11-122

02 执行“工具>查询>距离”菜单命令，查询矩形对角线的长度，如图11-123所示，相关命令提示如下。

```
命令: _MEASUREGEOM
输入选项 [距离(D)/半径(R)/角度(A)/面积(AR)/体积(V)] <距离>: _distance
指定第一点:
指定第二个点或 [多个点(M)]:
距离 = 1242.7691，XY 平面中的倾角 = 333，与 XY 平面的夹角 = 0
X 增量 = 1104.8578，Y 增量 = -569.0028，Z 增量 = 0.0000
```

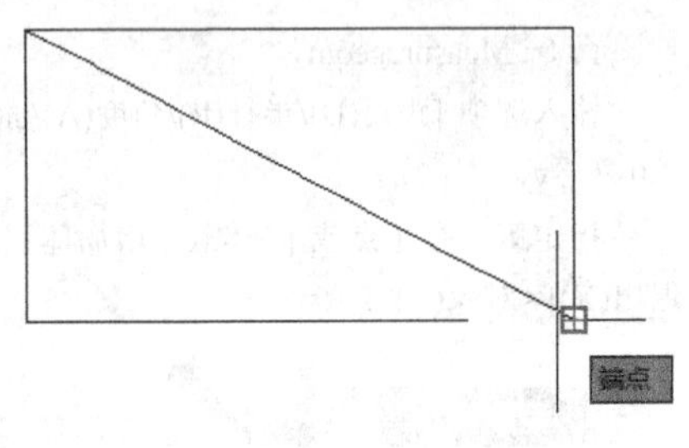

图11-123

从上述命令提示可以看出，查询到的信息都会显示在命令提示后面。一旦确定要查询的对象后，相关结果就紧跟后面显示出来。

03 执行“工具>查询>点坐标”菜单命令，查询矩形右上角顶点的坐标值，如图11-124所示，相关命令提示如下。

```
命令: '_id 指定点:    //捕捉矩形右上角的端点
X = 3110.7884    Y = 1793.4309    Z = 0.0000
```

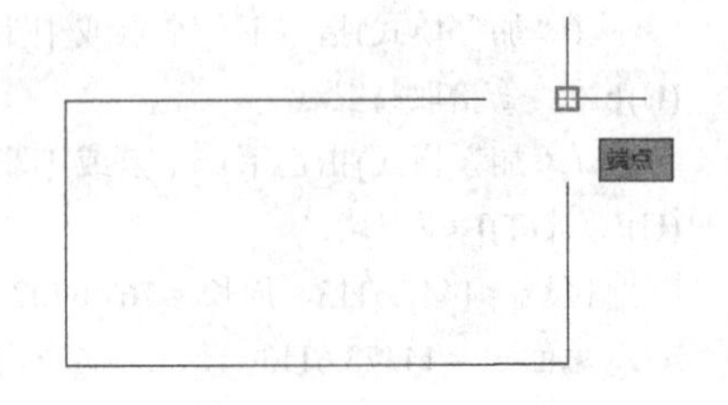

图11-124

04 执行“工具>查询>时间”菜单命令，查询矩形的时间信息，此时将打开一个如图11-125所示的文框窗口，里面将显示当前图形的一些时间信息。

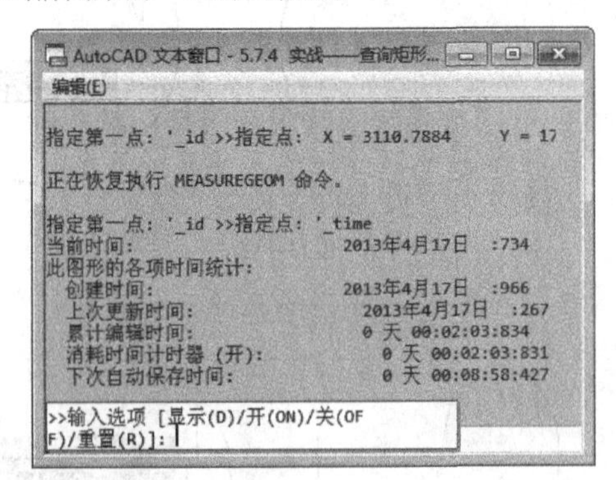

图11-125

除了上面介绍的查询距离、点坐标和时间之外，用户还可以查询图形的其他信息，不过其方法都是一致的，所以这里就不一一讲述了。

11.5 AutoCAD常见问题解析

在绘图过程中，往往不会一帆风顺，会遇到很多难点和突发情况。本节将针对常见的一些情况进行解析，例如如何恢复丢失的文件，如何清理重复的图形等。

11.5.1 恢复丢失文件

在使用AutoCAD的过程中，有时难免会遇到软件出错自动关闭或者停电等现象，这些情况所造成的文件丢失可以通过不同的方法来恢复。在介绍具体的恢复方法前，首先来了解一下AutoCAD 2014的自动保存功能和副本备份功能。

AutoCAD 2014默认设置是每10分钟保存一次文件，自动保存的文件原名称不变，但扩展名变为.ac$，例如原文件名称为Drawing1.dwg，那么自动保存的文件名称为Drawing1. ac$，如图11-126所示。

图11-126

在一般情况下，自动保存的时间保持默认值即可，因为如果自动保存的时间过短，将会给计算机带来较大的负担，使绘图工作变得不流畅。在特殊情况下，如果要对自动保存时间进行设置，只需执行“工具>选项”菜单命令（快捷命令为OP）打开“选项”对话框，然后单击“打开和保存”选项卡，接着在“自动保存”文本框内输入数值即可，如图11-127和图11-128所示。

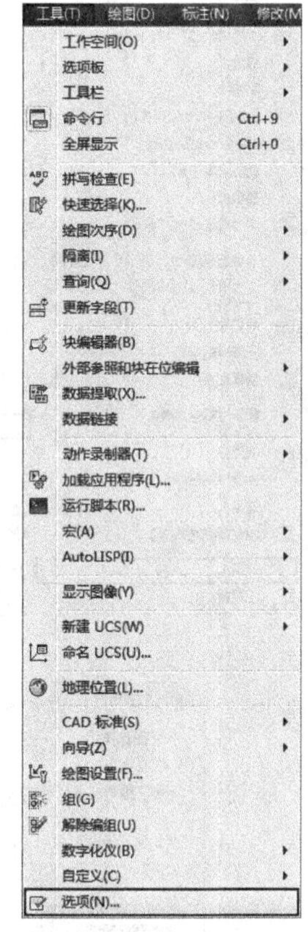

图11-127

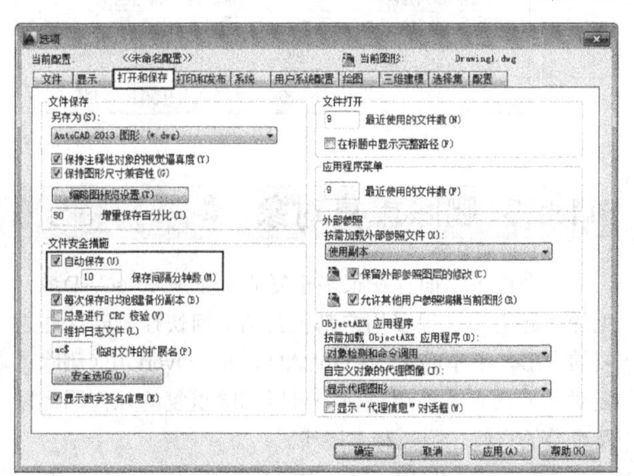

图11-128

专家点拨

从图11-128中可以看到，在“自动保存”选项下面是“每次保存时均创建备份副本”选项，勾选该选项即可在自动保存的同时创建一个同名备份文件，备份文件的保存路径与源文件相同，但扩展名变为.bak，如图11-129所示。

原文件　　备份文件

图11-129

了解了自动保存功能和备份副本功能后，下面来介绍恢复丢失文件的两种方法。

第1种：在“选项”对话框的“文件”选项卡中展开“自动保存文件位置”选项，找到文件的自动保存路径，如图11-130所示，然后根据路径找到自动保存的文件，并修改文件的扩展名为.dwg，如图11-131所示。

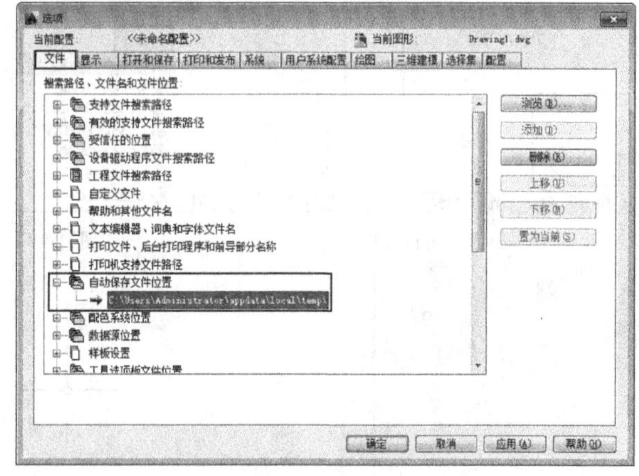

图11-130

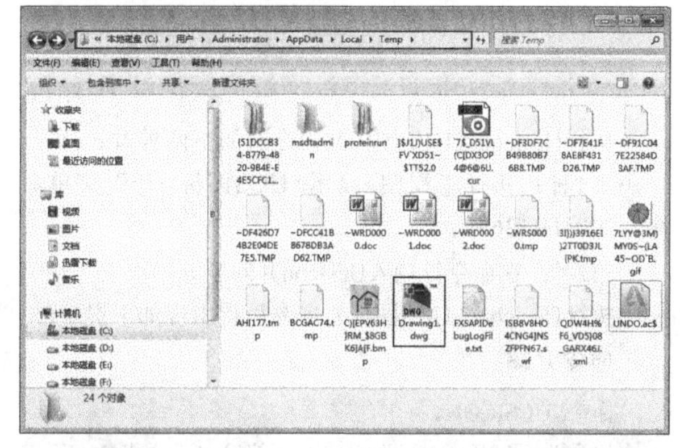

图11-131

第2种：根据源文件的路径找到备份副本文件，然后将备份副本文件的扩展名.bak改为.dwg，或者在.bak后面加上.dwg，在修改名称时，会弹出一个对话框提示是否要进行更改，单击"是"按钮 即可，如图11-132所示。

图11-132

11.5.2 UCS图标

"UCS图标"指的是绘图区域左下角的图标，如图11-133所示。在绘图的过程中，有时候可能会觉得UCS图标比较"碍眼"，妨碍对图形的查看或操作。鉴于此，AutoCAD提供了隐藏UCS图标的方法，执行Ucsicon（UCS图标）命令即可，如图11-134和图11-135所示。

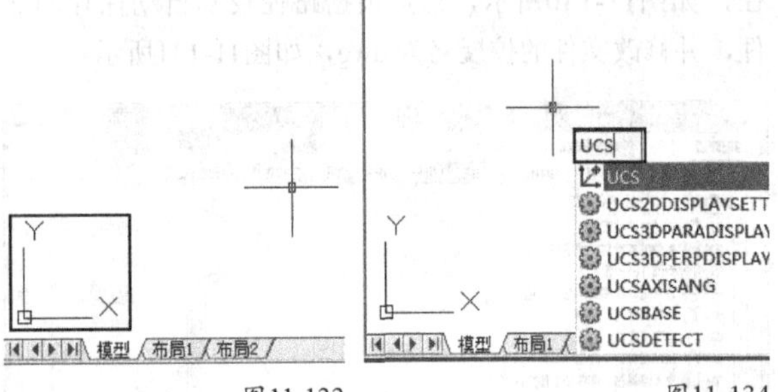

图11-133　图11-134

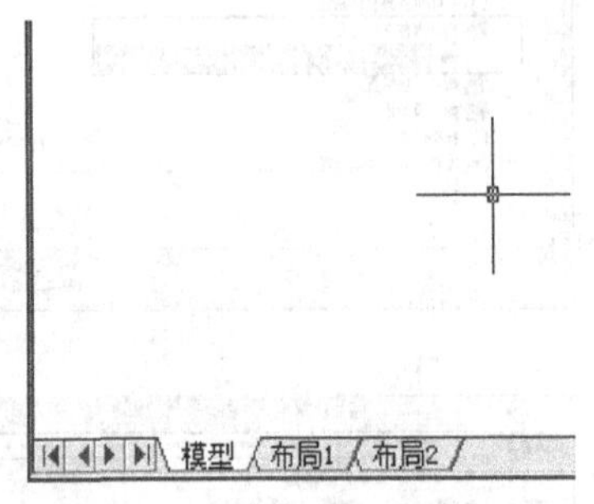

图11-135

执行Ucsicon（UCS图标）命令有如下两种方式。

第1种：执行"视图>显示>UCS图标>开"菜单命令，如图11-136所示。

第2种：在命令行输入Ucsicon并回车。

执行Ucsicon（UCS图标）命令后将出现如下提示。

命令介绍

命令: UCSICON↙
输入选项 [开(ON)/关(OFF)/全部(A)/非原点(N)/原点(OR)/可选(S)/特性(P)] <关>:

开：显示UCS图标。

关：关闭UCS图标。

全部：将对图标的修改应用到所有视口。

非原点：不管UCS坐标的原点位于何处，都只在视口的左下角显示图标。

原点：在当前定义的原点处显示图标。

可选：控制UCS图标是否可选并通过夹点进行操作。

特性：打开"UCS图标"对话框，如图11-137所示。通过该对话框可以对UCS图标的样式、大小、颜色以及可见性等进行设置。

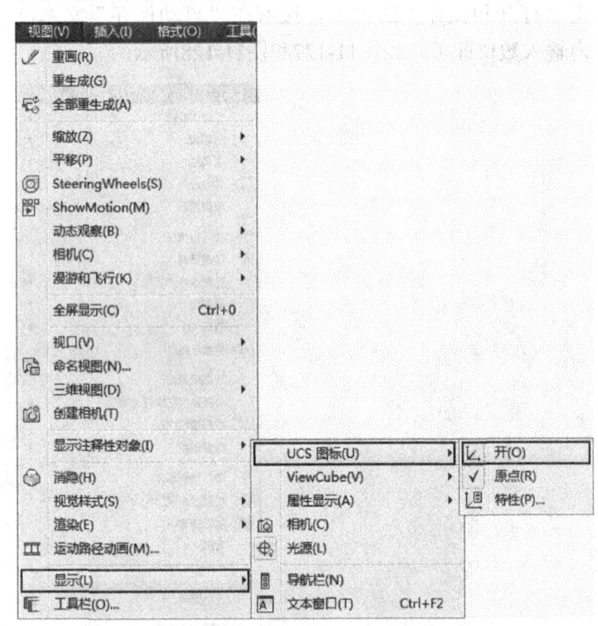

图11-136

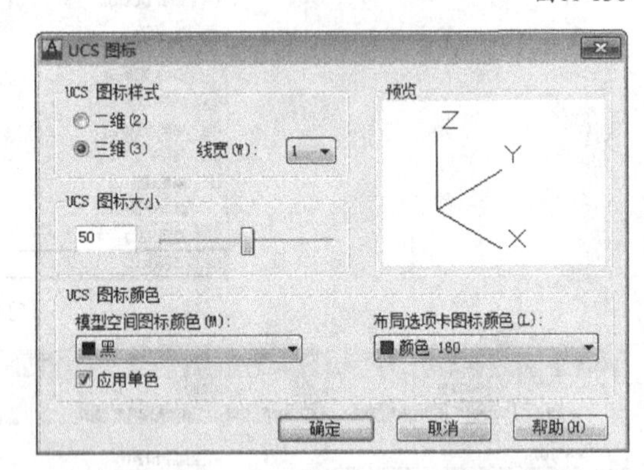

图11-137

11.5.3 删除重复对象

一个图形里面存在很多重复的对象是AutoCAD最常见的问题之一，很多用户都很苦恼如何快速删除这些重复的图形，所幸的是，AutoCAD提供了Overkill（删除重复对象）命令，使用该命令可以删除重复的几何图形以及重叠的直线、圆弧和多段线。

执行Overkill（删除重复对象）命令有如下两种方式。

第1种：执行“修改>删除重复对象”菜单命令，如图11-138所示。

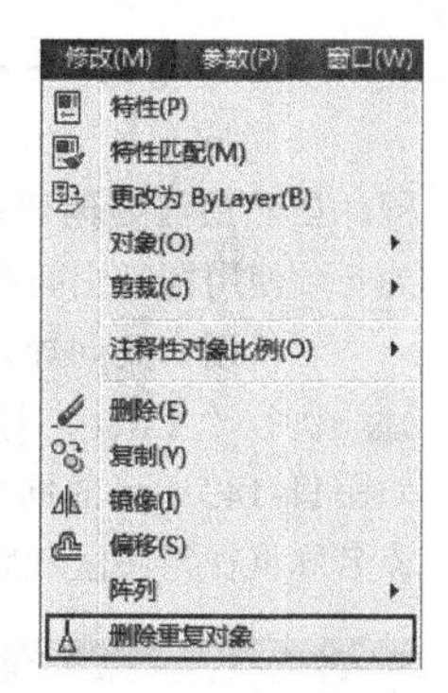

图11-138

第2种：在命令行输入Overkill（简写为Ov）并回车。

执行Overkill（删除重复对象）命令后，将提示用户选择对象，完成选择后按回车键确认打开“删除重复对象”对话框，如图11-139所示。

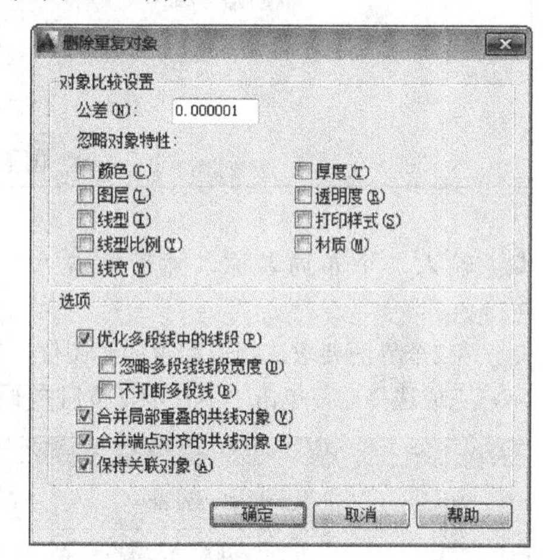

图11-139

参数介绍

公差：用于控制精度，在删除或修改一个重复对象前，被比较的两个对象必须匹配。

忽略对象特性：用于设置比较时被忽略的特性。

选项：设置处理圆弧、直线和多段线的方式。

11.5.4 清理

在图形中，如果存在未被使用的的图层、图块或线型等，可以使用Purge（清理）命令进行清理。

执行Purge（清理）命令有如下两种方式。

第1种：执行“文件>图形实用工具>清理”菜单命令，如图11-140所示。

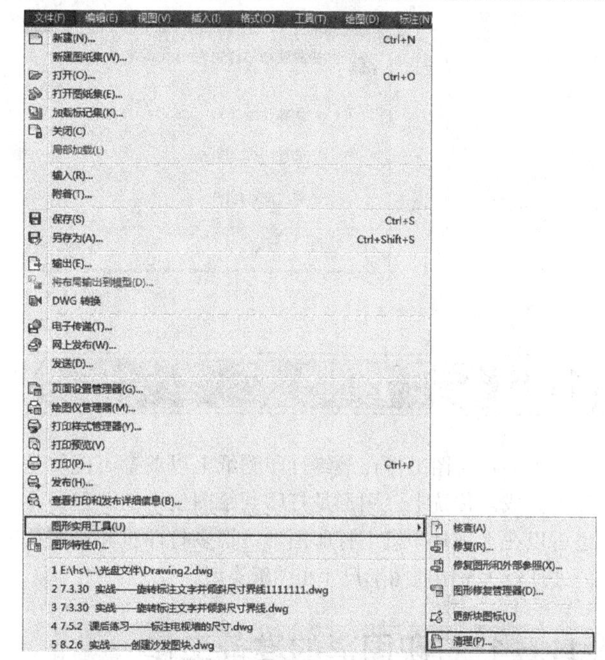

图11-140

第2种：在命令行输入Purge（简写为Pu）并回车。

执行Purge（清理）命令将打开“清理”对话框，如图11-141所示。

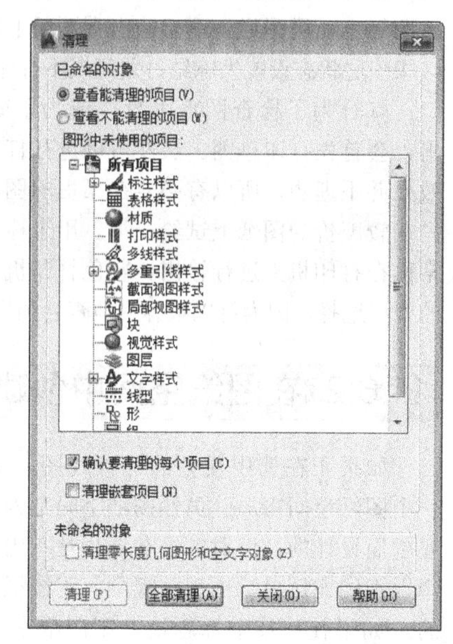

图11-141

在“清理”对话框中用户可以选择一个项目进行单独清理，也可以对所有项目进行清理，清理的过程中将弹出类似图11-142所示的对话框，提示用户选择清理的方式，用户可以根据实际情况进行选择。

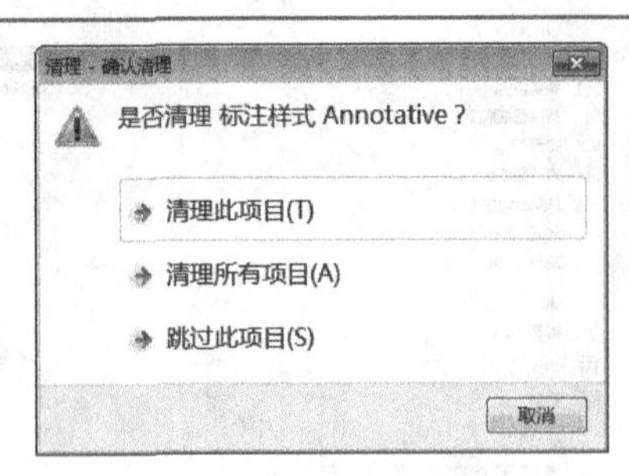

图11-142

11.6 打印出图

大多数绘图工作在最终打印到纸上以前都不能算是真正完成。传统上，图形是打印到绘图仪上的。但是，也可以在常规打印机上打印图形。很多打印机和绘图仪能处理较大范围的图形尺寸和图纸类型。

11.6.1 打印图形的准备工作

完成了图形的绘制后，会有许多细节需要处理。如果没有标题块，可能需要插入一个。即使是有了标题块，也有可能需要完成它的某些注释，例如图形的完成日期等。如果图形有不想输出到图纸上的图层，则应将这些图层状态设置为冻结、关闭或不打印。

有时为了检查图形本身，或为了确保图形正确输出，会首先打印草图。虽然可以进行打印预览，但有时效果并不理想，所以有必要在昂贵的图纸上打印之前，先在较廉价的图纸上试绘一下。用于检查目的的草图通常可在打印机上进行输出。彩色打印机是一种打印草稿的很好选择，因为可以很容易地查看图层模式。

11.6.2 在图纸空间中创建布局

如果正在使用模型的几种视图，则应当考虑创建一个图纸空间布局。虽然图纸空间是为满足三维图形的要求而设计的，但对二维布局也是有用的。例如，如果想以不同比例显示模型的视图，则图纸空间是不可缺少的。如果使用某个标题块，则图纸空间是一个好的选择，因为标题块的尺寸必须适合打印纸。图纸空间是一种用于布局图形的工具。它模拟创建一张具有打印尺寸的打印纸，并在其上安排视图。通过浮动视口安排视图。图纸空间布局上的浮动视口就是查看模型空间的一个窗口，通过它们就可以看到图形。

布局为用户提供了一种可视化的环境，让用户知道图形将会是什么样子。通过创建多种布局，可对一个图形创建多种打印。例如，可以为需要查看图纸不同方面的人员创建不同比例的布局，为需要查看图形所有方面的人员创建具有不同图层状态的布局，或者显示不同图形视图集的布局。

使用布局向导

布局向导可帮助用户进行图纸空间的图形布局过程。虽然最终要创建自己的布局，但布局向导仍旧不失为开始使用图纸空间布局的一个好方法。

要使用布局向导，按如下步骤操作。

01 执行“工具>向导>创建布局”菜单命令，可以看到如图11-143所示的向导界面，在此处可输入布局名称，该名称将在绘图区域底部的布局选项卡中出现。

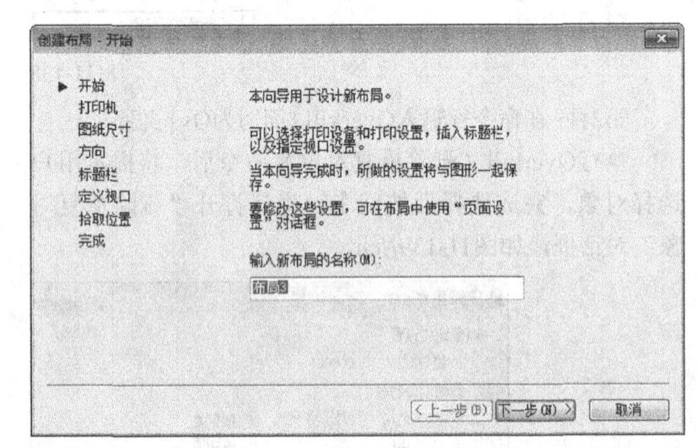

图11-143

02 输入一个布局名称，然后单击“下一步”按钮下一步(N)>。

03 第2个界面要求选择已配置的绘图仪，如图11-144所示，完成选择后，单击“下一步”按钮下一步(N)>。

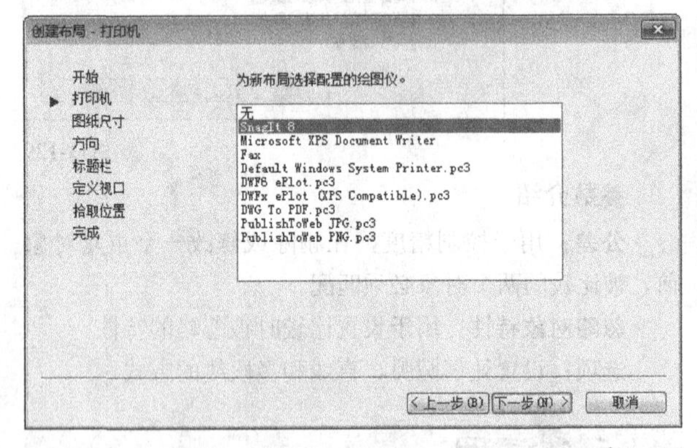

图11-144

04 第3个界面如图11-145所示，在这里指定纸张大小和图形单位，然后单击“下一步”按钮下一步(N)>。

05 在第4个界面中可以指定图形在图纸上的方向，向导旋转字母A，让用户了解图形的打印方向，如图11-146所示，完成设置后，单击“下一步”按钮下一步(N)>。

06 在“标题栏”界面中，如果需要加一个标题栏，则选择一个。可以把它作为一个块或一个外部参照。在“类型”区域中可以选择所需的选项，如图11-147所示，完成选择后单击“下一步”按钮下一步(N)>。

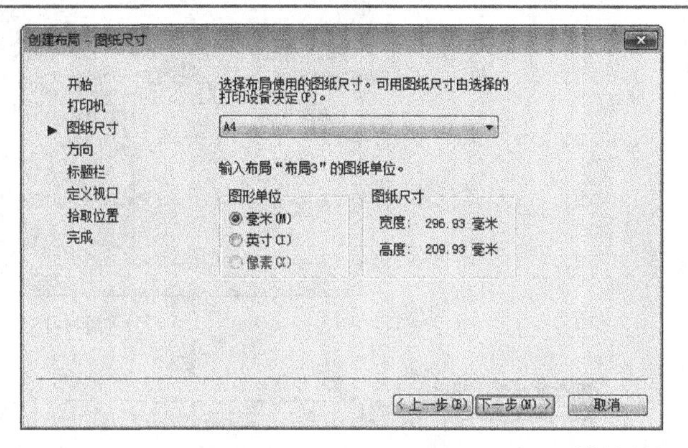

图11-145

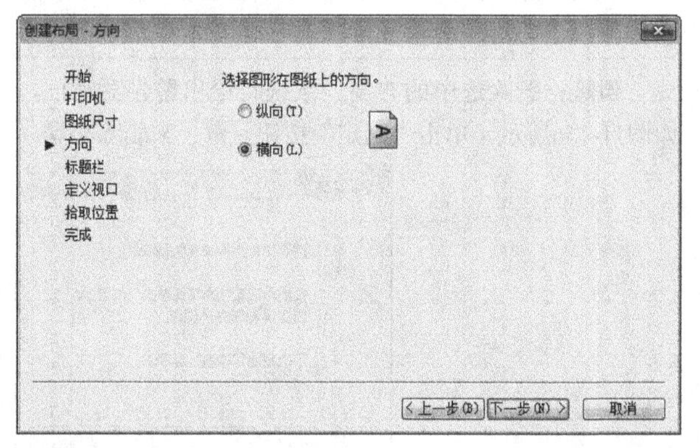

图11-146

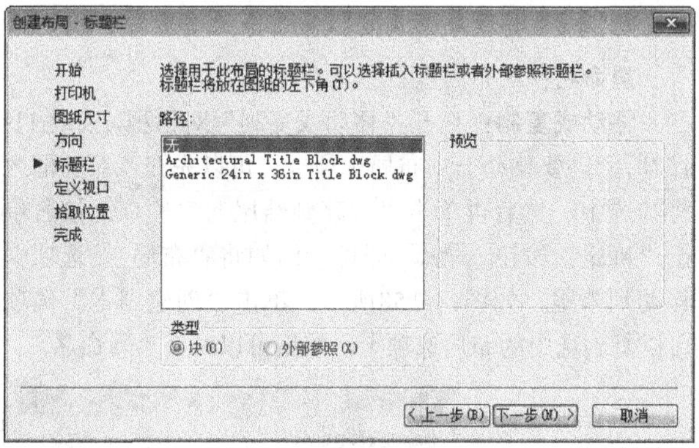

图11-147

07 在"定义视口"界面中有4个视口设置选项，选择"无"选项可创建自己的浮动视口；选择"单个"选项创建一个视口；选择"标准三维工程视图"选项创建2×2阵列的俯视图、主视图、侧视图和等轴测视图；选择"阵列"选项指定要创建的视图数目，按行和列计数。此外，还可以设置视口比例，如果想单独设置每个视口的比例，可选择默认的"按图纸空间缩放"选项，如图11-148所示。

08 单击"下一步"按钮下一步(N)>进入"拾取位置"界面，如图11-149所示，通过单击"选择位置"按钮选择位置(L)<可以拾取两个角点来定义视口的尺寸。如果不止一个视口，两个角点将确定所有组合窗口的范围，而不是独立视口的范围。

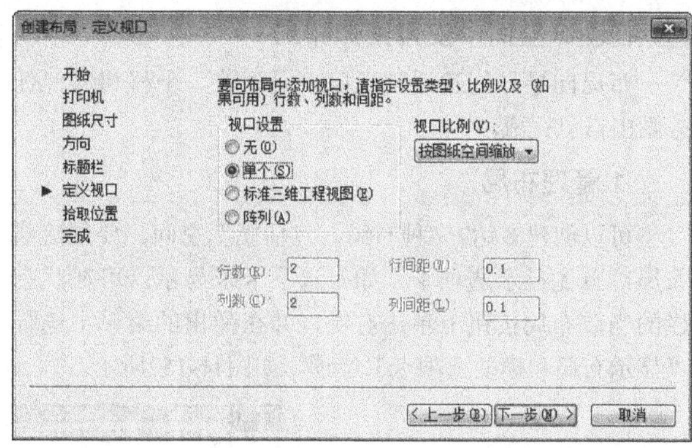

图11-148

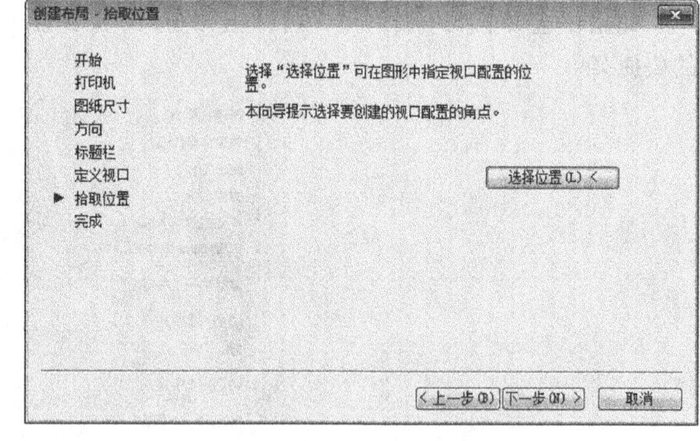

图11-149

09 单击"下一步"按钮下一步(N)>进入最后一个界面，如图11-150所示，"完成"按钮完成关闭向导，返回绘图状态。

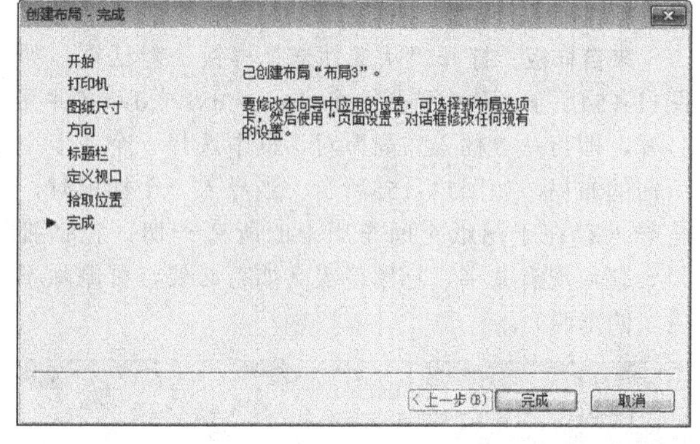

图11-150

图11-151所示为用向导完成2×1阵列视口的结果。通常，仍然需要平移模型并更改比例，以得到所需的每个视口的视图。

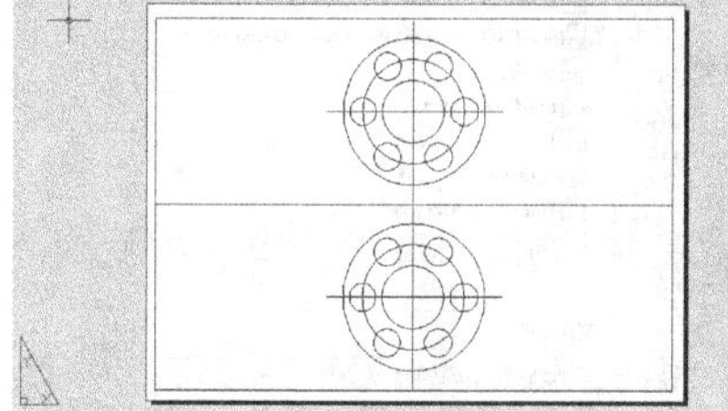

图11-151

在图纸空间中安排图形布局

布局向导只创建浮动视口，而缩放、平移和其他任务则由自己完成。

1.管理布局

可以创建多达256种布局，包括模型空间。要创建新布局，首先显示选项卡。如果选项卡未显示，可在状态栏的当前布局按钮上单击右键，并在弹出的菜单中选择“显示布局和模型选项卡”选项，如图11-152所示。

图11-152

如果在选项卡上单击右键，将弹出如图11-153所示的快捷菜单。

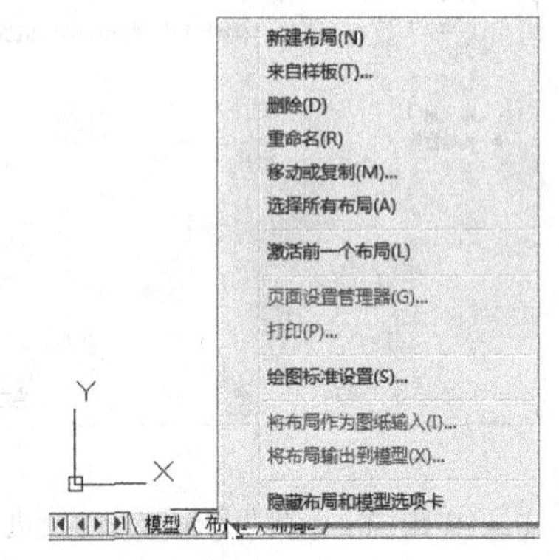

图11-153

命令介绍

新建布局： 创建一个新的布局。

来自样板： 打开“从文件选择样板”对话框，如图11-154所示。从中选择一个.dwg、.dxf或.dwt文件并打开，即可从“插入布局”对话框中选择一个或多个所需的布局，如图11-155所示。当导入一个样板时，将导入存在于图纸空间布局上的所有一切，包括视口、任何现有文字、标题栏等（如有必要，可删除不需要的东西）。

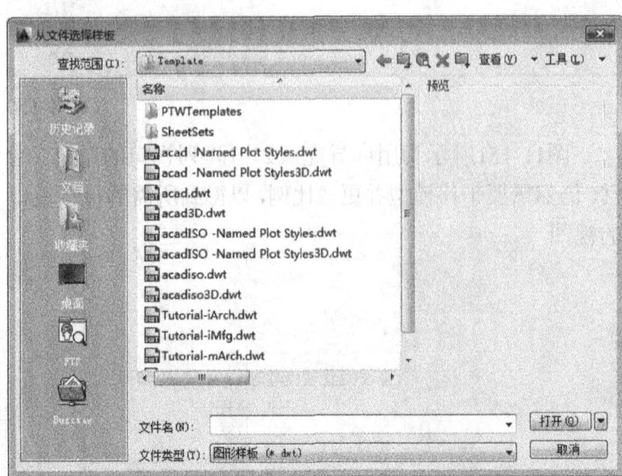

图11-154

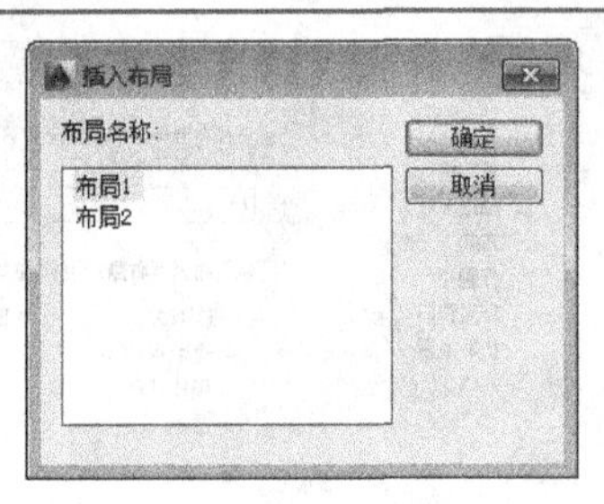

图11-155

如果从图形中导入布局，那么任何图层、线型等都将同时被导入。可以使用Purge（清理）命令删除不需要的东西。

删除： 删除选中的布局。系统将给出警告对话框，如图11-156所示。单击“确定”按钮来删除布局。

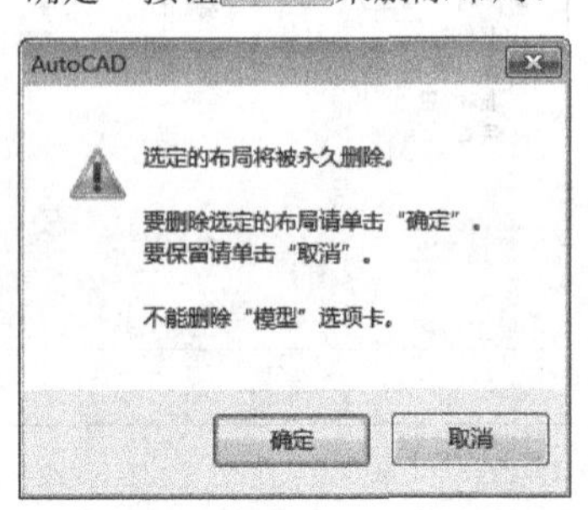

图11-156

重命名： 对布局重新命名。

移动或复制： 打开“移动或复制”对话框，如图11-157所示。要移动一个布局选项卡，可以先在该对话框内将其选中，然后再单击“（移到结尾）”选项，接着单击“确定”按钮即可，例如将“布局1”选项卡移动到末尾，如图11-158所示。单击“创建副本”选项可以复制选中的布局选项卡，然后可以对其重新命名。

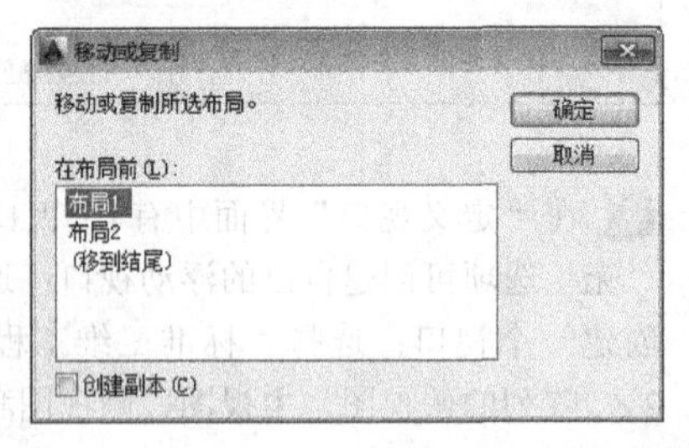

图11-157

模型 布局2 布局1

图11-158

选择所有布局： 可以选中所有的布局，然后删除它们。

激活前一个布局： 回到刚显示的最后一个布局选项卡或者回到“模型”选项卡。

页面设置管理器： 打开“页面设置管理器”对话框（稍后将介绍该对话框）。

打印： 打开“打印”对话框（本章后面将介绍该对

话框）。

绘图标准设置： 打开“绘图设置”对话框，如图11-159所示。在这里可以设置投影类型、着色的视图质量和预览类型，还可以设置螺纹的样式。

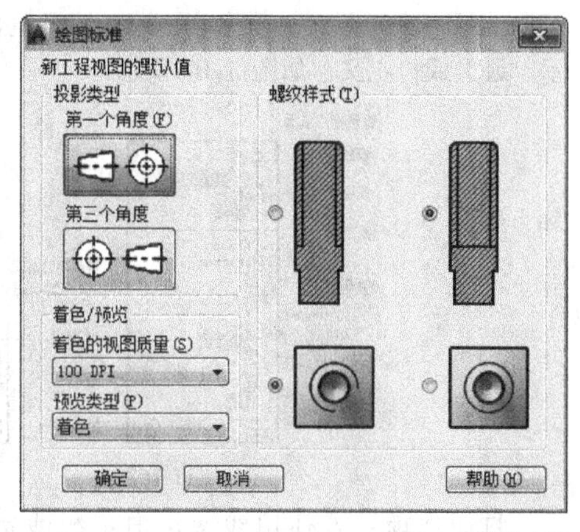

图11-159

隐藏布局和模型选项卡： 隐藏选项卡。

2.页面设置管理器

“页面设置管理器”可以创建和保存页面设置，它储存了前面介绍的布局向导的大多数设置。保存在页面设置中的值是与布局关联的一些设置。如果存在多个布局，则每一个布局都有其自己的页面设置，在从一个布局移动到另一个布局的过程中，可以快速在这些页面设置中来回切换。一旦有了页面设置，就可以在如图11-160所示的“页面设置管理器”对话框中管理它们。

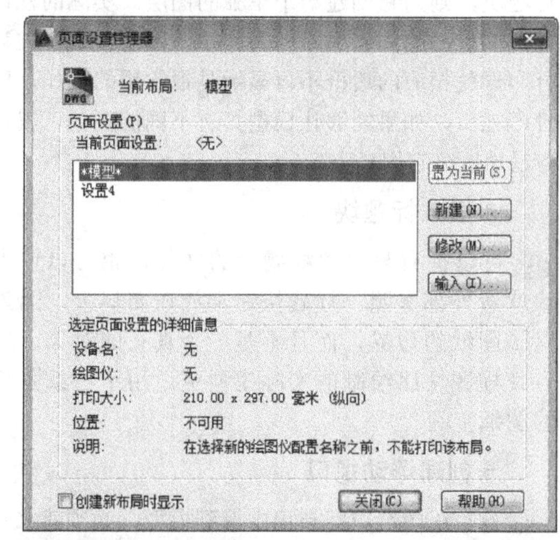

图11-160

勾选“创建新布局时显示”选项后，每当第一次显示一个布局选项卡时，“页面设置管理器”对话框会自动出现。如果在该对话框没出现时要显示它，可在当前图纸空间布局选项卡上单击右键（这步操作需要一个选项卡），然后在弹出的菜单中选择“页面设置管理器”选项。也可以通过执行“文件>页面设置管理器”菜单命令来打开它。

在“页面设置管理器”对话框中将列出用户所有的布局和页面设置。也可以新建页面设置、对已有设置进行修改或者将某一设置设为当前值以激活布局。单击“输入”按钮输入(I)...可以从其他图形中导入页面设置。

要创建新的页面设置，单击“新建”按钮新建(N)...，然后在“新建页面设置”对话框中为页面设置输入一个名字，如图11-161所示。单击“确定”按钮后，将显示“页面设置”对话框，如图11-162所示。

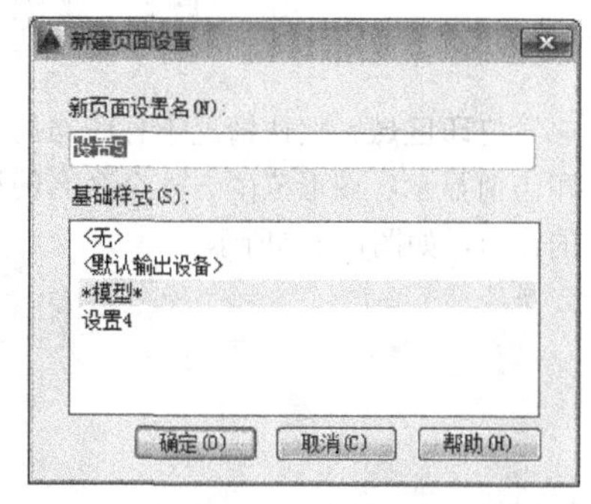

图11-161

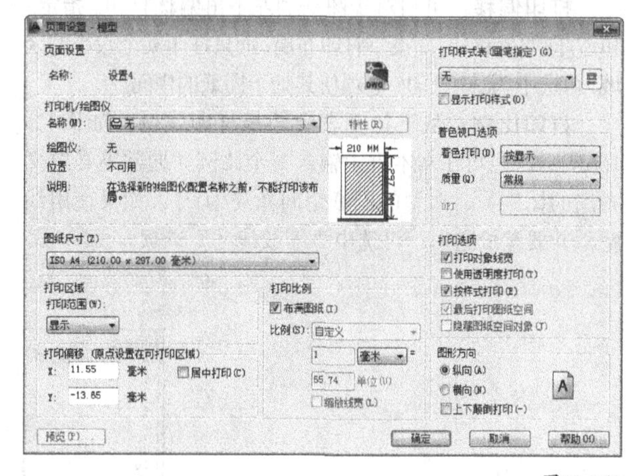

图11-162

参数介绍

打印机/绘图仪： 从下拉列表中选择一个打印机或绘图仪，如图11-163所示。

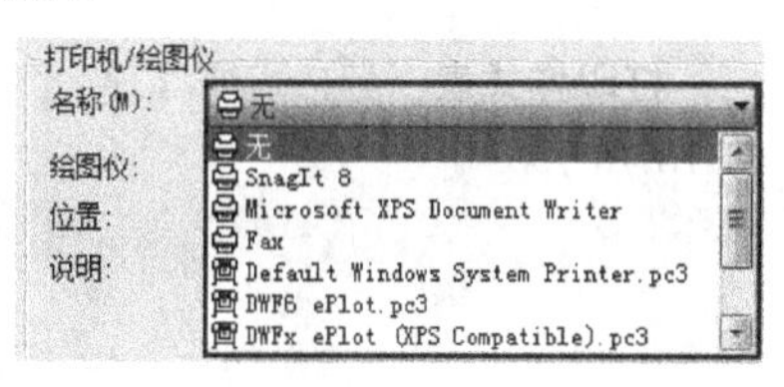

图11-163

图纸尺寸： 从下拉列表中选择一个尺寸，如图11-164所示。

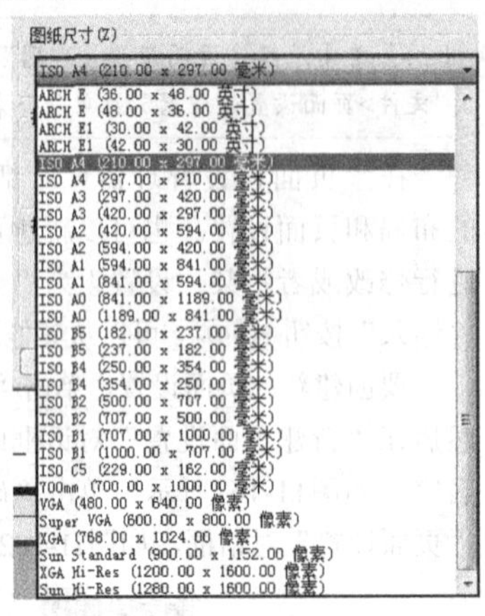

图11-164

打印区域：默认情况下打印布局，但是也可设置打印当前显示、图形范围、一个命名的视图或者一个指定的窗口，如图11-165所示。

图11-165

打印偏移：可相对于图纸的左下角偏移打印。指定x和y方向的偏移量。如果不打印布局，而只打印某个较小的区域，可选中"居中打印"选项使其处于图纸的中间。

打印比例：从下拉列表中选择打印比例，如图11-166所示，也可在文本框中输入一个比例（通常不必定义布局的比例）。典型的图纸空间布局为1:1。如果使用线宽，并要缩放它们，可选中"缩放线宽"选项。

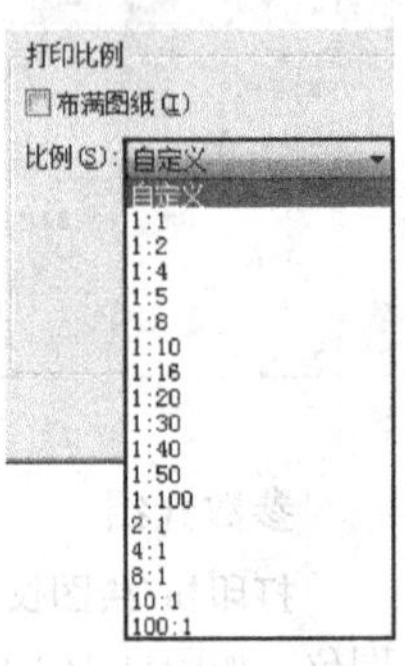

图11-166

打印样式表：可按需要选择一个打印样式表，如图11-167所示。

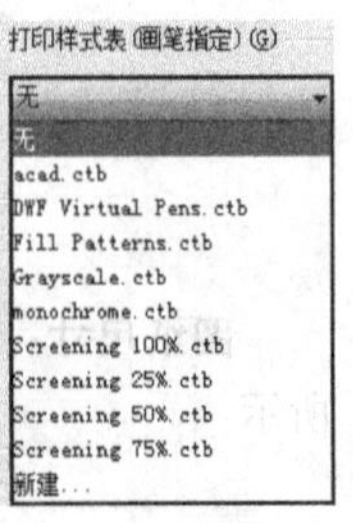

图11-167

着色视口选项：使用这个功能可以决定"模型"选项卡显示的效果。选择下列着色打印的一种：按显示、线框、消隐、三维隐藏、三维线框、概念、真实、渲染、草稿、低、中、高或演示，如图11-168所示；也可以选择一个质量（分辨率）—草稿、预览、常规、演示、最大或自定义，如图11-169所示。

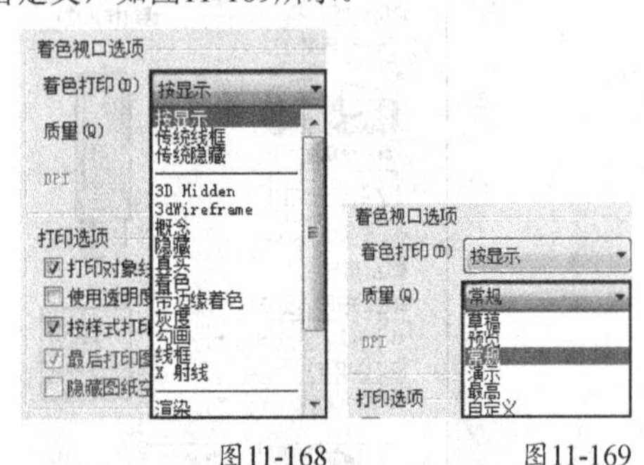

图11-168　　图11-169

打印选项：若使用线宽，但不想线宽被绘制出来，则可以不选中"打印对象线宽"选项。若对图层或对象指定了打印样式，但不想绘制它们，则不选中"按样式打印"选项。要首先在图纸空间布局上绘制对象，则不选中"最后打印图纸空间"选项。选中"隐藏图纸空间对象"选项可以隐藏在图纸空间中创建的三维对象的线条。

图形方向：选择纵向或横向，也可选择反向打印。

3.准备图层

可以按自己的需要来创建图层。如果想要插入一个标题块，则为它创建一个单独的图层。实际的视口也应在它们自己的图层上，因为冻结该图层或设置它为不可打印，使相应的边框不再显示是很常用的操作。即使要打印视口，如果能够让模型具有不同的颜色，就可以很容易地区分它们。

4.插入标题块

可以拥有只包含标题块的文件，也可以使用一个块或者外部参照。标题块通常放在布局上，因为它定义了图纸的边界，而且不是一个真正的对象。这些特点使标题块比绘制的实际模型更适用于与纸张相关联的图纸空间。

5.创建浮动视口

为了在图纸空间布局中看到模型，必须建立一个浮动视口。默认状态下是一个浮动视口。在图纸空间中创建布局时必须了解浮动视口的下列重要特性。

第1步：与平铺视口不同，浮动视口是实际的对象，可以进行删除、移动和拉伸它们。浮动视口能够、而且也应该在独立的图层上，以便能在需要时控制视口边界的可见性。它们无需占据整个屏幕。可以自由定义它们的尺寸和位置。

第2步：在图纸空间中，十字光标不仅仅局限于一个浮动视口。

第3步：在每一个浮动视口中，可以单独设置UCS图标的可见性。

第4步：可以按需要创建任意多个视口，但是最好保持图形的清晰。

第5步：一旦创建了浮动视口，就可以切换到模型空间并处理模型，同时不会关闭布局。要切换到模型空间，只需在视口中双击即可。这样做的目的，大多数情况下是为了调整视口中模型的视图。在模型空间中，浮动视口类似于平铺视口，某一时刻仅有一个视口是活动的。

因为视口是在当前图层上创建的，所以需要使所需的图层成为当前图层。要创建浮动视口，当在布局选项卡上时，执行“视图>视口”菜单命令，从以下子菜单项中进行选择，如图11-170所示。

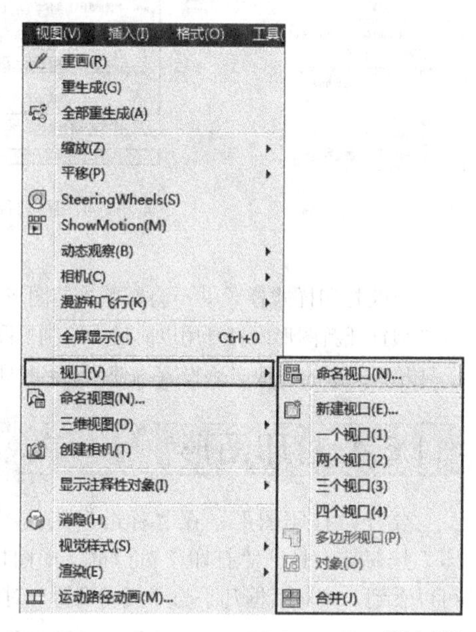

图11-170

命令介绍

命名视口：如果已保存了一个平铺视口配置，则选择该选项来打开“视口”对话框，从“命名视口”选项卡的列表中选择配置，然后单击“确定”按钮 确定 。换言之，可以在浮动视口中使用一个平铺视口配置。

新建视口：选择此项来打开“视口”对话框，如图11-171所示，选择一种标准配置。在“预览”框中可以看到结果，单击“确定”按钮 确定 来创建视口。

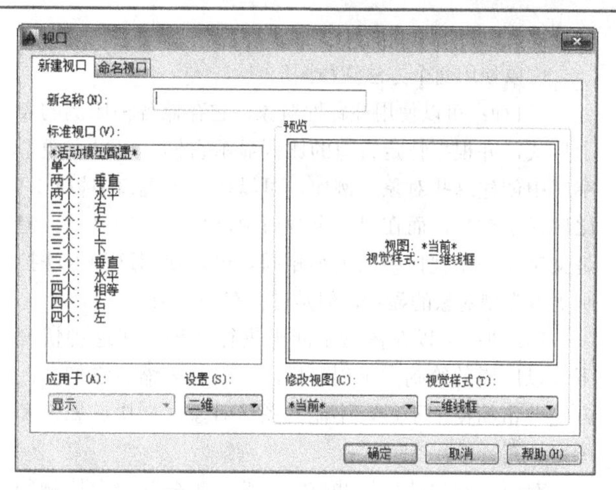

图11-171

如果已经保存了命名的视图，则可以立即在一个视口中显示这些视图。在“预览”窗格中单击视口中的一个，并从“修改视图”下拉列表中选择一个命名的视图。同时，可以为每个视口指定一种视觉样式。可以为所创建的每个视口执行该操作。

一个视口：系统将在命令行提示“指定视口的角点或 [开(ON)/关(OFF)/布满(F)/着色打印(S)/锁定(L)/对象(O)/多边形(P)/恢复(R)/图层(LA)/2/3/4] <布满>:”。可以拾取两个对角点或者使用“布满”选项来创建一个布满整个屏幕的视口。

两个视口：创建两个浮动视口。可以选择水平或垂直配置。可以选择“布满”选项使它们布满整个屏幕或拾取对角点。对角点定义了组合的两个视口而不是定义单个视口。

三个视口：创建3个浮动视口。可以从几个配置中进行选择。可以选择“布满”选项使它们布满整个屏幕或拾取对角点。对角点定义了组合的3个视口而不是定义单个视口。

四个视口：创建4个浮动视口。可以选择“布满”选项使它们适合整个屏幕或拾取对角点。对角点定义了组合的4个视口而不是定义单个视口。

多边形视口：允许用户用线段和圆弧组合创建视口，它的命令提示与绘制多段线时的提示类似。

对象：选择一个已有的闭合对象（例如椭圆），将它转变为一个视口。

注释布局

在绘制之前，可能希望添加说明、标注和其他注释。还需要关注视口中某一项的比例，以确保它们正确地显示。例如，如果一个视口的比例为1：1，另一个视口比例为1：4，并且在两个视口中显示标注，则标注在每个视口中将以不同的大小显示。

可以使用两个方法注释图形。

第1种：可以使用注释性对象，它存储各种比例的表示形式，并根据特定视口的比例显示它们。可以在模型空间中创建这些对象。例如，可以在一个视口中以1∶1比例显示对象，而在另一个视口中以1∶4比例显示。但是文字在每个视口中的大小相同。可以使用这种方法控制更多类型对象的显示，但是过程有些复杂。

第2种：可以在图纸空间中进行注释，在这种情况下，以所需的绘制大小创建标注，而无需缩放它们。此方法非常简便，不过，不能对图形对象（如块、属性和图案填充）进行控制。

对每个对象使用这些方法之前，需要为每个比例创建单独的图层、计算每个对象的合适大小，以及在不希望某一对象显示的视口中冻结图层。例如，如果希望某一文字对象在一个视口中以1∶1显示，另一个文字对象在另一个视口中以1∶4显示，则在不同的图层以适当的大小创建它们。然后，在一个视口中冻结一个图层，在另一个视口中冻结另一个图层。

11.6.3 打印样式

打印样式是一种对象特性，如同颜色、线型、线宽或图层一样。正如可以设置一个对象的颜色和图层一样，也可指定对象和图层的打印样式。由于打印样式决定了对象如何打印出来，所以它的功能是覆盖对象的原始特性。由于打印样式包含一组特性，例如颜色相关特性、线型、线宽和线的样式，因此打印样式比颜色或线型更复杂。打印样式的使用完全是可选的。没有打印样式，对象将根据它们的特性简单地打印。

可以使用打印样式来为一种图形或布局创建几种打印类型。打印样式还允许用户使用一些类似于打印机的绘图仪功能，例如淡显和抖动。

打印样式保存在打印样式表中，它是可以创建和编辑的文件。通常按下面步骤在打印时使用打印样式。

第1步：创建打印样式表。

第2步：将打印样式表附着到一个布局上。

第3步：为图层或对象设置打印样式特性。

第4步：打印。

打印样式有两种类型，一种是颜色相关打印样式，另一种是命名打印样式。在处理打印样式之前，需要选择要使用的类型。

使用颜色相关打印样式：这是默认设置，保存在颜色相关打印样式表中。它们是扩展名为.ctb的文件，基于对象颜色来指定打印特性。颜色相关打印样式的缺点是不能对两个有同样颜色的对象设置不同特性。

使用命名打印样式：保存在命名打印样式表中。它们是扩展名为.stb的文件，命名打印样式允许用户不以颜色来设置对象的打印特性。因此，同样颜色的两个对象的打印可能不同。

决定了使用的打印样式类型之后，可执行“工具>选项”菜单命令并单击“打印和发布”选项卡来设置模式。单击“打印样式表设置”按钮 打印样式表设置(S)... ，在弹出的对话框中选择“使用颜色相关打印样式”或“使用命名打印样式”选项，如图11-172所示。

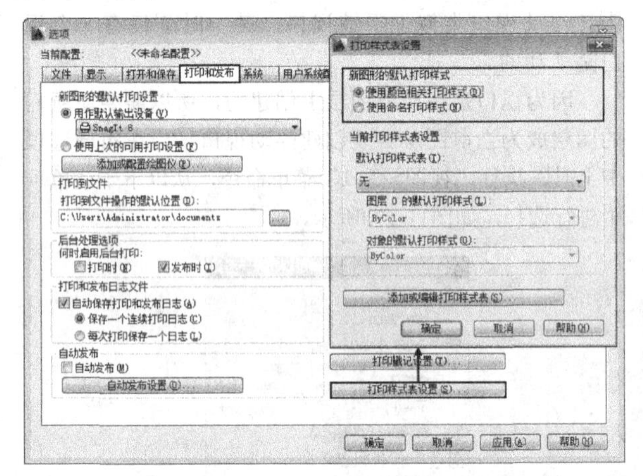

图11-172

更改打印样式模式并不会影响当前图形，要使用新设置必须打开新图形或打开用以前版本绘制的图形。此外，用于打开新图形的样板必须设置为使用命名打印样式。

11.6.4 打印图形

要开始打印图形，在“标准”工具栏上单击“打印”按钮，打开“打印”对话框，如图11-173所示。可以看到，该对话框几乎与“页面设置”对话框一样。

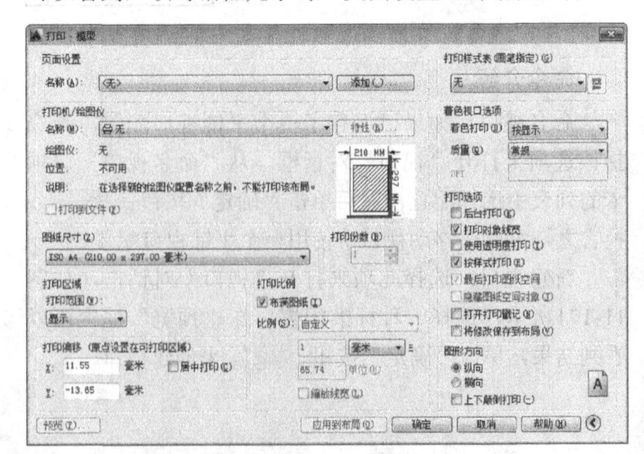

图11-173

通常在“打印”对话框中单击“确定”按钮 确定 就可以马上打印了。

在打印前应预览图形。在“打印”对话框中单击“预览”按钮预览(P)...查看打印效果，如图11-174所示。也可以使用“标准”工具栏上的“打印预览”按钮。

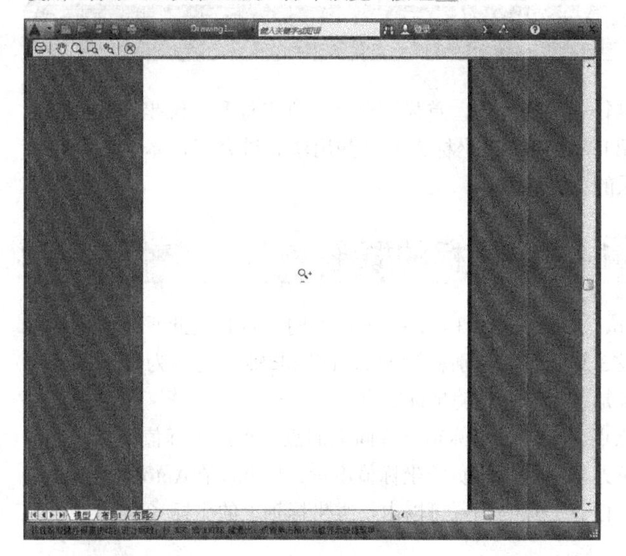

图11-174

在预览界面中单击右键可以打开一个快捷菜单，可以从该菜单中选择打印、缩放、平移或者退出预览等操作，如图11-175所示。

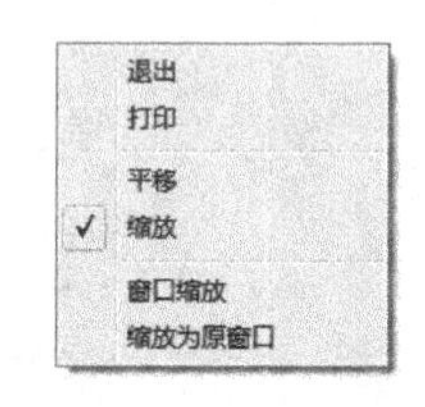

图11-175

要打印图形按以下步骤进行操作。

第1步：在“打印机/绘图仪”参数栏中选择一个打印设备，如图11-176所示。

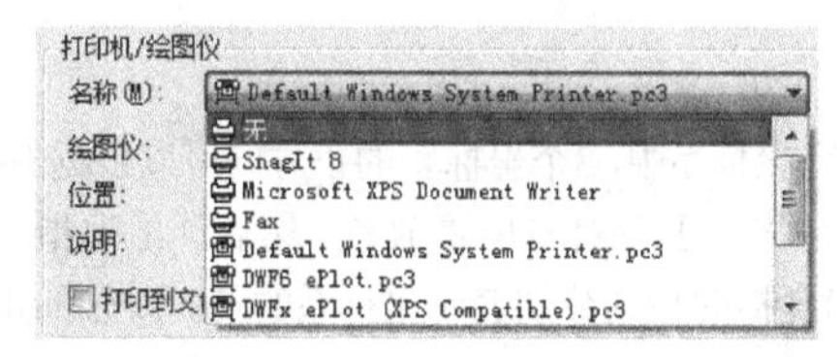

图11-176

第2步：在“图纸尺寸”下拉列表中选择一个合适的图纸尺寸打印当前图形，如图11-177所示。

第3步：设置打印区域。

第4步：如果需要，可以设置打印区域相对于可打印区域左下角或图纸边界的偏移距离，如图11-178所示。

第5步：设定打印比例。

第6步：调整图形打印方向。

第7步：如果需要，可以设定着色打印，如图11-179所示。

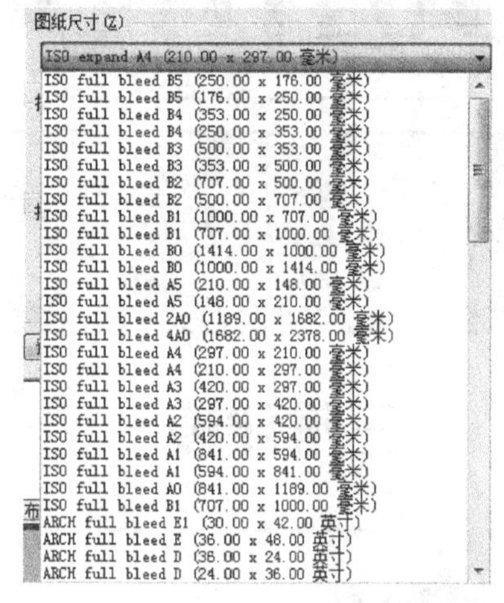

图11-177

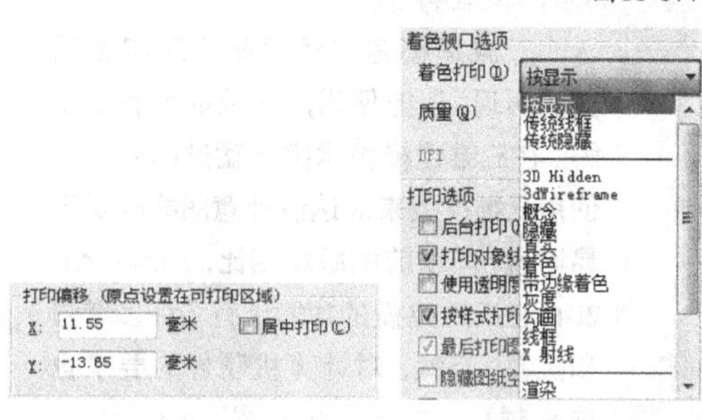

图11-178　　图11-179

第8步：单击“预览”按钮预览(P)...查看打印效果，如果没有需要调整的内容，单击“确定”按钮确定开始打印。

11.7 本章小结

本章详细介绍了AutoCAD 2014中设计中心和工具选项板的运用、视图的操作方式、获取图形信息和打印出图的操作方法；此外，编者还精心挑选了一些AutoCAD常见问题并详细说明了解决方法，为用户今后在更复杂的AutoCAD制图中尽可能的扫清障碍。

第12章

三维建模

本章导读

三维建模是在计算机中对实物的真实再现，以方便用户直观地查看和了解。在三维建模技术突飞猛进的今天，使用三维模型来表达设计意图能够更容易沟通。与以前的版本相比，AutoCAD 2014在三维建模的功能上有了许多增强和提高。当然，对计算机硬件的要求也越来越高。本章详细介绍了AutoCAD 2014中三维建模的相关知识，通过本章的学习用户可以初步掌握包括三维曲面、三维网格以及三维实体的创建、编辑与修改方法与技巧。

Learning Objectives

AutoCAD中的坐标系的概念与类别

用户坐标系（UCS）的设置方法

创建和编辑三维曲面的方法

创建和编辑三维网格的方法

创建和编辑三维实体模型的方法

12.1 三维坐标系

在进行三维建模前，首先要分清二维坐标和三维坐标的区别，在本书第1章曾对二维坐标系的一些用法有过介绍，本节将介绍三维坐标系的相关知识。

12.1.1 三维坐标的概念

AutoCAD的三维坐标系由3个通过同一点且彼此垂直的坐标轴构成，这3个坐标轴分别称为*x*轴、*y*轴和*z*轴，交点为坐标系的原点，也就是各个坐标轴的坐标零点。

从原点出发，沿坐标轴正方向上的点用正的坐标值度量，而沿坐标轴负方向上的点用负的坐标值度量。因此，在AutoCAD的三维空间中，任意一点的位置可以由三维坐标轴上的坐标（*x*，*y*，*z*）唯一确定。

AutoCAD三维坐标系的构成如图12-1所示。

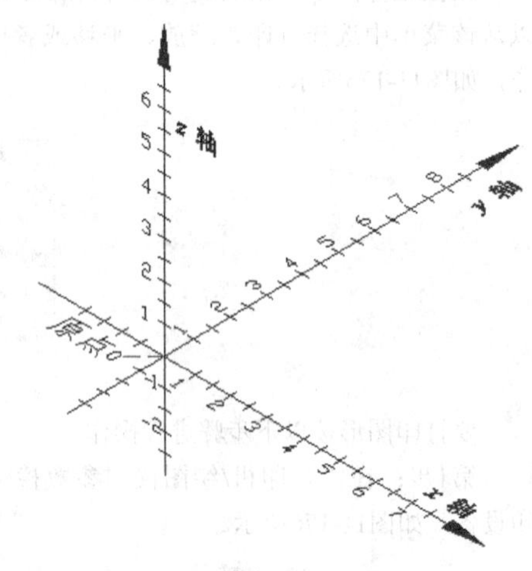

图12-1

在三维坐标系中，3个坐标轴的正方向可以根据右手定则来确定，具体方法是将右手背对着屏幕放置，然后伸出拇指、食指和中指。其中，拇指和食指的指向分别表示坐标系的*x*轴和*y*轴的正方向，而中指所指向的方向表示该坐标系*z*轴的正方向，如图12-2所示。

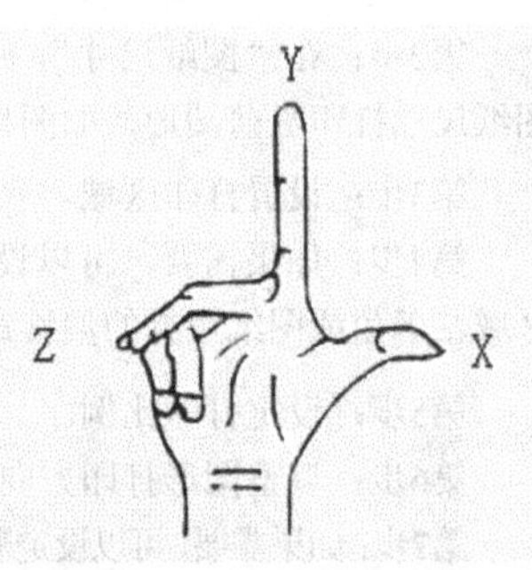

图12-2

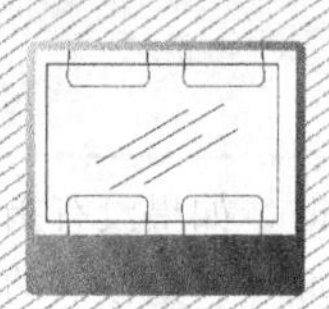
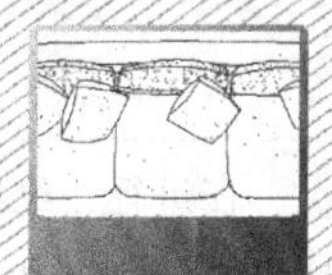
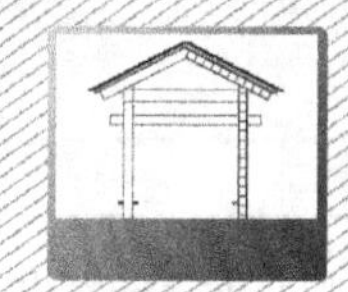

在三维坐标系中，3个坐标轴的旋转方向的正方向也可以根据右手定则确定。具体方法是用右手的拇指指向某一坐标轴的正方向，弯曲其他4个手指，手指的弯曲方向表示该坐标轴的正旋转方向，如图12-3所示。例如用右手握*z*轴，握*z*轴的4根手指的指向代表从正*x*到正*y*的旋转方向，而拇指指向为正*z*轴方向。

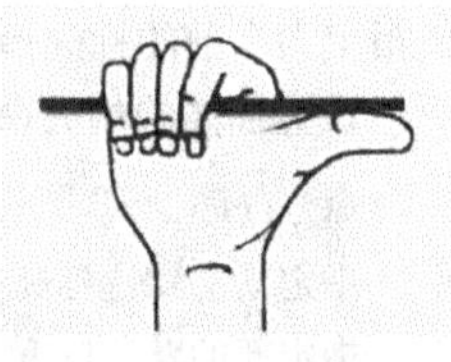

图12-3

12.1.2 三维坐标的4种形式

在进行三维建模时，常常需要使用精确的坐标值确定三维点。在AutoCAD中可使用多种形式的三维坐标，包括直角坐标形式、柱坐标形式、球坐标形式以及这几种坐标类型的相对形式。

直角坐标、柱坐标和球坐标都是对三维坐标系的一种描述，其区别是度量的形式不同。这3种坐标形式之间是相互等效的。也就是说，AutoCAD三维空间中的任意一点，可以分别使用直角坐标、柱坐标或球坐标描述，其作用完全相同，在实际操作中可以根据具体情况任意选择某种坐标形式。

直角坐标

AutoCAD三维空间中的任意一点都可以用直角坐标（*x*，*y*，*z*）的形式表示，其中*x*、*y*和*z*分别表示该点在三维坐标系中*x*轴、*y*轴和*z*轴上的坐标值。

例如，点（5，4，3）表示一个沿*x*轴正方向 5个单位，沿*y*轴正方向4个单位，沿*z*轴正方向3个单位的点，该点在坐标系中的位置如图12-4所示。

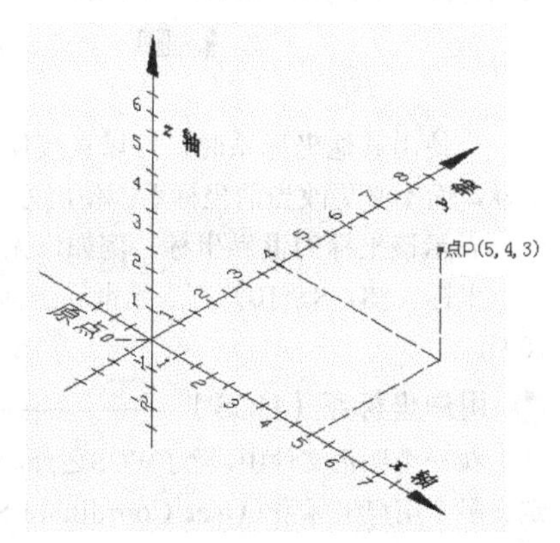

图12-4

柱坐标

柱坐标用（L<a，z）形式表示，其中 L 表示该点在XOY平面上的投影到原点的距离，a表示该点在XOY平面上的投影和原点之间的连线与*x*轴的交角，为该点在*z*轴上的坐标。*z*从柱坐标的定义可知，如果L坐标值保持不变，而改变a和*z*坐标时，将形成一个以*z*轴为中心的圆柱面，L为该圆柱的半径，这种坐标形式被称为柱坐标。例如，点（6<30，4）的位置如图12-5所示。

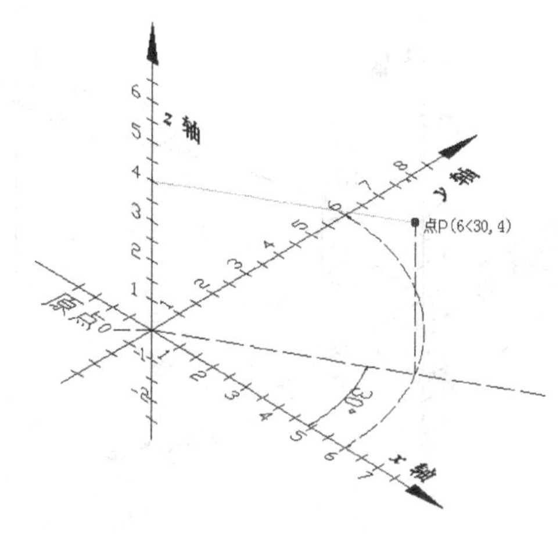

图12-5

球坐标

球坐标用（L<a<b）的形式表示，其中L表示该点到原点的距离，a表示该点与原点的连线在XOY平面上的投影与*x*轴之间夹角，b表示该点与原点的连线与XOY平面的夹角。从球坐标的定义可知，如果L坐标值保持不变，而改变a和b坐标时，将形成一个以原点为中心的圆球面，L为该圆球的半径，这种坐标形式被称为球坐标。例如，点（6<30<25）的位置如图12-6所示。

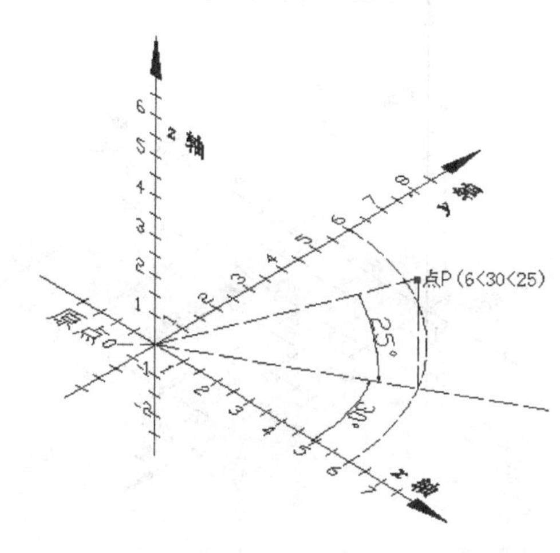

图12-6

相对坐标形式

以上3种坐标形式都是相对于坐标系原点而言的，也可以称为绝对坐标。此外，AutoCAD还可以使用相对坐标形式。所谓相对坐标，在连续指定两个点的位置时，第2点以第1点为基点所得到的相对坐标形式。相对坐标可以用直角坐标、柱坐标或球坐标表示，但要在坐标前加@符号。例如，某条直线起点的绝对坐标为（1，2，2），终点的绝对坐标为（5，6，4），则终点相对于起点的相对坐标为（@4，4，2），如图12-7所示。

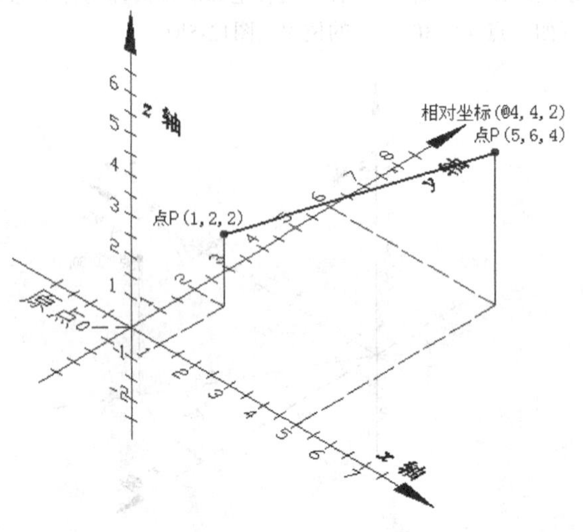

图12-7

12.1.3 构造平面与标高

构造平面是AutoCAD三维空间中一个特定的平面，一般为三维坐标系中的XOY平面。构造平面主要用于放置二维对象和对齐三维对象。通常，创建的二维对象都位于构造平面上，栅格也显示在构造平面上，如图12-8所示。

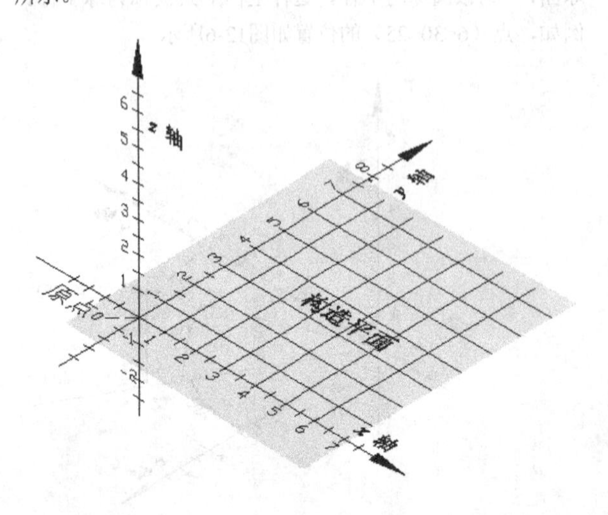

图12-8

在进行三维绘图时，如果没有指定z轴坐标，或直接使用光标在屏幕上拾取点，则该点的z坐标将与构造平面的标高保持一致。

在默认情况下，构造平面为三维坐标系中的XOY平面，即构造平面的标高为0。也可以改变构造平面的标高，可直接在与XOY平面相平行的平面上绘图。

标高是指AutoCAD中默认的z坐标值，默认情况下的标高值为0。当在命令行中只输入坐标点的x、y值，或使用光标在屏幕上拾取点时，AutoCAD自动将该点的z坐标值指定为当前的标高值。

设置标高的相关命令提示如下。

```
命令: elev↙
指定新的默认标高 <0.0000>:
指定新的默认厚度 <0.0000>:
```

专家点拨

当坐标系发生变化时，AutoCAD会自动将标高设置为0。AutoCAD将标高值保存在系统变量Elevation中，可以直接修改该系统变量，从而改变当前的标高设置。

12.1.4 世界坐标系和用户坐标系

在AutoCAD的三维空间中，可以使用两种类型的三维坐标系。一种是固定不变的世界坐标系，一种是可移动的用户坐标系。可移动的用户坐标系对于输入坐标、建立图形平面和设置视图非常有用。对于用户坐标系，可以进行定义、保存、恢复和删除等操作。

世界坐标系（WCS）

在AutoCAD的每个图形文件中，都包含一个唯一的、固定不变的、不可删除的基本三维坐标系，这个坐标系被称为世界坐标系（World Coordinate System）。WCS为图形中所有的图形对象提供了一个统一的度量。

单击UCS工具栏中的“世界”按钮，即可将UCS设置为世界坐标系，如图12-9所示。

图12-9

当使用其他坐标系时，可以直接使用世界坐标系的坐标，而不必更改当前坐标系。使用方式是在坐标前加*号，表示该坐标为世界坐标。例如，无论在哪个坐标系中，坐标（*8，8，10）都表示世界坐标系的点（8，8，10）。

用户坐标系（UCS）

在一个图形文件中，除了WCS之外，AutoCAD还可以定义多个用户坐标系（User Coordinate System），顾名思义，用户坐标系是可以由用户自行定义的一种坐标系。

在AutoCAD三维空间中进行建模，很多操作都只能限制在XOY平面（构造平面）上进行，所以在创建三维模型的过程中经常需要调整UCS坐标系，用户可以在任意位置和方向指定坐标系的原点、XOY平面和*z*轴，从而得到一个新的用户坐标系。

新建一个图形文件，然后切换视图为西南等轴测，接着在命令行输入Ucs并回车，将坐标系绕*x*轴旋转90°，如图12-10~图12-13所示，相关命令提示如下。

```
命令: ucs↙
当前 UCS 名称: *世界*
指定 UCS 的原点或 [面(F)/命名(NA)/对象(OB)/上一个(P)/视图(V)/世界(W)/X/Y/Z/Z 轴(ZA)] <世界>: x↙
指定绕 X 轴的旋转角度 <90>: 90↙
```

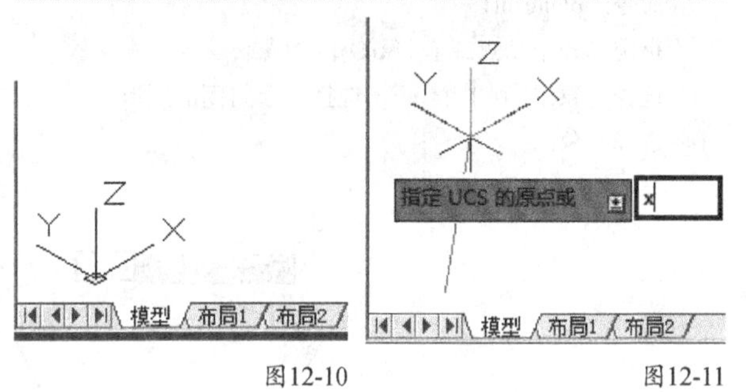

图12-10 图12-11

图12-12 图12-13

12.2 三维曲面

曲面建模也称为NURBS建模，NURBS是Non-Uniform Rational B-Splines（非统一有理B样条）的缩写。在AutoCAD中，曲面建模是指通过对曲线进行拉伸、旋转、扫掠、放样等操作，从而生成曲面模型。因此，曲面建模的一般流程是先绘制曲线，然后由曲线创建曲面，再对曲面进行编辑得到最终模型。

12.2.1 螺旋

螺旋指的是使用Helix（螺旋）命令绘制的螺旋线，螺旋线属于三维对象，三维对象包括三维点（通过三维坐标绘制的点）、三维直线（通过三维坐标绘制的直线）和三维多段线等，也包括置于三维空间中的各种二维线框对象。

执行Helix（螺旋）命令有如下3种方式。

第1种：执行“绘图>螺旋”菜单命令。

第2种：单击“建模”工具栏中的“螺旋”按钮。

第3种：在命令行输入helix并回车。

执行Helix（螺旋）命令将出现如下提示。

命令介绍

```
命令: helix↙
圈数 = 3.0000    扭曲=CCW
指定底面的中心点:        //任意拾取一点
指定底面半径或 [直径(D)] <3.0000>: 3↙
指定顶面半径或 [直径(D)] <3.0000>:↙
指定螺旋高度或 [轴端点(A)/圈数(T)/圈高(H)/扭曲(W)] <18.9227>:
```

底面/顶面半径（直径）：指定螺旋线底面和顶面的半径或直径，不能为0。

轴端点：指定螺旋轴的端点位置，轴端点定义了螺旋的长度和方向。

圈数：指定螺旋的圈数，不能超过500。

圈高：指定螺旋内一个完整圈的高度。

扭曲：指定以顺时针方向或逆时针方向绘制螺旋。

12.2.2 三维多段线

使用Pline（多段线）命令可以在构造平面或与其平行的平面上绘制多段线，而使用3dpoly（三维多段线）命令则可以直接在三维空间中任意绘制多段线。

执行3dpoly（三维多段线）命令有如下两种方式。

第1种：执行“绘图>三维多段线”菜单命令。

第2种：在命令行输入3dpoly并回车。

绘制三维多段线的方法较简单，执行3dpoly（三维多段线）命令后直接在三维空间内拾取点或输入三维坐标进行绘制即可，如图12-14~图12-17所示，相关命令提示如下。

```
命令:3DPOLY↙
指定多段线的起点:        //任意拾取一点
指定直线的端点或 [放弃(U)]:        //任意拾取一点
指定直线的端点或 [放弃(U)]:        //任意拾取一点
指定直线的端点或 [闭合(C)/放弃(U)]:        //任意拾取一点
指定直线的端点或 [闭合(C)/放弃(U)]: ↙
```

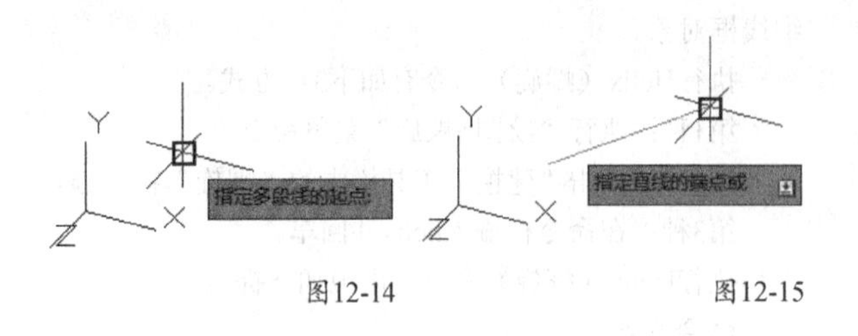

图12-14　　图12-15

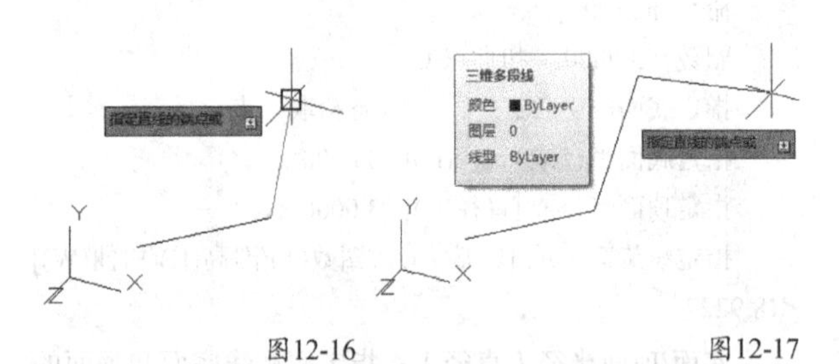

图12-16　　图12-17

12.2.3 平面曲面

在AutoCAD中，执行Planesurf（平面曲面）命令可以创建平面曲面。

执行Planesurf（平面曲面）命令有如下4种方式。

第1种：执行“绘图>建模>曲面>平面”菜单命令。

第2种：在“建模”工具栏中单击“平面曲面”按钮。

第3种：在“曲面创建”工具栏中单击“平面曲面”按钮。

第4种：在命令行输入Planesurf并回车。

执行Planesurf（平面曲面）命令后，用户可以通过命令指定矩形的对角点来创建一个矩形平面曲面，如图12-18~图12-20所示，相关命令提示如下。

命令介绍

命令: _planesurf
指定第一个角点或 [对象(O)] <对象>:　　//指定矩形平面的第一个点
指定其他角点:　　//指定矩形平面的第二个点

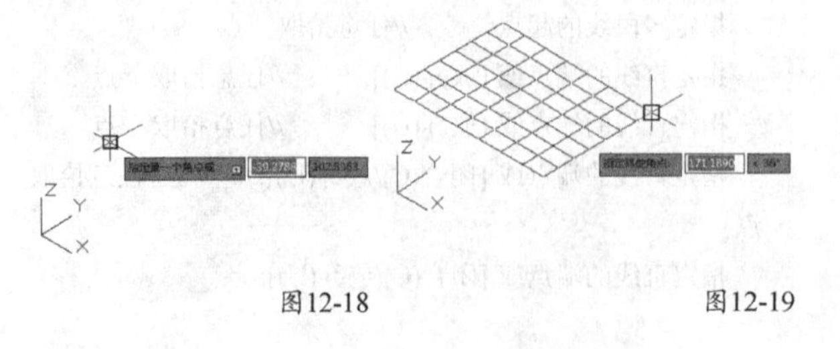

图12-18　　图12-19

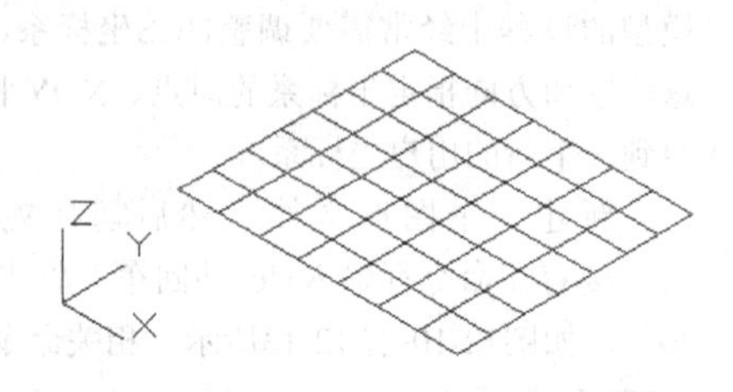

图12-20

对象：将构成封闭区域的直线、圆、圆弧、椭圆、二维多段线、三维多段线等对象创建为平面曲面，如图12-21~图12-24所示，相关命令提示如下。

命令: _planesurf
指定第一个角点或 [对象(O)] <对象>: ↙
选择对象: 找到 1 个　　//选择一个封闭的图形
选择对象: ↙

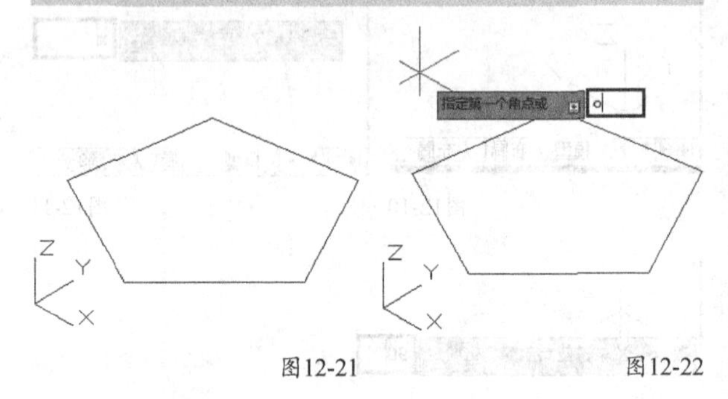

图12-21　　图12-22

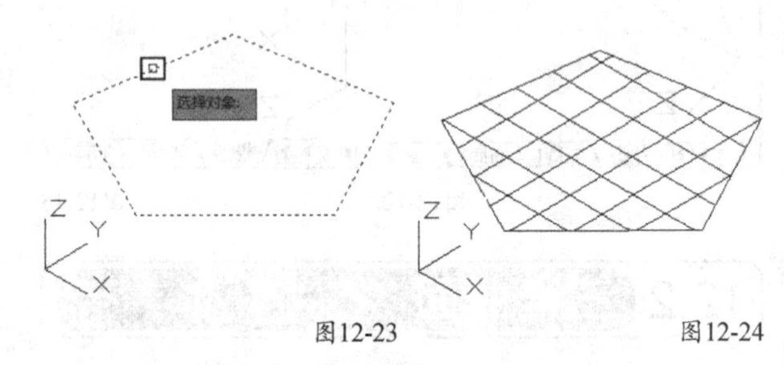

图12-23　　图12-24

曲面的网格线可以通过在“特性”面板中设置“U素线”和“V素线”来控制，如图12-25~图12-27所示。

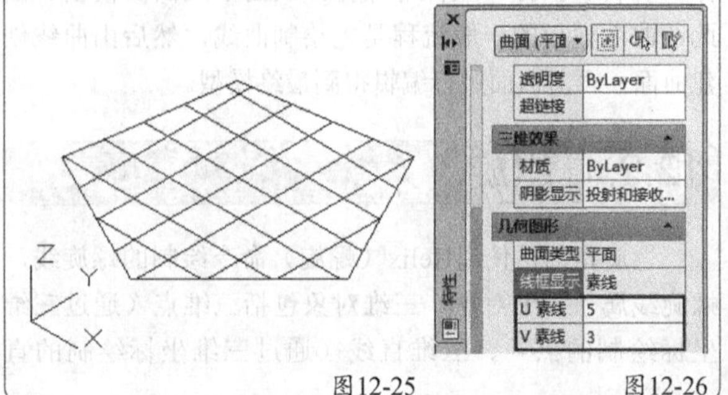

图12-25　　图12-26

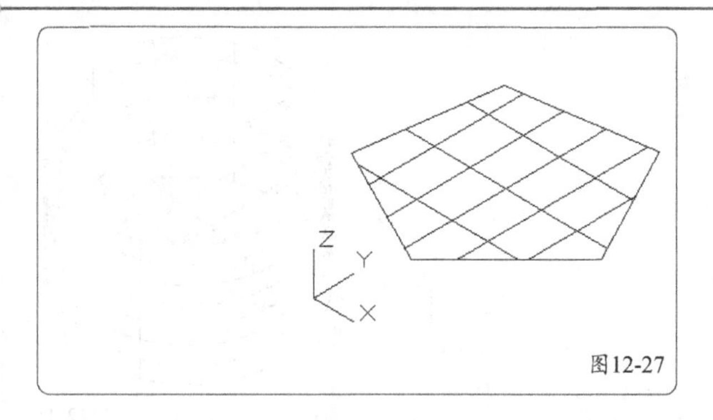

图12-27

12.2.4 曲面网络

使用Surfnetwork（曲面网络）命令可以在边对象、样条曲线和其他二维或三维曲线之间的空间中创建非平面曲面。

执行Surfnetwork（曲面网络）命令有如下3种方式。

第1种：执行“绘图>建模>曲面>网络”菜单命令。

第2种：在“曲面创建”工具栏中单击“曲面网络”按钮。

第3种：在命令行输入Surfnetwork并回车。

使用Surfnetwork（曲面网络）命令创建一个网络曲面，如图12-28~图12-31所示，相关命令提示如下。

命令介绍

命令: _surfnetwork↙

沿第一个方向选择曲线或曲面边:找到 1 个　　//选择曲线A

沿第一个方向选择曲线或曲面边:找到 1 个，总计 2 个　//选择曲线B

沿第一个方向选择曲线或曲面边: ↙

沿第二个方向选择曲线或曲面边:找到 1 个　　//选择曲线C

沿第二个方向选择曲线或曲面边:找到 1 个，总计 2 个　//选择曲线D

沿第二个方向选择曲线或曲面边: ↙

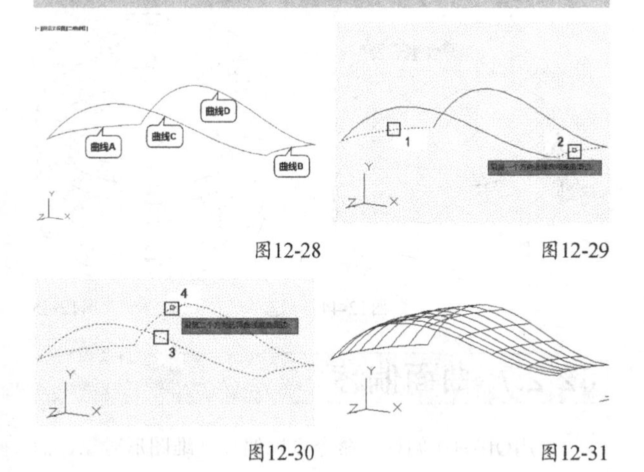

图12-28　图12-29

图12-30　图12-31

沿第一个方向选择曲线或曲面边：沿U或V方向选择开放曲线、开放曲面边或面域边的网络。

沿第二个方向选择曲线或曲面边：沿U或V方向选择开放曲线、开放曲面边或面域边的网络。

12.2.5 曲面过渡

对于两个已经存在的曲面，如果想在它们之间创建一个过渡曲面，可以使用Surfblend（曲面过渡）命令。

执行Surfblend（曲面过渡）命令有如下3种方式。

第1种：执行“绘图>建模>曲面>过渡”菜单命令。

第2种：在“曲面创建”工具栏中单击“曲面过渡”按钮。

第3种：在命令行输入Surfblend并回车。

使用Surfblend（曲面过渡）命令在两个曲面之间创建一个过渡曲面，如图12-32~图12-35所示，相关命令提示如下。

命令介绍

命令: _surfblend

连续性 = G1 - 相切，凸度幅值 = 0.5

选择要过渡的第一个曲面的边或 [链(CH)]: 找到 1 个　//选择上方平面右侧边线

选择要过渡的第一个曲面的边或 [链(CH)]: ↙

选择要过渡的第二个曲面的边或 [链(CH)]: 找到 1 个　//选择下方平面左侧边线

选择要过渡的第二个曲面的边或 [链(CH)]: ↙

按 Enter 键接受过渡曲面或 [连续性(CON)/凸度幅值(B)]: ↙

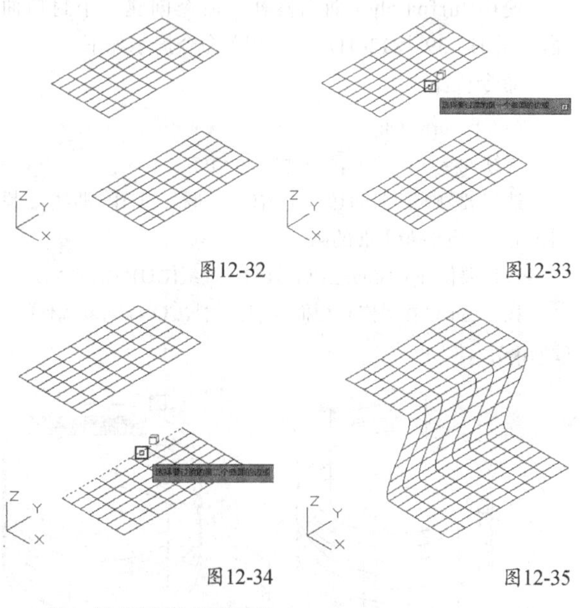
图12-32　图12-33

图12-34　图12-35

链：选择连续的连接边。

连续性：测量曲面彼此融合的平滑程度。

凸度幅值：指定过渡曲面的边与选定边之间的圆度，默认值为0.5，可在0~1设定，其中0、0.5（默认）和1这3个值的效果如图12-36~图12-38所示。

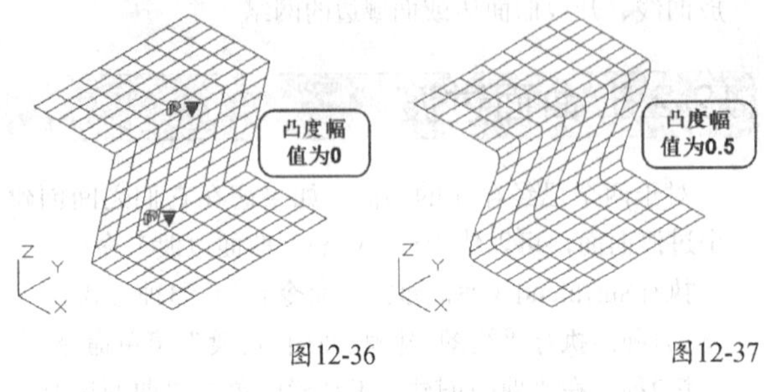

图12-36　　图12-37

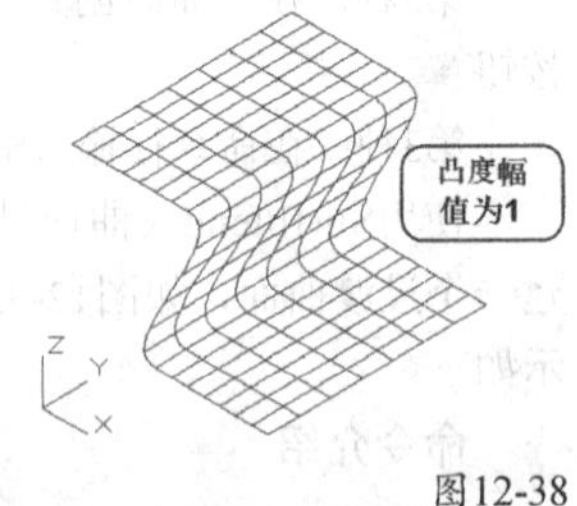

图12-38

12.2.6 曲面修补

Surfpatch（曲面修补）命令可以简单理解为对曲面进行封口。

执行Surfpatch（曲面修补）命令有如下3种方式。

第1种：执行"绘图>建模>曲面>修补"菜单命令。

第2种：在"曲面创建"工具栏中单击"曲面修补"按钮。

第3种：在命令行输入Surfpatch并回车。

使用Surfpatch（曲面修补）命令创建一个封口曲面，如图12-39~图12-41所示，相关命令提示如下。

命令介绍

命令: _surfpatch

连续性 = G0 - 位置，凸度幅值 = 0.5

选择要修补的曲面边或 [链(CH)/曲线(CU)] <曲线>: 找到 1 个　//选择最上面的圆

选择要修补的曲面边或 [链(CH)/曲线(CU)] <曲线>:↙

按 Enter 键接受修补曲面或 [连续性(CON)/凸度幅值(B)/导向(G)]: ↙

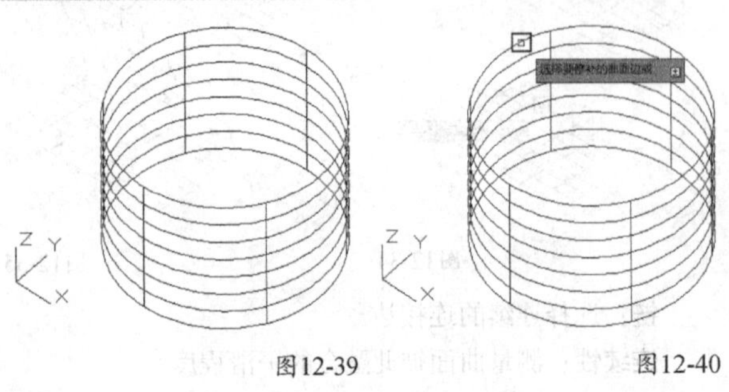

图12-39　　图12-40

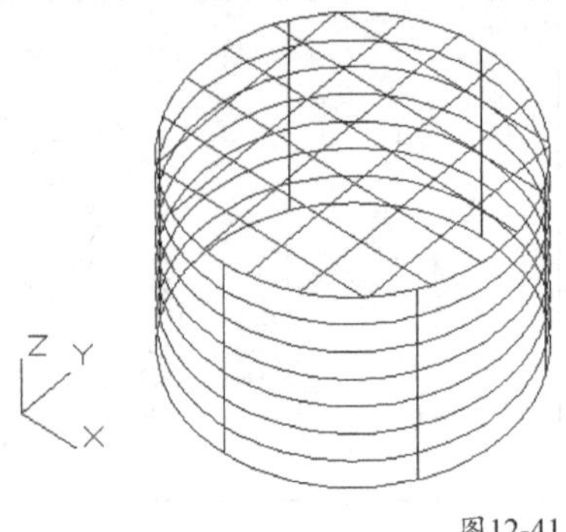

图12-41

导向：使用其他导向曲线塑造封口曲面的形状，如图12-42~图12-45所示，相关命令提示如下。

命令: _surfpatch

连续性 = G0 - 位置，凸度幅值 = 0.5

选择要修补的曲面边或 [链(CH)/曲线(CU)] <曲线>: 找到 1 个　//选择最上面的圆

选择要修补的曲面边或 [链(CH)/曲线(CU)] <曲线>:↙

按 Enter 键接受修补曲面或 [连续性(CON)/凸度幅值(B)/导向(G)]: g↙

选择要约束修补曲面的曲线或点: 找到 1 个　//选择上线曲线

选择要约束修补曲面的曲线或点: ↙

按 Enter 键接受修补曲面或 [连续性(CON)/凸度幅值(B)/导向(G)]: ↙

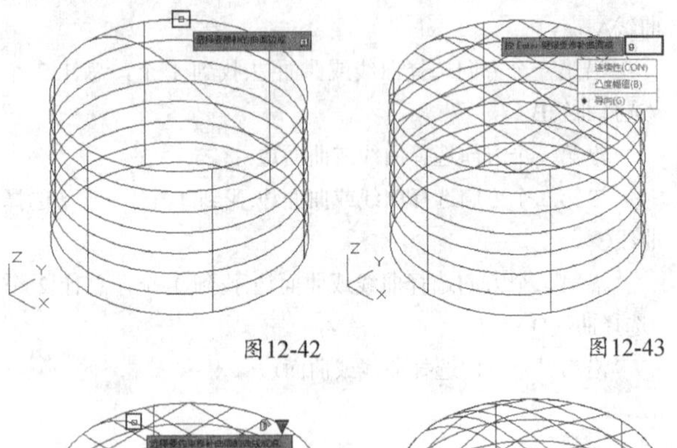

图12-42　　图12-43

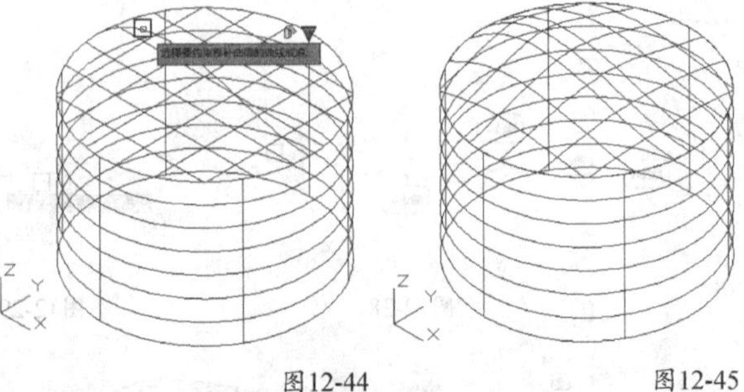

图12-44　　图12-45

12.2.7 曲面偏移

使用Offset（偏移）命令可以偏移二维图形对象，而使用Surfoffset（曲面偏移）命令则可以偏移曲面。

执行Surfoffset（曲面偏移）命令有如下3种方式。

第1种：执行“绘图>建模>曲面>偏移”菜单命令。

第2种：在“曲面创建”工具栏中单击“曲面偏移”按钮。

第3种：在命令行输入Surfoffset并回车。

执行Surfoffset（曲面偏移）命令将出现如下提示。

命令介绍

命令: _surfoffset

连接相邻边 = 否

选择要偏移的曲面或面域: 指定对角点: 找到 1 个 //选择曲面对象

选择要偏移的曲面或面域: ↙

指定偏移距离或 [翻转方向(F)/两侧(B)/实体(S)/连接(C)/表达式(E)] <0.0000>:

指定偏移距离：指定偏移曲面和原始曲面之间的距离，如图12-46~图12-49所示。

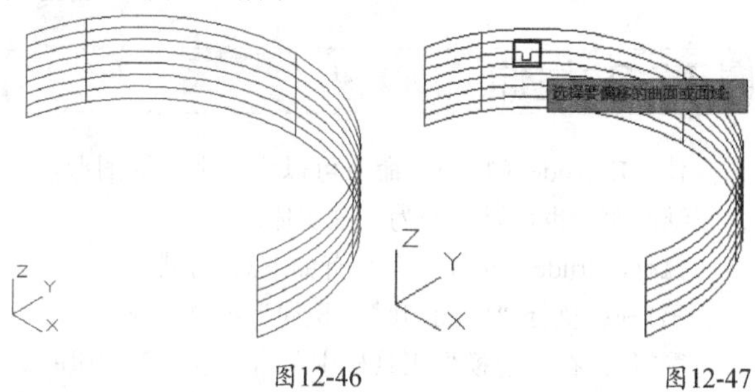

图12-46 图12-47

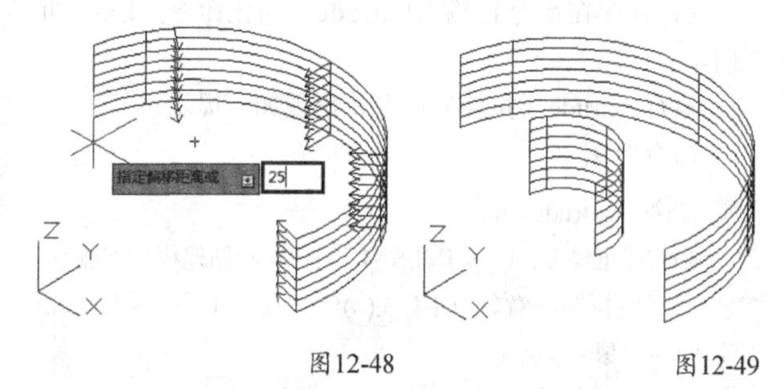

图12-48 图12-49

翻转方向：反转偏移的方向，如图12-50~图12-52所示。

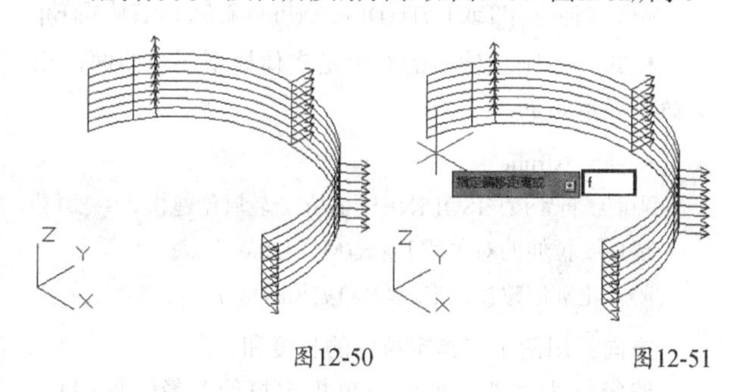

图12-50 图12-51

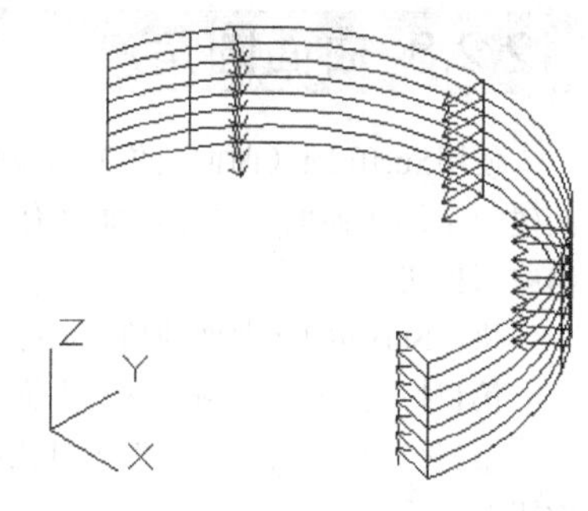

图12-52

两侧：沿两个方向偏移曲面，将创建两个曲面，如图12-53~图12-55所示。

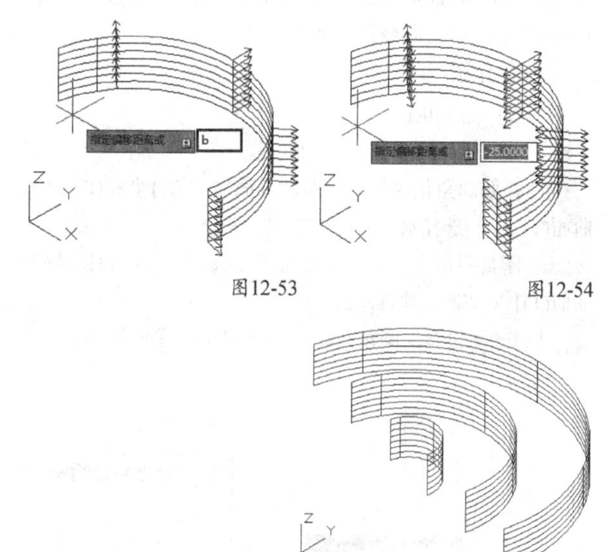

图12-53 图12-54

图12-55

实体：在偏移曲面的同时将新曲面和原始曲面创建为一个实体模型，如图12-56~图12-58所示。

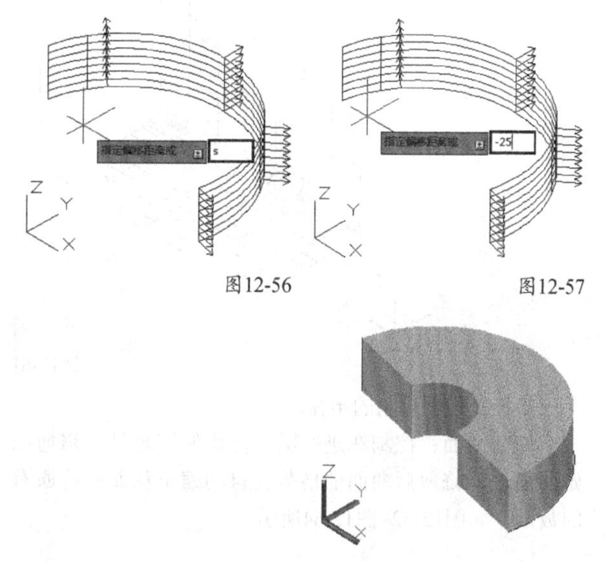

图12-56 图12-57

图12-58

12.2.8 曲面圆角

使用Surffillet（曲面圆角）命令可以在两个曲面之间创建一个圆角曲面，圆角曲面具有固定半径轮廓且与原始曲面相切。

执行Surffillet（曲面圆角）命令有如下3种方式。

第1种：执行“绘图>建模>曲面>圆角”菜单命令。

第2种：在“曲面创建”工具栏中单击“曲面圆角”按钮。

第3种：在命令行输入Surffillet并回车。

使用Surffillet（曲面圆角）命令创建圆角曲面时，会自动修剪原始曲面以连接圆角曲面的边，如图12-59~图12-61所示，相关命令提示如下。

命令介绍

命令: _surffillet
半径 = 100.0000，修剪曲面 = 是
选择要圆角化的第一个曲面或面域或者 [半径(R)/修剪曲面(T)]:　//选择水平曲面
选择要圆角化的第二个曲面或面域或者 [半径(R)/修剪曲面(T)]:　//选择垂直曲面
按 Enter 键接受圆角曲面或 [半径(R)/修剪曲面(T)]: ↙

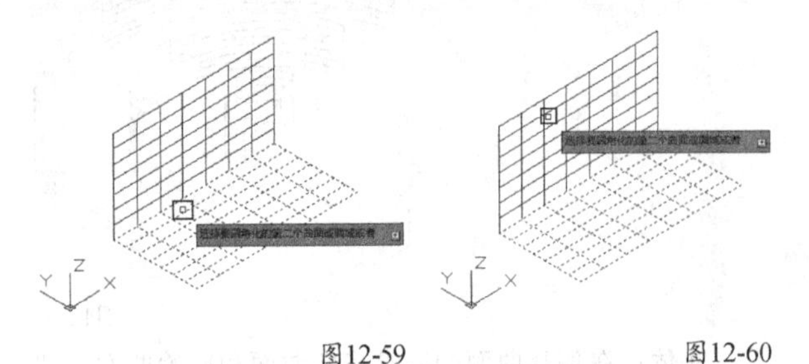

图12-59　　图12-60

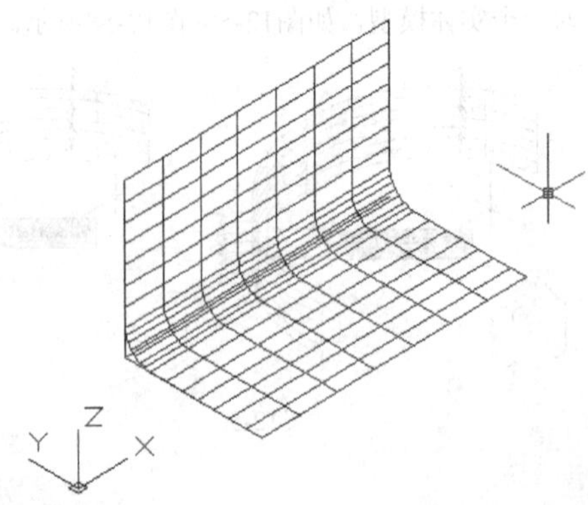

图12-61

半径：设置圆角的半径。

修剪曲面：控制在进行圆角操作的同时是否修剪原始曲面，即修剪后曲面的格数会自动缩小从而保持原有的数量，如图12-62~图12-64所示。

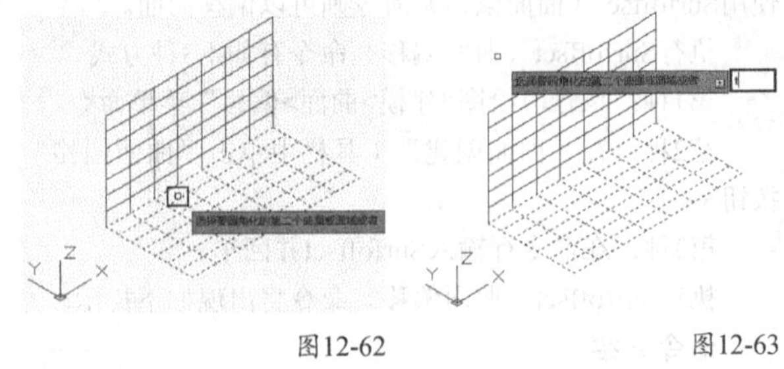

图12-62　　图12-63

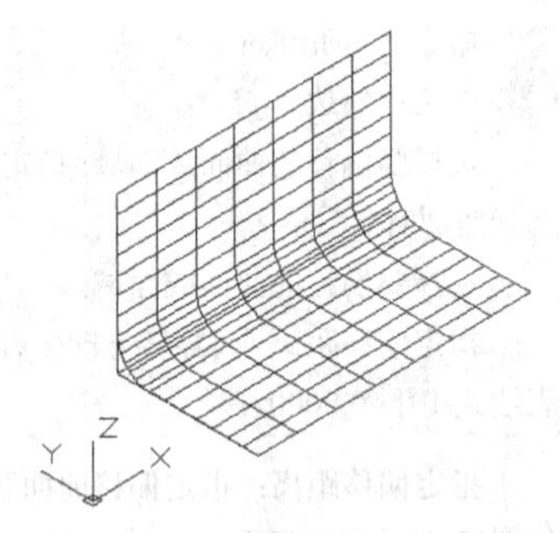

图12-64

12.2.9 拉伸

使用Extrude（拉伸）命令可以将一个二维图形拉伸为三维曲面，也可以拉伸为三维实体。

执行Extrude（拉伸）命令有如下3种方式。

第1种：执行“绘图>建模>拉伸”菜单命令。

第2种：在“建模”工具栏中单击“拉伸”按钮。

第3种：在命令行输入Extrude（简化命令为Ext）并回车。

执行Extrude（拉伸）命令将出现如下提示。

命令介绍

命令: _extrude
当前线框密度: ISOLINES=4，闭合轮廓创建模式 = 实体
选择要拉伸的对象或 [模式(MO)]: 找到 1 个　//选择需要拉伸的对象
选择要拉伸的对象或 [模式(MO)]: ↙
指定拉伸的高度或 [方向(D)/路径(P)/倾斜角(T)/表达式(E)]

模式：控制拉伸后的对象是实体模型还是曲面，相关命令提示如下。

命令: _extrude
当前线框密度: ISOLINES=4，闭合轮廓创建模式 = 实体
选择要拉伸的对象或 [模式(MO)]: mo↙
闭合轮廓创建模式 [实体(SO)/曲面(SU)] <实体>:

方向：用两个点指定拉伸的长度和方向。

路径：为需要拉伸的对象指定拉伸路径，如图12-65~图12-68所示。

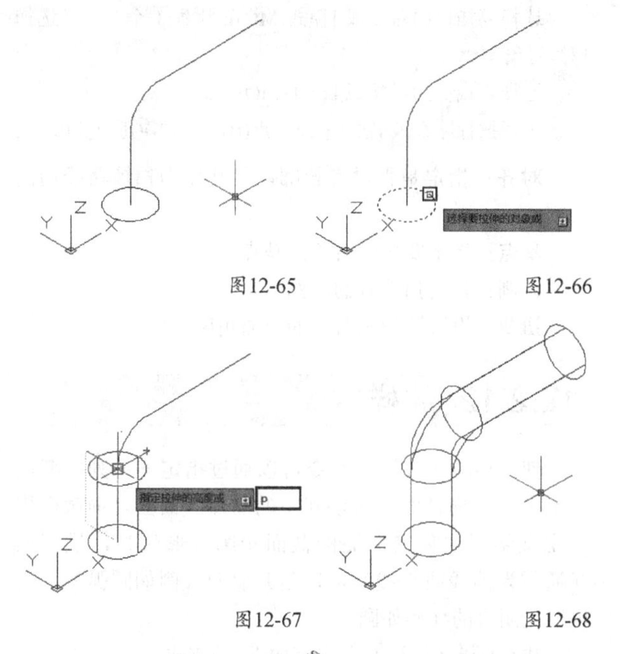

图12-65　　图12-66

图12-67　　图12-68

专家点拨

在上面的操作中编者所使用的路径为一条完整的多段线，如果使用由直线与圆弧组成的路径（未合并成多段线）将只会依据所选择的图形进行部分拉伸，如图12-69~图12-71所示。

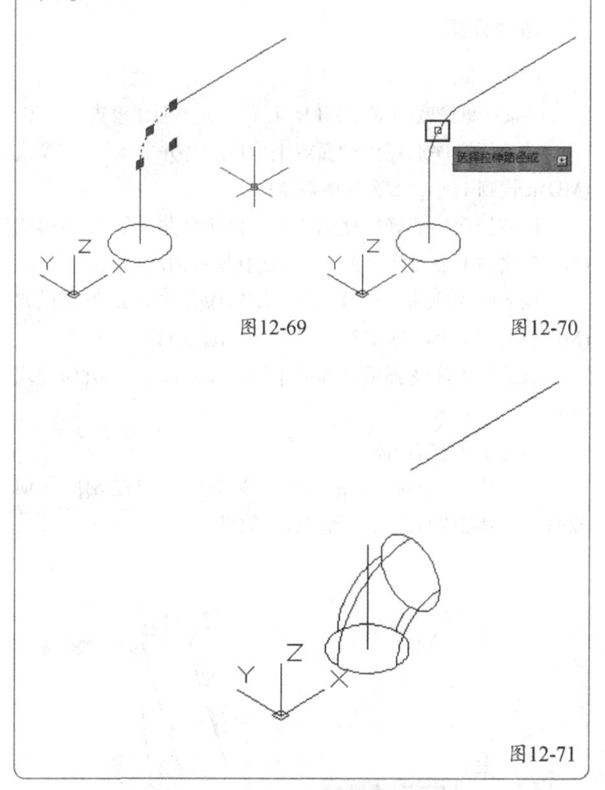

图12-69　　图12-70

图12-71

倾斜角：指定拉伸的倾斜角度，如图12-72~图12-75所示，相关命令提示如下。

命令: _extrude

当前线框密度: ISOLINES=4，闭合轮廓创建模式 = 实体

选择要拉伸的对象或 [模式(MO)]: _MO 闭合轮廓创建模式 [实体(SO)/曲面(SU)] <实体>: _SO

选择要拉伸的对象或 [模式(MO)]: mo↙

闭合轮廓创建模式 [实体(SO)/曲面(SU)] <实体>: su↙

选择要拉伸的对象或 [模式(MO)]: 找到 1 个　　//选择圆

选择要拉伸的对象或 [模式(MO)]: ↙

指定拉伸的高度或 [方向(D)/路径(P)/倾斜角(T)/表达式(E)] <600.0000>: t↙

指定拉伸的倾斜角度或 [表达式(E)] <15>: 30↙

指定拉伸的高度或 [方向(D)/路径(P)/倾斜角(T)/表达式(E)] <600.0000>: p↙

选择拉伸路径或 [倾斜角(T)]:　//选择直线

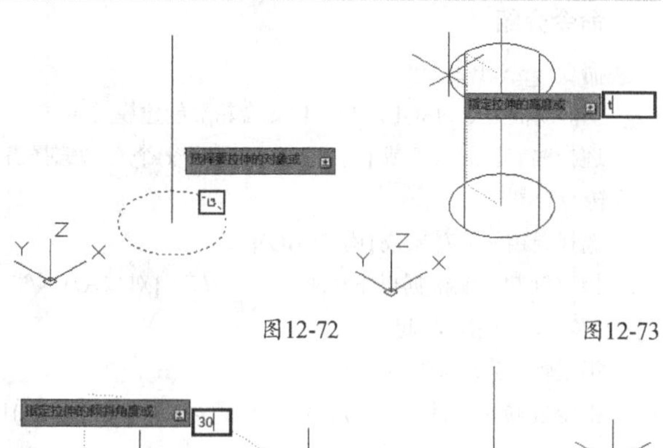

图12-72　　图12-73

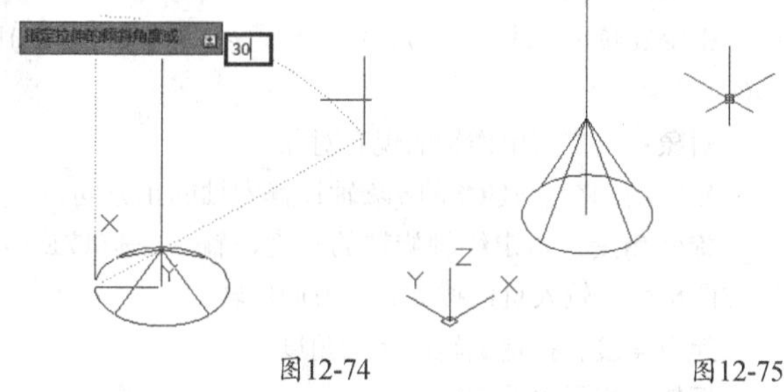

图12-74　　图12-75

12.2.10 旋转

使用Revolve（旋转）命令可以旋转一个二维图形来生成一个三维曲面或实体，常用于生成具有异形断面的曲面和实体模型，如图12-76~图12-79所示。

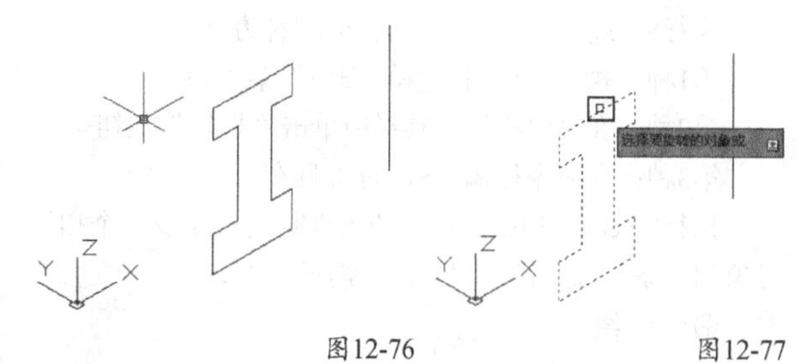

图12-76　　图12-77

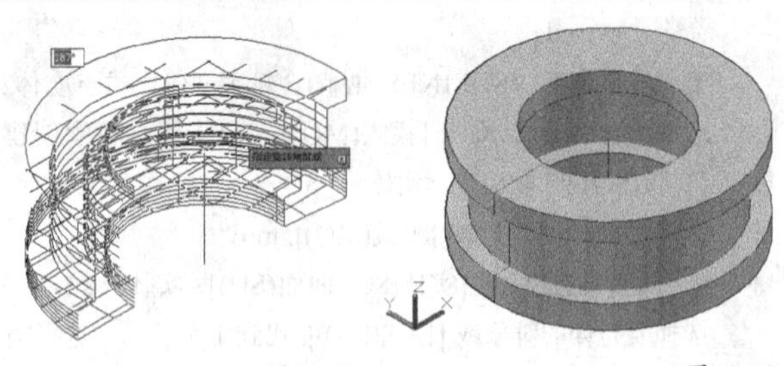

图12-78　　图12-79

执行Revolve（旋转）命令有如下3种方式。

第1种：执行“绘图>建模>旋转”菜单命令。

第2种：在“建模”工具栏中单击“旋转”按钮。

第3种：在命令行输入Revolve（简化命令为Rev）并回车。

执行Revolve（旋转）命令将出现如下提示。

命令介绍

命令: _revolve

当前线框密度: ISOLINES=4，闭合轮廓创建模式 = 实体

选择要旋转的对象或 [模式(MO)]: 找到 1 个　//选择需要旋转的对象

选择要旋转的对象或 [模式(MO)]: ↙

指定轴起点或根据以下选项之一定义轴 [对象(O)/X/Y/Z] <对象>:　//指定轴起点

指定轴端点:　//指定轴端点

指定旋转角度或 [起点角度(ST)/反转(R)/表达式(EX)] <360>:

对象：指定要用作轴的现有对象。

X/Y/Z：将当前UCS的*x*/*y*/*z*轴设置为轴的正方向。

旋转角度：指定绕轴旋转的角度，输入正值按逆时针方向旋转，输入负值按顺时针方向旋转。

起点角度：指定旋转的起始角度。

反转：用于更改旋转方向。

12.2.11 扫掠

使用Sweep（扫掠）命令可以沿指定路径以指定轮廓的形状（扫掠对象）创建实体或曲面，可以扫掠多个对象，但是这些对象必须位于同一平面中。

执行Sweep（扫掠）命令有如下3种方式。

第1种：执行“绘图>建模>扫掠”菜单命令。

第2种：在“建模”工具栏中单击“扫掠”按钮。

第3种：在命令行输入Sweep并回车。

执行Sweep（扫掠）命令的条件是要有至少一个扫掠对象和一条扫掠路径，相关命令提示如下。

命令介绍

命令: _sweep

当前线框密度: ISOLINES=4，闭合轮廓创建模式 = 实体

选择要扫掠的对象或 [模式(MO)]: 找到 1 个　//选择扫掠对象

选择要扫掠的对象或 [模式(MO)]: ↙

选择扫掠路径或 [对齐(A)/基点(B)/比例(S)/扭曲(T)]:

对齐：指定是否对齐轮廓以使其作为扫掠路径切向的方向。

基点：指定要扫掠对象的基点。

比例：指定扫掠时的比例。

扭曲：设置被扫掠对象的扭曲角度。

12.2.12 放样

使用Loft（放样）命令可以通过指定一系列横截面（至少两个横截面）来创建新的实体或曲面，横截面用于定义结果实体或曲面的截面轮廓（形状），横截面（通常为曲线或直线）可以是开放的（例如圆弧），也可以是闭合的（例如圆）。

执行Loft（放样）命令有如下3种方式。

第1种：执行“绘图>建模>放样”菜单命令。

第2种：在“建模”工具栏中单击“放样”按钮。

第3种：在命令行输入Loft并回车。

执行Loft（放样）命令，可以依次选择多个截面图形完成放样效果，如图12-80~图12-83所示。相关命令提示如下。

命令介绍

命令: _loft

当前线框密度: ISOLINES=4，闭合轮廓创建模式 = 实体

按放样次序选择横截面或 [点(PO)/合并多条边(J)/模式(MO)]: 找到 1 个　//选择横截面1

按放样次序选择横截面或 [点(PO)/合并多条边(J)/模式(MO)]: 找到 1 个，总计 2 个　//选择横截面2

按放样次序选择横截面或 [点(PO)/合并多条边(J)/模式(MO)]: 找到 1 个，总计 3 个　//选择横截面3

按放样次序选择横截面或 [点(PO)/合并多条边(J)/模式(MO)]: ↙

选中了 3个横截面

输入选项 [导向(G)/路径(P)/仅横截面(C)/设置(S)] <仅横截面>:↙ //连续两次回车确定放样效果

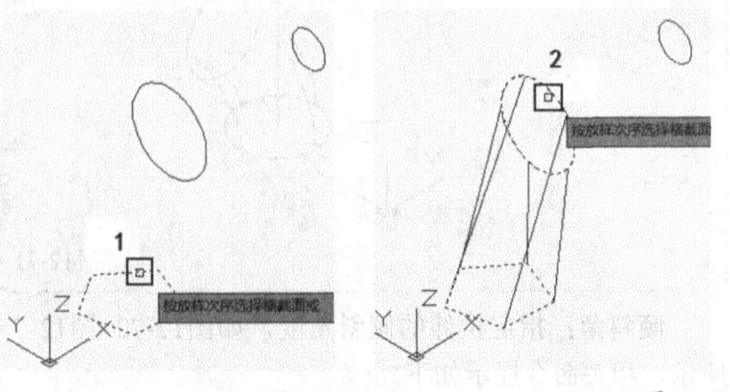

图12-80　　图12-81

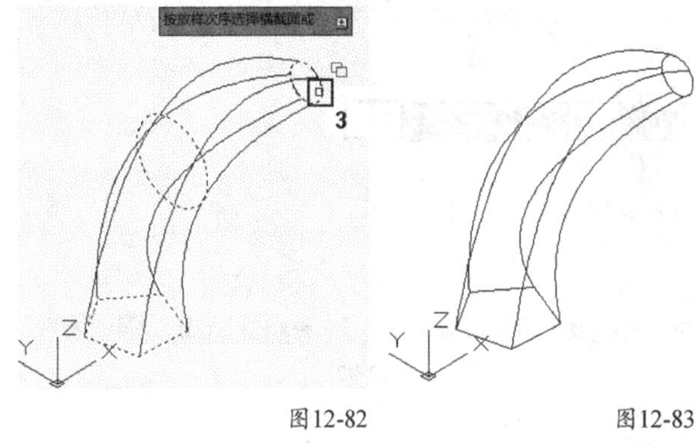

图12-82　　图12-83

点：指定放样起点。

合并多条边：将多个端点相交的曲线合并为一个横截面。

导向：指定控制放样实体或曲面形状的导向曲线。

路径：指定放样实体或曲面的单一路径。

仅横截面：在不使用导向曲线或路径的时候创建放样对象。

设置：打开"放样设置"对话框，用于控制放样曲线在其横截面处的轮廓，如图12-84所示。

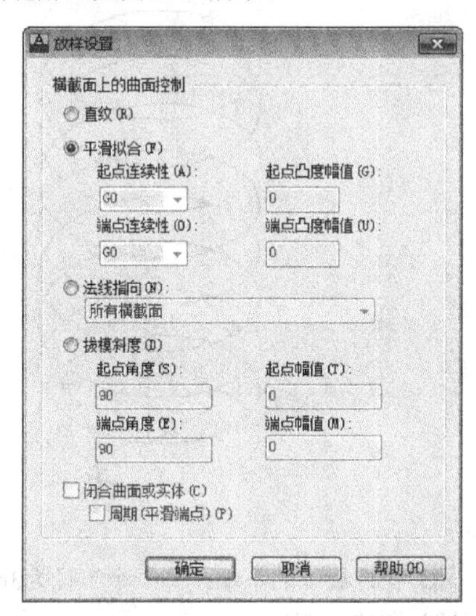

图12-84

12.2.13 综合实例——创建弹簧

素材位置　无
实例位置　第12章>实例文件>12.2.13.dwg
技术掌握　三维视图与UCS的调整方法、螺旋与扫掠命令的使用方法

在本例中首先要绘制螺旋线，然后在螺旋线的截面处绘制一个圆，接着再通过Sweep（扫掠）命令将圆沿螺旋线扫掠生成弹簧模型，效果如图12-85所示。

01 新建一个dwg文件，然后执行"视图>三维视图>西南等轴测"菜单命令，将视图调整为西南等轴测视图，如图12-86所示。

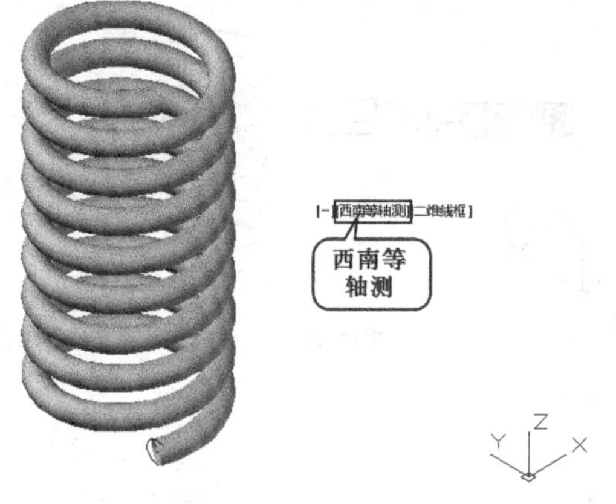

图12-85　　图12-86

02 执行"绘图>螺旋"菜单命令，绘制一段螺旋线，如图12-87~图12-94所示，相关命令提示如下。

```
命令: _Helix
圈数 = 3.0000    扭曲=CCW
指定底面的中心点: 0,0,0↙
指定底面半径或 [直径(D)] <1.0000>: 20↙
指定顶面半径或 [直径(D)] <20.0000>:↙
指定螺旋高度或 [轴端点(A)/圈数(T)/圈高(H)/扭曲(W)] <1.0000>: h↙
指定圈间距 <0.2500>: 10↙
指定螺旋高度或 [轴端点(A)/圈数(T)/圈高(H)/扭曲(W)] <1.0000>: t↙
输入圈数 <3.0000>: 9↙
```

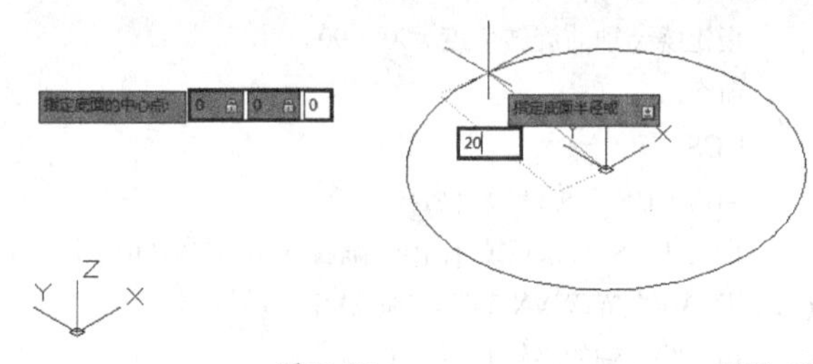

图12-87　　图12-88

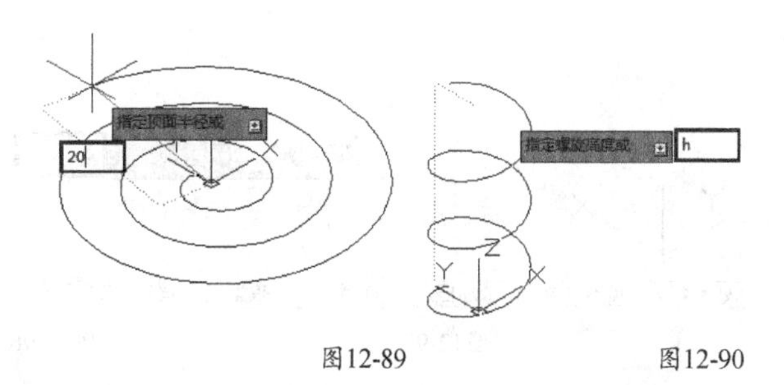

图12-89　　图12-90

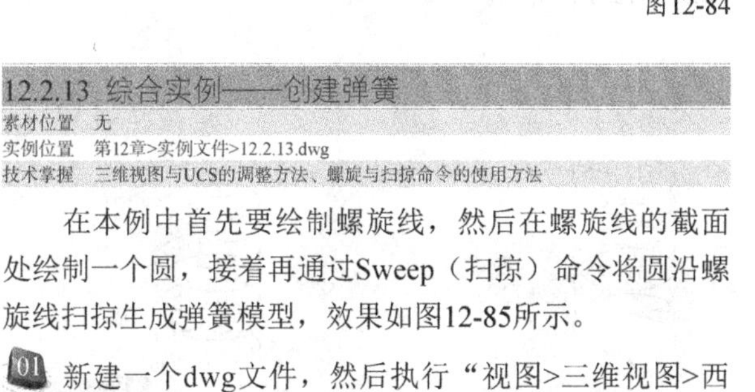

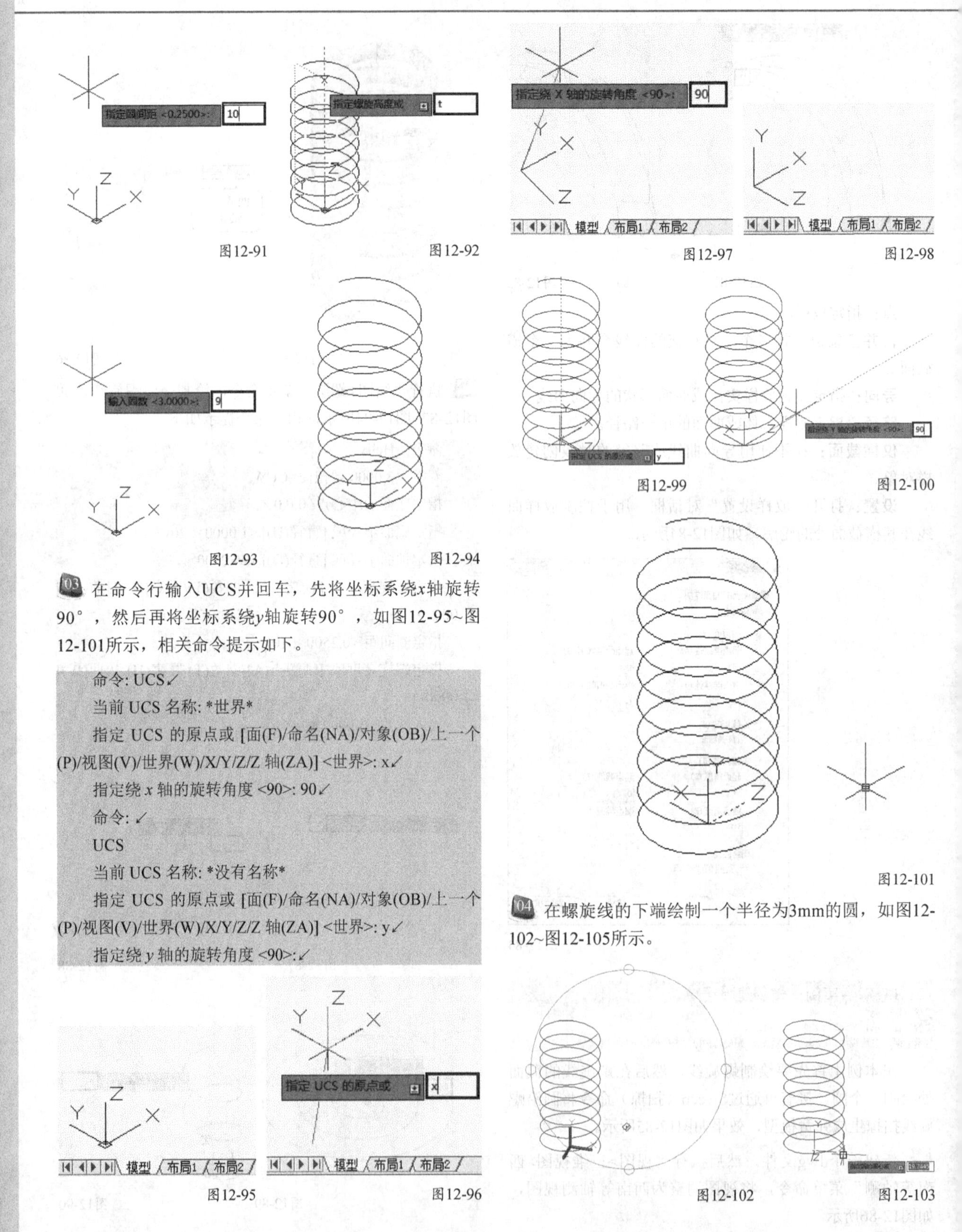

图12-91　图12-92

图12-93　图12-94

03 在命令行输入UCS并回车，先将坐标系统x轴旋转90°，然后再将坐标系统y轴旋转90°，如图12-95~图12-101所示，相关命令提示如下。

命令: UCS↙

当前 UCS 名称: *世界*

指定 UCS 的原点或 [面(F)/命名(NA)/对象(OB)/上一个(P)/视图(V)/世界(W)/X/Y/Z/Z 轴(ZA)] <世界>: x↙

指定绕 x 轴的旋转角度 <90>: 90↙

命令: ↙

UCS

当前 UCS 名称: *没有名称*

指定 UCS 的原点或 [面(F)/命名(NA)/对象(OB)/上一个(P)/视图(V)/世界(W)/X/Y/Z/Z 轴(ZA)] <世界>: y↙

指定绕 y 轴的旋转角度 <90>:↙

图12-95　图12-96

图12-97　图12-98

图12-99　图12-100

图12-101

04 在螺旋线的下端绘制一个半径为3mm的圆，如图12-102~图12-105所示。

图12-102　图12-103

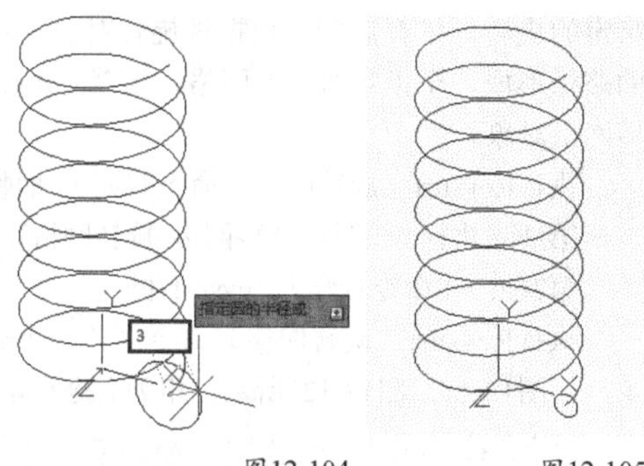

图12-104　　图12-105

05 执行“绘图>建模>扫掠”菜单命令，将圆沿螺旋线进行扫掠，生成弹簧曲面模型，如图12-106~图12-110所示，相关命令提示如下。

命令: _sweep↙

当前线框密度: ISOLINES=4，闭合轮廓创建模式 = 曲面

选择要扫掠的对象或 [模式(MO)]: _MO 闭合轮廓创建模式 [实体(SO)/曲面(SU)] <实体>: _SO

选择要扫掠的对象或 [模式(MO)]: mo↙

闭合轮廓创建模式 [实体(SO)/曲面(SU)] <实体>: su↙

选择要扫掠的对象或 [模式(MO)]: 找到 1 个　　//选择半径为3mm的圆

选择要扫掠的对象或 [模式(MO)]: ↙

选择扫掠路径或 [对齐(A)/基点(B)/比例(S)/扭曲(T)]: //选择螺旋线作为扫掠路径

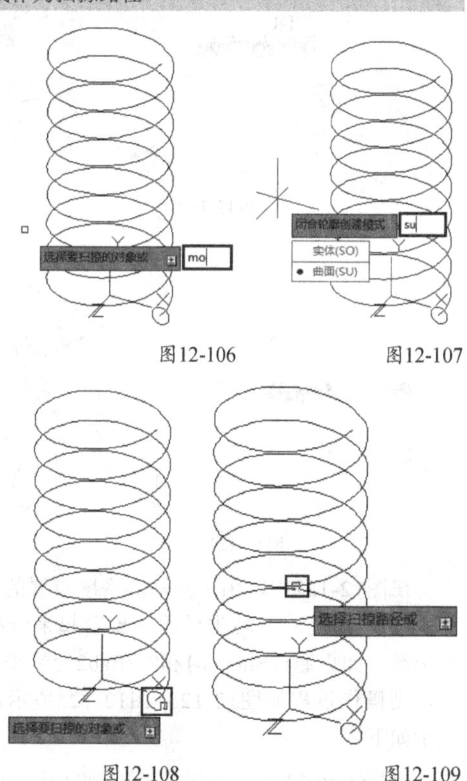

图12-106　　图12-107

图12-108　　图12-109

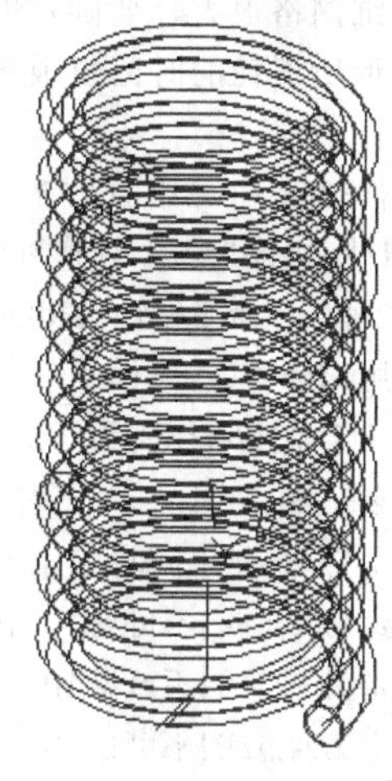

图12-110

06 执行“视图>视觉样式>真实”菜单命令，最终效果如图12-111所示。

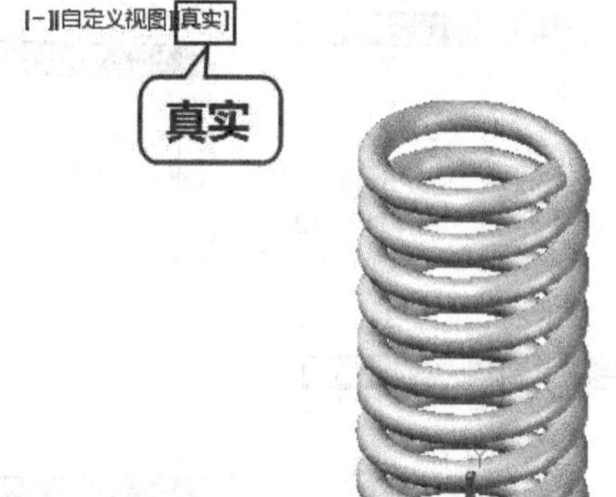

图12-111

12.3 三维网格

三维网格是AutoCAD中比较独特的一种图形，它具有柔性、可弯曲、可拉伸，而且可以形成用户所需的各种形状。每个三维网格都具有表面方向，其方向与表面阵列的行和列一致，AutoCAD将其中一个方向标为M，另一个方向标为N，绝大部分绘制三维网格的命令都通过系统变量Surftab1和Surftab2来确定M和N方向的曲面密度。

12.3.1 三维面

使用3dface（三维面）命令可以绘制具有3边或4边的平面网格，该命令是AutoCAD中唯一一个不用通过系统变量Surftab1和Surftab2来确定M和N方向的曲面密度的命令。在通常情况下，该命令并不常用，因为如果需要绘

制的三维网格很大，要确定的顶点数目就很多，那么绘制图形所消耗的时间也很多，也就将导致工作效率低下。

执行3dface（三维面）命令命令有如下两种方式。

第1种：执行“绘图>建模>网格>三维面”菜单命令。

第2种：在命令行输入3dface并回车。

使用3dface（三维面）命令绘制一个正方形三维面，如图12-112~图12-116所示，相关命令提示如下。

```
命令: _3dface
指定第一点或 [不可见(I)]: 0,0,0 ↙
指定第二点或 [不可见(I)]: @300,0,0 ↙
指定第三点或 [不可见(I)] <退出>: @0,300,0 ↙
指定第四点或 [不可见(I)] <创建三侧面>: @-300,0,0 ↙
指定第三点或 [不可见(I)] <退出>: ↙
```

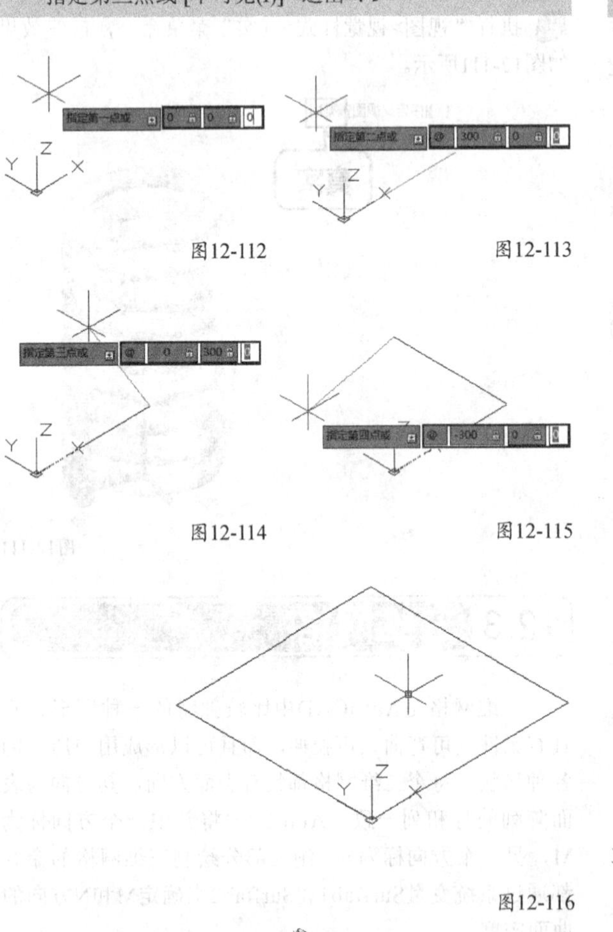

图12-112 图12-113

图12-114 图12-115

图12-116

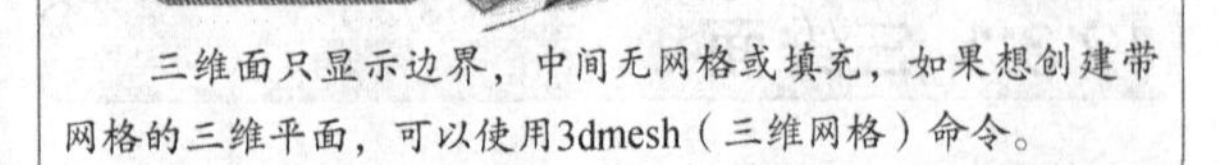

专家点拨

三维面只显示边界，中间无网格或填充，如果想创建带网格的三维平面，可以使用3dmesh（三维网格）命令。

12.3.2 旋转网格

在AutoCAD中，用户可以将某些类型的线框对象绕指定的旋转轴进行旋转，根据被旋转对象的轮廓和旋转的路径形成一个指定密度的网格，这就是AutoCAD的旋转网格对象。

执行Revsurf（旋转网格）命令有如下两种方式。

第1种：执行“绘图>建模>网格>旋转网格”菜单命令。

第2种：在命令行输入Revsurf并回车。

执行Revsurf（旋转网格）命令创建一个旋转网格对象，如图12-117~图12-122所示，相关命令提示如下。

```
命令: _revsurf
当前线框密度: SURFTAB1=6  SURFTAB2=6
选择要旋转的对象:        //选择圆
选择定义旋转轴的对象:     //选择直线
指定起点角度 <0>:↙
指定包含角 (+=逆时针，-=顺时针) <360>:↙
```

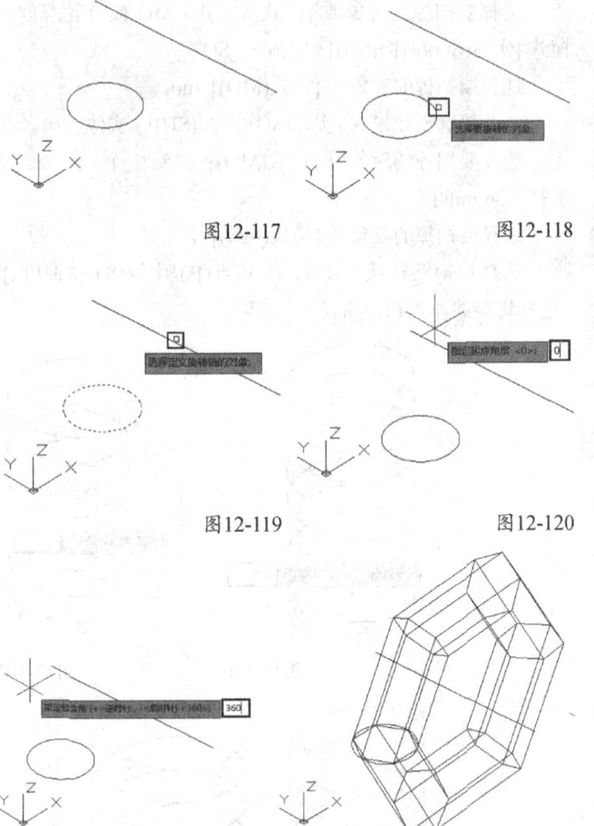

图12-117 图12-118

图12-119 图12-120

图12-121 图12-122

在图12-122中，由于网格的密度设置的较低（M和N都为6），因此旋转生成的对象看起来较粗糙，显得不平滑，如果通过Surftab1和Surftab2变量来调整网格密度，则操作过程如图12-123~图12-125所示，相关命令提示如下。

```
命令: surftab1↙
输入 SURFTAB1 的新值 <6>: 36↙
```

命令: surftab2↙
输入 SURFTAB2 的新值 <6>: 36↙

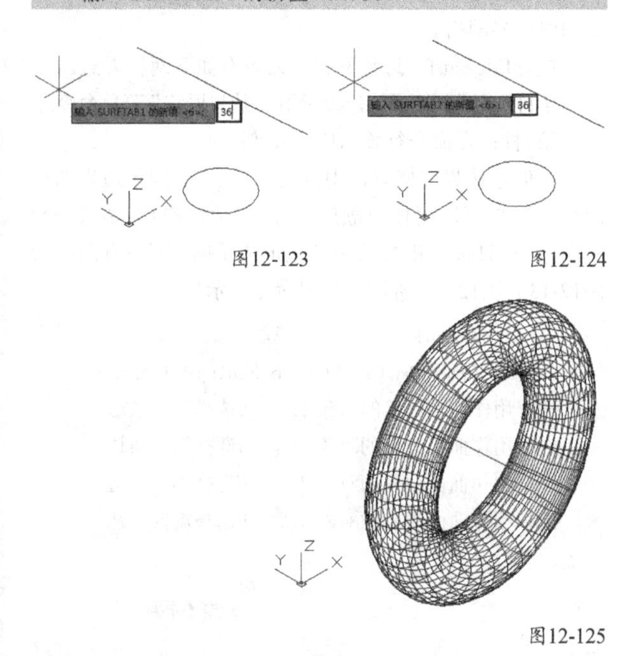

图12-123　　图12-124

图12-125

12.3.3 平移网格

使用Tabsurf（平移网格）命令可以创建平移网格。在创建平移网格时，用户需要先确定被平移的对象和作为方向矢量的对象。如果选择多段线作为方向矢量，则系统会将多段线的第1个顶点到最后1个顶点的矢量作为方向矢量，而中间的任意顶点都将被忽略。

执行Tabsurf（平移网格）命令有如下两种方式。

第1种：执行“绘图>建模>网格>平移网格”菜单命令。

第2种：在命令行输入Tabsurf并回车。

创建平移网格的过程比较简单，根据命令提示选择一条用来定义网格的轮廓曲线，然后再选择一个作为方向矢量的对象即可，如图12-126~图12-128所示。命令提示如下。

TABSURF
当前线框密度: SURFTAB1=6
选择用作轮廓曲线的对象:
选择用作方向矢量的对象:

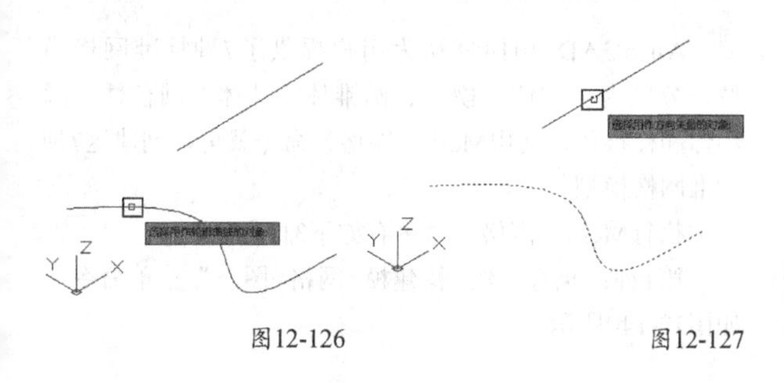

图12-126　　图12-127

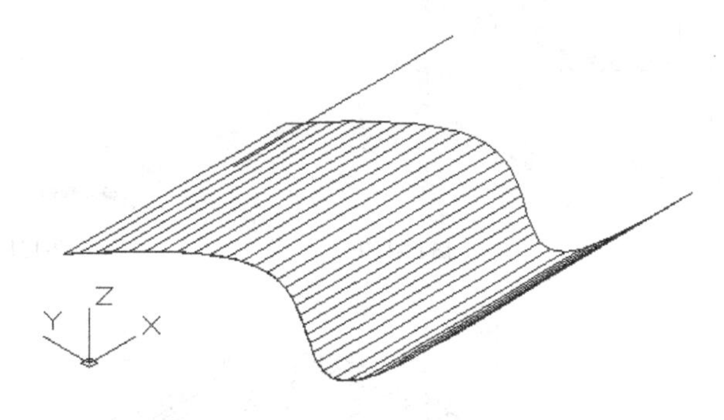

图12-128

方向矢量可位于空间的任何位置。网格的长度与方向矢量的长度相等，若方向矢量是由多段线（非直线）或圆弧组成，则方向矢量的长度由起点和终点的直线距离来决定。平移网格的M方向为拉伸方向，N方向为轮廓曲线的方向。

12.3.4 直纹网格

创建直纹网格需要指定定义曲线，定义曲线可以是直线、多段线、样条曲线或圆弧，甚至是一个点，如图12-129所示。

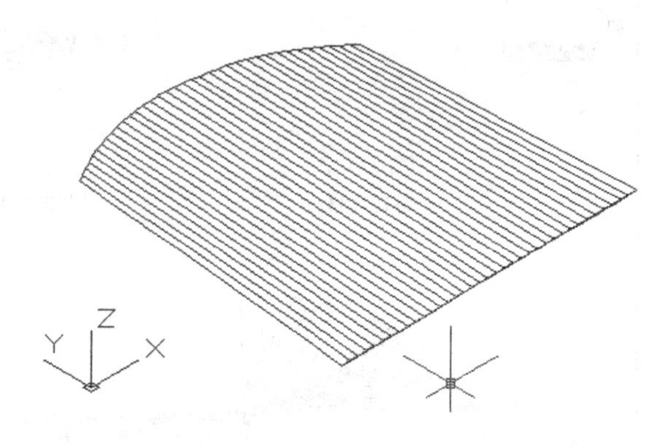

图12-129

执行方法Rulesurf（直纹网格）命令有如下两种方式。

第1种：执行“绘图>建模>网格>直纹网格”菜单命令。

第2种：在命令行输入Rulesurf并回车。

创建直纹网格的操作流程很简单，如图12-130~图12-132所示，相关命令提示如下。

命令: _rulesurf
当前线框密度: SURFTAB1=36
选择第一条定义曲线:
选择第二条定义曲线:

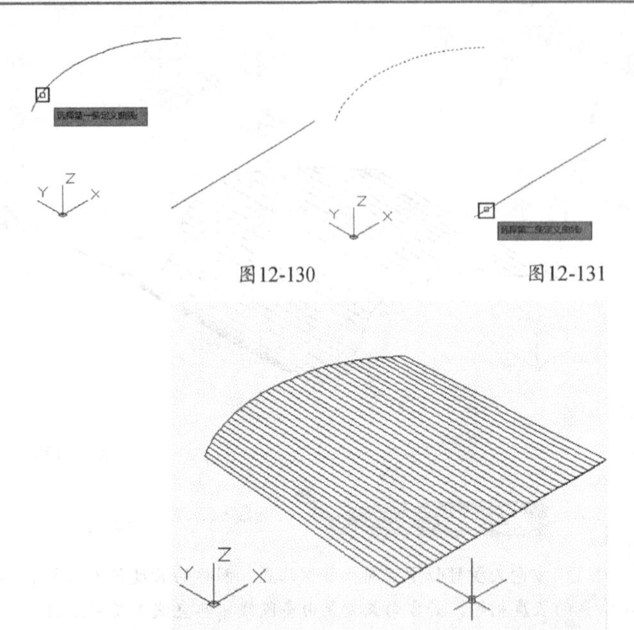

图12-130　图12-131

图12-132

专家点拨

要注意的是，在上面创建直纹网格的时候笔者在同侧（左侧）选择了上下两条线段，如果是对侧选择（左中两侧各选一点）线段则生成的曲面结果会不同，如图12-133~图12-135所示。

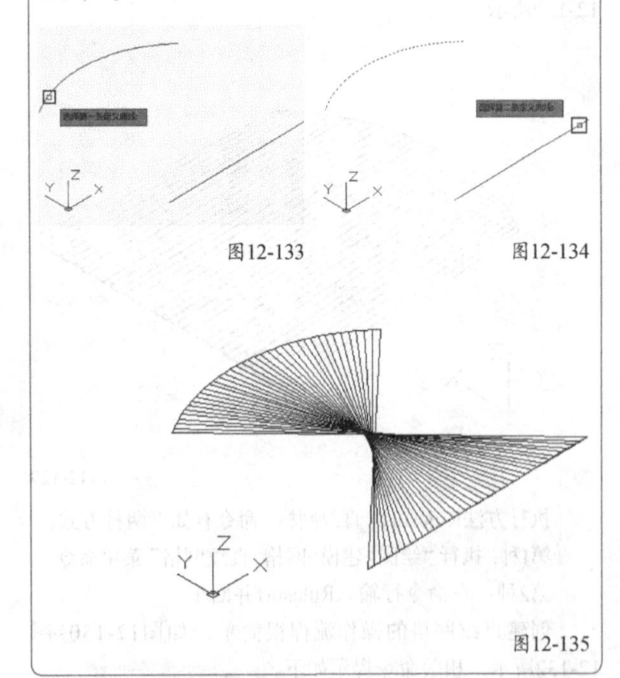

图12-133　图12-134

图12-135

12.3.5 边界网格

Edgesurf（边界网格）命令用4条边界曲线来构建三维网格，边界曲线可以是直线、圆弧、开放的二维或三维多段线、样条曲线等。

在AutoCAD中，执行Edgesurf（边界网格）命令可以创建边界网格。

执行Edgesurf（边界网格）命令有如下两种方式。

第1种：执行“绘图>建模>网格>边界网格”菜单命令。

第2种：在命令行输入Edgesurf并回车。

在创建边界网格时，根据命令提示选择4条边界曲线即可，用户可以用任何顺序选择4条边，第1条边决定M方向，与第1条边相接的两条边形成了网格的N方向，如图12-136~图12-139所示，相关命令提示如下。

```
命令: _edgesurf
当前线框密度: SURFTAB1=36  SURFTAB2=36
选择用作曲面边界的对象 1:      //选择第一条边
选择用作曲面边界的对象 2:      //选择第二条边
选择用作曲面边界的对象 3:      //选择第三条边
选择用作曲面边界的对象 4:      //选择第四条边
```

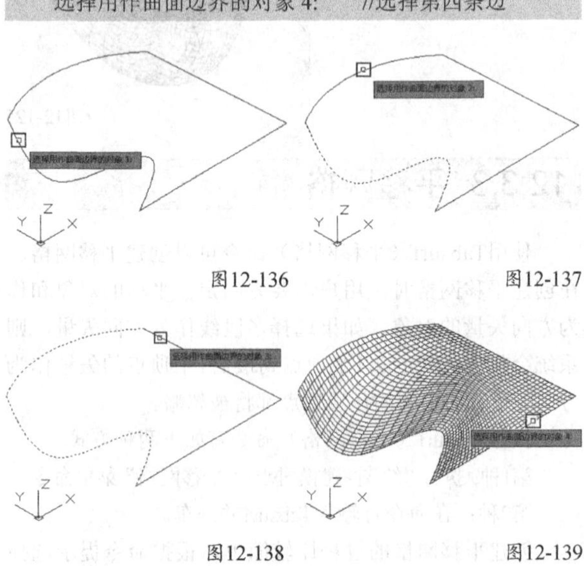

图12-136　图12-137

图12-138　图12-139

专家点拨

使用Edgesurf（边界网格）命令创建边界网格之前，用户必须要先绘制4条边界曲线，并且这4条边界曲线要首尾相连，形成一个封闭的路径，这样才能用于创建边界网格。

12.3.6 网格

AutoCAD 2014默认为用户提供了7种标准网格模型，分别为长方体、楔体、圆锥体、球体、圆柱体、圆环体和棱锥体，使用Mesh（网格）命令就可以创建这7种标准网格模型。

执行Mesh（网格）命令有如下3种方式。

第1种：执行“绘图>建模>网格>图元”菜单命令，如图12-140所示。

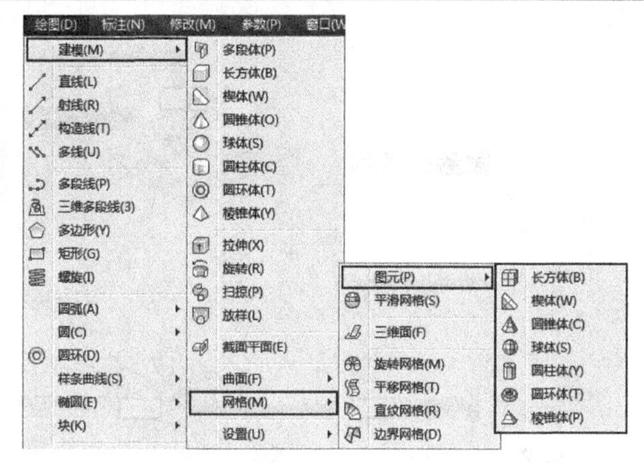

图12-140

第2种：通过“平滑网格图元”工具栏，如图12-141所示。

图12-141

第3种：在命令行输入Mesh并回车。

执行Mesh（网格）命令将出现如下提示。

命令介绍

命令: mesh

当前平滑度设置为: 0

输入选项 [长方体(B)/圆锥体(C)/圆柱体(CY)/棱锥体(P)/球体(S)/楔体(W)/圆环体(T)/设置(SE)] <长方体>:

长方体：用于创建网格长方体或者立方体，如图12-142~图12-144所示，相关命令提示如下。

命令: mesh↙

当前平滑度设置为: 0

输入选项 [长方体(B)/圆锥体(C)/圆柱体(CY)/棱锥体(P)/球体(S)/楔体(W)/圆环体(T)/设置(SE)] <长方体>:↙

指定第一个角点或 [中心(C)]: //拾取一点确定网格长方体的起点

指定其他角点或 [立方体(C)/长度(L)]: //拾取第二点确定网格长方体的底面大小

指定高度或 [两点(2P)] <0.0001>: //拾取第三点确定高度

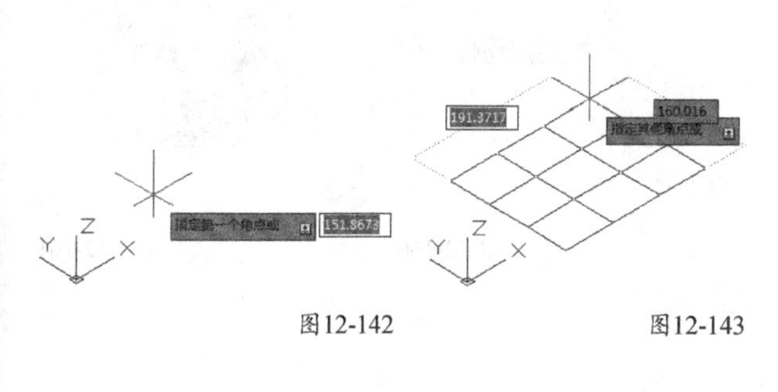

图12-142 图12-143

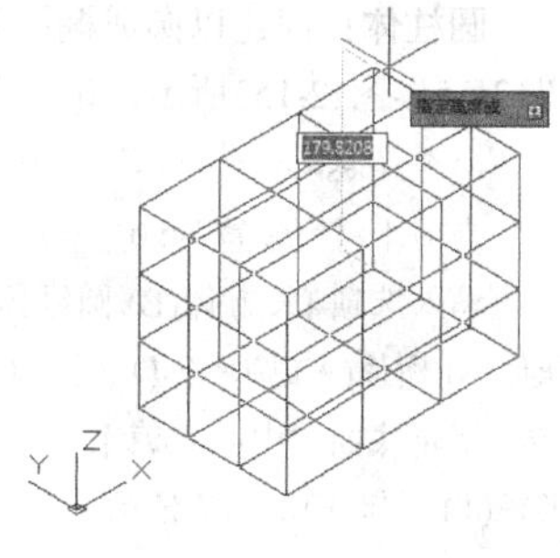

图12-144

圆锥体：创建底面为圆形或椭圆形的尖头网格圆锥体或网格圆台，如图12-145~图12-150所示，相关命令提示如下。

命令: mesh↙

当前平滑度设置为: 0

输入选项 [长方体(B)/圆锥体(C)/圆柱体(CY)/棱锥体(P)/球体(S)/楔体(W)/圆环体(T)/设置(SE)] <圆锥体>: c↙

指定底面的中心点或 [三点(3P)/两点(2P)/切点、切点、半径(T)/椭圆(E)]: //任意拾取一点

指定底面半径或 [直径(D)] <50.0000>: 50↙

指定高度或 [两点(2P)/轴端点(A)/顶面半径(T)] <40.0000>: t↙

指定顶面半径 <20.0000>: 20↙

指定高度或 [两点(2P)/轴端点(A)] <40.0000>: 40↙

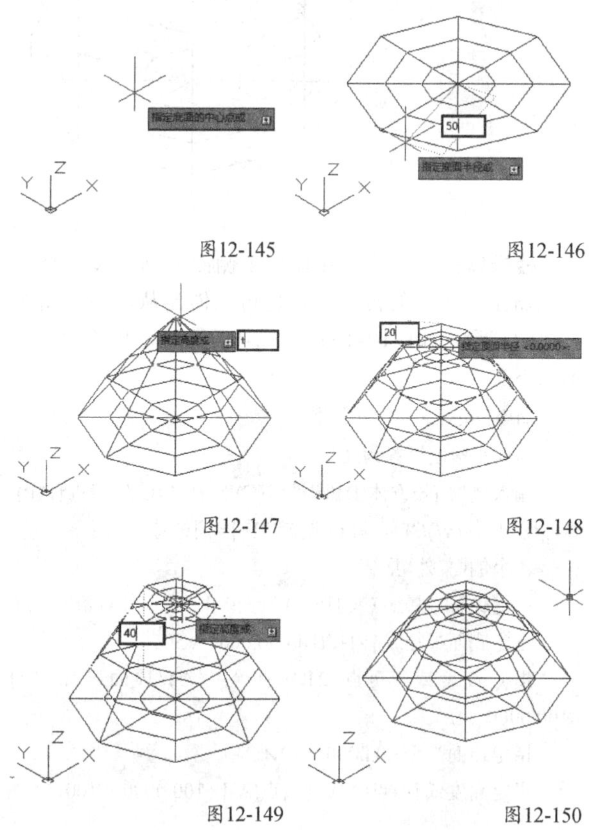

图12-145 图12-146

图12-147 图12-148

图12-149 图12-150

圆柱体：创建以圆或椭圆为底面的网格圆柱体，如图12-151~图12-153所示，相关命令提示如下。

命令: mesh↙

当前平滑度设置为: 0

输入选项 [长方体(B)/圆锥体(C)/圆柱体(CY)/棱锥体(P)/球体(S)/楔体(W)/圆环体(T)/设置(SE)] <圆柱体>: cy↙

指定底面的中心点或 [三点(3P)/两点(2P)/切点、切点、半径(T)/椭圆(E)]: //任意拾取一点

指定底面半径或 [直径(D)] <50.0000>: //鼠标任意创建直径

指定高度或 [两点(2P)/轴端点(A)] <100.0000>: //鼠标任意创建高度

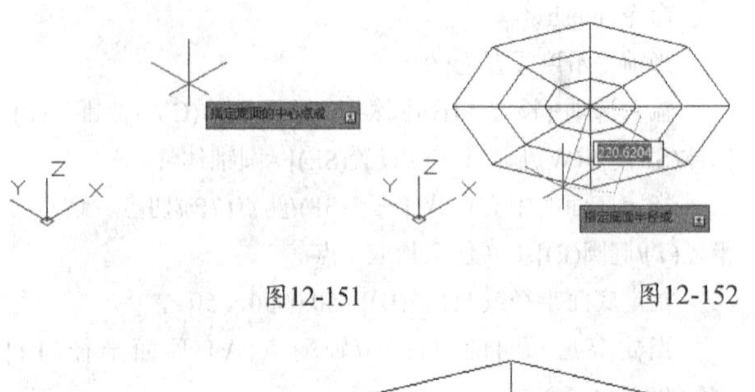

图12-151 图12-152

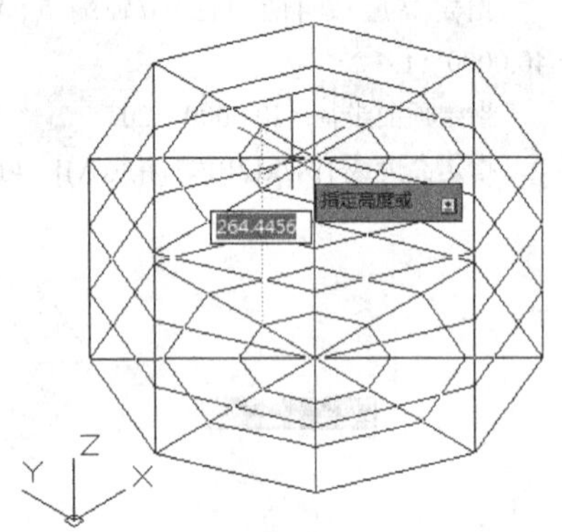

图12-153

棱锥体：创建最多具有32个侧面的网格棱锥体或者倾斜至一个点的棱锥体，也可以创建从底面倾斜至平面的棱台，如图12-154~图12-159所示，相关命令提示如下。

命令: mesh↙

当前平滑度设置为: 0

输入选项 [长方体(B)/圆锥体(C)/圆柱体(CY)/棱锥体(P)/球体(S)/楔体(W)/圆环体(T)/设置(SE)] <圆柱体>: p↙

4 个侧面 外切

指定底面的中心点或 [边(E)/侧面(S)]: //任意拾取一点

指定底面半径或 [内接(I)] <50.0000>: 50↙

指定高度或 [两点(2P)/轴端点(A)/顶面半径(T)] <100.0000>: t↙

指定顶面半径 <0.0000>: 20↙

指定高度或 [两点(2P)/轴端点(A)] <100.0000>: 100↙

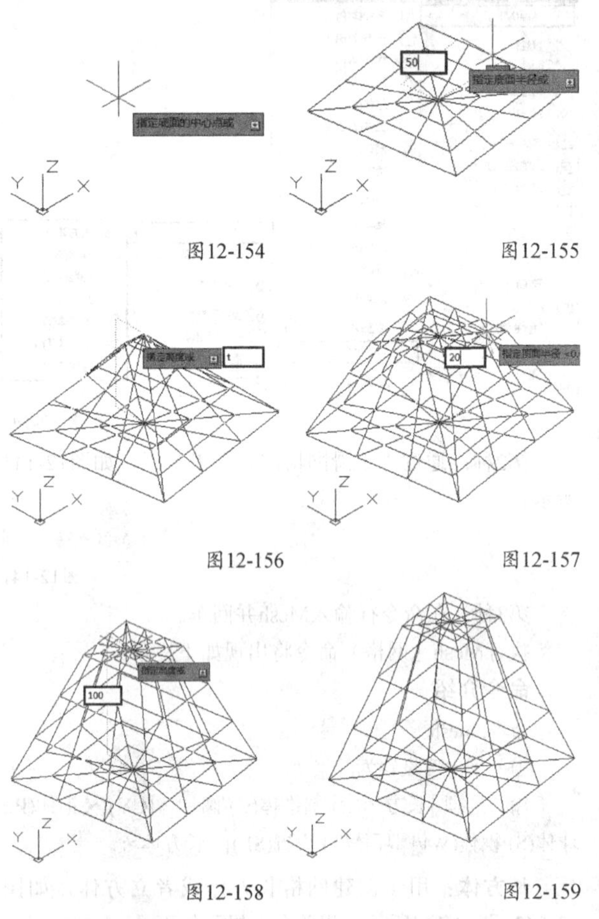

图12-154 图12-155

图12-156 图12-157

图12-158 图12-159

球体：创建网格球体，如图12-160~图12-162所示，相关命令提示如下。

命令: mesh↙

当前平滑度设置为: 0

输入选项 [长方体(B)/圆锥体(C)/圆柱体(CY)/棱锥体(P)/球体(S)/楔体(W)/圆环体(T)/设置(SE)] <棱锥体>: s↙

指定中心点或 [三点(3P)/两点(2P)/切点、切点、半径(T)]: //任意拾取一点

指定半径或 [直径(D)] <50.0000>: 50↙

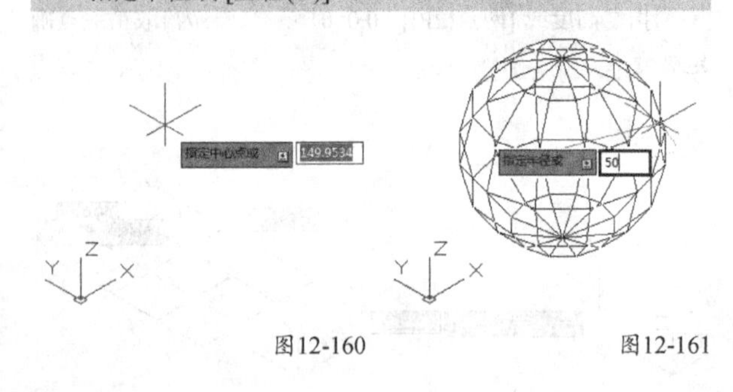

图12-160 图12-161

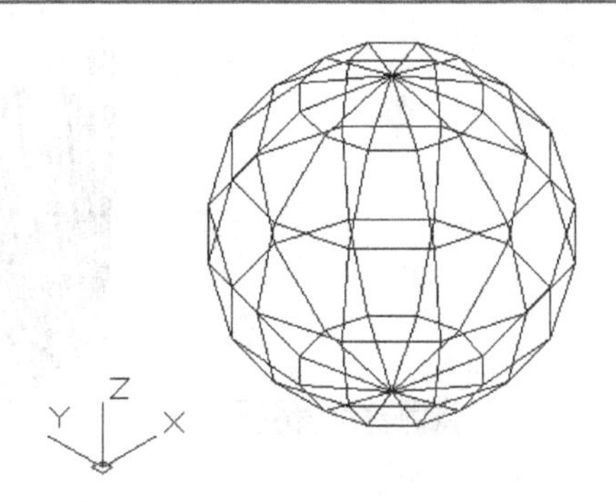

图12-162

楔体：创建网格楔形体，如图12-163~图12-166所示，相关命令提示如下。

命令: mesh↙
当前平滑度设置为: 0
输入选项 [长方体(B)/圆锥体(C)/圆柱体(CY)/棱锥体(P)/球体(S)/楔体(W)/圆环体(T)/设置(SE)] <楔体>: w↙
指定第一个角点或 [中心(C)]:　　//任意拾取一点
指定其他角点或 [立方体(C)/长度(L)]: c↙
指定长度: 50↙

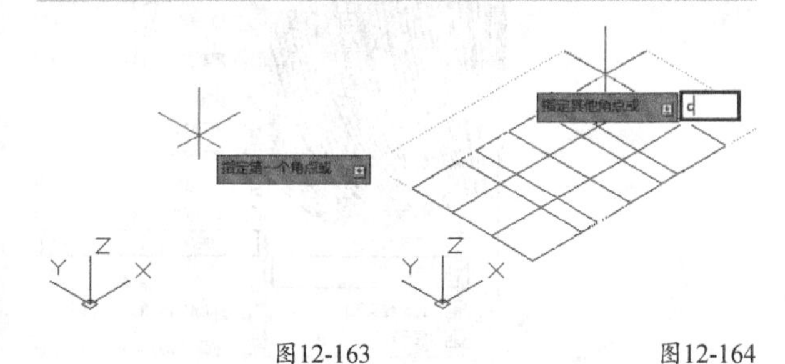

图12-163　　图12-164

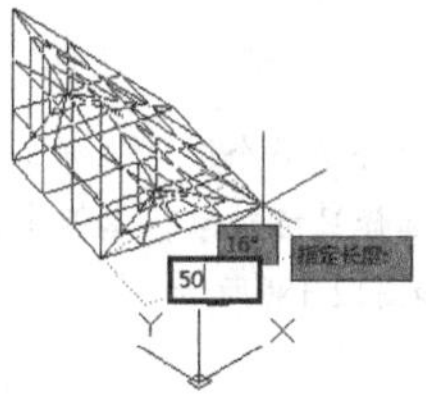

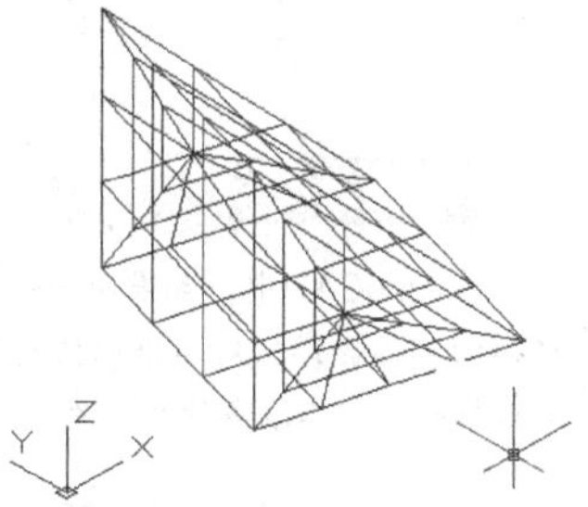

图12-165　　图12-166

圆环体：创建类似于轮胎内胎的环形实体，如图12-167~图12-170所示，相关命令提示如下。

命令: mesh↙
当前平滑度设置为: 0
输入选项 [长方体(B)/圆锥体(C)/圆柱体(CY)/棱锥体(P)/球体(S)/楔体(W)/圆环体(T)/设置(SE)] <圆环体>: t↙
指定中心点或 [三点(3P)/两点(2P)/切点、切点、半径(T)]:　　//任意拾取一点
指定半径或 [直径(D)] <10.0000>: 50↙
指定圆管半径或 [两点(2P)/直径(D)]: 10↙

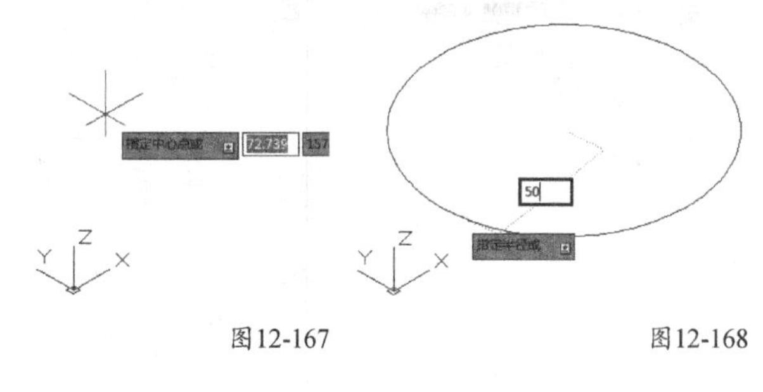

图12-167　　图12-168

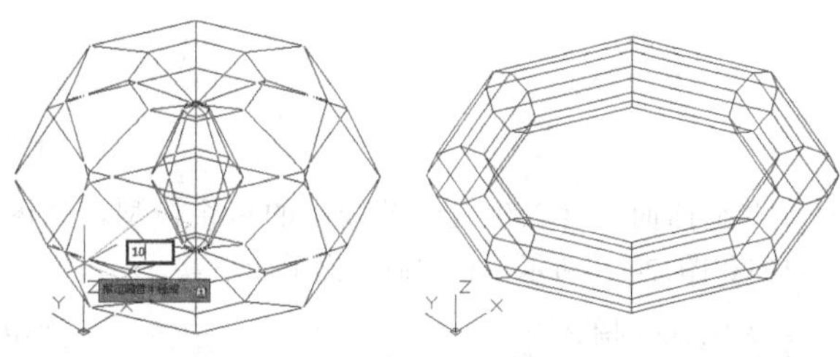

图12-169　　图12-170

设置：设置网格的平滑度，该数值越高，圆锥和圆环等网格表面就越光滑。

12.3.7 综合实例——创建窗帘

素材位置　第12章>素材文件>12.3.7.dwg
实例位置　第12章>实例文件>12.3.7.dwg
技术掌握　创建边界网格和调整网格密度的方法

在本例中先要打开用于创建窗帘的素材文件，然后调整网格密度，接着使用Edgesurf（边界网格）命令创建网格模型，效果如图12-171所示。

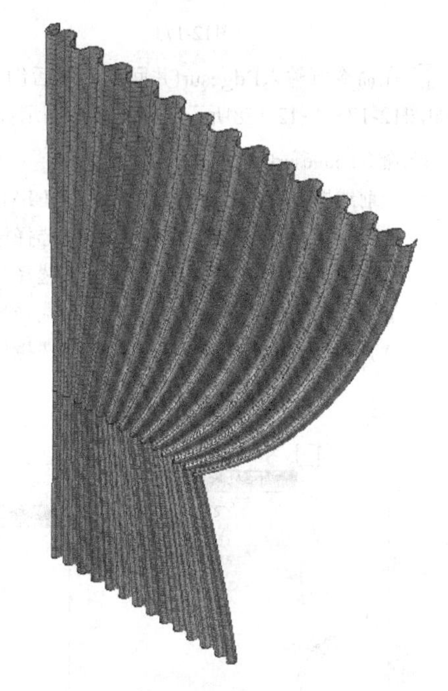

图12-171

01 打开光盘中的“第12章>素材文件>12.3.7.dwg”文件，如图12-172示。

图12-172

02 调整曲面密度以生成细节较高的窗帘模型，如图12-173和图12-174所示，相关命令提示如下。

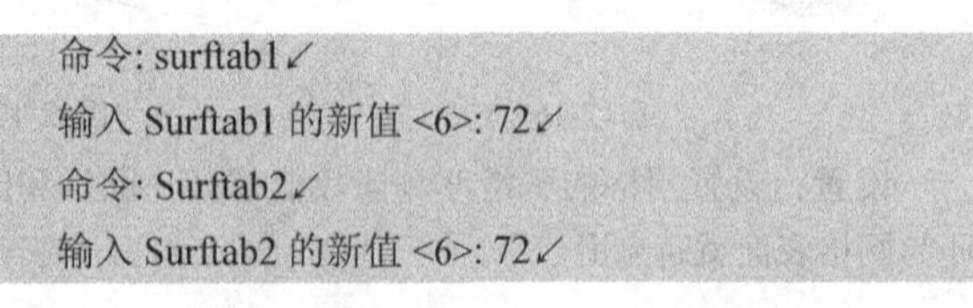

命令: surftab1↙
输入 Surftab1 的新值 <6>: 72↙
命令: Surftab2↙
输入 Surftab2 的新值 <6>: 72↙

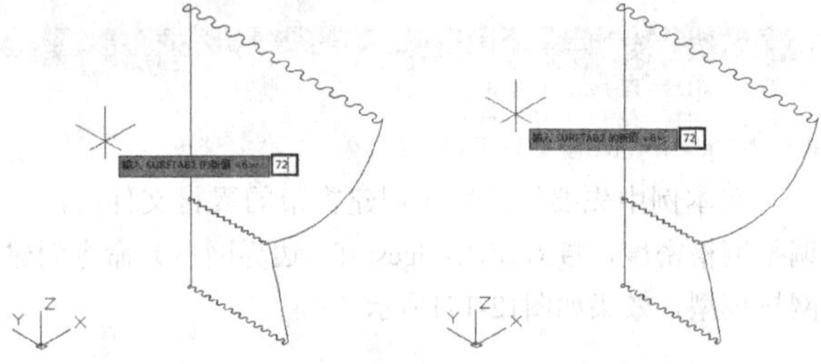

图12-173　　图12-174

03 在命令行输入Edgesurf并回车，然后创建网格曲面，如图12-175~图12-178所示，相关命令提示如下。

命令: edgesurf ↙
当前线框密度: SURFTAB1=72 SURFTAB2=72
选择用作曲面边界的对象 1:　　//选择第1条边
选择用作曲面边界的对象 2:　　//选择第2条边
选择用作曲面边界的对象 3:　　//选择第3条边
选择用作曲面边界的对象 4:　　//选择第4条边

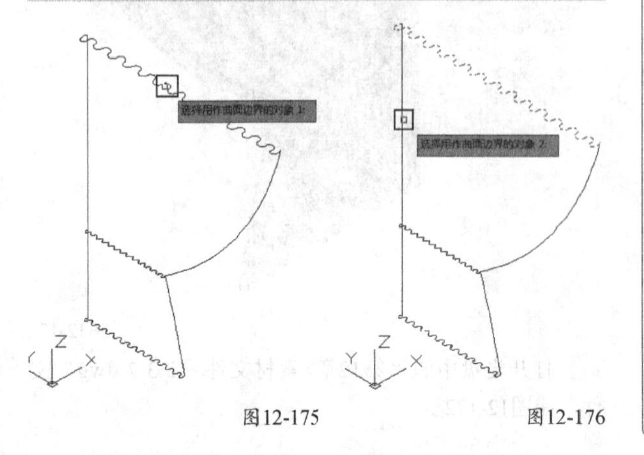

图12-175　　图12-176

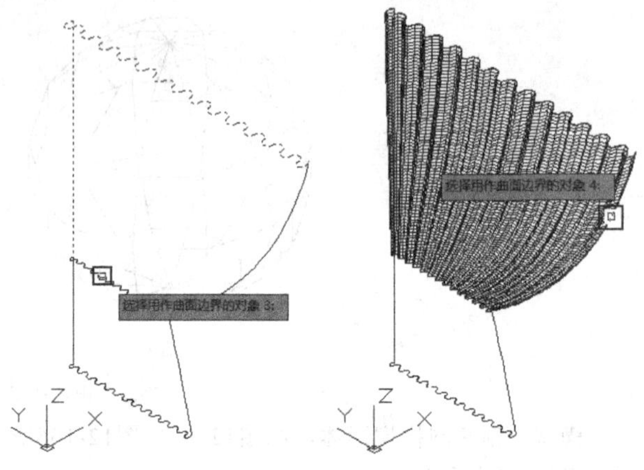

图12-177　　图12-178

04 为便于在下一步操作选择中部的曲线边界，单击选中绘制好的上部曲面，然后单击鼠标右键，接着在弹出的菜单中选择“绘图次序>后置”命令，如图12-179所示。

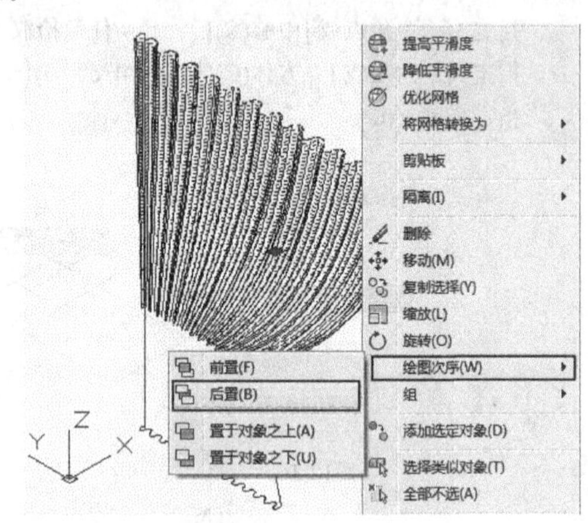

图12-179

在AutoCAD中，如果同一位置重叠了多个图形，那么在选择的时候会弹出对话框以便精确选择目标对象，本例中需要选择的是“二维多段线”图形，如图12-180所示。

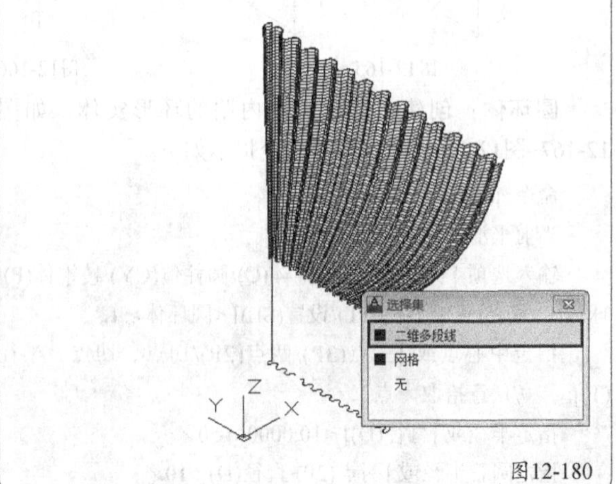

图12-180

05 执行“绘图>建模>网格>边界网格”菜单命令，继续创建曲面，如图12-181~图12-184所示，相关命令提示如下。

```
命令: _edgesurf
当前线框密度: SURFTAB1=72 SURFTAB2=72
选择用作曲面边界的对象 1:        //选择第1条边
选择用作曲面边界的对象 2:        //选择第2条边
选择用作曲面边界的对象 3:        //选择第3条边
选择用作曲面边界的对象 4:        //选择第4条边
```

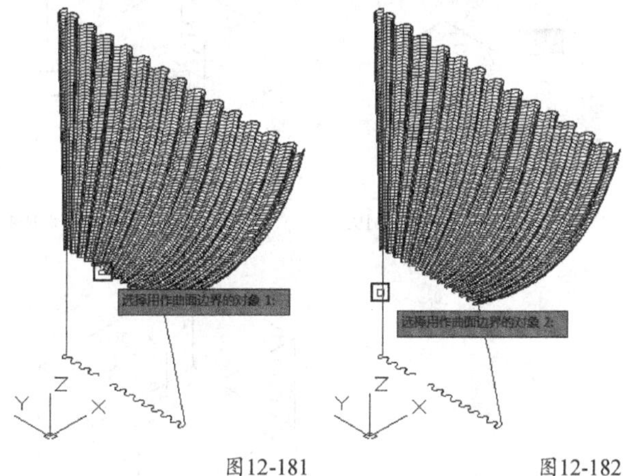

图12-181　　图12-182

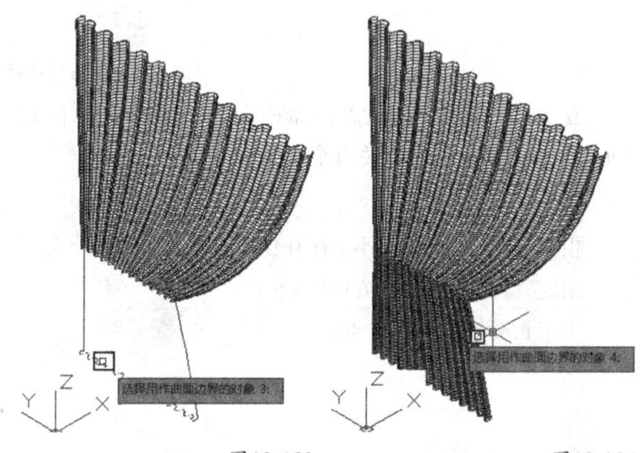

图12-183　　图12-184

12.4 三维实体

实体对象表示整个对象的体积，在各类三维模型中，实体的信息最完整，歧义最少。实体模型比线框模型和网格更容易构造和编辑。

12.4.1 多段体

在AutoCAD中，使用Polysolid（多段体）命令可以创建多段体，如图12-185所示。

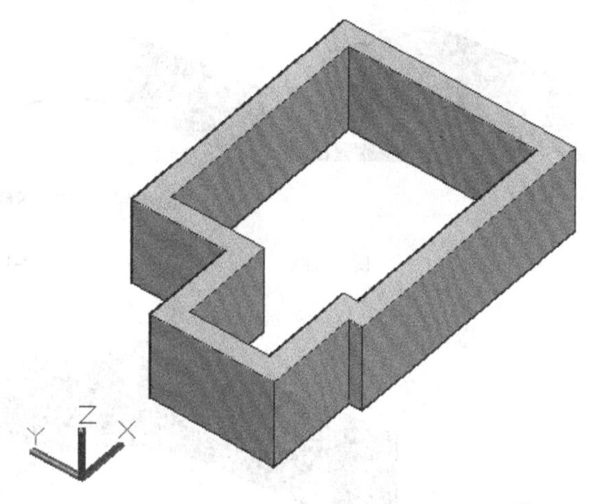

图12-185

执行Polysolid（多段体）命令有如下3种方式。

第1种：执行“绘图>建模>多段体”菜单命令。

第2种：单击“建模”工具栏中的“多段体”按钮。

第3种：在命令行输入Polysolid并回车。

多段体的创建过程比较简单，执行命令后直接通过鼠标在绘图区域内拾取点或者输入坐标点即可进行创建，相关命令提示如下。

命令介绍

```
命令: _Polysolid 高度 = 100.0000, 宽度 = 30.0000, 对正 = 居中
指定起点或 [对象(O)/高度(H)/宽度(W)/对正(J)] <对象>: //任意拾取一点
指定下一个点或 [圆弧(A)/放弃(U)]:        //拾取下一点
指定下一个点或 [圆弧(A)/放弃(U)]:        //拾取下一点
指定下一个点或 [圆弧(A)/闭合(C)/放弃(U)]: ↙
```

对象：将选定的二维对象转换为多段体，可以转换的对象包括直线、二维多线段、圆弧或圆等，如图12-186和图12-187所示。

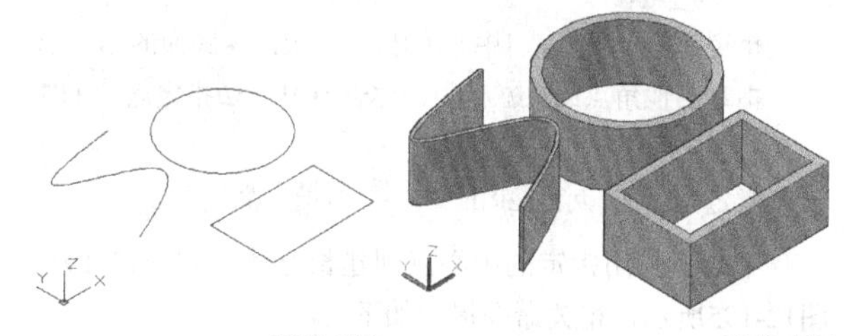

图12-186　　图12-187

高度：设置多段体的高度。

宽度：设置多段体的宽度。

对正：指定多段体的高度和宽度的对正方式。

圆弧：创建带有圆弧度的多段体，如图12-188~图12-190所示。

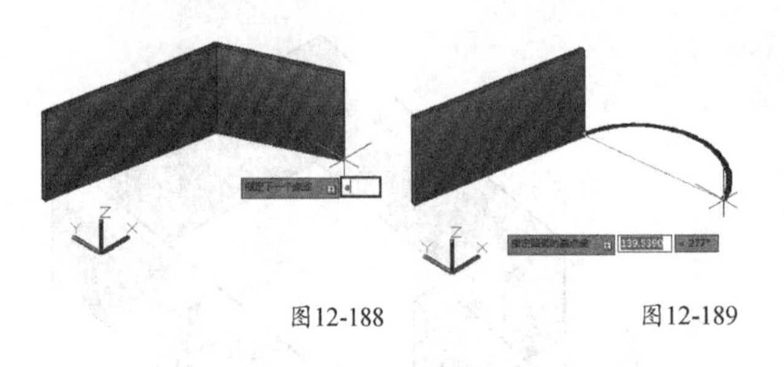

图12-188　　图12-189

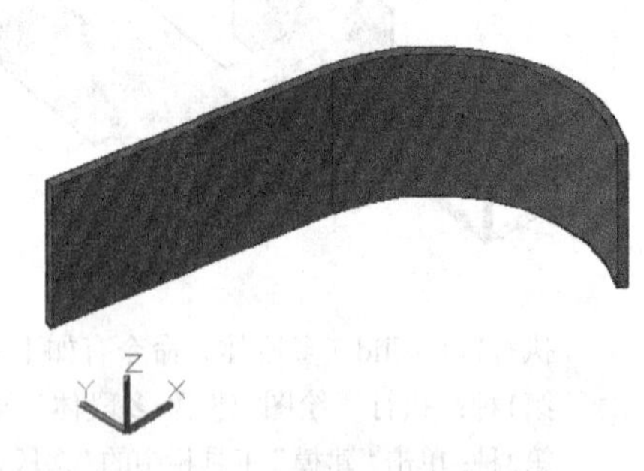

图12-190

12.4.2 长方体

使用Box（长方体）命令可以创建长方体，创建时可以用底面顶点来定位，也可以用长方体中心来定位，所生成的长方体的底面平行于当前UCS的*xy*平面，长方体的高沿*z*轴方向。

命令Box（长方体）命令有如下3种方式。

第1种：执行“绘图>建模>长方体”菜单命令。

第2种：在“建模”工具栏中单击“长方体”按钮□。

第3种：在命令行输入Box并回车。

在创建长方体时，一般需要先指定一个矩形平面作为长方体的底面，然后指定高度，相关命令提示如下。

命令介绍

```
命令: _box
指定第一个角点或 [中心(C)]:        //指定底面的第一点
指定其他角点或 [立方体(C)/长度(L)]:   //指定底面的第二点
指定高度或 [两点(2P)]:          //指定高度
```

中心：使用指定的中心点创建长方体，如图12-191~图12-195所示，相关命令提示如下。

```
命令: _box
指定第一个角点或 [中心(C)]: 0,0,0↙
指定其他角点或 [立方体(C)/长度(L)]: 60,40,30↙
```

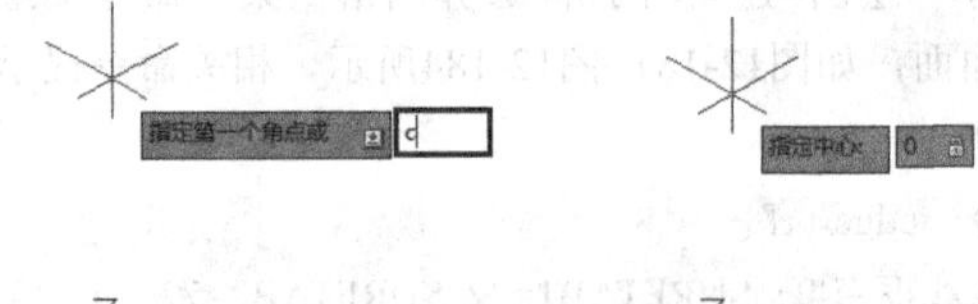

图12-191 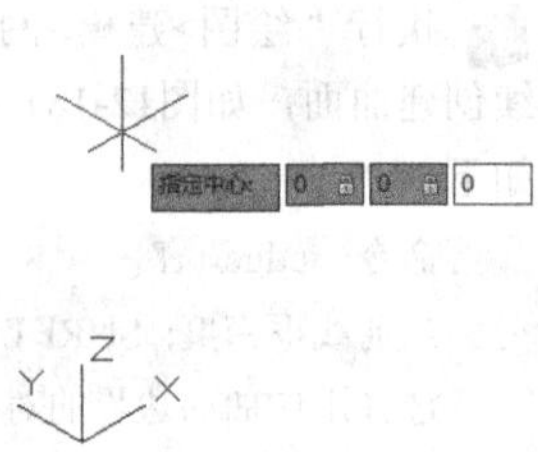　　图12-192

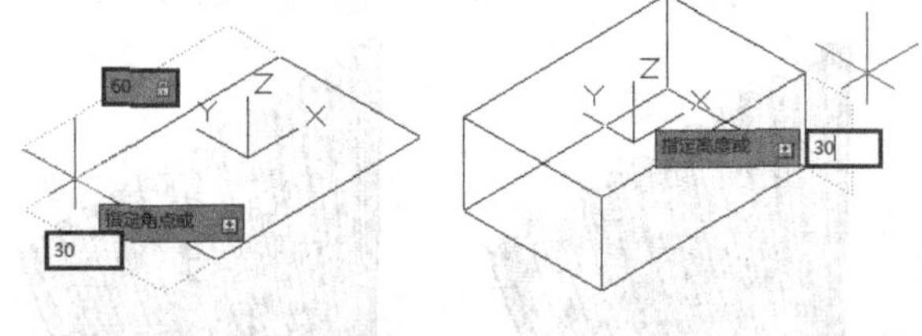

图12-193　　图12-194

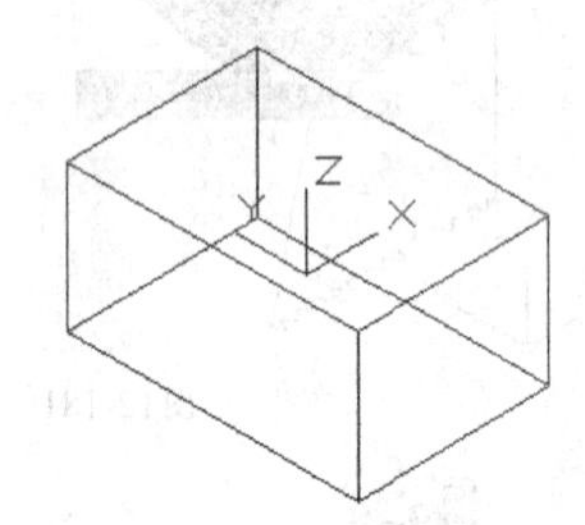

图12-195

立方体：创建长、宽、高相同的长方体，如图12-196~图12-199所示，相关命令提示如下。

```
命令: _box
指定第一个角点或 [中心(C)]:        //任意拾取一点
指定其他角点或 [立方体(C)/长度(L)]: c↙
指定长度 <40.0000>: 40↙
```

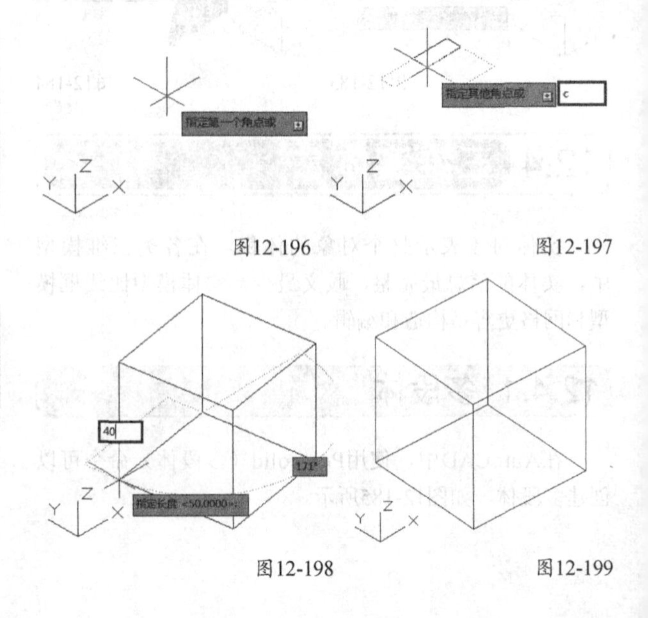

图12-196　　图12-197

图12-198　　图12-199

长度： 按照指定的长、宽、高创建长方体，如图12-200~图12-205所示，相关命令提示如下。

```
命令: _box
指定第一个角点或 [中心(C)]:          //任意拾取一点
指定其他角点或 [立方体(C)/长度(L)]: l↙
指定长度 <40.0000>: 80↙
指定宽度: 50↙
指定高度或 [两点(2P)] <40.0000>: 30↙
```

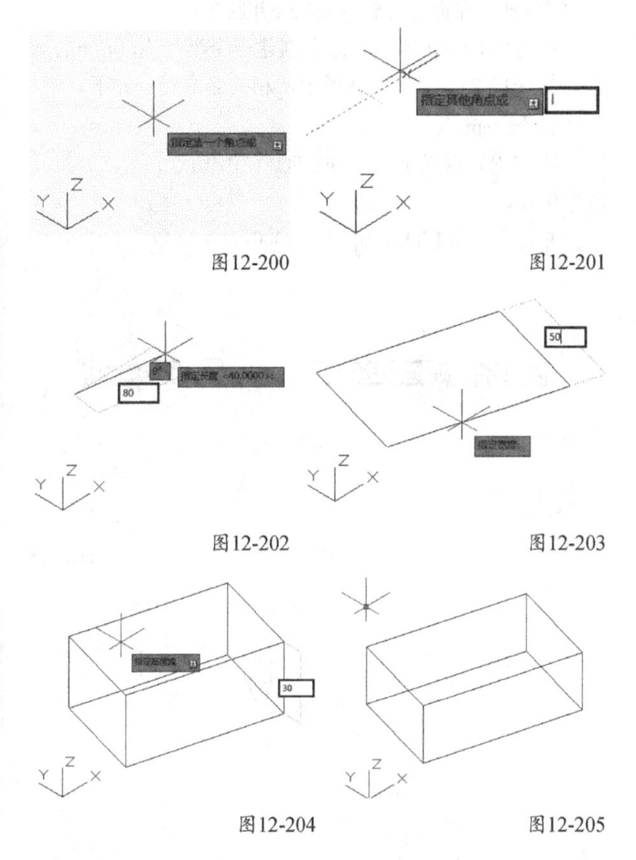

图12-200　图12-201

图12-202　图12-203

图12-204　图12-205

12.4.3 楔体

使用Wedge（楔体）命令可以创建楔形体，其斜面高度将沿x轴正方向减少，底面平行于xy平面。它的创建方法与长方体类似，一般有两种定位方式：一种是用底面顶点定位；另一种是用楔形体中心定位。

执行Wedge（楔体）命令有如下3种方式。

第1种：执行“绘图>建模>楔体”菜单命令。

第2种：在“建模”工具栏中单击“楔体”按钮。

第3种：在命令行输入Wedge并回车。

已知底面顶点和高度，创建一个楔形体，如图12-206~图12-209所示，相关命令提示如下。

```
命令: _wedge
指定第一个角点或 [中心(C)]: 0,0,0↙
指定其他角点或 [立方体(C)/长度(L)]: 60,35↙
指定高度或 [两点(2P)] <30.0000>: 40↙
```

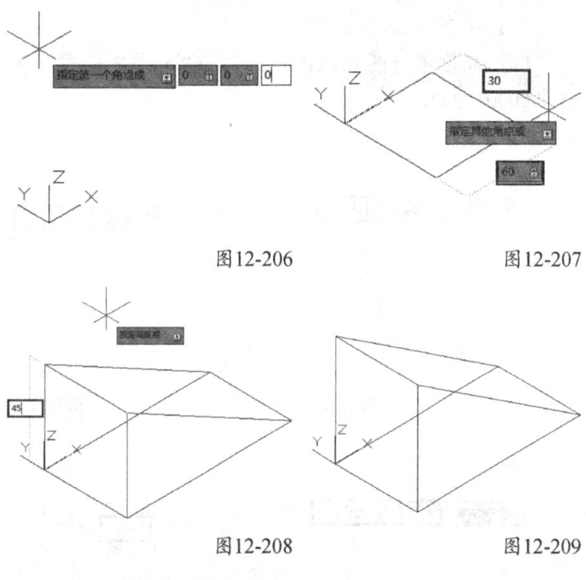

图12-206　图12-207

图12-208　图12-209

12.4.4 圆锥体

使用Cone（圆锥体）命令可以创建圆锥体和椭圆锥体，所生成的圆锥体、椭圆锥体的底面平行于xy平面，轴线平行于z轴。

执行Cone（圆锥体）命令有如下3种方式。

第1种：执行“绘图>建模>圆锥体”菜单命令。

第2种：在“建模”工具栏中单击“圆锥体”按钮。

第3种：在命令行输入Cone并回车。

执行Cone（圆锥体）命令将出现如下提示。

命令介绍

```
命令: _cone
指定底面的中心点或 [三点(3P)/两点(2P)/切点、切点、半径(T)/椭圆(E)]:    //任意拾取一点
指定底面半径或 [直径(D)]:        //指定底面半径
指定高度或 [两点(2P)/轴端点(A)/顶面半径(T)] <179.2236>:     //指定高度
```

三点： 通过指定3个点来定义圆锥体的底面周长和底面。

两点： 通过指定两点来定义圆锥体的底面直径。

切点、切点、半径： 定义具有指定半径、且与两个对象相切的圆锥体底面。

椭圆： 创建椭圆锥体，如图12-210~图12-216所示，相关命令提示如下。

```
命令: _cone
指定底面的中心点或 [三点(3P)/两点(2P)/切点、切点、半径(T)/椭圆(E)]: e↙
```

指定第一个轴的端点或 [中心(C)]: c↙

指定中心点: 0,0,0↙

指定到第一个轴的距离 <80.0000>: 100↙

指定第二个轴的端点: 75↙

指定高度或 [两点(2P)/轴端点(A)/顶面半径(T)] <160.0000>: 200↙

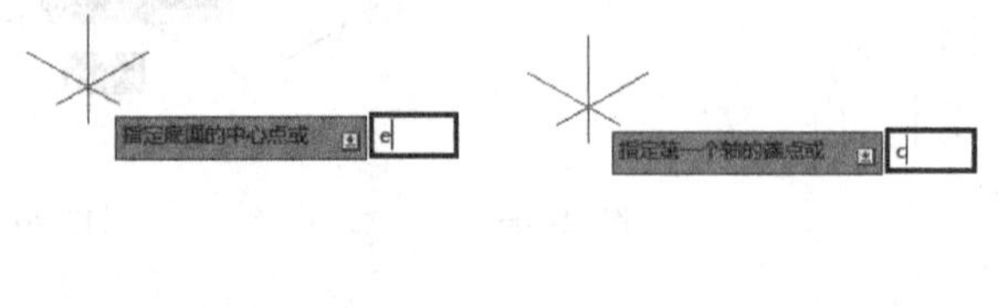

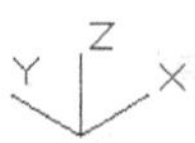

图12-210　　图12-211

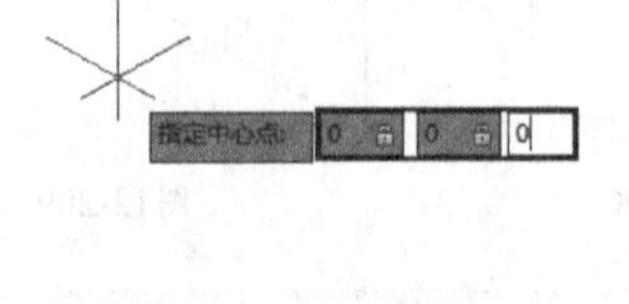

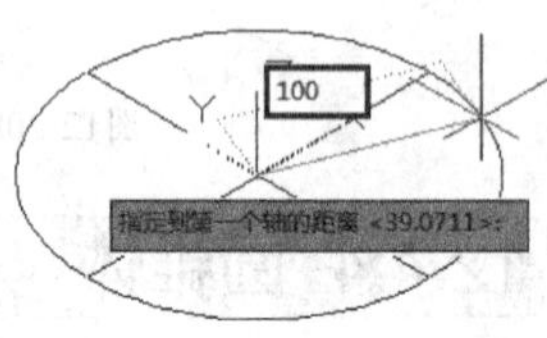

图12-212　　图12-213

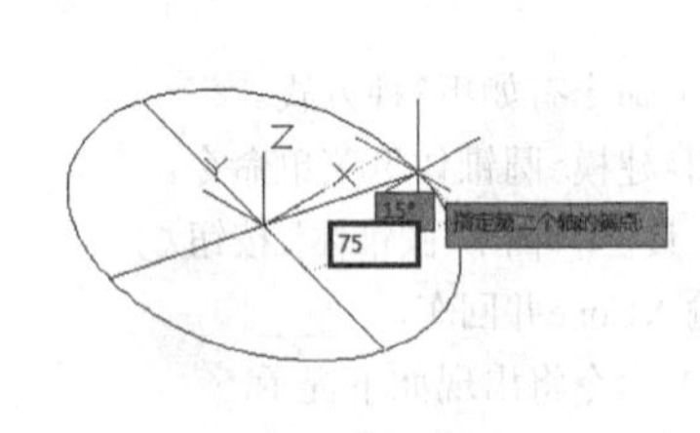

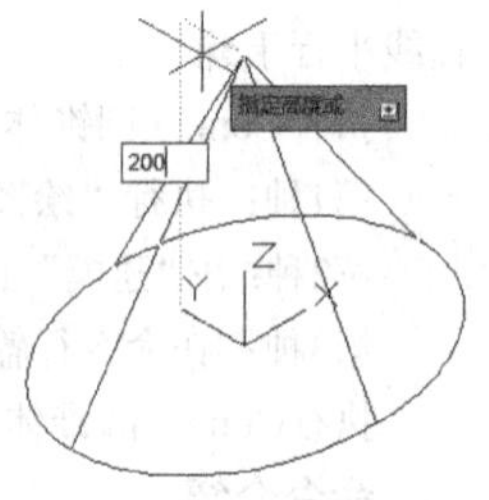

图12-214　　图12-215

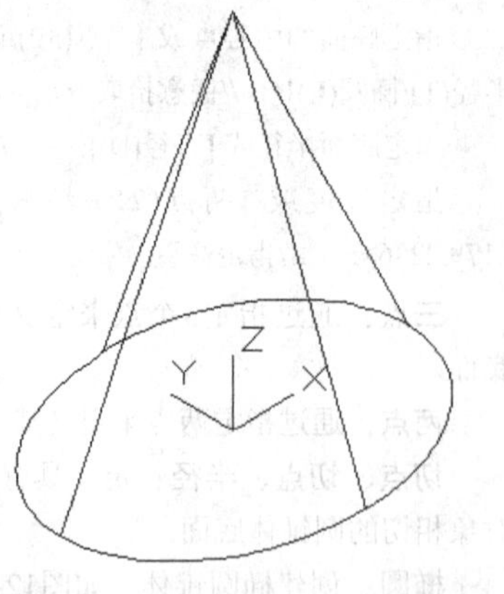

图12-216

两点（高度）：通过指定两点定义圆锥体的高度。

轴端点：指定圆锥体的顶点位置。

顶面半径：指定圆锥体顶面的半径。

12.4.5 球体

球体是最简单的三维实体，使用Sphere（球体）命令可以按指定的球心、半径或直径创建实心球体，球体的纬线与当前的UCS的*xy*平面平行，其轴线与*z*轴平行。

执行Sphere（球体）命令有如下3种方式。

第1种：执行“绘图>建模>球体”菜单命令。

第2种：在“建模”工具栏中单击“球体”按钮。

第3种：在命令行输入Sphere并回车。

执行Sphere（球体）命令创建一个半径为60mm的球体，如图12-217~图12-219所示，相关命令提示如下。

命令: _sphere

指定中心点或 [三点(3P)/两点(2P)/切点、切点、半径(T)]: 0,0,0↙

指定半径或 [直径(D)] <100.0000>: 60↙

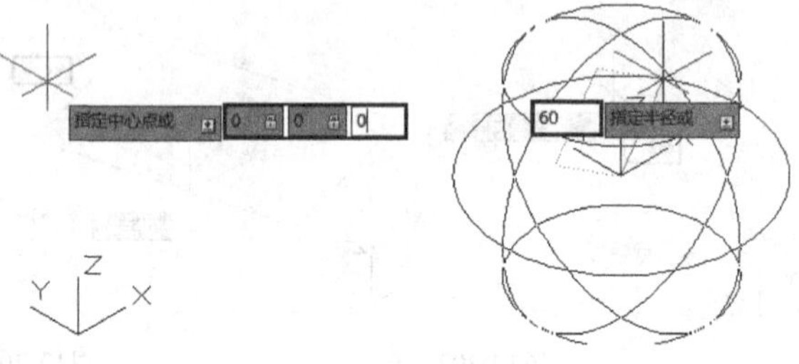

图12-217　　图12-218

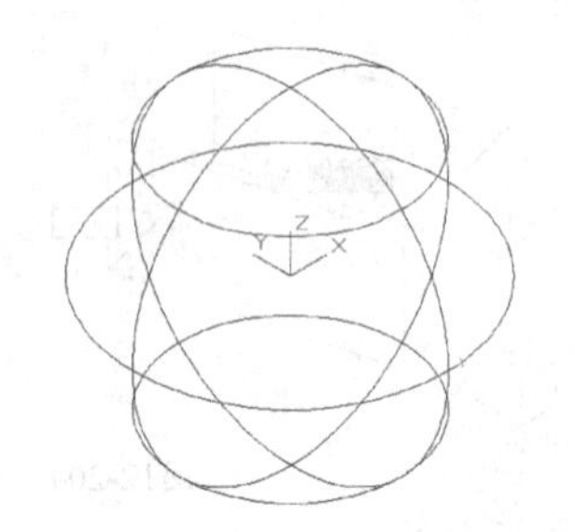

图12-219

专家点拨

系统默认的线框显示密度是4，可以在命令行输入Isolines命令来重新定义线框的密度，然后输入Regen命令重新生成模型，如图12-220~图12-222所示。

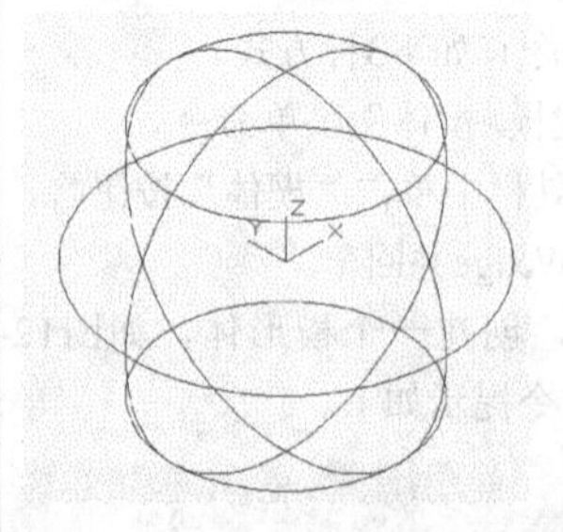
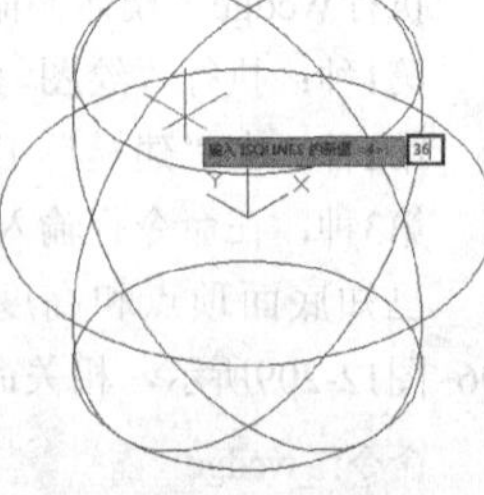

图12-220　　图12-221

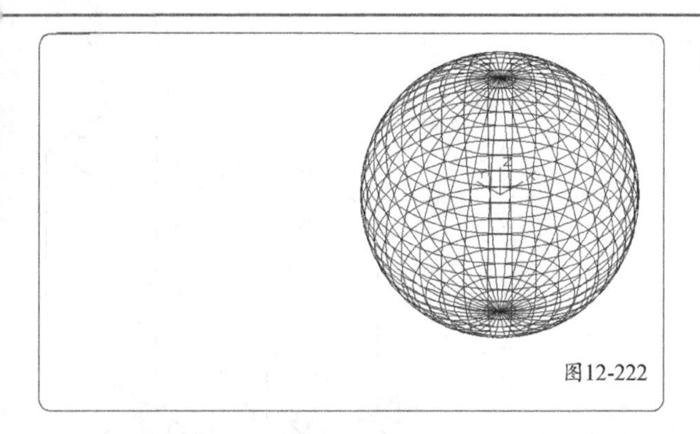

图12-222

12.4.6 圆柱体

使用Cylinder（圆柱体）命令可以创建圆柱体和椭圆柱体，所生成的圆柱体与椭圆柱体的底面平行于*xy*平面，轴线与*z*轴相平行。

执行Cylinder（圆柱体）命令有如下3种方式。

第1种：执行“绘图>建模>圆柱体”菜单命令。

第2种：单击“建模”工具栏中的“圆柱体”按钮。

第3种：在命令行输入Cylinder并回车。

执行Cylinder（圆柱体）命令创建一个圆柱体，如图12-223~图12-226所示，相关命令提示如下。

命令: _cylinder

指定底面的中心点或 [三点(3P)/两点(2P)/切点、切点、半径(T)/椭圆(E)]: 0,0,0

指定底面半径或 [直径(D)] <60.0000>: 60↙

指定高度或 [两点(2P)/轴端点(A)] <200.0000>: 160↙

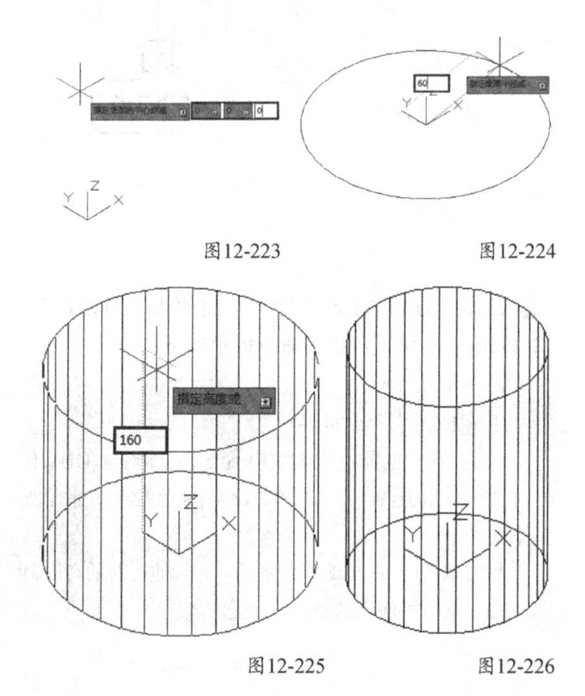

图12-223　　图12-224

图12-225　　图12-226

12.4.7 圆环体

圆环体由两个半径定义，一个是从圆环体中心到管道中心的圆环体半径；另一个是管道半径。随着管道半径和圆环体半径之间的相对大小的变化，圆环体的形状是不同的。

执行Torus（圆环体）命令有如下3种方式。

第1种：执行“绘图>建模>圆环体”菜单命令。

第2种：在“建模”工具栏中单击“圆环”按钮。

第3种：在命令行输入Torus并回车。

圆环体的创建过程比较简单，如图12-227~图12-230所示，相关命令提示如下。

命令: _torus

指定中心点或 [三点(3P)/两点(2P)/切点、切点、半径(T)]: 0,0,0↙

指定半径或 [直径(D)] <40.0000>: 100↙

指定圆管半径或 [两点(2P)/直径(D)]: 30↙

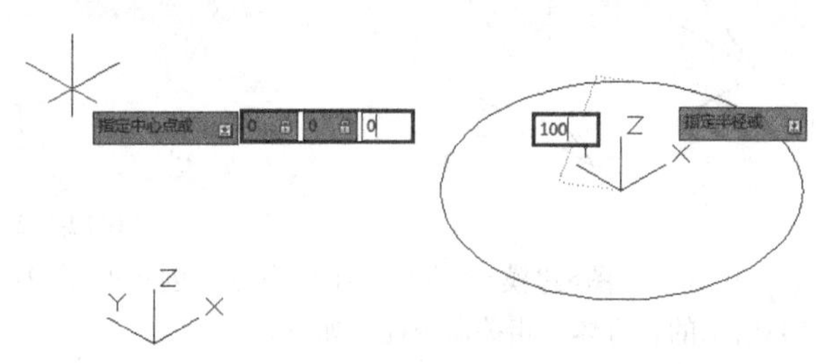

图12-227　　图12-228

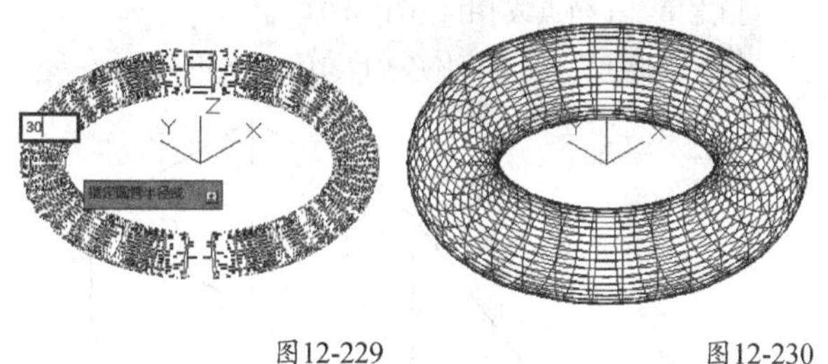

图12-229　　图12-230

12.4.8 综合实例——创建积木组合

素材位置　无

实例位置　第12章>实例文件>12.4.8.dwg

技术掌握　各种标准三维实体模型的创建方法

在本例要先调整视图为西南等轴测，然后依次创建楔形体、长方体、圆柱体、圆锥体和球体，效果如图12-231所示。

图12-231

01 新建一个dwg文件，然后将视图调整为西南等轴测视图。

02 在“建模”工具栏中单击“楔体”按钮，创建如图12-232所示的楔形体，相关命令提示如下。

命令: _wedge
指定第一个角点或 [中心(C)]: 0,0,0↙
指定其他角点或 [立方体(C)/长度(L)]: @-100,40,60↙

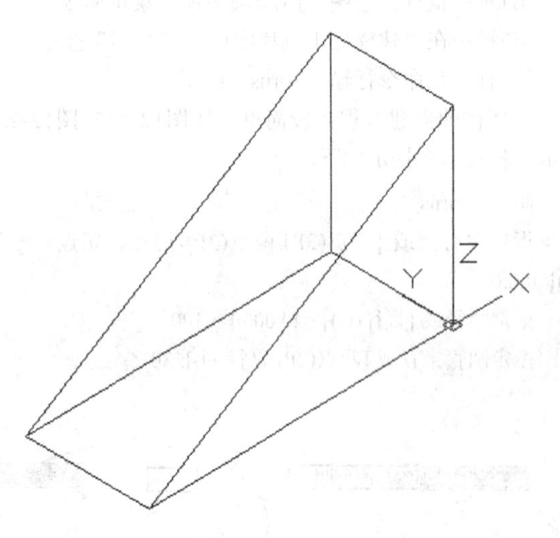

图12-232

03 执行“绘图>建模>长方体”菜单命令，创建如图12-233所示的长方体，相关命令提示如下。

命令: _box
指定第一个角点或 [中心(C)]: 0,0,0↙
指定其他角点或 [立方体(C)/长度(L)]: @40,40,60↙

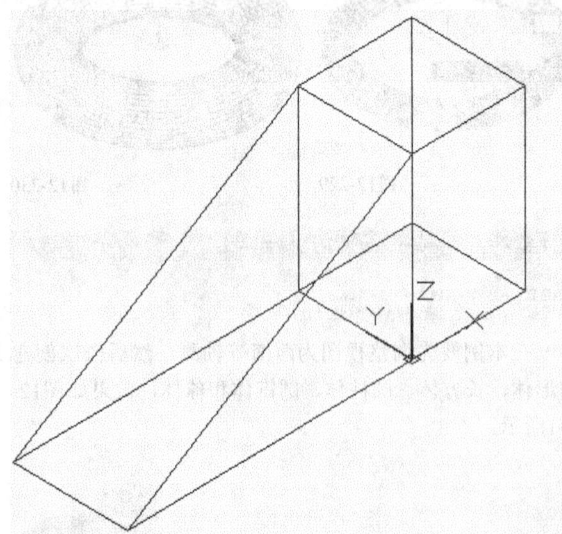

图12-233

04 在命令行输入Copy并回车，将长方体复制一个，如图12-234所示。

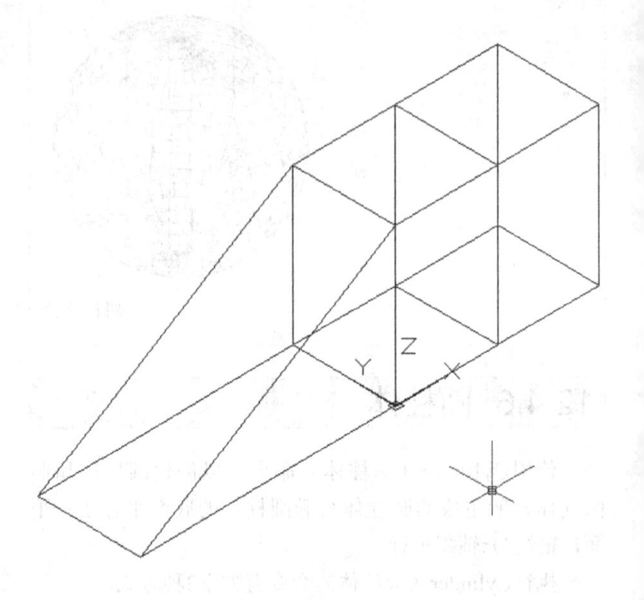

图12-234

05 执行“绘图>建模>楔体”菜单命令，创建如图12-235所示的楔形体，相关命令提示如下。

命令: _wedge
指定第一个角点或 [中心(C)]: //捕捉端点
指定其他角点或 [立方体(C)/长度(L)]: @100,40,60↙

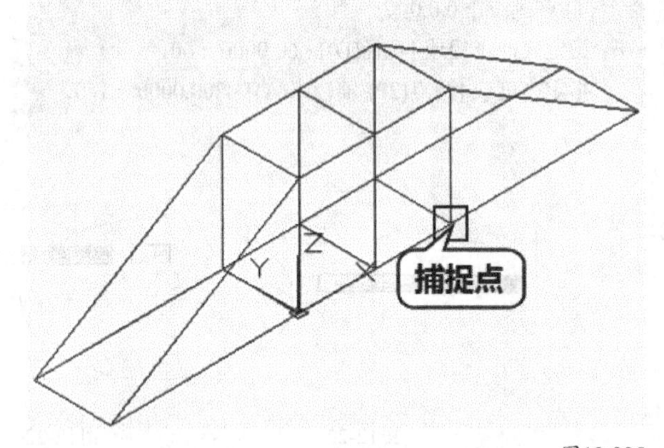

图12-235

06 在命令行输入Ucs并回车，将原点重新定位到如图12-236所示的位置，相关命令提示如下。

命令: ucs↙
当前 UCS 名称: *世界*
指定 UCS 的原点或 [面(F)/命名(NA)/对象(OB)/上一个(P)/视图(V)/世界(W)/X/Y/Z/Z 轴(ZA)] <世界>: //捕捉新的坐标原点
指定 X 轴上的点或 <接受>: //捕捉新的x轴端点
指定 XY 平面上的点或 <接受>:↙

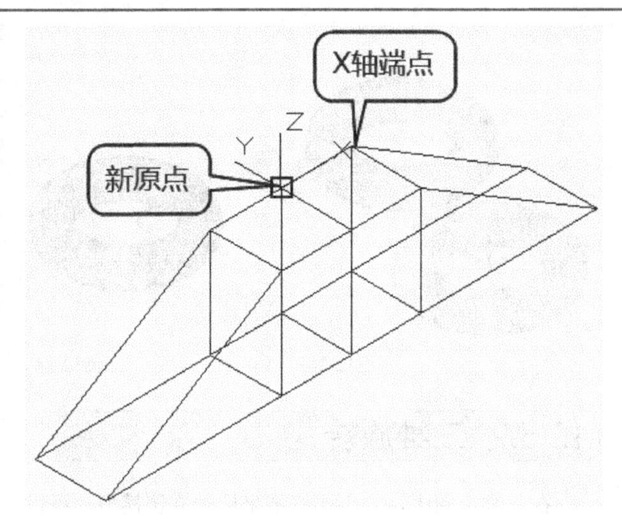

图12-236

07 单击“建模”工具栏中的“圆柱体”按钮，创建一个半径为15mm、高度为70mm的圆柱体，如图12-237所示，相关命令提示如下。

命令: _cylinder
指定底面的中心点或 [三点(3P)/两点(2P)/切点、切点、半径(T)/椭圆(E)]: -20,-20,0↙
指定底面半径或 [直径(D)] <100.0000>: 15↙
指定高度或 [两点(2P)/轴端点(A)] <60.0000>: 70↙

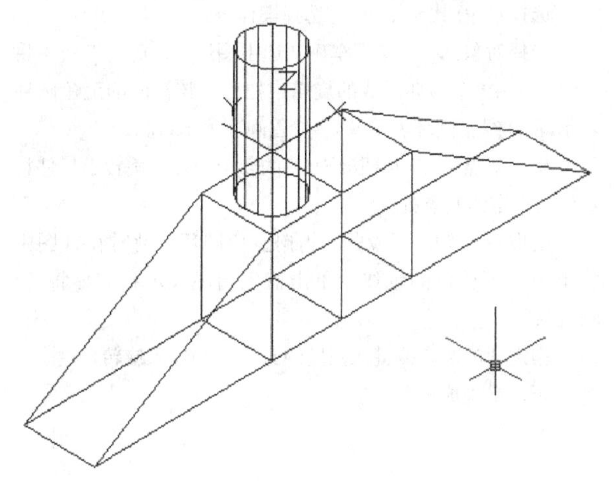

图12-237

08 在“建模”工具栏中单击“圆锥体”按钮，创建一个如图12-238所示的圆锥体，相关命令提示如下。

命令: _cone
指定底面的中心点或 [三点(3P)/两点(2P)/切点、切点、半径(T)/椭圆(E)]: //捕捉圆柱体的顶面圆心
指定底面半径或 [直径(D)] <15.0000>: 20↙
指定高度或 [两点(2P)/轴端点(A)/顶面半径(T)] <70.0000>: 60↙

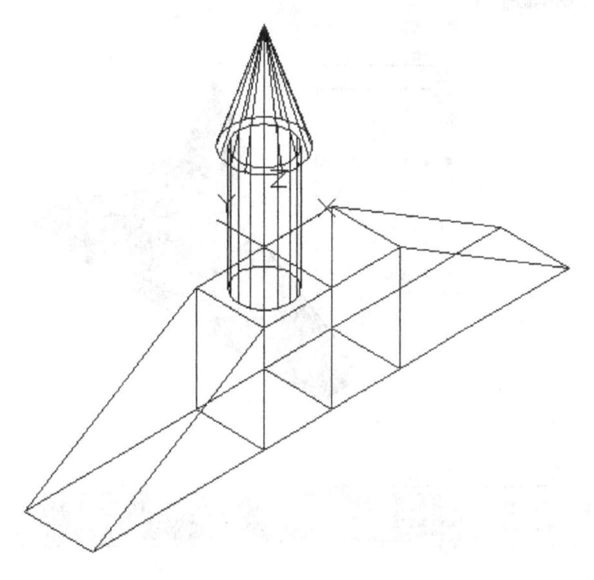

图12-238

09 在“建模”工具栏中单击“球体”按钮，创建一个半径为20mm的球体，如图12-239所示，相关命令提示如下。

命令: _sphere
指定中心点或 [三点(3P)/两点(2P)/切点、切点、半径(T)]: 20,-20,20 ↙
指定半径或 [直径(D)] <10.00>: 20 ↙

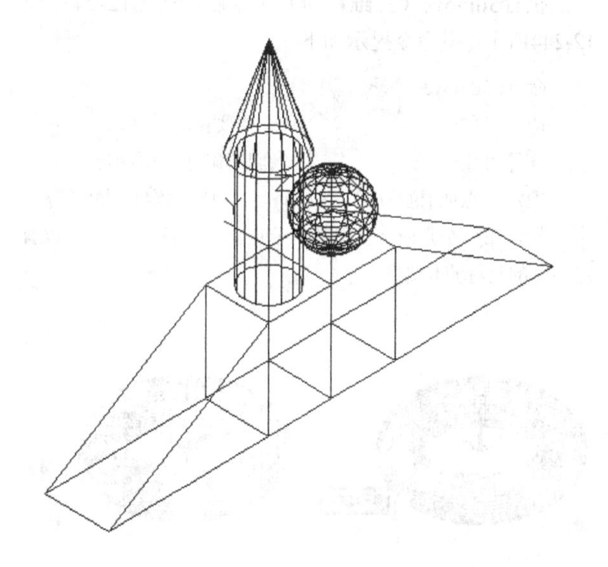

图12-239

10 为方便效果的观察，调整视觉样式为“概念”，最终效果如图12-240所示。

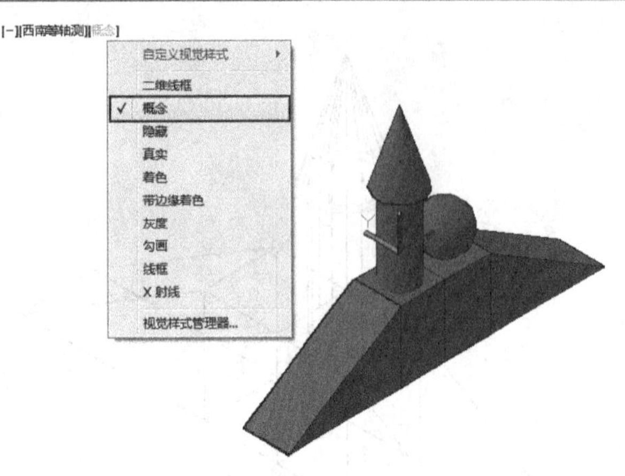

图12-240

12.5 三维操作

12.5.1 三维移动

使用3dmove（三维移动）命令可以在三维空间中自由移动实体模型。

执行3dmove（三维移动）命令有如下3种方式。

第1种：执行“修改>三维操作>三维移动”菜单命令。

第2种：在“建模”工具栏中单击“三维移动”按钮。

第3种：命令行输入3dmove并回车。

执行3dmove（三维移动）命令后，如图12-241~图12-244所示，其命令提示如下。

命令: 3dmove
选择对象: //选择要移动的图形
选择对象: ↙ //回车确认选中图形
指定基点或 [位移(D)] <位移>: //确定移动的基点
指定第二个点或 <使用第一个点作为位移>: //确定移动的目标点位置

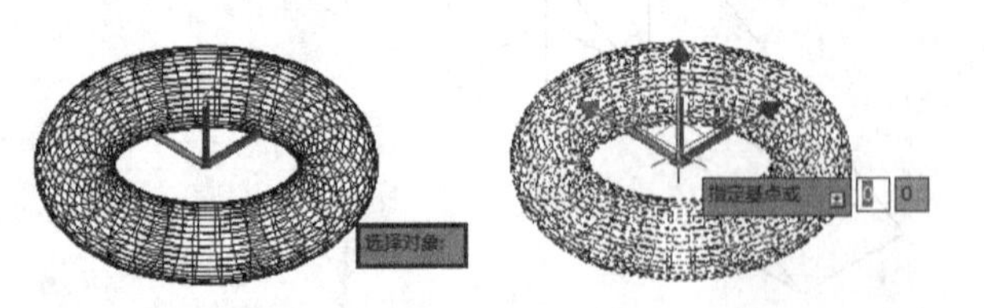

图12-241 图12-242

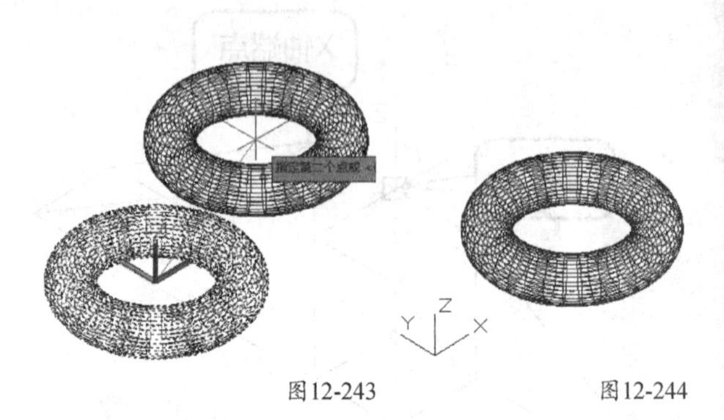

图12-243 图12-244

12.5.2 三维旋转

在三维空间中，如果要绕某坐标轴旋转模型，可以使用3drotate（三维旋转）命令。

执行3drotate（三维旋转）命令有如下3种方式。

第1种：执行“修改>三维操作>三维旋转”菜单命令。

第2种：在“建模”工具栏中单击“三维旋转”按钮。

第3种：在命令行输入3drotate并回车。

执行3drotate命令之后，将楔体沿z轴旋转45°，如图12-245~图12-249所示，相关命令提示如下。

命令: _3drotate
UCS 当前的正角方向: ANGDIR=逆时针 ANGBASE=0
选择对象: 找到 1 个 //选择楔体
选择对象: ↙ //回车确认选中图形，此时在图形中将出现一个由3个圆环组成的旋转小控件，该空间的蓝色圆环表示z轴，绿色圆环表示y轴，红色圆环表示x轴
指定基点: //拾取长方体的一个角点，旋转小控件将定位到指定的基点处
拾取旋转轴: //鼠标指向蓝色圆环，此时在视图中将出现一根蓝色的轴线，单击蓝色圆环表示长方体将绕z轴旋转
指定角的起点或键入角度: 45↙ //输入旋转角度
正在重生成模型。

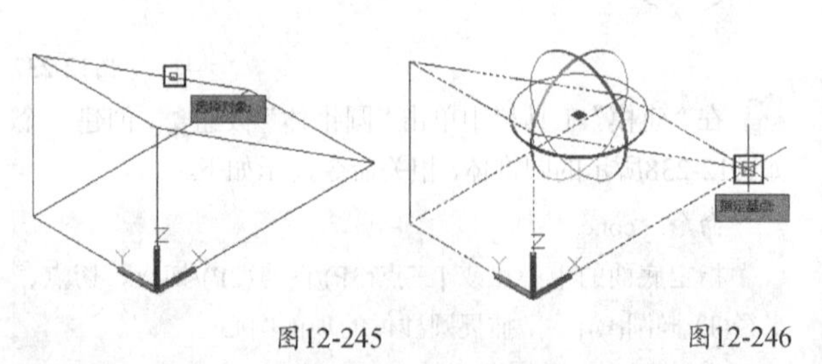

图12-245 图12-246

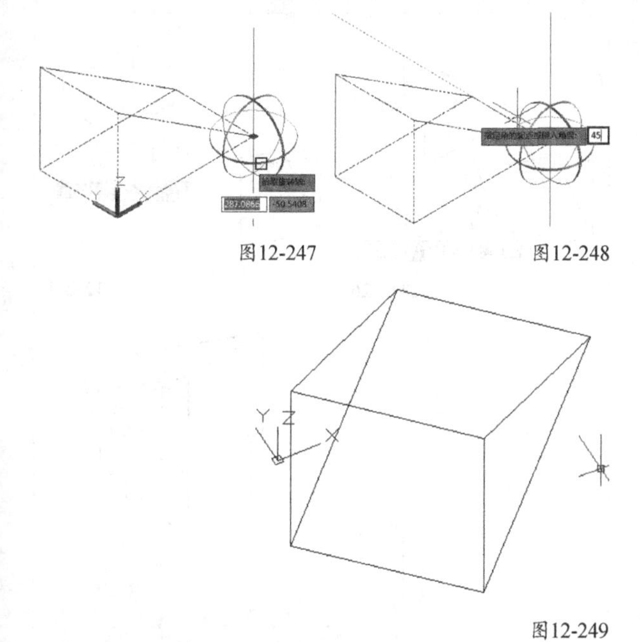

图12-247　　图12-248

图12-249

12.5.3 三维对齐

使用3dalign（三维对齐）命令可以在三维空间中将两个图形按指定的方式对齐，AutoCAD将根据用户指定的对齐方式来改变对象的位置或进行缩放，以便能够与其他对象对齐。

执行3dalign（三维对齐）命令有如下3种方式。

第1种：执行“修改>三维操作>三维对齐”菜单命令。

第2种：在“建模”工具栏中单击“三维对齐”按钮。

第3种：在命令行输入3dalign并回车。

使用3dalign（三维对齐）命令对齐模型将出现如下提示。

```
3DALIGN
选择对象: 找到 1 个        //选择源对象（需要对齐的对象）
选择对象: ↙
指定源平面和方向 ...
指定基点或 [复制(C)]:    //指定对齐的第一个基点
指定第二个点或 [继续(C)] <C>:    //指定对齐的第二个基点
指定第三个点或 [继续(C)] <C>:    //指定对齐的第三个基点
指定目标平面和方向 ...
指定第一个目标点:        //指定对齐的第一个目标点（将与第一个基点对应）
指定第二个目标点或 [退出(X)] <X>: //指定对齐的第二个目标点（将与第二个基点对应）
指定第三个目标点或 [退出(X)] <X>: //指定对齐的第三个目标点（将与第三个基点对应）
```

从上面的命令提示中，可以看出AutoCAD为用户提供了3种对齐方式，下面进行详细的介绍。

第1种：一点对齐（共点）。当只设置一对点时，可实现点对齐。首先确定被调整对象的对齐点（起点），然后确定基准对象的对齐点（终点），被调整对象将自动平移位置与基准对象对齐，如图12-250~图12-253所示所示，相关命令提示如下。

```
命令: _3dalign
选择对象: 找到 1 个    //选择楔体
选择对象: ↙
指定源平面和方向 ...
指定基点或 [复制(C)]:                //捕捉楔体右下角端点
指定第二个点或 [继续(C)] <C>:        //回车确认
指定目标平面和方向 ...
指定第一个目标点:                    //捕捉长方体右下角端点
指定第二个目标点或 [退出(X)] <X>:    //回车确认完成捕捉
```

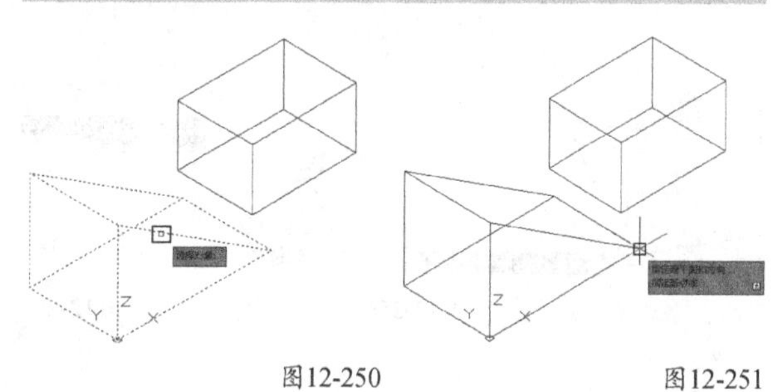

图12-250　　图12-251

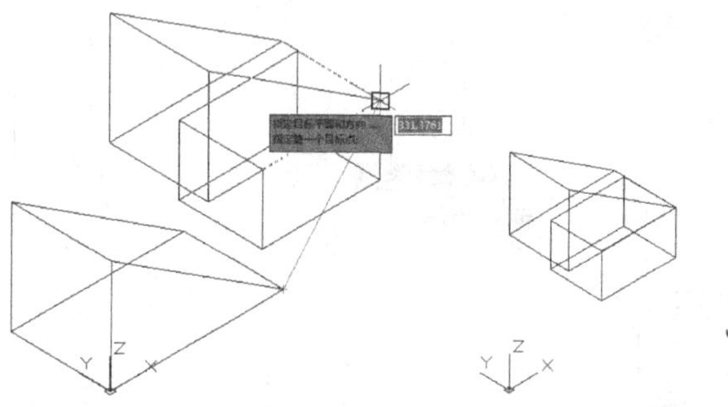

图12-252　　图12-253

第2种：两点对齐（共线）。当设置两对点时，可实现线对齐。使用这种对齐方式，被调整对象将做两个运动，先按第1对点平移，作点对齐，然后再旋转，使第1、第2起点的连线与第1、第2终点的连线共线，如图12-254~图12-259所示，相关命令提示如下。

```
命令: _3dalign
选择对象: 找到 1 个    //选择小长方体
```

选择对象: ↙
 指定源平面和方向 ...
指定基点或 [复制(C)]: //捕捉端点1
指定第二个点或 [继续(C)] <C>: //捕捉端点2
指定第三个点或 [继续(C)] <C>:↙
 指定目标平面和方向 ...
指定第一个目标点: //捕捉端点3
指定第二个目标点或 [退出(X)] <X>: //捕捉端点4
指定第三个目标点或 [退出(X)] <X>:↙

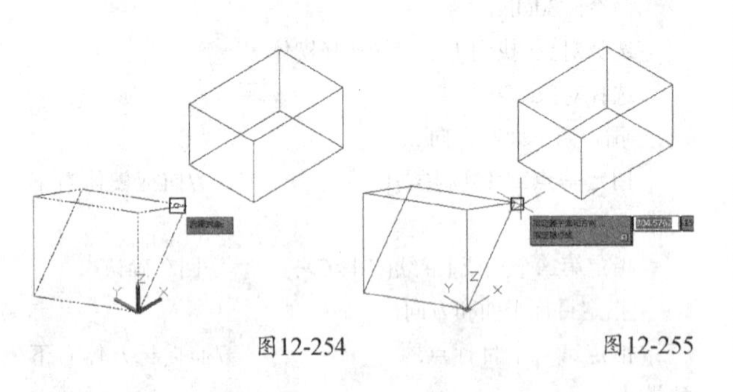
图12-254　图12-255

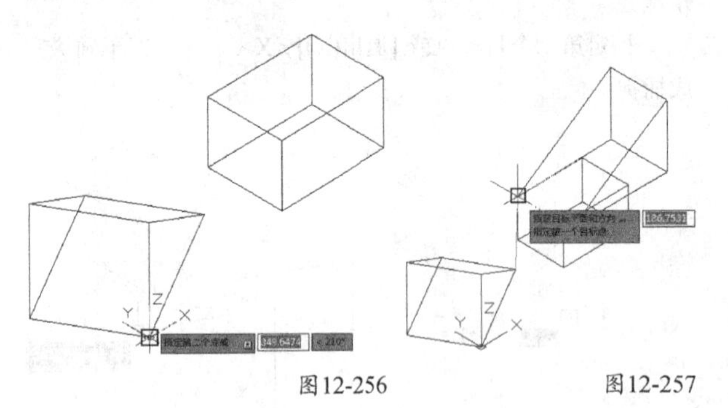
图12-256　图12-257

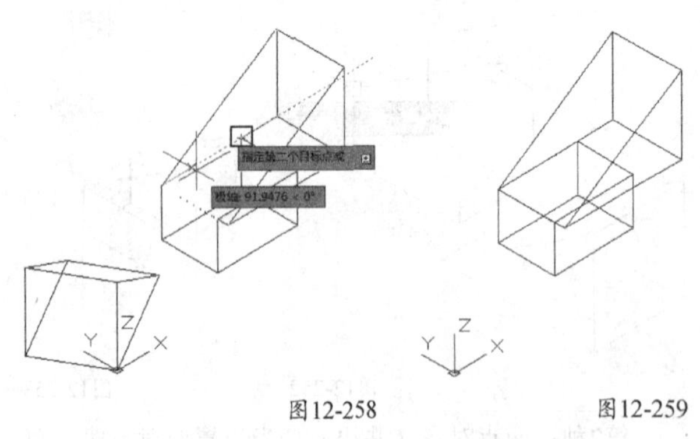
图12-258　图12-259

在确定源平面及捕捉点时，选择点的顺序不同最终模型对齐后的方向也有所不同，如图12-260~图12-262所示编者用与上面操作相反的顺序选择了相同的捕捉点，最终对齐后的模型方向也相反。

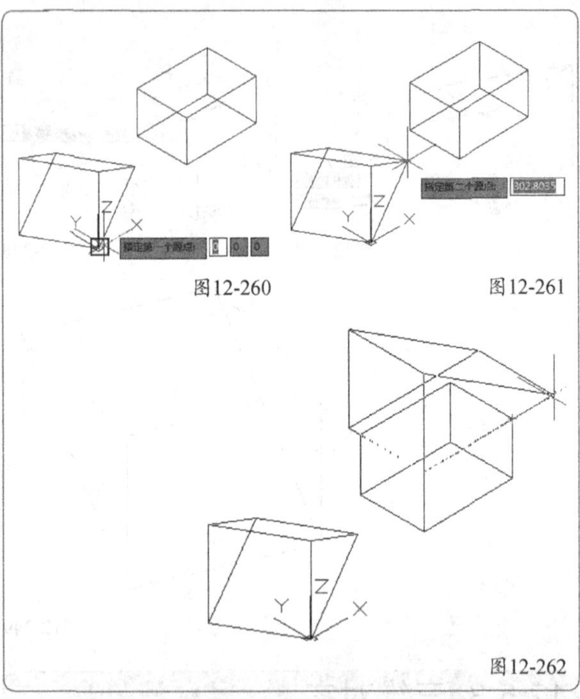
图12-260　图12-261

图12-262

第3种：3点对齐（共面）。当选择3对点时，选定对象可在三维空间移动和旋转，并与其他对象对齐，每一对点一一对应，如图12-263~图12-267所示，相关命令提示如下。

命令: _3dalign
选择对象: 找到 1 个 //选择小矩形
选择对象: ↙
 指定源平面和方向 ...
指定基点或 [复制(C)]: //捕捉端点1
指定第二个点或 [继续(C)] <C>: //捕捉端点2
指定第三个点或 [继续(C)] <C>: //捕捉端点3
 指定目标平面和方向 ...
指定第一个目标点: //捕捉端点4
指定第二个目标点或 [退出(X)] <X>: //捕捉端点5
指定第三个目标点或 [退出(X)] <X>: //捕捉端点6

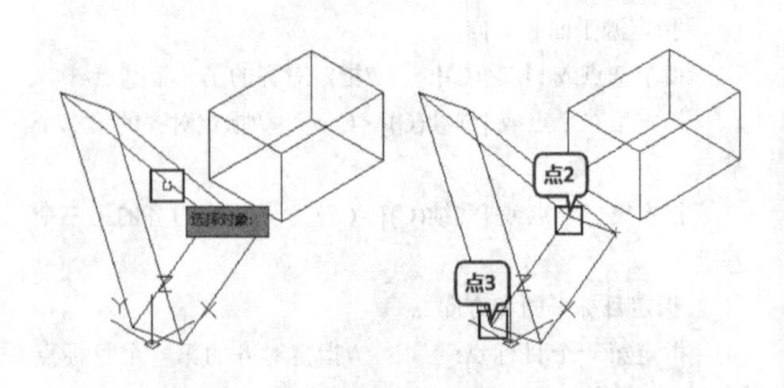

图12-263　图12-264

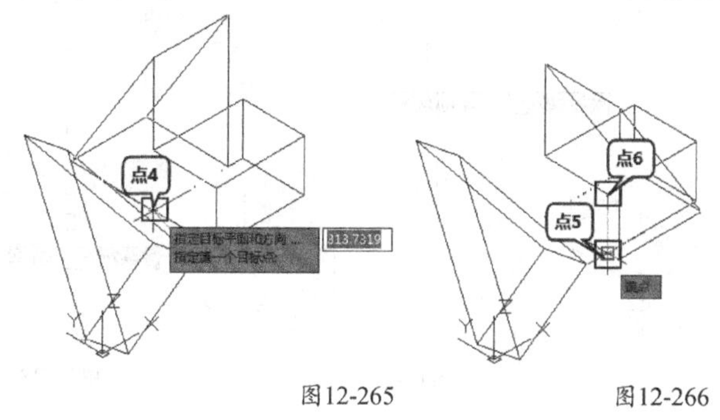

图12-265　　图12-266

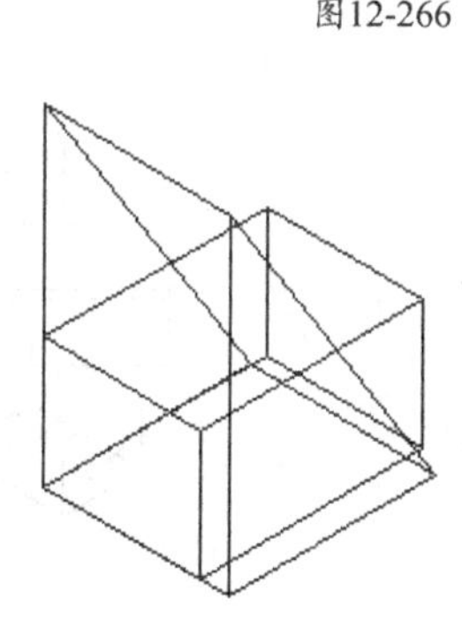

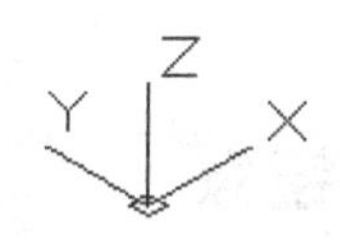

图12-267

12.5.4 三维阵列

使用3darray（三维阵列）命令可以进行三维阵列复制，即复制出的多个实体在三维空间按一定阵形排列，该命令既可以复制二维图形，也可以复制三维模型。

执行3darray（三维阵列）命令有如下3种方式。

第1种：执行“修改>三维操作>三维阵列”菜单命令。

第2种：在“建模”工具栏中单击“三维阵列”按钮。

第3种：在命令行输入3darray并回车。

执行3darray（三维阵列）命令将出现如下提示。

命令介绍

命令: _3darray
选择对象: 指定对角点: 找到 1 个　　//选择对象
选择对象: ↙
输入阵列类型 [矩形(R)/环形(P)] <矩形>:

矩形：通过在三维空间指定行数、列数和层数以及行距、列距和层距来阵列复制对象，如图12-268~图12-276所示，相关命令提示如下。

命令: _3darray
选择对象: 指定对角点: 找到 1 个　　//选择球体
选择对象: ↙
输入阵列类型 [矩形(R)/环形(P)] <矩形>:r↙
输入行数 (---) <1>: 4↙
输入列数 (|||) <1>: 3↙
输入层数 (...) <1>: 2↙
指定行间距 (---): 400↙
指定列间距 (|||): 400↙
指定层间距 (...): 300↙

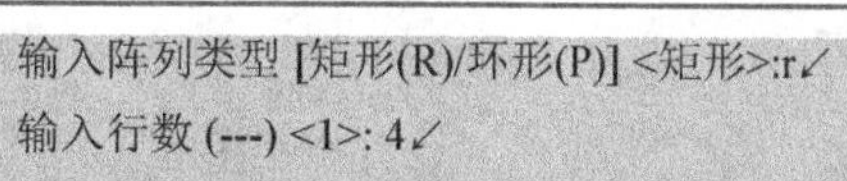

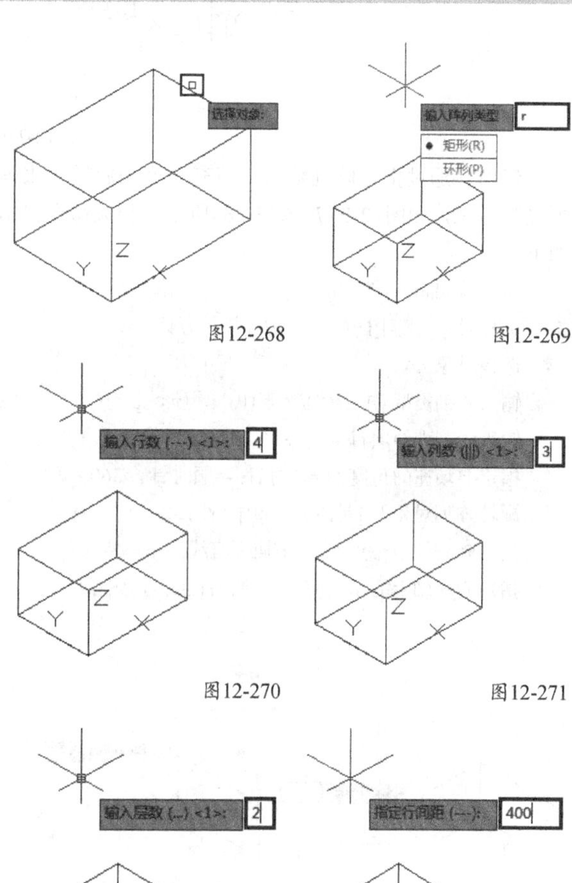

图12-268　　图12-269

图12-270　　图12-271

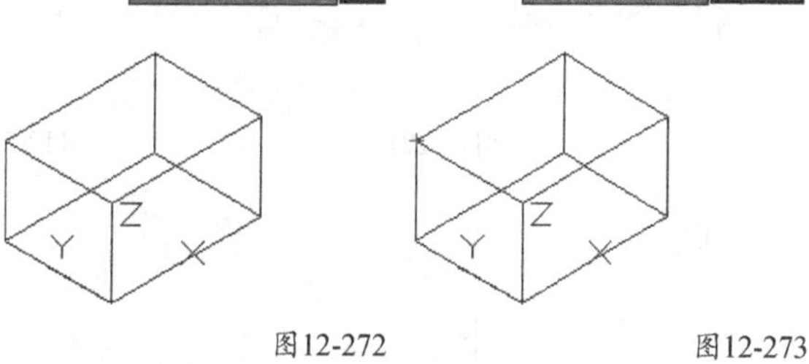

图12-272　　图12-273

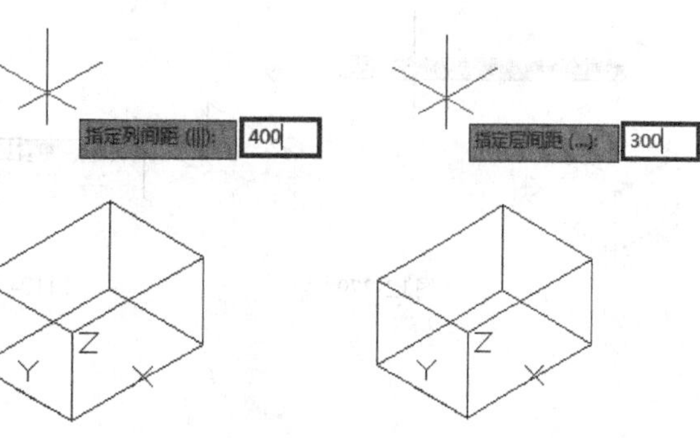

图12-274　　图12-275

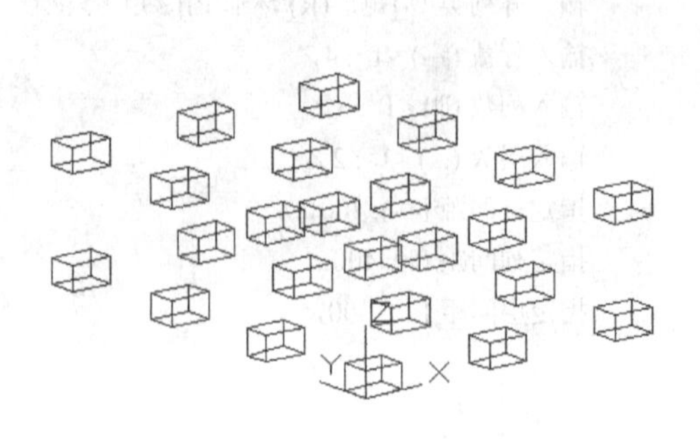

图12-276

环形：通过指定阵列数目、填充角度和旋转轴来阵列复制对象，如图12-277~图12-283所示，相关命令提示如下。

命令: _3darray
选择对象: 找到 1 个　　//选择长方体
选择对象: ↙
输入阵列类型 [矩形(R)/环形(P)] <矩形>:p↙
输入阵列中的项目数目: 8↙
指定要填充的角度 (+=逆时针, -=顺时针) <360>:↙
旋转阵列对象？ [是(Y)/否(N)] <Y>:↙
指定阵列的中心点:　　//捕捉直线的下端点
指定旋转轴上的第二点:　　//捕捉直线的上端点

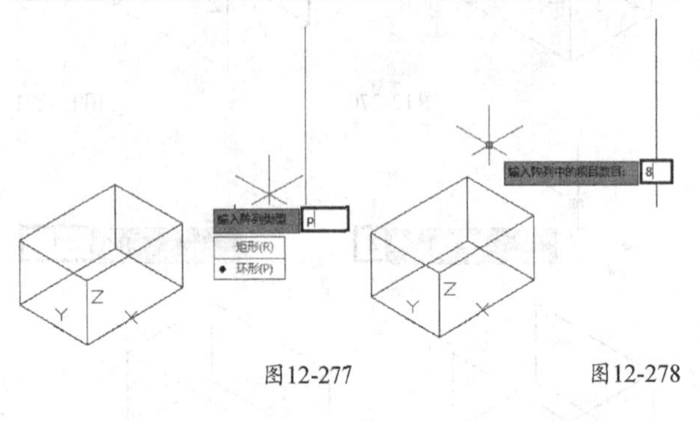

图12-277　　图12-278

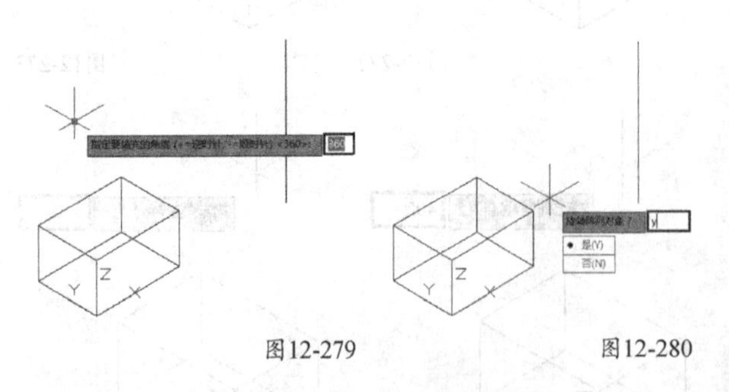

图12-279　　图12-280

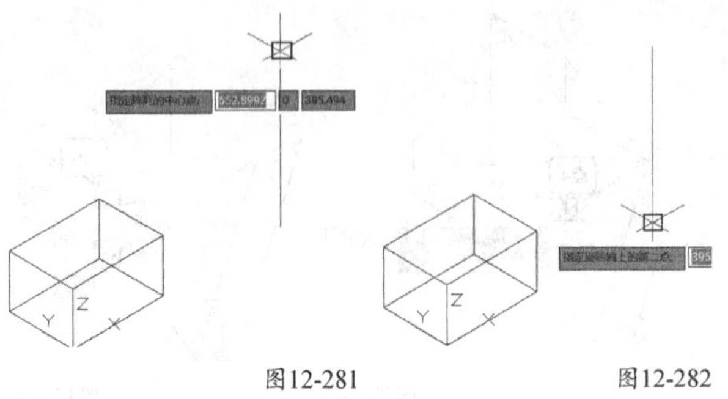

图12-281　　图12-282

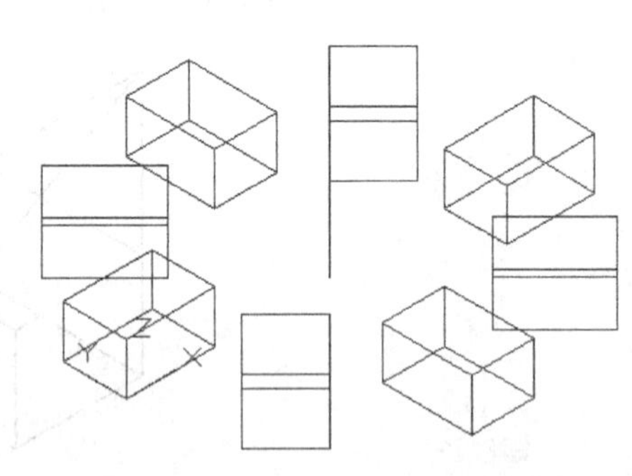

图12-283

12.5.5 三维镜像

使用Mirror3d（三维镜像）命令可以将任意空间平面做为镜像面，以创建指定对象的镜像副本，源对象与镜像副本相对于镜像面彼此对称。

执行Mirror3d（三维镜像）命令有如下两种方式。

第1种：执行“修改>三维操作>三维镜像”菜单命令。

第2种：在命令行输入Mirror3d并回车。

执行Mirror3d（三维镜像）命令将出现如下提示。

命令介绍

命令: Mirror3d↙
选择对象: 找到 1 个　　//选择对象
选择对象: ↙
指定镜像平面 (三点) 的第一个点或[对象(O)/最近的(L)/Z 轴(Z)/视图(V)/XY 平面(XY)/YZ 平面(YZ)/ZX 平面(ZX)/三点(3)] <三点>:

对象：使用选定对象作为镜像平面。

最近的：将上一次的镜像平面作为本次的镜像平面。

Z轴：根据平面上的一个点和平面法线上的一个点定义镜像平面。

视图：将镜像平面与当前视口中通过指定点的视图平面对齐。

XY/YZ/ZX平面：将镜像平面与一个通过指定点的

标准平面（*xy/yz/zx*平面）对齐，如图12-284~图12-287所示，相关命令提示如下。

```
命令: _mirror3d
选择对象: 找到 1 个        //选择楔形体
选择对象: ↙
指定镜像平面 (三点) 的第一个点或[对象(O)/最近的(L)/Z 轴(Z)/视图(V)/XY 平面(XY)/YZ 平面(YZ)/ZX 平面(ZX)/三点(3)] <三点>: xy↙
指定 XY 平面上的点 <0,0,0>:                    //捕捉XY平面上的一点
是否删除源对象? [是(Y)/否(N)] <否>:↙
```

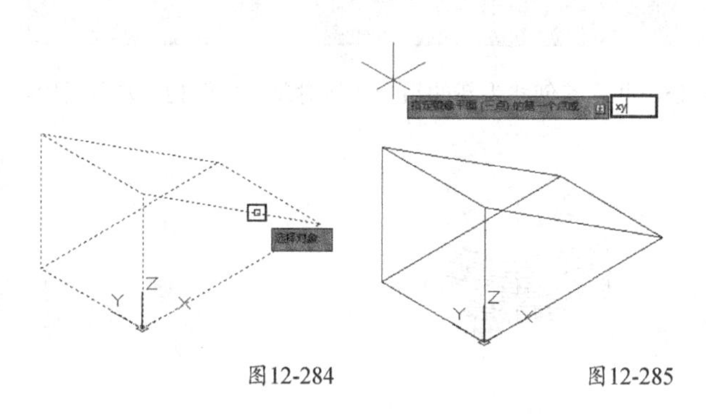

图12-284　　图12-285

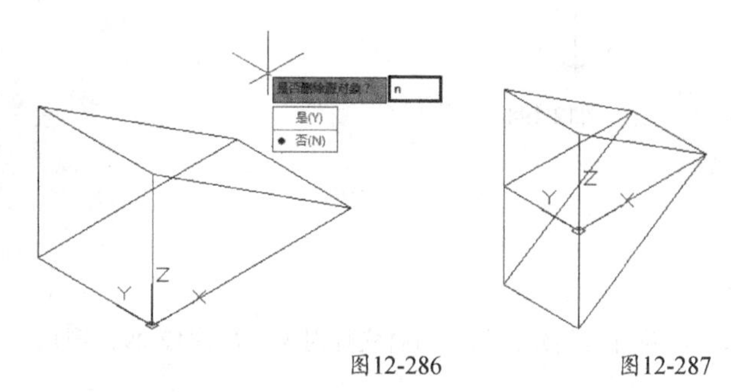

图12-286　　图12-287

三点：通过3个点定义镜像平面，如图12-288~图12-290所示，相关命令提示如下。

```
命令: Mirror3d↙
选择对象: 找到 1 个        //选择楔形体
选择对象: ↙
指定镜像平面 (三点) 的第一个点或[对象(O)/最近的(L)/Z 轴(Z)/视图(V)/XY 平面(XY)/YZ 平面(YZ)/ZX 平面(ZX)/三点(3)] <三点>: 3↙
在镜像平面上指定第一点:        //捕捉点1
在镜像平面上指定第二点:        //捕捉点2
在镜像平面上指定第三点:        //捕捉点3
是否删除源对象? [是(Y)/否(N)] <否>:↙
```

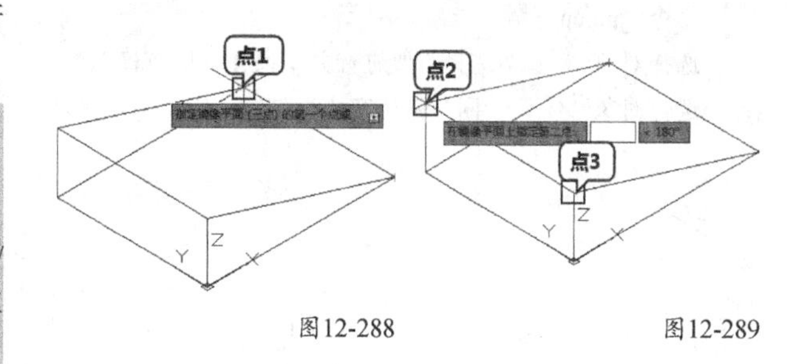

图12-288　　图12-289

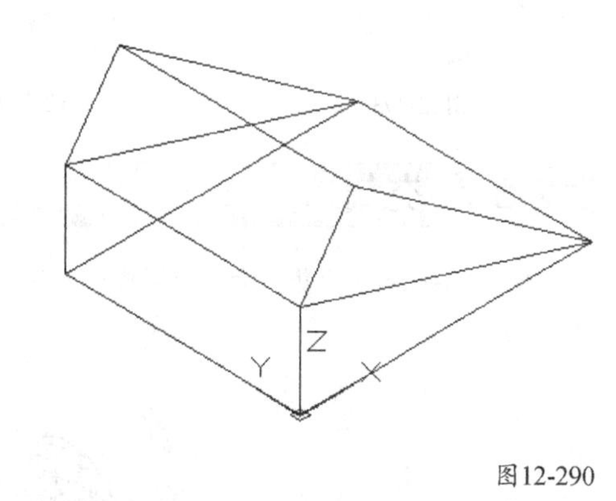

图12-290

12.5.6 并集

使用Union（并集）命令可以合并两个或两个以上实体（或面域）的总体积，使其成为一个复合对象，如图12-291和图12-292所示。

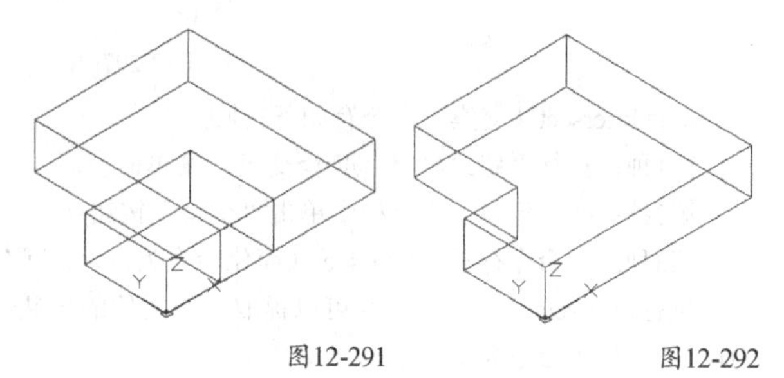

图12-291　　图12-292

Union（并集）命令不仅可以将相交实体组合成为一个复合对象，而且还可以把不相交实体组合成为一个对象。由不相交实体组合成的对象，从表面上看各实体是分离的，但在编辑操作时，它会被作为一个对象来处理。

执行Union（并集）命令有如下3种方式。

第1种：执行“修改>实体编辑>并集”菜单命令。

第2种：在“建模”工具栏中单击“并集”按钮。

第3种：在命令行输入Union（简化命令为Uni）并回车。

执行Union（并集）命令可以将交叠在一起的实体合并一个复合对象，如图12-293~图12-296所示，相关命令提示如下。

命令: _union
选择对象:　　//选择需要进行并集操作的所有模型
选择对象: ↙　　//回车确认完成操作

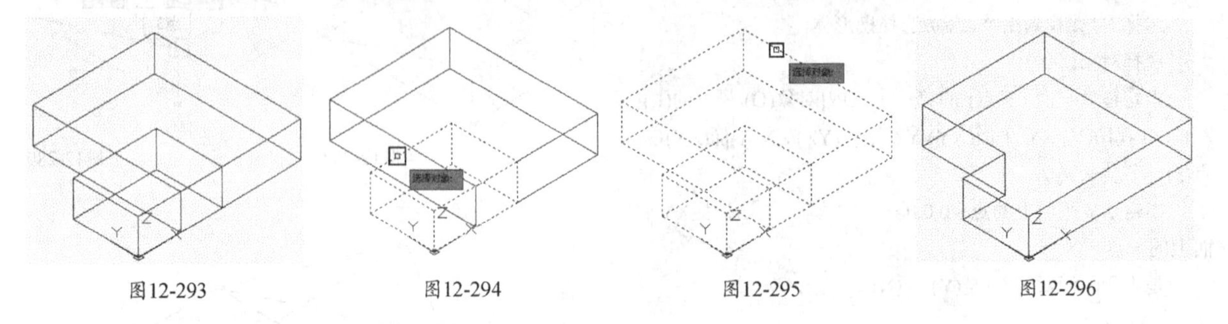

图12-293　图12-294　图12-295　图12-296

12.5.7 交集

使用Intersect（交集）命令可以提取一组实体的公共部分，并将其创建为新的组合实体对象，如图12-297和图12-298所示。

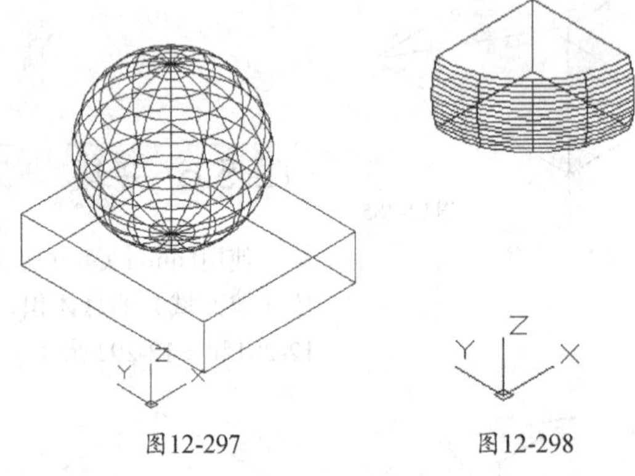

图12-297　图12-298

执行Intersect（交集）命令有如下3种方式。

第1种：执行“修改>实体编辑>交集”菜单命令。

第2种：在“建模”工具栏中单击“交集”按钮。

第3种：在命令行输入Intersect（简化命令为In）并回车。

执行Intersect（交集）命令可以提取一组实体的公共部分，并将其创建为新的组合实体对象，如图12-299~图12-301所示，相关命令提示如下。

命令: _intersect
选择对象: 指定对角点: 找到 2 个　　//框选需要进行交集运算的对象
选择对象: ↙　　//回车确认完成操作

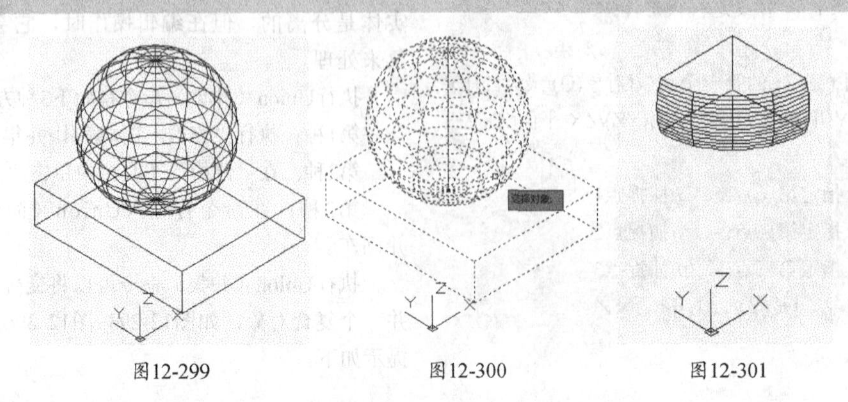

图12-299　图12-300　图12-301

在进行交集运算时，新实体一旦生成，原始实体会被删除。对于不相交的实体，Intersect命令将生成空实体，并立即被删除。Intersect命令还可以把不同图层上的实体组合成为一个新实体，新实体位于第1个被选择的实体所在的图层。

12.5.8 差集

使用Subtract（差集）命令可以将一组实体的体积从另一组实体中减去，剩余的体积形成新的组合实体对象，如图12-302和图12-303所示。

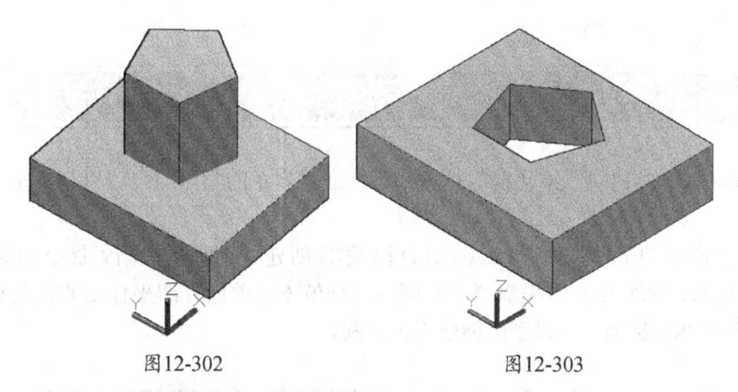

图12-302　　图12-303

执行Subtract（差集）命令有如下3种方式。

第1种：执行“修改>实体编辑>差集”菜单命令。

第2种：在“建模”工具栏中单击“差集”按钮。

第3种：在命令行输入Subtract（简化命令为Su）并回车。

执行Subtract（差集）命令的操作过程如图12-304~图12-306所示，相关命令提示如下。

命令: _subtract
选择要从中减去的实体、曲面和面域...
选择对象: 找到 1 个　　//选择底部的长方体
选择对象: ↙
选择要减去的实体、曲面和面域...
选择对象: 找到 1 个　　//选择上方五棱柱
选择对象: ↙

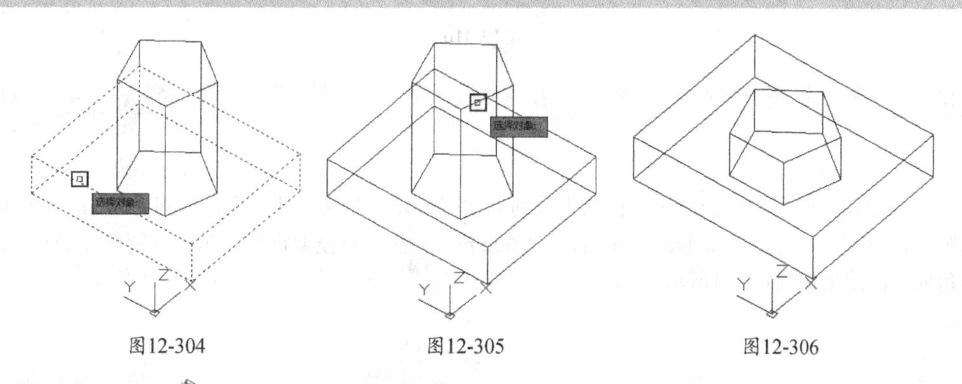

图12-304　　图12-305　　图12-306

在执行Subtract（差集）操作时，同一场景中如果选择前后的顺序不同将产生不同的运算结果，如图12-307~图12-309所示编者选择与上面操作相反的顺序完成差集操作，最后得到的结果是只保留了先选择的五棱柱的上部模型。

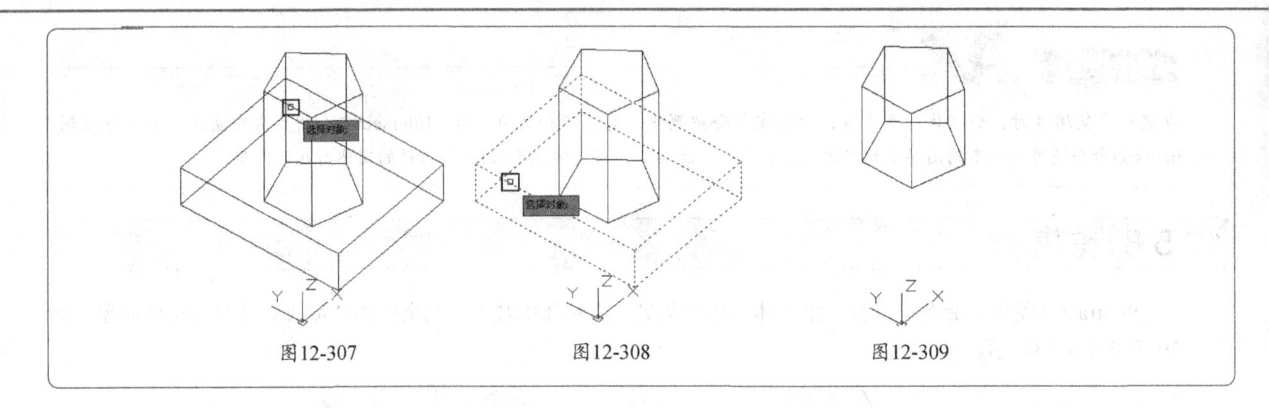

图12-307　　图12-308　　图12-309

12.6 本章小结

本章详细介绍了AutoCAD 2014中三维建模的相关知识，通过本章的学习用户可以初步掌握包括三维曲面、三维网格以及三维实体的创建、编辑与修改方法与技巧。

需要强调的是在创建三维模型时，AutoCAD相关的创建、编辑与修改命令的运用并不难，但由于AutoCAD使用了UCS坐标系，因此用户首先需要认真阅读与理解本章前面介绍坐标系的相关知识，然后才能在实际的操作过程中熟练地运用UCS坐标为三维模型的创建提供便利。

12.7 课后练习

12.7.1 课后练习——创建台阶

素材位置　无
实例位置　第12章>实例文件>12.7.1.dwg
技术掌握　三维多段线以及平移网格命令的使用方法

本练习首先使用3dpoly（三维多段线）命令绘制台阶的截面图形，然后再绘制一条直线，接着使用Tabsurf（平移网格）命令创建台阶三维模型，效果如图12-310所示。

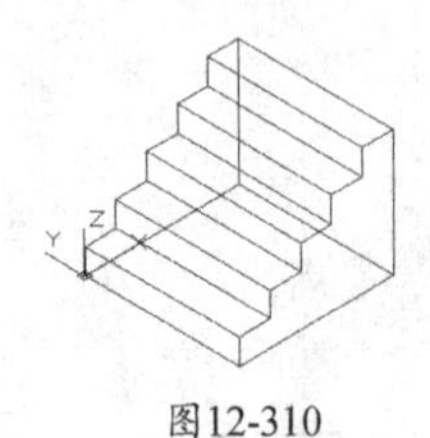

图12-310

12.7.2 课后练习——创建曲杆

素材位置　无
实例位置　第12章>实例文件>12.7.2.dwg
技术掌握　常用三维模型创建命令以及编辑命令的使用方法

本练习首先创建模型中部的曲杆，然后在两头分别创建圆柱体（左侧圆柱体半径分别为40mm和70mm，高度为90mm；右侧圆柱体半径分别为32mm和56mm，高度为60mm），接着对模型进行布尔运算制作好槽孔，最后对连接部分进行圆角处理，效果如图12-311所示。

图12-311